环境学科图书译丛

Ecological Risk Assessment
(Second Edition)

生态风险评价
(第二版)

Shengtai Fengxian Pingjia

[美] Glenn W. Suter II

尹大强 林志芬 刘树深 等译

高等教育出版社·北京
HIGHER EDUCATION PRESS BEIJING

图字：01-2008-5186号

All Rights Reserved.
Authorized translation from English language edition published by CRC Press, part of Taylor & Francis Group, LLC.
ⓒ 2007 by Taylor & Francis Group, LLC

Copies of this book sold without a Taylor & Francis sticker on the cover are unauthorized and illegal.

图书在版编目（CIP）数据

生态风险评价：第二版/（美）苏特尔（Suter,G.W.Ⅱ）著；尹大强，林志芬，刘树深等译. --北京：高等教育出版社，2011.6（2014.3重印）
书名原文：Ecological Risk Assessment, Second Edition
ISBN 978-7-04-027882-8

Ⅰ.①生… Ⅱ.①苏… ②尹… ③林… ④刘… Ⅲ.①生态环境-风险分析 Ⅳ.①X171.1

中国版本图书馆CIP数据核字（2011）第057093号

| 策划编辑 | 陈正雄 | 责任编辑 | 陈正雄 | 封面设计 | 张　楠 | 责任绘图 | 尹　莉 |
| 版式设计 | 范晓红 | 责任校对 | 刘　莉 | 责任印制 | 张福涛 | | |

出版发行	高等教育出版社	咨询电话	400-810-0598
社　　址	北京市西城区德外大街4号	网　　址	http://www.hep.edu.cn
邮政编码	100120		http://www.hep.com.cn
印　　刷	北京天来印务有限公司	网上订购	http://www.landraco.com
开　　本	787mm×1092mm　1/16		http://www.landraco.com.cn
印　　张	35.75	版　　次	2011年6月第1版
字　　数	830千字	印　　次	2014年3月第2次印刷
购书热线	010-58581118	定　　价	59.90元

本书如有缺页、倒页、脱页等质量问题，请到所购图书销售部门联系调换
版权所有　侵权必究
物　料　号　27882-00

献 给

我的父母 Glenn W. Suter 和 Kathleen T. Suter

我们都是遗传和环境的产物,而父母为我们提供了遗传的所有和环境的大部分。

——Glenn W. Suter II

译者的话

生态风险(ecological risk)是具有不确定性的事件(如环境污染)或灾害对生态系统及其组分可能产生的不利作用,具有不确定性、危害性、客观性、复杂性和动态性等特点。生态风险评价(ecological risk assessment,ERA)就是评价发生不利于生态影响可能性的过程(USEPA,1992),是继早期人类健康风险评价之后发展起来的新的研究热点。简单地说就是指在生态系统受一个或多个胁迫因素影响后,对不利的生态后果出现的可能性予以评估。生态风险评价是在风险管理的框架下发展起来的,重点是评估人为活动引起生态系统的不利改变,最终为风险管理提供决策支持。因此,生态风险评价并不是单纯的学术研究,而是要提供各种信息,帮助决策者对可能受到威胁的生态系统采取相应的保护和补救措施,因而在制订环境政策时扮演越来越重要的角色。

美国在推动生态风险评价研究中起了很大作用。1992年美国环境保护署(USEPA)对生态风险评价作了定义,1996年提出了生态风险评价准则,1998年正式颁布了《生态风险评价指南》,提出生态风险评价"三步法"的框架。即问题形成(problem formulation)、分析阶段(analysis phase)和风险表征(risk characterization)。近20年来,USEPA一直进行生态风险评价技术框架的研究,并在评价范围、评价内容及评价方法等方面有所扩展。由于国家、制度环境、问题的不同,不同国家对上述框架作了修正和延伸,构建了为自己适用的框架。国内的生态风险评价研究起步较晚,对我国生态风险评价基础理论和技术方法作了探讨,开始尝试引进国外生态风险理论和方法来研究我国环境中的风险问题,但是,目前我国尚无权威机构发布的诸如生态风险评价技术指南或指导性文件。

Glenn W. Suter Ⅱ是USEPA国家环境评估中心的科学顾问,曾在美国橡树岭国家实验室环境科学部担任高级研究员,具有长期生态风险评价研究和实际工作的经验。本书是第二版,共7篇39章,系统介绍了生态风险评价的概念、范围、内容和方法,并结合作者长期研究和实践,引用大量案例加以分析、比较和评论,与第一版相比,更具逻辑性和新颖性,内容也有大量增加(详见第二版前言)。本书不仅是一部生态风险评价的高级教材,更是一部生态风险评价方法学著作,对我国生态风险评价教学与科研、生态风险评价工作的开展具有重要的参考和指导作用,对我国生态评价技术指南或指导文件的编制具有借鉴意义。

高等教育出版社于2007年6月1—2日在北京举办了"全国环境科学与工程学科研究生教学用书建设研讨会",来自全国9所重点高校环境科学与工程院系的领导和专家参加了此次会议。会议就环境科学与工程学科研究生培养方案、研究生教学用书建设情况进行了热烈的讨论。会后,高等教育出版社对全国高等学校环境科学与工程学科研究生教学用书进行征集,译者(尹大强)向高等教育出版社推荐了本书。2008年12月,高等教育出版社委托译者(尹大强)组织翻译。全书翻译工作历时近2年,经过5轮修改和校正。期间,翻译组召开多次讨论会。许多博士、硕士研究生参加翻译工作,付出了辛勤劳动。他们是:陈启晴(第二版前言、作者介绍)、徐挺(1~4章)、柯强(5~7章)、张晶(8~9章)、于振洋(10~18章)、葛会林(19~21章)、姜蕾(22章)、张洪昌(23~26章)、朱祥伟(27~28章)、王丽娟(29~31章)、仝娟(32章)、赵静(33~39章)。林志芬教授对全书作了第二轮翻译修正,尹大强教授和刘树深教授负责全书第三轮和第四轮核对和修正,最后由尹大强教授统稿。于振洋博士生对词汇表作了汇编,并做了大量案头工作。在翻译期间,得到高等教育出版社陈正雄编辑的具体指导和帮助,同济大学环境科学与工程学院教授们提出许多宝贵的建议,在此表示衷心的感谢。

  生态风险评价涵盖环境学、生态学、地理学、生物学、社会学等多学科的综合知识,采用数学、概率论、毒理学、计算机、经济学等学科的量化分析技术。此外,为便于读者对原书的理解,我们力求翻译稿与原书一致,翻译稿采用直译方式。译者在生态风险领域专业水平有限,书中肯定存在疏漏和错误之处,敬请各位读者在阅读与使用本书的过程中给予指正,我们将会诚恳地接受批评并在重印时修正。

译者
2010年11月于上海

第二版前言

新版的编纂主要是为了修正与更新内容。第一版出版 14 年以来,生态风险评价发展迅速——从一个边缘的学科蜕变成为一个相对成熟的体系。包括美国在内的多个国家均已制定了生态风险评价的标准框架和指导文件,将生态风险评价应用于化学品监管、污染场地修复、外来生物引进、流域管理以及其他环境管理等。并且,一些大学已经开设了生态风险评价课程。所以,我们有了更多的生态风险评价的资源,而且包括很多实际应用的案例。在本版中既引用了公开发表的文献著作,也引用了真实风险评价案例中的大量图表。因此,读者将会发现本书囊括了多种风格迥异的图表,这也让生态风险评价的样式变得更加丰富多彩。

第二版在材料的组织上更具逻辑性和新颖性。需要特别说明的是,第一版中对不同的生态风险评价类型(即前瞻性(predictive)生态风险评价、回顾性(retrospective)生态风险评价、区域(regional)生态风险评价、监督性(surveillance)生态风险评价和外来生物(exotic organisms)生态风险评价)进行了分章阐述,而本版则提出了生态风险评价的统一流程,它适用于不同问题、不同尺度以及不同目的的生态风险评价。所有的风险评价都是关于决策的后续影响的分析。在第一版中根据 USEPA 规则进行追溯的方法,仅仅是一种从参照过去的行为导致的眼前后果来预测未来情况的评价方法(第1章)。

自 1992 年以来,生态风险评价变得越来越重要,也遭受了很多批评与反对。有些批评是针对技术的实践过程。人们经常批评生态风险评价基于不充分的数据和模型,不能解决大尺度的空间动态问题,以及只是采用保守主义的方式来弥补这些缺陷(DeMott 等,2004;Landis,2005;Tannenbaum,2005a)。其他的批评来自对生态风险评价本身的批评(Pagel 和 O'Brien,1996;Lackey,1997;O'Brien,2000;Bella,2002),此类批评源于对风险评价的性质与目的的误解。需要特别指出的是,风险评价是在不确定性条件下决策的技术支持,但批评者却认为风险评价需要对决策负全责。如果决策者更多地听取了渔民、伐木工人、化学品制造商和公共事业公司的意见,而不仅仅是环境倡导者的意见,那么批评者们就认为是风险评价的错;如果风险评价受限于规定条款,只能采取某种固定的行动方案,那么批评者们也认为是风险评价的错;如果最终的决策是环境保护的成本与效益的权衡,那么批评者们还认为是风险评价的错;如果最佳解决方案不能解决整个系统中所有的复杂性问题,那么批评者们就认为采用这个解决方案的风险评价者应该被指责;同样的,风险评价者也会被批评没有说明整体特性、内分泌干扰物、区域特性,或者其他一些环境热点问题。这些批评部分来源于对生态风险评价的技术、科学,甚至合理性的反对,但更多的是来源于对我们的环境未得到充分改善的愤慨情绪。一个局部的改善方案是不再使用"基于风险的决策"这一短语，最多只能说是"风险通报"的环境决策。环境决策是基于风险信息、经济考虑、技术可行性、公众压力、政治氛围，以及决策者个人意志的综合体现。另一个局部的改善方案是在定量或者至少在描述评价的不确定性和局限性时秉承苛刻原则。

本版保留了第一版中的许多内容，重点依旧是为环境决策者提供清晰的、科学的，以及不偏不倚的技术建议。尽管在本版中我们加入了其他案例，但重点还是侧重化学物质与化学混合物的风险，这也是大多数的生态风险评价关心的领域。

本书依然面向相关从业人员以及有一定生物、化学、数学和统计学基础知识的高年级学生。书中假定读者不熟悉任何生态风险评价的基础知识和概况。我们提供了一个词汇表，因为本书用到了风险评价、生态学、毒理学以及其他学科的一些术语。

本版和第一版一样，我自己撰写了本书的大部分内容，旨在主体的语气连贯和视角一致。这既是为读者服务，也是给我自己提供一个分享我独特视角的机会，即我对生态风险评价的看法是什么以及生态风险评价到底能做什么。然而，由于我专业知识有限，唯恐在某些议题上怠慢了读者。但幸运的是，Larry Barnthouse，Steve Bartell 和 Don Mackay 愿意一如既往地帮助我。我相信他们在种群模型、生态系统模型，以及化合物迁移与归趋模型应用到生态毒理效应评价领域都是卓越的专家，我们有着相似的实证方法，因此我们之间的内容能非常好地相互融合。

第一版的序言如同一份宣言，而宣言的纲要则是为了同人类健康与工程风险评价者一样得到重视，生态风险评价者必须在方法和实践环节中更加严格。这些要求在此版中已不再适用，因为生态风险评价已至少和人类健康风险评价一样严格，并且在某些方面，尤其是在概率分析上，生态风险评价更加先进。因此，生态风险评价成为环境监管和管理决策的基础。然而，生态驱动的决策仍然远远少于健康驱动的决策。在某种程度上来说，这是不可避免的，因为人类是基于对人类自身和社会的关心来制定政策的。但是，我们可以通过将生态风险评价与人类健康和福利广泛地融合，在保护非人类环境方面取得进步。因此，在未来几年中，我们面临的最大挑战将是如何评价和表达生态风险，以引起人们足够的关注。

Glenn W. Suter II

美国俄亥俄州辛辛那提（Cincinnati）

致　谢

我衷心感谢无数为本书做出贡献的环境科学家们。我要感谢文中引用到的科学家,尽管我们的引用数量可能远远不及有些科学家的贡献所应该有的引用数量。存在许多应该引用却未被引用的成果,在此我表示深深的歉意。因为文中的一些观点,可能来自我在与您会谈中的听闻、在您海报前的学习、在您演讲中的交流,甚至可能来源于拜读您的论文后的感悟,而我却忘记了说明这些信息的来源。更可悲的是,尚有许多您的重要观点和成果,由于我的疏忽而未被收录进本书。在我写书的过程中,背后的桌子上永远堆叠了不计其数的书籍、报告,以及复印材料,我真的很希望在完成本书之前能看完所有的资料,但却难以实现。因此,如果您觉得本书未给予您的研究足够多的关注,那您可能是对的。本书的部分内容来自《污染场地的生态风险评价》(*Ecological Risk Assessment for Contaminated Sites*),感谢本书的合作者 Rebecca Efroymson、Brad Sample 和 Dan Jones。

在美国环境保护署工作的 7 年时间,让我对风险评价在环境规程中所扮演的角色有了更深刻的认识。我要感谢所有的环保署同事,特别是要感谢 Susan Cormier 和 Susan Norton,因为你们是非常真诚的朋友,是鼓舞人心的合作者,更是疏忽大意的坚决抵制者。

最后,我要深深地感谢 Linda,在结婚那么多年后,你已经学会了忍受我长时间的研究,甚至协助我完成了最后的交稿冲刺。

作者简介

Glenn W. Suter II 是美国环境保护署(USEPA)辛辛那提国家环境评估中心的科学顾问,曾在美国橡树岭国家实验室环境科学部担任高级研究员。他在加州大学戴维斯分校获得了生态学博士学位,有30年的专业从业经验,并有25年的生态风险评价从业经验。

他是生态风险评价领域两本书的主要作者,并且是另外两本书的主编,还是100多篇公开发表的文献出版物的作者。他是《人类和生态风险评价》(*Human and Ecological Risk Assessment*)的生态风险副主编,以及国际环境毒理与环境化学学会(Society of Environmental Toxicology and Chemistry,SETAC)的综述编辑。他曾供职于国际应用系统分析之风险与政策分析特别小组,曾是SETAC董事会成员,还曾是环境质量理事会的专家组成员,他还是《环境毒理学和化学》(*Environmental Toxicology and Chemistry*)、《环境健康展望》(*Environmental Health Perspectives*)和《生态指示生物》(*Ecological Indicators*)等期刊的编委会成员。

他已经获得了无数的奖励与荣誉;最值得一提的是,他当选为美国科学促进会(American Association for the Advancement of Science,AAAS)会士,被授予SETAC全球创始人奖(SETAC职业成就最高奖),以及USEPA科学与技术成就一等奖。他的研究经历包括:发展和应用了生态风险评价和生态流行病学方法,发展了土壤微生物和鱼类毒性试验方法,以及环境监测。他近期的工作主要集中在生物损害的归因研究上。

Susan M. Cormier 是USEPA的国家风险管理研究实验室的资深科学顾问。Cormier博士在新罕布什尔大学获得了动物学学士学位,在南佛罗里达大学获得了生物学硕士学位,并在克拉克大学获得了生物学博士学位。

Donald Mackay(学士、博士(格拉斯哥大学))是加拿大安大略省彼得伯勒(Peterborough)特伦特(Trent)大学的加拿大环境模型中心主任。他毕业于格拉斯哥大学的化学工程专业。在石化企业工作后,他入职多伦多大学,现在是该校化学工程与应用化学系的名誉教授。

他从1995年开始,任加拿大安大略省特伦特大学环境模型中心主任。他的主要研究兴趣是开发、应用、验证,以及传播化学物质在自然环境或者一系列特殊环境中归趋的质量平衡模型。这些模型包括描述一系列生物体内的生物累积现象,湖泊、河流、污水处理厂,以及土壤和植物中的污染物归趋的水质模型。他使用逸度概念开发了一系列多介质质量平衡模型,并广泛应用于全球环境下国家区域的化学物质归趋评价。他致力于研究持久性有机污染物(persistent organic pollutants,POPs)如何迁移至寒冷地区,例如加拿大的北极地区,以及它们在极地生态系统中的累积和迁移。

Susan B. Norton 是 USEPA 国家环境评估中心的资深生态学家。自1988年加入EPA以来,Norton博士已经开发了指导方法和应用指南来协助生态决策者更好地使用生态学知识进行环境决策。她是USEPA许多指南文书的作者,其中包括2000年的《胁迫因子鉴定指南》(*Stressor Identification Guidance Document*)、1998年的《生态风险评价指南》(*Guidelines for Ecological Risk Assessment*)、1993年的《野生生物暴露因素手册》(*Wildlife Exposure Factors Handbook*),以及1992年的《生态风险评价框架》(*Framework for Ecological Risk Assessment*)。

她已经发表了大量生态评价方面的论文,并且主编了《水生资源的生态评估——为科学与决策架桥》(*Ecological Assessment of Aquatic Resources:Linking Science to Decision-Making*)。她现在热衷于研究如何使研究方法和信息更易在网站 www.epa.gov/caddis 上获得,以方便人们进行因果分析。Norton博士在宾夕法尼亚州州立大学获得理学学士学位,在康奈尔大学获得自然资源硕士学位,并在乔治·梅森大学获得环境生物学博士学位。

Neil Mackay(学士(滑铁卢大学)、博士(约克大学))是杜邦(UK)有限公司的环境模型资深科学家。作为杜邦作物保护全球模型小组的一员,他在战略发展和暴露控制,以及风险评价方面非常活跃。他之前的工作主要是工厂和政府的顾问,工作地点主要在欧洲。他是欧盟健康与消费者保护总公司成员,也是FOCUS风险评价工作组成员,并且是英国政府关于兽药的专家咨询组成员。他特别感兴趣的领域包括:水体风险评价、使用空间工具(GIS和遥感方法)来评估不同尺度(场地(field)、流域以及区域尺度)的生态

风险,以及 POPs 的长距离迁移潜力评估。

Lawrence W. Barnthouse 是 LWB 环境服务有限公司的董事长,并且任迈阿密大学的动物学兼职副教授。他曾是美国橡树岭国家实验室环境科学课题组的资深研究员和带头人。

1981 年,他与 Glenn Suter 一道合作研究了 USEPA 关于生态风险评价的第一个项目。从那时起,他一直积极为 USEPA、其他联邦机构、州机构和私人企业开发和应用生态风险评价方法。他曾多次担任美国国家科学院和国际环境毒理与环境化学学会的生态风险评价专题研讨会的主席,并且是 USEPA《生态风险评价框架》(Framework for Ecological Risk Assessment)和《生态风险评价指南》(Guidelines for Ecological Risk Assessment)的同行评议组成员。他一直支持采用改进的生态风险评价方法,并且是《环境毒理学和化学》(Environmental Toxicology and Chemistry)的危险评价/风险评价编辑,以及《综合环境评估和管理》(Integrated Environmental Assessment and Management)的创始编委会成员。

Steven M. Bartell 是 E2 咨询工程师有限公司的总裁,同时也是田纳西大学诺克斯维尔(Knoxville)分校生态学和进化生物学系的兼职教员。他的受教育经历包括海洋学和湖沼学博士(威斯康星大学,1978)、植物学硕士(威斯康星大学,1973)以及生物学学士(劳伦斯大学,1971)。Bartell 博士的专业领域包括系统生态学、生态模型、生态风险分析、基于风险的决策分析、脆弱性分析、敏感性和不确定性数值分析、环境化学,以及环境毒理学。他在多个项目下为公众和私人客户服务,包括生态风险评价、环境分析,最近

的工作是在适应性环境管理和生态可持续性的大背景下进行生态规划和生态恢复。Bartell 博士发表了 100 多篇经过同行评议的论文,他还是一些书籍的资深作者,包括《风险评价中的生态模型》(Ecological Modeling in Risk Assessment)(2001),《生态风险评价的决策支持系统——概念设计》(Ecological Risk Assessment Decision-Support System: A Conceptual Design)(1998),《环境、健康和安全专业人员风险评价和管理手册》(Risk Assessment and Management Handbook for Environmental, Health, and Safety Professionals)(1996),以及《生态风险评估》(Ecological Risk Estimation)(1992)。他最近是《水生毒理学》(Aquatic Toxicoloty)和《化学圈》(Chemosphere)编委会成员,之前曾是《人类和生态风险评价》(Human and Ecological Risk Assessment)、《生态应用》(Ecological Applications)编委会成员。Bartell 在 USEPA 科学咨询委员会工作了 11 年,主要是在环境过程和效应委员会和评审委员会任职。

撰稿人

Lawrence W. Barnthouse
LWB 环境服务有限公司
美国俄亥俄州汉密尔顿（Hamilton）

Steven M. Bartell
E2 咨询工程师有限公司
美国田纳西州玛丽维尔（Maryville）

Susan M. Cormier
美国环境保护署
美国俄亥俄州辛辛那提（Cincinnati）

Donald Mackay
加拿大环境模型中心
特伦特大学
加拿大安大略省彼得伯勒（Peterborough）

Neil Mackay
剑桥环保联合公司
英国剑桥

Susan B. Norton
美国环境保护署
美国华盛顿特区

Glenn W. Suter II
美国环境保护署
美国俄亥俄州辛辛那提（Cincinnati）

目 录

第一篇　生态风险评价导论

第 1 章　生态风险评价的定义 ……… 3
- 1.1 前瞻性和回顾性风险评价 …… 4
- 1.2 风险、收益和成本 ……………… 5
- 1.3 支持的决策 …………………… 5
  - 1.3.1 危害优先化 ……………… 5
  - 1.3.2 替代行动的比较 ………… 6
  - 1.3.3 排放许可 ………………… 6
  - 1.3.4 限制负荷 ………………… 8
  - 1.3.5 修复和恢复 ……………… 8
  - 1.3.6 批准和管理土地使用 …… 9
  - 1.3.7 物种管理 ………………… 9
  - 1.3.8 评价损失 ………………… 10
- 1.4 风险评价的社会政治目的 … 11
- 1.5 角色分配 ……………………… 11
  - 1.5.1 风险评价者 ……………… 11
  - 1.5.2 风险管理者 ……………… 12
  - 1.5.3 利益相关者 ……………… 12

第 2 章　其他类型的评价 …………… 14
- 2.1 监测状况和趋势 ……………… 14
- 2.2 制定标准 ……………………… 15
- 2.3 生命周期评价 ………………… 15
- 2.4 禁令 …………………………… 15
- 2.5 技术规则 ……………………… 16
- 2.6 最佳实践、规则或指南 ……… 16
- 2.7 预防原则 ……………………… 17
- 2.8 适应性管理 …………………… 17
- 2.9 类推 …………………………… 19
- 2.10 生态系统管理 ……………… 19
- 2.11 健康风险评价 ……………… 19
- 2.12 环境影响评价 ……………… 21
- 2.13 小结 ………………………… 21

第 3 章　生态风险评价框架 ………… 22
- 3.1 USEPA 基本框架 …………… 22
- 3.2 替代框架 ……………………… 24
  - 3.2.1 WHO 整合框架 ………… 24
  - 3.2.2 多重行为 ………………… 25
  - 3.2.3 生态流行病学 …………… 26
  - 3.2.4 因果链框架 ……………… 27
- 3.3 扩展框架 ……………………… 28
- 3.4 迭代评价 ……………………… 29
  - 3.4.1 筛选评价与确定性评价 … 29
  - 3.4.2 基线评价和备选方案评价 … 30
  - 3.4.3 作为适应性管理的迭代评价 ……………………… 30
- 3.5 特定问题框架 ………………… 30
- 3.6 结论 …………………………… 31

第 4 章　生态流行病学和归因分析 … 32
- 4.1 生物调查 ……………………… 33
- 4.2 生物评价 ……………………… 34
- 4.3 归因分析 ……………………… 36
  - 4.3.1 识别候选原因 …………… 38
  - 4.3.2 分析证据 ………………… 40
  - 4.3.3 表征原因 ………………… 43
  - 4.3.4 归因分析的迭代 ………… 54
- 4.4 来源识别和备选管理 ………… 55

4.5	生态流行病学中的风险评价	55
4.6	小结	55

第5章 可变性、不确定性及概率 … 56
- 5.1 不可预测性的来源 … 56
  - 5.1.1 可变性 … 56
  - 5.1.2 不确定性 … 57
  - 5.1.3 可变性/不确定性的二分法 … 57
  - 5.1.4 可变性和不确定性组合 … 58
  - 5.1.5 误差 … 58
  - 5.1.6 忽视和混淆 … 59
  - 5.1.7 来源小结 … 59
- 5.2 概率的定义 … 59
  - 5.2.1 概率类型:频率与可信度 … 59
  - 5.2.2 概率类型:无条件概率和条件概率 … 60
- 5.3 分析概率的方法 … 61
  - 5.3.1 频率论统计学 … 61
  - 5.3.2 贝叶斯统计学 … 63
  - 5.3.3 重新采样统计学 … 64
  - 5.3.4 其他方法 … 65
- 5.4 为什么使用概率分析? … 65
  - 5.4.1 确保安全 … 65
  - 5.4.2 避免过分保守 … 66
  - 5.4.3 了解并阐述不确定性 … 66
  - 5.4.4 估算概率性终点 … 67
  - 5.4.5 制定采样与试验计划 … 67
  - 5.4.6 比较假设与模型 … 67
  - 5.4.7 协助决策 … 68
  - 5.4.8 原因小结 … 68
- 5.5 可变性和不确定性分析技术 … 68
  - 5.5.1 不确定性因子 … 68
  - 5.5.2 置信区间 … 69
  - 5.5.3 数据分布 … 69
  - 5.5.4 统计建模 … 71
  - 5.5.5 蒙特卡罗分析和不确定性传播 … 71
  - 5.5.6 嵌套蒙特卡罗分析 … 72
  - 5.5.7 敏感性分析 … 73
  - 5.5.8 列表和定性评估 … 73
- 5.6 风险评价过程中的概率 … 73
  - 5.6.1 暴露分布的界定 … 74
  - 5.6.2 效应分布的界定 … 75
  - 5.6.3 风险分布的估算 … 76
- 5.7 具不确定性的参数 … 77
- 5.8 小结 … 77

第6章 维度、尺度和组织层次 … 78
- 6.1 组织层次 … 78
- 6.2 时间尺度与空间尺度 … 81
- 6.3 区域尺度 … 82
- 6.4 维度 … 83
  - 6.4.1 动因的多度和强度 … 83
  - 6.4.2 持续时间 … 83
  - 6.4.3 空间 … 84
  - 6.4.4 受影响的比例 … 84
  - 6.4.5 效应的严重性 … 84
  - 6.4.6 效应的类型 … 84
  - 6.4.7 如何处理多维? … 84

第7章 作用模式和作用机理 … 86
- 7.1 化学模式和机理 … 86
- 7.2 机理测试 … 89
- 7.3 非化学模式和机理 … 90

第8章 混合物与多种动因 … 91
- 8.1 化学混合物 … 91
  - 8.1.1 基于整体混合物的方法 … 92
  - 8.1.2 基于组分检测的方法 … 94
  - 8.1.3 复杂混合物的整合 … 100
- 8.2 多种动因 … 101
  - 8.2.1 动因的分类和联合 … 101
  - 8.2.2 测定空间与时间的重叠部分 … 102
  - 8.2.3 定义效应与作用模式 … 103
  - 8.2.4 效应筛选 … 103
  - 8.2.5 简单效应加和 … 104
  - 8.2.6 暴露加和 … 104
  - 8.2.7 联合效应的机理模型 … 105
  - 8.2.8 复杂动因和活动的整合 … 105

第9章	质量保证	106	9.2 模型的质量	112
9.1	数据质量	106	9.3 概率分析的质量	115
9.1.1	原始数据	107	9.4 评价的质量	117
9.1.2	二级数据	108	9.4.1 评价过程的质量	117
9.1.3	默认和假设	111	9.4.2 同行对评价的审查	118
9.1.4	数据质量表征	111	9.4.3 评价的重复	118
9.1.5	数据管理	112	9.5 小结	119

第二篇 风险评价规划与问题形成

第10章	推动力和要求	123	16.3 普通终点的明确	142
第11章	目标与宗旨	124	16.4 基于目标层次的终点	146
第12章	管理备选方案	126	第17章 概念模型	148
第13章	动因和源	127	17.1 概念模型的应用	149
13.1	排放	127	17.2 概念模型的形式	151
13.2	活动和项目	128	17.3 概念模型的建立	152
13.3	成因来源	128	17.4 与其他概念模型的衔接	156
13.4	动因特征	128		
13.5	导致间接暴露与效应的排放源	129	第18章 分析计划	157
			18.1 暴露、效应和环境状况测定方法的选择	157
13.6	排放源和动因的筛选	129	18.2 参考地点和参考信息	159
第14章	环境描述	130	18.2.1 污染或破坏前的生态信息	159
第15章	暴露情景	133		
第16章	评价终点	135	18.2.2 模型信息	160
16.1	评价终点和组织水平	138	18.2.3 其他场地信息	160
16.2	普通评价终点	139	18.2.4 区域参考信息	161
16.2.1	基于政策决定的普通终点	139	18.2.5 采用梯度作为参考	162
16.2.2	基于功能的普通终点	141	18.2.6 阳性参考信息	162
16.2.3	普通终点的应用	141	18.2.7 以目标为参考	163

第三篇 暴露分析

第19章	源的识别与表征	167	20.5 辅助因子分析	172
19.1	源和环境	167	20.6 水	174
19.2	未知源	168	20.7 沉积物	174
19.3	小结	169	20.8 土壤	175
第20章	采样、分析和检测	170	20.9 生物区和生物标志物	175
20.1	介质的采样和化学分析	170	20.10 生物测试	178
20.2	采样和样品制备	170	20.11 生物调查	179
20.3	冲突的数据	171	20.12 采样、分析和概率	179
20.4	筛选分析	172	20.13 结论	180

第21章 化学物质迁移和归趋的数学模型 …… 181
- 21.1 目标 …… 181
- 21.2 模型的基本概念 …… 181
  - 21.2.1 排放或负荷 …… 182
  - 21.2.2 点源和非点源 …… 182
  - 21.2.3 稳态和非稳态源 …… 182
  - 21.2.4 尺度的重要性 …… 183
- 21.3 质量平衡模型的公式化 …… 183
  - 21.3.1 确定室 …… 183
  - 21.3.2 反应速率 …… 184
  - 21.3.3 迁移速率 …… 185
  - 21.3.4 排放 …… 186
  - 21.3.5 求解质量平衡方程 …… 187
  - 21.3.6 复杂性、有效性和置信限 …… 187
- 21.4 简单质量平衡模型的例释 …… 188
  - 21.4.1 被模拟的体系 …… 188
  - 21.4.2 浓度计算 …… 189
  - 21.4.3 逸度计算 …… 190
  - 21.4.4 讨论 …… 191
- 21.5 重要化学物质和模拟其行为的模型 …… 192
  - 21.5.1 通用多介质模型 …… 193
  - 21.5.2 特定环境介质模型 …… 195
  - 21.5.3 特定类别化学物质的模型 …… 197
- 21.6 关于选择和应用模型的总结 …… 200

第22章 化学物质和其他动因的暴露 …… 201
- 22.1 暴露模型 …… 203
- 22.2 地表水化学物质的暴露 …… 203
- 22.3 沉积物中化学物质的暴露 …… 205
- 22.4 土壤污染物暴露 …… 208
  - 22.4.1 估算暴露的化学分析 …… 208
  - 22.4.2 土壤的深度剖面 …… 211
- 22.5 陆生植物暴露 …… 211
  - 22.5.1 根系深度 …… 212
  - 22.5.2 根际 …… 212
  - 22.5.3 湿地植物暴露 …… 212
  - 22.5.4 土壤特征与植物暴露 …… 213
  - 22.5.5 植物的种间差异 …… 213
  - 22.5.6 植物在空气中的暴露 …… 213
- 22.6 土壤无脊椎动物暴露 …… 214
  - 22.6.1 暴露深度和吸收物质 …… 214
  - 22.6.2 土壤性质和化学物质的相互作用 …… 214
- 22.7 土壤微生物群落的暴露 …… 215
- 22.8 野生动物的暴露 …… 215
  - 22.8.1 基于外部测定的暴露模型 …… 215
  - 22.8.2 暴露评价参数 …… 220
- 22.9 吸收模型 …… 225
  - 22.9.1 水生生物吸收 …… 228
  - 22.9.2 底栖无脊椎动物吸收 …… 233
  - 22.9.3 陆生植物吸收 …… 233
  - 22.9.4 蚯蚓吸收 …… 239
  - 22.9.5 陆生节肢动物吸收 …… 241
  - 22.9.6 陆生脊椎动物吸收 …… 241
- 22.10 石油和其他化学混合物暴露 …… 243
- 22.11 极端自然事件暴露 …… 245
- 22.12 生物体暴露 …… 245
- 22.13 概率与暴露模型 …… 245
- 22.14 暴露表征 …… 247

第四篇 效应分析

第23章 暴露-反应关系 …… 251
- 23.1 暴露-反应关系方法 …… 254
  - 23.1.1 机理模型 …… 254
  - 23.1.2 回归模型 …… 255
  - 23.1.3 统计显著性 …… 256
  - 23.1.4 内插法 …… 256
  - 23.1.5 效应水平和置信度 …… 256
- 23.2 暴露-反应关系中的问题 …… 256

23.2.1 阈值和基准 …………… 256
23.2.2 时间可作为暴露和
反应的量度 ………… 258
23.2.3 浓度与时间结合 …… 259
23.2.4 非单调关系 ………… 260
23.2.5 不同类别的变量 …… 261
23.2.6 野外数据的暴露-
反应关系 …………… 262
23.2.7 残留量-反应关系 …… 265
23.3 毒效动力学——机理性的
内在暴露-反应关系 ………… 269
23.3.1 金属在鱼鳃内的毒
效动力学 …………… 270
23.4 间接效应 …………………… 270

第24章 试验 …………………… 272
24.1 试验中的问题 ……………… 272
24.2 化合物或污染物质
试验 ………………………… 274
24.2.1 水生试验 …………… 275
24.2.2 沉积物试验 ………… 276
24.2.3 土壤试验 …………… 277
24.2.4 摄食和其他野生
动物暴露 …………… 278
24.3 微宇宙和中宇宙 …………… 279
24.4 废水试验 …………………… 282
24.5 介质试验 …………………… 283
24.5.1 污染水试验 ………… 287
24.5.2 污染沉积物试验 …… 287
24.5.3 污染土壤试验 ……… 288
24.5.4 采用野生动物的环境
介质试验 …………… 290
24.6 现场试验 …………………… 291
24.6.1 水体现场试验 ……… 291
24.6.2 植物和土壤生物的
现场试验 …………… 292
24.6.3 野生动物现场试验 … 292
24.7 生物体试验 ………………… 293
24.8 其他非化学动因
试验 ………………………… 293
24.9 试验小结 …………………… 294

第25章 生物调查 …………………… 295
25.1 水体生物调查 ……………… 296
25.1.1 固着生物 …………… 297
25.1.2 浮游生物 …………… 298
25.1.3 鱼类 ………………… 298
25.1.4 底栖无脊椎动物 …… 299
25.2 陆地生物调查 ……………… 301
25.2.1 土壤生物调查 ……… 301
25.2.2 野生生物调查 ……… 301
25.2.3 陆生植物调查 ……… 302
25.3 生理学、组织学和形
态学效应 …………………… 303
25.4 生物调查的不确定性 ……… 303
25.5 小结 ………………………… 303

第26章 生物个体水平外推模型 … 305
26.1 结构-活性关系 ……………… 305
26.1.1 SARs 的化学域 ……… 306
26.1.2 SARs 的方法 ………… 306
26.1.3 SARs 情形 …………… 307
26.2 效应外推方法 ……………… 307
26.2.1 分类和选择 ………… 307
26.2.2 因子 ………………… 308
26.2.3 物种敏感性分布 …… 309
26.2.4 回归模型 …………… 313
26.2.5 暴露-反应模型的
历时外推 …………… 314
26.2.6 由统计模型得到的因子 … 315
26.2.7 类比法 ……………… 318
26.2.8 外推的毒物代谢动
力学模型 …………… 318
26.2.9 多种模型组合方法 … 319
26.3 特殊生物区系的外推 ……… 319
26.3.1 水生生物 …………… 319
26.3.2 底栖无脊椎动物 …… 321
26.3.3 野生动物 …………… 321
26.3.4 土壤无脊椎动物和
植物 ………………… 322
26.3.5 土壤过程 …………… 323
26.3.6 水化学 ……………… 323
26.3.7 土壤特性 …………… 324

- 26.3.8 实验室到野外 …… 324
- 26.4 小结 …… 325
- **第27章 种群建模** …… 326
  - 27.1 基本概念和定义 …… 327
    - 27.1.1 种群水平评价终点 …… 328
    - 27.1.2 生活史在种群水平风险评价中的应用 …… 328
    - 27.1.3 不确定性的表征与传播 …… 328
    - 27.1.4 密度依赖 …… 329
  - 27.2 种群分析方法 …… 330
    - 27.2.1 种群潜在增长率 …… 330
    - 27.2.2 预测矩阵 …… 331
    - 27.2.3 整体模型 …… 334
    - 27.2.4 集合种群模型 …… 335
    - 27.2.5 个体模型 …… 335
  - 27.3 对有毒化学物质的应用 …… 338
    - 27.3.1 从个体外推到种群的不确定性的定量研究 …… 338
    - 27.3.2 基于生活史的生态风险评价 …… 340
    - 27.3.3 定量分析化学物质暴露对灭绝风险的影响 …… 342
    - 27.3.4 定量分析化学物质暴露对集合种群的影响 …… 344
    - 27.3.5 个体模型 …… 346
  - 27.4 种群模型在生态风险评价中的前景 …… 348
- **第28章 生态系统效应模型** …… 349
  - 28.1 生态系统范例 …… 349
  - 28.2 生态系统风险评价 …… 350
    - 28.2.1 生态系统评价终点 …… 350
  - 28.3 生态系统模拟模型 …… 351
    - 28.3.1 自然生态系统模型 …… 352
    - 28.3.2 生态系统网络分析 …… 352
    - 28.3.3 房室模型 …… 355
    - 28.3.4 现有生态系统风险模型 …… 355
  - 28.4 模型选择、使用与开发 …… 356
    - 28.4.1 模型选择 …… 357
    - 28.4.2 模型改进与开发 …… 358
  - 28.5 生态系统模型创新 …… 360
    - 28.5.1 动态结构模型 …… 360
    - 28.5.2 模型平台交互作用 …… 360
    - 28.5.3 网络生态系统模型 …… 361
    - 28.5.4 生态系统模拟的可视化 …… 361
  - 28.6 生态系统模型、风险评价及决策 …… 361
    - 28.6.1 模型结果与NOECs …… 362
    - 28.6.2 阿特拉津的含量 …… 362
  - 28.7 模型与建模者 …… 364

第五篇 风险表征

- **第29章 标准和基准** …… 369
  - 29.1 标准 …… 369
  - 29.2 筛选基准 …… 370
    - 29.2.1 作为筛选基准的标准 …… 371
    - 29.2.2 二级标准值 …… 371
    - 29.2.3 以剂量-反应模型为基础的基准 …… 371
    - 29.2.4 具有统计意义的阈值 …… 371
    - 29.2.5 具有安全因子的试验终点 …… 372
    - 29.2.6 效应水平的分布 …… 372
    - 29.2.7 平衡分配基准 …… 372
    - 29.2.8 作为基准的平均值 …… 372
    - 29.2.9 生态流行病学基准 …… 373
    - 29.2.10 筛选基准小结 …… 373
- **第30章 暴露和暴露-反应的整合** …… 374
  - 30.1 商值法 …… 374
  - 30.2 暴露是分散的而反应是固定的 …… 375
  - 30.3 暴露和反应均是分散的 …… 375
  - 30.4 综合模型 …… 378
  - 30.5 有意义与无意义的整合 …… 378
  - 30.6 空间范围的整合 …… 379
  - 30.7 实例 …… 381
    - 30.7.1 汞污染地区的鼬 …… 381

30.7.2 佛罗里达州南部的
　　　　白鹭和鹰 …………… 381
30.7.3 中国香港的白鹭和苍鹭 … 381
30.7.4 河流中具有生物积累性
　　　　的污染物 …………… 382
30.7.5 夏威夷的二次污染 …… 383
30.7.6 阿特拉津 ……………… 383
30.7.7 亚高山森林气候变暖 … 384
30.8 小结 ………………………… 384

第31章　筛选表征 ……………… 385
31.1 筛选化学物质和
　　　其他动因 …………………… 385
　　31.1.1 商值 ………………… 386
　　31.1.2 评分系统 …………… 386
　　31.1.3 筛选特性 …………… 387
　　31.1.4 逻辑标准 …………… 387
31.2 筛选场地 …………………… 387
　　31.2.1 筛选场地内的化学物质 … 388
　　31.2.2 场地的暴露浓度 …… 392
　　31.2.3 介质筛选 …………… 393
　　31.2.4 受体筛选 …………… 393
　　31.2.5 场地筛选 …………… 393
　　31.2.6 数据的充分性和
　　　　　不确定性 …………… 393
　　31.2.7 场地筛选评价报告 … 394
31.3 实例 ………………………… 394

第32章　权衡证据的确定性
　　　　　风险表征 …………… 395
32.1 证据的权衡 ………………… 395
32.2 沉积物质量三合一法：
　　　一种简单明了的推理
　　　方法 ………………………… 397
32.3 污染场地最佳结论
　　　的推理 ……………………… 398

32.3.1 单一化学物质毒性 …… 399
32.3.2 环境介质毒性测试 …… 406
32.3.3 生物调查 …………… 409
32.3.4 生物标志物和病理学 … 411
32.3.5 证据的权衡 ………… 413
32.3.6 风险评估 …………… 418
32.3.7 未来风险 …………… 418
32.4 应用实例 …………………… 419
　　32.4.1 污染场地风险表征 … 419
　　32.4.2 受污染沉积物的
　　　　　风险表征 …………… 421
　　32.4.3 野生动物风险表征 … 421
　　32.4.4 杀虫剂的风险表征 … 422
　　32.4.5 工业废水风险表征 … 423
32.5 风险报告 …………………… 424

第33章　比较风险表征 ………… 426
33.1 比较风险表征的方法 …… 427
　　33.1.1 风险排序 …………… 427
　　33.1.2 风险分类 …………… 428
　　33.1.3 相对风险定标 ……… 428
　　33.1.4 相对风险评估 ……… 428
　　33.1.5 净环境效益分析 …… 428
　　33.1.6 经济单位 …………… 429
　　33.1.7 比较风险报告 ……… 430
33.2 比较和不确定性 …………… 430
33.3 小结 ………………………… 430

第34章　表征可变性、不确定性
　　　　　和不完备性 ………… 431
34.1 表征可变性 ………………… 431
34.2 表征不确定性 ……………… 431
34.3 不确定性和证据权 ………… 433
34.4 偏好 ………………………… 434
34.5 局限性 ……………………… 434
34.6 结论 ………………………… 435

第六篇　风险管理

第35章　报告和沟通生态
　　　　　风险 ………………… 439
35.1 报告生态风险 ……………… 439
35.2 沟通生态风险 ……………… 441

第36章　决策制定和生态风险 …… 444
36.1 预防超标 …………………… 444
36.2 预防损害效应 ……………… 444
36.3 风险最小化 ………………… 445

36.4	确保环境效益 …………	445	37.2.2 相互依存 …………	449
36.5	成本效率最大化 ………	445	37.2.3 质量 ………………	449
36.6	平衡成本和效益 ………	445	37.2.4 效率 ………………	449
36.7	决策分析 ………………	445	37.3 环境条件和人类福利 ……	449
36.8	其他需特别注意的事项 …………………	446	37.4 结论 ……………………	450

第 37 章 人类健康风险评价的整合 ………… 447

37.1 作为人类前哨的野生动物 ………………… 447

37.2 人类和生态风险的综合分析 ………………… 448

37.2.1 评价结果的一致性表达 ……………… 448

第 38 章 风险、法律、伦理学、经济学和偏好的整合 … 451

38.1 生态风险和法律 …… 451
38.2 生态风险和经济学 … 452
38.3 生态风险和伦理学 … 454
38.4 生态风险、利益相关者的偏好和公众舆论 ……… 455
38.5 结论 …………………… 456

第 39 章 监测风险管理的结果 …… 457

第七篇 生态风险评价的未来

词汇表 ………………………………………………………………… 463
参考文献 ……………………………………………………………… 475
索引 …………………………………………………………………… 540

第一篇 生态风险评价导论

风险分析是我们在面临决策时用于分析不确定性和疑惑的最科学的方法。

Crawford-Brown(1999)

本书提供了大量关于开展生态风险评价的程序。本篇主要对生态风险评价作了界定,描述了生态风险评价与其他环境评价的关系,并对组织生态风险评价的框架作了阐述。本篇第4章主要介绍了生态流行病学,以往通常把它当成生态风险评价的一类,但现在公认它是一种显著不同的特殊实践。本篇后5章介绍了生态风险评价过程中所涉及的许多重要概念。

第1章
生态风险评价的定义

> 风险评价是科学和法律之间妥协的产物。
>
> William Ruckelshaus

"为不确定条件下的决策制定提供技术支持"是唯一能够对风险评价多重用途进行统一界定的语句。正如 Bernstein(1996)所说,用科学方法代替祈祷、预言、惯例、占卜和感知来处理未来的不确定性,是现代文化的特点。风险评价始于为赌徒计算赢钱的几率,后来为了确定养老金保险费和贸易航行船舶安全返回概率而逐渐盛行于 17 世纪的英格兰和荷兰(Hacking,1975;Bernstein,1996)。至今,大部分风险评价者的工作内容仍涉及金融和保险行业(Melnikov,2003)。风险评价已经扩展到工程、野火管理、医药和环境监管等许多领域。对于所有这些行业,风险评价的一般定义都显示了两个普遍特性,即决策的制定和结果的不确定性。

传统、客观的"风险"定义是某提议行动的效应的严重性(特性和量级)和概率的联合结果。依据情形(如死亡数、多度减少量和面积减少量等)不同,其严重性可以用不同形式加以描述。通过估计暴露种群中个体间出现某效应的频率,或是在多次制定相同决议后,对效应出现的假定频率予以估计,均可获得概率。例如,某一暴露种群有年总死亡率为 0.3 的风险,或者污水导致湖泊中鱼类种数减少的概率约为 15%。另外,风险也可以说是个体在制订不确定性决策时的精神状态,或那些承受该决策的人群的心境。由于人们常饱受焦虑和恐惧的困扰(虽然这与本书的主题不太相关),所以当评价人类风险时,主观性风险是个重要问题。值得一提的是,主观性风险与客观性风险概率评价中的贝叶斯推论对概率的主观性解释有着本质的不同(第 5 章)。

"环境风险"和"生态风险"这两个术语因为非常相似而可能会造成混淆。在美国,"环境风险"这个术语用于描述环境中污染物对人类造成的风险。生态学家随后发明了"生态风险"这个术语,特指对非人类的生物体、种群和生态系统造成的风险(Barnthouse 和 Suter,1986)。不过在欧洲,"环境风险"通常与美国"生态风险"的含义相同。

风险评价常常忽视其需要支持的决议。"很难想象存在那种既不需要考虑何种决策,也不需要考虑如何系统地协助决策者制定决策的风险分析"(Crawford-Brown,1999)。不过,环境风险评价(environmental risk assessment)最有影响力的指南强调:风险评价者应不受决策者的影响以避免出现偏倚(NRC,1983)。环境风险评价指南意在强调,风险评价过程在理论上不需要考虑决策过程的那些背景。例如,由于超级基金(Superfund)规章的特性,美国受污染场地的基线环境风险评价指南中没有注明修复决议的结果(Sprenger 和 Charters,1997)。随着人们逐渐意识到如果没能表达决策的意愿,再高质量的评价也毫无意义,这一情况发生了变化(NRC,1994;The Presidential/Congressional Commission on Risk Assessment and Risk Management,1997)。基于风险的环境决策通常分成三类:我们是否允许 x(如新化学品的使用、污水的排放和资源开采的加强);我们将如何处置 x(如修复、处理或恢复);我们是否应该做 x、y 或是 z(如哪种管理害虫的方法造成的风险最小)?

令人吃惊的是,环境风险评价的另一核心概念——概率——也常被忽视。表征风险的概率可能源于变异性或不确定性(第 5 章)。尽管分析不确定性和变异性(称为概率)的定量方法已存在了几个世纪,大多数环境风险评价仍使用定性或其他非概率方法加以处理。这并不意味着不确定性和变异性真的被忽视,或者就像某些人声称的那样,当前大部分风险评价并不是对风险的真实评价。其实它们常由半定量的预防实践所处理,即为了避免进行正式的概率分析而使用保守假设和安全因子来提供充分的安全性。然而,对不确定性进行正式的概率分析现在越来越普遍。这是因为半定量方法遭到了预防不足、过度预防或预防程度不明确等批评。

风险评价使用科学,但并不是传统意义上的科学,它不试图发展新的理论或常识,而是通过运用科学知识和工具来生成某一特定用途的信息。如此说来,风险评价者就好比是工程师,事实上大部分环境风险评价也正是由工程师开发出来的(Haimes,1998)。不过与某些质疑相反,风险评价主要基于实际信息和科学理论,而不是包庇政策的科学烟幕。风险评价及其内容往往被公众密切关注,有的甚至受到法庭上的挑战。因此,在有争议的案例中很可能会发现使用"坏科学"来论证已事先预定的决策的事情。

1.1 前瞻性和回顾性风险评价

美国环境保护署(US Environmental Protection Agency,USEPA)的《生态风险评价框架》和《生态风险评价指南》,以及本书的第一版,都区分了前瞻性和回顾性风险评价。这引起了某些误解,因为考虑过去事件的风险是没有意义的。本书取消了区分,转而强调风险评价的决策支持功能。因此,当评价泄漏事故或过去的其他事件造成的风险时,我们实际上是在评价未来与其相关的风险,例如,正在发生的毒性效应、污染物毒性的扩散、生态恢复失败所导致的生境破坏以及其他后果。即便是评价用于确定过去行为所造成的经济损失,我们也不是评价过去事件的风险。例如,在 Exxon Valdez 石油泄漏事件中,一定数量的海獭、秃鹰和其他野生生物都被杀死。自然资源损害评价(1.3.8 节)并没有对这些生物造成的风险作出评价,而是根据恢复物种种群、补偿被破坏的自然功能,及修复生态和经济损失等方面的成本,将损害评价的不确定性界定为对货币损失评价的水平不足或过度的风险。

虽然所有的风险评价多少都带有预测的意味,但并不代表它与过去的信息完全不相干。对以往数据的分析可能有助于阐明评价问题,指明影响未来的趋势,识别各种动因与损伤之间的因果关系,以及定义修复和恢复的基线。类似于人类健康流行病学,分析过去的生态效应及其原因被称为生态流行病学(第 4 章)。因此,USEPA 所定义的回顾性评价应被理解成对过去行为造成的未来结果的预测性评价。

1.2 风险、收益和成本

在评价某个行为时,有必要考虑与行为有关的风险、潜在的收益以及执行此行为的成本。例如,考虑是否要对某污染场地采用某修复技术时,对污染物和修复行为本身所造成的生态损害风险(如疏浚对底栖生物群落造成的损伤)、行为的收益(如减少对底栖鱼类的污染风险)和实施修复的成本等内容予以考虑是十分必要的。这些尺度如何把握和比较取决于具体情形。一些法规需要考虑成本,而另一些不需要考虑。而且,不同收益、成本和风险间的考虑程度也大不相同。例如在美国,如果有质疑的农药缺乏好的替代品,那么注册除虫剂或生物控制剂时便需要考虑农民的成本和收益,而非制造商的成本。虽然管理部门的主要目标集中于新化学品、排放物、泄漏和外来生物造成的风险,但是考虑收益和成本以及道德争议和公众偏好,能为制定决策提供更完备的基础(第 36 章)。被管理者的成本不仅能被迅速认识,评估也相对容易,但对环境收益却总是认识不完全,也难以量化。因此,成本-收益分析总是倾向于对环境保护不利。

1.3 支持的决策

生态风险评价的形式和内容由其支持的决策来确定。之所以这么说,不仅是因为不同的决议需要不同类型的信息,也源于不同决策文化发展出的各种正式、非正式的惯例和约束。例如在美国,一方面对新工业化学品必须在 90 天内作出评价,而且通常不要求生成数据;而另一方面,污染场地评价则需要持续多年,包括昂贵的现场调查、采样、分析和测试等。

1.3.1 危害优先化

在美国和其他很多国家,环境管理优先权的设置形式差异极大,这主要是基于立法者将其转化成法律和财政预算的公众压力。由于环境管理的资源有限,首先把它们用于最高度优先管理的危害,而不是那些多年前已被强力管制的危险。虽然使用风险评价设置危害优先级的观念十分吸引人(Grothe 等,1996),但在实践上还存在争议(Finkel 和 Golding,1995)。

USEPA 及其科学顾问委员会出于优先化的目的进行了比较风险评价(SAB,1990,2000;MADEP,2002),因为其结果存在很大争议,所以没能明显影响 EPA 的监管和管理实践。然而,它们推动了美国大多数州内比较评价指南的发展和此类评价的开展(Bobek 等,1995;EPA,1997a;Feldman 等,1999)。该类评价的执行非常困难,一方面因为信息量极少,另一方面是难以比较大范围时空尺度的不同实体和过程的风险。结果,正如 Harwell 等(1992)的案例研究,专家判别法已经用于缺乏数据分析的情况,甚至作为一种优先化方法,它基本已被利益相关者和公众代表的舆论所替代(1997a)。基于舆论的评价比优先化本身还具有一些优势,诸如更好的理解环境问题、让参与者促进协调行为,但是优先化的风险管理程序可能不会遵循和执行它们(Feldman 等,1999)。基于真实风险估计的优先化有待于评价方法的进一步发展,以及贡献足够的资源来解决问题的意愿。

USEPA 科学顾问委员会对石油泄漏的误判一事表明,在环境危害优先化中用技术手段替换专家判断十分必要。因为在感觉上,石油在海洋环境内的生态影响是短期的,石油泄漏被定为低级别的风险(SAB,1990)。然而,这种感觉缺乏高质量的长期监测的依据。有报道称,Exxon Valdez 石油泄漏事故中的某些可观测效应已持续了至少十年(Peterson 等,2003)。

除去技术困难,管理机构对基于风险的优选序列考虑较少,部分原因在于这些优选序列可能不合法或不道德。由于美国和其他多数国家的环境法需要独立于其他法律,这就产生了可能的非法性。例如,USEPA 不能为保证资源更有效地利用于强制实行《清洁水法》(Clear Water Act),而决定终止《清洁空气法》(Clean Air Act)的强制执行。另外,优选可能将某危害指派为高优先度,但此行为缺乏法律依据。技术分析将合法公民的个人利益最小化,或忽视了小团体的暴露风险(如当地公民消费传统食品),是导致"不道德"这一责难的主要原因。另一方面,基于多数人共识的优选可能造成不平等保护。在利益相关者的优选过程中,最善于表达和最有影响的群体所关注的内容往往被赋予更高级别的风险。因为这些问题,合理优选的潜在收益有待于最高级政府下达命令,去克服技术、社会和法律上的障碍(Davies,1996)。

1.3.2 替代行动的比较

如上所述,风险评价是为形成有关替代行动的决策而进行。然而,可供替代的范围通常很小,且考虑问题的范围也通常很窄。譬如,一种农药的注册常常不考虑替代产品、现有农药(可能更持久、更具毒性)和非农药害虫控制技术(含有自身潜在的严重生态风险)的风险,而且替代品容易被诸如注册、受限注册和新农药否决等内容所约束。很明显,决策过程可以符合法律命令,并在其内容上具备合理性,但会导致一个对环境优化不足的决策。

比较风险评价存在两项复杂因素。首先,风险评估并不充分,它必须同时评估替代行动的利益。一个风险相对较低的替代行动可能仍不符合要求,因为它只产生较小的利益甚至还有净损耗。在任何情况下,风险和收益的比较(不仅是成本和收益)都很重要,在对比一系列替代行动时甚至是必需的。其次,风险的比较通常涉及单位统一的问题。就是说,如果替代行动包含完全不同的风险和收益,就无法仅凭量化它们的未来生态状况而进行直接比较。把以统一单位表达的每一行动的期望收益和消耗的时间加以综合,称为净环境收益分析(Efroymson 等,2004)。若比较这一环节需要考虑的执行成本,则必须将净收益货币化以形成一个成本-收益分析(第 36 章)。

比较风险评价是本章中所讨论的一种不同决策方法。尽管所有的风险决策均包含至少两套备选方案的比较(如是否允许某一行为),但更具比较性的方法是将范围扩展至所有可能需要的备选方案。然而,它使得评价和决策的过程复杂化。关于这些问题的方法将于第 34 章讨论。

1.3.3 排放许可

生态风险评价主要关注两类行为:① 决定化学物质或其他物质是否应该排放;② 决定如何处置已发生的排放。显而易见,我们更应该做好前一项工作从而减少对后者的需求。允许排放的生态风险评价可根据不同情形加以区分,包括排放物质的类型(如化学品、废液、废气、其他废物和外来生物)、是否为新型物质、或先前允许排放而目前正在重新考虑等因素。

1.3.3.1 化学品

在美国,新型农药受《联邦杀虫剂、杀真菌剂和灭鼠剂法》(Federal Insecticide, Fungicide, and Rodenticide Act, FIFRA)的管制;新型工业品受到《有毒物质控制法》(Toxic Substances Control Act, TOSCA)或食品、药品和化妆品法令(此情况不再考虑生态因素)的管制。在 FIFRA 和 TOSCA 中生态风险评价的差异可以用于阐述法律强制评价的重要性。因为农药的作用在于其毒性,FIFRA 允许政府要求制造商对新农药进行相对广泛的试验和表征,也允许政府用足够的时间完成评价。TOSCA 则不允许超出化合物基本说明的表征和测试要求,仅批准 90 天来进行评价和决策。所以,农药的评价基于一个非常精细的层级结构,正被纳入概率评价的系统中(Urban 和 Cook,1986;Ecological Committee on FIFRA,1999a,b)。农药工厂负责对产品(如阿特拉津)进行分层次的概率生态风险评价(32.4.4 节)。与之相对的是,TOSCA 中的生态风险评价依赖小数据集、商值法和 10、100 或 1 000 的评价因子(Zeeman,1995;Nabholz 等,1997)。而欧盟和其他地区的新化学品评价有其自身的试验要求和方案,但通常它们都依赖于分层次试验手段,并使用评价因子和商值法等简单方法进行(RIVM,1996;The Royal Commission on Environmental Pollution,2003)。有责任感的化学品制造商发展出类似的评价方法以保证他们的产品"对环境友好"(Cowan 等,1995)。化学品生态评价方法之所以能得到快速发展,是因为诸如计算毒理学等科学的进展和对已用化学品的重新关注,尤其是欧盟的《关于化学品注册、评估、许可和限制的法规》(Registration, Evaluation, Authorization and Restriction of Chemicals, REACH)(Bradbury 等,2004)。

1.3.3.2 流出物

在美国和大部分其他国家,废液或废气和其他废物流的排放由许可程序进行管制。从生态学角度看,其中最重要的是通过被称为国家污染物排放消除系统(National Pollutant Discharge Elimination System, NPDES)进行的废液排放许可。该程序主要是通过规定流出物不得违反水质标准来完成的,这些标准包括不得违反的浓度、持续时间和超标频率(2.2 节)。在美国大多数州,标准都是基于 USEPA 颁布的国家环境水质基准(1985),其他州则使用等价基准和标准(Roux 等,1996;CCME,1999;ANZECC,2000)。另外,许可也可能会指定废液、废气的毒性应使用标准化的急性或亚慢性方法来测试(24.2 节),或指定受纳群落应达到的生态标准(USEPA,1996a;Ohio EPA,1998)。

1.3.3.3 新型生物

生物体被引进可能出于园艺用途、生物控制、宠物饲养或其他目的。由于生物体非常复杂,而且可能显示出未预料的特性或包含新的特性,所以从概念上说,确定是否允许其引进非常困难。外来物种引进管制的风险评价可能会基于美国的结构化专家评审(Orr,2003)或更客观的分析。如评价用于水产养殖的进口虾,该物种可能含有病毒,对本土虾有致病性(Fairbrother 等,1999)。在美国,基因工程生物就像化学品那样被管制。具体而言,用于生物控制的新型生物受 USEPA 农药办公室管制,其他新型生物与工业化学品一样受 USEPA 毒性物质办公室管制。

1.3.3.4 国际贸易中的物品

世界贸易组织(World Trade Organizaiton,WTO)1995 年的卫生和植物检疫措施实施协议和某些区域性贸易协议要求,如果某国欲因对人类健康、动物或植物的风险而拒绝进口某物品,则必须对其进行风险评价。当确定物品是有毒的、致病原、害虫,或有其他不可接受的风险,又或是物品有作为以上有害物载体的显著风险时,拒收才可以成立。从有争议的转基因作物到可能含有外来害虫的木材和植物制品都在拒收的物品之列。WTO 协议对风险评价的要求比大多数法律基础更加严格,风险必须以概率表示,而不是以可能性表示(Codex,1997;OIE,2001)。新西兰提供了一份对进口动物、动物产品和相关病原体、害虫实施概率风险评价的优秀指南。

1.3.4 限制负荷

由于多种来源的多重释放效应,废液、废气或固体废物中化学品及其处置的监管难以起到保护的作用。一种解决办法是在无不可接受效应的情况下,定义一个生态系统可能从所有来源接收某种污染物的速率。对于大气处理而言,这是指临界负荷(Hettelingh 和 Downing,1991;Holdren 等,1993;Hunsaker 等,1993;Strickland 等,1993),相同的术语也用于水环境污染中(Vollenweider,1976)。但在美国的水质管理中,它是指最大日负荷总量(total maximum daily load,TMDL)(Houck,2002)。对负荷设限需要定义被保护的资源(如水质、生物群落或人类健康)和每一个测量终点(水质基准、底栖无脊椎物种丰度和土壤 pH)。联合使用现场测量和建模,能够判定是否超限、新来源能否引起超限、现存源对于超限的相对贡献,或者修复行为产生可接受负荷的可能性。在某些情况下,这相对更容易些。例如,若某种持久性、可溶化学品在某一河流或流域的多个位点排放,简单的转运和归趋建模便可确定其对下游某点水质超标的影响程度。然而,另一些情况却很复杂。例如,因为氮循环、酸化和富营养化过程的复杂性,流域内 NO_x 的沉积物很难回溯到大气中的点源或非点源,而且其对陆地和水生生态系统的效应也难以测量或预测。

1.3.5 修复和恢复

在美国,生态风险评价的主要用途是支持受超级基金(Superfund)资助的污染场地的修复(Suter 等,2000)。一个对污染场地完整的生态风险评价将会考虑现存污染(无作为方案)、修复行为本身、残留污染和后续土地使用的风险。此外,如果在修复后采取生态恢复行为,那么与恢复相关的风险也必须予以考虑。

在美国,修复评价分为两阶段:① 基线评价,用于确定未修复污染是否呈现出显著风险;② 备选修复方案的评价,也称可行性研究。基线评价的程序和技术指南可从 USEPA 的环境反应小组及固体废物与应急反应办公室的网站获得(Sprenger 和 Charters,1997),这些评价通常执行情况良好,且拥有丰富的数据。因为污染场地需要进行采样、调研和试验,所以评价者可运用全范围的评价技术(Suter 等,2000)。与之相反,针对疏浚、去污、封顶、道路或其他基础设施的建设,对介质的化学或热处理,化学品的泄漏和其他可造成明显生态危害的修复行为的风险评价指南却很少。修复决策倾向于关注修复技术在减少污染风险方面的效能及其成本,而不是修复的风险本身。只有在修复行为非常昂贵和有争议时,才会对备选修复方案的生态风险予以认真评价,如纽约哈德逊河的多氯联苯(PCB)污染。

恢复是指受修复行为或其他行为干扰的某场地生态结构和功能在某种程度上的再生。恢复的相关危害包括腐蚀、淤积、引入具不良特性的外来物种(如地被植物)、使用农药和化肥以及公园建成后的割刈和践踏等。除上述风险外,种植的树木可能死亡,内流结构可能被冲走,或者其他原因都会导致恢复行为的失效。所以,在恢复项目上应用工程风险评价技术是恰当的。就像其他种类的风险评价,恢复行为的评价应该对比所有备选方案的风险。例如,在圣海伦火山喷发后,该区域部分种植了外来的草本植物。尽管这些植物减少了火山灰的侵蚀,但它们也明显减慢了当地森林的重建。因此,河流和河流生态系统受侵蚀的风险可以与本地陆生生物群落恢复延迟的风险相比较,从而获得合适的效果。

1.3.6 批准和管理土地使用

土地利用的变化,尤其是将支撑自然群落的土地转化为农业、居住和城市用途,是生态系统面临的最严重的人为威胁之一。但在美国土地利用变化几乎很少受到管制,通常地方政府就有权批准土地利用。因此,生态风险评价很少涉及土地利用的决策。美国联邦政府的多数行为却是例外,它们都需要环境影响评价(2.12节)。不过,生态风险评价框架可被应用于土地管理决策,比如佛罗里达南部土地开发和水资源利用的复杂决策(Harwell,1998)。

土地利用也包括那些涉及使用强度的决策:牧场区的允许放牧量应该是多少?森林的砍伐频率应该是多大?这些决策都是评价实践本身发展的良好主题(Davis等,2000;Holchek等,2003)。尽管它们很少用到风险评价的概念和术语,但就其具有明确的可计量目标和对不确定性进行分析以告知决策者等特点而言,它们就是生态风险评价。

1.3.7 物种管理

为管理资源物种和濒危物种,必须评估物种或物种种群的风险。出于这种目的发展的技术可用于评估污染物质和外来生物体对种群造成的风险,且风险评价的概念也早已应用于资源管理(第27章)(Francis和Shotton,1997)。猎捕物种、渔业、木材树和其他收获性植物的管理都需要加以评价来确定获取程度,从而避免造成不期望出现的灭绝的风险。在渔业管理方面,概率建模尤其重要。群落和生态系统内的种群建模和适应性管理等也都是资源管理评价的创新之举(Walters,1986)。渐危或濒危物种的管理常常基于种群建模(称为种群生存力分析),它可以估计指定时期内(如在接下来的50年内),种群灭绝的时间或灭绝的概率(Sjogren-Gulve和Ebenhard,2000;Beissinger和McCollough,2002;Keedwell,2004)。当人类的获取行为造成某种群灭绝时,这两类评价有交叠之处(Musick,1999)。若珍稀物种对生态系统或其他珍稀物种有潜在的破坏性时,则物种管理的评价变得尤为复杂(框1.1)。风险评价有助于保护物种,因此用于自然保护和污染管理的生态风险评价也已同步发展起来(Burgman等,1993;Burgman,2005)。

1.3.8 评价损失

由于疏忽或犯罪行为导致生态破坏时,责任方须支付赔偿金。这些赔偿金用于恢复被破坏的生态系统;若已不可能,则用来保护其他区域。在美国,自然资源保管者被要求依据《清洁水法》(1977 修正案)、《外大陆架法》(Outer Continental Shelf Act)(1989 修正案)、1990 年《石油污染法》(Oil Pollution Act)和 1980 年《综合环境反应、补偿和责任法》(Comprehensive Environmental Response, Compensation, and Liability Act, CERCLA)寻找污染者造成的破坏。自然资源保管者是公有土地管理者(如美国土地管理局),或者生物资源管理者(如美国鱼类和野生生物机构)。不过,森林所有者或其他任何自然资源的私有业主也可以依照民法来控告破坏行为。对破坏予以评价,必须确定某种自然资源受到损害,且损害与某一责任方有潜在关联。在筛选阶段之后,必须量化损害的特性和程度,同时也必须证明责任方的行为是造成该损害的原因。按照惯例,下一步是基于资源的受损功能将资源损害转化为赔偿金,并由责任方支付给资源管理者或所有者。另外,责任方可能被要求恢复资源。这需要进行备选恢复方法的评价,用以对比它们的成本和期望效能。美国内务部有公众资源的自然资源损害评价规章和指南(40 CFR 11 和 http://www.doi.gov/oepc/frlist.html)。损害评价,总的来说是生态流行病学评价的一个子集(第 4 章)。

框 1.1　象群的管理、风险和环境伦理

对种群的管理可能牵连到共生种群和群落,从而导致了决策上的困难。这个问题在 Whyte(2002)记述的象群管理案例中尤为突出。象群对其生境具有高度的潜在破坏性:它们能够吃牧草(连根拔起整片丛生禾草);能够吃树叶(撕掉树枝或撞毁树来吃树枝和根);能够用牙将树皮从树干上撕扯下来吃掉。另外,除了人类,它们没有重要的掠食者。因此它们在被饿死之前就能够毁坏整片森林,特别是干旱时期——就像 1974 年发生在肯尼亚 Tsavo 国家公园的那样(Whyte, 2002)。然而,象是巨大的动物,故而受到动物权利保护者的关注。南非的 Kruger 国家公园是一个封闭系统,偷猎被控制得很好,但这反而使得上述冲突更为紧迫。

Kruger 国家公园可以从多个角度来进行象群管理的生态风险评价。首先,象被认为是引起林地和与林地相关的野生种群风险效应(包括公园内某些群落或种群的灭绝风险)的因素。此时能够识别出一个特定水平,在该水平下象群通过产生中度干扰使生物多样性最大化。其次,评价可以对比象个体和种群、群落的风险,而综合考虑动物权利和生态影响。最后,对所有物种采取生物权利法,对比巨型生物个体(象)和其他物种个体(猴面包树等巨型植物)的风险。

即使象个体被确认为存在风险,目前也不能确定采取何种管理方法的效果最佳。传统的选择包括直接射击象脑部,残忍但却迅速;否则被击中其他部位的痛苦更大,且更残忍。避孕需要经常迫使雌象去服药,但这不仅在伪发情期内会造成雄象对雌象的厌烦,还会扰乱家庭单位的统计。此外,避孕法非常昂贵,因为它需要反复处理至少 70%的成年雌象,利用无线电跟踪以便可以再次捕获。还有一个办法就是顺其自然,这样可能导致象缓慢、痛苦但却自然的死亡。因此,选择最小痛苦还是最小干涉为目标,将催生出不同的解决方法。

> 通过基于生境承载力分析的淘汰政策,Kruger公园对象的数量维持在约7 000头左右。这一政策于1994年因动物权利抗议而被终止。妥协方案是将公园划分为6个区域:两个"高影响"区,其间的象群未受干扰;两个植物储备区,其间保护珍稀或具有重大生态意义的植物;还有两个"低影响"区。所有的区域均被监测,当损害达到一定程度时,就执行控制。监测的内容包括植物、蛙、鸟类、爬虫和哺乳动物的多度,以及侵蚀速率等非生物参数。当低影响区内的变化超过关注的阈值时,管理者和利益相关者就要考虑实施管理行为。例如,一项值得关注的阈值是成年树木数量减少80%。这样,成年树木的多度就是一种效应的测度。象群和其他生物区的监测应该最终生成生物群落内象暴露-反应的经验模型。尽管管理决议通常是专门制定的,但经验模型具有明确的生物多样性和象保护目标及终点,故而仍可为象群管理提供基础。不过,那将需要协调两种观点:把象作为有权利的个体,和把象仅作为还拥有其他保护物种(甚至就是保护免受象的威胁)的生态系统的一部分。对于那些有能力对生态系统造成不利影响的其他动物,如美国西部的野马和野驴或东部的白尾鹿,管理者也面临同样的伦理困境。虽然风险评价无法解决此类困境,但它可以通过阐明系统(终点)的赋值属性,例如因果关系(概念模型)、暴露-反应关系及其中的不确定性等内容从而支持决策过程。

1.4 风险评价的社会政治目的

风险评价的首要目的是报告决策过程,但因为决策不可避免地是一个社会政治过程,所以风险评价也应服务于社会政治目的。首先,风险评价提供决策技术基础记录。其次,风险评价提供了利益相关者和公众关心的合法信息。再者,它因提供技术论坛来解决争端而减少了论战。最后,它为利益相关者提供了参与设计和报告决策过程的一种手段。很明显,这些功能是理想化的,并不总能付诸实施。不过,重要的是风险评价者应明白好的决策必须是合法决策,否则环境管理就会失败。因此,他们应积极参与公开会议和评审等可提供合法性的辅助活动。为此,他们还必须要明白在环境决策舞台上自己所扮演的角色。

1.5 角色分配

1.5.1 风险评价者

风险评价者是为支持决策而开展评价的技术专家。生态风险评价者一般要在可能包含健康风险评价者、生态学家、毒理学家、化学家、水文学者、统计员、系统建模师、工程师和其他相关技术专家的团队内工作。虽然大部分从业者从工作中学习到风险评价的概念和方法,不过高校也在增加风险评价的训练。评价者可能被某家管理机构、执照申请者、污染事件(泄漏或倾倒)的责任方、居民社团,或者环境保护组织所聘用。无论何种形式,他们是技术顾问,负责将可利用的科学与实践转化为有用信息。

1.5.2 风险管理者

风险管理者是有责任和权力进行风险决策的个体或团队。某些时候,不同角色有着明确的分配。例如,在超级基金资助的污染场地修复中,修复项目管理者(remedial project manager)是决定采取何种修复措施的 USEPA 官方负责人,风险评价者则负责向其提供技术支持。然而在另一些情形下,角色分配并非那么清晰。如在美国和欧洲,新化学品的风险评价均使用标准方法来判断指定用途的化学品可接受或不可接受。因此,尽管单独的风险评价者没有决策的权力,他们的分析也可以产生决定,而非仅仅进行风险分析。但当决策不是依照程序产生或新方法被提议时,权威部门将会介入。

在不同国家和管理背景下,风险评价者和风险管理者的关系极为不同。一方面是因为不同背景下对于风险评价相关性和独立性的侧重不同。很明显,假如风险评价不能提供风险管理者需要的信息,则基本等于做无用功。因此,风险管理者必须赋予风险评价者提供信息的职责,并应告知其判断必须基于政策,而非评价过程中的事实。另一方面,风险管理者的偏好使其在风险评价之前就已倾向某些特定结果。如果风险管理者过于介入技术分析,结果将显得有失公正,且很可能确实就存在偏颇。所以,美国联邦政府提供的风险评价原始指南中强调,有必要隔离负有政治责任的风险管理者与不偏不倚运用科学的技术专家(NRC,1983)。此后,事件发展走向另一极端,联邦政府又要求风险管理者和利益相关者大量涉入风险评价中(NRC,1994)。如前段所述,他们之间的关系也受到风险评价常规化程度的影响。特定地点评价和非传统、风格鲜明的评价更容易得到风险管理者的关注。

USEPA 依据 1983 年 NRC 指南而建立的生态风险评价框架中,风险管理者游离于风险评价框架之外(图 3.1)。不过,USEPA 的实践也具有高度的灵活性。风险评价者应该了解谁拥有制定风险管理决策的权力,以及他们愿意如何接受技术支持等情况。

1.5.3 利益相关者

利益相关者是在环境管理决策的成果里有着特殊利益的人或组织,包括居住在污染场地或附近的人们、对污染负责的当事方、环保人士、渔民和其他生物资源的收获者、新化学品的制造者和资源的休闲用户。虽然公众作为整体在环境管理决策中可以代表一方利益,但利益相关者仅指决策时一个有着特殊利害关系的极小群体。因此,风险管理者必须区别对待公众利益和相关者利益。

近期的风险评价指南(NRC,1993;The Presidential/Congressional Commission on Risk Assessment and Risk Management,1997)强调了利益相关者所扮演的角色。这种强调更适用于人类健康风险评价,因为利益相关者通常较为关注健康和经济问题,同时也因为他们倾向于在这些方面投入。

当修复或处理行为是由恐惧而不是风险或观察到的效应所驱动,且这些恐惧在社区间的表现有所不同时,利益相关者的介入就非常重要。例如,大部分社区的公众恐惧可以迫使对核放射性的修复达到"尽可能低"的水平,即便该水平远低于背景值。然而在某些社区,如美国田纳西州的橡树岭或新墨西哥州的洛斯阿拉默斯(Los Alamos),风险评价的影响力更大,因为公众受到过良好教育,熟悉辐射的相关问题。这种有差别的恐惧不会发生于非人类生物中,但是社区和利益集团之间对非人类生物和生态系统的关注水平也有很大差异。

经济利益的公平对利益相关者的投入也很重要。有些人将承担成本,而另一些则享受决策带来的收益。环境公正问题(如某些种族和民族团体背负不公平的环境污染压力)使这些问题更加复杂化。植物和非人类动物则不存在此类受骗和不平等的感觉。

尽管由于在风险排斥方面的不同,不同人类社区之间可能具有不同水平的风险,不过利益相关者的偏好却并非是对鸟类和植物实行区别化保护的必要基础。譬如,鹤类是国家和世界级的珍稀资源,但普拉特(Platt)河的地方社区却要求抽走鹤类栖息地必需的河水。利益相关者的偏好不能胜过对那些鸟类的法律保护和道德职责;但是,倘若忽视或反对利益相关者的意见,他们就会像普拉特河案例中那样,使用法律或行政手段来达到他们的目的。利益相关者也可能会形成特定的合法团体,去保护那些不被风险评价者和风险管理者所关注的非人类环境。比如哥伦比亚河沿岸的原住民不仅赋予鲑鱼经济价值还有宗教文化价值。与此类似,渔民会关注鱼类的损伤、肿瘤和畸形,而许多生态学家却不会。

在很多情况下,生态风险评价者有必要教育利益相关者,使他们关注处于风险中的环境属性及其与人类福祉的关系。不过评价者也必须乐意从利益相关者那里学习与评价有关的知识或思路。

风险评价者应当意识到,利益相关者的行为或许与增进风险理解不一致,而后者可以改进决策的合理性。某些当事方之所以决定忽略风险,常常是因为过多的数据和分析可能会动摇他们的信心。持何种立场部分取决于谁承担举证责任。如果管理者证明风险在采取行动前极大,那么新化学品的制造商就会对限制信息有兴趣。而如果制造商证明新产品的安全性,那么现有竞争产品的制造商和抵制新技术的环境主义者就会对限制信息感兴趣。同样,如果人们感觉他们被某种产品所伤害,并已获得公众和政治同情,那么他们就愿意快速裁决而并非进行研究和分析。某些利益相关者会鼓吹额外的数据收集和评价,这是一种拖延策略,并非真正希望改进决策质量。例如,危险品制造商喜欢辩称尚无足够的信息支持对产品的管制。当利益相关者参与评价计划或对提交给风险管理者的信息有影响时,了解这些不确定的事项十分重要。

最后,利益相关者的作用并不仅仅是建立目标来源或提出需关注的问题。有时,利益相关者亦可生成数据,甚至进行他们自己的风险评价。这些风险评价可能会成为在法律上挑战风险管理者决策的依据,或者呈交给风险管理者作为评价的替补方案。

第 2 章
其他类型的评价

虽然风险评价广泛应用于环境决策中,但在一些特定场合,仍需要一些其他种类的评价和决策工具,它们实际上是对风险评价的补充。本章将重点讨论某些补充方案与生态风险评价的关系,其中基于生态流行病学的评价则另见第 4 章。

2.1 监测状况和趋势

由于对环境状况的关注,我们开发了能用物理、化学和生物性质来监测环境现状、预测环境趋势的大量项目。这些项目的开发费用,特别是在环境管理、处理、修复和恢复等过程中大额经费的支出,引起了人们关于效能方面的思考。我们的支出与收益是否相匹配?已有项目是否无法针对正在发生的环境退化?因此,有必要进行环境监测,从而对环境状况进行量化,并生成相应的环境报告单。这些项目,可以像 USEPA 的环境监测和评价项目(Environmental Monitoring and Assessment Program,EMAP)(Jones 等,1997;Jackson 等,2000),或国家海洋和大气管理局(National Oceanic and Atmospheric Administration,NOAA)的国家状况和趋势项目那样生成它们自己的数据,也可以如同 H. John Heinz Ⅲ 科学、经济和环境中心(2002)那样分析已有数据。

确定环境状况和趋势的常规监测与为风险评价而进行的监测有着本质上的区别:① 常规监测考察的是常规条件下,可由随机采样的结果表示的一般性质,而非风险评价者所关心的特定损害效应(Suter,2001)。② 常规监测不涉及风险评价的核心——因果关系。③ 常规监测对指示物进行监测,多体现为指标形式,而不是生态实体的真实数值属性(Jackson 等,2000)。④ 常规的环境监测无须为特定管理决策提供信息。它们可由 EMAP 或类似项目完成,更倾向于描述性而非预测性,通常仅作为地区、州府或国家的环境报告单(Jones 等,1997;Office of Research and Development,1998;Jackson 等,2000)。

虽然这些常规环境监测项目不是为风险评价设计的,但它们仍可在一定程度上为其提供相关信息。它们可能会反映出后续评价应解决的信息,如状况的成因、纠正措施的风险和收益(第 4 章),而且长期监测还可进一步体现出环境管理有显著收益还是失败。但是在美国,常规环境监测项目几乎不能达到这些目标(H. John Heinz Ⅲ Center for Science,Economics,and the Environment,2002)。

2.2 制定标准

环境标准是环境介质中污染物浓度的法定容纳阈值。对流动介质(水和大气)而言,标准还必须指出平均持续时间和重复频率。例如,美国环境水质基准(US acute ambient water quality criteria)规定每 3 年内,1 小时平均浓度超标不得多于 1 次(Stephan 等,1985)。执行标准也可以说是一种对特定地点或特定案例进行风险评价的替代方法。标准可通过多种方法制定,具体内容见第 29 章。

标准可能是基于风险制定出来的,但在多数情况下它们的意义在于制订出合理和可实施的水平,与已知生态终点或保护水平并不一致。如果要与已知生态终点或保护水平相一致,风险评价必须将一系列标准作为其自身的一个有效终点,而且仅评价超出这些标准的风险。但是,只有那些根据既定终点和既定风险水平而设置的标准,才可用于完整的风险评价。譬如,在荷兰,最大允许浓度就是为了保护生态系统的所有物种不被毒性效应侵害而设置的标准(Sijm 等,2002),因此,"毒性效应"一旦被确立,它就可被用于评价风险和监测保护行为成功与否。

强制执行的标准和风险评价可在一个共同的决策框架下合并。例如,加拿大环境部长委员会(the Canadian Council of Ministers of the Environment,CCME)将分别基于标准和风险的方法整合进所颁布的污染场地修复框架(CCME,1999)。通常污染场地的修复目标取决于国家指南,但也可能要根据现场相应地调整,或者开展一次特定地点的风险评价。具体而言,出现下列情况需要进行特定地点评价:识别出罕见或敏感的受体、现场条件、暴露条件;存在显著的认识缺口;指南由于未制定或污染物高度复杂等原因而无法应用。

2.3 生命周期评价

生命周期评价是一种用于综合评价产品或产业在其整个生命周期中,即从原材料的获取、加工、运输、使用、回收直至最终处置,是否存在潜在的环境和健康效应的技术方法。与风险评价一样,它有多种用途,包括决定备选产品或过程(比如纸袋与塑料袋、免洗尿布与可洗尿布、煤与核能)的采用与否,或是在工业中确定其工业行为的环境后果和潜在的相关责任。很多生命周期评价都致力于评估制造过程的材料清单、能源使用和废物排放。由于备选产品或过程的复杂性(比如,提炼石油制作塑料袋和砍伐树木制作纸袋的环境效应之间没有明显的共性),涉及的比较具有一定难度,因此生命周期评价主要采用定性的方法(如排序和计分等)。然而生命周期评价正变得越来越复杂,包括对参数、场景和模型的不确定性分析(Huijbegts 等,2003),这使得生命周期评价和比较风险评价具有了一定的共性(Sonnemann 等,2004)。

2.4 禁令

风险决策的替代方案之一是对特定类别的物品或行为采取禁令。例如,2001 年斯德哥尔摩持久性有机污染物(persistent organic pollutants,POPs)大会认为,对于某一化合物,即使它毒性很小、浓度极低,但仍可能具有尚无法预知的毒性或可能通过不可预知的途径积累。因此,大会签订了减少或消除那些性质相对稳定的有机化学品的生产和贸易的公约。

该方法中一个明显存在问题的案例就是禁止污水污泥的海洋处置(Weis,1996)。污泥是污水处理过程中产生的固体物质,含有有机物、营养盐、微生物以及家用和工业化学品。污泥可能会被倾倒入海、焚烧、填埋或融入表层土壤中。有关研究、评价和评审都表明,污泥倾倒入海不会带来明显的生态或健康风险,因此,纽约市允许在公海区域(离岸106英里)处置污泥。但是,由于公众对新泽西州海岸污染的愤怒并将其归咎于误传的纽约污泥而非真正污染源(下水道溢流和垃圾填埋场渗滤液的联合作用),污泥和所有其他海洋倾倒都被议会法令所禁止。这种政治决策强行推动了污泥的岸上处置,却没有考虑相对风险。尽管焚烧和其他陆上替代方案均被证明是有争议的,但都无法导致对海洋处置禁令的反思。

在缺乏表明显著风险的证据或没有其他分析结果的情况下,禁止某类化学品或行为也许会导致预料外和不期望的结果:持久性农药被更毒的农药所替代,污泥在陆地而非深海沉积物中扩散。这是因为禁令通常以法律或条约的形式出现,从而阻止了个案中的最优化选择。不过,当对个案决策的正式分析存在一定困难或不太可能实施时,一刀切式的禁令也可能产生环境净收益。

2.5 技术规则

指定一项特定技术或一系列认证技术来处理或修复,是风险管理决策的另一种替代方案。这种方法如今已很少使用,因为它不仅容易限制减少成本或改进性能的技术革新,而且也可能由于地点的特异性导致无法解决问题。然而,当无法采用常规监测方法时,采用特定技术是一种相对简单但又能达到最低水平保护的方式。

2.6 最佳实践、规则或指南

相对于单纯技术的应用,一种更可行的方法是使相关工程师或管理者做到最好,如"最佳管理实践"、"最佳可用控制技术"、"可合理达成的最低"或"最佳可实践技术"。在遇到以下两种情况,导致仅能识别危害却不能定量评估时,可采用此方法:① 相对于产品或技术的收益,获得低风险的花费太高;② 虽然风险已经很低,但出于公众顾虑需要监管行为。但随着风险评价方法的日益应用和推广,这种最佳实践和规则的方法已越来越不流行。另外,伦理和实践因素已经渗入到此方法中。仅仅为了更为有效的管理和降低管理成本,而使某群体暴露于更高的风险,这种做法从伦理的角度显然是不可行的。而当我们把基于风险的工业标准提高时,就会开发出一些新技术,从而降低现存控制技术的成本,这强化了公平性因素。另一方面,最佳实践和规则的严格执行可使污染物得以处理和修复,从而使金属、辐射或其他自然发生的动因达到极小风险或低于背景水平。然而,已有观点认为,最佳可用技术方法不仅可避免科学所涉及的冲突和不确定性,并且不会因为数据收集和分析而被延迟,因此,它们可能比风险评价和其他科学方法更有效(Houck,2004)。

当传统的管理方法不太可行时,最佳实践和指南也是改进环境质量的实用手段。例如,对于农业耕作区域的沉积物和养分流失,虽然很难采用量化和排放许可等传统的管理方法,但可鼓励采用诸如沿河设立缓冲带等最佳实践的方法(Cestti 等,2003)。

贸易或工业组织可能以行动守则的形式定义良好实践。这些守则允许成员采取负责行为而不被不负责的竞争者伤害,也能预先应对监管的需求。

2.7 预防原则

预防原则有时可作为风险评价的备选方案。它与大部分环境原则一样,也有多种含义和用途。目前至少有 14 种不同版本的预防原则(Foster 等,2000),其中一些是风险决策的替代,而另一些则为风险决策的补充。

最极端的版本是在新技术或行为通过之前,需要确凿的安全性证据(Foster 等,2000)。这将阻止所有的新行为,包括引进更环保的技术,因为需要确凿的安全性证据这一标准是很难办到的。

还有更常见的一些情况,如 1998 年的 Wingspread 预防原则指出,如果能预测到某种行为或已有污染可能危害人类健康或威胁环境安全,即使这些预测"尚未完全被科学证实",也应管制该行为或减轻已有污染(Raffensperger 和 Tickner,1999)。同样,1992 年《里约热内卢环境和发展宣言》称:"在那些存在严重威胁或不可逆破坏威胁的地区,需要执行能阻止环境退化的方法,绝不能把缺乏完全的科学确定性当成推迟这些方法执行的原因。"所以,在缺乏有力证据时,须强调预防行为的执行。执行的诀窍在于把可信威胁从那些不可信的、甚至只是设法保护现存工业实践的"烟幕弹"中区别出来,这就需要进行一些风险评价。

预防原则的另一层含义是举证责任应由行为筹划者承担。这个含义通常比较含糊,但在某些情形下它是环境评价中使用传统假设检验的一种反应(Weis,1996)。该检验优于零假设(无事发生或没有作为行为的结果发生),且须有 95% 的置信度方可反驳。预防性的替补方案会要求无显著效应的证据,而不是显著效应的证据。这将需要确定效应、变化程度和 Ⅱ 类误差的最大可接受概率。举证责任由所有利益相关者承担的评价形式与对效应概率进行无偏好评价的理念不相一致。在理想状态下,风险评价应该估计不确定性而不是强制执行某特定决议。

预防原则还有一类含义是在决策制定时,仅要求选取倾向于保护的方案。某版本明确指出应该选择危险性最小的备选方案(Kreibel 等,2001)。这个决策标准意味着需要比较风险评价。

环境管理中预防方法的案例是欧洲环境局对 14 个案例的评审,发现当早期预警没能产生预防行为时,则会导致严重影响(Harremoes 等,2001)。从这些案例研究中可得到一系列的教训,要求对由科学知识的隔阂、备选方案的选择、企业利益的细审,以及产品和技术的风险等所带来的所有不确定性进行更为全面的风险评价,从而带来适度的预防,减少不充分预防和过度预防。

2.8 适应性管理

由于生态系统本身的复杂性,以及它与人类活动的相互作用,因此对某一行为的预测结果往往很难具有较高的置信度。在这种情况下，预防性方法会要求避免该行为，但这一般不太可能。一种可能的对策是"尝试某事看它是否可行"。由于管理行为的成败与否可能取决于一些不可控的变量（如天气或种群周期等），这种方案显然是有疑问的。因此，有人提出了比"尝试某事看它是否可行"更严谨的概念，即适应性管理（Walters，1986）。在适应性管理中，备选行动均被视为实验对象。在理想状态下，它们首先被随机分配至平行空间（某区域的河流）或平行时间（对于每年繁殖的物种）的平行系统中，然后根据结果，设计或选择一个最优化的管理计划。适应性管理的概念适用于资源管理，它的典型实验是某些年份减少鱼和水鸟的捕获量，以确定捕获和恢复的关系。其他还包括，在森林流域应用不同的木材收割技术，或在农业流域采用不同的耕作方法，从而确定它们对水质和河流生境质量的效应。

由于评价的真实性和结果的可预防性，适应性管理有着明显的吸引力。然而，由于它的实验设计和进行存在一定难度等原因，适应性管理很少被使用。与任何缺少良好设计的实验一样，如果适应性管理实验缺乏平行试验、平行系统或随机分配，它就会受混杂、偏差或随机效应等的误导。但是，即便未能有平行作为保障，实验也可能提高决策的质量，特别是当这些实验能被很好地监测从而使不明混杂变量的影响最小化，或它们能监测机制性参数以保证评价模型的似真性。例如从 Glen 峡谷大坝到科罗拉多河大峡谷河段的放水实验，这个实验的目的是通过模拟春季洪水，以确认其是否能恢复稀有物种的生境和促进生态重建。当大量细致的监测实验均给出明确的结果时，建议实验应可被重复（NRC，1999）。

适应性管理可能失效的另一个原因是实验没有基于清晰的暴露模型和反应系统。这些评价模型可以：① 强调与关键系统性质相关的实验设计，② 建议实验的类型和水平，③ 提供外推实验结果的方法，从而使管理者明白如何在现有条件下调整管理实践，或如何在将来的条件下改变它们（Holling，1978；Walters，1986）。

最后，由于风险管理者和评价者都不愿承认他们不知道何种替代行动是最佳的，尤其当适应性管理的成本很高或社会动荡时，确认何种替代行动为最佳特别困难，因此，一方面，适应性管理可能不会被采用（Walters，1986），但是另一方面，为了解决难题，适应性管理实验也会被采用。

适应性管理与生态风险评价的框架相符合。根据风险评价中强调的不确定性和因果模型，我们可以确定适应性管理的适用时机，并挑选合适的备选评价模型；根据风险评价中评价终点的定义，我们可以确定出实验中需测量的反应参数；最后，根据上述备选风险模型或参数，我们可确定替代行动，使适应性管理的实验能阐述模型的相关函数关系和参数值，从而推动评价模型的进一步发展和应用。应用此方法，Mauriello 和 Park（2002）进行了农药狄氏剂对爱荷华州 Coralville 水库黑鲈种群的风险评价。结果表明，一旦狄氏剂被彻底清除，黑鲈种群就可恢复到原有水平，因此，根据黑鲈种群的水平，狄氏剂的污染程度就很容易被监测。

甚至在没有明确的适应性管理时，反复试验的方法也可能是有效的。许多法律和规章都要求排污许可证进行更新，或产品进行重新注册，这就使得我们有机会重新审视初始注册和许可给环境造成的一系列结果，并根据观察效应修订初始的决议。例如，当对粒状克百威进行再评价时发现，它的应用可导致鸟类的死亡，因此应当建议废除初始的应用许可（OPP，1989）。当然，我们也可简化这个反复试验的过程，即通过直接监测某种许可的环境效应,从而根据监测数据修订初始的决议。

2.9 类推

预测在本质上很困难,尤其当涉及复杂的生态系统时。一些生态学家认为,与其采用传统的数据和模型来预测新项目或新要素的效应,还不如研究某一类似项目或要素的效应,然后根据相似原则类推出新项目或新要素的效应(Goodman,1976)。例如,如果我们希望知道富营养化在规划库区内迅速形成的风险,就可通过调查该区域内其他库区的富营养化风险,而无需采用对规划系统进行建模的方法来研究。若大多数相似库区都有富营养化现象,那么新的可能也同样如此。但当项目或要素与受纳生态系统结合的相似性不足时,这种方法就会失效。如果类推系统被用于发展暴露的经验模型和经验暴露-反应关系,它将趋于等同风险评价。

2.10 生态系统管理

由于生态风险评价的概念认为,暴露于多种要素的真实生态系统过于复杂,无法对确定终点进行严格分析(Lackey,1994),因此,有人建议采用"生态系统管理或流域方法"替代生态风险评价(Christensen,1996)。在实践中,生态系统管理的评价倾向于建立粗略定义的目标如生态完整性、可持续性或健康,并强调利益相关者介入过程而不是分析(Lackey,1998;Committee on Environment and Natural Resources,1999)。这种方法避免了分析复杂状况的困难,而侧重于协调流域、区域生态系统居民或用户的理解和愿望。正因为目的仅在于获得一个对系统状态的普遍理解,而不是预测某种决策的后果,所以生态系统管理的评价可能只是简单的描述(Berish 等,1999)。生态系统管理的执行者可能是土地和资源管理者、监管机构、非政府组织(non-governmental organizations,NGOs)公会(如波托马克(Potomac)河之友)、特殊利益者(如西北能源计划理事会)和准政府委员会(如波托马克河流域州际委员会),因此它往往是行政命令、官方权威与公众合法性的综合体现(Loucks,2003)。

很多生态系统管理项目的固有行政特性都存在问题。有些生态系统管理项目,即便它们得到利益相关者的公开赞同或私下默认,但这些项目却并不是生态系统及其资源的必要防护,甚至可能算不上社会正义,这可能是由于利益相关者的参与进程被其最大股份或最有影响力方所左右。虽然生态系统管理项目有其上述固有的不足,但是当传统的管理进程僵化时,这种方法或许有效。

2.11 健康风险评价

一旦保护了人类,非人类物种也同样受到保护。因此人类健康风险评价也可以说是生态风险评价的替代方案。虽然这种主张与过去相比已很难听到,但仍为许多风险管理者所信奉。由于各种原因,一些非人类受体似乎比人类更易暴露于环境污染物,或者对环境污染物更为敏感(框 2.1)。这在非化学因素方面表现更明显,例如,公路、水库等相关生态系统的破坏对人类健康造成一定影响,但它却将毁灭非人类物种和相关的生态系统功能。同样的,外来物种(如北美地区的野葛、海狸鼠、亚洲鲤鱼和栗疫病,新西兰的多种鹿类,欧洲的水貂)已对非人类物种产生严重的生态影响,但对人类健康几乎没有影响。人类扩张的同时自然却在退化这一事实充分证明保护人类并不能保护非人类物种。因此,健康风险评价更应是生态风险评价的补充而非替代方案(第37章)。

框2.1　人类健康风险评价不足的原因

　　风险评价强调了人类健康,但很大程度上忽视了生态效应。导致这种偏见部分是因为人类中心论,部分是因为"保护人类健康即保护了非人类生物"这一普遍却错误的观点。即使保护人类避免极小风险(百万分之一的癌症风险)和多数健康风险评价中采用保守假定能证明"健康风险评价具有普遍保护性"的假设是合理的,明显的反例也依然存在。如某些化学物质(如氯、氨和铝)已被证明会对水生生物造成严重影响,但在饮用水中它们对人类没有风险或风险可忽略不计。非人类生物、种群或生态系统可能比人类更敏感,原因如下:

　　(1) 对人类而言,某些非人类生物的暴露途径是不存在,如在水中呼吸、在污水坑中饮水、用嘴清理毛皮或翅膀,以及根部吸收等。

　　(2) 化学物质对非人类生物的致毒作用可能比人类更强。这可能仅因为非人类生物的种类极多,其中很多种类都拥有比人类更高的敏感性。在一些情况下,这些敏感性是源于不可能作用于人类的毒性机制,如DDE使蛋壳变薄,二氧化硫使植物的气孔关闭,以及三丁基锡使雄性蜗牛雌性化。在另外一些情况下,这些敏感性的原因仍尚未知晓,如一些鸟类和哺乳动物(非人类)对多氯代二苯并二恶英有更强的敏感性。

　　(3) 生态系统水平上的某些机制在人体内没有相似过程,比如营养元素的富营养作用、可降解有机物导致的水环境缺氧,以及悬浮颗粒的遮光作用。

　　(4) 相对于人类而言,任何的环境污染都可能对非人类生物造成更强的暴露。人类(至少在富足社会)居住于封闭的住所,得到住所的有效保护;能从多个区域获得多种食物;一般不会局限于特定的环境,易于在多个区域中搬迁。例如,鱼对我们人类而言,仅仅只是食物之一,大多数人可能在一周内只吃少量的鱼,而且鱼有多种不同的来源;但对苍鹭和河獭来说,鱼几乎是它们全部的食物来源,它们往往是将鱼整条吃下,而非未被污染的部分。

　　(5) 多数鸟类和哺乳动物的代谢速率比人类更高,因此按比例它们要消耗更多的污染食物,喝更多的污染水,呼吸更多的污染空气,所以他们所承受的剂量体重比也就更大。虽然高代谢往往能使有机污染物更快地代谢,但是许多非人类物种的代谢酶却比人类少。

　　(6) 某些化学品在研发时主要用途即为除虫和除草,因此它们的规定使用浓度就可使环境中的非人类生物致命。在这种情形下,在生理和生态上接近于害虫的"非靶向"生物也就不可避免地要受到影响。

　　(7) 非人类生物与环境关系极其密切,所以即使它们对某一化学品有抗性,仍可能遭遇如食物或生境缺失等次生效应。而对于人类而言,即使工业化过程中一部分环境被化学品所破坏,他们仍有食物和住所材料的候补来源。

某些风险造成的人类死亡率极低而无法检测(10^{-6}),对非人类种群也没有显著影响。由于我们关注了这些风险,上述争议才稍微有所缓减,致突变效应也不存在这种争议。虽然致突变是人类无法接受的风险,但是它仅对最小的非人类种群有显著效应,而对其他非人类种群都没有影响,因为自然选择能在潜移默化中完全将其清除。多氯代二苯并二恶英(PCDDs)却是个特殊的例子,采用非人类生物的环境暴露实验结果发现,PCDDs是一系列令人生畏的需要管制的致癌物,但是无论何等仔细的人类监测,都未发现它对人类有明确而显著的效应。在意大利Seveso地区,PCDDs泄漏的短期效应对人类仅造成了一些氯痤疮的病例,但却给兔和其他食草动物带来灭顶之灾(Wipf和Schmidt,1981)。同样,在含有PCDDs的Love运河倾倒点,科学家没有观察到人类效应,但是其中的田鼠种群却因不育和早期死亡而灭绝(Rowley等,1983;Christian,1983)。在密苏里州Times海滩,含PCDDs的石油污染导致了马、猫、狗、鸡和许多麻雀的死亡,但对人类没有这样的效应(Sun,1983)。

2.12 环境影响评价

环境影响评价(environmental impact assessment,EIA)其实不是生态风险评价(ERA)的替代方案,它们的区别在于行政授权属性的不同,而非分析管理环境危害方式的不同。在美国,EIA由1969年公布的国家环境政策法令合法批准。加拿大、欧洲、澳大利亚及其他一些地方也相继出现相似的法律。与之不同,风险评价是管理机构推行的实践,目的是为决策提供科学依据。因此,EIA是将法律强加于经常不合作的机构,而ERA却是由机构自主进行,以协助其自身完成训令。根据一位资深EIA从业者介绍,EIA重在评价命令的强制执行,而ERA是获取目标的风险水平(Lawrence,2003),因此,EIA更关心的是可接受程度。另外,EIA倾向于关注开发项目如大坝建设或资源管理,而ERA往往关注新化学品、排放物或污染场地等典型主题。然而,这些区别仅见于法规的历史紧急事件。在EIA中,要求更科学的严密性和不确定性分析,使得它不断向ERA靠近;而在ERA中,要求法律和政策评审以及更多利益相关者和公众参与,也使得它不断向EIA靠近。

2.13 小结

生态风险评价者必须明白他们所用的评价方法并不是唯一选择。当生态风险评价不可行时,某些选择诸如禁令、最佳实践、技术规则或标准制订都是真实有效的替代方案。

其他方法如适应性管理可作为风险管理的补充,而预防原则等方法或能为风险管理提供指导。最后,像生命周期评价和环境影响评价之类的一些方法,是在其他背景下发展出来并与生态风险评价等效的实践,它们可与生态风险评价共享方法和数据。

第 3 章
生态风险评价框架

尽管少数人通过非凡的天才或偶然获得的一套好的思维习惯,可以在没有预先设定规则的情况下仍然能够良好地工作,但是大多数人或者需要了解他们正在做什么的理论,或者需要那些已经了解理论的人为他们制定规则。

John Stuwart Mill

生态风险评价的鲜明特征之一就是它要遵循一个程序性框架,此框架是由美国国家研究委员会(National Research Council,NRC)的人类健康风险评价框架(NRC,1983)演化而来。它可以起指导风险评价的作用,向读者展现评价构建的过程,并通过确保必要的组分来提供质量保证的基础。健康风险评价框架适用于生态风险评价(Barnthouse 和 Suter,1986;EPA,1992a)。其后生态风险框架又在南非(Claassen 等,2001)、澳大利亚和新西兰(ANZ,1995;NEPC,1999)、加拿大(CCME,1996)、荷兰(Gezondheidsraad,2003)和英国(UK Department of Environment, Food and Rural Affairs,2000)等其他国家得到修订,它被用于多种用途和法律背景下(Menzie 和 Freshman,1997;Power 和 McCarty,1998,2000)。这些框架在评价生态风险的核心过程上相似,但在决策过程和利益相关者参与的特性上却大不相同。这一章描述的是标准 USEPA 框架和有效的替代框架,并在迭代评价和特定问题框架的讨论中结束。

3.1 USEPA 基本框架

最常用的生态风险框架是 USEPA 框架,如图 3.1 所示。它是由计划、问题形成、分析、风险表征和风险管理组成(Norton 等,1992;EPA,1998a)。该框架先在这里进行概述,以下章节将对其进行详细描述。

计划是风险评价之前的一个阶段。在计划中,风险管理者与风险评价者,还有利益相关者进行协商,提供评价过程的输入。这些输入包括:

- 管理目的——评价者必须知道希望达到的环境状态。
- 管理选项——评价者必须清楚进行评价和比较的措施。

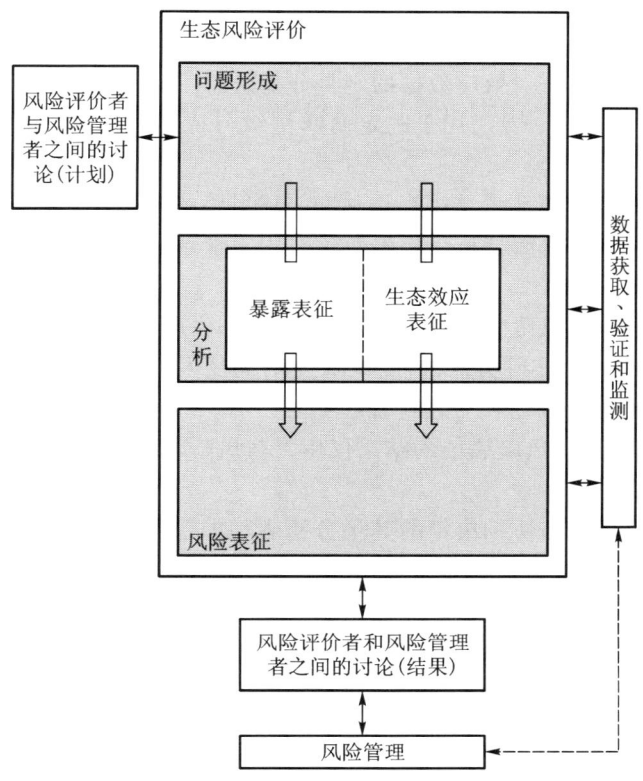

图 3.1 USEPA 的生态风险评价框架（引自 USEPA, *Framework of Ecological Risk Assessment*, EPA/630/R-92/001, Risk Management Forum, Washington, DC, 1992; USEPA, *Guidelines for Ecological Risk Assessment*, EPA/630/R-95/002F, Risk Assessment Forum, Washington, DC, 1998。获得许可。）

- 风险评价的范围和复杂性——评价受限于决策（国家或者地方）的性质、时间、完成评价的资源，以及风险管理者希望达到的完整性、准确度和详细度。

问题形成是将风险管理者赋予风险评价者的职责转化为评价计划的阶段。它包括：

- 整合可用信息——收集和概述关于源、污染物或其他要素、效应和环境的信息。
- 评价终点——以操作术语的形式定义有待保护的环境参数值。
- 概念模型——形成源与终点受体之间相关性的描述。
- 分析计划——为获得所需数据和进行评价而形成的计划。

分析是对暴露和效应的数据进行技术评估的阶段。

暴露表征的分析内容包括：

- 暴露度量——在某要素可能与受体联系的位点处，可表明其特性、分布和数量的测量结果。
- 暴露分析——评估要素暴露时空分布的过程。
- 暴露概述——暴露分析结果的摘要。

效应表征内容包括：
- 效应度量——指示由暴露变化引起的评估终点反应的测量或观察结果。
- 生态反应分析——对效应数据的定量分析。
- 胁迫-反应概述——专门用于确定暴露量级与持续时间和终点效应相关性的生态反应分析。

风险表征是整合分析阶段结果以评估和描述风险的阶段。它包括
- 风险评估——将暴露分析结果参数化并用于暴露-反应模型和估计风险，以及分析相关不确定性的过程。
- 风险描述——与风险管理者沟通，为其描述和说明风险评估结果的过程。

风险管理是一个考虑到调整、修复或恢复的需要及行动特性和内容的决策过程。风险评价者可以通过两种途径与风险管理互动：
- 评价的最后阶段，风险表征的结果仅用来与风险管理者交流，由后者决定其行动过程。
- 风险评价者可以与协助决策的其他分析者（如成本-收益分析师或决策分析师）接触，寻求整合决议的支持。

数据获取不包含于生态风险框架之内。但是，风险评价者可在三阶段中的任意一阶段索要数据。另外，风险管理者可能要求收集更多的数据和重复评价过程。

3.2 替代框架

USEPA 的生态风险评价框架具有一定的灵活性，所以理论上它包含下列所有替代框架的特性。然而对于使用评价结果的人而言，如果评价中的某个特定方面需要按一种明显不同于标准框架的评价方式进行，那么只有体现评价实际运作方式的框架才是合理的。大部分对 USEPA 框架的质疑认为，USEPA 框架试图将所有评价都归结为一种重视要素的形式主义（Fairbrother 等，1997；Harwell 和 Gentile，2000）。下列替代框架具有能够解决常见问题的某些特性。挑选出的这些特性可整合成一个适用于手头案例评价的框架。尽管这些基本特性的使用名称可能有所不同，但是任何生态风险评价替代框架都必须包括问题形成、暴露和效应分析，以及风险表征这些基本特性。

3.2.1 WHO 整合框架

USEPA 的生态风险评价框架不同于人类健康风险评价框架（即 1983 年的 NRC 框架）。但是，将二者整合后却有诸多优点，其中包括：为决策提供一个更加连贯一致的基础；通过分享数据、模型和观点使评价质量和效率进一步提高；可评价损害人类健康和福祉的生态效应。世界卫生组织（World Health Organization，WHO）生成了一个整合人类健康和生态风险评价的框架（图 3.2）（WHO，2001；Suter 等，2003）。此框架主要是基于 USEPA 的生态风险评价框架，这是因为 USEPA 框架比其他健康风险评价框架更加包容和灵活。

在处理风险评价者、风险管理者和利益相关者的关系上，WHO 框架具有标准生态风险框架所不具备的优点。USEPA 框架限制了风险管理者在问题形成前为评价提供

问题和目标,也限制了利益相关者为风险管理者的计划提供输入。这些有限的输入不仅与美国现有的法律法规不一致,而且也不符合其他国家的情况。所以 WHO 框架表明,风险管理者与利益相关者应与风险评价过程同步。根据情况不同,过程中可能有大量交互点,也可能完全没有。

即便在美国,WHO 框架作为生态风险评价的一种框架,也具有美国总统与国会风险评价与风险管理委员会(1997)和 NRC(1994)推荐的优点。USEPA 框架保持了风险评价者的独立性,以免受到外界干扰从而影响评价,正是因为这样,委员

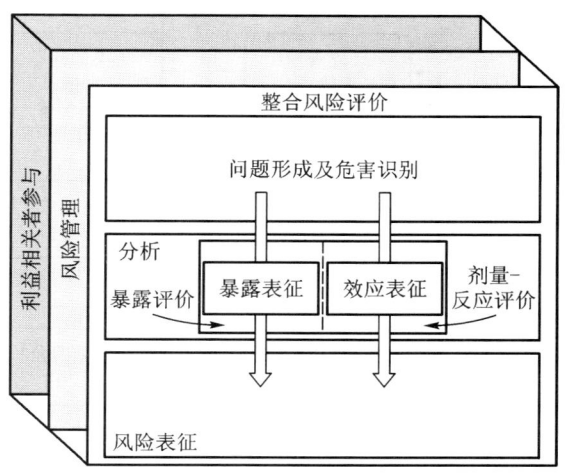

图 3.2 WHO 的整合风险评价框架(WHO, *Report on Integrated Risk Assessment*, WHO/IPCS/IRA/01/12, World Health Organization, Geneva, Switzerland, 2001。获得许可。)

会担心因为决策者和利益相关者输入不足而导致风险评价无效;并且单独进行的风险评价对于利益相关者和公众而言其可信度也较低。WHO 框架采纳了这些意见,允许更多的输入,并且加强了评价者、管理者和利益相关者之间的交流。但是,当在特定情况下执行此框架时,必须详细说明真实发生的相互影响,否则评价会因为过程不够透明而被排斥。

3.2.2 多重行为

绝大多数生态风险评价是针对单一行为,或者单一的化学品或是其他动因。然而,有些生态风险评价涉及一系列行为,其中的每一种行为都可能在某一场地或某一区域产生多重动因。诸如军事训练演习,多种土地利用、流出物和非点源污染的流域管理,能源技术或运输系统的发展等,这种情况下,如果不将其分拆成模块组分,生态风险过程会因复杂性而陷入困境。例如,乳品业的放牧和限制喂食,燃煤供电中的采矿、运输、处理、燃烧、冷却冷凝和煤灰处理。图 3.3 中所示的框架可对这些复杂过程开展生态风险评价(Suter,1999a)。从整个方案进行考虑从而形成一个整体计划,除常规的计划组成外,它还把计划分为不同行为。于是,每一个行为按其自身的问题形成、分析和表征来评价。最后,把这些行为的风险表征结合起来对项目的整体风险进行评价。很明显,这种方法需要洞察那些独立或非独立的行为,通过估计它们的直接或本质效应后对其相互作用建模。

这个框架也有助于生态系统管理。就是说,与评价某一特殊化学品、废物或甚至复杂项目的风险相比,更应该对所有动因或行为胁迫一个生态系统的风险进行评价。

这个框架的不同还在于包括了决策支持系统和因生态破坏而导致的对人类和人类活动的风险。对人类活动的风险是非常重要的,因为很多风险评价的对象可以引起不利于人类延续的环境效应。明显的例子包括渔业的过度捕捞、过度放牧、灌溉导致的土壤盐碱化,以及耕作导致的土壤流失。不太明显的例子包括军事训练场地的过度使用

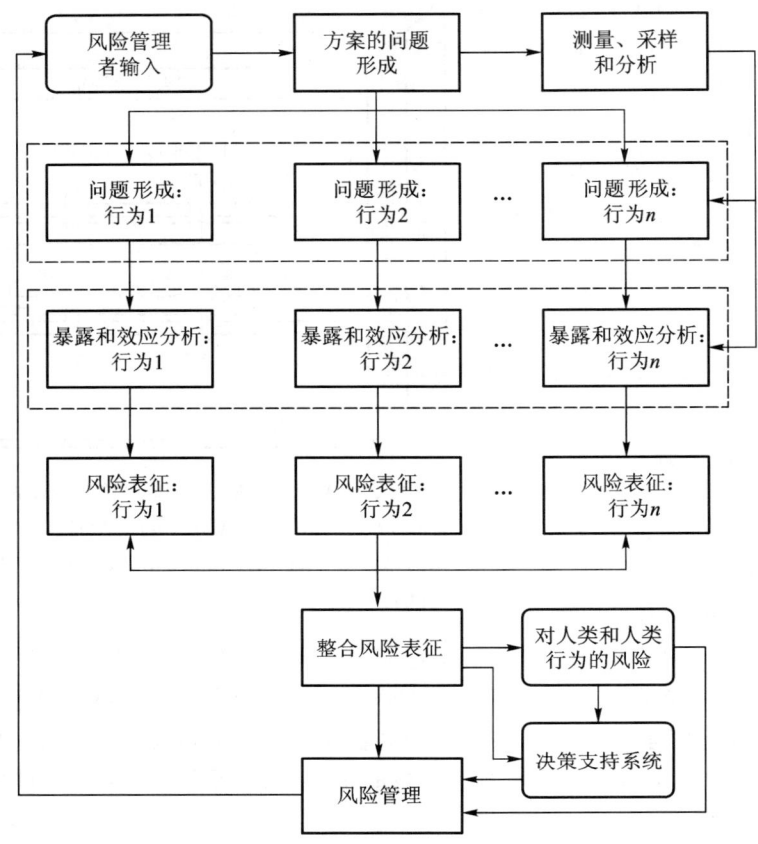

图 3.3 评价系列项目行为的框架（引自 Suter GW Ⅱ, *Human and Ecological Risk Assessment*, 5, 397, 1999。获得许可。）

导致定植的损失,公园的过度使用导致吸引游客的自然资源和美学价值被破坏。这种对环境的使用和环境适用性减少之间的负反馈在生态风险评价中很难识别。

3.2.3 生态流行病学

标准框架假设待查的动因及其来源已被识别,评价者只需估计它们给环境带来的风险。然而有时候效应虽被观察到,但引起它们的原因却不清楚;或者是暴露被观察到(如鱼肉中的汞),但它们的来源却未知。这时的分析阶段必须要强调来源、暴露和效应的关系(图3.4),这样的评价称为生态流行病学(第4章)。此类评价的目的在于描述从来源到暴露再到效应的因果链,从而确定是否允许风险继续发展或是采取其他修复

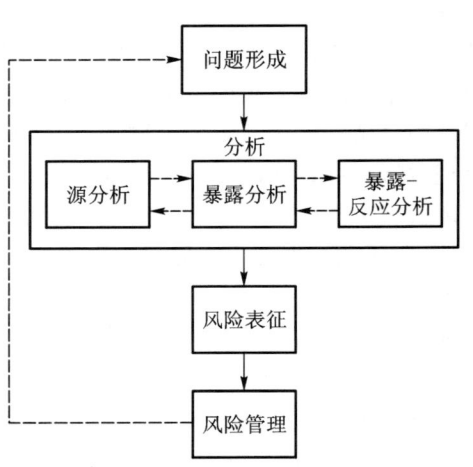

图 3.4 确定暴露及其来源的生态流行病学风险框架（引自 Suter GW Ⅱ ed., *Ecological Risk Assessment*, Lewis Publishers, Boca Raton, FL, 1999。获得许可。）

和管理干预措施。这种框架即使在源和动因已识别的情形下仍然有用。例如,在污染场地评价中,生物调查可以识别生态损伤,但是却不清楚被评价的污染物是否是原因。同样的,观察到的某介质毒性也可能是由评价主体以外的污染物或来源引起的,比如超级基金场地里的田纳西州橡树岭保护区的白杨河水域及其上游水域均呈毒性,其来源是上游的一个市政污水处理厂。因此,生态流行病学的推理需要评价者考虑引起生态效应的所有可能原因,而不仅仅是促成评价的那一个。

虽然生态流行病学框架通过联立分析来源、暴露和效应而具有很大的灵活性,但它可能不是进行评价的最有效途径。很多时候,效应虽被观察到但原因却完全不清楚,所以不可能合理地形成问题。更有效的方法是进行归因分析(第4章),一旦原因被识别后,即可启动传统的风险评价来确定进行修复或管理的风险。

3.2.4 因果链框架

USEPA 的生态风险评价框架就像它的前身健康风险评价那样,在分析阶段包括暴露和效应的分析。这种表述非常适用于终点受体直接暴露于化学物质或其他动因的情况下,而且其关心的效应是暴露的直接结果。然而即使在这种案例中,识别暴露和效应也比研究其内在联系更务实(图 17.1)。在生态风险评价中,间接效应通常导致多级因果链。也就是说,必须估计一组终点生物(如森林树木)的毒性效应;但是由于食物或栖息地结构的减少,或者土壤和养分输出的增加,此效应又会依次导致其他终点生物的效应。在建立评价的概念模型期间,这些间接效应被识别(第 17 章)并且被 USEPA 的指南承认,但却并未被明确纳入框架中。

一个间接效应的例子如图 3.5 所示。空气污染物破坏了森林树木,导致凋落量和树木死亡率增加。这引起了森林中鳞翅目多度的减少,进而导致以鳞翅类幼虫为食的幼鸟数量减少。每个系统状态(图中的矩形),除污染物浓度外都是终点效应;除了最后一个状态外,其他每个状态都可能是影响因果链中后继状态的动因。因此,树木和鳞翅目多度都既是效应又是原因。效应(如鸟类数量的减少)发生的概率取决于暴露(如鳞翅类幼虫的多度)的量级和暴露-反应关系(如鸟的生育力作为幼虫多度的函数)。这样的因果重复单元链亦可表现为环状,其中每个效应都成为其他效应的原因(图 3.6)(Suter,1999a)。向下的箭头表示传统的暴露-反应过程,向上的箭头则是将某效应(如森林蝴蝶和蛾的多度)转化为下一受体暴露的相关属性(如筑巢和育雏期间幼虫的多度和生物量)的转换过程,本例中有三个环,分别是空气污染物和树、树和鳞翅类,以及鳞翅类和鸟类。如果因果链上有分支,评价过程可以包含每条支链上的因果直至整个概念模型被分析。当所有的循环完成后,进行最终的风险表征以归纳所有的效应。生态风险评价框架的该替代版本更能突出生态地位,更直接地将概念模型与评价相联系。

该框架还有另一优点,即具有"效应表征"的特性。事实上,USEPA 框架并没有在这一步骤里表征效应,而是将其置于风险表征中完成。因果链框架还定义了暴露与效应之间的函数关系。在暴露转译为效应的过程中,转译是由对暴露-反应函数的估算决定的(图 3.6 中的三角形)。这种从概念模型中得出的状态-过程-状态系统将在第 17 章详细描述。因此这种生态风险评价框架使风险评价成为一种系统分析,并在处理复合系统时具有明显的优势。

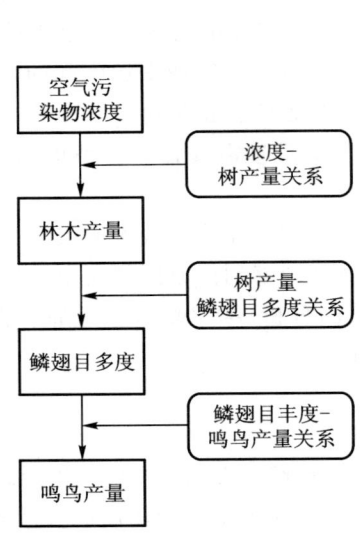 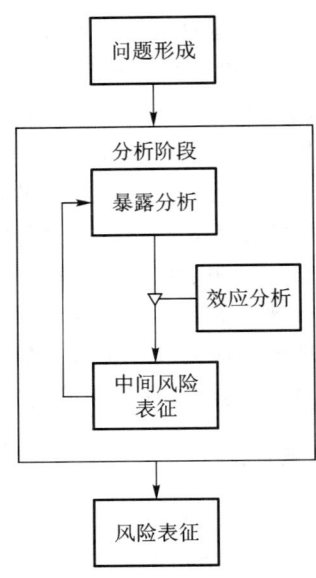

图 3.5 影响树、鳞翅目和鸟的空气污染风险评价假想概念模型

图 3.6 包括因果链引起间接效应的生态风险评价框架(引自 Suter GW Ⅱ, *Human and Ecological Risk Assessment*, 5, 397, 1999。获得许可。)

3.3 扩展框架

某些框架包括风险评价之外的其他类型评价。其中可能包括经济性(如效益-成本,见第 36 章)、工程可行性、污染和修复之间的风险权衡(Efroymson 等,2004)、环境公正性,以及其他有助于决策的评价。图 3.7 举例说明了由多项评价行为促成的决策框架,该框架在处理评价多方行为关系上具有优势。

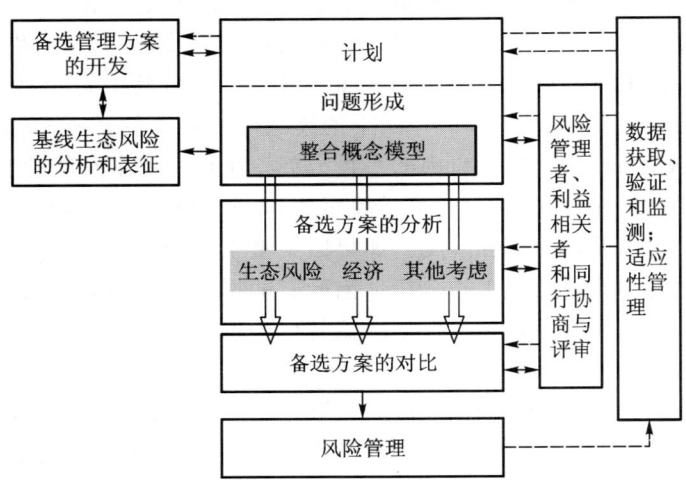

图 3.7 将风险评价与经济评价整合的框架(Druins RJF and Heberling MT, eds., *Integrated Ecological Risk Assessment and Economic Analysis in Watersheds:A Conceptual Approach and Three Case Studies*, EPA/600/R-03/l40R, Environmental Protection Agency, Cincinnati, OH, 2004。获得许可。)

3.4 迭代评价

当风险评价可以依据从计划到决策的框架简单实施时评价经常会用到迭代。也就是说,过程可以重复一次或者多次直到可以达成一个详细完整的结果。之所以需要它,是因为必须有更多的数据或更好的模型使其达到足够的置信度,评价需要扩展范围以包括:新问题形成,问题必须得到进一步分析,一系列决策需要进行一系列评价,或其他原因等。

迭代评价的一种形式是使用层级式的指定测量和测试。生态风险评价前的危险评价范式取决于其结构和决策逻辑性的层叠(图 3.8)(Cairns 等,1979)。也就是说,一次测试及随后的简单评价结束后,跟随着更多的评价与测试,直至弄清楚危险是否存在。这些层级式测试方案在农药和工业品管理的评价中广泛应用(Urban 和 Cook,1986)。因为在得到更完整的数据集前,总是存在用简单而廉价的数据集完成评价的可能,所以层级式评价与测试仍是常用方法。

最近的层级式生态风险评价主要针对不断增长的建模和定量分析数据复杂性,而非待测数据的数量增加。在美国,一个突出的例子是用于评价农药生态风险的水生和陆生 ECO-FARM 方法集(ECOFRAM Aquatic Workgroup,1999;ECOFRAM Terrestrial Workgroup,1999)。这些方法集定义了四层评价,从简单比较暴露和效应的点估计,到复杂概率分析(32.4 节)。与之类似,英国框架要求具有一个筛选评价和两层确定性评价(UK Department of the Environment,2000)。两个确定性层级是使用标准模型和假设的一般定量风险评价,以及使用特定污染场地的数据、模型或假设的特定定量风险评价。

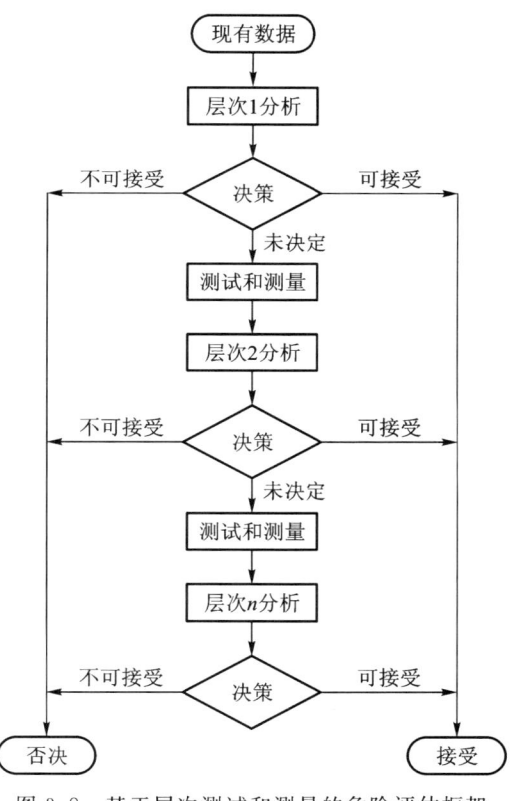

图 3.8 基于层次测试和测量的危险评估框架

尽管风险评价的迭代经常只是需要更多、更好的信息,但它也可能是一个不同类型评价的后续。最常见的区别就是它分别处于筛选评价和确定性评价之间,以及基线评价和备选方案评价之间。

3.4.1 筛选评价与确定性评价

筛选评价是通过区分出那些显然可以忽略的问题,那些需要测试、测量和更复杂评价的问题,或是那些显然无需进一步确定风险的问题,从而使后续评价范围缩小。它们类似于使用筛子从土壤样品中分离石块。为了确定后续评价的目标,筛选评价可在评价之前进行。例如美国超级基金计划里的污染场地筛选(USEPA,1990),或者现有化学品的监管评价的筛选(The Royal Commission on Environmental Pollution,2003)。更多的时候,它们是在开始评价某个场地时进行。它们可能使用已有数据快速识别污染场地的位置、受体的类别、或是哪些动因无需进一步考虑(第31章)。除非排除所有问题,否则筛选评价的结果应作为后续评价中问题界定的参考。在某些情况下,需要筛选评价的多次迭代。譬如在污染场地,对已有数据的筛选评价后通常还有另一个基于初步采样和分析的筛选评价,后者将会导致集中深入采样和分析以用于最终评价。偶尔,筛选评价可能指出风险极大,必须采取紧急措施,因此无需进一步测量或评价。筛选评价中的风险表征一般仅限于采用保守假定和安全因子的商值法。它们将在第31章进行详细讨论。

确定性评价用于阐释风险并提供管理决策基础。由于先前的筛选评价,它们高度关注对决策至关重要的胁迫、暴露途径和终点。因此,可以使用概率建模、实地测试、劳力或成本密集型技术来进行深入评价,并可以权衡多种证据类型(第32章)。

3.4.2 基线评价和备选方案评价

尽管风险评价意在形成对替代行动进行抉择的管理决策,它也可能仅用于确定是否需要进行某项行动。这种评价被称为基线风险评价,如果没有采取修复或监管行动,它们会判定与现状有关的风险。因此,它们是对无行动方案的风险进行评价。基线评价必须考虑由扩散、降解、累积和其他进程引起的时间趋势,而不只是考虑当前的暴露和效应。除决定行动需求外,基线评价通过定义显著风险的特性和来源及确立目标修复级别,来指导替代方案的开发。备选方案之后的比较评价可评估提议行为的风险,将其互相比较,并与基线风险相比较。例如,在污染场地的生态风险评价中,基线评价要考虑到将污染土壤留在原位使污染物降解的风险。后继的备选方案评价需要考虑备选修复方案如封顶、去除和掩埋,或者去除和焚烧的风险。如果污染土壤处于森林、高质量湿地或其他脆弱的生态系统内,那么修复的生态风险可能很容易超过污染物本身的风险,因为修复行为会破坏生态系统(Suter等,2000,第9章)。

3.4.3 作为适应性管理的迭代评价

迭代评价可被纳入管理进程。换句话说,如果认为未能达到目的,则可以根据替代行动的风险评价,选择执行修复或恢复行为。所以管理行动之后也可能跟随着对结果的监测。在没有达到目的时,监测结果可以为风险评价和管理行为的下一次迭代提供基础。因此,这种类型的迭代风险评价可能成为适应性管理策略的输入(2.8节)。

3.5 特定问题框架

USEPA的生态风险评价框架是通用的,适于任何情形;而对于特定问题,评价可能受益于特定问题框架。这些框架表明了如何将一般生态风险框架适应于某一特定问题。其例子包括海洋渔业(Nash等,2005)、污染场地(Sprenger和Charters,1997)、航空器飞越上空(Efroymson和Suter,2001a,b)、动物进口(Murray,2002)、非本地鱼类

(Copp 等,2005)和灌溉(Hart 等,2005)的生态风险评价框架。这些特定问题框架指出评价过程如何针对该问题而进行。它们包括诸如建议评价终点列表、一般概念模型、暴露-反应模型及相关实例等内容。尽管这样的框架不需要对一般评价过程做什么本质改变，但它们也许会更改过程或术语来增加与问题的相关性，或更紧密地联系先前的评价工作。

3.6 结论

USEPA 的生态风险评价框架明显优于先前的风险评价框架，尤其是在问题形成方面。不过在具体的管理中，对于特定类别的问题，其他国家或地区的生态风险评价也可以从修改或完善该基本框架中获益，以便提供更多的相关程序指导。

单一标准框架具有一致性的优点并且容易掌握，这样减少了评价中的混淆，允许对比和质量保证。但如果它不适用或需要过度延展以适应具体问题和情境时，管理者、利益相关者甚至是评价者都可能会拒绝这种形式主义。因此，USEPA 标准框架是美国生态风险评价的首选，不过评价者应乐意修改它以获得一个更有用、更可接受的结果。

最后，应该为个性化评价的实施开发特定问题的生态风险评价框架。这样可以为科学进步提供具体指导及有用信息。

第 4 章
生态流行病学和归因分析

Glenn Suter,Susan Cormier 和 Susan Norton

针对事实的推理,都建立在因果关系上。即使只有这一种联系,我们也足以获得超越记忆和感知的证据。

David Hume

对观察到的生态效应性质、原因和后果所作的评价称为生态流行病学(Bro-Rasmussen 和 Lokke,1984;Suter,1990;Fox,1991)。它是一个利用风险评价的过程,但有别于传统风险评价之处是,它并不从某些危险因素的识别开始,而是起始于观察到某种不良的生态效应。生态流行病学流程的一般框架如图 4.1 所示。生态流行病学研究可能因偶然观察、污染场地评价,或强化环境标准的研究而发起。它们更强调因果关系和管理行动,这是它们与环境状况和趋势监测(2.1 节)的区别。

首先,生态流行病学评价的最初推动力是由进行现场研究的生态学家、资源管理人或公共成员所报告的生物体或生态系统群体死亡、畸形及其他表观效应事件。类似实例包括观察到畸形青蛙、性畸变蜗牛、大量死鱼和特定鸟种的数量减少。这其中的某些情形很常见,例如鱼的死亡,对调研工作起到了重要的指导作用(Meyer 和 Barclay,1990)。

其次,传统上,污染场地评价主要依赖于实验毒理学技术,但现在越来越多的使用对位点生物区的观察来确定效应的性质、量级和范围(Suter 等,2000)。由于观察到的效应也可能由污染之外的因素所引起,因此需要使用流行病学的框架(3.2.3 节)。在美国,污染场

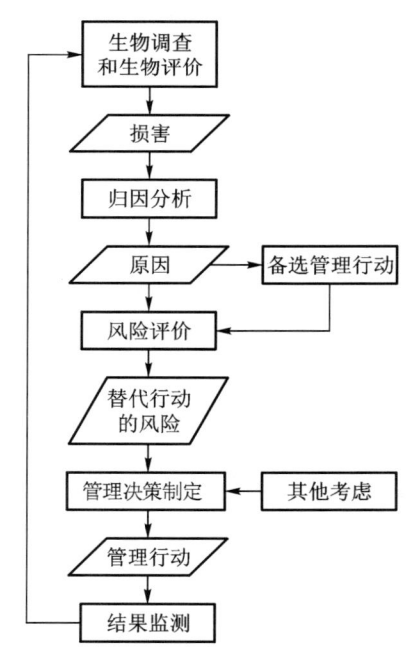

图 4.1 生态流行病学过程的逻辑框图

地修复和风险评价之后常可能跟随着自然资源损害评价(natural resourse assessment,NRDA)(DOI 1987)(1.3.9节)。这些评价确定环境损伤的性质、量级和原因,为此可能需要补偿性破坏。归因分析在NRDA中尤为重要,因为需要提供特定污染物造成损伤的法律证据。

最后,生态流行病学正愈发普遍地用于环境基准的强化。特别是美国《清洁水法》(US Clean Water Act)中要求达到生物完整性的目标,已成为指定用途水体的生物基准和标准制订的基础(USEPA,1991b)。这些生物基准可帮助强制执行点源排放或在多点和非点源达到指定用途的许可。换句话说,生物调查的结果可能有助于证实所有来源的流出物或污染负荷正在造成不可接受的损害。USEPA现有针对河流和小河流(Gibson等,1996)、河口和海岸的海水(USEPA,1997b)、湖泊和水库(USEPA,1998b)和湿地(Danielson,1998)的方法指南。另外,针对河流和小河流方法的半定量方案、快速生物评价计划书(RBP)也已完成(Barbour等,1999)。此概念可以进一步扩展至流域管理项目使其摆脱法律和规章的局限,发展出一个减少或消除物理、化学和生物损害的计划。这些用途引发了本章将要讨论到的大部分工作。

4.1 生物调查

推动生态流行病学评价的生物调查可用于支持某项监管或其他管理项目,也可出于其他目的进行,尤其是说明环境状态和趋势。就"调查意在支持风险评价和管理"这一点而言,它们应该基于问题形成(第二篇):理解相关管理目标、环境范围和特性、引发管理行动(即评价终点)的各类效应,以及必要的数据质量。以下是生物调查的一些常用方法。

策略之一包括确定污染敏感物种或耐受物种的存在或多度。最初的做法是确定指示物种的存在,它将指示特定污染物,通常是需氧有机物的存在或缺失。这种传统方法已被可指示某种污染物或某类污染物的多物种或群落属性所取代。一种方法是识别敏感种和耐受种,测定它们在群落中的相对多度。但敏感种或耐受种会反应除污染物之外的多种环境因素,这使得该方法备受困扰(Cairns和Pratt,1993)。另外,将物种分为敏感或耐受是主观的,不同调查人员和机构之间很难一致(Clements等,1992;Mathews等,2003)。这个问题可能被基于受控暴露的分级法修正,但后者由于更加昂贵而极少被采用(Clements等,1992)。最近,一些调查人员设想将物种大体上按受人类干扰来划分敏感或耐受,而不是仅针对某类污染物。该假设具有明显错误,因为没有物种能对所有化学污染物都敏感或耐受,更不用说损害生态系统的其他类型因素(Cairns,1986)。当高级别的分类单元如科级被认为是敏感或耐受时,上述所有问题更加严重,因为单元内物种之间的敏感性差异非常大。

生物调查的另一种方法是测定大量的参数,将其合并为一个多度量指数,或使用多变量统计的方法分组和比较样本、地点或时间。多度量指数方法从算术上合并所选用的度量。典型的多度量指数就是生物完整性指数(index of biotic integrity,IBI),它结合了鱼类群落有关假设敏感性、营养级和明显损伤的12种特性(Karr等,1986)。类似的指数可用于底栖无脊椎动物(Kerans和Karr,1992)和附着生物(Hill,1997)。与其他指数一样,它们因随意的数学结构、无意义单位、效应被度量的其他成分所蒙蔽等问题而广受批评(Ott,1978;Suter,1993b,2001;Taylor,1997)。另外,因为它们使用了物种的假设敏感性,这些指数也遭受了与指示生物法相同的批评。多变量统计方法使用了分类、排序或类似技术识别场地之间的差异,群集相似场地和量化相似的程度(Norris 和 Georges,1993;Clements 和 Newman,2002)。最常见的是河流无脊椎动物预测和分类系统(river invertebrate prediction and classification system,RIVPACS)和澳大利亚河流评价系统(Australian rivers assessment system,AUSRIVAS),它们可对某地群落进行预测,量化其与理想状态的偏离(Wright 等,1993;Simpson 等,1996)。在群落分类上,这些方法提供了比多度量指数更好的准确度和精密度(Reynoldson 等,1997)。加上它们并不主观,其来源和结构都是明确、可解释的。但多度量指数的拥护者批评它们使用了复杂统计而不是简单算法,并把专家判断替换为统计(Karr 和 Chu,1999)。两种方法都倾向于掩蔽特定的基本生物反应。然而,多度量指数估计的是非实质性生态系统属性,如完整性或健康;多变量统计方法的结果则是生物学的简单统计概要。

还有一种方法是调查那些某种意义上被看做"代表"的物种。它们可能代表一个生态系统或一个分类中的所有物种。可以假设其他物种的反应类似于代表物种,且不敏感于代表物种,或随着对代表物种的保护而被保护。譬如,保护斑点猫头鹰和灰熊分别就能保护美国西北地区和落基山北部成熟森林中的其他物种,因为它们对生境的要求非常严苛。凭借与其他待保护物种之间的假定关系,代表物种被称为旗舰种、伞护种、前哨种或焦点种。如同敏感物种那样,由于无法保证保护和基于专业判断而缺乏形式证据(Simberloff,1998),代表物种的方法也受到了批评。不过一个适当的旗舰种有助于集结公众对于保护行为的支持,否则可能难以达到同样的效果。倘若除多度外的状态量度均已确定,则对代表物种的调查更像是效应检测。例如,加拿大常用测量白亚口鱼的年龄、生长、繁殖和能量储存来检测纸浆厂及其他污染物和干扰的效应(Gibbons 和 Munkittrick,1994;Munkittrick 等,2000;Borgmann 等,2004)。

最后,生物调查可能测量环境中生态影响重大的那些方面,其社会和政治意义足以影响决策。当调查用以支持风险决策,待测量的生物属性应着眼于识别评价终点和可用于估计那些终点的效应量度(第 18 章)。然而,这并没有排除在生物调查中使用多重度量。许多终点需要评价;而某些常用终点,例如物种丰度,以一种自然、易于理解的方式结合度量。

为确保有效性,生物调查必须包括测量和观察影响生物学属性的生境特性。获得生境信息的指南由 USEPA 提供,用于生物评价和快速生物评价(见前文)。另外,如果生物调查为反应先前识别的环境效应而进行,它还应该包含一个潜在起因的调查。

4.2 生物评价

生物评价就是使用生物调查的结果来判定生态系统是否被损害并定义损害的性质和范围。定义损害需要评价者识别参比状态与受损系统之间的差异(18.2 节),以及差异程度达多少时可认为构成损害。在生物评价中可以从几个方面来定义参比。

历史参比:许多时候,理想状态被认为是无人类或至少无欧洲人的影响。新世界的历史参比状态也许是由第一批欧洲来访者和定居者的记录或自然记录所建立。后者的例子包括花粉、硅藻和其他水生生物在湖泊或湿地沉积物核心中的残留,以及被包裹在老鼠粪便中的植物残留(Cowgill,1988;Dixit 等,1992)。

自参比：如果被损害地点在损伤发生之前已开始监测，则该地点的先前状态可作为其自身的参比。该方法对估计生物变迁的帮助非常有限，除非能获得一个长期序列。然而，它与损害的相关性是不可否认的。

地区参比：参比条件通常被发现于受损害生态系统附近的未干扰或未污染区域，其中包括上游或上风位置、支流、周边湖泊、水库中的其他河湾和山脊附近的水域。

区域自然参比：在美国，确定参比状态的常用方法是定义一片生态学上相当统一的区域，区域内任何林分和河段可以互相比较（Bailey，1976；Hughes 等，1986；Omernik，1987；Klijn 等，1995；Bailey 等，1998）。在同一区域内，未受干扰的自然生态系统可作为参比。

区域可接受参比：如果某区域内罕见或没有特定类型的未干扰生态系统，那么仅受最小干扰或可接受干扰的样本亦可用为参比。这种方法已应用于俄亥俄州的河流生物评价（Yoder 和 Rankin，1995a）。

无参比：有些情形下，生物评价没有识别出参比。它们仅仅确定出所有位点间生物特性的分布，定义某百分点（例如 10%）为损害和未损害的分界。这种方法等效于分等级曲线。

生态系统偏离参比状态至宣告损害的必需程度也可以通过多种方式建立。

反常事件：一些事件如鱼类或鸟类的大量死亡或本土脊椎物种的灭绝明显偏离于生态系统的正常状态。它们可能有自然原因，但引发这一事件的自然条件自身必定是反常的，且或许对评价有价值。

观测的范围：如果参比条件按照观测未受干扰的自然生态系统定义，则其参数值的时空范围代表了自然变异性。所以，观测到任何在参比范围之外的状态均可认为是损害。

观测的百分点：如果参比条件按照观察到的最小干扰地点、可接受地点或随机选择地点定义，则可用其分布的某些百分点来划分损害和未损害状态。在美国的一些州里，参考值的第 25 百分位被用于定义损害（Yoder 和 Rankin，1995a；Barbour 等，1996）。

显著性差异：若系统状态以一种生态或社会显著的方式偏离于可接受状态，则可以考虑系统已受损害。此显著性可由法律、规章或政策规定。譬如，在美国濒于灭绝物种的任何死亡或多度减少都是不可接受的。也可以向决策者咨询来确定显著性变化。为此 USEPA 已开展了数据质量目标进程（Quality Assurance Management Staff，1994）。统计显著性不能替代生态或社会显著性，尽管在某些程序中它已被那样使用（如 Borgmann 等，2004）。

生物评价的最后一步是以某种有效的形式定义损害。简单地声称生态系统受损等于判定一个人伤残。它足够促成特定的法律保护，但不能指出实际需要什么。就像截瘫者和盲人需要不同的照顾，有畸形鱼的生态系统与不含鱼的系统和外来鱼占优势的系统需要不同的管理。如果多度量指数或多变量统计技术宣告生态系统受损，就有必要复原那些度量组分。细分应该进行至最低可达水平，例如，鱼的畸形、鱼鳍腐蚀、损伤或肿瘤（DELT 异常）的百分比是 IBI 的一个度量。可由于每一种异常都有不同的原因，DELT 度量必须细分。又如，大型无脊椎动物如蜉蝣目、襀翅目或毛翅目（EPT 分类）的百分比是许多无脊椎群落指数中的一个度量，然而这些物种对于要素有着不同的敏感性，因此分类的真实计数非常重要。转化百分比为实际多度也非常重要。某类别百分比的下降可能由于该类多度的减少或者其他类别多度的增加。下一步，表征损害的反应必须被识别。在生物调查测量的众多反应里,只有小部分可用于宣告损害。比如,俄亥俄州根据 IBI 和 ICI 判定 Little Scioto 河为受损害,而归因分析根据鱼类异常的相对权重和频率增加、指数中蜉蝣类和耐受无脊椎类别及其组分百分比的增加,识别了特定损害(Norton 等,2002)。最后,构成损害的反应量级及其时空分布应尽可能地阐释。

4.3 归因分析

有点荒谬的是,我们都清楚如何去辨别事件的起因,而且每天都在这么做,但归因的概念却如此成疑,以至于一些哲学家,包括 Bertrand Russell(1957)都建议废除这个概念。至少有一位生态学家建议,由于因果机制非常复杂,应该忽略对原因的确定转而关注经验预测的形成(Peters,1991)。尽管这样,我们仍不得不去识别原因。因为任何管理方案在确保足以消除或预防造成损害的原因以改善环境之前,均无法实施。

因果关系的现代概念源自伽利略,他从基于事件间关联的经验论概念中划分出了目的论的概念。他论断原因可被定义为一个既必要又充分的事件:无论何时何地,只要原因发生,结果就必须发生;而如果原因不存在,结果就不会发生。严格经验论者 David Hume 辩称我们已知的所有因果都是关联:我们相信 A 造成 B 是因为它们存在时空联系(邻近),A 先于 B(时间演替),而且 A 始终连接着 B(一致性的关联)。这相当于伽利略的经验基准,但 Hume 否认了因果必要性的概念,强调了因果推论的弱点和主观性。我们或许有理由相信是公鸡鸣叫造成了日出,直至公鸡死后的那个清晨。John Stewart Mill 认为,虽然观察到的关联提供了因果假设的基础,不经过试验却无法证明原因的充分性和必要性。我们必须能对假定的因果关联进行操控(如堵住公鸡的嘴),并得出一个明显的结果。因为控制所有潜在的原因或获得完全一致的结果不太可能,我们通常使用基于 Karl Pearson 统计相关性的因果概率。癌症在吸烟者中更可能发生,所以我们说吸烟导致癌症。这些概率可能来自观察或试验。不过,它们提供了一个令人相当不满意的结果:我们有理由相信某些吸烟者患肺癌而其余未患必有原因,但我们必须用概率来表达我们的无知。另外,由于混杂变量、测量误差和错误描述,概率通常是不可靠的。

以观察非受控系统确定原因的问题可用判断吸烟是否导致肺癌的案例来描述。假如你是个吸烟者,患肺癌的概率约为 0.1;假如不是则概率为 0.000 5(相对风险为 200)。更引人注意的是,肺癌患者是吸烟者的概率高达 0.87(Dawes,2001)。然而伟大的统计学家 Ronald Fisher 指出这种惊人的关联并不能证明因果关系。正如图 4.2 所示,遗传因素使人喜欢吸烟,也可能使他们对肺癌更加敏感,该假说可以解释为什么如此少的吸烟者患癌。类似情形出现在费氏藻(*P fiesteria* spp.),一种与鱼类死亡有关的腰鞭毛虫。Burkholder 等(1995)发现水中的费氏藻与 52% 的鱼类死亡有关联。但存在类费氏藻生物时,鱼死亡的概率是 12%(Stow,1999;Newman 和 Evans,2002)。和吸烟的例子一样,这其中可能也有其他因素的参与。在此案例中,低溶解氧或其他病菌或许引起

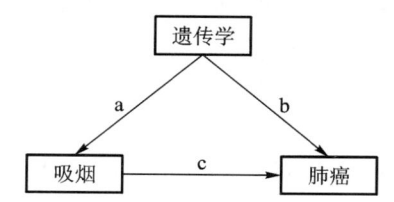

图 4.2 吸烟者患肺癌备选原因的概念模型。a. 使人们更喜欢吸烟;b. 肺癌的易感性基因;c. 吸烟导致肺癌。

了鱼死亡,而费氏藻可能只是机会性病原体甚至只是分解者,又或者费氏藻可能破坏了皮肤组织使鱼易受其他病菌的攻击(Vogelbein 等,2001)(图 4.3)。未知或已知的因素,如 Fisher 的假设基因、未鉴别病原体和低溶解氧,据认为混淆了关于可能原因的推论。

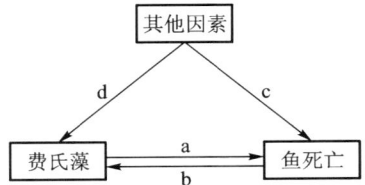

图 4.3 与费氏藻相关的鱼死亡的备选原因概念模型。a. 费氏藻可能直接引起死亡;b. 鱼死亡可能导致费氏藻的增生,后者以病鱼或死鱼为食;c. 其他因素(包括低溶解氧或其他病原菌)也可能导致死亡;d. 费氏藻可能破坏鱼的皮肤使其易感于其他病原菌,尤其是丝囊霉(Aphanomyces invadans)。现在,因果模型 a 看起来最有可能,但问题仍未解决且有争议。

如果可以在毒性测试之类的试验里观察到,则通常认为该因果关联更加可信。有必要考查一下为什么会这样。正确的试验设计包括:平行体系,可确保外来变异最小化;受控地暴露于假定原因,可确保非随机因素的特性和水平已知;随机分配每个体系的暴露,可确保系统之间的剩余方差被处理为噪声。所以,任何非随机效应可认为由暴露引起。观察性研究缺乏优良试验的这三项属性。污染源上游或下游的生物样本非随机地分配至对照或暴露组,而且就算它们是平行样本,它们也不是平行体系。某些研究具有优良试验的部分而非全部特性。譬如,置于污染源上游或下游的笼养生物可做平行,也可以随机分配,但暴露并不是完全受控的。换句话说,可能混淆结果的是上下游位置之间的差异,而不是污染物排放。因果关系显然可根据设计优良的试验而不是纯粹的观察性研究建立,设计不佳的实验将会得到怎样的置信度则不太清楚。另外,复杂生态系统的试验设计很不简单。比如,考察植物繁殖多样性及其他生态系统特征效应的早期试验会包含授精等隐藏处理,以及高多样性处理中对高产植物的偏倚(Huston,1997)。最后,将试验结果用于归因分析需要将试验系统外推至实际受损的系统(见第 26 章)。总而言之,试验可以证明试验中的因果关系,所以我们知道某因素可能导致效应,但不清楚真实世界里的效应是否确由该因素所致。

针对因果关系中的问题,科学家们经常提倡"机制"的概念,例如,若我们知道 A 如何导致 B,我们就相信 A 导致 B。我们想用"机制"表达什么?简单地说,相比待解释的效应,它是处于更低组织水平上的联系。例如,对铜如何引起本土鲑鱼灭绝的机制解释可包括当鲑鱼暴露于铜时,其特定年龄个体存活和生育力的变化。对存活减少的机制解释可以是铜暴露时造成的鳃损坏、离子平衡能力的缺失。换句话说,机制解释是还原论的。科学能量的源泉之一就是横跨所有组织水平的证据统一(这种类型的统一被称为"一致";Wilson,1998a)。生理反应和个体反应、个体反应和群体反应的一致性提供了某种保证:关联或许是缘自因果而非巧合。然而,必须牢记这些机制仅仅是较低水平上的联系,其自身可能基于有缺陷的观察或与手头案例毫不相干。

试验和机制关联的潜在功能可用吸烟和费氏藻的案例描述。由于诱导真实暴露的困难,动物试验研究不能用来得出吸烟和肺癌相关的结论。焦油和烟草其他组分中致癌物质的识别提供了机制支持(图 4.4),不过这种分析无法提供吸烟导致癌症的绝对证据。事实上,假设的机制可能对吸烟者不起作用,或不足以引起观察到的癌症水平。然而,只要存在吸烟的似真机制作为原因,且其他原因(如假想基因)没有机制证据,吸烟这一案例的可信度就更高。费氏藻的案例更加困难,因为费氏藻仅在部分调查里造成鱼的死亡,而且即使试验研究成功证实这一点,其他病原体也无法最终排除,机制仍是不明确的。

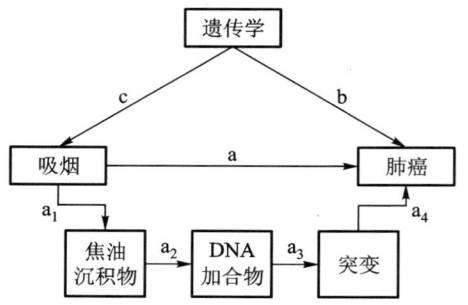

图 4.4 吸烟者患肺癌备选原因的机制性概念模型。吸烟($a_1 \sim a_4$)诱发肺癌的机制之一包括多环和杂环化合物等 DNA 加合物的形成,从而导致引发癌症的突变。

总之,Hume 认为因果证据只是关联的论点是正确的,不过没有充分认识到不同关联类型间的差异。从观察性研究中得到的关联不如实验研究中的可靠,而观察性研究的某些内容比另一些更可靠。更低水平组织上的关联(机制)性质确切,因此高度支持目标水平上的关联。以上观点暗示,因果关系不能在流行病学研究中被证明,但原因证据的强度可以分析,备选原因证据的相对强度可以比较。

评价生物损害原因的方法学在 USEPA 的对胁迫的识别指南(USEPA, 2000c; Suter 等,2002a)中已有记述。这些方法为应用于特定地点而建立,但忽略污染场地相关状况后,也可用于其他地点的归因分析。它依赖于两个前提:首先是候选原因间的比较。即使不可能证明某个原因,说明哪个候选原因被证据支持得更好仍是可行的。其次是在一致性推理过程中将有效数据应用于每个候选原因。因此,该方法学是溯因推理的一个实例,可推导出最可能解释,Josephson(1996)对此归纳如下:

(1) D 是关于某现象的数据集合;

(2) H 是解释 D 的假说;

(3) 没有其他假说(H_A)能像 H 那样有效地解释 D;

(4) 因此,H 可能是真实的。

4.3.1 识别候选原因

因为候选原因的比较是归因分析的重要特征,识别候选原因不仅可确证包含真实原因,而且可在分析结果内提供评估相对置信度的基础,其重要性不言而喻。此过程需要评价者考虑什么有资格成为原因和何种潜在原因应被列为候选。

4.3.1.1 什么是原因?

严格地说,受损害生态系统的状态由其先前状态和所有对其作用的外部因素共同造成。尽管鱼的存在(先前状态)确实是鱼死亡原因的一部分(例如它是必要条件),但这却不是我们感兴趣的那类原因。那些生态流行病学研究中的潜在原因,正是我们希望通过预防手段(避免未来事件)或干预(生态系统重建)对其施加控制的原因。但在我们可以影响环境状况之前,我们需要识别那些直接伤害生物实体的因素。而在我们识别了可能的原因要素后,识别该因素如何和为何表现出某种有害方式就变得非常必要。基于此目的,概念模型的价值表现在两方面:先将调查聚焦于危害生物实体的动因,其后转向产生这种状况的途径。作为潜在原因的动因可能具有以下特征:

(1) 我们寻找人为原因。除非怀疑涉及某种人为因素,我们通常不进行归因分析。不过,调查的部分任务也要分辨哪些属自然发生,哪些受人类行为影响。具有挑战性的是,许多原因要素都是自然发生的。故而原因的不当引入、频率、持续时间和程度均非常重要。例如,损害可能由金属和低pH的联合作用导致。如果河流自然呈酸性,金属来自于污水,我们可以把金属作为原因,而低pH是增强金属毒性的先决条件。不过如果金属含量因流域地质的缘故很高,低pH是由酸性污水导致,我们可以认为酸度是原因而金属是先决条件(如背景)。虽然归因分析是由怀疑人为原因引发,洪水和干旱等自然事件也必须被考虑为候选原因。

(2) 我们寻找可被修复的原因。虽然可以说是城郊的发展导致了损害,但这却没什么用。我们不能移除城郊,不过我们或可采取行动修复特定动因。因此,评价者必须在确定合适的管理行动之前,判明损害是否由水文变异(瞬时)的增加、草坪肥料或农药、河滨植被的破坏、路盐或其他因素所导致。生态流行病学研究中获得了有关土地利用的原因信息,这可能引发真正的风险评价。尽管不能移除城郊,我们仍能够更好的规划城郊。

(3) 我们寻找合适尺度上的原因。例如,整个流域可能含有高度的悬浮沉积负荷,将胁迫水生群落。但只有当我们希望解释流域整体状态时,才会关注那个原因。对该流域中某个受损河段,我们可能首先关注的是毒性流出物或本地生境的改变。与之相似,我们不会考虑把正常的气候特征作为生态系统状态变化的原因,即便像加利福尼亚夏季的降水缺乏排样,对生物造成了严重的压力。然而我们可能考虑稀少或极端的事件如干旱和飓风,因为它们的时间尺度是适合的。

(4) 我们寻找的可能不止一个原因。事实上,多重原因是有疑问的。例如,藻类在小河中的大量繁殖可能由于营养盐水平的提高,及由于砍伐遮蔽河流的河滨树木所导致的光照增加。两个因素都是必要的,但若单独存在,两者都不充分。这些情形中,相互作用的要素应该合并为单一原因。这种多重动因的场景应被限制于效应相关要素的最小集合(如每一个要素都是必要的,整合时则成为充分的)。

原因的定义也需要一个关于要素集合度的决定。例如,我们需要把从尾矿废物中渗滤出的所有金属作为原因而不是一种金属,或流出物整体而不是它的组分。如果我们出于整体的角度修复金属或流出物,集合就是适当的。不过,常常需要识别必须被去除的个体组分。对于流出物而言,这很容易做到:使用毒性测试来确定流出物有毒,然后进行毒性鉴别评估(toxicity identification evaluation, TIE)以识别毒性组分(EPA, 1991a,1993a,b;Ankley和Schubauer-Berigan,1995)。

4.3.1.2 建立列表

对候选原因进行列表的过程与分析证据和表征原因的过程并没有本质差异。每种情形中评价者都在寻找关联的证据。差异在于表征阶段对数据质量和分析的要求较少,不对潜在原因进行对比,而且即使是缺乏证据的潜在原因,出于政治考虑也可能纳入。完成候选原因列表的良好策略之一是准备一张基于各种来源的潜在原因列表,而后由其发展出待分析的候选原因列表。以下是识别潜在原因的某些途径:

与利益相关者协商：地方政府、企业、环境组织和其他利益相关者可能对生态损伤的原因有其自身的看法。

向地方环境学家咨询：当地学校、咨询公司和机构可能雇佣对区域内受损系统或类似系统较熟悉的环境学家，他们也许能指出某些潜在原因。

访问污染场地：评价小组的成员应沿陆路或水路观察地点，注意潜在原因的任何迹象。

考虑污染源名单：准许流出物的国家记录、超级基金场地、许可废物处置设施等是潜在原因的潜在来源。

考虑土地利用：土地利用所产生的典型危险因素包括化肥、杀虫剂、除草剂、侵蚀土壤和农业用地的粪肥。

考虑过去事件：泄漏或其他断续的过去事件可能在其发生很久后持续造成损害 (Diamond 等，2002)。

考虑受损生物体、种群或群落：对于一个有经验的生物学家而言，生物体、种群和群落中观测到的特性变化暗示着损害的潜在原因。

使用生物调查的补充数据：生物调查通常包括生境特征的测量，由之或可指示损害的原因。

多变量统计以概要的方式发现潜在原因。然而，需要记住大部分高度相关的要素并非必然是最可能原因。

4.3.1.3 生成地图和概念模型

任何特定地点的评价都必须生成一张含重要地点特征的地图。对于河流而言，地图要标出河流起源，界定损害河段，识别流出物和采样位置，指出水道改动的河段，并显示出河滨土地利用或覆盖的变迁。类似特征在其他类型受损生态系统的地图中应有显示。

对于所有的潜在因果关系，生成概念模型也很重要（第 17 章）。这将展示每一个潜在原因如何直接或间接诱导造成损害的效应。某些潜在原因在同一概念模型中的作用一致，这样的模型甚至可能揭示多重动因共同作用时的场景。另一方面，单独的概念模型也可能为部分潜在原因而开发，因为它们暗示出系统的冲突机制或不同构造。譬如，鱼类增殖的缺乏可能由于毒性诱导的成年鱼产卵失败、产卵基质缺乏，或早期生命阶段的疾病造成，但未必三者皆有。概念模型也可以展示一个原因有超过一种的作用机理。例如，氮加入可以导致氨毒性或增加藻类产量，其依次可导致营养结构的变化、基质嵌入藻丛、致病菌生长条件改善，或低溶解氧水平。因此，概念模型的开发有助于澄清潜在原因的特性和相互之间的关系。

4.3.2 分析证据

为了识别原因，生态流行病学收集证据以支持或削弱特定因果关系造成特定损害的假说。证据来自于损害地点、其他地点和实验室研究的已有或即时数据。通过对这些数据的分析可显示因果关系的五项特征（表 4.1）。分析将数据转化为证据，用以揭示效应和潜在原因之间的关系，此关系具有一个或多个上述因果特征。这些特征又可用于 4.3.3 节中每一种类的因果推论。而证据强度分析所评估的各类证据（4.3.3.4 节）更是这些特征中特别之处。

表 4.1　因果联系的特性,用于生成证据以支持或削弱案例因果关系的指导分析

因果关系特性	原理
共发性	效应发生在原因发生的时间和地点,缺少原因时则不发生
充分性	原因的强度和频率应该足够产生可观察量级的效应
时间性	原因必须先于效应发生
操控性	改变原因必定改变其效应
一致性	因果之间的关系必须和科学知识与理论一致

吸烟和费氏藻的实例和归因分析的其他大部分公开案例呈现出典型的列联表形式,使用了条件概率等有关概念。这些分析取决于二分变量,或至多少许类别,其中的每一种均可能是个别关联。当原因可由存在与否充分表征,且当效应同样简明(活或死的生物,存在或缺失的物种等)时,分析可用。如果不能自然地将系统划分为可接受和不可接受,管理科学倾向于手工生成这样的二分法。然而大部分环境数据基于计数(如鱼的数目)或者连续变量(如浓度),此时可以采用线性或非线性的模型。例如,蜉蝣类 $Hexagenia$ 的多度可回归至沉积物中氨的浓度。这样的模型有两个优点。首先,效应的变化与暴露的变化是一致的,表明关联可能是源于机制而非偶然。其次,它们量化出假定的暴露-反应关系,可与实验室或现场试验得出的关系相比较,用来评估原因的充分性。同理,重要的是从毒性测试或其他试验中获得暴露-反应模型,并用于归因分析,而不是使用假设检验来获得统计显著性的阈值(第 23 章)。此外,使用分类来减少计数和连续变量可能人为地增加或减少结果的相关性,这取决于分类的基准。最后,特别是对管制或修复决策而言,对生分类(二分法)并不合适。决议通常呈现为一个范围的形式,它需要某个范围的评价结果(如待修复的区域、污水中化学物质的浓度和允许排放率)。

通过识别和分离受体或环境中的混杂因子,可以改进暴露-反应相关性和模型。例如在含高浓度多环芳烃(PAHs)和更多老年鱼的水体中,鱼肝肿瘤的发生更加频繁(Baumann 等,1996)。对鱼年龄的修正增加了肝肿瘤发生频率和 PAHs 水平之间关系的一致性和潜在的生物学梯度。与此类似,鱼种群丰度的减少是损害的常用度量,不过一般物种数量会随河流规模增大而增加(Vannote 等,1980)。因此,在归因模型内包含河流规模可以强化候选原因和物种损失关联的证据。

4.3.2.1　共发性证据

因果关系的基本证据是评价地点或其他地点的损害与候选原因有时空上的关联(表 4.1)。此分析的首要目标在于证明原因发生的同时同地有结果发生(如在损伤地点检测到镉),反之则二者间并不关联。第二个目标是,尽可能地确定损害随候选原因的暴露量级而改变的特性或量级(如镉浓度在源的下游减少,效应也降低)。

大体上,若希望外推某点数据以获得因果关系的证据,最好从在一般时空轴上绘出相关于源、暴露和效应的数据开始。在那些空间联系比较复杂的地方,地理信息系统是很有用的。当涉及时间间隔,或者受影响生物或候选原因长途迁移时,如不同生命阶段的洄游鲑鱼和鸟类在不同的位置暴露于不同的要素,关联的证明变得困难。以下各种关联可以被识别:

(1) 观察到动因及其直接效应同时同地发生；
(2) 观察到受损生态系统中必要资源或生境特征的缺失；
(3) 因果链里中间实体与受影响生物的关联；
(4) 影响生物的污染物、生物标志物或症状的存在；
(5) 识别影响生物暴露的来源和潜在转运途径。

关联应被尽可能地量化。对于分类数据，需要计算出关联的频率或概率。正如先前讨论的吸烟和费氏藻案例，量化因果关系的概率看似是简单的任务，但极易混淆并导致错误的结果。评价者必须知道简单联合概率不同于条件概率，知道采样设计互不相同。例如，如果我们去鱼死亡的地点采含费氏藻的水样，我们可以快速计算给定死亡时费氏藻的条件概率，因为采样设计取决于死亡。然而对于归因分析，我们宁愿了解费氏藻存在时鱼死亡的条件概率。一个由费氏藻调控的采样程序可根据费氏藻存在与否来识别污染场地，再监测鱼类死亡，它可以提供良好的概率估计，却相对难以进行。也可以像 Newman 和 Evans（2002），通过在不同研究中参数化贝叶斯法则来估计条件概率，可相比于费氏藻调控的研究，其置信度不佳（5.3.2 节）。最后，随机采样程序可较好地估计费氏藻和鱼死亡的联合概率。环境研究中通常计算这种联合概率，但它与条件概率相比启示作用较小（Dawes，1993，2001）。也就是说，当随机采样没有告诉我们因果关系时，可知仅 0.2% 的河口同时存在鱼类死亡和费氏藻。因此，为分类这些相关性，不仅需要对候选原因和待关联的结果定义一个列联表，而且要理解对数据的调控确定了相关性（Dawes，1993，2001）。值得注意，虽然那些先前事件（潜在原因）受调控的观察性研究难以进行，且获取的概率比效应受调控的研究更低，但它们是理解因果关系所必需的（Dawes，1993）。

4.3.2.2 充分性证据

分析数据充分性的目的在于提供污染场地存在足够数量或频率原因的证据。调查者之所以期望在该处观察到效应，是基于实验室测试、现场测试或在其他地点得到的暴露-反应关系等信息。这种类型的证据对生态毒理学家而言很熟悉，他们综合某处的暴露测量与实验室测试的暴露-反应关系来估计效应。譬如，在浓度-反应模型里使用化学物质的水中测量浓度来估计效应的频率或量级，其后再与受损河流观察到的效应相比较。此分析需要该处的暴露度量与暴露-反应关系中相一致（第 30 章）。更复杂的归因机制，特别当包括间接归因时，需要更复杂的机理模型，从而确立证据的充分性。随着归因过程的模型越来越复杂，判断个体模型是否提供了某处生态退化原因的可信再现就越来越困难。这样的事例中，最理想的通用策略就是为每个提议的因果场景生成数学模型，再确定哪种模型可以最好地描述数据（Hilborn 和 Mangel，1997）。

4.3.2.3 时间性证据

原因总是先于其结果发生。明显表现出效应先于原因发生的证据将否认因果之说，而原因引入后短期显现效应的证据强有力地支持因果之说。不过，如此清晰的时间序列证据并不常见，因为它依赖于相对较长时间尺度上的数据收集，经常要在观察到损伤的很久以前。只有候选因素（即近似要素）的量度可应用于评价时间序列；对其他类型的证据，可考虑归因途径中其他阶段的量度或替代。

如果存在多种充分原因，且分析的目标是识别所有起作用的原因而非最可能原因时，时间先后的证据应该被谨慎评价。在这些情况里，时间序列上发生较早的候选原因可能掩蔽其后候选原因所引起的效应,即便那些候选原因也可能导致观察到的效应。

4.3.2.4 操控性证据

在候选原因消失或减少后效应降低,这就是强有力的因果证据(表 4.1)。暴露可能由对源的操控而减少。例如,将牲畜与通向河流的某些位置隔开;或因为工厂关闭,出水可能一度消失。操控或许在待评价的地点进行,或许在有同类源运转的其他地点进行。暴露还可能因监管或修复行为而减少,这同样可看做是一种操控。又或者,控制生物或群落暴露于潜在原因的试验可能进行,如在污染地点笼养先前未暴露的生物,在污染水体放置未污染沉积物的容器,或遮蔽部分河段。这些现场试验经常是不可重现的,所以它们的结果可能造成困惑,但是与基于污染地观察的关联关系相比,其导致混杂的程度要少些。最后,可以将含有多种化学物质或其他要素的污染场地基质带入实验室,进行操控来消除或增加不同的候选原因。然后可用实验生物测试受操控基质,以确定哪种组分引起效应。这些方法被广泛地发展用于在流出物中的不同化学物质之间总结因果关系(第 24 章)。

从操控的细节中可获得有价值的附带信息,但证据需要的是效应是否随推定原因改变而改变的事实。原因操控获得的证据十分有力,以至于某地或相似地点的未重现样例也可以取信于大部分民众,即便结果可能只是巧合。譬如,生物恢复后缅因州中部 Androscoggin 河悬浮固体负荷减少的发现,为终结争议性的南缅因 Presumpscot 河生态流行病学调查提供了证据(EPA,2000c)。

4.3.2.5 一致性证据

对候选原因引发效应的认知可通过三种途径形成证据。首先,间接归因过程的中间步骤可能被识别、观察或测量。比如,若认为鲑鱼多度因林木杀虫剂作用于水生昆虫(食物)的效应而减少,水生昆虫多度的减少就应观察到。间接因果关系里这样的中间环节可在概念模型中发现。其次,无论效应是间接还是直接引发,应观察到低层级反应的症状,例如鲑鱼的低生长率或低脂肪储存。再次,除了有助于观察或测量损害的发生,了解原因要素的作用机理还可对效应给予提示。例如,若杀虫剂由对昆虫的效应而非直接毒性影响鲑鱼,则不食用昆虫的鱼类如弯嘴鱼应该比较丰富。当备选原因的最终效应都类似时,这三种类型的证据尤其有用,不过它们通过不同的归因机制起作用。证明中间步骤的发生可能是充分的,但很多时候度量的水平也必须是充分的。例如,掠食者是否充分减少至可说明损失?

4.3.3 表征原因

我们接受 Popper 的观点,证伪比证实更具决定性。然而我们仍离不开归纳和确证试验。

Susser(1998)

归因分析的表征阶段就是使用分析阶段得到的证据来确定最可能原因。这里讨论四种方法:不可能原因的排除、诊断、Koch 法则和证据强度分析。排除首先讨论,因为它最可靠且可为后续方法缩减候选原因清单。诊断在效应包含特征症状、可采取传统的医疗或兽医方法时应用。对于病原体和化学品,可以使用 Koch 法则。但对于大部分归因分析,应用排除、诊断或 Koch 法则并不能生成一个确信的结论,这就需要证据强度分析来对比证据,以支持或反驳每一条剩余的候选原因。如果一次使用不足为信,则可层叠使用这些方法。

4.3.3.1 排除

即便因果关系不能被证实,它也可能被证伪。正如 Popper 和其他人所主张的那样,没有哪种推定原因和效应之间的关联像无关联那样确定(Platt,1964; Popper,1968)。也就是说,若在 20 个案例中原因 c 先于效应 e 发生,我们可假设 c 是 e 的充分原因;然而,若在第 21 个案例中 e 不依赖 c 发生,我们就足以否决那个假设。注意,波氏反证并非基于概率,因为概率无法驳倒(Greenland,1988; Lanes,1988)。若要以 95% 置信度排除某个原因,则证据只能是我们已证实了某个原因,于是我们需要考虑证据强度。然而利用观察,我们可以从逻辑上排除备选原因,其确定性与演绎推理(Greenland,1988; Maclure,1998)相同。流行病学家特别偏好在暴发事件研究中使用排除归纳,来排除病例中不存在暴露的原因(如某些病人在野餐时没有食用马铃薯沙拉,它就不是原因)。候选原因可以被排除,如果:

- 效应先于候选原因发生;
- 至少部分受影响物种不存在暴露途径(如效应发生在源的上游);
- 因果链中的某个环节丢失(如在候选原因和效应之间有多重机制步骤,至少其中之一未发生);
- 候选原因在参比生态系统中发生,但未导致效应;
- 候选原因的去除不能消除效应。

注意其中任一推论都可被不完全或低质量的信息所否定。譬如,效应之所以在某个暴露的参比生态系统中不发生,是因为参比可能与待考虑的生态系统不甚匹配。如果评价者和审查者不完全确信候选原因能被证据排除,候选原因须保留至进一步分析。

理论上讲,排除可以识别损害的原因。如果所有可能的原因均被识别,且仅有一个未被排除,剩余者就是真实原因。但确定地识别所有候选原因是极端困难的;因此,排除步骤多用于减少候选原因的数量,以便其他方法分析。

4.3.3.2 诊断规约和关键

医疗和兽医实践中,可依据检查症状和判断观察到的症状集指向来诊断病因。在一些病例里,诊断受助于分叉式检索表或专家系统。类似的方法已被开发出,可用于诊断鱼类死亡(Meyer 和 Barclay,1990)、鱼类疾病(US Fish and Wildlife Service,2001)、野生生物死亡(Roffe 等,1994)和野生生物疾病(US Geological Survey,1999)的原因。关于畜牧、野生生物、渔业和植物病理学的文本和已发表评论也提供了对诊断非人类生物疾病、畸形或死亡原因有用的信息。例如,棉花起皱的叶子与锰毒性相关;大豆叶紫色素的积累可以指示镉毒性(Foy 等,1978)。当损害可根据检查或验尸得到的生物效应定义时,诊断方法才是有效的。

使用症状来诊断损害原因的概念已被扩展至生物学组织的更高水平。年龄级相对多度的格局和其他种群参数可能用于诊断种群衰落的原因(Munkittrick 和 Dixon,1989; Gibbons 和 Munkittrick,1994)。这意味水生类群的相对多度格局也可能用于诊断水生群落中损害的原因(Yoder 和 Rankin,1995b; Norton 等,2000; Simon,2002)。以上方法在识别生态损害的原因时,无一被证明是充分可靠的,但它们可帮助识别潜在原因,然后用其他方法分析(4.3.1 节)。

4.3.3.3 Koch 法则

在化学物质或病原体可能是效应原因的情况下,某种形式的 Koch 法则可用于组织多线证据。Koch 法则提供了医疗和兽医微生物病理学中因果关系证据的标准,它们适用于化学品的人类毒性(Yerushalmy 和 Palmer,1959;Hackney 和 Linn,1979)、空气污染对农作物(Adams,1963)和森林树木(Woodman 和 Cowling,1987)的效应及生态系统毒性(Suter,1990,1993a)。其生态毒理学形式如下:

(1) 损伤、功能紊乱或原因要素的其他假定效应必须有规律地关联于原因和其他辅助因素的暴露。这就是现今常用的 Hume 关联一致性需求。但由于生态归因的复杂性,其他辅助因子如合适水平的 pH 或温度也必须关联成为必要的附加需求。

(2) 暴露于动因的指标必须能在受影响生物体内发现。对于病原体,这意味着从被感染生物中分离出病原体;对于化学品,这意味着发现化学品、代谢物或特征性生物标志物在体内水平的提高。

(3) 当正常生物在受控条件下暴露于原因要素,则效应必须可见,且任何辅助因子在受控暴露中必须以相同方式起作用。此需求可通过毒性测试或给生物接种分离的病原体,从而诱发疾病或其他效应来达成。由于暴露时期、生命阶段、实验室和现场条件不同等原因,这项基准的应用需要某些外推(第 26 章),但外推应被最小化。

(4) 暴露和效应的指标必须像野外那样在受控暴露中同样被识别。对于病原体疾病,这需要将病原体从测试生物中分离出来,表明它是在野外致病的同一病原体。对于化学品,可通过证实体内含量、生物标志物或其他模拟野外水平测试中的特征反应来解决。

Koch 法则很少能在生态研究中被满足,它们适用于相对狭窄的案例范围。不过,它们通过被某种认为是实践标准的方式组织多线证据。若要证明原因,推论必须基于充分的高质量数据。因此,当研究足以满足需求,或者当重要的生态效应促成多项集中研究使法则完备(框 4.1)时,Koch 法则是最有用的。否则,最好在证据强度分析中使用所有的证据。

框 4.1 Koch 法则在游隼衰落案例中的应用

20 世纪五六十年代,美国游隼的种群数量突然急剧下降(Cade 和 Fyfe,1970)。可能的原因假说包括射杀、养鹰者的收集、猎物减少、疾病和有毒化学品(Hickey,1969),最终证明 DDT 是原因,相关证据可满足 Koch 法则。

(1) DDT 与隼群衰退的关联是难以建立的。起初,效应定义过于含糊致使无法建立明确的关联;多度的改变可能是自然发生,也可能由于其他人为原因。不过蛋壳变薄与生殖失败的联系成为一个特殊的效应,能够更清晰地关联于潜在原因(Hickey 和 Anderson,1968)。另外,废弃的鸟巢与 DDT 使用并没有空间关联。然而大范围上看,所有使用 DDT 的区域内,在 DDT 引入后游隼的生殖失败与蛋壳变薄均产生了关联;而其他区域则没有。因此,关联满足 Hume 因果关联基准的所有三个方面:(a) 空间和时间的邻近 (b) 时间演替性和 (c) 一致连接性。

(2) DDT 代谢物在薄壳的游隼蛋和产卵的成鸟体内被发现(Hickey 和 Anderson,1968;Cade 等,1971)。

(3) 标准鸟类测试物种对 DDT 的抗性强于隼形目,所以早期测试结果并没有支持假说。但是对隼类的测试(红隼)证实了真实暴露水平下的效应(Wiemeyer 和 Porter,1970;Lincer,1975)。

(4) 受测试红隼的效应(包括蛋壳变薄)与野外游隼中所见的相同,而且具有类似的机体残留(Lincer,1975)。

尽管这一证据足以证实因果关系,其他不适合 Koch 法则的证据仍是可用的。例如,棕鹈鹕和秃鹰中并发效应的类推支持 DDT 引起了游隼衰落的推论。证据强度分析允许整合证据,包括评价支持或反对备选原因的证据。

4.3.3.4 证据强度分析

尽管哲学家认为我们不能证明因果关系,原因仍需要识别,以便效应管理。实用主义者开发了多项方法来满足这种需求。其一就是使用专家或专家小组的职业判断,案例见医务长官顾问委员会解决了美国吸烟和肺癌的问题(US Department of Health Education and Welfare,1964)。另一方法是以统一的形式评价所有可用类型的证据。最著名的是 Hill 准则(Hill,1965),后被扩展(Susser,1988),并继续修订以适应生态流行病学(Fox,1991;Suter,1993a,1998b;Beyers,1998)。EPA(2000c)认定,它们可用于特定地点生态损伤的分析。该准则针对用户的意见进一步修改后,发表在 USEPA 归因分析/诊断决议信息系统(CADDIS B;http://www.epa.gov/caddis)和本书。这种方法的缺点在于,每一条基准均无法证明因果关系,在某些案例中又可被误导(Rothman,1986;Weed,1988)。不过,即便我们承认分析的结果依赖于专家判断,至少这种一致而明晰的判断能确定可用信息对哪项候选原因的支持最好。

4.3.3.4.1 用于因果推论的各类证据

下列类型的证据等效于 Hill 基准,可以划分为两大主要类别。首先要评估调查中案例数据的证据,因为它通常极为醒目和高度相关于案例。然后,可代入案例之外(如从其他现场或实验室研究)获得的证据以增加"观察的关联实际是因果"的置信度。实践中,这一步骤还包括检验由潜在原因和效应关联而生成的证据(4.3.2 节),确定其属于何种特定类型(表 4.2 和表 4.3),以便评估其贡献于因果推论的强度(见表 4.4)。

表 4.2 使用案例中数据的各类证据

证据类型	概念	因果特性
时间-空间共发生	生物学效应在原因要素发生的时间和地点被观察到,缺乏要素则无法观察	共发性
暴露或生物机制的证据	生物区的测量显示出相关暴露发生或连接原因要素和效应的其他生物过程发生	共发性
因果途径	原因要素的前体(因果途径的内容)提供增补或替代证据,表明生物效应和原因要素很可能共发生	共发性
现场的暴露-反应关系	污染场地生物效应的强度或频率随暴露于原因要素水平而增加、水平降低而下降	共发性
暴露操控	现场试验或管理行为增加或减少对要素暴露而增加或减少了生物效应	操控性

续表

证据类型	概念	因果特性
污染场地介质的实验室测试	污染场地介质的实验室测试可以提供毒性的证据，毒性鉴别评估（TIE）法可以提供特定毒性化学品、化学类别和其他非化学因素的证据	操控性
预测验证	对原因要素的作用模式的认知允许预测其后可被证实的未观察效应	共发性
时间序列	原因必须先于生物效应	时间性
症状	生物学度量（经常在一个比效应更低水平的生物组织）可以被表征为一个或少数特定原因要素；一个症状集可以被诊断为一个特定原因，如果它们唯一对应于原因	一致性

表 4.3 使用别处数据的各类证据

证据类型	定义	因果特性
其他现场研究的暴露-反应关系	案例中的原因要素在其他现场研究中关联类似生物效应的水平	充分性
实验室研究的暴露-反应关系	案例中的原因要素在实验室研究中引发相关效应的水平，其可能使用与案例相同的化学品、混合物或其他要素测试污染场地的化学品、材料或受污染介质	充分性
生态模拟模型的暴露-反应关系	案例中的原因要素在模拟生态过程的数学模型中关联类似效应的水平	充分性
其他污染场地暴露的操作	在类似影响的地点，改变原因要素的暴露现场试验或管理行为也改变生物效应	操控性
机制似真原因	原因要素和生物效应之间的相关性一致于已知的物理、化学和生物原理，和受影响生物和受纳环境的特性	一致性
相似要素	案例中类似于候选原因的要素引起案例中观察到类似效应的证据支持候选原因要素是原因	一致性

表 4.4 使用因果推论的证据类型积分系统

证据类型	表现	分值[a]
使用案例数据的各类证据		
时间-空间共发性	效应发生在候选原因发生的同时同地，或者效应没有发生在候选原因未发生的时间和地点	+
	不确定候选原因和效应是否共发生	0
	效应没有发生在候选原因发生的同时同地，或者效应发生的同时同地候选原因没有发生	− − −
	效应没有发生在候选原因发生的同时同地，或者效应发生的同时同地候选原因没有发生，且证据是无可争议的	R
时间序列	候选原因发生在效应之前	+

续表

证据类型	表现	分值[a]
现场的暴露-反应关系	候选原因和效应的时间相关性是不确定的	0
	候选原因在效应后发生	− − −
	候选原因在效应后发生,且证据是无可争议的	R
	在空间相关位点观察到候选原因暴露的强效应梯度,而且梯度在预料的方向	+ +
	在空间相关位点观察到候选原因暴露的弱效应梯度,或者在非空间相关位点观察到候选原因暴露的强效应梯度,且梯度在预料的方向	+
	观察到候选原因暴露的不确定效应梯度	0
	在空间相关位点观察到与候选原因暴露不一致的效应梯度,或者在非空间相关位点观察到相关于候选原因暴露的强效应梯度,但是梯度不在预料的方向	−
	在空间相关位点观察到候选原因暴露的强效应梯度,但相关性不在预料的方向	− −
因果途径	数据显示至少在一个因果途径中所有步骤都是存在的	+ +
	数据显示至少在一个因果途径中某些步骤是存在的	+
	数据显示在因果途径中不能确定是否所有步骤的存在都是不确定的	0
	数据显示在每一个因果途径中至少有一个缺失的步骤	−
	数据以高度的确定性显示,在每一个因果途径中至少有一个缺失的步骤	− − −
暴露或生物机制的证据	数据显示暴露或生物机制是明显和一致存在的	+ +
	数据显示暴露或生物机制是虚弱或不一致存在的	+
	数据显示暴露或生物机制是不确定的	0
	数据显示暴露或生物机制是缺乏的	− −
	数据显示暴露或生物机制是缺乏的,而且证据无可争议	R
暴露操控	当候选原因消除或减少时效应消除或减少,或者,当候选原因暴露开始或增加时效应开始或增加	+ + +
	候选原因处理后效应的改变不明显	0
	当候选原因消除或减少时效应没有消除或减少,或者,当候选原因暴露开始或增加时效应没有开始或增加	− − −
	当候选原因消除或减少时效应没有消除或减少,或者,当候选原因暴露开始或增加时效应没有开始或增加,且证据无可争议	R
污染场地基质的实验室测试	污染场地基质的实验室测试显示明确的生物效应紧密相关于观察到损伤	+ + +

4.3 归因分析

续表

证据类型	表现	分值[a]
	污染场地基质的实验室测试显示效应不明,或者明确的效应未紧密相关于观察到损伤	+
	污染场地基质的实验室测试显示效应不明	0
	污染场地基质的实验室测试显示无毒性效应相关于观察到损伤	−
预测验证	候选原因其他效应的特定或多种预测被证实	+++
	候选原因其他效应的一般预测被证实	+
	候选原因其他效应的预测是否被证实不确定	0
	候选原因其他效应的预测未能证实	−
	候选原因其他效应的多种预测未能证实	−−−
	候选原因其他效应的特定预测未能证实,且证据无可争议	R
症状	观察到的污染场地症状或物种发生是候选原因的症候	D
	观察到的污染场地症状或物种发生包括某些但不是所有的症候集,或者,观察到的污染场地症状或物种发生表征了候选或少数其他原因	+
	观察到的污染场地症状或物种发生是不明确的或由很多原因产生	0
	观察到的污染场地症状或物种发生相悖于候选原因	−−−
	观察到的污染场地症状或物种发生无可争议地相悖于候选原因	R
使用别处数据的各类证据		
机制性似真原因	某项似真机制存在	+
	无机制已知	0
	候选原因在机制上不太可信	−−
实验室研究的暴露-反应关系	案例中观察到暴露和效应的关系定量符合受控实验室试验的暴露-反应关系	++
	案例中观察到暴露和效应的关系定性符合受控实验室试验的暴露-反应关系	+
	案例中观察到暴露和效应的关系与受控实验室试验中暴露-反应关系的一致性比较含糊	0
	案例中观察到暴露和效应的关系与受控实验室试验的暴露-反应关系不相符合	−
	案例中观察到暴露和效应的关系甚至不能定性符合受控实验室试验的暴露-反应关系,或数量差异非常大	−−
其他现场研究的暴露-反应关系	案例中暴露-反应关系定量符合其他现场试验的暴露-反应关系	++

续表

证据类型	表现	分值[a]
	案例中暴露-反应关系定性符合其他现场试验的暴露-反应关系	+
	案例中暴露-反应关系和其他现场试验的暴露-反应关系的一致性比较含糊	0
	案例中暴露-反应关系与其他现场试验的暴露-反应关系不相符合	−
	案例中暴露-反应关系和其他现场试验的暴露-反应关系之间有大量或明确的数量差异	− −
生态模拟模型的暴露-反应关系	案例中观察到暴露和效应的关系一致于模拟模型的结果	+
	模拟模型的结果是含糊的	0
	案例中观察到暴露和效应的关系不一致于模拟模型的结果	−
其他污染场地的暴露操控	在其他污染场地,当候选原因暴露消除或减少时效应一致消除或减少,或者,当候选原因暴露开始或增加时效应一致开始或增加	+ + +
	在其他污染场地,当候选原因暴露消除或减少时绝大部分地点效应消除或减少,或者,当候选原因暴露开始或增加时绝大部分地点效应开始或增加	+
	操控候选原因后效应改变是模糊的	0
	在其他污染场地,当候选原因暴露消除或减少时效应的消除或减少并不一致,或者,当候选原因暴露开始或增加时效应的开始或增加不一致	−
相似要素	其他污染场地的许多相似要素一致引起类似的损害效应	+ +
	一种或少数其他污染场地的相似要素引起类似的损害效应	+
	一种或少数其他污染场地的相似要素未引起类似的损害效应	−
	其他污染场地的许多相似要素未引起类似的损害效应	−
	评估多线证据作为证据的形式	
一致性	所有有效类型的证据支持候选原因的案例	+ + +
	所有有效类型的证据削弱候选原因的案例	− − −
	所有有效类型的证据支持候选原因的案例,但只有少量类型有效	+
	所有有效类型的证据削弱候选原因的案例,但只有少量类型有效	−
	证据是模糊或不充分的	0
	一些有效类型的证据支持而另一些则削弱候选原因的案例	−
证据的合理解释	对关于其他积极证据主体的任何消极矛盾或模糊有可信解释,其导致证据主体的一致支持	+ +

证据类型	表现	分值[a]
	无法解释证据中的矛盾或模糊	0
	对关于其他消极证据主体的任何积极矛盾或模糊有可信解释,导致证据主体的一致削弱	—

a +和-的数量随着证据支持或削弱候选原因案例的程度而增加。当一致性极高的时候,证据可以用于反驳(R)或诊断(D)原因。

在某一特定的归因分析中不太可能用到此处描述的所有类型证据。不过,考虑所有类型的证据有助于评价者理解有效信息的推论性暗示,并有助于引导数据收集从而生成重要证据。

4.3.3.4.2 使用案例中数据的证据类型

归因分析应从检查手头案例的证据开始。譬如,当某特定候选原因存在时,野外生物学家可能观察到效应发生;但原因不存在时则不发生,而且关联可能被量化为某种时间相关。本节中描述的关联经常能提供最令人信服的证据以表征原因,当置信度足够高时,甚至可在更深入的考虑中证实或排除原因。

空间或时间的共发生　生物效应必须在原因发生的同时同地被观察到,在缺乏原因的时间和地点则必须无法观察到。对于自源而下的物质,共发生意味着效应发生在下游而不会在已识别源的上游;对不会流动的物质,如低生境结构,共发生意味着效应发生在与原因要素相同的位置,而缺乏的地方不发生。当几个充分原因可能存在,且分析目的在于识别所有潜在的作用原因时,以上原则应该小心解释。这种情形下,发生在上游的原因可能掩蔽只发生在下游的原因。

暴露或生物机制的证据　测量生物区可以显示原因的相关暴露发生,或者连接原因与效应的其他生物机制发生。暴露或机制的证据可能包括如化学物质的体内含量、寄生虫或病原体的存在、或者暴露生物标志物之类的量度。对于未留下内在证据(如沉积、某些农药)的原因要素,可以观察机制相关的行为(如回避或抽搐)或对比不同摄食或生活史策略(不同机制可能有所区别)生物的反应。

因果途径　在连接源和原因的途径中,步骤可以起增补或替代指标的作用,以说明原因和生物效应可能共同发生。假设步骤中的相关数据可用于评价因素存在的概率。当因素本身的数据不可用时,因果途径中的这些步骤起替代近因的作用。然而,因果途径的证据缺乏不能用于排除原因,因为永远存在未知源或途径造成候选原因的可能。

来自现场的暴露-反应关系　效应会随着要素暴露量级和持续时间的增加而增加。"剂量决定效应"是毒理学的经典要求,但它也用于其他类型的原因。比如,若认为由沉积作用引起的圆石高度嵌入造成了底栖无脊椎动物多样性的减少,则多样性应该随嵌入的梯度增加而减少。另一些例子包括证明排放口下游群落的反应,或效应随流出物浓度或平均流量同向/反向变化的证据。注意这些包括明显阈值的梯度可能是非线性的。此情形要求效应必须表示为计数或连续数据,而不仅是有或无,以便评估效应的量级。回归分析可能量化梯度,高斜率和高相关系数都加大了证据的强度。

暴露操控　这种类型的证据是指通过消除源或改变暴露,而对某一原因进行操控。最受关注的操控是受控现场实验,包括消除或减少对源的暴露(如隔开牲畜与河流),改

变因素的水平（如向河流投加大量木制碎屑），或者人为减少对因素的暴露（如在有不同水平可疑因素的污染场地放置笼养的生物）。理想的状况是，因素和观测到的生物效应在操控前后都应测出改变。此类证据的说服力在于通过有意操控事件而造成的暴露控制，甚至存在复制的可能。不过，未受控实验（如设备关闭时流出物的消除）也将是有用的。

污染场地基质的实验室测试 在为研究污染场地基质的原因（通常是毒性物质）而进行实验室测试时，受控暴露应诱导出与野外观察相一致的效应。此类证据最常用于评估水、沉积物或污水内的毒性物质。譬如，实验室可能使用胡蜂（*Hyallela azteca*）或摇蚊（*Chironomus riparius*）等生物测试流经工业区的河流沉积物。此类测试的后续环节可能是用于识别基质中特定毒性组分的 TIE 过程（USEPA, 1991a, b, 1993a, b）。

预测验证 了解原因的作用模式可以预测和证实先前未观察到的效应。预言和确证能力是优良科学假说的特点之一。譬如，若鱼死亡的原因可能是有机磷杀虫剂混入河流，则我们可以做出胆碱酯酶水平将会降低的特定预测；或更整体的预测：昆虫和甲壳类也会被杀死，但不具备类胆碱功能的生物能存活下来。如果其后这些预测情形在该处被观察到，就增强了因果关系的置信度。对正反方向的多重预测可以强化这个基准（如植物和原生动物不会受害，而节肢动物却会）。

时间序列 原因必须永远先于效应发生。例如在大坝建立前，可进行基线监测研究繁殖的鲑鱼种群；而大坝建后种群减少的证据表明大坝引起了后来的种群减少。与共发性一样，当数个充分原因并存且当分析的目标是识别所有潜在作用原因时，这种基准应小心使用。此情形下，时间序列上早先发生的原因可能掩蔽了其后发生的原因。

症状 生物学量度（通常在比效应更低的生物学组织上）可被表征为一个或少数特定要素。这些症状的存在可用于诊断要素是否为原因；或相反，已知症状的缺乏可以削弱候选原因的案例。比如，鱼的尸检证明了两性畸形和雄性血清中卵黄蛋白原的存在。这些现象是关联于内分泌干扰物暴露的独有特征。当观察到大量特征症状，或当观察到的症状高度特异于极少数潜在原因时，这类证据的置信度增加。非特异性效应相对难以诊断，所以在必须尽可能特异地定义损伤时（如特定昆虫类别的减少，而不是整个昆虫多度的减少），本类证据更加有用。大多数确信的情况下，症状和其他量度被整合至诊断规程中（先前讨论）。

4.3.3.4.3 使用别处获得数据的证据类型

尽管从案例中获得的数据提供了归因分析的核心，大部分调查仍从实验室研究、过去的经验和其他类似系统的观测所得的认知中获益。事实上关于受损生态系统和损害候选原因的一切认知对推定因果关系可能都是有用的。比如，来自别处证据的一种最常用类型是使用从实验室研究获得的暴露-反应关系。类似的例子有单一化学品和单物种毒性测试。这些关联涉及案例中的观测。

其他现场研究的暴露-反应关系 在受损地点，原因达到的水平必须足以在其他现场研究中引起类似的生物效应。分析暴露-反应相关的目标在于提供受损地点的生物暴露于候选原因，且数量、持续时间或频率上足以引起所观察生物效应的证据。尽管这些关系经常用于评价化学品，类似方法亦可以用于其他要素，例如沉积物、水和温度（第23章）。设想将细沉积物的增加水平作为蜉蝣类丰度降低的候选原因。在这个例子中，15%的河床被 1 mm 厚的细粉层所覆盖。如果一旦河床覆盖大于 1 mm 细粉的区域超过10%，而全州监测点的数据显示蜉蝣类丰度迅速降低，这就将支持细粉造成蜉蝣

类丰度下降的观点。在其他现场研究的暴露-反应关系基于大量提供暴露-反应曲线的研究时,它们尤其值得高度关注。这些研究最好来自相似系统,效应数据应包括能显示案例中损伤的特定类别。

实验室研究的暴露-反应关系 假定候选原因和效应之间的关系已知,能否根据环境中要素的水平估算效应?随机、平行、受控的实验室测试是有价值的实验工具,因为它们允许研究者控制现场条件下经常遭遇的变异性和潜在混杂因子。这些实验室研究可能测试来自其他类似污染场地的化学品、材料或介质。相关性可以用体内暴露指标(如体内含量)估计,但更多的是用外在暴露的度量(如水中浓度)。调查案例与实验室获得的浓度-反应关系之间的对比是化学品评价的一种常用方法,因为浓度是否高至造成相关反应提供了强有力的因果关系证据。基准或标准的超出并非必然暗示因果关系,因为那些管理值的意图在于保证安全水平。

生态模拟模型的暴露-反应关系 在相应的数学模型模拟生态过程中,原因应处于关联效应的水平。因为有实验室测试和其他现场数据的暴露-反应,通过对比案例中暴露-反应信息,模型输出得到解释。尽管比较案例和模型输出的关键数据(如使底栖节肢物种的数量减少35%的水中浓度)可能已足够,比较某浓度梯度上刮食者和采食者相对多度等事例的变化趋势或许更有意义。当一个事件的复杂网络影响观察效应时(第27章和第28章),生态模拟模型尤其有用。在操控某潜在作用因子的时候,建模中可采用不同场景来确定期望效应如何改变。由于归因过程的模型变得越来越复杂,判断个体模型能否充分代表某地生态退化的原因也越来越困难。这种情形下,最佳策略是生成每个可能因果途径的模型,再确定哪个模型可被污染场地数据最好的解释。

机制性似真原因 假设关于候选原因、受纳环境、受影响生物的各项特性(包括生物、物理和化学特性)均已知,确实可判定效应由原因所导致吗?区别机制信息的缺乏(如化学物质 x 诱发肿瘤的能力未知)和机制非真的证据(如化学物质 x 不是致肿瘤的)相当重要。仔细考虑某些间接机制是否可能起作用也很重要。

其他污染场地的暴露操控 此类证据基本相同于调查地的暴露操控(前述),不过是从类似状况外推信息。也就是说,在待调查地点之外的相似影响区域,增加或减少原因暴露的现场试验和管理行为必须增加或减少生物效应。此类证据的一个关键步骤就是根据物理状态、生物区和其他特征来进行操控地点和受损地点的明确比较。如同归趋和迁移模型,外推可用于量化地点之间的差异,实现对受损地结果更精确的外推。

类推要素 假设的因果关系是否存在任何良好建立的类似案例?Hill(1965)特别针对相似原因而发展了类推的基准。例如,一种结构类似于已用的新型杀虫剂可能诱发相似的效应。这种理念可被推广至其他类型的因素。又如,引入物种与先前被引入者具有类似的自然史特征,则可能对生态系统具有类似的影响。

4.3.3.4.4 评价多种类型的证据

从几项候选中判定最可能的原因需要大量信息的保留和权衡。表4.4是一个计分系统,总结了各种类型的证据。当对特定案例应用该表时,证据的有效类型位于左手列。另一列的每一行体现出一个候选原因的结果。行表现为符号+和-或0的适当数目,它关联于每个候选原因的证据强度。支持性注释说明了分值如何从证据中获得。

+和-的数目随证据支持或削弱候选原因的程度而增加。证据可以累积至三个加号(+++)或三个减号(---)。某种特定类型证据的最大建议数目取决于关联因偶然发生而非真实原因的可能性。或者,证据可被计为不可用(NA)或无证据(NE)。有其他两种类型的计分:反驳(R)用于无可置辩的证据以证明候选原因并未造成特定效应;而诊断(D)用于某特定因素或某类因素的症状集是因果关系的充分性证据时,即使没有其他类型证据的支持。

不应增设候选原因的计分。否则会暗示每种考虑同等重要,且相同类型的数据和证据对所有候选均有效。计分更应该被用于识别各类最引人关注的证据。它们也应用于评价证据的整体一致性,识别任意矛盾是否可被解释。

证据的一致性 假设的因果关系在所有可用的证据中都一致吗?这种因素的强度随着证据线的数目而增加。当候选原因被多种类型的证据一致支持或削弱时,推论中支持或反对原因的置信度也在增加(Yerushalmy 和 Palmer,1959)。

证据的解释 某种机制、概念或数学模型能解释证据线中所有明显的矛盾吗?譬如,铅浓度足以阻碍鱼类的繁殖,但该地区仍能发现幼鱼和成年鱼。对该现象的可能解释是,该鱼类的繁殖并非发生在该处,幼鱼和成年鱼只是从未暴露的地区迁移过来的,那么该地区发现幼鱼和成年鱼的证据就只是巧合。另一种解释是测出的总金属浓度或许不具有100%的生物可利用性。这些解释取决于专家鉴定和评价者对证据强度的判断。因为事后归因的解释存在错误的概率,所以它们构成了证据的一条弱线。然而假设或将引出因果评价(如测试金属的生物可利用性)迭代中的实验和预测。由此可支持更强的推论。

通过对比备选原因间的证据可以达成最终决策。所有的候选原因必须均被比较以验证是否有不止一个可能原因,以及探知整体决策的置信水平。原因间的比较可确保每一候选原因被公平处理,且数据收集和分析中任何偏差均得到承认。这样比较依赖于职业判断,不存在套路。最好的情况是可能的原因被识别,而后将信息传达给管理者和利益相关者。当证据稀少时,分析仍可能识别出那些具有最强支持的候选原因。某些情形下,没有识别出原因,或结论的置信度太低不足以支持管理行为。然而,即便如此也应该清楚何种信息最有用,可以收集来增加结论的置信度。

4.3.4 归因分析的迭代

若原因未被识别或者识别的置信度不够充分,可能因为损害没有被正确指明、信息不充足或被误解,也可能是原因未被作为候选列出。必须研究这些可能性,合适时须重复归因分析。

若损害没有充分识别,或许缘自实际并无损伤,抑或与生物评价或其他来源识别的损伤不同。可能原因包括观察效应的夸大,不适当的调查技术或统计分析,不恰当定义的参比条件,或者生物学调查、生境调查或化学分析中质量保证不佳。例如,某河流被宣布受到损害是因为对比于错误的河流参比系列,或者因为现场人员没能分辨太阳鱼的品种。另外,损害可能是真实的但并不十分明确。例如,游隼减少的原因直到损伤被定义为与蛋壳变薄相关的生殖失败后才确定(框4.1)。在某些案例中,该问题可被调查数据的再分析所修正,不过更多时候需要新的数据。

当损害被充分定义时,附加的观察和测定可能支持或排除因果联系。先前归因分析中获得的见解应将研究集中于重要信息上。尤其应该可设计出用以排除特定原因的实验或观察,这种设计重要试验的能力是一门科学成功的标志。然而此试验并非总是可行，也可以通过识别正面证据的关键部件如体内含量或生物标志物，来强烈支持某唯一场景或排除其他场景。

最后，先前的归因分析、对损害的再考虑或新数据的收集可能显示出额外的候选原因。譬如，对 Clinch 河和 Powell 河上游鱼和贝类种群损害原因的评价发现土地利用研究无法解释如此多的变异。因此，本未被表征的化学污染成为一个假定的重要原因（Diamond 和 Serveiss，2001）。新的候选原因应被纳入归因分析的附加迭代。

4.4 来源识别和备选管理

大多数情况下，表征损害的原因也包括识别来源，也就是说，原因及其来源明显关联。许多时候对来源的认识有助于原因识别。例如，评价者或许知道污水处理厂位于受损河段，这使他们怀疑氨是损害的原因。不过情况并非总是如此。如我们已识别含多环芳烃（PAHs）的沉积物为污染原因，可以通过清淤修复；但如果 PAHs 已经不再释放，则无须识别和修复其来源。在城市环境中，因为潜在来源众多，识别可能比较困难。悬浮颗粒和营养盐之类的污染物，具有典型的多重来源。来源识别的方法将在第 19 章讨论。

如果来源没有随着原因被识别，识别待修复的来源就是开展备选管理行为过程的一部分（图 4.1）。管理行为通常由工程师或同级专业人员来开发（如牧场经理、害虫管理人员和河流恢复水文学者）。然而，生态评价者应该确保适宜备选已纳入考虑和已生成评价备选风险所需的信息。

4.5 生态流行病学中的风险评价

某些案例中，归因分析足以为决策提供支持。如果效应显然不可接受，有且仅有一种方法进行修复，则无需进一步的评价。但大部分情况下，因为备选修复方案存在多种不确定的后果（即风险），风险评价是需要的。那些不确定性可能是由对行为效能、其潜在不良结果和生态系统长期反应（第 33 章）的认识缺乏而造成。由于生物评价不能反映所有或至少其中那些重要的终点，也需要进行风险评价。生物评价可能只包含标准的指标度量或指数，而不包括贝类和溯河鱼等重要生物体或养分保持等重要生态系统特性。如果没有对重要终点属性风险的认知，决策很难令人信服。这些风险评价可以通过后述章节中的方法传递给风险管理者。如用生物学调查监测某管理行为成功与否，则结果可能反馈给另一轮的生物评价、归因分析、风险评价和决策（图 4.1）。

4.6 小结

生态流行病学被描述为回顾性风险评价。不过，区分已存生态损伤原因是未知的案例（生态流行病学）和根源或要素生态影响是未知的案例（生态风险评价）（第 1 章）仍将有所裨益。生态流行病学利用生物评价表征损害，由其后的归因分析确定损害原因。当修复和恢复行为也被设计和评估时，生态流行病学便融入传统的生态风险评价。当应用于修复监测识别残余损害或修复行为的效应时，这一过程便周而复始。

第 5 章
可变性、不确定性及概率

> 我们希望得到真理,可是找到的却只有不确定性。
>
> 帕斯卡(Blaise Pascal)

一般认为,风险与不确定性和概率是相关的(第 1 章),因为风险起源于对了解尚不完全的未来的感知。关于未来的不确定性可以归因于其固有的随机性(例如,量子不确定性)、对未来情况甚至是确定性系统的认知的有效界限(混沌系统或数据收集和分析的简单限制)或只是知识的简单缺乏(无知)。概率(probability)的概念以及不确定性、可变性、可能性(likelihood)、误差、可信度等的相关概念是混乱和争论的来源(他们导致了语言的不确定性)。大多数环境科学家都知道持不同概率概念的两大统计派系:频率论和贝叶斯论。很多人不知道还有其他的派系,如以信息为基础的统计(Burnham 和 Anderson,1998,2001),或以实证为基础的统计(Taper 和 Lele,2004),或者是许多统计人员认为他们的领域需要有一个概念性革命的统计方法(Gigerenzer 等,1989;Salsburg,2001;Royall,2004)。本章将用一般情况下合理使用的方法来回避大多数这些问题。不了解概率的人应该参考 Hacking 的著作,其对此讲述得已经非常明确。想具体了解定量方法如何用于风险评价的人可参考有关风险评价中定量方法的文章,如 Vose(2000),Burgman(2005)和 Warren-Hicks 和 Moore(1998)。

5.1 不可预测性的来源

我们常常谈到风险和概率分析,因为我们想预测未来,但又认识到未来不能被认知。这归因于可变性和不确定性,也归因于不可量化或不可知的因素。

5.1.1 可变性

可变性是具有显著差异的实体或事件组的属性,如日降雨量、赤狐重量或污水中化学物质的浓度。可以对可变性进行观察和估计,却不能削弱它,因为它是系统的一种固有属性。对变量性状的观测可以得出其性状频次分布。对可变性的反应可以建立概率或有关性状的等价期望值。可变性是实体和事件的一种客观属性,所以其分析主要由客观论的理念和频率论的方法支配。不过,也可以使用主观论理念和贝叶斯方法。尤其是,当不能观测所有的变量性状时,可采用个人或专家的判断来估计变量性状的概率。

5.1.2 不确定性

不确定性是对一个系统认知的缺乏。不同于可变性,它可以通过获得补充信息而减小。对不确定性的反应是建立可信度或延缓判断直到数据产生。在概率分析中,可信度如同可变性,应该表达为分布函数。然而,他们普遍使用诸如可能、可信和相当可靠等术语来进行定性表达。

当数学模型被认为是模拟真实世界的现象,而不是简单地描述一个数据集的问题时,模型不确定性的问题不再是缺乏拟合效果那么简单。有关数学模型的参数和形式的不确定性通常因无法量化而被认为是一个难题(Risk Assessment Forum,1996)。模型的不确定性包括诸如线性、阈值、营养级的生物富集和反馈过程的内容。像参数不确定性一样,模型的不确定性可通过研究得到减小,但是通常它比简单地测量一个参数更加困难。解决模型不确定性的研究通常必须解决模拟过程的机制。当有多个可靠模型时,模型不确定性可从模型结果的方差中进行估计;或者,它也可通过模型个别假定变化的方差进行估计(Gardner 等,1980;Rose 等,1991)。

5.1.3 可变性/不确定性的二分法

可变性和不确定性在不可预测方面的差异可追溯到最早期关于概率的著作(Hacking,1975)。著作把它们两个称为侥幸性(与核算有关)和认知性(与我们所知道的及如何获知有关)更为恰当,但那样的术语尚未流行(Hacking,2001)。它也依赖于概率的两个来源:可变性导致频率的概率和不确定性导致可信度的概率,虽然它们的关系不是必需的或者相容的。特别是,主观论者将所有的概率视为可信度,即使是那些出现于实体或事件中的可变性。

可变性/不确定性的二分法在环境风险评价中已成为常规方法(MacIntosh 等,1994;McKone,1994;Price 等,1996;Risk Assessment Forum,1997;Science Policy Council,2000;Linkov 等,2001),在实践和理论上的都具有其重要意义。

不确定性是观测的一种属性,而可变性是系统的一种属性:这种差异对决策者和利益相关者是重要的。在健康风险评价中,这反映为对人类反应范围和可变性来源的认知期望。有关可变性的不确定性是次要的。同样的,我们可能对物种或生态系统因为暴露和敏感性的可变性产生的反应范围感兴趣。然后我们可能会担心那些有关评价的不确定性。

通过研究,不确定性可以减少,而可变性是无法降低的:我们不能改变生物体或物种内镉含量敏感性的固有可变性,但可以通过毒性试验来减少有关那种可变性的不确定性。关于诸如化学物质溶解度的常量在数量级上的不确定性也可以被减少。这种差异在进行灵敏性分析来决定如何分配测量和研究资金时,无疑是重要的。

可变性的评价可被直接证实,但对不确定性的估计却不能被直接证实:因此,如果估计了一个变量的分布(诸如河流流量或者无脊椎动物的密度),我们可以通过在适当的时间或空间取样设计下,测量其流量或密度来对评价进行核实。对于模型产生的评价,我们同样可以这么做。举一个预测鱼类种群因污染物排放而受影响比例的例子，我们可以通过毒代动力学模型估计暴露的可变性，通过使用物种敏感性分布（species sensitivity distribution，SSD）来估计敏感性的可变性。如果可以监测污染物，那么就可以利用监测来证实物种受影响比例的估计结果。相反的，一个预言的不确定性无法证实，但一连串的预测可以让预测者确定是否确实高估或低估了其不确定性（5.2.1节）。

可变性/不确定性二分法的这三个方面适合进行评价的不同应用。这些不同应用会导致将不同参数组作为可变的或者不确定的数值来对待。例如，当用敏感性分析去优化一个抽样或者试验计划时，被测的风险模型所有参数应被视为不确定的，而不确定性应该从不可减小的可变性中加以区分。相比之下，估计可变终点的属性，仅需将那些与属性变化相关的参数视为变量即可，例如，流量随着时间而改变。但是，如果终点变量是反应物种数，它将不包括在可变性来源内，因为这对受纳河流中的所有物种都是一样的。

5.1.4 可变性和不确定性组合

受可变性和不确定性的组合影响，结果是不可预知的。例如，由于气象学和水文学的可变性，及现有数据对未来应用的不确定性，我们无法预测一条河流的最小流量（如气候变化和流域发展）。这一组合被称为总不确定性。

分析一个不可重复事件总不确定性的结果被称为可信度，参见 Russell（1948）可知，它们不是一种常规意义上的概率。以一个提出明天下雨可信度的天气预报为例，它是基于测量方法与模型的不确定性以及气象的随机性的一个不可重复事件。如果我们只关注结果的可信度，就没必要区分可变性和不确定性。例如，如果我们希望估计50年之后一场干旱会使一条河流中的鱼群灭绝的可信度，我们可能也会同时估计和宣传所有可变性和不确定性的来源。对于贝叶斯论者来说，这个可信度的概念仅仅是可信性的一个程度而已（5.3.2节）。

5.1.5 误差

误差可在数据生成和分析的任何阶段内产生，包括取样、测量、数据转换和分析、模型选择和结果表达等阶段。决策者处理误差的时候，一般试图最大限度地减少它（第9章）并且希望它是无意义的。然而误差，特别是测量误差，可能会大到导致结果不可预测的程度（Sarda 和 Burton，1995）。如果测量误差受到特殊关注，或它对估计一个数组的真实可变性很重要的话，就需要使用统计技术来估计一个数据组的误差和可变性组分（Zheng 和 Frey，2005），也可以通过质量保障审核或等效研究来单独估计误差。例如，水生毒性试验的多个实验室可变性的研究中，虽然误差在 3 倍到 5 倍的范围内（即在重复实验中，结果的最高值是最低值的 3～5 倍），但仍可能因试验、毒物及实验室的装置不同而大于 10 倍（Johnson 等，2005）。据我们估计，误差是不确定性的一个组分。

物理学家的经验说明了自然科学中误差的重要性，他们经常发现由于误差引起的结果偏离，不同于零模型 3 倍到 6 倍标准偏差的数据是不可靠的（Seife，2000）。在环境研究中，在给予通常使用的两个 sigma 标准（95%量信度）、许多误差的机会及缺乏环境研究独立重复性的情况下，这样的错误结果似乎是普遍存在的。

5.1.6 忽视和混淆

忽视和混淆使评估结果不可靠致使决策者不能了解。忽视是未知事件不可知的来源。即,在某些情况下,决策者因不了解而对问题的某些方面感到不确定,因为忽视,那个问题依然存在。例如,因为忽视,一些低溶解氧的水生风险评价基于白天溶解氧(因光合作用而提高)的测定而非夜间的测定(因呼吸作用而降低)。

混淆是一个问题过度复杂的结果。它经常产生于试图模拟一个需要形式概念化、数学化或逻辑化模型的问题。

5.1.7 来源小结

根据不可预测的类型,我们可以将输入或输出参数作如下分类:

无——我们知道答案,它是常数。

可变性——我们知道答案,但它是变化的。

不确定性——我们不能确定答案。

总不确定度——我们不确定答案,但知道它在变化。

误差,混淆或忽视——我们根本不知道答案。

5.2 概率的定义

概率理论自 1660 年左右建立以来,已被用在多个概念中(Hacking,1975)。将概率作为一个 0~1 之间且服从一定逻辑规则的单位是最好的理解。例如,如果 A 和 B 是独立的随机事件,那么同时考虑 A 和 B 的概率(联合概率)是 $p(A\&B) = p(A) \times p(B)$。这种关系始终存在,不管组成概率是如何定义或推导的。

请注意,概率不是风险唯一可能的单元。它还包括定性尺度,如:可接受/不可接受或极有可能/可能/可能不/不大可能/极不可能。还包括频率和相对频率,相当于某些概率,但是比那些概率更容易理解(Gigerenzer,2002)。不过,概率是风险的标准单元。

和任何单元一样,概率能运用于多样化的概念和场合,并且可用各种方法来估计。概率还有其他的概念(Good(1983)描述了 6 种),最普遍的是以频率表现的概率和以可信度表现的概率这两种。由于概率是用来衡量预测的不确定性的,概率的来源和不可预测来源保持一致。然而,这种一致性是不完善的。

5.2.1 概率类型:频率与可信度

5.2.1.1 频率

概率可以直观地理解为频率的一种表现形式。我们可以总结 100 枚硬币正面朝上(100 个中有 54 个)的结果,然后推断硬币正面朝上的概率为 0.54。当被标准化为 0~1,且估计假定为正面朝上的概率的潜在属性时,频率就成了概率。这种古典的概率和统计的观点很容易被接受,因为它反映了人类从经验(一系列硬币的投掷)到一般规则(正面朝上的概率)的推断,这种推断可以应用于个别情况(一枚硬币的投掷)。不过,当我们尝试向其他硬币或其他硬币的投掷套用这方面的经验时,这种做法就会出问题。实验科学可看做一种像用投掷硬币来模拟真实世界可变性的方法。实验设计涉及创造复制系统和随机分配处理,所以用反应的频率可以推断在真实世界中这样的系统反应的频率。当试图将源于实验得出的概率应用到复杂和不受控制的真实世界中的个别事件时,问题就出现了。然而,即使没有实验的重复性,一些参数的概率通常来自频率。例如,处理厂故障的频率和由气象学产生的参数(如风向或低流量)的频率。

概率源于频率,因为系统中相关的可变性导致了不确定的结果。如果结果只有一种可能,我们会毫无顾虑地表达其概率为 1。在某种程度上,误差的具体类型可以识别,并可表示为离散变量,它们可以用来估计概率。举例来说,如果质量保证审计提供了一个误差的频率,那么,这个频率可以用来估计某个值在数据集中错误性的概率。在这种情况下,我们以数据生成过程中的可变性作为本质上的可变性。无知和混淆可对频率论概率进行有效免疫。

5.2.1.2 可信度

显然,概率也适用于那些非频率来源的情况。举例来说,在 20 世纪 80 年代,干旱可能减少了麋鹿山石油保护区(the Elk Hills Petroleum Reserve)中的圣华金沙狐(San Joaquin kit foxes)的数量,甚至可以指出这个概率(或更恰当说可信度)是 0.8。这不是一个可重复事件,所以可以采用可信度的程度而不用频率来表述。此外,即使当我们可以用频率表达,我们对概率表述可能会以可信度的程度来思考,而不考虑去做一组重复观察。例如,假如我们讨论拟议的生活污水排放对河流影响的概率,那么频率的相关性是什么? 如果我们需要同一地区且有着非常相似的污水排放的类似河流,那么,我们是不可能找到足够的证据去估计一个频率的。不过,如果我们接受所有的河流和生活污水排放管道的资料,我们会因为河流和污水流速的变化范围、河流生态、污水成分、技术可靠性等的存在,而疑惑哪些与具体案例是相关的。没有一种频率能够准确提供我们想要的概率。这对频率论统计学在概念上是一个严重挑战,但对于将所有概率等同于可信度的主观主义者没有挑战。不过无论用什么样的统计框架,对于单一事件进行风险评价,是一个严重的实际问题。

从长远观点上看,可信度应该满足于频率。如果风险评价者说,某个特定的污水流会造成当地鳟鱼灭绝的风险是 0.7,但是这种预测无法得到证实,因为灭绝要么发生,要么不发生。不存在 70% 灭绝发生的情况。不过,对于某种情况,预计的效果有 70% 的时间应该出现,就推导出 0.7 的风险估计。这在天气预报中可以得到印证。美国国家气象服务中心提供的超过百万计的天气预报资料显示,对于预报下雨几率为 70% 的地方,下雨天数占 70%。然而,对于生态风险评价者来说这种核查是不可能的,因为预报资料太少,而预测的方法和情况太过多样,且重大风险的预测导致了否定预测的管理行动。

最后,主观主义者认为,即使观察到的频率转换为概率,这种转换也是基于可信度的而非逻辑。我们没有理由确定,在未来十次硬币的投掷将与以前的一样。然而,这就是打赌。

以可信度表现的概率概念显然比以频率论表现的概率概念更加灵活。也就是,与可信度有关的可变性、不确定性、误差、无知和混淆,都可以在概率的单位中得以表现。

5.2.2 概率类型:无条件概率和条件概率

传统意义上,统计人员一直参与估计一些事件或假说的概率。例如,在污水处理厂

下游鱼类的死亡概率。这是一个无条件概率 $p(y)$。然而,近年来令人关注的更普遍的是给予预先事件的事件概率或一些给定数据的假设概率。如给定污水处理厂处理失败情况下,鱼类死亡概率的例子,这是一个条件概率 $p(y|x)$。条件概率的基本公式是

$$p(y|x)=p(x\&y)/p(x) \tag{5.1}$$

式中:$p(x\&y)$ 是 x 和 y 概率的联合概率。

这种区别可能并不明显。读者可能会说,第一个例子是有条件的,因为它基于污水处理厂的存在。然而,如果我们把这个例子作为有条件的,我们会提到在给定上游有污水处理厂的河段,鱼类死亡的概率。我们对这方面的条件概率不会有兴趣,因为基于已知污水处理厂存在前提下,我们已经界定了评价的问题和评估河段。也就是说 $x=1$,所以 $p(y|x)$ 简化为 $p(y)$。第二个例子是更恰当的且有条件的,因为我们对处理失败(它不受限制)的概率及其对鱼类死亡概率的影响有兴趣。

条件概率与贝叶斯统计是相关的,因为贝叶斯规则是一个对事先给定可信度和证据的概率进行估算的公式。然而,贝叶斯统计还涉及主观主义的概念、更新概念中不固有的概念和条件概率的演算(5.3.2 节)。

5.3 分析概率的方法

一些概率可以由概率的逻辑规则简单地进行计算。例如,如果因水电站大坝导致的洄游鲑鱼的死亡概率是 0.2,由灌溉排水导致死亡的概率是 0.08,那么它们因人为危害导致死亡的概率是 $(0.2+0.08)-(0.2\times0.08)=0.26$,即任由一方导致死亡的概率减去两者共同致死的概率,因为一条鱼不能死两次。这是相当于在混合物毒理学中的反应加法模型(8.1.2 节)。概率更为普遍地使用统计学各种形式中的一种进行估计。

5.3.1 频率论统计学

占主导地位的统计学学派,所谓频率论,致力于估计给定假设模型和试验或取样设计的已定义误差的频率。这些统计学学派一直关注着试验统计的假说。在这种情况下,"概率的出现不是确定可信度的程度或证实假说,而是为了表征试验测试过程本身:它表现出在二选一的假说中非常频繁的辨别能力以及它简化误差检测的可靠性。"(Mayo,2004)。因此,它告诉我们有关我们的程序误差的概率,而不是像很多使用者认为的那样,只是提供了证据假说的支持。后者则是由"证据关系的逻辑性(不论是贝叶斯论、概率论、假说-演绎或其他)支撑的。"(Mayo,2004)。频率论统计学这方面的特点是咨询统计员参与设计实验的原因。假设检验是使用数据来检验在零假设为真的假设条件下的实验设计。

频率论统计学其实属于两个学派:用 p 值零假设的 Fisher 检验和为零假设和备择假设估计相对误差等级的 Neyman - Pearson 统计。在自然科学中假设检验的标准方法是混合的,它可用一种不严格准确,但似乎在实验分析中应用得足够好的方式来进行解释(Gigerenzer 等,1989;Hacking,2001;Salsburg,2001)。无论如何,统计假设检验通常不适于风险评价(框 5.1)。频率论统计学也适用于更有用的分析(如置信区间)和统计建模技术(如回归分析)(5.5 节)。

框 5.1　假设检验统计

　　零假设的统计检验一般被认为是科学推论的客观和严谨的方法。这类检验常常被用于环境管理,但这些用法几乎总是不恰当的。许多出版物都批评了在应用科学崛起的统计假设检验。(Parkhurst,1985,1990;Laskowski,1995;Stewart-Oaten,1995;Suter,1996a;Johnson,1999;Germano,1999;Anderson 等,2000;Rosenburg,2000;Bailar,2005;Richter 和 Laster,2005)。必须指出的是,一些环境统计人员仍然捍卫统计假设检验(Underwood,2000)。以下将简要说明假设检验的几个问题。

　　我们不检验假设:假设检验统计通过试图驳倒现象不存在的零假设来检验假设现象的真实情况。"最正式的推论不是假设检验,而是模型的建构、选择和验证(正式和非正式的)、参数估计和标准差,或置信区间的计算或参数的贝叶斯后验分布的计算"(Stewart-Oaten,1995)。在生态风险评价中这一点尤为重要。我们不会有兴趣去检验一种没有毒性的化学品的假设;我们想知道在给定暴露级别上,它会产生什么效应。同样,对于检验两条河流是一样的零假设我们也不感兴趣,因为我们知道它们不会一样,我们想知道的是它们如何不同。甚至当研究科学假说时,比较真正的备选假设好过检验一个没有人相信的空假设(Anderson 等,2000;Taper 和 Lele,2004)。

　　我们对统计学显著性不感兴趣:我们了解,但往往在实践中遗忘的是,统计学显著对于生物学显著或社会显著并没有特别的关系。真实世界的决定应基于真实世界的显著性。

　　统计学显著性是受控的:如果一个负责任的团体希望避免在试验或现场研究中统计学的显著效应,他们可以使用少数重复或进行大量对比,并使用不精确的技术以使零假设不被拒绝。另一方面,如果环保人士希望得到效应,任何的差异都可能具有统计上的显著性,只要调查人员谨慎地保持方法的误差较小,并愿意采取足够的样本。这就是统计显著性和统计设计(特别是"重复"的数量)相关的事实结果。

　　由统计得出的保护相对程度有偏倚:如果统计显著性是标准,就能被更精确地量化、更容易采样、更容易重复的生命阶段、物种和群落可以获得更多的保护。例如,在生物调查中,无脊椎动物的某一特定比例损失比鱼类更加具有统计显著性,所以生物标准中对鱼类的保护少一些(Suter,1996c)。在实践或伦理可接受的研究中,一些重要的生态效应可能永远无法用统计显著性进行检测。

　　现场数据的统计假设检验几乎总是假重复性的:取自暴露环境,在假设检验中用作平行的污染介质和生物群的多个样本实质上是伪复型的(Hurlbert,1984)。不该被作为复型的环境伪复型已广泛获知,但还未得到肯定。风险评价者可能很少会接受以下毒性试验的结果:在试验中,用一种化学品处理一只老鼠,而不处理另一只,却得出结论说两只老鼠的重复血液抽样样本中红细胞压积有"显著"不同。不能接受这个试验结果的原因是,虽然测试有重复,但是处理没有重复。可能有很多与处理无关的原因导致了一只老鼠的红细胞压积低于另一只老鼠的红细胞压积。在污染场地的研究中,场地就是老鼠,废物、流出物或溢漏就是无重复处理。生态风险评价者至少应该像对待不同处理的老鼠那样仔细对待不同处理的场地的假设。两个生态系统有区别的原因比两只老鼠有区别的原因要更多。请注意,假重复性影响所有方差的估计,而不仅在假设检验中有影响。然而,对于假设检验,这一点显得更加重要,因为方差是用来确定一个处理是否有效的依据。

实地数据的统计假设几乎从来不会随机分配处理:即使存在完全相同的受试对象(例如,对几条完全一样的河流在经过接入污水与不接入污水两种处理后的情形进行比较),野外实地研究也不会对受体与处理进行随机分配。也就是说,即使存在 20 条完全一样的河流,实地研究也不会随机地选择 10 条河流进行接入污水的处理,而另外的 10 条河流不接入污水。事实上不存在完全相同的河流,接入污水的河流是工程师、规划者有意挑选的,从而通过差异的显著性来对假设检验的结果进行判断。

假设检验引发曲解:即使使用一个合理的试验设计去检验一个科学假设,统计也经常被曲解。一个普遍的错误便是当无法拒绝一个零假设时而接受了它(Parkhurst,1985;Anderson 等,2000)。零假设检验假定零假设是正确的,并在假设条件下,去确定已获取数据偏离零假设的概率。显然,一个检验不能处理它的基本假设。例如,在建立多环芳烃(PAHs)在水中毒性的模型中,假设对于所有物种,$\log LC_{50}$ 和 $\log K_{ow}$ 的回归斜率是相等的。调查者对 33 个物种的相等斜率的零假设进行了检验,经多重比较的检验,接受了零假设,然后得出斜率都等于 -0.97 的结论。($n=33$ 的检验使得很难达到显著性差异,但那不是根本性问题。)斜率有效相等的结论是可维护的,但是无法用假设检验来证实。为了在假设检验过程中给斜率相等提供证据,调查人员应该确定所有具有生物显著性的斜率的偏差,然后设计一个研究来确定差异是否出现。那些知道他们不应该接受但因无法拒绝而接受零假设的人,经常试图进行检验能力的事后分析。然而,这样的回顾性能力分析在技术上是不可靠的(Goodman 和 Berlin,1994;Gerard 等,1998;Shaver,1999)。

5.3.2 贝叶斯统计学

虽然现代贝叶斯统计实践(如同频率论统计学)关注的是决策归纳推论,但贝叶斯本人关注的却是演绎推理的问题。古典推论以三段论为代表,如:A 大于 B,而 B 大于 C,因此 A 大于 C。这种逻辑是毋庸置疑的,直到我们将它应用在现实世界。然后,我们必须承认 A、B 和 C 的大小是用可信度估计的。因此,推理是基于一定程度的可信度之上的,甚至推论也像归纳一样受制于偏倚和误差。从这个角度来讲,所有的推论受制于不确定性,这被称为是主观主义。

现代贝叶斯主义的特点在于三个概念,其中没有一个是被所有贝叶斯论者采纳的。

主观主义:贝叶斯统计学家认为,我们对潜在的分布一无所知,所以在估计真正频率时,我们无法说出误差。我们所知道的是可信度的可维护性或提供证据的可信度变化的可维护性。虽然存在个性化的贝叶斯论者,主观并不一定意味着个人。大多数贝叶斯论者相信他们的分析为人际间的主观信念提供了理性基础。

更新:当得到新的证据时,贝叶斯统计提供了一个适当的方式去修改我们的可信度。假定我们有很好的理由去相信我们所相信的(即我们是理性的,且我们的推理一直是连贯一致的)。贝叶斯定理告诉我们如何处理更新(在给定假设的情况下乘以新证据的概率)。非贝叶斯论者回应,更新在实践中往往没有意义。举例来说,如果我们有了植物吸收土壤污染物的经典模型,且在我们评估的场地上,我们有了植物吸收的新数据,我们该直接使用这些数据还是使用它来更新模型中的估计?大多数评估者将喜欢将数据直接使用,因为植物吸收非常依赖于位点的特征。Dennis(2004)在先验信念方面写了有关进行数据分析作用的内容:"为什么要用 Boone's Farm 的数据来冲掉 Rothschild 的?它们两个根本就不是同一类事情"。贝叶斯论者因为不需要提供先验信息来避免这个问题,甚至有些贝叶斯论者坚持不提供先验信息。然而,名义上不提供先验信息,如均匀分布,仍是影响贝叶斯结果的一个假设。一个更可防卫的,但不太常见的做法是联合从被估计为先验现象的先验实例中获取的数据(例如,同类型的废物罐或密切相关的物种)(Myers 等,2001;Goodman,2005)。

条件概率:如前所述,贝叶斯统计与条件概率的计算相关。那些使用条件概率的贝叶斯分析,但不赞成主观主义者,称为逻辑贝叶斯论者。贝叶斯规则出现在各种版本中,包括服务于多个条件和连续变量的版本。贝叶斯规则的基本版本如下列公式所示:

$$p(B|A) = [p(A|B)p(B)]/p(A) \tag{5.2}$$

式中:$p(B|A)$是给定 A 后 B 的概率。B 可以是一个参数值、一个系统的状态或其他任何有概率的东西,但往往是表述为一个假设。因此,公式可以改写为

$$p(假设|证据) = [p(证据|假设)p(假设)]/p(证据) \tag{5.3}$$

式中:$p(证据|假设)$是似然函数而 $p(假设)$是先验。

条件概率的贝叶斯分析已成为一种最受欢迎的工具,解决了费氏藻(*P fiesteria piscicida*)是否造成鱼类死亡等争议性问题(Stow,1999;Brownie 等,2002;Newman 和 Evans,2002;Stow 和 Borsuk,2003)。Newman 和 Evans(2002)的版本是

$$p(鱼类死亡|费氏藻) = [p(费氏藻|鱼类死亡)p(鱼类死亡)]/p(费氏藻) \tag{5.4}$$

作为生态评价经常遇到的情况,计算公式的参数问题出来了。在这种情况下,

$p(鱼类死亡)$采取的是在 Neuse 和 Pamlico 河流中鱼类死亡日常速率,等于 0.081。

$p(费氏藻)$采取东海岸位点采集的费氏藻样品的频率,等于 0.205。

$p(费氏藻|鱼类死亡)$采取在 Neuse 和 Pamlico 河流鱼类死亡的水样中类似费氏藻有机体出现的频率,等于 0.52。

因此,由贝叶斯规则,

$$p(鱼类死亡|费氏藻) = 0.205 \tag{5.5}$$

请注意,在这个分析中,先验 $p(鱼类死亡)$并非是真正的先验概念。它仅仅是鱼类死亡的数量除以观察的天数。如果作者使用关于给定费氏藻发生的鱼死亡概率的真正的先验概念,将会得到不同的答案。此外,以日差作为先验的使用,没有提供所需的发病概率。这些评论不是为了使分析打折扣,而是为了突出仅涉及一条简单公式的概念上的困难。其他争议与另两个条款有关。

贝叶斯统计为频率论统计学提供了一个替代。主流频率论技术中的贝叶斯类似物可包括贝叶斯假设检验、贝叶斯置信区间等。在学术的统计部门,贝叶斯论者是常见的,出于各种目的,他们的方法越来越多地被应用在工业界和政府机构(框5.2)。

5.3.3 重新采样统计学

电脑的使用使得从数据组或数据分布重复采样并分析样品的结果来估计概率成为

可能。如果要估计一个抽样变量的分布(例如,从一个 5 条鱼的抽样得出的鱼体重分布),应先通过假设分布函数来估计分布(例如,自然对数),并使用常规的频率论统计学。然而,人们可能怀疑,我们是否知道适当的分布函数,并且 5 条鱼是否足够界定。值得注意的是,我们可以有替换地从 5 个体重为一组中重复抽样中来生成一个基本分布的估计,然后确定样品组的平均值、标准差,或其他抽样统计的分布。这是非参数 Bootstrap 方法(Efron 和 Tibshirani,1993)。

重新采样也可以协助我们从模型中估计概率。如果我们有一个由分布定义的多参数模型,我们也许能够用方差传播定律处理模型(Morgan 和 Henrion,1990)。然而,这样的解析方法因参数的非线性和相关性往往不切实际。解决的办法是使用蒙特卡罗模拟(Monte Carlo simulation),其中包括从各参数分布中重复抽样、处理模型、保存结果,然后呈报这些结果的分布作为模型变量的分布(5.5.5 节)。

框 5.2　贝叶斯统计与抽样设计

常规抽样设计方法从一项试验研究开始,以估计感兴趣的变量分布。然后,如果决策者提供了可以接受的 Ⅰ 型和 Ⅱ 型误差率,那么就可以估计样本的足够数量和分布。这种做法是 USEPA 数据质量目标过程的定量部分的基础(Quality Assurance Management Staff,1994)。根据笔者的经验,这是不切实际的,因为决策者不会承认有可以接受的误差率。贝叶斯分析可以避免这个问题,因为它的计算仅基于获得的数据,而不是给定统计模型的可能值。更重要的是,贝叶斯更新赋予自身高效率的采样。研究者只管不断收集数据,直到概率达到足够界定的界限时,或时间或金钱用尽。这种方法应用于一项革命性的临床试验(Berry 等,2002),研究者不断增加试验的病人,不断更新估计的概率,直到足够弄清楚药物产生的作用还是导致无法接受的负面效应,或者是都没发生。这一做法让参与者更迅速地得到结果,获取最大化的利益。

5.3.4　其他方法

分析和表达的可变性和不确定性的方法数量很大并且在继续增加。除了频率论统计学、贝叶斯统计学和重新采样统计,它们还包括区间运算、模糊算术、p 限度、故障树分析和可能性理论。不讨论这些技术并不意味着排斥他们。这反映了一种判断,就是目前的常规方法是恰当的,比起其他方法,它们更容易被评论家和决策者所接受。

5.4　为什么使用概率分析?

概率统计分析的第一步必须要明确动机。分析的形式和内容依赖于分析的期望输出。然而,大多数不确定性分析方法是假设某一特定的动机和所需的输出,然后从这种假设继续下去。原因包括以下内容:

5.4.1　确保安全

因为可变性,实现的效应可能相当大于最频繁的效应。由于不确定性,真正的效应可能大于估计的效应或可能更频繁地发生。因此,如果评价的目标是要确保所有可靠的危害被消除或至少与决定关系密切,可变性和不确定性必须分别纳入分析。这至少可能有四个方面:

(1) 可以认识到不确定性是如此大且不明确,以至于定量的不确定性分析是不可能的。在这种情况下,可以作出这样的风险管理决定:一类危险化学物质或其他有害实体的所有成分应该简单地予以禁止,这也是众所周知的预防原理。一旦以这种方式构建了风险管理决定,风险分析的输出是一个一种化学物质或技术是否属于被取缔的类别的结论。

(2) 可以作出保守的假设。例如,在人体健康风险评价中,人在一生中,每天饮用源于污染源的 2 升水,消费从污染水域捕获的鱼,消耗生长在受污染土壤、污水灌溉的蔬菜等。接着这个例子,生态风险评价者可能会假设野生物种的整个种群占据了场地中污染最严重的部分。在人类或野生动物种群中,(通过)假设暴露水平高于实际值,这些保守的假设确保了暴露不会被低估,即使它是不确定的。这一系列保守假设的综合结果是一个"最坏的情况"或"近乎最坏情况"的风险评价。

(3) 可以为评价的组成和结果应用一些安全因子(素)。这些因子(通常定为 10,100 或 1 000)被应用来确保正确的安全区间。它们基于专家的判断和简单的既往事实的分析。运用安全因子分析的结果是一个保守的风险估计。然而,由于因素是获得性的且获得途径中是多种不确定原因的联合结果,因此通过安全因子获得结果的保守程度是不清楚的。

(4) 可以采用一个正式的定量不确定性分析,并选择一个可能的非常低的效应概率作为终点。例如,可以宣布在今后的 50 年中,种群灭绝概率小于 0.01 而大于等于 0.000 1。

5.4.2 避免过分保守

在风险评价中为确保安全需要应用多种保守假设已经在之前讨论过。一些风险评价者、被管理的当事方及利益相关者提出反对意见,认为安全区间是过多的(Kangas, 1996)。其中之一便是对数字和众多因子、保守假设的减少或消失的争议(如使用最佳估计)。一种方法是,至少在部分中,可采用发展抗保守因子去纠正保守组合(Cogliano, 1997)。而另一种方法是,用估计的分布代替不确定因子和保守假设及采用蒙特卡罗模拟(Office of Environmental Policy and Assistance, 1996)代替因子组合。如为了确保安全使用低百分率的风险估计分布,这种方法不一定比传统调整方法的保守性更少。

5.4.3 了解并阐述不确定性

通常希望确认和估计与评价相关的不确定性。确认不确定性比忽视和隐藏它们来得既安全又合乎情理。生态风险评价比人类健康风险评价更应如此,因为评价生态学效应通常很直观,由此保守的确定性评价可能会被随后的观察资料所驳倒。正式的可行性分析规定一种清楚的和可维护的方法来估计可变性和不确定性及证实评价。然而,很多不确定性没法用传统的不确定性分析来估计,诸如与模型选择有关的不确定性或有关某点未来应用的假设的不确定性。所以,不确定性的表述必须包括一系列论点和定性判断,而不仅仅是定量评估。

5.4.4 估算概率性终点

在生态风险评价进行不确定性分析的最少见的原因可能是风险管理者对概率性终点的区分。自领域创建以来(Barnthouse 等,1982),概率性终点就被生态风险评价者使用,但促进作用主要来源于风险评价者而非风险管理者。一个明显的例外就是种群生存力分析,其评价的是物种或种群的灭绝概率(给定规定的管理实践)(Marcot 和 Holthausen,1987)。这种分析应被应用于那些可能导致物种灭绝的事件中。对概率性终点有更大促进作用的是受极端事件发生概率驱动的生态风险。例子包括一座建有废水氧化塘的大坝的溃堤、一个使被污染的地下水流向地表的极端多雨期,或一大群角百灵进入最近刚施用了克百威颗粒的田野等。最后,进行概率分析的要求可能来自审评人员或有责任的当事方。在任何情况下,生态评价终点可表示为一个给定暴露或效应的、可变性或不确定性的概率。

5.4.5 制定采样与试验计划

在理想的情况下,现场和实验室的调查提供数据用于风险评价,应当在不确定性分析的基础上进行优先化和计划。定量数据质量目标(data quality objectives,DQO)过程的目的是收集足够的资料,以减少风险评价不确定性至规定的可接受水平(第9章)。这是形式主义,不能直接用于生态风险评价,但仍然可以在减少预计不确定性的基础上调拨资源。不确定性分析的使用,需要分析哪些不确定性可以通过取样、分析或测试而降低,而不是总的不确定性。例如,一个应用于 Clinch 河评价中的暴露于多氯联苯(PCBs)和汞的水貂和大蓝鹭的模型,暴露评估中所确定的不确定性最大来源是分布在水和沉积物中的 PCBs 浓度分布(MacIntosh 等,1994)。此分析被称为敏感性分析(5.5.7 节)。

5.4.6 比较假设与模型

虽然传统的假设检验在生态风险评价中应用较少(框 5.1),当机制性证据含糊不清时,需要选择统计作为替代模式,它基于相关系统性质的不同假设。一个简单常见的情况是,从表示不同的反应特征(线性度、阈值、兴奋等)的备选函数中选择一个暴露-反应函数去模拟一套测试数据。其他情况涉及更复杂的替代假设,如种群对死亡(第27章)或自下向上与自上向下控制的生态系统(第28章)的补偿、依靠和构成反应。三种模型比较的方法可适用于:

(1) 可以选择事实证明最佳的一种模型。最直接的方法是使用概率的比值来比较在给定现有数据后不同假设之间的相对概率(Royall,1997,2004)。这种方法可能会扩展至包括运用 Akaike 信息量指标的模型简约(即 Ocaam 剃刀)目标。在这种模型中,相对概率是有效地通过数字参数归一化的(Akaike,1973)。

(2) 可以使用潜在机制的知识,而不是由数据提供的证据来选择假设。当数据在模型中的区分不充分时,这种方法尤其有吸引力,这很常见。例如,在种群监测数据中去监测从属过程一般是不可能的。然而,在被评估的生态系统中,如给予足够的且有选择的食肉动物和足够的伴侣,可以估算密度依赖的掠食和寻找配偶困难的影响(两个依赖反应机制)。

(3) 可应用所有可能的模型。可以通过展现结果的范围来向风险管理者和利益相关者表达模型的不确定性(5.1.2节)。或者,可以利用贝叶斯模型平均法(Hoeting 等,1999;Wasserman,2000)将它们结合起来。如果有关的潜在机制信息被用来指定先验概率,那么理论上它是吸引人的。

5.4.7 协助决策

最后,不确定性分析的结果,可能帮助风险管理者作出有关修复或管理行动的决策。决策分析和其他一些决策支持工具,需要估计由概率风险分析得出不同结果的概率(第34章)。更普遍的是,由不确定性分析提供的补充信息,可能导致一个更有根据和可维护的决策,即使没有定量的决策分析。

5.4.8 原因小结

评价可变性和不确定性的原因,并非互相排斥的,因此,评价者可能有多个目的。不过,所选择的分析方法必须能够满足最大限制性的原因。例如,采用任何分析都要确保安全;但如果在评估中要确保安全和提出一份全面披露的不明朗因素,则只有定量分析才可以使用;如果使用不确定性分析,以帮助计划一个采样、试验和分析的程序,只有区分不确定性和可变性来源的定量分析才可以使用。

5.5 可变性和不确定性分析技术

5.5.1 不确定性因子

最常见的不确定性合并技术是不确定性因子(也称为安全因子)。它们是数字,这些数字应用于一个风险模型的参数或一个模型的输出,以确保不会低估风险。大部分因子基于专家的判断,来自于经验和简单的分析(Dourson 和 Stara,1983)。举例来说,如果是基于亚慢性毒性的研究,用来计算野生动物毒性基准的无可见不良作用剂量(NOAEL)要除以一个数值为10的因子,因为要考虑到以亚慢性终点作为慢性毒性估计的不确定因素(EPA,1993e;Sample 等,1996c)。这个因子基于专家的判断,慢性毒性的阈值是不大可能高于 NOAEL 的1/10的。大多数其他的不确定性因子为10的倍数,反映了它们的不精确性。

除了推导不正式外,决策者抱怨不确定性因子的原因是它们在一个模型中传播不确定性的方式。如果一个模型包含四个参数,将它们相乘,每个参数有相关的不确定性因子10,那么总不确定性是一个数值为10 000的因子。这意味着,在分析的情况中,一切事情都是同时进行的,但每件事情分别以可想到的最坏的情况做出极端估计,包括摄取系数远远高出观测到的值,生物体觅食的范围已经变得非常小,终点物种比试验物种敏感得多等。在使用不确定性分析这种方法时,为避免获取极端荒谬的估计,除个别参数的因子外,应估计可信的不确定性的最大值(即整体的不确定性因子)。

不确定性因子相当于第26章讨论的外推因子。它们的区别很简单,外推因子是效应指标和评价终点间确定的系统差异的依据,而不确定性因子是无法识别系统差异时的不确定性依据。比如,前面讨论的亚慢性试验设计等同于慢性试验,所以我们并不指望它们会有所不同,但我们不能确定这种假设在任何特定情况下的真实性,因此,一个不确定性因子被应用了。如果我们知道亚慢性和慢性试验结果间有一个可以预见的差异,那我们可以建立一个外推因子。

5.5.2 置信区间

置信区间及其边界是表达可变性或不确定性最普遍有用的统计概念。虽然置信区间经常被视为等同于假设检验,但是可信度和显著性是频率论统计学中两个不同的概念(Hacking,2001)。不同于显著性检验,置信区间使我们能够从一个样本估计出其种群性能。因此,它们的使用减少了进行假设检验和报告显著性或缺失的失败。作为参数的区间估计值、评估或数据中最佳的(均值,中位数等)估计值和置信区间,置信区间可以提供给我们更有用的信息。在模型中,数据的置信区间被称为预测区间(见图26.3)。引入多个置信区间后,信息量增加了。也就是说,50%,75%,90%,95%的区间被引入了分析,用来替代与环境管理没有特别相关的传统的95%置信区间,如图5.1所示。

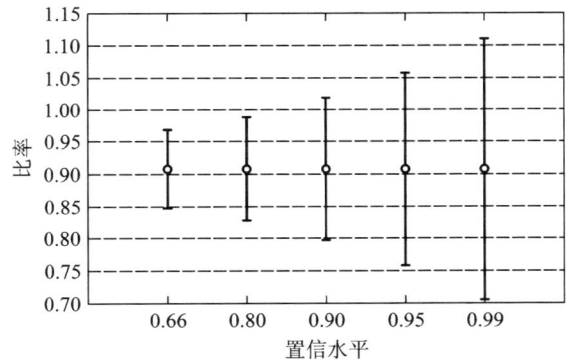

图5.1 置信区间集,用来表明当所需置信水平提高时,一个值(例如,暴露浓度与毒性物质浓度的比值)的不确定性的提高程度。

严格来说,在一种采样方法和与之相关的模型中,频率论的置信区间是可信度的陈述,(即该区间估计的方法有95%是正确的),而和数据无关(即你不能说真值落入这95%置信区间)。需要用贝叶斯置信区间去估计采样所得的置信度。

5.5.3 数据分布

不确定性经常以一个参数已知值的分布形式出现。举例来说,重复水样中化学物质的浓度,或毒性试验中个别生物体有反应的化学物质浓度将会得到标量化学物质浓度的一定分布。这些分布可以用来估计采样期间关于平均水体浓度的不确定性、水体浓度的未来分布、导致鱼类死亡的浓度等。仔细考虑任何数据的分布与评价中估计的分布区间的关系是很重要的。一般情况下,分布有两个功能。第一,它们可以用来代表在暴露或效应的数学模型中参数的不确定性或可变性。第二,当暴露或效应指标是直接测量的,测量的分布可以直接代表暴露或效应的不确定性或可变性。

需要做的一个重要决定是,是否对数据分布拟合一个函数,如果是的话,用哪个函数。传统上,人们拟合一个数学函数去描述分布,如正态模型、对数正态模型、均匀分布模型或逻辑斯蒂模型(logistic)。其结果被称为参数的分布函数。然而,如果分布不能很好地用参数公式进行拟合,或拟合目的是要显示数据的实际分布情况,则可以使用经验分布公式。在蒙特卡罗分析的软件中,经验分布公式通常参考自定义公式。经验分布公式的一个限制是,他们不能描述超出数据的分布。如果数据集不够大且关注极值的话,这将会成为一个问题(例如,估计罕见的高暴露水平或敏感物种的反应)。不过,如果它们无限拖尾或数据的极值不对称(例如,耐受生物比敏感生物具有高得多的抗性)或通常情况下,拟合性受到靠近中心点的大量数据所影响,那么参数函数对极值的代表性则很差。有关选择和拟合函数的问题在下列资料中有所讨论,这些资料包括:一本书(Cullen 和 Frey,1999)、一个会议的报告(Risk Assessment Forum,1999)和 *Risk Assessment* 杂志的两个具体专题(vol.14,no.5 和 vol.19,no.1)。

在先前的风险评价或出版的文献中,已发表的分布函数可用于一些变量。例如,Henning 等(1999)发现的大蓝鹭暴露参数分布可以预示其他物种的未来。以下策略应用于分布函数的建立:

● 如果数据集很大,我们则应用统计软件包中的统计标准,以选择最佳的函数。一般情况下,最好的模型提供了数据的最大概率,但其他标准,例如,最小离差平方和也可以利用,且对于良好的数据,所有这些模型应该有相同的重要性。然而,如果数据点很少或数据很杂,拟合算法将无法给出适当的结果。此外,必须注意到这样一个事实,即具有更多参数的模型比那些含参数少的模型能更好地对数据进行拟合。因此,我们不会选择一个三参数逻辑斯蒂模型代替两参数逻辑斯蒂模型,除非它拟合得更好,或增加的参数有一些机理性的意义(例如,拟合一个变量的最高值)。Akaike 信息准则利用参数数量归一化得到的概率的对数,提供了为比较拟合同一数据集的不同参数个数函数的一个适当基础(Burnham 和 Anderson,1998),就像为比较机理性假说一样(5.4.6 节)。

● 可以基于数据来源潜在分布的经验或知识来选择拟合函数。例如,我们可能会从经验中知道,当某点得到足够的数据来界定分布时,河流流速总是正态分布的。因此,即便数据集太小而以它的形式难以明确界定时,我们会在一个新的地点使用该函数。

● 可以选择基于分布过程的函数。根据中心极限定理,大量随机变量的加和形成了一个正态分布;大量随机变量的乘积形成了一个对数正态分布;独立随机事件的计数形成了泊松分布;生物衰竭或死亡的时间形成了威布尔分布。

● 可以使用节省的策略,即包括分布没有超出确信的已知范围。如果有人觉得分布形式无法给出,而分布范围可以给出,可以用均匀分布加以界定。如果仅有范围和中心点可被估计,那么它们可以用来确定一个三角形分布。

● 最后,如果分布的形式是不明确的或明显不适合任何简单的函数(例如,多项式),那么,可以使用经验分布。即使形式是明确的,且能很好地适合一个函数,经验分布也更为可取,因为它们揭示了数据的真实形式和可变性。唯一的技术难题是组数的合理选择以避免出现过多的平滑(组数太少)或不规则(组数太多,而每组数据过少)分布。

因为机理因素(倍增方差),且许多环境数据集大致是对数正态分布的形状,故对数正态分布是在人类健康和生态风险分析中最常用的分布。(Koch,1966;Burmaster 和 Hull,1997)。

对于分布的选择,基于数据类型的知识、数据可变性产生的机理和统计拟合的良好性,应进行一个确定哪些函数是可能的逻辑过程,不应该通过不适当地运用假设检验而选定函数。常见的做法是,假设一个函数,然后进行零假设(即数据具有假定函数形式)

检验。但是,这种做法是不恰当的,原因有两个。第一,无法拒绝零假设而去接受它,这在逻辑上是不恰当的,虽然这是通过这种分析得出的最常见的结论。第二,证实估计问题(不符合零假设)处理效果(可能支持零假设)的方法也是不恰当的。而评价者应该选择最好的分布,一个基于先验知识和逻辑上似真、能更好进行拟合的函数。

5.5.4 统计建模

统计建模(也称为经验建模),是利用统计技术产生出一种或多种独立变量与一种非独立变量之间关系的预测和潜在解释性的数学模型。在生态风险评价中,最明显的例子是从试验数据中产生暴露-反应模型(第 23 章)。其他例子包括用定量构效关系估计归趋和效应的参数(第 22 章和第 26 章),用模型来推断物种之间的毒性反应、持续时间等(第 26 章),以及库存-补充模型(第 27 章)。

统计建模最简单的形式,类似于分布函数对数据的拟合(5.5.3 节)。函数是相同的,但在一个案例中,这只不过是数据的一种描述,而在其他案例中,是一个产生数据的过程模型。例如,我们可以简单地用对数正态函数拟合一个鱼类毒性试验的结果,作为其参数分布,就像与被测化学物质的浓度相关的死亡率一样。也就是说,黑头呆鱼的死亡概率具有一个表达为半数致死浓度(LC_{50})为中值的对数正态累积分布函数。然而,拟合的函数能更有效地解释鱼类种群对化学物质反应的模型,而不是用于其他场合的反应估计。显然,我们对模型化的毒性试验结果更感兴趣。但是,许多其他拟合函数纯粹是一种描述,如污染场地的土壤中化学物质的浓度分布或一个森林中植物物种的丰度分布。

这两种描述对不确定性的估计具有重要意义。定义上,对拟合函数的误差统计是以函数作为数据描述的不确定性的适当估计。然而,这些误差统计对于同一函数作为一个毒性模型的不确定性估计是不充分的。换言之,来自模型的数据偏差无法充分地评估模型真实的偏差。鉴于模型的使用,毒性模型的不确定性应该包括实验室间的差异、水质特点的差异、鱼类种群之间的差异,或其他差异。

在模型复杂性的另一个极端,统计建模融入了数学仿真建模。也就是,当变量被独立估计到尽可能的程度后,再通过模型拟合数据来估计仿真模型中的剩余变量。这个过程称为模型校正。复杂模型的参数估计越来越多地采用贝叶斯技术(Calder 等,2003;Clark,2005)。

5.5.5 蒙特卡罗分析和不确定性传播

当数学模型采用多不确定或可变参数时,需要恰当的误差传播技术。许多风险模型很简单且足以解析式地进行传播(IAEA,1989;Morgan 和 Henrion,1990;Hammonds 等,1994)。然而,强大个人电脑及用户友好的蒙特卡罗分析软件包的实用性,导致数值技术取代解析解。蒙特卡罗分析是采用重采样技术,从每个模型参数赋值的分布中取样,处理模型,储存结果,并重复该过程,直到产生结果分布(图 5.2)。蒙特卡罗分析综述和指导文件可见于 USEPA 文件

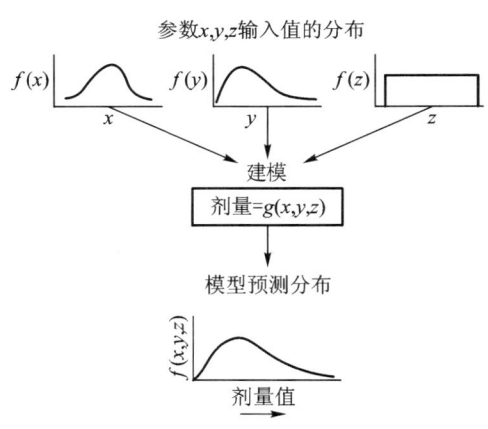

图 5.2 蒙特卡罗模拟过程图

(Risk Assessment Forum,1996,1997)、有关文本(Rubinstein,1981)和 *Human and Ecological Risk Assessment* 期刊庆祝该技术 50 周年之际的一个专题(Callahan,1996)。

5.5.6 嵌套蒙特卡罗分析

综上所述,涉及风险的情形可以被看做包括可变性和不确定性。虽然两者都会影响对某点具体效应发生概率的估计,但在概念上是两种不同的方式。当有人估计一个变量的终点(例如,给定物种间敏感性的可变性,一个物种的灭绝概率)且希望估计相关的不确定性,或当有人使用模型去计划一次取样、分析程序,且需要区分可简化的不确定性时,这种区别就导致了麻烦。在这种情况下,模型的参数应分为确定的常数、不确定的常数、确定的变量和不确定的变量。嵌套蒙特卡罗分析(也称为二阶蒙特卡罗分析或二维蒙特卡罗分析)的第一步是对可变参数的某个固有变量进行赋值(如河流的稀释流速),对包括不确定可变参数在内的非确定性参数进行不确定性的赋值(例如流速的不确定性因素),以及对一些明确参数进行常数的赋值(如污染物的相对分子质量)等。从可变性分布进行第一次采样,然后从不确定性变量和常数的不确定性分布中进行重采样,并处理模型,这样就构成了蒙特卡罗分析。通过迭代取样,产生一个基于可变性模型的输出分布和一个基于分布不确定性的百分分布。图 5.3 介绍了这种分析中的一个输出例子。使用嵌套蒙特卡罗分析的例子见于(MacIntosh 等,1994;McKone,1994;Price 等,1996)。

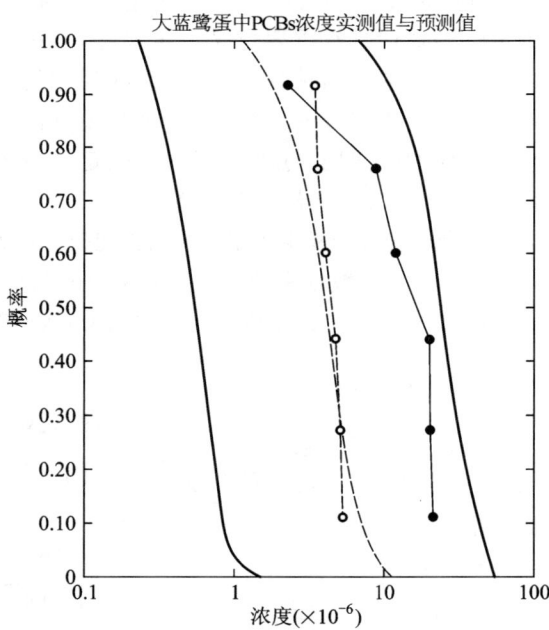

图 5.3 大蓝鹭蛋中多氯联苯(PCBs)浓度的互补逆累积分布函数。中间的虚线代表不同巢中大蓝鹭蛋之间的期望差异值(即由于雌性大蓝鹭之间的差异)。基于参数的不确定性的外部实线代表了分布中的第 5 和第 95 百分位。用虚线相连的点是来自两个巢中的大蓝鹭蛋中的测量浓度。(根据 MacIntosh DL,Suter GW Ⅱ and Hoffman FO,*Risk Analysis*,14,405,1994 重新绘制。获得许可。)

虽然这种嵌套分析计算复杂,但更大的困难是决定参数如何分类的概念性问题。如以上讨论的那样,评价者必须确定可变性和不确定性如何牵涉到评价目标,并使用这些知识以及一直应用这些分析技术。嵌套分析增加了概念的复杂性,但它可能会通过迫使问题被更彻底地总结而增加分析被适当应用的可能性。

虽然可变性和不确定性的辨别是嵌套蒙特卡罗分析最常见的应用,但是任何概率的种类都可能会被嵌套。例如,有人可能对个别分析实体(生物体、种群或群落)之间的差异及时间间隔(几天或几年)或事件(溢漏、农药应用或物种的引进)间的差异感兴趣。特别是,有人可能希望通过种种因素(例如,首次降雨的时间)导致的应用可变性来区分农药处理区域的可变性。

5.5.7 敏感性分析

敏感性分析估计的是参数对评价结果的相对贡献。它可以通过先检验和后检验来进行。先检验的敏感性分析,确定了模型结构对参数值变化的固有敏感性。也就是说,如果有人知道的是模型结构,而不是参数值或其变异的结构,那么他仍然可以通过计算偏导数,确定关于输入参数对于任何参数标准值的模型输出的变化率。更为普遍的是,个别参数值被标准值中一指定的小百分比所替代,并指出输出的变动幅度。输出变化和输入变量变化的比例被称为敏感性系数或敏感性弹性。具有高敏感性系数的模型对参数更为敏感(至少在指定值附近)。这种技术是适用的,即使缺少定量不确定性分析作为确定有影响力参数的一种手段,且在不确定性分析中,它被推荐为确定哪些参数应该以概率的方式来处理的方法(5.7节)。然而,参数的模型敏感性依靠于参数的估计值(对于不完全线性的模型)和其方差(对于所有模型)。因此,参数的相对重要性有别于先验敏感性分析的预测结果(Gardner 等,1981)。

后检验敏感性分析确定的是参数对模型估计的相对贡献。这些敏感性分析通常进行蒙特卡罗分析,记录每个参数的输入和输出值,回归输入参数值和模型的输出值来实现。斜率越大预示着敏感性越大。各项具体技术包括回归,多元回归,以及多元逐步回归(Bartell 等,1986;Brenkert 等,1988;IAEA,1989;Morgan 和 Henrion,1990)。这种敏感性分析包含了因可变性或不确定性的预期参数值及其指定的分布。它可用于风险评价中不确定性的传达,也可以预示在未来的复评中模型应该着重考虑哪个参数。Iman 和 Helton(1988)、Morgan 和 Henrion(1990)以及 Rose 等(1991)等对于风险模型中的敏感性分析进行了很好的讨论。

5.5.8 列表和定性评估

许多不确定性无法定量,原因是基于敏感性分析或判断发现它们相对不那么重要。另外一个原因是它们无法通过合理的方式定量或概率对决策基本无用。例如,未来土地利用的不确定性无法进行定量,因为没有用于定量的合理置信度,而相对于风险模型定量的不确定性,常用场景假设的方式来处理这类问题。最后一个原因是时间和资源的限制。为了公开利益来探讨非定量不确定性值得期待(34.2节)。

5.6 风险评价过程中的概率

遗憾的是,不确定性分析技术往往被贸然应用,不管它们对于给定评价目标是否合理。在某些情况下,结果是歪曲的;而在更多情况下,它们甚至是含糊其辞的。至于在风险评价的其他方面,首先明确界定评价终点并尽可能用最适当的方式来估计它(第 16 章)是正确的。不确定性分析中,应首先确定哪些案例在表 5.1 是适用的。也就是说,评价必须估价概率(例如,灭绝概率)或数值(例如,物种丰度减少率)吗?那些概率或数值的不确定性必须被定量估计吗?如果来自任何可变性或不确定性的概率需要被评估,就必须获得分布。

表 5.1 基于不确定性的风险评价的终点分类类型

知识状态	终点	
	单一值	概率
确定	确定值	从确定分布得出的概率
不确定	不确定值的概率	从不确定分布概率得出的概率

来源:Suter GW Ⅱ,*Guidance for Treatment of Variability and Uncertainty in Ecological Risk Assessment*, ES/ER/TM-228,Oak Ridge National Laboratory,Oak Ridge,TN,1997。

下一步就是要确定这些分布,这需要回答两个问题:
- 什么是分布?
- 是关于什么的分布?

这些问题必须尽可能明确地回答。风险分布可能产生于暴露的差异性或不确定性,或两者兼而有之。

5.6.1 暴露分布的界定

在生态风险评价中,暴露分布是指关于空间、时间、生物体或置信度下暴露指标的分布(例如,浓度或剂量)。必须指定该空间、时间或置信度的类型。

空间可以被定义为点、长度或面积的阵列。如果终点根据个体确定,点适用于静止的或近乎静止的生物体,如植物或底栖无脊椎动物。举例来说,评价者可能会被要求确定植物是否暴露在有毒的土壤中或估计植物暴露在有毒的土壤中的比例。在这些情况下,需要估计从样本浓度分布(假设一个适当的抽样设计)获得的点浓度分布。河流通常定义为线性单元——河段,而且河流中的野生动物,如翠鸟,其领地被界定在线性单元内。例如,评价带翠鸟会考虑其在 0.4~2.2 km 领地内的暴露分布。大多数野生动物暴露领域范围被界定为领地或觅食的区域。其他暴露的区域包括特定的土地利用的独特植物群落和独特区域。

时间可以被定义为一连串的时刻、区间或事件。当时间变异完全随机时,大多数样本是瞬时的,并且这样的时间片刻分布可能是恰当的。然而,很少有相关的风险是瞬时的,所以这种分布最经常使用于评估一段时期的平均暴露和它的不确定性。最相关的风险发生在某些间隔里。例如,判定一种化学药品是否会导致化学反应,众所周知需要一段时间 x 中的有关浓度的暴露,故而对一段时间 x(即移动平均线)中有关的浓度分布感兴趣。另一个相关的间隔是迁徙物种敏感性生活阶段或所经历的季节性暴露。换言之,需估计当一个生命或物种占有位置的季节间隔剂量分布。最后,可能会对导致暴露或提高暴露的事件感兴趣,诸如暴风雨事件将污染物冲入河水,或将受污染沉积物悬浮。这可以表示为在特定持续时间的事件上的浓度分布或浓度和事件持续时间的联合分布。

和人类健康风险评价一样,暴露可能分布在生物个体,或者因为终点对濒临灭绝的物种或其他名贵物种是风险因素,或者因为终点对占遭受效应的个体一部分的种群是风险因素。各自的暴露可归因于它们的占领地区、食物消费或固有属性(如重量或食物偏好等)的差异。

当分布确定是根据不确定性或某些不确定性和差异性时,暴露的可信度分布得到提高。举例来说,像水貂等杂食的和机会主义的物种在一个场所主要以麝鼠为食,而在另外场所以鱼为主食,或以捕获的相关混杂食物为主食,这依赖于掠食的可用性。因此,有关水貂在某个场所饮食的不确定性可能远远大于各自在某个场所的差异性,在这种情况下,各自的饮食暴露的分布位点是可信的,而非各自的比例。

5.6.2 效应分布的界定

在生态风险评价中,效应分布是指关于暴露的生物体、种群或群落的反应分布(例如,死亡,多度,或物种丰度)。有必要阐明效应指标的解释和关于什么是分布的暴露解释(见上文)。一般考虑以下 4 种因素:反应阈值、毒性试验的暴露-反应关系、效应变量分布、仿真模型输出。

反应阈值往往被定义为如无可见不良效应水平(no observed adverse effect level,NOAEL)或最低可见不良效应水平(lowest observed adverse effect level,LOAEL)的统计显著性阈值。这些值与差异性或其他不确定性指标不相关,照惯例被视为固定值。不过,虽然其固有的差异是未指定的,但不同生物学分类、生活阶段、持续时间等外推的不确定性却可被估计(第 26 章)。最常见的方法是不确定性因子。

在常规实验室测试或现场测试中,生物体暴露在一系列的化学物质浓度、剂量或其他暴露变量中,在每个暴露水平上,有反应的生物体数量以及反应的大小均被记录。模型根据特定性质的资料拟合,后者允许对导致某种效应水平的暴露或给定暴露的效应水平进行计算(第 23 章)。如果反应是二分(例如,死或生)或对分(例如,连续变量的权重可转换为正常或低于正常)的,那么反应频率可被视为终点生物体的效应概率(例如,死亡概率)。另外,频率可被视为终点种群遭受效应的比例(例如,死亡比例)。如果对有关这些结果的不确定性感兴趣,那可能要从模型估计的方差着手(例如,置信区间)或围绕模型的观察数据的方差进行(例如,预测间隔)。不过,这些方差一般都小于测试结果之间的方差,后者是一个更加相关的不确定性的量度。在使用相同方法和物种的良好的急性毒性试验中的最小方差,可以使测试的终点值在因子± 2或± 3之内(McKim,1985;Gersich 等,1986)。然而,不够统一的测试集结果范围可能会超过因子 10(5.1.5 节)。除了这个测试过程中固有的方差,从不同测试物种、不同生活阶段、不同反应参数等之间的外推,应通过主观不确定性因子、经验性因子或外推模型来表达(第 26 章)。

暴露-反应关系也可能来自于野外的观测数据。也就是说,对一个生物变量与一个或一个以上的环境特征的相互作用水平的观察可能被用来生成一个模型(第 23 章)。例如,河流中的昆虫分类数可能与总悬浮固体浓度有关。虽然这些模型基于真实数据,但它们不一定能更好地阐述因果关系。野外数据由于在地点和时间上的生物、化学和物理的变异性而具有较高的内在方差,由于低质量的野外测量数据而具有较高的误差,而且最重要的是,由于"独立"变量之间的相关性,它们易于被混淆。在极端情况下,生物反应可能会被模拟为一个测定变量的函数,当真正的原因是一个不可测量的变量时。例如,零散地暴露于农药可能会影响农区河流,但例行的水质监测很少包括杀虫剂,也不可能去监测这些情况。因此,效应可能被认为与沉积物,而非农业化学物质有关;与栖息地,而非草坪化学物质有关。因此,相比于统计学里的误差和方差,研究设计是由野外试验数据得到的暴露-反应关系的不确定性的更大来源。

最后,数学仿真模型被用来估计效应,尤其是那些由人口或生态系统过程介导的对生态系统属性或种群的效应(第 27 章和第 28 章)。与这些效应估计相关的不确定性通常使用蒙特卡罗分析来获得。

5.6.3 风险分布的估算

风险是暴露和效应的函数。如果这些风险组分中只有一个被视为分布式变量,那么对作为分布式变量的风险的估算就相对简单。如果由于个体差异而估计剂量分散在生物体中,而且假定效应有一个确定的阈值,那么风险表征的结果就是暴露种群中个体获得一个有效剂量的概率(图 5.4)。但是,如果暴露和效应都是估计概率,风险就会表示为联合概率,必须确保分布的一致性。如果两种分布都是由置信度(degrees of belief)所得,那么它们的一致性就不成问题;然而,如果它们都是基于方差,那么它们的一致性应得到保证。如果估计某特定物种的生物体受到影响的概率,那么暴露和效应的量度必须是关于生物体的分布。例如,如果效应分布基于一个毒性试验所观察到的生物物种差异,暴露差异应仅限于体重、饮食、用水等方面的生物物种差异。尽管从最早出版的方法(图 5.5)以后,生态风险一直被定义为暴露分布和效应分布的联合概率,但对确定和解释那些概率性风险究竟代表什么仍然少有研究。解决这一问题的方法将在第 30 章进行讨论。

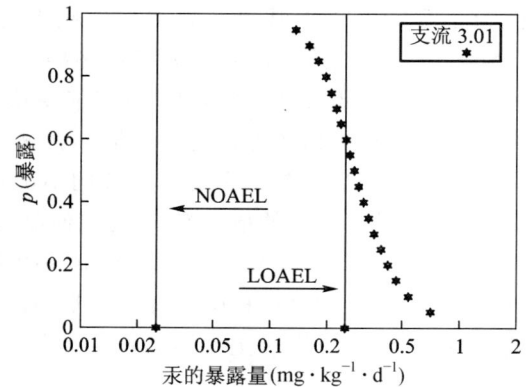

图 5.4 粗翅燕汞暴露的逆累积分布函数,由蒙特卡罗模拟的经口暴露模型获得。垂线是 NOAEL 和 LOAEL。个体获得大于 LOAEL 的剂量的概率是 0.6。

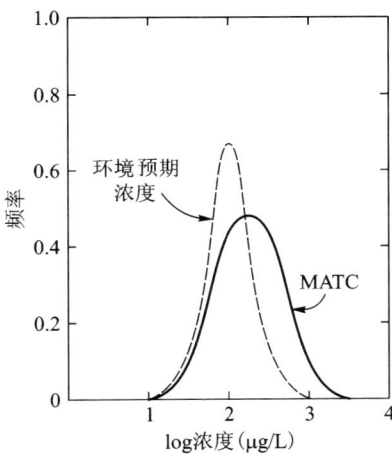

图 5.5 预测红点鲑（*Salvelinus*）的最大可接受毒物浓度（maximum acceptable toxicant concentration, MATC）（实线）和环境预期浓度（虚线）的概率密度函数。（引自 Barnthouse LW and Suter GW Ⅱ, *User's Manual for Ecological Risk Assessment*, ORNL – 6251, Oak Ridge National Laboratory, Oak Ridge, TN, 1986。获得许可。）

5.7 具不确定性的参数

如果一个风险模型中参数数目很大，或研究需要界定分布，那么决定哪些参数以概率对待是必要的。在可用数据很少的风险评价初期，或在从来不进行大量试验、测量、取样或分析的评价中，参数数目很可能很大。例如，一旦测量了植物中污染物的浓度，就可以淘汰野生动植物暴露模型中的植物吸收子模型。此时，一个多参数模型被单一的测定参数所取代。如果要进行一个不包括所有参数的概率分析，应该使用下列标准进行选择：

- 如果一个概率分析取代了一个包括不确定性因子或保守假设的分析，那些因子或假设的参数应用可被视为是不确定的。
- 如果监管机构，有责任的当事方，或其他利益相关者表示担心变量或不确定参数的错误指定可能会影响评价的结果，那个参数应被视为可变或不确定的。
- 如果概率分析用于支持一项决策，与决策有关的参数必须被视为是不确定的。例如，如果分析用来帮助发展一个采样和分析计划，所测量的参数必须被视为不确定的。
- USEPA 和其他机构已指出：通过敏感性分析确定有影响的参数应被视为是不确定的（Hansen, 1997; Risk Assessment Forum, 1997）。当其他更多的有关标准不适用时，应该采用这个要求。这个要求可能会导致参数（如化学物质的相对分子质量）的选择没有显著不确定性或可变性，并且与决策不直接相关。

5.8 小结

本章概述了有关概率的问题，以使读者能理解本书其他章节中的讨论和例子。读者尤其应该明白，概率生态风险评价中没有统一的做法。各种技术应用依赖于风险评价的目标、结果的受众、现有的数据和模型，以及其他考虑。这些一般性的问题将在有关分析计划的发展（第 18 章）和可变性、不确定性的表征（第 34 章）中再次提到。

第 6 章
维度、尺度和组织层次

生物学家认为他们是化学家，
化学家认为他们是物理学家，
物理学家认为他们是神，
神认为他是数学家。

佚名

科学事业是根据多元概念坐标来组织的，在生态风险评价中，其中三个坐标是重要的：第一个坐标是由物理、化学和生物组织的各层次组成；第二个坐标是空间和时间尺度；第三个坐标是分析的维度。评价在这些坐标上的定位决定了它是如何执行的以及会产生什么样的结果。

6.1 组织层次

科学家在概念上按照组织层次的等级组织着万物。那些和生态风险评价相关的是生态系统、种群、生物体和通常被称为亚生物的低层次混合体。虽然这些层次看起来简单，但在实践中它们的使用却导致了很多混淆，尤其是定义评价终点时。如果我们考虑到表征这些实体的特征，那么可以减少大部分的混淆。

生物个体的概念相对比较简单。除了一些如珊瑚一样高度群居的生物，鉴别一种生物是非常简单的。甚至当生物像草坪和白杨那样连成一片，将分蘖或树干区分开也是可能的。生物个体特征被用在评价终点也是非常普遍的（第 16 章）。它们包括死亡、生长、繁殖和畸形。即使死亡或畸形的生物体数目庞大，但当我们关注这些生物个体特征时，就在和生物个体打交道。这种混淆的部分原因是由统计学群体和生物学种群间的混淆导致的。也就是说，在一个试验中，同一组处理水平的生物构成统计学群体，虽然它们的响应表现的是生物个体；但是因为它们不是生物种群，所以不显示种群反应。

生物种群是生物组织的一个层次，由一组具有不同特征的杂交繁殖的同种个体来表征。这些特征可以通过与生物个体的相关特征进行对比而加以澄清。生物个体会死亡；种群具有死亡率，并有可能灭绝。生物个体会繁殖；种群有外来物种迁入和补充。生物个体通过质量的增加而增长，种群通过生物的加入而增长。虽然种群的特征很容易被识别,但是作为离散实体的种群却很难鉴定。除了类似于池中鱼的岛状场合,种群的边界因生物个体和繁殖体的运动而难以定义。现代种群生态学关注的是栖息地中一种生物的密度和生物运动的速率的差异,而不是离散孤立种群的特征。结果,重点放在了栖息地亚群的集合种群在各种速率下的质量变化和成分交换上。虽然一般情况下离散种群很少能被识别,但在任何已界定的栖息地斑块或其他地区中,可以对一个物种的种群特征进行估计。

生物群落是通过营养、竞争和其他关系相互作用的种群集合,在实践中更是难以界定。不仅因为生物和繁殖体的运动导致界限很难识别,而且确定特定生物是否组成了特定的群落类型往往也很困难。当我们沿河流下行或穿越一片森林时,物种组成发生着变化,但很少能识别出群落间的过渡。与种群一样,离散群落很少能够被识别,除非显示一些物理特征,如湖泊的岸堤隔离了生物。即使那样,这个定义也被湖泊之间移动的鸟类或沿海和远洋物种组成的差异而弄得混乱。然而,群落的特征很容易被识别,如物种数量(物种丰度),植物、食草动物和掠食者的相对数量,食物网等。

生态系统和群落是生物组织的同一层次,生态系统就是考虑了物理化学背景的群落。它们的差异用生态系统的特点很容易进行表征,如初级生产力、元素循环率以及元素的输出率。界定生态系统的范围往往比界定群落要更容易些。例如,虽然界定一个森林群落类型的边界很难,但是如果评价关注的是要素动力学,根据流域分界线来定义一个森林生态系统就会非常容易。生态系统的物理化学过程可能直接被人类活动所改变,而不是发生在生物上的效应。如酸沉降导致的土壤和水的性质改变,营养沉积导致的营养物循环的改变,温室气体排放导致的温度变化。然而,应牢记群落和生态系统生态学仅仅是看待同一实体的两种不同方式,甚至应用于这两个领域的不同模型都是可以互相转化的(DeAngelis,1992)。

在生态风险评价中,次生物个体的组织层次发挥着辅助作用。生化、生理和组织学特征很少用来作为生态评价终点。但是有人认为,生物个体的健康,像次生物个体反应所指示的那样,是一个重要的终点,因为健康的生态系统,需要健康的动物(Depledge和Galloway,2005)。不过,它们在更高水平暴露和效应的机理研究中发挥着作用。例如,生理速率和器官体积是毒代动力学模型的重要参数(22.9节)。类似的,次生物个体的反应在现场观测效果的研究中是一个重要的诊断性状(4.3节)

定义生物组织不同层次的特征相对比较简单。大多数情况下,识别一个生物体的存在也非常简单,但为了一个评价识别一个种群或群落的存在却并不是很容易。从某种意义上说,特征比实体更真实。但是,由于所关注的特征必须在一定范围内估计,所以种群和群落必须进行可操作性的定义。要做到这一点,我们对评价种群和群落进行了定义。它们由我们感兴趣的一定区域内的生物体组成,如位于一个排污口之下,以及下一个为新的污染源评价而选择的汇流点之间的河段,或美国为了评价新型玉米农药而选择的玉米种植区。由于评价种群或群落很少用传统生态学的术语来定义,所以应该用实用主义和生态现实主义的混合方法来定义他们(第16章)。如果关注的范围是一个面积为 $2\ hm^2$ 的污染场地,我们将无法定义居住在该场地的金雕的评价种群。

生态学家有时会对关于生态风险试验和建模的最佳组织层次进行争论。一般情况下,评价者必须着眼于定义终点实体的组织层次(第16章)。例如,如果终点是供垂钓鱼群的产量,评价应侧重于该物种的种群生物学(O'Neil 等,1986)。要了解驱种动群生物学的机制,我们必须研究个体生物学,包括污染物、食物需求和栖息地利用对生物构成的效应。要了解种群的制约因素,我们必须深入研究群落/生态系统的结构和动力学。例如,种群对毒物的反应模型可能基于生物个体的生物能学(Hallam 和 Clark,1983;Kooijman 和 Metz,1984),但种群面对毒性作用时用来维持种群的可用能源受到生态系统过程的制约。

虽然评价终点组织层次的选择是一个决策过程并因此而有点特殊,但也具有一定的普遍性。生物个体构成组织的最低层次,这些个体暴露于环境中的污染物之下,或被人类收获,或以人类(他们本身也是生物体)公认的显著方式与其他环境因素相互影响。生物个体及其环境之间的边界划分了环境化学和环境毒理学领域,生物反应是毒理学描述的最好组成部分。然而,大多数非人类生物个体在人类生存时间尺度中是短暂的,并且,由于生物体被人类所消费,所以它们被当作消耗品。大生物体的种群通常符合人类的时间尺度,因此更应该进行管理和维护:我们吃鱼,但要保存鱼类(至少在理论上)。生态系统提供了生物个体和种群赖以生存的环境。虽然人类倾向于把重点放在生物个体和种群上,一般情况下,对于生态学家来说,生态系统更加重要。美国板栗的消失就是一个悲剧,但这在很大程度上不为公众们所承认,因为东部落叶林生态系统持续存在,而它仅是其中的一个组成部分。事实上,从生态系统的角度来看,美国板栗很难被忽视,因为它所处的位置已经很大程度上被其他生产桅杆的树木所填补,特别是板栗橡树(Shugart 和 West,1977)。最后这个例子阐明了另一种普遍性:一般视更高水平的实体比低水平实体更重要,而它们对于大多数污染物也具有更多的抗性。这种概括的最重要的原因是功能冗余。尽管失去了优势树种,森林生态系统功能照样还能继续维持。甚至直接改变生态系统特性的污染物(如湖泊酸化)在更高生物组织层次变化前,对生物个体就有可观察的影响(Schindler,1987)。类似的,敏感损失或有高度暴露的生物个体损失可能不会反映在种群产量或多度中,因为有幸存者的补偿生存或繁殖。不过,这种普遍性并不总是存在。补偿可能不会出现,因为没有其他的物种能实现这个敏感物种所能实现的功能。某些特殊物种功能的丧失,会显著改变生态系统的结构和功能。因此,需要对低层次组织提供适当的预防措施。

我们也可以得到有关组织层次的一些实践的普遍性。评价生物体的风险要比评价更高组织层次的风险更容易。个体生物学能相对比较好地进行表征,而且有关生物个体对化学物质、辐射、噪声、病原体和其他因素的反应的数据比种群或生态系统的反应要多。在高组织层次中进行试验或反应观测所需的费用和努力增加了,而数据的精密度以及概括它们的能力却降低了。因此,经济合作与发展组织(OECD,1995)得出结论认为,在生态系统的水平上例行评价化学物质是不切实际的。显然,对于高组织层次,实验系统的大小和试验持续时间大大增加,除非大的生物体被排除在更高组织层次研究之外(表6.1)。同样的,生态系统模型比种群模型复杂得多,而生物个体只有在很少情况下才进行数学模拟。但是,对于一些因素的主要类别来说,生态系统反应的普遍性已被证实。例如,我们可以估计添加磷酸盐后初级生产力的变化,并且可以预测,对水生系统添加杀虫剂将减少节肢动物的多度并增加藻类的生物量和其他无脊椎动物(如轮虫和蜗牛)的多度。这些问题将在第27章和第28章中进行讨论。

表 6.1 生态评价中的观察尺度

空间尺度	时间尺度	实体	功能
生物个体层次的测试（cc～m³）	小时～天	生物个体	生存
			增长
			繁殖
微宇宙（实验室生态系统测试）（cc～m³）	天～月	生物个体	生存
		种群	增长
		微群落	生产量
野外测试（m²～km²）	天～年	生物个体	生存
		种群	增长
		群落	生产量
环境监测（m²～km²）	年	生物个体	增长
		种群	生产量
		群落	循环

注：cc=cubic centimeter，cm³。

6.2　时间尺度与空间尺度

空间尺度与生物组织层次大致相关。生物个体通常占不到所属种群的整个范围，而生态系统通常定义在比构成种群更大的空间尺度上。但是，也有许多例外。分散的生物个体在种群间移动，迁徙种群在生态系统甚至各大洲之间移动。此外，空间尺度和组织层次的概念有时是混乱的。例如，区域有时作为一个组织层次，因为它们没有超越生态系统的功能属性，但它们在功能上是一空间尺度。因此，评价密西西比河流域的氮输出时，可以将一个区域作为一个单一的生态系统，而在评价美国西南部加州秃鹰的风险时，可以将一个区域作为由松散相关的各类生态系统所占有的范围。

同样的，时间尺度与组织层次及空间尺度大致相关。种群比组成的生物个体存在得更久，而生态系统比种群存在得更久。但是，一个生态系统可能被破坏而栖息其间的种群可能会坚持在其他生态系统中生存。同样的，因素的时间尺度及其严重程度也有一种普遍的关系。也就是说，造成严重效应的暴露水平只允许很少（例如，在几乎不稀释的极低流动期间），或因意外而发生。在另一个极端，只有当其后果是微乎其微时才允许效应长时间存在。这种关系是传统的急性（短期，严重）与慢性（长期，不严重）效应二分法的基础。

适当的评价空间和时间尺度依赖于种群、生态系统或其他终点实体及正在评价的因素和它们之间相互作用的空间特点（图 6.1 和图 6.2）。解决这一问题的一种方法是，首先确定一个核心区域和时间，其中，某个动因的释放或排放，或其他一些行为的发生导致终点实体可能会受到暴露。例如，农药应用的地区和应用持续时间，废弃物处理场和废物降解的时间，完全清除植被的土地和再生时间，或集水的河段和大坝的预期寿命。然后应该考虑核心区活动的影响如何在空间或时间上得到延伸。农药在喷洒期间可能会漂移,且农药和废弃化学物质都可能会流入到地表水和地下水。大坝的水文效应会延伸到下游,至少到下一个蓄水区。完全清除植被的土地上的泥沙可能高速进入河流直至植被和凋落物层阻挡。最后,应该考虑终点实体相对于影响的核心区的范围。如果涉及一个特定区域,这一分析最好通过创建一个动因分布和终点种群或群落栖息地的地图来进行。

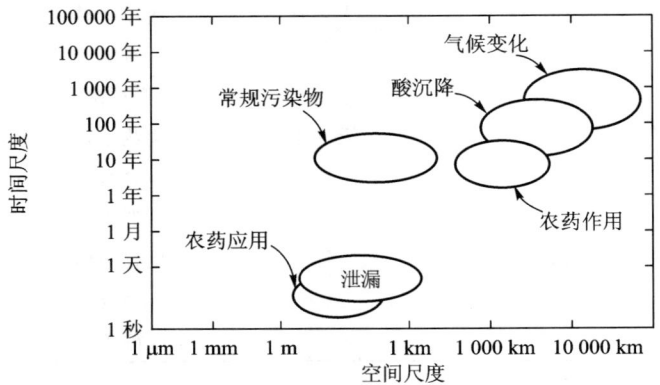

图 6.1 各种风险在空间和时间上的分布

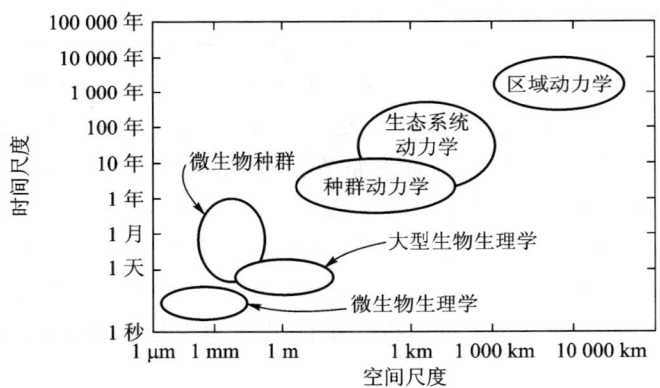

图 6.2 各种终点特征在空间和时间上的分布

6.3 区域尺度

某些生态风险评价具有区域尺度,因为动因或终点实体具有区域性(Hunsaker 等,1990)。例子包括酸沉积、气候变化、流域的水或污染物管理,及区域种群的管理(McLaughlin,1983;Salwasser,1986;Dale 和 Gardner,1987;Hunsaker 和 Graham,1991)。这些生态风险评价除了会在一个较大的尺度上分析暴露和反应外,均与本书中所提到的其他生态风险评价一样。

关注一个区域,而非一个区域尺度的动因或终点的区域评价是具体个案。许多情况纯粹是描述性的,量化生态实体和性质的发生概率可能会影响到它们的条件(Jones 等,1997;Office of Research and Development,1998;Berish 等,1999)。如果没有对其进行评价,那么其他一些人就会试图分析一个区域的多种来源、动因及终点实体的生态风险(Harwell,1998;Serveiss,2002;Cormier 等,2000;Landis,2005)。他们往往采取无单位的排序,因为各种实体风险和地区特征具有不可比较性,就像量化许多暴露-反应关系一样困难。这种风险的排序并不能为具体管理的决策提供依据,因为它没有指出潜在效应的大小,不能为评价显著性提供基础。然而,它可以为具体的管理决策提供背景。例如,阿拉斯加瓦尔迪兹港(Port Valdez,Alaska)峡湾的相对风险评价结果"是一个新的、包容全港生态风险的视角"(Wiegers 和 Landis,2005)。

6.4 维度

生态风险定义在一个多维的状态矢量空间。在问题形成期间,最重要的任务是界定将要进行的风险评价的维度。特别是,暴露分析和效应分析必须有一致的维度,以使它们能结合起来表征风险(第 30 章)。以下方面应该加以考虑。

6.4.1 动因的多度和强度

生态风险评价者最熟悉的维度是浓度。它可能是化学污染物浓度(例如,苯 mg/L)、废弃混合物浓度(例如,总石油烃 mg/L)或污水浓度(例如,炼油厂排放污水的稀释%)。对于引进物种来说,它是生态系统中物种的多度。对于热能来说,它是温度;对于太阳入射辐射,是 W/m^2;而对于电离辐射,是毫雷姆。其他动因用具体的单位来表达它们的强度(例如,拖网渔船时数)。有些没有明显的单位,因为它们是二分的(例如,一个地方要么铺平,要么不铺平)或它们是有效二分的(例如,我们需要知道的是宿主生物体是否被感染,而不是病原体的多度)。

6.4.2 持续时间

时间是一个可以为暴露或效应而定义的连续变量。暴露的持续时间决定了效应发生的概率。因为效应由接触或吸收过程,以及其后的损害诱导和积累所引发,一定暴露时间是效应发生所必需的;效应随暴露持续时间的增加而增加,但在持续一定时间后达到平衡,效应的频率和强度都不再增加。但是,即使效应是恒定的,该效应的持续时间也很重要。不同的方法用于处理这种时间尺度。

- 暴露持续时间往往被处理为二分的:急性或慢性。这大致类似于间断和连续的暴露,但实际上二分法是有问题的。由于化合物和生物体之间在吸收、代谢和净化率上的差异,"急性的"持续时间极端重要。另外,有效持续的时间依赖于所关注物种的生命周期。
- 对爆炸、农药应用和收获等要素而言,暴露持续时间是可忽视或无关的,而相关的时间维度是重现的频率。
- 对于大多数化学物质的间断暴露,暴露的持续时间和重现频率都必须予以考虑。
- 如果暴露能有效地持续或恒定(如浓度变异小或者迅速),多数情况下暴露持续时间和效应是可以忽略的。
- 如果浓度随时间高度可变(即暴露不能被处理为连续或某类间断事件),时间和浓度可能会通过时间加权的平均值或浓度的时间积分来计算,或者通过使用估计体内暴露的毒物代谢动力学模型来计算(第22章)。

6.4.3 空间

暴露或受影响的范围是生态风险最少报告的维度。生态风险常被视为发生在初始稀释边界点上,或最大观察浓度点上的事件。不过,最重要的是要了解,如某事件是否造成10、100或1 000 m河段内半数以上鱼类的死亡。关于物理干扰的空间尤为重要。区域被采伐、耕作、挖掘、填埋、淹没、铺盖等的区域是那些生态破坏行为的暴露和效应的主要维度。也就是说,暴露估计是 5 hm² 被填埋,直接效应估计是 5 hm² 湿地被破坏。

6.4.4 受影响的比例

受影响生物体在种群内、物种在生态系统内或生态系统在区域内的比例是效应中最常报告的维度。它是一种来自二元反应(如生或死)的量子变量,或可转化为二元形式的连续反应计数(如出生体重在 50 g 以上或以下,或者物种丰富度在 5 以上或以下)。

6.4.5 效应的严重性

非二分效应的严重性一般随暴露增加而增加,如生物体的生长或繁殖力、种群生产力、生态系统内物种丰度或生物量的衰减。严重性是一种计数或连续变量。

6.4.6 效应的类型

由于污染物暴露增加,效应类型的数目及其重要性也倾向于增大。例如,生物效应可能开始于异常行为,而且随着暴露持续时间的增加,生长减少,繁殖力下降,最终可能导致死亡发生。这种类别维度对数值定标来说没有帮助。最简单的方法是使用效应的标准分类。如 USEPA(1982)列举了空气污染对植物的效应如下:(a) 无观察效应;(b) 代谢和生长效应;(c) 叶片损伤和(d) 死亡。人类健康风险评价发展出更常用的级别是:(a) 无观察效应;(b) 无观察损害效应;(c) 损害效应和(d) 显著效应(Dourson,1986)。这样的分类可使用分类回归或定性分析(23.2.5节)。或者,这些级别可以通过打分转换为数值标度(Newcombe 和 MacDonald,1991;Newcombe 和 Jensen,1996)。

6.4.7 如何处理多维?

上述六个维度与终点的风险评价具有潜在的相关性,可以评价关于它们全部的风险。然而,在一个六维状态矢量空间中进行风险建模是困难的,结果的沟通也是复杂的。第一种处理这种维度的策略是要消除那些对风险评价终点并不重要的维度。例如,如前所述,无论是瞬时还是连续暴露导致的效应,都可以忽视其接触时间。第二,维度可以合并,例如,浓度和持续时间的乘积已被用作暴露的表达(23.2.3节)(图 6.3)。第三,一维或多维保持不变,例如,我们可能只考虑一种类型的效应(例如,死亡率),并确定一个比例作为关注的界限(例如,10%死亡率),以使唯一的效应变量是严重性维度(例如,各年的比例)。

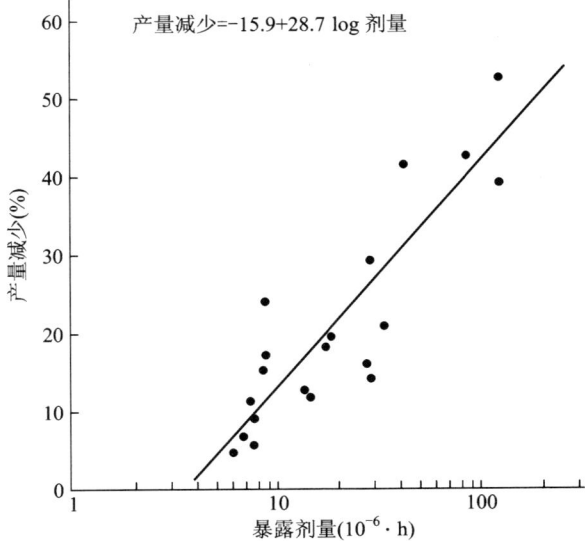

图 6.3 大豆的减产率表现为 SO_2 剂量的函数（引自 McLaughlin SB Jr. and Taylor GE Jr., in Winner WE, Mooney HA and Goldstein RA eds., *Sulfur Dioxideand Vegetation*, Stanford University Press, Stanford, CA, 227, 1985。获得许可。）

第 7 章
作用模式和作用机理

虽然风险评价可能完全是经验性的,但是理解导致效应的作用机理可以提高评价的效率和可信度。这就要应用作用模式和作用机理的概念,并将它们从毒理学拓展到其他动因的效应的分析。对于混合物效应分析(第 8 章)、定量结构-活性关系(quantitative structure-activity relationship,QSAR)的发展(26.1 节)、使用毒代动力学模型来推断种间关系(26.2.7 节)及生态风险评价的一些其他方面来说这些概念很重要。

7.1 化学模式和机理

作用机理(mechanisms of action,MoAs)是化学物质在生物体内诱导产生效应的具体途径,如麻醉、呼吸解偶联和钙吸收抑制。作用模式更为普遍和具有现象性,一种作用模式意味着一个共同的毒理学结果,但未必有相同的机理,如急性致死作用、肿瘤的发生、雌性化、致畸作用和孵化失败。请注意,作用机理和作用模式的术语在文献中的使用是不一致的,它们之间也没有统一认可的分界线。

作用机理在生态风险评价中是重要的,因为具有共同作用机理的不同化学物质具有类似的行为,甚至在某些模型中它们可以相互交换使用。例如,它们应符合由同一定量结构-活性关系(QSAR);作用在同一位点上时,相同摩尔浓度将导致相同的效应;以混合物出现时,应该有浓度加和和剂量加和的复合效应;物种对于具有相同作用机理的化学物质有同样的相对敏感性;如果生物适应了一种化学物质,那么,有可能也会适应与其作用机理相同的其他化学物质;具有相同作用机理的化学物质,其物种敏感性分布(SSD)和其他暴露-反应模型将会有相同的斜率,等等。

基于机理的评价的潜在优点很难实现。大多生态毒理学仅基于全生物体的反应,缺少亚生物效应的观测,作用机理是不明显的。(然而,生物体反应是诱导种群和群落效应的机理)。此外,暴露表现为外部浓度或应用剂量,所以在作用位点上的浓度是未知的。毒代动力学模型可以估计作用位点的浓度,但它并不能很好地应用于所关注的生态物种,且在大多数情况下,作用位点是未知的或不确定的。很多化学物质有多种作用机理。大部分作用机理的信息来自于急性毒性试验,且这些作用机理可能不同于低剂量和长期暴露下的非致死效应(Slikker 等,2004a,b)。此外,因传播途径或毒代动力学差异,如首过肝代谢,作用机理可能取决于暴露的途径。以具有多重作用机理的化学物质铅为例,它通过作用于鱼鳃的钙离子通道,导致鱼的急性致死和慢性应激(Niyogi 和 Wood,2004),也导致在长期水体暴露下的神经毒性效应,及在饮食暴露下的便秘及肠道堵塞(Woodward 等,1994a,b)。另一个是因有机磷农药抑制胆碱酯酶导致急性致死,但其中也有些是雄激素受体颉颃剂,在那种机制作用下可能有慢性效应(Tamura 等,2003)。作用机理通常与化学分类不一致(图 7.1),所以作用机理的鉴定需要进行具体研究(Russom 等,1997)。

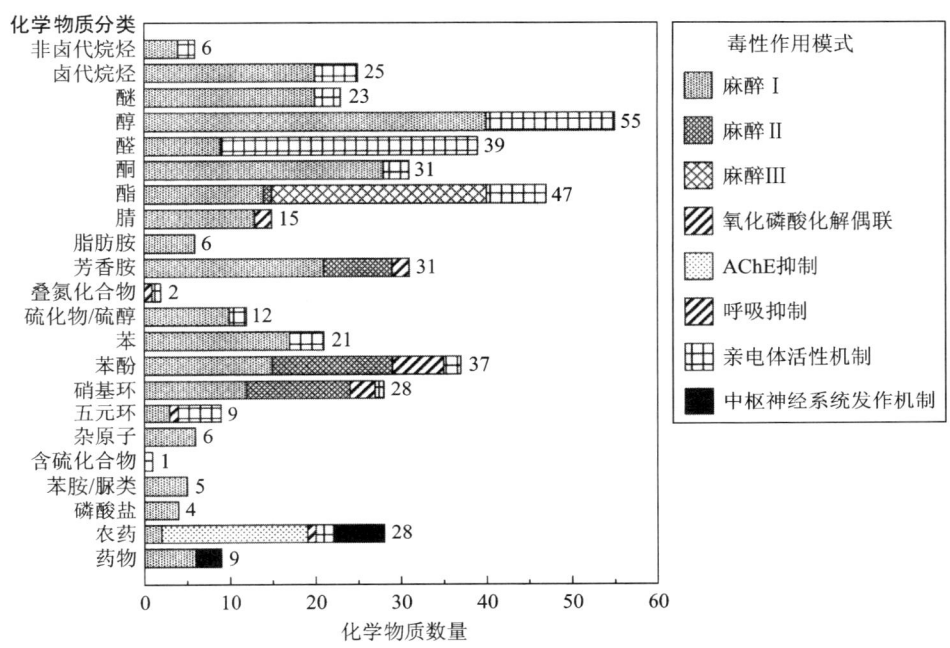

图 7.1 同一类化学物质具有不同作用机理(引自 Russom CL,Bradbury SPS,Broderius J,Hammermeister DE and Drummond RA,*Environ. Toxicol. Chem.*,16,948,1997。获得许可。)

生态风险评价中作用机理的发展和应用受到越来越多的关注(Escher 和 Hermens,2002,2004)。关于哺乳动物机制毒理学资料建立已有些时日了(Boelsterli,2003),它们正日益扩展应用于其他种类如鱼类(Schlenk 和 Bensen,2001)和节肢动物(Korsloot 等,2004)。作用模式和作用机理的清单已有发表(Russom 等,1997;Wenzel 等,1997;Escher 和 Hermens,2002)。虽然这是一个良好的开端,但是它们仅限于急性致死的一般机制。

由于有大量潜在作用机理的存在,作用机理的分类是不完整的。例如,对于在各种动物和植物种群中众多激素受体的每一个受体,最少有 4 种作用机理:两种涉及激素受体,另两种涉及调控。激动剂是结合并激活受体的化学物质(换言之,它们的行为像激素),而颉颃剂是结合到(但不激活)受体,且阻断激素的,它们的作用具有高度特异性。例如,在生物体的不同细胞中,同一种化学物质可以是雌激素受体的激动剂,也可以是颉颃剂(Safe 等,2002)。调控剂是影响激素产量调控机制的化学物质,它们可以增加产量,也可减少产量。因此,仅内分泌干扰机制本身就已太过庞大,使得用目前的知识和资源无法进行表述。

解决分类过多的一种方法是:定义几种具有简单的一般的作用机理的化学品的分类[惰性(基线麻醉药品或麻醉Ⅰ)和非惰性(极性麻醉药品或麻醉Ⅱ)],以用于预测大多有机化学物质的毒性;定义几种宽泛的分类用于估计毒性的范围(活性化学品和特异作用化学品)(Verhaar 等,1992,2000)。这种简单的四组分类法在欧洲普遍用于有机化合物的水生生态风险评价(De Wolf 等,2005)。

这里讨论几种作用机理和机理分类,因为它们在生态风险评价实践中具有重要意义:

麻醉:也称为基线毒性或惰性毒性,麻醉是最小的毒性机制,对于所有有机化学品来说,它普遍存在。麻醉产生于因毒物分配进入脂双层而引起的细胞膜的非特异性破坏。在一个相对恒定的膜摩尔浓度下它会导致死亡,而死亡前是完全可逆的。麻醉发生于至少两个不同类别的化学物质。基线或非极性麻醉是由于非离子型有机化学物分配进入贮藏脂质和膜脂而产生的。极性麻醉是由带有离子组分的有机化学物(如苯酚和苯胺)引起的,离子组分致使它们更容易分配进入细胞膜的磷脂而非贮藏脂质。因其优先分配进入作用位点,极性麻醉在体内残余的基础上更具毒性。麻醉是最普遍的作用机理,Russom 等(1997)估计在黑头呆鱼急性致死性试验的 255 种工业有机化学品中,有 71% 的样品具有麻醉性。

离子调控干扰:许多金属通过干扰呼吸道表面的涉及无机离子(特别是钠离子和钙离子)水平调控的离子通道,而在水生生物中诱发毒性作用。这是生物配体模型的基础(第 26 章)。这一机制还包括涉及神经系统的钠钾泵离子通道的干扰。除重金属外,干扰这些通道的物质还包括一些作为防卫性化学物质而产生的神经毒素。众所周知的例子包括产自毛地黄(*Digitalis* spp.)的强心性糖苷和产自河豚鱼的河豚毒素。

活性氧生成:一些化学品(如除草剂百草枯)和醌类(如四氯代氢醌)可以进行氧化还原循环,将氧气变为活性氧物质,如超氧阴离子、过氧化氢和羟基自由基。这些活性氧物质造成了非特定的影响,包括膜脂和蛋白质的降解。

解偶联:一些化学品,包括五氯苯酚和二硝基酚,使在线粒体中氧化磷酸化产生三磷酸腺苷(adenosine triphosphate,ATP)的途径解偶联。结果包括减少有用的能量(ATP)、增加氧的消耗和产生过剩热量。

光合作用抑制:一些除草剂和其他化学物质阻止了光合作用过程中的电子传递。

胆碱酯酶抑制:有机磷酸酯和氨基甲酸酯杀虫剂通过抑制乙酰胆碱酯酶,导致神经突触乙酰胆碱的积累和神经系统胆碱能的过度刺激。

内分泌干扰:这是包含以下化学物质的一类机制:模拟内分泌激素(激动剂)的化学物质,在不激活激素受体(颉颃剂)的情况下占据它们的化学物质,以及对调节内分泌激素生成的系统起作用的化学物质。最著名的环境内分泌干扰物是雌激素激动剂和颉颃剂,但所有激素系统有可能受到环境中化学物质的干扰。蜕皮激素抑制农药,如除虫脲,就是一个具有显著生态意义的内分泌干扰剂的例子。

信息素干扰:这一类的机制类似于内分泌干扰,但能影响涉及种内信息的荷尔蒙。举例来说,硫丹通过阻止信息素的产生抑制红色斑蝾螈的繁殖(Park 等,2001)。

许多情况下,一种化学品作用机理的鉴别是通过抑制某一器官或器官系统实现的,不需要具体机制的知识。因此,许多毒理学文本是根据器官系统来组织的(例如,Schlenk 和 Bensen,2001)。定义这种作用机理的依据是效应产生的位置(如肝毒物)而不是效应产生的途径(如呼吸解偶联)。特别是许多化学物质在鱼类中已被确定有免疫毒性,但其机理往往不清楚(Rice,2001)。免疫毒性可以阐明基于器官系统性能解释作用机理的困难性。而免疫功能的变化显然影响抗病性和肿瘤抑制,所以用生存概率来解释免疫系统状况的变化显得非常困难。即使实验研究显示出免疫功能可以与一个实际的疾病暴发有关,但证明爆发的规模归因于毒性作用是非常困难的。例如,在1988年欧洲港口与灰海豹瘟热感染有关的大规模灰海豹死亡发生十几年后,经过多次的观测和实验研究后,多氯联苯(PCBs)的免疫干扰作用仍然存在争议(O'Shea,2000a,b; Ross 等,2000)。

一些化学物质同时具有营养和毒性作用机理。在足够的暴露水平上,所有金属都有毒。对于常量金属元素,如钙、铁、钾和钠,其中毒浓度非常高以至于一般情况下不会引起毒性。然而,对于许多微量营养元素,包括铬、钴、铜、锰、钼、镍、硒、钒和锌,它们的毒性受到普遍关注,特别是在工业化国家。图7.2显示了这些营养金属的一个典型暴露-反应关系。对于那些像硒一样具有狭窄的最优范围的元素,风险评价显得特别困难。如果采取预防措施,那么毒性保护的基准水平将被设定在不足范围内。氨是另一个在环境中普遍能达到有毒浓度的营养物质。在某些情况下,化学物质可能在生物体中各暴露水平下具有营养作用机理,但在高水平下却会对群落产生反作用。生态系统中营养元素负荷的增加(尤其是氮和磷),会导致物种组成和相对多度的变化,这被认为是负面作用。在水生生态系统中,在高水平下,增加的产量可能导致缺氧的结果,由于自养呼吸和异养呼吸超过了光合作用和曝气。

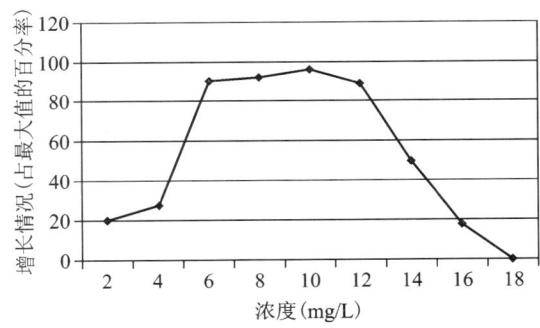

图7.2 微量金属营养元素的暴露-反应关系。非常低的浓度会造成营养不足,使增长受到抑制;一定范围的浓度会导致最优增长;然而,在高浓度时增长又降低了。

7.2 机理测试

试验可以用来识别化学物质可能引发效应的机理。机理的体外试验虽然不能用来估计效应,但可以对化学物质进行筛选,使试验可以集中在危险化学物质的主要相关部分。例如,将Ames沙门氏杆菌的生物测试用于哺乳动物致突变物的检测,以及利用鱼肝切片测试雌激素化学物质。Escher和Hermens(2002)对水生生态作用机理分类进行了体外试验。虽然致力于使这些试验易于接受的研究仍在进行,但它们目前还不是规范试验体系的一部分。另外,传统的试验可以经修改或补充以获取作用机理的信息。

举例来说,通过 96 h 致死试验期间黑头呆鱼的行为观察,可区别麻醉Ⅰ、麻醉Ⅱ、胆碱酯酶抑制或与亲电剂反应相关的三种综合征(Drummond 等,1986;Drummond 和 Russom,1990;Russom 等,1997)。

7.3 非化学模式和机理

作用模式和作用机理的概念适用于其他危险品,且可以通过应用进行判断。一种作用模式可以被定义为某组织层次(在其更高层次具有普遍意义)的一种反应。例如,急性致死是源于化学物质高水平暴露、捕获、爆炸、高温(就如通过一个冷却系统的生物通道)、交通事故等的一个普遍的作用模式。每个例子都有一不同的机制。然而,这种生物体层次的作用模式,对于种群的多度与产量有相同的意义,且可在种群模型中以相同方式描述。其他生物体层次作用模式的例子包括繁殖力降低、日益增长的畸形及生长的减少。对种群的作用模式包括老龄段多度的减少(来自大量捕获或缓慢生物富集的化学物质)、性别比例的改变(来自大量捕获或内分泌干扰化学物质)和局部灭绝(多种机制)。多种机制可以导致这些效应,但对群落中种群的作用,它们也有相同的效应。对生态系统的作用模式包括初级生产力、结构多样性和养分保留的降低。与其他层次一样,所有这些作用模式可能会源于多个机理。当评价影响某一具体位点或种群的多种作用和动因的风险时,对作用机理需要进行仔细考虑(第 8 章)。

第 8 章
混合物与多种动因

地球上无法共存的混合之物能够享受如此迷人的天赐胜景吗？

John Milton

风险评价的对象常常是单一动因,例如一种新的化学物质、一个新物种或一种收获方法。然而,生物体或生态系统常常暴露在各种各样的化学混合物和多种危险动因中。很多时候,为了方便管理,我们经常把原油、多氯联苯、合成农药等物质看做单一物质,实际上它们都是混合物。本章首先讨论处理化学混合物的方法,然后将这些方法扩展到用于确认一个场地由多种活动和物质带来的混合风险。

本章仅限于对混合物及复合物本质进行评价。评价复合物的另一种方法是衡量或观察它们的外在效应,然后推断其内因(Foran 和 Ferenc,1999)。第四章已经介绍了局限于目前状况的生物评价。此外,一些关于复合物的讨论是针对环境背景条件的,如温度和光照,将它们视为评价一系列动因的一部分。本章仅限于对规范、修复或管理中所针对的多种动因进行评价,而环境中的外在条件则被认为是辅助因子。

8.1 化学混合物

评价化学混合物风险的方法可以分为:整体混合物的试验和混合物组分的试验。这种选择主要基于三种考虑:

效应数据的可利用性:检测整体混合物的方法要求此混合物适合于试验。基于组分的方法要求在正确一致的方式下对组分进行试验,或现有资源可以满足试验要求。

混合物的复杂性:总的来说,从组分的毒性数据来评价混合效应模型只适用于简单的混合物。如果一种混合物中包含多种化学物质,那么并不是每一种化合物的毒性数据都能获得,而且也很难证实它们是如何产生联合效应的假设。

暴露数据的可利用性:整体混合物的方法是要在混合物能够充分相溶的环境介质中以溶液的方式确定其暴露水平。例如微分分割或组分降解过程可以使混合物的试验数据与实际不符合。混合物组分的方法,就是要确定混合物中对生物体产生暴露的每一种化学组分,这种方法通过对受污染的介质进行分析,或者通过模拟已知化学组成的排放混合物的迁移和归趋得以实现(第Ⅲ部分)。这些模型因为混合物对各组分在迁

移、归趋等方面的影响而变得非常复杂。

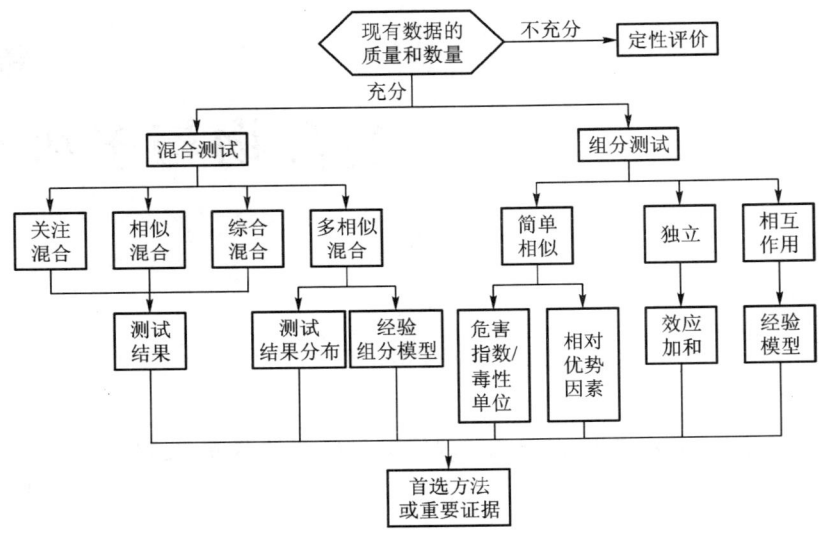

图8.1 评价化学混合物不同的方法（源于高度修正后的 Risk Assessment Forum, *Supplementary guidance for conducting health risk assessment of chemical mixtures*, EPA/630/R-00/002, US Environmental Protection Agency, Washington, DC, 2000。）

图8.1对评价混合物的备选方案进行了解释。利用混合物或混合物组分的暴露信息、效应数据，数据质量和实行新测试来提供必要数据，就可以基于整体混合物、组分或定性评价来进行评价。如果只能够进行定性评价，就应该解释混合物风险不能定量的原因以及混合物的联合毒性效应比其单个组分的毒性效应要大的原因。

本节主要进行混合物的效应评价，因为该部分难度最大。然而，混合物的迁移转化和归趋评价有其自身的问题。例如，某种化学物质的抗菌性可能会减缓混合物中其他组分的生物降解。同样，溶解在污水中的苯与溶解在石油（一种非水的液体）中的苯的归趋是完全不同的。确保效应分析和暴露分析对暴露时混合物描述相一致是非常重要的。

本节与USEPA的指南相符合（Risk Assessment Forum, 2000）。与欧洲和其他地方的指南和实践也是相符的。评价的基本概念和模型是相同的，只是其术语不同，强调的方法也不同，在同一个国家的不同机构中甚至也会出现上述情况。

8.1.1 基于整体混合物的方法

一些整体混合物由于其组分一致（如农药剂型）可以将其作为一种化学物进行检测、评价和管理。在这些情况下，评价者主要关注的是混合物在环境中的归趋。如果组分有高度多样化的性质，那原混合物的毒性就变得无关紧要了。随着时间的推移，这种混合物会在环境中发生转化，变成不同但还有一定相似性的混合物，最终将转化成一种新的混合物，必须作为一种新混合物进行测试，或按照组分的方式进行评价。目前的PCBs就是一个重要例子。由于在商业化的PCBs混合物中，所有的异构体是相对相似的，例如Aroclors，所以它们的归趋也相似。因此可能将环境中的混合物与商业混合物联系起来。但是，自从禁止使用PCBs以来，异构体分配和降解速率的不同导致了环境中混合物的改变。目前,部分学者主张用单个异构体评价其毒性,然后再联合评价混合物的风险,另一部分学者认为检测 Aroclor 1242 浓度仍然足以表征商业混合物,这两种观点依然处于激烈争论中。由于目前并不确定是缺乏异构体毒性和相互作用的知识,还是混合物的变化最终导致了更大的不确定性,该争论将会继续进行下去。

另外一些混合物是非人工设计且多变的。比如垃圾、农药、肥料和其他化学制品通过不同过程(例如都市入河口的沉积物中的化学混合物)进入到同一个地方进行混合,或来自于各种工业、商业和家庭的混合污水。这些混合物不同于上述混合物,它们的组成往往不为人知或知之甚少,且随着空间和时间混合物组分变化很大。然而,这些混合物依然可以进行收集和检测,事实上,基于这种目的的试验已经得到了应用(框 8.1)。这些试验与常规毒性试验不同,它们相对更便宜些,并且可以进行大量使用,而且也有足够的准确度。例如在美国,工业废水和被污染淡水的标准毒性检测可用以下两种生物进行试验:黑头呆鱼(*Pimephales promelas*)幼鱼的 7 天检测和水蚤类动物模糊网纹蚤(*Ceriodaphnia dubia*)的生命周期检测。为了确定工业废水和环境水体的毒性在时间上的变化,可以定期进行上述试验。然而常规的慢性试验过于昂贵,并且可能检测不到重要的短期毒性变化。同样的土壤或沉积物检测也可以用于测定跨空间的混合物毒性分布(图 20.2)。

框 8.1 混合物对切萨皮克湾条纹鲈的风险

采用条纹鲈幼鱼对切萨皮克湾的混合物进行原位毒性检测的结果表明,切萨皮克湾支流的条纹鲈产卵水域有急性致死效应,且这些效应与金属混合物相关(Hall 等,1985)。Logan 和 Wilson(1995)建立了一个预测性的风险表征方法,并用它来解释和扩展检测结果。在简单的相似效应假设下,他们所界定的风险为 $P(\sum TU_i > 1)$,或由于数据属于对数正态分布,表示为 $P[\log(\sum TU_i) > 0]$。

风险评价主要在六个测试地点进行。测试这些地点后,可以得出五种金属的浓度均值和方差。Barnthouse 和 Suter(1986)合并方差对数转换值的毒性浓度,其 LC_{50} 的估计方差值为 0.018。受金属污染地点的总毒性单位的最小值和最大值分别为 0.17 和 3.27,风险分别为 0.00 和 0.99。大于 0.2 的三个风险地点,条纹鲈幼鱼的死亡率均大于 85%。然而,对于小于 0.2 的风险地点,死亡率的范围在 60%~83%之间。低风险的死亡率表明,影响幼鱼的不是笼框就是污染物,而不是金属。

在有些情况下,被检测的混合物是化学物质在生物体内积累后的混合物。这种方法的优点是:被检测的混合物是一种在生物体内暴露的混合物,它整合了暴露浓度、生物可利用性以及吸收和积累等在空间和时间上的差异。在建立因果关系时,这种方法非常有用(第 4 章)。例如,暴露于从污染场地收集的进食率减少的蓝蚌体内提取的烃类,表明清洁的蓝蚌进食率会减少(Donkin 等,2003)。同样的,Tillitt 等(1989)检测了从受生殖损害的鸬鹚和燕鸥的蛋中提取的氯代烃类混合物。

如果某一混合物的毒性、生物需氧量或其他性质的数据不能获得,那么就用另一个相似混合物的检测结果进行表征。在这种情况下,评价者必须根据所有的数据来确定混合物间是否充分相似。为了进行筛选,大致相同的混合物就足够了,从而可以确定其危害是否需要更多的评价。例如,可以假设所有的重质原油或全部多环芳烃(PAHs)的混合物很相似,这可能需要有安全系数。但是,为了进行确定性评价,风险越接近可接受的边缘越好,此时混合物应高度相似。测定相似性的标准包括,这些化合物成分的比例、在混合物中的比例、不同作用模式的混合物成分以及不同化学类别的混合物成分。

在有些情况下,数据可用于多个相似的混合物。例如,我们可能知道几种重质原油的降解率、不同镀铬工艺所产废水对黑头呆鱼的 LC_{50} 值、城市污水处理厂排放废水对 *C. dubia* 的慢性毒性数值等,在这种情况下,这些性质的分布可用来评价相同性质的未检测的重质原油、镀铬废水或市政污水。如果化学成分数据可用于相似混合物,将各组分的浓度和毒性以及与归趋相关的属性进行多次回归,就可以产生一个模型。如果混合物已经进行了分析,那么经验成分模型可以用来评价相关的混合物性质。然而,这种方法依赖于成分浓度是独立的假设。

最后,可以对人工合成的混合物进行检测。也就是说,如果将来某种废水或者其他不可获得的混合物需要进行评价,那么混合物就可以采用合适的化学试剂进行模拟。如果方法正确,这种混合物及其相应的稀释溶液就可以被检测出来。因为随着时间的推移,混合物的稳定性便不是问题了,检测时间和生命阶段更长的试验比用废水和污染环境的介质进行急性试验更合适。这种方法也提供了系统地研究混合物组分或介质特征变化影响的机会,例如 pH 和硬度。

像单个化学品一样,混合物的检测结果也可以用暴露-反应关系模型进行模拟。也就是说,如果在未稀释和稀释度下对混合物进行检测,那么反应 p(例如,死亡比例)就可以表示为:

$$p = f(s) \tag{8.1}$$

式中:s 为从 0 到 1 的强度;f 为 probit、logit、Weibull 或某些其他拟合函数。由于成股流出的污水、垃圾渗滤液、空中沉积或溢漏等原因可能导致自然稀释,这种情况下,在一个断面或栅格试验中,可以收集和检测受污染的介质。结果可以通过式(8.1)进行模拟,其中的稀释比例,可以通过目标化学物质的浓度或与污染源中污染最严重样品的浓度相关的其他量度(例如,总 PAHs)进行确定。

在有些情况下,只能检测完全稀释的混合物。此时,只能通过与空白(比如干净的水)或者对照(比如上游的水)的差别进行描述。统计显著性检验普遍应用于这些差异,但是要注意关于统计显著性和生物显著性之间的差异(5.3 节)。

8.1.2 基于组分检测的方法

许多情况下,由于混合物无法测定,或者由于混合物组分不稳定,导致无法基于混合物的整体检测方法来进行风险评价。在这种情况下,毒物以及混合物的其他性质必须从单个化学物质的性质着手评价。混合物中的化学反应可以从两个方面影响毒性。首先,一种化学物质的存在可以影响混合物中其他化学物质的吸收、运输、代谢和排泄的反应动力学。例如,锌增厚了鱼鳃的黏膜层以及复杂的钙代谢物损害了肾管。动力学相互作用的普遍形式是代谢酶的诱导或抑制。其次,由于联合诱导的影响,混合物中的化学物质可以造成与任何化学物质单独作用有所区别的效应类型或水平。

基于混合物是否存在相互作用以及是否存在相似的联合作用,可以把有毒化学物质的联合效应进行分类(表 8.1)。相似作用可以简单参考相同的作用模式(例如,失去生殖能力)或在相同器官(例如,壳腺的抑制率)中更严格的相同作用机制(第 7 章)。如果相同结构-活性关系的化学物质拟合得很好,那么可以断定它们有相似的作用(26.1

节)。相互作用,包括化学物质之间的效力动力学或效代动力学方面的效应,该效应包括作用位点的改变所带来的原本二者均不能单独产生的效应。相似作用和不相似作用的化学物质都可以进行相互作用。在这两种情况下,相互作用可以进行增强(术语也叫协同或相加)或抑制(术语也称颉颃或相减)。简单的相似作用模型普遍被称为浓度加和或剂量加和,独立作用的模型普遍被称为效应加和。

表 8.1 两种化学物质的相互作用类型

	相似作用类型	不相似作用类型
无相互作用	简单的相似(浓度或剂量加和)	独立作用(效应加和)
相互作用	复杂的相似	协同作用

来源:改编自 Plackett RL and Hewlett PS, *J. Royal Stat. Soc.*, B14, 141-163, 1952; Hewlett PS and Plackett RL, *The Interpretation of Quantal Responses in Biology*, Edward Arnold, London, 1979。获得许可。

图 8.2 是等效线图,即两种化学物质组合的图表,由于不同的浓度配比产生同样的效应,比如 LC_{50},等效线代表了该线上的点在空间中产生的同等效应。

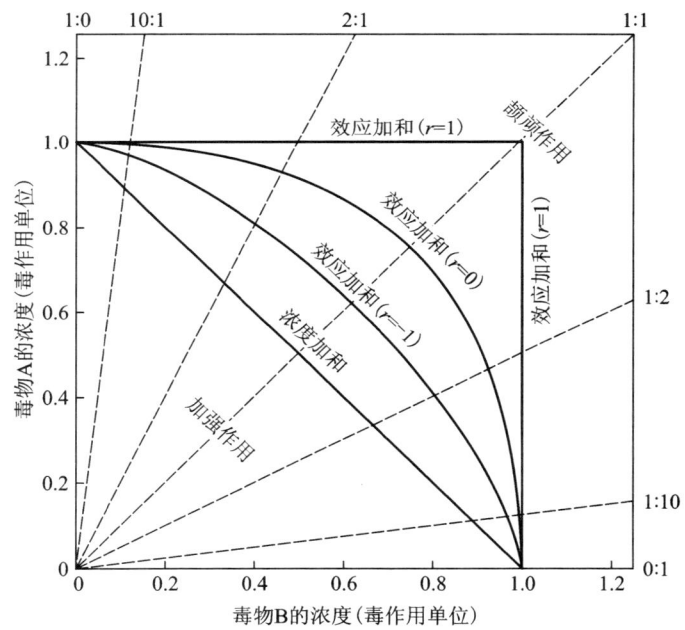

图 8.2 两种毒物混合物的二元反应等效线图。虚线代表两种化学物质的浓度比。实线是等效线,即等效反应线,代表终点反应(例如,LC_{50})出现时 A 和 B 两种物质的一系列浓度。

在分类、生命阶段或暴露模式之间,应该谨慎地进行化学相互作用性质的外推。尤其是,大多数化学相互作用的研究采用急性致死率作为试验终点。在如此短的时间暴露中,化学物质可能产生了相似的作用,但是在慢性暴露中简单的反应就可能不相似,因为更多的诸如发育毒理学或者行为毒理学的机理将参与到暴露过程中。

8.1.2.1 简单相似作用和浓度加和

如果有相同作用机理及不相互干扰或加强的化学物,它们的联合效应为简单的相似,就可以用浓度加和或者剂量加和来进行评价(在本节剩余的部分,"浓度"可以理解为"浓度或剂量")。如果化学物质的作用机理和它们的吸收、运输和消除(例如,毒物代谢动力学)为相同的毒性机理,那么可以假定其具有简单的相似性。例如,有机磷杀虫剂抑制胆碱酯酶有简单的相似联合毒性。通过检测化学物质的毒性,可以证实简单的相似性。也就是说,如果化学物质的不同混合比例以及结果落在图 8.2 的浓度加和线中,相互作用就是简单的相似加和。通过考察化学物质存在平行的暴露-反应曲线来表明相互作用模式。最后,浓度加和模型普遍用于默认的混合物,包括大部分各种作用机理的化学物(Risk Assessment Forum,2000)。这是基于浓度加和模型对于考察的许多化学混合物的毒性是近似合理的(Alabaster 和 Lloyd,1982)。

浓度加和模型都是基于混合物中化学物质的功能相同的假设,但是效应的不同由常数因子 t 表达。对于 C_1 和 C_2 两种化学物质(浓度),及反应 R,如死亡比例,模型为

$$R_1 = f(C_1) \tag{8.2}$$
$$R_2 = g(C_2) = f(tC_2) \tag{8.3}$$

式中: f 和 g 是浓度-反应函数。式(8.3)表明常数因子如何把一种化学物质浓度转换成另一种化学物质的有效浓度。因此,简单相似化学物质的二元混合物效应可以表示为

$$R_m = f(C_1 + tC_2) \tag{8.4}$$

例如,二元反应(例如,死亡或畸形)可以用 log-probit 函数来模拟,对于一系列 n 种浓度加和化学物,函数表示为

$$P_m = a + b\log(C_1 + t_2C_2 + \cdots + t_nC_n) \tag{8.5}$$

式中: P_m 是混合物的效应概率单位; a 和 b 是拟合变量。

对于某一效应水平,例如 LC_{50},浓度加和模型简化为

$$\sum(C_i/LC_{50i}) = 1 \tag{8.6}$$

例如,如果混合物包含三种相似的化学物,每一种浓度为 LC_{50} 的 1/3,那么待测混合物预计杀死一半的暴露生物体。浓度(或剂量)除以它的效应浓度(如 C_i/LC_{50i})等于 Sprague (1970)提出的毒性单位,这被生态毒理学者所熟知。然而,在风险评价中,毒性单位常常使用危害商(hazard quotient,HQ)(第 23 章)。HQs 的总和被称为危害指数(hazard index,HI)。

$$\sum TU = \sum HQ = HI \tag{8.7}$$

如果 HI 大于 1,会发生我们所期望的效应。在适当种类和效应的混合物中,HI 方法依赖于所有化学物质的毒性数据(例如,对大型蚤(*Daphnia magna*)进行实验的每种物质的 LC_{50} 值)。

混合物的小量组分不应忽略。如果化学物的作用机理相同,那么那些低浓度的组分也有效应(Deneer 等,2005)。解决混合物中一些化学物质的欠缺数据,就是用定量结构-活性关系(QSAR)模型来评价误差值(26.1 节)。如果化学物质是加和的,那么它们具有相似的作用机理。因此,它们的毒性应该用相同的 QSAR 来预测。例如,QSARs 用辛醇-水分配系数 K_{ow} 作为独立变量,它已被用来估计 PAHs 对两栖类急性致死率,作为沉积物中 PAHs 混合物的毒性单位模型(Swartz 等,1995)。此方法可以扩展为评价 PAHs 混合物的沉积物质量基线(DiToro 和 McGrath,2000)。

假如相似化学物的混合物中至少有一种化学物的毒性有良好的特征,如果可以评价化学物质的相对效力(式(8.3)到式(8.5)中的 t 值),那么也可以用来评价混合物的效应。最好的例子是二恶英类化学物。对大多数脊椎动物来说,2,3,7,8-TCDD 的毒性有相对良好的表征。其他卤代二苯并二恶英、卤代二苯并呋喃和某些多氯联苯有相同的作用机理,它们涉及与乙酰胆碱酯酶受体的联合,但是效力较小。在毒性数据、酶

的诱导与受体的结合等数据的基础之上,结合了专家的判断,就形成了类二噁英化合物对哺乳动物、鸟类和鱼类的毒性当量因子(toxicity equivalency factors,TEFs)。虽然毒性当量因子(TEF)这个术语仅限于类二噁英化合物,但是其他物质能够形成具有与 TEF 等价意义的相对效应因子(relative potency factors,RPFs),例如,PAHs(Schwarz 等,1995;Safe,1998;Risk Assessment Forum,2000)、有机磷杀虫剂(EPA,2003)及氯代酚(Kovacs 等,1993)。通用的公式是

$$C_m = \sum RPF_i \times C_i \tag{8.8}$$

式中:C_m 是混合物浓度;C_i 为化学指标物的浓度。那么这标准化的浓度可以用化学指标物的浓度-效应模型来评价混合物效应。

浓度加和模型的用途可以由 27 种工业化学物质对黑头呆鱼幼体的急性致死率的典型研究来说明(Broderius 和 Kahl,1985)。这些化学物质的麻醉型作用假说是通过检测它们的单一物质毒性确定的,并发现用 log-probit 模型拟合每种化学物质的检测结果的斜率近似相等。也就是说,浓度-反应曲线是平行的,并且相对效力用截距来表示(图 8.3a)。因此,一个浓度-反应函数可以通过用 RPFs 对所有化学物质的辛醇毒性标准化得到(图 8.3b)。用普通症候学来表示普遍麻醉性的作用机理:经过初步兴奋期,鱼

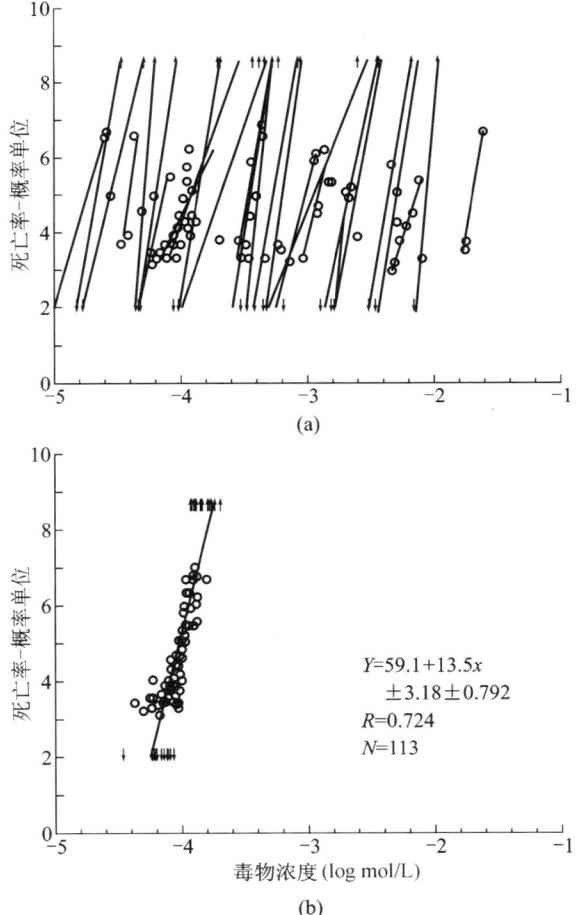

图 8.3 (a)死亡百分率(概率单位)作为 27 种化学物质浓度(对数)的函数。向上和向下的箭头分别代表 100% 和 0% 的致死率。(b)在(a)部分的数据点对 1-辛醇的毒性标准化。(引自 Broderius S and Kahl M,*Aquat. Toxicol.*,6,307-322,1985。获得许可。)

体变黑且不爱动,并在几个小时内发生死亡。最后,这些化学物的 8 个二元检测的 LC_{50} 值落在等效线图的浓度加和线上(图 8.4)。

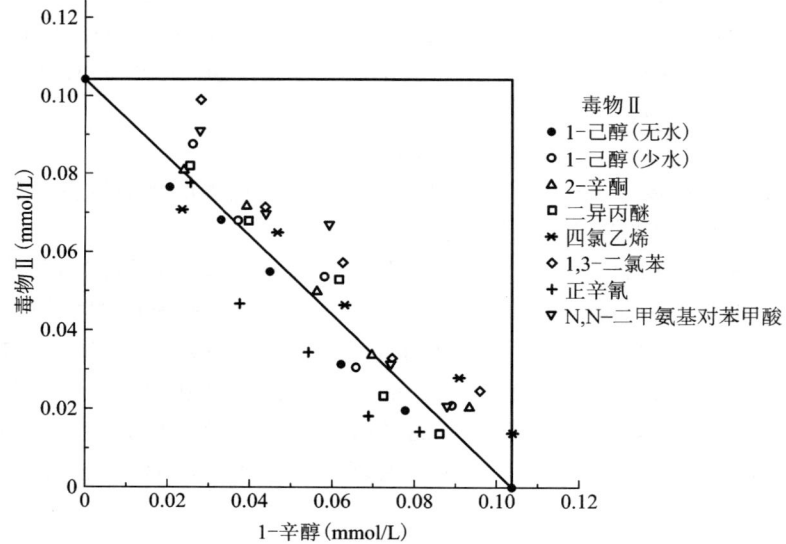

图 8.4 有机化学物质和辛醇混合物检测结果的等效线图。在摩尔浓度的基础上,对角线表示等毒性效力(引自 Broderius S and Kahl M, *Aquat. Toxicol.*, 6, 307, 1985。获得许可。)

Bervoets 等(1996)发现了用文献值检测和假设加和性来预测污水毒性。他们发现,基于 24 h 和 48 h 的 LC_{50} 的四种最毒成分的点毒性单位(ΣTU)可以预测 24 h 和 48 h 污水的 LC_{50}。然而,建立在慢性无可见效应浓度(NOECs)上的 ΣTU 高估了用 NOEC 表示的污水的毒性。鉴于 NOEC 不符合效应水平,后者的结果并不令人惊讶,因此,对加和作用不能提供一致的 TU。

类似于 RPFs 的方法可用于生命周期评价(2.3 节)。生态毒性因子和生命周期评价的其他组分普遍地标准化了一些具有良好表征的化学物质和试剂(Guinee, 2003)。然而,主要目的是建立一个用于对比的共同单位,而不是评价混合物的效应。

8.1.2.2 独立作用和反应加和

当化学物质的毒理学不相似或暴露在一种化学物质中不影响另一种化学物质的效应时,它们发生独立作用。因此,一个生物体由它最敏感的化学物效应导致死亡。用效应加和模型来表示独立作用,它是每种组分的效应总和。在美国和其他地方,效应加和模型用来表征致癌的混合物,因为它假设在低浓度时,混合物中的每种化学物在特定器官中造成特殊肿瘤的概率很小。另一些化学物作用可能不大,但是它们可能在其他地方造成其他类型的肿瘤。两种化学物的效应加和模型是

$$P(C_1+C_2) = P(C_1) + P(C_2) - P(C_1)P(C_2) \tag{8.9}$$

式中:$P(C_i)$ 是给定浓度 C_i 下某二元反应的概率(或者说,等同于比率或发生率)。这个简单效应概率有两个独立的潜在因素。相减法解释了相同效应的两个独立因素的实际不可能性原因(如果一种化学物质杀死生物体,另一种就不能了。)。效应加和的通用公式是:

$$P_m = 1 - (1-P_1)(1-P_2)\cdots(1-P_n) \tag{8.10}$$

为了测定是否两种化学物质的检测结果与独立作用一致,一个合适的暴露-反应函数用每种化学物的浓度-反应数据来拟合,以及混合物检测数据良好拟合用式(8.11)来确定,

$$P(C_1 + C_2) = F_1(C_1) + F_2(C_2) - F_1(C_1)F_2(C_2) \tag{8.11}$$

式中:F_x是拟合函数。应注意的是每种化学物质可能用不同的函数来拟合(例如,probit、logit、Weibull)。如果反应水平低,公式(8.11)可以简化为

$$P(C_1 + C_2) = F_1(C_1) + F_2(C_2) \tag{8.12}$$

在常规生态风险评价中,如果我们对种群效应的频率感兴趣,而不是对个体效应的概率,公式相同(P为比例,而非概率),但化学物质相关的敏感性必须予以考虑。

如果概率是完全呈负相关(即某种物质的最大耐药性生物体是其他化学物质的最小耐药性生物体以至$r=-1$,图8.2),混合物的概率是独立概率的总和,直至最大为1。效应加和的另一个极端是化学物质与敏感性完全相关($r=1$),所以生物体与最毒化学物质有关,其他的化学物质与反应频率无关。如果不相关($r=0$),式(8.10)不改变。

效应加和模型很少应用于人类,因为难以确定敏感性的相关性,以及无法从二阶来计算高阶组合(Risk Assessment Forum,2000)。或许可以用$r=0$的默认假定来导出,但是没有良好的生物原因对此进行解释。因此,如果假定或证明了独立作用,理想的正相关性和负相关性可作为相应假定。

8.1.2.3 相互作用

化学物质可能以各种方式的相互作用来增加或减少毒性效应。大部分例子都是描述颉颃作用。例如,一种化学物质可能会抑制另一种化学物质的吸收,通过促进酶的输送或与结合位点的竞争来促进另一种化学物质的代谢。然而,协同作用也可能会发生。例如,一种化学物质造成的伤害可能减少另一种化学物质的新陈代谢或排泄,从而增加其自身的有效剂量。没有标准方法来模拟这些联合的相互作用,现有相互作用的检测数据适用于成对的与典型的多种化学物质暴露无关的检测(Risk Assessment Forum,2000;Hertzberg和MacDonald,2002)。如果混合物不能被检测,最好的解决方法是应用毒物代谢动力学和毒效动力学模型,这些模型能够机理性地表达相互作用(22.9节)(Haddad和Krishnan,1998;Krishnan等,2002;Liao等,2002)。然而,合适的模型和相互作用数据很少用在非人类物种和关注的化学物质中。文献中的信息可能用来修正特殊效应,并产生定性的联合毒性指数,例如混合毒性指数(Konemann,1981a)或基于HI的相互作用(Risk Assessment Forum,2000;Hertzberg和MacDonald,2002)。然而,如果相互作用是至关重要的,那么最好还是进行混合物检测(第24章)。

8.1.2.4 多种化学物质和物种

联合毒性效应的讨论采用的是传统的对单个物种的生物体的暴露-反应关系。然而,物种敏感性分布(SSDs),相当于多物种函数,可以用同样的方式进行处理(Traas等,2002;deZwart和Posthuma,2005)(第26章)。也就是说,如果一系列化学物质的SSDs是平行的或因为其他一些原因被认为有相同的作用机理,那么可以应用浓度加和模型。

例如,TU 方法可以用式(8.6)和式(8.7)表示,其中相同效应是由浓度造成 50%物种的半数效应(如 LC_{50}),50%物种的半数危害浓度(HC_{50})。同样的,如果认为混合物中的化学物质是独立作用,那么可以运用效应加和模型(式(8.10)和式(8.11))。替代生物体的效应概率[$P(C_i)$],可以使用潜在影响分数(PAF_i)。

8.1.3 复杂混合物的整合

在有些情况下,可以用不只一种方法评价混合物的毒性或其他性质。USEPA 的混合物指南说:"要实行所有可能的评价方法"(Risk Assessment Forum,2000)。如果得到多种评价,那么可能选择一种方法的结果或权衡所有方法的证据。当一种方法明显优于其他方法且它的结果的不确定性很低时,可以选择这种方法。例如,在假设化学物质成分 MoAs 的基础上进行模拟的模型与对关注的混合物直接进行检测相比较,无疑后者更好。当然,这个结论也有其适用的基础,它要求检测具有比较大的基数,并且所采用的物种、生命阶段以及反应都是与评价终点相关联的。但是由于检测的数量太少、对于组分的检测更为相关、作用机理已经明确或者其他各种各样的原因,将会导致采用的检测方法并不合适,或者说并不具备更高的确定性。在这种情况下,就需要根据它们的相似性和相对质量将各种对混合物的反应转化成一个对证据的权衡评估。即使只有一种方法用于风险评价,其他方法的结果也可帮助评价者正确理解毒性效应性质以及评价的可信度等方面的知识。

一个特别的整合问题是如何评价非均一的化学混合物效应。一般而言,当使用基于组分的方法时,可以把化学物质按相同作用机理(或至少作用模式相同)分类并对每种类别应用浓度加和模型。问题是不同类别的联合效应是未知的。保守的概念性方法是简单报告分类结果和它们联合效应是未知的事实。如果每组的效应具有十足的异质性,结果是可以接受的。例如,在估计的暴露水平上,如果一类化学物质造成肿瘤,另一类减少繁殖率,那么足以报告每种效应的评价水平。然而,大多数情况下,决策者都要求进行联合效应的评价。一种替代方法是用加和作用超越所有的类别。虽然不同MoAs 的化学物质存在真正的加和是不可能的,但浓度加和仍然是一些调整项目的默认假设,例如超级基金的风险评价指南(Office of Emergency and Remedial Response,1991),该默认假设为多种复杂混合物的效应做出了很好的评价。另一个备选方案是利用效应加和模拟化学物质种类的联合效应。这种方法在荷兰受到推广(Traas 等,2002;deZwart 和 Posthuma,2005;EPA,2003b,e)。在沉积物中普遍共存的 10 种化学物质对水藻的毒性研究中,对非特殊作用的组分所用的浓度加和模型,按照比所有组分的浓度加和结果更好的效应加和进行模拟(Altenburger 等,2004)。这种方法是建立在不同 MoAs 的化学种类独立作用的假设基础上的。然而,对于非特殊效应,例如死亡或增长的递减,毒性效应不可能是完全独立的。除了单个种类的结果之外,运用两种方法和报告那些结果似乎是合理的。也就是说,报告:① 重金属、基准麻醉剂、离子型麻醉剂、胆碱酯酶抑制剂等的浓度加和结果;② 所有化学物质用浓度加和的完全混合物结果;③ 类别内部的浓度加和结果,类别与类别之间的效应加和结果。

这些方法要求获得混合物中所有组分的毒性数据。如果不能满足这项要求,就只能从一种分类或描述都很详细的化学物质来代表相应的那一类物质,并且假定该类化学物质只有这一种物质(Suter 等,1984;MADEP,2002)。

8.2 多种动因

虽然化学混合物是一种常见的风险评价问题,但与现实世界中生态系统暴露于一系列活动引起的多种人为动因相比,它们是相对简单的。这些活动可能是偶然联系到一起,例如,当将一座污水处理厂增加到一个流域时,这个流域原来还存在其他污水处理厂、农场、工厂等。在其他情况下,它们是必须评价的内容(表8.2)。

表 8.2 含有多种活动和动因的项目的例子

项目	人类活动的例子	动因的例子
纸浆厂	砍伐本地森林;种植场树木;砍伐种植场树木;修路;水体排放;大气排放	锯,建筑设备;除草剂,性质不同的单一栽培;淤泥;渠道改造;多酚化学物;氮氧化合物
军事演练	步兵演习;坦克演习;炮兵实践	烟和烟雾弹;噪音;实弹射击;挖掘;履带车辆交通
奶牛场	牧草;干草生产;饲料生产;饲料	践踏;外来植被;泥沙,农药,径流养分;粪肥
燃煤发电厂	煤炭开采;煤炭加工过程;燃煤;冷凝;灰处理	酸的排放;水中的微细颗粒;硫和氮的氧化物;水生有机体的夹带;氯化排污;金属溶出物

图 8.5 表示了评价多种活动产生多种动因的累积风险的逻辑。它可以适用于一个项目或与现有活动有显著相互作用的另一个新活动。它是基于一系列合乎逻辑的步骤,首先考虑活动或动因的空间和时间关系,然后考虑动因中的相互作用机理关系(Suter,1999a)。图中的过程代表了累积风险表征的过程。它预先假设了问题形成阶段的活动特征、终点选定以及位置特征,并假定了每种动因在分析阶段的迁移、归趋、暴露和暴露-反应之间关系的分析阶段。对每个评价终点(受体)必须执行表征,因为重叠的程度和作用机理会有所不同。

这个逻辑过程是建立在尝试每种最小的加和分析活动的联合风险基础上的。也就是说,首先确定是否多种动因是有效相同的。如果它们不相同,是否就是独立的风险?如果它们不是独立作用,是否它们可以相加或以其他方式进行结合?如果效应不是加和的,暴露是不是可以相加及重新计算风险?最后,如果暴露不是加和的,它必须用机理模型来评价联合风险。这一策略取决于各种活动的空间和时间关系,以及动因的 MoAs。

8.2.1 动因的分类和联合

当表征多种活动的联合风险时,往往会碰到有些活动带有共同的危险动因。例如,一个流域的奶制品厂和养牛场都养有产生粪便,践踏河床等的牛。同样的,坦克演习、加油车和弹药补给车训练以及机械化炮兵训练都涉及履带车辆。这些动因可能从压碎生物体和污染土壤等方面联合作用。

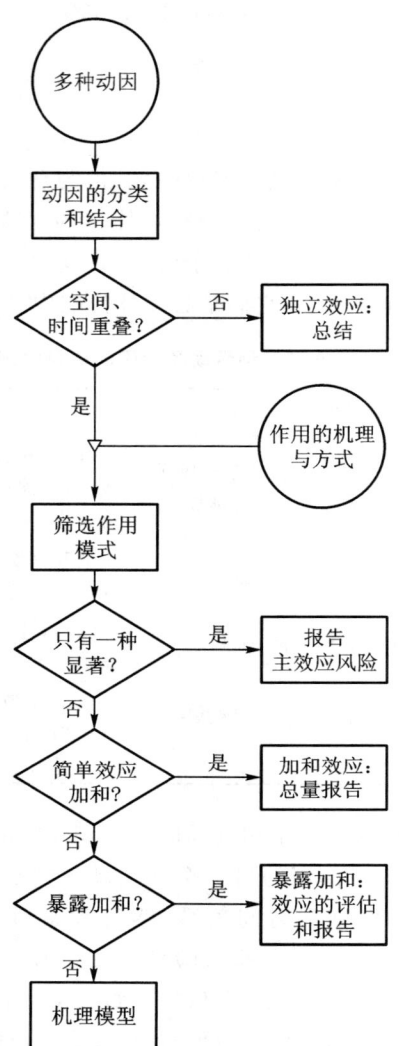

图 8.5 评价多种动因的联合风险的逻辑程序示意图（来自 Suter GW Ⅱ, *Hum. Ecol. Risk Assess.*, 5, 375, 1999。获得许可。）

8.2.2 测定空间与时间的重叠部分

如果活动或结果没有空间和时间上的重叠，那么单个活动风险不需要进行整合。项目的空间和时间范围应该在问题形成阶段定义。然而，为规划目的实现时间和空间的范围评价，对于随后的评价活动，可能是不正确的。就核心区（在这个区域出现活动）和影响区（活动影响延伸的附加区域）而言，每种活动的空间和时间范围应该在问题形成时定义。在这个步骤中，所有活动的核心区和影响区必须在一条时间线上进行地理上的叠加，以确定活动是空间独立还是时间独立。下面的问题可以用于确定独立作用：

- 是否在相同或重叠的区域实现各种活动？
- 如果不是，一种活动直接或间接产生的动因是否在显著性程度上延伸到了其他活动的区域？

- 如果不是,区域内的终点种群或生态系统之间是否发生显著相互作用?

如果这些问题的答案都是否定的,则活动是空间独立的。如果它们不是空间独立的,通过回答以下问题来考虑时间的独立性:

- 活动是否同时进行?
- 如果不是,先前活动是否在系统有效恢复前存在后续活动?

如果这些问题的答案是否定的,则该活动是时间独立的。如果动因和活动为空间或时间独立,所有活动组分的风险则共同构成了程序化风险表征。

8.2.3 定义效应与作用模式

如果特定终点的风险是一个来自多种暴露效应的产物,这些效应必须结合评价联合风险的通用模型。这要求对 MoAs 的分析和理解,效应下潜在的作用机理和它们与评价终点的关系(第 7 章)。注意终点效应和 MoAs 之间的关键差别是视角。例如,如果效应是丰度减少,MoA 可能是致死、迁移或繁殖力下降。在较低的组织层次,效应可能为急性致死毒性,MoA 可能是麻醉、解偶联氧化磷酸化、窒息和胆碱酯酶抑制等。

在这些情况下,对于给定终点及现有证据(例如,暴露-反应模型),建议的策略是尽可能地在高层次和合适层次下对效应予以定义(例如,暴露效应模型)。例如,如果终点为一种濒临灭绝的物种的个体存活率,致死率是最高水平的相关效应。可以简单加和每种 MoA 造成的死亡数,或假定独立作用来评价死亡数。就这样,把这些风险视为一种效应的单个模型来评价不同的 MoAs 风险。

甚至在包含多种效应时,聚集 MoAs 产生高层次效应也是重要的第一步。例如,如果终点是一种动物物种的种群丰度,聚集致死率的各种 MoAs 是合适的做法。如果其他的 MoAs,如减少生育力或增加迁移力有显著的重要性,那么死亡率和那些效应一起用于评价种群层次的终点。例如,Barnthouse 等(1990)联合对鱼类生存与繁殖的毒性效应和收获对鱼类的幸存效应。

一旦 MoAs 已妥善地聚集成共同效应,就可以鉴定和应用适当的联合风险模型。例如,如果坦克演习杀死一些龟,造成其他龟迁移,并降低剩余龟的繁殖力,一个简单的投影矩阵或其他人口统计学模型也可以用来评价种群减少。

8.2.4 效应筛选

如果只有一种效应对决策有意义,那么就没必要考虑联合效应了。这种简化有可能发生,其原因有两个。一方面,如果一种效应的量级远远大于其他效应,那么可以忽略其他效应。一般情况下,如果低效应的风险增加小于效应量级的不确定性,那么低效应就可以被忽略。例如,在坦克演习和陆地食草动物的案例中,与对沙漠地鼠龟这样的稀有物种的直接碰撞粉碎效应相比,食物损失效应是可以忽略的,因为这种龟不会受限于食物。然而,对于受限于食物而且可以躲避碰撞粉碎的物种,碰撞粉碎的直接影响可以忽略。

另一方面,如果一种或多种效应的量级大到不可接受,那么就不必评价联合效应的风险。例如,如果计划中的坦克演习预计杀死一半的沙漠地鼠龟,那么就没必要考虑食物损失造成的风险增加。

去除不显著效应的决定必须基于筛选评价。这就是用简单假设和模型来决定是否适合一系列评价(第 31 章)。简单的筛选法和模型不适用于大部分的非化学物质的风险评价,但是在大多数情况下它们不需要进行评价,因为风险模型并不是非常复杂,而且筛选的效应数目不大。因此,可以通过独立表征每种效应的风险来进行筛选评价,然后以绝对或相对显著性来比较结果和标准。这些标准必须包括具有潜在意义的直接效应和间接效应。

8.2.5 简单效应加和

如果各种活动的作用机理相同,并且它们是独立的,那么它们对终点的效应是可加和的。我们再回到龟和坦克的例子,驾驶履带式车辆、轮式车辆,以及炮火攻击都具有急性致死效应。这些效应可以简单加和(例如,死亡数目是每种动因杀死数目的总和)。如果概率很大,那么将有必要考虑不可能造成两次相同的效应。推导式(8.9),对于两种活动 a 和 b,龟死亡数目公式为

$$N_k = p_a N + p_b N - (p_a N \times p_b N) \tag{8.13}$$

式中:N_k 为死亡数;p_a 为活动 a 导致的死亡概率;N 为暴露的个体数目;p_b 为活动 b 导致的死亡概率。概率本身是活动性质的函数,如坦克数、行驶距离、季节和活动在某一天内的具体时刻。向两种以上化学物质的反应和非分位数反应的延伸应该是显而易见的。

8.2.6 暴露加和

即使效应不是加和的,暴露还可能是加和的,如上面讨论的浓度加和模型(8.1.2 节)。如果作用机理相同以至于相同或相似的暴露-反应模型适用,那么暴露水平或归一化暴露水平可能可以加和。

栖息地丧失可以考虑暴露加和。例如,如果几种活动清除了栖息地或使它无法使用,那么栖息地丧失是可以加和的,而且可以评价丧失对种群或群落的效应。在更复杂的情况下,每种活动可能减少栖息地的质量。通过与化学物质 RPFs 的类比,在栖息地质量中,可以指定与栖息地丧失成比例的因子。栖息地的总减少模型为

$$UHE = \sum RHQ_i \times a_i \tag{8.14}$$

式中:UHE 代表原始栖息地的当量;RHQ 为含有活动 i 的栖息地的相对质量;a_i 为活动 i 影响的区域。

例如,如果坦克训练扩大到 1 000 hm² 的面积,其中包括 1 hm² 的铺砌道路和 600 hm² 的越野坦克训练面积,如果在老训练基地的研究中发现坦克训练减少一半的沙漠地鼠龟,那么龟的栖息地当量可表示为

$$UHE = 0(1 \text{ hm}^2) + 0.5(600 \text{ hm}^2) + 1(399 \text{ hm}^2)$$
$$UHE = 699 \text{ hm}^2$$

如果新区域未受干扰的栖息地仍有 0.7 龟/hm²,那么换成坦克训练后 1 000 hm² 区域的龟数量为 0.7(699)=489,降低了 30%。像这个例子,产生的 RHQ 值可以产生于个案,或涉及物种质量的栖息地文献中,需要包括栖息地评价程序的报告(FWS,1980)。

另一种可以假定暴露可加和的常见机理是造成能源减少的多种动因。也就是说,如果异养生物可利用的食物较少或光照植物可利用的光较少,如果一种污染物造成新陈代谢或修复的能量损耗,如果动物必须在水、食物或其他资源之间游走更远,或者如

果植物必须更新被动物食草或人类收获导致的损失,那么这些能源损耗可以加和起来。这个例子是假设的且需要一些创造力,因为它没有共同的暴露单位,例如栖息地面积或化学物质浓度。虽然对于暴露加和模型来说,共同单位是没有必要的,但函数可能是不同种类的,并因此需要加以转换,以使它们大致平行。用生物能量模型来模拟可能更合适。

8.2.7 联合效应的机理模型

如果多种动因的作用机理是多种多样的,特别是如果它们相互作用,那么选择的模型必须结合所有的机理和相互作用。这需要考虑隐藏在效应背后的机理,以及为模型选择一个合适的机理层次。一般情况下,在较简单的模型中,选择较高层次机理的结果是比较容易执行的。然而,暴露和效应过程之间的相互作用往往需要更深层次的机理描述。例如,通过假设污染物只减少生存、繁殖和捕获只影响存活率,污染和捕获的鱼群的联合风险可以用相对简单的人口统计学模型进行模拟(第 27 章)。但是,如果需要评价补偿性过程的影响,例如幸存者减少和粮食增加的相互干扰,必须加入影响鱼个体的机理(Rose 等,1993 以及第 27 章)。在一个生态系统层次的例子中,对暴露于金属混合物(As、Cd、Cu)和富营养物(N、P)的联合效应(Moore 和 Bartell,2000)的浮游植物和浮游动物产量进行评价。由于金属的作用,浓度加和用来直接评价浮游生物产量的减少。然后,用 CASM 模型来评价直接金属毒性、营养物对初级生产力的直接提高、浮游生物效应的食物网传播的联合效应。许多情况下,由于科学知识和场地具体信息的缺乏,这些更深程度机理模型的应用是有限的。然而,对于单个动因,简单的阈值模型或经验模型就可以提供最好的风险评价,只是这些模型不适合联合风险评价。

8.2.8 复杂动因和活动的整合

有些情况包括多种活动产生多种动因,并且具有多个暴露受体,由于决策结构较为复杂,整合变得更加复杂(Harwell 和 Gentile,2000)。为了测定终点,像沼泽地中的木材鹤的风险,必须考虑农业影响、城市扩展、旅游和气候变化等因素。然而,这些活动不是受一种事物控制的,它们没有法律上或政治上的可控性。因此,风险表征必须满足决策者和利益相关者的特殊要求,这就需要在风险表征过程中,将不同的活动或者其他释放源划分为协同因素或者需要进行控制的对象,并且需要根据决策者的能力进行风险时间和空间范围的界定。这种调整不仅使风险评价更加有效,而且通过将可变性和不确定性的源头限定在相关范围内而降低结果的不确定性。

第9章
质量保证

> 合理的环境决策需要具有可信度的预测。
>
> William Ascher(2006)

风险评价的质量常常是争议的来源。一部分原因是风险评价在有争议的决策中所起的作用,另一部分原因是在风险评价中没有明确地界定质量标准。本章将从输入数据的质量、模型的质量,以及风险评价的质量等方面进行质量保证的讨论。重点强调的是质量标准取决于评价结果的应用。特别需要注意的是,用于确定后续评价范围的筛选评价对于数据和模型的要求不同于用于指导修复或管理行为的确定性评价对于数据和模型的要求。

USEPA 依据下列性质定义信息质量(Office of Environmental Information,2002):

客观性——信息准确、可靠、公正,而且描述清晰和完全。

完整性——信息没有损坏、伪造或违背原则。

应用性——信息不仅对预期目的有帮助,而且有助于用户应用。

虽然关于质量保证的大部分讨论论述了增加准确性,但是避免不必要的准确度、精密度或完整性也是同样重要的。如果利用现有数据分析一种终点受体的直接暴露,即可表明风险可接受或不可接受,那么关于模型或数据的额外支出将不会增加模型的可利用性或者总的评价质量。由于误差乃至故意讹误,大量数据集和复杂模型增大了完整性损失的几率,并且减少了检测出错误的概率。人们经常引用爱因斯坦的话:理论应该体现必要的复杂性,但不能过于复杂。同样的说法也适用于风险评价。

有影响的信息实行了比其他信息更高的质量标准。对于重要决策的结果,有影响的信息具有明确的和实质性的影响。决策在一定程度上受模型结果的影响,而信息的影响力可以通过敏感性分析确定(5.5.7节)。否则,如果它在评价中发挥了显著的作用,特别是如果它可能存在争议,那么信息是有影响的。一般情况下,具有普遍接受的默认值或官方指导值的参数比那些独特的评价参数的争议少得多。

9.1 数据质量

在风险评价中使用的数据可能有三个来源:为评价产生的原始数据;文献产生的二

级数据；默认值或假定值。每种来源提出了不同的数据质量问题。

9.1.1 原始数据

对风险评价来说，原始数据的质量是一个比较明确界定的质量保证组分，即为满足决策者需求的风险评价提供充分的、足够的数据。如果使用明确的定量风险模型，并且决策者愿意定量地确定他或她的决策标准和可接受的误差率，那么数据需求可以从统计意义上进行界定。USEPA 为了这个目的已制定了一个程序，叫做数据质量目标（DQO）过程（Quality Assurance Management Staff,1994），框 9.1 是这一过程的概要。它致力于将数据质量保证与后续的评价和决策过程联系起来，使 DQO 过程成为问题形成阶段的一部分（第 18 章）。由于过程的复杂性和涉及有潜在争议的问题，它通常需要一个或多个全日制会议。

DQO 过程可以确保数据收集工作提供所需信息以制定明确的、基于风险的决策。然而，DQO 过程专为人类健康风险评价而设计，很难适用于生态风险评价。部分原因只不过是生态风险相对于人体健康风险的复杂性。对于各种生态终点，很难界定一种"明线（明显界限）"的风险水平，如人类患癌症的 10^{-4} 的风险几率。超过"明线"显著水平的概率甚至也不是生态风险评价结果的最好表达。在大多数情况下，最好把结果表示为效应水平及相应的不确定性（Suter,1996a；EPA,1998）。此外，生态风险通过衡量多条证据链来评价，所以关于生态风险水平的决策的不确定性往往不能量化。如果只用一条证据链，如果像人体健康风险评价一样，假定决策误差完全是采样和分析差异的结果，那么 DQO 过程是直接适用的。而且，根据现有的经验，对于生态风险来说，风险管理者不愿鉴定定量决策规则。这部分是因为没有明确的政策来指导制定基于定量生态风险的决策。最后，修复决策实际上并不是二分的。由于不同的成本、不同的公众接受程度，以及对生态系统不同程度的物理损害，修复备选方案可能有许多种。因此，修复决策通常不是简单地取决于是否超过一定的风险水平，而且还取决于超过标准的程度，有多少终点超过标准，以及超过标准的证据强度等。

然而，这些问题不能完全否定改编版 DQO 过程对生态风险评价的有用性。过程（框 9.1）的步骤 1 到步骤 4 对应于传统的问题形成阶段。因此，由于对未来修复决策的合作和强调，即使只完成这些步骤，风险管理者和风险评价者也应该可以建立评价终点、概念模型，以及在某种意义上导致有益评价的暴露和效应测量。而且，即使风险管理者没有指明决策规则，他或她也应该可以指明采用何种精密度、何种技术检测何种效应。Barnthouse(1996)和 Bilyard 等(1997)讨论过 DQO 过程在生态风险评价中的用处。

框 9.1 数据质量目标（DQO）过程的步骤

（1）阐明问题：明确要通过修复过程解决的问题。例如，受到汞污染的河流沉积物，被认为对以鱼类为食的生物造成毒性效应。生态评价终点实体是当地的带翠鸟种群。

（2）明确决策：明确必须用来解决问题的决策。例如，是不是应该从河流的部分河段中挖掘沉积物呢？

（3）识别输入：识别为了做出决策所需的信息，以及为了提供这些信息所需进行的测量和分析。例如，带翠鸟的觅食范围、带翠鸟食物中汞的浓度和带翠鸟繁殖力减弱之间的关系,以及沉积物中汞浓度的分布。

(4) 定义研究边界:指定评价的条件,包括空间区域、时间段和场地。使用那些最终要实现决策并产生输入数据的场景。例如,关注的是从河流的源头到与其他大河汇合处均有分布的带翠鸟种群。

(5) 建立决策规则:为采取去除、降解或隔离污染物的行为定义条件。经常以"如果……那么……"这样的形式陈述。例如,如果种群的平均生产估计减少10%或以上,那么应该修复河流以恢复生产。

(6) 指定可接受的决策误差限度:基于结果的相对可取性,定义决策者制定可以接受的误差率。例如,得出生产不会降低10%的错误结论的可接受率为10%;得出生产至少降低10%的错误结论的可接受率为25%。

(7) 优化设计:基于测量和暴露-反应模型的预期差异,设计最有效率的程序对每个决策规则提供可接受误差率。例如,基于带翠鸟暴露模型的蒙特卡罗分析,带翠鸟食物的物种组成应该通过(在栖居于河流的每一只鸟或最多6只鸟的四季的每个季节期间的)10小时的观察确定,而组成至少80%的食物的鱼的种类中汞的组成应该一年两次抽样10个个体检测,检出限为0.1 μg/kg。

来源:Quality Assurance Management Staff, *Guidance for the Data Quality Objectives Process*, EPA QA/G-4, US Environmental Protection Agency, Washington, DC, 1994. 在 Suter GW, Efroymson RA, Sample BE and Jones DS, *Ecological Risk Assessment for Contaminated Sites*, Lewis Publishers, Boca Raton, FL, 2000 中有过注解。

除了使用合适的统计设计以确定必要的测量,还有必要确保应用好的方法。常规测量,如化学分析和毒性测试,这通常意味着使用标准方法。标准方法的来源包括监管机构(例如,USEPA、加拿大环境部)和标准组织(例如,经济合作与发展组织、美国材料与试验学会、英国标准协会、国际标准化组织)。甚至当标准方法不可行或不充分时(例如,标准分析方法不够灵敏),也应该征询其中的适用组分。例如,即使一种新的分析方法应用到环境介质中,也应该遵循说明书的要求、保留时间和条件、保护链、行程和方法空白、重复、基质加标等。

最后,原始数据必须对质量控制有足够地记录,既作为不确定性分析的输入,又可以保证在残缺条件下该数据不被质疑。为测定数据可靠性的质量控制文件的评论过程被称为数据验证。它包括确定说明文件是否充分,是否遵循程序,结果是否可靠(例如,重复分析结果是否足够地相似),以及结果是否有意义。无意义的例子包括报道的浓度远远低于分析方法的检出限,不稳定的中间产物比相对稳定的原化合物或原放射性核更加丰富,或存活率大于100%。在数据验证过程中,有缺陷的数据应该用限定代码标识出来,风险评价者必须用此确定数据的可用性。USEPA 的数据可用性指南是这些问题的一个标准参考文献(Office of Emergency and Remedial Response,1992)。如果DQO 过程用来设计数据生成过程,数据质量评价用来保证在理想的误差限制内做出决策(Quality Assurance Management Staff,1998)。

9.1.2 二级数据

二级数据不是为了评价而产生的数据。因此,二级数据不是用来对评价参数进行估算,而是用来获取除了风险评价者和风险管理者之外的那些数据质量标准的。生态风险评价的许多数据属于这一类。由于它们本身的问题(例如,它们可能是不好的数据)或使用它们的方法问题(例如,它们可能对原始的目的有益但却不能用来评价),二级数据可能有质量问题。本节介绍一些科学研究质量的判断方法和一些数据对于评价的适用性的判断方法。

科学质量的检查基础是具有可重复性:如果多个科学家的研究产生相同的结果,那么这个结果是可靠的,反之,如果结果不能被重复,那么它就是不可靠的。然而,这两条推论本身可能就是不可靠的。在美国华盛顿州西雅图的 20 位科学家可以独立获得同样的平均气压评价,但是这些结果对于蒙大拿州比灵斯并不是可靠的。同样也不能用它来反驳科罗拉多州丹佛市由单个科学家获得的不同结果。在知之甚少的复杂系统里,无法识别和控制的因素,如前面例子中的海拔高度,将会导致相互矛盾的结果。在所谓的"倡导性科学"的例子中,重复性标准受到更大的质疑。不同方法的毒性试验或其他研究的未见报道的或看似不重要的结果可能会改变最终结果。如果不能重复获得先前的结果,那么就要面临被称为"伪科学"的局面。因此,由于缺乏易懂的系统和无私的科学家,重复性标准必须慎重运用。

已发表的结果最常用的标准是同行的审阅。在受到同行审阅的杂志上出版常常被认为具有质量担保。但是,作者所阅读的同行文献中也发现存在明显的错误结果,例如,存活率超过 200%,在 10 个已处理的生物个体中死亡率为 75%;另外还有常见的错误统计、错误逻辑以及错误方法。这并不奇怪。鉴于大量的期刊要求每期 10~40 篇论文以及环境科学拥有相对较少的基金支持,质量差的论文也能找到发表处。美国医学协会杂志(Journal of the American Medical Association)前编辑 Drummond Rennie 说:

> 看起来似乎没有太过零碎的研究,没有太过琐碎的假设,没有过于偏颇的或自我定位的文献,没有太过扭曲的设计,没有太过糟糕的方法,也没有过于不准确、过于晦涩、过于矛盾的结果,没有过于自私的分析,没有过于重复的观点,没有很不重要或不合理的结论,以及没有过于冒犯的文法和语法最后会印刷出版(Crossen,1994)。

在一定程度上,通过使用严格选择论文的杂志来增加大家对结果质量的期望值。然而,期刊质量没有尺度,上述两个错误结果就来自于一本环境科学的权威杂志。杂志通常只用两个或三个评阅者,这么少的评阅者没有经验评价研究的各方面。另外,他们可能不会投入必需的时间来检查计算的结果、假设的恰当性或其他技术问题。因此,评阅者对于他们自己的评审结果和检查结果负有义不容辞的责任。无论从基本的完整性还是从使用风险评价的合适性方面来说,为了得到有利数据,让该领域的专家对数据进行批判性评价是有益的。

另一个辅助研究质量的评价揭示了利益冲突。虽然公司中科学家的基金来源或他/她的金融利益应该不影响检测或测量的结果,但是在某些情况下这些因素可能会影响结果(Michaels 和 Wagner,2003)。在钙通道阻塞药的研究评价中,96%的受赞助研究者与药物制造者存在经济关系,60%的研究者保持中立,37%的研究者持批评态度(Stelfox 等,1998)。一项调查中显示,15.5%的生物医学研究人员承认由于来自资助者的压力而改变研究结果(Martinson 等,2005)。在研究中不同类型的基金产生了不同的压力。发起的调查者承认,产生政府机构和基金组织赞成的偏袒可在获得其资助的过程中具有较小压力。在另一极端方面，如果一个工厂或宣传小组负责调查项目，为调查者购物，之后控制出版结果，那结果的偏袒压力最严重。一些杂志要求揭露利益冲突，了解基金来源和作者背景可以表明那些隐藏的冲突。这方面的信息不应该被用来反驳研究。相反，它应该提醒读者寻找结果中标准方法的偏离处及其起源。

甚至当没有经济利益或其他偏袒的公开来源时，调查人员也可能会受到"希望偏见"的影响，希望偏见是即使数据含糊不清时人们对重要结果所提出的要求。流行病学中，这已被认为是一个特殊的问题，其结果往往是含糊不清的，因果关系标准也可能是应用的选择性和主观性（Weed，1997）

我们建议对希望偏见的解决方法是从原始资料中选取数据，但是关于因果关系或其他数据的选取来源于独立的评论（Weed，1997）。

由于评价方法质量和其执行情况，必须对二级数据进行评价。提出的问题包括：
- 是否使用了一个标准方法或其他可靠的方法？
- 是否在分析中使用了适当的空白和参照，结果是否可接受？
- 是否在比较中使用了适当的控制或参考？
- 方法是否被证实，尤其是标准方法的偏离？
- 方法是否有效？（例如，是否控制生存及生长？）
- 统计方法是否恰当？
- 详细资料是否充足以应用于统计检验或不同的分析中？
- 结果是否符合逻辑（例如，有无存活率＞100％？）
- 如果结果与研究这一现象的其他结果不一致，其差异是否解释地令人满意？

上述考虑的清单可能并不全面。其中每种二级数据的每个不同用途，都可以用来激发使用者考虑采用的方法、实施过程以及结果报告等不同方面的内容。

除了通用的质量标准外，对特殊评价的适宜程度而言，必须对二级数据进行评价。就是说，用于评价参数的数据是这一目的最好选择吗？如果我们希望评价钴对布鲁克鳟鱼的效应，那我们对虹鳟或黑头呆鱼这样具有更多的生物不相似性物种，做一个低质量研究会更好吗？如何考虑水化学或金属物种的区别？理想的情况是建立在不确定性质量分析基础上的，这些选择既要考虑作为一个对参数估计的文献值其本身的不确定性，还要考虑可用来进行外推的模型的质量。然而，许多情况下，这种理想情况存在技术上的困难不可能实现。因此，往往需要定性或半定量地评价选择性数据的不确定性。

评价二级数据的目的是不需要对最好的研究中的最佳数值进行识别。如果多种被认可的数值是可用的，那么根据它们相对质量的评价或用于不确定性分析的分布值，它可能适用于这些值的平均数、加权平均数（5.5 节）。如果在研究中由于一些变化产生不同的数值（例如，水的硬度或 pH），那么多个数值可以用来产生作为这些变量的函数参数的模型。其中一个例子是，金属毒性对水生生物的模型作为硬度函数已经用在美国水环境质量标准上。

为了确保二级数据的质量，评价者应该证明数据选择的推理标准。由于风险评价往往是存在争议的，所以最好能够说明选择一个值或一系列值，是因为它们存在的质量属性是其他值所不具备的。由政府、半政府机构和 Klimisch 等（1997）综合编写的数据评估指南和标准已经出版。但是，这些文件着重于用在单个新化学物质的例行评价需求上。大部分的生态风险评价会特别要求对二级数据的质量评价。

9.1.3 默认和假设

基于指南,默认是缺乏良好的数据时,分配到风险评价中某些模型或参数的作用形式或数值。采取默认值的例子,包括植物根部能够摄取养料的深度默认为 10 cm、土壤中无脊椎动物的生物累积系数默认为 1、暴露-反应模型默认采用逻辑斯蒂模型等。假设等同于默认,但是来源于具体评价而不是从指南中直接提取。它们可能是复杂的,包含函数形式和一系列参数。例如,在一个农药风险评价中假设 100 m^3 的池塘中受纳 1 hm^2 内施用过农药的田地的污水。默认值能被应用是因为它们易于使用且不具有争议性,至少组织机构发表了它。在某种意义上它们是高质量的,决策者可能会接受这些默认,因为将其用在以前的评价时它经受住了考验。但是,用于评价的几乎任何关于实际情况的真实数据可能都比默认值更准确。因此,即使不好的数据相对于默认值来说也具有较高的质量,在某些意义上可产生更准确的风险评价。特别的假设必须被单独判断。

9.1.4 数据质量表征

Funtowicz 和 Ravetz(1990)对目前的数据或尚未确定的政治决策的数值分析结果提出了一项方案。由数字、单位、范围、评价和谱系组成,所以该计划被称为 NUSAP。数字是数字、数字集或其他表示数量级的元素,例如,10、1/8、5 到 8 及 3/10。单位是以数字表示运算的基础,例如 kg/hm^2 或 $\$_{1998}$。在数据的基础上,范围表示数字假设值的分布及不确定性分析的输出(第 5 章)。范围的公式包括差异、范围或 x 因子。包括期望值在内的结果评价是一个更复杂的概念,它被赋予来自所有知识和评价者所相信的假定数值。评价在不同的情形下表达为不同的形式。如果存在统计不确定性,那么就可以用置信区间来表达;还可以采用置信度来表达真值可能存在的特定区间;还可以采用对数值的描述词汇,例如保守、非常保守、乐观等。最后是关于谱系描述数值的来源。它可能是出版物标准、提供数值专家的身份和资格、建立默认值的机构。NUSAP 系统可以给决策者和利益相关者提供质量交流(van der Sluijs 等,2005)。虽然 NUSAP 系统尚未被采用,但当选择数据或报告它们的质量时,都应该考虑该系统的每一个组分。

错误的精密度会使风险评价的数字结果备受困扰。虽然我们知道要使用有效数字,但评价者往往在实践中忽略有效数字的问题。因此,结果的精密度常常比输入参数的精密度高。实际上,

$$5\,000 + 13 = 5\,000$$

因为在 5 000 尾部的 0 是简单的位置标志符,用来表示 5 所用的数量级(10^3)来舍去不需要精密度的数字 13。这是有效数字的基本计算,它用于确保结果都满足对输入精密度的最低要求。当评价中个别数字有高精密度时,错误的精密度问题也经常会发生,但由于它们不是直接用于评价情况,导致所有合理的有效数字的报告会有误导作用。例如,我们可能知道在湖中一种化学物质的环境半衰期是 332 h,但是我们可能不知道湖与湖或年与年之间的差异。当数据用到另一个湖甚至是同一个湖的不同年份时,根据经验,我们可以断定数值只有一个有效数字。况且,在新的使用中我们相信真值不在 331 和 333 之间,而是在 200 到 400 之间。合理的有效数字可以如实地表示结果的精

密度。重要的是,在进行所有计算之后,有效数字的减少应尽量避免化整的误差。

9.1.5 数据管理

在转录、单位转换、复制、子集和聚集中,高品质的数据可能会受到损坏。必须建立数据管理方案以确保数据不被损坏,数据描述是正确的(例如,单位和变量命名的定义),即原数据(数据资料说明如采样日期和地点)是正确的相关数据,并可存档保存。

像 USEPA 生态毒性数据库(USEPA ECOTOX)形成、管理和使用数据汇编一样,会有一个数据库特殊性的问题出现。文献中数据以各种不同格式、详细程度进行表述,不同的方法很难确定作为数据类型的一个实例,特殊结果是否应该包含在数据库中。甚至数据提取和登记过程中没有误差时,由于解释的差异性,两个人也会从同一篇文章中提取到两种不同的结果。因此,为了确保数据库的质量,必须形成数据解释规则。尽管这样,两个人应该从每个资料来源中提取数据,并对其输入数据进行比较,还要通过经验丰富的专家判断其差异性。

使用数据库时,评价者应该慎重,因为不但可能会产生误差,而且主要的资料来源也可能没有足够的质量保证。USEPA ECOTOX 和澳大拉西亚生态毒性数据库(Australasia Ecotoxicity Database,AED)的质量评价,致力于报告方法和结果的充分性,而不是方法和结果的实际质量(EPA,2002a;Hobbs 等,2005)。因此,如果资料具有影响力,那么它应该与原始来源进行核对。这个核对是为了确定资料是否是正确的,仔细阅读文章或报告来决定它是否适用于评价以及是否具有足够的质量。

9.2 模型的质量

一个好的定性模型有助于做出一个高质量的评价和决策。这一陈述看上去是一个不言而喻的事实,但是它隐藏了关于风险评价和环境管理中使用模型的许多争议。无论是复杂的数学模拟还是统计学上的拟合函数,都不是真正或有效的事实,因为它们都是被模拟的自然系统的抽象表达。然而,就像某些人提倡的一样,放弃定性模型而仅仅通过建立可信的社会过程来争取一致的做法是不合理的(Oreskes,1998)。不考虑利益相关者可接受性的话,有些模型比其他模型预测得更好(框 9.2)。因此,引用一句格言:所有模型都是错误的,但是一些模型是有用的。以下几条考虑可以认识并发展成为一个可以达到决策目的的模型。前四条是实用的,其他则是更多常规的、技术的或程序上的考虑,它们共同构成了模型评价的标准。

有用输出:一个基本要求是模型必须预测评价所需要的参数。如果效应用身体重量表示,那么暴露模型预测水浓度是不合适的,但是如果一个生物积累模块是可加和,那么它是可以用来进行预测的。

正确的应用前提:应用前提是指某个模式模型可以有效使用的状态或条件的范围。应设计或选择模型来产生包括评价条件的应用前提。在定量结构-活性关系(QSARs)和其他经验模型中,这被称为该模型的范围。

透明度:专用模型不能被评价或修改使之适用于一种应用。因此,计算机编码模型的源代码应该更便于模型结构和参数查阅。

认同:当为一种机构进行评价时,假设机构认同的模型具有足够的质量可用于他们

指定的用途。如果决策者和评审者认同他们的权威性,那么其他机构或标准组织认同的模型也可以假设具有足够的质量。

> 框9.2 归趋模型和暴露模型的比较试验
>
> 国际原子能机构发起了一次涉及11个环境迁移和归趋模型的比较试验,使用了芬兰南部来自切尔诺贝利事故的^{137}Cs的数据(Thiessen等,1997)。大气和土壤中^{137}Cs的浓度、气象条件、土地利用背景和人口统计信息被应用于模型中。指定时间点大于4.5 a周期,要求他们评价各种农业产品和自然生物区系中^{137}Cs的浓度,以及每天成人及孩子的摄入量和身体负荷。模型结果与测量结果进行了对比。
>
> 定性模型的评论都集中在模型结构、功能形式和关于系统结构和功能的假设上,但是在这个试验中,这些都不是模型间最重要的区别。"预测之所以不相同的两个最常见的原因是:对输入信息的使用和解释不同,选择的参数值不同"(Thiessen等,1997)。因此,模型的训练至少依赖于环境生物学家和化学家所提供信息的质量和清晰度,就像依赖建模者和他们的模型质量一样。

经验:广泛和成功应用的模型更可能具有合格的质量。这些模型已被同行们进行实用性审查。

同行审查:对评价模型质量而言,由于通过阅读论文或报告得到模型评价很困难,所以传统的同行审查是一个薄弱环节。但是,如果其他从业者没有使用这个模型的经验,那么传统的同行审查比没有外部评价要好得多。同行审查需要透明度,用户和审查人不仅要使用模型方程式和参数,还要使用它们起源的假设和出版物。

参数化:如果模型参数不能用从合理数据或真实数据进行测定或评价并得到的精确性,那么这是一个低质量模型。

识别:当系统中的模型效应不能被单独识别时,模型不可以把一个参数分解成多个参数。例如,包括多种敏感状态的生物体可能会使模型更加切合实际,但是如果这些敏感状态不能对大部分数据进行识别,那么它们可能会降低模型的质量。

机理理解:如果机理控制模型系统是可以理解的,那么机理模型比经验模型更普遍、更可靠。甚至经验模型也能从机理理解中受益,可以获得模型形式的选择和独立变量。因此,一般来说,机理支持的模型有更高的质量。然而,生态系统机理经常难以理解,所以如果它们本身就不是建立在高质量的信息上的,那么机理假设会被误导。

完整性:所有的模型都是不完整的,但是代表所有模型系统主要成分和过程的模型更应该值得相信。例如,包括水、土壤摄取、食品在内的野生动物暴露模型更加完整。但是,确切地说,复杂模型难以实施并且包含解释不明的成分,也可能会降低而不是提高其准确性。

验证:模型是由关于模拟系统的一些具有代表性的数据集建立的。例如,关于湖的水文学和湖中化学物浓度的数据可以用来形成任何湖中化学物的迁移模型和归趋模型。至少,模型应该可以代表这个湖。如果模型运行表明,当水和生物群发生显著浓度变化时,几乎所有的化学物都在沉积物中,那么模型验证失败。请注意,验证是一个差的标准,因为现场数据被用来建立模型。特别的,经验模型可以自我验证,因为它们能很好地拟合数据。甚至数学模拟法通常包含的参数也来源于校准过程的数据。通过拟

合度或概率估算,就可以把验证量化。

可重复性:如果模型系统的性质每年都发生显著变化,那么通过合并变量,模型应该可以重复产生精确的输出估计值。一个典型的例子是鱼群新增量的年变化,它取决于前一年的储量和物理条件。

确认:模型应该产生可接受的精确估计值以用于模拟系统的不同实例中。例如,湖模型的验证是通过使用它来成功估计在形成该模型过程中未被使用的几个湖的性质进行的。这个过程通常称为验证,但是它只是一种评价模型的好方法,并没有表明该模型是绝对有效的(Oreskes 1998)。所有数据集都有它们自己的质量问题,不能代表用于比较的绝对标准。经验模型的确认,例如,QSARs 或生物积累模型是用部分数据(训练集)形成的模型;用数据的一个独立部分作为检测集来确定该模型有一定的普遍适用性(Sample 等,1999)。与验证一样,确认可以通过拟合度或概率估算来量化。

预测成功:最成功的模型是一些先前无法识别的现象可以通过模型预测进行解释。典型的例子是,在引力场中光的弯曲是由普通相对论预测解释的。

鲁棒性(牢固性):如果模型对潜在机理的改变不够敏感,那么它是牢固的。例如,密度制约可能是由食物限制、空间限制、干扰或其他机制造成的,每种因素都可以用相同的函数进行模拟。

合理的结构:实际上,模型的最重要的质量保证是确定其结构的合理性(Ferson, 1996)。是否产生正确的尺度,就像输出单位所表示的那样?例如,如果模型用 mg/kg 评价浓度,模型表达式是否减少了那些单位?蒙特卡罗分析法设置了特殊的结构参数。相关结构是否合理?(例如,如果 X 等于 Y,Y 等于 Z,那么 X 是不是等于 Z?)模型是否包括零分布的划分?每次重复中,每一个变量是否存在相同值?

合理的行为:如果结果合理,尤其是输入变量的最小值,那么模型应该待检查以用于测定。例如,浓度及丰度一定不为负值;食肉动物消耗的食物一定不比它们的猎物多。此外,通过简化或细微的条件检查来揭示异常模型行为。例如,Hertzberg 和 Teuschler(2002)研究表明,对一个受欢迎的化学作用模型,当相互作用参数设置为 1,结果是一个混合物的独立常量。应用这一标准可以认识到结果的不合理性。

当最后两个标准是绝对标准时,其他标准则是考虑要点,而不是清晰绝对的标准。它们中的某些是明显矛盾的。特别是,完整性和机理代表性使模型更难用参数进行表示且不够牢靠。

这些要点也主要针对从现有的模型中进行选择的评价者。此外,这些是形成模型(USEPA,2002)的质量保证标准,包括用试验来确保代码是正确的,即在正确地成分模型函数和单位平衡之间进行数据转移。当评价者使用计算机操作一个已发布模型,或为了评价而修改模型时,这些担心也随之产生。例如,如果一个已发布的暴露模型在数据表中进行计算,那么其结果应该用手算来进行检查。

到目前为止,模型评价的讨论目的是确定模型是否在指定用途可被接受。另一种方法是从一系列备选模型中选出最有可能的模型并给出解释(关于系统结构和功能的不同假说)。在给出初始信息如模型先前产生的结果后,可以通过贝叶斯决策理论来估计模型的可能性,并且模拟关于系统的一系列数据。也可以通过贝叶斯理论来计算其他模型的可能性。这种方法很少用到污染物的风险评价中,但是多应用到自然资源管理中(Walters,1986;Hilborn 和 Mangel,1997)。多种模型使用有效数据时,可能具有近似一致性的相同质量。Hilborn 和 Mangel(1997)认为,由于所有模型都是暗喻,所以我们可以预测含有多重模型的复杂系统。如果多重模型貌似可信且多重结果不可被接受,那么可以运用平均模型,最好通过模型的预测准确度和概率进行权衡(Burnham 和 Anderson,1998)。简单的信息理论准则(Akaike 或 Bayes 的信息标准)可用于模型选择或权衡(Burnham 和 Anderson 1998)。这些方法的使用应局限于,不同的模型假设或模型结构对于管理决策是决定性的,而且可获得足够高质量的数据来区别模型。然而,通过这些方法产生的可能性是相对的,并不能提供模型是真实的或是最好的评价。在一些重要的模型等式中,所有的模型评价都可能是不完整的或片面的。

模型质量问题是复杂且有难度的。环境模型质量保证的良好讨论包括 Ferson(1996)、Pascual 等(2003)和 Walters(1986)的研究。

9.3 概率分析的质量

概率分析质量的不确定性一直是风险评价者、利益相关者及管理员所主要关注的。质量保证的指南来源包括 Burmaster 和 Anderson(1994)、Ferson(1996)及风险评价论坛(1996)。USEPA 对蒙特卡罗法或等效分析法的接受已发布了要求(Risk Assessment Forum,1997)。这样的指南往往引用比应用多,主要原因是其要求劳动密集型,部分原因是其要求对概率和蒙特卡罗法能真正地理解,另一部分原因是他们鼓吹读者难以理解的评价信息(目前已经过于频繁的评论)。然而,质量保证必须实行且其结果也必须可行,但不一定在重要的评价报告中对其进行论述。

USEPA 和 Burmaster 的要求均是目的明确,要应用于人类暴露分析中,但是 USEPA 也要求运用到生态风险评价中。以下几点是 USEPA 基于八项主张加上九点红利考虑的生态风险评价的适用性(Risk Assessment Forum,1997):

(1) 评估终点必须被清晰和完整地定义。特别重要的是要明白终点是否定义为概率。如果是的话,那么了解风险管理者所关注的可变性或不确定性的来源是十分重要的。

(2) 必须明确描述概率分析的模型和方法及相关假设和数据。这种情况下对于是否是概率的方法来说,公开是最好的办法。

(3) 敏感性分析的结果应该作为判断输入参数是否作为分布进行处理的基础。

(4) 在输入参数中具有强烈相关性的适度应予以识别并说明分析的原因。风险模型中相关性是常见的,如果忽视相关性,那么它们的输出分布就会膨胀。例如,体重、摄食率和水的消耗率都高度相关。如果相关性只能存在而不能对有效数据进行评价,那么评价者应该将蒙特卡罗模拟法的相关性设置为由零到高,但利用假设值来确定其重要性和目前结果(Burmaster 和 Anderson,1994)。

(5) 应该提供每个分布的输入值和输出值,包括表格信息、密度概率点及累计密度函数。表格内容如下:
- 参数名称;
- 参数单位;
- 如果变化了,会有什么不同?
- 变量分布公式;

- 变量分布依据；
- 如果不确定,是否考虑不确定的来源?
- 不确定性分布的公式；
- 不确定性分布的依据。

已形成的分布专案可能需要进行大量的解释。这可能包括数据来源或专家判断启发式技术,另外还有涉及可变性和不确定性来源的数据及其判断解释。如果专家的个人判断是分布来源,那么用于判断的任何信息或逻辑过程应尽可能地进行描述。Burmaster 和 Anderson(1994)表明分布的典型判断将用 5~10 页进行描述。

(6) 集中趋势和输出分布的稳定性端点应当予以标记和记录。要求引入输出分布时刻的稳定性随着蒙特卡罗迭代分析重复次数的增加。根据输出分布的稳定性,大部分软件包会给分析终端提供标准。

(7) 使用确定性的方法得到的暴露的计算和风险效应应该与概率结果进行对比后报告。确定性分析可能会使用真实的或最好的参数估计值、假设值或管理机构偏爱的参数值。某些情况下,保守点估计、最佳点估计、调整估计以及概率的平均值差异将会十分巨大。这些差异的原因应予以解释。

(8) 暴露和效应的表达必须单个有效,并给出位点条件和评价终点(第 30 章)。需注意的是分布的要求超过了简单的单位检查。评价者需要考虑的不仅是什么是分布,也要考虑它是如何分布的。

(9) 尽量使用经验信息得出分布(Burmaster 和 Anderson,1994)。

(10) 相关矩阵必须有可行的结构,例如,如果参数 α 和 β 都与 c 正相关,它们相互之间则不是负相关(Ferson,1996)。

(11) 在一个蒙特卡罗分析迭代中,一个模型中相同变量的多个实例必须指定相同的值。通过单独模拟来评价不同的风险组分,这是梯阶式分析或嵌套式分析的特殊问题。

(12) 必须谨慎地避免不合理的输入值和输出值的分布。例如,参数中不应该产生负值,例如浓度或体重,草食家畜的消耗率不应超过植物生产率,以及污染物浓度不应该超过百万分之几。这可以通过阻断、合适的分配选择、变量之间关系的参数来加以防范。

(13) 一般情况下,最重要的是正确处理输入参数(例如,不要把变量作为常数),另一个最重要的是得到变量或不确定权的规模,最不重要的是得到分布权的形式(例如,三角形与正常形)。

(14) 拟合分布函数,例如浓度-效应分布、物种敏感性分布、暴露试验分布、拟合统计量和预测区间应该作为模型的不确定性来进行报告。

(15) 尽量指定是否模型的假设引入一个可识别的偏差。例子包括:
- 假设 100% 的生物利用度引入一种保守偏见。
- 假设独立的毒性效应(例如,效应加和)引入一种反传统偏见。
- 假设加和毒性效应(例如,浓度加和)引入一种保守偏见。
- 假设化学物质自身的毒性形式完全反应引入一种保守偏见。
- 假设最敏感性物种的一小部分测试物种代表高敏感性物种,在这一领域引入一种反传统偏见。

一个偏见不代表每种情况下误差方向的一致性。例如,强烈的颉颃或协同效应可以否定假设毒性加和的偏见。然而,偏见是现实,因为这种效应是相对不常见的。在可能的情况下,偏见的影响力应予以评价。例如,假设的不确定性,化学物质自身的最大毒性形式受最小毒性形式的表现结果所限制。

(16)一般情况下,模型的不确定性不能很好地或可靠地评价,因为模型范围不能被明确地界定。至少,应该了解模型的不确定性。认证书应该在模型选择和设计上列出重要误差来源的具体问题。在生态风险评价中,这份清单应该包括当事方之间存有分歧或者生态风险评价实践过程中存在分歧的各个问题。当假设有明确的意见分歧时,模型应该跟随每一个备选方案以确定其对结果的影响。

(17)承认量化的不确定性是关于未知事件总不确定性的一小部分。

9.4 评价的质量

除了保证数据质量和生态风险评价模型外,一般来说质量评价也应该予以保证。当执行或估计一个评价时,以下是一些重要的考虑因素。

完整性:生态风险评价应该包括所有 USEPA 的具体组分或其他应用准则。此外,它还应该包括场景的所有方面和问题形成阶段的其他方面。例如,评价以切喉鳟的丰度为评价终点,那么评价就必须要包含切喉鳟暴露于每一种污染物或其他需要关注的物质的风险,相应的暴露-反应关系以及包含不确定性的切喉鳟所受风险的分类。

权威性:实施评价的评价者必须有足够的资格,并且此种资格应予以公示。在生态风险评价以及相关学科中有一定的经验、具有合适的文化水平或者具有执业许可的人才能够完成一份高质量的评价。

普遍接受的方法:普遍接受的方式和方法更容易被接受。然而,不应该妨碍必要的创新。当新方法使用时,它们应该与普遍接受的方法进行比较,借以显示如何使用它们会影响结果。在极端情况下,标准方法的使用确保其最低质量。标准方法质量的一个例子是欧洲联盟的物质评价(EUSES)。

透明度:方法、数据和假设应明确说明并识别其来源。然而,这项规定可能会导致大量文件很难读懂(35.1 节)。

合理的结果:如果结果不合理,那么应该仔细审议方法、数据和假设。然而,明显不合理的结果也可能不是错误的。例如,野生动物位点的效应显著明显表明评价是不合理的(Tannenbaum,2005a)。然而,一个污染场地可能是造成寿命和繁殖率下降的原因。但是种群将会持续在这个地方生活,因为失去水池的栖息地由个体分散的源栖息地所取代。同样,金属浓度低于区域背景水平的重要风险评价可能是由于金属形态的区别造成的,而不是不合理的风险评价。

此外,通过实施一个良好处理过程、同行审查以及不同组织机构对重复评价的对比,可以确保评价的总质量。

9.4.1 评价过程的质量

在一个指定方式下进行评价,我们可以确保评价的重要组分和信息来源没有被忽略,并对其进行适当的审阅。一般来说,生态风险评价框架(第3章)提供了这样一个功能。例如,根据 USEPA 的框架和指南以保证评价者输入有关目的且清楚地定义来源于这些目的评价终点。上下文特定的指导文献可以确保设计详细的质量过程。例如,超级基金的临时生态风险经济评价指南就设定了一个包括六种科学或管理决策点的程序(Sprenger 和 Charters,1997)。此过程中的这些决策点都是重点,风险管理者和风险评价者一起评价临时产品,并计划未来的评价活动。然而,如果他们只进行进程检查,那么详细的处理过程会浪费时间和精力。Benjamin 和 Belluck(2002)详细讨论了质量过程。

9.4.2 同行对评价的审查

确保科学产品质量的传统方法就是同行审查。虽然风险评价没有进行例行的同行审查,但是这种做法却越来越普遍。同行审查有助于提高风险评价的质量,确保风险管理者的评价质量以作为其决策输入,并有助于远离批评或法律挑战。根据情况,同行审查可以由顾问、学术科学家、管理机构的工作人员、会议负责人或利益相关组织来执行。风险评价的审查越来越多由重量级同行、专门小组的杰出科学家来完成,例如,USEPA 科学咨询委员会或美国国家研究委员会。

由于风险评价的复杂性和同行审查的质量保障性,所以给同行评阅者提供清单或其他指导是很有意义的。它们应该包括报告中的组分列表及其技术重点,例如终点物种的生命史假设,Duke 和 Briede(2001)提供了一个很好的例子。此外,直接与评审者沟通也是很有用处的。评审者既要确保清楚管理者付费于评价者的数额,及通过评价做出选择的原因,又要确保评审者明白其自身的责任。例如,评审者可能会承担整个评估过程,包括评价范围和目的,或更通常的是,他们可以对风险分析和风险表征技术进行限定。针对后一种情况,应该提醒评审者,不要浪费他们的时间来评述目标或其他政治相关方面。

同行审查也通过增加其评审数量来提高其评审质量。评审者需要具有不同的经验、专业水平、专注程度和投入程度。举例来说,显然有时评审者会跳过长篇报道的部分章节。大量评审者($\geqslant 10$)至少可以确保一名评审者会注意到某一特殊错误,也可以找出异常意见。如果只采用两个评审者及他们的不同意见,则不能客观判定在这一领域哪些意见是一致的,哪些是反常的。甚至三位评审者也可能提供三种不同的意见。

9.4.3 评价的重复

在科学研究中(9.1.2节),组织的利益和评价基金可导致风险评价产生偏颇。化学品制造者和其他受管理的当事方声称,USEPA 和其他管理机构偏向于他们的风险评价是为了进行过度保护。环境倡导组织宣称,工业界和政府机构都用风险评价来隐藏问题并避免保护环境(Tal,1997)。某种程度上,产生这些不同看法的原因是预防措施被应用于数据的选择和假设中,以及问题形成的差异性。是否用生物属性、种群或生态系统作为终点来评价风险?是否对位点或区域进行评价?当进行暴露评价时,计算来源时是否将背景浓度与浓度相结合?当某一特定结果实现时,这些差异的部分原因是由于无意识的偏袒。

如果当事方对一个有争议的环境决策使用各自的评价,那么它不仅可以弄清楚各当事方之间的差异,揭示评价误差,确定影响决策的差异,为技术问题上达成一致而提供基础,还能更好地告知决策者。工业界一般都实行它们自己工厂内的风险评价,尤其对新的化学品或产品而言。然而,他们却很少公开其风险评价。环境宣传团体常常反对风险评价,但是当他们使用和陈述他们自己的评价时,却经常受到影响(Tal,1997)。

重复风险评价会出现一些潜在的严重问题。不同群体有不同的资源和适用于风险评价的专业知识。多种风险评价的表现和评估可能会放缓评价和决策过程。在专家争论中,重复风险评价导致了令人费解的结论,最后,人们却并没有达成共识或增进了解。某些问题可以通过中立党派或供选方案相对科学的优缺点的判断来避免。然而,目前没有公共机构产生和比较重复风险评价以外的法律系统,法院不是选择赢家和输家,而是试图达成一个科学共识。

当针对特定危害使用多种评价时,不论基于何种原因,他们提供了一个提高质量的机会。每个评价小组应该对其他评价小组的结果进行审查来判定方法、数据和结果的差别,并确定是否存在自己的评价弱点或误差,然后予以纠正。如果每组评审者聚集在一起讨论原因分歧,那么评价的总质量便可以得到大大改善。

9.5 小 结

环境科学家关于质量保证的大部分可用指南都与高质量数据的产生有关。然而,对于大多数生态风险评价来说,这并不是最重要的质量关注点。生态风险评价必须对二级数据质量、模型质量、概率分析质量及风险评价的总质量进行评价。

第二篇　风险评价规划与问题形成

> 虽然"东风"是关键,但是"万事俱备"却也是"赤壁之战"能够成功的前提。
>
> Henry Ford

在进行风险分析之前,有必要通过问题形成本身及解决问题的方法来奠定其工作基础。这个过程,既受到那些需要利用评价结果做出决策的管理者的驱动,又受到时间、资源和技术能力的限制。USEPA 对于生态风险评价的框架(3.1节)中将规划和问题形成划分为两个不同的概念,其中规划包括风险管理者以及潜在的利益相关者的参与,而问题的阐述过程则仅仅是由评价者单独完成的。这种将两个概念区分开的做法,是为了迎合国家研究委员会在 1983 年发布的要将"政策"与"科学"相区分的指令。然而,这种区分在实际工作中很难实施,因为问题的阐述过程也包含了对与规划相关政策的解读。USEPA 的数据质量目标(data quality objectives, DQO)程序无疑是很好的例子:该程序明确要求风险管理者参与到阐述问题的最后一个步骤——分析规划。但是,除了美国外,这种划分并没有被其他国家广泛认可。最后,这种区分也不能够有效地向怀疑论者证明风险评价并没有受到风险评价赞助者的政策影响。为了避免这种利益相关的问题,在评价的技术层面采用外部同行的评论往往更为有效。因此,为了化繁为简,本文将把风险评价的规划与问题形成作为一个整体进行描述。

区别常规评价和新评价具有更多的实用意义。新的化学物质及类似情形的评价可以遵循标准的政策和程序。这样的情形中,所有的评价可以采用统一的内容,诸如目标、终点、管理备选项等,也就不需要规划或者阐述问题的步骤。在这样的情形下,评价者不需要向利益相关者咨询每个评价内容,他只需要进行数据搜集,就可以直接进行风险的分析和分类。另外,对特定场所的评价和新出现物质的评价,例如酸沉积物、转基因鱼以及全球变暖,它们往往需要"规划和问题形成"这一扩展程序。需要与利益相关者和公众进行多次会谈,而且该程序还会反复出现在评价者确立概念模型、终点和评价计划的过程中,以便提供回顾与修改。风险管理者肩负着决定"评价规划和问题形成"是需要使用常规程序还是特别程序的责任;与此同时,风险评价者还肩负着告知风险管理者常规的政策和方法是否适用的责任。一种新的化学物可能具有特殊的物理或者毒理特性而需要对其界定新的终点,或者该化学物质具有新的使用方式而需要采用新的管理选项。

风险评价本身及基于此评价的管理决策能否成功奏效,都依赖于"评价规划和问题形成"这个过程的质量。如果问题形成很随意,基于此基础上的评价对于风险管理者来说就不会有利用价值。该过程与毒性检测或者水文模型等内容相比,至少要得到同等的重视与关注。某些情况下,一个问题形成的完成就足以支持决策的决定。在这种情形下,一旦将评价的内容本质描绘清楚,即使不对风险进行定量评估,也会显而易见地发现是否需要采取行动。

第 10 章
推动力和要求

评价者应该了解进行生态风险评价的原因,也应该明确决策者的权利及其受制约的条件。这些内容在进行诸如对新化学物质进行管理的时候可以简洁明了地界定;但是在诸如气候变化的风险评价中,这些内容就只能进行不明确的广义界定。

基于"源头释放或排放某个动因、导致暴露、进而产生效应"这样的范例,评价的推动力可以归为"源和动因(agent)"、"暴露"以及"效应"中的某一种。以"源和物质"作为推动力的情形是最普遍的和最常见的。这种情形包含了诸如污染排放口、新技术或者新的资源管理方案以及像化学物质、外来有机体和捞取物之类的有毒实体(entity)等。这些评价用于决定许可证的颁发、工厂的建立、产品的上市、外来生物的引进、污水的排放、资源的开发以及建筑的建造等。通常的决策结果是:许可、否决或者有条件的许可。

源自于"效应"的评价是通过观察到生态学上的不良影响来推动的,例如没有鱼的湖泊推动了"美国国家酸沉降评估计划"中对于水生成分的评价(Baker 和 Harvey,1984);再如发育畸形的青蛙推动了对无尾目类动物的评价(Burkhart 等,2000)。这些生态流行病学的评价特点是,在考虑备选方案风险之前需要进行因果分析。

很少出现基于"暴露"的评价。对于化学物质,对其进行风险评价可能是发现了身体负担加重;对于外来的生物体,其评价可能源自于生物体内新的致病菌或者生态系统中新物种的发现。由暴露引发的评价不仅需要界定"源",还需要确定相应效应的风险。例如,在鱼体内发现了高含量的汞从而引起风险评价,同时需确定汞的来源及其对人类和其他食鱼野生动物的风险。

另外,USEPA(1998a)还确定了基于"价值"的评价。有些情况下,环境中某些具有重要价值的方面是评价的重点。即使在没有发现需要分析检测的源、动因、暴露和效应的情形下,依然需要通过观察、测量或者模拟等方式对源、动因、暴露和效应进行识别。采用此种推动力评价的例子,包括对高价值或稀有的物种、公园、水域等区域进行评价。俄亥俄大德尔比支流流域就是一个典型的例子,它被列入评价对象是因为该流域内含有一些濒危的鱼类和贻贝类等,具有具罕见价值的生物群落(Cormier 等,2000;Serveiss,2002)。这些源于价值的评价一定要融入一个或多个基于常规推动力的评价之中,也就是说在进行风险评价之前需要确定效应、暴露或者物质的源。

第 11 章
目标与宗旨

> 如果不知道要去往哪里,那么任何一条路都可以走,因为每条路都有终点。
> 《爱丽丝梦游仙境》(*The White Rabbit to Alice*)(Lewis Carol)

确立生态风险评价的规划主要依赖于即将采取管理行为的目标。美国大多数环境法律提供的目标往往很含糊,例如"保护公众健康、保护环境",再如"保护和修复国家水体的物理、化学、生物的完整性"。执法部门应该将这些含糊的目标转换为可以用于评价的实实在在的内容。例如,国际联合委员会(International Joint Commission,1989)将苏必利尔湖的生物修复目标定义为:应该保持该湖作为贫营养生态系统的平衡与稳定,保持鲑鱼作为冷水群落中最高级的水生捕食者,并且保持紫贻贝作为食物链中重要的生物体。如此详细的所谓"目标",可以应用于整个修整或者管理程序中,也可以仅仅用于特定的评价中。相应的例子还包括欧洲委员会为他们的水质做出的目标——水质目标:

- 应该保证水生生物各个生命阶段的完整;
- 不得妨碍现有生物正常生活栖息地的完整;
- 不得通过食物链及其他途径导致可能会对生物(包括人类)产生危害的物质的积累;
- 不得导致生态系统的功能发生变化(CSTE/EEC,1994)。

USEPA 指南里面关于恰当的管理目标的例子,包括"减少或者消除巨型海藻生长"和"保持当地生物群落的多样性"。那些针对当地情况或者说是基于地域的评价目标,可以通过专题讨论会等各种综合多数人意见的形式获得。公共用地或者其他自然资源的目标往往包含在相应的管理规划中。除了为某个法律或者评价而建立的目标外,也可能需要制定国家环境目标。然而,目标的设定可能是整个生态风险评价程序中最矛盾、最难以界定的部分(McCarty 和 Power,2001)。无论怎样,目标的确定都需要进行认真的思考(框11.1)。虽然生态目标起源于风险评价终点,但是它也为风险评价终点的识别提供了基础。

有的目标确立需要通过所需属性来实现,不需要进行比较或对照。例如针对鱼类的目标:① 濒危的物种必须能够在采取行动之后继续存活50年;② 渔场能够保持适当(≥00 Mt)的产量;③ 无捕杀。然而,通过一个参考条件来确定目标经常也是必要的。

随后的章节中将提到,确定参考条件往往是评价终点界定和分析计划形成过程中的一个技术性难题。但是正如城市河流的例子所表明(框 11.1),参考条件的选择需要考虑到政策的要求。目标有很多种,例如保持所有生态系统里的特定比例(例如,从高到低排列的前 10%)中的生态系统(例如,偏远河流)的宁静与清洁,再如历史参照(例如,相对于首批记录中报道的群落组成),再如优质的城市河流,不同目标的选择会导致不同的管理行为结果。因此,目标确立过程中需要由政策决策者提供进行比较的基础。

框 11.1　城市河流的目标

美国《清洁水法》中的一个目标是:保护和重建国家水体的物理、化学、生物各方面的完整性。其中"生物完整性"的目标显然需要进一步界定。最普遍的方法就是,在相应的地域内,在受影响最少的流域中,确定一条受到的干扰最小的河流作为"具有生物学完整性"的范例;然后以此为参照,确定一些指数、系数或者其他指标来表征所评价的河流其"完整性丧失"的程度(Yoder 和 Rankin,1995b)。但是,因为即使流域中非渗透表面只发生 10%~20% 的变化,也会导致河流群落发生巨大变化;这种"牵一发而动全身"的特征,使得在城市的河流中确定一条具有完整性的、作为参照意义的河流成为不可能的事情。对于这种情形,就需要应用一些相对弱化的指标,例如"温水栖息地的修整指标"。折中的办法就是以城市河流的实际情况为基础,以其能够达到的优良水平的特质为目标,从而确定一个具有针对性的"生物完整性"定义。这就需要建立一个有价值的目标,为了实现这个目标,可能需要实施昂贵的工程和那些具有争议的管理措施:有的用于清除混合废/污水的溢出,有的用于贮存、处理并且缓慢释放暴雨积水,有的用于消除废水中高毒性和高营养水平的物质,有的用于减少住宅杀虫剂和肥料的使用,还有的用于建立栖息地结构等等。但是,相对于一个劣质的河流,建立一个优质的城市河流更能提供一个巨大的鼓励和社会心理学上的收益,并不仅仅是"目标"所包含的内容在语义上的变化这么简单。与"以未受影响的理想化河流为参照"的措辞相比,选择"当地河流能够达到的最佳水平"作为参照的措辞显得更加实际、可行。例如,如果参照"未受影响的河流"需要促进鲑鱼(trout)和镖鲈(dater)的生长,但是为了达到这个要求就需要强行地、人为地降低河流的温度,这显然是不可能的;但是如果根据实际情况,将具有当地河流"生物完整性"的特色鱼种如鲶鱼和翻车鱼的群落数量设定为目标,无疑更加实际、可行。此种情形下的目标就是要达到或完成其指定的用途(包括娱乐、洪水控制、观赏美学、休闲渔业等)所需要满足的设计标准,而不是为了减少与"参照区域"的差距。这就需要发展形成与城市林业学相对应的城市水生态学。

理想的情况是,管理目标能够明确决策标准。不同管理目标对应不同的决策标准,而不同的决策标准,例如效应阈值、三段论逻辑、成本效率、成本收益、环境净得利益或者其他的决策标准对应于不同的风险评价。例如,耐受阈值可以采用多种标准中的一种作为基础,而成本效益或者净得利益的分析则需要精确地、定量地确定环境中预计发生的变化。

第 12 章
管理备选方案

　　环境风险管理者所能够采取的管理备选方案非常有限,因为管理备选方案的设定不仅受到法律和规章的制约,而且还受到实际情况的限制。例如,USEPA 负责为"超级基金"涵盖的某个地区制定生态修复方案的管理者时,可以设定一系列修复措施,例如将受污染的土壤进行清除或者覆盖,但是他并没有权限对新生的生态系统进行购买、保护以及修复。实际情况的限制,包括资金的额度,公众的接受水平,修复、重建和处理的科学技术方面的局限等。在这些限制因素的影响下,那些有潜力达到管理目标的举措才能够被列入管理备选的考虑范围。这些备选方案不仅要能实现环境目标,也要能实现人类健康和社会经济的目标。

　　管理备选方案的范围,决定了未来需要进行评价的范围。对于一种新的化学物质来说,评价的范围可以简单地确定为存在和不存在使用和排放该化学物质的区域。对于杀虫剂,评价的范围就可能包括那些厂商推荐的使用范围和那些明令禁止使用的区域,例如某个水体规定禁止使用农药的区域等。对于森林火险,评价范围的判断可能就涉及是否允许自行燃烧,以及按火势决定需要派遣消防队员和支援队伍的规模等指标,那么未来需要评价的范围,不仅包括火燃烧的规模,还要包括隔火设备、阻燃剂的使用范围等等。

　　管理备选方案的考虑结果,就是形成对每一个备选方案的描述。由于这些备选方案还会在随后的风险表征过程中得到评价和比对,因此,这些对于备选方案的描述,必须要提供足够的细节。例如,将"污水处理"作为一个备选方案,其描述显然不够详尽,而应该同时提供污水处理的质量和数量,以及处理出现问题的频率和后果。

第 13 章
动因和源

大多数风险评价的对象是一种已经或者即将对环境产生影响的动因(agent),例如新型杀虫剂、污水、木材砍伐或者外来物种。在某些情况中,评价的推动力正是这些新动因的来源。例如,新开发的煤液化等技术,高速公路等设施,摩托车的非公路赛车等活动,木材管理等规划,甚至包括能够向环境中施加多种动因或行为、诸如郊区扩展的文化影响。评价的开始,就必须要对动因以及相应的释放源进行全面而详尽的描述。而这些动因或行为的信息在其使用或实施以前,必须向管理机构申请以得到许可,因此相应的信息在管理机构中均有详细而明确的说明。但是,如果排放源是一个受污染的介质,或者一个已证实的外来物种以及类似的环境源头,那么这些源头以及相关的动因就必须要通过普查、取样或者分析来进行分类鉴别。如果这些数据不能够直接获得,那么分析计划中就必须界定相应的释放源及动因。

13.1 排放

如果某设备或设施的设计遵循了所有管理条款,那么该设备或设施的诸多参数就已经成为常数,例如该设备或设施排放何种物质、排放方式以及排放频率等。这些信息通常被称为源项。对"源"的界定通常估算常规操作中的一些性质,例如由于原材料的不同、产物的混合和反应条件的不同带来的浓度以及释放速率的变化等。然而,源项信息中应该进一步估算那些由于自然缓解而带来的变化。化学动因及其他动因或行为的排放有很多种突发方式,例如溢出或者其他类似的事故,瞬时而短暂的排放(例如垫层或者倾倒过程的泄漏),启动、关闭以及扰乱情况下的操作(例如当操作温度或者压力没有达到要求,或者是生产产品之间转化时)等。另外,很多动因并不是有意排放进入环境的(如 PCBs),甚至原本都无意产生(如二恶英)。

在有些情况中,意外排放被划分到工程风险评价中。这些评价对可能出现的事故结果进行评价,例如储存罐的破裂以及诸如电力不足导致的紊乱情况等(Rasmussen, 1981;Haimes,1998;Wang 和 Roush,2000)。针对事故有两种基本的分析方法。一种是故障树,定义了从一个具有详细说明的失误(例如管网破裂导致溢出)到所有潜在原因(例如腐蚀、故意破坏的行为、介质的影响等)的因果关系的联系。另一种是事件树,它从起始的事件开始(例如阀门堵塞),追踪所有可能的结果(例如保险关闭、管网破裂等）。事件树中的每一个节点都标注出了相应的可能性，从而在获得了某个情况或者某个情况导致失败的概率后，评估随后发生相应事故的概率。在某些情形中，意外排放到环境后的风险评价可以采用标准的模型进行模拟。例如，LANDSIM 就是英国用于模拟填埋场中多种污染物排放设计特征的模型（Environment Agency，1996）。工程风险评价的重要性，在一些灾难性的事故中得到重视，如 Exxon Valdez 石油泄漏，再如罗马尼亚 Tisza 河的溃堤——该事故致使氰化物和重金属排放进而导致大面积水生生物死亡。

13.2 活动和项目

在某些情形下，评价的对象不是某个化学动因或者某个动因的排放事件，而是一种活动或者一个项目，例如森林经营方案，军事训练演习，矿产开采工事，水利灌溉工程，以及港口或者其他设施的建设与施工等。在这些事例中，排放源的鉴别就要通过分析这些活动，从而确定其将采用或者产生哪些有害动因。该鉴别过程比较合适的着手点就是将活动涉及的内容一一列举出来，例如，从区域的勘探到建设、施工、废弃的每一个阶段。有些活动可能没有明确的时间分段，但是可以划分为特征明确的一系列活动。例如，军事训练可能包含的履带驱动车辆、武器开火、飞机飞越领空以及防御工事的构筑等。无论是哪种情形，不同活动或阶段的列表都应该集中精力在排放源的鉴别上，确保没有忽略活动中每一个重要的部分。

对于每一个评价将要涉及的活动或者其阶段，那些具有潜在危害的方面都应该一一列出。例如，机动车在公路以外的地区行驶，就会有碾压植物、驱赶动物、压实土壤、在土壤表面形成车辙以及可能引发明火等诸多方面的潜在损害。对于那些将会进行多次的活动，例如森林经营方案和军事演习，新一轮的评价可以采用上一轮评价过程的潜在损害清单作为基础。对于新的活动，清单的确立需要召集该活动的专家和该地区的专家，若有必要还需要召集相应的利益相关者，通过集体讨论的形式来解决。

13.3 成因来源

如果进行某一项评价的推动力是观察到的某个生物效应，那么就必须确定这些效应的成因以及这种成因的来源（第 4 章）。在这类评价中，来源——无论是单一的，还是多重的——的界定就不再是评价的输入信息，而是评价的内容之一（19.2 节）。

13.4 动因特征

在进行释放源的鉴别之外，问题的阐述过程也必须要识别那些与风险评价有潜在关联的动因（agent）的特征。这种潜在的关联，既包含与暴露有关的属性，也包含与效应有关的属性。为了能够建立概念模型，必须获知环境中动因的特点，至少是定性的特点，例如动因在环境中的作用、迁移/转化的路径、归趋以及它对生态系统中各种各样的生物体和反应过程的影响等内容。传统的人类健康和生态风险评价的精力都集中于危害的识别和胁迫的鉴别。但是，生态风险评价必须要认识到，其所评价的动因如营养元素、火、温度和栖息地等,这些内容在一定范围内变化时它们是有利的,只有在异常的高水平或低水平的情况下才会产生胁迫作用。因此,仅仅描述具有潜在危害的动因并不够,还需要描述那些相关的动因所产生的效用范围。

13.5　导致间接暴露与效应的排放源

需要识别的排放源,通常是人类产生的一级排放源,如农药的排放,废物的排放,坝的修建,爆破等等。但是,有经验的生态评价者都很明白,这些由一级释放源产生的效果其本身往往就是二级暴露和暴露效应的源。例如,富营养化导致了藻类的大量繁殖,而藻类的大量繁殖给后续的耗氧分解和厌氧分解提供了有机物来源。类似的还有伐木搬运业,它导致了土壤的侵蚀,进而导致了河流淤泥的增加,又进一步导致了大马哈鱼繁殖的减少。这些二级的、三级的排放源最好在形成概念模型的进程中很好地确定(第17章)。

13.6　排放源和动因的筛选

如果进行评价之前没有通过筛选评价,也就是说如果筛选评价没有作为前一级的评价,而评价又十分复杂,那么筛选评价可以作为问题界定的一部分,用于将评价集中于能产生严重危害的排放源和动因(3.3节)。筛选评价的首要目的,就是通过筛选去除下一步不需要考虑的那些不重要的排放源、动因、途径和受体。如果所有的排放源、动因、途径和受体都被筛选去除,评价可能在还没有进行到后续的问题界定阶段就结束了。这些筛选评价使用现有的数据以及简单的、保守的估计,甚至可能只是进行定性的判断。例如,如果受体要暴露于一个正在进行评价的排放源,就需要一个正在接受评价的污染物能够向水流或者风向的上游运动,显然这是不可能的情形,从而被筛选去除。

第 14 章
环境描述

生态风险评价将环境分为实际环境、普通环境和典型环境。实际环境包括受到污水或溢流污染的地区,污水或者工厂设施的所在地区,需要管理的森林或者牧场,还有其他有着实在的物理和生物属性的真实区域。实际场所显而易见的优点莫过于其属性都能够通过观察或者测量得到。但是它也有缺点:现场的观察和测量需要花费大量的时间和资源,才能够避免出现明显的不切实际的结果。

普通环境,就是指那些可能发生风险的场所的抽象概念。普通环境的概念,用于即将被广泛使用的新动因或者新技术的评价中,也用于表征没有被选中的区域。普通环境的界定,通常是通过对模型的参数进行赋值来实现的,这些参数能够代表或者能够保守地代表一系列实际的环境。例如,要对废水中新的洗涤用化学动因的稀释进行模拟时,就可以采用一个相对保守的稀释因子,例如 10(Beck 等,1981),或者通过测定受纳河流或者污水水流中的成分比例来确定平均稀释因子或者稀释因子分配比。因此,普通环境,就是采用一系列默认的假定,来表征化学动因或者其他正在被评价的动因的受纳环境。

典型环境,就是采用一个实际环境作为代表,来表征所有可能暴露于某动因的环境。例如,对石油页岩技术和煤液化技术的评价,分别采用科罗拉多州西部的 Green 河地层和阿巴拉契亚中部的煤炭盆地作为典型环境(Travis 等,1983)。使用"典型环境"这一概念的优点之一就是保证了一定程度的真实性;而且相对于普通环境,它具有更高的透明度。在煤炭液化的例子中,采用肯塔基州东部的某个环境作为典型环境,就可以一目了然地确认在怀俄明州和阿拉斯加州进行煤田的评价中不会发现风险的存在。典型环境,可以用于表征现实环境最差的情况。例如,研究合成菊酯类农药对水的生态风险评价,就采用了密西西比州 Yazzo 县的棉花田和水体的实际分布情况以及其他因素作为参数对暴露进行了模拟(Hendley 等,2001)。该县是基于棉花田、水域的面积和杀虫剂的使用在内的系统学程序而入选的。而且,典型环境能够提供现场试验的场所,也能够为实验室的研究提供实际介质和生物体的采集。最后,在为新型技术建立原型或者其他类似过程中,对于典型环境的研究能够为日后对设备的评价提供选择具有阳性参考的基础。例如,一个现有的焦炉废水的研究,可以作为评价假定将要建设的煤炭液化工厂的 PAH 释放风险的基础(Herbes 等,1978)。由于两种技术都与煤矿和可行驶驳船的大型水体有关,于是环境中的物理、生物因素以及污水的化学性质都与之密切相关。

　　风险评价需要涵盖的尺度,是环境描述的重要组成部分(第6章)。例如,当评价施用于玉米的杀虫剂的时候,评价的尺度可以是某个独立的玉米田,也可以是诸如东部玉米带的农业作物带,也可以是全国范围。在什么样的情形下选择什么样的层次呢?对于废水,评价的尺度可以是混合区域,也可以是下游支流,也可以是整个流域,选择哪一个范围合理呢?对于木材的销售,评价选择的尺度是销售区域,木材可能出现的流域,国家森林还是局限在某一种林木类型呢?评价尺度的扩大,增加了容纳所有相关的、重要的直接以及间接效果的概率。物极必反,当评价的尺度超过了直接作用的区域时,相应的作用效果就会减弱。例如,使用有机磷酸酯杀虫剂可能会导致其施用区域内鸟类50%的致死率,但是对于整个农作物区域却只能导致1%的致死率,而对于整个国家来讲就更是微乎其微了。

　　评价尺度的选择,可以与被评价的动因或者活动所涉及的尺度相一致,或者与生态终点的尺度相一致。例如,使用杀虫剂的田地或者农业区域可以作为评价该杀虫剂比较合适的尺度。然而,这两者的选择都不足以与涉及所有潜在生态终点有关的生物学过程这样的尺度相提并论。当被评价的行为直接以生态学终点为基础,例如渔业的收获,那么评价的尺度就无法避免地需要与之相匹配。也有一些其他的情况,被评价的尺度与特征相关性相匹配。例如,在河流的源头排放一种化学动因,它将污染整个漫滩,如果评价终点是整个漫滩的群落,那么暴露与效应的尺度相互匹配。但是,大多数情况下,某种行为或者动因所涉及的尺度与作用实体之间并没有明显的联系。而生态终点本身的尺度就难以确定,这一事实又使上述情形更加复杂。因此,USEPA(2003c)在保持生态学合理性和与活动及动因作用的特征相一致的原则下,发布了评价种群和评价群落的概念,从而为界定终点尺度的可行性奠定了基础(框16.6)。这等效于人类健康风险评价中合理的最大暴露人群数概念;它是用于界定要进行评价的实体的方式,这种方式实用,而且也合理、保守,并非无理或者不现实。

　　当描述实际环境时,真实地确定现场的边界是非常必要的,这就要求将尺度的定义以实际而精确的地理位置表达出来。例如,如果为某个废水的评价确定了一条河流,那么该条河流的界定就需要涵盖其源头至其下一个下游支流、大坝或者其他能够显著改变生态系统或者紊乱水平的设施之间的区域。对于被污染环境的风险评价就对该内容进行详细的考虑,因为这种情形不仅包括直接和间接的污染区域,还包括那些如果不采取措施将来也会受到污染的区域(Suter等,2000)。当要对庞大的场地或者区域进行评价时,往往需要将其分为小单元进行,这些小单元在生态学及其暴露于人为动因的本质或者水平方面均具有统一性和连贯性。将大的区域或者水体划分为若干个这样的小单元,不仅能够通过统一使用一系列模型和数据来使评价简化,还能够针对每一个单元选择相应的管理方法。例如,在蒙大拿州的Milltown水库,根据地文学和金属的浓度,将超级基金的场地划分为12个单元,每一个单元都作为一个潜在的修复单元进行评价(Pascoe和DalSoglio,1994)。

　　一旦确定好了需要进行描述的环境,那么下一步就需要考虑怎样描述才合适。这里的描述不是仅仅为了描述而描述,并不需要像环境影响评价中那样列出长长的写满物种的名单,因为那样并不能促进形成一个切合实际的管理决策。环境的描述应该满足以下两个目的,其一,该描述应该包含足够多的信息以帮助风险管理者及利益相关者了解情况;其二,该描述必须要足够丰富以利于风险模型的建立及其参数的确定。框14.1阐明了描述典型的污染环境所应包含的信息。

框 14.1　生态风险评价中污染场地的"环境描述"通常含有的信息(Suter 等,2000)

　　地理位置和界限:需要描述经纬度,行政单元以及边界特征(如南部以 Clinch 河为界)等信息。

　　地形和排水方向:地形的坡度、地表的类型以及浅地表排水都决定了污染动因在水文方面的传播方向。在漫滩以及其他沉积区域尤为重要。

　　重要的气候和水文特征:例如由于罕见的暴雨或者春季雪的融化而导致水流的高度不稳定,再如地下水因季节的缘故上升至受污染的地层等现象。

　　土地目前和曾经的利用情况:土地利用能够揭示可能出现的污染物和物理效应(如土壤板结),还能够揭示生态学受体的种类。

　　周围的土地利用情况:受污染区域临近土地的使用在很大程度上决定了潜在的生态风险的存在。城市中被工业包围的区域不会具有被森林所包围的区域所具有的生态受体。

　　周边具有很高环境价值的区域:诸如公园、避难所、濒危物种的重要栖息地,以及其他具有很高自然价值的区域均应被明确描述出来,它们与现场的关系也应该刻画出来。

　　生态系统(动植物的生境)的类型:陆地生态系统与植被系统相一致。而水生生态系统应该采用诸如季节性河流、辫状河道的小倾斜度河流和农场池塘等词汇进行描述。一般而言,生态系统类型组成的地图应该与每一种生态系统的特征和占据现场的面积同时呈现出来。这个地图应该包括人类学以及自然生态系统(如废水氧化塘)的信息。

　　湿地:湿地被给予特别关注是因为美国政府对湿地给予了法律上的保护。场地中的湿地或者接受场地流出物的湿地都应该被标示出来。

　　需要特别注意的物种:这些物种包括濒危的物种、娱乐和商业用途的物种以及具有文化重要意义的物种等。

　　优势物种:场地中大量的植物或动物物种,这些物种能够表征现场的状况或者重要意义。

　　观察到的生态效应:应标明具有明显的物种消失或者物种聚集(如几乎没有鱼类的河流),具有明显受损症状(例如稀少而有萎黄病的植物或者有畸形或者损害的鱼类)等的区域。

　　特征在空间上的分布:应该画一张地图,展现出上述特征在空间上的分布。

第 15 章
暴露情景

除了描述暴露即将发生的区域之外,还必须描述暴露发生的条件(Oliver 和 Laskowski,1986)。如果某个动因的作用非常短暂,或者它的作用在时间上具有很大的变化性,或者它能够在将来以其他形式发挥作用,那么描述其暴露可能发生的条件就尤其重要。这些情景,设定了暴露可能发生的假设性或者实际性的条件,而这些条件还可用于确定风险的类别。情景可以用来表征典型的情形、可能发生的最糟糕的情况、发生的情况可能波及的范围,还可以用来表征一些似是而非的糟糕情形。如果要评价某种化学动因或者产品的生命周期,那么其制造、运输、使用和处置都必须要进行相关情景的假定(Scheringer 等,2001;Weidema 等,2004)。对于区域发展而进行的风险评价,必须要对发展的情景进行设定(Gentile 等,2001)。对于受污染的地区,情景必须要涵盖污染物未来的变动、土地利用的变化以及生物区的变化等内容。例如,橡树岭保护区的生态风险评价就假定水獭和金雕很快就会在区域内重新获得生机。情景的数量和类型,需要与风险管理者协商确定,或者建立在现有的政策基础之上。

本文采用农药使用的例子,来阐明设定情景的必要性。农药上市的申请材料中,除了必须阐明其能保护的作物及其能控制的虫害之外,还需要回答其他相关问题以用于暴露情景的假定,例如:

- 杀虫剂使用时的天气情况如何?例如,使用杀虫剂之后是否会出现下雨的情况?如果有,那么过多久又会降多少雨?
- 使用杀虫剂之后,有多少物种、多少数目的鸟类会在这块土地栖息或者觅食?
- 一年中该杀虫剂会使用超过一次吗?时间间隔是多少?
- 杀虫剂在后续的几年里会继续使用吗?
- 如果土地被灌溉,那么土地将通过什么样的方式灌溉以及会在杀虫剂使用后多久开始灌溉?

当预测最糟糕的情景时,情况是如此极端以至于风险管理者会将此种情形下的评价结果打个折扣予以考虑。即使是已观察到的情形也可能被认作是极端的情形。例如,在评价粒状呋喃丹的时候,提到了上百只角云雀死亡的情形,但是该情形依旧被作为异常情况排除在定量评价的范畴外(OPP,1989)。

另一种情景设定的方法,就是通过分配模型变量从而模拟出所有可能发生的情况。也就是说,对于所有使用该杀虫剂的地区及其使用次数,都可以评价诸多因素,例如温度、降水频率和强度、土壤地质、可能出现在区域范围内的每一种鸟类的丰度等等。即使不考虑这些变量的不确定性,蒙特卡罗模拟的结果中对暴露的估计也涵盖多个数量级。此外,因为很多参数之间的相关性在美国、欧洲或者其他大洲或地区均不相同,所以相互关联的结构很难处理。这样的"全情形模型"并不能帮助评价者预测全部情形。但是,如果能够合理地设定情景,那么评价者就能够集中精力估计相应分量。例如,管理者可能想在已知天气参数的基础上获得该地区水环境中的暴露情景在年际之间的方差。类似地,如果当地的天气比较稳定,但是考虑到杀虫剂可能使用的地区而导致地域上距离的差异,管理者可能想要知道该区域河流群落的最大暴露值的变化量等。

有很多方法获得将来的情景(Weidema 等,2004):

外推法:外推法简单地假定某条件是恒量,例如假定当下的情形和实际情况将持续下去或者当下情形的趋势会持续下去。例如,评价者假定某个农作物在气候和地域这两个因素上的趋势。

动态模拟法:某个系统的改变,可能是因为其整体受到外力作用,也可能是因为其自身的某个组分受到外界活动影响,而各组分之间因果相连导致系统整体受到影响,动态模拟法就是基于这些作用机理来评估未来情景的方法。

基础情景设定法:该种方法设定将来的场景不能预测,而是尝试着去界定一系列的情景,从而包含理论上所有可能的似是而非的情况。

参与法:该方法使用专家和利益相关者的判断来对情景进行假定。

标准化方法:该方法界定出本应该出现的情形,然后界定出达到这些目标的情景。例如,相对于没有受到污染的原本环境,可以假定一个被污染的区域需要经历自然连续性的历程来实现,或者假定该区域里不再出现的濒危物种重新获得生机,或者假定该流域内的所有污染源头都会被清除等途径来实现。

情景的另一个使用场合,就是对那些由于不同的政策或者不同的历史进程而导致的不同未来情形进行假定。这样的情景被用来作为帮助企业、政府或者其他实体的规划工具,从而预测现在不同的行为将会产生何种不同的结果。例如,千年生态系统评估(Millennium Ecosystem Assessment,2005;Ness,2005)使用了四个全球发展情景。情景的假定方法在生态风险评价方面的应用,也许就是濒危物种恢复计划的形成过程,其中就包含气候恒定和气候变暖的情景。

第 16 章
评价终点

评价终点就是对需要保护的环境价值进行的细致描述,在操作层面被界定为生态实体及其属性(Suter,1989;USEPA,1992a)。评价终点的概念虽然类似于其他概念,但依旧具有很重要的差别(框 16.1)。选择评价终点的过程,就是通过对实体某些特征的描述来代表或者阐述风险管理者想要达到的目标,同时还要求这些实体的特征能够通过测量或者模拟而进行评估。在众多的生态实体及其属性中进行选择是非常困难的,甚至可能引发争议。终点可以界定在生物个体、种群、群落或者生态等层次的结构或者功能上的属性。风险管理者、利益相关者、风险评价者和公众在理解和价值观上的不同将会导致选择过程更加复杂。例如,当公众关心油轮事故之后导致的浸油鸟类个体安危的时候,经过生态学训练的评价者可能将终点界定为鸟类种群的属性。框 16.2 列出的标准已经用于生态评价终点的选择。列在前面的三个是 USEPA 的标准。

评价终点的选择需要衡量和调节这些标准之间的关系。实际操作过程中,政策目标和社会价值观是首要的考虑因素。如果某个终点并不能对作为民主社会代表的决策制定者产生影响,那么这个终点就是无用的。在增强以及澄清某个终点的社会价值观时,应该充分考虑其生态关联性。也就是说,如果终点的某个属性不仅自身具有重要的社会价值,而且还能够影响到其他重要的生态属性,那么它的重要性就需要增强。但是,如果某个属性自身的生态关联性并不大,但是其具有重要的社会价值,那么它也应该包含在评价中。例如,虽然美国东部游隼数目的减少或恢复对生态系统的属性没有明显的影响,但是它们的社会学价值证明了采用上百万的投资予以生物修复的正确性。其他的标准都是基于实用价值的筛选。如果潜在的终点对环境不敏感,那么它就不重要。如果它不切实际或者数值范围不合适,那么其重要性水平就降低了。如果它很有价值,但是操作上很难实现,那么该终点就需要被重新界定。

政策目标和公众价值观的一致性建立在下述基础上:

明确的目标:正如第 11 章谈到的那样,环境管理规划中,制定规划和问题形成等内容的第一步,就是明确该规划的目标。这些目标应该表达社会价值观。当目标被明确界定后,为了达到这些目标,评价者必须对实体及其属性进行简要识别来对风险进行界定。因此,对于目标的说明是非常必要的。例如,如果目标是要保护银大马哈鱼的生产,那么将"保护渔业生产的(包含人工孵化的)大马哈鱼"和"保护野生产卵的大马哈鱼"区分开来就是十分重要的。

已有的政策和先例：如果有已公布的政策对特定的环境属性进行保护，或者某种属性曾被用于某些调整或者其他管理行为的基础，那么可以认为这些属性能够反映一定的社会价值。这样的先例是下述一般性评价终点的基础，也经常是实际操作中选择评价终点的基础。但是需要注意的是，不可以忽略以往因为某些原因未进行考虑的那些潜在终点。例如，尽管许多两栖类动物，尤其是青蛙，对于公众有很大的吸引力，并且青蛙最近的减少也引起了广泛的关注，但是两栖类动物在评价中依然没有获得足够的关注。

明确的社会价值：一些社会价值对于任何人都显而易见，例如，提供食物的渔业生产、提供木材的树木和其他市场资源的社会价值等。相似地，有些种群和生态系统也因为其娱乐功能具有一定的社会价值。在描述环境目标时采用的"自然的服务"（Daily等，1997）和"功能的损伤"（International Joint Commission，1989）等词汇就能够反映这一功利性的价值观。当市场价值被列入这一类后，其他关于社会价值的判断就会存在争议。环境评价者和管理者经常需要在超出其个人判断又缺乏依据的情况下对公众价值进行重要的判断。例如，美国军队 BTAG（2002）写道："公众通常不会普遍接受以真菌、细菌和那些无脊椎动物物种作为合适的评价终点。"他们并没有列出证据来支持这个判断，也没有反驳那些采用蚯蚓、蝴蝶、贻贝、螃蟹和其他无脊椎动物作为终点实体的评价者所做出的判断。生态风险评价者应该进行必要的研究从而为公众的环境价值提供更好的证据。

对自然状态的背离：环境科学工作者有这样一个普遍的假设：旨在保护环境的政策指令都意味着要达到一个防止或者减少对自然状态背离的目标。也就是说，任何一个与自然状态不同的地方都可能作为合适的终点。在某些情况下，从法律或者法规的字里行间可以体会出自然状态就是期待获得的结果，于是保持自然状态对于国家公园、荒地或者其他区域就是非常合适的目标。然而，全世界大多数地方都被人类改造过。所以确定一些能够将农业或者郊区河流和森林河流明确区别开的属性，并且将这些属性直接作为评价终点的做法并不合适（框 11.1）。更何况，自然系统是一个多变的对象。如果我们认可人类的行为能够像自然变化一样导致生态条件产生同等层次的变化，那么我们就会容忍因为人类行为产生的诸如飓风、干旱或者冰河等作用一样巨大的效应（Hilborn，1996）。因此，对于人类社会已经决定进行改造或者将要进行长期活动的生态系统等情况，并不适合用"对自然状态的背离"来反映社会价值。但是，它在美国清洁水法中，被界定为"国家水体的生物完整性"措辞时却是很合适的。在那种要求下，生物标准往往通过"同种生态系统受到轻微扰乱时产生的可观测变化"来界定。

框 16.1 相关的概念

评价终点是生态风险评价实践中被普遍接受的概念，但是在另外的背景下有其他概念发挥着同等重要的作用。对于风险评价者常有必要采用这些概念。下面的例子展示了这些概念被翻译和采用的必要性。

利用：这个词汇出现在五大湖水质协议书、美国《清洁水法》和其他一些地方。因为这个词汇意味着功利性的价值，它曾被广泛翻译。尤其是在清洁水法的执行过程中，"利用"不仅仅包含着人类对水体的使用，还有水生生物对水体的使用。

（自然的）服务：像"利用"一样，它是一个功利性的词汇。往往出现在环境类的文献上,用来强调生态系统各种各样的功能(Costanza 等,1997;Daily 等,1997)。在自然资源损伤评价中,对自然资源功能的损伤进行了明确的界定,并且对资源管理者进行了与功能损失相一致的赔偿(Deis 和 French,1998;DOI,1986)。

指标:指标是环境监测规划中的概念,用于指示环境中某项无法测量但又很有价值的特性(NRC,1999)。它们可能指示一项抽象的特性,例如生物完整性或者生态系统健康程度,也可能指示一个实际的、但是难以测定的指标,例如突变率等。指标的例子还包括生物完整性指数和国家森林覆盖率等。指标被用于地方性的、地区性的或者国家性的环境状态和趋势评价中(Office of Research and Development,1998;John Heinz III Center for Science Economics and the Environment,2002)。如果指示物自身有价值,那么它也可能作为评价终点。

框 16.2 生态风险评价选择评价终点的标准(Suter,1989;USEPA,1992a)

(1) 政策目标和社会价值:因为评价终点的风险是制定决策的基础,因此选择终点应该反映出政策的目标和风险管理者应该保护的社会价值。

(2) 生态学关联:相比于那些无论有无都不会造成系统水平上结果的实体和属性,那些在其所在系统属性上具有决定性作用的实体和属性更值得考虑。例如,与种群构成直接相关的主要猎食物种的丰度,以及与生态系统诸多性质相关的一群植物的初级生产力。

(3) 易感性:应该首选那些对污染动因具有潜在的高度暴露并且对暴露又非常敏感的实体;而应该避免选择那些并不会暴露于污染动因或者对污染动因没有效应的实体。

(4) 操作的可定义性:定义如何操作,就是要详细说明评价过程中要测定和模拟的内容。如果没有一个对评价终点操作的明确定义,那么评价结果就可能模棱两可而无法在管理行为的成本或者补偿风险中做出良好的平衡。

(5) 合适的尺度:生态学评价终点的尺度应该与被评价的场地或行为相适应。这个标准与易感性有关,体现如下:种群尺度相对于现场的区域越大,其暴露就越小。另外,与评价范围相关的污染或者生物体的反应如果置于被扩大的尺度中,就会涵盖与评价并不直接相关的源或者途径。

(6) 实用性:有一些潜在的评价终点在实际中并不可行,因为风险评价者并没有使用更好技术的条件。例如,很少有毒性数据用于评价污染物对蜥蜴的作用效果,也无法对爬行动物的标准毒性测试提供查询,并且也很难对蜥蜴做出定量调查。因此,相较于其他了解更深入的类别而言,蜥蜴明显不具备被优先考虑的地位。是否实用要衡量其他标准后再进行考虑。例如,如果蜥蜴有特定的敏感性或者具有特定的政策目标和社会价值(如濒危蜥蜴物种的存在),那么就应该找到方法来解决实际操作中的困难。

来源:Suter GW II,in *Ecological Assessment of Harardous Waste Sites*:*A Field and Laboratory Reference Document*,EPA 600/3-89/013,Warren-Hicks W,Parkhurst BR and Baker SS Jr. eds.,Corvallis Environmental Research Laboratory,Corvallis,Oregon,1989;US Environmental Protection Agency,Framework for Ecological Risk Assessment,EPA/630jR-92/001,Washington,DC,Risk Assessment Forum,1992。

16.1 评价终点和组织水平

生态学评价终点采用哪一个组织水平才合适,目前一直存在着争议。这些争议的出现,是因为人们并没有意识到评价实体和属性能够在不同生物组织层次上予以界定(6.1节)。下面的概念公式很重要:

$$评价终点 = 属性 + 实体$$

例如:
- 先前用于处理含砷废水的水坑附近的某只小狐的生存——个体水平的属性。
- Elk 丘陵(Elk Hills)的幼年小狐的存活——多个有机体水平的个体属性。
- Elk 丘陵(Elk Hills)种群数量的增长——种群水平的种群属性。
- 所有小狐的平均种群增长率——一系列种群水平的种群属性。
- Elk 丘陵(Elk Hills)区域内哺乳动物的数目——群落水平的群落属性。

这些例子都表明生物体每一个层面的属性都能够以个体实体(单独的生物体或者单独的种群)或者多重实体(种群中的多个个体之间或者地区中的多个种群)的形式出现。

某一个生物体水平上的属性可能用于表达生物体不同层次的实体性质。例如,死亡可能是一个生物体的属性(如一条鱼的死亡),也可能是种群中多个生物体的属性(如河流中蓝镖鲈(rainbow darters)50%的死亡率),还可能是群落的属性(河流中50%的鱼类死亡)。但是将生物体层次属性应用于种群或者群落,并不能使这个属性成为种群或者群落的属性。种群和群落的反应并不是有机体反应的简单加和。例如,种群丰度的降低并不能够代表相应的死亡率,还有诸如密度对于生存的促进和抑制作用、生殖力和对疾病的易感性等诸多方面的影响因素(第27章)。

实体和属性之间的关系,可以通过比较人类和生态学实体两类风险评价的终点而获得(表16.1)。人类健康风险评价旨在保护人类在个体水平上的属性(例如对于暴露的个体来讲,5×10^{-4}的癌症概率已是最高容忍限度),但是健康风险评价也经常考虑受到暴露的种群中所有成员发生风险的总和,从而说明潜在影响的数量级别(例如每1万个人中发生5种癌症的风险)。相反,生态风险评价很少使用生物个体层次上的实体,而通常采用种群或者群落水平上的属性(USEPA,2003c)。在美国,人类健康风险评价中并不会采用真实的种群层次属性,因为要保护的是个体,对人类种群较少使用丰度,因为采用该属性并不能够达到预期目标。然而,生态风险评价中,要对丰度、繁殖能力、灭绝和其他非人类种群的属性甚至是多个种群进行评价。

表 16.1 人类和生态风险评价评价终点示例

实体	人类健康风险评价	生态风险评价
有机体水平的属性		
有机体个体	死亡或者损伤的可能性(例如,最大暴露个体遭受的风险)	死亡或者损伤的概率(例如,某种濒危物种的个体遭受的风险),很少使用。

续表

实体	人类健康风险评价	生态风险评价
有机体的点数	死亡或者损伤的频率,垂死或者损伤的数目	死亡或者全部异常的频率,生长或者生育力的平均减少量
种群水平的属性		
单独的种群	不使用	灭绝、生产力或者丰度
一系列种群	不使用	很少使用(例如,绝迹的比率或者生产力的地区性减少)

来源:Suter GW,Norton SB and Fairbrother A,*Integr. Environ. Assess. Manag.*,1,397-400,2005。获得许可。

16.2 普通评价终点

当存在过多的潜在评价终点时,需要在确保重要终点不被忽视的前提下采用一些方法来定义并且缩小候选终点的范围。解决这个问题有一种方法:界定普通终点,通过与正在进行的评价进行比对从而确定其合适与否。本节描述两种方法:一种基于政策决定,另一种基于生物体在生态功能上的分类。虽然这两种方法在概念上有明显的区别,但是在确定某个评价需要涉及终点的时候也会相互协调。

16.2.1 基于政策决定的普通终点

对于政府机构或组织的管理者而言,获得普通终点的最直接办法就是确定一份与工作内容和目标相适应的终点清单。例如阿拉斯加(ADEC,2000)和田纳西州橡树岭保护区(Oak Ridge Reservation)中对污染场地的几套普通终点(Suter 等,1994)。基于政策的普通终点还可以通过生态学者根据环境法律或者法规中需要保护的实体及其属性的理解而确定下来。框 16.3 列出了为了达到淡水生态系统的可持续发展这一政策目标而确定的普通终点。

USEPA 通过回顾其应用生态终点的相关政策和范例确立了一套生态评价普通终点(generic ecological assessment endpoints,GEAEs)(USEPA,2003c;Suter 等,2004)。GEAEs 并不是成文的规定,只是用于指出那些成功纳入或应用于决策制定的生态评价终点。通常,实体广泛采用传统的生物组织层次来描述,从而使其具有广泛的应用价值;而相应的属性则采用更加明确的界定(表 16.2)。这一套普通终点,通过指出那些能够在 USEPA 获得政策支持的终点来辅助终点的选择。加拿大在杀虫剂的生态评价方面也有一套类似的普通终点(Delorme 等,2005)。

表 16.2 USEPA(2003c)生态风险评价普通终点*

实体	属性	EPA 使用先例
生物体水平终点		
生物体(在被评价的种群或者群落内)	死亡	脊椎动物
	个体异常	脊椎动物
		甲壳类动物
		植物

续表

实体	属性	EPA 使用先例
生物体水平终点		
生物体(在被评价的种群或者群落内)	生存、丰度、生长	濒危物种
		候鸟
		海洋哺乳动物
		金雕(秃鹰和鹫)
		脊椎动物
		无脊椎动物
		植物
种群水平终点		
评价种群	灭绝	脊椎动物
	丰度	脊椎动物
		甲壳类动物
	繁殖力	脊椎动物(猎物/资源物种)
		植物(收获物种)
群落和生态系统水平终点		
评价群落、集群、生态系统	分类丰度	水体群落
		珊瑚礁
	丰度	水体群落
	繁殖力	植物集群
	面积	湿地
		珊瑚礁
		濒危或者稀少的生态系统
	功能	湿地
	自然结构	水生态系统
官方设定的终点		
濒危物种的重要栖息地	面积	
	质量	
特殊地方	特定的或者法律上具有保护地位的生态属性	例如,国家公园,国家野生动物保护区,五大湖(Great Lakes)

* 为了普通生态评价终点,USEPA 现行的政策和先例,尤其是对于列于第三列的特定实体。

基于政策的普通终点的缺点,在于它是基于确定国家政策的偶然进程。它们虽然不完善甚至是不一致,但是却拥有可以与产生它们的决策过程相协调的优势。

框 16.3　为达到淡水生态系统可持续目标的普通终点
　　生物多样性的减少
　　该内容涉及对以下内容产生的负面影响:
　　(1) 所有物种的丰度和密度
　　(2) 生态学上关键物种的种群密度,这些物种包括

> 营养级中的关键决定性物种(例如食鱼鱼类,大型水蚤等);
> "生态工程师",对栖息地地貌有很大影响的动物(比如水生高等动物)。
> (3) 指示生物的种群密度,指示生物具有的特点:
> 对于监测目的有很高的信息水平;
> 被法律保护、地区罕有或者濒危物种。
> 对生态系统的机能和功能的影响
> 该内容涉及对以下内容产生的负面影响:
> (1) 生物地球化学循环和能量流
> (2) 水质参数(如污染物的持久性、有毒藻类的增加、氧气的减少等)。
> (3) 可收获的资源(如饮用水、鱼等)。
> 水体美学价值降低或者表观恶化
> 这些可能由于以下因素导致:
> (1) 普受欢迎的物种消失
> (2) 鱼、青蛙、水禽等或其他脊椎动物个体的可见死亡现象
> (3) 气和味的问题
> (4) 水体透明度的降低和富营养化的征兆(如藻类的大量爆发)
>
> 来源:Brock TCM and Ratte HT,in *Community-Level Aquatic System Studies:Interpretation Criteria*,Giddings JM,Brock TCM,Heger W,Heimbach F,Maund SJ,Norman SM,Ratte HT,Schafers C and Streloke M eds.,SETAC Press,Pensacola,FL,2002,pp. 33-41。

16.2.2 基于功能的普通终点

生态学者经常遇到在营养动力学描述的生态系统中选择熟悉的生物体来作为普通终点,也就是说,他们建立一个明确的或者虚拟的食物网,其中每个节点都是终点实体。Reagan(2002)将这种方法作为界定普通评价终点(general assessment endpoints,GAEs)的基础。他详细说明了三个营养种类(生产者、消费者和分解者),这三个营养类别随后又被分成了诸多具不同功能的组分,而这些组分就是用于界定终点实体的基础。他说,即使是复杂的生态系统也能够被分成 20 个这样的组分。虽然生态学者之间对如何界定功能性成分(例如 Reagan 主张将食碎屑动物和食腐动物合并而笔者不赞成)及其应该包含哪些因素(例如 Reagan 将寄生虫排除在外)等方面存在着不同意见,但是这种界定组分的方法对于确定评价终点以及确定概念模型很有利用价值。这类普通终点的实体属性局限于一些功能上的性质如食物、栖息地。因为这些功能本身重要,所以基于这些功能的普通终点就拥有显而易见的价值。例如,肉食动物因为它们在食物链中扮演捕食者的角色而具有重要的作用(Reagan,2002)。

另一种方法,就是确定暴露物种,该方法用于 Los Alamos 国家实验室中的生态风险评价(Myers,1999)。与界定普通功能性组分不同的是,该方法采用物种饮食、寻食策略等功能特征,因为这些特征被认为能够控制对污染的暴露水平。采用统计学上的聚类分析研究此类功能性特征,从而界定暴露种群。

16.2.3 普通终点的应用

为生态风险评价确立评价终点的步骤可以认为是将下文五种相互关联的信息和问

答综合在一起(EPA,2003c)。总的来讲,这些问题体现了生态评价终点的标准。回答诸多问题的诸多答案,就组成了普通终点:

动因(胁迫)的性质:什么对胁迫具有易感性?对于某些动因,这个问题的答案非常简单,例如底栖无脊椎动物对捕捞行为有易感性,鸟类对粒状农药有易感性,湿地对垃圾填埋有易感性等等。

生态系统和受体的性质:存在什么内容且具有生态相关?对于特定场地的评价,答案就是场地的物种、群落或者生态系统。对于其他评价,情景应该界定出可能遭到暴露的物种、群落和生态系统的种类。例如,一个针对新的玉米杀虫剂的评价,需要考虑那些在中西部或者临近玉米田中普遍存在的物种。当缺乏某个实体特定的重要信息时,那些目前已知的信息可被认定为具有生态学相关性。基于食物网或者其他功能性关系的普通终点可以用来对终点的选择进行识别和组织。

管理目标:什么内容与管理目标相关?对管理目标的陈述应该指出生态实体的哪些变化导致无法达成目标。

利益相关者的输入信息:需要考虑哪些内容?如果咨询了利益相关者或者他们已经明确表达了其倾向,那么他们关于特定的生态效应的关注就需要列入考虑范围内。整个国家水平的社会价值观在政府政策中得以体现,但是对于当地或者资源具有特定的价值判断则由利益相关者提供。

政策或者先例:哪些内容受到政策或者先例的支持?在表16.2中的 GEAEs 已经提供了一系列实体和属性,用于满足 USEPA 的标准;这些实体和属性能够在考虑污染物管理的基础上满足国家目标和社会价值。

这些问题的答案就组成了一个针对评价的潜在终点清单。并不是所有的问题都需要绝对回答。例如,对于新型动因的易感性可能未知,利益相关者的担忧也并不是很明确,也经常出现没有已知的、重要的潜在终点的情况。这些问题的回答并没有现成的流程。如果评价与 USEPA 的政策和先例相一致是非常重要的要求,那么可以通过研究 GEAE 系列并且针对每一个普通终点询问另外四个问题来获得清单。否则,就可以回答所有的问题,然后通过整合得到清单。这种情形下,该特定评价的终点可能就是那些在大多数清单中都会出现的内容。

16.3 普通终点的明确

通常情况下,在问题的阐述过程中需要尽可能全面、完整地明确评价终点,从而避免在分析和表征阶段做出临时决定。框 16.4 中列出了终点明确过程中需要避免的问题。同样,如果所选终点为普通终点,或者该终点只有风险管理者粗略的界定(如群落结构),那么更加明确地界定实体和属性就是非常必要的。

物种和种群的明确界定:通常情况下,当评价终点采用生物体的属性或者某个物种的种群来表示时,那么明确采用哪个物种是非常必要的。某些情况下,确定终点的价值与某个特别的物种有关,例如濒危物种、商业或者娱乐用鱼以及文化上具有重要意义的物种,例如美国的金雕等。然而在大多数情况下,终点价值并不与特定物种相关。这种情况下,就有必要对表征终点的物种及其个数进行选择(框16.5)。常用于土地管理领域的另一个方法就是选择一种伞护种。这些物种需要大面积不被干扰的栖息地。通

常,如果伞护种得到保护,那么所有其他的物种也会得到保护。当终点确定为生物体或者某个物种的种群时,确定种群的空间分布界线是非常必要的。

框 16.4 评价终点的选择通常遇到的问题:

(1) 明确了终点实体,却没有明确属性,例如确定采用蓝知更鸟,却并没有确定采用蓝知更鸟的丰度。

(2) 终点实体和属性不匹配,例如内华达山脉本来就没有多少种类的鱼与物种多样性。

(3) 终点被界定成一项目标而不是一个属性,例如保持和修复当地的种群。

(4) 终点很模糊,例如河口完整性而不是鳗草的丰度和分布。

(5) 终点是对一个效果的测定,而不是一个有价值的属性,例如部分依赖蚊子产量的渔业要考虑蚊子的出现。

(6) 终点没有直接或者间接地暴露于污染,例如地表水没有被污染的地区中鱼的种群。

(7) 终点与场地无关,例如在场地内无其栖息地的物种。

(8) 终点并没有与现场相适应的尺度,例如在 1 000 m^2 范围内的鹫。

(9) 实体的价值没有被充分地考虑,例如收获龙虾的场地中所有底栖无脊椎动物的排斥作用。

(10) 属性并没有包含终点实体的价值,例如供垂钓的渔业种群中的物种数量。

(11) 属性对保护终点实体的价值并不具备足够的敏感性,例如实体的繁殖率很有价值时却采用其存活率。

来源:改自 USEPA,Guidelines for Ecological Risk Assessment,EPA/630/R-95/002F,Washington,DC,Risk Assessment Forum,1998。

框 16.5 代表性物种

选择终点,尤其是为野生动物选择终点的时候,选择代表性物种是一种惯例(Hampton 等,1998)。例如,选择草原野鼠作为食草动物的代表,选择红狐作为食肉动物的代表。只有当生物体所能代表的种类非常明确以及这些物种代表了哪些方面的意义很明确的时候,该惯例才不会导致混乱。例如,草原野鼠能够代表所有的食草动物、所有的小型哺乳动物、所有的小型食草哺乳动物甚至所有的啮齿目田鼠亚科类动物。该代表性物种如果具有敏感性意义,那么其原因可能是以下中的一种或几种:其行为活动局限于所研究的环境中(例如,不选择鹿而选择野鼠作为食草动物的代表);其行为非常可能导致其遭受高水平的暴露(例如,选择以土壤无脊椎动物为食的鸟类,而不选择以食草无脊椎动物为食的鸟类);对所关注的污染物具有天生的敏感性(例如,水貂对于 PCBs 的敏感性);采用外推模型预测的具有敏感性的物种(例如,基于异速生长模型研究的大型哺乳动物)。如果某个物种能够代表场地中数目最多的物种,就可能考虑其生态学意义而将其作为代表生物。代表性物种的选择还可能基于它对种群统计学调查的采样和分析具有特定的价值。

通常采用高营养级或者广营养级物种的词汇来表示代表性物种所代表的组类。但是,如果能够界定那些与暴露水平以及毒理学或者生理学敏感性直接相关的属性,那么就可以采用对这些属性的聚类分析来界定终点组类。该方法应用于新墨西哥州的 Los Alamos 地区的鸟类:采用饮食和觅食策略来形成"暴露物种(exposure guilds)"(Myers,1999)。与典型的对物种的主观分类相比,该方法更加客观,而且聚类分析的不同等级还能够在评价过程中为细节层次的不断提高提供基础。

总体来讲,选择具有很高价值的物种作为代表物种并不适宜,因为该物种作为终点物种的角色和其作为一个种群或者营养级的代表的角色很容易产生混淆。例如,如果现场有秃鹰出现,那么它们很有可能成为生物体水平上需要保护的终点物种。如果食鱼野生动物作为一个营养级也被选择作为终点,那么也可能选择金雕作为该种类的代表。但是,因为金雕只有在特殊情形下才能够被采样,而且由于它们摄食的范围广泛以至于它们很可能不会受到高度的暴露,所以选择一个暴露更强、现场丰度更高、或者一个非保护性物种来作为代表性物种更可取,例如翠鸟和夜鹭。通过采用一个不同的物种代表该营养级,就可以对该营养级进行更好的评价,并且能够在风险信息交流程序中清楚地将两个终点区分开来。

使用代表性物种时,非常有必要确定如何对该物种代表的生物体种类所遭受的风险进行评价。这种方法的确定,包含了证实该代表性物种所受到的风险确实存在后,将所选种类中的所有生物作等效假设,以及将机理外推模型用于所有生物的评价等一系列的过程。

来源:Suter GW II,Efroymson RA,Sample BE and Jones DS,*Ecological Risk Assessment for Contaminated Sites*,Lewis Publishers,Boca Raton,FL,2000。

群落的明确界定:如果选择群落作为终点,那么该群落就需要进行明确的界定。对于一条河流,选择其中的所有动植物作为一个群落,还是选择鱼、底栖大型无脊椎动物、水生附着生物、浮游动物、浮游植物的集合作为一个群落更为合适呢?如果将群落界定为食物网,那么就需要包含水滨生活的物种。由于采样技术的不同而导致难以对群落的结构进行定量,所以通常采用一系列要素组合来对群落进行界定。框 16.6 讨论了群落的空间维度。

框 16.6 评价种群和评价群落的界定

因为传统的"种群"和"群落"的生态学意义在实际中会遇到问题,USEPA(2003c)在普通评价终点的指南中采用了评价种群和评价群落的术语。评价种群就是被界定为与某项生态风险评价相关的一定区域内的(植物、动物)同种生物体的集合。评价群落就是被界定为与某项生态风险评价相关的一定区域内的多物种的生物体集合。

尽管生态评价终点经常包含种群的属性,例如丰度和繁殖率,以及群落的属性,例如物种丰度等,但是,在野外描绘种群和群落依旧是很困难的事情。最近,生态学着力于研究时间动力学、空间模式和进程以及内禀随机性等内容,因为这些内容掩盖了"独立种群"这一静止状态的存在。该研究中包含集合种群分析,该分析表明,种群动力学很大程度上取决于个体在不同的栖息地板块中的交换,或者说是在适宜度连续变化的地域中的微差移动(第 27 章)(Hanski,1999)。同样的动力学对群落也适用。例如,太平洋珊瑚礁的物种多样性,明显受到方圆 600 km 范围内的新物种作用的影响(Bellwood 和 Hughes,2001)。岛屿上的珊瑚礁被认为是经典的离散群落,而这样的珊瑚礁事实上被整个地区性质的动力学决定;从整体上来讲,要对这个所谓的离散群落进行划界基本上是不可能的。

如果用外部力量将某个种群从其存在的较广泛的区域内部分离开来,例如,农场池塘里的翻车鱼的种群,就很容易对该种群划分界限;如果某个物种仅由空间上分散的种群组成,例如,佛罗里达豹目前只分布在佛罗里达西南部,这样的种群也容易被界定。其他的情况,由于种群在多重尺度上的结构导致它们的界限难以确定。界定杂交频率中断从而断定种群的基因分析,对于大多数生态风险评价都不实用。

界定群落遇到的实际问题更大。尽管种群的成员仅由一个物种组成,容易辨认;但是在特定的群落种类中,并不能够总是轻易地确定一组生物体组成了一个特定的群落。这是由于群落中物种的组成在时间和空间上都有所变化的缘故。

为了保护种群繁殖力和群落物种丰度等属性,建立一些具有实效的解决方法是非常必要的。自然保护与服务机构(即先前的生物多样性信息组织)对生物多样性做详细清单和绘图时采用的方法可以作为示例(Stein 等,2000)。因为界定离散的种群和群落不可行,于是这些机构详细地记录和描绘了保守因素出现时的情形,这些情形因为保守因素自身以及环境的不同而采用不同的尺度进行界定。例如,植物群落的出现可能是一片、一块或者是一系列片块杂合的区域。某个鸟类物种的出现可能采用不同的词汇进行界定,但是基本情况是类似的。

作为个体评价,需要保护的种群和群落实体需要在风险评价的问题形成过程中予以确定。这些评价种群和评价群落的确定需要考虑生物学合理性、决策支持性以及政策和法律上的可行性。例如,将一条 20 m 的河段里的金带翠鸟作为评价种群是不合理的,因为这一河段甚至都不能够容纳两只该种翠鸟。另一方面,即使翠鸟的领域是非常连续的,将整个物种作为评价物种也是不合理的,因为它几乎横跨了整个北美地区。然而,将在某个流域或者湖泊筑巢的翠鸟作为评价种群是合理的。

评价种群的界定也会考虑非生物学因素。例如,为了进行美国能源部在橡树岭保护区中的超级基金生态风险评价,大型陆地脊椎动物种群的范畴就通过保护区的边界来界定(Suter 等,1994)。这个界定的合理性,不仅仅是因为超级基金场地的界定是整个保护区,还因为这个保护区足够大以至于能够容纳各种鹿、野生火鸡、山猫和其他终点物种的种群。尽管保护区比周围的农田和居住区拥有更多的森林覆盖,但是它们之间的界限并不是完全封闭的,而且其间的生态学特征也不是截然不同的,因此不能通过这种方式来对区域进行划分。于是,采用保护区政策或者法律上规定的界限进行界定很适用,并且避免了各当事方争议的发生。另一个适用且与此类似的方法就是将底栖无脊椎动物评价群落的界线划分为接受污水的河流的首个充分混合的区段。

评价种群和评价群落范围的界定还需要依据其他因素进行调整。如果所选尺度比胁迫产生的范围大,那么该胁迫所产生的效果就会被冲淡。但是,如果所选尺度较小,那么评价种群和评价群落受到的影响就会大到超出利益相关者和决策制定者所能够考虑或者采取行动的水平而使评价无法发挥作用。因此,一个独立的风险评价必须在问题的形成阶段同时考虑生态学和政策两方面的问题从而建立合理的空间范围;并且为了达到很好的结果,这个范畴一经确立就不可以在分析过程中被修改。

来源:USEPA, Generic Ecological Assessment Endpoints(GEAEs) for Ecological Risk Assessment, EPA/630/R-95/002F, Washington, DC, Risk Assessment Forum, 1998。

结构属性的明确界定:结构属性如物种的丰度、残缺或者数目应该比较清晰。但是界定结果经常与评价这些特征的特定方法有关。

功能属性的明确界定:功能属性比较少用,它们的界定也经常不是很清楚。保护湿地功能是 USEPA 界定的功能性目标,但是对于一个特定的情形就需要具体界定采用什么样的功能才是合适的。这些功能包括营养保持力、营养循环、污染物保持力、水力保持力、地下水补充、水鸟栖息地的供应等等,对它们的选择需要依环境而定。例如,对于可能遭受洪水破坏的流域中的湿地,其水力保持是其非常重要的终点属性。同样,密西西比河和纽斯河流域等流域中的河流营养保持力也非常重要,因为这些河流能够向沿海地区提供过剩的营养而导致缺氧症状。

评价终点实体以及一个或者多个属性的清晰界定有时都不足以支持评价过程。尤其是对于包含了测量和观察的评价,确定一些效应的数量和频数是非常必要的,这些数据具有潜在的重要性,因此也就必须通过合理的置信水平来使其能被检测出来并与背景条件相区分。

16.4 基于目标层次的终点

当评价以利益相关者的进程为基础时,生态风险评价就必须根据利益相关者的价值判断来确定终点。可以通过目标进程设定来确定并详细描述他们达到确定终点的目的(Reckhow,1999)。

该方法从决策分析演化而来,它从总目标入手,将目标分为不同层次的目标直到能够直接测定或评价(例如,终点)。图 16.1 展现了一个正处于富营养化的湖泊的水质管理目标层次。需要注意的是,其中有一些内容是生态风险评价合适的终点,还有一些内容与经济评价、管理行为以及土地利用规划有关。这些目标的多样性是典型的多属性决策分析(第 36 章)。

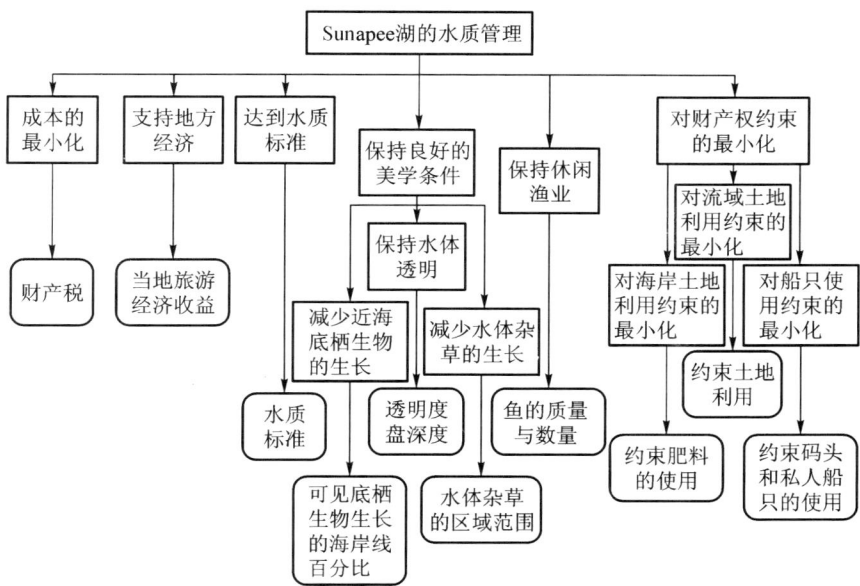

图 16.1 用于环境决策的目标层次示例。总目标列在*顶部*,*矩形*代表与问题相对应的目标,*圆角矩形*代表特定行为的目标。(改自 Reckhow,K. H., *Hum. Ecol. Risk Assess.*,5,245,1999 并重绘。)

第 17 章
概念模型

将科学模型与决策制定者对问题的界定进行整合,才能够合理使用信息。

Anderson(1998)

概念模型是阐述有毒动因或有害行为如何对终点实体产生影响的一系列操作假定(Barnthouse 和 Brown,1994;USEPA,1998a)。包括对来源、受纳环境以及受体直接暴露于污染物或者通过已受污染物影响的其他因素间接暴露于污染物的过程等内容的描述。纯粹的描述使这类模型仅仅是概念上的,与定量描述实体和关系的实施模型不同。此类模型还具有假设性,因为它们只展现了被评价系统的一个公认的描述,而事实上如果对真实的评价系统进行概念化,就会出现很多差异,例如更大的范围(例如包含不仅仅是湖泊的流域),更加细节性的内容(例如包含单独的鱼类物种而不是将鱼作为一种分类),甚至是暴露和效应的不同概念,见框 17.1。

框 17.1 概念模型和评价框架

评价框架(图 3.1)和概念模型这两个简图对于风险评价非常重要,但是它们的概念却截然不同:评价框架描绘实施风险评价的过程,而概念模型描绘被评价的系统。常规框架(图 3.1)的核心概念就是将暴露与效应进行区分,而在生态风险的概念模型中没有此种区分,这一事实就证明了二者的不同之处。概念模型展现了能够导致状态改变进而导致自身也随之改变的一系列过程,其中的每个状态都是暴露于某个因果相连的过程所导致的结果。当风险评价很重视因果链/网时,选择能够代表这些因果关联过程的框架无疑是明智的(3.2.4 节),因为这种方法在将系统简化为直接暴露与直接效应的简单关系时并不会降低系统的复杂性。然而,考虑因果链的本质是非常重要的,即使是在很简单的毒理学风险评价中也是这样。

图 17.1 表征对生物体产生直接毒理学风险的一个简单的普通概念模型。化学动因从源头排放之后,在环境中迁移和转化,导致其在环境介质中浓度发生变化;有机体摄取暴露剂量后,随着化学物质在体内的分布、分离和代谢从而产生了此种化学动因的内部浓度,进而产生了与细胞膜、受体蛋白和其他生物学结构(配合体)的结合,从而产生早期生物学效应。最终,配合体的早期效应引发损伤和修复过程,继而导致死亡、生殖力下降或者其他的终点效应。图表中的哪个部分受到暴

露,而哪个部分又是相应的效应呢? 实际上,图表中的任何一个点都可以进行这二者的区分。比如,在杀虫剂的野外测试中,暴露就是源头(比如 x g/m² 的施用量),其他的所有内容都合计为引发野外试验的可观察效应(比如每平方米 y 只鸟死亡)的诱因,此时切割点在 a。生态风险评价中非常普遍的情况是,通过模拟或者测定介质中的浓度(比如 x mg/L)来表征暴露情况,切割点 b 后的内容都被考虑为效应,正如实验室毒性测试观察一样。同样的,如果采用剂量来表征暴露,切割点就在 c;如果采用内部浓度来表征暴露,切割点就在 d。

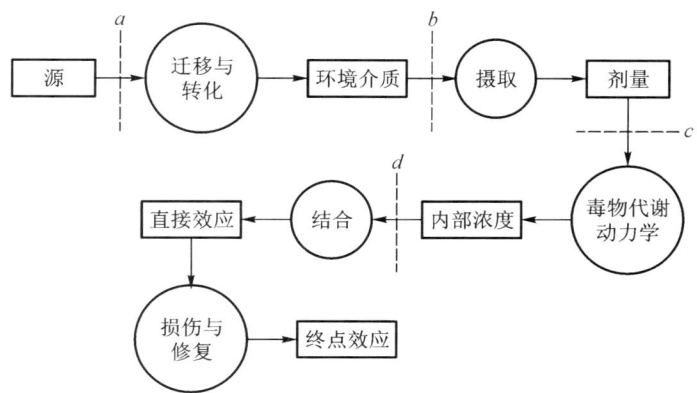

图 17.1　生物体毒性风险普通概念模型,展示了四个点(虚线[$a-d$]),通过这些点可以将因果关系链划分为暴露与效应。模型以交互的形式(矩形)和进程的形式(椭圆)表现出来。

在暴露与效应中间的哪个位置进行切割,需要对实际和理想的情况进行全面的考虑。实际的情况包括数据和模型的可用程度。比如,如果化学动因在水中迁移和归趋的模型很完善,而且该化学动因在水中的测定方法、水体毒性测试方法以及水体毒性数据都很充分,并且浓度的表征也很一致,那么将切割点置于 b 点就可以。另一方面,用于评价水生生物体内各器官之间的浓度以及内部浓度的毒性数据的模型并不普遍,也不常见。理想的情况,就需要考虑在框架中的另一个点进行切割从而降低不确定性以及测试和评价的成本。比如,行为现场的有效浓度对于某个特定的作用机理和生物种类几乎是一个常数(24.2.5节)。因此,如果能够在终点物种和生命的各个层次形成一个良好的毒物代谢动力学模型,那么就不需要毒性测试和外推模型,于是此种情形下暴露与效应之间的切割点就确定在 d。

17.1　概念模型的应用

概念模型在风险评价中有着广泛的使用。

定义风险假设:风险评价中概念模型的基本作用就是将被评价的动因或者行为导致效应这一过程概念化。这个作用相当于人类健康风险评价中的危害确认阶段的作用。

筛选:概念模型能够帮助筛选去除一些不可能发生或存在的损害。在某些情况中,某个动因对受体产生损害只是似是而非的推断,而经过概念模型筛选后,就会发现此动因不可能。也就是说,如果没有引发损伤的源头、途径、受体或者机制,那么提议考虑的

损害可能就会被排除在评价范围之外。

定义数学模型：在风险评价中概念模型的使用，来源于系统的概念性模拟，而概念性模拟是对系统进行数学模拟的第一步(Jørgensen,1994)。也就是说，框格代表了实体以及描述实体的状态变量，而箭头代表了过程以及描述这些过程的函数（图21.2和图27.1）。模拟模型的形成，需要界定这些变量以及图表中的函数。当评价基于或者仅仅是部分基于模拟模型的时候，数学模型的应用就有比较大的关联。它通常用来指示那些无法直接计算只能通过模型来模拟的内容。

因果关系：因果分析需要概念模型来确定观察到的现象和假设的原因背后的机制（第4章）。与传统的风险评价不同，这些概念模型可能需要从观察到的效应和工作背景开始着手。例如，如果需要解释的效应是河流中鲑鱼的减少，那么就可以列出该鲑鱼对栖息地的要求，诸如产卵条件、溶解氧、温度等，以及那些可以带来负面影响的因素，例如疾病、渔业、淤积和毒物等；然后列出一个具有潜在因果关系的网络。然后基于这个河流和整个流域的相关信息，这些因果关系就能够依次导向特定的动因及源。

启发：概念模型的建立能够为评价组提供信息共享的途径，从而达到对评价系统的共性理解。尤为重要的是，该方法能够囊括间接效应、迁移途径等其他方面的问题，而这些内容在没有使用表征相互关系的图表时可能就会被忽略。

交流：概念模型能够为风险管理者和利益相关者对被评价的系统形成共性的理解提供很有价值途径。大多数人并不能够读懂风险模型的数学公式，也不明白诸多的模型如何形成对风险的评价，但是，作为这些应用模型基础的概念模型应该得到清楚地表达以获取读者的理解。概念模型能够使评价者、管理者、利益相关者对系统的结构达成共识，至少也能澄清各方见解的不同之处。对风险的理解存有异议，经常是对概念模型的不同理解造成的(Hatfield 和 Hipel,2002)。

定义生命周期：在新的化学品或者材料的产品生命周期评价和风险评价中，确立一个包含源、分布、归趋等一系列信息的概念模型很重要，因为这样的概念模型可以界定其进入环境的途径（也就是"源"）(Weidema 等,2004)。例如，用于纺织品处理的化学动因可能会通过工厂废水、洗衣废水、下水道污泥、灰尘、填埋场以及焚化炉废水等途径释放到环境中。

所有这些应用都需要对概念模型的构建花费一定的精力。许多模型都是含糊不清或者与评价模型不相符。概念模型应该包含评价范围内的所有源、终点和途径，并不需要画蛇添足。在某些情况下，由于缺乏数据、模型或者源，对系统进行简化也是非常必要的。对于此种情况可取的解决办法是，对系统的重要属性采用概念模型进行展现，而在实际评价过程中采用简化的模型。如果能保证模型包含了评价中的每一个重要内容，并且该概念模型可以交付评价团队用于实际应用，那么就说明该概念模型不再含糊不清了。

在风险评价过程中，概念模型在构建之后可能得到反复应用。首先，在对问题进行了初期场地调查或者其他初期描述之后，就可以形成一个草拟的概念模型作为问题的形成阶段的输入信息。这些模型应该包含所有内容，包括所有的源、受体的种类、暴露的途径等一系列需要考虑的内容。这个初期的概念模型，也可以在最初的筛选评价中作为初期筛选评价的概念模型以支撑问题的形成阶段。在问题的形成阶段，初步的概念模型通过调整能够与决策具有更大的关联。模型可以通过排除以下的内容而得到简化：(a) 那些不适宜作为评价终点的受体；(b) 那些不可信的或者不重要的暴露途径；

(c)那些与终点受体无关的途径;(d)不可信或者不重要的潜在风险源。此外,问题阐述步骤通过确定特定的终点物种、评价的空间和时间尺度等使概念模型更加具有针对性。问题的形成过程的结果以概念模型的方式呈现在分析计划中。用于确定性评价中的概念模型,可以在各当事方交流的基础上以及野外和实验室调查或暴露模型的基础上进行改进。

17.2 概念模型的形式

概念模型由图表和相应的阐述内容组成。大多数概念模型的图表都采用流程图的形式。图表模型采用表示实体(源、介质和有机体)的图画以及表示相互关系的箭头来展现整个系统的组成。虽然图画可能导致概念的模棱两可,例如,野鸭的图画可以代表整个物种、所有的鸭子、所有的鸟类、所有的杂食动物,甚至还可以代表其他的实体。但是,由于图表模型具有比语言更加直观的效果而使其更容易、更快地被理解。如果加入了合适的实体和进程的标签或关键字,就更加有效了(例如,EPA 的营养过剩概念模型(1999))。折中的办法就是用"室"表征实体(图 21.2)。

特定场地的评价需要地图来显示界限和空间关系。地图有时也可用作概念模型来代表源和受体以及包括流经途径在内的空间关系。当受体尚未遭受暴露,或者随着掩埋废物中的污染物通过地下水、进入河流的运动而导致将来其可能受到暴露时,此种基于地图的概念模型就非常有用。

流程图是概念模型中最通用有效的形式。其中,矩形等图形用于代表环境中包含的污染物、终点实体、终点实体的源头等组成部分。它们可以代表特定的实体,比如某个特定的河流、废物罐,或者实体种类比如小型食草哺乳动物。通过使用不同的形状来区分不同的实体种类(比如源、介质、受体、向其他单元的输出等)可以使图表更加明晰。甚至可以采用图标的形式来表征实体(图 21.2)。不同组成部分之间通过箭头连接起来,代表各组成部分之间污染物流动等诸多过程。多数情况下,各种进程,尤其是污染迁移进程,本质是不言自明的。但是,对于那些并不是污染迁移进程的内容(比如由于植物减少而导致的栖息地结构的减少),以及由于其他原因使得图表难以一目了然,那么就需要对箭头做出编号,或者在相关部分之间加入额外的框格进行解释。被编号的箭头和框格能够使图表非常好地与正文的叙述或者模型相契合。

概念模型的附加信息可以通过多种惯例得到实现。例如,特定途径转移的污染物的数量可以通过不同粗细的箭头来表示。同样,评价终点实体的受体框格可以通过阴影、边框的厚度等内容来与其他受体框格区分开来。图 17.2 展现了化学动因等成分排放的概念模型的基本结构。它作为示例用来说

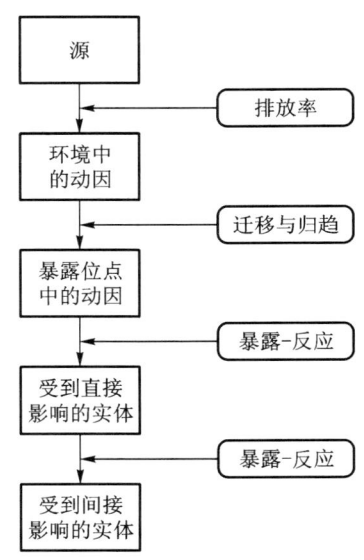

图 17.2 非常通用的概念模型,用于说明一个用于动因释放的概念模型最基本的组成部分。矩形代表实体的状态,圆角矩形代表的是过程。

明概念模型的基本组成部分,还展现了识别那些控制各组分之间因果关系的函数的重要性。图17.3展现了某个行为的概念模型,模型的结构使用了状态和进程的选择形式。

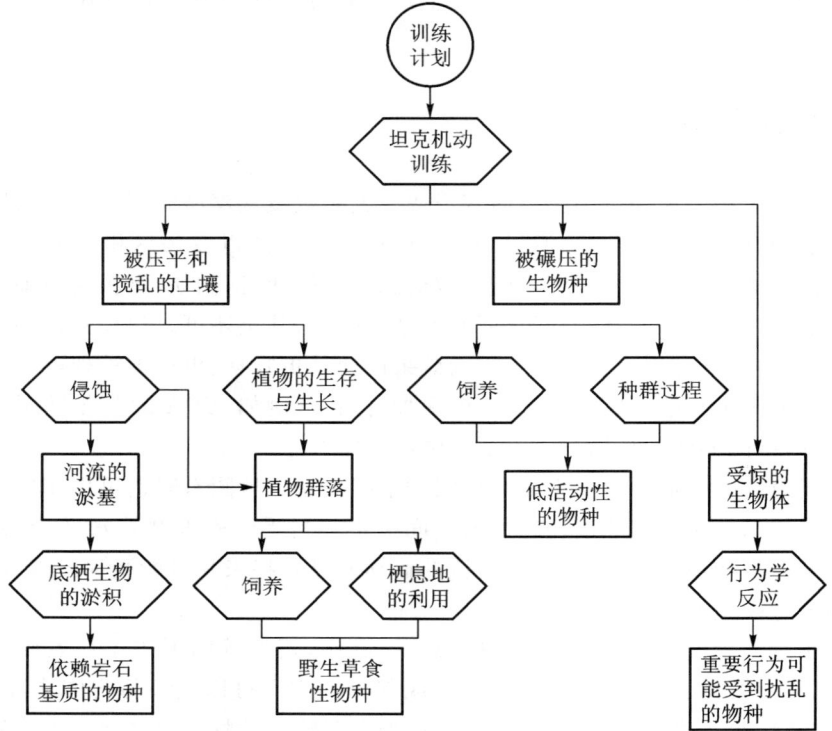

图17.3 对于行为的通用概念模型示例——坦克训练,这是一个含多种有害过程的源。矩形代表的是实体状态,而六边形代表的是将这些状态连接在一起的各种过程(曾在 Suter GW Ⅱ, *Hum. Ecol. Risk Assess.* ,5,397,1999 发表。获得许可。)

17.3 概念模型的建立

由于生态系统的复杂性,用于生态风险评价的概念模型可能很难得以建立。尤其是很容易被忽视的重要组成部分或关系更是如此;而且尺度和细节的描述需要达到的水平也很难确知。如下的技术能够起到辅助作用:

从基础关系入手:Walters(1986)建议,从需要评价的基础关系开始,然后详细描述连接这些关系的各种变量和过程,一直进行到系统出现较为明晰的界限而且进一步的细节描述变得不切实际或者不必要为止。图17.4展现的是一个评价渔业管理的案例。对于渔业管理者,基础关系就是捕捞量和雇员之间的关系;初步阐述为捕捞量与储量以及捕捞的付出有关,而雇员与捕捞量、捕捞的付出和船队的规模有关;进一步阐述为储量的多少与生长、补充和自然死亡有关,每一个过程都与无法定量的生态因素相关。阐述过程中的每一个步骤的展现使得读者对模型的逻辑关系一目了然。

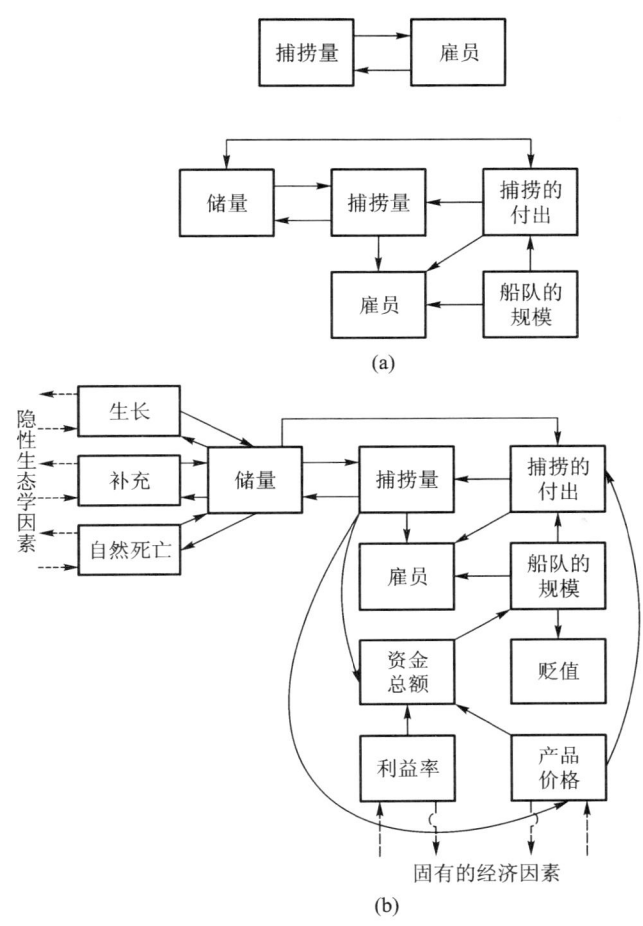

图 17.4 渔业风险概念模型,是根据与决策的重要关系而逐步建立的(改自 Walters CJ, *Adaptive Management of Renewable Resources*, Macmillan, New York, 1986。获得许可。)

将模型拆成模块:对一个复杂系统建立概念模型时,建模者经常在框架和箭头的混乱中摸不着头脑。为了避免出现这种情形,将整个系统分为不同的组成模块是非常有用的。通过这种方式,就可以对每个组成模块分别进行较为简单的高阶和低阶模型建立(Suter,1999b)。比如说,针对佛罗里达州南部的某个概念模型,使用了包含社会、生态系统(比如泥灰土大草原和 Biscayne 湾)以及物种(比如佛罗里达黑豹)三个层次的模型(Gentile 等,2001)。对垃圾场向河流排放渗滤液的评价模型是一个更为典型的例子。整个系统的概念模型分为河流生物、污染物、地下水、陆地生物等几个模块。河流生物又可以通过一个子概念模型来描述,该子模型包括各种物种或者营养级对污染物的摄取、污染物通过食物网的迁移以及初级和次生效应等内容(图 17.5)。这种途径有助于形成目标导向性的编制,这种编制使得各组成模块能够形成各自独立的,而且是可更新的模型。各模块可以通过清晰的空间单元、明确的过程(比如富营养化)或者明确的实体类型(比如物种或者生态系统)的形式来进行划分。各模块的概念模型更加具体化,或者更能够在较低的组织层次上展现出机理过程。比如,对于有机体摄取化学动因的模块可以简要地展现出所有摄取的途径或者展现出生理上的毒物代谢动力学(22.9节)。

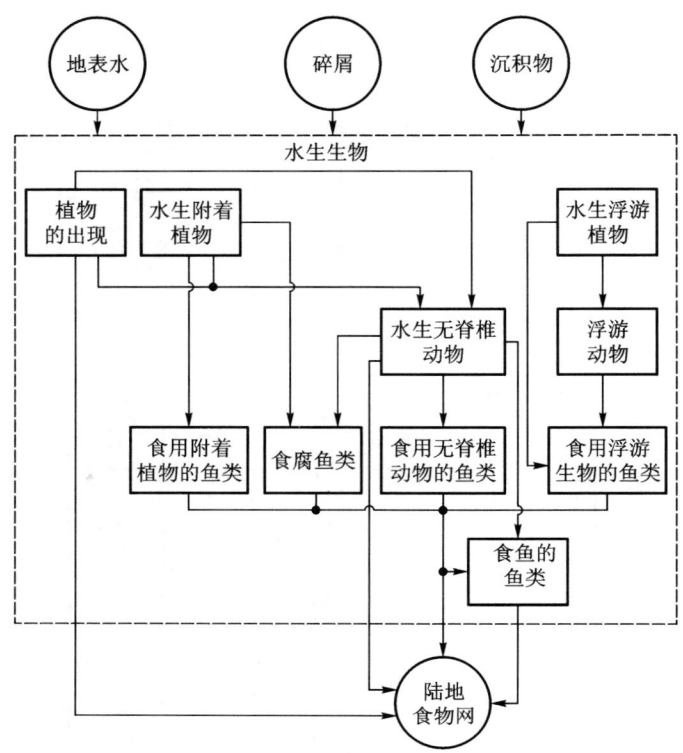

图17.5 污染物处理的生态风险概念模型中的河流生物模块。该模块的输入方式为从污染的水体、沉积物和碎屑中的摄取过程,输出方式为被食鱼和食虫野生动物摄取而进入陆地食物网。

各标准组成模块的连接:如果某些源、终点实体或进程在生态风险评价中重复出现,那么就可以建立一些通用组分模块便于重复使用(Suter,1999b)。当同一地点由于多种行为或源而需要进行多种风险评价时,此种采用通用组分模块的方法就相当适用。此种方法的实施方式有三种。第一种,为那些作为多种评价共同目标的特定物种或者种群建立受体概念模型。受体模型可以用于表征终点受体受到的所有显著的影响(图17.6)。这种概念模型,也叫做影响模型,是生态学中的重要工具(Andrewartha和Birch,1984)。第二种,为那些能够评价独立源的动因或行为建立源的概念模型(图17.3)。例如掩埋废物、燃煤电厂、伐木操作、牲畜放牧以及污水处理厂等。此种模型能够说明化学动因的排放、资源的减少、生态系统的自然调节以及其他能够影响到环境的行为等。如果源引发的是普通的因果关系链,例如从由营养动因的排放导致的富营养化,这种内容就应该纳入通用源头模型中。第三种,场地概念模型,此种模型能够描述某个(实际的或通过场景确定的)场地中能够连接源和终点受体的特征。水体模型、大气模型和食物网模型都属此类模型(图17.7)。为评价建立概念模型,不仅需要选择合适的源、场地和受体模型,还要将这些内容连接起来(图17.8)。这种连接涉及这三种不同类型模型之间的逻辑关系。例如,任何污水或者径流的排放都与地表水体模型相关,因为该模型展现了动因如何在河流、泄洪区等地方进行迁移;任何持久性化学动因都与水体食物网模型相关。模型中需要排除与源和受体不相关的组成部分。比如,坦克训练源头模型(图 17.3)可能与所有三个陆地沙丘群落中的沙漠叉角羚有关,但是种群过程途径可能因为叉角羚不会被碾压而不被予以考虑。与评价具有特定相关的内容需要附加上去。

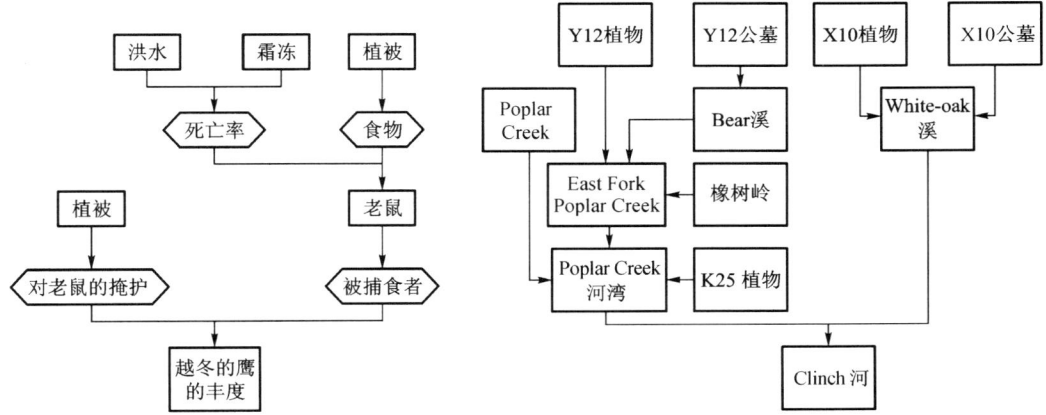

图 17.6 影响越冬的鹰的丰度受体概念模型(改自 Andrewartha HG and Birch LC, *The Distribution and Abundance of Animals*, University of Chicago Press, Chicago, 1984 并曾在 Suter GW Ⅱ, *Hum. Eco!. Risk Assess.*, 5, 397, 1999 发表。获得许可。)

图 17.7 场地概念模型示例,田纳西州橡树岭保护区中污染物在水体中的转移(曾在 Suter GW Ⅱ, *Hum. Eeol. Risk Assess.*, 5, 397, 1999 发表。获得许可。)

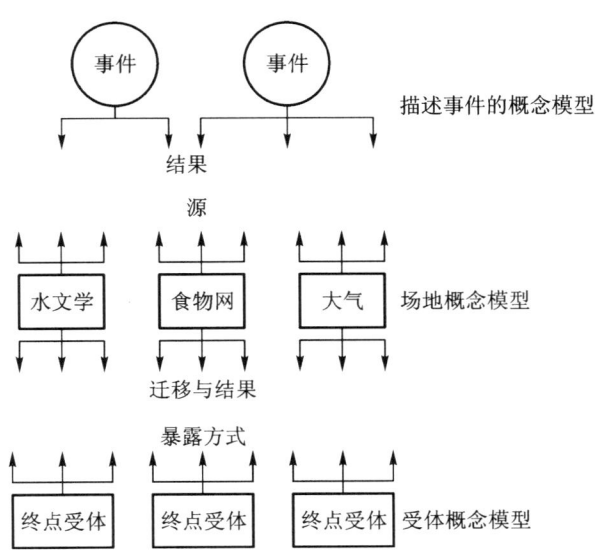

图 17.8 模块概念模型相连接形成完整概念模型的示意图(曾在 Suter GW Ⅱ, *Hum. Eeol. Risk Assess.*, 5, 397, 1999 发表。获得许可。)

通用概念模型:如果正在被评价的情形多次重复出现并且性质一致,此时就可以采用通用概念模型。例如污水处理厂流出的废水进入美国中西地区北部区域的小河,灌溉棉花施用杀虫剂以及家庭洗涤释放表面活性剂等。这些通用概念模型的使用不能超越它们的适用范围,而且需要根据特定的情形对特定的方面进行调整。

集体创思与修整: 首先确定一个包含与评价团队成员、管理者以及利益相关者等相关的所有成分的模型,然后删除那些实际上并不属于该系统的组分,删除不可能的联系(比如污染物向孤立的蓄水层的迁移),删除不会影响到决策的组分和关系,删除无法定量而且对研究或测试没有充分重要性的成分和关系,以此修整模型。该方法效率并不高,但是能够发挥出如前所述的启发以及交流的功能。

描绘应用模型: 概念模型最基本的目的就是指导那些暴露和效应的应用数学模型的选择和建立。相反地,在选择和发展这些应用模型的过程中,需要根据风险定量模拟的方式对概念模型进行调整。例如,如果对植物通过根和叶从受污染土壤中摄取成分的方式进行模拟,那么在概念模型中展现出这两种途径就很重要。但是,如果采用了土壤-植物经验摄取系数,那么概念模型展现的土壤-植物的迁移过程就不需要将不同的途径区分开来。

17.4 与其他概念模型的衔接

生态风险评价的概念模型为了能够达到一致的决策需要与其他用于评价的模型保持一致。人类健康风险模型是最常用的参照模型,有时也采用工程风险模型或者社会经济模型。至少,多个概念模型之间应该保持一致。它们所呈现的源、迁移路径等内容应该是相同的。而且,生态风险模型应该与其他模型衔接起来。一个模型的输出端应该与另一个模型的输入端相衔接。为了达到此目的,需要建立一个整合了工程、人类健康、生态、社会经济和共性组分的概念模型。其中,共性组分是指前文所述的那些模块,例如作为多种评价输入端的化学动因迁移与归趋的概念模型等。各评价保持一致性(第 37 章),那么概念模型的整合就能够提高评价的效率(例如,人类健康评价者与生态学评价者就不需要重复付出时间与精力),并且能够提供更加可靠的决策。

第 18 章

分析计划

> 数据不完善,不能够成为风险评价不完善的理由。相反,越是不了解这个系统,对这个系统进行的风险评价与管理就越是必要的。
>
> Haimes(1998)

问题阐述的最后一步,就是为评价的实施制订计划。这个计划应该包含需要采集何种数据、应用何种模型或者是数学、逻辑分析(工具)以及需要以何种形式展现结果等内容。同时,也应该描述产生数据以及模型建立的方法和途径。还应该界定评价分为几个阶段及各阶段所需时间,付出何种程度的努力以及相应的成本。而且也应该提供质量保证计划,从而详细说明减少不确定性的方法以及结果的不确定性水平(第9章)。对于常规性评价,比如新化学动因的评价,其分析计划可以按照标准方法执行。但是,对于新的和针对现场的评价,就需要重新制订计划。通常,分析计划需要被风险管理者(要求计划能够提供足够用于支持决策的信息)和进行预算控制、人员安排以及进度管理的参与者审阅通过。

评价团队通过对规划和问题形成的其他组成部分进行综合评价,从而确定分析计划。他们首先需要考虑针对哪种生态实体(评价终点)的哪种属性发生的何种变化作出评价,这种变化是通过何种方式(源头的描述和概念模型)在哪种环境下(环境描述和场景)发生的。之后,他们必须确定在既定时间内和有限的资源条件下,采用何种途径能够作出最好的评价。即综合已有信息,并且测试、测量、模拟以及推理各种可行途径后,为评价的实施确定最优的方法组合。

分析计划可能包含对评价的步骤进行分层排序(3.3节)。这些计划包含利用现有数据进行筛选评价(当此评价还没有在问题阐述过程中实施时),利用初步采样与分析获得数据进行筛选评价,以及采用全套数据进行确定性评价。每个层次的评价都应该有相应的分析计划,用于详细描述该评价层次的细节,以及后续评价层次的计划概况。筛选层次的分析计划能够保证其为后续评价层次,例如阐述问题,聚焦关键途径、受体和场地,以及设计采样与测试安排等内容提供基础。

18.1 暴露、效应和环境状况测定方法的选择

分析计划的形成过程,在很大程度上就是对暴露、效应和条件的测定方法进行最优

选择的过程。这个过程首先要确定测定动因暴露的方法，以及与暴露测定方法和终点实体与属性相应的暴露-效应的测定方法。在水生态系统中将经常评价的几类动因的常用测定方法列于表18.1中。能够对风险提供最准确、最全面的判断方法才是最理想的。第9章所描述的数据质量目标（DQO）进程，就是确定这样的理想数据的一种方法。事实上，DQO进程可以理解为阐述问题的一种替代方法，在诸如像健康风险评价一样简单的情形中用于分析计划的形成。然而，对方法的选择过程经常受到多种因素的制约，如资源的限制、采用标准或常规方法的要求、符合已有数据的需要以及现有的模型对数据的要求等。例如，对效应的测定采用时间-死亡模型最为合适，然而急性致死率的数据只有LC_{50}一项，没有进行测试的资源，那么就只能采用LC_{50}，并且暴露数据必须要与该数据相一致。

表18.1 在不同类型水体胁迫中，暴露与效应的测定方法的联系

动因	暴露的分类	暴露-反应的分类
化学动因	外部浓度（介质中的浓度） 内部浓度（生物体内生物标志物中的浓度）	实验室、野外的浓度-反应关系或者时间-反应关系
污水	污水的稀释	污水稀释-反应检测 野外羽状试验（field tests in plume）
被污染的环境介质	采样的地点与时间 介质的分析	对介质进行实验室或者现场检测 介质稀释-反应 介质梯度-反应
栖息地	结构属性	经验模型（如栖息地适宜性模型）
水位或水流	水位曲线和相关即时数据（例如7Q10）	河道内流动模型
热能	温度	热耐受能力 温度-反应关系
淤泥（悬浮）	悬浮颗粒浓度	实验室或野外研究的浓度-反应关系
淤泥（底泥）	着床深度，质地	实验室或野外实验所得淤泥-反应关系
溶解氧和耗氧污染物	溶解氧	实验室或野外获得的氧气浓度-反应关系
过剩的矿物营养素	浓度	实验室或野外实验所得浓度-反应关系
病原体	病原体的存在或丰富度	疾病或症状
非本土物种	物种的存在或丰富度	生态学模型（食物网，能量流，捕食者-被捕食者，等等）

来源：USEPA, Stressor Identification Guidance Document, EPA/822/B-00/025, Washington, DC, Office of Water, 2000; Suter GW II, Norton SB and Cormier SM, A methodology for inferring the causes of observed impairments in aquatic ecosystems, *Environ. Toxicol. Chem.*, 21, 1101–1111, 2002. 获得许可。

由例子可见,分析计划应该保证问题的各方面都能够在测定方法中得以体现,并且不同的测定方法之间应该保持协调一致(第 23 章)。6.4 节对类似化学动因的暴露与效应的各方面进行了讨论。一旦暴露结束,恢复所需要的时间就成为时间尺度的组成部分,然而它与效应的风险并不相关。但是,当考虑某种行为的净利益时,以及对多种替代行动的总效应进行比较时,该内容就成为相关因素(33.1.5 节)。因此,暴露和效应的测定方法的选择,需要考虑多种因素:需要定量问题的哪个方面,如何确定尺度及如何定量以及它们之间如何关联(第 6 章)等。

18.2 参考地点和参考信息

当对一个场地或区域进行风险评价时,为了进行相互比较与标准化,需要收集与基准状态或名义上未被污染或破坏的状态的相关信息。例如,未受污染介质中污染物的金属浓度,未被人工开辟的河道中鱼的种类数目等。这就是所谓的参考信息。

背景是参考地点的一个特例。背景地点是指那些能够代表未被污染或破坏的地点。在大部分情形下,无法获取这种理想地点。例如,人为产生的汞在空气中无处不在,不存在所谓的"无污染空气"。因此,可以根据某个特定的汞源,确定一个并非真正背景状态的阴性参考地点。在实际应用中,参考地点与背景之间的区别并不明显。但是在风险评价中背景浓度是一个非常重要的概念,因为它可以用来确定金属或者其他自然状态下存在的不需要进行修复或评价的化学动因的浓度水平(第 31 章),所以,在分析计划中,确定能作为有效背景的场地也是非常重要的。

必须在分析计划中明确地说明参考信息的来源,目前此种信息已经有多个公认来源。

18.2.1 污染或破坏前的生态信息

为了评价将来可能发生的破坏或污染,场地目前的状态可以作为其自身的参考背景。例如,如果要为一条河流修建水坝或污水处理厂,那么河流当前的生物状态,可以与将来的情形进行比较。河流的调查结果集中于终点实体的状态,从而为互相比较提供基础信息。

如果要评价的区域正受到破坏或污染,那么污染或破坏前的那些历史性信息,例如许可证或其他管理目标的申请、资源管理、研究课题、监测项目、环境影响评价、私立环保组织的评价等,均可提供重要的信息。因此,可以与土地早期所有者、当地的大学、行政和资源管理部门以及私立环保组织联系,从而确定能否获得此类信息。但是,应用此类信息时应多加注意,因为它们可能并不符合风险评价对信息质量的要求,也可能因年代久远而不具有相关性,甚至风险评价采用的方法也并不合适。例如,化学分析可能达不到足够的检出限。

部分有效信息可能会有一个很长的追溯历史。当生态系统长期受到农业、资源使用、火灾扑灭等类似行为的作用,那么其背景信息可能就要追溯到早期游客的记录、早期的照片,甚至是早期生物学者的博物收藏。这样的类似记录记载了从草地到灌木丛、从疏林到密林等的转化。但是需要注意的是,这些记录反映的是土著或现代文明之前人们的管理行为,而不是自然的状态(Redman,1999)。

18.2.2 模型信息

总有一些无法通过测量或观察提供足够参考信息的情形。例如，区域中可能不存在未被破坏或污染的河流。在这种情况下，可以采用模型来评价没有被污染状态下的属性。典型的例子是，栖息地模型可以用于评价一个场地在没有被污染或破坏时的生物状态(US Fish and Wildlife Service, 1987; Wright 等, 1989)。此类模型虽然无法精确到确定丰度下降的准确层次，但是仍可用来指示广泛存在的生物是否消失或者明显地减少。

18.2.3 其他场地信息

参考信息最普遍的来源是对选择的参考场地进行研究，所谓的参考场地就是那些与正在评价的场地很相似，但并未受到破坏或污染。在通常情况下，用作参考的是单一的场地。对于河流，可以选择某个单独的上游场地作为参考场地；对于陆地场地，通常选择的是单独的明确未受到污染或破坏的场地。这种提供参考信息的途径并不昂贵，而且足够应付具有清晰的暴露和效应的情形。但是，两个场地之间的差异除了破坏或污染之外，还可能有其他各种理由。例如，上游和下游的场地因为河流坡度而不同。此外，某些情形下选择单独的参考场地并不能对参考条件的各种变量提供充分的估计，因为同一个参考场地中多个重复样品可能出现假重复性(Hurlbert, 1984)。假重复性可以用以下相关的例子来解释。

20 世纪 80 年代初期，加利福尼亚州 Elk Hills 海军石油保护区的圣华金包小狐种群突然减少，疑为石油废物所致。相关的研究对狐狸皮毛的成分进行分析，从而确定它们是否遭受废物暴露(Suter 等, 1992)。研究的赞助方最初坚持认为，采用油田周围狐狸皮毛的检测结果作为参考信息。然而，使用该种参考信息的初步研究表明，油田区域内狐狸的皮毛中一些成分的浓度明显高于参照皮毛。后来油田外围区域和其他油田的研究发现，最初的比较结果有误导作用。相比于其他参考地点的数据，Elk Hills 油田狐狸皮毛中的金属浓度并不明显偏高。同时还发现，油田周围区域的狐狸皮毛中的金属含量异常偏低。没有参照场地的重复，就可能导致无法对观察到的下降做出正确的解释。

解决这个问题的最好办法就是 Elk Hills 研究中使用的方法，选择一系列参照场地，并从中获得足够的信息来界定参考条件的本质与变量。该方法不仅增加了成本，而且其主要问题是如何找到诸多足够合适的场地。

参照场地的选择需要满足两个具有潜在矛盾的条件。第一，参照场地的属性能够代表被评价场地中除了被污染或破坏以外的其他属性。参照场地与评价场地二者之间的属性相关与否，取决于要进行何种比较。例如，如果一个被污染的河流有一个天然河段，而且上游河段已经人为地建成运河，此种差异在进行金属浓度的比较方面并不相关，所以不需要加以区分，但是此种差异会导致上游河段无法作为种群或者群落属性的参照。第二，参照场地应该独立于被评价场地及其他参照场地。例如，如果动物在不同的场地中运动，那么与该动物相关的身体重量、丰度等属性都不能用于比较，因为其运动能力导致场地间并不相互独立。在大多数情形下，与正被评价的场地最相似的地方，是那些与其相邻或相近的场地，但是这些场地相比于被评价的场地往往最不容易独立。

决定参考场地和评价场地在相关的方面是否不同,需要掌握物理、化学、或者生物等方面的知识,因为这些方面控制着即将进行比较的各种属性。例如,土壤中的重金属含量是阳离子交换容量的函数,因此考虑重金属的同时,必须考虑该因素,但是重金属与阳离子交换容量之间的关系并不需要对提供这种容量的黏土矿物一一识别。为了进行生态学的比较,相关栖息地的参数必须相似,但是类似参数的选择取决于正在进行评价的分类。例如,水体中各种鱼类的组成受到栖息地种类多样性的影响,但是并不会受到适度的繁殖差异的影响。然而,状态测定(例如重量长度比)可能受到繁殖活动的影响。基于这些考虑,作为合适参考地点的实际条件可能会限制暴露和效应的测定,因为测定场地中一个不能为比较提供参考信息的属性没有任何意义。虽然 USEPA 为确定地点间相似性方面采用何种参数提出了建议,但是这个指导并不能替代对场地中各属性差异和场地间类型差异的相关性考虑,因为这种针对场地的相关性也是评价的一部分(Office of Emergency and Remedial Response,1994)。

在某些情形下,针对相似性比较的合适标准已经产生,最好的例子就是自然资源保护处为美国建立的土壤分类系统。在很大程度上,与被评价场地有同样土壤类型的参照场地适用于土壤属性的测定(比如金属的浓度)。但是,对于其他属性,例如土壤中无脊椎动物的丰度等,就需要考虑压实程度、有机物含量以及植被等其他因素的影响。在任何情况下,土壤类型是选择参照土壤的一个好的起点。另一个例子,就是采用同一河流的属性用于特定区域参照(如下),从而为当地选择参照河流河段。

需要说明存在差异的程度,也就是确定潜在参照场地与被评价场地之间是否具有可接受的相似程度。差异度可以通过暴露或效应能区分的数量级以及判断和经验来确定。例如,有经验的无脊椎动物生态学家能够粗略估计出多大程度的沉积动因差异可以导致群落中 25% 的物种组成不同。差异度的确定,应该通过与风险管理者配合完成。

对于独立的问题,不仅需要考虑场地中具有普遍偏差的因素,还要考虑那些导致减少场地内部差异性的因素。例如,简单地在上游不同的距离确定参照场地,并用于评价参考差异的做法就不合适。橡树岭保护区生物监测和削减计划,通过对一组保护区内外多个参照河流进行监测解决了该问题。使用多个参照河流,虽然确定了相当于区域尺度的参考信息,但同时也更具有区域局限性。选择一系列的参照场地要具有技术和政策的基础,从而能够确定相关何种参数以及哪些性质是必须独立的。例如,橡树岭保护区中的所有土壤都受到汞的轻微污染,原因是由于 Y-12 工厂对汞的使用以及附近电厂中煤的燃烧,导致汞在空气中的聚积。然而,低水平层次上的污染并不能决定哪些场地可以作为背景,因此,鉴于保护区内各参考场地间汞的浓度缺乏独立性,这一指标与参考场地选择无关。

18.2.4 区域参考信息

区域参考信息是与其他场地不同的一类参考信息。它由包含被评价场地的区域中多个场地的信息发展而来,该信息具有公认的一致性以及在受到关注的属性方面具有未破坏性。例如,使用美国地质调查局对美国从东部到西部土壤中金属的分析结果作为这些地区中土壤元素的参考浓度(Shacklette 和 Boerngen,1984)。某些州还为环境介质设置了背景浓度(Slayton 和 Montgomery,1991;Webb,1992;Toxics Cleanup Program,1994)。生物评价计划使很多州可以为生物群落提供区域参考信息(Davis 和 Simon,1995;Barbour 等,1996)。例如,俄亥俄州被分为许多生态区,并且每一个区都各自参考鱼类和底栖无脊椎动物的群落属性(Yoder 和 Rankin,1995)。区域参考信息具有很多优势。如果从负责机构获得区域参照信息,则不再需要采集参考样本;如果是基于多个独立场地,那么就能说明变量的范畴;若由管理机构产生,参考信息就能得到该机构承认。

区域参考信息也有一些缺陷。其一,用来确定区域参照的数据可能并不适用于风险评价。参考介质分析的检出限可能太高,或者质量保证和质量控制不能达到管理者或有责任当事方的要求。例如,20 世纪 90 年代初期,未污染水体金属经常因为在样本的采集和分析过程中受到无意污染而导致结果过高(Windom 等,1991)。其二,区域参考信息可能不足以为评价问题阐述中界定的暴露或评价终点提供足够的参数。例如,某个场地的评价重点是某种特定鱼类的丰度或繁殖,但是区域参考值中关于鱼类的信息往往采用群落属性方面的词汇来界定。此外,到处存在污染和破坏可能导致参考场地的可靠程度降低。俄亥俄州的情形就是如此,把可接受渐近线定为参照群落指数分布的第 25 个百分点(Yoder 和 Rankin,1998)。也就是说,俄亥俄州最好的河流中有 25% 不被承认。最后,风险管理者经常倾向于采用针对现场的参考信息。这种针对性参考的偏好在大的地区比较适用,因为较大的面积能使区域参照信息的相关性受到质疑。

18.2.5 采用梯度作为参考

除了使用各种参考场地来提供可靠的参考信息,还可以使用梯度的方法。在污染物的存在具有梯度或者有生物学或物理学的梯度的情形下,该方法尤其适用。梯度分析的应用之一,就是通过渐近线浓度来确定污染物的参考浓度。此方法特别适合于那些污染物的浓度范围不明确的场地。类似的应用就是将河流群落属性的自然梯度界定为一个参考,用于将正在进行评价的河段群落状态与其加以比较。例如,鱼类的丰富程度往往是随着顺流而下的梯度而有所上升,这是由于栖息地数量上升和多样性增多的原因。因此,从一个足够从上游和下游采样的地方进行鱼类的采样,就能够确定其自然梯度,并且能够确定评价场地与该自然梯度相关的偏离。梯度分析消除了对相似性和独立性的考虑,从而消除了二者之间平衡的问题。也就是说,如果相关因素遵循梯度变化,那么在相应的梯度模型中就不需要相似性和独立性的内容。生态风险评价中较少使用梯度方法,一方面是因为梯度的存在并不被广泛认知,另一方面是因为混杂其中的破坏或污染源会破坏天然存在的梯度而使梯度不易辨别。

18.2.6 阳性参考信息

除了上述讨论过的传统或阴性的参考信息之外,还需要阳性参考信息。阳性参考信息是指那些被污染或破坏但没有受到评价的地点。尽管阴性参考的目的很明确,但阳性参考的使用却较为多变和困难。通常的情形就是所谓的上游参考,即评价某个有污染源的河流时,选择其上游有更多污染源的水段作为阳性参考。例如,田纳西州的白杨河(Poplar Creek),它被橡树岭保护区的各种源所污染,而这些源正在被评价以便进行可能的修复,但是白杨河同时也受其上游包括煤矿和小城市的污染。对白杨河在保护区上游河段中的水体和沉积物进行分析和测试,提供了一种测定污染和毒性水平的方法,其中保护区整体作为污染和毒性的附加影响因素。因此,它们提供了一种保护区修复执行过程中需要改善内容的标志。另一个阳性参考的使用,就是用于确定一个对于已观察到的效应假设其原因是否真实存在。例如,含汞的东支流河汇入白杨河的情况。如果从白杨河观察到的效应是因为有汞的输入,那么对于相同症状的东支流河也应该观测到同样甚至更严重的效应。因为那里的汞被稀释的程度更低,东支流河并未对观察到的水体毒性效应的事实加以说明,所以汞顶多也只是从白杨河观察到的效应的一个次要贡献者罢了。

阳性对照,广泛描述化学动因的毒性水平检测,在毒性测试中也发挥着同等作用。它们应该与现场的毒性试验联合起来,从而证明所进行的试验对于已知浓度的化学动因可以产生相应的毒性效应。氯化镉和其他研究比较全面的化学动因被推荐作为阳性对照的化学动因。在污染场地,应该选择那些在现场具有潜在关注价值的污染动因或者至少存在相同作用模式的化学动因作为阳性对照进行测试。

18.2.7 以目标为参考

在某些情形下,没有合适的参考可选,因为污染或破坏无处不在,或者因为该地区内从来没有存在过令人满意的生态条件(例如高质量的城市河流,见框 11.1)。在此种情形下,管理目标作为参考条件而成为比较的标准。正如第 11 章提到的,目标可能以多种形式确定下来。然而,如果目标要作为参考条件,那么就需要像评价终点一样对目标进行非常清晰明确的界定。例如,30%的鳗草覆盖率可作为河口湾的评价目标之一,再如三种鱼的繁殖种群也可以作为城市河流的评价目标。

第三篇 暴 露 分 析

　　生态风险的出现是因为生物体可能暴露于有害物并导致效应。暴露分析从第19章对源的识别与表征谈起，扩展到通过抽样与分析（第20章）或者迁移与归趋模拟（第21章）来估计环境中介质的水平，结束于对生物体通过接触与吸收的实际暴露估计（第22章）。最终，目标是整合用于风险表征的暴露-反应关系来表征暴露（第23章）。

　　暴露和反应的区别可能看起来很清楚，但是它们之间界限的定位却受习惯影响很大（图17.1）。作为一个极限情况，人们能把一次泄漏或排放作为暴露（也就是对环境施加一个剂量），并评价这次暴露的暴露-反应关系。对农药的评价就是一个很典型的例子，采用不同浓度比例的农药进行了野外实验或中宇宙实验，不同的反应（如每公顷每千克药剂死亡的鸟数）被观测并记录下来，这些反应就是这些不同浓度比例的农药的函数。另外一个极端情况，暴露可能出现在一个靶组织甚至一个受体分子。这种情况下，对暴露的估计就要使用毒物代谢动力学模型进行计算；而反应，作为组织中浓度的函数，对于具有相同作用机理的一类化学物质预期是个常数。大多数情况下，判断某反应的界限是一个中间值，例如半数效应等。在生态评价中，暴露一般表达为环境介质的浓度（空气、水、沉积物或土壤），反应表达为这些浓度的函数（如 LC_{50}、NOEC）。无论如何，剂量、密度、温度、面积和其他单位应当以合适方式使用。

第 19 章
源的识别与表征

大多数的生态风险评价,在问题的形成过程中源已得到了充分地表征(第 13 章)。例如,对于新设施,过程工程师将要评价其排放的体积和成分。对于新的商业材料如农药和清洁剂,要设定情景来估计使用过程中或废水中原料的排放。对于废物堆积站,可以使用模型如 LANDSIM 来评价其排放到环境中的风险(Environment Agency,1996)。然而进行生态风险评价时需要额外的源表征。即使在最简单的情况下,由生产者或过程工程师提供的源描述可能也不够。例如,当没有提供排放污水的 pH 或温度时,就不能估计重金属的形态和污水羽流的浮力。在这种情况下,评价者的作用是返回源现场,且获得需要的信息以产生合理值。一些时候,评价者可能由于源信息受到质疑。如果源看起来太好以致不真实或如果它们没有包括计划外或意外的泄漏情况,把它们和从相似的源或相似的产品泄漏所得的信息来比较可能是最理想的。否则,如果环境改变了源或源是未知或不确定的,生态风险评价最有可能被源表征所包括。

19.1 源和环境

有时,源表征包括确定人类活动和自然过程的相互作用。例如,对于评价砍伐森林造成沉积物径流的风险,包括降水、径流量和植被恢复的自然过程。因此,源表征包括生态组成的水文地质模型(Ketcheson 等,1999)。

甚至对于化学污染物源,自然过程也包括在源表征中。例如,埋藏废物的释放包括容器的分解和废物成分浸出的缓慢过程,也有动物掘穴和树根侵入的生物过程(Suter 等,1993)。一些源仅在自然极限状态下运行,特别是废物通过洪水的扩散。位于冲积平原或筑坝水池中的材料可能会由于洪水的冲刷而造成了下游水生和陆生生物的暴露。伴着飓风的洪水或其他风暴已多次将储存在非排放氧化塘中的畜禽废弃物引入北卡罗来纳州的河流中(Wing 等,2002)。这类来源发生率的估计可以使用地理信息系统中的水文模型,该模型用于估计指定强度的风暴导致的洪水范围并对浸水范围与废水氧化塘分布进行的相关分析。通过引入风暴强度的频率分布,这种模块能被扩展到新氧化塘的风险预测模型中。

19.2 未知源

当污染介质引起重大风险时,应当查明污染源。要是水、空气和降水受到污染,补救就只能在源头。即使是土壤和沉积物受到污染,可以在暴露现场进行补救,但源头也应查明以确保不会再次污染。同样,当风险评价是建立在观察生物学效应生态流行病学评价的优先基础上时(第4章),有必要确定致病因子的来源(EPA,2006c)。识别污染的来源,尤其知道有多个可能的来源时,可能会存在争议。即使来源看起来明显,如果责任方顽固,在法庭上可能需要证明其来源。因此,很多确定污染源的指南可来自于环境法的书籍和期刊里(Murphy 和 Morrison, 2002)。

源识别往往开始于寻找可能的来源。根据不同的污染物和环境,有关资料可来自:

- 排污许可证
- 土地利用地图和航拍照片
- 访谈当地居民
- 历史记录
- 区域调查

例如,如果过量的沉积物是致病因子,那么流域调查可能会揭露出已侵蚀和毁坏的堤坝,在陡坡上的耕作,在河流、河岸带或下切渠道进行施工和放牧。找寻污染源的相关信息可以在污染物的通用概念模型、潜在来源清单(Office of Water, 1999a, b)或实际来源的数据库如有毒排放清单里发现(http://www.epa.gov/triexplorer/)。当源间接起作用时概念模型特别有用。例如,悬浮泥沙可能来自水文变化引起的渠道侵蚀,所以最终来源可能是增加了最大暴雨径流的路面。在某些情况下,有必要分析废水、废物或排放物,以确定它们的组成,弄清它们的可能来源。如果只有一个可能来源并且不存在争议,这就足以查明来源。

当潜在来源已经确定,评价者可能需要追踪接触和潜在来源之间的连接点。有时候,这一步很简单,只要追查水的流向。在其他情况下,污染事件的确定必须沿着路径分析水或空气。特别是当包括地下水时,示踪染料可能被用来证实连接。在其他情况下,简单的观察,如源于一个农场的泥泞支流,可能也是足够的。当多个来源起作用或者不清楚来源是否足够说明暴露点的污染水平时,模型可能会有用。它们一般可用于估计一个可能来源的迁移和归趋(第21章)。另外,迁移和归趋模型可用于"反向"查明来源或分配处于多种来源受体的暴露。模型为此被称为受体模型(Gordon, 1988; Scheff 和 Wadden, 1993)。一个例子是使用空气包裹轨迹的大气圈模型来确立来自俄亥俄河谷发电厂并落于纽约 Adirondak 山区的硫酸盐。该模型因此成为基于回归的实证模型,如从特定的土地利用估计土壤和养分流失(例如,修订的通用土壤流失方程)。然而,过程模型,如 BASINS 流域模型 (http://www.epa.gov/waterscience/basins/) 和 HSPF 流域模型 (http://water.usgs.gov/software/hspf.htm) 通常更有用,因为它们能表示多个源和迁移路径,并分配源间比例。

有时候,通过同位素分析、混合物指纹法和遗传分析检测污染物能识别源。一些金属和其他元素的源可通过同位素分析确定。如发现黑背信天翁幼鸟受到铅毒害,同位素分析确定源是退役的美军基地的含铅涂料芯片,而不是土壤或食物(Finkelstein 等,2003)。铅同位素分析也被用来区分汽油添加剂排放的铅作为提高鸟身体中铅水平的来源(Scheuhammer 和 Templeton,1998)。同样,污水对于河流营养负荷的贡献能通过氮同位素分析确定(DeBruyn 等,2003)。

对于混合物,通过测定环境混合物组分的相对丰度与潜在来源混合物中它们相对丰度的相似性,来源能被确定。这种方法,称为指纹图谱,已经用于多氯联苯(PCBs)(Ikonomou,2002)、石油烃(Bence 和 Burns,1995)、多环芳烃(PAHs)(Uhler 等,2005)和大气颗粒物(Mazurek,2002)中。指纹图谱也可用于不太明确的来源。例如,马萨诸塞州河口的多环芳烃谱表明城市暴雨径流是其主要来源(Menzie 等,2002)。化学指纹图谱也显示,美国四条城市河流中的大多数多环芳烃均来源于停车场的塑胶(Mahler 等,2005)。

通过传统的分类学方法或新的分子遗传技术(Simpson 等,2002;USEPA,2005b)能确定病原体或外来生物的来源。例子包括确定疾病暴发的来源,如橡树突然死亡源于引进的杜鹃花,海獭的瘟热源于美国国内的猫。基因技术也能有助于查明引入的非病原体的来源,如鱼类被释放或逃脱养殖。

测试污染介质的毒性时,源识别必须首先确定引起毒性的污染物。因此,该技术被称为毒性鉴别评估(TIE;24.5 节)。

19.3　小　结

对于大多数评价,生态风险评价者的作用是确保他人提供的包括用于模拟迁移、归趋和暴露的信息的来源正确。然而,当环境过程产生或传递来源时,或当来源必须靠反向追踪污染物通过环境来确定时,生态评价者和生态模型都可能起到作用。

第 20 章
采样、分析和检测

> 如果可以就进行测量,如果必要就进行模拟。
>
> Colin Ferguson,由 Thomp 和 Nathanail(2003)引用

本章总体讨论了包括用于污染物分析的环境介质和生物材料的取样活动。取样和污染物分析明显与已经存在的污染状态有关。然而,它也与未来污染的评价有关。在这种情况下,通过采样和分析测定环境介质的背景浓度和相关性质如 pH、硬度和温度,用于支持迁移和归趋建模(第 21 章)。这些数据也与效应分析有关。例如,金属的水生毒性数据应选择部分基于从水化学到环境水化学的相似试验。

具体的样品采集技术,样品制备、处理和分析技术可以在环境化学的教科书、USEPA 指南、其他政府机构和标准组织如美国材料与试验协会和美国公共卫生协会找到。化学品和微生物、水和沉积物的物理性质的分析方法在美国国家环境方法索引里找到(http://www.nemi.gov)。然而,大多数环境采样和分析的技术指导的目的是支持人类健康风险评价。这些技术可能并不适合于生态暴露的评价。例如,美国污染场地的分析指导要求分析水和土壤的提取物,但总提取浓度通常远高于生物可利用浓度。若有可能,生态风险评价者应当获取和处理与终点受体暴露相关的样品。若不可能,浓度应转化为与暴露更相关的评价。这些问题将在第 22 章进行讨论。

20.1 介质的采样和化学分析

用于研究受污染地区的大部分资金和精力都专门针对非生物介质,如土壤、水和泥沙的收集和化学分析。同样,大多数针对受污染地区研究的导则都专门针对介质的采样和分析。这些活动应当按照分析计划的说明进行,在用于风险评价前应该核实数据的质量(第 9 章)。这里有待解决的问题是介质采样和分析的一般办法,特别是总结、分析和解释所产生的数据。尤其在对化学品的生态风险评价取样与分析时会发现这些问题,但并非所有样品都会出现这种问题(框 20.1)。关于评价暴露测量的具体问题将在第 22 章讨论。

20.2 采样和样品制备

应当以能代表介质样品的方式采样,生物暴露在该介质中,并且介质没有改变污染

物浓度。

土壤样品应代表有生物体暴露的深度范围。由于门类差异很大(22.4 节),应该采集和分析多个间隔的样本,以便估计每个食物网或终点物种的适当暴露。

样品制备包括把原料样品转化为可以进行化学分析的形式(Allen,2003)。初级样品制备涉及去除外来动因(如筛选或过滤)、分离(如提取沉积物中的孔隙水)、稳定化(如冷冻阻止微生物过程或水酸化保持金属的水溶性)、均一化(如混合土样或振荡水样)、粉碎(如破碎或研磨固体材料)和二次取样。初级制备是用于特殊分析的最后制备,包括提取、消化和形成颗粒。同采样一样,重要的是确保样品制备没有显著改变其浓度。这包括对某一类化学物质和方法用正确的方式处理样品并确保设备清洁。对于挥发性或不稳定化学物质的样品分析应当不作预处理。化学物质分析的标准方法往往特指样品预处理方法,它们可能不适合于与生态暴露相关的发生浓度。

> **框 20.1　未检出的处理**
>
> 　　分析数据集可能包括报告浓度(检测出)和报告未检出化学物。因此,浓度分布的低端需要进行检查。问题是未检出并不意味着该化学物质不存在,只是它们低于方法检出限(method detection limit,MDL)或定量限。如果检测某场地一些样品中的化学物,很可能以报告样品中未检出的低浓度存在。对于筛选评价,这个问题能用简单保守的方式处理,通过用检出限代替未检出观测值以便估计分布,或使用最高测量值作为暴露估计。然而,对于确定性评价,如此保守的做法是不可取的。最适当的解决办法是通过拟合参数分布函数估计完全分布(通常是对数正态),使用程序如 SAS PROC LIFEREG 或 UNCENSOR(SAS Insititute,1989;Newman 和 Dixon,1990;Newman 等,1995)。另一方面,当数据使用参数函数拟合不好时,非参数技术、乘积极限估计能给出更精确的结果(Kaplan 和 Meier,1958;Schmoyer 等,1996)。对于未检出数据集的分析,USEPA 提出了强调分析简单性用于数据分析的指导(Quality Assurance Management Staff,2000)。
>
> 　　下面的事实使关注的问题进一步复杂,即方法的检出限实际上并不是该方法能检测的最低浓度,而是对于一个统计标准能可靠检测的最低浓度(Keith,1994)。所以,一个分析实验室在 3 个样品中检出化合物浓度是 7 μg/L、9 μg/L 和 11 μg/L,但是如果 MDL 是 10 μg/L,那么报道的结果就分别是<MDL、<MDL 和 11 μg/L。尽管例子中的两个低浓度比最高浓度更不确定,但明显比上面讨论的方法给出的估计值更准确。从风险评价角度看,最好的程序将是把所有的测定浓度和不确定性一起报告,而不是让化学家去审查他们认为非常不确定的数据。
>
> 　　应该注意到计算检出限和定量限的方法甚至它们的概念定义对于不同的使用者也不同,甚至争议很大(Office of Science and Technology,2003)。

20.3　冲突的数据

在一些受污染的场地,先于场地调查测定的场地介质中的化学物浓度是可用的。评价者必须决定它们是否应当被用于评价。虽然通常数据越多越好,但冲突的数据可能由于它们的时间变化、质量、取样技术或者设计而没有用。一般来说,冲突数据的使用必须靠专家判断来确定。有关数据时间性的考虑包括污染物的降解速率、源排放污染物速率的变化速率和污染介质的流动速率。即使浓度正在下降,旧数据对于筛选评价也是有用的,因为它们提供了现在浓度的保守估计。数据的质量和抽样方法的可接受性必须按照从相对于没有数据而引入的不确定性来判断。例如,如果关注的污染物以如此高浓度存在以致样品的痕量污染都无关紧要,那么没有清洁技术而进行金属分析可能也是可接受的。另一个重要的考虑是检出限。高的检出限容易导致令人误解的结果,其对筛选评价和确定性评价的效果是一致的。

20.4 筛选分析

虽然实践中的趋势是采用具体分析,但各类污染物的筛选分析仍在使用以下分析,包括总有机氯、总多环芳烃(PAHs)、总烃、总 α 和 β 放射性和甲苯萃取有机物(Thomp 和 Nathanail,2003)。用这些可以找出整类污染物的热点地区和消除未污染地区。因此,分析具体化学物质时,他们可以节省精力和费用。有些保守的筛选分析是可接受的。例如,甲苯提取有机物可包括大量的天然有机物(Thomp 和 Nathanail,2003)。

20.5 辅助因子分析

除进行污染物浓度分析外,影响毒性的受试介质的理化性质也必须予以分析。这对于进行环境介质的毒性试验特别重要,因为其基本性质介质对于受试生物可能是不合适的。对于水,基本性质包括 pH、硬度、温度、溶解氧、总溶解固体和总有机碳。对于沉积物,包括颗粒大小分布、总有机碳、溶解氧和 pH。对于土壤,需要测量同样的性质,还加上含水量(如田间持水量)和主要养分(如 N、P、K、S),但忽略溶解氧。例如,作物在受污染和参考土壤上的生长差异可能是由于肥力、pH 或者构造形成而不是毒性。没有这些性质的信息,就不能保证是毒性效应的发生。

对环境介质毒性测试中的暴露分析,需要对样品中具有潜在生态效应的化学物进行分析,该样品需要很好地代表受试介质,例如土壤、沉积物或水。因此,试验独立分析得到的结果使用时应当特别小心。水中的浓度能随时空发生很大变化。暴雨事件或偶尔的污水排放可能造成水中浓度的显著变化,对于 7 天静态交换测试过程,只使有三个受试水样的分析对于暴露表征可能是不够的。土壤样品在垂直和水平空间也是变化的。因此,通过分析取自附近或不同深度范围的样品,土壤毒性试验的暴露可能不会被很好地表征。就像土壤,随着时间沉积物相对是稳定的,但也可能因为移动而随时间变化。

在大多数地点,产生的大多数分析数据必须进行总结和表征。数据总结必须符合风险表征的需要,取决于效应和表征模型,数据表征包括平均值、方差、分布函数、百分形式或其他形式。必须注意要进行统计归纳以避免偏差。例如,由于许多环境数据集呈接近对数正态分布的偏态分布,所以一般推荐使用几何平均。然而,当数值用于涉及质量平衡的计算和解释时,这导致不保守偏倚估计(Parkhurst,1998)。例如,如果鱼类暴露在浓度变化的水样中,计算其身体负荷的最好暴露度量是算数平均浓度。使用几何平均将使摄取最高浓度的影响被不正常的最小化。

此外,化学数据必须总结提交给评价组的其他成员、风险管理者和利益相关者。提交的目的应当是构成数据表观的重要模型。最好的显示参数(如流量和污染物浓度)间关系的方法是常规的 x-y 散点图。尽管地图不像散点图那样是显示可能因果关系的好方法,但它们是提供空间分布数据的重要方法。困难出现在将点向区域表征的数据转换中。最简单的方法是在采样点的地图上提交结果。结果可能是数值形式或按照浓度比例的饼状图形。此外,各种地理空间方法能用在浓度与区域的关联上,而这些区域的表达可能是离散区域(如 Theissen 多边形法)、等高线(如 Kriging 插值法)或梯度图(如多项式插值),示例见图 20.1。污染场地数据表征的讨论能在 Stevens 等(1989)

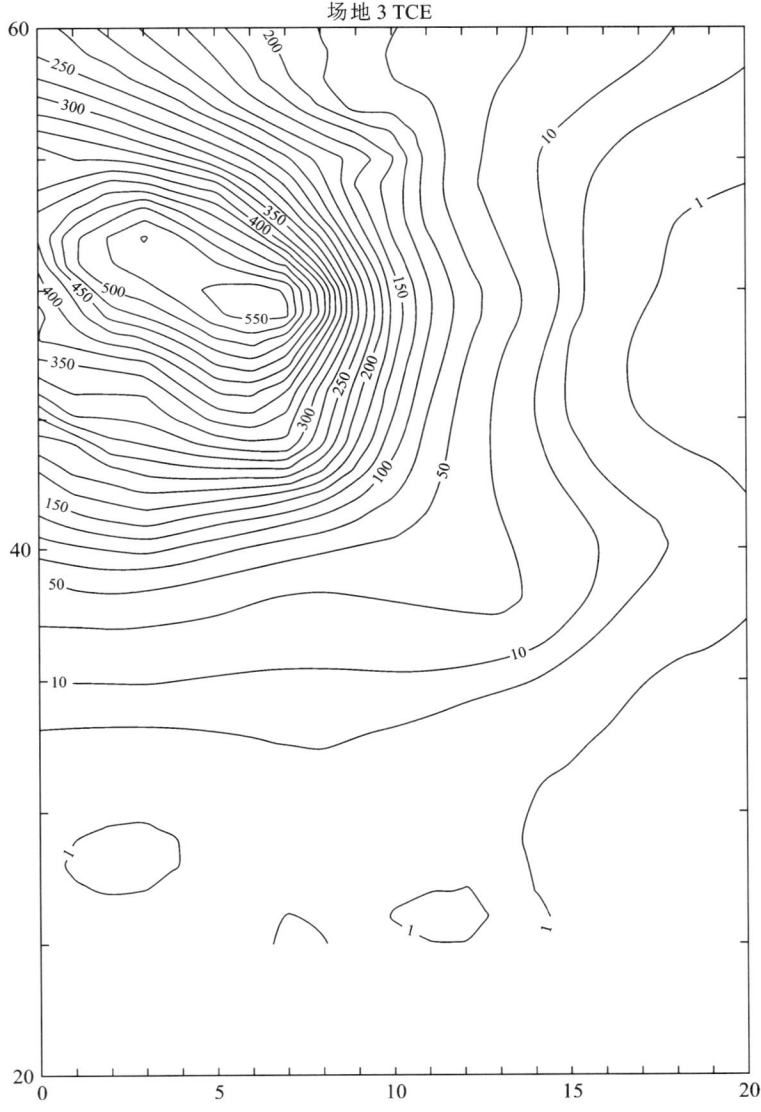

图 20.1 通过给出化学测定的空间阵列,界定存在规定范围的化学浓度的评价区域产生的 Kriging 等高线图。(由 Yetta Jager,ORNL 提供,曾在 Suter GW II,Efroymson RA,Sample BE and Jones DS,*Ecological Risk Assessment for Contaminated Sites*,Lewis Publishers,Boca Raton,FL,2000 发表。获得许可。)

和环境紧急应变小组(Environmental Response Team,1995)的研究里找到。更多的技术指导能在 Goovarts(1997)的研究中找到。这是一些具有创造性的想法,是一个很有用的领域。Edward Tufte(1983,1990,1997)提供了数据表征的一个好的总指导。

毒性标准化提供了一种方法可将许多化学物的暴露数据按照一种可解释的形式加以归纳。这可以通过将浓度(C)转化为毒性单位(TUs)来实现,就是标准测试终点如大型蚤(*Daphnia magma*)48小时 EC_{50}(半数效应浓度)的比例。

$$TU = C/EC_{50} \tag{20.1}$$

TUs 可用每条河段、小河段、横截面或其他单位图示(图 20.2)。点的高度是那个位置毒性单位的总和(ΣTU)。这个方法的优点是按照指示潜在毒性的单位来显示污染物浓度而不是简单的每单位体积的质量。因此,能看见哪个位置最能表现出显著风险,哪些化学物可能是毒性的主要贡献者。这个分析的目的是具有启发性的。

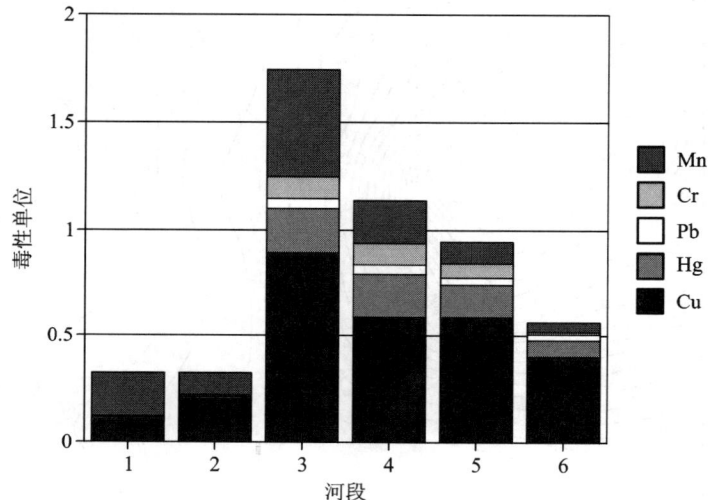

图 20.2　6 条河段中金属毒性标准化的浓度。每条柱的高度为毒性单位总和。(曾在 Suter GW Ⅱ, Efroymson RA, Sample BE and Jones DS, *Ecological Risk Assessment for Contaminated Sites*, Lewis Publishers, Boca Raton, FL, 2000 发表。获得许可。)

20.6　水

环境水域分析的通常问题是许多化学物以低浓度存在,特别是溶解的浓度而不是预期的总浓度。低浓度检测不仅需要高质量的分析技术,而且更要注意在采样和样品处理时避免痕量污染。由于通常缺乏超净的采样与处理技术,20 世纪 90 年代中期以前报道的水中金属浓度一般是不可靠的。

20.7　沉积物

沉积物样品可由各种挖泥机、柱状取样器、手持式泥铲或其他装置在浅河或潮间带获得。如同土壤,应当采集与生物体有关的一定深度的样品,常是数厘米。另一个重要的考虑是沉积物的多相性质。除了水相和固相的基本区别,从自由溶解相区别水相中的吸附材料也是重要的。区别依靠于用于估计暴露的假设和模型(22.3节)。

液相的沉积物和孔隙水是很重要的,因为对于许多化学物和生物体来说,它们是最可被生物利用的相。从沉积物样品提取孔隙水是劳动密集型的,要求用大量的沉积物,以便得到用于多种分析的充足体积的样品,同时也能改变测定化学物的形式和种类。测定孔隙水浓度的优点是可使用相同技术和用于表面水的效应数据进行评价。测定孔隙水浓度对于金属和离子型有机化合物是特别有用的,因为颗粒孔隙水分配机制是复杂且难以模拟的。

20.8 土壤

土壤中的污染物浓度可用非根际土壤或土壤溶液来表征。应当选择精确和易与测量效应的相关采样和分析方法。最直接和通用的方法是采集和分析松散介质。金属的总浓度可通过总消解(如 $HF/HNO_3/HClO_4$)获得,它能去掉结合于硅酸盐上的元素;或通过部分消解(王水),它能去掉不紧密结合于硅酸盐的所有金属。同样,通过有机溶剂萃取和加热能评估有机化合物(Hatzinger 和 Alexander 1995;Hendriks 等,1995)。这些分析具有包括元素背景浓度在内的全部污染范围的可靠特征。

土壤的水相萃取可设计用于模拟土壤生物的萃取过程。就是说,土壤质量分配到水溶液而萃取的化学动因量(稍少于总量)将近似于生物可利用浓度。适用的程序将依赖于用于估计暴露的生物体。相对温和的萃取适合于根吸收,强萃取适合于关于蚯蚓的摄取。尽管已经提出了许多萃取程序,但还没有一种表明对于多种生物体、土壤和污染物是可靠的。例如,尽管二乙烯三胺五乙酸(DTPA)从土壤萃取的污染物浓度有时相关于作物(Sadiq,1985)和蚯蚓(Dai 等,2004)的摄取量,但这个生物的可利用性已经观察到对于一些金属(Sadiq,1985,1986;Hooda 和 Alloway,1993;Dai 等,2004)和 pH 变化的土壤(Miles 和 Parker,1979)是无效的。另一个例子,三种不同的提取生物可利用 PAHs 方法在近些年已经提出,但没有哪一种方法具有优越性(Cuypers 等,2000;Loibner 等,2000;Liste 和 Alexander,2002)。

用于模拟哺乳动物肠胃过程的提取已经发展成为人类健康风险评价,但是它们的应用范围尚不清楚(Kelly 等,2002)。因为认为萃取高估了摄取土壤的生物可利用浓度,所以这些结果被认为是生物可接受的浓度。

20.9 生物区和生物标志物

非生物介质的分析提供了污染物外源性暴露的测量,但不是内源性暴露或通过摄食传输的暴露,后者要求估计介质的摄取和在生物腔体间的传输。在没有吸收和传输的可靠模型时,可以从受污染场地或实验室暴露的受污染介质中采集和分析生物群来估计内暴露和摄食传输。这个方法具有可避免使用高变异的经验模型或未验证的机理模型的优势。然而,分析化学成本高,一些化学物很快会降解或不能累积到可检测的水平。同样,对于一些物种,如那些指定为具有威胁性和濒危的或那些目前场所内还没有出现的物种,体内积存分析是不可行的。

必须注意确保体内积存分析与评价是相关的。其中一个问题是未吸收物质的处理。例如，如果土壤或沉积物中寡毛类动物没有被清除，分析则由肠道内还没有被纳入和化学物质支配。这可能会高估或低估以蠕虫为食的森莺内暴露，取决于摄取因子（生物体浓度/土壤浓度）是否小于或大于1。然而，随着吸收化学物快速消化，对于长保留时间的清除可能会导致对暴露的低估。尽管24 h是评价内脏成分的标准保留时间，但仅仅6 h可能也就足够了（Mount等，1999）。不能被身体吸收的物质，其浓度也可能随着叶面、野生动物的毛皮、羽毛及内脏成分的污染而增大。关于这个问题的决策应当基于对终点生物的实际暴露模式和用于评价的暴露模型的仔细考虑。例如，如果土壤吸收是以一种独立的路径包括在暴露模型中，就应注意避免把土壤整合进终点生物的化学分析或它们的食物中。

确认风险评价分析相关性的第二个方面是选择适当的物种、更高级的门类（如昆虫）或组合（如底栖无脊椎动物）用于采样和分析。这取决于采样的目的。一般来说，采样目的是估计消费者的食谱暴露（也就是分析植物来估计食草动物的暴露）或估计终点生物的内暴露。对第一种情况，采样应当集中在初级食物生物体和消耗的部分。对于第二种情况，采样应当集中在终点物种，如果不能实行，就集中在相近的有类似习惯的相关物种上。如果终点组织是一个群落或更高级的分类群，我们可选一个代表性物种、代表性物种的集合或整个群体。从这个意义上讲，如果这些物种能被识别且是相关的，那么应当选择最高累积水平的物种。当其他标准满足时，可以根据实际情况如易于收集和身体大小来选择生物体。

确保分析相关性的第三个方面是选择分析生物体的适当部分。这要求首先选择是否分析整个生物体、某个器官或其他部分。再次，最初的考虑是分析暴露模式的关系。如果有人对牧草或食草动物的食谱暴露感兴趣，应分析作物的叶子；海獭则是分析皮和小肢的形成层；食谷鸟类分析的是种子。如果用分析来估计终点受体的内暴露，应当进行适合于暴露-反应模型的分析。

如果内暴露的测量用于评价且收集具体位点的现场数据，那么了解所关注的化学物的毒物代谢动力学的信息是重要的。毒物代谢动力学数据将对是否暴露导致了可检测的浓度和应当进行采样和分析的组织提供指示。经常采样的组织类型包括肝和肾，因为它们是代谢和排泄的主要器官，故可能受到污染物的有害影响。脑分析通常针对具有神经毒性和脂肪积累的污染物。卵中化学物的浓度广泛用于评价污染物对鸟类的暴露，这些污染物可以通过卵迁移（存在于卵黄中的亲脂性化学物）或能对发育产生有害效应。

一些组织被分析不是因为它们明确相关效应，而是因为它们是污染物的储存器。骨骼和脂肪组织成为储存器是因为独特的化学亲和性。因为大多数有机氯污染物是憎水亲脂的，它们倾向积累于脂肪组织。同样，因为铅和锶是钙的类似物，这些无机污染物倾向于累积在骨骼中。储存组织中的污染物可能会发生阶段性的迁移。如在饥饿时（如冬眠或迁徙）有机氯化学物从脂肪的迁移，或在妊娠或卵形成时伴随钙的迁移发生的铅的迁移。

其他组织，如毛发和羽毛，是污染物的汇。汇组织中的化学物不能被重新吸收，并且一般局限于无机污染物。

分析毛发和羽毛的优势是这两个组织能进行非破坏性采样（不用杀死动物），并且它们对于同一个个体能重复采样以便随时间追踪污染物暴露。不同地方的毛发和羽毛中的化学物浓度已经被罗列总结了（Huckabee等，1972；Jenkins，1979），但是浓度与效应相关的数据却很少。除研究羽毛中的铅和汞是个例外(Burger,1995;Burger 和 Gochfeld,1997)。

也需要考虑分析活动生物体的相关性。从一个场所收集活动生物体可能花费很少的时间。在这个意义上它与评价终点一致,应当首选与场所最相关的生物体,就像少活动的生物体和小活动范围的生物体那样。然而,如果关注的生物体不限于这个场所,机体耐受量分析仍然是相关的,因为它们实际上代表了那个场所的生物体和污染物的暴露比例。这个原理仅适用于生物体没有显著暴露于场所外污染物的源。

在一些情况下,特定地点的生物体的分析是不实际的,因为场地很小或受到很大干扰。在这种情况下,生物体能暴露在处于控制条件下的污染场地介质中。例如,在加利福尼亚州 Concord 的海军武器站,植物和蚯蚓暴露在实验室的站点土壤中,笼中的蛤蜊暴露在那个区域站点的水中(Jenkins 等,1995)。同样,在马萨诸塞州的 Holbrook 的 Baird 和 McGuire 超级基金的站点,蚯蚓暴露在有土壤的容器中(Menzie 等,1992)。当提供一致的生物浓度数据时,此研究也能提供有关毒性的信息。

另一个机体耐受量分析是分析生物化学生物标志物如肝混合功能氧化酶(Huggett 等,1992)。当检测不到污染物时,生物标志物可能被检测到,且在一些情况下能测量它们而不用牺牲动物。例如,血氨基乙酰丙酸脱水酶(ALAD)被用来估计在爱达荷州 Coeur d'Alene 河污染的洪泛区鸟的铅暴露,以确定鸟类子样本中肝脏的铅浓度(Johnson 等,1999)。然而,生物标志物趋向于非特异性,随着暴露水平的增加非线性也随着增加(如由于在高暴露抑制蛋白合成而降低),且根据外部变量如动物繁殖周期或营养状态而变化。此外,很少有可靠的暴露-反应函数可用于相关标志物的水平和生物体的效应。由于这些原因,生物标志物比污染物负荷分析更少用于生态风险评价。然而,生物标志物潜在的重要用途是作为生物测试(20.10 节)。

暴露的机体耐受量和生物标志物在大多数情况下一定相关于生物体暴露介质的浓度。此关系的推导要求对共处于采样生物群的暴露介质进行采样和分析。一系列共生生物和介质样品的分析能用于发展为特异性位点摄取因子或其他模型。如果位点的范围包含污染物水平的范围,且如果特异性位点因子或模型中的不确定性足够低,且如果该位点已进行了介质样品而不是生物样品的分析,那么因子或模型就能用于预测位点的机体耐受量或生物标志物水平。当介质和生物群浓度发生变化时,样品也应当及时采于同一地点。样品的可接受区间依赖于生物群和介质的变异率,但样品不应当采自不同季节。

许多方法可用于收集生物群样品进行残留分析,采样方法通常是介质特异性或分类群特异性。风险评价中通常感兴趣的一般收集方法被 Suter 等(2000)收集在附录 A 和一些其他来源中。生物群采样的一般过程呈现在框 20.2 中。

框 20.2 生物群采样规则

- 需采足够的样品以充分代表场地的可变性。
- 用于测量内暴露的样品终点分类是有用的。
- 样品生物体或样品的一部分可代表评价终点物种的食物。
- 在同样的地方和同样的时间对生物群和污染介质采样有效。
- 在参考地区和污染地区采样或按照污染梯度采样。
- 同时在所有区域内采样,因为生物体中化学物浓度可能随季节变化。
- 注意当样品混合时丢失的信息。

20.10 生物测试

生物测试用于估计浓度或测定某种化学物质或材料存在的生物学反应。自从分析化学敏感性的不断发展,生物测试就不常使用了。生物测试的一个有价值的用途是测定一种具有常见作用机理的化学物的效应浓度。例如,H4IIE 生物测试提供了一种在生物体食物中含氯二环芳烃类含量的标准化毒性测试(Tillitt 等,1991;Giesy 等,1994b)。该用途类似于使用生物标志物来估计内暴露(20.9 节),但是其最初的目的是估计体外的反应与表观浓度之间的关系。

已经有研究建议将微生物降解污染物的活性作为生物可用污染物成分的生物测试(Alexander 等,1995)。生物测试说服力不强的方面是如果停止生物降解,就没有更多的生物可利用化学物引起毒性。这个结论需要假设生物降解停止是因为剩余物是不能利用的而不是耐生物降解。一个具有比较强的说服力是生物可利用浓度是生物降解速率的函数,所以能从降解测定中估计暴露。这个观点需要假设被微生物降解的化学物可利用性与终点植物和动物摄取的可利用性成比例。作为测量生物可利用性或生态效应的微生物毒性测试的用途超过了当前的实践情况。

生物测试通常用于筛选污染介质毒性(Loibner 等,2003)。就是说,毒性反应在筛选评价中可用于取代化学分析,来区分显著污染的区域和需要更多研究的无毒性且可被忽视的区域。用于这个目的的生物测试必须足够灵敏,但不需要承担对于评价终点的确定关系。例如,使用 *Daphnia* spp. 或 *Ceriodaphnia* spp.(对于许多化学物是敏感生物)测试土壤浸出液可能是一种好的生物测试筛选方法,但一般将不接受作为陆生生物效应的预测。然而,对于评价终点的风险测试可能进一步用于确定没有识别毒性化合物而要求修复的区域(Thomas 等,1986)(图 20.3)。例如,在问题的形成阶段可能同意对片脚类动物具有急性致死效应的沉积物应该马上清理而不需要进一步的分类或评价,具有亚致死效应的沉积物需要被进一步分类,而没有效应的沉积物则不需要进一步的考虑。用于此目的的测试必须对污染物足够灵敏,对于位点介质的表征可靠和耐用,并且相对于全套化学分析来说更便宜。

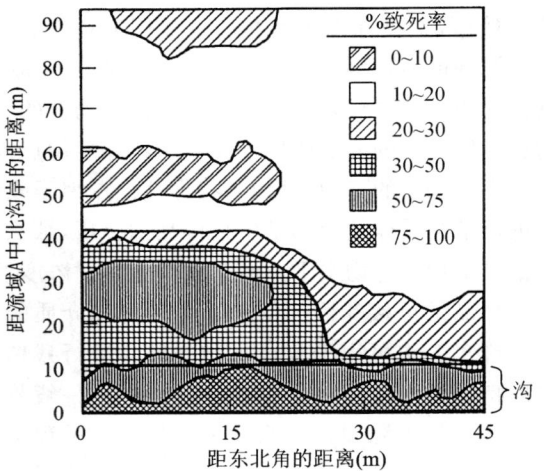

图 20.3 用 Kriging 方法得出的落基山脉阿森纳表层土壤中莴苣子的致死率(引自 Thomas JM, Skalski JR, Cline JF, McShane MC, Simpson JC, Miller WE, Peterson SA, Callahan CA and Greene JC, *Environ. Toxicol. Chem.*, 5, 487,1986。获得许可。)

20.11 生物调查

生物的调查(生物调查)用于生态流行病学中来确定受损的群落(第4章),且在生态风险评价中最初作为一种确定污染物效应的方法(第25章)。然而,它们也能在暴露分析中起到一定的作用。特别是,它们能用于确定是否一个物种或种群存在于受污染的区域、处于什么生命阶段、它们的丰度、多长时间迁移一次或存在于这个位点的其他临时性物种。若没有生物调查,这些存在或丰度参数必须使用栖息地模型或假设来估计。污染场地的生物调查提供了当前状态下这些参数的估计。污染参考区域的生物调查能提供污染前或修复后情景的参数估计。用于生物调查和用于化学分析的生物可一块采集(20.9节),但必须采取措施确保采样设计满足这两个目的。

20.12 采样、分析和概率

在风险评价中,需要考虑有关变异性和不确定性的暴露度量的分布(第5章)。例如,如果一个数据集包括一组水中的镉浓度,它们可以是时间平均浓度或瞬时浓度,在一个或几个点,在一次或更多次,能扩展到一季或一年等。空间或时间的变异性能支配浓度分布,或由于缺乏测定的镉的形态信息导致的显著的变异性。从这些数据得出的分布需要产生和解释符合用于估计终点受体暴露的方法。

这些数据最常用的概率处理是拟合一个对个体观测值的分布。然而,这些分布常常没有有意义的暴露表达式。这时评价必须测定合适的时间和空间暴露单位和以所讨论的终点风险定义它们如何分布。

水中的浓度可以用空间常数来对待(即认为鱼群占据了一个池塘或河道),关键变量是时间。对于观察的脉冲暴露的效应如发生暴雨事件冲刷污染物进入体系或处理或维护系统故障,应推导出关于事件持续时间的水中浓度的分布。选择一个合适的慢性暴露持续时间更重要。USEPA 提出的标准亚慢毒性试验的持续时间默认值是 7 天,用于废水排放和污染位点。对于幼鱼的存活和生长及浮游甲壳类生物的存活和繁殖,时间周期是基于大多数化学物导致效应所需的时间。一些化学物对这些生物产生效应更快些,一些生物,尤其是体型大的,相应更慢些。理想状态是,持续时间应建立在需要导致终点反应的时间内。间隔的选择要求对原始毒理学文献进行仔细地研究和分析。一旦选定持续时间,适当的变异性度量是 x 天变化的平均浓度的方差,x 是阶段性暴露的持续时间或需要在常规暴露导致慢性效应的时间。

一个额外的关注是测量的暴露和用于风险模型的暴露度量之间缺乏一致性。尽管公认的效应测量必须外推,但暴露外推的公认度较少。生态风险评价的例子包括如下:

- 从游钓鱼类分析中估计饵料鱼污染
- 从鱼样估计整个鱼群浓度
- 从整体水中浓度估计溶解浓度
- 从检测限估计未检出浓度
- 从沉积物浓度估计孔隙水浓度
- 从夏季样品估计一年的平均浓度

在一些情况下,数据和技术可用于估计与外推相关的不确定性。例子包括低于检出限浓度的最大概率估计和从鱼样到整体鱼外推的统计模型(Bevelhimer 等,1996)。在其他情况下,必须使用专家判断。

20.13　结论

用于污染环境介质的采样和分析方法已经发展得很好,已产生标准并得到常规应用。然而,用在生态风险评价中得出的结果常常欠优化。生态评价者需要进行更多包括采样和分析设计的活动(第 18 章),且必须坚持符合他们的需要。

第 21 章
化学物质迁移和归趋的数学模型

Donald Mackay 和 Neil Mackay

21.1 目标

本章的目的是描述数学模型在评价环境化学物质带来的风险时所起的作用。为全面评价这个作用,生态毒理学家应当理解如何用公式表示这些模型,它们的长处、弱点和适用范围。本章首先描述模型公式化的过程和包括一些基本的环境化学概念。接下来是水生系统中化学物归趋模型的例子。最后,描述了在北美和欧洲评价生态环境风险中的可用模型和它们的应用。

化学物质归趋和迁移模型构建者的最初目的是收集可用的化学物性质数据、环境条件、化学物排放的速率或数量,然后将这些数据整合成一个化学物归趋的综合报告,常用作质量守恒计算。这个报告能使模型构建者估计存在于环境的每部分化学物的总浓度、化学物降解和从一个地方迁移到另一个地方的速率和化学物在环境中存在的时间长度。理想情况下,这些浓度应当与可用的监测数据比较来为模型提供有效的保证。计算、估计或预测各部分中的可能浓度需要知道物质的物理-化学性质,特别是在环境介质间的分配系数和反应速率常数或半衰期形式的化学反应性参数。这也需要主要的环境条件信息如水文学、土壤特性和大气过程。

需要重点强调的是,尽管能测定污染物在介质如空气、水和鱼中的浓度,但常常不能测定其流动量如水到大气的蒸发或生物代谢降解或吸收的速率。监测结果仅提供了动态系统的一部分、静态的"快照"。模型构建者的目的是建立系统中污染物动力学行为更完全和定量的图像。当化学物支配的环境路径和归趋过程被定量理解时,一个化学物行为和污染河口的性质更清晰的图像就出现了。这个信息有助于评价有害效应的风险,并评价用于减少浓度、暴露和效应的作用。

21.2 模型的基本概念

定量描述的组合一般被认为是"质量平衡"模型的发展。图 21.1 说明了这个基本概念,一定体积的环境空间被看做一个室,对进入和离开这个体积的化学物写出其质量或物料平衡方程。这个体积可以是一个河流截面的水,一个区域的大气或深度为20 cm的土壤,它甚至可以是一个生物体。它必须有确定的物理界面,其内部的条件最好是比较均匀的。质量平衡方程表述在相面化学物数量的总量变化(单位为 kg/h)等于相面输入速率的总和减去输出速率的总和(用 kg/h)。输入项包括空气和水的流入,直接排放或从其他化学物形成。输出项包括湖水的流出,降解反应和扩散到其他室的部分。"化学之父"安托万·拉瓦锡,被认为是第一个阐明了质量平衡原理的人。这不是偶然的,他也是一个会计,因为同样的原理也适用于资金进出,和银行存款余额的积累。现在质量平衡方程的应用可作为一个公理;因此,模型构建者的任务基本上是发展公式、方程或用质量平衡方程来对每项进行定量。

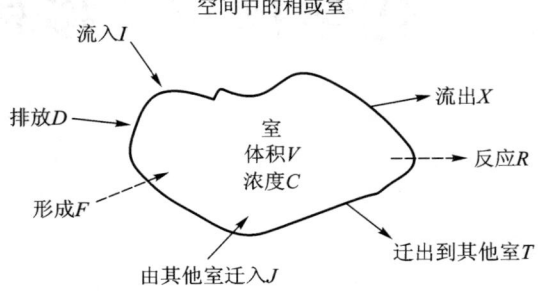

图 21.1 相或室的基本概念和相应的动力学及稳态质量平衡方程

整合质量平衡后,模型构建者面临着要求判断实践的大量决定。模拟的"艺术"能看做一种当面对需要抉择的方法或策略做出"正确"决策的能力。特别是,模拟的环境系统的三个方面必须被认可,包括排放物的性质或化学物的"负荷"和要解决的系统的规模。

21.2.1 排放或负荷

通过广泛的人类活动和许多方式化学物进入了环境。一些化学物如农药和杀菌剂是被人类有意引入环境的。其他引入方式是由于下面物质的使用或生产,如药品、兽药、溶剂、表面活性剂、燃料和润滑油。有些是在过程如燃烧中无意形成的,如二恶英和多环芳烃(PAHs)。途径或进入一个特定环境的模式决定了它的环境归趋和随后对非靶生物体暴露的最适当模拟方法。最重要的是排放的两个特征:

(1) 排放源自一个点源或非点源(扩散)?
(2) 排放是稳态(连续)或非稳态(脉冲)?

21.2.2 点源和非点源

顾名思义,点源负荷的空间离散和普遍发生,是由于当地人类活动如处置或意外释放的结果。在许多情况下,点源负荷的规模由设计规范决定或可被测量(第 19 章)的。相比之下,非点源的负荷通常是更多扩散过程的结果,它的发生贯穿整个环境如从土壤或水体挥发进入空气或浸入地下水。进入环境的负荷大小不容易被确定因为依赖于本身需要模拟的环境过程。

21.2.3 稳态和非稳态源

稳态负荷是(或实际的理由认为是)在速率上是持续和常数,而非稳态负荷是时间不连续和随时间以脉冲方式偶然发生的。稳态负荷往往与人类活动有关,如连续生产或工业、城市污水处理厂的排放。非稳态负荷的例子包括农药使用、化学物或燃料的意外泄漏。根据过程的复杂性,包含的负荷规模可以从化学物质泄漏场地的观测直接估计,或者对其本身进行模拟,如伴随农药使用的径流。

21.2.4 尺度的重要性

确定适当的空间和时间尺度是任何暴露和风险评价的基本部分。当模型设计来支持多种尺度的暴露和风险评价时,为手边工作选择一个合适的模拟工具是重要的第一步。这经常取决于前面讨论的两个因素,即如何界定在时间和空间上的负荷连续程度。我们发现环境尺度能使这些决定比人们想象的更微妙。例如,考虑废水处理厂排放的生活用表面活性剂。在单个河道、河段或负荷的水体的尺度应认为是点源。这种负荷也可在集水区或连同其他污水处理厂负荷的流域尺度进行调查。取决于水库的规模和污水处理厂的数量,这些负荷可被视为点源,或者更实际一些的,扩散(非点)源。在一个包含几个集水区的州或国家区域范围内,因为这种无处不在的排放,这些负荷更容易被视为扩散源从而进行模拟。表21.1包括了说明尺度重要性的建模方法的例子。

表 21.1　用于模拟污水处理厂排水的不同尺度建模方法的例子

评价尺度	描述的建模方法	点源或非点源模拟
处理厂	STP(Clark 等,1995)	点源
水体"河道"或"河段"(几百米)	EXAMS(Burns,2002)	点源
水库或流域(1 km^2 到数千 km^2)	GREAT-ER(GREAT-ER Task Force,1997)	点源
大湖(如安大略湖)	QWASI(Mackay,1989)	点源和非点源
区域(数千 km^2 到数十万 km^2)	EUSES(EUSES,1997)	非点源

21.3　质量平衡模型的公式化

图21.1说明这类模型的公式化有五个步骤:确定"室",定量反应发生率,定量迁移速率,获取排放数据,描述总质量平衡的方程以获取所有化学物质的浓度、质量和流动量的估计。

21.3.1　确定室

第一步确定"室"的边界、范围。理想上包含每个"室"或"盒子"的体积应充分混合,从而有相当均匀的浓度。

"室"中化学物的质量能简单表达为它的浓度和"室"体积的乘积。例子是浅池水或表层沉积物。如果有更详细和复杂的模型则更理想,可能有必要把水柱分为两部分:表层和深层。也许把水柱中的粒子看做一个独立的相是理想的,或者也可以集中到水柱上。显然,"室"的数目越大,对于现实模型潜在的保真度也越大,但数学上也变得更复杂,需要更多的输入数据,模型倾向于变得更难以理解。如果它过于复杂,就不太可能被广泛使用,可能也缺乏可信度。图21.2是一个相对简单,稳态的七室模型,包括空气、气溶胶、水、鱼、土壤、底泥、悬浮沉积物,并将化学物质(萘)引入三个"室"。用于化学物进入和离开每个"室"的过程需要估计15个过程的速率,包括沉降速率,土壤径流,蒸发,反应和平流流动。

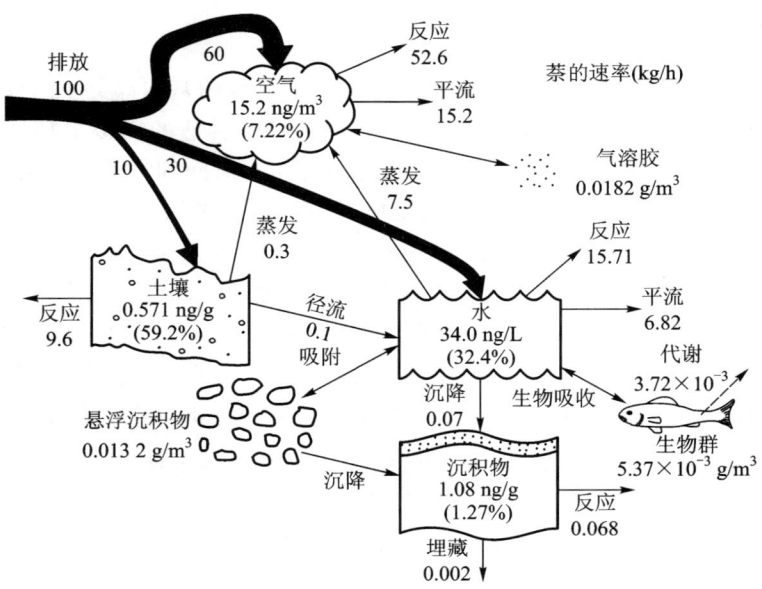

图 21.2　萘在 7 室稳态的三级系统归趋的质量平衡示意图。通过解代数方程组得到浓度和通量。双箭头描述假设舱室间处于平衡。

21.3.2　反应速率

第二步通过有机化学物经历的过程如生物降解、水解和光解定义了各种经验反应速率。对于金属,降解不会发生,但是可能有形态变化,如铁到铁离子。对于温度和其他条件,如密度和微生物种群的性质、阳光强度、pH 可能会随日照和季节而变化来说,这可能是困难的。应当使用什么平均条件并不总是很清楚。一些情况下可能用到值的分布。最科学可靠和严格的数据来自于小型实验,涉及化学物从容器到高度控制条件下的已知反应环境的暴露。接下来的挑战是把这个物化信息转化为环境条件。试验也可以在更大的微宇宙或中型实验生态系统进行,此时环境条件能被更精密地模拟,但这一结果对测定反应速率的变量会失去控制,还会失去重现性。当水解、蒸发和降解过程同时存在时,很难区分它们单个的贡献。

有机化学物常常参与由环境中的反应性动因引起的一些竞争性降解过程。这些动因包括各种氧化剂如臭氧或氢氧自由基,能引起直接或间接光解的光照,离子如氢或氢氧离子,以及包括细菌和真菌的微生物等。在生物体内可能有一个代谢转化。反应速率 N 一般表达为

$$速率 = N = VCxk_2 \quad g/h$$

式中:V 是体积;C 是化学物质浓度;x 是反应性动因的浓度;k_2 是二级速率常数。如果环境条件完全是常数,x 也将完全是常数,那么 x 和 k_2 项能合并成 k,二级速率常数的单位是时间的倒数(例如,/h),那么

$$N = VCk \quad \text{g/h}$$

速率常数 k 是存在的化学物每单位时间内反应的部分。例如 0.01/h 意指每小时有 1% 的反应。更方便的是把速率常数看作半衰期，就是总浓度降低一半所要的时间。时间 $t_{\frac{1}{2}}$ 显示是 $0.693/k$，而 $0.693/k$ 是 2.0 的自然对数。关于 k 或 $t_{\frac{1}{2}}$ 的信息能从实验室测试、定量结构-活性关系（QSARs）的估计方法或适当地解释现场观察来获得。Boethling 和 Mackay(2000) 对 QSARs 进行了一些综述。特别重要的是水和土壤中的生物降解率及大气中羟基自由基的化学反应。这些常是化学物降解的基本机制。化学物的持续时间或寿命很大程度上取决于这些速率。

21.3.3 迁移速率

第三步确定各种介质间的迁移速率。污染物进入介质如土壤时是相对稳定的，但是当通过蒸发输送到另一种介质如空气时，它可能变得从属于快速降解反应。环境中化学物质的寿命不是被它在土壤中反应速率控制的，而是受它从土壤蒸发到反应性大气中反应速率控制的。环境科学的早期，流行的观点是大多数化学物质倾向于停留在它们被释放的介质中。例如，加到土壤中的 DDT 将会无限停留，仅仅从属于土壤降解过程。现在清楚大多数化学物有在环境介质迁移的能力，因此土壤中 DDT 的使用将导致暴露于土壤的大气中的可观浓度。污染空气的传输将导致遥远地区的污染，如北极和南极的哺乳动物、鸟类和鱼类的 DDT 污染情况。实际上，是 Rachel Carson 在《寂静的春天》第一次引起了人们对由于介质内迁移过程导致杀虫剂化学物对非靶生物暴露的关注 (Carson, 1962)。

迁移过程归类于两个基本过程。第一个是对流或非扩散过程（图 21.3），此时化学物从一种介质输送到另一种介质凭借"载体"材料的"捎带"，即由于无关于化学物存在的介质间的移动。如靠附着沉积颗粒物化学物从水柱到沉积物的沉降，在降水、降尘或湿沉降（通过降雨灰尘从大气中清除）中从大气到土壤或水体的迁移。生物体对污染食物的摄入也是这种过程。这些过程通过迁移介质中的化学物浓度乘以介质的流速或迁移速率容易量化。例如，如果包含 10 ng/L 多氯联苯的雨水以 0.5 m/a 即 0.5 m³/m²/a 的速率降下，在一个 500 万平方米的区域，降雨速率将是 2.5×10^6 m³/a，多氯联苯的迁移速率将是降雨速率与浓度 10 ng/L 的乘积（表达为相当于 10 μg 或 10×10^{-6} g/m³）。多氯联苯沉降速率因此是 $2.5 \times 10^6 \times 10 \times 10^{-6}$ or 25 g/a。原则上类似的计算能用于其他介质内的对流过程，包括水、空气和固体中的流动，就像生物对食物的摄取和通过吸入进行的吸收。

第二组是自然中的扩散和介质中化学物的迁移，因为它是一个非平衡态。例如，考虑图 21.3 描绘的两室环境，苯以 1 mg/L 和

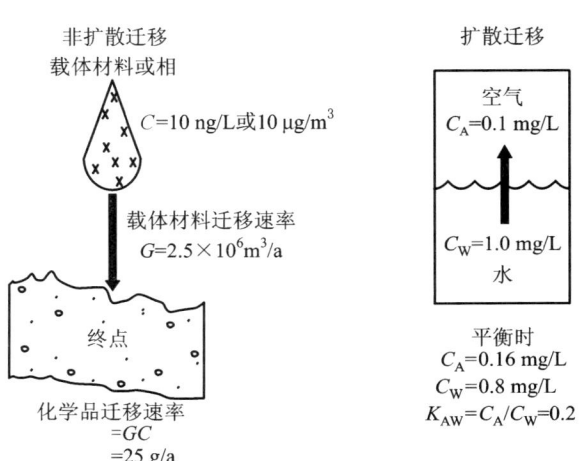

图 21.3 介质内迁移过程

0.1 mg/L 分别存在于水和空气中。苯的物化性质,特别是气/水分配系数或亨利定律常数,支配了平衡态下的浓度。这个量能通过苯在水中的溶解度和蒸汽压来测定。平衡时空气到水中浓度的比例或气/水分配系数在通常温度下约是 0.2。在此情况下空气相对于水是不饱和的。苯因此将从水向空气扩散直到它建立浓度大约是水中 0.8 mg/L,空气中 0.16 mg/L。在物化观点上化学物努力实现一种热力学平衡状态,或在此状态下苯有一个均等的化学势或介质中的逸度。因为其他的输入和输出过程进入或离开体系可能有或没有时间达到这个平衡,但是扩散迁移的方向至少是清楚的,迁移速率也能计算。

大家必须明白,这一扩散过程基本上体现了苯通过整个系统的随机混合。水中的苯并不"知道"空气中的浓度,但从水室进入空气所损失的苯的速率与水中苯的浓度成正比。因此,这种损失的速率将超过空气中得到的速率,直到空气和水中的浓度调整向上和向下迁移为同等速率时。通常净扩散速率方程能写成如下形式:

$$N = k_M A (C_1 - C_2 K_{12})$$

式中:N 是迁移速率(g/h);k_M 是迁移速率系数(m/h);A 是介质间的面积(m^2);C_1 和 C_2 是在两个介质中的浓度(g/m^3);K_{12} 是分配系数。当平衡时没有净迁移,K_{12} 等于 C_1/C_2 或 C_1 等于 $C_2 K_{12}$ 且因此 $(C_1 - C_2 K_{12})$ 项变为 0。这项常被认为是扩散的"驱动力"或"偏离平衡"。Boethling 和 Mackay(2000)评述了这些分配系数并介绍了估算方法。

这些扩散率的计算能用于其他介质的组合如土壤和空气或水和沉积物。这三个显然是关键量:① 介质内分配系数,如 K_{12},它是表达平衡状态和偏离平衡程度的热力学量;② 类似于 k_M 的迁移速率参数,它有速率的维度且能看作化学物从一个介质移动到其他介质的速率;③ 介质内面积 A。多种方法可用于测量、相关、估计和预测这些介质内迁移系数。Thibodeaux(1996)、Mackay(2001)和 Schwarzenbach 等(1993)给出了全面描述。涉及的量通常是质量传递系数、分子扩散系数、扩散路径长度或边界层厚度。Lyman 等(1982)评述了估计这些量的方法。测定介质内迁移速率 N 的通用试验方法,是在实验室控制条件下 A、C_1、C_2 和 K_{12} 已知时推导出 k_M。

然后相关这些如由风速或水流速度反映的大气或水的湍流的条件。然而在环境中进行这些测定是困难的,在实验室向环境的有效外推中常常存在不确定性。

一些情况下化学物从一个介质迁移到其他介质时可能穿过两个或更多的界面。例如,苯从水蒸发到大气必须通过水和空气中的近滞留边界层进行扩散。这一系列扩散过程要求应用"双阻抗系列"概念,常认为是惠特曼双层或双阻抗理论。

21.3.4 排放

第四步确定了不同的排放系统,这可能来自于工业或市政、溢漏、有意使用化学物如农药等、地下浸水或使用或处置的消费品。总排放率也被称为"负荷率",往往是难以确定的,至少在大区域,其中有多个点和面源,包括从大气和河流的沉积。一些排放,如农药的使用必须被视为在时间和空间上的动态过程。排放或来源项是非常重要,因为是排放的尺度和分布"驱动"这个模型确立浓度的范围,进而决定暴露和最终的有害效应风险。

21.3.5 求解质量平衡方程

模型构建者利用各种来源的信息来估计排放、迁移和转化率。对于一个"室"的每个损失过程,速率可以直接表达或作为化学物浓度的函数,特别是估计速率常数 k 和 C 的乘积,即 kC。确定图 21.1 中质量平衡方程的速率表达后,剩下的任务是援引质量平衡原理和求解方程以获得想要的浓度。如果有 n 个室将有 n 个未知浓度和 n 个质量平衡方程,然后有可能求解。现在模型有几种选择。

一个简单的和有价值的方法是审查不变或稳态条件下的系统。通常,环境条件已接近稳态,由于长期、持续的化学物输入。图 21.1 中方程左边的总变化项设置为零,质量平衡方程采取的形式是一个或多个代数方程。如果输入速率保持不变很长一段时间,这些方程表示为系统中的浓度。数学求解是通过编写一套代数方程实现,通过手算或矩阵技术求解。这一解决方案,虽然不一定代表实际情况,但是有用,因为它表明在测定化学物的归趋、浓度、暴露中,该过程和参数很可能是最重要的。模型构建者可以争取建立更准确的关键输入参数的值。举例来说,对于蒸发导致的迁移速率来说,反应速率可能会被证明是如此缓慢以致相对是不重要的。然后进一步的工作是调整来获得更准确的蒸发迁移速率。图 21.2 中的量以这种方式获得,用来表明重要的过程是空气、水和土壤中的反应,空气和水的对流,水的蒸发。

第二,更严格和要求更高的方法是求解图 21.1 所示的一系列微分方程。对于简单体系,有可行的分析解决方案,但是往往需要使用积分的技术,这种技术首先确定初始或边界条件,然后根据特定的时间增量或步骤变化推导出相应的变量,从而为系统计算出新的一系列浓度。对于新的情形,该方程也可重复使用,但是需要注意对时间增量和积分方法的选择。图 21.4 说明了这样计算输出,实际上是时间过程中体系的浓度变化,是由输入可能不变或随时间改变的结果。这种类型的解决方案的缺点是,结果不容易推广到其他条件,因为每个具体的解决方案具体于选择的初始条件,当然还有化学物的输入率。

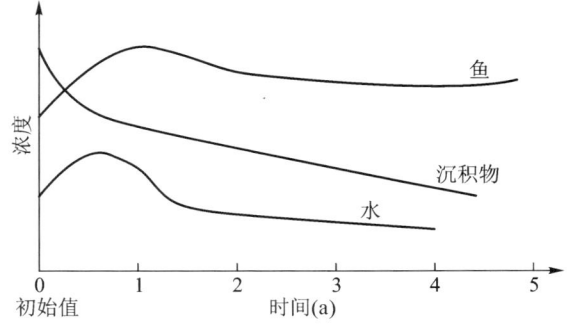

图 21.4 化学物质输入先增加再减少的湖泊中浓度变化的时间过程。通过求解微分方程得到该曲线。

21.3.6 复杂性、有效性和置信限

建模者致力于获得描述真实体系的模型,以高逼真度来提供当前浓度的准确预测。这可能会导致复杂的模型,化学物迁移的高度分化或详细的多介质环境,涉及数以百计的迁移和转化过程和输入参数。如此多的参数和假设可能会建立一个使潜在用户信不过的模型,可能有一些隐藏的敏感性、误差甚至错误。这个问题从数学的角度上讲,就是指在拟合的过程中涉及诸多无法定量、又无法明确其变化区间的参数,于是拟合的结果与实际情况的符合程度总是伴有偶然性的。最敏感的、最关键的参数可能并不是这么明显。关键过程可能被包含显著误差的一些表达式或参数所控制。其他化合物或条

件的外推可能不可靠。通常情况下,化学物如农药的总损失率或"损耗"从现场数据可以相当准确地知道,并能准确模拟,但如果它是几个贡献过程如挥发和生物降解的总和,那么总和中的单个组分可能不会被准确了解。重要的是,现场测试设计给出需要的过程速率和该模型充分表达的单个损失率以及总损失率。模型做出的有力支持,应当是尽可能复杂,足够透明,能被直观理性地检查尤其是被非建模者广泛使用(第9章)。

对于一名经验丰富的环境科学家,结果应符合指定环境中讨论的化学物的预期浓度。往往模型最有用的方面是,按照重要性次序分类多种不同过程,并确定关键过程。一个非常简单、快捷的模型就可以组装仅包含这些关键过程,能给出一个满意结果的近似模拟。

显然希望比较模型结果和以监测浓度形式存在的真实值,常常做预测值和观测值的散点图。一些参数调节可能用于改进拟合。一些人参考模型确定过程改正为"验证"。其他认为"验证"一词过于强烈,因为总能发现模型无效的条件。"协调"、"确认"或"评估"可能是更好的单词。重要的是,建模者表达模型的所有限制,如它可能不适用于电离化学物,在亚凝固温度是无效的。置信限的表达也是可取的,例如估计的 95% 形式将在因子 2.5 范围内。计算相对于环境标准的浓度或风险评价时关注的毒理学水平时,置信限或误差估计变得非常重要。

做好上述准备以后,现在我们通过制定和讨论一个包含多种过程的简单直观模型来说明这些概念。

21.4 简单质量平衡模型的例释

21.4.1 被模拟的体系

为了说明这些概念,我们处理一个简单的单室水模型。这样做的目的是建立一个遭受化学物持续直接排放的湖泊中化学物质的质量平衡。这个湖的深度为 10 m,面积为 10^6 m^2,水容量为 10^7 m^3。水流入和流出湖的速率是 1 000 m^3/h,因此水的停留时间是 10 000 h 或约 14 个月。有 75 kg/h 或 50 L/h 的悬浮沉积物(密度 1.5 kg/L)流入,其中 45 kg/h 或 30 L/h 沉积于湖底,剩余 30 kg/h 或 20 L/h 流出体系。底部(这里我们忽略)包含了沉积物。水体中化学物能以半衰期 289 d 反应,即速率常数 10^{-4}/h。它以 0.001 m/h 的总的水传质系数获得扩散速率蒸发。化学物(摩尔质量 100 g/mol)有气-水平衡分配系数 K_{AW} 为 0.01,一个无量纲颗粒物-水分配系数 K_{PW} 为 5 450,以及生物相-水分配系数 K_{BW} 或生物浓缩系数为 5 000。值得注意的是分配系数可以表示为上述无量纲形式,如(g/m^3 颗粒物)/(g/m^3 水)或两相相当的 mg/L。这个比例常表示为(mg/kg 颗粒物)/(mg/L 水),因此有 L/kg 单位。从量纲形式到无量纲形式的转化需要乘以颗粒物密度。因此,K_{PW} 是 5 450(无量纲)或 3 633 L/kg。生物相密度通常是 1.0 kg/L,等于水的密度,因此值在数学上是相等的。颗粒物浓度是 30 mg/L 或 20 cm^3/m^3 或 20×10^{-6} v,生物相浓度(包括鱼)是 5×10^{-6}。化学物稳定排放为 40 g/h。存在于流入水中化学物浓度是 0.01 mg/L。

模型的目的是计算水、颗粒物和鱼类体系中稳态或稳定的浓度及总损失率。我们能用两种等价的路线从事这种计算:首先是常规的浓度计算,其次是逸度计算。

21.4.2 浓度计算

我们设定水中化学物（包括存在于颗粒物和鱼中的化学物）的总浓度 $C_W \, g/m^3$ 是未知的。各过程速率计算依据 C_W，汇总并换算成总输入速率，然后求解 C_W，最后推导各过程速率。我们使用 g/h 为质量平衡计算的单位。溶解浓度可以是未知的而不是总浓度。

21.4.2.1 化学物质的输入速率

排放速率是 40 g/h。流入速率是 1 000 m³/h 和 0.01 g/m³（即 0.01 mg/L）或 10 g/h 的乘积。因而总输入速率是 50 g/h。

21.4.2.2 水、颗粒物和鱼类之间的分配

水中的总量是 $V_W C_W$，其中 V_W 是水的体积（$10^7 \, m^3$）。但是这包含 20×10^{-6} (V/V) 的颗粒物，即 $20 \times 10^{-6} \times 10^7$ 的体积或 200 m³，同样 5×10^{-6} 的生物相或 50 m³。水中的总量是颗粒物和生物相中溶解量的总和，即

$$V_W C_W = V_W C_O + V_P C_P + V_B C_B$$

浓度 C_O、C_P 和 C_B 分别指溶解态、颗粒物态和生物形式。体积已知，浓度 C_P 是 $K_{PW} C_O$ 或 5 450C_O，C_B 是 $K_{BW} C_O$ 或 5 000C_O。替换后给出：

$$10^7 C_W = 10^7 C_O + 200 \times 5\,450 C_O + 50 \times 5\,000 C_O$$

$$10^7 C_W = C_O (10 + 1.09 + 0.25) \times 10^6 = 11.34 \times 10^6 C_O$$

因而断定 C_O 是 0.882C_W，C_P 是 4 800C_W，C_B 是 4 400C_W，88.2% 的化学物是溶解态，9.6% 的吸附于颗粒物，2.2% 的生物富集于生物相。注意我们使用无量纲分配系数 K_{PW} 和 K_{BW}，即 (mg/L)/(mg/L) 的比例。如果使用二维形式，体积 200 m³ 被 300 000 kg 和 K_{PW} 所取代是 3 633 L/kg；因此总量是 300 000 × 3 633C_O/1 000 或 1.09×10^6 g。L 到 m³ 的转换系数是 1 000。

21.4.2.3 水的输出

因为输出速率是 1 000 m³/h，溶解化学物的输出速率必须是 1 000C_O g/h 或 882C_W g/h。

21.4.2.4 颗粒物输出

此外，当 C_O 等于 0.882C_W 时，包含 5 450C_O g/m³ 吸附化学物的颗粒物。以 20 L/h 流出，即 109C_O g/h 或 96C_W g/h。我们假定生物群停留在湖中，但是如果想要他们的流出也能包括在内。

21.4.2.5 反应

反应速率是水容积、浓度和速率常数的乘积：$10^7 C_W \times 10^{-4}$ 或 1 000C_W g/h。注意我们假设体系中的所有化学物从属于这个反应。不同的速率常数能限定于溶解、吸附和生物的形式。

21.4.2.6 沉淀到沉积物

颗粒物上的浓度是 5 450C_O 或 4 800C_W g/m³ 颗粒物。因为颗粒物沉积速率是 30 L/h 或 0.03 m³/h，化学物沉积速率将是 4 800 × 0.03C_W 或 144C_W g/h。

21.4.2.7 蒸发

蒸发速率是传质系数（0.001 m/h）、水域面积（$10^6 \, m^2$）和水中溶解浓度的乘积：

$0.001×10^6×0.882C_w$ or $882C_w$。我们假设空气不包含化学物来创造一个引起从空气到水扩散的"反压"。如果是这种情况,它将包括在另一个输出项内。

21.4.2.8 流失过程的综合

综合这些过程速率,我们应用质量平衡原理,得出稳态条件下损失速率总和等于 50 g/h 的总输入速率,因此:

$$50 = 882C_w + 96C_w + 1\,000C_w + 144C_w + 882C_w = 3\,004C_w$$

从而:

$$C_w = 50/3\,004 = 0.016\,6 \quad \text{g/m}^3 \text{ 或 mg/L}$$

溶解浓度因而是 $0.014\,6$ g/m³,颗粒物上的是这个浓度的 5 450 倍或 80 g/m³ 颗粒物,且因为颗粒物密度是 1.5 g/cm³,大约是 53 mg/kg。这也是 $0.001\,6$ g/m³ 水。生物相中的浓度将是 73 g/m³ 或 mg/kg 生物相且相当于 $0.000\,4$ g/m³ 水。

过程速率因此是:

水流出速率	14.7 g/h	29%
颗粒物流出速率	1.6 g/h	3%
反应	16.6 g/h	34%
沉积	2.4 g/h	5%
蒸发	14.7 g/h	29%

这些值总输入 50 g/h,满足质量平衡。损失过程的相对重要性立刻就明显了。图 21.5 描述了这个质量平衡过程。现在有了一个包括浓度、质量和流量的化学物归趋的清晰完全的图。这个模型因而提供了流量的附加信息,而监测项目仅能给出浓度。

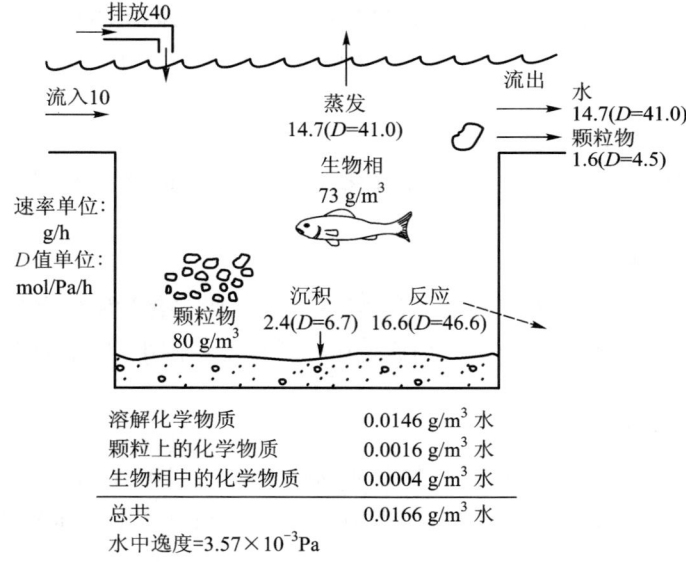

图 21.5 文中例子描述的湖中化学物质的稳态质量平衡

21.4.3 逸度计算

一种替代办法,是使用逸度而非浓度作为化学量的描述符,能得出相同的答案。在这种方法中,化学物在相间的分配用逸度平衡标准项表达。逸度 f 认为是按压强单位

(Pa)的化学物的分压,来替代浓度。浓度 C mol/m³ 与逸度容量或 Z 值有关,即 C 等于 Zf。Z 值能计算出来,计算途径有估计或测定分配系数,或间接从化学物的物理性质如分子量、蒸气压、溶解度和辛醇/水分配系数,以及环境性质如密度和存在相中的部分有机物含量。详细资料见 Mackay(2001)。此时,化学物种 Z 值的确定从气相开始,其中 Z_A 是 $1/RT$ 或 $4.1×10^{-4}$ mol/m³Pa,R 是气体常数(8.314 Pa·m³·mol⁻¹·K⁻¹),T 是热力学温度(298 K)。因为分配系数 K_{12} 是 Z 值的比例 Z_1/Z_2,Z 值对于水能计算为 Z_A/K_{AW} 或 $4.1×10^{-2}$,对颗粒物 Z_P 是 $K_{PW}Z_W$ 或 223,对鱼 Z_B 是 $K_{BW}Z_W$ 或 205。对于水、颗粒物和生物群的总 Z 值是它们 Z 值的总和,以它们体积分数的比例加权:

$$Z_{WT} = Z_W + 20×10^{-6}Z_P + 5×10^{-6}Z_B \quad \text{或} \quad 4.65×10^{-2} \text{ mol/m}^3\text{Pa}$$

气和水、气和土及水和沉积物的扩散传递又能从传质系数、界面面积、扩散率及路径长度来估计。非扩散过程包括水和空气对流、干湿大气沉降、地下水浸、泥沙淤积、埋藏和悬浮、土壤径流,能从流速、Z 值和逸度来估算。每种情况的速率参数能表达为"D 值"如速率是 D 和逸度的乘积。每个室或亚室的降解包括在速率常数的平均值中,又表达为 D 值。

质量平衡计算能用逸度形式重复,通过首先计算 Z 值,然后 D 值,然后如前所述令输入和输出速率相等。做逸度计算时,用 mol/h 单位表达速率是可取的。

D 值(单位 mol/Pa/h)和流量(mol/h)显示在表 21.2。

表 21.2 D 值和流量

				流量 D_f(mol/h)
水的流出	$D_1 = G_W Z_W$	$= 1\,000 × 4.1×10^{-2}$	$= 41.0$	0.147
颗粒物的流出	$D_2 = G_P Z_P$	$= 0.02 × 223$	$= 4.5$	0.016
反应	$D_3 = V Z_{wt} K$	$= 10^7 × 4.66×10^{-2} × 10^{-4}$	$= 46.6$	0.167
沉积	$D_4 = G_D Z_P$	$= 0.03 × 223$	$= 6.7$	0.024
蒸发	$D_5 = K_M A Z_W$	$= 0.001 × 10^6 × 4.1×10^{-2}$	$= 41.0$	0.147
		总共	$= 139.8$	0.500

总质量平衡然后表达为水中化学物的未知逸度项 f_W。输入速率 50 g/h 也即 0.5 mol/h。令输入等于输出得:

$$0.5 = f_W D_1 + f_W D_2 + f_W D_3 + f_W D_4 + f_W D_5 = f_W 139.8$$

$$\text{从而 } f_W = 3.58×10^{-3} \text{ Pa}$$

$$C_O = Z_W f_W = 1.46×10^{-4} \text{ mol/m}^3 \quad \text{或} \quad 0.014\,6 \text{ g/m}^3$$

$$C_P = Z_P f_W = 0.80 \text{ mol/m}^3 \quad \text{或} \quad 80 \text{ g/m}^3$$

$$C_B = Z_B f_W = 0.73 \text{ mol/m}^3 \quad \text{或} \quad 73 \text{ g/m}^3 \quad \text{或} \quad 73 \text{ mg/kg}$$

单个速率是 Df,等于前面的计算值。D 值给出了每个过程相对重要性的一个有用和直接的表达,因为所有过程都用相同单位表达。

21.4.4 讨论

模型提供了湖泊系统中化学物状况和归趋的宝贵信息。明显的,人们希望测量颗粒物、水和生物相的浓度,从而决定模型的推断是否正确。如果观察到了偏差,就能重新检查模型假设来检验是否没有包括某过程，或是否设定的参数数量级不对。调整成功时，环境科学家能满意地宣称该系统能被很好地理解。然后有可能探测输入系统的各种改变的效应。

例如，如果去除排放，水、颗粒物和生物相浓度最后将降到前面计算值的 1/5，因为输入现在是 10 g/h 而不是 50 g/h。生物相现在包括 14 mg/kg 而不是 73 mg/kg。要实现生态学目标如 5 mg/kg，将要求减少输入速率到 3 g/h。需要实现想要的生态系统环境质量，为此能估计调整的性质和规模。

这能判断出保护水生物种免于有害效应的风险，要求水中的溶解浓度少于 0.001 g/m^3 或 mg/L。为实现这个目标要求总输入降到 3.4 g/h。

另一个问题是使这个测量变得有效需要多长时间？

这需要解微分质量平衡方程：

$$V_w \mathrm{d}C_w/\mathrm{d}t = 输入速率 - 输出速率 \quad 或 \quad V_w \mathrm{d}C_w/\mathrm{d}t = 50 - 3\,004C_w$$

V_w 除以 10^7 m^3 后得出

$$\mathrm{d}C_w/\mathrm{d}t = 50 \times 10^{-7} - 3\,004 \times 10^{-7} C_w = A - BC_w$$

如果在时间 t 为 0 时的初始水浓度是 C_{W0}，通过分离变量解这个方程能得出

$$C_w = C_{WF} - (C_{WF} - C_{W0})\exp(-Bt)$$

其中 C_{WF} 等于 A/B，是时间无限大时的最终值。C_w 因此从 C_{W0} 变成 C_{WF}，以速率常数 B 或半衰期 $0.693/B$h。这里 B 是 $3\,004 \times 10^{-7}$/h；因此半衰期是 2 300 h 或 96 d。这个改变浓度的实时过程能够被计算。

现实中，生物尤其是鱼类，因为生物吸收或释放的延迟将反应更慢，但重要的发现是，在一年内该系统将顺利地在一个新的稳态条件上运行。在逸度项，速率常数 B 相当于是 $D/V_w Z_{WT}$ 项的总和，每个单项过程贡献给这一总速率常数是 $D/V_w Z_{WT}$。由此可见，水流出、蒸发和反应对于反应速率或时间大约有均等的影响当量，而沉积和颗粒物流出相对不重要。在决定进行干预以改善环境质量和降低风险时，这种信息可能具有重要的价值。

为提供更多细节，有可能包括沉积室或另一个水室。图 21.4 呈现了在这个体系中早期描述的可能改变浓度的时间过程。如果鸟类暴露于鱼类消费的化学物中，也许有必要制定一个独立的生物富集或食物链模型。建模活动的性质和细节可以针对暴露评价的需要。安大略湖中 PCBs 的更复杂水生模型的例子已由 Mackay(1989) 给出。

21.5 重要化学物质和模拟其行为的模型

美国化学会的化学文摘系统已确定有超过 2 000 万种化学物。其中也许 10 万种用于商业。许多是相对无害的无机物质，但许多是有机或有"毒"金属，如汞或铬。这些化学物有多种应用，包括农药、溶剂、清洁剂、聚合物、燃料和医药产品。他们性质差异巨大，如环境介质间的相对分配和降解性。许多是离子，因此随着 pH 条件在质子化和离子化形式间形成。大多数管理机构提供了关注的化学物清单和手册，如 Mackay 等 (2006) 和 Verschueren(1996) 汇编的化学物及其性质。模型可用于模拟或预测许多化学物的行为，但需极为谨慎，以确保选择的模型是适当的和不包含无效使用的内在假设。例如，许多模型不能处理电离化物质。

本节我们描述的一些现有的环境归趋模型能用于风险评价部分的暴露估计。没有试图提供一个全面清单，所以本节应仅被视为进入模型世界的管窥之见。许多监管机构如 USEPA 公布了可接受或推荐模型的清单。有用来源的例子已列于表 21.3。读者能从本节给出的参考文献中得到这些模型的细节。

表 21.3　模型和化学性质信息的来源

模型和建模		化学性质和估计模型	
Jørgensen 等	1996	Mackay 等	2006
Mackay	2001	Baum	1997
Cowan 等	1995a	Reinhard 和 Drefahl	1999
Turner	1994	Boethling 和 Mackay	2000
Thibodeaux	1996	Jørgensen 等	1998
Clark	1996	Schwarzenbach 等	1993
Nirmalakhandan	2002	Lyman	1982
DiToro	2001	Reid 等	1987
Linders	2001	Fogg 和 Sangster	2003
Paquin 等	2002	Howard 和 Meylan	1997

网站：

www.syrres.com/esc/on syracuse research corp.2003

www.epa.gov/crem

www.utsc.utoronto.ca/~wania

www.trentu.ca/cemc

www.rem.sfu.ca/toxicology

21.5.1　通用多介质模型

这些模型寻求模拟或预测类似于图 21.2 的"多介质"环境中化学物的行为，这些环境包括空气、水、土壤、沉积物和生物相如植物、哺乳动物、鸟类、鱼类及其他水生生物。每个"室"通常视为组成均匀、物质良好混合的"盒子"。亚室能包括在内如空气中的气溶胶和水中的颗粒物。室与关注的化学物相连，这些化学物有机会通过对流、扩散、沉积、重力悬浮，和食物摄入过程，在它们之间移动。该模型可能含有分段的室，如不同土壤类型的土壤层，例如农业和工业。稳态或动态方案也汇集其中。

它们的主要价值是描述非点源化学物如何运转、不同介质中浓度可能的数量级、关键的迁移和转化过程、物质的总持续或停留时间的能力。它们不适合用于接近点排放的局部尺度的浓度的准确测定。

这些模型的应用和三个这种模型的比较在 Cowan 等(1995b)专论中进行了描述。这些模型能处理一系列以"水平"表示的复杂性。

21.5.1.1　水平 I

水平 I 的计算描述了一种情况，此时固定量的化学物在一个封闭确定的环境中允许达到热力学平衡。当环境相间的化学物迁移没有阻力时,每个相就认为是均匀和混合良好的。此计算提供了环境介质的一个总印象,进入其中的化学物有可能基于物理-化学性质进行分配,如蒸气压、辛醇-水分配系数和水溶解度。

21.5.1.2 水平Ⅱ

水平Ⅱ的计算描述的情况是,化学物是以不变速率排放且都达到稳态和平衡条件,其中排放被对流和降解损失所平衡。现在必须提供降解半衰期。新获得的资料包括化学物的总环境存留和降解过程的相对重要性。

21.5.1.3 水平Ⅲ

水平Ⅲ的计算对于风险评价是最有用的。它们对环境相间的化学物质迁移引入了阻力。化学物质以不变速率不断排放到一个或多个环境组分(如空气、水、土壤和沉积物),达到一种非平衡条件稳态。每个组分有一个独特的平衡态或逸度。表征环境的附加输入参数需要计算环境介质间的迁移率。水平Ⅲ的计算表明,如图21.2所示,整体环境归趋依赖于介质的释放,即"输入模式",并突出了关键的介质间迁移途径(如水-气或气-土交换)。

21.5.1.4 水平Ⅳ

水平Ⅳ非稳态(或动态)模型也可以公式化来分析环境浓度的短期(如季节性)效应,或测定超过数年或数十年变化的化学物质排放的效应。图21.4说明了这个水平的典型输出。

21.5.1.5 逸度模型

在过去20年间,加拿大多伦多(Toronto)大学和特伦特(Trent)大学的Mackay及其同事们开发了一系列逸度模型。这些模型可以在特伦特大学加拿大环境模拟中心网站(www.trentu.calcemc)获得。

平衡标准(EQC)评价模型包括水平Ⅰ到水平Ⅲ并推导在固定性质的评价环境中各种特定化学物的归趋(Mackay等,1996a-c)。目的是提供化学物质的"基准"环境归趋谱和在相同模型中与其他化学物的归趋进行比较。Arnot等(2006)的RAIDAR模型扩展EQC模型到包括导致生态和人类暴露及风险的自然和农业食物网中。

21.5.1.6 CalTOX模型

CalTOX模型最初是McKone(1993a)开发出来描述加利福尼亚州化学物的归趋,特别是排放到水网的物质。它有一个更详细的土壤层处理且是水平Ⅲ的结构,也能估计人类暴露。

21.5.1.7 简单盒子模型

来自荷兰的简单盒子模型整合进入了欧盟物质评价过程(EUSES,1997)评估体系(EUSES)。它处于水平Ⅲ且有一个嵌套配置,能包含在较大国家地区的当地小区域,反过来又包含在洲际尺度的地区。EUSES也能计算这三个尺度的人类暴露。

21.5.1.8 区域、洲际及全球尺度的模型

基于逸度和浓度的模型能参数化来模拟一个区域或一组连接区域、州或国家。应用示例包括加拿大ChemCAN模型(Webster等,2004)、ChemFrance模型(Devillers和Bintien,1995)、BETR北美模型(MacLeod等,2001)、BETR世界模型(Toose等,2004)和GloboPOP模型(Wania,2003),这些模型能处理整个行星和用于评价长距全球归趋和迁移。

21.5.2 特定环境介质模型

随着环境科学和管理增强的专业化,要求更加准确和针对特殊场地的模型,特殊介质模型的集成已发展到处理更详细的大气、水体(湖泊、河流、河口湾)及其下层沉积物、地下水、土壤、城市和室内环境、污水处理厂及各种生物(包括人类)。Jørgensen 等(1996)的手册列举了许多这样的模型。大多数国家管理机构有"合格"模型的列表。这里我们仅简要说明每一组的一般特征。

21.5.2.1 通用羽流模型

对于流动介质如空气和水,通常需要计算排放点下风向或下游羽流中化学物浓度。最简单形式是稀释模型,用于流动介质中的浓度是 E/G g/m³,其中 E 是排放率(g/h),G 是流速(m³/h)。它适合于窄河流,其中从一端到另一端水平和垂直方向混合迅速。对于宽河流、河口、地下水和大气,羽流不受限制地在垂直和水平方向扩散。

然后需要计算羽流变化的大小。本质上,流动相 G 增加,浓度通过稀释和扩散降低。通常的方法是假设在羽流横截面浓度在垂直和水平上是高斯分布。距离参数等于分布的标准偏差,能由经验关系式估算。浓度分布能从羽流"边界"中心线的最大值计算出来。显然,限制可能适用于限制扩散的表面如地面或河流底部。还可以包括一个表达化学物降解即用于河流"消逝"模型,以及其他损失过程如沉积。

21.5.2.2 大气模型

为了通过推导来获得地面水平的浓度和来自烟囱排放的暴露,具有一般或有限的地域适用性的许多大气分散模型已被开发出来。大多数大气污染的教科书或手册包含基于这些模型基本原理的完全描述。Turner(1994)的手册是个很好的开端。

通常方法是首先确定排放率或一个或几个源的强度单位如 kg/h 表示。排放可能是持续的或一个间歇"排放"。对于大多数源于烟囱的大气排放,常需要推导羽流上升高度,得出污染物排放有效高度的估计。吹向下风向和在水平和垂直方向分散的化学物,以一个受当时气象条件控制的速率稳定稀释。同时也可能收集到作为位置函数的浓度的"图"。这些方程在高斯分布方程中使用标准偏差项,是风速和大气稳定度的函数。源下风向地面水平的浓度是最受关注的,因为他们控制着人类和陆生生态系统暴露。

模型包括从简单应用的高斯扩散方程到复杂的多源模型,包含沉降颗粒物和地形特征的修正值。这些模型的适用常写进法规或规章作为测定可接受烟囱排放率的一种方法,这导致其特别适用于地面水平的浓度。在 USEPA 的工业源复杂(ISC3)分散模型中,商业用的 CALPUFF 模型最著名。

21.5.2.3 水生模型

水质模拟是一个高度发展的项目,可用于池塘、湖泊、河流、整个流域和河口。该方法通常是将水分割成许多连接的"盒子"或用于羽流扩散。生物组分可能包括计算浮游生物、无脊椎动物和鱼类中的浓度。在 USEPA 的网站(www.epa.gov/epa-home/models)有一些模型可用,如 WASP 系列、AQUATOX 和 EXAMS。本章前面描述的 QWASI 模型可从前面提到的特伦特大学网站得到。Paquin 等(2003)提供这些模型的最新列表,尤其是对于金属。表 21.4 列出了包括污水处理厂模型在内的一些模型。

表 21.4 水生系统模型

模型	范围	参考文献
EXAMS	暴露分析模拟系统,OSEPA	Ambrose,1997
WASTOX	有毒水质分析模拟	Connolly 和 Winford,1984
WASP4	水质分析模拟程序	Ambrose,1988
QWASI	定量水-气沉积物相互作用	Mackay 等,1983;
	湖泊逸度模型	Mackay,2002
ROUT	用于美国河流的 GIS 模型	Wang 等,2000
GREAT-ER	欧洲 GIS 流域模型	Feijtel 等,1997,Boeije,1999
DITORO	沉积物水交换	DiToro,2000
SIMPLETREAT	简单处理(污水处理)	Stuijs,1996
STP	污水处理厂	Clarke 等,1995
TOXSWA	地域系统边界	Adriaanse,1996,1997

整合进这些模型的是沉积物相,它往往包含水生系统中化学物质的大部分质量。DiToro(2001)描述了许多这种模型。对于金属,通常有必要描述化学物作为 pH、其他共存离子和溶解有机质的函数。Paquin 等(2003)评述了形态模型。

成熟的河流和流域模型已在欧洲和美国开发出来用于评估化学物的归趋,如家庭使用并排入下水道和市政处理系统的洗涤剂或药物。它们可能整合 GIS 软件来增强结果的表达。其中一个例子是 GREAT-ER 模型(1997)。

也有需要评估与化学物的农业使用有关的小区域边界水体的行为。这种模型的一个例子是荷兰开发的用于监管评价的 TOXSWA(Adriaanse,1996,1997),最近在 91/414/EEC 指令中被采用作为一个更广泛的标准的欧洲评价管理工具。

21.5.2.4 土壤模型

土壤模型最通常用于农业使用的农药。它们被用于科研和管理,主要是为了提供浸出地下水、排水系统或地表径流的风险评价。它们也可用于支持对关键陆生门类如土壤无脊椎动物、鸟类和哺乳类的更复杂的风险评价。原则上,其目的通常是定量农药应用后面的动力学条件如降解、浸出、径流和蒸发速率。本文后面描述的模型主要用于农药部分。另外值得关注的是用于污泥修复土壤的化学物和兽医药品的归趋。

21.5.2.5 鱼类摄取和食物链模型

由于鱼类消费引起的人类和生态暴露方式的重要性,人们一直致力于估算鱼类中化学物质的浓度。污染物可通过鳃进入鱼体(生物浓缩),特别对于疏水性化学物质来说是通过食物链(生物放大)。Paquin 等(2003),Gobas 和 Morrison(2000),以及 Mackay 和 Fraser(2000)对这些模型进行了综述。表 21.5 列出了这些模型中的一部分。

表 21.5 生物积累模型

名称	范围	参考文献
GOBAS	鱼类和食物网模型	Gobas,1993,2003
AQUATOX	水生归趋毒性模型	Park,1998

续表

名称	范围	参考文献
FGETS	食物和毒物的鳃交换	Barber 等,1991
BASS	生物积累和水生系统模拟器	Barber.craig@epamail.epa.gov
FISH	鱼类逸度模型	Mackay,2001
FOODWEB	水生食物网逸度模型	Campfens 和 Mackay,1997
THOMANN	鱼类和食物网模型	Thomann 和 Connolly,1984
TOXSWA	小尺度水生系统模型	Adriaanse,1996,1997
PEARL	李嘉图水文浸出模型	Boesten 和 van der Linden,2001;Leistra 等,2001
GeoPEARL	空间索引水文浸出模型	Tiktak 等,2002,2003,2004

21.5.2.6 混合模型

模型也可用于描述用于修复目的和生物体内过程(如生理药代动力学(PBPK)模型)的化学物质、漏油和地下水、植被、城区、室内环境中污染物的归趋。

21.5.3 特定类别化学物质的模型

上面描述的模型已根据嵌入式环境如空气、水或土壤进行了分类。认识到需要管制特定种类的化学物质如农药,工业协会和管理组织开发了一系列模型,来满足在这些物质的性质和使用方式所决定的背景下进行生态和人类风险评价的需要。为了说明这一点,我们仅讨论对三种物质的模型:农药,兽药和杀菌剂。

21.5.3.1 农药

本组化学物由杀真菌剂、除草剂和杀虫剂组成,它们被用来消除或限制真菌、杂草或害虫的生长或传染。对于管理目的,评价的规模常是区域或区域边界规模。尽管对于生态风险评价,前四个因素通常是我们主要关注的,但仍需建模评价暴露于土壤、植被、地表水、沉积物、地下水和空气的尺度。表 21.6 列出了一些模型,推荐用于各种筛选水平的过程,它们主要关注土壤中的(初级)过程和环境中的(次级)过程。Linders(2001)编辑了有关这些模型的一系列有价值的论文。

表 21.6 农药归趋模型

名称	范围	参考文献
PELMO	土壤中农药归趋	Klein 等,2000
PRZM	农药根区模型	Carsel 等,2003;Mullins 等,1993
SoilFug	土壤中农药归趋逸度模型	Di Guardo 等,1994
MACRO	土壤中农药归趋模型	Jarvis 等,1994,1995,1996,1998
GENEEC	基于 PRZM 环境浓度的一般估计	Parker 等,1995
AGDRIFT	农药漂移模型	Spray Drift Task Force,1997

土壤生物所经历的暴露可能是直接的,它伴随着"耕作中"的应用;或是间接的,通常是由于喷淋漂移。通常采用两个暴露估计方法:模拟喷淋漂移的模型,以及观测或模型已经建立的"查找"用表。在美国水平迁移和沉降区域研究中,已经使用支持模型如

喷淋漂移特别工作组开发的 AGDRIFT(Spray Drift Task Force,1997)。在欧盟(欧盟)喷淋漂移的损失往往是通过使用"查找"用表来进行评估的,该表凝结了大量基于区域的水平沉积研究的结果(Ganzelmeier 等,1995;Rautmann 等,2001)。欧盟内部管理中,需要评估"耕作外"对非靶节肢动物的影响。目前,前面所讨论的喷淋漂移表用于 ESCORT 方案内(ESCORT 2001)来产生对作物外植被的暴露评价。但是,人们认识到,水平沉积估计可能给出差的表征,此表征仅是对水平沉积和由植被的垂直拦截的组合(Tone 等,2001)。"……植被拦截(Tomes 等,2001)。"……喷淋漂移评价只是广泛建模方法可用性的一个例子。虽然这种多样性是一种大量的科学事态,但已导致了管理的不确定和混乱,例如在欧盟模型框架标准化的需要内,"应用哪个模型作为管理评价的基础?"为促进 91/414/EEC 指令下的农药管理评价,导致在通称为 FOCUS 的倡议下设立了若干工作组。管理和技术专家已审查一些建模技术,并准备提供如下的内容:推荐用于管理排放的模型、伴随的情景和管理方式的支持手册以及这些评价的结果。

进入地表水的农药可能存在许多过程,最重要的是漂移、排泄和径流。

符合 FOCUS 导则的用于工业和管理者的模拟模型分列如下。

● 漂移:漂移曲线纳入基于"查找"用表和 AGDRIFT 方面的 FOCUS SWASH(Spray Drift Task Force,1997)

● 排泄:MACRO,一个具有大迁移能力的李嘉图土壤浸出模型。

● 径流:PRZM,一个基于土壤浸出和根据通用土壤流失方程具有径流模拟的迁移模型。

使用上述这些水体模型,除了需要评价化学物质对地表水的输入以外,也必须考虑化学物质进入受纳水体后的归趋和行为。在 FOCUS 建立的计划中,每个相关过程的负荷提供 TOXSWA 模型的直接输入(Adriaanse,1996,1997;Beltman 和 Adriaanse,1999a,b)。TOXSWA 能模拟点源或水体中限定长度分布的负荷。模拟水体系统是两维且由两个亚系统组成:包含悬浮固体的水层和性质(孔隙率、有机质含量和容积密度)随深度变化的沉积物层。用于荷兰国家登记的水体暴露模型,也可以包括大型植物的分配相互作用。

美国评价中通常集中在飘移和径流上。在欧盟共同的管理评价计划中,暴露评价的初始阶段执行一组关于负荷的保守假设。在适当情况下,使用模型如 AGDRIFT 和已经讨论的 PRZM 径流模型(通常估计暴露浓度(GENEEC),然后执行更成熟的机理模型。如前所述,在进入地表水的基础上,有必要考虑归趋和行为。虽然各种工具可用于这项工作,但最常用的管理工具是 USEPA 农药项目办公室开发的 EXAMS 模拟系统(如 PRZM 和 GENEEC)。

21.5.3.2 兽药

对这组化学物感兴趣是因为它们代表了一个"新兴"问题。模拟评价程序仍处在发展初级阶段。具有生态暴露和风险规模前景的最重要的两类是对牲畜和鱼类的处理。

由于畜牧兽药往往被密集生产系统的整个畜群的治疗重复使用,围绕大量活性物质或施于土地的粪便内活性代谢物的潜在影响引起了人们的关注,这包括牧场动物的直接情形或是家畜制造的粪浆间接传播的情形。关注的风险评价包括对居住区土壤中生物(如微生物、蚯蚓及任何后续作物)的影响和任何后续的水生生物对随后的径流或排放的暴露。因施用具有杀虫特性的兽药,人们日益关注对粪居动物和草地无脊椎物种的潜在影响。英国兽药局开发的模拟系统(VetPEC)提供一个更完全的机制方案,考虑兽药的归趋和行为及它们在土壤、地下水和随后排泄的地表水中的暴露。

鱼类的治疗(无论淡水或海洋养殖鱼类)一般涉及疫苗、"饲喂"治疗和"淋洗"治疗。取决于管理方法,这些药物以假脉冲剂量(短期管理)或假稳态(长期、慢性治疗)进入环境。为有助于调节这些配方和农业实践,模型正发展成为特异性场地的评价工具。最终这些模型需要具有模拟在有机质(泔水、粪便、悬浮有机质)和水之间残留物分配的能力。

仍然有许多工作要做,来改善兽药模型的化学归趋表达。成熟的水文模型,包括粒子示踪方法有助于模拟处理鱼类的饲料和粪便的海底沉积物(如 DEPOMOD,Cromey,2002),但化学物归趋和行为的表达仍非常有限,而且惊人地不符合其他环境过程算法的复杂性。

21.5.3.3 杀生剂

该类化学物质的定义是化学物或微生物,或其中某一类的混合物,或该两类的混合物,意在控制有害生物,如动物、昆虫、细菌、病毒和真菌。杀生剂呈现了一组独特的生态风险挑战,因为它们通过下面来表征:

- 有意引入环境
- "点源"和"非点源"都引入非靶环境
- 不同的使用、处置和环境排放情景
- 故意设计成高毒性

欧盟杀生剂指令(98/8/EC)涵盖的产品类型范围,包括用于饮用水、公共场所和兽医目的消毒剂和杀菌剂,用于保护木材的防腐剂、聚合物、砖石和薄膜、杀黏菌剂、灭螺剂、灭鼠剂、用于船只的防污剂、尸体防腐液。在美国,杀生剂按照农药的《联邦杀虫剂、杀真菌剂和灭鼠剂法案》(FIFRA)进行评价。

已经制定的排放情景文件对大部分杀虫剂提供一个必要的简单方法,来进行基于情景的暴露评价,以及对负荷和迁移过程的保守默认假设。大多数计算简单到不需计算机模型来运行。然而,当过分简单的暴露评价显示暴露和风险可能是不可接受时,更复杂的模型可以执行以取代原始默认假设,从而完善风险评价。在其他化学物如农药和兽药讨论的一些模拟方法也可用于这里。

21.5.3.4 金属

金属提出一系列从根本上不同于有机物质的挑战。虽然质量平衡模拟的基本原则是相同的,但研究倾向于按学科分离研究和模拟金属,有机物和放射性核素。其中受到关注的几个关键分歧是值得注意的。

有机分子如苯降解为二氧化碳和水,而金属则是完全持久性的,但它们可能改变,从氧化物到硫化物到碳酸盐;它们可以具有不同的离子形态,如亚铁和铁离子,但元素是守恒的。在这方面,金属更容易被模拟,因为其元素质量没有改变。

金属的离子化,使得它们在环境中的状态和行为或多或少都会受到酸性和氧化还原条件的支配。这使描述环境中包括生物体吸收的迁移的表达复杂化了。对于金属,这是一个比有机物更加严重的问题。因此,人们致力于建立水生系统中化学平衡模型,最多的是 Westall(1976)等建立的 MINEQL 和 MINTEQ 系列,可以从 USEPA 得到。这些模型作为包括天然有机质的其他阳离子和阴离子存在的函数预测物种形成、吸附和金属离子沉淀。

对于第一个近似,通过相似相容或其他方法将有机分子中的有机物质,如腐殖酸和富里酸,与生物体中含有的脂类物质分离开。为此,辛醇-水分配系数 K_{OW} 能有效描述有机物质到土壤、沉积物、气溶胶粒子中天然有机物质的大范围的分配,就像生物体中的类脂。金属没有类似的 K_{OW}。重金属的此类分配倾向因金属的种类而各不相同,而且部分金属以特异性蛋白"泵"的方式在膜之间的转移也往往比较活跃。已开发出描述金属分配到以天然有机物质的模型,最著名的是 Tipping(1994)的 Windermere 腐殖酸模型(WHAM)。

金属模型主要关注的是水、沉积物和这些载体中的生物群的水生环境,仅在极少数情况下(例如汞)才会进一步关注气态的迁移。Paquin 等(2003)的综述提供了归趋、生物蓄积和毒性模型的一个充分考虑。

对于金属和有机物,生物可用性的概念已经证明其是至关重要的。据称,存在的总物质中只有部分是"可以利用的"进而发挥毒性效应,而这个所谓的"部分"从 99% 到 0.1% 不等。对于有机物,逸度方法会自动处理这个问题。在早些给出的例子中,水体中的化学物仅有 88% 是自由分子形态,因此"可用"。对于金属,等效方法是 Morel(1983)开发的自由离子活度模型(FIAM)。Campbell(1995)详细讨论了这个模型的优点和缺点。

总之,尽管金属在许多方面都不同于有机物,并且这些差异在过程强调中比其基本性质更多。相同的,一般建模原则都适用于两者。

21.6 关于选择和应用模型的总结

面对需要进行具体环境和具体化学物的生态风险评价,事实上,如果模型是合理的,评价者必须评估一个模型如何能对过程有帮助。如果暴露于化学物质的风险出现,化学物质是人为来源且有减少排放的可能性,那么相关排放量和暴露浓度的模型可能是有用的,可估计排放减少的程度和系统的时间反应。对于"新"情况,排放是有计划的或预期的,预测浓度甚至都将是有价值的。如果模型提前应用于排放,那么许多过去的"错误"如多氯联苯的普遍污染就可以避免。

一般来说,当一个生态系统遭受化学源,且化学物的性质和排放率是已知的,合适的模型对预测浓度或核对监测浓度是有用的。该模型框架可以用来确定控制浓度和暴露的因素,并探讨改变排放率的含义。应该指出的是,建模相比较生态实地调查和化学物监测活动来讲,相对快速和廉价。对于这些常规调查手段来说,作为一种工具的模型具有相当大的价值。

风险评价者面对的另一个问题是使用哪个模型。自然界中环境状况变化很大,而模型常是针对某类化学物的。最好的策略是对建模者阐明当时的状况,对首选办法寻求建议。一个"现成的"模型可能已足够,或可能需要一个自定义模型。模型的优点和缺点直到它实际应用时可能都不会明显表现出来。一个有用的做法是从简单到复杂。首先使用最简单的模型,然后对它的不足之处进行评估,以期在最需要的时候引入更复杂的模型。本质上,通俗地用 Ockham 剃刀来表示其原理,即"不要使模型比生态风险评价任务中要求的更复杂"。

第 22 章
化学物质和其他动因的暴露

暴露是指污染物或其他动因与生物受体（通常是生物体，也可以是器官、种群或群落）的相互接触或共同存在。暴露分析是指对终点群体（endpoint entities）中的受体受到的暴露强度以及暴露在空间和时间的分布进行分析预测。对暴露分布的评价可以通过两种方式进行，一种是测定介质中的污染物（第 20 章），另一种是通过建模来分析物质的迁移转化等环境行为（第 21 章）。对新化学物质、技术、生物或其他动因的许可排放所引起的污染物暴露进行预测和评价时，必须基于它们的排放量。对污染区域进行的暴露评估，应该包括目前存在的暴露以及该区域将来可能发生的污染物暴露两个方面。暴露建模的界限因环境背景的改变而变化（见框 17.1）。迁移转化模型包括生物体对化学物质的吸收和富集作用，但通常所进行的暴露预测都仅停止在对非生物环境介质中化学物质的分析。通常情况下，对污染区域的化学分析仅限于非生物介质中的物质或者那些人类所消费的生物体体内污染物质，使得暴露估测存在许多局限。因此，暴露评价中也需要对化学物质的富集作用以及物质在食物链上的迁移转化建立模型。

暴露分析是通过对暴露-反应模型中的变量进行参数化来合理地进行风险定性（第 30 章）。这就要求暴露评估与效应评价一样具有相同的污染物形态或组分，并且采用一致量度。例如，对植物的污染物暴露效应进行评价需要首先估算出土壤液相中的污染物浓度，该浓度是指物质在植物根深处的平均浓度，并且它们被表示为点浓度经验分布的百分比和中值浓度。相反，若对野生动物摄食土壤形成的暴露风险进行评价就要求知道表层土壤中物质的总浓度，该浓度是动物觅食范围内的平均浓度，用均值和标准差来表示。

在任何情况下，暴露分析都必须对暴露强度、暴露时间和空间大小做出合理的定义。化学物质的暴露强度通常用介质中的物质浓度来表示，也可以采用剂量和剂量率来表示。对非化学因素暴露，必须采用相同的强度尺度表示（框 22.1）。暴露时间通常是指与污染物的接触时间，与时间相关的其他方面（例如，季节性）也会对暴露产生影响。暴露的空间范围通常是指暴露发生的区域，或者暴露发生流域的直线距离。如果污染呈间断性（例如，污染呈点状分布），那么污染的空间分布类型很重要。因此，暴露必须定义为空间和时间上的暴露强度，举一个简单的例子：某污染区域内污染物的平均浓度在观察时间内没有发生变化。

> **框 22.1　非化学动因的暴露强度**
>
> 　　以下是化学物质以外的一些潜在有害动因,以及它们暴露强度的相关表示方法。
> 　　**外来生物**:外来生物的暴露通常表示为丰度(单位面积或体积中的个数)。病原体的暴露常表示为剂量或剂量率。
> 　　**噪音**:噪音污染研究中通常使用"分贝"定义噪音强度,但该单位是基于人类对声谱的敏感性来定义的。
> 　　**航空器**:航空器飞行过程中可能会对动物产生惊吓和生理压力。该因素涉及航空器的噪声和影像,最常用的暴露强度表示方式是动物同航空器在最近距离时的斜距(Efroymson 和 Suter,2001b)。
> 　　**热**:生物在热水或者热空气中的暴露通常表示为介质的温度(℃)。
> 　　**生境改变**:生境改变的暴露通常表示为区域面积的变化(例如,露天煤矿公顷数),或者河流直线距离的变化(例如,开辟沟渠的米数)。然而,有些生境改变也可以表征为特殊生境变量(例如,河滩淤泥的精细百分度)。
> 　　**光**:光污染强度表示为"勒克斯(lux)",它也是基于人类对光的敏感性而定义的(Longcore 和 Rich,2004)。对于某些效应,例如鸟类与发光建筑的碰撞,它们与光强度无关,而与光照位置有关。
> 　　**放射性**:电离辐射强度表示为"戈瑞(Grays)"(之前采用"拉德(rad)"),吸收剂量表示为"西弗特(Sieverts)"(之前采用"雷姆(rem)")。两者都可用作剂量率(Gr/a 或 Sv/a)。

　　暴露分析要进行到哪一步以及分析的保守程度取决于评价等级。初筛评价(scoping assessments)只需要定性地确定暴露可能经由哪种途径发生。筛选评价必须对暴露进行量化,但评价过程中的假设条件应该保守一些,尽量降低无意中漏掉某些危险暴露的概率。确定性评价则应该与实际情况相符合,因此在评价中不仅要对暴露进行评估,还要对可能出现的不确定性进行分析,该评价可以通过对暴露分布的估测或者最可能出现的暴露以及上限暴露的估测来完成。

　　生物可利用性是化学物质暴露中非常重要的概念。有机体不会均匀地暴露于介质的每个分子当中,某些化学物质会被固相介质吸附包裹起来,生物对不同形态的化学物质其吸收性也有所不同。例如,甲基汞很容易被水生生物和陆生生物吸收,硫化汞(丹砂)却无法被吸收,而其他汞盐(例如,氯化汞和汞元素)则能够被生物缓慢地吸收。某些化学物质在环境中的存在形态会随着环境条件的变化而改变。与离子态化学物质相比,非离子态化学物质不容易被生物吸收,并且它们的存在形态会随着水环境 pH 的日周期变化而变化。所有这些现象都与物质的生物可利用性有关。我们可以对物质的生物可利用性进行绝对定义:朱砂是无法被生物利用的,溶解态的二价铜离子是可以被生物利用的。但是,通常情况下把生物可利用性看做化学物质和环境条件函数的连续变量则更加符合现实。

　　本章首先对暴露分析过程中的物质活性进行讨论,然后分别对水、沉积物、土壤、生物群的具体暴露问题进行讨论。22.3 节讲述了特殊生物类群在多介质中的暴露问题;22.4 节讲述了生物群对污染物的吸收模型,其中着重讲述食物链暴露的分析评价,也会涉及基于生物体体内污染物暴露的暴露-反应模型；22.5节则详细讲述汽油及其衍生物等混合废物的暴露，这些物质的混合应被视为一种复杂污染物，而不是许多独立物质的简单集合；最后，22.6节讨论暴露分析结果的表述问题。

22.1 暴露模型

当环境中的污染物浓度已经测定或者已通过迁移转化模型估测之后，很有必要利用暴露模型对环境中污染物的实际暴露浓度进行预测。对于大多数的生态风险评价，暴露仅仅是指污染物在水、沉积物或土壤中的总浓度，或者在某段时间内某一相中的平均浓度（例如，溶解态浓度）。由于必须将环境测定浓度与有效浓度（生物可利用浓度）联系起来，所以我们需要建立一系列模型，通过转换或简单假定两种浓度相等的方式来建立两者之间的关系。同样，化学物质在某一时刻的瞬时浓度也必须与该物质某段时间内的浓度关联起来。例如，我们可以认为，物质在我们所关注的某段时间内（终点物种的生命周期）或间断性暴露过程中的浓度是恒定的，或者在暴露过程中物质浓度的变化是可以进行预测的（例如，呈指数衰减）。此外，我们还需要知道某一特定暴露过程中生物对污染物的吸收量（剂量率或者外部剂量）。这些剂量通常可以从野生动物摄入的受污染食品和环境介质中计算得到，用每千克体重每天摄入污染物的毫克数来表达。最终，暴露表示为整个生物机体或特定器官的内部浓度（内部剂量）。如果这些数据不是通过对生物体的分析获得的，我们也可以凭借经验（例如，生物累积系数）或机理模型（例如，将剂量率模型与毒物代谢动力学模型联系起来）来模拟得到。总之，虽然生态暴露模型是静态的，但是某些化学物质的毒物代谢动力学模型已经发展起来，可以对这些物质内部暴露的时间过程进行描述。

22.2 地表水化学物质的暴露

大多数情况下，对污染水体进行的生态风险评价是建立在测定或模拟得到的水中化学物质浓度的基础之上。在这种情况下，风险评价者需要关心的主要问题是化学物质在水体中的存在时间和形态。

与土壤和沉积物中的化学物质不同，水体中的化学物质浓度常常会在较短时间内发生很大的变化。水环境建模或取样以及数据简化中诸多时间问题的解决必须建立在水体中物质的浓度变化以及物质和受体的毒效动力学及毒物代谢动力学之上。对于人类健康风险评价，则通常建立在较长时间暴露造成的平均效应上（例如，几十年的时间）。因此，人类健康所关注的化学物质所建立的迁移模型以及取样和分析计划通常都表征为某段时间内的平均水平。相反，对于较小的生物（例如藻类、浮游动物和幼鱼），它们会和金属离子等具有高流动性的化学物质（highly mobile chemicals）快速达到平衡，因而即使在较短的暴露时间内（例如，小于7天）也会引起一系列生态效应。因此，建模或采样计划都应该包括高浓度情况，并且暴露分析还应该包括这些情况的出现频率和持续时间。

对于许多化学物质，尤其是金属物质，它们具有溶解态（盐或自由离子）、颗粒态（例如附着在悬浮黏土上的金属）以及与溶解性物质相结合的结合态（例如有机胶体、胶态金属氧化物）等多种形态，因此它们的生物可利用性很复杂。从保守角度考虑，通常的生态风险评价中都要求使用物质的总浓度。在筛选评价中可以使用物质的总浓度，但是总浓度中与悬浮颗粒结合的结合态金属生物可利用性很小，并且这部分形态对实验室中使用纯净水和高溶解性金属形态进行的典型毒性试验获得的毒性效应贡献极小。因此，USEPA 建议，水中金属物质对水生生物的效应评价应该建立在溶解态金属（可透过 $0.45~\mu m$ 滤膜）浓度的基础上（Prothro，1993）。但是，在许多情况下，即使对溶解态金属浓度也应该保守对待，因为溶解态金属不仅包括自由溶解状态的金属，也包括能与可溶性物质络合的金属。所以，风险评价最终应当建立在与金属物质生态效应相关性最高的形态基础上。通常金属离子对水生动物的暴露评价，大多是基于金属的自由离子态来进行分析的（Bergman 和 Dorward-King，1997）。

值得注意的是，实际中并不是所有情况都能够采用物质的总浓度。首先，高浓度的酸提取金属物质会对分析产生干扰，使得金属物质的检测限高于待测的金属总浓度，因而无法检出其中的毒性金属。田纳西州橡树岭 Bear 河（Bear Creek in Oak Ridge, Tennessee）的生态环境评价就是一个典型案例，在该地区，铜在过滤的样品中被检出，从而引起人们的关注，但是却由于超出了检测阈值在未经过滤的全样中未能被检出。其次，如果污染物的溶解态浓度小于总浓度，那么当将污染地点某物质的浓度与该地区的背景值进行比较时，可能会出现即使该物质的溶解态浓度相对于背景值有显著升高，该物质总浓度也不会明显地增加的现象。也就是说，该物质颗粒结合态的背景浓度可能会使溶解态浓度中的浓度相对较小，但是会把毒性效应显著升高的那部分物质浓度掩盖掉。

对于实际水环境中具有多种电离状态的化学物质，应该充分考虑到有机和无机两和形态。通常，物质的非离子形态更容易从水相进入生物体内，因而这些形态具有比较大的毒性。所以，非离子态的氨要比铵离子毒性大，未电离的醇类和酚类比其电离态毒性大。但是，上述规律对于金属并不适用，尤其是对那些在水环境中具有多种电离态的金属。对于某些具有多种存在形态并且各种形态的毒性效应显著不同的金属物质，以及那些主要以某种非常规形态为主而单一存在的金属物质来说，必须对它们的形态进行充分的分析。砷、铬、汞、硒就属于这类金属物质，评价者应该特别注意对它们形态的分析。

通过金属形态模型可以由金属物质的测定浓度估测出它们在水中的实际存在形态（Bergman 和 Dorward-King，1997）。生物配体模型（BLM）结合发展了土壤与溶液的化学平衡（CHESS）金属种类分析模型，USEPA 正在开始准备将该模型用于水质管理调控中（Santore 和 Driscoll，1995；DiToro 等，2001；Hydroqual，2003；EPA，2003a），此外，MINEQL＋形态模型也有应用（Schecher 和 McAvoy，1994）。在估算某待测地点具有急性致死效应的金属浓度时，BLM 模型优于 CHESS 模型（26.2.8 节）。虽然形态模型不如离子选择性电极等分析化学方法可靠，但是它们更适用于以上情况的分析，因为形态模型说明了毒性金属离子和其他阳离子（特别是 Ca^{2+} 和 H^+）在生物配体和溶解性有机物位点上存在着竞争关系（图 22.1）。CHESS 模型很复杂，模型中需要 12 项水质参数，包括 pH，溶解性有机碳（DOC），溶解性无机碳，腐殖质酸度，温度，主要离子（Ca^{2+}、Mg^{2+}、Na^+、K^+、SO_4^{2-}、Cl^-）和硫化物。

BLM 模型仅适用于由水环境进入生物体的污染物质，但在某些情况下，通过摄食

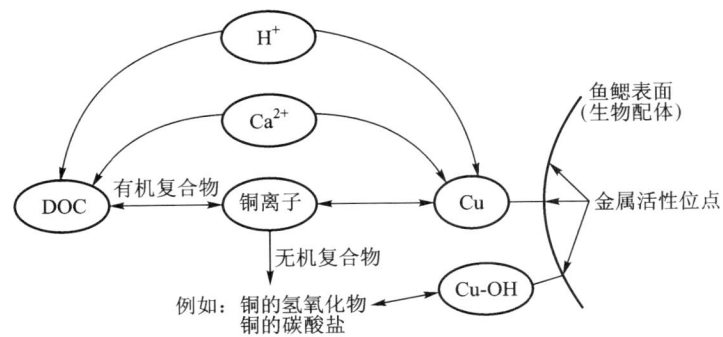

图 22.1 铜在水相非生物配体和生物配体之间的分布(引自 EPA,2003 draft update of ambient water quality criteria for copper,EPA 822-R-03-026,Office of Water,Washington,DC, 2003。获得许可。)

食物引起的污染物暴露也很重要(Meyer 等,2005)。在实验室中模拟进行的美国蒙大拿州 Clark Fork 河和爱达荷州 Coeur d'Alene 河生态环境研究表明,通过摄食造成的污染物暴露比直接的水环境暴露更严重(Woodward 等,1994a,b;Farag 等,1999)。其他一些研究也显示,摄食途径是水生无脊椎动物对金属暴露的另一个重要途径(Munger 等,1999)。虽然目前还没有对水环境摄食暴露以及对摄食暴露和水环境暴露同时进行预测的惯例,但是已经有人提出要建立这些暴露途径的毒物代谢动力学模型(22.9 节)(Meyer 等,2005)。

有机化合物也存在生物可利用性问题。和金属物质一样,有机化合物也会结合到溶解或悬浮的颗粒表面,使其生物吸收有效性降低。但是,不同于金属物质的是,由于水中有机化学物质的生物可利用性问题尚未得到足够关注,因此目前 USEPA 还未提出以过滤后的水中有机化学物质浓度来表示水环境有机物质暴露的指导标准。

在某些情况下,化学物质的物理性质决定着物质暴露的有效性,而它们在水中的浓度和吸收过程反而并不重要。例如,三价铁离子会形成氢氧化物和腐殖质沉淀物,这些物质会附着在生物体及底质上,限制生物体摄食,缩小它们的生境,并抑制其呼吸交换。对于石油、铝制废块、有机微粒废弃物和其他一些材料,即使不通过常规的吸收或毒理作用途径,它们也会对生物体造成伤害。针对以上这些暴露情况的标准度量尚未发展起来,因此在暴露风险评价中必须对它们予以专门处理。

22.3 沉积物中化学物质的暴露

对受污染沉积物的生态风险评价通常基于水体沉积物或沉积物孔隙水中的化学物质浓度。这里需要注意的主要问题包括水体沉积物与沉积物当中污染物之间的异质性、检测得到的化合物浓度的生物可利用性(Ingersoll 等,1997)。此外,还需要对污染物的吸收和营养转化进行估测。

与地表水中的污染物不同,沉积物中污染物的浓度在垂直与水平方向上的空间变化通常大于时间变化。因此,对暴露进行分析评价时必须考虑污染物相对于受体的空间分布。大多数底栖生物不是生长在沉积物的深层,而是生长于表层(例如沉积物表层

5～10 cm)。例如,栖息于沉积物中的昆虫和寡毛类生物的潜穴深度随着物种和季节不同会有很大的变化,但多数不会超过表层10 cm(Lazim等,1989;Charbonneau和Hare,1998)。通常情况下,生态评价人员都是采用报道中给出的沉积物顶层或表层的污染物浓度来表示深海物种和浅海物种在该样点的暴露浓度。除了底栖无脊椎动物以外,对其他生物物种进行生态风险评价时,也应该充分考虑它们在沉积物垂直距离上可能产生的暴露变化。例如,许多翻车鱼将巢筑在沉积物上进行卵的孵化和幼鱼的哺育。我们可以保守地认为它们暴露在与沉积物孔隙水相当的浅海水环境中,但是护巢雄鱼对鱼巢的通风梳理活动(ventilation of the nest)使实际情况变得复杂。如果翻车鱼聚集地点的沉积物受到污染,并且污染风险尚不清楚,就需要对巢区的浅海水进行专门的取样分析。

大多数栖息于沉积物中的生物是相对静止的,用较大范围(例如整个流域)或深度(例如沉积物表层50 cm)内污染物的平均浓度对底栖生物进行暴露评价并不合理。因此,对流域等特定区域内底栖动物的污染物暴露进行评价时,宜采用物质在沉积物表层的中值浓度;在进行污染筛选时,应采用物质的最大检测浓度进行保守估计。

多数底栖无脊椎动物一年内可以经历一个或多个生命周期,而在其生命周期内,某一特定地点沉积物中的污染物浓度通常很少发生变化。但是,河口是一个典型特例,河口处上覆水的理化性质(例如,盐度、溶解氧、水的流体力学等)能够改变污染物在水相和沉积物中的动态迁移,而这些理化性质会随着生物学的时间尺度发生变化,因此,在河口沉积物数据的收集和预测过程中应该对这些因素引起的暴露变化予以考虑。

虽然沉积物相对来说比较稳定,但颗粒物质的不断沉降会使沉积物发生变化,因此风险评价中仍然需要不断地对陈旧数据进行更新。分析评价中沉积物的数据要求与冲刷发生的频率和强度、沉积速率、沉积物来源这些因素相关。例如,湖泊和水库表层沉积物受到的冲刷作用较少,但是如果沉降速率很高,表层沉积物就会被新的沉积物所覆盖。任何情况下,如果源沉积物中(source sediment)污染物的浓度和生物可利用性没有发生变化,那么样品一旦被采集,我们就认为暴露不再发生变化。此后,如果物质发生自然衰减或者人为采用了高级补救措施(up-gradient remedial actions)使沉积物中污染物的通量减少,我们便可以利用以前的检测数据或对陈旧沉积物的检测数据(data for past samples or from buried sediments)来保守估计目前的沉积物暴露。

生态风险评价中有两种常用的沉积物污染物质表达方式,即全沉积物(whole sediments)中化学物质浓度和沉积物孔隙水中化学物质浓度。采用孔隙水中的物质浓度需要基于一定的假设条件,即固相中化学物质的利用率很低,此时就可以采用实际测定或者估算得到的孔隙水化学物质浓度来预测沉积物的毒性。这种假设得到了许多经验公式的支持,并被科学界广泛接受(National Oceanic and Atmospheric Administration(NOAA),1995)。然而,与其他底栖生物相比,以沉积物为食的生物会更多地暴露于附着在沉积物颗粒上的化学物质当中,尤其是暴露在疏水性化学物质当中(Kraaij等,2002)。Adams(1987)对底栖生物的摄食习性进行了综述,得出以下结论:营穴居生活的海洋生物大多以沉积物为食,而淡水生物中除了寡毛类和某些摇蚊类生物之外,很少以沉积物为食。但是,这些生物却构成了大部分细砂沉积区的底栖动物集合。

对于神经性有机物,可以采用有机碳含量对它们在沉积物中的浓度进行标准化,进行生物可利用性的分析。USEPA已经采用平衡分配方法(EqP)建立了沉积物中非离子有机化学物质的分析评价指南(EPA,2000b)。沉积物孔隙水中溶解性化学物质的浓度可以采用有机碳标准化的沉积物浓度进行直接估算。平衡分配方法(EqP)假设,非离子有机化学物质与颗粒有机碳(POC)间形成的疏水作用控制着它们在微粒和孔隙水之间的分配:

$$C_{pw}=C_s/(K_{oc} \cdot f_{oc}) \tag{22.1}$$

式中:C_{pw}是孔隙水中化学物质浓度;C_s是沉积物固相中化学物质浓度;K_{oc}是化学特异性分配系数;f_{oc}是有机碳的质量分数(kg 有机碳/kg 沉积物)。

上述预测与可溶性有机碳浓度无关。孔隙水中的化学物质有很大比例是与可溶性有机碳结合在一起的(例如胶体碳),这部分物质都是自由态的简单组分,具有生物可利用性,并且与有机碳标准化的沉积物化学物质浓度处于平衡。因此,对于高疏水性化学物质和可溶性有机碳含量较高的地方,需要直接估算孔隙水中化学物质的生物可利用性浓度,采用其物质在固相中的浓度要比利用其在孔隙水中的浓度更合适(EPA,2000b)。通过孔隙水中的化学物浓度来估算游离水中的化学物质浓度,需要了解溶解氧浓度和分配系数。用联合微粒子溶解分配系数和胶体溶解分配系数对式(22.1)进行扩展,就可以估算溶解性化学物质的浓度(Burkhard,2000)。例如,在美国弗吉尼亚州伊丽莎白河的暴露评价中,采用两相模型无法较好地对多环芳烃(PAHs)的分配数据进行拟合分析,但是引入了溶解性有机物的三相模型便能够对这些数据进行较好的拟合(Mitra 和 Dickhut,1999)。

黑炭也是沉积物中需要予以考虑的相,它由煤烟等高温降解产物和煤炭、页岩、轮胎橡胶粒子等相关物质组成(Burgess 和 Lohmann,2004)。黑炭的分配性质与其他有机颗粒完全不同,而且不同黑炭的性质也有很大差别。将黑炭引入到沉积物分配模型中,会产生四相分配理论(fourphase partitioning)。

如果数据充足,可以利用本地派生系数(locally derived coefficients)建立位点特异性分配模型。该模型包含了我们需要考虑的所有相,可以解释该样点区域内生物可利用性的变化。

对于某些金属(如镉、铜、铅、镍、锌)来说,由于它们的生物可利用性较低,因此需要根据情况对它们在沉积物中的浓度进行估算。固相硫化物可以与金属结合,这部分结合的金属不能够被生物利用因而没有毒性效应,酸性可挥发硫化物(acid volatile sulfide,AVS)就是这种固相硫化物的活性储备库(DiToro 等,1992;Ankley 等,1996)。酸性可挥发硫化物可以通过疏水性酸从沉积物中萃取出来,在该过程中被同时萃取出来的金属称为同步萃取金属(simultaneously extracted metal,SEM)。当酸性硫化物浓度超过同步萃取金属的浓度时(即,SEM/AVS 摩尔比小于 1),金属是以生物不可利用的硫结合形式存在,因此毒性不会很高。当 SEM/AVS 摩尔比大于 1,即 SEM 的摩尔浓度大于 AVS,金属就会产生潜在的毒性。因此,SEM/AVS 是暴露表达的一个好方法,因为它可以表征那些具有潜在有效性的金属浓度(Hare 等,1994)。USEPA 已经运用这一方法建立了沉积物中金属混合物的分析评价指导(EPA,2002e)。不过,该方法还存在争议,即由于 SEM 还可能与其他配体结合在一起,因此 SEM 并不能用于表示所有潜在的金属暴露风险。此外,AVS 浓度具有很大的时空变化,在风险评价中也需要予以考虑(Luoma 和 Fisher,1997)。在设计取样方案时,根据实际情况要考虑到因季节变化和深度不同所带来的暴露效应的差异。其他有关 AVS 方法的注意事项和该方法的局限性可以参见 NOAA(1995)提供的相关信息。

虽然未经标准化的沉积物污染物浓度(bulk sediment)不适用于预测物质的有效暴露，但是它们仍然被用于沉积物暴露评估中(NOAA,1995)。沉积物中化学物质的采集和分析方法已经标准化，并已用于污染区域的分析中。沉积物浓度可以与相关的有效浓度进行比较，可以引导评价者确定哪些是采样分析和评价中应该予以最大关注的污染物和区域，还可以用来评价以沉积物为食的生物对颗粒附着性化学物质的暴露效应。

测定上覆水中物质的浓度也具有潜在的实际应用价值(Chapman 等,1997)。如果不存在有机碳和微细沉积物颗粒，近表层孔隙水(near-surface pore water)会与表层水达到平衡。污染水体是沉积物中化学物质的主要暴露途径，因为对于摄食沉积物的生物来说这种水体生境是很不利的。沉积物也可能成为表层水中污染物的来源之一，在这种情况下，浅海区生物就会成为那些从沉积物释放到表层水中的化学物的主要受害者。

与相似生物体体内效应浓度相比，底栖生物体内的污染物浓度是暴露的直接量度(24.2.5 节)。因为对于沉积物和水体中的生物而言，有效体内浓度应该是一样的，有助于减轻对沉积物无脊椎动物微小影响。

22.4 土壤污染物暴露

陆生植物、土壤无脊椎动物和土壤微生物持续暴露在土壤化学物质中，通常情况下由于这些生物要么处于静止状态要么活动范围较小，因此对它们进行的生态风险评价与暴露深度以外的其他活动模式无关。22.8 节就野生动物在土壤污染物中的多种暴露模式进行了探讨。目前，我们对污染土壤暴露效应的了解远不及对水和沉积物暴露效应的了解，而且土壤在取样、测定、试验、建模上的一致性也较差。究其原因，一方面是目前对土壤污染的关注还较少，另一方面是土壤体系更为复杂。例如，土壤体系不仅包括液相、固相，还包含气相，并且这三相之间存在着潮湿与干燥、冻结与融化之间的动态循环。因此，运用现有的毒性研究方法还难以对生物在污染土壤中的暴露进行估测。

对土壤暴露进行分析评价时，需要着重考虑以下问题：① 适合于土壤或者土壤溶液的测定方法，② 对终点生物暴露研究的适宜取样深度，③ 现有数据对土壤吸收的适用性，④ 影响生物对污染物吸收作用的土壤性质，⑤ 所关注污染物土壤-暴露关系的表达方式。本节讲述了土壤暴露中的普遍问题，在下面几节将分别对植物(22.5 节)、无脊椎动物(22.6 节)和微生物(22.7 节)在土壤中暴露的特殊问题进行阐述。

22.4.1 估算暴露的化学分析

表 22.1 是用于暴露-效应关系的土壤化学分析、相关的暴露评价以及暴露测定。

表 22.1 土壤分析及暴露和毒性预测的评价方法

土壤分析	暴露评价	暴露效应试验
总萃取物分析	总可萃取态浓度	试验土壤的总可萃取浓度 加入的土壤中浓度

续表

土壤分析	暴露评价	暴露效应试验
	由土壤物质总浓度模拟得到的溶解相浓度	由模型得到的试验土壤中溶解相浓度 液态环境中毒性试验中的水相物质浓度
	以决定生物可利用性的土壤因子进行标准化的物质总浓度	以决定生物可利用性的毒性土壤因子进行标准化的土壤物质浓度
水相萃取物分析	水相萃取物浓度(包括金属所用的弱酸浓度)	液态环境中毒性试验中的水相物质浓度 同土壤试验相关的模拟溶液相物质浓度(平衡分配或金属形态)

来源:改自 Suter GW Ⅱ,Efroymson RA,Sample RE and Jones DS,*Ecological Risk Assessment for Contaminated Sites*,Lewis Publishers,Boca Raton,FL,2000。获得许可。

与化学试验中的总物质萃取方法不同,生物不会完全彻底地将土壤中的化学物质吸收到体内并发生效应,因此以化学物质的总浓度进行暴露评价会高估实际的暴露效应。此外,与水体中污染物的总浓度分析一样,对土壤进行强烈的萃取处理会增加其中化学物质的生物可利用形态,而且会因为干扰的增多而提高物质的检出限。采用土壤总萃取物进行分析评价的一个优势是可以将得到的研究结果与利用污染土壤进行的毒性试验所得到的其他分析结果进行比较,如果精确度要求不高,也可以将该结果与向土壤中添加化学物质模拟的实验室研究结果进行比较。

化学物质总浓度不适用于预测物质的毒性,因为随着土壤和污染物特性的改变,化学物质可以被生物利用的部分会发生很大变化。某些土壤性质对化学物质的生物可利用性起着决定作用,这些土壤性质会发生变化,使不同土壤甚至相同土壤在不同时期的化学物质总浓度发生变化,从而引起生态毒性效应的显著差异。对于同一种物质,老化有机物的生物可利用性比加入土壤中的新鲜物质要低(例如,在土壤中已经存在数月甚至数年的物质)(Kelsey 和 Alexander,1997;Ma 等,1998)。土壤无脊椎动物、微生物、植物对金属的吸收以及引起的相关毒性效应也是如此(Posthuma 等,1998)。有研究发现,某些溶剂对老化物质的萃取性能与这些老化物质被蚯蚓吸收时和被细菌降解时的生物可利用性都有关,但是多价螯合作用发生的比例和程度在不同的土壤会有很大的差异(Chung 和 Alexander,1998)。因此,我们不会采用溶剂萃取物对土壤内各种老化有机物的生物可利用性进行评价。而且,大部分被植物吸收的化学物质是固定在植物的落叶、死根或者腐殖质中的(Banuelos 等,1992)。下面关于暴露评价的方法都涉及物质的生物可利用性,可以通过两种途径来实现暴露评价,一种是通过土壤中污染物有效形态的浓度来进行,另一种是采用一种比使用总浓度更加有效的利用与毒性的相关系估计暴露的方法来实现。

22.4.1.1 部分化学物质的萃取及其标准化

通常我们认为土壤孔隙水是可以被植物和其他土壤生物利用的有效成分,但是土壤孔隙水中化学物质的检测却比较困难,而且准确性往往不高(Sheppard 等,1992)。同前面所述沉积物孔隙水的测定方法一样,土壤孔隙水中化学物质的浓度也可以通过该物质在土壤中总浓度的测定结果予以估算(Lokke,1994)。中性有机化合物在土壤的水相(孔隙水)和固相有机成分之间存在平衡。如果我们假定土壤生物仅暴露于土壤水相中,那么估算的孔隙水中物质浓度可以和水生生物毒性试验得到的数据(培养液中的植物,吸水纸上的无脊椎动物,或者水中的水生无脊椎动物)一起用于风险评价分析当中。平衡分配法在沉积物分析中的应用仍然存在争议,同样,该方法在土壤分析中的应用也要基于大量的假设条件。与沉积物不同,土壤中水分含量的变化会引起饱和状态动力学以及其他非平衡动力学的变化,不过这些动力学可能只对贫瘠土壤或者干燥土壤具有重要意义。此外,植物还会通过与土壤固相的直接接触吸收其中的化学物质,不过该途径的化学物质吸收率可能相对较小(McLaughlin,2001)。

通过标准化的多因素分析方法可以估算金属和其他无机化学物质有效浓度。例如,土壤中多种化学物质的荷兰参考值(Dutch reference values)是采用线性回归以标准土壤(含10%有机质和25%泥土)中的标准值来确定的(VROM,1994)。举例说明:镉的参考值(R_{Cd},mg/kg):

$$R_{Cd}=0.4+0.007(c+3o) \tag{22.2}$$

式中:c 是黏土的比例(%);o 是有机物的比例(%)(Van Straalen 和 Denneman,1989)。

然而,最近的研究表明,应该将 pH 等因素引入上述方程对其进行扩展(Posthuma 等,1998)。对于某些土壤有机化学物质的浓度,应该采用有机物对它们进行标准化。在某些情况比较特殊的样点,如果能够说明化学物质的有效暴露浓度是一系列土壤性质的函数,就可以利用试验土壤对实际样点土壤中物质的浓度进行标准化。

暴露评价是基于各种水相萃取物(aqueous extractions)进行的(20.2.8节),这些预测结果可以与通过土壤萃取物毒性试验得到的暴露评价结果进行比较。或者,通过使用含盐和酸的水对萃取物进行适当的稀释,可以假设稀释后萃取物的物质浓度近似于土壤间隙水的浓度。通过这些萃取方法,就可以像沉积物的 EqP 方法一样,把对实际样品的研究结果和实验室进行的水相毒性试验结果进行比较。然而,就像在对老化化学物质进行阐述时一样,没有哪种萃取方法是通用的,因此需要根据实际情况对萃取剂和萃取方法进行专门的选择和优化(Sauve,2001)。

对于金属物质,我们还可以使用机制形态模型来估算它们在暴露和吸收过程中具有生物可利用性的自由离子浓度,其预测过程与水生生物配位体模型相似(22.2节)。数据显示,土壤中的金属物质主要与 Ca^{2+}、H^+ 竞争溶解态有机物和生物配位体上的作用位点(Weng 等,2002)。水饱和土壤(如湿地)的行为特征更像硫化物为主导的金属络合沉积物(like sediments with sulfides dominating metal binding)。

对于被多种无机化学物和有机化学物污染的区域来说,通常最好的选择是测定土壤中的污染物浓度,将测定结果与土壤试验结果联系起来进行分析(第24章)。如果必须引用文献中的毒性数据,那么引用时需要将实际测定或者修正后的测定结果与文献的试验条件进行比较后再利用。

22.4.1.2 化学物质的输入形式

对于加入到土壤中的化学物质,其生物可利用性不仅取决于土壤的性质也取决于该物质的添加形态。如果金属物质以无机盐形态进入土壤中(通常用在实验室毒性试验或富集分析中),那么该添加浓度的金属物质生物可利用性比实际情况下污染土壤中同样的金属物质总浓度的生物可利用性大。例如,有研究显示,基于通过计算得到的土壤-植物摄取系数,以盐形态加入土壤的15种金属物质当中,有10种的生物可利用性都比实际土壤背景组分浓度的有效性大(Cataldo 和 Wildung,1978)。其次,土壤性质的变化、生物的特性以及溶解性盐之外的金属形态,这些因素都会对实际情况产生影响

(Efroymson 等,2001)。再者,化学物质进入土壤后,其形态也会发生变化。例如,从美国橡树岭地区冷却塔中排放的六价铬,会迅速地完全转化为生物可利用性很低的三价铬。

22.4.1.3 化学物质的相互作用

化学物质间的相互作用是影响生物吸收土壤中物质的潜在重要因素,评价者在风险表征中必须对这些因素予以考虑。例如,目前已经证明铅能够加速镉的吸收,但是关于镉对铅吸收的影响尚不明确(Carlson 和 Bazzaz,1977;Miller 等,1977;Carlson 和 Rolfe,1979)。用 50 mg/kg 的高浓度砷对土壤进行修复后,可以提高狗牙草对土壤中汞的吸收(Weaver 等,1984)。疏水性有机化合物在水中的溶解度受到其他疏水性化合物的影响(Eganhouse 和 Calder,1976)。目前,尚没有模型能够模拟整合这些相互作用,必须针对物质进行特定的研究。

22.4.1.4 非水相液体

当土壤中存在汽油或多氯联苯(PCBs)等非水相液体(NAPLs)时,土壤中某化学物质的有效浓度与其总浓度就不再存在相关性了。烃类或其他的非水相液体组分可以分为四个相:水相、土壤固相、土壤气相和非水相液体。生物可利用性最高的形态是水相部分,但是平衡分配法并不适合该相物质的分析。当水相中脂溶性物质浓度接近饱和并且有非水相液体存在时,水相中化学物质的浓度与该物质在土壤中的总浓度无关。此外,非水相液体组分可能会吸附于植物的根部、蚯蚓的皮肤以及微生物上,通过这些途径进入生物体内。土壤水相溶解成分的浓度测量值一般都接近于实际暴露值,但是由于很难将非水相液体组分从水相萃取物中去除,因此实际测定中会产生浓度偏差。此外,汽油和其他非水相液体成分会对土壤的物理性质产生很大影响,这些影响可能比它们所产生的直接毒性效应更大。因此,土壤生物对非水相液体的暴露具有很大的不确定性,需要引起足够重视。

22.4.2 土壤的深度剖面

土壤生物对污染物的暴露水平可以采用深度来定义。由于土壤中的污染物浓度和生物活性随土壤深度不同呈现一定的梯度变化,因此取样深度尤为重要。例如,如果对植物根深的预测不准确,就会导致以下错误结论:① 土壤中化学物质在深度上的平均浓度低于毒性阈值浓度,但实际上在植物根区部位的物质浓度却高于阈值浓度;② 植物研究中表现出毒性副作用可能与化学物质的不同浓度有较大相关性,而在实际土壤的植物根区部位所产生的影响并没有那么强烈。

22.5 陆生植物暴露

植物从土壤和空气中直接吸收化学物质。大多数污染物质是植物以蒸腾液流的方式被动地从土壤溶液中吸收进体内的,铜和锌等营养元素则是以主动运输的方式进行吸收。维管束植物在土壤污染物中的暴露受土壤剖面的根系分布、土壤的理化特征以及化学物质间相互作用的影响和控制。此外,植物物种间的生理差异也是不同物种类群对污染物富集差异的原因之一。在污染区域,植物群落对污染物的暴露可以看做是终点群落所占据空间内植物个体暴露的分布集合。如果风险管理者期望对某些特定物种进行保护,暴露的空间分布就显得尤为重要。

22.5.1 根系深度

土壤的最佳取样深度应当是作为评价终点实体或终点食草动物的食物来源的植物种群或植物群落中大部分吸收根的分布区域。理想情况下,风险评价者应当通过测量来确定取样深度。我们可以通过称量根的重量来确定植物根系密度最大部分位于土壤剖面哪个深度。植物的根系深度随着植物的种类、营养盐和溶解氧的可利用性、土壤水、土壤温度、是否存在病原体、土壤孔隙的大小、分布和紧实程度(Foxx 等,1984)、岩石与土壤界面的位置(Parker 和 van Lear,1996)等因素而发生变化。因此,以某一地点的植物根系深度来估测其他地点的根系深度是非常不准确的,不过总比忽略根系深度这个因素要好。

取样深度应该包括植物绝大多数根所在的范围。由于通常情况下植物的根密度随着深度呈指数减少(Parker 和 van Lear,1996),表层沉积的污染物浓度也随着深度的增加而降低,如果将污染物浓度定为土壤表面到最大根系深度范围内的污染物平均值,则会低估有效暴露值。在暴露预测中,如果要对多个深度范围都进行取样,那么对表层土壤的取样数要多于下层;如果不进行多深度点取样,并且化学物质浓度随着深度的增加而减少,那么取样深度应该小于植物群落的最大扎根深度。

生物群落的绝大多数根都分布在土壤表层 30 cm 内(Jackson 等,1996),因此,30 cm 是估测植物根系对土壤污染物暴露的理想默认深度。当然,预测评价中还需要将生物群系的常识与评价地点的实际情况结合起来进行分析。如果评价的取样地点以草为优势种,那么取样深度以浅层为宜,因为对不同生物群落中草的研究显示,其 44% 的根生长在土壤表层以下 10 cm 的范围内(Jackson 等,1996)。而且,随着深度的变化,水的有效性也在发生变化,这也会改变草对不同深度范围内污染物的相对吸收。如果要对植物、土壤无脊椎动物以及其他野生生物的暴露效应进行综合预测评价,此时就需要折中考虑,将土壤取样深度定为对所有生物暴露预测都合适的深度。

22.5.2 根际

植物会对根际(植物根部附近的土壤)化学物质的溶解度产生影响,根际微生物可以通过代谢将土壤固相中的金属物质变为游离态,根际有机化学物质的降解速率也会比土壤其他部位高(Reilley 等,1996;McLaughlin,2001)。因此,植物周边土壤溶液的化学物质浓度可能不同于整体土壤中的物质浓度。那么,测定根际土壤水相的化学物质浓度对评价者来说就没有什么实际意义了。但是,在植物的污染物暴露预测中对这些不确定因素进行清楚的认识是很重要的。

22.5.3 湿地植物暴露

湿地是介于水和土壤之间的一种生态系统,大多数湿地植物的污染物暴露可以采用维持湿地系统的地表水、泉水和地下水中化学物质的浓度来表现。其原理是:① 土壤中的化学物质浓度不一定与湿地中流动状态的水相化学物质达成平衡;② 湿地植物的根部更直接地暴露于一定浓度的溶液中,而不是暴露于致密的土壤中。但是,这一推测有待于进一步研究确认。

22.5.4 土壤特征与植物暴露

土壤的理化特性决定了土壤中化学物质的形态以及植物吸收时的有效性。基于这些土壤性质,在风险评价时需要考虑到实际土壤与试验土壤的相似性。目前报道会对土壤溶液中无机化合物的浓度产生影响的土壤性质包括 pH、阳离子交换容量、有机物质、铁的氢氧化物以及颗粒成分(Bysshe,1988;Sims 和 Kline,1991;He 和 Singh,1994;Jiang 和 Singh,1994;Weng 等,2002)。此外,因为植物的被动运输吸收是一种蒸腾作用,在温度和土壤水含量较高而相对湿度较低的情况下,吸收速率会升高(McLaughlin,2001)。因此,可以利用这些性质对土壤中元素的总浓度进行标准化(22.4.1 节)。

土壤溶液中非离子有机物浓度主要依赖于土壤有机质含量(Topp 等,1986;Sheppard 等,1991)。也就是说,植物在沙质土中暴露于有机污染物的可能性高于泥土中,而通常使用的土壤分配系数(K_d)大都假定以上两种情况下的暴露是一样的。但是,用来预测沉积物的中性有机物暴露的平衡分配模型(EqP)在陆生植物的评价分析中尚未被完全采纳。

22.5.5 植物的种间差异

如何采用植物的物理或生理特性来解释和描述植物对金属物质富集的种间差异,这个问题目前还不是很明确。总体而言,植物对无机化学物质吸收的种间差异远远大于动物的种间差异。有些植物是对金属(尤其是硒和镍)的超积累生物。因此,不能使用植物叶片或者其他部位中的金属浓度来对植物的金属暴露进行预测。此外,有证据显示,可以使用植物的油脂含量来预测植物对中性有机化学物的吸收和体内暴露(Bromilow 和 Chamberlain,1995)。

22.5.6 植物在空气中的暴露

空气中有许多是来自活性气体污染源(active atmospheric sources)或者因受污染土壤挥发作用而形成的化学物质,植物可能暴露于这些物质当中,并通过叶片将它们吸收到体内。对于污染气体和蒸汽,暴露表现为树冠高度处空气中的污染物浓度。对于那些经空气途径被植物吸收的土壤化学物质,测定其在土壤中的浓度可能是对它们进行分析评价的最佳方式。

主要以蒸汽形式被植物吸收的土壤污染物包括高分子量、非离子有机化合物,如 DDT、狄氏剂、异狄氏剂和七十烷以及多氯联苯。当 2,3,7,8-四氯代二苯并二恶英(2,3,7,8-TCDD)的含量达到能够被检出的水平时,就无法在草本植物蒸腾液流中转运,因此植物地上部分的 2,3,7,8-TCDD 主要是受到空气中污染物的污染(Trapp 和 Matthies,1997)。某些无机元素的部分形态也是通过空气途径从土壤中转移到植物体中的,植物体内的汞就是一个极典型的例子,大多数植物地上组织中的汞都是以挥发性蒸汽的形式由叶片吸收到体内的,只有很少部分的富集是由根部或者蒸腾液流从土壤吸收进体内的(Bysshe,1988)。

如果空气和土壤中化学物质的浓度处于平衡状态,并且土壤是植物周边生境唯一的化学物质来源,那么可以将大气途径暴露看做是经验吸收模型。例如,虽然植物是通过空气途径来吸收汞,但是土壤中汞的浓度和植物组织中的浓度仍然存在明显的相关性(Shaw 和 Panigrahi,1986)。如果有机化学物质浓度等于或接近土壤背景值,我们就可以假定该物质在空气中与土壤中的浓度接近平衡(Trapp 和 Matthies,1997)。

22.6 土壤无脊椎动物暴露

本节主要讲述蚯蚓的化学物质暴露,选择蚯蚓作为代表生物主要有以下几个理由:① 有关蚯蚓暴露的信息要多于土壤节肢动物的相关信息;② 化学物质对蚯蚓的毒性与该物质在蚯蚓体内的浓度和土壤中该物质的浓度有关;③ 相对于其他土壤节肢动物,蚯蚓作为风险评价的试验生物,其评价终点更易识别和确定。此外,蚯蚓的暴露通常是透过皮肤或者与皮肤相似的肠暴露途径进行的,而土壤节肢动物,如等足类动物,由于它们具有外骨骼,因此其暴露主要是通过选择性的摄食来实现,使得暴露场景更加复杂(Van Brummelen 等,1996)。蚯蚓暴露在土壤化学物质中的毒性效应取决于以下影响因子:土壤中化学物质的浓度、蚯蚓的潜穴深度、食物、活动类型、土壤性质以及该物质与其他污染物间的相互作用。虽然蚯蚓在某些化学物质中的暴露与土壤水中该物质浓度相关(van Gestel 和 Ma 1988;Janssen 等,1997),但是通常暴露分析评价中采用的还是化学物质在土壤中的总浓度。

22.6.1 暴露深度和吸收物质

潜穴深度和所消耗的时间是决定蚯蚓对化学污染物暴露效应的两个因素。根据种类和实际情况,蚯蚓潜穴的深度或深或浅,或水平或垂直(Lee,1985)。Lee(1985)和 Suter(2000)分别对北美和欧洲不同种类蚯蚓的食性和潜穴深度等信息进行了汇编总结。总的来说,蚯蚓主要生活在有机物含量丰富的土壤表层 2~30 cm 范围,大多数试验中我们所模拟的土壤环境也是富含有机物的,因此,植物暴露取样的常规默认深度 30 cm 也同样适用于蚯蚓。即使潜穴很深的蚯蚓通常也是以土壤表层所含的物质为食,因此在大多数情况下,蚯蚓暴露研究中将潜穴深度定为 50 cm 以上是不恰当的。若蚯蚓的风险评价很重要却不明确,就需要在污染或存在潜在污染的地方开展研究,对蚯蚓的摄食和潜穴行为进行讨论。

多数节肢动物居住在近表层土壤中,但也有一些居住在土壤更深层。例如,白蚁利用富含泥土的土壤在地表堆积起土堆,然后在土壤深层的水平通道觅食。由于节肢动物的外骨骼不具有渗透性,因此,相比于在土壤中的直接暴露来说,摄食是节肢动物吸收污染物的更为重要的决定因素。例如,三种等足类生物对 PAHs 的吸收和腐殖质及碎屑中的 PAHs 浓度水平有关,而与新鲜落叶或矿质土中的浓度无关(Van Brummelen 等,1996)。目前,对于在土壤动物中所占比例很高的节肢动物和线虫类的污染物暴露情况,我们仍然知之甚少。

22.6.2 土壤性质和化学物质的相互作用

蚯蚓对土壤中无机污染物的暴露依赖于土壤的化学性质。Janssen(1997)观察报道,能够影响无机物质在土壤固相和孔隙水中分配的土壤性质同样也会影响蚯蚓对这些无机物质的富集作用。因此,他们得出结论,蚯蚓对土壤中无机物质的摄取是通过土壤孔隙水或者与之相关的途径来进行的,利用土壤总金属浓度结合评价地区的土壤特性可以对金属物质以摄取系数表示的生物可利用性做出预测。某些土壤因子可以决定蚯蚓在土壤无机物质中的暴露效应,这些因子包括 pH、钙含量、阳离子交换容量和有机质(Corp 和 Morgan,1991;Saxe 等,2001)。蚯蚓对某些有机物质的暴露依赖于该物质在土壤水相中的浓度,所以,可以使用平衡分配法对暴露进行分析评价,并且分析评价可以和实验室中对蚯蚓进行的化学物质暴露试验联系起来(van Gestel 和 Ma,1988)。

22.7 土壤微生物群落的暴露

微生物生活在不同的土壤微环境中,因此它们可能暴露于范围很广的局部浓度中,包括土壤水中的化学物质、土壤颗粒表面的潜在高浓度化学物质,甚至可能接触到石油或者多氯联苯等有机液滴。由于典型的微生物评价终点是建立在生态系统水平上的微生物过程,因此相关的暴露具有时间和空间的双重特征。目前的污染物生态效应研究都是针对整体土壤(bulk soil)进行的,因此通常所指的暴露都是指暴露在整体土壤的污染物当中。测定土壤水相中化学物质的浓度是进行暴露的测定的备选方法,但是目前关于有毒物质在溶液状态下对风险评价者关注的大部分评价终点(例如,氮素转化、酶活力)所产生的暴露效应的研究报道还很少。此外,因为我们所关注的评价终点是那些会对生态系统动力学产生影响的微生物过程,所以评价中采用的微生物主要是生活在表层土壤中的好氧微生物,因此,以植物或者无脊椎动物为目标生物确定下来的取样深度对微生物也是适用的。

22.8 野生动物的暴露

野生动物暴露可能涉及多种介质和途径。哺乳动物、鸟类、爬行动物、两栖动物通过饮用受污染的水、在污染水体中游泳和运动、摄取受污染的食物和土壤、呼吸污染空气或者皮肤接触等途径,都可以吸收污染物质。此外,由于大部分野生动物是不断运动的,所以它们并不是仅仅暴露于某一场地的污染物当中,而是暴露于空间上呈分散状的多个场地的污染物质。因此,要对野生动物暴露进行准确评价需要考虑动物的生境以及它们在潜在生境间的移动行为。

22.8.1 基于外部测定的暴露模型

野生动物可以通过经口摄食、皮肤接触和吸入的途径暴露于污染物。经口摄食暴露包括生物在摄取食物、水和土壤过程中形成的暴露。皮肤暴露是指当生物的皮肤接触污染物时而形成的暴露。吸入暴露是指生物通过吸入污染物蒸汽或者污染物颗粒而形成的暴露。生物对污染物的总体暴露可以通过以下方程表示:

$$E_{总} = E_{经口} + E_{皮肤} + E_{吸入} \qquad (22.3)$$

式中:$E_{总}$ 是指所有途径的暴露;$E_{经口}$ 是指经口暴露;$E_{皮肤}$ 是指皮肤暴露;$E_{吸入}$ 是指吸入暴露。

22.8.1.1 皮肤暴露

对于鸟类和哺乳动物,它们的皮肤暴露通常可以忽略不计。首先,虽然目前已有用于人类皮肤暴露的分析方法(EPA,1992b),但是还缺乏针对野生动物皮肤暴露风险评价所需的数据。此外,鸟类和哺乳动物拥有羽毛和皮毛,可以减少皮肤与污染介质的接触,从而降低皮肤暴露的概率。因此,在大多数情况下,相对于其他暴露方式,一般会将它们的皮肤暴露忽略不计。然而,如果存在较易通过皮肤吸收的物质(例如,有机溶剂和某些农药),并且终点生物的暴露会引起明显的皮肤暴露(例如,具有挖掘行为的哺乳动物,或者水生的两栖动物),那么就必须对皮肤暴露予以考虑。喷施农药,尤其是喷施毒杀鸟类的有机磷类农药,就是一个典型的例子(Driver 等,1991;Henderson 等,1994)。

Hope(1995)建议使用两种模型来估测动物每天从土壤中吸收的物质。第一个模型假设生物体暴露在与皮肤接触的表面土壤所含的所有污染物中。第二个模型假设生物体暴露在与皮肤接触的土壤中,但并不是所有污染物都被动物吸收。后一种模型来源于人类健康的风险评价,具体表达如下

$$D = (A \times P \times S \times C \times F \times B)/W \qquad (22.4)$$

式中:D 是日剂量(mg/kg/d);A 是生物体的表面积(cm^2);P 是生物体受污染表面积的比例;S 是皮肤黏附因子(mg/cm^2);C 是土壤中污染物质的浓度(mg/kg);F 是转化因子(10^{-3} kg/mg);B 是土壤容重(kg/cm^3);W 是生物的体重(kg)。

目前还没有针对野生动物的黏附因子和摄取系数,哺乳动物黏附因子和摄取系数取值可以参考人类健康评价的相关文献。Hope(1995)建议,将默认的人类黏附因子(0.52 ± 0.9 mg 土壤/cm^2 皮肤)用于其他哺乳动物。

皮肤与农药的接触很复杂。USEPA 正在研究用于鸟类皮肤暴露的模型,包括直接喷施暴露、粉尘和水洼泥浆浸浴暴露、足部与土壤接触暴露、与喷施农药的叶片接触导致的暴露(OPP,2004)。

要对皮肤暴露进行预测评价需要相关的皮肤毒性数据(但是目前这方面的数据较少)或将皮肤接触转换为相等的经口暴露。最简单的做法是假设皮肤接触与经口暴露是相等的,但现有数据并不支持这种假设做法。USEPA 制定了一项经验模型对鸟类的农药暴露进行转换,但是该模型还存在很大的不确定性(OPP,2004)。

22.8.1.2 吸入暴露

在野生动物风险评价中有两种情况通常将污染物的吸入暴露忽略不计。一种情况是,大多数污染场地被草木等冠被覆盖,受污染的表层土壤较少暴露于风中,因此空气中污染物灰尘悬浮微粒也很少。另一种情况是,挥发性有机化合物(volatile orgnanic compounds,VOCs)是最可能通过吸入途径产生生态风险的物质,因为大多数的挥发性有机物会快速地从土壤挥发到空气中,然后在空气中稀释并且扩散。Paterson(1990)研究表明,土壤半衰期小于10天的有机物在表现出明显的暴露效应之前就会从土壤中消失。此外,如果亨利定律常数大于 24.3 $Pa/m^3/mol$,蒸汽扩散就可以不视为一个潜在的暴露过程(Wang 和 Jones,1994;Hope,1995)。因此,大多数的污染地点不会发生明显的挥发性有机废物吸入暴露。如果在某些受到污染的地方,吸入是重要的暴露途径,USEPA(1993g)建议大家咨询这方面的毒理学家。Hope(1995)提供了污染土壤中穴居哺乳动物的吸入暴露模型。

熏蒸和喷洒杀虫剂等情况可能引起野生动物明显的吸入暴露(Driver 等,1991)。USEPA 提出了鸟类的农药蒸汽和液滴吸入剂量预测模型(OPP,2004)。为了将吸入浓度转换成相当的口服浓度,他们建议使用哺乳动物口服 LD_{50} 和吸入 LD_{50} 的比值作为

22.8.1.3 经口暴露

由于野生动物的皮肤暴露和吸入暴露一般都忽略不计,因此公式22.3通常可以简写为

$$E_{总} \approx E_{经口} \tag{22.5}$$

野生动物经口暴露摄入的污染物可能来自受污染的动植物食物、水或者土壤。当动物在觅食、饲喂或者有目的地满足自身营养需要时,就会附带着将土壤中的污染物质一同摄入体内。当然,在某些情况下,动物也会直接摄入污染物质(例如,石油或防冻剂乙二醇)。经口摄入形成的总暴露是许多暴露途径的总和,表示如下:

$$E_{经口} = E_{食物} + E_{水} + E_{土壤} + E_{直接} \tag{22.6}$$

式中: $E_{食物}$ 是由食物中污染物质导致的暴露; $E_{水}$ 是饮水过程产生的暴露; $E_{土壤}$ 是摄取土壤导致的暴露; $E_{直接}$ 是对污染物质的直接摄入。

野生动物对污染物质的暴露评估以标准体重的污染物日剂量描述,通常表示为每天每公斤体重的污染物毫克数(mg/kg/d)。以这种方法表示的暴露评估结果可以与文献中已有的类似毒性数据进行比较。目前,文献中可以查阅到一些经口摄入污染物的暴露评估模型(EPA,1993f,g;Sample 和 Suter,1994;Hope,1995;Freshman 和 Menzie,1996;Pastorok 等,1996;Sample 等,1997),其基本形式是

$$E_j = \sum_{i=1}^{m} (I_i \times C_{ij}) \tag{22.7}$$

式中: E_j 是污染物质(j)的口服暴露剂量(mg/kg/d); m 是吸收介质的数量(例如,食物、水或者土壤); I_i 是介质(i)的吸收率(kg/kg 体重/d 或 L/kg 体重/d); C_{ij} 是介质(i)中污染物(j)的浓度(mg/kg 或 mg/L)。 E_j 表示暴露期间的日平均暴露剂量,大多数情况是指几个月甚至几年的慢性暴露。

为了满足生长、生存和繁殖的营养需求,应考虑食物供给上的变化,大部分野生动物的食物组成具有多样性。考虑到不同食物中污染物的差异,暴露评价应该以日常食物组成中每种食物的相对比例和污染物在每种食物中的浓度来进行衡量。由于野生动物饮水的来源不同,摄入的土壤中污染物的成分也不同,因此暴露评价中要将每一种食物类型、水源、土壤都考虑进去。经过修正的式(22.7)如下:

$$E_j = \sum_{i=1}^{m} \sum_{k=1}^{n} p_{ik}(I_i \times C_{ijk}) \tag{22.8}$$

式中: n 是动物摄取的介质(i)种类数; p_{ik} 是介质(i)中食物类型(k)的比例; C_{ijk} 是介质(i)中食物类型(k)的污染物(j)的浓度(mg/kg 或 mg/L)。

人们普遍认为在野外情况下野生动物对化学物质的吸收是100%完全的(Sprenger 和 Charters,1997)或者等同于暴露评价中的毒性试验生物的吸收效应(Sprenger 和 Charters,1997)。然而,由于毒性试验所采用的化学物质形态(例如,金属盐溶液或植物油溶解的有机化学物质)比野外存在的实际物质形态具有更好的生物可利用性,所以上面的假设可能高估了实际的风险。为了解决这个问题,摄取系数被引入到经口暴露模型中(Hope,1995;Pastorok 等,1996)。摄取系数表示摄入物质中真正通过胃肠道吸收的那一部分所占的比例。目前可提供的物质摄取系数很少,其中,Owen(1990)提出了39种化学物质的摄取系数,Garten 和 Trabalka(1983)提出了鸟类和反

乌类哺乳动物对有机化学物质吸收评价的经验模型。

22.8.1.4 野生动物暴露的空间理论

如果污染物质或者野生动物在污染区域内具有空间复杂性,或者污染区域仅为野生动物提供部分生境需要,而不能满足它们所有的需要(例如,可以满足食物的需求,但是没有充足的水源或安全的庇护场所),此时就需要在暴露模型中引入空间因子进行修正。此时,野生动物的移动是需要考虑的最重要的空间因素。动物会通过日周期性或季节性的迁徙旅行来寻找食物、水源、居所和适宜生存的气候条件。非迁移性物种的生活空间或者迁移性物种在繁殖季节进行迁移活动时所经过的活动范围,被定义为巢区(此处的定义中包含了领地)。如果待评价的空间单元大于终点物种个体的巢区,并且能够提供物种所需的生境要求,那么前面列举的模型足够适用。但是,终点物种的巢区往往都大于污染单元,或受污染区域无法满足终点物种对生境的所有需求,这种情况下,就必须对野生动物暴露模型进行修正。

如果受污染的空间单元与周围环境有相似的生境特征,但是其范围小于动物的巢区,那么动物对该空间的利用可以被简单地描述为区域效应。也就是说,我们可以假设野生动物暴露于整个污染区域,暴露与污染区域和巢区的面积比值成正比:

$$E_j = \frac{A}{HR} \left[\sum_{i=1}^{m} \sum_{k=1}^{n} p_{ik}(I_i \times C_{ijk}) \right] \tag{22.9}$$

式中:A 是受污染的面积(m^2);HR 是终点物种的巢区大小(m^2)。A/HR 通常被称作区域利用因子(area use factor),是指野生物种中的个体在污染区域(而不是巢区的其他部分)出现的概率(Hope,2004)。

式(22.9)潜在的假定条件是污染区域内的整个生境都是适合动物生存(suitable),动物暴露于污染区域中的任何部分都是一样的。但是,实际情况中,许多区域用于工业、农业生产或者在自然状态下也会发生很大的变化,因此,不可能所有的污染区域都能给动物提供相似的生境。假设某个区域的功用与其中适宜生境的比例呈正比,那么式(22.9)可以变成

$$E_j = P_h \left(\frac{A}{HR} \left[\sum_{i=1}^{m} \sum_{k=1}^{n} p_{ik}(I_i \times C_{ijk}) \right] \right) \tag{22.10}$$

式中:P_h 是适宜生境在污染区域中的比例。

污染物和生境特征的空间异质性也是一个问题。这些模型的使用都要有一定的假设条件,要么污染物质是完全分散的,要么野生动物在觅食过程中对生境范围内的污染物是随机摄食的,因此它们暴露于平均浓度之下。但是,某区域可能适宜生存,也可能不适宜生存,生境性质会发生空间上的不断变化,在受污染区域和巢区其他部分间不断地发生变化。此外,污染物水平也会随着生境特征的变化而发生改变。例如,污染物的浓度可能在区域中心最大,而生境特征却在区域边缘最高。在这些复杂多变的情况下,很有必要联合污染物水平和生境特征对每一个区域的贡献比例进行模拟,各种情况下适宜模型的推导工作有待于将来的继续研究和探讨。

可见,如果污染物分布和生境特征很复杂,上面的方法便不适于暴露评价的分析。在这些情况下,采用地理信息系统(geographic information system,GIS)来进行暴露评价是比较明智的选择。GIS 可以将空间建模和测绘结果进行简化,利用 GIS 能够确定多个空间单元(也即多个栅格)内的污染物浓度与食物的密度、水的可利用性、覆被、裸

土等生境特征。基于这些生境特征再确定终点物种存在的概率,然后就可以计算并加和而获得各单元相互之间的暴露数据。如果终点物种(可以通过无线电遥感技术或个体数量普查得到)的分布和运动信息已知,还可以将这些数据与生境和污染物的相关数据结合起来,以提供更加精确明了的暴露信息。Banton(1996)、Clifford(1995)、Henriques 和 Dixon(1996)、Sample(1996b)都报道过 GIS 在暴露和风险评价中的应用实例。目前已经制定出来一种空间准确暴露模型(spatially explicit exposure modle,SEEM),并用于美国陆军的风险评价模型系统(ARAMS)(Wickwire 等,2004),该模型可以对穿过某一点的野生动物种群中的个体暴露进行模拟。

评价者在应用这些方法的时候,需要将已污染土壤或存在目的性活动污染可能性土壤的生态特征与终点生物的生境需求联系起来。如果已知待评价地点的生境分类,那么土地覆被分类必须转换成与之相当的生境类型。表22.2 列举了英国在该方面的一个应用实例,该例表明,同一个区域可以采用不同的土地覆被分类,并且这些土地覆被分类可能与生境类型不一致。另外,野生动物生物学专家可以判断在某种土地覆被类型中可能出现哪种生物。最后,可以利用生境评价程序或其他一些生境数据来直接估测受污染区域的生境特征(FWS,1980;Bovee 和 Zuboy,1988)。

表 22.2 英国土地覆被类型和鸟类生境类型的关系

土地覆被类型[a]	分类对象[a]	鸟类生境类型
海洋/河口	海洋/河口	近岸海域 河口和海岸湿地
内陆水域	内陆水域	上游来水
海滩/泥滩/陡岸	海滩和沿海裸地	海滨 海口和海岸湿地
盐沼	盐沼/潮间带植被	河口和海岸湿地
劣质牧场/沙丘草地/禾本沼泽	洼地干草原	healthland
	山区和丘陵草地	山脉和沼泽等

来源:Dobson S and Shore RF,*Hum. Ecol. Risk Assess.*,8,45-54,2002。获得许可。
a 土地覆被分类适用于遥感数据,分类对象适用于地面观测。

22.8.1.5 野生动物暴露的时间问题

行为的时间模式可以通过增加或减少与污染物介质的接触而改变暴露效应。通常,野生动物的行为具有季节变化性。某些食物只有在一年中的某段时间里才生长。同样,某些生境和巢区的特定区域只有在特定季节时才可以利用。此外,许多物种存在冬眠或蛰伏现象,在这段特定时间里它们会离开研究区域或者限制自身的活动,使得暴露于污染物中的潜在风险大大降低。因此,在对动物进行污染物暴露风险评价时,应该充分考虑以上因素,并且根据实际情况的改变适时更换所用模型。对不同暴露情景下的暴露评价进行比较,有助于我们确定动物种群中哪些部分受到的危害最大,以及在一年当中的什么时间所面临的风险最大。

在急性暴露(尤其是杀虫剂急性暴露)时,短期暴露模型更为重要。许多生物都在日间觅食,它们会在早晨钻出土壤,在夜间回归土壤,因此它们的暴露属于双峰型。

USEPA 建议将这种暴露类型整合归类到鸟类急性致死效应的概率与动态模型中（OPP，2004）。

22.8.1.6 暴露修饰因子

前面所讲的模型都基于一个潜在的条件，即终点生物具有相同的个体大小、新陈代谢水平、饮食、巢区范围和生境需求。然而，这些参数在动物的幼年与成年、雄性与雌性之间都可能存在差异。例如，由于处于生长时期，动物在幼年时期的新陈代谢要高于成年时期。同一物种在幼年和成年时期对食物的消耗也有很大差异。同样，处于繁殖时期的雌性对食物的需求通常也高于雄性，摄食量大意味着通过该途径带来的暴露随之增加，因此污染物对种群中这部分个体造成的风险更高。如果特定生命阶段或性别的野生动物可能处于更高的污染物暴露中，那么就应该在暴露评价时对它们进行特殊分析。

22.8.2 暴露评价参数

为了采用前面所述模型对陆地野生动物的污染物暴露进行评估，需要知道这些模型中各参数的物种特异性数值。由于生活史参数在种内数值上变化较大，因此采用待评区域的具体数据来进行暴露评估所得到的结果是最准确的，而且在任何情况下这种有针对性的评价方法都是适用的。但是目前针对生物在某特定地点生活史的数据很少，所以通常在对暴露进行评估时必须使用文献报道中已有的数据。野生动物生活史的信息汇总可以通过多个渠道得到，鸟类、哺乳类、爬行类和两栖类的生活史数据可以在野生动物暴露因子手册（USEPA，1993g）、Sample 和 Suter（1994）以及 Sample 等（1997）中查找到。美国加州环境保护局（CAL/Ecotox；http/j;www.oehha.ca.gov）和加拿大野生动物服务机构（Canadian Wildlife Service）等州和国家的机构，以及美国哺乳动物学家学会（American Society of Mammalogists）和美国鸟类学者协会（The American Ornithologists' Union）等专业社会机构也可以提供这些方面的信息和数据。

22.8.2.1 体重

新陈代谢以及食物和水的消耗率都是体重函数。大型动物对食物和水的消耗比小型动物多，但是新陈代谢率却比小型动物低，所以小型动物单位体重食物和水的消耗量反而高于大型动物。因此，小型动物单位体重的经口暴露更高。除了上面提到的数据来源，野生动物的体重也可以在 Dunning（1993）与 Silva 和 Downing（1995）中查阅到。

22.8.2.2 食物与水的消耗率

在野外观察动物对食物、水和土壤的消耗情况更接近实际，但是对于大多数动物而言实地观测是不可行的，因此，通常都是通过实验室试验来研究这些问题。然而，在实验室中得到的相关数据有很大的不确定性，因为实验室中很难模拟构建出那些影响新陈代谢和食物与水消耗率的自然活性因素和环境条件。

如果无法查阅到食物消耗率的相关数据，我们可以通过异速生长回归模型来进行估算。Nagy（1987）提出了鸟类和哺乳动物的食物消耗估测公式，包括：

$$I_{df}=0.235W^{0.822} \text{哺乳动物} \quad (22.11)$$

$$I_{df}=0.621W^{0.564} \text{啮齿动物} \quad (22.12)$$

$$I_{df}=0.577W^{0.727} \text{食草动物} \quad (22.13)$$

$$I_{df} = 0.492W^{0.673} \text{ 有袋目哺乳动物} \qquad (22.14)$$
$$I_{df} = 0.648W^{0.651} \text{ 所有的鸟类} \qquad (22.15)$$
$$I_{df} = 0.495W^{0.704} \text{ 海鸟} \qquad (22.16)$$
$$I_{df} = 0.398W^{0.85} \text{ 雀形目鸟类} \qquad (22.17)$$
$$I_{df} = 0.013W^{0.773} \text{ 食虫蜥蜴} \qquad (22.18)$$
$$I_{df} = 0.019W^{0.841} \text{ 食草蜥蜴} \qquad (22.19)$$

式中:I_{df}是食物摄取率(干重)(g/d);W是体重(g 活重)。以上公式和本章中的其他异速生长公式(allometric equations)的方差参数(variance parameters)在公式来源或 EPA 标准(1993g)中可以找到。

利用异速生长公式得到的食物摄入率表示为 g 干重/天。由于野外条件下的动物很少摄食干燥食物,因此必须引入食物的水分含量,将食物干重转换为鲜重。野生动物食物的水分含量见表 22.3 和相关文献。新鲜食物的消费量可由下面公式进行估算:

$$I_{ff} = \sum_{i=1}^{m} \left(P_i x \frac{I_{fd}}{1-WC_i} \right) \qquad (22.20)$$

式中:I_{ff}是总食物摄取率(kg 食物鲜重/kg 体重/天);m是动物摄取的食物种类数;P_i是第 i 种食物在总食物中的比例;WC_i是第 i 种食物的水含量百分比。

食物摄取率还可以用食物中可代谢能量的数量和新陈代谢率来进行估算(EPA, 1993g)。

以异速生长方程可以估测哺乳动物和鸟类对水的摄取率(Calder 和 Braun,1983):

$$I_w = 99W^{0.90} \text{ 哺乳动物} \qquad (22.21)$$

和

$$I_w = 59W^{0.67} \text{ 鸟类} \qquad (22.22)$$

式中:I_w是水的摄取率(mL 水/d);W是体重(g 活重)。

表 22.3 野生动物食物的水分含量[a]

食物类型		水分含量		
		平均	标准偏差	范围
水生无脊椎动物	双壳类(w/o 壳)	82	4.5	
	蟹(w/壳)	74	6.1	
	虾	78	3.3	
	等足类,片脚类			
水生脊椎动物	硬骨鱼类	75	5.1	
	太平洋鲱	68	3.9	
陆生无脊椎动物	蚯蚓(纯化的)	84	1.7	
	蚱蜢,蟋蟀	69	5.6	
	甲虫(成年)	61	9.8	
哺乳动物	家鼠,田鼠,兔子	68	1.6	
鸟类	雀形目(含有典型贮存脂肪)			68[a]
	绿头野鸭(仅肉体)			67[a]

续表

食物类型		水分含量		
		平均	标准偏差	范围
爬行类和两栖类	蛇,蜥蜴			66[a]
	青蛙,蟾蜍	85	4.7	
陆生植物	单子叶植物:嫩草			
	单子叶植物:成熟干草			70-80
	双子叶植物:叶子	85	3.5	7-10
	双子叶植物:种子	9.3	3.1	
	果实:果肉,果皮	77	3.6	

来源:EPA(U.S. Environmental Protection Agency),*Wildlife Exposure Factors Handbook*,EPA/600/R-93/187,Office of Health and Environmental Assessment,Washington,DC,1993. 获得许可。

a 标记的数值表示只有一个值可用。

22.8.2.3 空气摄入率

基于体重参数发展起来的异速生长公式可以用于静止状态哺乳动物和非雀形目鸟类对污染物摄入率的估算中(Stahl,1967):

$$I_a = 0.545\,8W^{0.80} \quad 哺乳动物 \tag{22.23}$$

和

$$I_a = 0.408\,9W^{0.77} \quad 非雀形目鸟类 \tag{22.24}$$

式中:I_a 是吸入率(m^3 空气/d);W 是体重(kg 活重)。哺乳动物和鸟类模型的相似性说明,式(22.24)可能也适用于雀形目鸟类。

22.8.2.4 土壤和沉积物消耗

陆生脊椎动物在觅食或梳理(grooming)过程中,会同时将土壤摄入体内,例如,土壤无脊椎动物的天敌在摄食它们的时候将黏附在这些无脊椎动物身上的土壤一起摄入,食草动物在食草时也会将沉积在植物叶片或黏着在植物根部的土壤一并摄入。此外,某些动物为了满足自身的营养需要会有目的的摄入土壤。例如,许多食草动物的食物中缺乏钠和其他微量营养素(Robbins,1993),因此它们会摄食钠含量高的土壤来满足自身对钠的需求,这种现象在有蹄类动物中很常见。由于受污染区域的土壤中含有大量有害污染物,所以直接摄入这些土壤是一个具有极大风险的潜在暴露途径。例如,实地观察发现,橡树岭自然保护区的白尾鹿会摄食粉煤灰(Sample 和 Suter,2002),鹿的这种摄食行为便是为了满足自身对钠的需求。因此,在对煤灰中金属的暴露风险进行预测评估时,我们便假设鹿摄入了足够补充它们对钠的需求的粉煤灰数量。为了满足这种钠的需求,鹿摄入的粉煤灰量是平常随机性摄入煤灰量的 7.5 倍之多。通常情况下我们都假设动物摄入土壤中的全部化学物质都具有生物可利用性,但是在一些情况下仍然需要对其中不具有活性的部分予以充分考虑(20.8 节)。

目前还没有用于野生动物土壤摄食评价的模型,但是已有部分报道给出了某些物种饮食中土壤所占的比例(表 22.4)。

表 22.4 部分野生动物对土壤的摄取率

野生动物	物种	土壤摄取率(%食物)	文献来源
爬行动物			
盒龟	*Terrapenne carolina*	4.5	Beyer 等,1994
东部锦龟	*Chrysemys picta*	5.9	Beyer 等,1994
鸟类			
蓝翅水鸭	*Anas discors*	<2.0	Beyer 等,1994
环颈鸭	*Aythya collaris*	<2.0	Beyer 等,1994
林鸳鸯	*Aix sponsa*	11	Beyer 等,1994
野鸭	*Anas platyrhynchos*	3.3	Beyer 等,1994
加拿大黑雁	*Branta canadensis*	8.2	Beyer 等,1994
黑翅长脚鹬	*Micrapalama himantopus*	17	Beyer 等,1994
半蹼鹬(半蹼滨鹬)	*Caladris pusilia*	30	Beyer 等,1994
姬滨鹬	*Calidris minutilla*	7.3	Beyer 等,1994
西方滨鹬	*Calidris mauri*	18	Beyer 等,1994
小丘鹬	*Scolopax minor*	10.4	Beyer 等,1994
野生火鸡	*Meleagris gallopavo*	9.3	Beyer 等,1994
哺乳动物			
负鼠	*Didelphis virginiana*	9.4	Beyer 等,1994
短尾鼩鼱	*Blarina brevicauda*	13	Talmage 和 Walton,1993
九段纹犰狳	*Dasypus novemcinctus*	17	Beyer 等,1994
黑尾兔	*Lepus californicus*	6.3	Arthur 和 Gates,1988
草原田鼠	*Microtus pennsyvanicus*	2.4	Beyer 等,1994
棉鼠	*Sigmodon hispidus*	2.8	Garten,1980
白足鼠	*Peromyscus leucopus*	<2.0	Beyer 等,1994
白足鼠	*Peramyscus leucopus*	1	Talmage 和 Waiton,1993
黑尾土拨鼠	*Cynomys ludovicianus*	7.7	Beyer 等,1994
白尾土拨鼠	*Cynomys leucurus*	2.7	Beyer 等,1994
美洲旱獭	*Marmota monax*	<2.0	Beyer 等,1994
欧亚野猪	*Sus scrafa*	2.3	Beyer 等,1994
白尾鹿	*Odocoileus virginianus*	<2.0	Beyer 等,1994
长耳鹿	*Odocoileus hemionus*	<2.0	Beyer 等,1994
长耳鹿	*Odocoileus hemionus*	0.6-2.1	Arthur 和 Aldredge,1979
麋鹿	*Cervus elaphus*	<2.0	Beyer 等,1994
驯鹿	*Alees alees*	<2.0	Beyer 等,1994

续表

野生动物	物种	土壤摄取率(%食物)	文献来源
哺乳动物			
野牛	*Bison bison*	6.8	Beyer 等,1994
叉角羚	*Antilocapra americana*	5.4	Arthur 和 Gates,1988
红狐狸	*Vulpes vulpes*	2.8	Beyer 等,1994
浣熊	*Pracyon lotor*	9.4	Beyer 等,1994

来源:Suter GW Ⅱ, Efroymson RA, Sample BE and Jones DS, *Ecological Risk Assessment for Contaminated Sites*, Lewis Publishers, Boca Raton, FL, 2000。获得许可。

以上对土壤摄取的估算都未涉及雀形目鸟类。最近关于摄食农业土壤的砂囊鸟类体内土壤颗粒的研究可以为土壤摄取估算提供一定的基础(Luttik 和 de Snoo,2004)。EPPO(2004)建议将鸟类砂囊中土壤物质与土壤日摄取量间的转换系数定为 4.2。

通常在风险评价中很少考虑生物对沉积物的摄取,但这种途径对半水生野生动物的污染物暴露很重要,特别是对于那些没有生物富集性的化学物质(Beyer 等,1997)。例如,天鹅会由于摄入沉积物中的铅、白磷和其他化学物质而死去,但饲养在同一地区的水禽由于很少摄取沉积物,几乎没有受到影响(Henny,2003;Sparling,2003)。

22.8.2.5 巢区范围和领地大小

巢区是指动物个体所占据的空间范围。该区域为生存在这里的动物提供食物、水和栖息地,巢区因物种不同又分为允许侵犯与不允许侵犯两种。巢区范围大小是暴露评价中一个至关重要的因素(22.8.1 节)。巢区面积较小的物种会一直生活在污染区域内,因此可能受到较严重的污染物暴露。相反,巢区范围较大的物种可以在巢区范围内移动,因此它们会暴露于很多不同的污染情况之下。

巢区大小取决于栖息地性质、饵料丰度、种群密度等因素。总而言之,生境条件优越时,动物便不需要为了生存而扩张寻找更好的栖息地,因此巢区大小会随着生境环境特征的转好而减小。同时,随着种群密度增加,动物与邻居之间的拮抗作用和相互影响也会使它们的活动能力降低,导致巢区范围也会随着种群密度的增加而减小。

如果没有针对具体物种测定它们的巢区或领地大小,可以通过体重和营养关系对其进行模拟预测。Jetz 等(2004)提出了哺乳动物体重和巢区之间的关系:

$$HR_{草食} = 2.05 w^{1.02} \tag{22.25}$$

$$HR_{杂食} = 15.87 w^{1.12} \tag{22.26}$$

和

$$HR_{肉食} = 52.07 w^{1.20} \tag{22.27}$$

式中:$HR_{草食}$ 是草食动物的巢区范围(单位:kg);$HR_{杂食}$ 是杂食动物的巢区范围(单位:kg);$HR_{肉食}$ 是食肉动物的巢区范围(单位:kg),w 是体重(单位:kg)。巢区范围的预测要根据种群大小进行修正。即当巢区被一个群体占据时,它的范围就被群体中的个体所分割。

对于鸟类,体重和领地(或巢区)之间也存在很好的正相关(Schoener,1968)。肉食性动物比体重相同的杂食性动物和草食性动物的巢区范围要大。Schoener(1968)对 77 种陆生鸟类的巢区进行了汇总,但是目前还没有模型可以用来预测动物的巢区范围大小。

22.9 吸收模型

生态风险评价中有两种情况需要使用吸收模型。首先,如果风险评价中的暴露-反应关系基于体内暴露(internal exposure),就需要对体内浓度(internal concentration)进行预测。这种情况相对并不多,但是有许多潜在优点(Escher 和 Hermens,2004)。其次,要对野生动物的污染物暴露建模,需要对食物组分中的污染物浓度进行测定或估测。在以上任何一种情况下,直接测定生物群内化学物质浓度都是首选方案,因为由此得到的数据可以为化学物质的实际生物可利用性和在生物群内的富集提供最好的证据。然而,在实际中,由于时间或预算的限制,往往无法对暴露进行直接测定,对实际污染地点进行取样分析也不可行。而且,即使能够对实际样点进行测定,由此得到的数据也必须转化到经验模型(例如,把蚯蚓体内的浓度回归到其生活的土壤浓度),从而通过内推或外延的方法由测定浓度获得无法通过测定方式得到的数据,特别是那些预测未来风险所需的数据。因此,吸收模型可以用来预测野生生物摄食暴露,也可以预测终点生物的内部暴露。

用于生物群中污染物浓度预测的常用模型有三个:摄取系数、经验回归模型和机械生物富集模型。这些模型都有各自的适用条件。

摄取系数是化学物质在生物群中浓度和它们在相关非生物环境中浓度的比值,也称为转化系数(特别是在水生生物研究当中)或者生物浓缩系数(BCFs)。在水环境系统中,通过研究获得的摄取系数(包括食物暴露在内)称为生物累积系数(BAFs)。土壤和沉积物的摄取系数通常称作生物沉积物/土壤累积系数(BSAFs)。摄取系数与非生物环境中化学物质浓度的乘积可以用来预测生物组织或生物体内化学物质的浓度。如果在评价中只使用摄取系数,预测中的差异变化和相关的不确定性就非常高。摄取系数表示为

$$UF = C_b / C_x \tag{22.28}$$

式中:UF 表示摄取系数;C_b 表示生物群中的化学物质浓度(mg/kg);C_x 表示受污染介质中的化学物浓度(mg/L,mg/kg)。

摄取系数应用时有一个潜在的假设条件,即吸收是物质环境浓度的线性函数,其最低值为零。但是,至少对于土壤中的无机元素而言,生物对它们的吸收与土壤中这些物质的浓度并非呈线性关系(Alsop 等,1996;Sample 等,1998,1999a;Efroymson 等,2001)。因此,对于污染程度较高的区域,采用摄取系数进行评价可能会高估该物质在生物群中的实际浓度。除了上述的线性要求之外,还必须假定土壤性质对物质吸收没有明显的影响,至少对该系数进行推导和应用时所涉及的土壤,需要达到这个假定条件。也就是说,土壤的 pH 和有机物含量等性质十分相似,无需再考虑这些因素。

经验回归模型由物质在污染区域内生物相中的浓度和非生物相中的浓度推导获得。总体而言,回归模型要优于简单的摄取系数。首先,那些已知的能够影响生物可利用性和环境污染物质吸收的理化参数(例如 pH、阳离子交换容量和有机物含量)都被包含在了多元回归模型中。因此,得到的模型可以对数据上的变化给予更多解释,并且

通过在模型中引入更多的位点特异信息,可以对生物组织中的浓度作出进一步的预测。其次,回归模型可以表达生物富集过程中的阈值和非线性问题。由于饱和动力学和平衡过程的影响,在高浓度污染区域的富集效率通常会显著降低。当吸收是由酶抑制过程控制,Michaelis-Menten 方程的参数是可以估计出来的(McLaughlin 等,1998)。然而,我们通常可以通过幂函数拟合来对吸收进行建模:

$$C_b = a(C_x)^B \tag{22.29}$$

式中:a 和 B 都是拟合参数。

当非线性回归模型拟合生物富集数据时,将数据进行指数转化和简单的线性回归分析就变得容易多了。当数据的指数形式呈线性关系时,基于该指数形式数据的回归模型对于未进行指数转换的数据是非线性的(图 22.2)。指数转换数据的回归模型可以表述为

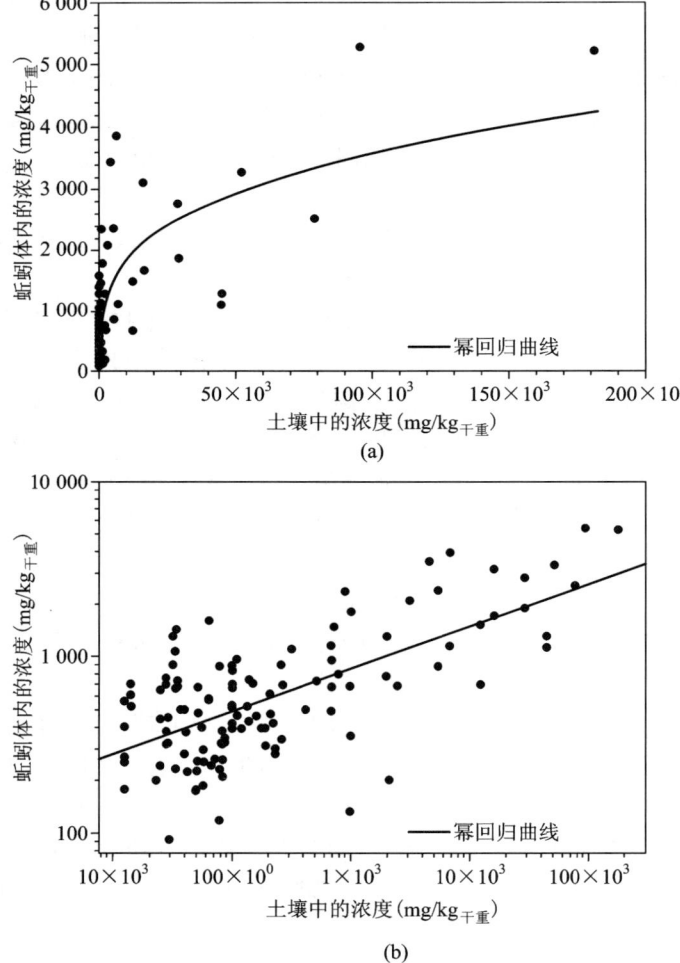

图 22.2 由蚯蚓体内锌数据得到的土壤中锌浓度数据的散点图:未转化数据(a)和经 log 转化的生物富集数据(b)(引自 Suter GW Ⅱ,Efroymson RA,Sample BE and Jones DS,*Ecological Risk Assessment for Contaminated Sites*,Lewis Publishers,Boca Raton,FL,2000。获得许可。)

22.9 吸收模型

$$\log C_b = a + B \log C_x \tag{22.30}$$

式中：a 和 B 都是拟合参数。

从理论上讲，可以利用机械数学模拟取代静态经验生物富集模型对富集作用进行建模。用于预测归趋的多介质过程模型通常都包含生物吸收，但是模型中的吸收作用往往表述得很简单（第 21 章）。污染场地的污染物浓度可以通过对污染场地直接取样测定或者通过迁移转化模型进行估测，对这些情况进行分析时会使用不同的吸收模型。动态吸收模型通常被称为药物动力学模型，因为它们源于药理学，但是在本文中它们被表述为毒物代谢动力学模型。

当生物有机体从某介质（例如，水）中吸收污染物时，基本的一级毒物代谢动力学模型表示为

$$dC_b/dt = k_u C_x - k_e C_b \tag{22.31}$$

式中：k_u 和 k_e 是摄取和消除速率常数。在平衡状态下，k_u 等于 k_e，导数为 0，浓度是一个常数，并应用静态摄取系数或回归模型。一级毒物代谢动力学模型已经用在临界体残留物和其他的毒物代谢动力学的风险分析评价中（23.2.6 节）（Kooijman，1981；McCarty 和 Mackay，1993；Legierse 等，1999；French - McCay，2002）。

如果生物有机体暴露在两种介质中，例如，同时暴露于沉积物或土壤的固相与水相中，那么一级动力学模型则表示为

$$dC_b/dt = (k_{u1}C_{x1} + k_{u2}C_{x2}) - k_e C_b \tag{22.32}$$

例如，对于蚯蚓，k_{u1} 是蚯蚓从土壤水（C_{x1}）中进行被动吸收的吸收速率常数，k_{u2} 是从土壤相（C_{x2}）中主动吸收的吸收率常数。

从这些简单的模型开始，根据评价的要求和已有的可用性信息，毒物代谢动力学模型可以对许多方面作出精确的阐述（Reddy 等，2005）。速率常数可以看做是环境特征（例如温度）、生物特征（例如个体大小和脂含量）或受关注化学物质特征（例如溶解性）的变量函数。介质中物质的浓度可能呈动力学变化，前面提到的米氏方程等高级动力学方程可以用于这些动力学的分析。环境或生物体内的污染物大多是多相的，因此建立毒物代谢动力学模型来进行分析评价具有许多潜在优势，它们可以将环境或生物正在经历的变化表述出来（例如，污染物排放的变化或者生物在不同浓度间的运动）。从某种意义上讲，不同物种或同一物种不同生命阶段对污染物暴露的敏感性差异是由动力学差异造成的，毒物代谢动力学模型可以替代毒理学外推模型对它们进行分析（第 26 章）。特别是，如果污染区域内某化学物质具有特殊的作用机理，并且它的有效浓度是恒定的，那么毒物代谢动力学模型不仅可以代替毒理学模型而且可以代替毒性试验（Escher 和 Hermens，2004）。

迄今为止，除了用于实际评价，毒物代谢动力学建模在生态风险评价中已经展现出更大、更广的应用前景。该模型的广泛应用，首先是因为静态平衡假设在许多情况下已经使用得太多；其次，包括动力学过程基本认识、动力学速率和各相特征等特殊认识在内的动力学信息相对很少；最后，几乎所有的毒性资料都表示为体外暴露浓度或者给予剂量，而不是内部浓度。因此，应用化学物质富集的机理可以更好的解释毒物代谢动力学（框 22.2）。

框 22.2　化学物质的富集机制

MacDonald(2002)发展了化学物质在生物群内富集的标准化机制理论,包括以下 4 点:

(1) 溶剂交换:生物体或机体组分(例如,脂质)是化学污染物的溶剂,污染物在介质间的主动运动称作溶剂交换。疏水性化学物质的生物浓缩发生在水和水生生物的脂质之间,可以通过辛醇/水分配系数进行模拟。

(2) 溶剂损耗:生物摄入含有污染物的食物,如果它们对食物中污染物质的消化能力显著低于对食物组分的消化,那么污染物浓度会增加。也就是说,当作为疏水性有机物溶剂的脂质和作为体内金属溶剂的蛋白质被生物消化时,溶剂耗尽,这些物质在肠道中的浓度就会增大,吸收增强。这就是食物链中生物放大的机理。

(3) 过滤:过滤是颗粒分配过程中单纯的机械过程。例如,滤食和喷雾剂在树叶表面的富集。

(4) 主动吸收:生物体可以主动富集、固定、排泄化学物质,尤其是营养物质和类金属。

生物富集是这些机制联合作用的结果。

22.9.1　水生生物吸收

通常,我们所测定的化学物质浓度是指物质在水体中的浓度,而不是它们在生物体内的含量。如果我们要在水生生物体内物质含量的基础上开展生态效应评价或对以水生生物为食的野生动物进行风险评价,就需要对水生生物体内的污染物浓度进行模拟估算。模拟估算中最常用的方法是采用由传统实验室水环境暴露研究得到的生物浓缩系数(BCFs)或者采用通过涵盖所有暴露途径的现场实地研究得到的生物累积系数(BAFs)。大多数情况下,风险评价中使用的化学物质浓度是指总浓度,但是也应该使用物质在水体中的溶解浓度或自由溶解浓度来进行评价,并测定它们在生物体脂肪或其他特殊组织中的生物浓度,或者用脂质来对物质浓度进行标准化。进行以上修正的目的是为了建立在不同的水化学条件或者生物特征下更加稳定的 BCFs 或 BAFs。

生物累积系数比生物浓缩系数更具现实意义,因为它涵盖了摄食暴露和长期暴露。但是,生物累积系数的应用仍然存在一些问题,首先,用于计算物质生物累积系数的水相浓度会发生很大变化并且较难确定;其次,通常情况下我们都认为摄食吸收对生物并不重要;再次,即使在某些情况下摄食暴露很重要,生物累积系数也会受到生态系统的特殊结构和功能的影响。相对生物累积系数,生物浓缩系数更加精确和准确,因为它们由实验室研究得到,在实验室研究中,化学物质的水相浓度和环境条件是经过特别设定的,相对稳定。因此,一般我们会优先使用生物浓缩系数。但是,在以下情况下我们会使用生物累积系数:① 已知受关注化学物质的吸收对生物具有重要的营养意义;② 生物浓缩系数的质量或关联较低(因为没有达到一个渐近浓度表明暴露与化学物质的吸收动力学缺乏相关性);③ 生物累积系数是通过对待评价地点的具体分析测定而得到的;④ 待评价地点的实际条件与生物累积系数的导出条件很相似。

文献中的生物浓缩系数和生物累积系数不能用来替代特定地点的具体值。在

Trinity 河的研究中,采用 USEPA 标准文件中最大 BCFs 值预测得到的鱼体金属物质浓度在大多数情况下都是实际测量值的 10 倍(Parkhurst 等,1996b)。但是,却始终高估了镉的浓度,并且某些预测值与实际测定值之间的误差甚至超过 1 000 倍。在同样的研究中,几何平均生物浓缩系数几乎在所有情况下都高估了鱼体内的农药浓度,通常超过 10 倍。

当化学物质具有很强的疏水性而无法从水中检出,或者由于其他某些原因导致它们可以在沉积物中检出却无法在水中检出时,可以推导它们对水生物种的生物沉积物累积系数(BSAF)。用于预测鱼类-沉积物中性有机物生物累积系数的数学方法已经发展起来,该因子已经应用于两个生态系统的多氯联苯类物质的评价中,得到了合理而满意的结果(Burkhard 等,2003)。

当经验系数不适用时,就必须用化学性质来模拟生物浓缩系数或生物累积系数。USEPA 污染防治与有毒物质办公室提出了一系列鱼类生物浓缩系数模型(框 22.3),这些定量结构-活性关系(QSARs)比下文要讨论的中性有机物模型适用范围更广,它们没有将摄食因素或脂肪含量考虑在内,因为模型构建人员认为并不需要将这些因素考虑进去。但是,和其他生物浓缩或生物富集的 QSARs 一样,这些方程式也有很大的不确定性(约±10×),因此一般用于筛选目的或者缺乏特定数据的情况下。

框 22.3 鱼体体内化学物质生物浓度的估算方法

公式

非离子化物质

$\log K_{ow} < 1$ $\log BCF = 0.50$

$\log K_{ow} = 1 \sim 7$ $\log BCF = 0.77 \log K_{ow} - 0.70 + \sum F_i$

$\log K_{ow} > 7$ $\log BCF = -1.37 \log K_{ow} + 14.4 + \sum F_i$

$\log K_{ow} > 10.5$ $\log BCF = 0.50$

芳(香)族偶氮聚合物

$\log BCF = 1.0$

离子化物质(羧酸,磺酸及盐,五价氮化合物)

$\log K_{ow} < 5$ $\log BCF = 0.05$

$\log K_{ow} = 5 \sim 6$ $\log BCF = 0.75$

$\log K_{ow} = 6 \sim 7$ $\log BCF = 1.75$

$\log K_{ow} = 7 \sim 9$ $\log BCF = 1.00$

$\log K_{ow} > 9$ $\log BCF = 0.50$

含有 $\geq C_{11}$ 烷基的化合物

$\log BCF = 1.85$

锡和汞化合物

采用适当的公式和因子进行估算(因子取值如下,或者取值为 2,总之选择更大的一个)

因子	
以下校正因子即上面公式中的参数 F_i	
含有 s-三嗪芳香环的化合物(3 种)	−0.32
含有一个芳香醇(例如,苯酚)并且该芳香醇苯环上具有 2 个或 2 个以上卤素的化合物(17 种)	−0.45
含有一个芳香环并且该芳香环具有对位的四丁基和羟基(例如,四丁基苯酚)的化合物(6 种)	−0.40
含有一个—CH—OH 形式芳香环和脂肪醇的化合物(例如,苯甲醇)(4 种)	−0.65
磷酸酯,O=P(O—R)(O—R)(O—R),此处 R 代表碳链(其中一个 R 可能为 H)(18 种)	−0.78
带有一个或多个芳香环的酮(18 种)	−0.84
带有不少于 8 个以上—CH$_2$—烷基链的非离子化化合物(13 种)	−1.00 ($\log K_{ow}=4\sim6$) −1.50 ($\log K_{ow}=6\sim10$)
含有环丙基—C(=O)—O—形式的化合物(例如,氯菊酯)(6 种)	−1.65
含有一个菲环的化合物(4 种)	+0.48
只含有芳香碳环和卤素的多卤代联苯和多环芳烃(例如,PCBs)(19 种)	+0.62
含有锡和锰的有机金属物质(12 种)	+1.40

来源:Meylan WM,Howard PH,Boethling RS,Aronson D,Pruntup H and Gouchie S,*Environ. Toxicol. Chem.*,18,664-672,1999。

22.9.1.1 中性有机物

USEPA(2003d)建议采用水体自由溶解成分和生物体脂质含量来表述非离子化或部分离子化有机化合物的富集因子。脂质标准化生物浓缩系数或生物累积系数是生物浓缩系数或生物累积系数与生物体或待测组织脂质含量的比值。虽然这种方法已被广泛接受,但是该方法要以两个假设条件为前提,一个是物质在生物体内的浓度与生物体的脂质含量成正比,另一个是化学物质在脂质中的分配不依赖于脂质成分。但是,化学物质在生物体内结构性脂质或贮存性脂质中的分配是不同的,而且目前的方法还无法将这两种脂质分别萃取出来(Randall 等,1998)。此外,对于不同物种、不同个体、不同地点乃至不同季节,贮存性脂质都会有很大差异。这些问题在特定场地的评价中很重要。

中性有机化学物质自由溶解态浓度的估测取决于包含可溶性有机碳(DOC)和颗粒有机碳(POC)的 EqP 的假设,因此自由溶解分数(f_{fd})与有机碳浓度及相关的分配系数成反比:

$$f_{fd}=[1+(POC \cdot K_{poc})+(DOC \cdot K_{doc})]^{-1} \qquad (22.33)$$

如果缺少合适的数据,可采用 USEPA(2003d)的评估方法:$K_{poc}=K_{ow}$(8 倍的 95% 置信度)以及 $K_{doc}=0.08K_{ow}$(20 倍的 95% 置信度)。

QSARs 常用于水生生物对中性有机物吸收的评价中。其应用的假设条件是,生物

体内的中性有机物浓度根据其在生物体内水和类脂物质间的 EqP 得到(Veith 等,1979)。EPA 公认的模型是

$$\log \text{BCF} = 0.79 \log K_{ow} - 0.40 \tag{22.34}$$

Veith 和 Kosian(1983)的研究表明,对于大多数化学物质来说,该模型的预测能力具有不同数量级的置信度,并且对 $K_{ow}>6.5$ 的物质而言其置信度更大。该模型对半衰期较短的化学物质有非常好的预测效果,但却无法预测野生鱼类体内持久性化学物质的浓度(Oliver 和 Niimi,1985)。因此,类似的模型已被开发用来预测 PCBs 及类似的疏水性有机氯化物的生物累积(Oliver 和 Niimi,1988)。

$$\log \text{BAF} = 1.07 \log K_{ow} - 0.21 \tag{22.35}$$

对于通过摄食而在生物体内累积到一定浓度的化学物质,其生物累积系数和营养水平有关。考虑到这一点,生物浓缩系数应该乘以水生生物营养水平的食物链乘数(FCMs=BAF/BCF)。美国已经推导出了食物链乘数,用于评价中性有机物在鱼体内的生物富集,从而推导出安全的水质质量标准以保护人类不会因食用鱼类引起的有害物质的体内富集而受到伤害(表 22.5)(EPA,2003d)。对于 $K_{ow}<4$ 的化学物质以及处于一级营养水平(浮游植物)和二级营养水平(浮游动物)的生物,不需要考虑 FCM。BAFs 可以通过实验室研究或 QSARs 计算获得的 BCFs 乘以 FCMs 得到,FCMs 与生物的营养级水平和化学物质的 K_{ow} 有关。

表 22.5 基于戈巴斯(Gobas)食物网模型和劳伦森(Laurentian)大湖区的第三营养级(浮游食性鱼类)和第四营养级(食肉性鱼类)的食物链乘数[a]

$\log K_{ow}$	第三营养级	第四营养级	$\log K_{ow}$	第三营养级	第四营养级
4.0	1.2	1.1	7.0	13	24
4.5	1.2	1.3	7.5	11	18
5.0	3.0	2.5	8.0	7.6	7.2
5.5	5.5	6.6	8.5	7.6	1.5
6.0	9.8	15	9.0	1.4	0.21
6.5	13	23			

来源:EPA, *Methodology for Deriving Ambient Water Quality Criteria for the Protection of Human Health*, Technical Support Document Vol. 2 of *Development of National Bioaccumulation Factors*, EPA-822-R-03-030, Office of Water, Washington, DC, 2003。获得许可。

a 原始表格包含 FCMs 和三个或三个以上的有效数字,精密度没有经过数据和模型准确度的校正。

22.9.1.2 离子态有机化学物质

离子态有机物必须与中性有机物分开考虑,因为它们的行为要复杂得多,涉及多种分配机制、pH 敏感性和其他的水质参数。因此,我们很难对离子态有机物的富集进行预测,需要使用实验室或野外实际研究所得的经验因子或模型。但是,如果水化能使离子态有机物趋于中性,非离子化学物质的模型也可以应用到离子态化学物质中。对于有机酸,当 pH 比 pKa 值低 1 到 2 个单位时,几乎完全以中性形式存在;对于有机碱,当 pH 比 pKa 值高 1 到 2 个单位时,也几乎完全以中性形式存在(EPA,2003d)。这个经验法则对于有机碱来说更加适用,因为大多数 pKa 值都比环境 pH 小(通常 pH 为 6~9)。

22.9.1.3 无机和有机金属化学物

对金属、类金属(metaloids)、非金属无机化学物质(例如,氰化物)以及它们的有机形态进行生物富集预测是相当困难的。首先,因为它们存在多种形态和价态,并且这些形态的富集动力学差异极大。例如,硒在水环境中可以以无机亚硒酸盐(+4)和硒酸盐(+6)离子团、元素硒(+0)、硒的有机金属化合物(-2)多种形式存在。其次,金属物质的富集受离子调控制约,并且调控作用很容易发生变化。例如,由于离子调控原理不同,金属物质在不同水生昆虫中的富集会发生数量级上的变化(Buchwalter 和 Luoma,2005)。因此,目前还没有简单的规律来确定这些化学物质的有效形态以及它们在生物体的富集趋势,必须认真考虑每一种化学物质的各种可能存在形态及其生物累积趋势。如果富集作用在营养水平上发生变化,最好使用野外实地研究得到的营养转移因子(Reinfelder 等,1998)或模型。

汞的富集是一个既复杂又重要的案例。美国的一项调查发现,鱼体内的汞含量与水体中的甲基汞浓度密切相关,而与水中汞的总浓度或沉积物中的汞浓度没有相关性(Brumbaugh 等,2001)。阔嘴黑鲈和相似食肉性鱼类体内汞含量与水体中甲基汞浓度之间的关系可用以下模型表示(采用体长用浓度进行标准化):

$$\ln y = 1.219 + 0.4923 \ln x \qquad (22.36)$$

式中:y 是采用体长标准化的 3 龄鱼肉中汞的浓度(mg/kg/m);x 是水中的甲基汞的浓度(ng/L)。

更好一些的模型($r^2=0.44 vs. 0.38$)中还引入了湿地百分数、pH 和酸性挥发性硫化物。将研究对象限定为阔嘴黑鲈,模型会得到进一步改善($r^2=0.51$),这个结果也表明了物种的特性比甲基汞吸收的条件更重要。

22.9.1.4 水生植物

水生植物是某些鱼类、海龟、水禽和哺乳动物食物的重要组成部分,但是我们对水生植物体内化学物质浓度的检测却很少。部分金属物质的生物浓缩系数可以通过文献查阅到(Garg 等,1997;Gupta 和 Chandra,1998;Kahkonen 和 Manninen,1998;Kahkonen 等,1998)。此外,盐度等环境变量也是重金属在大型植物中富集的重要决定因素(例如,镉在海草眼子菜中的富集;Greger 等,1995)。虽然目前的资料不够充分,但仍然可以用来确定水和沉积物在大型沉水植物污染或污染物非线性吸收中的相对重要性。

22.9.1.5 水生毒物代谢动力学

如果必须对水生生物群的化学物质浓度作出估测,但是假设的静态模型又不适用于这些情况(例如,物质在水中的浓度不够恒定,或者存在多个重要的暴露途径),那么就需要对动态吸收过程进行模拟。毒物代谢动力学模型尤其适用于暴露过程中没有达到平衡,或者在解剖学、生理和生化中不同物种或生命阶段的差异不可忽视的情况。除了经鳃吸收和排泄以外,鱼类的毒物代谢动力学模型与 Erickson 和 Stephan (1990)建立的哺乳动物的模型很相似(图 22.3)。

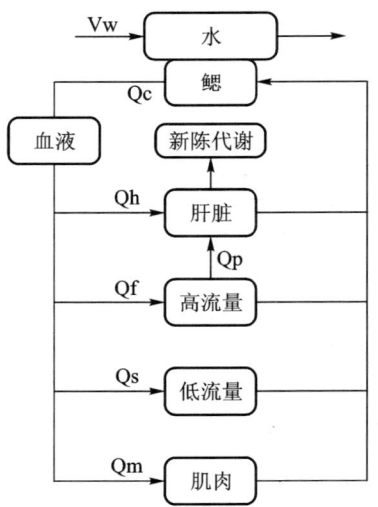

图 22.3 鱼类对经鳃吸收和肝脏代谢的有机物质的毒理动力学图解(改自 Barron MG, Mayes MA, Murphy PG and Nolan RJ, *Aquat. Toxicol.*, 16, 9~32, 1990. 获得许可。)

由于缺乏肠道吸收和代谢转化方面的认知,导致鱼类毒物代谢动力学模型的适用范围受到一定限制(Nichols,1999)。毒物代谢动力学模型可以模拟鱼类具有不同污染物水平区域间运动时的动态吸收(例如,在疏浚废物处理场运动)(Linkov 等,2002a)。

22.9.2 底栖无脊椎动物吸收

利用受污染沉积物中无脊椎动物体内物质的浓度,可以对以底栖生物为食的捕食性动物的摄食暴露进行估算。例如,某些飞行类食虫动物(例如,蝙蝠和燕)会摄食幼虫时期为水生习性的昆虫(例如,蜉蝣类和蚊类),这些浮游昆虫便成为沉积物中化学物质向外界转移的重要传播介质,使这些物质进入陆地食物链中(Larsson,1984;Currie 等,1997;Froese 等,1998)。同样,潜水的鸭子、岸栖的鸟类以及其他一些野生动物也是以底栖无脊椎动物为食。此外,对于某些底栖食性鱼类,摄食也是它们暴露于污染物的重要途径(22.2 节)。

如果缺乏实测数据,我们就需要对生物组织中的化学物质浓度进行估算。我们可以根据经验通过测定沉积物和生物样品来得到生物沉积物富集因子和模型,该因子和模型与水体生物累积系数具有相同的形式和假设条件,以及相同的不确定性(22.9.1 节)。但是,该因子和模型的变化性较大,这样一来文献中报道的生物沉积物富集因子在实际应用中的意义就很小了。和水中污染物的吸收建模一样,沉积物中污染物吸收模型的建立可以基于物质的水相分配,利用 22.3 节中的分配模型和 22.9.1 节中的生物富集模型来进行。然而,至少对于某些生物物种和化学物质,生物摄食是化学物质进入到生物体内的重要途径。对寡毛环节蠕虫正颤蚓(Tubifex tubifex)吸收^{109}Cd 和^{65}Zn 的毒物代谢动力学建模研究显示,9.8%的镉和 52%的锌是通过正颤蚓摄食沉积物而进入体内的(Redeker 等,2004)。除了脂质含量,无脊椎动物的行为和解剖学特征也可能影响它们对化学物质的吸收,使其偏离 EqP 的预测(Belfroid 等,1996)。然而,虽然这些毒物代谢动力学模型已经提出了十几年,但是目前为止这些模型的实际应用还很少(Landrum,1988)。

22.9.3 陆生植物吸收

植物对污染物的吸收因环境和植物种类的不同有很大差异,如果条件允许,最好对每个污染点都进行取样,分析其中的化学物质。但是,在条件不允许时,对植物的污染物富集作用建模就成为许多生态风险评价的必要环节。

22.9.3.1 土壤吸收

对植物体内化学物质浓度进行预测的最简单模型是采用土壤-植物摄取系数,该系数是某化学物质在植物体或植物体某部分的浓度与物质在土壤中的浓度之比。植物摄取系数可以通过对具体地点的分析研究获得,也可以通过文献查阅获得。为了简便,也为了筛选分析,USEPA 建议将有机物和无机物的摄取系数都默认为 1(Office of Solid Waste and Emergency Response,2003)。目前证据显示,大多数情况下这种做法是比较保守的(即会高估吸收)。

22.9.3.2 无机化学物质经验模型

通常,污染物在植物体内和土壤中的浓度呈非线性关系。这也并不奇怪,因为植物对溶液中离子的吸收在低浓度时比高浓度时更加有效(Cataldo 和 Wildung,1978)。因此,当土壤中污染物的浓度高于某一水平,植物体内的金属浓度就会达到稳定,并表现出毒性效应。比较特殊的是,植物对铜和锌等营养的吸收是由植物本身来调节的。所以,摄取系数可能会高估污染物在高浓度时的富集作用,同时也会低估在低浓度时的富集作用。

如果对富集作用进行估测时必须使用摄取系数,那么与污染物的土壤-植物摄取系数相关的不确定性可以用摄取系数的分布来表示:① 多物种在单一地点的差异,② 单一物种在多个地点的差异,③ 多物种在多个地点的差异。第一种类型需要对特定地点进行具体的测定分析,第二种类型需要很多现有数据来支持。最大的不确定性出现在利用多物种在多个地点的摄取系数分布来表示单一地点少数几个物种。风险评价者可以将这些因子的分布数据输入到野生动物暴露的蒙特卡罗模型中来进行分析,当然,也可以使用其他一些更好的模型(例如下面将讲到的回归模型)。特定物质的摄取系数在不同区域不同物种中分布范围的差异可能达到 4 个数量级或者更高。硒的分布(图 22.4)跨度约为 3.5 个数量级,几乎有一半的摄取系数都超过 1。

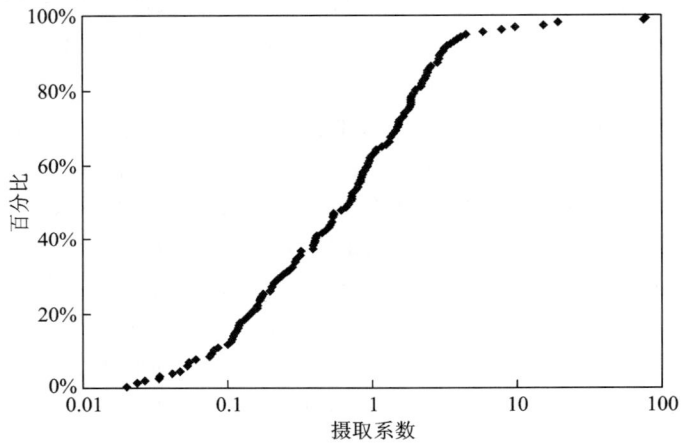

图 22.4 已发表研究中关于硒的土壤-植物摄取系数累积分布
(引自 Suter GW Ⅱ,Efroymson RA,Sample BE and Jones DS,*Ecological Risk Assessment for Contaminated Sites*,Lewis Publishers,Boca Ratan,FL,2000。获得许可。)

通过野外现场研究我们可以得到植物对某些元素的吸收数据,然后采用对数-对数线性模型对这些数据进行拟合,利用拟合方程对元素在植物地上部分(干重)的浓度作出预测(Efroymson 等,2001)。由于实验室研究与实际情况存在差距,因此在实验室中进行的土壤研究数据大多是不能使用的。表 22.6 中列出了一些已证实比较可靠的模型,当要获取土壤筛选水平时,USEPA 推荐使用这些模型来估测植物叶子和种子中的物质浓度(Office of Solid Waste and Emergency Response,2003)。

表 22.6 植物中浓度对土壤中浓度的回归结果,单位 mg/kg,重量采用干重

元素	N	$a\pm SE$	$b\pm SE$	r^2	P 模型拟合
砷	122	-1.992 ± 0.431	0.564 ± 0.125	0.145	0.000 1
镉	207	-0.476 ± 0.088	0.546 ± 0.042	0.447	0.000 1

续表

元素	N	$a \pm SE$	$b \pm SE$	r^2	P 模型拟合
铜	180	0.669 ± 0.213	0.394 ± 0.044	0.314	0.0001
铅	189	-1.328 ± 0.350	0.561 ± 0.072	0.243	0.0001
汞	145	-0.996 ± 0.122	0.544 ± 0.037	0.598	0.0001
镍	111	-2.224 ± 0.472	0.748 ± 0.093	0.371	0.0001
硒	158	-0.678 ± 0.141	1.104 ± 0.067	0.633	0.0001
锌	220	1.575 ± 0.279	0.555 ± 0.046	0.402	0.0001

来源:Bechtel-Jacobs,1998. *Empirical Models for the Uptake of Inorganic Chemicals from Soil by Plants*,BJC/OR-133,Oak Ridge National Laboratory, Oak Ridge,Tennessee,1998;Efroymson RA,Sample BE and Suter GW Ⅱ,*Environ. Toxicol Chem.*,20,2561-2571,2001。获得许可。

模型:ln(植物中的浓度)=$a+b$[ln(土壤中的浓度)]。

图 22.5 表示的是由植物叶片和茎中硒的浓度回归得到土壤中硒浓度的一个例子,相比过原点的线性关系,植物叶茎中硒浓度和土壤中硒浓度之间的关系更符合等效于摄取系数的对数-对数拟合关系。回归模型的 95% 预测上限被推荐用于筛选评价中(Efroymson 等,2001)。

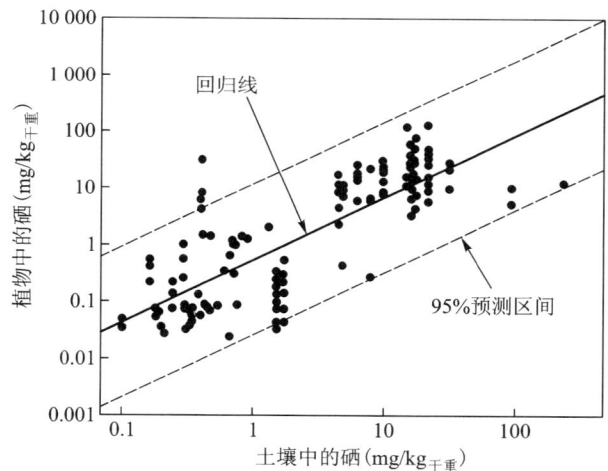

图 22.5 硒在植物中的浓度和土壤浓度散点图。该线是文献报道数据自然对数的简单回归模型(引自 Suter GW Ⅱ,Efroymson RA,Sample BE and Jones DS,*Ecological Risk Assessment for Contaminated Sites*,Lewis Publishers,Boca Ratan,FL,2000。获得许可。)

摄取系数或单变量回归模型不能对以下问题进行说明:① 土壤性质,例如,黏土含量、有机物含量、pH、阳离子交换容量或颗粒大小;② 植物性质,例如,年龄、分类、生长方式、根深、土壤水分蒸发蒸腾损失总量速率;③ 暴露时间;④ 样点的其他特性,例如,生长季节的平均温度。很多控制植物污染物暴露效应的因子在这里也是适用的(22.4 节)。表 22.7 列举了植物对金属的吸收模型,这些模型都受到 pH 的显著影响(Efroymson 等,2001)。

表 22.7　植物中浓度和 pH 对土壤中浓度的回归结果,单位 mg/kg,重量采用干重

元素	N	$a\pm SE$	$b\pm SE$	$c\pm SE$	r^2	P 模型拟合
镉	170	1.152 ± 0.638^{NS}	0.564 ± 0.047^c	-0.270 ± 0.102^b	0.462	0.000 1
汞	82	-4.186 ± 1.144^c	0.641 ± 0.062^c	0.423 ± 0.186^a	0.677	0.000 1
硒	148	-8.831 ± 0.723^c	0.992 ± 0.050^c	1.167 ± 0.106^c	0.847	0.000 1
锌	193	2.362 ± 0.440^c	0.640 ± 0.057^c	-0.214 ± 0.077^b	0.409	0.000 1

来源:Efroymson RA,Sample RE and Suter GWⅡ,*Environ. Toxicol. Chem.*,20,2561-2571,2001。获得许可。
模型:ln(植物中的浓度)$=a+b(\ln(\text{土壤中的浓度}))+c(\text{pH})$
a $0.01<p\leqslant 0.05$;b $0.001<p\leqslant 0.01$;c $p\leqslant 0.001$

22.9.3.3　有机化学物质经验模型

通常,有关植物对土壤有机化学物质富集的研究都着重于测定影响土壤-植物摄取系数的物质性质,特别是辛醇/水分配系数(K_{ow}),很少有人致力于土壤性质和暴露时间对吸收的影响作用的研究,因为吸收很快会达到平衡,因此通常我们都假设土壤性质因素并不重要,暴露时间也可以忽略不计。现有的已发表数据还不足以评价摄取系数与土壤化合物浓度之间是否没有关系,因此前面提到的无机物非线性模型是否可以提高植物中有机物浓度的预测也还不确定。目前已经发展起来一些富集模型,可以利用土壤中的有机物浓度来估算出它们在植物体内的浓度(这些有机物大多是杀虫剂),这些模型通常被称为分配模型,因为它们是基于化学物质的辛醇/水系数而建立的。表 22.8 列举了部分关于有机物的土壤-植物摄取系数模型。

表 22.8 中大部分的模型都将土壤-植物摄取系数和辛醇/水分配系数联系在一起。然而需要注意的是,某些公式中摄取系数与辛醇/水分配系数呈正相关,而在其他公式中则呈负相关。如果分析中使用的是土壤水中的化学物质浓度,那么以上两个参数应该呈正相关;如果已知的是该物质在整体土壤中的浓度,那么辛醇/水分配系数与吸收是正相关还是负相关则由"土壤到土壤水"和"土壤水到植物"这两步分配过程决定(Scheunert 等,1994)。因此,如果待评价的化学物质、植物物种、土壤与模型建立时的假设条件完全不同,那么 K_{ow} 就不能作为植物吸收的指示。

还应当注意,表 22.8 中所列公式并不都是建立在植物或土壤的干重或湿重之上。生态风险评价中经常出现的一个错误是将建立在干重之上的吸收模型与建立在食物湿重之上的野生动物暴露模型联系起来。很明显,有机化学物质的摄取系数具有测定时所特定的一系列土壤、植物和化学物质条件。Alsop(1996)将燕麦中检测到的二恶英(OCDD)浓度与 Travis(1988)用模型预测出来的浓度进行了比较。由于该模型的建立基于一系列 log K_{ow} 值在 1.75 到 6.15 的化学物质之上,而 OCDD 的 log K_{ow} 值为 9.05,因此用这个模型来估测植物对 OCDD 的吸收时,会将吸收效果低估 200 倍左右(Alsop 等,1996)。目前尚不清楚是否存在大气来源的 OCDD。对于大多数污染地点来说,Dowdy 和 McKone(1997)建立的模型可以为尽可能多的化学物质、土壤和植物物种中化学物质浓度提供最精确预测,尽管这种预测结果仍然有很大的不确定性。虽然土壤并不是植物吸收某些非离子有机化学物质的主要途径(22.4 节),但是如果土壤成为大气化学物质的主要来源时,有机物在土壤中和植物中的浓度依然存在相关性。

表 22.8 土壤-植物或土壤水-植物有机化学物质摄取系数预测公式

公式	化学物质参数	土壤/土壤水	植物部位	干重/湿重	化学物质	植物种类	文献来源
$\log U_p = -0.578\log K_{ow} + 1.588$	K_{ow}	土壤	地上部分	植物-干重 土壤-干重	包括杀虫剂在内的 29 种有机化学物质,如 2,3,7,8-TCDD,苯并[a]芘等。	多种植物	Travis 和 Arms,1988
$\log U_p = 0.233\log K_{ow} + 0.971$	K_{ow}	土壤水	根	植物-湿重 土壤-干重	五氯苯	大麦(水芹没有线性关系)	Scheunert 等,1994
$\log U_p = 0.24\log K_{ow} + 1.47$	K_{ow}	土壤	全植物	植物-湿重 土壤-干重	五氯苯	大麦	Scheunert 等,1994
$\log U_p = 0.3911\log K_{ow} - 1.84$	K_{ow}	土壤	全植物	植物-湿重 土壤-干重	五氯苯	水芹	Scheunert 等,1994
$\log(U_p - 0.82) - 0.77\log K_{ow} - 1.52$	K_{ow}	土壤水	根	植物-湿重 土壤-干重	O-甲基氨基甲酰肟	大麦	Briggs 等,1982
$\log U_p = -238\,5\log M + 5.943$	M	土壤	全植物	植物-湿重 土壤-干重	14 种杀虫剂,氯代苯(苯和五氯苯酚除外)	大麦	Topp 等,1986a
$\log U_p = -0.204\text{MCI} + 0.589$	MCI	土壤	地上部分	植物-湿重 土壤-干重	30 种有机化学物质,包括杀虫剂,2,3,7,8-TCDD 和氯代有机物	多种植物	Dowdy 和 McKone,1997

U_p=土壤-植物摄取系数(化学物质在植物中的浓度/土壤中的浓度);K_{ow}=辛醇/水分配系数;M=化学物质的分子量;极性修正(MCI)=一级分子连接性指数

22.9.3.4 表面污染

评价者应该注意,表 22.6 到表 22.8 中的公式都没有将大气沉降造成的污染包含在内,因此,这些模型不能用于植物表面污染情况的分析评价。大气沉降是焚化炉灰等大气污染源的重要污染途径,针对这一情况,固体废物办公室(Office of Solid Waste)已经提出了一些模型(1999)。在大多数风险评价中,很少有人关注化学物质从空气到植物的沉降污染。但是,CALTOX 模型却对该问题予以了考虑(McKone,1993b)。下面是风蚀污染土壤沉积作用的一个简单模型:

$$C_p = F \times C_s \tag{22.37}$$

式中:C_p 是植物地上部分的污染物浓度(mg/kg);C_s 是表层土壤的污染物浓度(mg/kg);F 是植物/土壤系数,建议的 F 值为 3 300(McKone,1993)。

雨滴会给植物表面带来污染,但是这部分污染往往没有被考虑在吸收模型中。通常我们都是设计雨滴试验来模拟农业耕作中植物暴露于雨水污染物的情况,所以会高估自然情况下植被被污染的情况。如果野生动物暴露模型中的土壤摄入比率设定合理,就没有必要再对雨水带来的污染进行评价,因为有关土壤吸收的所有途径都已经包括在模型中了。对于干沉降,也有人提出过同样的模型(式(22.37)),但 F 取值为 0.003 4(新鲜植物)(McKone,1993)。

植物体外污染的另一个重要途径是农药喷洒。农业系统中会同时发生农药沉降、洗刷、吸收、蒸发等过程,农药动态质量平衡模型对这些过程进行了整合(Ecological Committee on FIFRA Risk Assessment Methods,1999)。

22.9.3.5 植物组织类型

土壤污染物在植物体内的富集水平存在组织差异。通常,金属物质在植物叶片中的浓度比果实和种子中的浓度要高(Sadana 和 Singh,1987;Jiang 和 Singh,1994)。因此,采用前面提到的吸收模型大体上可以保守预测出植物生殖组织对污染物质的吸收作用。然而,也有一些金属的富集作用与上述情况恰恰相反,例如,锌主要富集在小麦的谷粒中(Sadana 和 Singh,1987),镍可以从衰老组织中迁移出来并在植物种子中富集起来(Cataldo 和 Wildung,1978)。为了筛选的目的,USEPA 假设植物所有地上部分中的污染物浓度是相同的(Office of Solid Waste and Emergency Response,2003)。

植物不同组织中水分和脂肪含量的差异能够在一定程度上解释为何植物的不同组织在污染物吸收上存在组织差异。例如,通过引入植物根茎中水分和脂质的含量,Trapp(1995)将 Briggs 等(表 22.8)的模型推广到所有的植物物种上。有机物在植物不同组织中的富集情况取决于植物对它们的吸收途径,挥发性化学物质主要富集在植物叶片上,溶解性化学物质则主要富集在植物根部(22.4 节)。

22.9.3.6 机理模型

目前已经发展起植物对污染物吸收的机理模型(毒物代谢动力学模型),但是这些模型的应用仅仅限于少数环境条件下的少数化合物、土壤和植物物种,此外,这部分模型大多是由实验室研究得出的,尚无现场数据确证它们的准确性。植物对土壤中金属物质的吸收模型由养分吸收模型演变而来(Boersma 等,1991;Barber,1995;McLaughlin,2001),该吸收模型是取代蒸腾损失的水体金属被动吸收作用和造成根系浓度梯度及扩散流的选择性吸收之和。有机物的吸收模型包括被动吸收和分配过程。植物吸收化合物的机理模型目前仍不完善,要利用它们来解释观察到的土壤和植物物种在吸收上的差异仍有困难。

22.9.4 蚯蚓吸收

蚯蚓是污染物质在土壤中迁移的重要途径,因为相比于大多数的土壤无脊椎动物,它们会通过摄食和皮肤接触的方式更多地暴露在污染物中(Davis 和 French,1969;Ma,1994),而且它们还是某些脊椎动物(例如,鼩、鼹科、鸫类、山鹬)食物的重要组成部分。不过,并不是所有情况中蚯蚓都是受污染物暴露影响最大的陆生无脊椎动物。例如,蜗牛体内的金属物质浓度就很高,因为它们对食物中污染物质的吸收效率较高,而且它们还可以通过足来吸收金属(Hopkin,1989)。又如,在某些情况中,幼虫时期穴居于土壤里的甲虫在土壤污染物中的暴露程度也比蚯蚓要大得多(Stansley 等,2001)。

蚯蚓的摄取系数可以通过土壤或土壤水中的化学物质浓度得到。对无机污染物的吸收进行评价时经常用到土壤-蚯蚓摄取系数,而对有机污染物的吸收评价更多的是基于土壤孔隙水。已有文献报道过某些化学物质的土壤-蚯蚓摄取系数(Suter 等,2000),但是由于不同研究中的土壤性质和化学物质形态不同,因此这些数据存在较大差异(Sample 等,1999b;Peijnenburg,2001)。虽然在野外实地研究中我们可以认为化学物质的浓度在土壤和蚯蚓体内处于平衡稳定或者近似达到稳定,但是这种假设仍然需要实验室研究来确证。化学物质达到平衡所需要的时间不同,许多有机氯类化学物质需要 10 天达到稳定状态(Belfroid 等,1995),大多数的金属物质需要几周时间来达到稳定(Janssen 等,1997),而对于 Cd 和其他一些化学物质,即使在蠕虫整个生命周期这样长的时间段内也无法达到平衡(Peijnenburg 2001)。

土壤孔隙水-蚯蚓吸收模型通常是和有机化合物一起使用的。如果土壤、土壤水和生物体达到平衡,那么该模型就等同于土壤-蠕虫模型。USEPA 等机构已将 EqP 方法用于生物对沉积物化学物质的吸收分析中(22.3 节),该方法很适合沉积物无脊椎动物的分析,也有证据显示可以用于蚯蚓以及其他土壤无脊椎动物的暴露分析。但是,也有人提出异议,认为该模型可能低估了生物对摄入体内的有机物的富集作用(Belfroid 等,1995)。利用孔隙水模型进行土壤间的外推比采用土壤/蠕虫分配法更精确,并且有大量的水/生物分配系数可以参考(生物浓缩系数),也有很多关于水/生物分配 QSARs 的文献可以参阅。然而,该模型增加了土壤孔隙水浓度估算的工作。估算孔隙水浓度的常用公式是

$$C_s = C_w / K_d \tag{22.38}$$

式中:K_d 是土壤(或沉积物)-水分配系数(L/kg 沉积物);C_w 是物质在水中的浓度(mg/L)。部分金属物质和有机物的 K_d 值可以通过文献查阅得到,但是这些值在不同土壤间存在很大差异(Baes 等,1984)。如果 K_d 值参考使用文献报道中的数值,那么该模型在风险评价准确性方面并不优于利用土壤-蚯蚓摄取系数的评价结果。但是,对于那些没有土壤-蚯蚓摄取系数的化学物质来说,利用 K_d 值和上述公式进行评价就很有用了。对于非离子有机物:

$$K_d = f_{oc} K_{oc} \tag{22.39}$$

或者

$$K_d = f_{om} K_{om} \tag{22.40}$$

或者,根据 Karickhoff(1981):

$$K_d = 0.58 f_{om} K_{oc} \tag{22.41}$$

式中：f_{oc}是土壤有机碳分数（无单位）；K_{oc}是水/土壤有机碳分配系数（kg/kg 或 L/kg）；f_{om}指土壤中有机物物质的比例（无单位）；K_{om}是水/土壤有机质分配系数（kg/kg 或 L/kg）。

我们可以利用土壤有机质含量（表示为有机质或者有机碳含量）对公式进行调整，该参数是造成土壤中性有机物吸收差异的主要原因。标准化可以使该模型对于估算中性有机化学物质的吸收要比采用土壤-蚯蚓摄取系数更加准确。对于离子化有机物，van Gestel(1991)推荐将系数K_{oc}或K_{om}除以未离解部分的比例分数(f_{nd})进行修正，f_{nd}可以通过以下公式进行估算：

$$f_{nd}=1/(1+10^{pH-pKa}) \qquad (22.42)$$

式中：pKa 是酸离解常数的负对数。K_{oc}和K_{om}都是未知的，可以通过 DiToro(1991b)提出的 QSAR 模型进行预测：

$$\lg K_{oc}=0.983\lg K_{ow}+0.000\,28 \qquad (22.43)$$

Van Gestel(1991)提出了一个关于K_{om}的公式：

$$\lg K_{om}=0.89\lg K_{ow}-0.32 \qquad (22.44)$$

式中：K_{ow}是辛醇-水分配系数（无单位）。

大部分有机物的K_{ow}值可以通过文献查阅得到，或者通过 QSAR 模型计算得到。利用这些公式，可以计算出蚯蚓体内污染物浓度：

$$C_v=K_{bw}C_w \qquad (22.45)$$

式中：C_v是蚯蚓体内污染物浓度（mg/kg 鲜重）；K_{bw}是生物-水分配系数（L/kg 生物体）。我们可以假设蚯蚓的K_{bw}值与文献中的水生无脊椎动物生物浓缩系数相等，还可以使用 QSAR 模型对K_{bw}进行估测。

Connell 和 Markwell(1990)提出了蚯蚓对 32 种亲脂性有机物（log K_{ow}为 1.0～6.5）的吸收模型，如下

$$\log K_{bw}=\log K_{ow}-0.6(n=60,r=0.91) \qquad (22.46)$$

由于没有考虑肠道吸收，EqP 模型受到了很多质疑和批判。因此，Jager(2003)提出了土壤、蚯蚓组织、肠道三相物质平衡模型来回答上述质疑。在安德爱胜蚯蚓(*Eisenia andrei*)对人造土壤中三种有机物的吸收研究中，利用该模型获得了更好地吸收预测结果，但是在平衡状态下，该结果与采用 EqP 法获得的结果不同，后者比前者多 1.3 倍。因此，作者得出结论，考虑到风险评价中诸多的不确定因素，三相物质平衡模型对预测效果的改进并不显著。但是，某些情况下蠕虫会选择性地摄入大量受污染的食物（例如，带有农药残留的落叶、人类生活污水处理厂中的污泥或者动物养殖畜粪等），在对这些情况进行暴露预测和评价时，不适宜使用 EqP 模型。

目前已经发展起来采用回归方法由蚯蚓体内物质的浓度推算土壤中该物质浓度的经验模型。除 TCDD 和 PCB 模型外，其他所有的经验模型都是用于无机污染物的（Neuhauser 等，1995；Sample 等，1999b；Heikens 等，2001；Peijnenburg，2001）。蚯蚓对污染物的吸收受到 pH、有机质、阳离子交换容量等土壤参数的影响，这些参数已被纳入多元回归模型，但是它们的值在不同的金属和物种间有差异（Peijnenburg，2001）。Sample 等(1999)对模型进行的检验结果表明，对多数土壤模型来说，简单回归模型中引入附加土壤参数使其估算结果得到了最大程度改善。

蚯蚓吸收动力学模型能够对土壤污染物浓度、土壤特性、生物状态等具有时间变化特征因素在内的生物富集作用进行评价。然而，"尽管污染土壤中蚯蚓体内金属物质浓

度的详细数据很多,但是我们对某单一金属的富集和排泄动力学认识却知之甚少,而且除了蚯蚓之外,几乎未见到有关其他无脊椎动物的动力学报道"(Peijnenburg,2001)。同样,有机物的相关信息也很少。

对于任何模型,风险评价者都必须对模型中各项参数的单位予以充分重视。基于前面所述土壤-蚯蚓摄取系数和经验回归模型估算得到的蚯蚓体内污染物浓度是以蚯蚓的干重体重表示的,而基于土壤孔隙水摄取系数计算得到的浓度值却是以蚯蚓的湿重体重表示的。由于野生动物不会摄食和消耗干燥无水分的食物,所以在进行暴露评价之前,必须将所有以干重表示的浓度数值都转换为"mg/kg 湿重",转换公式如下:

$$C_{wet} = C_{dry} P_{dry} \tag{22.47}$$

式中:C_{wet}是以湿重表示的污染物浓度;C_{dry}是以干重表示的污染物浓度;P_{dry}是蠕虫或其组织中的干物质比例。有报道说,蚯蚓的水分含量在 82%~84%之间(EPA,1993g)。

用上述所有方法进行的评价是针对纯蠕虫(depurated worms)的。这不会造成分析中对暴露的低估,因为要对包括食虫蠕虫在内的所有蠕虫的肠内容物进行估算,就需要作为暴露源分别包含在内(22.8 节)。报道中的浓度有时不是完全针对纯蠕虫的,但是因为对物质的消化吸收量不同,目前还没有方法可以对这些数据做出修正。

22.9.5 陆生节肢动物吸收

用于评估陆生节肢动物对化学物质生物富集作用的模型较少。Suter 等(2000)中表 3.11 是文献中报道的部分摄取系数。虽然目前还没有对节肢动物评估的经验回归模型,但已有报道提出一些简单的机理模型(Kowal,1971;Van Hook 和 Yates,1975;Webster 和 Crossley,1978;Janssen 等,1991)。由于这些简单模型只针对几个物种和污染物,因此它们在风险评价中的广泛应用仍然存在疑问。在对节肢动物进行农药污染暴露预测时,通常假设它们是完全暴露于农药喷雾中,而不是从环境中间接地对这些物质进行富集。

22.9.6 陆生脊椎动物吸收

为了对以陆生脊椎动物为食的野生动物进行污染物暴露风险评价,我们需要对鸟类、哺乳类、爬行动物、两栖动物建立吸收模型。爬行动物和两栖动物的摄取系数和吸收模型目前尚不清楚,鸟类和哺乳动物的模型也很少。在 Suter 等(2000)的表 3.12 汇总了基于食物和土壤而获得的摄取系数,这些摄取系数可以用来估算化学物质在整个生物群内的浓度,也可以用于根据食物中化学物质的浓度估算动物组织中该物质的浓度。这些摄取系数被广泛应用于人类健康暴露评价和生态风险评价中(Baes 等,1984;IAEA,1994)。

基于化学特异性 K_{ow} 值可以预测生物对脂溶性有机污染物的吸收。Garten 和 Trabalka(1983)提出了羊、家禽、小型鸟类、啮齿动物、狗、牛、灵长类动物对 93 种有机化学物质的食物-脂肪摄取系数。由于利用这些摄取系数所预测获得的数值都表示为 mg/kg 脂肪,因此必须使用生物物种的特异性脂肪含量数值将该结果从"mg/kg 脂肪"换算到"mg/kg 体重"。

在野外研究结果的基础上,已经发展起一些回归模型,利用这些模型可以预测常见小型哺乳动物总体及其在三个营养级上对土壤中 16 种化合物的整体生物富集作用

(Sample 等,1998)。这些回归模型的变化性较大,但是它们对小型哺乳动物体内物质浓度的估测要比摄取系数准确。这些模型还可以用来计算土壤筛选水平(Office of Solid Waste and and Emergency Response,2003)。此外,如果已有与目标鸟类处于相近营养级上的其他鸟类和污染区域内与目标鸟类有相近体内浓度的小型哺乳动物的体内物质浓度数据,那么我们还可以利用以上回归模型来估测目标鸟类体内的化学物质含量(Beyer 等,1985;Office of Solid Waste and Emergency Response,2003)。

除了经验模型和静态模型外,还可以利用机制模型和动态的毒物代谢动力学模型来预测生物对污染物质的吸收。哺乳动物和鸟类的毒物代谢动力学模型是基于药物研究和人类健康风险评价的生理药代动力学(PBPK)模型发展起来的。利用这些数学模型,可以通过模拟化学物质的吸收、体内转运、体内分配、转化、代谢以及消除等过程,利用外部剂量来估算物质在生物体内的剂量(Clewell 等,2002)。此外,如果物质的毒理效应是通过该物质在生物体内某些特定组织或器官中的浓度预测得到的,那么在进行吸收研究时就必须将这些组织和器官的毒物代谢动力学模型联合使用(图 22.6)。

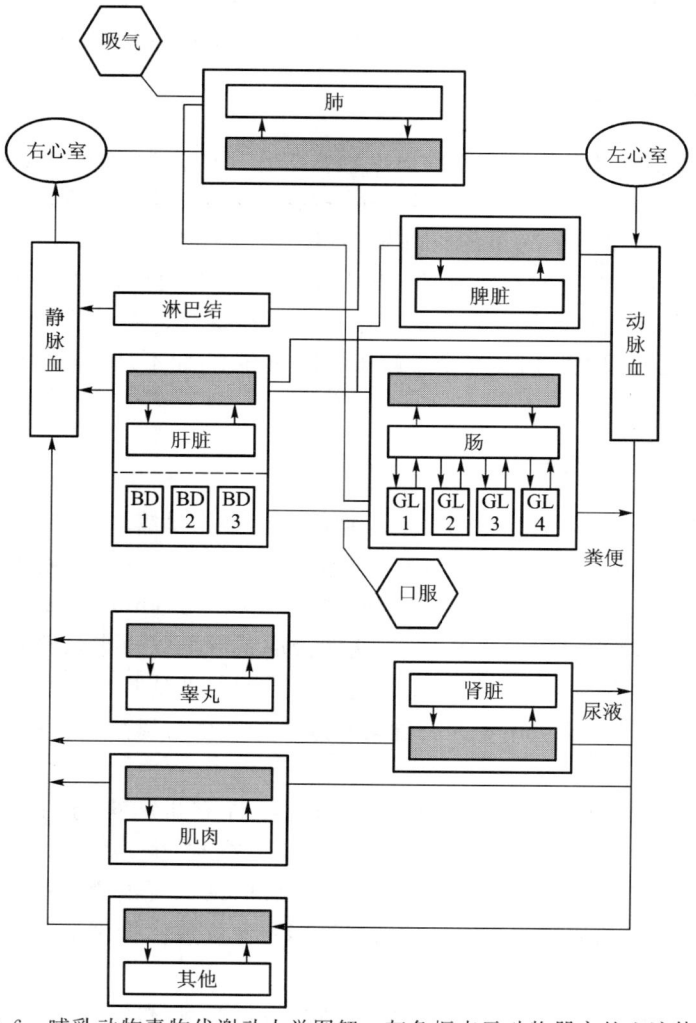

图 22.6　哺乳动物毒物代谢动力学图解。灰色框表示动物器官的血液体积。
(改自 Menzel DB,*Environ. Sci. Technol.*,21,944-950,1987。获得许可。)

目前已经建立并发展起了陆生脊椎动物对少数污染物吸收的毒物代谢动力学模型。与整体食物网模型有关的毒物代谢动力学模型便是其中之一，它可以估算以鱼类为食的野生动物对 PCB 的生物富集作用(Ram 和 Gillett,1993)。此外，以生物能量为基础的单相模型也是其中之一，它可以用来估算树燕雏鸟对 PCBs 的富集作用。当食物供给量与成鸟带给雏鸟的食物量相同时，可以利用模型精确估算出雏鸟体内 PCB 同系物的含量。

22.10　石油和其他化学混合物暴露

污染物很少单独存在，几乎所有的暴露评价都与混合物有关(第 8 章)。然而，大多数评价都是针对特定混合物(incidental mixtures)的，可以采用前面几节所讲述的方法对混合物中的物质进行单独地识别、分析和建模。但有些混合污染物，例如原油、石油燃料和 PCB 产品混合物(例如，Aroclors®)，通常都被当作单一物质对待。对这些复杂混合物的暴露分析可以拆分为以下一系列不同的问题：

(1) 如何对化学混合物进行分析，得到有关它们归趋和暴露特性的有用信息？
(2) 如何对介质进行分析，为暴露评价提供有用信息？
(3) 对生物群的分析能否用于预测摄食暴露或体内暴露？
(4) 生物检测能否代替化学分析？
(5) 如何通过现时的污染物水平对目前和将来的暴露与吸收进行建模？

对排放到环境中的混合污染物进行初步定性时应尽可能完全地涵盖其中所有物质(例如，北坡原油或 PCB 转化油)，分析过程应该与污染地点环境介质等具体因素联系起来，而且需要对成分和浓度都进行测定。某些情况下，虽然污染物的组成已知，但由于风化过程太快，导致评价分析时组成已经发生了相当大的变化。因此，目前的问题是确定如何对混合物进行分析才可以既做到充分定性，又能为迁移、转化和混合物毒理学性质的表述提供依据。这里有三个建议方法，即全物质分析，化学物质分类分析和单个化学物质分析(表 22.9)。

表 22.9　化学混合物分析方法和物质物理、化学、毒性性质的表征

混合物分析	性质表征
整体物质	整体物质的特性
同类化学物质	代表物质的性质 同类物质性质的分布
单个化学物质	待检测物质的性质 指示物质的性质

最简单的方法是将混合污染物按属性分成几大类进行测量，例如总石油烃(total petroleum hydrocarbons,TPH)、总石油与油脂、总 PCBs 等。这些方法通常对风险评价工作开展的贡献很小，因为它们能够提供的污染物组成信息很少，对说明那些决定物质的潜在迁移性和毒性作用的帮助也很小。然而，这些总体数据可能在确定污染范围或哪里是污染最严重地点时发挥作用。在有些特殊情况下，混合污染物的构成已经确定，这类混合物大多是新出现的污染物，例如，合成润滑油和 PCB 混合物(例如，Aroclors 1254®)。

有时我们需要定性其中的每一类组分，而不仅仅是对混合物进行总体定性。烃类有众多类型，例如，脂肪烃和芳香烃，长链烃和短链烃，单环、双环、三环和三环以上芳香

烃,等等。除了烃类,石油中还含有金属、氮、硫,含氧有机物和其他化合物,相比 TPH 或其他指示物质,对这些物质进行分析可以提供更多的信息,但是为了对它们的迁移转化进行建模或者确定其毒性,必须将它们与特定化学物质的浓度联系起来。实际情况中,我们可以在每一类物质中确定代表物质来进行分析,以下提供了代表物质的确定标准:

- 代表物质必须是待评价材料的该类化合物中含量丰富的个体。
- 代表物质的环境迁移转化和环境效应数据已知。
- 代表物质的毒性要高于该类物质的在筛选评价或确定性评价中的平均毒性,其持久性和生物可利用性也要高于该类物质的平均水平。一旦代表物质被选定,就可以假设该类物质全部由其代表物质组成,对它们进行分析评价工作。

找出指示物质是对混合物进行定性的一种方法(ASTM,1994)。指示物质是造成混合物风险的主要物质,也就是说,如果指示物质带来的风险可以接受,那么混合物整体所产生的风险就是可以接受的。由于苯和苯并[a]芘具有致癌性,因此对于石油产品的风险评价,ASTM 建议以这两种物质做指示物质(如果有二溴乙烷(EDB)和二氯乙烯(EDC)存在,也使用这两种物质为指示物质)。在生态风险评价中指示物质的选择上,我们还需要其他标准作为指导。USEPA 标准的第 9 部分中列举了 28 种受关注的 PCB 类物质,它们都与生态风险有关(Valoppi 等,1999)。

在对复杂材料中的特征化学物质进行分析时也会利用指示物质进行分析。例如,评价者在对袋鼠肝脏的分析中发现,肝脏中含有一系列石油和煤炭特有的多环芳烃(PAHs)物质,从而确定袋鼠受到井喷中泄漏出石油的暴露污染(Kaplan 等,1996)。石油中通常含有高浓度的钒,研究发现 San Joaquin 沙狐体内钒的浓度比其他地方狐狸体内的含量要高,表明 San Joaquin 地区的沙狐受到某种形式石油暴露的影响(Suter 等,1992)。指示物质以及相关的化学指纹图谱(第 19 章)在确定暴露发生、暴露与特殊污染源的相关性以及物质的特殊迁移途径等方面有很大的作用。但是,因为指示物质不能联合暴露-反应关系来一起进行毒性预测,因此以这种方法得到的结论还不能用于风险分析中。

如果已经知道了化学物质的迁移转化过程和毒性效应数据,或者可以通过同类其他物质的性质将它们估算出来,就可以使用精度更高的方法对这些物质进行分析评价。对于同一类物质,其中单个组成物质的迁移转化和毒性效应性质的统计学分布可以用于评价当中,来表示整类物质的性质分布。例如,如果文献中已有几种短链脂肪烃的溶解度数据,就可以对这些数据进行拟合并估算出该类物质所有组分的溶解度分布。或者,如果应用 QSARs 估算出物质的迁移转化和效应特性,就可以利用这些估算出的单个物质的物理性质或结构特点来预测该类物质的参数分布。例如,根据烃类的结构可以估算它们的溶解度(Lyman 等,1982;Mackay 等,2000)。因此,我们通过确定物质的结构,可以估算出所有短链脂肪烃个体的溶解度,这些个体物质的溶解度数值同时就构成了短链脂肪烃类的溶解度分布。如果该类物质中个体的相对丰度能够估算出来,那么就可以通过衡量观察值进一步完善该类物质的溶解度分布(例如,个体溶解度估测)。最后,就可以开展物质的整体分析。

对受石油污染的区域进行分析时,不仅应当分析石油中的烃类和其他有机及无机物质,还应当分析其中的有机和无机添加剂(例如,含氧化合物)以及混合废物中可能存在的其他各种化学物质。这种分析方法提供了最大的灵活性,因为可以将前面提到的各种暴露成分进行重新组合分析。此外,如果某地点受到了我们所关注的目标污染物之外的其他化学物质的污染,那么全化学分析可以确定那些采用分类物质分析所不能确定的毒性。最后,单个物质的定量限通常要比整个混合物的定量限低。例如,采用 USEPA 的方法,PCB 同系物的定量限要比芳氯类物质(Arochlors)的定量限低三个数量级,并且可能低于生态毒理学基准值(Valoppi 等,1999)。然而,对所有的复合材料而言,目前我们对其组分中大部分单体物质的毒性还不明了。因此,风险定性必须基于一系列已经检测出的化学物质来开展。

22.11 极端自然事件暴露

生态系统中会发生洪水、干旱和火灾等极端自然事件,同时受到这些过程带来的影响。用来预测极端自然事件发生强度和频率的方法已经得到了较好的发展,并已应用于工程设计、保险以及应急预案中(Haimes,1998;Reed,2001)。极端气候和水文事件的发生频率是生态风险评价中的重要数据。例如,水流速度过慢会导致水体对进入其中的污染物质的稀释作用降低,空气过于静止稳定会使大气污染物所产生的暴露效应增加,洪水、火灾等极端自然事件会增加该生存空间中某些稀有动物或种群数量较少的动物灭绝的概率。此外,为了开展风险评价而进行的管理行为也会对自然事件的发生频率和强度产生影响。例如,开渠通道会增加下游洪水的发生频率和强度,林业管理会影响森林大火的发生频率和强度。

对极端事件暴露进行预测要比正常情况预测困难得多。对长时间的极端暴露事件进行评价需要经验。但是,由于暴露时间较长,长时间事件在整个过程中会受到土地管理、河渠修整、流域规划、测定方法改变以及其他一些可变因素的干扰。因此,我们可以将一个系统拆解成若干个经常发生的组分事件来进行分析。例如,特大洪水所带来的风险可能是包含了大雪、气候变暖以及降雨等联合概率的结果。同样,一场严重火灾给生态环境带来的风险可能是由燃料超负荷、环境干燥和火源综合因素作用引起的。由于预测过程中需要内推(例如,天气状况)或外推(例如,从一个流域到另一个流域)数据,极端事件预测中涉及的不确定性会增加。因此,对于极端事件应当由专家来进行特殊分析评价,生态风险评价者在评价过程中应该始终坚持对各种不确定因素予以综合考虑的原则。

22.12 生物体暴露

为了估计确定性概率和已经确定的效应概率,必须对引进生物进行暴露估计。对于确定的风险,暴露被表述为潜在生境的到达率,有时也表述为生殖压力(Stohlgren 和 Schnase,2006)。对于效应风险,暴露通常定义为丰度,或者是绝对丰度或者是相对于本地种的丰度。

22.13 概率与暴露模型

关于人类健康和生态的概率环境风险评价关注的主要是对多介质暴露进行评价

(Burmaster 和 Anderson,1994；Hammonds 等,1994；Hansen,1997；Risk Assessment Forum,1997)。像人类一样,野生生物也在饮用存在潜在污染的水,摄食各种性质的食物,摄入有潜在污染的土壤,等等。由这些途径造成的暴露是采用蒙特卡罗法分析方法中的简单数学模型来预测的(第5章)。对这些模型进行概率分析的关键在于以某种风险表征所需要的方式将参数的分布表达出来(30.5节)。通常,概率应当是剂量在个体间的分布或者是关于个体的剂量可信度,或者两者兼有(如蒙特卡罗分析)。例如,设想貂暴露在河流的污染物中,其模型是

$$E_j = \sum_{i=1}^{m} p_{ik} \left(\frac{IP_i \times C_{ijk}}{BW} \right) \tag{22.48}$$

式中：E_j 是对污染物质(j)的总暴露量(mg/kg/d)；m 是生物摄入的环境介质总数量(例如,食物、土壤、水)；IR_i 是生物对介质(i)的摄食率(kg/d 或 L/d)；P_{ik} 是生物摄食的介质(i)中污染物类型(k)所占的比例(无单位)；C_{ijk} 是介质中类型(k)的污染物浓度(mg/kg 或 mg/L)；BW 是终点生物的体重(kg)。

体重的估算可以采用 USEPA(1993b)等文献中所提供的方法,共包含四种分布类型：① 单个污染区域内水貂个体体重的分布(例如,某单项研究中个体体重的平均值和标准偏差)，② 区域间水貂平均体重的分布(例如,由多项研究中的平均体重平均值和标准偏差)，③ 区域间水貂个体体重的分布(例如,所有研究中个体体重的平均值和标准偏差)，④ 时间分布上的区域间个体体重分布(例如,多项研究中平均值和标准偏差的平均值和标准偏差)。

如果某区域内水貂的体重状况与待评价地点的情况相似,我们可以利用该区域的体重分布来估计模型中个体体重的分布(分布1)。如果文献中没有与待评价污染区域相似的参考区域,则可以尝试用平均值的分布(分布2)。然而,评价中考虑的是污染区域种群内水貂个体效应的分布,而不是一个假设的平均水平。或许,我们可以用所有研究中水貂个体体重的分布来表示污染区域个体的分布,但那样做会放大种群间体重的系统差异(分布3)。对这种情况最完整的描述应该是利用的所有研究中的平均值和标准偏差分布(假定为正态或对数正态)进行嵌套式蒙特卡罗分析,这些研究都是污染场地内的代表性事件(如仅对野生水貂),可用于估计个体间的变异以及与变异有关的不确定性(分布4)。

对摄食率的处理方式与体重相同。例如,如果试验研究中的生物个体体重的平均值和标准偏差与待评价地点生物的实际体重很接近,可以按照上述的体重处理方法来处理摄食率。

污染物浓度的确定也需要详细考虑。某些情况下,污染物的浓度可能会采用从污染区域不同位点收集到的鱼类个体的体内污染物浓度。但是,物质浓度在不同个体体内的差异不能看做是污染物浓度本身存在的差异,除非个体受到严重污染以至引起急性毒性效应。实际上,几乎所有案例中的毒性效应都是长期暴露导致的结果,因此相关的暴露度量应该是物质在鱼类种群个体体内浓度的平均值。下一个要确定的问题是以多大的鱼类群体为研究集合来计算物质的平均浓度才合理？比较合理的答案是采用水貂觅食范围内鱼类个体体内浓度的平均值。这种假设会带来其他参数的表达,取决于待评价空间单元的大小。

● 如果评价区域的空间大小与水貂的觅食范围相近,则物质的平均浓度是定值。

假如采样存在误差,那么该误差可以通过平行采样用统计学进行预测。该误差可以看做是由于采样的个体差异而引起的误差。但是,主要的不确定性是通过电捕或网捕获得的鱼类个体样本如何代表觅食水貂样本等方面的不确定性,该不确定性可以由专家根据观测到的不同品种和大小的鱼类个体间的差异判断来估计。此外,样品处理和分析也可能带来许多不确定性,需要予以考虑。例如,如果物质在整个鱼体内浓度是由鱼体部分组织中的浓度估算而来,那么转换过程中产生的不确定性也会非常重要(Bevelhimer 等,1996)。

● 如果待评价单位小于水貂的觅食范围,评价程序和上面的基本相同,但是在暴露模型中评价单位范围内的鱼类个体和单位范围外的个体必须被视为不同的摄食项。

● 如果待评价区域单位大小远大于水貂的觅食范围,则应该将该评价单位划分为大致相当于觅食范围的多个亚单位。大多数情况下,根据污染物和物理特征的不同,河流或流域等已经天然划分为多个亚单位,即河段。对于水貂的暴露模型,我们还需要对河段进行继续划分,使每个亚单位的大小近似于水貂的觅食范围。这种方法需要一个假设前提条件,即觅食范围的边界与评价空间单元的边界一致。从评价的目的考虑,这种假设是有一定道理的,因为实际的边界很难确定,它会随着时间发生变化,而且与对区域所采取的修复等活动有关。不过,我们也可以取消对觅食范围的界限。如果有足够的取样点,我们可以采用流动平均浓度,该浓度是觅食范围内各样点的平均值。两种情况中,觅食范围的差异(即水貂个体间觅食范围的变化)都是最重要的差异。如前所述,最重要的不确定性很可能是样品典型性方面的不确定性。

对暴露中差异的处理取决于生物种类。例如,水貂和鱼类同时暴露于水环境的污染物中,但是对于水貂而言空间差异很重要,而对于鱼类则是时间变化更加重要。这些不同的结果是因为它们暴露模式存在差异。鱼类通过鳃呼吸直接暴露于水中,容易受到污染物泄漏、风暴和其他类似事件等短期变化的影响。相反,水貂主要因摄食而暴露于污染物中,所以水貂对污染物的暴露浓度应该是一段时间内的平均浓度。空间变化对鱼类而言不是特别重要,因为我们通常认为鱼类被是固定生活于某个河段内,因此它们面对的污染物通常是不变的。与此相反,水貂的觅食范围通常比河段大,种群成员间也存在空间差异,因此空间是水貂风险评价中的一个关键变量。因此,对于鱼类来说污染物的时间变化比空间差异更重要,而对于水貂而言污染物的空间差异更重要。这些假设在我们所熟知的大多数情况下都是行,但也并不是绝对的。例如,在某些情况下,水环境中污染物的浓度随着时间的推移保持恒定不变(例如,没有发生明显的偶然性暴露事件),但相对于鱼类种群活动范围,污染物在空间上却存在高度变化,在这种情况下,鱼类风险评价中的空间差异就比时间变化更为重要。

22.14 暴露表征

暴露表征是生态风险评价的中间分析阶段,其分析结果应该引入到下一步的风险表征中,而不是止于大量的文字、表格或者数字。暴露表征的结果表示为暴露概述(EPA 1998a),它应该涵盖全部终点受体的所有暴露途径,以确保概念模型对所有途径都已经进行了分析。如果没有做到这一点,就应该对概念模型进行修改,将那些已经确定不存在或无足轻重的暴露途径删除掉。风险评价者应该了解,实际暴露总是要比概念模型中的暴露过程复杂。暴露概述应该对每一条暴露途径的暴露过程都给予评价，对评价结果进行汇总，并指出相关的不确定性。如果风险界定过程中，对同一个评价重点进行了多个证据链的描述，那么每一个证据链中对暴露的度量都需要一一说明。通常情况下，表格形式比较适于暴露表征的汇总。对每一条证据链和终点，都需要对它的暴露介质、暴露途径、暴露强度（例如，主要浓度、平均剂量、最大浓度）进行表述，同时还需要包含时间、空间上的分布，以及相关的不确定性（例如采样的变化、分析的精密度以及模型的不确定性等）。

在对多相评价的初级阶段进行暴露表征（例如，制定一个确定性评价的计划）或者向公众公布初步评价结果时，通常采用图表或者插图的形式对污染物的时空分布进行总结。然而，因为暴露分布表述可能使人们产生误导或造成不必要的担忧，因此当可以佣用风险评价分析的情况下，就不应该以暴露表征的结果为重。

第四篇 效 应 分 析

　　在效应分析中,评价者将化学品或者其他物质所产生效应的性质和数量的变化作为暴露结果。效应可以通过进行试验、野外观察以及数学模拟进行估计。在效应分析中,必须对效应数据进行评估以确定哪些数据与评价终点有关,然后再进行分析和总结,以适用于风险的界定。效应分析必须考虑以下两个问题:

　　第一,在现有的效应测定方法中,哪种形式最接近评价终点? 这一问题在第18章的"问题"中就应该考虑到了。同时,为了使一些出乎预料的数据能有可用性,也为了在收集数据之后能更好地理解环境,往往都需要再次考虑这个问题。

　　第二,效应数据的表达与暴露表达是否相一致? 暴露水平的空间和时间模式一旦确定,暴露和效应就共同决定了效应的性质和程度。因此,在效应表达中,需要定义和使用相关的空间和时间维度。例如:当暴露于某一物质(如无铅汽油)时,如果仅在土壤中短时间内持续受到毒作用,那么,这段时间内诱导产生的效应应该从效应数据中提取出来,并将这些数据用于分析目标化学品,同时野外实验获取的数据应该集中用于分析那些迅速发生的短期生物效应(如群体死亡),而不是长期效应。

　　效应分析的详细程度和保守性取决于评价的等级(3.3节)。通常根据被称为"毒作用阈值的浓度或者剂量"这样一个基准值,筛选性评价能给出暴露-反应关系的典型定义(第31章)。同时,确定性评价也能给出暴露-反应关系的合适定义,一般情况下,这需要进行试验(比如采用相关受体的可控暴露试验,第24章)或者进行暴露和效应的现场研究(第25章)。由于试验通常不会包括所有相关的物种和生命周期,因此就需要采用外推模型来估计个体水平(第26章)、种群水平(第27章)或生态系统水平(第28章)上的效应。对个体水平,由于几乎所有的试验都是确定在此水平上的反应,因此可采用简单的假定或者统计模型外推出它的反应终点;而对于种群或者生态系统水平,就需要采用包括数学模拟的跨分类水平的外推方法,才能外推出它们相应水平的效应。

第 23 章
暴露-反应关系

有什么不是毒物？
任何事物都是毒物，没有什么是无毒的。
仅仅是剂量决定了一个东西是不是毒物。

Paracelsus，由 Deichmann 等译（1986）

Paracelsus 指出，剂量决定毒性。根据他这个著名的理论，毒理学家需要确定出剂量水平和毒性反应之间的关系。更笼统地讲，要评价某个物质的风险，就需要确定暴露程度与反应之间的关系。暴露-反应关系就是形如 $r=f(e)$ 的定量模型，式中 r 和 e 代表反应和暴露的度量。然而，它们可能只是定性关系，例如：有外来物种 e 出现的地方，本地物种 r 就会消失。因此，我们可以更笼统地讲我们希望能在指定物种暴露量 e 的作用下，估计预期的反应 r，即 $E(r|e)$。暴露-反应关系至少可以用于以下三个方面：

估计：如果能获得暴露-反应关系模型，那么就可以用它来恰当地估计某一暴露水平时的反应，从而可以在风险评价中描述某一污染物的未来可能风险，或者在传染病学中确定所实验的暴露水平是否是观察到的损伤的真正原因。

基准：如果一个暴露-反应关系降低到某个点，例如 EC_{20} 或基准剂量限（即试验终点，见框 23.1），那么该点就可用于区分可接受与不可接受的暴露水平，这个点就叫做基准。而且这些点经安全系数或者其他参数直接或间接修正后（第 29 章），可作为管理标准或者筛选基准。

交流：利益相关者和决策者通常不熟悉效应变化随暴露水平变化的反应模式，他们更倾向于采用二分法来确认安全或者不安全。因此，提出暴露-反应关系通常比较重要，尤其是当涉及反应时间、最佳暴露水平或阈值等较复杂参数的时候更是如此。

通过观测，我们可得到产生作用的因素与受作用的生物个体之间的相关关系，暴露-反应关系就是这些相关关系的表征。这些相关关系可能出现在毒性试验等实验（第 24 章）或观察研究（第 25 章）中。分析这些相关关系的主要目的是希望能将暴露-反应关系做成的数字模型推广到相类同的情况中。例如，如果实验室测得的某个化学品对黑头呆鱼的 96 h LC_{50} 是 2 mg/L，我们就有理由推测，在相似水质的径流中，如果化学品的浓度是 2 mg/L,至少 96 h 后,就可能导致鱼死亡。因此,当建立暴露-反应关系的时候,我们必须回答一个问题,那就是如何表达诱因和效应之间的关系才能够让我们更好地预测以后的效应。

> **框 23.1　试验终点术语**
>
> 　　分析暴露-反应关系主要是为了建立一个描述效应随暴露变化而变化的模型。对于试验或观察的结果,我们通常会采用一个点值加以简化并表征,要求这个点值可以提供阈值的大小或概括实验的结果。在实际应用中,有关点值的术语往往存在一定差异而令人混淆。因此,在下面的解释中,我们统一采用生态风险评价中最常见的单位,浓度(C),来定义作用因素的强度。当然,也有人采用相关术语剂量(D)、时间(T)或水平(L)来代替 C。
> 　　如果已经采用回归分析建立了暴露-反应估算模型,那么反过来,也可以通过特定水平的反应来推断其相应的暴露水平(图 23.1)。对于某个二元变量,即可采用二组分的比例来表征(如存活/死亡、出现/未出现等)的变量,将其称为 ECp,它指的是当能引起效应为比例 p 时,受试物的浓度的大小。半数致死浓度(LC$_{50}$)是 ECp 的一个特例。ICp 是针对连续变化函数(比如个体体重或者雌性个体的产蛋率等)而提出的,它指的是当对某一反应的抑制作用为比例 p 时,受试物的浓度的大小。还有一些特殊情况下的术语,比如用于病原体检测中的传染剂量(IDp)等。为了简化,这些术语都可以用 ECp 替代。
> 　　在人类健康风险评价和一些野生动物风险评价中,等同于 ECp 的术语是基准剂量(BMD)(Crump,1984),BMD 较低的置信限称为 BMDL(置信下限)。
> 　　如果采用的是假设检验统计的方法,则会派生出两个终点。第一个是能够引起试验组产生统计学上明显不同于对照组(或参照组)的效应的最低浓度,即最低可见效应浓度(LOEC)。第二个是低于最低可见效应浓度的最高浓度称为无可见效应浓度(NOEC)。如果要区别有毒效应和无害效应,则需要用到 LOAEC(最低可见效应浓度)和 NOAEC(无可见效应浓度)。

　　在几乎所有的毒性试验和许多研究生物体如何反应营养、热量和其他非毒性因素的试验中,采用的受体单位一般都为生物个体。试验终点一般是多大比例会死亡,平均生长量是多少等等。然而,其他水平的实验,如种群水平(例如藻类试验)、群落水平(例如微宇宙)和其他野外种群和群落水平的反应与它们的暴露水平是密切相关的。除了生物个体,生态风险评价中最常用的反应单位是物种。单个物种与暴露水平反应相关的模型称为物种敏感性分布(Posthuma 等,2001),它们通常被认为是从物种水平外推到群落水平的模型。有关这些模型我们将在 26.2.3 节讨论。

　　根据评价的问题,有必要定义暴露-反应关系(与暴露-反应关系相关的一些多维度参数如空间、时间、强度、严重程度、反应比例、反应类型等的描述见 6.3 节)。对于这些概念,通常我们是以点的方式(比如 LC$_{50}$ 和 NOECs 等)表征,但应用最广的还是以线的形式表征。在二维空间中,分别以 X 轴和 Y 轴表征暴露轴(通常是浓度或者剂量)和反应轴(通常为严重程度和反应比例)(图 23.1),所得的曲线一般为"S"形的,而且它们的斜率和散布情况往往取决于暴露受体敏感性的不同。采用非常相近的生物体(比如实验室内饲养的大鼠)进行实验,曲线的斜率往往非常陡,然而采用不相似的生物体(比如野外研究中的一个河流群落,对一段特定范围的暴露)的时候,曲线的斜率却往往较平缓。

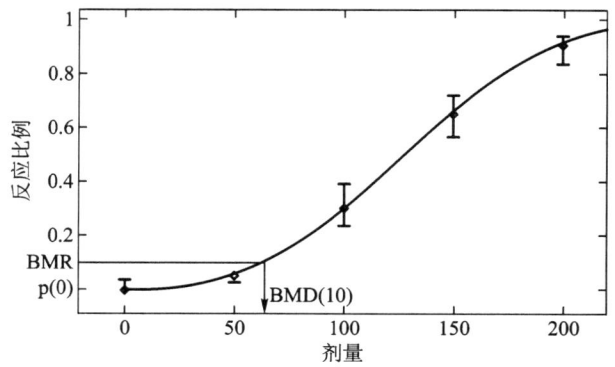

图 23.1 采用逆向回归的暴露-反应关系模型。基准剂量(BMD)得自于基准反应(BMR)。该图由基准剂量软件生成

与上段提及的点线相比较,三维空间中的面应该得到更加广泛的应用,因为我们经常想知道对受试物浓度和暴露时间的反应(图 23.2)。这与鱼类种群模型有点相似,因为鱼类生殖能力的一致下降与鱼种群中部分鱼丧失生殖能力而其他鱼不受影响的情况所体现的含义是不一样的,因此我们可能不仅需要知道鱼类生殖能力下降和化合物浓度之间的关系,还需知道雌鱼比例下降同化合物浓度之间的关系。从逻辑上讲,下一步就是要扩展到四维水平上(比如浓度,时间,强度和比例)甚至五维水平上(再加上空间上的维度)。这就需要更多的信息,但是数据量是有限的。我们可以从一个传统毒性试验中收集浓度、持续时间、严重程度和比例的信息,但是传统试验的样本数比较少,很难满足我们构成一个符合统计学意义上的四维模型。因此,一般我们都在不拟合函数的情况下展示这些数据(图 23.3)。

通常情况下,不管采用标准方法还是非标准方法,风险评价者都必须将暴露-反应关系表达出来。本章将重点讨论暴露-反应方法及其替代方案等相关问题,从而使风险评价者能更为深入理解所需使用的暴露-反应关系的类型,并从可用的数据中寻找出暴露-反应的相应关系,进一步挖掘出有价值的新数据。

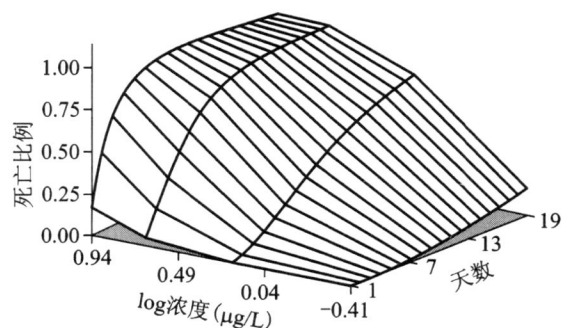

图 23.2 毒性效应作为浓度、持续时间和反应比例的函数示意图

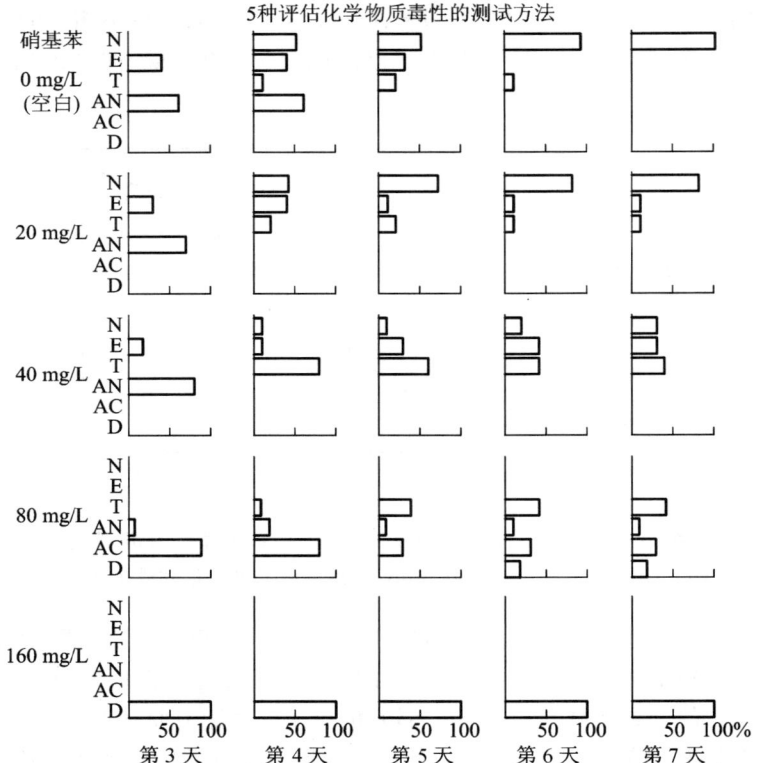

图 23.3 浓度、持续时间、反应强度和出现效应的比例之间的关系,以严重程度系列对反应比例关系作图,并按照浓度和时间排列。各种反应分别是:N=正常;E=眼点;T=四眼畸形;AN=无眼畸形;AC=无头畸形;D=死亡。(引自 Yosioka Y, Ose Y and Sato T, *Ecotoxicol. Environ. Saf.*, 12,15,1986。获得许可。)

23.1 暴露-反应关系方法

当数据质量高,背景资料充足时,我们可以通过不同的方法获得暴露-反应关系。如果我们能够理解原理,并在理解原理的基础上,构建暴露-反应模型,就是非常理想的一种状态。但同时还可能存在另外一种极端情况,即我们只能报道在一个特定的暴露水平下出现的某一特定的反应。目前,在生态毒理学范畴,最好的暴露-反应关系分析指南当属加拿大环保局(Environment Canada,2005)提出的版本,同时还有其他一些组织提供的不同的指南(ASTM,1996;OECD,1998,2004;Crane 和 Godolphin,2000;Klemm 等,1994;IPCS,2004)。

23.1.1 机理模型

对暴露-反应机理的理解是建立暴露-反应数学模型的基础。目前,有关暴露-反应的数学模型有毒物代谢动力学模型(23.3 节)、种群动力学模型(第 27 章)和生态系统模型(第 28 章)。这三个模型有两大优点:一是它们的函数形式是基于数据,而不是由惯例或拟合度的推导而来的;二是它们的灵活多用性。如果能很好地了解一个机制,那么我们就可以采用机理模型来模拟实验室或者野外观察难以达到的情况。特别是如果一个机制已经能被详细说明,我们就可以像物理定律的应用那样,采用现有的数据来模拟反应结果而不需要做实验或者观察。然而,生态风险评价中的模型绝大部分并不是纯机械的,它们通常是依靠经验方式来估计参数数值的,即使在最简单的情况下,它们也等同于生态学似然回归模型。因此,它们的应用范围需要认真斟酌(第 9 章)。生物体的机理暴露-反应关系模型包括动态能量预算模型(DEBtox)(Kooijman 和 Bedaux,1996)和传统毒效动力学模型(23.3 节)。

23.1.2 回归模型

根据不同暴露水平下的反应数据,我们采用统计回归分析可以获得暴露-反应模型,这是获得暴露-反应模型的一般方法,也是最好方法。一般情况下,回归分析的首选方法是最大似然估计法(Environment Canada,2005),但是通常比较有效的方法是最小二乘回归法。这每种方法都提供一个置信区间,一般仅在误差分布不明的情况,才需要用到自举估计法(Shaw - Allen 和 Suter,2005)。自举估计法是选择一个单一函数,采用反应值调整此函数,使它和反应值相一致;或者选择多个可能函数,并采用这些函数对反应值分别进行拟合,从中挑出最佳拟合函数。这些函数的选择有多种原因,可能会因为某个函数具有某个特殊用途的标准功能,也可能因为某个函数的形式很适合处理这些反应值,或者可能因为某个函数具有更好的生物学解释。在生态毒理学中,最常用的函数是 log 函数,它能使对数形式转化为线性形式,从而建立二元数值(例如死亡比例)与自变量(暴露)之间的相关关系(图 23.4)。对于连续数据,目前没有标准的模型,这就需要选择多个适当的函数,并根据反应值对函数进行修正和比较。在比较不同函数时,当它们的拟合参数数目一致时,一般采用它们的相对概率度量;而当拟合参数数目不同时,则建议采用 Akaike 的最小 AIC 准则处理(5.4.6 节)。另外,我们必须检查数据点绘制和模型拟合的正确性,以检验模型的可靠度和确定异常值的剔除。最后,还应该将剩余数据绘制成点,从而用于检查确定系统的失拟和非均一性的差异的模式的正确与否。

关于毒性数据的暴露-反应分布的拟合方法,目前不仅有比较多的研究,如 Kerr 和 Meador(1996),Moore 和 Caux(1997),Bailer 和 Oris(1997)以及 Environment Canada(2005)等的相关研究,而且还有一系列相关软件。比如,从一些大型统计软件包(如 SAS、SPSS 和 S+ 以及 R 库)中获得并可用于建立剂量-效应关系模型的回归分析软件;专门应用于分析毒性试验的商业软件包括 CETIS,TOXSTAT 和 TOXCALC;还有一些软件是政府部门开发的并推荐应用

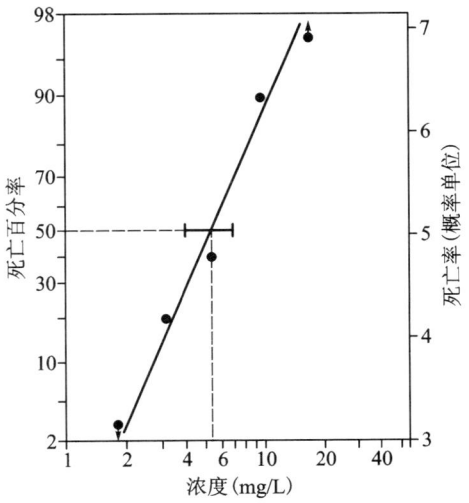

图 23.4 反应概率与对数浓度的急性致死试验结果。$LC_{50} = 5.6 \text{ mg/L}$,95%置信区间也在图中标出。(引自 Environment Canada,Guidance document on application and interpretation of single - species tests in environmental toxicology,EPS l/RM/34,Ottawa,Ontario,1999。获得许可。)

到特殊的管理评价中,如 USEPA 已经开发了一款基准剂量软件(http://www.epa.gov/ncea/bmdds.htm),这款软件特别适用于比较选择性函数和计算置信区间。虽然开发这款软件的初始目的是为了计算人类健康风险评价中的基准剂量,但它同样可以用于生态风险评价中的相关研究(Linder 等,2004)。

23.1.3 统计显著性

通过统计假设检验可以获得传统长期毒性试验的两个测试终点(NOECs 和 LOECs),但这两个参数在生态毒理学和生态风险评价中并不被广泛应用(Hoekstra 和 van Ewijk,1993;Laskowski,1995;Suter,1996a;OECD,1998;Environment Canada,2005)。由于它们是基于统计显著性而获得的参数,所以它们并不能说明效应大小的本质是死亡率的增大还是出生率的降低等一些问题。由于 NOEC 或者 LOEC 的效应水平是取决于重复和给药等人工干预方式,因此它们比较适用于那些大变化量和高水平的效应(Suter 等,1987;Crane 和 Newman,2000)。同时,由于 NOEC 和 LOEC 并不能说明效应是如何随着暴露量的增加而增大的,因此,不论从数量还是质量上来说,我们都无法将刚刚超过 NOEC 或 LOEC 的效应同那些超过很多的效应区分开来。所以,要评价风险,就需要评估在暴露水平下所产生的效应的本质和大小以及相关的不确定性,这样的评估在其他方法中都是存在的。

23.1.4 内插法

当数据不够做一个模型的统计分析时,就可能需要用到线性内插法(Klemm 等,1994)。Hoekstra 和 van Ewijk(1993)等发现拟合得到的函数在较低暴露量的时候并不可靠,因此,他们建议使用线性内插法时,观察所得的最低效应不应低于 25%。在暴露-反应关系中近似线性的部分,或在暴露水平之间间隔相对较小的区域内,线性内插法是最准确的。在大多数情况下,将暴露量的量级做 log 转换会增加线性。USEPA 关于线性内插法的标准做法和程序见文献 Norberg-King(1993)。

23.1.5 效应水平和置信度

在一些情况下,对于一些暴露-反应数据,我们不能找到合适的函数,而只能报道暴露水平和相应的效应水平。如果有平行组的话,应该计算出几何平均数和置信限。这种方法适合于一次暴露试验并且有对照组的情况,在未稀释原废水试验或者某一特定点的污染介质试验。它也用于数据不能回归的情况下,例如一个暴露水平引起部分死亡而其他暴露水平都导致 100% 死亡的情况,还有不能够假设为线性而做内插处理的情况。

23.2 暴露-反应关系中的问题

由于生态学中因果关系的复杂性和非均一性,还有统计方法的不确定性,暴露-反应关系的建模是一个高度复杂的课题。下面阐述了生态风险评价中相当重要的一些问题。

23.2.1 阈值和基准

不管对管理标准还是筛选基准,都需要在暴露分布中定义一个具有重要效应的阈值，一旦暴露值超过了这个阈值，就必须采取适当措施。但是，具有统计学意义的阈值是无法实现这样目的的，因此，我们必须选择一个具有法律、政策或者社会重要性的效应水平（p），但是如何选择呢？由于估计曲线中间的数值点可以得到最大的精密度，因此传统研究都是采用 LC_{50}（图 23.4）的方法。虽然 50% 的致死量很明显不是一个阈值效应，但是如果曲线足够陡，效应浓度的变化就会比其他来源的变化小得多，LC_{50} 也可能代表部分致死浓度。然而，通常需要一个较低的效应浓度作为基准点。考虑到评价的精密度，加拿大环保局（Environment Canada, 2005）建议基准点不可取低于 EC_{10} 的数值，而且基准点的效应水平（p）应在对照组的效应范围之内。OECD（1998）推荐的方法是从 EC_5 开始，有规律地测定每增加 5 个效应概率的效应浓度，直至 EC_{25} 的数值。但是，如果用到机理模型，就需要额外测定 EC_0 的值。这个方法的优点是能给决策者提供一些信息，从而根据政策和环境选择一个合适的阈值效应（比如重要物种的出现）。当然，我们还可以通过增加数值的置信区间以改进 OECD 推荐的这个方法。

如果对照组或者参照区域的效应为零（或者可以假定为零与误差的和），而且暴露-反应关系有一个很低的阈值的时候，x 轴的截距（EC_0）即为生物阈值的估计值。Van Straalen（2002b）推荐采用物种敏感性分布（SSD）的 HC_0 来作为群落无效应浓度，并可采用均匀分布、三角分布、指数分布或 Weibull 分布等描述。如果可以详细了解终点种群中个体的数目或终点群落中物种的数目，也可以采用许多传统的有无限尾的分布（如正态分布、逻辑斯蒂分布）来描述。如果一个群落中有 100 个物种，则低于 HC_{01}（SSD 的第一个百分点）的浓度就可以认为是对全体物种都无害的。

在研究中，非零的阈值也是常见的情况，它可从暴露-反应模型中获得。例如，当暴露水平低于某个数值时，产生与背景（例如，对照组或者参照点）相当的效应；而当暴露水平高于此个数值时，则产生更强的效应，这样的情况可以采用 hockey-stick 模型来模拟（图 23.5），其中两条线段相交处的暴露量即为阈值。公式如下：

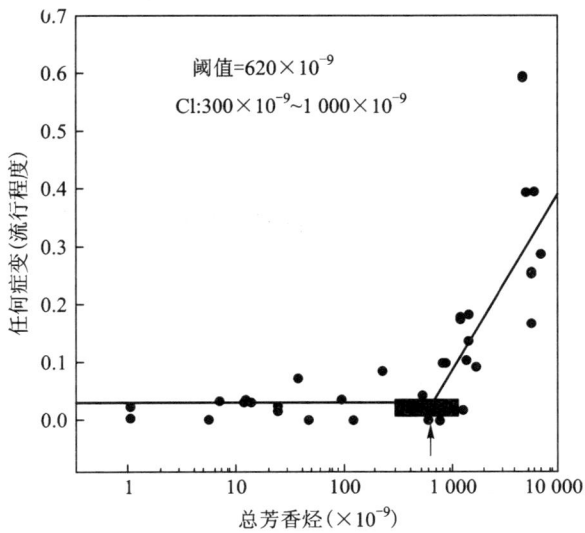

图 23.5　沉积物中芳香烃类浓度对英国鳎肝损伤的流行程度的 Hockey-stick 回归模型。断点的 95% 置信区间已经用灰色矩形标出。（引自 Horness BH, Lomax DP, Johnson LL, Myers MS, Pierce SM and Collier TK, *Environ. Toxicol. Chem.*, 17, 872, 1998. 获得许可。）

$$\text{效应} = \text{背景} \quad \text{当 } C < C_T \text{ 时}$$
$$\text{效应} = \text{背景} + \beta(C - C_T) \quad \text{当 } C > C_T \text{ 时} \tag{23.1}$$

式中：C_T 是阈值浓度；β 是斜率。在生态毒理学中，hockey-stick 模型的例子见 Beyers 等(1994)与 Horness 等(1998)的研究。其中 Beyers 等(1994)发现 hockey-stick 模型的阈值要比 NOECs 低 2~4 倍。

23.2.2 时间可作为暴露和反应的量度

在暴露-反应分析中，虽然时间很重要，但它往往被我们所忽略。当鱼游在有毒液体或一段污水中时，时间的变化可能比浓度更加重要(Brooks 和 Seegert，1977)。在短期毒性试验中，可认为效应与时间密切相关，因此一般取试验结束时的点值为效应值(例如，96 h LC_{50})。在长期的毒性试验中，典型的看法是认为，当试验结束时，暴露已经达到平衡，效应也达到了最大，因此效应与时间不相关。对于有些试验来讲，当上述短期和长期试验方法都不适用时，有效的解决方法是将时间作为暴露的量度。图 23.6 就是这样的一个以时间作为暴露的量度例子，从图 23.6 可以看出，第十天时，BDE 的处理才显示出效应，处理组的鱼停止产卵。同样，时间也可以用在浓度或剂量的量度。加拿大环保局(Environment Canada，2005)的有关研究发现，与浓度或剂量一样，时间和死亡率之间也符合 probit 函数。由于一般实验是建立在对同样的生物重复观察的基础上，因此，多次重复的结果之间并不能完全独立，相关的置信区间的变化并不准确。这种情况下，采用时间为变量进行建模的方法是个更为合适的选择，虽然这种建模方法一般都是在一些特殊情况下使用，但是在一些软件包中(例如，SAS 中的 LIFEREG，由 Newman 和 Aplin 在 1992 年推荐使用)可以找到部分合适的程序，并且目前也已经有了相关指南(Crane 和 Godolphin，2000；Crane 等，2002)。

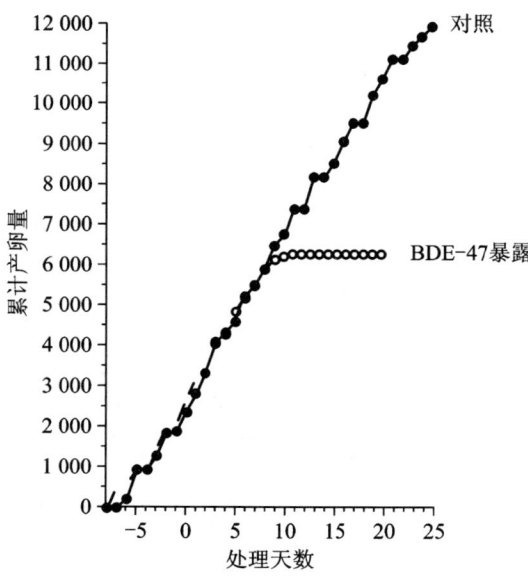

图 23.6 饲喂含有 2,2,3,3-四溴联苯醚(空心圆)饲料和对照组(实心圆)的黑头呆鱼的累计产卵量。(引自 Muirhead E, Skillman AD, Hook SE and Schultz IR, *Environ. Sci. Technol.*, 40, 523, 2006。获得许可。)

这些方法将时间作为持续期,即暴露持续了一段不连续的时间。然而,如果浓度或者其他的强度参数在这段时间之内有变化,或者在没有经过足够的时间恢复至正常状态后便进行再次暴露,就会存在暴露不充分的问题。这样,我们就需要做暴露动力学模型。生态毒理学中的毒物代谢动力学模型就是这样的一种模型,它可用于预测体内浓度,从而可用于体内暴露-反应模型的研究(23.3节)。

时间同暴露一样都是效应的度量。由于管理和风险评价着重于判断一个效应的出现与否,因此,通常我们并不考虑效应持续时间的长短。然而,随着对净利润和成本效用分析的要求日益增多(第33章、第38章),恢复时间和效应持续期等方面的研究也变得更为重要。在一般情况下,时间-效应关系有以下四种:① 为最简单情况,效应在暴露期为一个渐近线,并且随着暴露停止而停止(图23.7a)。这是继慢性毒性定义之后引申出来的隐模型。② 即使效应现象在暴露停止之后也停止了,恢复可能会很慢,所以效应的持续期可能会更长(图23.7b)。③ 由于外在反应现象的时间延迟;迁移、冬眠、饥饿、哺乳或者生育等引起的脂肪内或者骨内存储物质的释放;或者效应仅仅在生命周期的某一段时间表现出来等原因,在暴露停止之后,效应可能会持续甚至增强(图23.7c)。延迟的效应通常只在单剂量野生动物毒性试验中报告,在实验中很明显可观察到效应随着暴露的进行而延迟出现的现象。④ 由于驯化作用和生物适应性等原因,效应可能会在暴露结束之前就结束了(图23.7)。采用暴露时间来估计效应时间可能在a情况中使用,但是在b和c情况中会低估效应,而在d情况中会高估效应。

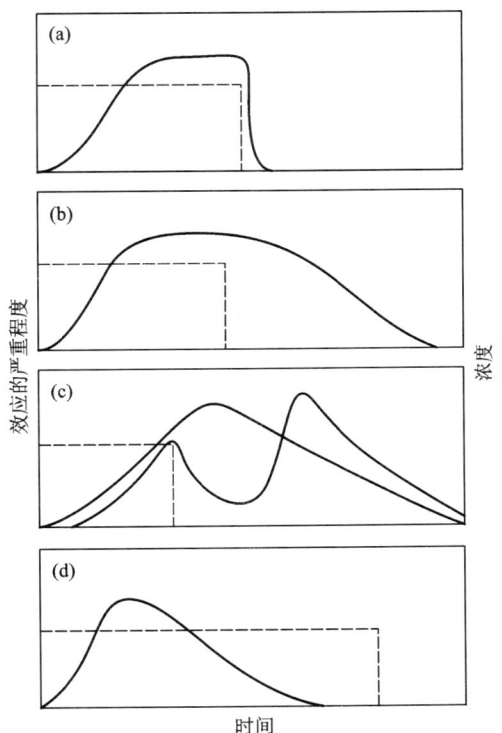

图23.7 毒性试验结果中效应持续性(实线)同暴露持续性(虚线)的对比。(a)效应随着暴露的停止迅速降低。(b)效应在暴露停止后停止,但是恢复需要很长一段时间。(c)暴露停止后,滞后效应(粗线)和延时反应(细线)诱导效应。(d)系统在暴露停止之前就已经适应了这种暴露。

23.2.3 浓度与时间结合

效应会随着暴露浓度或暴露时间增长而增强,所以暴露的这两个维度在某种程度上是可以互换的。对这种关系最简单的表达就是Haber's定律:

$$Ct=k \tag{23.2}$$

式中:C为浓度;t为时间;k是同特殊效应(比如50%死亡率)有关的一个暴露常数(也可能会用$\log C$或者$\log t$)。这个公式是非常便利的,因为它使评价者可以将一段时间暴露得到的数据应用到另一段时间的暴露中。例如,如果黑头呆鱼96 h LC_{50}是10 mg/L,

48 h内能致死一半黑头呆鱼的浓度应该是 20 mg/L。同样,Haber's 定律还让评价者可以采用浓度和时间的乘积创造一个暴露系数,并采用这个系数建立一个暴露浓度和暴露时间都变化的效应的有关模型(图 6.3)(Newcombe 和 MacDonald,1991)。然而Haber's 定律并不能应用于所有的化学品或物质的所有效应,它只能用于一些需临时外推并且相对较小的案例中。具体资料可参阅 Gaylor(2000),Bunce 和 Remillard(2003)以及 SAB(1998)的文献。当有足够的不同时间和浓度下的效应数据时,应当采用这些数据建立非线性的浓度-时间关系,从而确定它能否比 Haber's 定律更好地拟合数据。对于拟合效应(例如 LC_{50}),Miller 等(2000)推荐一个简单的幂(指数)定律:

$$C^{\alpha}t^{\beta} = Ct^{\gamma} = k \tag{23.3}$$

式中:$\gamma = \beta/\alpha$,采用这个公式可以拟合出一个数据随浓度、时间和反应(不管是部分反应还是程度严重)变化的平面(图 23.2)(Sun 等,1995;Newcombe 和 Jensen,1996)。然而,毒理试验方面的文章中却极少含有除试验终点以外的其他时间点的效应数据,因此目前还尚未有许多上述平面表述的例子。

23.2.4 非单调关系

单调暴露-反应模型是毒理学中典型的模型,它描述了当暴露量增加时,反应也增加的线性关系。然而,由于存在以下一系列的原因,非单调模型的出现也是极为可能的。

营养:低营养水平会引起效应不足,但是,同其他化学药品一样,在暴露水平足够高的时候,营养物质也可以引起毒性效应。同样,一些具有毒性作用的化学元素同时也是微量营养素(Cu,Cr,I,Co,Mo,Se 和 Zn),如果浓度足够低,也可产生微量元素的缺乏。另外,一些非化学的物质比如降水也是有效的生态系统营养素。评估这些物质对人类和其他有机体的效应的方法相对简单(IPCS,2002),它的目的是要将摄入量维持在缺乏和致毒量之间的一个区域中,从而使终点种群的个体维持在一个期望的营养水平,这样就可以使一些性能指标如生长量等最大(图 7.2)。当把群落和生态系统终点考虑在内之后,问题就变得更加复杂。水生生态系统中营养物质的过剩会引起富营养化作用,会破坏景观并且会由于缺氧而导致鱼类和其他水生动物的伤亡。营养不足同样也是不希望出现的,因为会导致鱼类和其他水生资源生产力的降低。因此,我们可以假定,在生物体中,营养适中是最后的目标,就像生物体内的营养物质水平接近中度营养一样。然而,还是有例外的,许多高山湖泊和一些别的生态系统处于自然的贫营养状态,水体透明度很高,而且它们的群落已经适应了贫营养水平。因此,暴露程度从有益到有害部分的分割线依赖于系统之前的适应性和环境管理者的目标。

介质干扰:许多要素(包括火、溢流、风和低温等)对生态系统的物理扰动在中等水平下是有益的,但是在较高和较低水平下都是有害的。这些要素同营养物质有相同的效应,但是即使在低水平下,它们的直接效应也是有害的。它们的有益作用来自于生态系统对这些胁迫的适应。例如,当大火被扑灭以后,草原会被森林或者灌木丛林替代。然而,频率足够高的火可以降低草原的多样性和生产力并且降低其恢复速度。

毒物兴奋效应:射线和一些化学物质虽然不是营养物质,但是在较低暴露水平下对生物体有刺激或者保护之作用(Calabrese 和 Baldwin,2000)。毒物兴奋效应被认为来自于生物体对毒效应的过度补偿。这导致了一种"J"型的作用模型,因为死亡率或者其他有害效应在随着剂量的增加而增加之前,会有一段随剂量增加而减小的过程(图23.8)。虽然毒物兴奋效应的试验结果是普遍的(Calabrese和Baldwin,2001),但是目前有关这种现象的本质和机制还存在着争议。例如,鱼类毒理试验中出现的毒物兴奋效应可能是由毒物产生的应激降低引起的,也可能是毒物本身的制毒作用引起的,这目前尚未有定论。

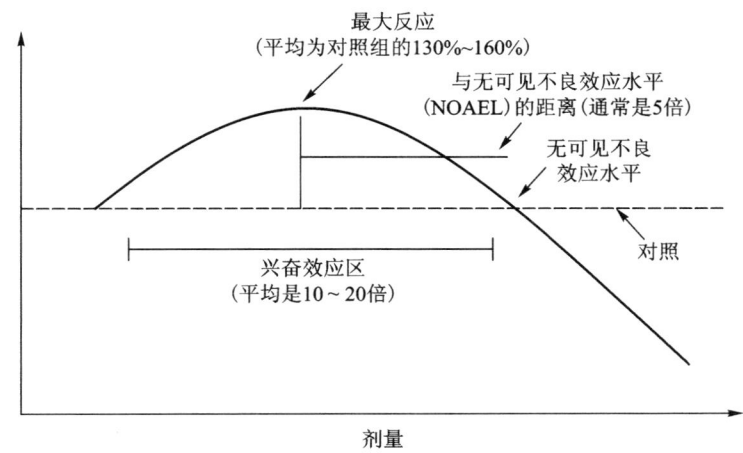

图23.8 图解兴奋暴露-反应关系特点。(引自Calabrese EJ, BELLE Newslett.,7,1,1998。获得许可。)

类激素化合物:因为激素是维持动态平衡的反馈机制中的信号介质,低剂量水平的内分泌干扰物(endocrine-disrupting chemical,EDC)可能比高剂量水平产生更强的效应(Welshons等,2003)。

23.2.5 不同类别的变量

由于其固有的性质,不同类别的数据给暴露-反应的定量建模带来了难题。在很多方面由于无法获得定量数据而只能采用其他种类的数据进行表征。例如,关于小溪中大型无脊椎动物的快速调查只能简单地采用高、中、低三种物种丰度进行表征。有一些分类(例如将暴露按持续时间的长短分为急性和慢性两类等)是非常简单的传统做法。还有一些分类会综合完全不同的数据而进行,特别是当涉及很多研究或者采用不同报道的效应来比较化合物的时候(Teuschler等,1999)。例如,可采用(a)无观察效应、(b)无可观察有害效应、(c)有害效应和(d)明显效应这样四个苛刻的分类尺度将不同器官、物种或生态系统的效应归纳到一个共同的范围内。最后,效应的类型(如存活、生长、生育和行为等)也是不可避免地需要采用分类的方法表征。

在评价中,遇到不同类别的数据时最常见的问题是确定不同类别的效应(例如反应类型、分类比例、分类严重程度)如何随着暴露变化而不同。这个可以通过一个简单的方法解决,就是将不同的反应类型用不同的符号代替,然后通过观察,在不同类型的反应之间划出界线(图23.9);然后采用分类回归的方法将不同的反应与暴露水平定量结合起来(Dourson等,1997;Haber等,2001);再通过给各个不同的反应赋值,每个反应的概率可以建模成为暴露程度的函数,或者建模成为各个反应的指定概率(图23.10)。分类回归的软件可以从USEPA(2005a)的研究中获得。

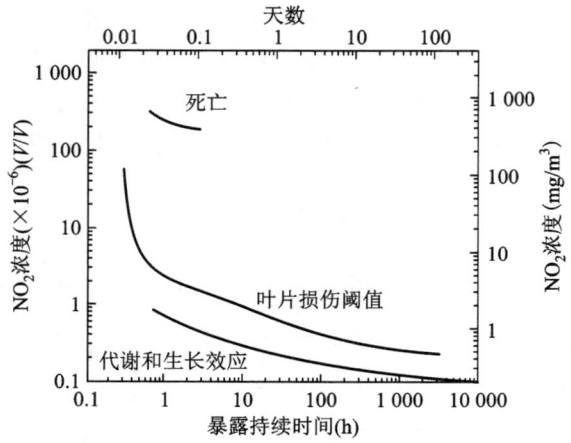

图 23.9　根据浓度和暴露时间进行排列的 NO_2 对植物的效应分类（引自 EPA，*Air Quality Criteria for Oxides of Nitrogen*，EPA-600/8-84-026f，Research Triangle Park，North Carolina，1982。获得许可。）

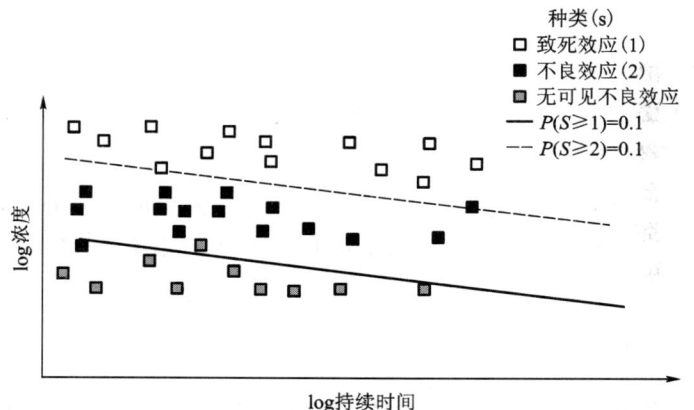

图 23.10　采用分类回归将三种类型的效应同暴露浓度相联系，这三种效应分别为：致死效应、不良反应和无可观察有害效应。两条回归线分别是效应为 0.1 的概率大于或等于第一类（不良效应）和第二类（致死效应）的情况（采用 CatReg 软件回归）。

最后，我们可以把反应的分类范围当成量化参数，然后对暴露做回归。最著名的生态学实例就是悬浮沉积物对鱼类的 14 种反应类型的回归（Newcombe 和 MacDonald，1991；Newcombe 和 Jensen，1996）。这种方法的适用性取决于是否能够定义一个合适的范畴，以使它们能形成一个同暴露较好相关的线性范围。Newcombe 和 Jensen（1996）采用这种方法，做出了 r^2 范围在 0.6～0.7 的很好的反应面（严重度得分值对沉积物浓度对数值和持续时间对数值）。

23.2.6　野外数据的暴露-反应关系

野外测定的生态效应可以用于构建暴露-反应关系模型。这种模型的优点在于它是基于真实环境中的暴露-反应关系建立的。但由于真实环境中的暴露是不受控的，这种模型也存在一定的不足：① 模型经常是很难定义的，② 模型可能并不包括想要的暴露水平或者条件，③ 生态系统是同时暴露于各种不同的人类和自然因素之中。如果被研究的生态系统已经同外界环境充分隔离,我们可以适当地认为只有一个因素会明显影响这个系统,也就可以应用毒理学试验中采用的暴露-反应函数了。这方面有一些例子,如酸性矿山水非法排放到森林水域和自然水域中。如果只有几个因素影响到系统而且都已经作了测定,可以采用多元回归的方法。

鸟类死亡与杀虫剂之间的关系是忽略其他诱因的典型实例。Mineau(2002)采用逻辑斯蒂回归方法,采用了关于35种农药的181份研究中的数据,对乙酰胆碱酯酶抑制与使用杀虫剂地区的鸟类死亡的概率进行建模。为了建立适用于所有的杀虫剂的单一模型,他创建了能从暴露标准映射出潜在暴露途径的暴露参数,其中首要的预测变量是经口毒性潜能,具体在应用中可表征为基于每平方米中的鸟类经口 $LD_{50}s$ 而获得的 SSDs 的第 5 个百分点,它相当于毒性单位(第 8 章),但不是采用单位浓度或单位剂量,而是采用每单位面积来表征毒性。其他有作用的变量包括皮肤毒性参数和用于表征吸入毒性的亨利定律常数。在给定一系列化学物质、物种、应用方法和条件范围之后,此方法可为农作物、森林和牧草提供非常好的模型。Mineau 依据多元逻辑斯蒂模型,计算出了 35 种杀虫剂导致鸟类 10% 的死亡概率的应用率。

Griffith 等(2004)发展了一些可评估底栖大型无脊椎动物群落特点与水和沉积物中金属浓度之间关系的模型(图 23.11)。通过毒性单位总和的概念,他们将多种金属的浓度简化为一个单一的尺度(第 8 章),将毒性表达为环境水质标准或者沉积物阈值

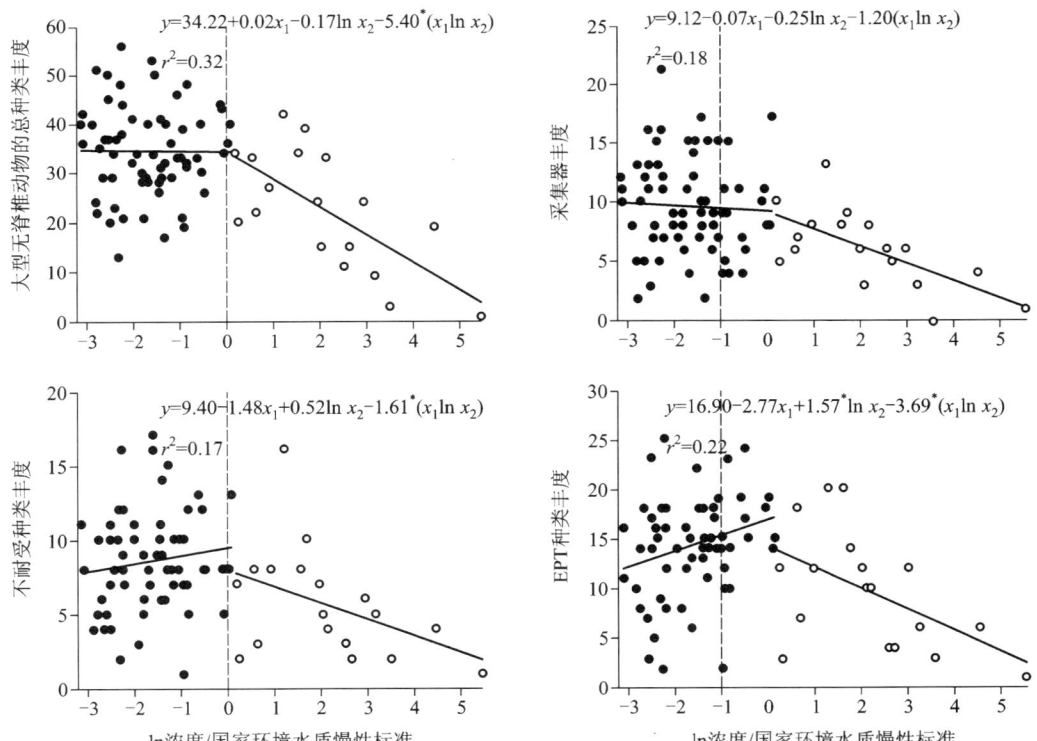

图 23.11 分段回归——四种大型无脊椎动物分类丰度指标对 Cd、Cu、Pb 和 Zn 的浓度对国家环境水质慢性标准中浓度比例之和做分段回归。(引自 Griffith MB, Lazorchak JM and Herlihy AT, *Environ. Toxicol. Chem.*, 23, 1786 - 1795, 2004。获得许可。)

效应水平;然后,采用分割式回归法处理阈值效应(分割式回归法与 hockey-stick 回归大致相当,不同之处是前者采用较低片段的斜率,而后者是将斜率归零),如果是对数刻度,一般拐点设置为零,这相当于危害系数(即期望阈值)为 1。

由于野外群落的影响因素的复杂性及其在不同位点固有的可变性,因此,可以通过测定野外污染介质来区分毒性反应。Smith 等(2003)和 Field 等(2002,2005)采用逻辑斯蒂回归,在给定多种化合物浓度的情况下,将野外沉积物对片脚类动物毒性的概率进行了建模。他们采用了多种方法来处理多种化合物,包括多次逐步回归、通过主成分分析得到的组合变量(因为多种化学物质的共线性)和危害系数等。目前,他们推荐采用全北美已有的数据对所有的化学物质的毒性概率分别进行简单的建模,对于某一点的毒性预测,则采用预测得到最高概率的那个模型(Field 等,2005)。这种方法似乎意味着在每一个位点都有一种化学物质在沉积物毒性中占支配地位,但也有可能是化学物质通常比化学物质的线性混合及各种化学物质的平均可能性更能代表毒性。

如果各种因素对个体、种群、群落的损害作用都有贡献,传统的回归分析会采用自变量同其他因素共同作用的平均效应来建立模型,但是我们往往希望能够预测出某个物质单独作用时的效应(图 23.12)。如果我们把在许多点测得的生物反应变量对某个感兴趣的物质水平在不同的坐标系内做点,那么可看到典型的一群点(图 23.13):在合适的暴露水平下,这些点或位于一条粗略线性的上限边缘(对于毒物),或有一个峰值(对营养物质),或有一个最适暴露水平(对于其他物质)。其中,上边界表示在已知水平的因素下,生物反应变量所达到的最大值,低于此边界的点被认为是由于共存的胁迫作用所致,因此上边界通常被认为是当自变量为限制性因素时的反应,是个极限函数。它可采用分位数回归进行预测,将某个暴露水平引起的反应变量高分位数(例如 90%)拟合出一条回归线,并可通过在最小二乘回归中对正负偏差不对称赋值达到。这种方法首先是在经济学领域中提出的(Koenker,2005),最近在生态学领域得到越来越广泛的应用(Cade 和 Noon,2003)。

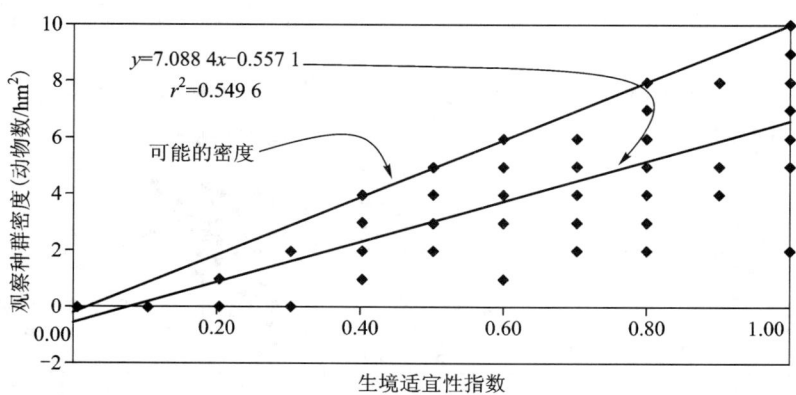

图 23.12 种群密度与栖息地适宜性指数之间的关系。线性拟合得到的直线预测某个特殊生境适应性之下的典型密度。上面一条直线是通过观察得到的,预测种群仅受生境适宜性限制时的最大密度。(引自 Kapustka LA, *Hum. Ecol. Risk Assess.*, 9,1425,2003。获得许可。)

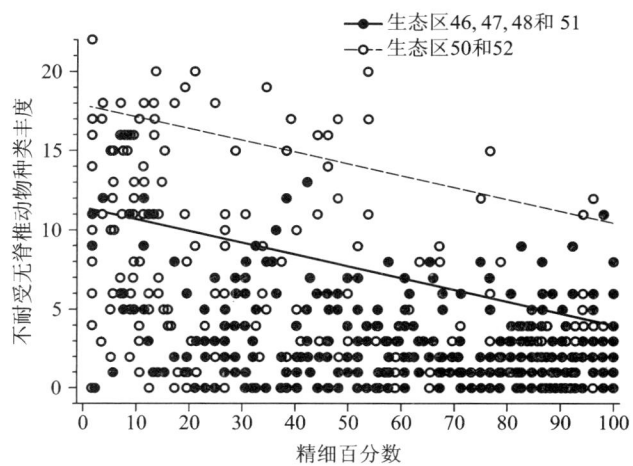

图 23.13　不耐受无脊椎动物类中第 90 个百分点的生物对明尼苏达河内两处生态区中沉积物的精细百分数做分位数回归。该图表明生态区之间在沉积效应之间的差别。(Michael Griffith 惠赠。获得许可。)

这些例子说明了暴露-反应关系的建模是很复杂的,这是因为不仅多种污染和其他一些环境变量会影响反应,而且采用不同的方法也可能导致建模结果有差异,但是目前尚未通过真实评价来充分验证哪个方法能提供最佳的预测。在取样方法时,除了考虑多种多样的自然和人类活动的原因导致的明显问题,和很难掌控的暴露情况之外,还应该注意其固有的一些问题(von Stackelberg 和 Menzie,2002)。在选择建模方法时,很大程度上依赖于评价者对系统概念的理解。例如,分段回归方法就是 Griffith 等(2004)基于假设金属的毒性是浓度相加的且有一个阈值,同时忽略其他的污染物或者栖息地变量效应的情况。然而,有数据表明(图 23.11),金属的毒性没有阈值,同时其他的环境介质也起作用,因此有人提出了分位数回归的方法。可见,建模方法的选择应该基于对所处理系统有总体的科学理解和知识掌握上面,单独的统计不能够确定建模方法的选择。

23.2.7　残留量-反应关系

用于建立暴露-反应关系的单个化学物质的毒性试验通常对其体内暴露进行测定(残留,也称为体含量)而不是体外暴露的测定(介质浓度或者给予剂量)。理论上讲,这个方法有相当大的优势,化学物质是在机体内引起毒性效应的,因此,体内暴露量的测量比体外暴露量的测量更能预见所产生的效应(McCarty 和 Mackay,1993;Escher 和 Hermens,2004)。同时,采用体内暴露(残留浓度)预测毒性效应,在很大程度上可避免因地点、物种以及生物个体本身一系列物理、化学、生理及行为过程等导致化合物的摄入、吸收和残留等的不同。因此,这个方法是特别适用于那些可被水生生物通过食物摄入而明显在体内蓄积,同时也有体外直接暴露的化学物质。

与体外暴露一样,我们也可以导出体内暴露与化合物负荷之间的暴露-反应函数。例如,等同于体外暴露的 LC_{50},体内暴露的试验终点称为半数致死残留(LR_{50})。一般认为,化合物在不同物种、不同生物个体体内的变化相对较小,可一直维持在一个平衡状态,所以仅用单个阈值描述就已经足够,通常称为临界机体残留(critical body residue,CBR)。由于很大部分化合物的残留量-反应关系较难获得,一般通过假设具有相同作用机理的化合物具有相同的效力,从而扩展了该方法的应用。也就是说,所有具有相同作用机理的化合物在某个作用点当近似相同的摩尔浓度的时候都是有效的(Escher 和 Hermens,2004)。如果所有的"室"(比如,肌肉、脂肪和血浆)都处于平衡状态,而且在个体或者物种中具有接近相同的相对比例,那么所有具有相同作用机理的化合物的绝对或调整后的整体效应浓度应该是相同的。最后,如果具有相同作用机理的化合物的所有单个分子都具有相同的作用潜力,效应摩尔浓度应该是不变的。这些假设都成为表 23.1 中编辑 8 组化合物对鱼类 CBRs 的研究基础,并得到了很多研究支持。例如,DiToro 和 McGrath(2000)的研究表明,多环芳烃(PAHs)机体残留对多物种具有等效的 LC_{50} 值。因此,我们可以把阈值当作第一近似值,从而判断一个已知作用类型的有机化合物浓度与其急性还是慢性效应相关。

表 23.1　毒性作用模式和鱼类体内临界残留量的相关估计总结[a]

化合物和效应	残留量估计(mmol/kg)
麻醉作用	
急性效应(汇总)	2~8
慢性效应(汇总)	0.2~0.8
急性效应(辛醇、MS222)	1.68 或 6.32[b]
极性效应麻醉作用	
急性效应(汇总)	0.6~1.9
急性效应(2,3,4,5-四氯苯胺)	0.7~1.8
慢性效应(汇总)	0.2~0.7(慢性效应/急性效应=0.1~0.3)
慢性效应(2,4,5-三氯酚)	0.2
急性效应(苯胺、苯酚、2-氯苯胺、2,4-二甲酚)	0.68 或 1.76
呼吸解耦联剂	
急性效应(五氯酚)	0.3
急性效应(2,4-二硝基酚)	0.0015 或 0.2
慢性效应(五氯酚、2,4-二硝基酚)	0.09~0.00015(慢性效应/急性效应=0.1~0.3)
慢性效应(五氯酚)	0.094
慢性效应(五氯酚)	0.08
急性效应(五氯酚、2,4-二硝基酚)	0.11~0.20
乙酰胆碱酯酶抑制剂	
急性效应(马拉硫磷和西维因、马拉硫磷)	0.5 和 2.7
急性效应(毒死蜱)	2.2
急性效应(灭害威)	0.05 和 2
急性效应(血液中的对硫磷)	0.13~0.2
慢性效应(马拉硫磷)	0.003
急性效应(马拉硫磷、西维因)	0.16 或 0.38

续表

化合物和效应	残留量估计（mmol/kg）
膜刺激物	
急性效应（苯甲醛）	0.16
急性效应（苯甲醛）	2.1 或 13.2
急性效应（丙烯醛）	0.001 4 或 0.94
中枢神经系统惊厥[c]	
急性效应（氰戊菊酯、氯菊酯、氯氰菊酯）	0.002～0.017
急性效应（氰戊菊酯、氯菊酯、氯氰菊酯）	0.000 048～0.001 3
急性效应（血液中的异狄氏剂）	0.000 7
急性效应（异狄氏剂）	0.001 8～0.002 6
急性效应（异狄氏剂）	0.005
慢性效应（氰戊菊酯、氯菊酯）	0.000 5 和 0.015
呼吸阻滞剂	
急性效应（鱼藤酮）	0.000 6～0.003
急性效应（鱼藤酮）	0.008
急性效应（鱼藤酮）	0.000 9 或 0.002 8
二恶英类物质	
致死量（TCDD）	0.000 003～0.000 04
生长/存活（TCDD）	0.000 000 3～0.000 000 8
生命早期，致死（TCDD）	0.000 000 15～0.000 001 4
生命早期，NOAEL（TCDD）	0.000 000 1～0.000 000 2

来源：根据 McCarty LS and Mackay D, *Environ. Sci. Technol.*, 27, 1719, 1993 重印。获准许可。

a 研究中所采用的虹鳟鱼体重在 600～1 000 g 之间；其他数据通常是采用较小的鱼得到的，有时是在生命早期阶段测试得到的，体重通常小于 1 g。大多数评估是根据大量数据得到的。

b 列出的两个残余量数值是根据两个不同的方法评估得到的。

c 包括三个分别有士的宁、氰戊菊酯和氯氰菊酯、硫丹和异狄氏剂为代表的三个亚组。

同所有的毒性基准一样，CBR 值也应该谨慎使用，建议在采用这些数据来评价风险之前应该先进行原始资料的查阅和审核。由于体内残留值的测定前提是假设其同环境已达到平衡，因此 CBR 值可用于大多数化合物和物种的野外长期暴露数据，但是必须排除短期试验、阶段式暴露或者反应动力学相当慢的化合物。例如，Adams(1986)的研究表明，虽然测定的均为黑头呆鱼死亡时对 2,3,7,8-TCDD 的 CBRs 值，但如果实验时暴露阶段不同，2,3,7,8-TCDD 并非都能达到毒物动力学平衡，因此导致 CBRs 测定值的最大差异可高达 122 倍。同样，DiToro 和 McGrath(2000)指出，虽然 CBRs 与 LC_{50} 等效是一个普遍现象，但这对 NOELs 并不适用，这可能与试验终点类型的本质问题或毒物动力学的一些问题密切相关（详见 23.3 节）。

并不是所有具有相同作用机理的化合物都具有严格相同的效力，但是相对效力极少是已知的。由于上述所讨论的所有动力学因素的原因，剂量或者外部暴露浓度的相对毒性并不能用于估计效力。只有当化合物的相对效力因子已知（如二恶英类化合物，

8.1.2节),我们才能估计化合物的体内有效浓度。如果化合物的作用机理未明或者不包含在表23.1中,我们可以假定它的最低毒性等同于其基线麻醉毒性(第7章)。根据基线麻醉毒性的定义,所有的有机化合物都至少有这种水平的毒性,因此任何有机化合物的体内含量达到或超过0.8 mmol/kg(慢性麻醉的上限,表23.1)都明显意味着对鱼类有慢性毒性。但是,由于很多化合物可能有其他比基线麻醉毒性更有效的特殊作用方式,因此,化合物浓度低于0.2 mmol/kg(慢性麻醉作用的下限,表23.1)也不能认为是无毒。

金属的残留更难解释。由于许多金属具有营养作用,而且生物体内有众多的过程控制金属摄入、净化、分布、螯合等,所以效应浓度具有高度的可变性(McCarty和Mackay,1993;Bergman和Dorward-King,1997)。特别是,有机体有一套机制可以调节金属的内部暴露量,可以将金属螯合进小颗粒和不溶沉淀中,储存于不活动的组织如头发和外骨骼中,或者将金属同调节蛋白螯合起来(比如金属硫蛋白和植物螯合肽)。因此,金属体内有效浓度和表观浓度都包括了非生物活性的那部分。这些问题在生物配体模型(BLM)中也有涉及(详见23.3节),即假设金属配体复合物在鳃表面的浓度达到一定浓度时,生物体会出现死亡,这个浓度称为累积中点(LA_{50})(Meyer等,1999;EPA,2003a)。然而,通过食物摄取和水体暴露两不同途径导致相同效应时,金属的体内有效浓度可能不同,通过食物摄入的金属可能不需要生物积累就可以对内脏产生效应(Meyer等,2005)。

除了表23.1中的总结之外,虽然终点并不标准,但是残留量同一些文献中查到的个体水生毒性试验效应值还是具有一定相关性,有关这些数据的综述见Jarvinen和Ankley(1999)的文献。在环境残留效应数据库(Environmental Residue Effect Database)中,还介绍了多种化合物在沉积物中有效残留(http://www.wes.army.mil/el/ered/index.html)。

采用植物组织中化合物的浓度来预测效应具有一定的优点。组织中浓度的测量可以避免化学物质在不同的土壤中生物可利用性的巨大差别和物种间吸收的差别。例如,由于土壤介质的不同,金属在低有机物土壤中的植物毒性不能用于预测其在污泥改良土壤中的毒性。利用作物叶片中铜、镍、锌的浓度,Chang等(1992)开发了一个经验模型,可成功预测这些浓度与生长阻滞之间的关系。

尽管残留量-效应数据通常是从文献中获得的,但是这些数据也可以从用于污染点评价的野外数据中得到。污染点评价是生物调查的一部分,一般会采集部分动物或植物样本,测定毒作用指标,并进行化学分析;建立一个联系残留与观察到效应强度或频度之间关系的函数,或者应该确定一个无可观察效应下的最大残留量。此方法可能比从文献中获得的残留量-效应关系更为可靠,但是必须谨慎使用:对于可移动物种,必须考虑所采集的样本个体在污染点的停留时间;还必须考虑到最敏感个体和物种可能因为毒作用已经从污染点消失了,而留下的只是抗性物种;另外,上述两种现象还可能相互作用,即由于毒作用导致的个体消失可能会引起外来相对未污染个体的迁入,而最后形成具有抗性的本地种群。

在对Seal Beach海军武器站的评价中,评价者对残留的应用是一种以稍微有别于传统方法的方式进行的,这在其他情况下也可借鉴。为了评价持久性有机污染物是否可能降低燕鸥的繁殖能力,评价者采集了燕鸥未能孵化的卵并分析了其中的持久性有机污染物(Ohlendorf,1998),结果发现,如果这些化合物是繁殖失败的真正原因,那么化合物的浓度应该高于参照种群中的化合物浓度,但与研究繁殖效应的空白个体中化合物浓度相似。在本例中,生物材质的分析是用于表观效应的原因调查(第 4 章)而非种群暴露的估计。

23.3 毒效动力学——机理性的内在暴露-反应关系

如果某一特殊内在浓度在暴露过程、种群或生命周期中的反应是不恒定的,那么应该对效应的诱导进行建模。如果能够对损伤或者修复的诱导速率进行建模,那么这些模型就称为毒效动力学模型(Ramsey 和 Gehring,1980;Lee 等,2002)。基础的毒效动力学模型描述了化合物同受体的可逆或不可逆的结合。

其中可逆的结合是在达到临界浓度时引起可逆的非死亡效应的化合物的典型结合方式。受体的结合和释放都采用描述结合效应的一阶模型来描述(式(22.31))。当同效应相关的浓度是 CBR 时,受体可能是某个特殊的器官或组织或者简单地描述为整个有机体。水生致死效应的 CBR 就可通过初始 LC_{50}(平衡或者效应持续时的 LC_{50})和生物浓缩系数(k_u/k_e,22.9 节)得到。

下式为短期暴露的动力学公式,

$$LC_{50}(t) = CBR/[(k_u/k_e)(1-e^{-k_e t})] \quad (23.4)$$

式中:t 为暴露持续时间(Lee 等,2002)。这些 CBR 模型要求暴露浓度和生物可利用性保持恒定,个体重量恒定,但忽略生物食物摄入和生物转化。

不可逆结合是有机磷酸酯类农药以及其他同受体结合达到一定比例时能引起效应的化合物的典型结合方式。通常采用临界目标结合模型(critical target occupation,CTO)来描述这种动力学模式(Legierse 等,1999)。有机磷酸酯代谢为氧化类似物后可以同神经递质乙酰胆碱共价结合,进而将其抑制。当有一定比例的乙酰胆碱被结合并抑制的时候(CTO),就会出现死亡现象。因为这种结合是不可逆的,CTO 出现在毒物和受体的反应曲线下方的临界区域内,并不是临界浓度。因此,CTO 模型也称为临界曲线下面积模型(CAUC)(Verhaar 等,1999)。

这两个模型(CBR 和 CTO)都可以归结为更加普遍的损伤-修复模型(Lee 等,2002)的极端情况。该模型结合了一个一阶毒物动力学模型和一个一阶损伤修复模型:

$$dA/dt = k_a R - k_r A \quad (23.5)$$

式中:A 为应得损伤(无量纲);k_a 为损伤增加速率(kg·mmol^{-1}·h^{-1});R 为组织残余(mmol/kg);k_r 为修复速率(1/h)。

Lee 等(2002)发现这个模型比 CBR(等同于 $k_r = \infty$ 时的情况)和 CTO(等同于 $k_r = 0$ 时的情况)模型更适合于描述片脚类动物暴露于 PAHs 后产生的死亡数据。通常假设恒定的 CBR 是适用于 PAHs 的。实际上,CBR 在片脚类动物达到稳定状态之后会持续下降,这显然是因为损害的持续积累。

这些毒效动力学模型是毒物代谢动力学模型的半机理化扩展(22.9 节)(图 23.14)。它们是以假

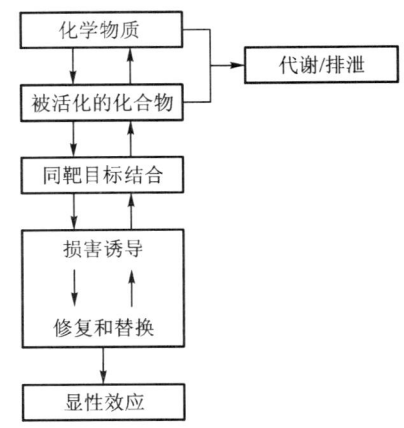

图 23.14 通用概念性毒效动力学模型

定机制为基础,然而是从适用于积累和毒性数据的经验曲线推导而来。其实,毒效动力学可以更复杂并且更加真正地机理化。正在开发基于分子水平诱导产生的多级过程模拟模型并用于人类健康风险评价,它们更加适用于像二恶英类和内分泌干扰物等涉及信号系统的化合物。基因组、蛋白质组学、代谢组学与计算生物学一起,提供了在分子水平模拟细胞甚至是整个生物体的基础。

23.3.1 金属在鱼鳃内的毒效动力学

生物配体模型(BLM)是金属对水生动物的鳃所产生效应的毒效动力学模型。它是个很典型的动力学模型,既不与外部暴露模型相关,也不属于毒物代谢动力模型。BLM 假设作用点是鳃表面的特定酶或离子通道蛋白(生物配体),这些生物配体与包括溶解有机物、氢氧化物、氯化物、硫化物和碳酸盐等的非生物配体(图 22.1)竞争金属离子。因此,BLM 由两部分构成,一个是金属形态模型,它可用于估计有毒金属和其他竞争配体位点的金属(首要的是钙、镁、钠)的自由离子浓度,另一个是鳃表面相互作用模型。虽然 BLM 模型并不依赖于特定的作用机理(MoA),但它认为毒性是由于离子通道功能减少,从而引起钠和钙的减少。有关 BLM 的内容详见 Paquin 等(2002)、DiToro 等(2001)和 Niyogi 和 Wood(2004)的文献,目前已有了 BLM 软件(Hydroqual,2003),并成功应用于建立铜的水环境标准(EPA,2003a)。

BLM 模型认为,毒性作用可以看做是生物配体与有毒金属离子负荷的平衡模型,而负荷取决于竞争离子与生物配体的结合密切程度(结合常数 log K)和结合位点密度(B_{max})。短期暴露后对鱼鳃的研究就获得了这些数据,例如 Playle 等(1993)的研究。通用的假设就是与某个特定效应相关的负荷为恒定。尤其需要注意的是,LC_{50} 就指示了一种金属-配体络合物的浓度,称为积累中位数(LA_{50})。使用 BLM 软件时,只需提供物种-金属络合的 LC_{50} 和水体中的测试化合物,软件就可以算出这种金属-物种的 LA_{50}。这个值可以用于计算所有环境水体中化合物的 LC_{50}。

虽然 BLM 是生化毒理学建模方面的一大进步,但是它也有很大的局限性。首先,它通常仅限于淡水中几种金属(银、镉、钴、铜、镍、还可能有铅)的急性致死效应;其次,由于毒物代谢动力学和效应动力学的复杂性,残留量与反应之间的关系难以明确(McGeer 等,2002),因此,BLM 还没有成功地应用于恒定暴露的非致死效应;再次,推广至慢性暴露同样要求确定哪些情况涉及其他的毒作用机理。例如,铅在急性致死效应中作用于钙和钠的传输,但是在长期的水环境暴露中则具有神经毒害作用,而在饮食暴露中会引起肠蠕动麻痹和其他肠效应(第 7 章);同时,物种间 LA_{50} 的区别可能会很大,因此要求做更多的物种特异性研究(Taylor 等,2003);另外,BLM 推广至盐水,则需要处理差异很大的离子化学。此外,还有很多需要考虑的复杂性,包括摄入动力学的不平衡状态、驯化作用、可溶性有机碳特性的不同和水中化合物的暂时变化。这些都是目前研究的热点。

23.4 间接效应

在强调污染的直接毒性效应方面,生态风险评价与人类健康风险评价是一致的。然而,非人类生物比人类更易遭受一些诸如生境改变和食物物种丰富度的降低等引起的间接效应,所以,间接效应应为更多暴露-反应模型所关注。间接效应是指那些当污染直接影响到一个整体(种群、群落、生态系统),而且该直接影响成为危害诱因对评价终点有不利作用时出现的反应。因此,间接效应是暴露于直接效应的反应。化学污染物的间接效应来自于营养和竞争关系上的效应,例如由毒性效应引起的食物物种丰富度的降低等。另外,还需考虑由栖息地生境改变引起的间接效应。例如,牧场中化合物对蚯蚓的毒性会引起土壤压实,从而抑制种子的萌发,并进一步导致对植物的其他有害效应。土壤、地表水和沉积物中有机污染物的分解会使氧气耗尽,并且降低氮的可利用性,对终点物种和过程产生不利影响。相反,在石油的分解基本完成以后,植物产量可能会增加,因为土壤结构得到了优化,氮的利用度得到提高,或者其他因素得到了改善(McKay 和 Singleton,1974；Bossert 和 Bartha,1984)。与直接毒性效应一样,污染物的生境介导作用可能依赖于暴露的规模。例如,在高暴露下,石油和其他的非水相流体会充满土壤孔隙,从而成为微生物和中型动物群落的栖息地,也就给植物根系和土壤动物提供了气体交换。

在概念模型中,间接效应的鉴别以及它们与暴露之间定量关系有一定的必要性,但是由于生态系统的复杂性和异质性,很难将所有可能的重要间接效应列出来,预测就更难了。当必须通过实验室研究来预测间接效应时,评价者通常只能提出定性关系,例如,水生昆虫丰富度的降低会减少鱼类的生长和繁殖。当有微宇宙、中宇宙(mesocosm)或者野外实验结果的时候,可以根据经验预测间接效应,或者对于那些选择性较小的介质,可以预测直接效应和间接效应的联合效应。污染区域或干扰区域的生物学调查有揭示间接效应的可能性,但是因为暴露是不可控的和不可复制的,在研究中很难将间接效应同直接效应和生物差异区分开。或者,可以做简单的假设,当湿地减少 $x\%$ 时,会引起在任何生命周期依靠该群落的物种丰富度降低 $x\%$。最后,用生态系统模型来预测暴露生态系统中所有模型化组分毒性效应的终点分类(第 28 章)。由于考虑到越来越多的间接效应,势必混合了暴露效应模型和测量的不确定性。

第 24 章
试验

> 毒理学方面的文献是海量的，但大部分都是没有价值的。
>
> Moriarty(1988)

毒性试验是将个体、种群或生态系统暴露于单个或多个化合物中以确定其效应的性质及暴露程度与效应之间的关系。对于其他因素也可以做类似的试验。例如，致病性试验，和对物理、化学条件的反应，如 pH、溶解氧和悬浮颗粒物等。试验类似于实验，因为试验中暴露量是可控的，暴露过程也可复制，平行试验项目的分配是随机的，平行中的外来差异也是降至最低的。但它们又与传统的科学实验不同，因为它们目的是建立一个暴露-反应的函数关系。一个试验需要确定的不只是锌可以毒死鱼，或是通过破坏鳃里面的离子交换来毒死它们这样的试验结果，还应该确定对应某一浓度或者暴露时间被毒死的鱼的比例。本章主要介绍单个化合物或污染物的试验、污染介质的试验和现场试验。

本章的目的是让评价者了解试验数据的产生过程，而不是教他们如何做试验，所以本章中的试验处理有些粗略，具体的过程细节各政府和组织都有发布，本章在某些小节中也有引用。如果想要更详细的描述可以到生态毒理学试验(Calow,1993；Rand,1995；Hoffman 等,2003)或者合适的政府文件中寻找(Anderson 等,2003)。

24.1 试验中的问题

传统的毒理学试验是确定物质对生物体的效应，它分为两类：急性毒性试验和慢性毒性试验。急性毒性试验是那些持续时间只占生物体生命周期中很小一部分(<10%)，而且会引起部分(通常是 50%)暴露生物严重的毒性效应(通常是死亡)的试验。它通常采用发育完全的生物体，而不采用卵、幼虫或者其他生命早期阶段的生物体。慢性毒性试验包括试验物种大部分或者全部的生命周期，也包括除死亡之外的其他效应(通常是生长率和生殖能力)。慢性试验的终点通常是基于统计显著性的，所以受影响的比例和程度可大可小。另外，两者之间的试验被称为亚慢性试验、短期慢性试验等。它们通常有较短的持续时间，但是包括亚致死量反应。一个典型的例子是黑头呆鱼 7 天试验，它包括了生长量和致死两项并且只包含了一小部分生命周期，但是这一

部分周期是处于幼鱼期的(Norberg 和 Mount,1985)。

通常情况下。持续时间和生命周期更长,毒性反应更明显的试验对风险评价更为有用,因为它们提供了更多的信息,而且现实环境中的暴露通常都是持续的。但是,如果暴露是短暂的,急性或者亚慢性试验就是首选了。例如,瞬时暴露如迁移的水鸟或高移动性物种在迁移过程中经过一个点时的暴露;间断性暴露,如废水池的溢流、杀虫剂的应用、处理失败的水流、冷却废水、暴风雨造成的污染物对地表水的冲刷。

下面是关于选择化合物和污染物质试验方法的介绍,其他关于特殊介质和其他因素的试验细节问题随后介绍。

标准化:通常标准试验是首选。标准试验方法由政府(Keddy 等,1995;EPA,1996b)和组织(APHA,1999;OECD,2000;ASTM,2002)建立或者推荐。从相关试验终点向评价终点外推时,所采用的大部分外推模型都需要运用标准数据(第 26 章)。另外,因为模型建立得更好、QA/QC 程序也有详细的说明而且实验室更倾向于标准试验方法,所以标准试验的结果更加可靠。但是,当评价中的特殊问题不能用标准试验结果解决的时候,就应该采用非标准试验。一些试验,如雌激素化合物对性别发育的效应试验和铅的行为效应试验,就被认为不是标准试验。而且,评价可能要求本地重要物种或者至少是本地相关物种的试验,尤其是一些生态系统类型的生态区如干旱生态系统,还不能使用标准试验方法(Markwiese 等,2001)。

持续期:采用具有合适持续期的试验方法。有两个相关因素,第一个是野外暴露的持续时间。如果暴露是间歇性的,就像通常的水体污染情况那样,应该采用持续期同暴露过程相同的试验方法。第二个因素是化合物的代谢动力学,一些化合物,如水中的氯或者低分子量的麻醉药品,会在被吸收后的几分钟或几小时内引起死亡或被固定于某个物质中,而其他代谢动力学较慢的要几个月或几年才能引起一些如生殖能力降低之类的效应。例如,多氯联苯对貂的效应试验表明,第二年其对幼貂繁殖量和存活率的影响比第一年大很多(Restum 等,1998;Hornshaw 等,1983)。

时间进程:反应的时间在生态毒理学和其他应用生态学中可以被忽略。但在某些情况下,尤其是间歇性暴露或者事故性暴露中,暴露持续时间的变化对于风险评价更加重要,尽管浓度可能是相对恒定的或不可控的。在这种情况下,报告多时间点反应的数据是非常合适的。例如,一个 96 h 急性致死报告,如果报告了各暴露水平下第 3、6、12、24、48、72 和 96 h 存活率的话会更有用。

反应:选择有合适反应的试验。特殊情况下,如果已经从野外研究中发现了一个污染物的表观效应,就应该选择以该效应作为标准反应的试验。通常情况下,选择的试验方法应该包括评估试验终点所需要的反应。毒性试验中最常采用的反应参数是存活率、生殖能力、生长量等,大部分的生态效应模型用一个或者多个反应作为参数。生理学和组织学的反应通常对评价风险是无用的,因为它们不能同更高水平下的效应相关联。然而,如果它们是特殊污染物的特征,是可以用于诊断的(第 4 章)。

介质:选择那些介质的理化性质与试验点介质或者暴露场景的介质特点相似的试验。比如,如果对应用于棉花的农药进行评价,就应该对其土壤采用与用于棉花生产的土壤相似的试验。

生物体:选择分类学上与终点物种较近而且生命周期都可以暴露的物种。如果一个评价终点是定义于群落方面的话,那就可以选择与群落中物种紧密相关的物种进行

试验,或者采用全种群高质量试验以代表终点群落中敏感性的分布(第 26 章)。同时也应该选择合适的物种、生命周期和反应,以使反应速度适合于暴露持续和化合物代谢动力学。总体来说,小型生物如浮游动物和仔鱼的反应通常会更快一些,因为它们能比大型生物更快地达到致毒含量。因此,如果暴露时间较短而且那些小型生物与试验终点相关,就应该选择小型生物试验而不是选择不相关的大型生物进行试验。然而,有些情况下这样的试验并不合适,例如终点是死亡效应的时候。总之,应该选择对试验因素敏感的物种和生命周期进行试验。

多重暴露水平:只用单个浓度或者剂量水平加一个对照组的研究通常是无用的。如果暴露没有引起效应,可能就会认为该暴露水平是无可观察效应的水平。如果暴露引起了明显的效应,可能就表明需要降低暴露浓度,但是需要降低的数量水平却不清楚。而采用多重暴露水平研究就可以得到暴露-反应关系,并确定效应的阈值。因此,强烈推荐采用多重暴露水平进行研究。

暴露量:为了恰当地解释毒性试验的结果和将结果应用到风险评价中,暴露浓度或剂量应当进行明确定量。理想情况下,试验化合物在每个暴露水平的效应都应该进行测试,其测试浓度比表观浓度更加合适。

化合物结构:对暴露的正确估计需要对试验中应用的毒物结构有清楚的了解。例如,在铅的试验中,剂量方案的描述应该详细说明剂量是采用元素(比如,铅)还是化合物(比如,醋酸铅)代表。在野外,化合物的状态是首选的,这对于那些在环境条件下有多种离子状态或者其他不同变体形式从而有不同毒性的化合物特别重要。

结果的统计学描述:传统的长期毒理试验的终点,NOEL 和 LOEL 已经用于基准或标准建立(第 29 章),但是因为它们是基于统计显著性而不是生物学显著性的(第 23 章),所以它们在风险评价中的应用较少。要充分预测风险,就需要估计在预测暴露水平时出现或者可能出现的效应性质和大小。而要达到这个目的,应当在化合物的生态风险评价中建立暴露-反应关系。

这些标准在某些情况下可能会冲突,因为一个标准的最佳实验数据可能不是另一个标准的最佳试验数据。因此,评价者需要判断它们对这个特定评价的相对重要程度,并给予相应的应用。

24.2 化合物或污染物质试验

在生态风险评价中,单个化合物、生物体(例如,一个外来寄生体)或者物质(例如,汽油、污泥)的效应数据可以从专门的试验中获得(原始数据),但是更容易从文献或者数据库(二级或三级数据)中获得。一个常用的三级数据库是 USEPA 的 ECOTOX 数据库(http://www.epa.gov/medatwrk/databases.html),该数据库包含了水生生物、野生动植物和陆生植物的毒性数据。R. Eisler 为 US National Biological Service 做的一系列综述采用的也是三级数据库(www.pwrc.usgs.gov/new/chrback.htm)。评价中阐述的数据(原始数据)与目的相关,但是当从文献或者综述(二级或者三级数据)中提取数据时,如同前面章节讨论的一样,评价者必须选择同评价终点相关性最好的和能够用于暴露评价的那些数据。但是,化合物的差异比生物物种和生命周期的差异要大,同化合物相关的毒性信息都有可能被使用。如果没有可以用于评价终点的毒性数据

（例如没有鱼类的数据或者生殖效应的数据），或者如果试验结果因为介质特性（例如 pH 或者水的硬度）不同而不能用于受试地区，就需要专门进行实验了。如果多种污染物的混合污染被认为是重要的，而且合适的混合物在当前的污染介质中不能得到，就需要人工配制混合物并进行试验，或者采用混合效应模型进行预测（第 8 章）。

风险评价者应该了解那些存在质疑的文献数据。当应用这些毒性数据得出毒性基准或者化合物的暴露-反应模型时，评价者必须知道这些质疑。试验数据中可能的质疑包括：

- 形态：毒性试验中采用的化合物的形态可能比野外环境中的优势形态毒性更强。对于金属来说，试验的形态经常是可溶性盐，有机化合物也可以通过助溶剂添加到水中。在口服毒性试验中，有机化合物通常溶入易消化的油中。
- 物种：试验物种可能不是野外原有物种敏感性的代表。
- 介质：毒性试验中的标准介质可能不是某个特定污染点的典型介质。比如，典型的水中的毒性试验采用中 pH、中硬度、低悬浮物和可溶性物质的水，而典型的土壤试验则用农业壤质土或者类似的人工土壤。
- 条件：实验室试验条件较少变化，可能代表不了野外条件（例如，最适温度、筛分的土壤或者恒定湿度）。

24.2.1 水生试验

水生生态系统比其他生态受体有更多可用的试验数据（表 24.1）。总体来说，与周期性更新试验水的静态换水法相比，持续更新试验水的流水式实验更值得推荐。而与不换水的静态实验相比，交替试验更值得推荐。流水式实验能维持恒定的浓度，而在静态实验甚至在静态换水试验中，由于蒸发、降解、吸附等作用，浓度可能会显著下降。但是，静态实验可能适合于极短期的试验，最常用的试验终点是 48 h 或 96 h 的半数致死浓度（LC_{50}）。为包含了成活、发育和繁殖的生命周期试验提供了最广泛的应用数据，但是因为长期实验的大量花费，生命周期试验只限于代时较短的无脊椎动物。对于鱼类来说，假定鱼类在生命早期是最敏感的（McKim，1985），通常测定生命早期的存活率和生长量。然而，繁殖期也经常是最敏感的时期（Suter 等，1987），而且即使胚胎或者幼鱼期是最敏感的，母体中的转移也可能是一个重要的暴露途径。这些利害关系可能通过短期鱼类繁殖实验表明（Ankley 等，2001），但是对于一些化合物，只有全生命周期试验才能够表明成鱼的长期暴露对生殖的影响。

表 24.1 USEPA 或者 ASTM 颁布的标准水生毒性测试的示例

分类	类型	参考标准[a]
鱼类	96 h LC_{50}（幼鱼或成鱼）	EPA/660/3-75-009
		EPA/600/4-90/027F
		EPA/712-C-96-118
		ASTM E729-96,-88
鱼类	生命早期的存活率和生长（从卵到幼鱼阶段）	ASTM E 1241-97
		EPA/712-C-96-121

续表

分类	类型	参考标准[a]
鱼类	7 d 仔鱼存活率和生长	EPA/600/4-91/002
		EPA/600/4-95/136
		EPA/600/4-91/003
大型无脊椎动物	48~96 h LC_{50}	EPA/660/3-75.009
		ASTM E729-96,-88
糠虾(咸水甲壳类动物)	生命周期测试	EPA/712-C-96-166
		ASTM E 1191-97
水蚤(*Daphnia*)	生命周期测试	EPA/712-C-96-120
		ASTM E 1193-97
方形网纹溞(*Ceriodaphnia*)	7 d 存活率和繁殖	EPA/600/4-91/002
藻类	96 h 生长	EPA/712-C-96-164
		ASTM E 1218-97a

a 表中所列 EPA 标准方法部分来自于 www.epa.gov。
ASTM 方法是通过标准号自 www.astm.org 获得。

  对于可生物积累的有机化合物和金属来说，摄食摄入可能对毒性有重要的作用，但是几乎没有相关的试验。一方面是因为培养或收集作为污染食物的生物体非常困难，或者是因为确定人工食物实际污染程度的困难。这还表明人们对水生摄食暴露的重要性缺乏总体认同。因此，大多数水生摄食毒性研究都致力于说明问题的实际和本质，而不是建立相对暴露-反应关系的(Meyer 等，2005)。

  美国淡水试验中最常用的物种是黑头呆鱼(*Pimephales promelas*)和蚤类(*Daphnia* spp. 和 *Ceriodaphnia dubia*)。而海水试验中最常用的是红鲈鲤(*Cyprinodon variegatus*)和糠虾(*Americamysis bahia*)。藻类(通常是 *Selinastrum capricornutum*)和水生植物(通常是浮萍，*Lemna gibba*)的试验数据比水生动物要少。这些试验时间都较短(72~96 h)，但是已经包括了多代植物繁殖。另外，植物试验通常报导生长量(例如，细胞或者叶片数目)或产量(例如，碳固定速率)，这些指标经常用于对生态系统的风险评价。

24.2.2 沉积物试验

  选择有代表性的沉积物进行试验，试验结果因为沉积物系统中多元相(例如，颗粒、孔隙水、上覆水)的相互作用而变得非常复杂。沉积物试验可以采用全部沉积物进行试验，或者采用水生试验来代表其中的水相试验。试验的选择依赖于期望的暴露模式，可能有多种合适的方式。沉积物添加试验是将已知量的试验化合物或者其他物质加入到自然或人工的沉积物中作为生物体要暴露的沉积物。沉积物添加试验提供了基于所有直接暴露方式的预计效应，包括摄入、呼吸和吸收。因此，摄入沉积物的生物毒性试验可能是沉积物添加试验最好的选择。其最大的缺点就是暴露-反应结果对于其他特殊野外沉积物的不确定性甚至是野外沉积物对毒性作用的不确定性。如果孔隙水或上覆水被认为是某一点某种受体对某种毒物的首要暴露途径,水生试验就是最佳选择。

水生试验比沉积物添加试验更常用,但是极少有水生试验采用底栖生物进行试验。数据显示底栖生物系统通常比水体生物的敏感性要差一些(EPA,1993d),因此通常将传统水生试验和数据用于评价底栖生物的水相暴露情况。对于非离子态有机物,可以通过假设其在水相和沉积物中的有机物之间的平衡分配而计算得出其在水相和沉积物之间的浓度(22.3节)。

基于沉积物中的酸挥发性硫化物(AVS)成分,一些沉积物中的金属还可以进行调整(22.3节)。然而,这对水生浓度或者效应评价并没有任何作用。

当采用沉积物添加试验的时候,试验基质的物理和化学性质对于评价化合物的毒性特别重要。沉积物的性质(例如,有机碳含量和粒度分布)和水的性质(例如,溶解有机碳,硬度和pH)可以显著地改变实验物质的形态和生物可利用性。在野外样点评价中,应当采用同该点相似的沉积物进行沉积物试验。可以采用回归模型解决混杂的矩阵因子(例如,颗粒尺寸或者有机碳含量)(Lamberson等,1992)。然而,这样的模型都是针对某一物种或者某一矩阵因子的,需要根据个例基础进行建立。试验方法同样也可以影响暴露。例如,上覆水循环速度、水/沉积物比例、上覆水含氧量等(Ginn和Pastorok,1992)都可以影响化合物浓度和生物可利用性。因为这一系列的原因,沉积物添加试验的应用相对较少。

24.2.3 土壤试验

同水生试验和沉积物试验相比,标准的土壤试验方法就少了很多,而且所发表的数据量也较少。尤其是,除了杀虫剂之外,几乎没有其他有机化合物的报导。来自USEPA(OPPTS 850试验指导)、美国材料与试验学会(American Society for Testing and Materials(ASTM);委员会E 47标准)、欧盟及其他组织的采用的配置土壤或溶液的标准方法可以用于维管植物(主要是农作物)和蚯蚓。还有其他多种附加试验方法也已经成功建立,这些方法主要是来自于欧洲(Donkin和Dusenbery,1993;Donker等,1994;van Gestel和Van Straalen,1994;Kammenga等,1996;Heiger-Bernays等,1997;Lokke和van Gestel,1998)。它们主要将土壤看做是特定种类生物暴露的介质,而不是看做一个生态系统。24.5.3节描述了有关群落的野外土壤中的试验效应。

采用土壤添加试验或者水生试验可能都对土壤污染的风险评价有用。已发表的土壤试验方法与土壤生物风险评价之间的关系是不证自明的,但是因为土壤的成分差别很大,极大地影响了毒性,因此在不同土壤中的毒性可能会有很大差别。例如,Zelles等(1986)发现化合物对微生物的影响与土壤类型紧密相关。对于实际情况中不存在的极端情况应该排除掉其相应的试验数据,例如石英砂、泥炭、蛭石等材料中的试验数据,除非已经证明化合物同这些材料混合后的毒性与它们在自然土壤中的毒性类似。溶液中进行的试验结果比土壤中进行的试验结果有更好的一致性。无机盐溶液中的毒性可能与土壤提取液中的浓度、预计的孔隙水浓度或湿地植物群落所在的污染源相关。已经有学者提议可以采用水生毒性试验结果来估计动物和植物在土壤溶液中的暴露效应(van de Meent和Toet,1992;Lokke,1994),但是实际中并不能做这样的试验。土壤溶液试验的试验终点并不像水生试验和野生动物试验那样标准。

植物试验最常用的终点是发芽率或者生长量。无脊椎动物试验最常用的是存活率,有时也包括繁殖能力。采用垃圾喂养的蚯蚓试验并不能代表那些吃土壤的蚯蚓试验,反之亦然。同样,虽然污染诱导的群落抗性(pollution-induced community tolerance,PICT)(Rutgers 等,1998)已被作为一个毒理学终点,但是还不清楚微生物群落对污染物抗性的变化能否表明其繁殖率的降低(Efroymson 和 Suter,1999)。

24.2.4 摄食和其他野生动物暴露

陆生和野生动物通过摄食、皮肤吸收、吸入途径和代间传递等途径暴露。对于每一种途径都有相应的试验方法,但是摄食试验用于评价食物、水或者其他可食用物质中的毒物毒性是最常见的。这些试验通常采用鸟类和哺乳动物进行试验。

在摄食试验中,试验动物可以自由地进食和饮水,食物和水中掺入了试验物质。动物的进食量应该每天进行记录,以确定每天的摄入剂量。摄食试验存在的一个问题是动物在整个研究过程中可能并不能维持一个恒定的暴露量。例如,动物生病后(例如,因为毒性致病),它们可能会降低进食和饮水的量。毒物使食物或水有不好的气味或者毒物会导致厌食的时候,动物也可能只会少量进食或者拒绝进食。这些问题对于有胆碱酯酶抑制效应的杀虫剂和其他化合物尤其严重,因此,仍不清楚这些物质能否用于摄食试验(Mineau 等,1994)。

经口试验中,动物通过灌胃法(例如,食管导管或鼻饲管)或者胶囊法接受定期(通常是每天)的毒物剂量。化合物通常同载体混合在一起以利于饲喂,常用载体有水、矿物油或丙酮。经口试验可能包括一次性剂量以模拟独立的短暂暴露情况,或者每日剂量以模拟连续或者长期的暴露。这提供了更加明确的暴露量,可以代表经口暴露,而摄食或饮水试验中可能会伴随偶然的土壤吸收,或者摄食饮水过程中产生的口部对于油或者其他物质的摄入。

研究表明,经口或者摄食试验中载体的选择能通过与毒物结合或者影响毒物吸收来影响毒物的摄入。例如,Stavric 和 Klassen(1994)的报道指出,进食或饮水会降低大鼠对苯并[a]芘的摄入量,而植物油则会增加其摄入量。同样,采用食物或水做载体,生物对无机化合物的摄入量也明显不同。与在食物中相比,化合物更容易从水中吸收。

大多数摄食毒性试验结果表示为食物或者水中的毒物浓度(mg/kg),这些数据可以再被转化为剂量(mg 物质/kg 体重/天),转化方法是将食物或水中的浓度同进食量或饮水量相乘再除以体重,文献和本书中都有相关报道(22.8 节)。

鸟类的急性毒性、亚急性和经口生殖毒性的标准试验方法已经建立(表 24.2)。总体来说,野生哺乳动物的风险评价采用与人类健康风险评价相同的实验室大鼠和小鼠的实验方法,但是某些特殊问题上当这些试验方法不合适时,也会采用一些野生哺乳动物进行试验。

表 24.2　鸟类标准经口毒性测试方法摘选

测试类型	测试物种	持续时间	暴露途径	测试终点(s)	参考标准[a]
急性	美洲蒙面雉,绿头鸭	14 d	管饲	死亡率,中毒	OPPTS 850.2100
亚急性饮食暴露	美洲蒙面雉,日本鹌鹑	5 d 暴露,3 d 后	饮食	死亡率,中毒,其他效应	OPPTS 850.2200

续表

测试类型	测试物种	持续时间	暴露途径	测试终点(s)	参考标准[a]
生殖	绿头鸭,环颈雉 美洲蒙面雉,绿头鸭	10周	饮食	成体死亡率 产卵量 卵受精率 卵孵化率 蛋壳厚度 幼鸟的体重和成活率	ASTM E857-87 OPPTS 850.2300

a 表中所列 EPA 标准方法部分来自于 www.epa.gov。ASTM 方法是通过标准号自 www.astm.org 获得。

啮齿类动物和其他一些动物的皮肤和吸入毒性试验结果可以从哺乳动物毒性文献中查到。一些为实验室试验物种建立的实验方法也可以应用于野生哺乳动物（参照 USEPA 指南：OPPTS 870.3465 与.3250）。鸟类、爬行类和两栖类动物的皮肤和吸入暴露的试验方法还需尽快建立。

鸟类和其他卵生种类的发育毒性一般采用卵内注射的方法。例如，鸟类在胚胎发育期对类二恶英混合物的效应最为敏感，因此就采用向鸡和其他鸟类的卵进行注射的方法来进行试验(Hoffmen 等,1998)。

24.3 微宇宙和中宇宙

微宇宙和中宇宙，统称为模拟生态系统，它们包含有多种物种和基质，同时也是可以复制的，从物理水平上代表了生态系统。微宇宙很小，可以在实验室内进行实验。它们包括从大烧杯中的混合微生物培养到鱼缸和小型人工河流的各种形式。中宇宙更大更复杂一些，它是置于室外的，包括人工河流、池塘，并且包括一定范围的陆地、湿地和海岸线生态系统。

微宇宙和中宇宙其目的相同而且在尺度和复杂程度上也有一定的交叠。总体上说，在这些系统中进行试验的目的主要是：① 通过降解、吸收和摄入来提供现实中污染物的去向和暴露代谢动力学；② 将暴露的各种途径包含在内；③ 使各种类型的大量生物暴露于试验物下；④ 允许因物种间的相互作用出现的次生效应；⑤ 使生态系统能够继续运行。微宇宙的生物组成是指定的，以利于提高系统的重现性和利于理解试验反应(Taub,1969,1997)。常见的情况是，系统中的微生物和无脊椎动物是通过围封过程提供或者直接从自然生态系统接种。例如，一个池塘微宇宙或者中宇宙可能会包含一个池塘的微生物和无脊椎动物或者湖内的底泥和水。之后，又有鱼类、两栖类或其他大型生物指示种被加入到接种后的微宇宙或中宇宙中。

模拟系统在评价和管理化合物方面的应用已经是讨论的热点。拥护者认为,如果是为了保护生态系统,那么就必须用生态系统来进行试验(Cairns,1983),但他们对具体的设计也有不同的想法。反对者认为那些简单的系统并不具有真正生态系统所具有的重要性能(Carpenter,1996;Schindler,1998)。甚至拥护者也承认不同的生态系统反应在性质上也有很多不同的方式,而这些方式仅仅是偶尔才能够在模拟系统中反映出来(Harrass和Taub,1985)。因此,在几十年的发展和辩护后,那些试验系统仍然很少能用,在环境决策上也相对没有多少影响力。很多因素都已经被讨论过,下面将针对其中一些进行讨论。

生态系统的定义:微宇宙或者中宇宙都被认为是用大鼠代表哺乳动物,黑头呆鱼代表鱼类的意义上代表生态系统的。这就是说,认为生态系统的反应诸如净产量的变化或者物种数目的变化在烧杯、池塘和河流之间是一致的。从另一方面来说,就生态系统而言,它们的组成和功能要比生物种群变化大得多,所以,可能对一些特定暴露的反应不那么一致。

规模:模拟系统在规模上差别很大。小的系统具可重复性同时花费较少,大模拟生态系统可以有更多种类的生物,也会更好地代表相关的生态系统。

组成:没有一个模拟生态系统能够包含一个真实的湖泊、河流或森林生态系统中所有的种类和营养级。但是,至于微宇宙或中宇宙在能够模拟相关生态系统的情况下简化到什么程度仍然不是很清楚。

反应类型:模拟系统在哪些方面能够做到最好?是生物体暴露、物种相互作用的阐明、生态系统的性能测定、文件恢复还是其他方面?

模拟系统与系统模型:生态系统的数学模型(第28章)和物理模型(微宇宙和中宇宙)在生态风险评价中的作用是相同的。虽然物理模型明显地更加现实一些,但是数学模型更加灵活,可以用于表示一系列的系统、系统状态以及暴露条件,而且使用数学模型花费要小的多。物理模型需要一个重要的假定,即它们能够代表相关的生态系统。数学模型也需要一个同样重要的假定(例如,生态系统的反应可以用一个营养动力学模型来表示),加上一些同方程等式和参数值相关的一些假定。

大多数问题是源于与生物体相比,定义生态系统更加困难。当采用鱼类或者鸟类试验时,不需要确定需要包括多少肝脏或者眼睛,也不需要确定试验物的尺寸(采用整体的生物),甚至不需要确定基本反应(已有确定的存活率、生长量和繁殖量等)。这是因为生物体是明确定义好的实体,而不是某个组织某个水平上的代表。因此,评价者必须对评价的群落进行定义,而不是对评价生物体进行定义(框16.6)。其中一些问题已经通过建立标准设计解决了,而这些基本问题导致了这些系统在管理方面的应用有很严重的局限性。

特别是,USEPA为了杀虫剂的第四级测试建立了一套标准的水生中宇宙(Tuart,1988),但是在1992年放弃了这些试验要求。做出这个决定是因为现场试验并没有明显提高实验室试验得到的确定基础信息,部分原因是因为对于复杂性解释的不清楚以及结果的不稳定。而且,它认为登记后的野外监测在大多数情况下可以代替野外试验的结果从而满足需要(Tuart和Maciorowski,1997)。微宇宙和中宇宙的解释问题目前已经被一个小组解决了(Giddings等,2002)。其建议包括以下与评价者相关的几点:

设计:试验应当设计用来提供暴露-反应关系,而不只是针对某一个特殊的预定暴露水平。

终点类型:结构和功能终点是同样重要的,但是首选物种结构,功能终点不能够单独保护生物多样性。

恢复:如果种群恢复效应在一段可接受的时间内出现,并且它们不引起有害的间接效应的话,初始效应就应该被承认。

模型:应该建立一个能够外推到真实生态系统或其他暴露情况的生态模型。

外推数据:应用模拟系统模拟的实际生态系统的生物和物理状态有利于外推。

情景:合理的暴露情景设计应当采用农业景观或者其他的景观形式。

终点:管理机构所建立的目标和评价终点必须能够建立起相应的试验系统来支持。

训练:模拟系统的试验较难进行,而且其反应也较为复杂,难于解释,因此指南、训练和工具都是必要的。

一个重要的附加建议是模拟系统的使用者应当说明他们的假设(Clements和Newman,2002)。像数学模型一样,物理模型也是真实系统的简化,而这些简化就意味着对模拟的真实生态系统中哪些方面重要、哪些方面不重要已经进行了假定。例如,一个水生微宇宙可能要求假设鲢鳙对浮游生物的效应并不重要,而大型植物是评价系统中的优势组分。

水生模拟系统包括实验室的烧杯系统、人工池塘和人工河流在内的很多系统(Graney等,1994,1995;Kennedy等,2003)。模拟系统的主要类型如下:

标准的水生微宇宙:这个系统是在烧杯中采用消毒的砂和水组成的,生物包括十种藻类,五种浮游动物,还有不经意加入的细菌(Taub和Read,1982;OPPTS,1996a;Taub,1997)。

池塘微宇宙:池塘水和底泥,加上相关的微生物和无脊椎动物,置于烧杯、玻璃缸或者水池中,有时也加入大型植物,但是极少采用鱼类(Giddings,1986)。

池塘中宇宙:挖出 $0.04 \sim 0.1 \text{ hm}^2$ 的池塘,并装满一个从真正的池塘或者湖中得到的底泥和水。然后加入大型植物和鱼。在美国和欧洲,这些系统经常用于研究杀虫剂的归趋和效应(Tuart和Maciorowski,1997;Campbell等,2003)。

人工河流:在室内或室外的沟渠中加入直流或者循环水,同池塘中宇宙不同的是,这些系统并没有被标准化,规模从小到支持藻类和无脊椎动物的小型人工河流到有淤积和浅滩的能够养鱼的地上河流都有(Graney等,1989)。

滨水中宇宙:通过围隔 50 m^2 的池塘或者湖泊的部分岸线来建立的平行系统(Brazner等,1989;Lozano等,2003)。

塑料蓄栏:采用大塑料袋或者悬浮于浮动平台并固定于海底的圆筒将部分滨海生态系统分割出来。容积从 1 000 L 到 100 000 L 不等(Graney等,1995)。

土壤群落的微宇宙试验和其中诸如腐烂等过程,将化学添加物的间接效应和直接毒性效应结合起来。在美国,土壤功能的标准试验方法确定了筛分土中的呼吸作用、氨化作用和硝化作用(Suter和Sharples,1984;OPPTS,1996f),或者土样中的营养素存留、呼吸作用及植物的产量(Van Voris等,1985;OPPTS,1996b)等。其他土壤微宇宙则是用于对土壤群落结构的效应进行试验(Parmelee等,1997)。土壤微宇宙试验通常专注于土壤中微生物过程的变化,这些变化可能是对于化学物质暴露增高或者降低的反立。一些金属在较低浓度情况下是营养物质,大多数的有机化合物也可做微生物培养基。例如链霉素降低了细菌的丰度,但是作为碳源和氮源,却提高了整个土壤群落的活性(Suter 和 Sharples,1984)。进一步讲,在一些特殊的生态系统中,某些土壤过程的降低是被期望的或可以接受的,比如落叶层的分解(Efroymson 和 Suter,1999)。在美国东北部的森林中,也期望有落叶层存在,因为它可以减少侵蚀,更重要的是有利于一些树木的成功发芽,但是当引入蚯蚓之后,它们会破坏落叶层。如果土壤过程是评价终点的话,就希望确定相对暴露-反应关系并且了解同过程相关的生态系统效应。

野生动物的中宇宙应用较少。同水生中宇宙相比,野生动物中宇宙主要的用途是研究现实的暴露效果,次之是揭示二次效应,极少显示种群水平的效应。例如,Dieter 等(1995)将小野鸭放养于滨水中宇宙中来研究有机磷酸酯杀虫剂甲拌磷在草原湿地空气中对水禽的效应。在另一项研究中,Barrett(1968)在 1 英亩(4 046.8 m^2)的弃耕地中宇宙中研究了氨基甲酸酯类杀虫剂胺甲萘对植物、节肢动物和小型哺乳动物的效应。

24.4 废水试验

用于确定可接受的废水标准毒性试验方法已经建立并广泛用于美国的排污许可认证。虽然试验也会采用传统的急性致死实验,但通常采用生命周期较短的种类做短期慢性毒性试验或者采用敏感生命阶段做亚慢性试验(表 24.3)。生物调查数据已经证明这些试验是有效的,从这方面看,这些测试都是独特的(Mount 等,1984;Birge 等,1986;Norberg-King 和 Mount,1986;Dickson 等,1992;1996)。在研究中,已经发现 7 d 黑头呆鱼试验和 C. dubia 试验可以预见水生群落中物种丰度的降低。因为有这么大的发展和肯定,这些试验在废水排放管理之外还有很广泛的用途,很多实验室可以进行这些实验。其他的物种和种类在美国之外也有应用(Herkovits 等,1996)。废水试验可能会成功或者失败,例如,当只有一个原水样或者只有一个临界稀释水样用于试验以确定可接受情况时就是如此。然而,推荐采用一系列的稀释水样进行试验以建立暴露-反应关系(EPA,2002b)。大多数废水试验是静态可更新式,但是在废水的需氧量很低而且毒性不会因为挥发或者其他过程降低的情况下,也会采用静态试验。如果试验是在野外操作,也可以采用直流式试验。

表 24.3 用于测试废水和环境水样毒性的标准程序[a]

物种	生命期	反应	持续时间(d)	介质[b]
海胆	卵和精子	受精能力	0.3	SW
水蚤类(Daphnia spp.)	幼蚤	停留	2	FW
双壳类软体动物	幼体	死亡率,壳的发育	2	SW
鱼类[c]	幼鱼	死亡率	4	FW/SW
藻类(羊角月牙藻 Selenastrum capricornutum)	细胞培养	生长量	4	FW
方形网纹溞(Ceriodaphnia dubia)或者糠虾(Mysidopsis bahia)	幼体至成体	停留,生育力	7	FW/SW
鱼类[c]	幼鱼	死亡率,生长量	7	FW/SW

物种	生命期	反应	持续时间(d)	介质[b]
鱼类[c]	胚胎至幼鱼	死亡率,畸形	7	FW/SW
藻类(环节藻 Champia parvula)	培养	繁殖能力	7	SW

a 实验方案来自于(EPA,2002b,h,i)和 ASTM 标准。
b FW＝淡水;SW＝咸水;FW/SW＝有适合两种介质的试验方案。
c 美国淡水测试的标准鱼类是黑头呆鱼(Pimephales promelas),咸水测试的标准鱼类是红鲈(Cyprinodon variegatus)或者内河银边鱼(Menidia beryllina)。

废水试验也可以用于鉴定污染混合物中的哪些组分是造成效应的原因,这个过程称为毒性鉴别评估(TIE)(EPA,1993a,b;Norberg-King 等,2005)。在毒性鉴别评价中,有很多方法可以确定混合物的毒性组分,其中包括转移混合物的部分组分来试验剩余组分,利用分馏混合物试验的馏出物,向背景介质中加入混合物组分并进行测定或者使用其他方法(图 24.1)。

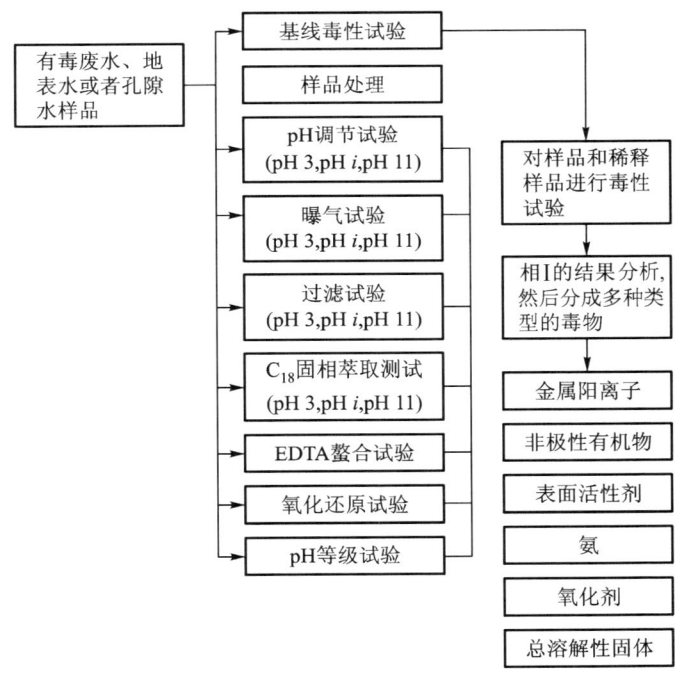

图 24.1 淡水样品急性毒性的毒性鉴别评估(TIE)的逻辑框架。(引自 USEPA, *Methods/or Aquatic Toxicity Identification Evaluations: Phase I Toxicity Characterization Procedures*, 2nd ed., EPA-600/6-91-003, US Environmental Protection Agency, Duluth, MN, 1991a. 获得许可。)

24.5 介质试验

现在至少有三种方法来检测环境介质的毒性或者其他有害性质。在最小的应用法中,将被污染的生物区系带到实验室进行试验。如果污染物是持久的而且可以进行生物积累,或者已知可以引起持久性损伤的话,这种方法就非常合适。例如,将从石油泄漏区和干净区域采集到的鲱鱼卵带到实验室进行研究,记录它们的孵化率和畸形率(Pearson 等,1995)。目前最常用的方法是将污染介质和对照介质都带到实验室做毒性试验。这是生态毒理学中的一个活跃领域,并且已经建立了应用于环境水、沉积物、土壤和生物区系的试验方法。水流的试验方法已经应用于试验环境水和介质中(Norberg-King 等,2005)。美国和加拿大特别推荐的应用于污染场地的方法可以从 Office of Emergency and Remedial Response(1994b)及 Keddy 等(1995)处获得。

在污染场地评价中,污染场地介质试验同在实验室介质试验的单个化学品相比有如下几个优点:

(1) 能够充分表现污染物质的生物可利用性。由于吸附作用、复合物的形成以及其他过程降低了化学物质被生物个体摄入的可能性,某一特定浓度化合物的毒性效应可能会变化很大。尤其是,标准的化学物质单独毒性试验方法是在尽量增大生物可利用性的条件下进行的,所以文献中的毒性数据可能比较保守。介质毒性测试可以保持生物暴露于野外污染物的生物可利用性之下,从而减少或者消除不确定性因素的来源。

(2) 污染物的形态是同现实环境一致的。对于金属和其他可离子化的化学物质来说,它们的毒性与包括离子状态及共存离子在内的形态相关。通常情况是,我们并不清楚污染场地中各种污染物的形态。即使它们的形态是已知的,主要的形态可能不是已有毒性数据所要求的形态。介质毒性测试可以保持生物暴露于野外化合物的化学物质形态,以减少或者消除不确定性因素。

(3) 提出了联合毒性效应。现实中只有极少的点只被一种化学物质污染,但是化学物质之间的相互作用仍不清楚。另外,相互作用所依靠的化合物本身的形态也仍然不清楚。介质毒性试验可以通过保持污染物在污染场地的形态和比例来减少或者消除不确定性因素。

(4) 介质试验中包含了一些之前很少或没有相关效应实验数据的污染物。生态毒理学试验主要集中于杀虫剂和金属方面,而不是在很多污染场地发现的工业化学物质。即使对于杀虫剂和农药,也可能没有所关注的物种和反应试验。介质毒性测试可以通过将生物暴露的所有污染物都囊括进试验方法中测试其终点及反应,从而极大地降低或者消除了不确定性。

(5) 确定效应类型:可能根据已有的化合物的效应数据,仍然不能预测混合物的特殊效应。因此可以设计试验以确定出现同评价终点相关的效应。

(6) 可以确定毒性的空间分布(图 20.3)。测试是基于毒性分配而不是单个的化合物浓度,可以更准确地确定需要评价或修复的区域范围,以及分配到不同来源和受体生态系统的优先权。

(7) 可以确定修复目的。毒性比化学物质浓度更利于确定介质和需要进行修复的区域。

(8) 可以确定能够达到评价终点所阐述的人类效应的能力。某些情况下,因为逆流或者背景污染的原因,无法确定原点修复能否明显提高接收系统的生态条件。阐明逆流水和沉积物的毒性比化学物质浓度更有利于作出这个判断。

(9) 确定修复措施的效果:在一些情况下,毒性可以比化学物质浓度更好地确定是否需要额外的补救措施。

因为上述原因,USEPA 推荐进行污染原位介质毒性测试(Office of Emergency and

Remedial Response,1994c)。然而,上述的优点也伴随了介质毒性测试中的下列限制。

(1) 毒性试验中介质的收集和配制过程可能会造成介质的改变。这对沉积物试验尤其重要,因为沉积物可能会在收集、筛分和储存过程中丧失它们的物理结构和氧化状态。土壤和水也可能会变化。

(2) 化学物质的形态和浓度可能会因样品收集和处理而改变。变化可能来自于之前讨论的介质变化或者来自于一些直接效应,诸如 pH 的变化、向介质中加入盐类以利于试验物种生长所引起的形态变化等、挥发性化合物的损失或是由于取样器壁或者试验容器壁的吸附造成的化学物质的损失。

(3) 取样可能不具有代表性。这个问题也会在化学物质分析中出现,但是对于介质试验会更严重一些,因为通常介质试验样本数比分析的样本数要少。

(4) 大多数介质毒性测试持续时间较短,极少有与传统慢性毒性试验相关的介质毒性试验。

(5) 造成毒性的原因是未知的。在介质中,毒性可能是一种或多种污染物造成的,因此很难确定需要采取哪种修复措施。某些情况下,表观毒性可能是由于介质中的外界因子如化学或物理特性的改变或者是疾病引起的。例如,因为某种不知名的病原体,来自于橡树岭保护区的水需要进行紫外灭菌后才能用于黑头呆鱼的幼鱼试验。

(6) 表观毒性可能是由于参考位置的选择不当引起的。例如,相对较快的生长速度可能仅仅是因为参考介质中含有较高水平的营养物质,而不是因为污染点的毒性。

这些局限性并没有否定介质毒性测试的诸多优点。前三点局限性可以通过样本的采集和处理及试验过程中加强注意来降低。第四点需要在风险表征时同其他试验结果一起进行分析和解释。

第五个问题需要像前面废水试验中一样,将 TIE 应用到污染环境介质中(24.4节)。其中一个例子就是 TIE 用于说明田纳西州的 Bear 溪中的镍污染是造成方形网纹溞毒性的原因(Kszos 等,1992)。同样也发展了一些针对沉积物和孔隙水的试验方法(Ankley 和 Schubauer-Berigan,1995;Burgess 等,2000;Norberg-King 等,2005)。标准的 TIE 方法并不能用于土壤,但是可以进行方法改进。这种方法最适合于在背景土壤中进行投毒试验。例如,宾夕法尼亚州的利哈伊加普峡谷中土壤对等足目动物的毒性与几种金属的浓度有关,但是单独试验土壤中各种金属时却发现仅是锌在起作用(Beyer 和 Storm,1995)。扩展 TIE 方法包括试验介质的其他性质时就可以解决第六个问题。

对照和参考介质要与污染介质同时进行试验。对照介质就是已知的可以用于试验物种的实验室介质,它们能提供试验物种存活率、生长和繁殖的最大值,它们通常采用标准试验草案进行描述。参照介质来自于污染场地附近,物理化学性质都与试验介质相似,只是不含有污染场地中的污染物。参照介质包括从污染点上游采集的水样和沉积物样品,或从污染点附近采集的不含污染物的土质相同的土壤样品。如果上游的参照介质已经被更上游的污染源污染了,或者当地土壤都被某污染源污染了(例如,含砷杀虫剂的历史性应用或者来自于熔炉的空气沉降),这就需要在这些污染源之外获取一些参照样本(与本地参照不同的无污染的对照样本)。对照试验决定了这个试验能否用健康的生物体顺利进行。当地参照样本试验可以确定污染介质中增加的污染物到底增加了多少毒性。如果也使用单独的洁净参照,就可以确定与对照点的区别是因为污染还是介质的某些性质,如 pH 和质地等。例如,来自于橡树岭保护区附近白杨河的水对日本青鳉有毒,而紧邻上游的水毒性稍小,而几千米以外的上游部分,因为地处市政污水处理厂的上游,就变得无毒了(同对照组相同)。

与其他形式的毒性一样,阐明一个暴露-反应关系是毒性效应的最好证据。这个关系可以通过采用从不同污染梯度取得的样本或者一系列稀释样本进行试验得到。前者一个明显的例子是在废水排污口或者污染点下游进行梯度取样并进行试验。很多情况下,尤其是对土壤污染,在污染点附近并不会出现污染梯度。在这种情况下,可以通过采用未污染的参照介质来逐级稀释污染介质配制一批暴露系列。通过保证稀释基质与试验基质相同来保证营养水平或结构之类的因子不会影响到毒性效应,就显得特别重要。最后,可以通过向污染场地或者参照场地的介质中加入相关的化学物质来建立一个暴露-反应系列。在这些研究中,保证试验化学物质与污染场地的形态相同是很重要的。对于土壤和沉积物来说,使介质老化以建立更加符合实际的生物可利用性也是正确的(Heiger-Bernays 等,1997)。除建立毒性梯度可以引起所观察到的效应外,暴露-反应关系也可以确定污染场地内可接受的最低污染水平引起的效应水平,这可用来定义修复目标。

通常情况下,介质试验数据采用假设检验统计来进行分析。要判断每个试验介质的反应是否与参照介质或对照介质在统计上明显不同。如果一个暴露-反应关系可以通过浓度梯度或者稀释系列来建立,可能会有合适的函数来拟合这些数据并用于估计造成某指定效应水平(LC_{50}, EC_{10} 等)的暴露量。如果与大多数情况一样,污染物总是以混合物的形式出现,暴露量应该表达为典型化学物质的浓度或者一些总浓度量度如总石油烃等。如果没有暴露梯度,评价者至少应该报告样品试验中与参照或对照相关的效应水平以及平行样品之间的变化(例如,死亡比例$=0.22\pm0.12$)(框 24.1)。

框 24.1 被测介质的平行样

当进行介质毒性分析以理解平行样的本质时必须谨慎。通常,采自于环境水体或污染场地的样品会在实验室进行二次取样,这样的二次样品就用做试验的平行样。这样的实验室平行样将试验中不同容器之间的差异一体化,但是并不能将动因之间的差异一体化。如果目的是描述某污染场地所在区域内或河流内土壤的毒性,这样的实验室平行样品就是伪复制。每个来自于污染区或水体的平行样都应该抽取 1/4 进行描述。同时也要注意对于废水试验来说,也需要进行这样的考虑。

在某些情况下,污染场地介质可能不适于试验生物的生存、生长或繁殖。在这种情况下,就需要选择改善介质或者改变试验物种。改善 pH、硬度或者其他理化性质是错误的,因为这会影响到污染物的形态、生物可利用性或毒性。当介质的性质因为污染物的性质变得不稳定时,就不应该做出这样的改动。例如,橡树岭保护区的 S-3 池塘沥出液有强酸性并含有较多金属,所以,调整其入流河水的 pH 就不合适了。然而,对于那些本来就不适合进行试验的介质,并且经过改善也不会影响到污染物化学状态的情况,就可以对介质进行改善了。这两种方法中,理论上更倾向于选择一个适合于介质的

试验物种。如果所选物种是污染场地的常驻物种,则试验就是采用了所评价生态系统类型中物种的特性,这就增大了试验结果的可用性。然而,标准的试验物种可能不适合污染场地的介质,而且建立一个非标准物种的试验程序可能会很困难。

下面讨论特殊介质的试验,试验方案总结在随后的表中。总体来说,在污染场地进行的试验遵循来自于 USEPA、美国材料与实验协会或其他组织的标准方案。标准介质试验方法有很多优点,比如较高的可信度,可以在很多实验室用合理的花费完成,适用于大多数法规,而且一直有敏感性。标准方法中最常见的偏差来自于本地物种的使用。但是,也需要考虑非标准试验是否更合适。例如,急性致死试验和亚慢性 7 天幼鱼毒性试验都不能查明鱼类的繁殖效应或者早期的发育效应。如果某化学物质的主要作用模式包含以内分泌干扰物性质扰乱生物配体的形成或者影响晶胚发育的内容,那么上述方法对其进行的试验就不够充分,繁殖试验可能会更合适一些(Ankley 等,2001)。另一个例子是摄取动力学较低的化学物质不能进行试验,除非试验时间足够长,足以使生物体与介质之间达到平衡。这些情况下,可能需要比标准试验更长的试验期。最后,必须考虑试验物种及其反应与评价终点之间的关系。例如,如果评价终点是爬行动物或者两栖动物的种群特性,就没有合适的标准试验方法了。

24.5.1 污染水试验

用于废水试验的试验方法也用于环境水样的试验(24.5 节和表 24.3)。尤其是在美国,这些方法是推荐用于超级基金的污染点(Office of Emergency and Remedial Response,1994a)和地表水评价的(EPA,1991b)。使用污染水试验结果的评价者必须考虑水污染的可变性。用于 7 天静态置换试验中使用的三个水样在组成和毒性方面可能相差很大,所以这三个样本中的某一种特别的毒性样本或者某个特别干净的样本,根本就不会产生效应。当然,时间更长会产生进一步的变化。因此,将水质分析同试验相结合非常重要。进一步讲,考虑水污染的过程及污染对毒性的影响也很重要。如果污染水平在低流速时因为较弱的稀释度而提高,在风暴时因为径流而提高,因为杀虫剂喷淋时的应用而提高,或者因为废水的间歇性排放而提高,那么试验水样就应该在那些提高的时间点采取,而不是按照时间表采样。

24.5.2 污染沉积物试验

同水介质试验相比,污染沉积物试验仍然处在较低的发展水平,很少有标准化的方法使用(表 24.4),而且它们并没有用生物调查数据进行充分的有效性认证。但是,采用海水或者河口片脚类动物和多毛类动物进行的短期毒性试验已被广泛用于评价海岸沉积物的相对毒性(Long 等,1995;MacDonald 等,1996)。

表 24.4 环境沉积物毒性试验的标准程序(所列试验方法包括 USEPA 推荐采用的污染场地试验标准程序)

物种	生命期	反应	持续时间(d)	介质[a]
Chironomus tentans	幼虫	死亡率和生长	10	FW
Hyalella azteca	N/A	死亡率和生长	10	FW/ME[b]

物种	生命期	反应	持续时间(d)	介质[a]
海水中片脚类动物[c]	N/A	死亡率、羽化和迁葬(reburial)	10	ME
多毛目环节动物[d]	新孵化幼体或者年轻成体	死亡率	10	ME
多毛目环节动物[d]	新孵化幼体	死亡率和生长	20~28	ME

来源：Office of Emergency and Remedial Response, *Catalog of Standard Toxicity Tests for Ecological Risk Assessment*, EPA 540-F-94-013, US Environmental Protection Agency, Washington, DC, 1994a. 获得许可。

a FW＝淡水沉积物；ME＝海水或河口沉积物；FW/ME＝对两种介质中的物种都有合适的试验程序。

b *H. azteca* 可以在最高盐度为15%的河口沉积物中进行试验。

c 美国海水或河口片脚类测试中的标准物种是 *Rhepoxynius abronius*, *Eohaustorius estuarius*, *Ampelisca abdita*, *Grandidierella japonica* 和 *Leptocheirus plwnulosus*。

d 美国海水或河口多毛目环节动物测试中的标准物种是 *Neanthes arenaceodentata* 和 *N. virens*。

在美国，已经有采用片脚类动物 *Hyalella azteca* 和蠓类 *Chironomus' tentans* 的淡水沉积物标准试验方法。试验物种的选择一方面依靠物种对污染的敏感程度，另一方面依靠物种对如盐度、粒度等生态条件的耐性。例如，*H. azteca* 可以用于河口试验（盐度约15%），但是不能用于海底沉积物试验，然而 *Rhepoxynius abronius* 只可以用于海底沉积物试验。

虽然沉积物比水更加稳定，但是沉积物中化学性质（如潜在的氧化还原作用）的季节变化也可能会改变污染物的生物可利用性和毒性。例如，蛤的毒性和生物浓缩试验是采用设计用模拟纳拉甘塞特菲海湾（Eisler, 1995）的间隙水中所含的金属混合物的水来进行的。混合物在模拟夏天温度的时候是致命的，但是在模拟冬天温度的时候却并不致命。因此，推荐进行季节试验并考虑环境特点可能会改变毒性。

沉积物试验通常是用全部沉积物样本和深海底栖生物或者浅海底栖生物进行试验。沉积物间隙水可以采用标准水生毒性试验方法进行试验。试验需要将孔隙水从大块沉积物样品中萃取出来，通常采用无脊椎动物进行试验。这种试验方法可用于鉴别深海底栖生物的暴露机制（例如，污染孔隙水的呼吸作用，污染沉积物的摄取，或者两者的共同作用）。试验结果可以用于安排后续的采样和解释其他的分析结果（例如，深海无脊椎动物调查）。其缺点是提取试验过程可能会改变污染物形态的生物可利用性。可以将沉积物与水混合，进行过滤或者离心来达到沉积物浸提的目的。采用浸提液试验以评估清淤、疏浚弃土处理及其他会使沉积物重新悬浮到水中的活动的效应。收集、处理、储存及沉积物试验的指导方法可以在 Marine Protection Branch（1991）和 Office of Water（2001）的文献中找到。

24.5.3 污染土壤试验

大部分污染土壤试验采用维管植物的幼苗或者蚯蚓进行。一些标准的土壤试验列于表24.5中，其中单个化合物的试验方法可以用于进行污染土壤的试验（24.2.3节）。Wentsel 等（2003）有一篇相关的综述。

表 24.5　环境土壤毒性试验中的标准程序

生物体类型	生命期	反应	持续时间(d)	介质	参考文献
蚯蚓[a]	成体	死亡率	14	土壤	Greene 等,1988
蚯蚓	成体	繁殖	35	土壤	ISO,1997
草本植物[a]	种子	萌芽	5	土壤	Greene 等,1988;Linder 等,1992
草本植物[a]	种子	根伸长	5	浸提物	Greene 等,1988;Linder 等,1992
草本植物	秧苗	死亡率和生长活力	20～90	土壤	Linder 等,1992
草本植物	秧苗	重量	45	土壤	Linder 等,1992
草本植物	生命周期	繁殖和生长	28～44	浸提物	Linder 等,1992

a USEPA 推荐用于污染场地试验,详见:Office of Emergency and Remedial Response,*Catalog of Standard Toxicity Tests for Ecological Risk Assessment*,EPA 540-F-94-013. US Environmental Protection Agency,Washington,DC,1994a。

当进行污染场地土壤试验时,并不需要与引用文献数据一样将化学物质浓度标准化。但是,试验中需要小心比较参照土壤与污染土壤在化学、质地和营养状况上的差异。尤其是生长和繁殖终点对土壤性质非常敏感,试验中要更加谨慎。因此,需要试验多处参照点的土样以评价土壤性质的自然差别。当差别很明显时,可以将浓度标准化来减小差别。例如,可以将土壤金属浓度采用 pH 标准化来减小蒙大拿州 Anaconda 的各金属采矿及磨制点的差异(Kapustka 等,1995)。如果污染点和参照土壤都有较低的有机物或者无机营养水平,可能就需要进行修正或者施肥以支持试验物种的生长,使参照土壤也能达到合适的生长量,或者使污染场地和参照点处于同样水平。

同单个化合物试验一样(24.2 节),物种和试验终点的选择应当权衡标准试验的实用性和关于评价终点的需要。如果可能的话,应当把无脊椎动物作为功能、分类、营养水平、生活史策略和毒物暴露途径终点的首选(Spurgeon 和 Hopkin,1996)。蚯蚓试验同大多数陆生土壤无脊椎群落相关。土壤试验中最常用的赤子爱胜蚓(*Eisenia fetida*),它对毒物的敏感性在蚯蚓中处于平均水平(Laskowski 等,1998a)。

大多数植物毒性试验采用农作物进行的。超级基金评价里,莴苣是种子萌发和根系伸长实验的标准物种,但也可以采用其他物种进行试验(Greene 等,1988;Kapustka,1997)。LeJeune 等(1996)在蒙大拿州 Clark Fork 河试验采用木本作物、杂种白杨代替莴苣和杨树作为试验物种。因为采用了标准株种子,很多作物在实验室生长良好,并出现了可重现的毒性效应。

生态风险评价者感兴趣的是对本地终点物种的毒性,因此采用它们进行试验可能会比较有利。例如,标准的植物试验物种可能有不同的根形态、生长模式及碳分配模式,这可能会使根系伸长试验结果或多或少地受到所采用评价终点物种的影响。Kapustka(1997)给准备使用非标准物种的评价者提出了一些忠告。他的一些原则包括:选择标称性能标准(如萌芽百分数),采用参照土壤来描述可变性,除了非标准物种外,同时也采用一种或多种标准生物进行试验。总体说来,毒性试验中所采用的物种应该是实验室培养的或者至少应该是从种子或者卵开始发育的,这样可以使生物有相同的背景、年龄和生理状态。如果本地种不能在实验室进行培育,那至少应该试验前两周在实验室内进行驯养,试验结束之后,要将对照个体继续培育以确定它们状态良好

(Laskowski 等,1998b)。

  毒性试验所采用的土壤应该在采样时选择合适的深度,以适于终点植物、无脊椎动物及其他群落的生长,而这个深度也应该处在大多数暴露存在的区域内,同时也是大多数植物根系和无脊椎动物较活跃的区域。之前描述的 Clark Fork 河的一份研究中称,采用杂种白杨试验时比采用紫花苜蓿、莴苣和小麦时选择了更大的土壤深度间隔。

24.5.4 采用野生动物的环境介质试验

  与化学品试验一样,污染介质也可以通过野生动物做经口、皮肤或者吸入暴露试验。总体来说,经口试验最适合进行风险评价。收集来自于目标点的受污染的食物、土壤或者水样并通过饲喂或者口服给试验动物。如果认为在某个特殊点皮肤或者吸入暴露是重要的,就需要做该暴露途径的毒性试验。但是现在环境介质毒性测试中并没有针对野生动物毒性测试的标准方法(24.2.4节)。尽管环境介质毒性测试对野生动物进行毒性测试并不常见,但确实存在一些案例(表24.6)。

表 24.6 用于评估环境污染物对野生动物效应的环境介质毒性试验实例

试验物种	实验原因	关注的污染物	试验基质	毒性试验终点	参考文献
水貂	确定湖中的鱼类对野生水貂的毒性	有机氯杀虫剂、PCBs、二恶英	食物中掺入来自密歇根州萨吉诺湾的鲤鱼	死亡率、繁殖、血液学指标、肝脏病理、生物富集	Heaton 等,1995a,b
水貂	确定美国 DOE 反应堆下游河流中的鱼类对野生水貂的毒性	PCBs、汞	食物中掺入来自田纳西州白杨河的鱼类	繁殖	Halbrook 等,1999
鼩鼱	确定污泥中的重金属对二级消费者的毒性	Cd、Cu、Pb、Zn	食物中掺入来自某污水污泥处理场的蚯蚓	生长、生物积累	Brueske 和 Barrett,1991
野鸭、雪貂	确定风化的埃克森原油对海鸟和海獭的毒性	风化原油	通过胶囊法、强饲法喂入风化 Exxon Valdez 原油,或掺入食物中	死亡率	Stubblefield 等,1995a-c
疣鼻天鹅、加拿大鹅、绿头鸭	确定污染沉积物对小天鹅的毒性	Pb	将 Coeur d'Alene 河中的沉积物掺入饲料中	拒食情况、器官病理、繁殖、多种生理学变化	Beyer 等,2000

来源:改自 Suter GWⅡ,Efroymson RA,Sample BE and Jones DS, *Ecological Risk Assessment for Contaminated Sites*, Lewis Publishers, Boca Ration, FL,2000。获得许可。

  野生动物的环境介质毒性测试较少,主要是因为要圈养、饲喂和照顾足够量的试验动物花费很大。而获得足够多的受污染食物以维持研究期间的试验也有困难。例如,Clinch 河生态风险评价(Halbrook 等,1999a)中所做的水貂毒性研究仅喂养 50 只水貂

6.5个月就需要超过2 000 kg的污染鱼类。另外,许多野生动物物种一年仅繁殖一次,而代时则有几年,这样,繁殖试验就变得很耗时。

24.6 现场试验

生态风险评价中最直接的方法是采用真实的生态系统进行试验。其构成是由与某个生态系统类型(例如,点研究)相似的地点,或者像对加拿大试验湖区不同系统的处理和监测组成的(Schindler,1974,1987;Schindler 等,1985)。如果某点已经被污染或者破坏,试验就包括笼养、护坡或沿着污染梯度或距离栽种植物,或在污染或破坏地点的匹配点和参照点内栽种植物。这些方法,术语称为野外试验、现场试验或者原位试验,这些试验对固定物种如植物和相对独特的生态系统来说相对简单。而对于移动并四处觅食的物种和大型包括流动水的生态系统就更麻烦一些。现场试验可能会非常真实,因为物种是暴露于真实条件下的。然而,这样的研究要受到除了污染之外各点条件差异的影响以及蓄意破坏、掠夺及极端条件引起的研究损失的限制。最后,现场试验可能会牵涉到蓄意破坏生态系统的问题。现场试验的支持者认为微宇宙和中宇宙所提供的生态系统丧失了真实性(Schindler,1998)。虽然 USEPA 已经不再把现场试验作为农药登记的要求,但是仍然做了充分的现场试验作为登记后的监测(Tuart 和 Maciorowski,1997)。

一些方法是介于试验和监测之间的。平行点或者平行塘的剂量要明确进行试验,而且污染场地或破坏场地自然出现的生物体的取样也是要明确监测的。然而,软体动物的研究仅限于污染和未污染海湾,在不同污染水平地区采用鸟巢进行的鸟类研究可以包括部分试验点但不包括所有的试验点。生物个体是随机分布的,但是污染或破坏并不是随机分布的,而且一些点可能没有平行点,所以研究会比较混乱。同时,这样的研究还需要调查人员现场处理该系统。

24.6.1 水体现场试验

水体现场试验通常是通过将生物限制在污染和参照系统的水体或沉积物中实现的(Chappie 和 Burton,2000)。这种技术一个很好的例子,就是通过笼养的贝类和蛤类来试验污染物的吸收及其相关的存活和生长效应(Jenkins 等,1995;Salazar 和 Salazar,1998;Donkin 等,2003)。这些试验十分普遍而且发展良好,并且已有标准指南(ASTM E:2122-01)。双壳类可能会悬浮在水体中、位于沉积物表面甚至处于潮间带。其他水生生物的原位试验受到大小、活动能力和食物需求的限制。采用网状底和有孔盖子的盘子,小型底栖无脊椎动物可以用于试验沉积物毒性(Chappie 和 Burton,1997;Tucker 和 Burton,1999)。笼养鱼类的活动能力和食物需求限制了其对长期暴露的适应性。然而,小型种类的个体和幼鱼可以用于短期暴露,如暴雨径流试验(Newbry 和 Lee,1984;Hall 等,1988)。网袋中的鱼卵是长期暴露的一个好选择(Hiraoka 和 Okuda,1984)。相似的是,两栖动物的卵和幼体可以用于限制原位试验(Linder 等,2003)。这样的试验可能会揭示因素和条件之间的相互作用,并且可以指明除化学物质之外的其他因素,例如悬浮沉积物或温度等。

现场试验可能也会涉及河流、小湖泊、池塘等水生生态系统或部分生态系统的处理。这样的试验在过去通常是用来确定杀虫剂效应的(Giles,1970;Jeffrey 等,1986)。笼养生物的暴露可以同那些生态系统的暴露进行联合(Clark 等,1986)。它们能够提供真实的暴露水平和条件、间接效应以及对种群和生态系统的效应观测、恢复情形的观测。但是,这些试验具有较少的平行样,且各平行样之间的差别很大。

24.6.2 植物和土壤生物的现场试验

采用土壤生物或者群落进行的现场试验比较少见,而且这些方法也没有很好地进行标准化。有一个现场试验的例子(Menzie 等,1992):在污染场地埋入塑料桶,桶中装入该点的土壤,将试验生物放入桶中的污染土壤内进行 7 天试验。这个研究确定了高毒性土壤在排水流域中呈现出纹理状。已经采用步甲虫的现场围栏试验对杀虫剂污染的土壤进行试验(Heimbach 等,1994)。除针对生物之外,也可能针对一些过程进行现场测试。采用引入外来基质并检测其损失、测定呼吸作用或氮转化、测定酶活性等方法可以实现检测对土壤功能的影响。例如,为了埋藏棉带的张性强度损失测定做法可以用于试验木材防腐剂的效应(Yeates 等,1994)。最常用的方法是将装有落叶或者农作物残留的袋子埋到污染土壤中或者将其放在自然的落叶层上进行试验。试验中采用的土壤可能是污染场地的(Strojan,1978)土壤,也可能是为了进行杀虫剂或其他化学物质的试验被有意加标污染的土壤(Rombke 等,2003)。Linder 等(1992)和 Wentsel 等(2003)评价了许多现场试验方法。

杀虫剂的现场试验可以按照预期的应用速率进行试验区喷雾。植物特性、土壤生物或者土壤功能都可以进行试验并将其同速率相联系。例如,USEPA 对植物毒性的试验指南(OPPTS 850.4025,850.4300)包括了对自然植被、农作物、或草坪产量的损伤或效应。在进行大面积野生动物现场试验时,也可以同时测定土壤或者植物的毒性效应。

24.6.3 野生动物现场试验

野生动物现场试验的主要优点是它们允许环境条件对效应有影响,因此,可以更加真现场试验某点或者某些相似条件下的多点实际毒性。因为大多数野生动物有巨大的活动能力,多数不适于做慢性暴露现场试验,仅有那些小活动范围的物种才合适。一些野生动物现场试验需要围起一定区域的栖息地并加以调整以达到所要求的污染物水平,或者围起之前就已经有污染的区域。因为绝大多数这样的研究都涉及围栏,所以它们之前作为中宇宙已被讨论过(24.3 节)。但是,同样的方法也可以用于污染场地或者试验处理点。

杀虫剂对野生动物的急性毒性试验也可以应用于现场试验。现场试验结果的处理具有现实的条件和范围,而且生物的迁入迁出也是实实在在的。这样的试验可能就需要将某些物质用于现实的土地或者森林中,并接下来对鸟类、蜜蜂或者其他非目标生物进行监测(OPPTS 1996a - d)。鸟类的杀虫剂效应现场试验已经用于解释之前的未知效应、确认之前观测所提出的效应、反驳之前由实验室研究所提出的效应以及说明诸如由于昆虫的减少导致幼鸟成活率降低等次生效应(Blus 和 Henny,1997)。因为这些生物是活动的,不像水生生物、土壤生物或者植物一样,也并不浸泡于污染介质中,所以通过分析肠内容物、体重或者生物标志物来说明暴露情况很重要(Balcomb 等,1984)。死亡生物体也应当做尸检以确定其死亡原因。采用无线电信号进行标记,使调查者可以确定污染或者破坏的程度并且保证试验项目能够重现。

利用巢箱来吸引洞巢鸟类,可以使鸟类繁殖的现场试验更加方便。鸟类可以被吸引到正在或者即将被污染或破坏的区域之内及其周边的立柱或树上。因为洞穴对于洞巢鸟类通常是限制性资源,巢箱就很可能会被占用。一旦鸟类定居下来,就可以研究成鸟的行为和存活率以及幼鸟的数目、觅食、生长和发育效应了。巢箱被包括八哥、蓝知更鸟、树燕、林鸭、仓鸮和红隼在内的多种鸟类占用。USEPA 曾经出版了在污染场地建造八哥巢箱的指南(1989)。巢箱已经用于评估农业土地或森林中杀虫剂的应用效应(Robinson 等,1988;Pascual,1994;Craft 和 Craft,1996)和超级基金位点的 PCBs 和重金属(Arenal 和 Halbrook,1997)以及高速公路沿途的铅污染对鸟类的风险(Grue 等,1986)。

24.7 生物体试验

生物控制剂通常是工程化的产物,它和其他外来有机物的试验类似于化学物质的试验。试验将潜在易感的生物体或者生态系统在实验室或者野外暴露于一定水平的生物控制剂下,并记录其反应。在美国,生物控制剂必须试验其攻击性或对非目标生物体的感染性(OPPTS,1996g)。加拿大环保局已经建立了一系列的新型微生物试剂的试验方法(McLeay 等,2004)。这些试验同毒性试验类似,包括植物试验,无脊椎动物试验,脊椎动物的经口暴露试验、注射试验、吸入试验,水中微生物的暴露试验。已有报道的反应包括传染、致病性、中毒症状以及传统反应(存活率、生长、生育率)等。某些情况下,生物控制剂试验必须专门建立试验方法。例如,试验 Bt 玉米对大斑蝶的效应涉及用一定花粉水平(粒/cm^2)的乳草叶子来喂养幼虫的研究(Stanley-Horn 等,2001)。遗传工程生物如 Bt 玉米和生物增强的根瘤菌通常需要做现场试验以获得批准(McClung 和 Sayre,1994)。这种试验本质上是生物体农业应用的田间试验,只是同时监测其归趋和对非目标生物的影响。因为生物体效应比化学物质的效应更加多变,并且由于它们可以繁殖和扩散,所以对有机体的试验要采取谨慎的试验方案,这样的方案应该考虑生物体除了目标生物之外的其他物种和生态系统的生物活性。

24.8 其他非化学动因试验

因为生态风险评价可能会应用于任何有害的因素或过程中,就需要以不同的试验方法来提供暴露-反应关系。需要试验的危害包括收获方法、水样储存和转移、道路等公共事业建设、农业劳作、生态系统管理比如烧荒和割草等。因为试验是某种因素的简单应用,这就意味着对生态学实验进行调节以保证试验结果能说明暴露水平与终点实体和特性之间的关系,例如试验气候变化的雨水分离实验(Yarie 和 Van Cleve,1996),林业的分水岭研究(Coweeta,Hubbard Brook,Walker Branch 等),森林暴露于 CO_2 以确定 CO_2 水平升高的效应(Zak 等,2003)以及水坝控制水文学的处理(NRC,1999)等。

24.9 试验小结

暴露-反应试验是生态风险评价的核心。这种说法是正确的,因为只有对照、平行样和随机的暴露才能保证所观测到的暴露和效应之间存在因果联系。然而,这些保证也只限于试验本身。用于评价风险的试验结果需要从实验条件外推到不可控的野外条件上,这将在后 3 章中进行讨论。

第 25 章
生物调查

大概 30 年前,大家还都认为地理学家应该只是观察,而不应推理或者建立学说;甚至有人这样说,地理学家不妨到采砾场去计数鹅卵石以及描述颜色。但是如果没有某个学说作为导向,那么这些观察又用来支持或者反对什么呢?

达尔文(Charles Darwin)

效应的生物调查包括一系列列举和描述生物种群和群落的方法,从而建立了一些因素的暴露与相应生物种群和群落反应的有效联系。在最简单的情况下,对生物调查效应的测定即是对评价终点的估计。效应分析一般是按研究效应与暴露之间关系的方法(例如,采用土壤微型无脊椎动物的丰度对距离污染源的千米数、土壤紧实度、某种特殊化学品的浓度等暴露轴作图)对数据进行总结。USEPA 推荐在可行和方便的情况下将生态调查用于生态风险评价(Office of Emergency and Remedial Response, 1994b; Sprenger 和 Charters, 1997)和水质评价(EPA, 1991b)。

在生物调查中,经常出现的一个问题是所量度的实体及其特性与评价终点之间的关系并不明确。评价的终点与属性通常会被称为指标或者替代品,但是又不明确它们指示或者替代什么。如果效应的量度不能直接评估评价终点,风险评价者就应该明确描述该量度与评价终点之间的关系。例如,如果已有河流中大型无脊椎动物的数据,并且评价终点是鱼类群落的某些特性,那么应该从鱼类对无脊椎动物的营养依赖、鱼类和无脊椎动物的相对敏感性、它们暴露的相似性和其他相关性质方面描述两者之间的关系。当然,我们应当尽量选择与评价终点相一致的效应量度,以避免造成上述问题。

在决定生态风险调查是否适用于评价中的效应分析的时候,应该考虑以下几点:

尺度:对于某一点的生物调查,一般不采用高移动性的物种、或者含有高移动性物种的种群或群落。例如,在田纳西州橡树岭 East Fork Poplar Creek 的冲积平原上进行了一项饲养鸟类的调查,由于具有一些高移动性的物种,因此它对生态风险评价结果没有一点用处。留鸟是高移动性的,而且通常活动范围仅限于一部分区域,所以不论留鸟的寿命及繁殖成功率有多高,所有具有合适栖息条件的地点都很快被占据了。当然,如果评价者的目的是为了评价整个地区种群的风险或者某个试剂在区域范围内的风险,移动性并不会造成约束。

解释：为了解释生物调查结果间的差异，在没有污染或者干扰的情况下，所量度的性质与被认为有显著性的效应数量级相比，应该稳定而且在相似地点应该保持一致。例如，众所周知，田鼠属啮齿动物的种群密度在没有任何人为效应的情况下，也随时间及空间变化剧烈，能达到数量级的变化。相反，河流中鱼类群落是相对稳定的，通常可以通过比较暴露群落同参照群落的差异来探测人为效应。

困难：显然，如果生物调查比较费时费力，或需要在过程中进行一些特殊的不合理的操作，或者必要条件并不具备的话，就不太适合进行生物调查了。例如，已经证明翠鸟种群繁殖成功率的测定非常困难，而那些群体巢居或者在空地筑巢的鸟类的繁殖成功率测定就相对简单（Henshel 等，1995；Halbrook 等，1999a）。再如，浅水河流中的鱼类种群可以简单精确地定量，但是大型水体中鱼类种群和群落的丰度不能量化或达不到许多评价者所需的精密度。

适宜性：所采用技术必须适合物种或群落、季节和目标生境，并且应该能得到适合风险评价目标的结果。

技术经验：在一些情况下，往往并不具备进行一项特殊调查所需的技术或者经验，那么只要简单改变一下调查技术或者终点就可以降低对技术的要求。例如，能够将底栖无脊椎动物辨认到种的技术人员是很稀缺的，但是能辨认到属的人员就有很多，而且这些技术人员几乎不需要培训就能在不知道底栖无脊椎动物名字的情况下把它们分类到较高的分类单元中。

调查结果：生物调查可能会对抽样种群或生态系统引起无法接受的损伤。对于稀缺物种的破坏性取样就是一个明显的例子。

数据相关性：即使一些数据不是由评价程序产生，但是仍具有较好的相关性及质量，那么这些数据还是具有相当的可用性，只是需要非常谨慎地分析和应用这些数据。例如，为了比较水库的质量，田纳西州河谷管理处采集了鱼类调查的数据。这些数据与其他系统中的其他水库相比，可以用于确定橡树岭保护区并没有改变 Watts Bar 水库中的鱼类群落，但它们不能用于推断已经被修复的海湾的风险（Suter 等，1999）。

25.1 水体生物调查

水体生物调查包括了固着生物、浮游生物、鱼类和底栖大型无脊椎动物（Office of Emergency and Remedial Response，1994b；Gibso 等，1996；EPA，1996a，1997a，1998b；Barbour 等，1999）。取样生物量的多少和取样方法一般都通过生物终点及其生境特征来确定。选择它们必须谨慎，从而保证调查点不仅包含了暴露的变化，同时须满足生境要求和调查生物的活动性所需要的系统的尺度。

生境的质量信息对分辨污染效应和自然变化非常重要。在调查设计中必须要有说明，而且应该尽可能对所有的点定量。相关的生境因素依赖于所调查的生物体类型。例如，光合有效辐射对藻类和固着生物调查很重要，植被类型和河流结构对鱼类调查很重要，而水化学特征（例如，pH、硬度和传导率）对所有调查都很重要。

生物调查在水生系统尤其是河流中的应用给风险评价者提供了有利和不利的条件。主要的有利条件是已经成功建立的方法和现有的调查技术，另外，一些州（如俄亥俄州）已经在建立生物评价程序，对群落类型的分类、参照条件的确定和损伤等级等都已进行了研究(Yoder 和 Rankin,1995b,1998)。主要的不利条件是监测和管理方案中所选择的量度和指数不适于污染场地评价和修复。特别的是,常用的生物指数如物种丰度都是针对分辨普通点或扰乱点而设计的(Karr 和 Chu,1997),它们对毒性效应不够敏感(Dickson 等,1992;Hartwell 等,1995)。用于风险评价的生物调查应该致力于生物效应的量度,这个效应应该对所评价因素敏感并且经过充分评价可以用于修复或治理行动。

25.1.1 固着生物

同鱼类和无脊椎动物相比,藻类和其他水生植物较少出现在生物调查中。除了河口物种之外,水生大型植物与终点物种相比,更易被认为是有害杂草。然而,固着生物普遍存在,它们构成了激流群落食物链的基础、与水直接接触、是固着的、对很多环境胁迫敏感、对水质变化的反应快速、比浮游植物更稳定、易于采样,因此早已被用作河流水质的指标(Rosen,1995)。固着生物在调查实践中也有着优势,它们不仅易于同某一场地相关,而且易于收集,只需从自然或者人工基质上面刮下即可。然而,向决策者说明固着生物在生物调查中的重要性,让其明白藻类群落中某一性质的改变对生态系统的不良影响还是具有一定难度的,尤其是当污染和扰动通常会增加光照或者营养水平从而导致藻类产量增加的时候更是如此。

固着生物样本可以从自然基质上采取,也可以从人工基质上获得(如磨砂载玻片)。人工基质的使用一般都是先放入水中一定时间(例如,2~4 周),然后取出用于测试。人工基质的主要优点包括易于应用、重复性好、组分差异少和相对丰富的可用量等。然而,它们是选择性地用于特殊物种的,结果可能不适用于全体固着生物。自然或者人工基质方法在管理部门中都有各自的支持者和反对者(Rosen,1995),应当根据相关因素来选择。

固着生物群落对微环境的反应差别很大,即使在单个取样点内也是如此,尤其是在石块或者其他自然基质上的更是如此。研究者可以从河流范围内同一个类型的采样点重复取多个样本以减小误差。对于水质评价来说,仅从浅滩和河道中采样通常已经足够,因为这些生境中的固着生物群落(尤其是流速在 10~20 cm/s 时)同池塘和边缘生境中的群落相比变化较小(Rosen,1995),而且在这些较软的基质上取固定生物样本比在硬基质上取样要困难和耗时。

效应的量度可能是结构性或者功能性的。结构量度包括分类学组成的量度和现存量的量度(生物量)。分类学组成的一般量度是物种丰度和相对丰度,要求计数足够的固着生物细胞以保证将不常见的种类也包括在内(Rosen,1995)。藻类的分类学鉴定至少应该到属,硅藻应该鉴定到种(Rosen,1995),因为硅藻常见、丰富,而且因为其硅质细胞膜而易于辨认。现存量通常用叶绿素、去灰干重、细胞计数和细胞体积来量度。虽然每个方法都有局限性,但是都可以用于暴露点和参照点的比较。结构特征的参数包括多样性参数和不同点之间的相似性参数。虽然这些参数可以联合其他结构量度使用,但是它们不能作为单独的固着生物结构量度。

用于固定生物的功能量度是初级生产力。初级生产力评价中最常见、应用最广的方法是基于氧气产量(O_2 方法)或者是放射性碳的吸收(^{14}C 方法)(Rosen,1995)。应用中应当选择最适合预算、逻辑和评价质量要求的方法。O_2 方法便宜、易于操作并且适用于野外实验,特别是微电极技术的应用简化并提高了氧气产量的测量方法。^{14}C 方法比 O_2 方法费用更高、操作更复杂、更难适用于野外实验。然而,它是初级生产力的直接量度,比 O_2 方法更为敏感(Rosen,1995)。

选择参照点时,所需测量和控制的物理化学性质包括:基质组成、流速、温度、光合有效辐射、溶解氧、传导率、碱度、硬度和营养水平。

25.1.2 浮游生物

浮游生物是指悬浮于水体中,有很小或者没有抵抗水流能力的藻类(浮游植物)和小型无脊椎动物(浮游动物)。浮游生物通常被用作淡水湖泊或者咸水生态系统水质的指标。它们普遍存在,同水直接接触,对多种胁迫敏感,对水质变化的反应较快,并且对水质有直接影响。然而,浮游生物的物种组成和丰度在短期内变化较大,所以除了营养负荷的长期改变效应之外,它们极少被用于效应测试。

浮游生物的采集方法取决于胁迫的期望分布,包括从不连续的深度采集或者在某一段深度范围或者水平距离内进行综合采集。采样方法包括网捞、泵抽提和采样瓶采样,一般可根据目标生物、目标深度和期望样本质量来加以选择。量度包括物种丰度、相对丰度和群落指数(多样性和相似度)。浮游植物常被认为是浮游生物群落的唯一代表,它们有足够的多样性用于各种胁迫的评价。在采集浮游生物样本的同时,还必须采集物理数据和水样数据(温度、光合有效辐射、溶解氧、传导率、碱度、硬度、污染物和营养水平),否则,很难将一大片开放水体中的暴露同效应联系起来。

25.1.3 鱼类

生物调查通常包括鱼类,因为它具有公认的价值,并对多种水体污染都有反应。另外,鱼类在调查实践中也具有一定的优势:它们对环境的要求是已知的,它们在低营养水平下所受影响及其识别都相对较为简单。采样方法有电渔法、网捞法、陷阱法,一般根据生境特点和研究设计来加以选择。相关的生境特点包括植被类型、河流结构、流速、pH、硬度、碱度、传导率和温度。

河流中通常采用的典型取样方法是电渔法,较少采用拖网法。通过将某一河段的上游和下游都用网隔开,并从该河段重复取样,就能达到高质量的物种出现率和丰度预测。结果一般采用每单位面积表示,而不建议用单位效应表示,因为后者不够精确。电渔法、拖网法或者袋网法应用于大型河流和江内采样,电渔法、刺网、长袋网和水下拖网都特别适用于湖泊和海域环境。安装在船上的电渔装置用于大河和湖中较浅的部分,比如岸线和湾中。由于无法限制鱼类在开放水体中的运动,因此只能相对测定鱼类群落的一些特性(例如,每单位效应的数量)。固定网是高度选择性的,所得结果不能同其他采样技术得到的结果相比较。

在美国,一般采用鱼类群落特性或者几种特性的参数综合作为效应的量度。这些特性可能包括物种数目、营养类群、物种或营养类群丰度、物种或群落生物量和尺寸分布。参数可能包括传统多样性参数或异质变量的算法组合。最著名的参数是生物完整性指数(IBI)及其导数(Karr 等,1986)。很多国家机构都推荐使用这些参数,并已用于水质管理项目中(Simon 和 Lyons,1995)。直接将它们用于风险评价中的效应评价有很多缺点,可以通过将参数分解为它的基本组成单位,从而极大地减小这些缺点

(Suter,1993b,2001)。单个鱼类种群的特性较少用作调查中的终点,但是当有在政策、商业行为、物种珍稀度或者其他方面非常有价值的物种出现的时候,这些单个鱼类种群的特点就非常合适了。合适的种群特性包括丰度、尺寸分布和产量。唯一常用的鱼种特性是总病理与畸形的频率。从群落调查中计数和测量鱼类较为容易,也是公众和风险管理者所关心的。USEPA推荐将物种丰度和相对丰度作为污染点鱼类调查的量度(Office of Emergency and Remedial Response,1994b)。

因为鱼类是活动性的,应该注意鱼类的活动范围与污染或扰乱区域的相对大小。据此,同湖泊和河口相比,鱼类调查更常用于河流中,因为鱼类在河流中的活动是相对受限的。当运动有影响的时候,可能需要多关注一些相对固定的种(如太阳鱼),而不是可能会被一些高活动性或者群居性种类(如西鲱等)影响的群落特性。

25.1.4 底栖无脊椎动物

底栖无脊椎动物调查通常也用于生态风险评价。因为它们普遍存在、是水生食物链的重要组成部分、与水或者沉积物直接接触、相对固定,并且对很多因素都敏感。

河流中的底栖无脊椎动物通常从浅滩或者水流中的卵石基质上面采集。目前已有完善的采样技术,而且结果与其他相似的采样点也有可比性(DeShon,1995)。浅滩群落暴露于水体的污染物和其他条件(如温度)之下,但是较少暴露于沉积物中的污染物。浅滩中的底栖无脊椎动物主要通过在污染水体中呼吸进行暴露,反之,沉积物区域的底栖无脊椎动物通常是生活在被污染的沉积物中,可能会会摄入沉积物。上覆水的呼吸作用可能对于沉积物栖息生物仍然是一个重要的路径,尤其是那些在洞穴内换水的物种(例如,$Hexagenia$ 蜉蝣),但是也不排除同沉积物相关的其他路径,包括沉积物孔隙水的呼吸作用。

对田纳西州内多条河流的浅滩两侧和深水处所做的一次调查证明,仅对浅滩但没有对深水区进行生物调查会产生误导性的结果(Kerans 等,1992)。很多实例表明,根据浅滩两侧和深水处的调查结果可以将它们按照人类的影响进行分类,分类结果与基于鱼类群落指数的结果相一致。当浅滩和深水处分类不一致时,几乎总是深水处的结果与采用鱼类群落指数进行的分类相一致。因此,当目标污染物可能是颗粒态的时候,除了浅滩群落之外,可能需要调查沉积物区域的底栖无脊椎动物群落。当然,当沉积物沉积区域占河流生境的比例相对较小的时候,就不需要另外再做沉积区域的调查。例如,由于田纳西州橡树岭保护区内的 Upper East Fork Poplar Creek 的沉积物沉积区在总有效生境中所占的比例小于 5%,因此在生物调查中就没有对这些沉积区的底栖无脊椎动物群落进行调查(DOE,1995)。当然,在这种情况下,需要做初步河流调查来测量沉积物区域的尺寸、分布和总表面积。这已被证明是对于选择评价终点、生境和暴露途径的详细分析很好的工具。

调查方法有定性(例如,用 D-框架网在所有的生境中采样)、半定量(例如,采用尼龙网如 kicknet 对一段特定时间或者特定距离内的样本进行采集)和定量(使用 Surber 采样器取 $0.1 m^2$ 的样本)三种,它们之间有严格的差别。Kerans 等(1992)比较了田纳西州内多条河流的定量调查和定性调查,发现定性调查并没有发现定量调查所发现的人类影响,这可能是由于定性调查的平行样太少的原因。定量调查每个点都有 3~8 个平行样,定性调查只有采样时间为两小时的混合样本。可见,评价者应当选择定量调查,并且设置多个平行样的调查方案。污染场地的初步评估可能仅会采用定性和半定量的调查,从而可以确定一些无脊椎动物群体的出现与否,并提供定性的分类丰度和半定量的丰度预测。最终风险评价则应包括群落量度的、定量的、多次平行的评估。确定性评价也应当考虑在采用人工基质进行定量取样的同时也进行所有生境的定性取样(DeShon,1995),因为人工基质是有选择性的,并不能代表某点内的稀有种类或者实际的种类丰度。

底栖无脊椎动物调查所得的数据通常由物种个体计数或者较高分类级别的计数组成,有些情况下还包括生物质量。可以简单地应用单个分类的数目或者生物量作为结果。或者,可以从这些数据中得到物种丰度(如果一些种类不能鉴定到特定水平的话,也可以采用分类丰度)或者其他多样性参数、总数和生物量等。这些参数可以整合进某个多参数指数中,比如俄亥俄州无脊椎群落指数(DeShon,1995)。蜉蝣目、襀翅目、毛翅目(EPT 类)三目的总丰度也是一个常用的指标,但是这是基于这些分类对有机物负荷和淤积的敏感性,可能同污染场地的污染物并不相关。例如,白杨河中敏感的蜉蝣目生物 *Hexagenia limbata* 丰度很高,也受汞污染和多氯联苯(PCB)污染较为严重,因此,*Hexagenia limbata* 对它的掠食者构成了一定的风险(Baron 等,1999)。另外,一些水体本身不适于 EPT 类生存,即使它没有受到污染,EPT 类也较难在其中生存。USEPA 推荐使用生物质量、物种丰度、密度、多样性和相对丰度作为底栖无脊椎动物调查的指标(Office of Emergency and Remedial Response,1994a)。功能性量度参数在这里直接应用较少,但我们假设它们与这些结构性量度参数相关而间接得以应用(Clements,1997)。

Kerans 和 Karr(1994)评估了底栖无脊椎动物群落作为河流生态状况指标的 18 个特性,发现它们对不同的人类影响都有反应,所以认为这 18 个特性都应该得以应用(Kerans 和 Karr 1994)。虽然如果考虑到每个特性状态的合理解释,对于污染场地来说,所有 18 个特性都应该得以应用是一个合理的方法(范例参照 Kerans 和 Karr,1994),但是重点应当关注同测试终点相关的特性上。Carlisle 和 Clements(1999)发现种类丰度测试是评估落基山脉河流中金属污染最敏感和统计学上最有力的量度,但是丰度分布通常对金属污染不敏感或者变化剧烈,一般需要特别关注对金属敏感的蜉蝣目生物的物种丰度。

在底栖无脊椎动物生物调查中极少考虑种群和生物体的特性。然而,在一些情况下,特殊敏感种和有价值物种的丰度可能会是终点。一个典型的例子就是美国罗得岛州 Quonset Point 中野鸭蛤(*Pitar morrhuana*)的丰度(Eisler 1995)。

确定采样点有机质含量、上覆水深度和其他可能影响到底栖无脊椎动物群落的特性很重要。铵浓度的增高很常见,而且很可能会引起同污染无关的毒性。即使是在重污染点,生境的改变可能要比污染浓度对无脊椎动物群落特性改变的影响要大(Jones 等,1999)。

同沉积物污染和沉积物特性关系最大的是空间的差异,而不是时间的差异。在有相对稳定沉积物的慢流体系中更是如此。用于沉积物分析的样品应当与生物调查的采样点尽可能接近。理想状态下,每个水底调查样本中的二次取样(包括平行样)都应当进行污染物和沉积物特性的分析。然而在实际操作中,一般很少进行污染物分析,只建议进行相对简单而且耗费较低的沉积物特性分析。推荐使用的沉积物质量特性包括粒度(沙子、淤泥、黏土的百分率)、有机碳含量、氨和pH。与含沙量和淤泥等主观和定性的指标相比,应当尽可能首选粒度分布等定量测量指标,从而使评估人能更好地进行同次研究或它次研究的比较。同时,也拓展了评价者进行风险表征的技术。例如,Clinch河的底栖无脊椎动物评价就采用污染物和生境特征的水底调查数据的多次回归分析作为说明变量(Jones等,1999)。

另外,水质可能影响底栖群落,而且这种影响可能随时间变化显著,因此也应该采水样以评估其典型暴露风险。

25.2 陆地生物调查

陆地生物调查比水生生物调查要少见得多,一方面是陆地生态风险评价的投入较少,另一方面是在美国陆地生物调查尚未有类似于水质生态调查的标准、或者基于调查的土壤或者空气质量标准,已有的调查方法并不完善,通常必须建立专门的新方法,或必须从资源管理或者研究方法改变而来。

25.2.1 土壤生物调查

虽然土壤样本取样并不困难,但是土壤群落调查要比水生群落调查少。生态风险评价几乎不用土壤无脊椎动物、土壤微生物和土壤过程的调查结果,仅在 Menzie 等(1992)和 Jenkins 等(1995)所做的研究中可见相关的例子。调查土壤生物的方法包括:① 收集土壤样本,之后在实验室内提取其中的物种;② 提取土壤中的生物,例如,采用芥子气溶液提取;③ 采用陷阱诱捕生物。其中②的定量效果最差,因为芥子气可能会驱出非目标深度土壤中的生物。虽然目前大部分相关调查都集中于无脊椎动物(Paine 等,1993;Pizl 和 Josens,1995),但微生物群落特性、元素转变和垃圾填埋也有相关的调查(Jackson 和 Watson,1977;Strojan,1978;Tyler,1984;Beyer 和 Storm,1995)。土壤生物的丰度和组成取决于土壤性质(Nuutinen 等,1998),所以风险评价者必须谨慎确定合适的参照点。

25.2.2 野生生物调查

适用于野生生物野外数据收集的方法很多,有直接观察、诱捕、模拟发声、踪迹计数、网捕以及引诱等(Bookhout,1994;Heyer,1994;Wilson,1996;Suter 等,2000)。这些方法可能会得出一些对生态风险评价有关的数据,有助于阐明效应的产生、本质和数量。野生生物调查可能会得到出现/未出现、丰度和年龄结构数据,同时也可以得到用于暴露模型的野生生物的饮食习惯。通过污染点和参照点之间数据的比较,可以区分由污染暴露引起的效应与种群波动或者生境改变等引起的效应。另外,集群筑巢的鸟类同样也可以用于污染或者其他因素效应的调查(Giesy 等,1994b;Henshel 等,1995;Ludwig 等,1996;Halbrook 等,1999b;Custer 等,2003)。

野生生物调查与植物和无脊椎动物调查不同,它需要对那些发现已经死亡的、衰弱的以及垂死的动物进行解剖检查(US Geological Survey,1999)。解剖技术的发展和野生生态学对生物体本身的关注使得这些研究成为可能。例如,水禽的尸检就是Coeur d'Alene 流域铅矿开采评价的一部分(Henny,2003)。虽然采用随机收集的生物体进行尸检，所得结果具有一定启发作用，但是如果数据对评价有用通常还需要有计划地从相关污染点和参照点收集其他生物体，以确定病理学和体重的分布和频率。

25.2.3 陆生植物调查

植被为所有的陆生群落提供了栖息地，在污染或者被扰乱点对植被进行调查和勘查特别重要，即使在问题出现之前也是如此。由于植物是固定种植于土壤中，它们同所在地的环境明确相关，同时也易于采样。如果植物种群或者群落是评价终点，那么生态调查可能就是一条合适的风险评价的证据链。然而，目前仅有极少的生态风险评价是基于植物调查数据的。USEPA 已经提供了相关指南（Environmental Response Team, 1994b, 1996），推荐了采用密度、覆盖率和频率等作为植物种群和群落效应测量的量度。Galbraith 等(1995)和 LeJeune 等(1996)采用了乔木、灌木、非禾本草本植物和草的覆盖百分率的横切面测量，评价了蒙大拿州 Clark Fork 河漫滩和 Anaconda 的植物群落风险。相似的是，Beyer 和 Storm(1995)对维管植物、苔藓、地衣进行了调查，发现了宾夕法尼亚州 Lehigh Gap 地区锌污染土壤的严重效应。

植物因其初级生产力的作用而变得有价值，并且具有生态学上的重要性，因此植物生长和产量的测量可能对具有污染土壤或者浅层污染地下水的地点特别有用。USEPA 推荐使用树芯作为测定污染对树木生长影响的方法（Environmental Response Team, 1994c）。年轮的宽度可能会说明污染物的效应，但是由于干旱、霜冻以及其他环境因素的混杂影响，需要由有经验的树木年代学者对污染物效应做出解释。当植被是草本的时候，USEPA 推荐通过重复剪下并称量植物的地上部分来确定生长量（Environmental Response Team, 1994a）。

必须强调的是，几乎没有任何一个风险评价能够允许长期的植被重复采样。植被调查的有效性依赖于观察效应是否能同参照区域或参照点（初期污染）相关。虽然树木年轮采样提供了时间序列（每棵树都是自己的对照），但草本植物的效应识别通常仍需要进行多次抽样。因此，森林林下叶层、老油田、或者草地的有害效应通常不能明显地来自于单个植被调查。

如果观测到有不健康的植物或者无植被的区域，需要提一个问题以确定该调查的有用性，这个问题是"除了污染之外，是否有其他因素能够解释枯萎的树叶或者其他有害效应？"。这些因素包括季节性、营养不足、昆虫取食、冬天路面盐的使用、酸雨、臭氧、干旱、放牧压力、火灾或者临近土地水文格局的改变等。例如，橡树岭保护区的 Bear Creek Watershed 的森林树木的有害影响就是多方面的，当观察到它受到有害影响时，就不能简单确定树木死亡的原因为污染、水文改变还是临近区域的砍伐。有时候，特殊的毒性症状可能与特殊的污染物相关。例如，棉花的"皱叶"是与锰相关的，大豆叶片上紫色的积累是镉污染的信号(Foy 等，1978)等。然而，这些症状不能套用于其他物种，因为大部分毒性症状，例如生长停滞和萎黄是很多毒物和营养不良的共有特征(Skelly 等，1990)。

在植被调查中应当取得原始土壤特性数据，包括相关地区的主要植物营养、pH、有机质含量、粒度分布、容重和盐度。这些因素能单独或共同解释不同地点植物参数的差异。

25.3 生理学、组织学和形态学效应

生物体能够指示毒性效应的生物化学、生理学、细胞特性效应通常称为生物标志物。由于它们几乎不能明确地与构成大部分生态风险评价的评价终点的明显效应相联系,所以生物标志物的应用受到了限制。虽然有学者推荐,应以所有可见的生物标志物反应的消除为修复目标(Depledge 和 Fossi, 1994),但是管理者往往并不会因为还存在一些生物标志物的反应(如酶的诱导)而进行管理,即使对人类的管理也是如此。

生物标志物的效应在生态风险评价中可起到配角的作用。在特殊情况下,特定化合物、某一类化合物或者某种作用模式的生物标志物会支持表观效应是由特殊污染物引起的推论(第4章)。例如,水禽血液中氨基乙酰丙酸脱氢酶(ALAD)的活性可以用于诊断铅毒性(Henny, 2003)。如果生物标志物的效应能够与种群水平的反应定量相关,那么即使那些不具有特别诊断学意义的损伤也可能比较有用。例如,田纳西州橡树岭保护区内 Poplar Creek 湾内的大口黑鲈性腺的组织学损伤不具有特别的诊断学意义,但它支持了鱼类丰度和物种丰度的降低是因为毒性而不是生境特征的推论。当生物标志物用于支持同原因相关的推论的时候,必须将它们的水平或者频率与污染物浓度相联系,这是十分重要的。

总病理学比如肿瘤、病变和骨骼畸形在生态风险评价中比生物化学标志物更加重要。它们是公众关注的共同源头,尤其是它们出现在观赏或商业性的鱼类身上时。当采集鱼类样本用于化学分析或者生态调查的时候,总病理学的频率很容易确定。化合物或者一类化合物的特征病理也会引起病理学本身和其他种群和群落效应的产生。

25.4 生物调查的不确定性

生物调查潜在地提供了不同暴露水平的效应的直接估计。但首先需要考虑的不确定性是对评价终点进行评估时的采样方差和调查结果中的偏差。采样方差可采用常规统计估计,偏差一般必须由专家判断来估计。

当采用生态调查结果来估算未调查点的效应时,就带来了更大的不确定性。估算方法一般可采用内插或外推的方法。内插法的一个典型例子就是利用河流中某几个采样点的鱼类调查的结果,估计采样点之间区域的效应。外推法的例子是使用一个污染河流的调查数据来估计另一条有同样污染的河流内的效应。在差异最小的情况下,这种外推法中的不确定性与未污染河段的鱼类群落自身的差异大致相当(例如,内插法的上游群落或者外推法的区域参照群落)。此外,化合物形态、随时间变化方式等引起的有效污染暴露的变化都是生态调查不确定性的来源。

25.5 小结

生物调查用于确定某一点是否是生物学上的受损,或者用于评价某点或某地区的暴露-反应关系。虽然这些方法本质上具有可操作性,但是由于暴露过程和环境条件的

一些不可控性,因此所揭示的表观因果关系通常具有误导性(第4章)。另外,由于种群和群落具有内在变异性,大多数方法存在不精密性,小样本量的代表性不佳,还有缺少时间序列等原因,效应在被正确地测定之前,通常必须足够大。因此,必须在确定所采用的方法可以用于检测到对决策者或利益相关者都具有重要意义的效应水平之后,才能接受否定的结果,这尤其重要。总之,采用生物调查同时必须结合实验室研究结果和模型,这样才可使生物调查的现实性与其他证据链的清晰性和敏感性进行比较(第32章)。

第 26 章
生物个体水平外推模型

> 过去的生活当然简单一些……那时我们可以利用安全因子评估风险。
>
> Doull(1984)

大多数情况下,生态风险评价必须依据于物种、生命周期、组织水平和反应数据,而不是那些用评价终点说明的数据。某些情况下,所关注的物质并没有可用的生物暴露-反应数据。例如,期望终点是溪红点鲑的产量时,我们只有黑头呆鱼的 LC_{50} 或者只有化合物的结构。因此,采用基于假设或者统计分析的外推模型,将现有数据外推到终点物种或群落以及估计种群或生态系统模型的参数是很重要的(第 27 章和第 28 章)。

26.1　结构-活性关系

关于化合物的生物效应是其自身结构功能这一点是不证自明的。因此,经验模型已用于从结构模型预测药物的药理学效应、杀虫剂的预期毒性效应以及一些化学物质预期之外的毒性效应。这些称为结构-活性关系的模型(SARs)通常用于在无法得到实验数据时对效应的预测。SARs 可能是定性的,但是大多数可用的模型都是定量的(QSARs)(QSARs 也用于预测归趋的相关参数;第 22 章)。

SARs 可能用于化学物质归类或者对它们毒性的预测。化学物质可以根据它们是否具有致癌作用、雌激素活性或者致畸作用来分类。这些信息可能用于化学品发展或者注册时将其否决,或者确定其潜在的试验终点来设计试验。化学物质也可以根据它们的作用模式或者作用机理来分类(MoA;第 7 章)。如果一种或者一类化学物质可以同特殊 MoA 相关的 QSAR 拟合,它就可能是这种 MoA。这些信息可能用作确定采用浓度加和还是剂量加和模型,来作为预测这些化学物质混合物效应的基础(第 8 章)。MoAs 包括麻醉、呼吸解偶联和乙酰胆碱酯酶抑制。采用 QSAR 预测毒性可直接用于定量预测没有试验或试验不可靠的化学物质的风险。生产者用它们在化学物质开发早期确定新的化学物质是否具有明显的毒性效应。它们在很多国际性的管理文件中都有应用,但是通常限制在筛选应用上面(Cronin 等,2003)。例如,在 USEPA,QSARs 用于筛选工业化学品以确定其是否需要进行试验(Nabholz 等,1997;Zeeman,1995)。

26.1.1 SARs 的化学域

在 SAR 发展和使用中,理论上更困难的原因之一是域的鉴别,也就是得到 SAR 和 SAR 应用的化学物质范围。最常用的方法是鉴定一些被认为类似的化学物质,如脂肪族烃和苯酚类等。同类化合物是一组具有共同毒性中心的功能基团的化合物。毒性中心的例子包括胺、羟基、巯基和羧基基团。USEPA 定义用于筛选工业化合物的域的例子包括脂肪胺类、二硝基苯类和酞酸酯类(Nabholz 等,1997)。基于人工智能的运算法则也已用于专家判断,以建立基于毒性中心的化学物质分类(Klopman 等,2000)。

或者,可以根据组成化合物的 MoA 确定域(Drummond 等,1986)(第 7 章)。这比使用化学物质分类更加可靠,因为一类化学物质中的化学品可能有不同的作用机理(Russom 等,1997)。因此,一种化学物质可能属于一个明确定义的分类,然而它的毒性可能不能用该类模型进行预测。例如,酚类通常描述为具有麻醉物质 MoA(例如,低毒性),但是大多数酚类具有对黑头呆鱼毒性更大的作用模式(图 7.1)。这种方法的困难在于必须对化合物进行研究以确定其 MoA。一些研究通过报道生物体内多种物理和生理的反应来确定多种作用模式(Bradbury 等,1989),而对于其他确定特殊的作用模式的研究,如 Ah 受体或者雌激素激动剂,则通常是进行体外试验(Wenzel 等,1997;Schmieder 等,2000)。体外方法必须谨慎使用,因为化合物的新陈代谢可能会改变 MoA。另外,一个化学物质可能具有不止一种 MoA,已确定的作用模式可能不如未确定的模式重要。

26.1.2 SARs 的方法

所采用的基本方法是专家判断。判断通常是必需的,但是某些情况下这些方法已经用于建立评定化学品活性的规则系统(Walker,1993;Karabunarliev 等,2002)中。判断可以用于定量,但是更经常用于定性预测某一化学物质是否具有某种特殊性质或者将其划分到某一类型中(例如,易于进行生物积累)。定量的一个例子是采用判断确定哪个已试验的化学物质同未试验化学物质最相近;哪个化学物质的活性数据用于替代缺失数据。

建立 QSAR 模型最常见的方法是回归建模。采用一类化学物质的毒性终点数值比如黑头呆鱼 96 h LC_{50} 对化学品的某一特性做回归。生态学 QSARs 中最常用的特性是辛醇-水分配系数 K_{ow}。它应用广泛,因为对于一组有相同作用模式的有机化合物来说,毒性很可能是由吸收速率决定的,而吸收速率又是由疏水性决定的。一个经典的例子就是天然有机物对鱼类的 14 d LC_{50} 的 Konemann(1981b)模型:

$$\log(1/LC_{50}) = 0.87 \log K_{ow} - 4.87 \qquad (26.1)$$

随后,Veith 等(1983)发现对于 96 h LC_{50},模型在较高 K_{ow} 值时是非线性的,因为大分子量化合物的低吸收速率使急性暴露中化合物在生物体内无法达到致死水平:

$$\log LC_{50} = -0.94 \log K_{ow} + 0.94 \log(0.000068 K_{ow} + 1) - 1.25 \qquad (26.2)$$

这些模型采用基线麻醉作用模式描述了对鱼类的毒性效应(节 7.1)。

一个通用的有机化合物毒性回归模型是:

$$\log(1/C) = a(\text{疏水性}) + b(\text{电性质}) + c(\text{空间性质}) \qquad (26.3)$$

式中:C 是浓度;a,b 和 c 是拟合参数(Hansch 和 Fujita,1964;Walker 和 Schultz,

2003)。疏水性通常由 K_{ow} 表示;电性质可能包括电荷、pK_a、量子化学参数及其他参数等;空间特性包括尺度和形状参数。浓度通常采用摩尔数表示而不采用质量表示,因为对于一个特定的作用模式,效应通常与可能到达受体的分子数目相关,而不是同质量相关。

26.1.3 SARs 情形

目前 SARs 在生态毒理学中的应用就像在毒性试验中一样,仍然是用简单的统计方法将效应同外部暴露(通常是浓度)相联系(Walker 和 Schultz,2003)。这种方法在 USEPA 的 ECOSAR 软件中有概述,该软件包括了 40 多种化合物的超过 100 个的 SARs(http://www.epa.gov/oppt/newchems/21ecosar.html)。进一步的应用发展应当包括更多的慢性效应和更多种类的效应,尤其是陆生物种的效应。另外,应用于管理目的的 QSARs 还需要对其质量进行扩展和保证,包括更高的透明度、更明确的终点定义、分子描述、域以及更多的机理基础(Eriksson 等,2003)。采用多元方法可以达到这个目的,该方法使用大量分子描述符将化合物的作用模式进行分类,然后建立 QSARs 来预测效应水平(Vighi 等,2002)。

进一步的发展可能会涉及生态毒理学计算的建立,就像当前在药理学中的实践那样。SARs 用于得到毒物动力学和毒物代谢模型的参数,这些模型可以模拟摄入、代谢、分配、排泄和化合物的效应等(Yang 等,1998)。在较新的版本里面,可以像在药物设计中一样,估算潜在有毒化合物的分子模型和生物体内多种受体之间的结合能,而结合能可以预测特殊效应(Raffa,2001)。同药理学家相比,对于毒物学家来说这样更加困难,因为受体通常是未知的。Ah 受体是二恶英类化合物的靶点,也是少数几个已知的受体之一(Mekenyan 等,1996)。

26.2 效应外推方法

大多数效应分析都是采用少数几个物种生命周期内的几个反应或者几个生态系统反应的小组数据开始分析的。因此,评价者必须从少数的数据外推到构成评价终点的实体和反应上面。机理模型更常用于外推种群和生态系统水平的终点(第 27 章和第 28 章)。在这种情况下,必须用已有的数据估计模型的效应参数,而且同样的假设、因素和统计模型也用于外推法中。已经有众多不同的外推模型建立起来,但是它们的应用具有偶然性,而且关于这些模型的适用性目前也没有定论。

这一部分说明建立外推模型的主要方法,并讨论用于特殊介质和分类的模型。虽然每个方法都可以用于任何评价中,但是由于现有数据约束和不同学派的毒物学家传统不同,不同的外推方法用于不同的背景中。

26.2.1 分类和选择

假设终点物种、生命周期以及反应等价于大部分敏感性试验,或与其分类等其他因素类似的试验。这种试验终点的分类和选择过程是最简单最常用的外推方法。在选择中,必须根据一些分类系统来判断相关物种是否有足够的相似度。例如,植物通常根据生长类型分类,USEPA 将淡水鱼分为暖水种和冷水种(Stephan 等,1985)。然而,物种经常通过分类学划分的。基于不同分类物种的 LC_{50} 值的关系所做的研究表明,对于淡水鱼和海水鱼类以及节肢动物,同一属内或者同一科内的物种是类似的。这表明在假设有试验误差的情况下,可以把它们看做是等价的(Suter 等,1983;LeBlanc,1984;Sloof 等,1986;Suter 和 Rosen,1988)。对于陆生维管植物也有同样的结论(Fletcher 等,1990)。敏感性的分类学方式在实际应用中是很重要的。例如,游隼和秃鹫的 DDT/E 观测水平都不高,针对相同目的采用其中一种做实验之前,根本不足以说明其繁殖效应(Lincer,1975)。在选择中需要考虑的其他问题包括试验质量、试验条件同野外条件的相似性以及所测定反应的实用性。

实际上,这种方法表明最敏感或者最相关的试验生物和条件是野外终点的替代品。替代是除毒理学之外用于生态风险评价的一个定义。例如,当评价一个生物防治剂的使用时,评价者需要考虑所试验的非靶生物是否是物种、生命周期和环境中的暴露条件等的合适替代品。

这种方法的优点在于它的简单。任何情况下,都必须选择最合适的试验结果,并且不对数据采用任何外推模型,就可以避免副作用和争论。缺点是所得的试验数据通常不是评价终点反应的合适替代品。当基于有力的证据时,数据选择是最有说服力的。例如,可以采用对鸡晶胚发育失败率的阈值剂量预计二恶英类物质对鸟类的风险,因为有大量相关证据表明它对鸟类有临界反应,而鸡是敏感物种(Giesy 和 Kannan,1998)。

26.2.2 因子

第二个常用的外推方法是用一个数值参数与试验终点相乘或相除。这些因子都被称为评价因子、外推因子、安全因子及其他因子。这个外推方法称为正式外推模型。

$$E_e = aE_t \tag{26.4}$$

式中:E_e 和 E_t 分别是终点和试验的有效暴露水平;a 可以通过统计来预测(26.2.5 节)。然而,在实际应用中,化合物管理采用的因子是基于经验和判断得到的(表 26.1)(OECD,1992;Zeeman,1995)。该数学模式因为简便而被选用,模型的精密度是十进制。虽然这些因子经常受到质疑,但是它们对管理评价者很有用,而且能够通过法规审查。

表 26.1 USEPA 污染预防与毒物办公室在工业化学品评价中采用的用于估计相关水平的评价因子。用最低毒性数值除以合适的因子来设定环境暴露的相关水平[a]

现有数据	评价因子
有限(比如,只有从 QSAR 预测得到的急性 LC_{50})	1 000
急性毒性的基本集合(鱼类和水蚤的 LC_{50} 和藻类的 EC_{50})	100
慢性毒性	10
现场试验	1

来源:Zeeman MG,详见:Rand G ed., *Fundamentals of Aquatic Toxicology: Effects, Environmental Fate, and Risk Assessment*, Taylor & Francis, Washington, DC, 1995。

a 一个从这个集合中推出的更复杂的集合应用于欧洲的研究中(CEC,1996)。

有时,外推中会采用多重因子。例如,可能会采用一个种间差异因子,一个急性/慢性因子,一个实验室/野外因子等,它们通常是相乘关系。

$$E_e = a_1 a_2 a_3 \cdots a_n E_t \tag{26.5}$$

将 n 重外推合并到一个公式中。安全因子的相乘链表明它们会一起出错:同终点物种相比,试验物种有最大抗性,有很大的急性/慢性比,野外条件通常对毒性有益等。因为这些保守性,这样的因子链应用不如以前广泛。然而,它们比一体化因子有优势,即可以清楚地了解哪些外推不合适,而且它们的保守性可能适于筛选评价或需要进行特别预防的情况。

因子的首要特点是它们的灵活性。我们可以随意除以 10, 100 或者 1 000。然而,不同于简单的数据选择,因子允许对不合适的数据作出调整。因子的使用很广泛,有人认为并没有证据表明更复杂的模型能够做得比因子更好(Forbes 和 Forbes,1993;Forbes 等,2001)。它们最大的缺点是大部分因子是由经验得到的,它们的使用会导致某个数值被认为是安全的,但是并不能同某个特殊效应明确相关(Fairbrother 和 Kapustka,1996;Chapman 等,1998)。因此,它们最适于进行筛选评价(第 31 章)。

26.2.3 物种敏感性分布

物种敏感性分布(SSDs),一开始是用于评价水质标准以保护部分物种的,现在在生态风险评价的外推模型中其应用也越来越广泛(Posthuma 等,2001)。SSDs 拟合的是物种反应的暴露-反应模型,而不是像传统毒理学那样对生物体的反应进行拟合(第 23 章)(图 26.1)。多物种试验终点值的分布百分点用于表示能够影响暴露群落中该百分点的生物时的浓度或剂量。例如,如果一个化合物对鱼类暴露的 LC_{50} 值正常分布 (m_t, s_t),那么该地域中的物种若暴露于浓度 m_t 的化合物下 96 h,一半的物种应该出现大量死亡。在美国(Stephan 等,1985)和荷兰(Kooijman,1987),建立这种方法是为了得到水质标准。它已被多次推荐作为生态风险评价技术(OECD,1992;Suter,1993a;Baker 等,1994;Parkhurst 等,1996a;EPA,1998a;Ecological Committee on FIFRA Risk Assessment Methods,1999a,b)。

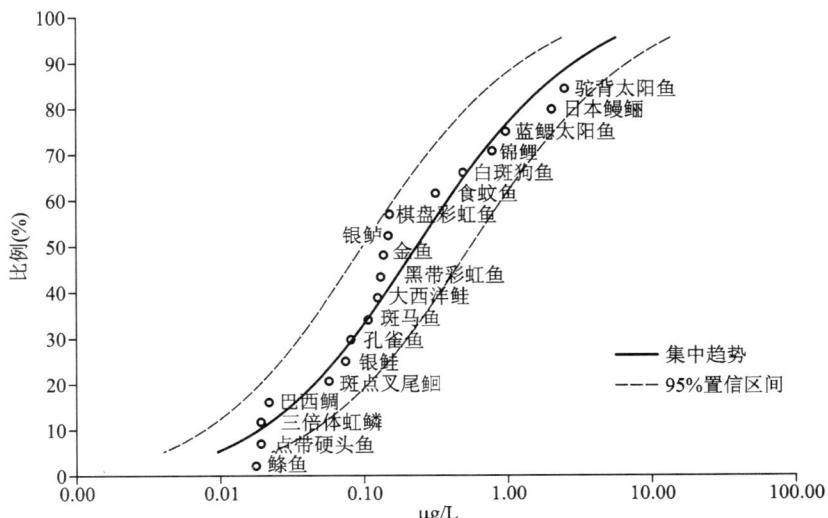

图 26.1 物种敏感性分布(SSDs)的应用实例,本例是水生脊椎动物的比例与温热软水中(<60 mg/L 而且>15 ℃)的铜之间的反应关系的逻辑斯蒂函数。(Patricia Shaw-Allen 惠赠。获得许可。)

当 SSDs 用于预测给定暴露水平下的效应水平或者预测特定效应水平的暴露水平时,通常可以采用逻辑函数或其他函数来拟合它们。如果数据非常规则的话,函数选择所产生的区别可以相对忽略(OECD,1992)。分布拟合和百分点计算都可以用暴露-反应建模的任何一个统计软件完成(23.1.2节)。如果是用于支持基于位点特异性数据的风险评价或者支持某个因果分析的话,大多数情况下经验分布是合适且简便的。因为现有的很多数值还不能由参数函数很好地进行拟合,经验分布甚至可以提供更好的数值估计(Newman 等,2000)。

SSD 中物种的回归或者划分已经成为争论热点。在欧洲,采用全物种是很常见的做法,但是 USEPA 只选用多细胞动物来获取水质标准的 SSDs 及许多其他的推荐集合(例如,鱼类、节肢动物、其他无脊椎动物和藻类)。一个普通分布的物种集合提供了更多定义模型的数据。然而,不同的分类有不同的敏感性,特别是对杀虫剂等具有明确作用模式的化合物更是如此。在极端情况下,这会导致明显的重复模型分布(图 26.2)。因此,对 MoA 的了解和分类学关系应当用于确定是否和如何将数据集分解。

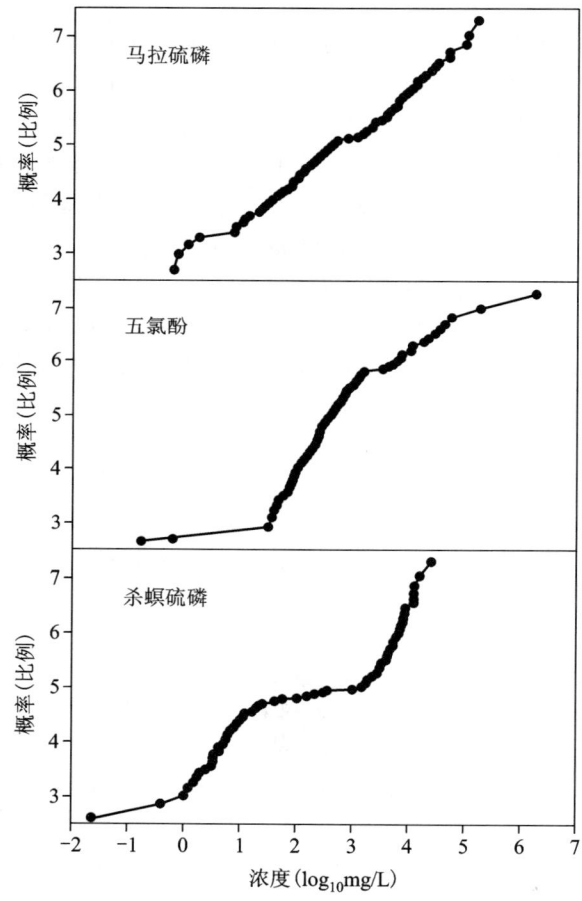

图 26.2 物种敏感性分布(SSDs)说明了同拟合标准函数相关的问题。马拉硫磷的 SSD 在对数概率图上是一条直线,所以可以采用标准的正对数分布进行拟合。五氯酚比预期有更高的敏感性和不敏感性物种。杀螟硫磷的 SSD 是双峰的,这表明不同的物种有不同的作用模式或者不同的定量代谢动力学。(引自 Newman MC,Ownby DR,Mezin LCA,*et al*. in *Species Sensitivity Distributions in Ecotoxicology*,Posthuma L,Suter GW Ⅱ and Traas TP eds.,Lewis Publishers,Boca Raton,FL,2002。获得许可。)

因为 SSDs 的广泛使用,而且它们比数据选择或因子技术更加成熟,SSDs 已经就其技术基础和实际应用接受了细致的评论(Forbes 和 Forbes,1993;Smith 和 Cairns,1993)。这些评论涉及从实际应用(例如,最小物种数)到概念(例如,采用单物种数据代表生物群落的妥当性)的不同范围,Suter 等(2002)有详细论述。

SSDs 的一个优势是它采用了所有适当的标准试验结果。此外,SSD 还可以通过描述群落或者分类中某一物种的反应分布来解释。这个方法的主要局限性是必须用足够的物种进行试验以定义 SSD,而且这些物种应该是群落的代表。当得到水质标准的时候,USEPA 要求至少从 8 种不同科中挑选出 8 个物种而且它们在某个指定意义上必须是分散的,但是荷兰的管理评价中 SSD 要求至少使用 4 种物种。用大量的慢性毒性数据来建立慢性 SSD 的化合物相对较少。现有数据较少时建立 SSDs 已经有灵巧的方法了(Aldenberg 和 Luttik,2002;deZwart,2002)。然而,这些方法增加了很大的不确定性,所以应当对其他外推方法予以考虑。

另一个可能存在的问题就是,如果介质或者试验条件是变化的而且对分布有影响的话,分布就包括外来变化了。即,分布范围比物种敏感度要宽,因为它包括了由条件和试验方案引起的变化。事实上,SSDs 外推的一个末端是它代表了试验误差,而物种间固有的敏感性误差是可以忽略的(Van Straalen,2002a)。因此,必须谨慎处理误差来源和 SSDs 的解释。对于水生毒性,外部误差可能很低。因为水生毒性效应的最佳方式和终点是一致的,所以方法误差是相对较低的。另外,试验水化学条件的误差是相对较低的,尤其是硬度和 pH 标准化或者形态模型用于金属和电离化合物时更是如此,所以其物理差异也是相对较低的。对于一些化合物来说,数据已经足够可以从确定的条件范围内得到 SSDs(Shaw-Allen 和 Suter,2005)。然而,因为沉积物和土壤试验数据较少,而试验和调查方法以及终点是高度差异的,不同介质的结构和化合物差别很大,而且没有可行的标准化方法可以使用。所以,物理和方法误差可能是沉积物和土壤效应分布误差的两大方面。方法误差是外来的;而物理误差是土壤或者沉积物自然的特性,也可以认为是外来误差。但是,如果有人进行生态系统观测的话,由生态学和物理学误差引起的分布可以认为是水下生态系统敏感性、土壤植物系统敏感性等。这些误差来源有望能够通过方法标准化和土壤、沉积物浓度标准化来消除(第 22 章)。

虽然 SSDs 用于描述化合物,它也可以用于评价其他因素。例如,野生生物物种对航空器飞行的行为反应百分点是同它们与航空器之间的距离相关的(Efroymson 和 Suter,2001b)。

SSDs 可以用两种方式进行解释(Suter,1993a,1998a;Van Straalen,2002a)。第一,它们可以解释为某物种受到一个特定浓度影响的概率分布。因此,浓度为 100 $\mu g/L$ 时,任何暴露的水生物种产生效应的概率是 0.28。第二,他们可能被当作是对暴露群落中物种敏感性分布的预测。因此,浓度为 100 $\mu g/L$ 时,群落受暴露影响的比例是 0.28(图 26.3)。第一种情况下,终点是种群效应,结果只是个概率,但是在第二种情况下,终点是群落特性,其结果是确定性的。

通过类推到传统单物种毒性试验的暴露-反应曲线可以分清两者的区别。这些曲线的百分数可以解释为对个体产生效应的可能性或者产生效应的种群比例。前一种解释用于人类健康风险评价,是概率性的,像 SSDs 种群水平的解释。后一种解释更具生

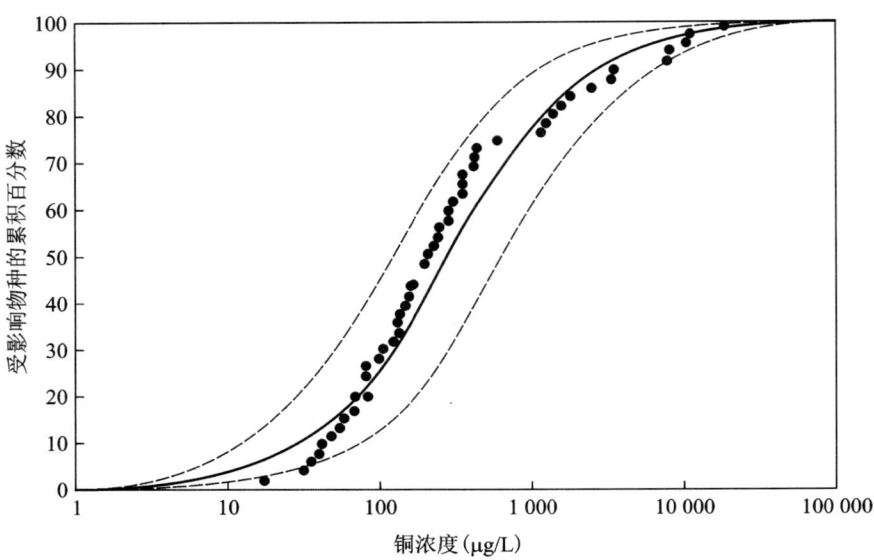

图 26.3　铜急性毒性的累积物种敏感性分布函数。三条曲线分别由数据点拟合得到的逻辑斯蒂模型和上下 95% 置信线，曲线由水环境研究基金会软件（WERF）生成。（引自 Parkhurst BR, Warren-Hicks W, Cardwell RD, Volosin J, Etchison T, Butcher JB and Covington SM, *Aquatic Ecological Risk Assessment: A Multi-Tiered Approach*, Project 91-AER-1, Water Environment Research Foundation, 1996b。获得许可。）

态风险评价的特征，但也用于人类健康风险评价，是确定性的，像 SSDs 群落水平的解释。

在橡树岭保护区的生态风险评价中，水生生态评价终点是定义于群落水平，而且终点特性中包括物种的丰富度或者丰度（Suter 等，1994）。因此，合理的解释为分布百分点是受影响物种所占比例的预测。在水生群落风险评价中，鱼类物种丰度的实际测量以及环境水的毒性试验是可行的。在这样的情况下，SSD 是用于确定哪些化合物最可能引起毒性或者群落退化，而不是用于预测风险。对于原因的探讨，已经采用了经验分布，而且认为不确定性分析不重要（图 26.4）。然而，如果风险是基于 SSD 分析进行描述的话，应当对不确定性进行定量。

如果将分布的不确定性考虑在内的话，SSDs 的解释会更加复杂。关于 SSDs 百分点的不确定性已经用于保守的环境标准的计算（Kooijman，1987；Aldenberg，1993；Aldenberg 和 Slob，1993）和效应的风险预测中（Parkhurst 等，1996a, b）。对于种群终点来说，物种敏感性分布的百分点是对终点种群效应概率的置信度，例如，我们可以根据可变参数的不确定性来划分物种的可变性。参照图 26.3，物种在 100 $\mu g/L$ 时受影响的概率是 0.27，置信度是 0.5（中间的直线），但是 95% 置信上限表明可信度是 0.025（即 5% 的一半），效应的概率是 0.46 或者更高。这在概念上等同于一个嵌套蒙特卡罗模型对暴露模型的模拟，而在这个暴露模型中，暴露的可变性由不确定性分割。然而，不确定性仅仅是毒性数据分布函数拟合的剩余方差，这是不确定性的不完全估计（Suter，1993a）。

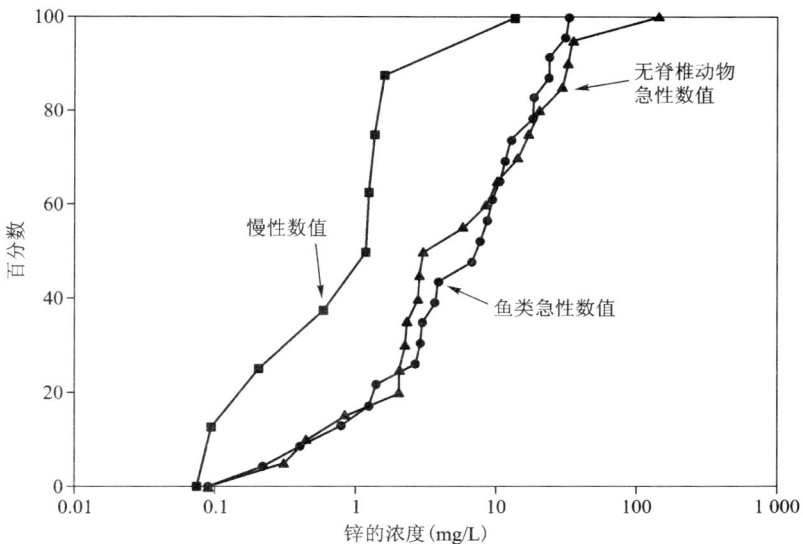

图 26.4 累积物种敏感性分布的经验模型,分别用于鱼类、水生无脊椎动物的急性毒性和锌对鱼类、无脊椎动物的慢性毒性研究中。(引自 Suter GW Ⅱ,Efroymson RA,Sample BE and Jones DS,*Ecological Risk Assessment for Contaminated Sites*,Lewis Publishers,Boca Raton,FL,2000。获得许可。)

对于群落终点,分布的百分点可能是基于群落可变性的概率,也可能是基于作为种群反应代表分布的不确定性的可信度。然而,与在种群水平的解释一样,拟合的误差是实际不确定性的不完全预测。总不确定性是试验物种选择的偏差、实验室和野外敏感性的不同、实验室反应和终点特性联合作用的结果。主观不确定性可以用于预计总不确定性,但是这应该基于对数据分布和它们同位点特异性终点关系的谨慎考虑上,调整因子最小为 10。需要研究建立更多由分布得到的风险评价的不确定性的客观估计。

26.2.4 回归模型

一个类群对另一个类群的回归,一个生命周期对另一个生命周期的回归,一个试验持续时间对另一个持续时间的回归,一个组织水平对另一个组织水平的回归等,都可以用于种内、生命期、持续时间以及组织水平之间的外推中。这个方法是非常灵活的,而且严格定量,然而应用却极少。用于水生外推的回归模型列于表 26.2 中。针对这些方法更多的讨论和案例可以在相关文献中找到(Suter 等,1983,1987;Barnthouse 和 Suter,1986;Sloof 等,1986;Holcombe 等,1988;Suter 和 Rosen,1988;Calabrese 和 Baldwin,1993;Mayer 等,2004)。

表 26.2 从标准鱼类试验物种向所有硬骨鱼类外推所采用的线性方程(单位是 $\log \mu g/L$)

试验物种	斜率	截距	N	均值	F1	F2	PI[a]
Pimephales promelas	1.01	−0.30	354	2.77	0.45	0.000 6	1.31
Lepomis macrochirus	0.96	0.17	500	2.52	0.49	0.000 5	1.37
Oncorhynchus mykiss	0.99	0.29	480	2.42	0.38	0.000 4	1.20
Cyprinodon variegatus	0.97	0.03	51	1.25	0.58	0.008 5	1.49

来源:Suter GW Ⅱ,*Ecological Risk Assessment*,Lewis Publishers,Boca Raton,FL,1993a。

a PI,均值的 95% 预测区间,等于 Y±栏中所列数值的对数均值。

数据较少时,回归模型提供了除 SSDs 之外的另一个选择。如果可以达到一个标准试验物种的试验终点,对所有鱼类终点的分布都可以从等式中预测出来,就像表 26.2 中那样,用所有鱼类对化合物的反应对一个标准试验物种做回归(Barnthouse 和 Suter,1986;Suter 等,1987;Holcombe 等,1988;Suter 和 Rosen,1988)。这些等式根据 $Cyprinodon\ variegatus$ 的 LC_{50} 预测了咸水鱼的平均 $\log LC_{50}$,或者根据标准淡水物种预测了淡水鱼的平均 $\log LC_{50}$。平均值的 95% 预测区间(PI)是 $Y\pm PI$ 的对数均值。PI 是根据其他物种 $(Y) LC_{50}$ 同标准试验物种 $(X_0) LC_{50}$ 的差异来预测的。

$$\mathrm{var}(Y|X_0)=F_1+F_2(X_0-X)^2 \tag{26.6}$$

因为误差的第二部分相对较小,平均值 PI 对所有 Y 都是合适的。即,鱼类反应的 95% 会在近似 $\pm 1.3\log$ 单位的区间内或者在从等式得到的鱼类的对数正态均值乘以或除以一个近似为 20 的因子的区间内。

最近发表了一套用于水生动物和陆生鸟类及哺乳动物的急性致死回归模型及其配套软件 Interspecies Correlation Estimations(种间相关性估计,ICE)(Asfaw 等,2003)。与之前的回归模型相比,其使用方法更加简便,并有大量数据做基础。

这些类间回归模型是根据多种化合物得到其可用数据的。也就是它们适用于一般情况,但是同时也增大了误差。因为化合物类别间的相对敏感性是变化的,将这些模型限定于单个的作用模式通常可以使它们更加精确(Vaal 等,1997)。

26.2.5 暴露-反应模型的历时外推

随着暴露时间的增加,生物体所需的致死浓度或剂量降低至最低水平,即起始致死水平。因此,通过将拟合的暴露-反应模型外推到有效的无限时间内,急性致死试验可以用于估计持续暴露效应的阈值(Mayer 等,1994)。拟合的不同时间效应对浓度或者剂量的曲线(即,24,48,72 和 96 h LC_{50} 值)会接近渐近线或者达到一个有效的无穷持续期如一个生物的最大寿命。如果可以外推到较低的反应水平(如 LC_{01}),同持续暴露的致死率相比,相应的浓度或剂量则是安全的。相应的急性到慢性推导(acute to chronic estimation,ACE)软件已经可以采用线性回归、多元概率分析、加速寿命试验理论等进行这样的分析了(Ellersieck 等,2003)。这个方法的优点在于不用任何慢性试验就可以预计慢性致死效应的阈值,但是它要求有多种急性暴露时间的数据,同时也要求假设曲线的形状不会随着暴露时间的延长而改变。

如果没有多种暴露时间的数据,就必须假设与它们存在某种关联。最简单的例子就是哈伯规则(Haber 规则),假设对于某个特殊效应,剂量或浓度 (C) 与作用时间 (t) 的乘积是常数 (k)。因此,对于任何暴露时间,效应浓度或剂量就是:

$$C=k/t \tag{26.7}$$

这个公式通常用于时间外推,也用于减少暴露-反应模型的维度(23.2.3 节),虽然它很难拟合真实情况下的数据,并且只能用于很小的范围内的外推。由于浓度过低,即使暴露时间延长也不能引起任何效应。推荐的另一个方法是 Ostwald 公式:

$$C=k/t^a \tag{26.8}$$

式中:a 是拟合常数。然而,这个公式需要像 ACE 方法中那样拟合或者假设一个数据,即从有同样作用模式的化合物中得到的合适的解释。

26.2.6 由统计模型得到的因子

大多数因子是通过有经验的专家判断或者通过回顾简单的一般类型数据得到的（26.2.2节），但是因子也可以通过数据的分析和拟合外推得到。Sloof等（1986）采用回归模型的PIs来获取不确定性因子。Calabrese和Baldwin（1993）把该方法应用到之前建立的外推模型中（Suter等，1983，1987；Barnthouse和Suter，1986；Suter和Rosen，1988）。用于确定慢性反应和分类间外推的急慢性外推结果分别列于表26.3和表26.4中。读者应该注意，该方法仅保持了效应水平的高度保守性，预计的90%，95%或99%的置信上限，并不是最好的预测。

表 26.3 从鱼类的急性致死效应向特定慢性效应外推采用的不确定性因子

X变量	Y变量		不确定性因子	
			置信区间	
		n	90%	95%	99%
LC_{50}	孵化率 EC_{25}	31	26	50	198
LC_{50}	亲本死亡率 EC_{25}	28	18	32	106
LC_{50}	幼体死亡率	89	18	31	93
LC_{50}	卵 EC_{25}	42	32	64	228
LC_{50}^a	生育力 EC_{25}	26	26	50	206
LC_{50}^a	体重[b] EC_{25}	37	28	53	188
LC_{50}^a	体重/卵 EC_{25}	14	91	246	2 247
均值			34	75	467
加权平均值			27	55	265

来源：Calabrese EJ and Baldwin LA, *Performing Ecological Risk Assessments*, Lewis Press, Boca Raton, FL, 1993。获得许可。

a Suter等（1987）所做的回归分析。
b 幼鱼期末期的体重降低。

表 26.4 分类学外推：Calabrese和Baldwin（1994）所做的不确定性计算中采用95%和99%预测区间（PIs）的均值和加权平均值[a]

X变量	Y变量		不确定性因子	
		n	95%PI	99%PI
	分类学外推：属内种之间外推			
Salmo clarkii	*S. gairdneri*	18	9	13
s. clarkii	*S. salar*	6	6	10
s. clarkii	*S. trutta*	8	6	8
s. gairdneri	*S. salar*	10	7	11
S. gairdneri	*S. trutta*	15	4	5
S. salar	*S. trutta*	7	5	8
Ictalurus melas	*I. Punctatus*	12	5	7

续表

X 变量	Y 变量	不确定性因子		
		n	95%PI	99%PI
分类学外推：属内种之间外推				
Lepomis cyanellus	*L. macrochirus*	14	6	9
Fundulus heteroclitus	*F. majalis*	12	6	8
均值			6	10
加权平均值			6	7
分类学外推：科内属之间外推				
Oncorynchus	*Salmo*	56	5	6
Oncorynchus	*Salvelinus*	13	4	5
Salmo	*Salvelinus*	56	5	7
Carassius	*Cyprinus*	8	4	6
Carassius	*Pimephales*	19	7	9
Cyprinus	*Pimephales*	10	7	10
Lepomis	*Micropterus*	30	8	11
Lepomis	*Pomoxis*	8	9	13
Cyprinodon	*Fundulus*	12	6	8
均值			6	8
加权平均值			6	8
分类学外推：目内科之间外推				
Centrarehidae	*Pereidae*	47	10	14
Centrarehidae	*Cichlidae*	6	4	6
Pereidae	*Cichlidae*	5	13	24
Pereidae	*Esocidae*	11	9	13
Atherinidae	*Cyprinodontidae*	32	7	9
Mugilidae	*Labridae*	12	55	78
Cyprinodontidae	*Poeeillidae*	12	3	5
均值			14	21
加权平均值			13	18
分类学外推：纲内目之间外推				
Salmoniformes	*Cyprinilormes*	225	20	27
Salmoniformes	*Siluriformes*	203	39	51
Salmoniformes	*Pereiformes*	443	12	16
Cypriniformes	*Siluriformes*	111	11	15
Cypriniformes	*Pereiformes*	219	32	43
Silurilormes	*Pereiformes*	190	63	83
Anguiliformes	*Tetraodontiformes*	12	13	18

X 变量	Y 变量	不确定性因子		
		n	95%PI	99%PI
分类学外推:纲内目之间外推				
Anguiliformes	Perciformes	34	25	34
Anguiliformes	Gasterosteiformes	8	16	24
Anguiliformes	Atheriniformes	46	9	12
Atheriniformes	Cypriniformes	7	501[b]	786[b]
Atheriniformes	Tetraodontiformes	46	13	17
Atheriniformes	Pereiformes	148	25	33
Atherinijiirmes	Gasterosteiformes	36	20	27
Gasterosteiformes	Tetraodontiformes	8	20	30
Gasterosteiformes	Pereiformes	33	32	43
Perciformes	Tetraodontiformes	34	25	34
均值			24	32
加权平均值			26	35

a 本表中数据同 Barnthouse 等(1990)中数据类似但又不同,因为采用的运算法则不同,尤其是 Calabrese 和 Baldwin(1994)所采用的最小二乘法回归更是不同。
b 计算中不包含本组数值。

需要对一些分类学外推进行解释。Suter 等(1983)建立了一个新方法,可以用于任何试验物种和参照物种间的外推,该方法涉及分类学内部层次的物种回归。使用一个水生急性毒性试验的大量数据,把同属物种互作回归并拟合;然后,属之间再相互作回归并拟合;之后,同样顺序的科之间也相互回归。这个过程一直持续下去直到门,脊椎动物门对节肢动物门回归。这些回归中随着分类距离增加而增加的 PIs 说明毒理学相似性是同分类学相似性相关的。Calabrese 和 Baldwin(1993)通过采用鱼类不同目配对的 PI 集合来计算置信区间,建立了一个较新版本的鱼类分类回归使每个分类学关系的回归和 PI 降至 95%,并降低了 99%的不确定性因子(表 26.5)。Calabrese 和 Baldwin(1994)之后建议将这些种属因子应用于除鱼类之外的其他生物中,包括人类。例如,当小鼠试验和具有相同效应的哺乳肉食动物之间做外推时,必须将小鼠试验终点在此时间内除以 64.8,以 95%的可能性确保 95%的食肉动物在内(表 26.5)。

表 26.5 为表 26.4 中的 95%和 99%预测区间计算的 95%不确定性因子上限

分类外推水平	预测区间	
	95%	99%
属内种之间外推	10.0	16.3
科内属之间外推	11.7	16.9
目内科之间外推	99.5	145.0
纲内目之间外推	64.8	87.5

来源:Calabrese EJ and Baldwin LA,*Environ. Health Perspect.*,102,14,1994。获得许可。

也有另一个方法已经用于层次Ⅱ水质基准的计算（第29章）。这些数值是通过将重新取样统计应用到制定水质质量标准的数据集上得到的，水质质量标准用于得到只有小样本毒性数据中最低浓度对标准数值的比值分布。因子来自于这些能够保护95％的水生无脊椎动物和鱼类并且有80％置信度时的比例。这种方法最适于建立保守的筛选基准。

26.2.7 类比法

除了因子，人类和野生动物毒理学中最常用的定量外推模型是类比。这些模型基于一个假设之上，即分类中的所有个体对某种化合物的反应都是一样的，但是它们的范围及同范围相关的过程是不同的。最常用的类比模型是重量的幂函数：

$$E_x = aW^b \tag{26.9}$$

式中：E_x 是在某个生物体体重为 W 时的有效剂量或者浓度。因为这个函数能够模拟毒物或者其他化合物的代谢和排泄，并被一些毒物学家应用。USEPA 和其他机构已经将 3/4 次幂的函数用于食鱼野生动物的预测（EPA，1993f；Sample 等，1996c）。类比可能用于水生物种（Patin，1982），但是它几乎已经用于全部野生动物的外推。Fairbrother 和 Kapustka（1996），Davidson 等（1986）和 Peters（1983）作了类比法的理论和应用的综述。

类比的应用很简单，而且比不确定性因子有更坚实的科学基础。如果已知试验物种和终点物种的毒物剂量（D）和体重，并且选择了合适的比例因子，就可以计算野生物种的毒性数据（Sample 等，1996c）：

$$D_w = D_t \left(\frac{bw_t}{bw_w} \right)^{1-b} \tag{26.10}$$

类比的置信度是有限的，因为目前的模型是基于几种化学物类型的（即，哺乳动物的数值主要是基于药物，鸟类的数值主要基于胆碱酯酶抑制杀虫剂）。另外，鸟类模型基于急性致死效应的。因为类比因子在不同化合物之间变化较大（Mineau 等，1996），并且同一个化合物在急性和慢性暴露情况下的作用模式也并不相同，所以目前对所有化合物的暴露类型采用相同类比因子的做法可能会导致不正确的预测（Fairbrother 和 Kapustka，1996）。

26.2.8 外推的毒物代谢动力学模型

毒物代谢动力学模型，用于预测体内含量和内暴露水平（22.9节），同时也提供了一种基于生理和器官体积以及其他方面的差别，可以在种间或者生命期间进行外推的方法。毒物动力学模型用于将啮齿类动物试验数据外推到人类身上（Clewell 等，2002），但是极少用于生态风险评价中，其过程列于图26.5中。它从一个传统的毒性试验开始，如实验室大鼠繁殖试验，以 mg/kg/d 的形式表示引起某种指示效应（例如幼仔成活率降低20％）化合物的给予剂量。毒物动力学模型可以用于估计雌性大鼠的内暴露量。这个暴露量可能是某个特殊室如血液中的浓度，但是更可能是整个身体的浓度（mg/kg 体重）。这个内浓度对于单一剂量来说可能是峰浓度，对于长期暴露来说可能是平衡剂量。它必须转化为雌性试验物种的等价有效内剂量（即，引起水貂幼仔成活率降低20％时的内浓度）。毒物动力学模型应当用于描述内暴露引起的效应（23.3节），但实际情况是,即使是在人类健康风险评价中,也通常假设有效内浓度是相等的,用于终点物种的毒物代谢动力学模型然后将内浓度转换为给予剂量,再使用暴露模型推断食物或者非生物介质中的环境浓度(22.9 节)。

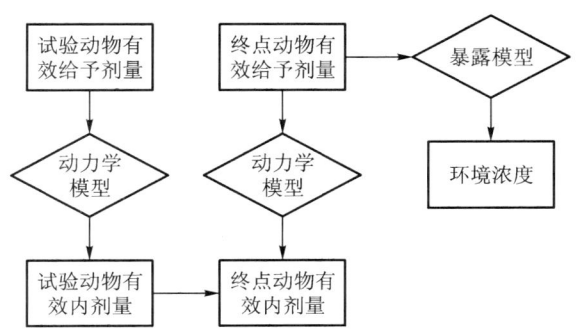

图 26.5 采用毒性动力学模型在物种间的外推过程

这个方法的首要问题就是它是数据密集型的,而且所需的大部分生理学参数都是缺失的或者不完善的。然而,尽管有数据的限制性,Fairbrother 和 Kapustka(1996)仍然认为即使是最简单的毒物动力学模型应用都可以显著提高种间外推的精确性。数据限制性的一个解决方案是使用类比关系来预测所需的参数(Clewell 等,2002)。另一个方案是专注于几个可能会在物种或者生物体间变化并会影响到毒性的参数。例如,化合物对鱼类毒性的差异可能大部分是由体重或鳃占体重的比例决定的,对于疏水性化合物来说,脂肪所占的比例起决定作用(Lassiter 和 Hallam,1990)。即,当暴露于疏水性化合物时,大型肥胖且行动迟缓的鱼类是最可能生存下来的。

用于描述对某些反应的内暴露的毒物动力学模型(23.3 节)对种内和生命期外推也有可用性,但是它们的发展比毒物代谢动力学模型要慢。

26.2.9 多种模型组合方法

传统上用于种间和生命阶段间进行毒性外推的几种方法都是独立应用的,而不是以系统的方式应用。Fairbrother 和 Kapustka(1996)建议对所有的物种和化合物不能太依靠单独的方法(例如,类比模型),而应该采用多种方法进行野生动物外推。

通常需要联合方法解释评价中的重要外推。例如,SSDs 用于单物种到群落的外推,但是 SSDs 中所采用的试验终点通常不能代表评价终点,因此,应当对模型的单物种数值做修改。例如,在计算急性环境水质标准时,USEPA 在急性数值 SSD 的第五个百分点上应用了一个数值为 2 的因子,以从 50% 死亡率外推到较低的百分率(Stephan 等,1985)。

26.3 特殊生物区系的外推

26.3.1 水生生物

如果像经常出现的那样,水生生物的终点特性是物种的丰度或者多样性的话,SSDs 就是很合适的外推模型。建模结果表明,物种持续暴露于相当于慢性值(CV)的浓度下会引起这些物种的消失(Barnthouse 等,1990)。因此,可以假设那些 CV 在长期暴露浓度之下的物种比例接近于群落所损失的物种比例。另外,因为水生生物的毒性数据是相对丰富的,得到各种化合物这种分布通常是可行的。像前面讨论的那样,因为 SSDs 是用于建立水质标准的,所以它的应用非常广泛。如果已知反应是水中某个化合物的效应,在定义分布之前,应当对单独的试验终点标准化以适合水中的化合物。

如果试验终点是某个特殊种群特性而不是群落特性的话,使用 SSDs 进行外推和解释就变得很困难了。但 SSDs 对解释单个物种效应的概率分布仍然有效(26.2.3 节)。

另外,还可以使用适当的分类回归模型或者从物种间得到的不确定因子来进行种间外推(表 26.4 和表 26.5)。即,如果想从黑头呆鱼(一种鲤科鱼类)的试验数据预测某个化合物对溪红点鲑(一种鲑鱼)的毒性,就需要除以 20 来保证有 95% 的把握以确定没有低估溪红点鲑(或者其他鲑鱼)的敏感性。如果不能得到所要的分类学回归,就需要采用一个一般因子(在目间外推的情况下这个因子是 26)进行调整。这两种对特定物种或者分类效应进行预测的方法(SSDs 和分类回归)缺点不同,现在仍不清楚现实中哪个方法更好一些。然而,分类回归和从中得到的因子只要求一个物种的数据,所以会更常用一些。对于效应概率的预测,可以使用初始回归模型来预测平均值和偏差(见 Suter(1993a)表 7)。

类比模型也可用于特殊的水生物种的外推中(Patin,1982;Newman 和 Heagler,1991;Newman 等,1994)。因为分类差别比大小更重要,这个方法还未应用到实际工作中。至少,它看起来对分类学相似物种的外推更加有用。

回归模型或者因子也可以用于急慢性外推。例如 Suter(1993a)用于水生鱼类和无脊椎动物的急慢性回归模型,其因子列于表 26.3 中。这些因子是将 CV 或者 EC_{25} 以 95% 或者 99% 置信区间为基础得到的。或者 CVs 可以采用 80% 置信区间并且采用一个数值为 18 的因子以确保没有过高估计它们的数值(Host 等,1991)。Calabrese 和 Baldwin(1993)推荐急慢性外推的 95% 不确定性因子为 50,99% 不确定性因子为 200,这是基于表 26.3 中的加权均值得到的。对欧洲数据集合的分析产生了各种急慢性因子,包括从 90% 置信度的 LC_{50} 到有机化合物对水生动物的 NOEC 因子 24.5(Lange 等,1998)。如果要在筛选评价中适当地预测一个化合物的慢性毒性浓度或者基于其他证据链支持评价时,这些因子中的任何一个都是合适的。如果有至少三个暴露时间的急性致死数据,可以采用外推到较低反应率和较长暴露时间来预测致死阈值(26.2.5 节)。如果只能采用 LC_{50} 来预测水生生物的风险,Suter(1993a)或 Sloof 等(1986)所提供的回归模型和相关的不确定性可以比保守的通用因子提供更好的慢性效应阈值预测。

在某些情况下,需要在种间和生命期之间进行多重外推。这样的多重外推可以通过因子链或者回归模型链进行(Barnthouse 等,1990;Calabrese 和 Baldwin,1993;Suter,1993a)。通过将时间外推得到的致死效应的阈值(26.2.5 节)加上使用数值为 0.1 的因子进行多重转换,可以用于预测繁殖效应和其他亚致死效应外推(Ellersieck 等,2003)。然而,这里并没有解释多重外推的方法。

机理模型,尤其是生物配体模型(22.2 节)已经开始用于水生生态风险评价中。它们可以用于水中化合物间的外推,而且还可以用于物种和生命阶段之间的外推。

26.3.2 底栖无脊椎动物

根据公开发表的单个化合物对底栖无脊椎动物毒性的试验结果,可以得到物种或者群落的敏感度分布。在底栖无脊椎动物暴露于沉积物孔隙水的情况下,效应分布与水生生物的 SSDs 是相同的。采用水生物种数据来评价底栖物种的效应是以数据为基础的,这些数据表明底栖物种并不像水生物种那样具有系统的敏感性(EPA,1993a)。

底栖无脊椎动物暴露于沉积物中的化合物时,效应分布是针对物种/沉积物或者针对群落/沉积物。这是有必要,因为沉积物特性对毒性的效应并不是可控的,包括野外采集沉积物的复合污染也是如此。底栖无脊椎动物效应分布最明显的例子是那些用于建立沉积物相关生物的筛选基准(Long 等,1995;MacDonald 等,1996)。这些分布中的效应包括种类丰度、多样性、密度、死亡率、生长量、呼吸作用、行为和亚个体效应。结果就是,这些分布只能表明未知效应的未知水平。这适合于筛选目的,但是不适于进行风险表征。对于确定性评价来说,这种非特定性的分布应当解析为特定效应的阈值分布。例如,Jones 等(1999)从 MacDonald 等(1996)和 Long 和 Morgan(1991)所发表的沉积物毒性数据建立了群落水平效应和致死效应分布。

26.3.3 野生动物

野生动物风险评价者在不确定性因子的使用方面是按照健康风险评价者的方法进行的(例如,Banton 等,1996;Sample 等,1996c;Hoff 和 Henningsen,1998)。就像在健康风险评价中一样,不确定性因子用于说明一些特殊外推,例如种间外推、急慢性外推、实验室-野外外推、LOAEL - NOAEL 外推等。Hoff 和 Henningsen(1998)推荐了一个用于野生动物的通用外推模型:

$$D_w = D_t / (UF_a \times UF_b \times UF_c \times UF_d) \quad (26.11)$$

式中:D_w 代表终点野生物种的临界慢性剂量;D_t 是从文献中获得的试验物种的毒性数据;UF_a 表示分类间的差别,数值范围从试验物种和野生物种相同时的 1 到试验物种和野生物种同纲不同目时的 5;研究持续时间的不确定性由 UF_b 代表,数值从慢性的 1 到急性时的 15;UF_c 说明可用的毒性数据的类型,数值从 NOELs 的 0.75 到严重或致死效应($\gg ED_{50}$)时的 15;最后,由 UF_d 表示其他修饰因子(例如,物种敏感度、实验室-野外外推、种内差异性),数值从 0.2 到 2。Hoff 和 Henningsen(1998)推荐在总 $UF < 100$ 的时候报告定量风险结果。对于总 $UF > 100$ 的情况,只需报告定性的风险(例如,出现/未出现、低、中、高)。当将累乘因子用于其他用途时,这个模型会有误差并且难于解释。然而,这种外推法等价于目前的应用于人类健康风险评价的外推法。

类比通常用于野生动物也用于人类。一个从 0.66 到 0.75 的因子通常用于从实验室研究物种外推到人类和野生动物上(EPA,1992c,1993e;Sample 等,1996c)。0.66 或 0.75 的类比因子应用于人类和大多数终点哺乳类野生动物是保守的,因为大型物种如鹿比哺乳动物毒性试验中常用的啮齿类动物更加敏感。然而,评价认为小型野生哺乳动物不如实验室培养的大鼠或者狗敏感。鸟类试验通常采用的物种如鸡和绿头野鸭其敏感性比大部分鸟类都要大。

与哺乳动物模型具有相同参数的鸟类类比模型的应用是鸟类生理和药理模型支持的(Peters,1983;Pokras 等,1993)。相反,对 37 种杀虫剂对 6 到 33 种鸟类效应的类比回归分析发现,78%的化合物的指数大于1,其分布区间从0.63到1.55不等,均值为1.1(Mineau等,1996)。因为均值和用于评价的类比因子同1相比没有显著性差异,因此采用类比因子1对于鸟类的种间外推看起来是合适的(Sample和Arenal,1999)。然而,类比因子对化合物有专一性,Sample和Arenal(1999)提供了用于138种化合物的鸟类致死效应的因子和94种用于哺乳动物致死效应的因子。在待测化合物和相似化合物都没有类比因子的情况下,他们推荐用1.2作为鸟类的通用因子,0.94作为哺乳动物的通用因子。应当建立除慢性效应和致死效应之外的其他效应的类比因子。

SSDs被推荐用于鸟类风险评价中(Baril等,1994;Ecological Committee on FIFRA Risk Assessment Methods,1999b)。然而,因为杀虫剂的致死剂量问题,数据受到了限制。当数据不足时,应当采用从SSDs得到的安全因子(Baril等,1994)。这些因子是多种化合物对通用试验物种效应的LD_{50}对TLDs(鸟类SSD的第五个百分点)比值的几何平均数(表26.6)。

表26.6 一般试验用鸟类物种的安全因子。这些物种中某一种的LD_{50}除以安全因子的几何平均值必须能保护95%的鸟类物种

安全因子	雉	绿头野鸭	鹌鹑	日本鹌鹑	红翅黑鹂	椋鸟	家麻雀	鹩哥	原鸽	红鹀鹩	灰鹀鹩
几何平均值	16.8	10.9	15.2	17.1	5.87	19.8	10.7	9.26	13.1	21.6	10.3
最大值	298	113	141	174	18.7	1 250	43.9	48.42	55.2	87.8	79.8
最小值	2.00	2.12	2.40	3.10	2.28	3.76	2.13	2.13	3.51	10.5	3.58
n	22	22	16	22	22	22	22	22	22	7	7
可靠性百分数[a]	41	36	38	50	41	41	45	41	50	29	29

来源:改自Baril A,Jobin B,Mineau P and Collins BT,*A Consideration of Inter-Species Variability in the Use of the Median Lethal Dose(LD₅₀) in Avian Risk Assessment*, No. 216. Hull, PQ, Canadian Wildlife Service, 1994. 获得许可。

[a] 当安全因子均值能保护95%物种时的化合物的百分数。

回归模型对野生动物也是可用的。分类间回归对鸟类和哺乳动物的种和科之间的回归是可用的(Asfaw等,2003;Mayer等,2004)。因为大多数化合物都缺少鸟类试验数据,将现有的鸟类数据对大鼠试验数据的回归,可以将实验室大鼠研究的大量数据用于鸟类。例如,24种有机磷胆碱酯酶抑制杀虫剂对环颈雉LD_{50}、绿头野鸭LD_{50}和大鼠的LD_{50}做回归,用于评价有机磷胆碱酯酶抑制化合物对鸟类的风险(Sigal和Suter,1989),针对绿头野鸭的结果是:

$$\log 绿头野鸭 LD_{50} = 1.33(\log 大鼠 LD_{50}) - 0.58 \quad (26.12)$$

($r^2 = 0.47$)表明绿头野鸭比大鼠对这些化合物更敏感,然而环颈雉的敏感性同大鼠相同。

26.3.4 土壤无脊椎动物和植物

Fletcher等(1990)建立了植物分类配对的回归模型。将16种化合物中的每一种化合物与7到36种植物的EC_{50}值都相互做了比较。敏感性差异从利谷隆的3.5倍到毒莠定的316倍不等。在接近300种化合物-植物配对中,59%的EC_{50}值同其他物种的EC_{50}值的差异小于一个数值为5的因子。在分类学上比较相近的植物对同样的化

合物有相似的敏感性。不同种、属、科的植物对不同化合物的敏感性没有规律可循。在这个研究中,毒性的种间差异比从温室到野外进行外推的差异要大得多。因此,当评价对某个特定植物物种风险时,选取相似物种的数据比相似条件的数据更加重要。然而,这些结果都是基于除草剂的叶面喷施研究。

土壤无脊椎动物和植物的评价终点通常包括群落特性,SSDs 方法就很合适。暴露于污染物下的橡树岭国家实验室(ORNL)基准,对蚯蚓和植物采用了 SSDs 方法(Efroymson 等,1997a,b)(图 26.6)。由于土壤中毒性差异可能会很大,而且不能归结为某个因子,土壤类型是分布中差异的来源。因此,图 26.6 中的点是土壤的类型组合,分布是物种和土壤的有效浓度分布。结果,在不同试验条件下,单个植物物种在分布中有不同的 LOECs。土壤中的未试验的物种假定为分布的随机选取,或者给定土壤类型影响的不确定性,分布可能代表植物群落中能被某个特定浓度化合物影响的物种比例。在荷兰,通过标准化土壤到参照土壤使这个不确定性得到降低(Sijm 等,2002)。

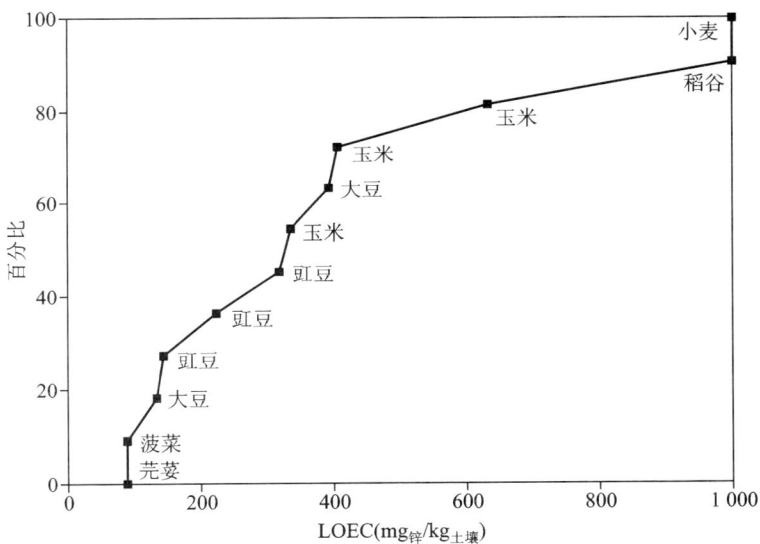

图 26.6　植物暴露于土壤中锌时 LOECs 的累积分布。所包含的效应是植物体总体生物量(mass)的变化。(引自 Suter GW Ⅱ,Efroymson RA,Sample RE and Jones DS,*Ecological Risk Assessment for Contaminated Sites*,Lewis Publishers,Boca Raton,FL,2000。获得许可。)

26.3.5　土壤过程

在荷兰,微生物过程和酶活性的毒性数据分布与 SSDs 共同用于外推出土壤的管理数据(Crommentuijn 等,2000;Sijm 等,2002)。对不同土壤,同样过程的研究被当作是独立观察。例如,在 SSDs 中,把每个土壤生态系统都当作一个物种来考虑。NOEC 和 EC_x 浓度都是标准化的,用于将土壤标准化,减小土壤化学特性对生物可利用性和毒性的影响。

26.3.6　水化学

环境水和试验水的化学特性如盐度、pH、硬度等能够影响生物体所暴露的化合物的形态和水生生物对暴露的敏感性。试验水和所评价水的区别可以采用多种方式来表达。第一种方法最简单,采用与污染点水质相似的水进行试验,但是这也引出了充分相似度的问题。在从淡水到盐水的外推情况下,这个问题就特别棘手。与淡水相比,盐水中可用的毒性数据要少很多,但是与河口沉积物相比,淡水沉积物的毒性数据也少得多。分析表明,同物种之间的差别相比,这种差别是很小的(Klapow 和 Lewis,1979;Hutchinson 等,1998;deZwart,2002),但是却可能很重要。

第二种方法是分别在原位水体和标准试验水中进行一次标准试验,用试验结果比值来调整水质标准或者其他用于原位水质化合物效应的试验数据。USEPA 提供了获取和应用这个水效应比率的指南(Office of Science and Technology,1994,2001)。

第三种方法是利用水中化合物的影响建模。一个例子是采用经验公式调整金属的毒性数据,即根据 LC_{50} 对试验水的硬度做回归来调整硬度对毒性的影响(Stephan 等,1985;Pascoe 等,1986)。金属形态模型已经与生物配体模型一起用于调整某些金属的毒性,以适应淡水化合物的不同(22.2 节)。

26.3.7 土壤特性

风险评价者应当注意污染点土壤的生物可利用性可能同报道的土壤试验中的生物可利用性不同。就像 22.4.1 节所声明的那样,与新近入到土壤中的化合物相比,老化的有机化合物对生物通常是较难利用且毒性较低的(Alexander 等,1995);因此,如果新加入到土壤中的化合物的毒性在评价中被过分强调的话,污染点的毒性可能被高估。风险评价者可以作出调整来观察毒性浓度,说明土壤或者化学形态方面的差别。为了减少自然土壤毒性的差异性,可以通过将试验土壤的浓度与标准化的污染点浓度相匹配(22.3 节)(Sijm 等,2002),也可以估计土壤溶液中游离金属的活性,提高植物、土壤无脊椎动物或者微生物过程的毒性阈值的精密度(Sauvé,2001)。评价者在筛选评价的选择试验方面(例如,在筛选基准的建立中)比在最终评价中更灵活。在确定性评价中,土壤类型和化学形态应当作为确定数据可接受性的因素。

26.3.8 实验室到野外

已经有很多研究致力于将传统实验室毒性试验结果与野外反应相联系。不幸的是,大部分是测试实验室毒性数据的有效性而不是建立外推模型。有效性问题的简单表述就是:能否根据标准实验室研究结果预测得到野外是否受到损害。关于有效性尝试的结果都很不明确,很大程度上是因为野外研究不能提供一个"真实"的结果作为比较标准。野外实验和生物调查在试验设计和终点方面是很不一致的,它们具有假重现性、很难重复或不能重复,它们通常只能包含一个季节。虽然它们能包含多种反应,但是却忽略了很多分类、特性和过程,而且它们通常不敏感,所以当能发现毒性效应的时候,这些效应通常已经比较严重(Neuhold,1986;Chapman,1995;LaPoint,1995;Luoma,1995;de Vlaming 和 Norberg - King,1999)。因为缺少对于机理的理解,不能确定结果同预期的背离是因为实验室试验的失败还是因为采用了与评价有效性不相关的因子。另外,与实验室试验毒物相比,生物调查会因为取样点的不同而变得混杂。

尽管有这些困难,关于实验室和野外研究的综述通常概括为:当采用环境稀释水或者沉积物时,实验室毒性通常是野外效应的指示,即使采用标准实验用水的试验也通常可以同野外效应相关（de Vlaming 和 Norberg-King,1999;Long,2000）。当实验室和野外研究结果不一致时,不能确定实验室研究是否错误。即使两者一致时,也不能确定其一致性是因为实际机理相似。例如,野外效应的出现可能是因为低溶解氧,而不是因为毒性作用。当采用一致的试验终点时可以进行更好的比较（例如,无脊椎动物的实验室和沟渠围隔试验采用的 SSDs 百分比）,但是尽管如此,实验室有效性的概括仍然是难以理解的（van den Brink 等,2002）。

另一个找到实验室和野外研究之间联系的方法就是简单地将前者对后者做回归。Sloof 等（1986）将一种化合物的水生围隔试验得到的 $NOEC_s$（$NOEC_e$）对报道的该化合物的最低单物种急性 LC_{50} 做回归,或者将 EC_{50} 对有报道的最低单物种慢性 $NOEC_s$ 做回归,得到结果如下：

$$\log NOEC_e = -0.55 + 0.81 \log LC_{50} \tag{26.13}$$

$$\log NOEC_e = 0.63 + 0.85 \log NOEC_s \tag{26.14}$$

浓度单位是 $\mu g/L$,相关系数分别是 0.77 和 0.85,计算所得的 PI 分别是 ±0.86 和 0.35。作者认为围隔中最敏感的反应敏感性要比大多数敏感急性致死试验大,但是比大多数单物种慢性试验敏感性小。Emans 等（1993）采用不同数据选择标准,得出一个类似于式（26.14）的模型。他们总结认为,野生条件下的生物体能在实验室中影响物种的浓度下有反应。虽然这些模型不能准确预测某个特定情况下的效应,但是它们能够指明在野外条件下可能出现效应的大体范围。也表明,虽然野外有更多的物种暴露,同时野外也会出现比简单的实验室研究更复杂的间接效应和暴露情况。但是,大多数在实验室有毒的化合物在野外也有毒性,而且其效应阈值差别并不大,所以生态系统的毒性并不是完全不可预测的。

当建立野外效应的经验模型时,选择作为评价终点量度的数据很重要,因为不同的群落和生态系统的敏感性差别很大。即使从相同的数据集中得到的不同群落度量,也能有不同的相对敏感性。例如,在三个 EMAP 沿海州所取的沉积物样本中,美国路易斯安那州沉积物的影响基于底栖生物指数评价时影响最大,基于物种丰度则影响最小,基于底栖生物丰度时的影响介于其他两者之间（Long,2000）。

我们可以认为,依靠经验将实验室和野外反应之间的关系建立模型是更加复杂和具有预见性的。尤其是在野外和实验室污染物浓度的标准化中,化学形态模型或毒物代谢动力学暴露模型的应用、采用更多生命期和反应进行试验的应用、还有将体内含量作为暴露量度的应用都可能会提高预测效果。然而,采用具有暴露机理模型（第 22 章）、种群动态模型（第 27 章）和生态系统过程模型（第 28 章）的实验室数据可能得到更多帮助。

26.4 小结

本书的第一版发表于 1992 年,到目前为止关于利用外推模型预测非人类生物体特性的风险情况没有大的变化。SSDs 的应用已经变得比较普遍,但是大多数评价者仍然依靠大部分相关数据和偶然因子的选择进行预测。关于哪个方法更适合风险预测还没有一致的结论。从积极的方面看,评价者可以自由地选择最适合他们的方法,或者建立新的方法来进行预测。

第 27 章
种群建模

Lawrence W. Barnthouse

如果仅依据所观测或预测的化学品或其他动因对生物体的效应,就可以做出所有重大环境决策,则本章就没有必要存在。然而,对于许多决策,仅了解生物体水平上的效应是不充分的。例如,在个体敏感程度相同的情况下,一些物种或因自身生活史或因丰度大大减少,而具有比其他物种更高的风险。死亡对于某些个体是不可避免的,因此,风险管理者可能对暴露物种可承受的死亡总量(或增长下降)更感兴趣。所以,有必要了解影响不同生命阶段的多种化学物质的复合效应是否会降低种群丰度或增加灭绝风险,也有必要预测事故后或修复措施实施后种群的恢复速度。

第 24 章与第 26 章论述的毒性测试与外推模型不足以解决这些问题。从种群角度来看,生物个体的死亡或损伤是没有意义的,因为多数生物个体在死亡前只有短短的生命周期(以人类时间尺度衡量),仅有少数生物具有完整的生殖力或能达到其最大寿命。长久以来,生态学家们就知道,自然界中许多生物种群都因遭受频繁、极端的环境变异而造成大量死亡,如果许多物种由生存在小块孤立区域的生物组成,这些生物会灭绝,但随后又重新恢复。现代生态学理论认为种群的干扰与不稳定是正常的,实验室中所观测到的稳态情况都非常不符合实际情况。

风险评价中,许多研究问题都涉及影响种群丰度、繁殖或稳定等各种效应。单纯的毒性测试无法预测种群水平的反应。例如,鱼类种群对污染物暴露反应,取决于暴露的空间模式,涉及个体在时间、空间的分布,还取决于其他外来因素(尤其是鱼的捕捞量),以及该种群固有容量的"补偿"或对暴露反应的适应。再如周期性暴露于杀虫剂的土壤无脊椎种群,其反应不只取决于暴露的空间模式及剂量-反应关系,还取决于种群繁殖能力以及周围生物的迁入,其中迁入生物可以替代因毒物暴露致死的生物体。近年来,生态学家与风险评价者对预测种群对化合物暴露的反应的技术兴趣增加。例如,从1980 年至 1990 年,*Environmental Toxicology and Chemistry* 期刊只有 3 篇与化合物的种群效应相关的文章发表。但自 1996 年至 2005 年,该杂志上发表的这一领域的文章则超过了 50 篇。论文的增长反映了科学家和管理部门方面对种群水平效应的重要性及可定量化的认识观念更新,也反映了种群动态定量研究的大量新技术出现,许多技术术来自保护生物学这一新兴领域。

对于生命期短的小型物种（例如，微生物、水蚤及其他小型节肢类动物），可利用实验直接测定化学品对种群临界参数的效应。然而，这些生物无法代表生态风险评价中的大多数种群，仅有少数研究从长期野外调查中估计出化合物对同一参数的效应（例如，Barnthouse 等，2003）。多数种群水平的生态风险评价，利用种群数学模型将生物水平实验数据与种群反应水平相关联，此后这一方面将继续使用。本章的目的是演示此种模型的建立与应用方法。

将种群水平的反应与生物体的死亡或损伤定量关联不是个新问题。几十年来，鱼类和野生动物管理者力图解决这一问题，确立捕获量、栖息地破坏及疾病对利用种群的影响。最近，保护生物学家已经建立起全新的方法，定量研究了环境变异、栖息地破碎及减少的种群数量与稀有濒危物种的保护的相关关系。资源管理者和保护生物学家利用的方法为评估其他胁迫来源包括有毒化合物提供了有用的参考。

本章给出了一些与有毒化合物生态效应评估密切相关的模型的基本定义及简短描述，并讨论了一些具体应用。建议读者对种群生物学详细了解，感兴趣的读者可参考优秀的教科书与综述文章。目前，多数大学本科的生态学课本（例如，Begon 等，1999；Krebs，2002）都解释了种群分析法的基本原理。然而，许多具有可读性且内容详尽的书目都是早期的。这些书目中，被引用最广泛且被本章作者参考最频繁的是由 Andrewartha 和 Birch（1954）写的经典教科书。鱼类种群研究可供选择的有 Hilborn 和 Walters（1992）和 Quinn 和 Deriso（1999）编写的教科书；Bolen 和 Robinson（2002）编写的书籍里有野生种群生物学全面的讨论。Hanski 和 Gilpin（1996）的书中给出了新的学科分支"复合种群生物学"的概述，内容与生态风险评价密切相关。作为倾向于数学的书籍，Caswell（2001）的著作给出了矩阵种群模型理论详尽的说明。而对开发计算机模拟种群模型感兴趣的读者，可以参考 Swartzman 和 Kaluzny（1987；已绝版），或 Jørgensen 和 Bendoriccio（2001）的著作。

其他作者也写过关于种群水平生态风险主体方法的书籍。值得一提的有 Newman（2001）和 Pastorok 等（2002）的书籍。这些书籍为本章提及的问题提供了多元视角。

本章中完全没有讨论的重要话题是种群遗传学。从历史上看，作为种群生物学两个重要分支，种群统计学与种群遗传学密切相关，许多理论种群生物学先驱们对两者都做出了基础性的贡献。本章所讨论的建模方法只有一部分，既可在种群遗传学也可在种群统计学中应用。化合物对种群遗传组成与适应性的影响的论题在生态毒理文献中已讨论过（Forbes，1999；Newman，2001）。然而，种群的遗传影响还没有成为重要的环境讨论议题，也没有建立起风险评价，目前是否应该研究及如何研究这一影响缺乏相应规范。在生态风险评价开始考虑种群遗传学以前，在本章中加入这一话题有些过早。因此，本章的范围仅限于种群统计学。

27.1 基本概念和定义

研究种群生物学的基本目的是从生物个体的特性推测生物群体（种群）的特性。具有代表性的种群特性包括总数或生物量、种群生长或减少速率、年龄、大小、性别或种群遗传性的组成，还有种群存活的概率。单项评价中，可能只有部分特性是重要的。例如，开发种群的管理者可能会对可捕获生物数量感兴趣；自然保护工作者可能会关心一定数量种群灭绝的概率。这些种群特征只是种群构成状态和归宿的简单的概念集合，例如繁殖率、生长和发育速率、死亡概率。同样，个体特征也取决于：① 自身过程，如发育和衰老；② 自然环境的影响；③ 与其他个体的相互作用；④ 人类有意或无意的活动。

27.1.1 种群水平评价终点

种群研究为风险评价提供了各种各样的终点。其中最基本的是传统中用于管理开发性种群中使用的终点：总种群密度或生物量、年龄或大小分布及可持续捕获率。在资源管理中，模型将这些终点与管理措施联系起来，如捕获配额、大小限制或捕获季节长度。鉴于人们对濒危物种保护的关注，种群生物学家最近提出了新的模型，该模型包括环境或种群统计的内禀随机性和空间异质性，以期阐明在多变环境中与种群持久性相关的终点。这些模型根据种群数量、需求栖息地大小或栖息地破碎化的程度，被用于预测某一时间周期内(种群)灭绝的频率或概率，或者灭绝的预期时间。

27.1.2 生活史在种群水平风险评价中的应用

某些物种是否会因自身生活史而对环境胁迫表现得更脆弱？对于种群生存，是否某些生命阶段比其他生命阶段更重要？目前为止，很少生态毒理学家试图去阐明生活史对种群对毒性化合物脆弱程度的影响。Barnthouse等(1990)研究了化合物暴露对丙种具有显著差别生活史和捕获方式的鱼类的作用；Spromberg 和 Birge(2005)对鱼类五种常见生活史类型进行了类似的研究；Calow 等(1997)建立了定量系统框架，将生活史特征与化合物暴露的种群水平效应关联起来。然而，在20世纪六七十年代，不同生活史特征对种群生长速率的影响是一项重要理论研究课题。理论分析与管理经验都表明：寿命长的脊椎动物(如大型哺乳动物)、捕食鸟类和鲸类的成体，比寿命短、但繁殖能力强的物种(如鹌鹑和凤尾鱼)对死亡的敏感程度更高。相反，寿命短的物种对会造成生命危机的短时间灾难比较敏感。理论上，生存率或繁殖率在种群密度依赖程度高的种群比密度依赖程度低的种群不容易受到损伤。定性角度上似乎很明显，种群对污染物的反应受先前存在自然环境变化类型、特定年龄生物生存和繁殖能力、及暴露强度和时间的影响。

27.1.3 不确定性的表征与传播

第5章中讨论了生态风险评价中不确定性的来源，其中较为重要的有：① 时空尺度上的环境变化；② 个体间和不同生命阶段的差异；③ 出生或死亡的随机性。第26章讨论了个体间与生命阶段间的多样性。即使可以精确估计出(物种)平均寿命，但个体的寿命无法确定，由此导致出生与死亡的随机性。实际上，出生与死亡的随机过程(术语为"种群统计的内禀随机性")对于小种群(例如，只有50个生物或更少)才起重要作用。Goodman(1987)指出，即使对于小种群，比起环境变化，这种因素引起的不确定性要小的多。

瞬时环境变化可随时结合于种群模型中。周期性的与随机性的变化已有过研究，主要的数学工具包括时间序列分析与随机模型。这些方法可用于定量分析环境变化(例如，估计像温度或降雨等重要驱动变量的周期性函数方程)，或者估计瞬时变化种群参量(例如死亡率)的密度函数。其中许多方法的数学计算复杂，不属于本书的内容范围。时间序列分析在经济学、工程及生态学中应用广泛。例如,Brockwell 和 Davis(2003)讨论过许多应用广泛的程序与软件包;Caswell(2001)讨论了随机种群模型;Nisbet 和 Gurney(1982)、Tuljapurkar(1990)写过冗长的推导过程;利用随机种群模型拟合时间序列数据目前仍是种群生物学的研究热点,因此尚没有出版书籍以提供最新的推导过程。然而,为了典型的风险评价,高深的理论通常是没有必要的。使用蒙特卡罗模型模拟环境变化与参数不确定性对种群水平影响已经超过了 20 年(例如,O'Neill 等,1982;Barnthouse 等,1990;Bartell 等,1992)。广受欢迎的种群与生态系统模拟软件 RAMAS(可从 Applied Biomathematics 获得,网址是 http://www.RAMAS.com/)是专为此目的而设计的。

利用集合种群模型(metapopulation models)可以很容易阐明空间变化。例如,何种种群模型可以用表示成一系列半隔离的亚种群,每个亚种群模型有不同的繁殖与死亡率,并且可以通过迁出和迁入的过程关联在一起。虽然集合种群模型这一术语是在 20 世纪 60 年代被首次使用(Levins,1969),但是模拟集合种群的多数方法是自 20 世纪 90 年代起才开始建立,例如,Hanski 和 Gilpin(1996)给出集合种群理论的全面介绍。应用最广泛的集合种群建模软件是 Lacy(1993)阐述的 VORTEX 模型。然而,也可以使用集合种群版的 RAMAS。名为"直观空间"的一类相关模型,可以生物群体或空间网格中个体作用来表示种群(例如,Liu,1993;Turner 等,1994)。这些方法给出了定量分析空间非均匀性化合物暴露的全新途径。稍后本章中将讨论这样一个例子。

27.1.4 密度依赖

从一开始,种群调控就是种群生物学研究的一个基本问题。靠什么来防止高繁殖率种群无限制的增长?鱼类和野生生物种群面临人类过度捕捞是如何生存的?这些问题最简单的答案,就是对于许多种群(或许是大多数或所有种群),其死亡率、繁殖率或者两者都随种群数量而变化。当种群数量较多时,死亡率增加,出生率降低;当种群数量较少时,死亡率降低,出生率增加。许多研究记录了密度对生物生长和繁殖的作用,生物体水平对密度的依赖性在自然界中广泛存在。然而,这些机制对稳定多变环境中的种群数量并确保它们生存的重要性依然广受争议。Rose 等(2001)讨论了定量分析鱼类中密度依赖效应的困难,尽管鱼类是分类学集体研究最深入的部分。如果被捕捞的鱼类种群的生存与繁殖不是高度的密度依赖,它们就无法维持下去。尽管这是一个事实,但对特定鱼类种群的密度依赖进行测定与定量分析依然非常困难。另外,许多生物的种群似乎可以通过将生物散布于小块的栖息地而获得稳定,因而,尽管小块栖息地上的亚种群会频繁的灭绝,但在总体上,种群整体有可能无限期存在(den Boer,1968;Wu 和 Loucks,1995)。不考虑其中所涉及机制,人们似乎已清楚一些形式的密度依赖,或是种群内作用或是亚种间的相互作用,对于确保物种的存在是必要的。

将密度依赖引入用于管理或风险评价的种群模型并非总有必要。鱼类和野生动物管理者已经适当的应用了密度依赖模型,前提是预测时间要短且种群变化要相对较小。然而,对于长期预测,明确的引入密度依赖对于给出较为吻合的现实模拟通常是必要的。利用单纯的密度依赖模型进行预测,种群数量会不可避免地增加到无穷多或降低至零,这还不包括对人为因素进行考虑,如捕捞或毒性化学物质。

27.2 种群分析方法

在过去几十年里,已经建立起各种种群分析方法。本节概要介绍几种主要的方法,着重于它们在概念上的相互联系,以及已有的应用。27.3 节将给出涉及有毒化学物质的典型案例研究。

27.2.1 种群潜在增长率

最简单的种群分析方法是对繁殖力进行定量分析。其理论经由 Lotka(1924)、Fisher(1930) 和 Cole(1954) 发展。在 20 世纪 60 年代以前,渔业管理使用的种群动力学的唯一方法就是分析生活史特征与种群生长之间的关系。这种方法需要搜集以下资料:① 生物从一个年龄段存活到下一个年龄段的比例;② 某一年龄生物后代的平均数 l_x,定义为生物从出生到活到 x 岁的比例,m_x 为生物在年龄为 x 时繁殖后代的平均数目。假设种群中生物最大年龄为 n 年。如果 l_x 与 m_x 是常量,这些参数将决定繁殖率、死亡率、寿命、和种群生长之间的关系。用数学方程表示为:

$$\sum_{x=1}^{n} e^{-rx} l_x m_x = 1 \tag{27.1}$$

参数 r 需要满足式(27.1)的左边之和为 1,被称为"Malthusian 参数"、"自然增长率"或者"几何增长率"。本章称其为种群变化的瞬时速率。如果 r 大于 0,种群将无限制的增长。如果 r 小于 0,种群将减少直至灭绝。如果 r 恰好为 0,种群数量将维持不变。由此可见,如果种群不受干扰,其年龄组成将趋向于"稳定的年龄分布",即每一代中,某一年龄组生物的比例是相同的。一旦达到这种状态,不论是种群总量还是任一年龄组生物的数量都将随时间指数性的增长或降低:

$$N_t = N_0 e^{rt} \tag{27.2}$$

式中:N_t 为时间 t 内的种群数量;N_0 为初始时刻($t=0$)的种群数量。

式(27.1)与式(27.2)通常以另外一种形式表示:

$$\sum_{x=1}^{n} \lambda^{-x} l_x m_x = 1 \tag{27.3}$$

$$N_t = N_0 \lambda^t \tag{27.4}$$

式中:$\lambda = e^r$,为种群的有限变化率。

r 的值及其变化可能与种群的减少或灭绝相关,这对于种群管理很重要。许多作者研究过 r 对繁殖率与死亡率变化的敏感度。Mertz(1971)指出,由于加利福尼亚秃鹰种群繁殖率很低,它对人为捕猎造成死亡率上升极度脆弱。Mertz 同时推断,旨在增加其种群繁殖成功率的管理措施也不可能改善(种群)恢复前景。Mertz 的话不幸言中,约 10 年后,加利福尼亚秃鹰在野外灭绝了。20 世纪 80 年代期间,许多作者应用类似方法评价了北方斑点猫头鹰的种群变化(Dawson 等,1987;Lande,1988)。

生态毒理学中,种群潜在增长率经常被用于解释采用水蚤或其他体型小、寿命短的物种的慢性毒性测试(例如,Daniels 和 Allan,1981;Gentile 等,1983;Meyer 等,1986;Walthall 和 Stark,1997;Kuhn 等,2001;Salice 和 Miller,2003),实验中测定的每天的存活量与繁殖量足以获得 r 的估计值。由毒物暴露导致 r 的变化可以作为慢性毒性对种群效应的相对指标。尽管计算的 r 值不能直接外推到野外环境,但是这种实验数据的解释方法有其优势,可以将存活率与繁殖率综合成一个指标。Forbes 和 Calow(1999)搜集了 41 例类似研究,总共包括 28 个物种和 44 种化学物质。除了用于评价测试物种种群的风险之外,已经有人提议将源自多个物种实验的 r 估计值作为潜在的方法制定水质质量标准,以便保护水生群落(Forbes 等,2001;本章稍后讨论)。

27.2.2 预测矩阵

年龄结构或发育阶段结构预测矩阵是种群生长率潜力模型的重要扩展。最简单的矩阵模型是线性"Leslie 矩阵"(Leslie,1945;Caswell,2001)。它包括与种群潜在增长率模型相同的信息,但信息以矩阵形式表示。种群丰度随时间的变化可以用矩阵方程表达:

$$N(t) = LN(t-1) \tag{27.5}$$

式中:$N(t)$ 和 $N(t-1)$ 是向量,包含了每一年龄组生物体的数量 $(N_0, \cdots, N_k)$;L 是矩阵,定义为:

$$L = \begin{pmatrix} s_0 f_1 & s_1 f_2 & s_2 f_3 & \cdots & s_{k-1} f_k & 0 \\ s_0 & 0 & 0 & \cdots & 0 & 0 \\ 0 & s_1 & 0 & \cdots & 0 & 0 \\ 0 & 0 & s_2 & \cdots & 0 & 0 \\ \cdots & \cdots & \cdots & \cdots & \cdots & \cdots \\ 0 & 0 & 0 & \cdots & 0 & 0 \end{pmatrix} \tag{27.6}$$

式中:S_k = 从一时间段到另一时间段生物存活概率;f_k = 生物在年龄 k 时的平均生育率。

Leslie 矩阵同样可以用几何形式表示(图 27.1a),其中节点表示不同年龄组,连接节点的箭头表示存活率和繁殖率参数。

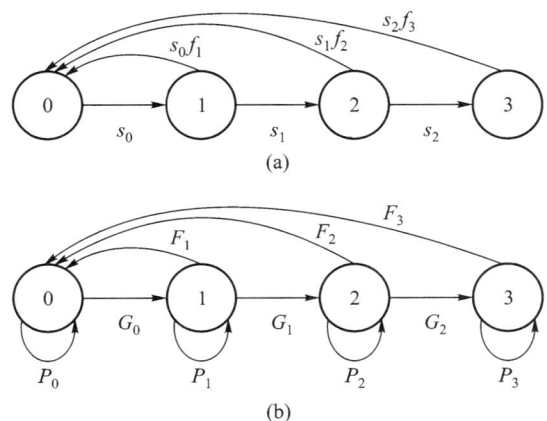

图 27.1 与基于年龄(Leslie)和基于生命阶段预测模型对应的生命周期图形。(a)在基于年龄的模型中,每一时间步长中存活的生物体会过渡到下一年龄组。没有生物存活年龄超过第 3 组。(b)在基于生命阶段的模型中,每一时间步长中存活下来的生物或过渡到下一阶段或仍处于原来阶段。两个模型中,生物繁殖后会接着就会发生年龄阶段的转化。

式(27.4)的矩阵形式为:
$$N(t) = L^t N(0) \tag{27.7}$$
式中:$N(0)$代表时间为0时年龄分布向量;L^t代表以t为幂的矩阵。

Leslie(1945)指出,任何满足式(27.7)生长的种群,将会逐渐形成稳定的年龄分布。此后,将按照下式增长:
$$N(t) = \lambda^t N(0) \tag{27.8}$$
在矩阵代数中,参数λ被称为矩阵L的"显性特征值",与式(27.3)和式(27.4)出现的种群变化有限速率相同。

此外,也可以建立生命阶段矩阵与阶段过渡矩阵(与年龄和年龄过渡对立)。Caswell(2001)给出了阶段分类数学模型的详细讨论。除了表示存活率和繁殖率之外,阶段分类模型的系数可以表示从一定数量组或生命阶段到下一个数量组或生命阶段的概率。

例如,对于基于生命阶段的Leslie矩阵,一个生物体生活在任一时间步长里,它可能仍处于同一生命阶段或等级,也可能已过渡到下一等级,因此,种群模型的过渡矩阵如下:

$$A = \begin{pmatrix} P_0 & F_1 & F_2 & \cdots & F_k \\ G_0 & P_1 & 0 & \cdots & 0 \\ 0 & G_1 & P_2 & \cdots & 0 \\ 0 & 0 & G_2 & \cdots & 0 \\ \cdots & \cdots & \cdots & \cdots & \cdots \\ 0 & 0 & 0 & G_{k-1} & P_k \end{pmatrix} \tag{27.9}$$

该矩阵中,对角线上的元素(P_i)生物体存活且处于同一级的概率,次对角线上元素(G_i)是生物体存活且过渡到下一等级的概率。基于阶段模型的几何表示见图27.1b。该矩阵的预测方程为:
$$N(t) = A^t N(0) \tag{27.10}$$
生态学中基于阶段模型的例子包括Sinko和Streifer(1967,1969)、Taylor(1979)、Law(1983)、Law和Edley(1990)、De Roos等(1992)和Caswell(2001)引用的许多其他文献。这些模型对于植物和无脊椎动物尤为有效,因为这些生物都具有复杂的生活周期,种群动力学受到个体大小的发育阶段影响远大于年龄的影响。Munns等(1997)建立了暴露于二恶英和多氯联苯(PCBs)的底鳉种群的阶段模型。

不同生活史特征对种群生长的相对影响程度可用弹性计算。弹性测定的是λ对种群过渡矩阵中每一元素(a_{ij})的比例敏感性:
$$e_{ij} = (a_{ij}/\lambda)(\partial \lambda / \partial a_{ij}) \tag{27.11}$$
种群预测矩阵中所有元素(a_{ij})弹性的和等于1.0。Spromberg和Birge(2005)和Forbes等(2001)利用弹性指数比较不同生活史特征对具有不同生活史特征的物种的种群生长速率影响的相对程度。

若种群年龄分布不稳定,可以先给定任意初始年龄分布,然后用式(27.7)和式(27.10)预测种群短时间段内的丰度与年龄分布。此外,只要将矩阵L或A中的系数或λ视作常量,矩阵预测方法将与种群生长速率法相同。用矩阵表示种群动态真正的威力在于它的适应性。L或A矩阵系数或λ可以不为常量,而是随机变量或环境参数方程。

这些修正允许全新的分析方法,对风险评价具有许多实际的应用价值。到目前为止,所有讨论的严格线性与确定性模型中,唯一可阐明的终点就是未来丰度的变化趋势:种群在未来是增长还是减少? 增长率或减少率对生活史参数变化的敏感性怎样? 如下所述的矩阵改进方式,允许评价任何终点,可就此建立一个操作型定义。

本节剩余部分将讨论矩阵模型,其中元素不再是常量而是变量。一个直观的改进就是用随机变量替代常量。随机矩阵模型是基于年龄或基于生命阶段的模型,其中一个或多个矩阵系数将被假定为随机变量。对于数量极少的种群,由于随机的自然生长和死亡过程,明显的丰度波动、甚至灭绝很可能发生。这些模型在生态风险评价中最重要的应用是定量分析灭绝可能性,原因可能是严格的种群统计与环境的内禀随机性,或者可能是对随机变化种群的胁迫(例如,过度捕捞、有毒化学物质暴露或周期性死亡灾难)。

随机矩阵模型的理论文献强调利用数值分析法获得普遍性结论。然而,应用于特定种群时,利用蒙特卡罗法进行数值模拟已经足够且操作起来更简单。Barnthouse 等(1990)利用蒙特卡罗模拟评估了环境变化及不确定有毒化学物质对两种鱼类种群丰度及灭绝风险的综合效应。Snell 和 Serra(2000)使用类似的方法定量分析了化学物质暴露对受短期环境变化和突发性灾难时的轮虫种群的影响。式(27.3)和式(27.5)在电子表格中很容易处理,在电子表格中进行蒙特卡罗分析可利用扩展程序 Crystal Ball® 非常容易地实现。

对基本矩阵模型的另一常见改动就是将系数变成密度的函数。例如,将一个或多个速率变成整个种群或一些年龄段某些个体的函数。将密度依赖引入矩阵是为了解释尽管种群丰度会波动,但自然界中种群总是维持在适度的范围内的原因(27.1.4 节)。

实际上,清楚地将密度依赖引入种群模型对于实施实际种群预测经常是有必要的。回顾式(27.2)、式(27.4)、式(27.8)及式(27.10)就会找到原因。对于确定性模型,除非 r 完全等于 0(λ 完全为 1),模拟种群或者将无限制增长或减少至 0,即使加入内禀随机性也不能改变这一行为。若时间足够,任何密度依赖模拟种群的数量或者将无穷多或者将灭绝。鉴于这一原因,多数模拟种群行为超过一代的模型都会引入密度依赖。关于密度依赖存活的两个重要方程是 Beverton‐Holt 方程:

$$s = c_1/(1 + c_2 n) \tag{27.12}$$

式中:c_1, c_2 是常量;n 是种群数量;以及 Ricker 方程:

$$s = \alpha e^{-\beta n} \tag{27.13}$$

式中:α, β 是常量。

这两个方程是简单的示例,它们已经被广泛研究,很容易应用到年龄模型或阶段模型。最初建立两个方程是为了应用于鱼类种群,Hilborn 和 Walters(1992)以及 Quinn 和 Deriso(1999)对这两个方程的变形与应用作了详解。Beverton‐Holt 模型中的 c_1 和 Rickr 模型中的 α 是模型中两个关键参数。它们表示存活率 s 的最大可能值,当种群数量(n)很低时,s 近似等于 c_1(Beverton‐Holt 模型)或 α(Ricker 模型)。随着 n 增加,s 在两个模型中会减少(尽管每个模型中减少速率不同)。在渔业文献中,参数 c_1 或者 α 有时被叫作"补偿性储备"的估值,因为它们是种群在数量很低时增长能力的量度。比起补偿性储备较低的种群,补偿性储备高的种群(例如,在数量较低中增长迅速的种群)对环境扰乱的适应性更高,能够维持较高的捕捞量(Christensen 和 Goodyear,1988;Rose 等,2001)。

式(27.12)和式(27.13)的函数形式并不反映特别的生物过程,也无法直接测定关键参数(c_1,c_2,α 和 β)。此外,也无法推断出哪一个方程适合某个给定的种群。理论上,通过将两个模型对种群丰度时间序列进行拟合,便可以确定合适的模型。但实践中,已有数据往往并不足够以区别两个模型。出于风险评价的目的,两个模型描述同一过程出现的不确定性的最佳解决方案是利用所有的模型分别进行模拟。如果结果不受模型选择的影响,则可以选定最简单模型;如果结果与模型选择高度相关,最好利用两个方程同时进行模拟。

关于种群未来行为或对胁迫的反应的预测可能会对函数形式或参数值高度敏感。正因为如此,密度依赖在管理中的应用可谓毁誉参半,且经常引起激烈争论(Rose 等,2001)。与其他风险评价中应用的大多数数学模型一样,如果模型是用于比较而不是预测未来自然状态,上述难点就被最小化了。例如,Barnthouse 等(1990)应用随机、密度依赖的种群模型测试生活史、捕捞量、死亡率、环境变化及化合物毒性,预测暴露于化合物的鱼类种群反应的不确定性,研究发现,与毒性试验数据从实验室外推到野外的不确定性相比,与暴露种群特性相关的不确定性微乎其微。

27.2.3 整体模型

本书的读者将会熟悉其他几种种群模型,比如逻辑斯蒂模型和 stock-recruitment 模型。这种种群建模的方法不同于上述讨论的模型,原因在于所有生物体都被归结成一个或两部分,比如"种群数量"或"父辈与子辈"。逻辑斯蒂模型在种群生物学的应用历史很长,在许多大学生态学课本都有介绍。这或许是模型种群生长与稳定最简单的模型。Shaeffer 盈余生产模型是逻辑斯蒂模型的一种形式,被用于渔业管理。Hilborn 和 Walters(1992)详细讨论了盈余生产模型以及 stock-recruitment 模型的多种形式。由于这些模型非常简单,许多应用种群生物学家认为逻辑斯蒂模型及其变形实用价值不大。然而,只要不要求精确的数值预测,逻辑斯蒂模型可以作为复杂模型的近似。该模型经常有不同的方程表达形式:

$$\frac{dN}{dt} = rN\frac{(K-N)}{K} \quad (27.14)$$

式中:K 是种群承载能力。该模型的积分形式表达式为:

$$N_t = \frac{K}{1+e^n} \quad (27.15)$$

当与其承载能力相比,种群数量相对较少时,种群生长速率接近于最大速率 r,与式(27.1)中定义的种群内在速率一样。随种群增加,种群增长速率会下降,当种群达到最大容量 K 时,增长速率会降为零。逻辑斯蒂模型也可以表达成离散的时间方程,用于模拟受到重复干扰的种群的恢复。

$$N_{t+1} = N_t + rN_t\left(\frac{K-N_t}{K}\right) \quad (27.16)$$

干扰发生时,通过消去当前种群的一小部分,便可对其进行模拟。种群会迅速向承载能力的方向增长,直至下次干扰发生。Barnthouse(2004)运用逻辑斯蒂模型的连续形式和离散形式估计了因施用农药而造成多种水生生物死亡后的种群恢复时间。Nakamaru 等(2002)用连续逻辑斯蒂模型的随机形式定量分析了 DDT 暴露对银鸥种群灭绝概率的影响。Snell 和 Serra(2000)使用多种离散逻辑斯蒂模型定量分析了普通化合物暴露

27.2.4 集合种群模型

许多物种,特别是大多数陆生物种,与连续性杂交种群存在方式不一样。相反,它们由生活在适宜栖息地上的亚种群组成,这些栖息地散布在大片生活区或非适宜栖息地里。所有这些小生活区受环境变化支配,小型种群经常会灭绝。但是,从其他生活区迁移至此的新种群会在空的栖息地里立足。这种将物种视作"集合种群"观点最早由 Andrewartha 和 Birch(1954)正式阐述,尽管他们不用这一术语。Levins(1969)被认为是首先提出了正式的集合种群模型,建立了给定时间某一物种占据栖息地百分比($p(t)$)、占据生活区后消失速率(e)以及每一占据生活区中繁殖群的繁殖速率(m)的概念。在任何时间 t,繁殖群繁殖的数量等于占据生活区繁殖速率乘以所占据生活区百分比。如果每一繁殖群扩散到被占据生活区和未被占据生活区的概率相等,则繁殖群在未占据生活区生存的百分比等于$(1-p)$。同时,总量为 ep 的生活区将会消失。任何时候 p 的变化率取决于以下方程:

$$\frac{dp}{dt} = mp(1-p) - ep \quad (27.17)$$

生活区占据的平衡频率(p^*)由灭绝和繁殖速率的比值决定:

$$p^* = 1 - e/m \quad (27.18)$$

如果灭绝速率比扩散速率大许多(即 e 远大于 m),集合种群的灭绝则不可避免。这一结果非常直观,甚至无需模型也能得出。然而,如果 e 和 m 非常接近,结果便不再明显。即使繁殖群从已占据生活区扩散的速率很高,也可以认为已占据生活区百分比很小。此种情况下,灭绝率与殖民率的随机变化可以导致集合种群的灭绝,只有在恒定条件下集合种群才会稳定存在。

上述模型对于真实种群管理来说过于简单而无法应用。然而,模型中考虑的基本过程与变量,如扩散、灭绝以及可用栖息地占有率,都是保护生物学中的基本问题。20世纪 80 年代,保护生物学家纷纷使用集合种群理论为脊椎动物物种设计保护策略,这些物种曾经盛行一时,但是由于栖息地破碎化而分隔成孤立的亚种群。Levins 的原创模型曾被推广,对地区种群数量、地区种群结构、空间分布模式、跨物种交流及种群遗传学都有影响。Hanski(1999)也曾从理论和经验角度全面地评述了集合种群生态学。

集合种群生物学为生态风险评价者提供了概念框架及建模方法,用于阐明空间变化的化学暴露对栖息于空间异质化环境中种群的影响。Maurer 和 Holt(1996)利用集合种群模型证实了杀虫剂的使用造成了适宜生境的减少,进而危及区域物种的稳定。Spromberg 等(1998)扩展了式(27.17),建立了一般性的集合种群模型,并用它研究有毒化学物质影响到一块生活区后,生活区的空间排列与连通对集合种群反应的影响。Chaumot 等(2002,2003)的集合种群扩展了 Leslie 矩阵法,模拟镉排放对假定栖息于河道网络中褐鳟的影响。本章后面的内容将对此进行更详细的讨论。

27.2.5 个体模型

归根结底,种群的健康只不过是个体健康程度的集体表现。上述讨论的模型是最佳的抽象,抓住生物群体的一般(希望是本质)生物学特征。像种群潜在增长率模型和密度依赖Leslie矩阵,基本上属于记录方法,即以表格形式记录某时期的出生、死亡,却忽略了造成繁殖与死亡的生物机制,并假定了组内所有生物体都无法被区分。显而易见,并非所有生物体都无法被区分,个体间的差异不断影响着种群对人类胁迫或管理措施的反应。认识到这些问题就会对个体模型感兴趣,例如,以生理、行为或者其他个体特征表示种群动态模型。大体步骤是建立涉及任何水平细节的生物个体模型,然后通过方程解析解法,或对成百上千个个体的活动进行数值模拟,来推测种群总体水平的性质(图27.2)。

个体模型对了解森林中演替格局(Huston和Smith,1987)、比较不同类型森林结构与发展(Shugart,1984)、预测环境胁迫对森林构成的效应等做出了重要贡献(Dale和Gardner,1987)。还有许多在鱼类种群中应用的论文(Sperber等,1977;Adams和DeAngelis,1987;DeAngelis等,1990;Madenjian和Carpenter,1991;Rose和Cowan,1993;Rose等,2003)。

建立个体模型主要有两个方法,一个强调蒙特卡罗模拟,另外一个强调方程的解析解法。Caswell和John(1992)和DeAngelis和Rose(1992)讨论了如何在两个模型中做出抉择的好方法。McCauley等(1990)和Hallam等(1990)发表过解析解法的精彩案例。解析解法的主要优点是得到的结果是普遍性的,容易验证、理解。然而,细节水平须让步于解析解法的易操作性。实际上,所有发表的个体解析模型中的生物都相对简单,如水蚤(*Daphnia*)。

最广为人知的个体解析模型强调生理特征,如代谢、生长和化合物毒物代谢动力学。McCauley等(1990)基于力能学建立了水蚤的生长与繁殖模型,并用其预测水蚤种群在食物供应变化下,其年龄和数量随时间的变化。Kooijman和Metz(1984)首次将其运用于代谢与毒物代谢动力学,利用水蚤作为模式生物研究了有毒化合物对种群生长代谢的影响。Hallam和Lassiter将该方法拓展,包括以下方面:① 以热动力学为基础的水中污染物摄取模型;② 依据内部溶解的污染物浓度的死亡率定义(Hallam等,1990;Lassiter和Hallam,1990)。Kooijman(2000)以这些早期研究原理作为生理结构化种群模型的动态能量预算(dynamic energy budget,DEB)的正式框架。DEB法将生物体的生理特征与种群生长率和年龄分布联系在一起,同样,也将暴露浓度和有毒化学物质作用模型与个体生理特征联系在一起。已经开发出的软件包(DEBtox;Kooijman和Bedaux,1996),可以利用毒性试验数据估算出DEB模型中化合物效应参数,数据源自经济合作与发展组织(OECD)协议下的标准协定。

DEB主要应用于栖息于类似环境、生活周期相对简单的水生生物。形式上,模型很普通,模型的分析强调函数的解析研究。曾经有完全不同的方法将个体模型用于生活周期、栖息环境更为复杂的生物。DeAngelis等(1991)以及Rose和Cowan(1993)建立了鱼类种群模型,以代谢、生长、觅食行为及猎物选择等参数建立鱼类生命阶段和年龄的方程。建立上述两种模型要利用大量文献中的关于鱼类个体的生物能学、繁殖及觅食行为,并与特定鱼类物种生活史的详尽评价相结合,建立从鱼卵到具有繁殖能力的成体每一生命阶段的详细模型;通过对成百上千只鱼的出生、生长、及死亡的brute-force模拟,可以推测出群体水平在生理、行为或个体繁殖上变化的后果,最后利用从许多特定鱼类种群收集的大量数据对模型进行校正。随后Jaworska等(1997a)利用这一方法建立PCB暴露对美国东南部水库中幼龄黑鲈影响的模型。Jaworska等(1997b)

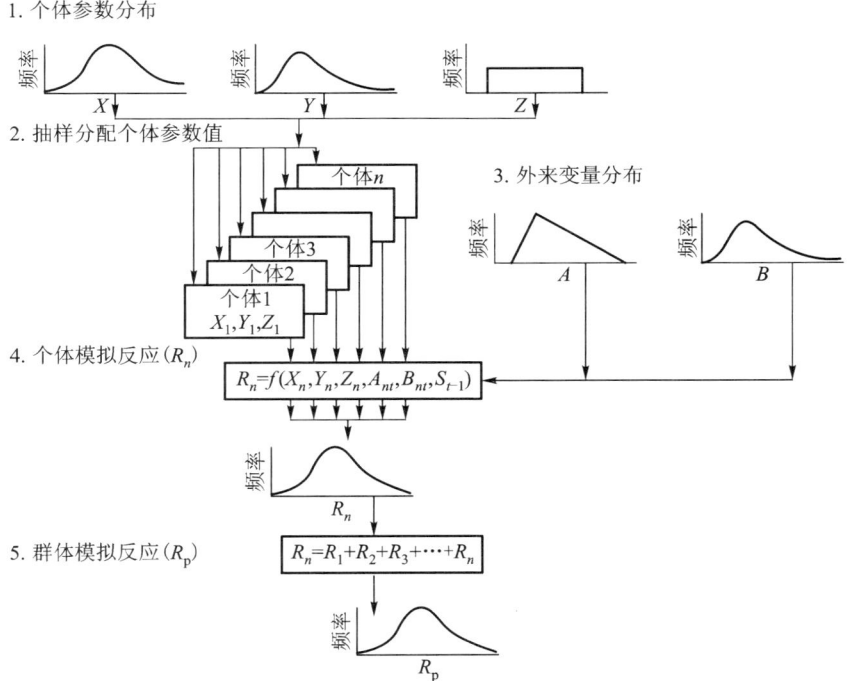

图 27.2 种群个体模型的图示。X_n,Y_n 和 Z_n 是个体生物 n 的特征,如数量和面积。A_{nt} 和 B_{nt} 是个体 n 在时间 t 经历的环境特征,如温度、污染浓度和猎物多少。S_{t-1} 是个体在此前时间段的状态。R_n 是个体反应,比如死亡或成熟。R_p 是群体反应,比如丰度或捕获总量。

利用 walleye 鱼和黄鲈鱼个体模型验证观测丰度、生长和年龄结构模式是否可以推断种群变化的原因。Rose 等(2003)利用大西洋细须石首鱼的个体模型,将 PCB 暴露对该物种生育能力、卵成活率及幼鱼躲避捕食者的能力的影响与种群水平效应联系起来。

集合种群模型 VORTEX 由 Lacy(1993)首先提出,随后被应用到大量的濒危脊椎种群中,其基础是个体模型。VORTEX 的核心是种群是每个个体出生、生长、运动、繁殖和死亡的随机模型。可以通过若干世代的动物及其后代归宿,计算种群生长、减少或灭绝信息。多次运行程序可以模拟估计种群延续概率及灭绝预期时间,程序中作为关键参数来源的随机值是用预先选定的统计分布生成的。

最近十年,地理信息系统(GIS)日益普及,生态学家也以这一技术为基础,建立了一种新型个体模型——空间显式模型(spatially explicit models)。在空间显式模型中,生物体分布在真实的区域中,这些区域由不同类型的栖息生活区构成,且适合于研究物种生存。空间显式方法允许生态学家将理论与个体生物觅食行为和繁殖结合在一起,将其与特定可测量的栖息地特征关联,推测栖息地变化对种群的影响。

研究人员已经对黄石国家公园中有蹄类草食动物(Turner,1993;Turner 等,1994)及美国能源部 Savannah 河场地上的 Bachmann's 麻雀建立了详尽完善的模型。近来,人们对丹麦一农业用地上的云雀建立了个体模型,来比较杀虫剂使用和土地利用变化对云雀的丰度及繁衍能力的影响。这一研究将在本章后面的内容进行详细讨论。

27.3 对有毒化学物质的应用

上述讨论的大多数模型方法(DEB 模型是一个例外),是为了阐明理论问题、开发种群管理或者帮助濒危物种保护而建立。然而,在过去几年这些方法越来越多的应用于有毒化学品生态风险评价。除了科技期刊上发表的大量文章,最近三个国际研讨会也阐释了种群模型在生态毒理中的潜在应用(Kammenga 和 Laskowski,2000;Baird 和 Burton,2001;Barnthouse 等,2006)。以下提供了这些应用案例。

27.3.1 从个体外推到种群的不确定性的定量研究

Barnthouse 等(1987,1988,1990)建立了一系列模型,可将毒性试验数据与鱼类种群联系起来,然后利用这联合模型去评估毒性测定数据的生态毒理意义。虽然这项研究发表已有 20 年,但是时至今日,它仍具有重要意义。原因有二:第一,它提供了第 26 章讨论的一些外推法的应用实例。第二,它研究了从实验室测定数据外推至野外种群效应中固有的相对不确定性,至今尚未出现更好的方法。

这些研究中使用了两种不同的方法进行种群建模。这一系列研究中的两篇论文,将 Leslie 矩阵中的存活与繁殖估计值用于计算"潜在繁殖指数"。这一指数被定义为期望雌性补充(1 年大小雌鱼,渔业科学中的术语)能对后代产生补充作用(Barnthouse 等,1987)。考虑到两点:① 雌鱼每年的存活概率(s_i),性成熟的概率(m_i),特定年龄的生育能力(f_i);② 鱼卵孵化成小鱼并长至 1 岁的概率(s_0)。一岁雌性补充的繁殖潜力计算如下式:

$$P = s_0 \sum_{i=1}^{n} s_i f_i m_i \tag{27.19}$$

尽管式(27.19)含有与 Leslie 矩阵(式(27.6))相同的参数,但是没有用繁殖潜力指数计算未来的种群丰度或年龄组成。反而用繁殖潜力减少量(R_s)作为替代,描述死亡率或生育能力的变化对种群影响的相对度量,

$$R_s = (P - P_s)/P \tag{27.20}$$

式中:P_s 是在导致存活率、生育能力降低或两者都降低的胁迫下的繁殖潜力指数。P_s 值从下式计算:

$$P_s = s_0(1 - C_m) \sum_{i=1}^{n} s_i (1 - C_r)^{i-1} f_i C_f m_i \tag{27.21}$$

式中:C_m=生命第 1 年中胁迫诱导死亡概率;C_r=1 年或更大年龄的鱼的胁迫诱导死亡率(假定所有年龄组相同);C_f=由于胁迫导致的生育力下降比率(假定所有繁殖年龄阶段的鱼相同)。

繁殖潜力指数最初用于评价发电厂冷却水对鱼类的影响(Barnthouse 等,1986)。自 20 世纪 80 年代中期,一个名为"单位补充产卵群生物量"的指数的变体被广泛应用于海洋渔业管理中。

同密度依赖性 Leslie 矩阵一样,繁殖潜力方法无法解释自然环境变化或密度依赖性。为了研究这些过程如何影响鱼类种群对有毒化学品反应,Barnthouse 等(1990)建立了两类研究充分的种群的密度依赖、随机矩阵预测模型:墨西哥湾鲱鱼种群模型和切

萨皮克湾条纹鲈种群模型。这些模型利用常规预测矩阵,但是对于包括密度依赖及随机变化组分的一年内小鱼要求有存活系数(s_0)。系数估计值是从已发表的文献中关于两种群丰度、年龄结构及死亡率的统计中得出的。

一年内小鱼存活系数利用下式计算:

$$s_0 = e^{-\alpha + R_i\sigma - 0.5\sigma^2 - \beta N_0} \tag{27.22}$$

式中:$\alpha=$每年密度依赖死亡率瞬时期望值;$\sigma=\alpha$的标准偏差;$R_i=$单位随机正态偏差;$\beta=$密度依赖系数;化学品对一年内小鱼的毒性效应可以通过用α取代式(27.19)中α'得到

$$\alpha' = \alpha - \ln(1 - C_m) \tag{27.23}$$

式中:$C_m=$一年内小鱼死于化学品暴露效应的百分比。化学品暴露对生育力的效应可以通过将种群矩阵特定年龄生育力(f_j)乘以生育力下降因子得到。

根据本书前面介绍的浓度-反应模型和外推模型(跨生命阶段及跨物种)得到特定生命阶段标准的数据,可以估计污染效应因子。这些步骤用于构建暴露-反应关系。在从实验室到野外的外推中,明确引入了三种类型的不确定性:实验可变性、物种间不确定性及急性到慢性不确定性。上述分析中的浓度-反应函数是逻辑斯蒂模型:

$$P = e^{a+BX}/(1 + e^{a+BX}) \tag{27.24}$$

式中:$P=$暴露种群的反应比例;$X=$暴露浓度;a和$B=$拟合参数,没有直接的生物学意义。拟合浓度-反应数据时,逻辑斯蒂模型与Probit模型类似,为S型曲线。利用非线性最小二乘法对浓度-反应数据集拟合,得到式(27.24)。浓度-反应函数形状与位置的不确定性,如a和B的方差与协方差显示的一样,都以拟合函数置信区图示形式表示。

将每一生命阶段的浓度-反应函数联合起来构建的整合函数,可以表示化学品暴露对种群水平反应变量的效应,包括不确定性。图27.3是溪红点鲑暴露于氯化甲基汞的浓度-反应函数的示例(数据引自 McKim 等,1976),其雌性繁殖潜力作为反应变量。最大可接受毒物浓度(MATC)(根据 NOEC 及 LOEC 的几何平均值计算,也被称作慢性值)对应于溪红点鲑55%~75%的繁殖潜力下降。这个结果,以及 Barnthouse 等(1987)给出的其他类似结果,表明从生活周期毒性试验中计算的MATCs会导致极高的种群水平效应,结果令人震惊。因此,基本上不能用作生态效应阈值。

Barnthouse 等(1987,1988,1990)曾广泛地应用过上述模型。例如,将外推种群反应值与从同数据集中得到的 MATC 进行比较,表明 MATCs 并不等同于种群水平无效应阈值(Barnthouse 等,1987,1988)。将不同实验终点的不确定性进行比较,发现与死亡率相比,生育力反应实际上更多变,且会将更多的不确定性引入风险评价(Barnthouse 等,1988)。不同外推步骤及毒性测定类型引入的不确定性比较结果被用于定量分析不同毒性测试方式风险评价的相对值(Barnthouse 等,1990)。比较鲈鱼与条纹鲈种群的反应,发现对于典型的筛选评价,定量结构-活性关系及由短期毒性测试预测种群长期反应导致的毒理效应不确定性,与生活史、环境变化及捕捞密度相关的不确定性相比,可以忽略不计。

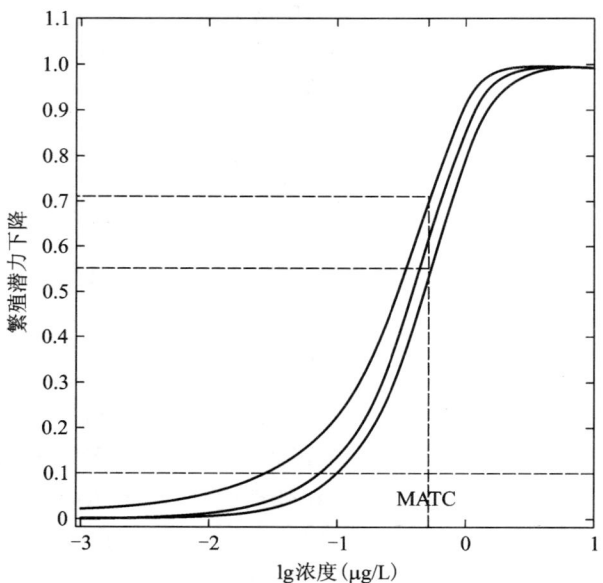

图 27.3 暴露于氯化甲基汞的溪红点鲑繁殖潜力下降的浓度-反应函数及其不确定性范围。最低处虚线表示 10% 效应水平(EC_{10})。上面两条虚线在最大可接受毒物浓度(MATC)处效应水平的 90% 置信范围。(引自 Barnthouse LW, Suter GW Ⅱ, Rosen AE and Beauchamp JJ, *Environ. Toxicol. Chem.*, 6, 811, 1987。)

27.3.2 基于生活史的生态风险评价

Calow 等(1997)和 Forbes 等(2001)提出了评价种群及群落水平风险的方法,方法的基础是将毒性试验数据与简化生活史模型相综合。Calow 和 Sibly(1990)首先描述了这一方法模型。模型高度简化鱼的生活史,只包括两个阶段:幼鱼和成鱼。它仅有五个参数:幼鱼存活至第一次生育的百分率(S_j);成鱼在生育期间的存活率(S_i);从出生到第一次生育的时间(t_j);两次生育间隔时间(t_a);及个体每次生育的后代个数(n)。假定每一生物寿命是无限的。此模型中仅包括雌性个体。Calow 和 Sibly(1990)从基础增长率离散方程推理出了计算有限种群增长率的简单模型。这一过程包括将基础方程变形为无限项和的形式,方程中存活项(l_x)可以表达为从出生到年龄为 x 的存活系数的乘积。

$$\begin{aligned}1 &= \sum_{x=1}^{\infty} \lambda^{-x} l_x m_x = \lambda^{-t_j} S_j n + \lambda^{-(t_j+t_a)} S_j S_a n + \lambda^{-(t_j+2t_a)} S_j S_a^2 n + \cdots \\ &= n S_j \lambda^{-t_j} (1 + \lambda^{-t_a} S_a + \lambda^{-2t_a} S_a^2 + \cdots)\end{aligned} \quad (27.25)$$

设 $y = \lambda^{-t_a} S_a$:

$$1 = n S_j \lambda^{-t_j} (1 + y + y^2 + y^3 + \cdots) \quad (27.26)$$

因为 λ^{-t_a} 和 S_a 的值限定在 0 到 1 之间,因此 y 也必须是 0 到 1 之间的值。数学中无穷级数定理表明对于处于 0 与 1 之间的任何 y:

$$\sum_{x=1}^{\infty} (1 + y^x) = \frac{1}{1-y} \quad (27.27)$$

因此，式(27.22)可以表示成

$$1 = \frac{nS_j\lambda^{-t_j}}{1-y} = \frac{nS_j\lambda^{-t_j}}{1-\lambda^{-t_a}S_a} \quad (27.28)$$

变形得到下式

$$1 = nS_j\lambda^{-t_j} + S_a\lambda^{-t_a} \quad (27.29)$$

Calow 等(1997)利用这一方法阐明了化学品毒性对不同生活史类型物种的影响：生育一次的生物种(物种一生中只生育一次的物种，因此 $S_a = 0$)；生育次数中等的物种($S_a = 0.5$)；生育次数频繁的物种($S_a = 0.9$)。他们研究了化学品对具有这些类型生活史的鱼类的幼鱼生存、繁殖或成鱼存活的影响。结果表明，幼鱼存活率下降或每次育种事件中繁殖率下降对于生育一次物种的 λ 影响最大，对于生育次数频繁的物种的 λ 影响最小。成鱼存活率下降对生育次数频繁的物种影响最大，对只生育一次的物种影响最小。鱼类孵化后至第一次生育的持续时间(t_j)及两次繁殖事件(t_a)间隔时间同样影响到种群模型对存活率或繁殖率下降的反应。t_j 相对于 t_a 的值越短，则 λ 对存活率或繁殖率下降越敏感。

显而易见，上述模型相当简单，但是具有高度适应性。对于大多数生物，发育成熟时间、繁殖率及寿命这些基本信息都是可以获得的。假定可以建立剂量-反应模型来描述化学品浓度及存活率、繁殖率之间的关系，化学品浓度与不同生活史类型物种 λ 变化的关联模型就可以确定。若已知一个生态系统中不同生活史类型物种频率分布，也可以构建类似于 26.2.3 节描述的物种敏感性分布(SSDs)的"生活史敏感性分布"。

Forbes 等(2001)扩展了这一思想，他们将从种群生长率分析中得到的水生生物理论保护标准与传统毒理学研究得到的标准进行了比较。作者利用四种生命周期物种代表水生生态系统中大多数的生物：底栖无脊椎动物、鱼、浮游动物及藻类。他们将上述生活史模型应用到每一生活史类型中，并假定每种种群长期生长速率(λ)大致为 1.0，最后，他们利用本章前面提到的弹性指数研究了幼体成活率(S)轻微变化对种群生长率的影响。弹性度量了每一生命周期参数对种群总生长率的贡献百分比。结果发现，底栖无脊椎动物的种群生长率对幼体变化弹性最大。大型溞的种群生长率变化弹性最低。这意味着，对于任何由污染物暴露引起的存活率下降，底栖无脊椎动物生命周期的 λ 减少最大，而大型溞的减少最小。

然后，作者又对包括四种生活史类型物种的混合种群进行模拟，将基于几种传统毒性研究的保护政策与基于种群生长速率的保护政策进行比较。假定所研究污染物只影响幼体存活率(S_j)，他们首先建立了理论剂量-反应方程，将幼体存活率与相应污染物浓度关联起来。对于每一生活周期类型，计算了对应 λ 减少 10% 时的污染物浓度，并认为对于每一生命周期类型的种群这些数值都是安全浓度，例如，种群水平 NOEC。

其次，他们设计了一系列场景，假定化学品对不同生命周期类型生物的相对毒性，及不同生命周期类型生物对总群落相对贡献各有差异。通过假定各组 NOECs 呈对数正态分布，来模拟具有相同生命周期的物种间敏感度的变化。利用蒙特卡罗模拟计算：① 群落平均 NOEC，例如均值为 8 时，所有物种减少 10% 的浓度水平；② 群落 95% 保护水平，例如，只有 5% 特定物种 NOECs 浓度被超过的浓度是多少。将这些数据与利用传统基于毒性的标准毒理方法得到的保护浓度相比较，如应用因子法和 SSD 法。Forbes 等(2001)发现，基于 λ 降低 10% 的保护性浓度，一般来说，都比由应用因子或

SSD法计算得来的浓度高。因此，传统风险评价法提出污染物环境安全浓度的保护性预测，在一些情况下，这些方法实际上得到了过保护浓度。然而，一些情况下（例如，具有敏感生命周期类型及对化学品极度敏感的占优势物种），传统的方法会得到亚保护的浓度。Forbes等(2001)指出，在不同生活史类型生物对水生群体的相对贡献方面需要更多研究，来改进环境保护标准，以便能提供真正保护性，而不是过保护的暴露安全限值估计。

27.3.3 定量分析化学物质暴露对灭绝风险的影响

Snell和Serra(2000)利用经验获得了数量适中的轮虫种群的随机模型，模拟假定化学品暴露对种群灭绝长期风险的影响。该模型基础是指数增长模型的密度依赖变形：

$$N_t = N_{t-1} e^{r_t} \tag{27.30}$$

与式(27.2)中的常量不同，生长率(r_t)是种群密度及环境变化的函数。作者通过分析自然界中轮虫种群的时间序列种群密度得到生长率函数的参数值。大多数情况下，轮虫进行单性生殖（即所有个体都是雌性的，雌性个体及其后代的卵均只能孵化成雌性个体）。然而，当密度较高时，会有部分后代包含可以"接合生殖"的雌性，可以进行有性生殖。接合生殖雌性产的未受精卵，会孵化成雄性轮虫，能与接合生殖的雌性交配。这些由有性繁殖产的卵是休眠卵，会落入沉积物中，是能够过冬存活的唯一生命阶段。在模型模拟中，轮虫的生长季节持续240天，之后所有水中的个体都会死亡。下一年春天，沉积物中的休眠卵孵化，水体中的轮虫种群重新恢复。春天，只有10%的休眠卵可以孵化，没有孵化的卵依旧留在沉积物中作为"休眠卵库"，随后几年都有可能在水中重新繁衍，这是轮虫应对灾难性事故导致其全部死亡的保障。

Snell和Serra(2000)模型中轮虫的生存与灭绝由休眠卵的密度决定。如果任何一年中，休眠卵的密度低于某一临界值，种群就有可能灭绝。他们通过模拟1 000个种群的结果计算了灭绝风险，所有模拟种群的初始数量都相同，时间跨度为100年。结果发现，即使没有化学品暴露，在100年的时间里，仍有5%的轮虫种群具有灭绝风险。作者模拟了三种可能增加灭绝风险的扰动：长期化学品暴露引起的r值持续下降，间歇性化学品暴露导致r间歇性降低，不同频率的一系列突发灾难。

将r_t每个值乘以恒定比例，便可以模拟化学品暴露效应。Snell和Serra(2000)还发现，即使r连续降低仅为10%，轮虫种群灭绝风险会上升约20%，r降低程度大于等于30%，其灭绝风险为100%。假定约20%至100%的天数里r_t减少25%，可以模拟r值间歇性降低的影响。间歇性降低比持续降低的灭绝风险低，然而，在40%的天数里r_t值降低，仍会使100年里灭绝风险增加至30%。模拟化学品暴露同样会降低轮虫种群在周期性灾难中幸免的能力。若没有化学品暴露，两年一次的灾难会将灭绝风险由5%升至25%。另外，如果再由于化学品暴露引起r降低10%，灭绝风险就会升至60%。

Snell和Serra(2000)指出，该模型对化学品暴露敏感，根本原因是由于休眠卵库的动态变化。一定数量的休眠卵必须在春天里孵化，以确保孤雌生殖的轮虫密度迅速增加，达到有性生殖需要的阈值。r值降低会使得达到阈值的生长率降低，同样，生长季节末期休眠卵的产卵量也会降低。如果，休眠卵数量不足，休眠卵库的数量会降低，使得次年春天可供孵化的休眠卵数目减少。这进一步增加了生长至有性繁殖阈值需要的时间,同时也使得所产休眠卵减少。最终,休眠卵库会减少至灭绝阈值以下。

Snell 和 Serra(2000)认为,根据他们的分析,即使 r 少量降低,包括毒性试验中认为是安全的水平,对自然界中轮虫种群也有较大的灭绝风险。他们建议大量使用基于种群的方法进行风险评价。

Nakamaru 等(2002)利用不同的建模方法定量分析了暴露于 DDT 鲱鱼种群的灭绝风险。他们利用逻辑斯蒂模型的随机形式模拟种群的生长与灭绝。

$$\frac{dN}{dt}=rN\left(\frac{K-N}{K}\right)+\sigma_e\xi_e(t)\circ N+\sigma_d\xi_d(t)\cdot\sqrt{N} \qquad (27.31)$$

式中:N,r 及 K 的定义与此前方式相同,分别是种群数量、种群内在生长率与承载容量。方程中增加的项表示环境($\sigma_e\xi_e$)与种群($\sigma_d\xi_d$)统计内禀随机性。环境内禀随机性指影响种群生长环境因素的简单随机变化。种群统计内禀随机性指种群数量的随机变化,模型中个体的出生、死亡都属于随机事件。令人感兴趣的是它们是何种运算以及如何参考那些难懂的读物和课本上那些随机的不同等式。方程中使用的符号(∘ 及 ·)表示数学运算符,分别使用"Stratonovich 积分"与"Ito 积分"。这一模型明显优于进行数十万次统计试验的模拟,Hakoyama 和 Iwasa(2000)推导出描述主要模型参数种群灭绝的积分方程。灭绝时间、承载容量与环境内禀随机性的关系定义如下:

$$T=\frac{2}{\sigma_e^2}\int_0^K\int_0^\infty e^{-R(y-x)}\left(\frac{y+D}{x+D}\right)^{R(K+D)+1}\frac{1}{(y+D)y}dydx \qquad (27.32)$$

式中:R 表示更为复杂的项 $2r/(\sigma_e^2K)$,D 表示 $1/\sigma_e^2$。平均灭绝时间(T)以世代时间为单位。因此,给出 r,K 和 σ_e^2 估计值,式(27.31)可用于计算种群灭绝前延续的平均世代数。

DDT 如何影响银鸥种群灭绝?Nakamura 等(2002)通过修改式(27.32)中的参数 r 和 K 让其包含 DDT 暴露引起的降低,解决了这一问题。

$$r'=r-\alpha \qquad (27.33)$$
$$K'=(r-\alpha)K/r \qquad (27.34)$$

虽然数学上很深奥,模型的概念基础可以概括如下:灭绝所需的平均时间是生长率、承载容量和环境变化对 DDT 暴露的函数。DDT 会使种群增长率及承载容量减少,因而缩短灭绝预期时间。

Nakamura 等(2002)利用了纽约长岛银鸥种群的数据来说明模型的使用。他们根据观察的新迁移银鸥种群倍增时间及长期定居种群每年的变化测定值,推导出 σ_e^2 的估计值,估计了大型银鸥种群与小型银鸥种群相应的承载容量范围(K),同时考虑特定年龄的雌性银鸥生殖率及 DDT 暴露对雌性生殖率的影响,利用多步程序估算 DDT 对 r 或 K 的效应。利用这些信息,参考发表文章中 DDT 生物放大因子的估值及长岛上 DDT 的历史浓度,Nakamura 等(2002)估计 20 世纪 60 年代 DDT 暴露致使银鸥的 r 值减少了约 20%。

因为银鸥种群比较大,对于其他物种,其种群丰度每年之间的变化比较小,Nakamura 等(2002)研究发现对于 DDT 暴露与没有 DDT 暴露,其种群灭绝时间都较长。例如,对于成体雌性数量在 100 至 100 000 只之间的未暴露种群来说,平均灭绝时间在 10^5 至 10^{30} 世代之间。根据 Nakamura 等(2002)提供的信息,银鸥每一世代平均时间是 8 年,这意味着只有100只鸟组成的种群将会延续大约1百万年。

也许比灭绝风险更为有趣的是 Nakamura 等(2002)进行的计算,他们比较了 DDT 暴露风险与栖息地破坏引起的风险后认为,化学品暴露与栖息地破坏都会致使种群承载容量减少,他们的模型可用于比较两种类型受到的干扰,灭绝减少时间作为其共同的单位。进行比较的方法在概念上相当简单(尽管数学上并不是这么简单)。对于环境中特定浓度 DDT 的特定的 α 值,用式(27.32)计算 DDT 暴露引起灭绝时间的变化。假定种群承载容量与其栖息地面积成正比,可以利用这样一个类型的模型,其中只有 K 减少(而不是 DDT 暴露下 r 与 K 同时减少),来计算灭绝时间发生相同变化下 K 的减少量。

Nakamura 等(2002)发现,对任何给定 DDT 浓度的栖息地,其减少当量与暴露种群的数量密切相关。例如,从 Nakamura 等(2002)文章中的表2可以看出,对于有100只银鸥的种群,DDT 浓度为 0.1 ng/L 的水体引起灭绝时间变化与 50.5% 的栖息地面积减少引起的变化相同。对于 100 000 只鸟的种群,栖息地面积减少 96.5% 才会导致相同的灭绝时间变化。

Nakamura 等(2002)定量分析他们的结果所根据的参数值都是近似值,并且银鸥是非常丰富的物种,目前其灭绝风险极低。然而,他们认为自己的方法可以计算暴露于 DDT 或其他危险物质的濒危物种保护所需的缓解措施(例如,栖息地保护或改善)。

27.3.4 定量分析化学物质暴露对集合种群的影响

Maurer 和 Holt(1996)研究了杀虫剂暴露对空间分布种群的影响,这些种群中的一些亚种群居住在暴露于杀虫剂的栖息地,而另一些亚种群居住在没有暴露杀虫剂或"安全"的栖息地。如果安全栖息地与暴露栖息地之间有生物迁徙,理论上,暴露栖息地有可能成为"污水槽",致使安全栖息地种群数量减少,或许最终会引起整个种群的灭绝。典型的农业用地由一块块农作区组成,一些农作区施用杀虫剂而另外一些没有。因此,某一地区中仅有部分农作区施用化学农药,仍有可能造成整个地区非靶标生物的灭绝,杀虫剂野外测试的准则里应该考虑这一可能性。作者利用两个可相互替代的集合种群模型来确定何种情况下会发生这种现象。

第一个模型由 Maurer 和 Holt(1996)使用,它基于两个联立离散时间模型,模型描述安全栖息地与暴露栖息地之间生物的生长、死亡及迁徙。

$$N_s(t) = N_s(t-1) + r_s N_s(t-1) - m N_s(t-1) + m N_e(t-1) \quad (27.35)$$

$$N_e(t) = N_e(t-1) + r_e N_e(t-1) + m N_s(t-1) - m N_e(t-1) \quad (27.36)$$

方程中项 r_s 和 r_e 分别是种群在安全与暴露栖息地的净增长率,表明了出生率与死亡率。因为暴露栖息地上生物的数目是减少的,则假定其生长率(r_e)为负。m 指栖息地间生物的迁徙率,假定对于两种栖息地类型是相同的。因此,每一栖息地中生物数目从时间($t-1$)至时间(t)的变化,等于在时间($t-1$)时的数目加上出生或迁入的数目,减去死亡或迁出的数目。

通过将式(27.35)和式(27.36)写成矩阵形式,然后利用矩阵代数方法(Caswell,2001)找出主特征值,就可以计算两类栖息地上整个种群的生长率。种群增长率结果由下式给出:

$$\lambda=\frac{2+r_s+r_e-2m+\sqrt{(r_s-r_e)^2+4m^2}}{2} \quad (27.37)$$

只要暴露栖息地种群下降率小于或等于安全栖息地种群和生长率（例如，$|r_e|>r_s$），λ 就会比 1 大，种群数目会增加。然而，如果迁徙率（m）很高，暴露栖息地数目下降率大于安全栖息地生长率，种群数目就会下降至灭绝。如果 $|r_e|>r_s$，高出 m 的阈值种群数目就会降至零，m 由下式给出：

$$m=\frac{r_e r_s}{r_s+r_e} \quad (27.38)$$

密度依赖性存活或繁殖有可能稳定种群数目，并且在上述模型预测灭绝的条件下使得种群延续。为了解释这一可能性，Maurer 和 Holt（1996）研究了另外一个基于逻辑斯蒂函数的模型：

$$\begin{aligned}\frac{\mathrm{d}N_s}{\mathrm{d}t}&=r_s N_s\left(1-\frac{N_s}{K_s}\right)-mN_s+mN_e\\ \frac{\mathrm{d}N_e}{\mathrm{d}t}&=r_e N_e+mN_s-mN_e\end{aligned} \quad (27.39)$$

要注意，此处假定密度依赖性仅存在于安全栖息地生物。如同在密度依赖性模型中一样，若没有从安全栖息地生物的迁入，暴露栖息地中的种群将会下降至零。

这一模型中，由于密度依赖性，在生长率、迁徙率及承载容量参数值平衡的情况下，种群数目会保持稳定。当且仅当平衡种群数目大于零的情况下，种群才会延续。Maurer 和 Holt（1996）发现，数目大于零的平衡种群延续的条件与密度依赖模型中 λ 须为正的条件完全相同。

作者认为，这些结果在设计杀虫剂施用计划中具有重要意义。两个模型中，种群能够延续的概率是两栖息地间迁徙率的减函数。因此，生物通过迁徙，实际是增加了生存在农药处理与未处理栖息地交错的地区种群灭绝的风险。如果农药处理与未处理栖息地之间迁徙很少或没有迁徙，则种群更有可能延续。此外，如果安全栖息地种群的出生率下降，则其延续的概率也会减少。这一结果的意义在于，局部地区面临有杀虫剂喷洒的情况下，若种群增长率较高（包括许多有害物种）可能延续下去，而相同条件下种群增长率较低的物种（包括非靶标脊椎动物）可能灭绝。

基于这些分析，Maurer 和 Holt（1996）认为，实验室研究及单一野外实验等强调效应测定的典型杀虫剂风险评价方法是不充分的，因为它们没有考虑到暴露物种的空间结构。Chaumot 等（2002，2003）采用多区域矩阵种群模型，研究具有一定空间分布的褐鳟种群对镉排放影响的河网的反应。两次研究中，褐鳟种群被分布到 15 个分层次设计的容器中，代表第一到第四级流域区域网络。对三个生活阶段进行表征：孵化小鱼（年龄为 0）、幼鱼、成鱼。假定褐鳟在容器间有季节性迁徙，孵化小鱼出现在一级流域中，根据野外观测年龄分布数据，假定不同年龄褐鳟在非孵化季节的分布。在第一篇论文中（Chaumot 等，2002），假定任一容器内的所有褐鳟在春季迁徙的概率相同。第二篇论文中（Chaumot 等，2003），全混合假定被放宽，以解释观察到的某些褐鳟并不迁徙的现象，模拟了春季与秋季两个迁徙季节。第一篇论文中，以 Leslie 矩阵的扩展形式表示存活率与繁殖率（式（27.6））。

$$L = \begin{bmatrix} 0 & 0 & FP_H \\ S_1 & 0 & 0 \\ 0 & S_2 & S_3 \end{bmatrix} \tag{27.40}$$

在式(27.40)中,元素 S_1,S_2 和 S_3 是包含每一生命阶段特定容器存活率矩阵的对角元素。元素 FP_H 是包含特定容器生育率与迁徙概率的矩阵。第二篇论文中相应矩阵是类似的,但是包括了褐鳟生活周期综合表示推导而来的额外项。

在两篇论文中,作者利用剂量-反应数据模拟了镉对褐鳟的效应。采用与 Barnthouse 等(1987,1988,1990)类似的逻辑斯蒂回归法,得到特定生命阶段的浓度-反应曲线。然后通过浓度-反应函数中得到的修正值与特定生命阶段的生育率与死亡率的乘积,对矩阵元素进行修改。第一篇论文只考虑慢性暴露,第二篇论文同时考虑了慢性与急性暴露。两次研究中,作者利用弹性分析法确定镉暴露对种群生长率(假定镉排放位置与浓度的函数)的影响,此外,他们计算了镉排放对褐鳟种群年龄结构与空间分布的影响。第二篇论文中,作者表述了即使排放到不同河流层次中的镉对种群增长率具有相同效应,它们也会剧烈影响褐鳟种群的空间分布。作者并没有宣称他们的研究结果在管理中的潜在应用,而是认为他们的方法适用于各种各样的河流网络类型,具有高度的位点特异性,也可用于模拟有毒化学品之外的胁迫。

27.3.5 个体模型

Topping 和 Odderskrer(2004)描述了生活在丹麦农业区的云雀种群的个体模型。研究目的是评价杀虫剂对云雀种群的影响,同时将天气与农业活动视作种群的影响因素。

模型中农业地形是基于 GIS 空间的系统,包括三种类型的农场,每个农场都有其特色的轮作模式,及可用于模拟一系列生产活动的详细规则(例如,杀虫剂施用、浇水、耕作、播种)。路边植被、灌木篱墙及其他没有耕作区域也被包括在地形模型中。

用由云雀组成的模型模拟个体的行为,包括领域确立、觅食、建巢、孵化与养育。模型中每只鸟都被视作"介质",根据多项决策规则,它参与到对存活及繁殖有成功贡献的多种行为,这些决策考虑到鸟的大小、年龄、位置、巢的状态及其他特征。根据地区气象记录确定恶劣天气分布概率,将恶劣天气状况(寒冻、大风、大雨)视作分类变量(半天的时间段里有或没有)来模拟气象对云雀繁殖的影响。云雀觅食成功率受植被结构影响,这又取决于植被类型与生长速度(在地貌模型中明确的模拟)及某种植被类型中的昆虫总量。

Topping 和 Odderskær(2004)建立了关于丹麦日德兰半岛中部特定区域地形数据的参数集,并评估了杀虫剂使用、场地面积、作物差异性和天气等在建模区域对云雀种群的影响。计算了种群水平的多个终点,包括种群总数、育种对数、雏鸟总量以及成活鸟的总数。

建模区域使用的典型杀虫剂与除草剂对鸟类的毒性相对较小。因此认为这些化合物对云雀的影响是间接的,通过节肢昆虫数量的减少来起作用。场地大小及作物种差异性通过影响植被类型及云雀所属区域植物生长阶段来影响云雀,反过来又影响节肢昆虫的数量及捕食成功率。天气直接影响云雀,包括孵化时间、雏鸟死亡率及觅食成功率。

在有四种杀虫剂喷洒模式(使用或未使用)、不同区域面积(大与小)情况下,云雀种群模拟时间跨度达 5 个 11 年的天气周期,通过假定整个地区仅种植一种作物(大麦)来评估作物多样性。

模拟结果表明,尽管杀虫剂喷洒影响云雀丰度,但与地形结构和天气相比,杀虫剂的效应较小。若将区域平均面积加倍,在55年的模拟周期中云雀的丰度会降低37%。根据指定喷洒比率与频率,在区域上喷洒杀虫剂会使云雀丰度降低约4%。与长期的雏鸟平均数量相比,每年的气候变化引起的每年雏鸟数量的波动在+19%与−13%之间。假设区域只种植大麦,会导致云雀丰度的急剧减少,包括部分或全部模拟种群的灭绝。

作者总结道,在丹麦中部地区,杀虫剂使用虽然对云雀种群有潜在的不利影响,但是农业生产对云雀种群的不利影响更大。农业生产的强化,包括农场面积增加、作物多样性的减少都对云雀产生了更为严重的威胁。

Rose 等(2003)利用个体模型将 PCBs 对细须石首鱼的实验室观测效应与该物种沿海丰度趋势的野外数据联系在一起。实验给出了 PCBs 对雌性生育力、卵存活率、幼鱼游泳速率及幼鱼躲避捕食者能力的观测效应。利用矩阵预测模型模拟沿海种群动态,该模型与本章其他地方讨论的模型类似。假设性成熟鱼在大西洋中部海湾产卵,幼鱼则洄游到北卡罗来纳州和弗吉尼亚州的保育区,长至小鱼期重新返回大海。

幼年期细须石首鱼关于个体摄食、生长、死亡的模型,将 PCBs 对幼年期细须石首鱼行为的效应(效应产生时间尺度为几秒至几个小时)与其对沿岸种群效应(效应产生时间尺度为几个月至几年)关联起来。实验室测量了 PCBs 对幼鱼躲避行为和游泳速率的效应。通过母系关系暴露于 PCBs 的幼鱼与没有暴露 PCBs 的幼鱼相比,其游泳速度更慢并且对模拟捕猎者攻击反应迟钝。Rose 等(2003)利用名为"回归树"的随机统计方法、将实验中观察到的反应值转变成幼鱼躲避捕猎者的概率。游泳速度减少、加上躲避捕猎者的概率降低,预计会降低幼鱼碰到浮游动物猎物的几率。因此,PCBs 暴露预计会导致猎物捕食量减少、生长缓慢及饿死的可能性。Rose 等(2003)利用个体模型模拟了孵化后幼鱼期细须石首鱼向小鱼阶段转变的每天的活动。它包括生物能学子模型、觅食子模型及捕食子模型。这些子模型的参数是通过实验室幼鱼研究及长期野外观察获得的。同样的方法也被用于其他基于个体的鱼类种群模型中(例如,DeAngelis 等,1991;Rose 和 Cowan,1993;Rose 等,1999)。通过躲避捕食者及游泳速度对日常死亡率与生长率的影响,将 PCBs 效应整合到模型中。相反,日常死亡率与出生率用于修正矩阵模型预测中死亡率与生命阶段性参数。

通过调整小鱼阶段死亡率对预测矩阵模型进行校正,以便在没有 PCBs 暴露的情况下种群能够稳定,即小鱼丰度的年变化量与从弗吉尼亚州和北卡罗来纳州收集的长期监测数据相似。假定北卡罗来纳州保育区生长的小鱼在发育阶段暴露于 PCBs,且效应在1至2年后雌鱼产卵时才显现。根据实验室观测值,模型中生育力与卵成活率都降低了。河流中保育阶段生活周期之后,PCBs 暴露幼鱼会生长、发育与存活,依据回归树分析结果,其躲避捕猎者与游泳速度参数都会降低。

有人评估了两种暴露情景:第一种,假定雌鱼仅第一次产卵受到影响,产卵过程中会彻底地清除掉 PCBs。第二种,假定雌鱼整个生命期间都会受到影响。

Rose 等(2003)发现,如果仅第一次受影响,PCBs 对细须石首鱼长期的丰度影响可以被忽略。如果在整个生命过程都受影响,长期平均丰度比基值低10%。作者建议,在将来此模型的更高级版本可以定量分析多种胁迫的累积效应,如 PCBs 暴露与捕捞量增加的综合效应。

27.4 种群模型在生态风险评价中的前景

本章讨论的案例包含了种群模型在生态风险评价中的广泛应用。本书第一版建议预测矩阵、随机灭绝模型及个体模型在未来可用于生态风险评价,以支持超级基金(Superfund)评价、杀虫剂风险评价、自然资源破坏评价及其他类型的管理行为。显而易见,种群模型在研究中应用广泛,但是这一模型在化学品风险评价与管理中的应用仍不常见。

USEPA 最近关于生态风险评价的指导文件(EPA,2003)中确认几种种群模型终点(灭绝、丰度和产量)与该机构评价工作相关。然而该机构仍主要关注生物个体水平特性如形态异常、存活、繁殖及生长(第16章),并以法律要求、法规先例与实用性为由对此进行辩护。法律与法规超出了评价科学的范围,实用性这一问题可以通过研究、证明及创建指导文件解决。

在最近关于种群水平生态风险评价的专题讨论会上(Barnthouse 等,2006),提出了一些可以采取的措施,目的是增加生态风险评价中种群模型的使用。最为明显的一个措施是建立指导文件,讲解常用建模工具获得方式、使用及说明。这些指导文件包括选择适合不同类型评价问题的合适模型、参数估计的方法及模型使用与解释的规则,还可能需要关于种群水平评价的野外数据的收集。除了技术性的指导文件,还需要旨在告知风险管理者及利益相关者如何使用种群水平评价工具,及何种情况下可以得到更好的环境决策。专题报告包括种群水平生态风险的框架,类似于众所周知的 USEPA 的指导方针框架(EPA,1998a)。同时也包括风险管理决策中须考虑到种群水平的建议。

培养与教育同样重要。种群生态理论、野外与实验室方法经验和 GIS 技术的培训机会的增多,也会使风险评价者受益。除了培训计划,也许最佳的单独教育活动是种群模型在一个或几个常见评价中的实验应用。毫无疑问,集合种群模型在应用于评价栖息地破坏对北美斑枭的影响时,也大大促进了其在保护生物学中的广泛建立与使用,涉及环境化学品类似的应用特例,将会培养风险管理人员与评价者考虑种群模型在生态风险评估中的应用及其益处和不足。

尽管生态风险评价中并不经常使用种群模型,本书作者20年前预想的生态毒理学与种群生物学的整合也已经发生。最初为资源管理、保护生物学甚至纯理论目的建立的方法,现在也开始在生态毒理学中得到应用。同样重要的是,进入这一领域的年轻科学家与风险评价者具备了理解、使用、改进这些方法的经验与技巧。

本书未来版本或续本极有可能讨论种群模型的具体管理应用,将会以这些模型在实际应用中的成功与失败之处作为基础,给读者提供更为具体的应用建议。

第 28 章
生态系统效应模型

Steven M. Bartell

我们必须对一棵树的成长过程中在它周围飞过的蝴蝶进行模拟。

Allen 和 Starr(1982)

28.1 生态系统范例

无论在生态学基础研究领域,还是在环境评价与管理领域,生态系统都是重要的基础概念单元。几十年来的生物个体水平生态评价局限性仍然存在(NRC,1981;O'Neill 和 Waide,1981;Kimball 和 Levin,1985)。为了消除这些局限性,生态学家、环境毒理学家及风险评价者一直以来都在不懈地开发、应用、评估用于表征生态系统水平风险的方法与模型(Pastorok 等,2002)。在生态风险评价中,生态系统模型也在不断地做出重要贡献。

本章将强调生态系统模型在风险评价中的应用。生态系统模型包括物理模型(例如,微宇宙与中宇宙)、网络分析模型及房室模拟模型。对自然模型进行简要讨论,其目的是强调问题(例如,模型结构、尺度、起始条件)间的类似性,利用物理模型与数学模型去描述风险并有效地解决这些问题。同时提到网络分析技术(例如,流程分析、回路分析),因为这些技术提供了生态风险评价中大量未实现的潜在应用。因此,大部分人认为生态系统模拟模型可以作为风险评价的工具。

本章将确定并描述几种生态系统模拟模型(AQUATOX,CASM 和 IFEM),可用于评价化学物质污染或其他动因造成的生态风险。构建这些模型的主要目的是进行生态风险评价,但是我们在此并不一一介绍风险评价中可能应用到的所有生态系统模型。Pastorok 等(2002)全面综述了可用于生态风险评价全部现有的生态系统模型,感兴趣的读者可以参考这篇文献。尽管如此,本章会介绍当前模型的选择标准。在讨论了风险评价生态系统模型的优点与缺点之后,重点将转移至当前生态系统模型的选择及生态系统水平风险评价的新模型开发上。

生态系统水平风险评价实践能力的发展,离不开生态系统概念与理论的提高(Golley,1993;O'Neill,2001)。生态系统不仅仅是指一些区域,"生态系统"这一术语在风险评价中不应简单地理解为栖息地。生态系统理论对现代生态学最重要的贡献也许是认识到生命-非生命反馈系统的重要性,这一结构决定了生态系统结构和功能的动态变化。即物理-化学因素决定了某一区域或水体中可供生物栖息的面积与体积。反之,栖息生物对上述因素的影响也会导致未来栖息地环境变得不适宜原来生物的居住,而为生物新的栖息提供了场所。因此生态系统的实质并不在于栖息地,而是在于生命-非生命反馈机制。它强烈地影响系统的动态变化并对扰动作出反应。因此,生态系统水平风险评价重点应放在影响反馈机制的风险上。

生态系统理论另一概念性的贡献,就是意识到生态系统生命与非生命部分及其与生物体间功能关系失衡的重要性。在任何时间与地点,并不是所有的结构、过程和相互作用都同等重要。在不断变化的物理-化学体系下,生态系统将时空变化与生物间的作用关系相结合(例如,竞争、放牧、捕食)。水生系统中相对重要的"自下而上"与"自上而下"的繁殖季节性变化提供了这样一个失衡的例子(例如,Bartell 等,1989)。

生态系统失衡对于风险评价是很重要的。表征生态系统失衡可为风险评价终点的选择提供依据(第 16 章),并能为引导概念模型的发展(第 17 章)提供适当的时空尺度(第 6 章)。了解暴露的适当尺度,可用于鉴定与危险动因有密切关系的物种与生态系统过程。

生态系统失衡有利于简化一些假定,可作为风险评价中的相对简单模型(例如,种群模型)的基础。如果一个种群模型为种群波动提供了准确的估计,那么也是因为种群模型中基础的简化假定和与种群模型有关的全局性生态系统失衡是一致的。

构建合理的生态模型会考虑到生物地球化学失衡因素,并能深入研究其对风险评价的意义。例如,营养物富集对生态产量的正面效应,会掩盖有毒化学物质暴露产生的不利效应(例如,Breitburg 等,1999;Riedel 等,2003)。对营养物质亲和性的差异与对有毒化学物质的易感性,可以确定增加的产量如何在食物链成员中分配,其他生态模型结构并没有研究生态系统结构与功能失衡(例如,生物个体模型、种群模型与景观模型)。

28.2 生态系统风险评价

失衡功能关系与生命-非生命反馈控制机制是生态系统生态学区别于其他水平生态学的重要概念。根据这一论点,生态风险评价的重点是研究单一或多种化学物质导致的功能关系与反馈机制的变化。根据生态系统理论与风险评价的概念,生态风险评价应该强调对能量流、物质循环、竞争强度、放牧、捕食者-猎物关系及相应系统结构意义影响的特异终点的评价与测量。仅对生物体与种群进行评价,是无法解释这些终点含义的。

实际情况是,生态系统风险评价倾向于强调动态物理-化学体系下的种群水平效应。然而,研究导致种群风险(直接或间接效应的)大小,可以作为预测生态系统风险、生物地球化学失衡的生态系统模型的示例。

28.2.1 生态系统评价终点

Suter 和 Bartell(1993)标识了四种可以在生态系统(并非针对所有物质或种群)水平观测到的生态效应:① 化学物质对种群层次相互作用的效应(例如,捕食、竞争);② 化学物质的间接效应在敏感生物中传递,随后会影响不受化学物质直接作用的生物

(例如,猎物的毒性效应会影响到捕食者的丰度)。③ 营养结构或物种数量的变化。④ 生态系统功能的变化,包括生产、分解和营养循环。Suter 和 Bartell(1993)对生态系统体系中种群水平效应的评价(例如,效应 1 和效应 2)与真实生态系统水平效应(例如,效应 3 和效应 4)的差异做了区分。

生态系统中一个重要的概念是关注生命与非生命系统间的反馈调节机制。非生物因素(例如,土壤化学成分)决定了物种的增长与确立。使之适应现有环境,即非生命因素决定生态结构。之后,生物体的生命活动也会在一定程度上改变非生命环境。使得现有的物种不再适应改变的环境,适应此环境的其他物种也可以替代此处的栖息生物,即生命活动决定非生物环境,并最终改变生态结构。因此,非生命-生命反馈控制机制演变模式的变化可能对生态系统完整性构成严重威胁。从理论上讲,此种模式的变化就是生态系统水平上的终点。然而,在生态风险评价中很少会用到上述复杂的生态系统终点。生态系统模型可用于解释此类观测终点。

28.3 生态系统模拟模型

生态模拟模型指同时包括描述一个或多个初级生产者及消费者的生命体状态变量,及与其存在函数关系的一个或多个非生命状态变量。这些模型应阐明生产者与消费者之间状态变量间的相互关系,例如吃草、捕食与竞争。非生命因素,如限制初级生产者的光或营养,会影响模型中表征的生物与生态间相互作用的表现。重要的是,模型中包括的生物体与生态相互作用过程允许对非生命状态变量加以修正(例如,营养摄取或影响溶解物质或土壤营养物质浓度的重新矿化)。

应当在空间上定义生态风险评价模型。时间动态模型应当由一些空间尺度予以界定,例如,使用平方米或公顷对陆地生态系统模型予以界定,使用立方米对水生生态系统模型予以界定。新发展的生态系统模型已经建立了空间铰接模型,此模型重复描述了多个区域生命与非生命结构的相互作用,水、能量或者流动物质连接了这些区域(例如,Costanza 等,1990;Bartell 和 Brenkert,1991;Voinov 等,1998)。

生态系统模型的一些特点使得它非常适合评价生态风险。生态系统模型结构与功能的复杂性为风险评价者提供了评估直接效应和间接效应的工具。实验中得到不同单物种对化学物质或其他动因易感性的差异结论,可以在系统水平效应的体系下进行结构和功能的研究。例如,在单一营养条件下,CASM(Bartell 等,1999,2000)和 AQUA-TOX(Park 和 Clough,2004)两个生态系统模型可用于研究化学物质对竞争及捕猎者-猎物关系的间接效应。一般来说,在竞争对手对化学物质更为敏感时,劣势竞争者会取得优势。如果捕猎者短时间内就容易被化学物质或其他动因所影响,则猎物种群的数量将大量上升。除了实地研究的时间和费用因素,生态系统模型是解释这些可在复杂生态系统中传播的直接或间接效应的唯一手段。

生态系统模型可用于解释同时暴露于多种试剂引起的生态风险。例如,CASM 可用于评价几种有毒化学物质(有机物或无机物)联合、营养富集(N、P、Si)、沉积物负荷、溶解氧枯竭及捕捞压力等引起的风险。空间界定明确的生态系统模型同样也可用于研究空间格局对栖息地退化与丧失的意义,以及局部污染及气候变化的效应。

生态结构与功能详细与明确的表征表明,生态模型可以更为真实描述复杂的生态系统(Pastorok 等,2002;Bartell 等,2003)。生态系统模型可以解释细微而且重要的生态系统水平终点,比如能量流动、营养循环、生命-非生命反馈控制机制变化及系统稳定性(例如,抵抗能力与恢复能力)。生态系统模型强调生态系统中由因果关系而传递的复杂网络,网络的复杂性部分反映了目前感兴趣的相关描述与观察。网络复杂性同样也源自建模者的偏好及特定评价类型引入的偏差。在复杂网络中循环的可以是能量(例如,焦耳)或者是它的等效实体(例如,碳、干重、营养物),生态系统模型作为复杂生态实际网络的代表,可用于研究这些循环的微小变化可能引起的生态意义,而这正是受到限制的生物或种群模型所不能实现的。

除了可以研究多个复杂评价终点,生态系统模型也有可能为风险管理和决策提供建议,这些建议无法从生物模型或种群模型中得到。统计模型严格的经验参数(例如,回归系数)通常不适合与实际管理相关的应用。该模型可能会使风险评价达到精确的程度,然而,对于需要降低或缓和风险的管理人员来说实用性很小。同样,种群模型中高度集中的参数(例如,承载能力 K)很难用于风险管理。依据构成模型基础的物理、化学、生物及生态现象,可以直接解释过程水平的方程及生态系统模型的一般性描述参数。这些详细的描述提供了可用于制定非传统的管理措施并评估其成功的可能性。

28.3.1 自然生态系统模型

自然生态系统模型(例如,微宇宙、中宇宙、全系统处理)提供了另一种表征生态风险的方法(24.3 节)。所以,这些"实体"生态系统模型有巨大的吸引力。根据对照与重复的实验结果可以表示风险:生物体计数;化学物质分析;反应变化的定量分析。这些性质使人们接受自然生态系统模型的真实性。

同时,自然生态系统模型的建立和应用,在数学形式上受到许多相同假定、限制及不确定性源的影响。在构建与选择自然生态系统模型时,应考虑到尺度(例如,自然规模)及应当包括与测定生态结构量(Gardner 等,2001)。需要确定自然模型"状态变量"的初始值。必须确定自然模型的环境体系(例如,光照、温度、降水),或者简单地将其看作由区域条件决定的不受控体系。所有涉及采样频率、样品收集、样品处理及数据管理的偏好与非精密性是自然生态系统模型本身固有的。此外,用到自然模型的例子数量一般不会太多,各重复模型间的相关变化是显著的。最后,自然模型结果的解释必须限制在它们所要表征的生态系统体系中。

28.3.2 生态系统网络分析

利用网络图可以很容易地描述生态系统(例如,图 28.1)。几十年来,"框与箭头"示意图表示的生态系统结构与功能是生态学的教学基础(例如,Odum,1971),并且从事生态学实践的人员都熟悉这一概念性的网络模型。

除了简单的示意图,更多的正式网络模型与生态系统房室描述的网络分析,是定性定量理解生态系统结构与功能的有力工具。这些生态系统网络工具有助于风险评价者描述生态风险。以下各节将简要说明其中几个网络生态系统模型。

在系统成员间相互关系定量数据缺失的情况下,可用定性网络分析(例如,循环分析)描述生态系统的稳定性(Levins,1974)。对系统成员间正向、反向与中性相互作用

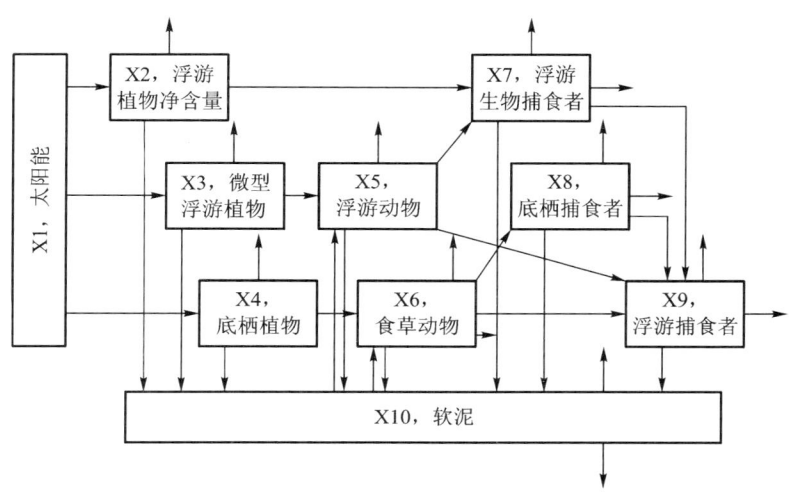

图 28.1　Cedar Bog 湖 10 分室生态系统模型的"框与箭头"流程图
（根据 Williams RB, in *Systems Analysis and Simulation in Ecology*, Vol. I, Patten BC ed., Academic Press, New York, 1971 重绘。获得许可。）

的简单了解可用于建立相互作用矩阵,被称之为"竞争矩阵"(Levins,1974;Lane 和 Collins,1985)。系统成员间的关系可用符号标定:(＋,－)表示捕食者-猎物关系;(－,－)表示两成员间的竞争。该系统为定向示意图,其中各成员以圆圈表示,连线则描述了成员间的相互作用。对矩阵中各种符号相互作用的数目与位置进行数学分析,可以得出关于系统稳定性的一般信息。与风险评价相关,这些方法还可以用于研究人类活动对群成员间相互作用导致物种消失的影响(例如,Lane 和 Collins,1985)。系统初值的敏感性,以及只能进行定性分析,限制了循环分析在生态学中的应用。此外,对于生态网络稳定性的确定,成员间相互关系的定量比定性的网络结构分析更为重要。但是网络结构的循环分析也很重要,Ortiz 和 Wolff(2002)利用此方法评估了智利中北部沿海受到扇贝捕捞影响的底栖系统的稳定性。最近其他一些应用也表明,在生态系统分析中定性方法是可行的,这些分析仍可以作为现代系统水平生态风险评价的有力工具。鉴于生态系统表征数据的缺失与分散,在较易得到的复杂结构系统定性描述的基础上,生态系统建模方法可为决策提供有用的咨询。

20 世纪 70 年代早期,(信息)流网络分析法的定量方法就被从经济学引入生态系统中并得到应用(Hannon,1973)。流分析法经过进一步发展用于定量描述非稳态生态系统(例如,Finn,1976),随后又完美地应用于表征生态网络详细层次结构中。流分析的中心内容是构建出入流或生产矩阵(图 28.2),其中,依据各成员流的输入、损失来定量分析系统内所有相互联系成员间的流。输入、输出与分室间的流可以根据相应动态模型的测量获得(Bartell,1978)。生产矩阵提供了关于系统状态和能量或物质模式变化的详细描述,无论是处于稳态还是非稳态下某时间点的截取状态。成员间流输入(输出)的标准化提供了关于每一成员变化的定量信息,与输入(输出)单位增量或减量相关联。此外,还可以估算某一特定时间尺度内系统内总能量或物质流,还有可能估算总系统流中循环流的百分比,并利用比率确定由生产矩阵表征的系统循环效率(Patten 等,1976)。系统总流量与循环效率可作为生态风险评价更高级别的生态系统水平的终点。

To/from	x_1	x_2	...	x_n	Inflow	Outflow	RowΣ
x_1	φ_{11}	φ_{12}	...	φ_{1n}	z_{10}	0	T_1
x_2	φ_{21}	φ_{22}	...	φ_{2n}	z_{20}	0	T_2
⋮	⋮	⋮	⋮	⋮	⋮	⋮	⋮
⋮	⋮	⋮	⋮	⋮	⋮	⋮	⋮
x_n	φ_{n1}	φ_{n2}	...	φ_{nn}	z_{n0}	0	T_n
Inflow	0	0	...	0	0	0	0
Outflow	y_{01}	y_{02}	...	y_{0n}	0	0	Σy
ColumnΣ	T_1	T_2	...	T_n	Σz	0	TST

图 28.2　通用生产力或流矩阵

Inflow：流入量；Outflow：流出量；ColumnΣ：列总和；RowΣ：行总和

应用流分析描述生态系统动态变化的主要困难在于精确地确定流的输入、输出及处于系统成员之间的流。随着生产矩阵中成员的数量增加，难度也非线性的增加。可以通过实地研究得到必要的值（例如，自然生态系统模型）。此外，动态模型可以为研究系统建立生产矩阵提供所需要的值。在此种情况下，流分析法是概括系统模型动态变化的另一种手段。动态模型与流分析的结合可以评价更高级别的生态系统终点的潜在效应（例如，系统总流量、循环效率）。

如果利用暴露-反应关系来定量分析化学物质引起流输入、输出的变化，那么流分析可以用来表征生态系统风险。

图 28.3 中的数值反映了与本生态系统网络房室图示相对应的系统输入、输出及流量。输入流与输出流的均衡表示该系统处于动态平衡状态。然后通过采用某些常数来界定系统，就可以根据线性微分推导出动力学的稳态情形。

To/from	x_2	x_3	x_4	x_5	x_6	x_7	x_8	x_9	x_{10}	Inflow	Outflow	RowΣ
x_2										13.1		
x_3										21.4		
x_4										61.4		
x_5		0.68										
x_6			0.21									
x_7	1.01			0.90								
x_8				0.17	0.48							
x_9					0.28	0.19	0.07					
x_{10}	8.79	15.32	45.99	5.13	0.20	0.30	0.07	0.15				
Inflow											0	0	0
Outflow	3.30	5.40	15.20	3.90	0.52	1.42	0.34	0.56	65.35	0	0	95.99
ColumnΣ										95.90	0	～96

图 28.3　为赛达伯格湖生态系统建立的生产力或流矩阵

Inflow：流入量；Outflow：流出量；ColumnΣ：列总和；RowΣ：行总和

近来开发的网络图分析的目的之一是为了解决以下的不足之处：对单一生态系统网络进行界定或要综合量化流分析中的生产矩阵及其种种不足。这些新的方法（ECOPATH/ECOSIM，NTWRK）注重条件均衡，并且力图确定可以与特定系统成员间的量化信息相兼容的可靠网络结构。这些方法已经被用于评价选定动因对水生系统的效应

(例如,Pauly 等,2000);然而,这些研究并没有在正式的生态风险框架内进行。

上面描述的生态系统网络方法可为常用的生态系统房室模型提供一种互补的分析方法(28.3.3 节)。重要的是,网络分析可用于描述由于受污染影响系统中能量或动因循环的格局与规模,甚至更为定性化的回路分析也可以提供关于生态系统网络稳定性变化的一些深刻的见解。

28.3.3 房室模型

"生态系统模型"这一术语经常与复杂房室模型的风险评价联系在一起。生态系统房室模型包括使用微积分来描述模型状态变量值随时间的变化,模型状态变量值是非生命因素输入量与生命状态变量值变化的函数。传统上,生态系统模型的公式形式是联立的微分(差分)方程,每个模型状态变量都需要定义一个控制方程,包括生命与非生命状态变量(例如,Smith,1969;Patten,1971;Park 等,1974)。状态变量数值随时间变化,作为描述模型内部生态与环境过程模型公式的函数,例如,初级生产的营养依赖性,温度依赖性的吃草,捕食者-猎物关系及分解过程。时间动态变化模型同样也是外部环境因素(例如温度、营养负荷、有毒化学物质的浓度等)输入值随时间变化的结果。

赛达伯格湖的房室模型中定义的每一状态变量的时间动态变化,可以利用以下联立微分方程加以描述(Williams,1971):

$$X'_1 = 118,625 \text{cals cm}^{-2} y^{-1}$$
$$X'_2 = f_{12} - X_2(\rho_2 + \mu_2 + \psi_{27})$$
$$X'_3 = f_{13} - X_3(\rho_3 + \mu_3 + \psi_{35})$$
$$X'_4 = f_{14} - X_4(\rho_4 + \mu_4 + \psi_{46})$$
$$X'_5 = \psi_{35} X_3 + \psi_{10.5} X_{10} - X_5(\rho_5 + \mu_5 + \psi_{57} + \psi_{59})$$
$$X'_6 = \psi_{46} X_4 + \psi_{10.6} X_{10} - X_6(\rho_6 + \mu_6 + \psi_{68} + \psi_{69} + \lambda_6)$$
$$X'_7 = \psi_{27} X_2 + \psi_{57} X_5 - X_7(\rho_7 + \mu_7 + \psi_{79} + \lambda_7)$$
$$X'_8 = \psi_{68} X_6 - X_8(\rho_8 + \mu_8 + \psi_{89} + \lambda_8)$$
$$X'_9 = \psi_{59} X_5 + \psi_{69} X_6 + \psi_{79} X_7 + \psi_{89} X_8 - X_9(\rho_9 + \mu_9 + \lambda_9)$$

$X'_{10} = \mu_2 X_2 + \mu_3 X_3 + \mu_4 X_4 + \mu_5 X_5 + \mu_6 X_6 + \mu_7 X_7 + \mu_8 X_8 + \mu_9 X_9 - X_{10}(\rho_{10} + \psi_{10.5} + \psi_{10.6} + \lambda_{10})$

虽然在形式上比其他水生生态系统模型简单(例如,CASM,AQUATOX),但赛达伯格湖模型具备了其他模型的典型特征。模型标识了每一室 i 的呼吸损失(ρ_i),"淤泥"可沉积物的死亡损失(μ_i),及系统中每一房室模型的物理损失(λ_i)。在室 i 与室 j 之间的营养传递用术语 ψ_{ij} 表示。两个或多个方程的相同项可用于定义模型状态变量间相互作用,如图 28.1 中"连接框的箭头"。间接效应会通过方程联立显示出来。

选择或建立生态风险评价的生态系统模型的关键在于推导出一个函数关系,其自变量是对动因的暴露,因变量是一个或多个模型过程公式或状态变量与暴露相关联的反应。此外,暴露过程公式及模型状态变量应当在检测评价终点基础上制定。

28.3.4 现有生态系统风险模型

Pastorok 等(2002)评述了生态建模的文献,仅认可了三种用于评价生态风险的生态系统模型。本质上,这些模型是从实验室毒性试验结果外推来预测复杂水生系统的效应。由于强调水环境毒性的检测,评论中并没有提及陆地生态系统模型。下面将逐一简要地介绍每一个模型。有兴趣的读者可查阅参考文献。

28.3.4.1　AQUATOX

AQUATOX(Park 和 Clough 2004)模拟有毒化学物质、营养物及各种水生系统中沉积物的归趋与效应,水生系统包括湖泊、池塘、小溪及水库。该模型通过水环境中生产者种群(例如,浮游植物、固着生物、沉水植物)和消费者(例如,浮游动物、底栖无脊椎动物及几种生态功能已知的鱼类)的模拟,估算化学物质风险。AQUATOX 主要研究生态过程中致死与亚致死效应,包括光合作用、消费、生产及死亡率。这些毒性效应被综合在一起,估算化学物质对模拟水生种群每日数量的影响。毒性效应建模的依据是化学物质的生物可利用性,是通过对化学物质转移与归趋过程模拟得到的(例如,吸收、水解、蒸发及光解)。模型开发了用户友好界面,以方便特定地点的应用。必须输入的数据包括:营养、沉积物及所研究系统中有毒化学物质的负荷,该区域湖泊的通性,模拟种群的生长特征,种群对所研究化学物质的敏感性等。

28.3.4.2　CASM 模型

综合水生系统模型(comprehensive aquatic systems model, CASM)是以生物能学为基础的房室模型,它描述水生植物与动物种群每年生物量(碳)的日生产量。CASM 能够说明特定地点食物链结构,并且可以描绘表面光密度值、水温、营养物(N,P,Si)等决定模拟植物种群光合作用的日常值。这一模型可用于浮游植物、附生生物、大型植物等多达 30 多个种群。可以详细描述浮游动物、底栖无脊椎动物、分解者及鱼类等超过 40 个种群。模式种群可以根据分类学或功能作出定义。模型最初是计划研究食物链结构、营养循环及生态系统稳定性之间的理论关系(DeAngelis 等,1989)。自其用于风险评价以来,CASM 已是加拿大评价河流、湖泊及水库的常用模型(例如,Bartell 等, 1999)。它还应用于评价日本 Biwa 湖和 Suwa 湖由化学物质引起特定区域的生态风险。CASM 也借蒙特卡罗模型而用于概率风险评价,以诸如每个被模拟的种群年繁殖量出现降低的概率为多少的方式,对风险进行界定。CASM 同样用于评价杀虫剂引起的湖滨地区特定区域风险(例如,湖滨地区生态风险评价模型(LERAM);Hanratty 和 Stay 1994)。

28.3.4.3　归趋与效应整合模型(IFEM)

IFEM 由毒性效应标准水柱模型(SWACOM)(Bartell 等,1992)及多环芳烃(PAHs)归趋模型中的海洋同化预测模型(FOAM)(Bartell 等,1981)整合而来。它综合环境归趋过程、生物累积、个体生长生物能学描述及毒性数据来估计 PAHs 对流水生态系统种群动态变化(Bartell 等,1988)的可能效应。同时模拟了 PAHs 对 11 种水生植物与动物代表种群亚致死毒性效应。毒性效应与风险用机体耐受量函数来估值。机体耐受量可以反映 PAHs 摄入、代谢与净化的差异。PAHs 含量是由负载率及环境归趋过程决定的(溶解度、光解、吸收及挥发)。归趋过程速率可用为 PAHs 开发的定量结构关系估算。因而,IFEM 对数据的要求量远高于评价萘风险的数据量(Bartell 等,1988)。

28.4　模型选择、使用与开发

由于几乎没有可用的生态系统评价模型(Pastorok 等,2002),对生态系统模型感兴趣的风险评价者可能碰到以下困难:① 修改现有模型,② 开发新的模型。下面将对这些困难做详细说明。

28.4.1 模型选择

模型选择的第一步是确定候选的生态系统模型。Pastorok 和 Akcakaya(2002)建议了 9 条评测标准,用于包括生态系统模型在内的评价有毒化学物质风险生态模型的选择与应用。这些建议包括六条技术标准与三条管理标准:

技术标准:
(1) 模型实用性与复杂程度
(2) 模型界定的生态效应是否相关
(3) 灵活性
(4) 不确定性描述
(5) 发展、连贯性与验证程度
(6) 参数估计简便性

管理标准:
(1) 管理者认可度
(2) 可信度
(3) 资源利用效率

Pastorok 和 Akçakaya(2002)逐一讨论了模型选择的细节。表 28.1 中简要注释以上标准。

表 28.1　用于风险评价生态模型选择 9 条标准的简要性质

标准	性质
技术性	
模型实用性与复杂程度	模型包括能决定所评价生态系统动态变化生态的结构与过程。假定涉及理解系统生态的模型是真实的
模型界定的生态效应是否相关	模型计算值(生物量变化、营养结构、能量流、物质循环)可以简便地映射到一个或多个生态系统水平评价终点
灵活性	在与其原始推导系统相似的系统中,模型的控制方程无需大的变形或重新推导,外部外力方程不需要大的变化,或者重新定义模型参数与输出
不确定性描述	开发的模型可以明确描述计算中可能包含偏差的来源与非精密性。模型输出应当反映随模型计算传递的不确定性(例如,分布、区间、模糊数)
发展、连贯性与验证程度	模型的自然显示形式(电子表格、商业软件、用户自编程序)必须是正确的(经调试、验证),也必须告知使用者在模型应用中可能的错误输入值,必须将模型在观测系统与所研究生态系统间进行比较,并确定模型偏差
参数估计简便性	使用常用数据比较模型输入值。模型参数须有明确的生态与毒理意义
管理性	
管理者认可度	模型应常被管理部门使用,或模型结果被管理售货人员或决策者认为是有用信息
可信度	模型使用之前须经过行业评审,并且被技术界认可;模型须广泛发表并且为生态建模者所熟悉
资源利用效率	模型适应评价体系所需时间或精力,对其选择不会产生负面作用

来源:根据 Pastorok RA and Akçakaya HR,详见:*Ecological Modeling in Risk Assessment—Chemical Effects on Populations, Ecosystems, and Landscapes*, Pastorok RA, Bartell SM, Ferson S and Ginzburg LR eds., Lewis Publishers, Boca Raton, FL, 2002 总结。获得许可。

28.4.2 模型改进与开发

若急需在生态系统水平进行风险评价,风险评价者就会修改现有模型或被迫开发新的模型。下面将说明在两种情况下要解决的一些关键问题。早期生态建模方面的一些文献(例如,Patten,1971,1972;Levin,1974;Hall 和 Day,1977;Halfon,1979;Shugart 和 O'Neill,1979)提供了有关建立生态模型的深入探讨,前人提供的关于模型构建与使用的详细信息在今天仍具有重要指导意义。最近的一些改进包括 Odum 和 Odum(2000)以及 Swartzman 和 Kaluzny(1987)的研究。此外,Hall 和 Day(1977)和 Halfon(1979)的著作中包括生态系统模型在环境问题中的应用案例研究,尽管这些研究已经很早确立了"生态风险评价"的实质。生态风险评价(EPA,1992a)被正式提出的前几十年间,生态系统科学家们一直致力于研究生态系统模型评价自然系统对人类影响的实用性(例如,Loucks,1972)。

在改进已有模型或开发新的模型过程中,风险评价者必须阐明模型结构、模型过程、尺度、暴露-反应关系、必要的数据输入、模型结果及模型性能。

28.4.2.1 模型结构

模型结构是指模型表征的生态实体。在建模的词典中,结构定义模型的状态变量,每一个状态变量都有一个控制方程。生态系统"框与箭头"流程图中的"框"表示模型状态变量,也可进一步表示模型的结构。生态系统模型中生命状态变量的例子包括生物体数量、生物量、两种或多种生物之间的能量平衡。特定有机物或无机营养物(例如,N、P)是生态系统模型中非生命状态变量的例子。重要的是,这一模型必须包括与问题形成时确定的评价终点一致的状态变量。

在风险评价生态系统模型的开发或改进过程中,风险评价者若要在评价中加入模型内不存在的相关生态结构,需要研究其可行性。在修改模型时,这或许意味着增加生态结构。向已有模型中增加结构,需要评价其与模型中其他状态变量的兼容性。建立新模型时,可以从一开始设定必要结构。然而,挑战就是需要多少个状态变量(例如,额外结构)描述与相应终点相关的状态变量动态变化,从而足够准确、精密、有效地表征风险。

28.4.2.2 控制方程

除了生态模型的生态结构之外,结构也可以表示数学结构,如模型中的微分。例如,传统生态结构模型就是一组联立微分或差分方程。计算方法包括简单的代数运算、微分运算到复杂的数值积分运算。在最新发展的生态系统模型中,在分析时空状态变量的变化起因时,已经涉及数值运算及网格运算,或并行运算及其他形式联立方程的应用。

控制计算的方程或数学表达式应当与终点的性质相一致。例如,某一种群的生物量(例如,干重、碳)是终点,控制方程的计算结果也必须用同样的单位。此外,如果模型中有其他的计算单位,则需要转换(例如,千卡每克)。这些转换可能造成了模型精确度差、精密度小。

28.4.2.3 尺度

尺度是指要明确模型的空间与时间。在空间上,模型描述选取的是生态系统界限的生物圈空间子集(例如面积)。该范围内空间分辨率(例如颗粒)决定了模型表征中的最小空间单位(例如,1 m³)。在时间尺度里也使用同样的概念。时间尺度包括模型预测的持续时间(例如 1 年)和时间分辨率(例如状态变量的每日值)。

在生态风险评价中,有四种尺度对于生态系统模型的改进与开发非常重要。与生态结构相关联的生态尺度是支持风险表征模型有效应用的基础。在修改模型评价风险之前应当确定生态尺度。风险评价者能否对现有模型进行修改,取决于状态变量规格和控制方程公式。一般来说,增加模型尺度或合并模型结构比提高模型分辨率更简单一些。在模型开发过程中,建模者可以应用生物生活史的基本知识与先前观测的生态资料来确定时空尺度,尺度须符合评价要求并且与暴露尺度相符合。了解建立在区域或局部基础上的重要物理化学过程,可以用于表征环境压力方程中的时空变量,在选择生态系统风险评价新模型的总体尺度时,时空变量表征必须结合生物与生态尺度。

模型选择、改进或开发必须考虑到动因的典型时空尺度特征。例如,如果动因是有毒化学物质,测定或预测频率、量级及暴露时间可用于定义生态系统模型相应的时间尺度。动因的空间范围可用于确定生态系统模型相关或必要的尺度,以有效地描述风险特征。很明显,为了使模型发挥效用,生态尺度与动因尺度须有一定的重叠。

由数量、位置及监测程序中的采样频率决定的测定尺度,决定了用于执行模型及随后用于评估模型的数据的质量与数量。简单地说,随测定实体在空间或时间上变化的增加,采样需要越来越频繁才能确保它的准确度与精密度。测量的尺度同样属于化学物质范围。随着测定的尺度与生态或化学物质尺度越来越符合,测定值的统计方差也会降至最小,额外采样的方差也不会再减少。

风险管理尺度决定风险管理者采取措施的时空性质,这些可用措施包括规避、最小化或缓解风险。管理尺度在定量分析预测风险的显著性上也非常重要。

改进或开发用于风险评价的生态系统模型过程中,须投入精力以期使上述四种尺度的重合程度最大。

28.4.2.4 暴露-反应函数

假定某一评价的模型结构是恰当的,那么其最重要性质是表示终点的模型结构与处于评价中心地位的暴露之间的函数关系。模型须将一种或多种动因暴露的定量描述转化成相关终点状态的变量模拟值变化,以便有效地描述生态风险特征。通过研究不确定暴露-反应函数的含义,可以全面地描述生态风险评价。

暴露-反应函数表达式不尽相同,一部分原因取决于暴露和反应的性质。如对于化学物质,暴露-反应为典型的 S 型函数。如图 23.5 所示,建模还应考虑到化学物质的毒性阈值,即 NOEC,应当是函数的一部分。已经证明概率值函数(图 23.4)可用于确定暴露-反应函数,这些函数可应用于评价有毒化学物质风险的生态系统模型。

不论暴露-反应函数的具体性质如何,风险评价者应当定量分析函数的不确定性。例如,化学物质的暴露-反应函数可以采用一组暴露-反应函数真实描述,这些函数变化与生物体大小、年龄相关的变化相关,并取决于生态系统模型中生物结构的数量。

28.4.2.5 数据

如果没有必要的数据支持模型运算,再完美的生态系统模型也无法给出风险的评价过程。对于所有生态模型、生态系统模型都存在这种情况,这些模型结构定义复杂,在模型运算时对数据的需求量又很大。生态系统模型所需要的数据包括模型状态变量初始值、控制方程中的参数值及量化任何必要外部压力模型的数值。模型状态变量的初始值定义生态系统模型的初始条件。量化初始条件所需的数据的性质主要是由描述状态变量动态变化的所选单元决定的。初始条件可能包括各种生物种群数量(数目、生物量或能当量)。同样,模型中包含的环境参数可能也需要设定初始值(例如,光、温度和营养浓度)。

生态系统模型数学表达式可定义参数的性质,这些参数决定状态变量的动态变化。模型参数范围很广,从简单的线性常量到其他生命状态变量的非线性方程和环境强制方程(例如,温度)的详细数值。不管其性质如何,模型参数值(如生长、存活与繁殖)都必须从特定区域或一般性数据中获得。

特定区域监测项目可以获得用于生态系统模型的物理-化学数据。各个机构持有的综合数据(USEPA,USGS,USDA等)可在监测数据缺失或者扩增少量数据时使用。

其他所需数据包括与计算结果相比较的状态变量用于模型验证。模型计算过程的性质决定了评定模型的准确度与精密度时所需的数据。例如,评估模型性能可能需要主要模型参数的时间序列数量。评判得到所需模型性能的标准(见下文)由数据的获取难度决定。

实践中,生态系统模型要求的基本数据通常来自特定区域、相似生态系统及文献中。

28.5 生态系统模型创新

以上主要介绍了采用生态系统建模来描述生态风险的传统方法。这些模型结构是生态学家与建模人员20世纪70年代开发的,此后没有太大的变动。尽管如此,在风险评价中生态系统模型的开发与应用过程中仍有许多创新的机会。

28.5.1 动态结构模型

传统的生态系统建模方法依赖于对系统结构的初始设定(例如,图28.1)。在应用模型后,模型结构在执行过程中基本上不会改变,但一些模拟状态变量值为零时例外,即一旦为零,则可从模型中剔除掉。目前,使用生态系统模型不会允许加入新的结构(状态变量)。由于受胁迫,系统更容易受外来物种入侵的影响(例如,斑马贝、金黄贝),风险评价者会加入或剔除需要状态变量的模型结构,以便解释评价终点;确立一些规则,用新物种结构考验现有的模型结构,并在模拟过程中得到稳固确立,证明其完全可行。例如,若有入侵物种,这些规则将包括新物种的生态特征、初始模型参数特征和入侵者对栖息地的理化需求。

28.5.2 模型平台交互作用

风险评价者需要有交互设计或开发应用于特定风险评价的生态系统模型的能力。用户界面友好的软件平台(例如,STELLA)具备这一功能。此类模拟平台可允许用户进行如下操作:① 模型被快速地创建与使用;② 研究与风险评价相关的备选模型公式的意义。对于受过训练的建模人员,交互建模功能可在时间与资源投入最小的情况下得到有效的成果。然而,如果使用者没有经过生态系统模型的必要培训或相关经验,在模型开发和应用中可能会导致基础性的错误。

交互模拟平台的建立,为用于风险评价的生态系统模型开发提供了便利,符合风险评价者的利益。与持续创新处于同样重要的是,对风险评价者须进行生态系统建模与分析的基础培训,使其能够准确地使用这一技术。

28.5.3 网络生态系统模型

生态系统建模人员或建模中心可在互联网上发布生态系统模型。除提供模型程序下载之外,网络模型还允许评价者进行远程操作选定模型并执行运算。此类服务的优点是允许没有超级计算设备的评价者可以使用需要超级计算能力(例如,多重、并行处理器;"超级计算机")的模型。

28.5.4 生态系统模拟的可视化

计算机功能及图形软件的不断改进,加大了按时间或空间顺序显示生态系统模型结果的可能性。用户通过检查模型的动画输出有助于识别系统反应中感兴趣的模式,而表格或图片的表现形式不明显。利用数学方法评估识别的视觉模式,可以决定它们数值上的真实性或仅仅是错觉。

通过生态系统模型结果的形象模拟可以高效连通信息。若能以动画的形式将批量结果引入,那风险管理与决策领域将会变得更加有效。

通过综合 14 个欧洲国家建模与评价的结果,在一定程度上人们意识到生态风险评价模型中的可创新机会。MODELKEY 计划包括利用跨学科手段开发了交互和连接的环境归趋与效应模型(水生食物链、生态系统模型),用于描述淡水与海洋系统中污染物引起的风险。模型设计中加入用户决策友好型支持系统。决策支持系统将运用神经网络和地理信息系统(GIS)分析的预测效应与综合风险指标评价风险、鉴定污染源、确认重点污染场所。通过在地中海与欧洲中西部选择江河流域应用的案例可以验证开发的模型。

作为未来建模方法的其他案例,Sydelko 等(2001)描述了动态信息模拟结构的计划,它能有效地开发目标导向(OO)模拟。该方法用于开发整合动态景观分析法与模拟系统(OO - IDLAMS)。OO - IDLAMS 最初源自资源保护模型的原型,在自然资源规划与生态系统管理方面给决策者提供了建议。Sydelko 等(2001)强调 OO - IDLAMS 与描述化学物摄取和效应生态模型的结合,目的是预测污染物及相应生态系统的风险幅度与范围。

28.6 生态系统模型、风险评价及决策

生态系统模型在环境决策与管理中扮演着多种角色,本节将对此做简要介绍。在第一个案例中,生态系统模型被用于研究检测终点在筛选基准和制定标准中的意义。在第二个案例中,上述生态系统模型与微宇宙和中宇宙试验风险测试的结果都被应用于具有不同结构的生态系统中。

28.6.1 模型结果与 NOECs

最近,为了在更传统或熟悉的生态基准体系中理解生态系统模型的结果,研究人员做了大量工作。Naito 等(2002)利用 CASM 评价了 7 种不同化学物质对日本 Suwa 湖的风险,其中化学物质包括杀虫剂、除草剂、有机污染物和一种微量元素。与一系列暴露情景对比后,研究人员利用生态系统模型计算了模型中选定种群的变化。此外,研究人员还利用模型估计了同一种群观测数量降低(或增加)一定百分率的可能性。然而,此风险评价的特点是将重点放在将 CASM 预测结果用到对化学物质对浮游动物的慢性毒性 NOECs 的校正上。其内在假设是浮游动物模拟效应常量应当与该系列化学物质对浮游动物的 NOECs 一致。分析这些化学物质的模拟结果,发现模拟浮游动物总生物量终点降低 20% 将接近 NOECs 效应(图 28.4)。

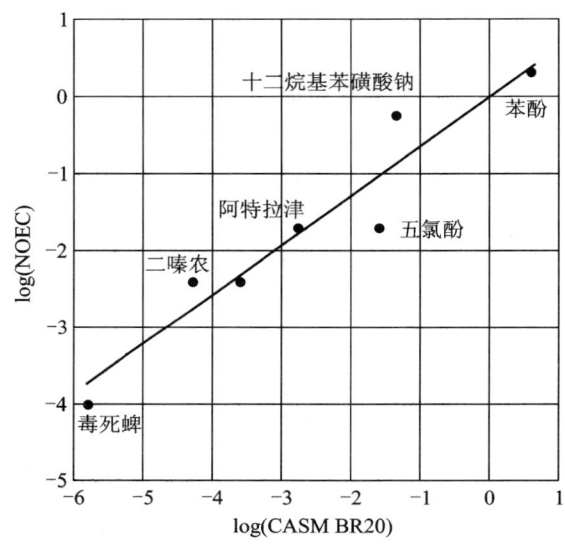

图 28.4 六种有毒化学物质 CASM 模拟的无观测效应预测值间的关系,CASM 的浮游动物总年产量减少了 20%(标识为"BR20")
(根据 Naito 等(2003)重绘。获得许可。)

这一结果很重要,原因如下:第一,利用人们熟悉的毒理终点来校正模型,为预测 CASM 得到的化学物质对浮游动物的 NOECs 提供了工具,但是 CASM 中不包括 NOECs 计算。第二,结果证实了 CASM 在评价相当范围内的不同暴露模式、毒性模式和生物敏感性的化学物质风险。最后,在 NOECs 下浮游动物 BR20 进一步支持了先前的断言(例如,Bartell 等,1992),即 CASM 使用的潜在综合胁迫风险估计偏保守,即应用实验室检测 NOECs 对应的暴露浓度会使模型中的生物量降低 20%。与实验室检测结果比较,模型高估了风险,有 20% 的偏差。此外,这一差异在各类型化学物质及 NOECs 之间都是恒定的。NOECs 与 CASM BR20 之间的关系,会让决策者更好地理解并解释生态系统模型结果,这些结果与较为传统的物种水平终点相关。

28.6.2 阿特拉津的含量

前面的案例与讨论暗含了生态系统模型在风险管理和决策中的应用。下面讨论将说明 CASM 在确定受农田排水污染的地表水中阿特拉津的可接受含量。研究人员以通用方式利用 CASM 预测（即，一般使用形式）来表示食物链结构和中西部二级或三级河流中生物量特有的时间模式。利用源自中西部河流的生态与环境数据进行校勘，建立了 CASM 标准模拟。

此例中，CASM 应用的创新之处在于，它利用一般性河流生态系统模型结果与微宇宙和中宇宙中阿特拉津测定效应的显著不同。文献报道了 77 个阿特拉津对水生植物效应（终点）中，总共有 25 项独立研究进行评价。这 77 项中有 24 例结果来自对池塘和湖泊的研究，20 例来自人工河流，33 例来自微宇宙结果。一般来说，研究中会检测 1 到 3 个浓度的阿特拉津，每次研究都分别加入一定浓度的阿特拉津作为起始浓度，并且在不同时间段里阿特拉津的浓度都保持恒定。研究记录了阿特拉津对大型植物产生的 8 类效应，对附生植物的 29 类效应，以及浮游植物的 40 类效应。Brock 等（2000）对大部分研究结果作了分析，并用以下方式进行量化：1 表示无效应；2 表示轻微效应；3 表示 56 天内恢复到对照水平的显著效应；4 表示 56 天观测期内没有恢复到对照水平的显著效应；5 表示超过 56 天没有恢复到对照水平的显著性效应。当然依据这一标准，也可以对 Brock 没有分析的其他研究进行评分。

在表征微宇宙与中宇宙研究的 77 项效应评分对应的研究中将实验浓度对暴露时间作图，如图 28.5 所示。微宇宙与中宇宙研究中发现阿特拉津植物的观测效应随暴露浓度与时间增加而趋于严重。

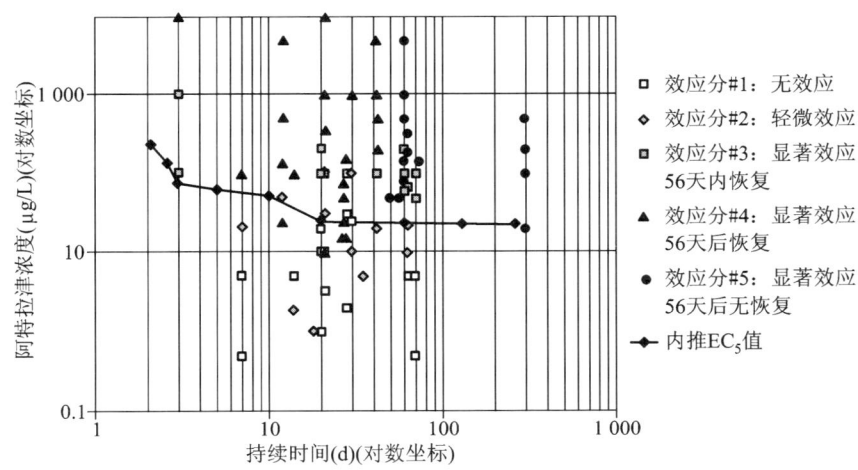

图 28.5　平均总生产者群落中产生 5% 变化的 CASM 模拟的浓度-时间插值图

CASM 标准模拟结果与受阿特拉津影响的模拟效应之间植物群落相似性建模的日均差异百分率，是评估微宇宙与中宇宙研究的标准。研究人员同样研究了模型中浮游植物、附着生物与大型植物生物量模拟值的相对变化。根据在阿特拉津不同暴露浓度与暴露时间下 CASM 模拟的结果，发现平均群落相似性降低 5% 就可以对 Brock 等研究中 3 至 5 的分值与 1 和 2 的分值加以区分。生产者类群落的相似性具有 5% 的平均偏差，可用于评估监测地表水中阿特拉津浓度野外研究的结果。利用普通 CASM 分析，若监测结果推导出的暴露模式引起的群落共性的日均偏差等于或超过 5%，就需要对该区域加大监测力度或采取补救措施。如果生产者群落相似性模拟平均偏差结果小于 5%，则继续监测即可。

重要的是，CASM 不能用于预测某区域在不同阿特拉津暴露浓度下的预期效应。在一定程度上，CASM 一般作为生态系统建模工具来评估阿特拉津野外的观测反应和实验室研究的潜在效应。

28.7 模型与建模者

本章对生态系统模型的建模过程与应用做了同样篇幅的讨论。毋庸置疑，建模者一直努力开发用户友好型、商业化、应用简单的生态系统风险评价模型，以为模型使用者提供理想的产品。随着技术的进展，将会开发出更加精确、随时可用、及对用户有吸引力的生态系统评价模型。毫无疑问，未来评价模型将具有交互性能好和用户界面高度智能的特点。越来越多的高速计算机群将在几秒钟内完成模型运算，运用速度限制措施可让用户总结、理解、解释并将海量输出数据用于风险评价、管理与决策中。数据可视化方法将有效地概括并且展示模型的结果。

尽管有理由对技术发展持乐观态度，但是面临提高定量生态系统理解程度（如，奇怪吸引、混沌）及新式特殊评价要求（如基因工程改造生物、生物入侵、栖息地退化、景观破碎）等持续挑战，必须充分重视持续培训生态系统建模者。"模型后面的人"的技术能力、培训及经验还将决定着生态系统建模的能否成功，支持生态风险评价与有价值的自然资源的智能管理。

为了评价模型的实用性与重要性，个体、种群、生态系统及景观等类别都有利于区分生态模型（或许有些随意）。每一组的模型都从定量生态学的不同角度反映了某一生态现象或研究主题（Bartell 等，2003）。与这些角度相对应的每一个建模方法都是基于一些简化的假设，有利于具体研究与生态主题相关的模型结构。然而，生态学家、建模人员与观测人员都在各自研究中探究同一个自然界的生态复杂性。假设的简化不会将自然界简化。例如，逻辑斯蒂模型中承载能力 K 表示对种群数量限制的所有生命、非生命因素的一个综合参数。在实际应用中，逻辑斯蒂模型可以简化为简单的生态系统模型。对于结构更为复杂的系统模型，如 AQUATOX 与 CASM 模型，目的是明确生命与非生命因素之间的相互作用，因为这些相互作用能够影响模型中所包含的水生种群生产量的动态变化。此类结构上较为复杂的模型可称之为种群模型。认识到这一点的重要意义在于，为了可以方便使用可将生态系统模型加以分类，但并不可以随便用类似的简化与分类来衡量自然界。除了评价现有的风险评价模型的效率（例如，表 28.1），现在面临的重大持久的挑战在于必须确定足量的生态模型结构（依据复杂性与尺度），从而可确保风险评价的精密度与准确度。

当对生态风险评价中的不同建模方法的相对优点进行评价时，生态模型建立与分类的内在主观性可能会导致错误结论。风险评价一开始，结构相对简单的模型（例如，种群统计模型）可能比结构复杂的生态系统模型更优越，尽管从风险评价标准来看，种群统计模型有些不切实际。鉴于模型划分既考虑了简洁与方便也考虑了实用性，因此如果对这些模型的好坏妄下结论，就如同断定"波动模型"比"粒子模型"能更好描述电磁辐射时犯下一样的错误。只有在模型检验的体系内才可以下一些结论。如，简单模型比复杂模型更容易验证。换句话说，精确的预测一两个状态变量参数肯定比以同样的精度预测 10 个或 20 个状态变量更容易。然而,概率理论与建模经验告诉我们,模型验证如证明假说一样,是无法做到非常绝对或意义明确的。依据可能模型和数据是无法对任意一个建模方法都加以比较的。没有确定的标准可以对现有的不同建模方法的相对有效性加以比较。

关注备选建模方法的优缺点,有利于生态风险评价模型的选择与开发。评估模型的实用性、终点意义、灵活性、易用性及其他特征有助于使用者选定模型,用于下一步开发或者对当前风险问题作出评价。风险评价建模的下一步重点应放在如何确定模型必要的复杂性上,以期使风险评价达到足够的准确性与精确度,从而符合风险管理及制定基于风险的决策的要求。从风险管理角度来看,回顾以前的工作有助于为决策确定必要和足量模型结构提供有效帮助。在生态系统理解方面不断进展的开拓性工作,能够帮助管理人员科学地确定必需的最少的模型结构。风险评价的生态系统模型本应具备足够的复杂度,但也并非越复杂越好。

第五篇 风险表征

某个单独事件的描述不是通过计算器来进行的,而是需要对各个证据进行权衡,对每个论据的说服力进行评价,对陈述进行简化从而便于进行评估,还有那些人类对未知的将来进行归纳性猜测的各种容易犯错的过程。

Pinker(1997)

风险表征是生态风险评价的一部分,它是通过整合暴露与暴露-反应关系,来估计不良生态效应发生的概率,并根据这些结果得出有用的结论。换句话说,就是估计和解释风险和不确定性的一个过程。目前有两类完全不同类型的风险表征。筛选评价的目的是把风险快速分为两部分:需要引起重视的风险和可以忽略的风险(第31章)。确定性评价的目的是为风险管理人员提供所有评价终点的风险评价的一个决策过程(第32章)。

风险表征是基于一系列标准假设、情景、模型输入信息并使用标准程序进行计算的过程。这些算法主要是用来对杀虫剂和工业化学品的生态风险进行评价(Luttik 和 van Raaij,2003;EPPO,2004)。由于其所需资料较少并且可有效预测评价的结果,因此,管理方经常运用这些算法。然而对某些化学物质进行评价时这些算法也有不足之处,如内分泌干扰物。

另外,风险表征也可用专有方法。专有方法的优点在于,可提供风险和不确定性的最佳评价以及特殊情况的评价。由于环境条件和数据资料极易发生变化,此时可以采用专有方法来确定污染源的位置。对一些争议大或涉及异常问题的评价也常采用专有方法。

风险表征的推理会根据现有数据和评价类型的不同而采用不同的形式,关键在于如何利用现有的证据得出结论。证据链就是对暴露与暴露-反应关系的估计。

单一证据链:经典的风险表征是使用一个唯一的或最佳的证据链进行推理,就化学物质而言,最常用的证据链是基于数学模型和毒性试验终点进行暴露评价。

证据的权重:如果有多条证据链存在的话,就需要同时考虑它们。这些证据可能是单一类型的证据(如不同的剂量-反应关系)或多种类型的证据(如化学毒性试验、污染物试验、生物调查)。

表征风险的结果也可能由于推理形式的不同而有些差异。

基于某些规则的推论:可能为风险评价者提供一个推论原则,以确定风险是否可以接受。最简单且常用的原则是:如果暴露评价超过基准效应水平(即 HQ>1,31.1 节),那么这个风险就是不可接受的。另外一个更复杂的原则是:如果90%暴露分布点超过效应分布的10%点,那么风险也是不能被接受的(30.5节)。基于规则的推论是评价新化学物质的最常见方法。不过,在将问题形成的过程中,可以为个体评价建立一个推论原则(第18章)。基于规则的推论可用于筛选评价或确定性评价,通常仅限于单一的证据链,但是在原先的推论过程中,沉积物质量三合一法是一个针对三条证据链(第32

章)的基于规则推论的方法。

专有判断：在许多情况下，风险表征是在没有一个先验规则或指南条件下对风险的可接受性进行判断。这种方法为评价者提供了最大的灵活性和权力，同时降低了透明度并且弱化了利益相关者和决策者的作用。

结构判断：许多风险表征过于复杂且证据过于含糊，以至于难以使用基于规则的推论，而专有判断的评价对象又太广泛，这样评价者就可以基于推理结构来进行判断，包括证据类型输入数据的整理、评价证据所采用的标准因素和评分系统。原因分析和风险表征结构的例子见第4章和第32章。

风险评估：研究估计可能的风险和不确定性，并报告给风险管理者以便其作出估计和决策。风险评估用于确定性评价中，而且证据链的个数不一。如果风险表征的结果用于经济分析、决策分析或其他定量决策支持工具中，那么风险评价是必不可少的。

替代比较：与其用一种动因或行为来表征风险的可接受性，还不如比较多种替代来确定哪一个是更可取的(第33章)。例如，具有相同用法的替代化学物质，遭到污染或破坏的地方的替代补救措施，以及备选的森林管理计划。

这些推理的方法并不互相排斥。例如，它往往适合于使用结构判断来确定是否有显著效应，如果存在显著效应，就用风险评估来确定。

第 29 章
标准和基准

由于各种原因,有必要简化不同类别、过程和生态特征的暴露-反应关系,通常简化为一个数值。为了便于管理,被用来区别可接受和不可接受的浓度水平的数值被称为标准。而为了筛选或分配所用的数值则称为基准。

29.1 标准

标准是指水或其他介质中允许存在的最大污染物浓度,目的是为了确定污染物可接受的范围(2.2 节)。美国唯一的国家生态标准是急性和慢性国家水环境质量标准(NAWQC)。USEPA 制定了关于沉积物的标准,目前已成为污染物的筛选准则(29.2 节)。USEPA 把急性国家水环境质量标准作为半数最终急性毒性值(final acute value,简称 FAV),即每种标准化学品 48~96 h LC_{50} 值的 5% 或 EC_{50} 值的当量中位数。急性国家水环境质量标准主要是针对短暂暴露引起 5% 暴露物种低于半数效应的浓度。因为该标准并不是无效应水平,所以如果一个关键物种是在最敏感的 5% 暴露物种范围内,那么这个标准就会低估实际效应(图 29.1)。慢性国家水环境质量标准(NAWQC)是最终急性毒性值除以最终急性/慢性毒性的比值,最终急性/慢性毒性比值等于不同水生生物物种的测试体至少 3 倍的 LC_{50}/CV 比值的几何平均值(Stephan 等,1985)。慢性国家水环境质量标准(NAWQC)主要是针对大多数慢性接触的重大毒性效应。一些标准如最终残留值是基于保护人类或其他食鱼生物,而不是保护水生生物。

因为标准可以说明整个州或国家的一些位点差异和不确定性,结合位点特殊性制定标准,可以减少差异性或不确定性,如国家水环境质量标准(NAWQC)中的许多重金属都是硬度的函数,因而在特殊位点应用时减小了其差异性的重要来源(Spehar 和 Carlson,1984;Stephan 等,1985)。同样,当地物种的测试结果也可能用来修改国家标准,甚至可制定位点特有基准。更广泛地说,标准主要是针对不同的生态系统(例如,美国的淡水和咸水标准)、不同用途(例如,加拿大的农业、住宅、商业、工业土地利用准则)或不同程度的保护(例如,根据美国清洁空气法案指定国家公园为 Ⅰ 级)而制定的。

NAWQC 是普适的管理标准并具有较好的保护作用,但不适于特定位点的风险评

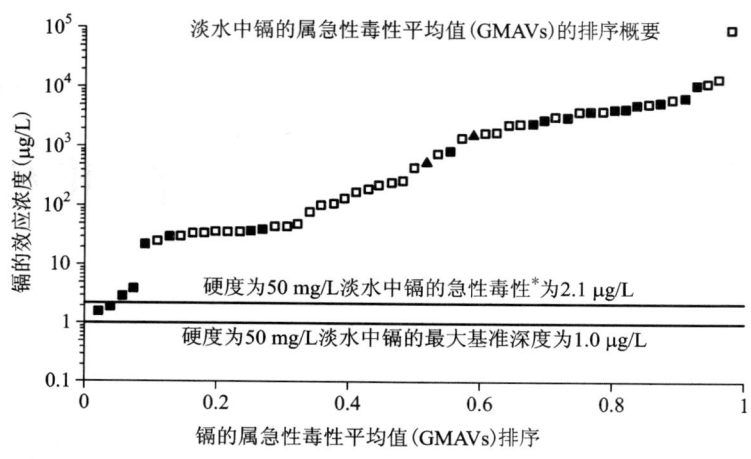

图 29.1 150 mg/L 硬度（水平线）镉的急性和慢性淡水环境质量标准，及其急性物种敏感性分布（SSD）。急性值 LC_{50} 和 EC_{50} 是几何平均值，因此这两个值也是镉的属平均急性值（GMAVs）。

价。如果将 NAWQC 应用于一个位点，评价者应该考虑用水效应比率所得的位点专一性标准，这里的水效应比率是使用 USEPA 程序将标准调整到位点水的一个系数（EPA，1983；Office of Science and Technology，1994），这需要对位点水和化学物质进行毒性试验（图 29.2）。如果位点水和常规实验室试验发现水中化学物质存在较大差别，就必须制定特定的位点标准，否则，将会浪费更多的时间和金钱于环境水域的试验上。

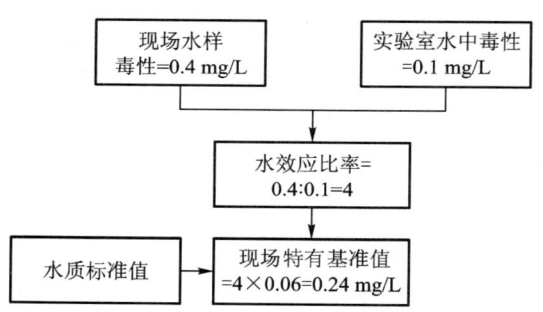

图 29.2 水效应比率的推导和使用图例

目前，美国正在重新审查水环境质量标准和风险评价的框架，尤其是用于确定化学物质合适的评价终点、重要的暴露途径以及非常规效应数据的可用性和实用性的新标准。更好的办法是使用场地数据或新的建模方法得到的最新标准和拟定标准（EPA，2000，2003，2004，2006）。对于悬浮和层状沉积物，已经由多个方法制定出特定区域或流域的效应值和衡量其结果的框架（EPA，2006b）。

许多国家都有自己的水和其他介质标准，美国标准可能并不适用于他们，而且在风险评价中应该充分考虑这些标准的适用性。除了可估计生态终点的风险外，这些标准也适合估计超过标准的风险。

29.2　筛选基准

筛选基准是对介质中的受体构成潜在毒性效应的化学物质的阈值浓度。筛选基准是用于筛选化学物质的，应该稍微保守些以致能在风险评价中筛选出在特定位点产生效应的化学物质(第31章)。实际上,确定危险化学物质的残留比避免无危险化学物质的蓄积更重要。然而,与其在无风险的化学物质上浪费大量的费用,还不如花费在真正有风险的化学物质上,因此过度保守会减少筛选评价的价值,重要的是在没有其他一些合适评价的情况下,要避免用筛选基准作为修复目标或其他作用阈值。

目前尚未有获得筛选基准的最好方法。下面是美国的几种筛选基准的方法。Barron和Wharton(2005)综述了澳大利亚、欧洲和北美使用的筛选基准。

29.2.1 作为筛选基准的标准

超过标准值可能就会引起关注,所以标准常用来作为筛选基准,USEPA建议污染位点用NAWQC进行筛选(Office of Emergency and Remedial Response,1996)。然而,目前尚不清楚NAWQC是否足够保守,因为他们常常与实际的效应阈值很接近(Suter,1996c),如位于田纳西州橡树岭保护区受废水污染的河流中镍的浓度低于慢性NAWQC,但是仍然对水蚤有毒性(Kszos等,1992)。当将其用于其预期目的——废水管理时,尤其在相对较短的暴露时间,这些标准就会显得额外的保守,因此它并不适用于污染位点。

29.2.2 二级标准值

如果NAWQC不适用于化学物质,那么可以使用USEPA制定的水质指南中所描述二级方法,这主要是针对北美五大湖或橡树岭国家实验室所获得方法进行的微调。使用二级标准值的目的是使用比NAWQC更少的数据来适当地估计水生生物标准。如果有足够的试验数据用来计算NAWQC,那么在不超过20%的情况下二级标准值的浓度预计将高于NAWQC。举例来说,如果只有一个化学物质的急性值(LC_{50}或EC_{50}),对水蚤来说,该值除以20.5,其他生物则除以242。Suter和Tsao(1996)的附录B给出了其他急性值的当量因子。USEPA(1993e)和Suter和Tsao(1996)给出了二级标准值的数据来源和用来计算物种的急性值(SAVs)和物种的慢性值(SCVs)的程序和因子。

29.2.3 以剂量-反应模型为基础的基准

筛选基准基于低剂量-反应关系。尤其是可以计算具有明显效应阈值的化学物质的LC_0或EC_0值。另外,基于95%置信下限的基准剂量(EC_{10})的人类健康风险评价也适用于非人类生物。USEPA认为这个值与人类健康效应的NOAEL大致相符,甚至非常一致。

29.2.4 具有统计意义的阈值

筛选基准常采用统计学意义上的测试终点。不同的介质和受体,测试终点也不同。

最低慢性值:慢性值(CVs)是无可见效应浓度(NOECs)和最低可见效应浓度(LOECs)的几何平均值。它们被用来计算慢性NAWQC,并且当慢性基准无法计算时,USEPA提出可用慢性值来代替慢性基准(EPA,1985)。慢性值(CVs)并不是保守的基准值。

野生生物NOAELs:野生生物的筛选基准通常是基于哺乳动物或鸟类慢性或亚慢

性毒性的 NOAELs。野生动物基准的主要不定因素是试验终点,以及是否使用类比或安全系数。可使用生殖或其他效应作为终点、物种间外推的异生长平衡和试验设计中的缺陷因素(Sample 等,1996c;Office of Solid Waste and Emergency Response,2005)。筛选剂量,即野生生物毒性参考值(TRVs)必须转换成土壤或其他介质中的浓度(Efroymson 等,1997;Office of Solid Waste and Emergency Response,2005),转换过程需要使用暴露模型(第 22 章)。

29.2.5 具有安全因子的试验终点

一些州和地区的环保局以试验终点除以安全因子作为筛选基准的基础。这些因子没有推导出二级标准值的因子或没有 Calabrese 和 Baldwin 提出的因子所具有的科学基础(表 26.3)。然而,因子 10、100、1000 的使用在 USEPA 有很长的历史(Dourson and Stara,1983;Nabholz 等,1997)(表 26.1),并且这些系数适用于任何试验终点。

29.2.6 效应水平的分布

沉积物和土壤的筛选基准基于效应或无效应水平的分布。特定化学物质的阈值效应浓度的评价是基于报道的效应浓度或无效应浓度的分配比。这些浓度随土壤或沉积物、物理化学性质、试验效应和物种敏感性的不同而有所变化。因此,以这种方式得出的基准可用来保护一定比例的物种、效应和介质。下面举例说明这种做法。

沉积物的效应范围低值和效应范围中值:NOAA 采用三种方法,① 相平衡分配法;② 添加法沉积物毒性试验;③ 实地调查确定暴露-效应关系(Long 等,1995)。观察或估计与生物效应有关的化学物质浓度可分为低于 10% 的浓度(效应范围低值,ERL)和中值浓度(效应范围中值,ERM)。这种方法的一个变形是佛罗里达阈值效应水平法(Florida's Threshold Effects Levels)(MacDonald 等,1996)。

筛选水平浓度:这些基准是基于沉积物的化学浓度和底栖无脊椎动物分布的概要数据,即对特定百分比的底栖生物物种可以容忍的最高浓度的估计,如安大略省的环境最低效应水平(Pesaud 等,1993)。

橡树岭国家实验室的土壤基准:植物、土壤无脊椎动物、微生物进程的毒性基准是基于 10% 毒性测试数据分布(Efroymson 等,1997a,b)。

29.2.7 平衡分配基准

平衡分配基准是源于水标准或基准的总沉积物浓度,此标准或基准是基于非离子型有机化合物的沉积物孔隙水和有机碳之间分配趋势(22.3 节),并假定孔隙水是大部分底栖生物的主要暴露方式,而且就水标准而言,底栖物种的敏感性与测试物种很相似,如 USEPA 的沉积物平衡分配指南(EPA,2000b,2002c-f)和沉积物中多环芳烃(PAHs)指南(Swartz,1999)。

29.2.8 作为基准的平均值

有时,最敏感的效应被认为过于保守,最佳值标准并不明确,且没有公认的安全水平外推方法。这样的基准可通过计算相关性好的试验终点平均值而得出。USEPA 用这种办法作为植物和土壤中的无脊椎动物土壤的筛选值(Office of Solid Waste and

Emergency Response,2005)。

29.2.9 生态流行病学基准

当观测地点有毒性效应并且其产生原因也已确定（第4章）时，其有效的暴露水平可以用来作为其他地点的基准。例如，爱达荷地区科达伦矿业公司盆地（一个铅采矿区）的苔原天鹅和其他水禽被发现死亡或中毒，用现场和实验室的研究来确定沉积物中的铅、食物链中的铅以及生物效应之间的关联，其结果为：铅的估计毒性阈值为530 $\mu g/g$（沉积物干重）；致死水平为1 800 $\mu g/g$（Beyer等，2000；Henny，2003）。

29.2.10 筛选基准小结

目前不同介质的筛选基准的发展情况并不一致。大量水生动物数据促进了多种其他基准的发展。同样有几个其他的沉积物基准，但它们仅仅用于极少数的化合物。野生生物的基准几乎是基于NOEC值，所以通常只有一种类型的基准可用。然而，在包括什么效应和外推到土壤浓度的暴露模型方面存在相当大的差异。因此，土壤中植物、无脊椎动物和微生物的基准并不一致，而且只适用于少数的化合物。

由于缺乏验证甚至共同有效的定义，因此没有任一类型的基准是始终适用的。当一种化合物有多个基准且任何基准都没有明显优点时，可通过求平均值的方法得出"统一"的基准值。Swartz(1999)推导出的总多环芳烃（PAHs）的阈值效应浓度（0.3 mg/g OC）为5个不同基准的算术平均数，他认为这是PAHs污染效应的一个合理阈值。另外，通过选择每种化合物的最低基准来探讨最适当基准的不确定性。

由于基准的保守程度不确定，所以通过使用不确定因子以减缓人们对筛选出的真正有毒化合物的担忧。不确定性因子使用的一个例子就是洛基山脉阿森纳的生态风险评价。这些因子用来说明物种内变异、物种间变异、临界效应、暴露持续时间、终点外推和残留不确定性的原因。对于这六个问题，系数1、2或3分别用于表示低、中、高的不确定性。显然，这些因子的大小与系数实际变异及其不确定性都不相关，并且与基准不确定性的估计也没有任何关系。另一种是基于实际变异或不确定性的估计得出不确定因子。一个例子是如表26.5和表26.2显示的给定分类水平的外推和预测区间的不确定因子。

第 30 章
暴露和暴露-反应的整合

风险表征的主要任务是将暴露评价与暴露-反应关系进行整合,用于估计风险性质和大小。实际上,暴露评价是通过解暴露-反应函数来估计效应。大多数评价只需简单的方法就可进行。然而,随着越来越重视变异性和不确定性(第 5 章),概率方法也是越来越常见。

30.1 商值法

如果暴露分析得出了暴露的点评价(如测量的最高浓度),并且效应分析也使暴露-反应关系减少到一个点(如半致死浓度),那么将这两者进行整合即为商值法。危害商(HQ)就是暴露浓度(C_e)除以毒理学基准浓度(C_b),即:

$$HQ = C_e/C_b \qquad (30.1)$$

这是一个常用的评价方法,因而这个术语有许多种表述。在欧洲,C_e 通常称为预测的环境浓度(PEC)和 C_b 称为预测的无效应浓度(PNEC)。如果暴露-反应用剂量表示,危害商(HQ)就等于$[D_e/D_b]$。同样简单的模式可以适用于不同条件,如温度、细粒、质量分数和辐射。由于其操作简便,商值法几乎总是用于筛选评价,它也是确定性风险评价中最常见的方法。

虽然有些评价者用蒙特卡罗分析法(第 5 章)进行危害商(HQ)的概率分析(示例见中国香港的例子、30.7.3 节以及 Zolezzi 等(2005),也可以解析式表示(IAEA,1989;Hammonds 等,1994)。商模型可以表示如下:

$$\ln HQ = \ln C_e - \ln C_b \qquad (30.2)$$

即使 C_e 和 C_b 不是正态分布,危害商(HQ)也会近似呈正态分布。因此,危害商(HQ)的几何平均数为 C_e 和 C_b 对数均值的差值的反对数;几何方差是 C_e 和 C_b 对数方差和的反对数。

如果暴露值和效应值的数量是有限的,那么人们可以简单地确定危害商(HQ)所有可能的分布。例如,Maund 等(2001 年)在池塘拟除虫菊酯类杀虫剂的风险评价中,确定 72 类池塘中 90% 浓度的急性和慢性毒性数据商值的分布(图 30.1)。

危害商(HQ)表示毒性的危害程度,一个相关的概念——安全幅度则表示了毒性的安全程度。"相对安全幅度"只是危害商(HQ)的相反值。如果相对安全幅度为 100,就是指暴露浓度以因子 100 增加之后才达到有毒的水平。"绝对安全幅度"是指有毒水平与

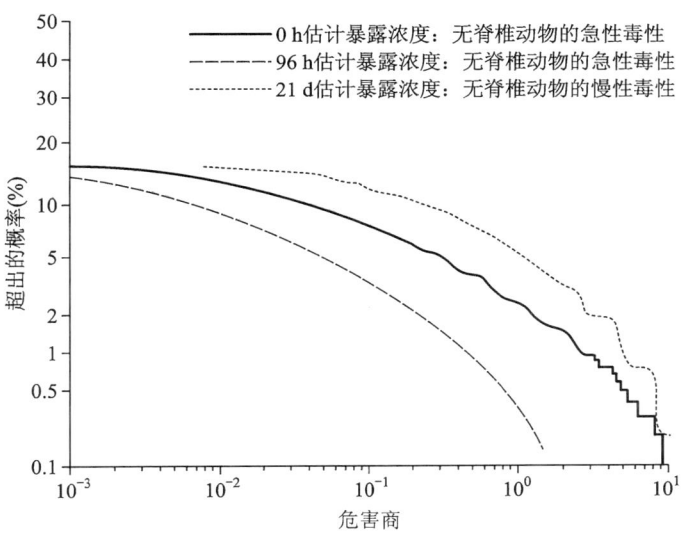

图 30.1　池塘中拟除虫菊酯类杀虫剂对无脊椎动物急性和慢性毒性商值分布的风险评价（引自 Maund SJ, Travis KR, Hendley P, Giddings JM and Solomon KR, *Environ. Toxicol. Chem.*, 20, 687, 2001。获得许可。）

暴露水平之间的差值。如果绝对安全幅度为 100 mg/L，就是指暴露浓度增加该数值之后才达到有毒水平。Newsted 等(2002)列举了一个生态风险评价中使用安全幅度的例子。

30.2　暴露是分散的而反应是固定的

通常情况下，暴露-反应关系简化到一个点，如一个标准值，但暴露评价是分散的。从蒙特卡罗分析法的迁移和归趋模型或专家的判断来看，暴露分布可能源自环境中测量浓度的分布。在这种情况下，超过基准值(C_b)的概率是指概率密度函数在 C_b 之上的积分(即 1 为 C_b 的累积概率)。例如，这种方法的一个例子就是在中国香港具有确定效应阈值的苍鹭和白鹭的风险分析(30.6 节)。

30.3　暴露和反应均是分散的

就一个普通的变量(例如，浓度)暴露-反应的分布而言，人们或许认为风险存在一种可能性，即随机的暴露分布超过了随机反应分布(Suter 等，1983)。Van Straalen (1990)和 Parkhurst 等(1996a,b)提出风险的概念作为暴露-反应分布的联合概率，适用于物种敏感性分布的效应表达。风险是暴露浓度 C_e 的概率密度和基准浓度 C_b 的累计分布的乘积的积分(图 30.2c)。Van Straalen(2002b)介绍了这一公式和方法的推导，包括离散逼近。概念上这相当于概率性危害商(HQ)(30.1 节)，但是它更清晰、更简洁。

ECOFRAM 水生工作组(1999)提出这种做法的一个变型，可应用于农药的风险评价(Giddings 等，2005)和受污染场地的评价。就暴露分布(有关浓度的地点、时间或事件)和效应分布(SSDs 或其他暴露效应分布)而言，可以得出暴露比例与效应水平即风险曲线的对比(图 30.3 和图 30.4)。由于暴露和效应比例的分布与浓度有关，因此就存在其相应的值。该曲线下的面积即所谓的均值风险。这相当于风险，即前面讨论的一个联合概率。

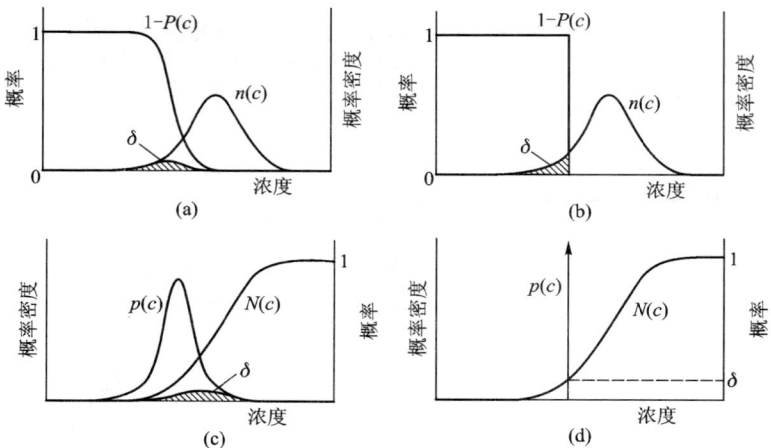

图 30.2 生态风险评价的图示(δ)定义为暴露浓度大于无效应浓度(NECs)的概率。暴露浓度的概率密度是指 $p(c)$ 项,NECs 的分布是指 $n(c)$。$P(C)$ 和 $N(C)$ 是指相应的累积分布。a 和 c 中的这两个变量的是存在分布的。对于 b 和 d,暴露浓度为常数。(引自 Van Straalen NM, in Posthuma L, Suter GW II and Traas T, eds., *Species Sensitivity Distributions in Ecotoxicology*, Lewis Publishers, Boca Raton, FL, 2002。获得许可。)

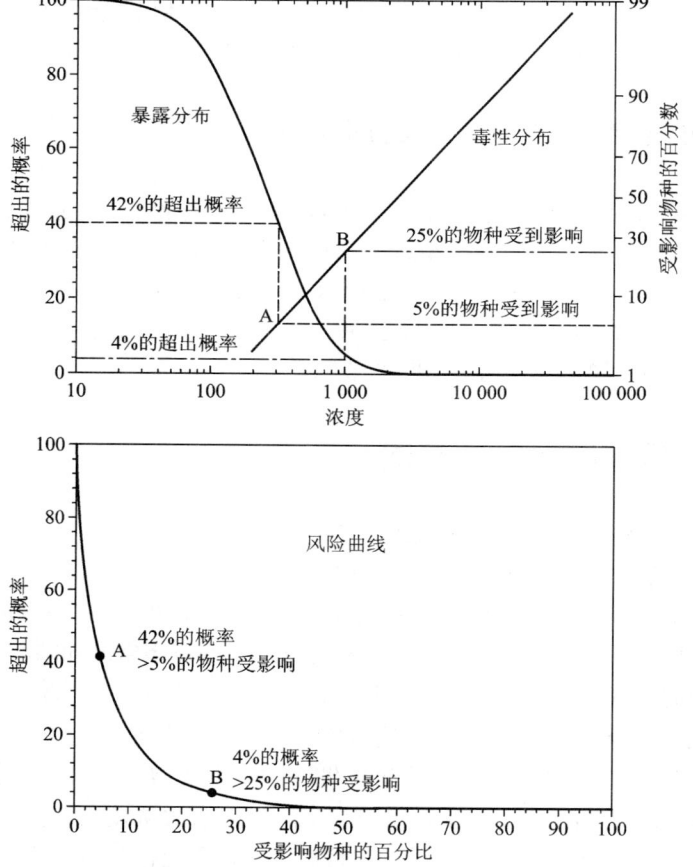

图 30.3 关于浓度的暴露(超出的概率)和效应(受影响物种的百分比)分布的风险曲线范例(引自 Giddings JM, Anderson TA, Hall LW Jr., et al. *Atrazine in North American Surface Waters: A Probabilistic Risk Assessment*, SETAC Press, Pensacola, FL, 2005。获得许可。)

当暴露-反应分布用作权衡证据时(第32章),可以合理地对其进行解释,而不是计算联合概率。例如,以下解释为Clinch河的Polar Creek湾鱼类群落的风险评价。

铜:环境中铜的浓度分布和水介质试验终点如图30.5所示。环境浓度即溶解相浓度的(3.04和4.01)铜潜在风险水平。环境浓度分为两个段,低于0.01 mg/L的浓度呈相当平滑的对数正态分布,分布的最大值(4.01的75%和3.04的80%以上)会大于最低的慢性值(CV)(一种鳊鱼生殖效应的慢性值)。然而,与其他点一样,90%以上的分布都是不连续的。曲线的断点表明一些偶发现象会造成非常高的浓度。无论是急性和慢性国家环境质量标准(NAWQC),4.01和3.04这两个点高于断点并超过慢性值(CVs)约90%和急性值约30%。这些结果暗示一个低于Polar Creek湾和Clinch河铜的日常暴露慢性毒性的小风险,和一个间歇暴露高风险的短期毒性效应。

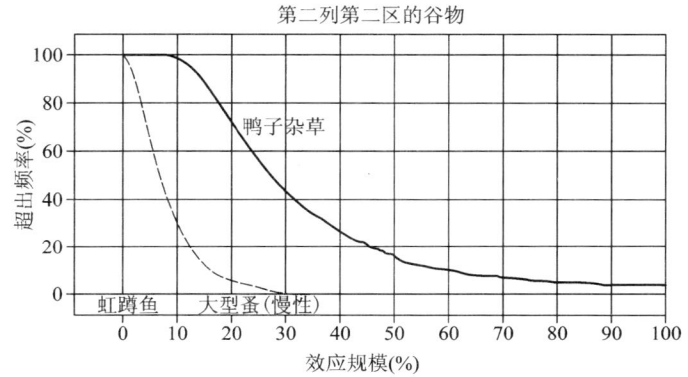

图30.4 阿特拉津的风险曲线适用于规定区域池塘水中玉米的估计每年最高瞬时浓度,三个终点:鸭子杂草(*Lonna gihha*)的生长抑制,水蚤类动物(大型蚤)的繁殖抑制,及虹鳟鱼的死亡率。由于鳟鱼的急性致死毒性较低,图中相应的曲线较垂直。(引自Giddings JM, Anderson TA, Hall LW Jr., *et al. Atrazine in North American Sur/lice Waters: A Probabilistic Risk Assessment*, SETAC Press, Pensacola, FL, 2005。获得许可。)

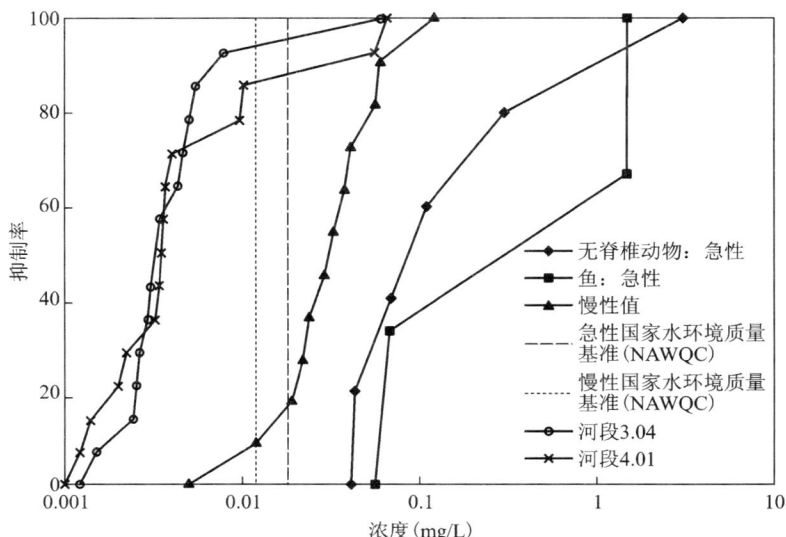

图30.5 铜对鱼类和水生无脊椎动物的急性毒性(LC_{50}和EC_{50}值)和慢性毒性(慢性值)的经验分布函数(物种敏感性分布,SSDs),并地表水中铜的试验。垂直线是急性和慢性国家环境质量标准(NAWQC)。

30.4 综合模型

当用一个数学模型如化学物质迁移和归趋模型(第21章)来评价暴露时,可能只需给暴露模型添加一个暴露-反应函数,模型的结果就是一个效应水平。同样,当用一个群落或生态系统的模型来估计暴露的效应时,暴露水平或暴露模型与负荷率或环境水平影响评价的综合模型有关(O'Neill 等,1982)。蒙特卡罗分析法(第5章)用于估计效应概率的风险。

30.5 有意义与无意义的整合

当把暴露和暴露-反应关系进行整合时,重要的是,确保它们以一种有意义的方式整合在一起,即它们必须是一致的。首先要求它们的共同单位是一致的。举例来说,铜的暴露浓度和暴露-反应关系都应采用 mg/L。如果效应浓度是溶解铜的 96 h LC_{50},并且暴露浓度是铜的年平均测定浓度,那么它们就不是一致的。必须采用别的暴露或反应的方法加以调整以实现一致。例如,用金属形态模型来估计溶解铜浓度。

当用参数表示分布,概率表示结果时,更难达到一致。对于每一个分布,重要的是,什么方面被分布,呈什么样的分布。水貂的剂量分布($mg \cdot kg^{-1} \cdot d^{-1}$)是水貂群的平均剂量分布,或平均水貂的剂量,还是特定位置单个水貂的剂量?它的分布与地点(例如现场的采样点)、时间(如饮食上每年的变化)、个体(如大小和饮食偏好的差异)或可信度(如评价者对剂量估计的不确定性程度)是否相关?如果它是由蒙特卡罗分析法的暴露模型造成的,那么剂量分布可能是不同差异的一个综合结果,即个体消耗率差异、随着时间而变化的饮食污染差异、鱼个体间污染物的差异、不同位置体内污染物的差异和膳食结构的差异。最好的剂量分布,即概率表示评价者对剂量可信度的不确定性。

反应分布(例如,繁殖试验)也可以采取不同的形式。简单来说,剂量-反应分布为雌性的产活体数按比例减少。这种分布可能被用来估计规定剂量的平均比例减少,或拟合模型参数的变异可以用来估计雌性个体因剂量造成某一比例减少的分布(如ED_{10})。如果试验的是大鼠,而不是水貂,不确定性因素可能适用于得到 ED_{10} 分配的可信度(框30.1)。

暴露和反应整合取决于评价终点、风险管理者的偏好和现有的资料。最简单的例子——水貂,人们可能会使用危害商(HQ)。污染场地年平均的日估计剂量除以 EDIO,并且如果 HQ>1,认为风险很大。包括不确定性分析在内,为了筛选或预防,人们可能主观估计 HQ/100 的置信下限。人们可能会估计暴露和反应剂量的分布并进行分布分析。然而,为了真正地估计最有可能的反应或指定水平反应的风险,人们必须设定一个一致的暴露和反应分布参数。例如,要估计污染场场地雌性水貂的生殖递减的概率。人们可以使用 22.11 节所描绘的 ED_{10} 分布(即雌性繁殖率低于空白至少 10%)和关于个体雌性水貂的剂量分布对其进行分析。

暴露和反应分布的联合问题可能通过像水质风险评价和减灾评估提供的设计规则

一样进行精心简化(也可参考 Solomon 等,1996)。把暴露和效应分布的风险表征简化为二分标准;如果水溶液浓度分布的 90% 点超过 SSD 的 10% 点,那么风险很大。虽然一些著名学者推荐这种方法,但是法律或政策却不支持这个标准。此外,就可变性或不确定性而言,二分标准并没有解释分布的原因。这只不过是一个简单和一致的规则,即如果它有道理就可以用于评价。

表征生态风险分布整合的方法可能有无穷多种,因此这一节只是所有可能实现一致性的方法的一个例子。概率风险评价者要仔细考虑考察分布的对象,呈什么样的分布,以及分布概率在什么意义上对评价终点构成威胁。如果评价者不清楚概率的性质,那么评价的使用者和评论者也会不明白,最后导致评价无效。在这种情况下,评价者应考虑寻求帮助或使用不太复杂的分析。

框 30.1 效应的可变性、不确定性和分布

通常,暴露变量(剂量、浓度、时间等)和效应变量(生长、死亡等)之间的关系是用分布函数(正态分布、逻辑斯蒂分布等)即暴露-反应函数(第 23 章)进行量化的。就生态风险评价而言,这些函数最常见的是基于暴露的单个生物(剂量-反应或浓度-反应)或单个物种(物种敏感性分布,SSDs)。这些分布函数通常称为概率分布,但并没有考虑产生如此分布的机制。

误差:所有个体实际上都是相同的或群落中所有物种都是相同的,并且分布是由于实验的随机效应产生的(这些随机效应被称为误差,但并不是实际的实验误差)。因此,如果不确定性是由实验误差(随机性)产生,那么模型的结果就是指定效应的概率。

可变性:个体间或物种间的实际差异。因此,分布描述的模型变异性及其结果是根据某一给定的暴露水平下个体或物种的确定性比例进行的。这是基于估计人群风险的假设,并且是就物种分布而言计算物种的潜在影响分数(potentially affected fraction,PAF)中最常见的假设。

一致性:个体或物种之间的确存在差异。但是,我们感兴趣的是未经试验测试的个人或物种的风险,而不是一个群落中某个群体或物种的比例。也就是说评价的对象分为两部分,一部分是对已受暴露个体而不是个体反应评价的整个物种,一部分是未受暴露群体的物种。这是对人类个体风险评价的假设。就物种分布这个例子而言,上述假设意味着作为试验终点的物种是从相同群体中随机抽取的、而不考虑个体特征的一套试验物种。

外推:与对终点物种或群落的外推的不确定性相比,试验的可变性和不确定性及用来拟合测试数据的模型是不重要的。在这种情况下,我们可能会忽略生物体或其他实验物种之间的差异,估计观察反应的中点(如 LC_{50} 或 EC_{50}),并确定表示外推不确定性的标准偏差、范围或其他分布参数。

30.6 空间范围的整合

在空间范围的区域评价或其他评价中,必须从空间上对风险进行整合。最常见的

做法是把区域分成适当的单元,估计每个单元风险,然后进行一个总结,如一个地区的加权平均效应或单元内的效应分布,并用于污染场地或区域的风险评价。该空间单元可能是污染场地、区域的流域、不同类型受到干扰或污染的地区,或评价区域的其他相关部分。大多数情况下,不同单元的暴露评价也不同,而不同的生物群落,其暴露-反应关系也不相同。

美国密西西比州 Yazoo 县棉花拟除虫菊酯的水生生态风险评价对空间范围整合方法进行了详尽地阐述(Hendley 等,2001;Travis 和 Hendley,2001)。他们以池塘及其相关流域作为单元。地理信息系统(GIS)是用迁移和归趋模型,来估计该县 597 个鱼塘的 90% 浓度并比较它们和农药急性和慢性效应的物种敏感性分布(SSD)。接下来就涉及空间异质性,甚至试验终点生物体、种群或群落的空间动力学和暴露的空间异质性。

另一种方法是污染点风险的评价。通常情况下,对污染点的土壤或沉积物进行取样和分析。然后用 Kriging、Thiessen 多边形或其他一些地理统计方法来确定风险落在制定范围内的地域。这种方法适合于如植物和底栖无脊椎动物等很少迁移的生物。如果对土壤或沉积物样品进行毒性试验,并且试验是进行终点效应评价的手段,那么这种做法适用于这些结果(图 20.3)。

图 30.6 说明了一种简单的技术,该技术适用于那些领地或者栖息地位于污染相对单一区域内的生物体。所谓污染相对单一,是指污染物集中在一点,污染物在周围土壤中的浓度随着涵盖面积的增大呈指数降低。绘制等效线图的目的是为了考察污染点周围的其他污染形式。水平虚线是指估计为小型哺乳动物和鸟类的效应阈值的土壤浓度。垂直虚线是指终点生物(鼩和鹬)的平均活动范围或领地大小。如果交叉于活动范围之前的平均浓度低于效应浓度,那么预计没有一个生物会受到影响。如图 30.6 所示,预计鹬不受影响,但估计鼩的繁殖会受到影响且有一个死亡的边际风险。

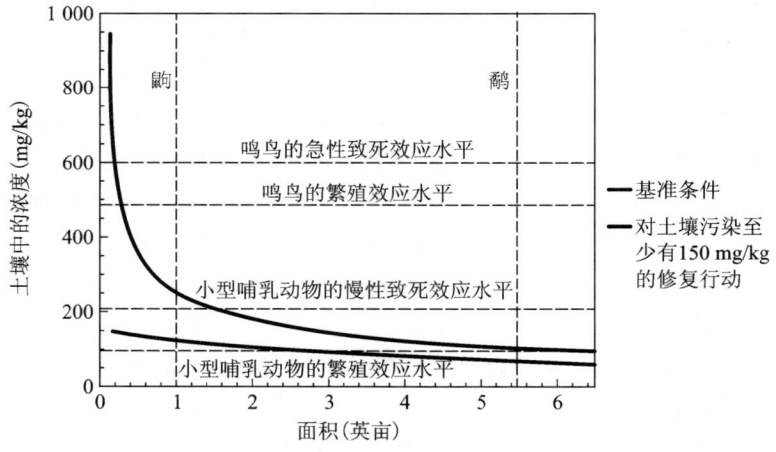

图 30.6 污染物的平均浓度集中在最高浓度点的平均面积的函数。垂直虚线是指鼩和鹬的活动区面积。水平虚线表明土壤浓度,用来估计一定物种效应的有毒剂量。(由 Menzie C 提供并许可重绘。)

为了估计污染的地区或其他特定区域内多种生物面临的风险,GIS 可用于覆盖的地区有多边形(地图上)的领地或家庭范围内。这些领地的平均暴露水平就可以用于估计这些个体及其繁殖的风险。

30.7 实例

下面的例子提供了整合生态风险评价的暴露和暴露-反应信息的各种方法。

30.7.1 汞污染地区的鼩

Talmage 和 Walton(1993)收集了在田纳西州 East Fork Poplar Creek 受到汞污染的河漫滩的鼩。他们分析了其靶器官——肾脏中汞的浓度,并与啮齿动物的汞毒性阈值 20 μg/g 进行了比较,发现 75% 的鼩超过这个毒性阈值。

30.7.2 佛罗里达州南部的白鹭和鹰

南佛罗里达的大量雨水处理池中发现有高浓度的甲基汞。如果可以获得排污许可证,那么州政府将同意评估在池塘觅食的白鹭和白头鹰的风险。暴露反应关系是最低可见不良效应水平(LOAELs)除以因子 3 的所得值。从雏鸟的摄取量模型和从收集到池塘中鱼类中的浓度来估计暴露量,雏鸟的暴露模型还包括蛋中的汞。蒙特卡罗模拟的摄取模型可用来估计暴露分布,这是基于对不同的鸟类来说所食取的鱼中汞的浓度变异。评价发现,超过效应阈值的风险很低,与其他地区类似。

30.7.3 中国香港的白鹭和苍鹭

Connell 等(2003)评价了香港新界有机氯化合物对夜鹭和小白鹭的繁殖风险。通过分析其蛋中污染物来估计暴露量和确定构成最大危害的 DDE。利用已发表的幼鹭生存及其蛋中 DDE 的浓度之间的关系(图 30.7)来确定一个浓度-反应关系。就生存率大幅度降低而言,他们判断的阈值为 1 000 ng/g DDE。通过将该值用于蛋中浓度的概率密度函数,估计 12.4% 夜鹭和 40.9% 白鹭的暴露水平超过阈值。最后,用蒙特卡罗模拟估计超过了阈值的概率,同时考虑了阈值的不确定性。然而,他们仅认为存在阈值被低估的可能性。

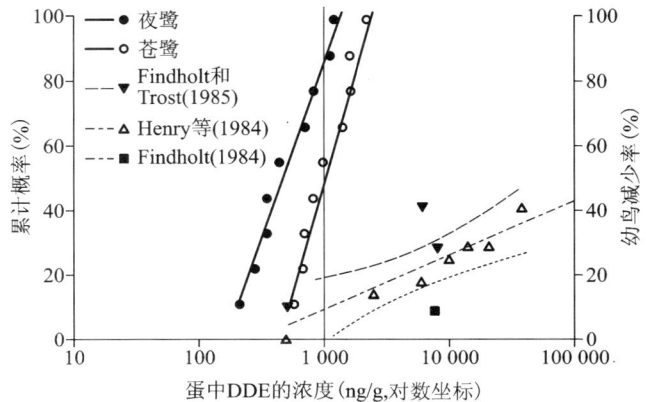

图 30.7 夜鹭和小白鹭蛋中 DDE 浓度的累积分布和以蛋中 DDE 为函数的幼鸟生存率减少数据的置信区间模型。垂直线是估计的有效阈值浓度 1 000 ng/g。(引自 Connell DW,Fung CN,Minh TB,Tanabe S,Lam PKS,Wong BSF,Lam MHW,Wong LC,Wu RSS and Richardson BJ,*Water Res.*,37,459,2003。获得许可。)

同样 Connell 等(2002)阐述了文献中苍鹭和白鹭羽毛的金属浓度分布效应阈值。在这种情况下,蒙特卡罗分析采用了羽毛中的观测浓度分布,以及效应阈值的正态分布,该效应阈值处于已报道的最高无效应浓度(3 μg/g 汞)和导致鹭繁殖减少的最低浓度(5 μg/g)之间。

30.7.4　河流中具有生物积累性的污染物

完成了田纳西州橡树岭 East Fork Poplar Creek 的治理调查后,美国能源部出台了一个新的生态风险评价以验证新的概率技术(Moore 等,1999)。使用包括吸入、饮水和觅食的多路径模型,蒙特卡罗来模拟估计汞和多氯联苯(PCBs)对带翠鸟和水貂的暴露量。使用已公布的测试数据的广义线性模型来估计暴露-反应关系。其中最好的研究是用于带翠鸟,但对水貂来说需要与多种实验数据相结合以形成剂量-反应函数。暴露和暴露效应函数相结合可得出风险曲线(图 30.8)。这些分析显示汞对水貂和带翠鸟、多氯联苯对水貂有明显风险。这些结果不同于对食鱼野生动物没有风险的调查评价。然而,这种评价并没有使用鱼类的试验浓度,而是基于沉积物中污染物的模拟摄取量,这是根据超级基金校正的均值(Burns 等,1997)。Moore 等(1999)得出的结果与用来衡量鱼类浓度的全野生动物的风险评价结果非常类似。唯一的例外是水貂中的多氯联苯。不同的是 Sample 等(1996 年)使用 LOAEL 作为阈值。剂量-反应关系表明多氯联苯在 LOAEL 可引起较大的繁殖效应。

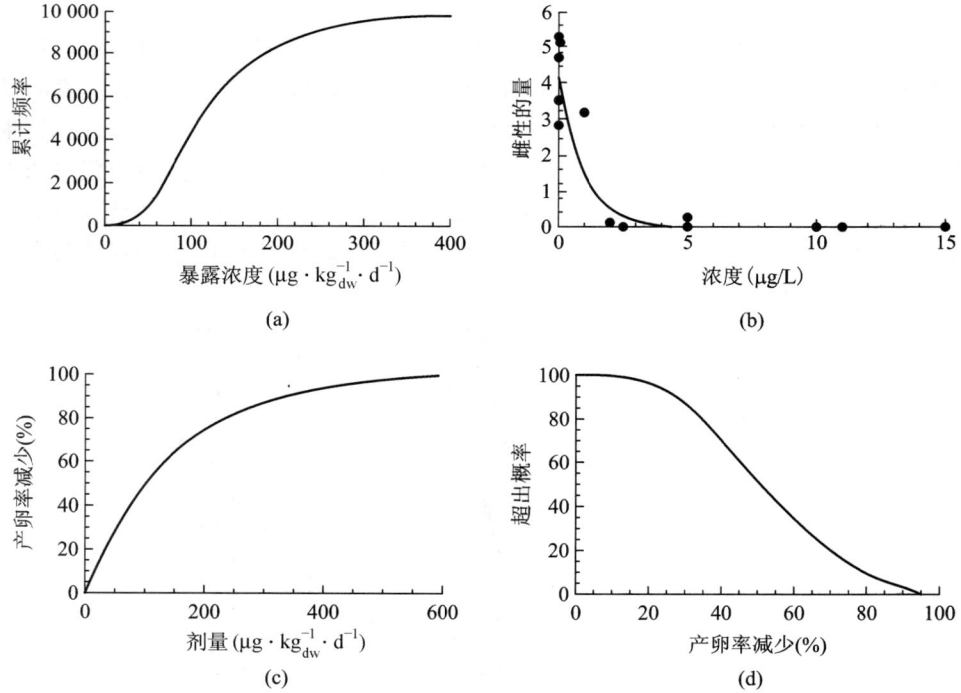

图 30.8　(a) 雌性水貂暴露于多氯联苯(PCB)的累积分布函数。(b) 多氯联苯对水貂繁殖效应的膳食浓度-反应曲线。(c) 从(b)和食物摄入率来估计的剂量-反应分布。(d) 暴露于多氯联苯的雌性水貂的繁殖风险曲线。(引自 Moore DRJ, Sample BE, Suter GW, Parkhurst BR and Teed RS, *Environ. Toxicol. Chem.*, 18, 2941, 1999。获得许可。)

30.7.5 夏威夷的二次污染

夏威夷可能二次污染的生态风险评价提供了一个综合暴露和效应模型的蒙特卡罗模拟的例子(Johnston等,2005)。无脊椎动物摄取了诱饵中的灭鼠剂,而后又被鸟类所食。正如图30.9所示,为了计算Po'ouli(一种蜜旋木雀)的急性剂量,需要知道污染物在当地蜗牛和蛞蝓体内的浓度分布,还需要根据热量需求总量、软体动物能量值和软体动物在摄食中的比例等内容计算这种鸟对蜗牛的捕食率。暴露-反应模型是基于鸟类的LD_{50}、剂量效应关系的斜率和与鸟类测试物种相关的蜜旋木雀的敏感性分布得出的。模型同时还适用于5天和14天的暴露。成鸟的急性半数致死效应的概率为0.03%,幼鸟为0.57%(图30.10)。

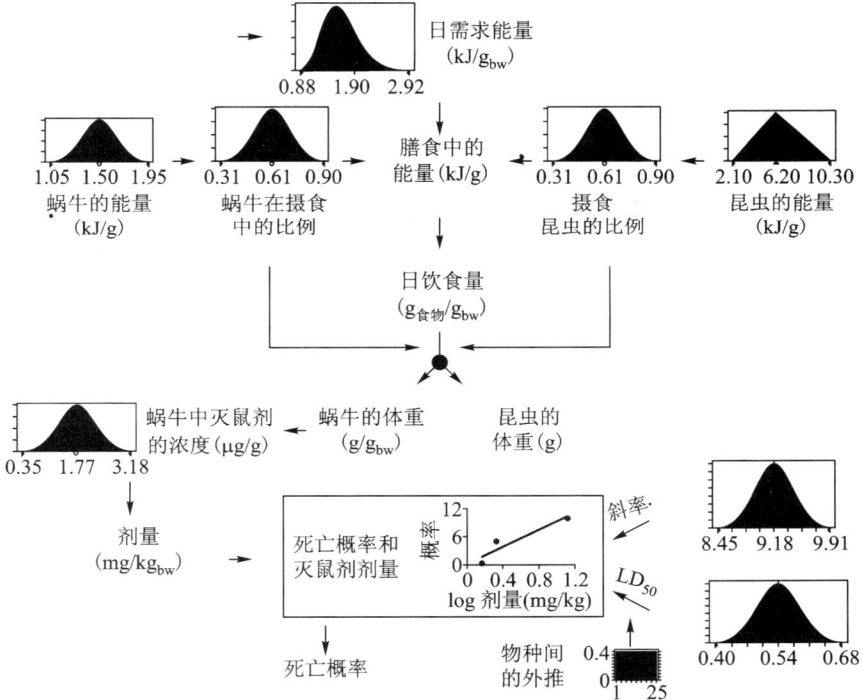

图30.9 夏威夷蜜旋木雀的单日急性暴露于灭鼠剂的概率生态风险评价示意图。从蜗牛中的测量浓度和由能源需求、饮食习惯和饮食物品能值估计蜗牛的摄入量来进行剂量估计。由已报道鸟类LD_{50}和斜率值和进行外推的安全因子(1~25)的分布来估计暴露-反应关系。(引自 Johnston JJ, Pitt WC, Sugihara RT, Eisemann JD, Primus TM, Holmes MJ, Crocker J and Hart A, *Environ. Toxicol. Chem.*, 24, 1557, 2005。获得许可。)

30.7.6 阿特拉津

阿特拉津的生态风险评价(32.4.4节)说明了使用风险曲线对暴露和暴露-反应分布的整合(第30.3)。暴露-反应分布为SSDs。暴露分布包括测量的浓度分布和用蒙特卡罗模型对池塘情景分析的浓度分布。

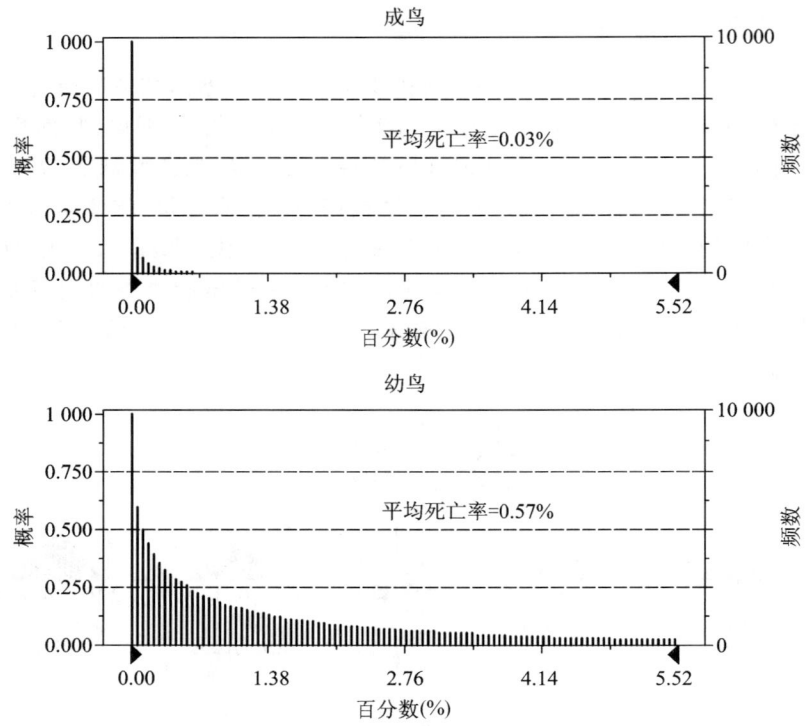

图 30.10 图 30.9 所用评价方法的结果。以死亡概率和等效频率为出现比例的函数。（引自 Johnston JJ, Pitt WC, Sugihara RT, Eisemann JD, Primus TM, Holmes MJ, Crocker J and Hart A, *Environ. Toxicol. Chem.*, 24, 1557, 2005。获得许可。）

30.7.7 亚高山森林气候变暖

Bolliger 等（2000）从阿尔卑斯山树种丰度和分布来估计气候变暖的风险。暴露-反应关系为每种树的生存率和五个栖息地的生物物理特性关系的逻辑斯蒂回归模型。该模型是通过使用户外日均温图、7 月辐射、夏季霜冻频数、7 月水量平衡和斜率拟合森林资源清查数据得出的。暴露通过目前的条件和三种情景进行表述：100、200 和 400 户外日均温单位的变暖，并转化为生物物理变量。结果表明总体丰度几乎没有变化，但分布有所改变，并且物种不是一起移动。特别是，目前生长在一起的云杉和山毛榉被分开，而亚高山带仅以云杉为主。

30.8 小结

生态风险表征的关键问题是整合暴露和暴露-反应关系来估计效应或效应概率。基于每个部分的可变性或不确定性，也可能具有一定的确定性或概率性。关键要考虑的是可变性和决策中不确定性的关系，及其两部分的单位和分布单位的一致性。

第 31 章
筛选表征

筛选生态风险评价的风险表征包括使用暴露和效应信息以筛选风险,它分为几类,最普遍的分类是:
- 不显著风险(*de minimis*)——风险不显著且可以在随后的评价或决策中忽略不计。
- 不确定性风险(*indeterminate-risks*)——风险没有明显意义或无意义,必须通过进一步评价或审议其他问题如成本、效益、工程可行性或者公众关注加以解决。
- 显著风险(*de manifestis*)——风险很大且没有必要进行下一步的评价,应给风险管理者提出修复或控制措施。

这些拉丁语来自法律术语。特别是,一些风险或其他法律问题非常小,以至于难以引起法律重视(Travis 等,1987;Whipple,1987)。通常,将显著风险和不确定风险合并为一类,称为常规风险(nontrivial risks),使逻辑关系的三类缩减为两类。

筛选生态风险评价有许多潜在的应用:

迅速采取行动:在某些情况下,筛选评价可以揭示较大的风险,在没有进一步收集数据或评价时采取补救或预防行动。

确定进一步评价的必要性:筛选评价表明,重大风险的可能性很小,或者相对于其他风险可能涉及的费用评价和管理的风险是低优先级的。

界定确定性评价的范围:通过证明它们是小风险筛选评价可筛选出某些污染物、受体、介质、暴露途径或部分污染现场。

指导数据收集:随后评价的数据收集可能是集中在尚未判定为不明显的危害,或把重点放在试验或模拟很可能与污染物有关的暴露途径或作用机理上。

有些评价方案,尤其基于原则的工业化学品评价,并不是确定性评价。从这个意义上讲,无法对其进行风险评估(图 3.8)。相反,可以一直产生数据并应用筛选方法直到判别出化学品是否可被接受。

31.1 筛选化学物质和其他动因

当进行筛选风险评价表征时,没有必要估计效应的性质、大小或概率,但有必要确保正确的风险类别。特别要避免因为很少或根本没有数据或者是由于风险难以表征而允许危害通过筛选。

31.1.1 商值

筛选评价的风险表征的标准模型是危害商（HQ）（第 30.1 部分）。可以采用多种方式得出基准和暴露水平。基准浓度或剂量可能是一个监管标准或为筛选评价或标准测试终点特定设定的值（第 29 章）。最简单的基准是毒理学研究的阈值（TTC），其定义为"化学品的暴露水平，它低于不存在明显风险的水平"（Kroes 等，2000）。例如，有机化学品水生毒性的毒理学研究的阈值（TTC）为 0.01 μg/L。评价新杀虫剂或工业化学品的暴露浓度是通过将标准使用、排放情景或处理措施用到标准环境模型中获得到的，如欧盟系统的物质评价（EUSES）。对于现有的污染，暴露浓度很复杂，且主要涉及污染场地筛选（第 31.2）。

混合污染物筛选可能会采用混合物试验或基于组分毒性的毒性模型（第 8 章）。通常用于混合物生态筛选评价的唯一模型为危险指数。评价计算为：

$$HI = \sum(C_{ei}/C_{bi}) \tag{31.1}$$

式中：HI 是危险指数；C_{ei} 为化学品 i 的暴露浓度，C_{bi} 为化学品 i 的基准浓度。如果总和大于 1，该混合物具有潜在危险，必须进行进一步评价。如果必须筛选单个物质，人们可能会保留超过风险指数 HI 的 10%、1% 或其他百分比的化学物质。或者是可能包括大于一个定值的单个商值的化学品。Parkhurst 等（1996a）推荐最低商值 0.3。

如果多个化学品存在潜在毒性浓度但毒性加和的假设不合理，那么，总毒性的指数可用于计算毒性单位和（$\sum TU$）（8.1.2 节），而且评价者和审核者对比化学品的相对贡献和毒性时不必假定污染物为浓度加和。TUs 是化学品浓度除以标准测试终点浓度的商数。TU 类似于 HQ，$\sum TU$ 类似于 HI。但是，使用一个常用的试验终点而不是保守的基准或最相关的试验终点除外，因为 TUs 用于比较的目的而不是得出结论。不同介质，浓度和测试终点的表示也有所不同。就水而言，他们通常是指等于或大于大型蚤（*Daphnia* sp.）的 95% 置信区间的暴露浓度和 48 小时 EC_{50}（最常见的水测试终点）。具有潜在毒性（即 TU>0.01）的化学物质，应绘制每河段或区域的水、沉积物、土壤和野生动物摄入量（如图 20.2）。河段中污染物的选择基于计算 TUs 的急性值和低于急性值达两个数量级的慢性效应。特殊情况下也可用其他值。图中每个子河段的高度是介质和子河段的总毒性值 $\sum TU$（如图 20.2）。此值相对表示为总毒性标准化浓度和子河段介质毒性。

31.1.2 评分系统

当数据不可用或者没有一个简单的危险评价模型，专家对问题经验判断可用于类似的问题筛选，是一种定性（如高，中，低）或半定量的方法。例如，对于每一个危险，评分（例如，1~5）可用于污染来源、排放途径、受体暴露和效应，然后求和。由于风险评价是透明的且可以被复制的，所以明确表征判断的依据是重要的，可由正式评分系统完成。评分系统将化学物质进行危险分级，且已使用了几十年（Harwell 等，1992；Swanson 和 Socha，1997）。然而，作为筛选工具，评分系统应根据实际风险进行校准，以使总分数与风险至少呈大致线性相关，可以根据河段的分数确定筛选类别。如果评分系统是主观的（即不可校准），不必对数字结果进行具有科学的精确性的表达。

31.1.3 筛选特性

如果化学物质有某些特性如持久性或特定的作用模式如致突变或致畸,它们可能属于特定的评价标准。例如,美国食品质量保护法要求对内分泌干扰性农药进行筛选和后续试验。此筛选可能是采用体外试验(ER-CALUX 测试),简单快速的整个生物体试验(例如,用日本青鳉胚胎筛选水域致畸性),或特定作用模式(26.1 节)的定量结构-活性关系(QSARs)来进行。如果测试的化学物质不符合作用模式的模型,则为了满足标准需要淘汰这个化学物质。

31.1.4 逻辑标准

在某些情况下,特别是对化学物质以外的其他动因,无论是定量方法还是半定量方法都是不可行的,但合理的简单标准可用于确定是否有危险存在。例如,为了筛选外来植物种类以确定它们是否应进行评价,Morse 等(2004)提出:

(1) 是否可以在考察区外部培养物种?
(2) 是保护区存在的物种还是栖居于这一地区的其他物种? 如果二者不是,在进一步评价时需要去除这些物种。

31.2 筛选场地

当化学物质、材料和其他动因的筛选主要局限于暴露和效应的测定比较时,污染场地的评价更加复杂。筛选的主要目的是进一步缩小评价的范围,尤其具有可信潜在风险的场地。通过排除法进行场地筛选。从可能产生污染的化学物质列表和场地描述着手,可以逐一排除:

- 特定的化学物质或几类化学物质作为潜在生态危险的化学物质
- 特定的介质作为污染物暴露的来源
- 特定的生态受体作为可信的评价终点
- 生态风险从补救行为方面进行考虑

筛选风险评价的第二个目的是确定紧急应对措施。筛选评价可确定暴露造成的严重且不可接受的生态效应,或潜在暴露源不久可能造成严重的、不可接受的生态效应。在这种情况下,制定补救方案通常侧重于执行一个去除行为或其他恰当反应。没有普遍适用的规则来确定生态紧急情况,必须确定专案应对紧急情况措施。

最后,筛选评价弥补确认的数据差距。如果没有对介质或各类化学物质进行分析,且分析结果是令人无法接受的低质量或数量,或对其空间或时间分布难以描述时,那么在筛选评价过程中应确定介质或化学物质。这种信息应输入到评价规划过程中,便于开展下一步评价。

场地的筛选评价分为三个阶段:

(1) 当开始调查一个场地时,收集现有的信息,进行筛选评价以指导分析计划的进行(第 18 章)。筛选评价是用来帮助分析场地需要进行调查和评价的方面。

(2) 在分段评价过程中,在初步阶段之后就要进行筛选评价,这一步是通过将调查集中在与重要潜在风险有关的不确定性上从而指导后续步骤来实现的。

(3) 最后,作为确定性评价的一个初步阶段,筛选评价是为了把重点放在需要详细评价的污染物、介质和受体上。

当生态受体不存在潜在风险时,场地筛选评价才是最后的评价。否则,他们应该促使各当事方采取补救措施以考虑是否需要补充数据。不管补充数据是否可被收集,表明场地有潜在危险的筛选评价必须遵循一个更明确的基线生态风险评价,以及需要提供风险评价并建议是否采取补救措施。

31.2.1 筛选场地内的化学物质

在许多场地,环境介质中存在超过 100 种化学物质,其中大部分化合物在给定的检出限下没有被检测出。评价者必须确定那些具有潜在生态风险的化学物质(COPECs):哪些化学物质已发现并构成了潜在生态危害,哪些化学物质在低于报道的检出限浓度未被发现但可能会构成危险。由于检出限可能高于引起毒性效应的浓度,所以一些化学物质未被检出。用一个或多个以下标准对介质进行筛选:

(1) 如果化学物质未被检出而分析方法是可接受的,则该化学物质可能被排除在外。

(2) 如果能详细确定场地存放的废物,则不包含于废物中的化学物质有可能被排除在外。

(3) 如果介质中化学物质的浓度不大于背景浓度,则该化学物质有可能被排除在外。

(4) 如果物理化学原理的应用表明了介质中一些化学物质的浓度很低,则该化学物质有可能被排除在外。

(5) 如果化学物质浓度低于构成潜在毒性危险的水平,则该化学物质有可能被排除在外。

在美国,假设将筛选的化学物质清单包含于 USEPA 目标化合物和目标分析物清单中,那么与场地污染物相关的但不在这些名单中的化学物质,尤其是放射性核素,也应包括其中。

应用这些标准的特定方法将在以下小节中列出。表述的顺序具有逻辑随机性,例如,筛选方法可应用于任意次序,基于方便考虑,次序可用于任何特定的评价。此外,在筛选评价中没有必要同时使用五个筛选标准。由于缺乏资料其他标准也可能不适用,一些标准可能不适合于特定的介质或单元。

特别是当监管机构或其他风险管理授权时可使用其他标准。例如,加利福尼亚州环保局规定,当化学物质有管理标准,或当它们难以处理,或当它们毒性大或累积性高时,即使他们以很低的浓度存在,它们的风险评价也应该予以保留(Polisini 等,1998)。在超级基金风险评价指南中,USEPA 明确指出了化学物质中低于样本的 5% 可被排除在外。这里不推荐这些标准,因为它们不是基于风险的。

31.2.1.1 背景筛选

不应该将废物存放场地治理到浓度低于背景值,因此,基线风险评价通常不应该从背景浓度化学物质的角度来估计风险。有背景浓度的化学物质可能是自然存在的,也可能是由于区域污染的结果(例如来自核武器试验的大气沉降的铯-137 或焚化炉和煤燃烧的汞),或是介质中在其浓度的基础上再加入少量该物质也不会改变背景浓度的范围。背景筛选要求解决两个问题。第一,对于某一特定的场地,背景由哪些地点产生？第二,如果需要测定背景地点的化学物质浓度,背景浓度的上限由哪些分布参数构成？

必须指出的是,USEPA 的政策一直没有针对背景进行筛选(Office of Solid Waste and Emergency Response,2002)。虽然 USEPA 并没有提出治理到背景浓度以下,但它指出,筛选评价对背景值的考虑有可能导致错误的结果。错误的背景筛选当然是可能的,但良好的筛选是评价过程中一个重要且有用的部分(LaGoy 和 Schulz,1993; Smith 等,1996)。

31.2.1.1.1 背景数据的选择

背景场地应该没有废物或其他任何污染源的污染。例如,如果上游位点有排污口或废物,不能将上游位点的水视为背景。为了确保没有本地污染,应该对流域的潜在背景水或沉积物进行认真调查,并确定土地利用历史。例如,虽然田纳西州橡树岭上游的诺里斯水库与用于接收橡树岭污染物的沃茨巴水库相比是相对干净的,但是由于存在诺里斯水库的氯碱厂,所以它不能作为汞的背景场地。从理论上讲,如果当地由少量且有明显特征的污染物排放,那么这个场地可作为其他化学物质的背景场地。然而,废物和废水难以界定。背景的定义也有多个级别:区域、地方和具体的单元。每个级别的定义都有其优点和缺点。

国家或区域的背景浓度可从现有资源如美国地质勘测或州一级出版物中获得。国家或区域的背景浓度很大,去除或处理土壤中浓度高于当地背景的金属并不是明智之举,但可以控制在跨区域未污染场地的金属浓度范围以内。因此我们必须要谨慎使用国家或区域背景值,以确保浓度测定方式类似于废物场地的浓度测定。例如,提取土壤浸取液中的金属浓度不应当被认为是土壤中的总浓度。由于使用的国家或区域的背景浓度通常高于当地或单元的具体浓度,因此管理机构往往更青睐于后者。

当地背景值的测定一般是最有用的。当地背景浓度代表了整个场地或同类场地环境样品中化学物质的浓度。例如,美国橡树岭保护区的土壤背景数据(Watkins 等,1993)。该研究系统地收集了所有场地地质单元的土壤。它提供了高质量的数据,各当事方都认为它可做当地的背景和变异。在大多数情况下,背景测定不太系统。例如,场地上游的水或场地周边的土壤。当地背景测定存在一些大的缺点。由于采集的样本仅是场地附近的代表性样本,所以未被发现的污染物存在危险。此外,由于空间或时间上背景测定往往重现性差,所以其变异性也常常难以确定。然而,由于个别场地附近背景浓度的自然变异比整个国家或地区还要低,因此与更大范围的背景评价相比,使用地区特异性的背景值往往意味着该地区的浓度高于所设定的背景值。

为了确保所规定的背景及其差异与污染点的样本相当,应当尽可能使用当地的背景。例如,由于自然存在的化学物质浓度受水文条件的影响较大,背景样品和污染样品应同时采集。区域和国家背景值可以用来检测当地和单元特定背景值的合理性。

31.2.1.1.2 比较背景的定量方法

各种方法均可用于比较场地和背景浓度。由于未被污染的参考场地的化学物质浓度不断变化,所以必须详细定义背景值的上限。一些监管机构使用简单的规则,如规定如果介质中化学物质的最高浓度高于两倍的平均背景浓度,化学物质应予以保留。其他的可能限制包括参考场地的最大观测值,参考浓度分布的百分数,或百分数的容差。如果有多个参考场地,可以用最高浓度的场地作为背景的上限,或在统计意义上描绘一个未被污染场地的浓度分布。

31.2.1.1.3 多种介质暴露背景的处理

野生动植物暴露在受到污染的食品、水和土壤的环境中。如果所有介质中化学物质的浓度都在背景值水平，化学物质就可以被筛选出。但是，如果一种或多种介质中的污染物浓度高于背景值，就必须考虑任何介质中该野生动物终点的化学浓度，因为所有来源的化学物质都会影响总暴露程度。

31.2.1.1.4 当浓度无法与背景浓度比较时

如果确信化学物质比背景场地的化学物质更有毒或更大的生物可利用性，那么即使它在背景值浓度的范围内也值得引起重视。例如，橡树岭 S-3 废物池的酸性和金属垃圾渗滤液进入 Bear Creek。由于金属在酸性水域中比中性水域中的生物效应更高，池塘下游背景水域范围内的金属浓度就不应被排除。应考虑废物的主要物化特性，如 pH、硬度、与环境介质特性相关的螯合剂的浓度和普通环境废物中化学物质种类。

31.2.1.1.5 利用非生物介质的背景浓度来筛选生物污染物

对非生物介质来说，可以使用背景值筛选暴露生物。例如，如果土壤中所有金属都处于背景浓度水平，可以断定植物和蚯蚓中的金属浓度也处于背景值水平。同样的，如果水和沉积物中污染物的浓度都处于背景水平，那么可以肯定水生生物中的浓度也处于背景值水平。

31.2.1.1.6 根据背景筛选将来的暴露浓度

如果暴露浓度不断增加，那么不应该通过基线评估来排除当前浓度，因为未来的暴露情景也一定会加以说明。如果暴露的增加是由污染环境介质如土壤或地下水的运动造成的，这些介质的测量浓度应该以扣除背景后的浓度来筛选。例如，如果地下污染流渗透到表面，则地下污染流中的浓度应该根据背景进行筛选。如果是由于污染源的变化而造成暴露增加，那么污染物浓度往往可能不会以背景浓度为对照来筛选。这是因为监管部门认为通过定义和附加背景来模拟未来化学物质的浓度。因此，即使预测浓度在背景浓度范围内，它们也不是"真正的背景"。

31.2.1.2 基于检出限的筛选

如果对风险管理者来说检出限是可以接受的，那么就可筛选出任何样本中没有被污染的化学物质。例如，USEPA 四区表示，使用协议实验室计划的实践定量界限（Contract Laboratory Program's Practical Quantification Limits）可以达到这一目的（Akin,1991）。应该指出的是，这个筛选的标准并不是基于风险。未被发现存在污染的化学物质对一些受体构成重大风险是完全有可能的，这也说明了介质毒性测试或生物调查所观测的效应的原因。这一标准的使用完全基于一项政策，即不应要求有责任的当事方执行比 USEPA 标准方法更低的检出限。一种替代方式是将检出限作为筛选评价的暴露浓度。

如果已知某化学物质具有生物积累效应使得它在生物体内的浓度高于无机介质，那么排除此类未被发现的污染时应格外慎重。特别的，有机汞和持久性亲脂性有机化合物如多氯联苯（PCBs）和氯丹在大量水生生物群中存在，在水中或沉积物中却检测不到。如果知道这些化学物质的来源，只有在进行了生物分析后才可进行排除。

31.2.1.3 废物成分的筛选

对废物组分进行详细说明，可能是因为它们在处理过程中有足够的证明文件或者是因为它们容易采样和分析(例如水箱漏水),那么不属于废物组成成分的化学物质则应该被剔除。然而,在许多场地这是不适用的,因为不完善记录、记录损失、废物处理难以控制、不合适的废物处理或废物出现的形式不允许采样和分析。

31.2.1.4 理化性质的筛选

基于物理化学性质可以筛选介质中的大量化学物质。例如,田纳西州沃茨巴水库的风险评价不包括挥发性有机化合物(VOCs),因为橡树岭排放物中任何挥发性有机物都会随着受污染的水达到 Clinch 河而消散。同样,大部分场地的生态风险评价也不包括大气的暴露途径,因为考虑到土壤和水污染物的性质和浓度,大气中的较高浓度也是不合理的。

31.2.1.5 基于生态毒理学基准的筛选

处于安全浓度的化学物质可以排除作为 COPECs 且通过危险商(HQ)进行筛选(31.1 节)。如果化学物质的基准浓度或剂量超过其保守的暴露浓度或剂量,化学物质则可能被剔除。虽然这是筛选毒性风险的典型办法,一些风险管理者要求基准大于暴露水平一定的倍数(例如,2 或 10)。使用这些安全因子是因为基准或暴露水平不够保守。Parkhurst 等(1996)开发的筛选方法使用的因子为 3。Kester 等(1998)列举了更为详细的因子。

污染场地的化学物质通常以混合物形式存在。就这个问题而言,一个常用的方法是采用保守的筛选程序筛选单个化学物质:任何对场地毒性有贡献的化学物质都应列为危险物。另一种方法是模拟混合毒性,即采用基于毒性加和的 HI(31.1 节)。也就是说,如果基于正常基准毒性时化学混合物的 HQ 总和大于 1,那么该混合物应作进一步的评价。

石油和其他复杂和缺乏详细说明的原料会出现一个特殊的问题。就石油及其产品污染的场地而言,目前最常用的方法是基于总石油烃(TPH)基准进行的 TPH 浓度的筛选。但是,典型的化学方法也可以用来筛选基准浓度。例如,当筛选土壤中的多环芳烃(PAHs)混合物时,评价者不能获得基准或良好的毒性数据且据此得出许多成分的基准。在这种情况下,适于用基准可以获得的 PAH 进行筛选,评价者相信 PAH 比普通毒性都大而且能代表混合物中所有的组分。

与基准相比,暴露浓度的计算取决于受体的特点。一般来说,考虑到介质和受体的特点,浓度应该代表一个合理的最大暴露值。最根本的区别是空间或时间上不断变化的平均暴露的受体和基本恒定暴露的受体。

- 像人类一样的陆地野生动物移动,经过一个地方并受一定程度污染的土壤、植被、动物的影响。因此,空间上的平均浓度为对平均暴露水平提供合理的估计。对用于筛选评价的保守估计,和人类健康评价一样,均值的 95% 置信上限(upper confidence limit,UCL)也是合理的(Office of Emergency and Remedial Response,1991;Office of Solid Waste and Emergency Response,2003)。

- 流动水域中鱼类和其他水生生物是一段时间的平均暴露。因此,时段内均值的 95% UCL 是慢性暴露浓度的一个保守估计。如果水溶液浓度不断变化而且保持持续的高浓度,那么平均周期应与上述周期一致。

- 以水生生物为食的野生动物的平均膳食暴露。因此,需要它们空间和时间上平均暴露值(即其猎物对应水质范围和时间上的变化)。均值的 95% UCL 是暴露浓度的一个合理的保守估计。

- 土壤和沉积物的浓度通常是相对恒定，并且植物、无脊椎动物和微生物也是不移动的。因此，不存在空间或时间上的平均浓度。如果对一定量的样本进行了分析，那么这些介质和受体的最大暴露量就是最大的观察浓度。如果污染的土壤或沉积物没有毒性，一些生物会尽可能占领更多的地方。因此，只要超过生态毒理学指标就意味着对某些受体存在一种潜在的危险。另外，可以使用浓度分布的较大百分数（例如90%），因为他们不取决于样本大小，所以这种百分数比极值点更加一致。USEPA建议，如果可以得到数据的话（Office of Solid Waste and Emergency Response, 2003），那么对土壤中的无脊椎动物和植物使用平均土壤浓度的95%UCL，但这意味着这些生物体是不同场地的平均值。

对野生动物标准的筛选需要野生动物物种个体的详细说明，因此，使用适当的暴露模型（第22.8部分）可以估计相对于筛选基准剂量的污染介质中的浓度。即使在评价规划过程中尚未选定场地的作用终点物种，为了更准地进行筛选也应选择终点物种。选择的物种应包括营养类群的潜在敏感代表和脊椎动物类的潜在暴露与污染点。USEPA用于土壤筛选水平的备选物种有：草甸田鼠（哺乳动物的草食动物），短尾鼩（食虫的陆生哺乳动物），长尾黄鼠狼（食肉哺乳动物），哀悼鸽（食肉的鸟类），美国鸟鹈（食虫的陆生鸟类），红尾鹰（食肉的鸟类）（Office of Solid Waste and Emergency Response, 2003）。就筛选评价而言，这些物种被认为是单食性动物。比如，短尾鼩只吃蚯蚓。

如果没有适当的基准来筛选一种化学物质，那么应努力寻找或建立这种化学物质的一个基准。然而，某些情况下，一种化学物质-受体组合可能没有合适的毒性数据。在这种情况下，就不能用毒性筛选来排除这种化学物质。在进行进一步评价时这种化学物质存在的介质也不应该排除在外。

31.2.1.6 区域的物种筛选

在污染的地区有较大活动范围的野生动物物种作为评价终点的往往为筛选评价所保留，因为筛选评价假定它们花费100%的时间在污染地区。在考虑暴露空间分布的确定性评价中，这些野生动物遭受的风险往往都比较小而浪费了前期的时间和精力。但是这种浪费完全可以避免，先确定一个允许污染的区域从而进行下一步的筛选。一种方法是使用动物活动范围的百分比（例如，2%）（Tannenbaum, 2005b）。因此，赤狐最小的活动范围为123.5英亩（499 779.8 m^2），如果污染的面积不到2.5英亩（10 117 m^2），那么这一物种将被剔除。另一种方法是基于密度。一个允许污染区域可能是该地区预计将容纳一定数量的终点物种（例如，4种）（Tannenbaum, 2005a）。

像其他筛选标准一样这些做法必须谨慎使用。如果污染地区可提供水、矿物质营养或其他地方没有的功能，那么应避免排除这个地区或至少谨慎使用。另外，也应提前咨询决策者来确定区域筛选标准的可接受性。

31.2.2 场地的暴露浓度

要获得污染场地的暴露浓度，必须考虑以下问题。

- 这里所述的筛选方法假定测定的化学浓度是可以得到的。标准浓度的使用意味着未来的浓度不太可能增加。由于被污染地下水的流动或其他过程而使污染浓度增加，那么必须评估未来情景下的浓度并代替其测定浓度。就筛选评价而言，简单的模型和假设如水生生物群的暴露是合适的。

- 对于大型场地,要在亚单元范围如支流内进行污染物筛选而不是整个场地,以避免忽视了重要的污染物暴露。应该在分析计划的发展过程中对污染点进行拆分,并考虑到污染源和栖息地的差别。
- 基于化学物质的具体形式或种类制定了一些基准。当筛选评价的数据形式没有详细说明时,如果没有其他更好的形式就应采用毒性最强的形式。例如,在潮湿的土壤、沉积物和水域六价铬会转化为三价铬,它在橡树岭的研究中已得到公认和证实,因此 USEPA 认为在该地区有大量的六价铬存在。
- 环境中化学物质的测定通常包括混合物的检测浓度和带有检出限的非检测浓度。对于土壤和沉积物的筛选,在这种情况下仍然可以得到最大值。然而,平均浓度 95%UCL 却不能直接得到。如果时间和资源允许,应采用最大似然估计来估计这些值(框 20.1)。否则就使用检出限计算 95%UCL。如果在任何样本中没有检测到化学物质或分析技术达不到风险管理的检出限,那么应是筛选报告的检出限而不是最大值或 95%UCL 值。

31.2.3 介质筛选

如果在特定介质中化学物质的筛选没有显示任何 COPECs,且数据集充分,那么在进一步的风险评价中就不考虑此介质。然而,如果介质中已发现有毒性存在,且生物调查表明,居住在或使用该介质的生物群落似乎在改变,风险评价者和管理者必须考虑现有的数据是否可说明证据链偏差原因,并且必须进行适当的调查或数据的再分析来解决这个偏差。

31.2.4 受体筛选

如果不考虑终点受体暴露的所有介质,那么也可排除此受体。对于所有暴露于受到污染物的水、食物和土壤的野生动物,这意味必须排除所有这三个介质。如果水和泥沙已被排除,那么水生生物群也可以排除。如果土壤已经排除,那么植物和土壤异养生物也可以排除。大量暴露于污染物或受到伤害的受体的任何证据都可以防止其不被评价。

31.2.5 场地筛选

如果所有终点受体都被排除,那么就风险评价而言这个场地就可以排除。但是,必须指出,即使当地没有因为污染而引发重大的风险,风险评价也必须说明污染物的变迁情况,因为污染物变迁可能引发其他地域的生态风险,也可能会被具有广泛活动范围的野生动物种群误食而导致生态风险。

31.2.6 数据的充分性和不确定性

筛选生态风险评价处于分阶段评价过程中的中间阶段或是作为确定性评价的最初一步,它应该有足够质量和数量的数据,且所使用的数据集都应是适当的评价规划的结果。然而,对于一些介质,最初的筛选评价可能有几个数据且数据质量也比较可疑,因为数据没有得到充分质量保证或不足以进行全面的数据评价。数据评价应尽可能排除同样测定的多种报道结果、单位换算的错误和其他明显的错误。此外,由于避免排除任何有潜在危险的化学物质是很重要的,因此应对现有数据进行评价以排除有非保守偏见的数据。一旦对数据进行了评价,就要履行现有的数据进行筛选评价,并描述数据的不足之处和结果的不确定性。对一种介质的高度不确定的筛查结果,应进行大量的化学分析并计划下一阶段的评价。

筛选评价也必须考虑到历史数据与目前条件的相关性。对于数据是否太旧以至不能使用的问题,则需要考虑以下几个方面:

- 如果污染源是持久的和稳定的,则这些数据有可能是相关的。
- 如果污染源不是持久性和稳定性的且化学物质也不稳定(例如降低或挥发),那么该数据可能不太相关。
- 如果周围环境介质不稳定或变化较大,那么历史数据不太可能是相关的。例如,不断的水稀释和沉积物的冲刷。
- 人类活动,尤其是导致稳定废物或部分修复场地,都可能使历史数据不具有相关性。

31.2.7 场地筛选评价报告

由于筛选评价不是一个决策性文件,筛选评价文件应当简短,没必要提供确定性评价的文件或解释(第35章)。结果可以通过两个表表达。第一个表列出了通过筛选基准和背景得出的被保留的化学物质。第二个表列出了被排除的那些化学物质。这些结果包括每一个介质,每个空间场地和每个暴露于介质中的终点实体。产生这些结果的评价应以生态风险评价的框架格式提交(第3章)。然而,不应有太多的描述和说明。虽然做正确的筛选评价是很重要,但是确保顺利完成了确定性评价和修复措施也很重要。以下信息对支持筛选结果是重要的:

- 筛选化学物质清单基本原理
- 场地、参考文献和污染物的背景浓度的来源
- 任何先前存在的浓度数据的使用理由
- 得到任何特定场地的背景浓度所使用的方法
- 决定浓度数据集是否适合所采用的标准
- 现有的筛选基准值的来源
- 得到任何新的筛选基准值所使用的方法

31.3 实例

因为这是一个初步程序,很少有公开的出版文献是关于筛选生态风险评价的。然而,Region V(2005a,b)已发表筛选评价,该评价已作为国家制定的有关污染场地的生态风险评价指南。这些评价使用简单保守的假设,如100%的面积使用因子和100%生物可利用性和基于确定性的危害商的风险表征,结论表明了筛选评价发挥了作用。发现Camp Perry在目前条件下存在低生态风险,因此建议应努力切断来源以上情况不会进一步恶化。Elliot Ditch/Wea Creek的生态风险是巨大的,所以评价者建议进一步研究以减少不确定性。这些例子包括濒危物种存在的评价、特定场地的毒性试验、生物累积性研究和生态受体的残留分析等。

第32章
权衡证据的确定性风险表征

> 华生,咱们如果顺着两条思路进行思考,那么就会发现一个交点,这个交点就最接近真相。
>
> 福尔摩斯(Sherlock Holmes),*The Disappearance of Lady Frances Carfax*

确定性风险评价的风险表征包括几个要素:整合现有的暴露和效应信息,分析不确定性,权衡证据,以及提出适于风险管理者和利益相关者理解的结论。暴露和效应信息的整合应该针对每种证据独立进行,从而使各证据的影响都能够得到明确陈述。这样可以使风险评价的逻辑清晰,并允许对独立的证据进行权衡。对于每条证据链,都有必要评估效应测量与评价终点和数据质量之间的关系,以及评价在暴露-反应数据中的暴露指标与现场暴露指标的关系。生态风险评价中的描述是通过证据的权衡实现的(Suter,1993a;EPA,1998a)。生态风险评价者不是简单地实现一个风险模型,而是要检验所有通过化学分析、毒性实验、生物调查以及生物标志物得到的有效数据,并且将各项数据运用到正确的模型中,以评估显著效应发生的概率,并描述指出的评价终点的性质、等级和效应程度。因在有限的信息基础上要做出如此多的判断,所以每一个可靠的信息都应该进行认真的考虑(The Presidential/Congressional Commission on Risk Assessment and Risk Management,1997)。

32.1 证据的权衡

所有种类的证据作为推论的基础都有其优点和不足。通过比较多条证据链以及它们各自的优点和不足,可以鉴别支持显著的推论,并避免支持不足的推论。此外,将所有有效的证据及其相关证据考虑其中,可以让利益相关者确信没有证据被忽视或者被屏蔽(NRC,1994)。最后,应用多条证据链可提供情景再现,例如难以还原的被污染或破坏的生态系统(Cavalli-Sforza,2000)。如果我们运用三种独立的技术手段做某一评价得到相同的结论,与运用同一技术手段对三个不同的生态系统进行评价得出相同的结论是具有同等重要的意义。通过证据的权衡描述的生态风险得到了广泛应用,并且衍生出多个方法(Chapman等,2002)。在生态流行病学中,分析证据的权衡也是普遍使用的最佳确定病源的技术手段(第4章)。

讨论中涉及的三个重要专业术语。

证据类型：用于风险表征的证据的分类。每一种分类在风险表征中都有着性质上的不同。通常证据类型是用暴露-反应关系的来源进行区分。污染场地的生态风险评价通常采用这样的分类：① 生物调查，② 污染介质的毒性试验，③ 单一化学物质的毒性试验。

证据链：暴露-反应关系以及对暴露的估计。一条证据链（例如，黑头呆鱼的半数致死浓度和利用 EXAMS 评估的 24 h 最高浓度）就是一种证据的例子（例如，实验室测试的终点和模拟的暴露水平）。风险表征中可能存在多条证据链。

证据的权重：就是在给定多条证据链的前提下，确定最佳风险表征方法的过程。需要被权衡的证据可以包括同一分类或不同分类中的多条证据链，每一类证据都有一个或多个证据链来表达。

生态风险表征中至少有四种衡量证据的方法。

最佳的证据链：最简单的方法是集合所有有效的证据链，评价各条证据链的优点和不足，找出优势最大的一条，并用其描述生态风险。这种方法常用于当一条证据链明显优于其他证据链的情况下，因为这组证据链的数据质量较好或是与事件的相关性更高。在这种情况下，我们也不能认为将这组高质量的证据链与同类证据结合起来是完全可信的，实际上这样做会带来误导。选择最佳的证据链有一个优势，就是它可以较清楚和简单地表达评价的方法和结果。最佳证据链的选择方法，应该采用如马萨诸塞州加权计分制一样的特性作为基础（表 32.1）。

表 32.1 证据评分属性表

属性	解释
证据链与评价终点的关系	
关联度	在暴露-反应关系中能代表的反应程度或是与暴露终点相关的程度
暴露-反应	暴露-反应关系定量的程度以及这种关系的强度
实用性	暴露估计并得出暴露-反应关系方法的确定性、科学基础和敏感性
数据质量	
数据的质量	用于暴露估计得出暴露-反应关系的方法的质量，这些方法包括测量、测试和模型
研究设计	
场地特异性	某场地上的介质、物种、环境条件及与此相关的栖息类型等因素的特异性，对于非特异性现场的评价，可以用情景来代替
敏感性	暴露-反应关系用于界定关注终点并将终点从背景或是其他易混杂的起因辨别出来的能力
空间代表性	用于暴露估计得到暴露-反应关系的或用于生态评估的样本区域在空间上的重叠或是接近程度
时间代表性	为获得暴露估计和暴露-反应关系进行的采样或测量时间与效应推导时间或采样频率或周期所重叠的时间部分
定量测量	用同类数据能够量化反应等级的程度
标准方法	用相关标准方法和标准模型产生的数据能得到暴露估计或是暴露-反应关系的程度

来源：改编自 Menzie C, Henning MH, Cura J, Finkelstein K, Gentile J, Maughan J, Mitchell D *et al. Hum. Ecol. Risk Assess.*, 2, 277 - 304, 1996; Massachusetts Weight-of-Evidence Work Group, *Draft Report: A Weight-of-Evidence Approach for Evaluating Ecological Risks*, 1995. （属性部分进行了改写，解释部分完全不同）。

层次评价法：在此方法中，证据链（数据和相关的模型）从最简单和最经济的开始，当某证据链得到一个充分明确结论后，再加入更复杂的和成本更高的证据链。层次评价法与选择最佳证据链的原理是相同的，它是后者的变型，在同一层次的证据中找到最优的证据链，并逐级进行操作，最终的风险表征是基于评价中最高的应用层次得出的。本文将在杀虫剂的生态风险评价一节（32.4.4节）中详细阐述这种方法。

加权计分法：在有多条证据链时可以用数学权衡计分表示它们对风险估计的程度。这种制度是从马萨诸塞州污染场地的生态风险评价衍生而来的（Massachusetts Weight-of-Evidence Work Group，1995；Menzie等，1996）。根据显示的反应情况给每条证据链进行评分（显示/不显示危害和高/低反应），每10个特征给予1到5不等的分数，即每一个特征依其相对重要程度给予0到1的评分。这10个特征必须与证据、场地的相关程度、证据的质量、研究设计和执行等因素相关（表32.1）。最后，对各条证据链的一致程度进行评分。在已经进行成功应用的实际场地中，这个方法不可避免地要进一步完善（Johnston等，2002）。与其他常用的风险表征方法一样，加权计分法是有效和一致的，只是在单个事件的风险评价中可能不是最优方法。

最佳风险解释法：溯因推理，与此相对的是演绎归纳推理，从证据集合到最佳的原因分析（Josephson和Josephson，1996）（4.3节）。最佳原因分析能够说明各证据链与平行证据间的显著差异。例如，生物可利用性的差异通常可以说明实验室测试和周边水域测试的显著毒性之间的不同。在生态风险表征中，溯因推理的发展其最好的应用是沉积物质量三合一法，将在下文中进行讨论。

本章专门介绍用于获得最佳风险表征的证据权衡。基于最佳证据链法或者加权计数法的风险表征是因为风险评价是专用程序并且可以自我论证。此外，还暗自假设了各条证据链之间是相互独立的。最佳推论允许风险评价者运用多条证据链之间的关系来描述风险。

32.2 沉积物质量三合一法：一种简单明了的推理方法

采用权衡多条证据链的方法来推理获得最佳解释，其中最能作为代表的是沉积物质量三合一法（Long和Chapman，1985；Chapman，1990）。从现场获取可形成三合一的三种证据类型是：沉积物化学性，沉积物毒性，沉积物的无脊椎动物种群结构。用于度量各类证据的对象要进行选择和评价，使其具有适当的敏感度，从而不会导致频繁的假阴性或是假阳性的结果。举例来说，沉积化学物质的分析必须具有足够的敏感度来检测可能存在的毒性浓度，但是也应该与基准效应和背景浓度做比较以确保一些细微的效应不能被误算为阳性效应。

假设三种成分都可以做一个二分法评分（+/−）（a dichotomous score），并可以用适当的敏感性和数据质量来确定，由表32.2可以推导出与污染物诱导效应相关的结论。这一假设是至关重要的，举例来说，情况5的结论是不会发生由毒性化学物质引起的种群变更。这个结论取决于，该假设包含了所有可能的显著毒性物质，这些物质具有足够的敏感性，能进行适宜的沉积物化学测试。这些物质还能够代表污染区域的暴露情况，也能够代表种群中具有较高敏感性物种的敏感水平。证据权衡中要考虑如果有任一有效数据达不到敏感性或是数据质量要求的情况。沉积物质量三合一法最初用于河口港湾的沉积风险评价中,并在这些系统中得到广泛应用(Chapman 等,1997)。它还可以应用于溪水、河流、水库的松软沉积物中,理论上也可以应用于污染的土地系统中。

表 32.2 基于沉积物质量三合一法的推论

情景	出现的化学物质	毒性	种群变更	结论
1	+	+	+	是污染导致退化的强有力证据
2	−	−	−	不是污染导致退化的强有力证据
3	+	−	−	污染物不具有生物相容性或是出现在无毒性水平上
4	−	+	−	无法测量的化学物或条件存在导致退化
5	−	−	+	种群变更不是由化学物质所致
6	+	+	−	有毒物质对系统造成压力但还不足以形成群落变更
7	−	+	+	无法测量的有毒化学物质导致退化
8	+	−	+	化学物质不具有生物相容性或变更不是由有毒物质所致

来源:Chapman PM,*Sci. Total Environ.*,97/98,815-825,1990。获得许可。
用阳性(+)或是阴性(−)表示反应,说明反应能否测量以及是否与对照或参照条件有可能的显著性差异。

另一种可进行推论的三合一法,是 Salazar 和 Salazar 提出的暴露-剂量-反应三合一法,用于污染水体或沉积物的风险评价中(1998)。其中用周围介质分析法来评估暴露,用组织化学法评估剂量,并用种群属性调查或是污染介质的毒性测试来评估反应。如果在测试或调查中检测到效应并与周围介质污染产生的生物体内累积效应有关,则可以假定显著污染物的效应即将发生,这些足以说明毒性剂量的大小。在 Salazar 和 Salazar(1998)提供的例子中,使用在野外暴露笼养的蚌类生长反应来进行效应测试,并可以得到其组织浓度。污染物的组织毒性浓度通过有限暴露法测得。作者认为,如果各条证据链之间不一致,则在证据权衡法中要考虑数据质量、混合毒性效应、温度、食物获取率以及生长稀释造成的毒性组织浓度波动等因素。此后,也有人建议要在沉积物质量三合一法中加入生物体内累积效应的测量(Borgmann 等,2001;Grapentine 等,2002)。

原先人们认为沉积质量三合一法中多种类型证据得到的结论方式可用于现场的因果关系推断,但现状和监测的趋势表明它的应用并不明朗。一些使用者将三元组减少为简单地计算正负因素数,或是整个区域用三轴图表示(Long 等,2004)。三元组法作为一个推理方法,其假设若成立则具有实用性,它也可以作为最佳原因解释的一种推理模型。

32.3 污染场地最佳结论的推理

大多数风险评价中,推论都不像沉积物质量三元法那么简单。数据质量好坏参半,人们对现场数据的相关性存在质疑,各类型数据可能不是来自同一地点的采样,而对同一采样地点难以获取所有证据类型，甚至不能得出一个显著阳性或阴性的结论。针对这些问题，本节选取和改编了Suter等(2000)提出的一种方法，整理多种类型证据与多条证据链，推导污染现场效应的存在、效应显著性和效应种类。这种方法最初来自于橡树岭自然保护区(ORR)和田纳西州的Clinch河的生态风险评价经验。在这些例子中，我们着重于污染场地，因为这些都是生态风险评价者使用多种证据类型最常见的环境。

32.3.1 单一化学物质毒性

此类证据使用环境介质中单一化学物质的浓度(测量或是模型预测)估测暴露，用这些单体化合物的毒性测试结果估计效应(见图32.1)，并分两步将二者结合。首先，依据生态毒理基准和本地浓度对化合物进行筛选。如果条件允许，还依据潜在的生态化学物的源特征进行筛选(COPECs)(第31章)。确定性评价中应用表格对筛选评价进行表示，列出所有高出基准的化学物质，说明哪些是COPECs，还应当陈述接受或是排除这种化合物的原因。

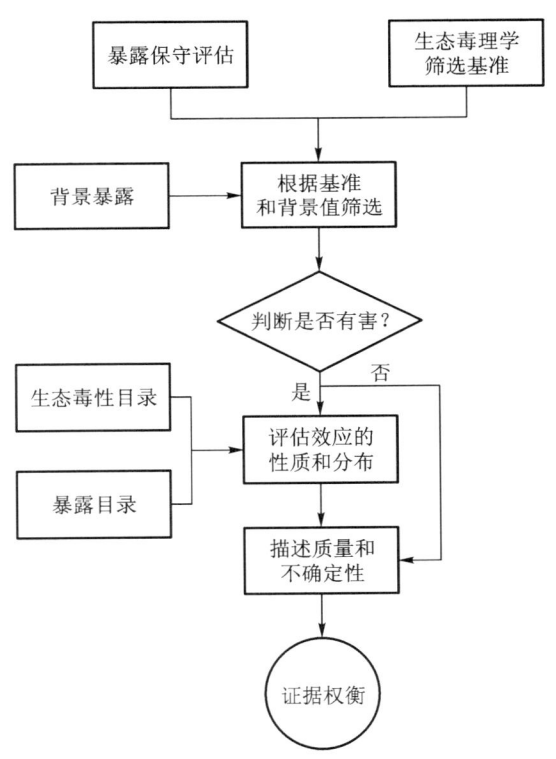

图32.1 基于化学分析法和单一化学物质毒性的风险表征

暴露值与单一化学物质的毒性数据整合会显示出其危害商(HQ)(30.1节)。有效浓度可以作为风险表征的测试终点，不过这一终点是用某一因子或外推模型、常规参数或者其他基准修正过的。与筛选评价法相比，易实现的暴露评估方法使用较多，其效应显示为与评价终点相关的测试终点，或是外推模型估计得到的效应阈值。此外，确定性评价还应关心商值的等级而不是简单地判断其是否超过1。商值高表明效应大，或至少说明终点效应发生的不确定性更倾向于较低水平等级。HQ也采用常见的方差和不确定性进行分析。

如果多种化合物呈现显著毒性，较可取的方法是用污染介质毒性测试法判断其联合作用的性质(24.5节)，如果不可行，可采用传统的测试方法对实验室综合介质进行测试。如果这也不可行，需要考虑如何预测混合毒性效应(第8章)。实际上，基于单一化学物质暴露与效应的风险评价可能会大大低估毒性，主要是因为分析对象不包含在复杂混合物中出现的所有化合物(Barron和Holder，2003)

对各个终点的所有污染物，需对比暴露与风险表征的化合物的全面毒性分布。例如，水体中毒物的浓度分布可以与慢性毒性的浓度阈分布相比较。因为慢性毒性包括的终点物种和它们所涉及的所有物种(如捕食习性形成物种)的可描述慢性效应的性质，所以将实验室内完成效应的暴露时间与在野外的浓度瞬时动态(瞬间动态浓度)相比较。化学物与毒性相关的性质，如金属形态对毒性的影响和捕食物种化合物的累积趋势，都应该进行详细检测。

提出的污染物风险推论应基于暴露-反应分布相关的暴露预测的概率分布。分布估测与终点估测相比为推论提供了更好的基础，因为分布估计考虑了空间和时间的暴露变化，而不单单考虑物种敏感性、效应检测、介质特征或是化合物组成。无论何种情况，风险是暴露与暴露-反应分布重叠的一个函数，但联合作用取决于所使用的数据。

风险表征中所有的评价终点由所有类型证据的权衡决定。为了优化证据权衡，也为了使读者更易读懂这些评估基础，概括单一化学物质暴露和反应信息的综合结论是有意义的，这些信息包括各种可能存在毒性浓度的区域或河段中每个终点的反应。表32.3介绍了一种总结方法，这种方法既能列出一个包括风险表征中所有事项的表格，也可与结论类型相关。这些信息都是基于对单一化学物质毒理学的所有证据链进行分析的结果。

表 32.3　单一化学物质毒性综合一览表

问题	单一化学物质风险表征的结论
影响的生物分类	在暴露估计中列出具体物种或是高级分类(higher taxa)，生长阶段及已测的受影响的物种比例
估计的效应	列出已进行暴露评价的效应类型和等级，以及可靠的效应最大值
空间范围	定义用于估计经历具体效应的河段的长度，土地的面积
频率	在规定效应中显著部分时间比例或是其数量
与污染源的关联度	描述效应与源在空间和时间上的关系
结论的置信度	提供关于置信区间的分类和支持的评论

32.3.1.1　水生生物

鱼、水生无脊椎动物、水生植物最先暴露于水体中的污染物。水体某河段的变化更倾向于时间上而不是空间上的变化，这是因为水体在流动时可快速更新，测定某段水域或其一个支流的化合物平均浓度往往采用鱼类慢性暴露评估方法。均值95%置信度上限常常用于筛选评价的保守估计中，但观测到的全部浓度分布用于评价风险。其他推理法可能用于湖泊、河口、湿地的风险表征中。

一些鱼和无脊椎动物在沉积物中度过了它们生命的大部分时光，而且在水表的悬浮水层中孵化卵喂养幼虫。水体样本的分析表明，这些沿岸浅海底栖生物物种或其他生物某个特定的生命阶段,会比预测的更易暴露于污染物。如果可行,在沉积物上采集的水体样本能进行暴露评估,评估或衡量沉积物孔隙水的浓度也可以用做该暴露的保守估计。

从毒物分布和水体化合物浓度获得的水中毒性数据应该用于描述暴露与效应的分布情况。水体中化学物质一般暴露于鱼和其他水生生物,暴露分布是一段时间后水体的浓度分布。效应分布是物种敏感性的分布,这些物种表现为急性致死效应(如 LC_{50})慢性致死或半致死效应(如慢性值 CV)。如果水中样本是在短期无偏差情况下采集,这两个分布的重叠部分说明化学物在水中的浓度对某一比率的水生物种具有急性或慢性毒性的作用时间的瞬时比率(approximate temporally)。例如,田纳西州 Clinch 河的 4.01 河段,10%的时间内铜的浓度达到使生物产生慢性半致死效应的毒性浓度水平,对这一结论的解释取决于对暴露和效应时间动态的了解。例如一年的 10%是 36 天,基本上是一个浮游甲壳动物或是鱼类整个胚胎幼鱼期的时间长度,所以产生显著慢性毒性是非常有可能的。但是,这个 36 天如果穿插了高浓度的状况,那暴露时间将会减少。USEPA 提出亚慢性水体毒性 7 天测试的标准可以近似作为慢性毒性的下限,所以有高浓度铜的年时间段可以均分为五部分,并仍然能得出使大部分物种产生慢性效应的推论。更精准的风险解释需要具备高浓度的实际暴露时间信息,以及在敏感生命期铜效应的比率。

以上阐述的暴露效应分布是在水生生态风险评价中最常见的情况,还有可能存在其他情况。如暴露在空间上而不是时间上的分布,或是因分析的不确定性而不是空间或时间的方差导致的暴露分布等。效应分布可取代不同物种测试终点分布,这种分布与浓度反应模型或是外推模型的不确定性有关。从联合暴露和效应模型得到的风险估计需要进行认真的解释。

32.3.1.2 底栖无脊椎动物

对底栖生物群落适宜的风险评价参数是超过某一效应水平样本的百分比。对每种污染物来说,在整个沉积物和孔隙水中测得的浓度分布可与沉积物与水中的有效浓度分布相比较。在栖居于沉积物和孔隙水中的无脊椎动物暴露的案例中,暴露的分布解释为空间上的分布。虽然在样本采集的过程中,沉积物的组分有轻微的变化,但是样本是在某段水体或区域的空间内分布的。对孔隙水来说,其效应分布和表水相同,换言之,都是在急性毒性或慢性毒性测试中表现出具有物种敏感性的分布。因此,分布重叠的部分说明了在某一比例的河段内孔隙水中的化学物浓度使特定比例的物种表现为急性或慢性毒性效应。如果样本的采集严格均匀,这个分布比例可以解释为河段面积的比例,因此,此结论的另外一种表达方式就是在不到 10%的区域中约 10%的物种暴露于有毒物质中。

整个的沉积物的无脊椎动物暴露于化学物质中,其暴露分布和孔隙水在区域空间暴露是一样的。效应暴露可以分布在各个采样点,并与无脊椎动物种群相关的参数降低的阈值中,也可以分布在各种沉积物毒性测试发现致死效应阈值的浓度中。如果效应数据集是从沉积物随机样本中抽取的,那么沉积物可假定为是从相同分布中得到的随机抽样,如果我们假定已知的种群效应与评估终点的种群效应相符,那么效应分布可视作既定浓度对暴露终点引起显著毒性效应的概率分布,而暴露和效应分布的重叠部分可以说明在河段和区域的指定地方底栖种群会发生显著变化的几率。

32.3.1.3 植物、无脊椎动物和微生物群落的土壤暴露

在土壤中生根或生存的生物体暴露通常可解释为土壤总浓度，虽然土壤孔隙水中的浓度和被土壤特性修正的浓度也可作为可能的暴露度量。对于确定性风险评价，每种化合物观测的浓度空间分布通常也对暴露估计有用。这种分布需要是定义在一个评价单元内的分布，此评价单元即在环境修复决策中作为独立单元的区域范围。

检测浓度的分布可以与评价终点的植物、无脊椎动物或是微生物过程的有效浓度分布相比较。相关的效应水平应在问题形成后决定，不过数据缺失会影响分布的连贯性。对植物而言，效应分布是已测定的单一化学物质土壤毒性测试中土壤和物种的混合效应分布。如果假设土壤的特性可从已测定的土壤的特性分布中获得，被试植物和污染场地的植物有相同的敏感性分布，那么现场植物效应的浓度阈值便可认为是从单一化学物质毒性测试中植物效应的浓度阈分布中取样得到。所以，分布中的浓度交集可以指示区域的面积比例，在这些地区化合物浓度可预测种群中物种中毒的比例（半数现场浓度对一些植物具有显性毒性，20%的浓度对10%以上的植物具有显性毒性等）。假设无脊椎动物情况类似，除了有蚯蚓出没的生态系统，那么这些动物可以作为土壤无脊椎动物的典型代表。微生物过程毒性浓度分布与植物和无脊椎动物的评价终点不等同，因为有些致毒过程是在个别的微生物菌株上进行的，而其他都是在整个微生物群落中实现的。因此，如果这些过程涵盖一个终点，效应数据的分布应该是过程-土壤的组合，而不是物种-土壤的联合效应分布。分布的重合部分表明在这个区域内，化合物浓度将会使这一区域的微生物产生毒害。

土壤生态系统的风险表征因各种不同的筛选评价方法而异。首先，必须对化学作用的形式和种类组成予以考虑。如果多环芳烃（PAHs）作为石油的组成部分之一，它的生物可利用性可能会比实验室毒性测试中的化合物更低。如果土壤中测试的硒大部分是亚硒酸盐，那么亚硒酸盐或有机态的硒可能不是产生风险的相关因素。即使这些物质对植物具有同样的毒性，最典型的暴露的测定（即土壤中的浓度）也要求评价者考虑化学物质在吸收或是其形态上的差异。实验室测试的化学物质比受污染土壤中残留已久的化学物质更具有生物可利用性。其次，应考虑到土壤类型的作用。在沙质或是黏性土中的有效测试，可能只能局部适用于腐殖质土壤。第三，应考虑到被试生物体和污染场地生物在敏感性上的差异。化学物质对蚯蚓的致毒性和对节肢动物的毒性有很大的不同，除了要考虑在单一化学物质证据这节中总结的因素外，评价者还要考虑证据权衡的程度、与介质毒性测试的相关性以及生物测量等。

32.3.1.4 野生动物的多介质暴露

和其他生态终点相比，野生动物的暴露是典型的多介质评估（例如对食物，土壤，和水）从每个污染源摄入的暴露总和用毫克每千克每天的单位表示（22.8节）。对于确定性评价来说，应选用一些比在筛选评价中的暴露效应更切合实际的评估用于暴露参数分布和不确定性分析（例如，蒙特卡罗模拟，见第7章）。依据场地的性质和评价目标，暴露模拟可用于场地中感兴趣的每个离散区内或是用于单体权衡及某终点物种的种群中。这种方法用于野生动物风险表征的例子在 Sample 和 Suter（1999），Baron 等（1999）和 Sample 等（1996a）的论述中都有表述。

32.3.1.4.1 具有暴露-反应的暴露综合研究

暴露评价的比较表现在几个方面。筛选评价和大多数的确定性评价，都要计算

HQ。驱动风险的暴露途径可以由比较各途径的 HQ 与总暴露的各路径的 HQ 确定。

如果暴露分布源自蒙特卡罗模型，那么分布上的毒性值点估计的重叠部分，提供了对那些经历不良效应的个体进行的概率评估。一部分效应分布超过了给定的毒性值，就要对这些毒性值所描述的效应发生的概率进行评估。例如，图 32.2 表明在 Polar Creek 或是 Clinch 河的两个支流系统中汞的剂量-反应的分布情况。可测得汞对支流 3.01 与 3.02 的水獭暴露分布的最低可见不良效应水平（LOAEL）大约分别在第 85 和第 15 个百分位数上。从这一图中可见，个体水獭对汞在支流 3.01 的暴露有 85% 的概率而在支流 3.02 中其概率为 15%。因为汞对水獭的 NOAEL 低于这两个支流中的整体暴露分布，暗示了这两个地点效应的潜在发生。通过叠加不同类型和程度的毒性效应值（例如 LD_{50}，生长率，肝中毒）可能产生关于其他风险性质和暴露评估的信息。

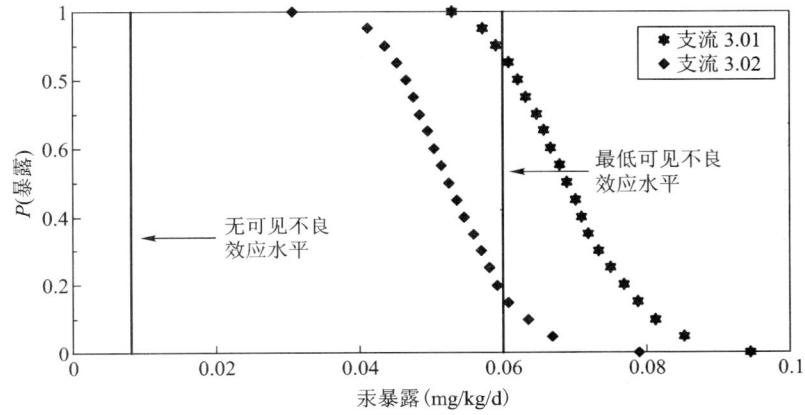

图 32.2 Polar Creek 分支中关于水獭的异速生长最低可见不良效应水平（LOAEL）的汞暴露概率密度的评估。

种群模型（第 27 章）中的暴露分布也可以与反应分布相比较。暴露-反应分布的比较方法已在 30.3 节讨论过。

对于小型场地或单元而言，首要问题是确定是否至少有一种生物会在毒性剂量中暴露，图 30.6 诠释了这个问题。垂直虚线表示终点物种（例中为鼩和鸟鹩）的正常活动范围和区域大小，如果平均浓度与活动范围相交之前就在横轴的效应水平线以下，则预计不会有任何个体受到影响。在图 30.6 中认为对鸟鹩没有任何影响，但是估计会对一只鼩的生殖产生效应并有少量死亡的危险。

32.3.1.4.2 个体和种群效应

毒性数据很大程度上代表了生物体反应水平和对种群的影响水平（如死亡率，规模发展和繁殖）。除了那些被保护的濒危物种，大多数的生态风险管理决策都是基于种群概念风险评价。因此除非采用种群模型（第 27 章），否则风险表征都应该表达成种群里生物体反应的频率或幅度。这种表达有几种方法。

第一种方法需要假设存在一个明显的种群，种群暴露可用所有的个体暴露来代表，而且种群中所有个体假设经历相同的暴露水平。在每一个建模区域，暴露分布代表生物个体化学物总吸收率的分布，其基于在水体、土壤和各种食物中可观测浓度的分布。如果设想在各建模区域出现的种群成员分别为在整个建模区域的水、土壤和食品中的样本，暴露分布结果中的比例可以表示按特定摄入率暴露群种比例的估计值。这种假设也适用于限定活动的较大区域内的无固定领地生物体。尤其是如果这个区域内一个独立的栖息地被不合适的栖息地所包围,例如,一个被森林或是工业发展所包围的草地明显可以养活鼹鼠。对这个种群的风险评价可以直接从个体生物暴露来评估。Barron 等(1999)使用这种方法对种群风险进行评价,评价了田纳西州在 Clinch 河栖居的大翅燕种群的风险。

第二种方法是假设在较大的种群中有一定数量的个体暴露于污染物中。当地种群的暴露水平超过毒性阈浓度的比例可表示为有潜在风险的种群比例。这是橡树岭保护区(ORR)的野生动物做初步评价的逻辑(Sample 等,1997)。对于野生动物来说,其大部分的栖息地存在于污染源外部(直接污染区域),但是在污染源区域内也会出现一些合适的栖息地。一个存在潜在风险的 ORR 野生种群比例可以通过在这个污染源上能够栖息的个体数来评估。污染源的利用程度(因此风险可能出现)依赖于污染源内合适的栖息地的可用性。保护区范围内种群的风险评估可按步骤得出:

(1) 基于个体的污染暴露评价可用于每一个采用广义暴露模型的污染源中(22.8 节)。污染物浓度取所有源中的平均值。

(2) 各单元的污染物暴露评价可以与 LOAEL 比较,判断风险等级和单元上产生暴露的性质。如果暴露评估值比 LOAEL 要大,单元上的个体被判定为可能有不良效应。

(3) ORR 中和各单元内的栖息地的可用性和分布情况可用卫星绘制的土地覆被图来确定。

(4) 利于终点物种的栖息地要求要与 ORR 栖息地地图相比较,以确定在 ORR 中和污染源内的合适栖息地范围。

(5) 在 ORR 和单元范围内合适的栖息地范围乘以具体物种的种群密度值(ORR 特定值或从文献中获取)而获得的广义 ORR 物种和在各单元内栖居的个体数量的估计情况。

(6) 将对每个污染物的暴露超出 LOAEL 水平的物种个体的数量用第 5 步计算的单元具体物种的评估与第 2 步结果对其求和。这个总数与广义 ORR 物种相除,即为存在高风险暴露的广义 ORR 物种的比例。

这一方法提供了一种简单的种群水平效应的评估,但是有一定的偏差,因为它没有考虑野生动物活动。栖息范围广泛的物种可能会迁徙,并占用多个污染源,因此他们接受的暴露与单个单元评估的暴露不同。如果这个问题很严重,那么就必须使用空间上的动态方法。此外,该方法的应用需明确知道出现的栖息地类型、分布和质量。

第三种方法是利用蒙特卡罗暴露模型的结果与文献中报道的种群密度的综合数据,评估野生动物种群效应的概率和水平。那些在既定区域内倾向于暴露超过 LOAEL 或者其他基准的个体数量都可以用累计二项式概率函数来计算。

$$b(y;n;p) = \left[\frac{n}{y}\right] p^y (1-p)^{ny} \tag{32.1}$$

式中:y=暴露水平超过 LOAEL 的单体个数;n=在区域内个体的总数;p=暴露水平超过 LOAEL 的概率;$b(y;n;p)$=在 n 个总数中的 y 个个体的暴露水平超过 LOAEL 的概率,假设超过 LOAEL 水平的概率为 p。

对于 $y=0$ 到 $y=n$,解这个方程可以得到一个累积二项式的概率分布,并且可用于估计在一个区域内可能存在不良反应的个体数量。这种方法用于 ORR 水域,对食鱼类种群在出现鱼群暴露于多氯联苯(PCBs)和汞情况下的效应进行评估(Sample 等,1997)。蒙特卡罗模型用于整个水源区域的暴露评价,可以假设野生动物物种更倾向于在食物最充裕的地方寻找食物;鱼体内生物富集数据的采样点或附近区域的鱼群的密度或生物量可认为是表征食物丰富程度的度量(在一些地点生物量数据难以获得,可以用密度度量);每个场地占整个流域的种群密度或生物量的相对比率可以用于衡量其对整个流域水平暴露的贡献值;流域水平暴露可用流域内的各个样本点的平均加权暴露来估计。这样,高密集鱼群或是生物量大的鱼群对暴露的贡献要比低密度或是生物量小的地点大。因为流域地足够大并能够支撑多个个体,平均权重暴露评价能够代表每一个流域地的所有个体的暴露。在相对单纯的情况下,这种方法足以提供一种比描述的方法的种群水平更好的效应评估方法。然而,这种方法的应用需要多个空间分离区域的暴露数据和适于各区域潜在暴露权衡的数据。Sample 和 Suter(1999)和 Peterson(2000)对这种方法进行了进一步应用。

Freshman 和 Menzi(1996)还表述了另一种种群水平效应外推的方法。它们的种群效应饲养(population effects foraging,PEF)模型评估了在本地种群中可能存在不良效应的个体数量。PEF 模型是一种基于个体的允许动物在污染场地任意活动的模型。动物的活动受特异性物种对饲养区域和栖息地要求的限制。所以这种模型估计了一系列个体和暴露水平超过毒性阈值个体总数的暴露情况。

32.3.1.5　终点生物的身体负荷

在风险评价中,化学物质的身体负荷不是常用的证据链,而且这类证据链的使用往往针对水体毒性评价。尽管单一化学物质体内暴露-反应在概念上与体外暴露-反应区别不大,但实际情况中它是充分独立存在的,也可能被认为是一个独立证据类型。在这种情况下,从摄取测量模型和基于内在浓度的暴露-反应关系得到的体内暴露评价应综合到风险评价中,汇总表格的表示方法如图 32.3。

尽管几乎所有的鱼类毒性数据可用水体浓度来表示,但是鱼类的身体负荷提供了一种潜在的与暴露效应更相关的暴露标准。这种相关性最为显著,因为化合物在鱼体内和其他动植物体内累积的浓度比水体中的浓度大。这种化合物的食物链暴露可能比水体直接暴露更重要,而其浓度在水体中难以监测,最终导致在鱼群体内大量存积。常见的以这种途径积累的污染物有汞、PCBs、硒三种。个体身体负荷的测量相当于鱼类单体暴露水平,在单个鱼体内监测到的最大值用于筛选评价,而风险评价是基于每个物种的单体检测值分布。一般可以测量肌肉(解剖)、尸体(解剖后的残渣)或是整条鱼上的浓度。文献中最常用的是测量整个鱼体,其上的化合物浓度应该直接测量或者从解剖或剖后数据重组得到并用于暴露评价中。

身体负荷也可用于陆地野生动物、植物的风险评价,较少用于土壤或是沉积物无脊椎动物的评价。这一类证据链用于野生动物评价之所以合理,是因为这些动物和鱼一样会富集某种化学物质。体内积累不常用于野生动物风险评价的测量,因为样本剖析这些脊椎动物存在困难,并在伦理学上存在争议。此外,如果不知道靶器官,动物整体、肌肉组织或是部分器官的负荷与现场毒物浓度是否有联系就不得而知。举例来说,测量鹿的肝或肾中某一金属的浓度,只有在器官与毒性作用机理相关或是该化学物质在所有器官中平均分布的情况下,测量出的浓度才与风险评价有关。再者,对广泛分布的野生动物,其历史(比如已经存活多长时间)一般无法获知。如果为食肉动物进行风评价,却测量在幼小哺乳动物体内的化学物浓度,这些浓度可能也只能用于较小的哺乳动物的暴露评价,除此之外还要使用摄取模型。

植物组织中测量到的污染物浓度也被用于风险评价中的暴露评估。和野生动物一样,这一浓度只有在所测量的组织(根部、叶、生殖器官等)中与毒性机制相关;或毒物只有在各组织中均匀分布的情况下才有意义。组织浓度的暴露评估比土壤中污染物浓度的暴露评价更加直接,但是鲜有组织浓度-反应关系的研究报道。一般植物组织浓度比土壤中浓度更可靠(所以相关的证据权衡值更大),一个例子就是已报道的土壤中单一化学物质毒性数据与效应不相关,这是因为对不同污染物的摄取效果存在差异。如污水处理后的污泥复垦土壤上植被的毒性评价(Change 等,1992)。

在已报道的研究中,即使可以获得具体的测量值,采用非生物介质中的浓度和毒性阈值的比较进行身体负荷风险评价的方法也鲜有可取之处。因为生物积累模型给风险评价带来了大量的不确定性,组织浓度测量一般具有很好的性价比。

32.3.2 环境介质毒性测试

环境介质毒性测试的风险表征是从判断这一测试是否表现显著毒性开始的(图 32.3)。尽管统计学已经得以使用,但在问题的形成中最好确定一个毒性显著水平。如果没有发现显著毒性,风险表征需包含评估结果为假阴性的概率。假阴性可能因未收集污染最严重或同期污染水平最高的样本所致,或是由于处理样本的方法会使毒性降低所致,或是因使用的测试方法对区域内的种群或群落的显著伤害效应的检测不够敏感所致。

如果在测试中发生显著毒性,那么风险表征需描述其效应的性质和等级,以及在接受试验的同一介质中不同物种效应的连贯性。

在某些情况下,因为在参照物或控制介质中的生物体活性较差(如疾病,背景污染物,参照物或是控制介质选取不当,或是设计的程序难以执行),其毒性试验可能产生模棱两可的结论。在这种情况下,评价者与测试操作人员进行磋商,得到的专业判断可以诠释试验结论。与参照物和控制介质有关的一个问题是它们的营养成分。这个问题在含有较少有机质和营养元素的土壤毒性试验中尤为明显,这些土壤在采集时混淆了土壤

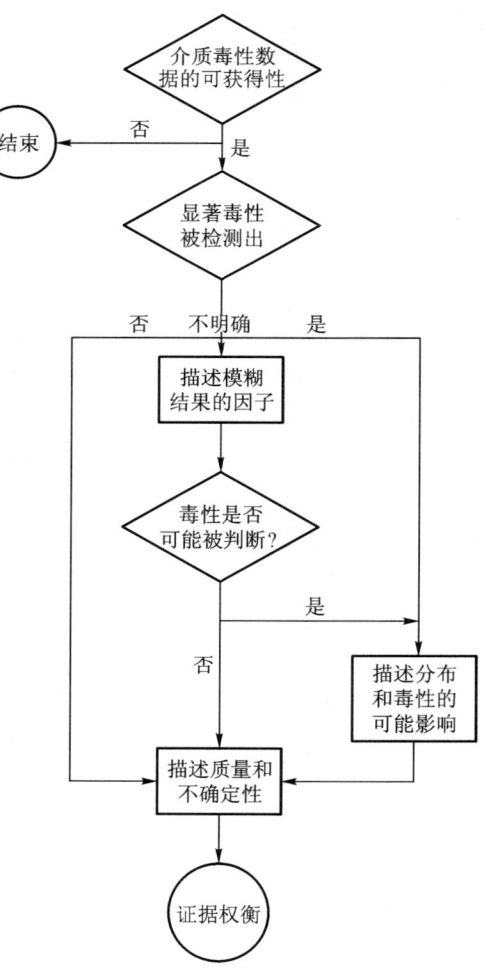

图 32.3 基于环境介质毒性试验的风险表征流程

剖面。与之相反的是,当参照含有较高的营养成分和有机质的土壤,土壤(如样点混合土)的营养水平可能比除了最佳参照土壤外的其他土壤高出许多。在试验设计中应尽可能地最小化这种差距,但在风险表征中还是要考虑并计算这类偏差。

如果在任一地点都发现显著毒性,应该描述这种毒性的暴露关系。第一种描述方法是检验介质中化合物浓度与场地化合物浓度的关系,此类方法取决于可获取数据的总量。如果可获取大量的毒性测试数据,那么表示毒性效应水平或是测试频率可以由一种或多种化合物的浓度来定义。例如,从蒙大拿州的 Anaconda 矿场的土壤中采集到的砷、铜、锌和少量的铅及钙的浓度就与植物毒性密切相关(Kapustka 等,1995);与此类似的是,在加利福尼亚州的肯科迪,土壤中的金属浓度与蚯蚓的生长率和死亡率有一定的联系(Jenkins 等,1995)。如果有相同作用模式的多种化合物可以产生联合毒性,那么混合浓度(如总的 PAHs 或是标准化的氯化二环化合物毒性当量因子(TEF))可以用做污染物暴露的参数(8.1.2 节),另一种选择是毒性反应可以与危害指数(HI)或是毒性单位的总和($\sum TU$)作图(图 32.4)。最终,相关的每一种化合物可以作为多元回归或相关中的独立变量。一般而言,如果发生毒性作用,就应该可以识别暴露-反应关系。然而即便是采集了大量的样本点(表 32.1),有很多原因也会使一个化学物质和毒性反应之间的随机关系不那么明显。因此,缺少一个暴露-反应关系也可以证明一个或多个化学物质能够导致明显的毒性效应。

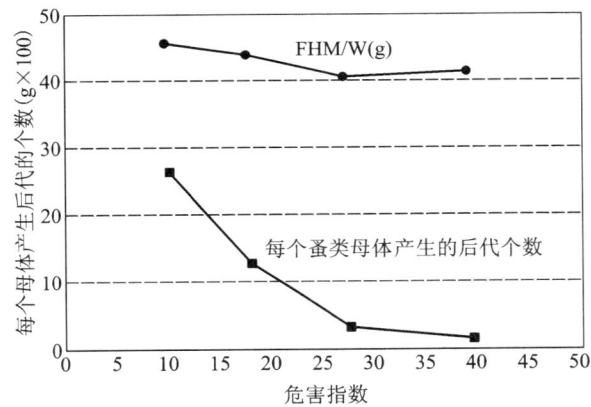

图 32.4 在特里尼蒂河风险评价中作为慢性毒性指数的显性毒性测试结果(成熟鲤鱼的体重和每一个蚤类母体能产生的后代个数)(根据 Parkhurst BR,Warren-Hicks W,Cardwell RD,Volosin J,Etchison T,Butcher JB and Covington SM,*Aquatic Ecological Risk Assessment：A Multi - Tiered Approach*,Project 91 - AER - 1,Water Environment Research Foundation,Alexandria,VA,1996b 重绘。获得许可。)

介质中的污染物水平与介质试验结果的相关性可用于检验单一化学物质毒性证据链的可靠性(32.3.1 节)。例如,锌对蚯蚓在人工土壤中的毒性比其在从野外收集的受污染土壤中的毒性至少高 10 倍(Spurgeon 和 Hopkin,1996)。在表 32.1 中的注意事项可以帮助我们理解两个来源的暴露-反应关系之间的差异。

另一种使毒性与暴露相关的潜在方法是判断毒性与污染物源之间的联系(如泉水、渗漏、支流和溢漏等),或者是毒性发生与稀释剂的关系(即相对清洁的水体或是沉积物)。这些可以通过创建简单的潜在污染源或稀释性表格来完成,并说明在这一来源下每一种测试是否使毒性增加、减少或是维持不变,通过图形也可传达相同的信息。对一条小溪或是河流,毒性以每一河段的功能来表示(如果用水源地来定位河段的划分),或是画出相对下游的距离(在地图上要标示来源的地点)(图 32.5)

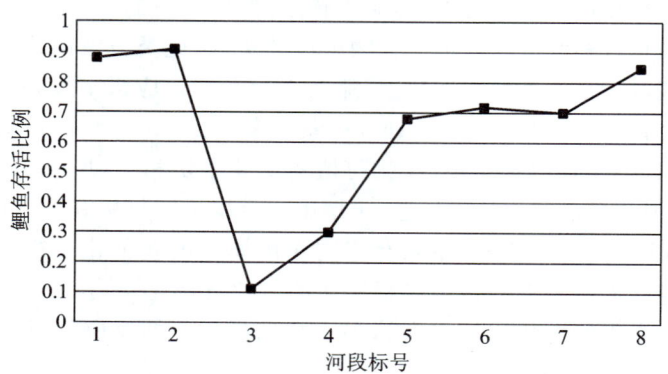

图 32.5　与管制有限河段情况相比,周围水体中成熟的鲤鱼数量削减的平均比例。其中污染源发生在河段 2。

框 32.1　为什么环境介质中污染物浓度与介质毒性没有相关性?
生物可利用性的差异
　　介质性质的差异
　　污染物世代的差异(土壤和沉积物中的污染物螯合一段时间后生物相容性变低)
　　空间迁移或螯合速率的差异
化合物形式(如离子态)
随时间或空间浓度的变化(如分析样本和测试样本不尽相同)
　　空间异质性
　　时间变化(如水体毒性测试持续数天,但通常仅分析一天的水体)
废物成分的差异
　　毒性相关作用和污染物相对比例的变化
　　废物成分浓度的变化,这些成分不是污染物但会影响污染物毒性
共生化学物质的差异
　　上游或是其他污染场地污染物的差异
　　化学物质背景浓度的差异
检出限不准确(如果有毒性作用的化学物未被检出,检测相关性会不明确)
测试操作差异引起的毒性测试差异
介质性质差异引起的毒性测试差异(如硬度、有机质含量、pH)

当有毒水源被识别出来,并对一系列稀释水体也做了测试,毒性的迁移和归趋可以像单一化学物质那样做模型(Ditoro 等,1991)。如果毒性可以假定为浓度加和(第 8 章),这些毒性模型可以用于解释在多个污染源溪水中观测到的生态退化,并解释和权衡污染源的因果关系。

环境土壤测试也可以用于选择优先修复场地。例如,Kapustka 等(1995)报道了在

蒙大拿州的阿奈康达污染场地的植物毒性分数,计算得到的分数是将每一地点的三个测试植物和六个反应参数相结合。

为了便于进行分析证据的权衡并且使得读者更容易理解相应的基础,那么对发现有显著毒性的支流或区域的结果进行整合(表32.4)就会很有用处。

表 32.4　环境介质毒性测试综合结果一览表

问题	结果
受到影响的物种	列出在测试中受到影响的物种和生命周期
影响的强度	列出在测试中效应的类型和等级
效应的空间范围	定义在哪个河段长度、陆地面积等的哪一个介质样本是有毒的
效应频率	如果毒性是间歇的,计算单位时间内独立毒性发生的时间比例或次数
与污染源的关联度	毒性介质与可能的污染源在空间和时间上的关联
与暴露的关联度	其与污染物浓度或是其他暴露测量值的关系
被评估的效应	总结在评价终点发生的效应的性质和程度以及可靠的效应最大值
结果中的置信度	提供分等级的支持论证

32.3.3　生物调查

对终点生物或是终点种群而言,若生物调查可行,则第一个问题就是这些数据能否表明显著效应的发生(图 32.6)。对一些种群,显著的是鱼和底栖无脊椎动物,易于获得参考水流和用于对比的调查数据。对大多数的其他终点种群,参考系统需特别建立,而缺少时间上或是空间上的可复制性使这些推断缺乏依据。对一些类群而言,像大多数的鸟类,传统的调查数据对污染场地的风险评价是没有意义的(Linder 等,2004),因为死亡率、地域性或是其他因素在地理上的效应含糊不清。可能会观察到一些暴露物种的种群壮大了而其他物种却减少了。如果控制了外部的可变性,那么调查的结论可以更可靠些。如鸟类的生殖遗传可以通过对比污染场地和参考场地的巢箱来评估。

相比其他证据链,对毒性效应的现场调查数据要更加小心。一些生物调查是非常敏感的(如筑巢期鸟类的筑巢成功率调查或是鱼类可跳过的河流中电击捕鱼的调查),其他种类的调查是适当敏感的(如大型底栖无脊椎动物),但仍有一些是十分不

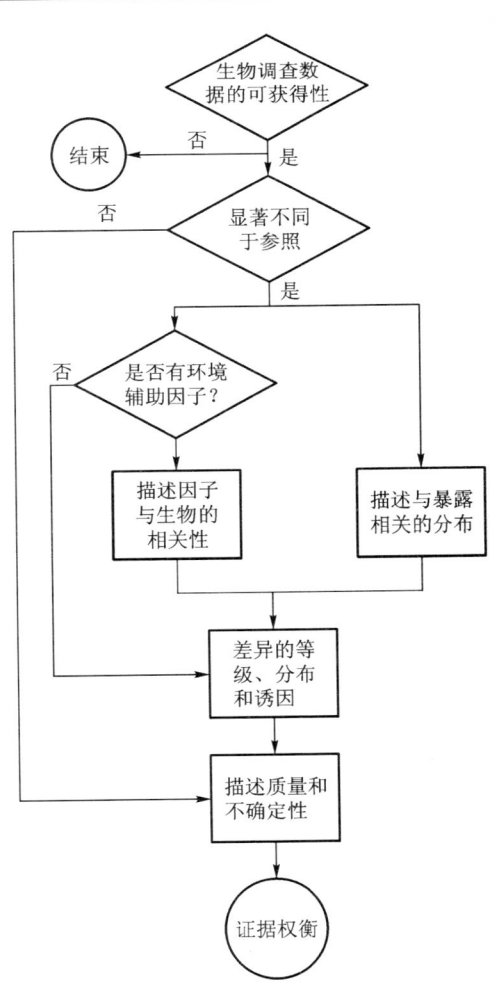

图 32.6　基于生物调查数据的风险表征

敏感的(河口的鱼群调查和小型哺乳动物调查),敏感性并不只是精密度那么简单。举例而言,区域性繁殖的鸟类调查可以是十分精确的但是它们对毒性并不敏感,因为在一个污染地点处于繁殖期的鸟类的对数通常很少,还因为任何死亡率或是在繁殖成功率上的减少都不能够在其后的繁殖鸟类对数密度上使用,然而,即使相对不敏感的调查在评估中也是有用的。例如,化学物浓度说明其介质应该是较高毒性的,但是介质的毒性测试却发现不具有毒性,还有如一个相对不敏感的调查中却发现种群并未受影响。这一调查也可以说明化学分析存在误导性,而毒性测试数据可能是正确的。相反的,一个低浓度的化学物质,而种群受影响却严重,则说明可能发生了联合毒性效应,或是未分析的污染物的毒性水平、偶发污染或是其他一些干扰。然而,现场调查在没有数据支持的情况下不具有说服力,因为可能会引起误导,尤其是统计学上的显著不同或缺少,会被错误地解释为某一效应的缺失。

生物调查也可以是不敏感的,因为生物体已经适应或是对污染物产生抵抗力,所以毒性效应不是很明显。这种适应性最有可能发生在生命期短的物种或是长期受到污染的地点。如果怀疑已经产生抵抗力,可以通过对比污染地点的相关物种与未受污染的相同物种的测试结果进行确定。依据政府观点,对污染产生适应性可以认为已经避免了难以接受的毒性效应,或是其本身即为一个难以接受的毒性效应。这是以污染引起的种群耐受力(pollution-induced community tolerance,PICT)作为评估终点的污染推论的理论基础(Rutgers 等,1998)。污染适应种群的出现得益于显著毒性的证据。

如果生物调查数据与物种数量、繁殖力、生物多样性的显性锐减相一致,应检测与结果相关的因子的显性效应。首先空间上和时间上的显性效应分布应与污染源、污染物和栖息地的变量分布相比较。其次,显性效应分布应该与可能影响调查中生物体栖息地的因素分布情况相比较,如溪水结构和支流,可以判别这些因素对显性效应的影响(Kapustka,2003)。例如,Polar Creek 湾大部分底栖种群变量都与沉积物分层和有机质含量的差异有关(Jones 等,1999)。只有这种差异用多元线性回归模型模拟出来后,才能将残差变量与污染物联系起来。栖息地模型或是栖息地指数的应用有助于这一过程(栖息模型可以从美国鱼类与野生动物服务组织获得)(Rankin,1995)。举例而言,在对有金属污染的宾夕法尼亚州里海海口的野生动物进行生物调查的过程中,发现动物数量锐减、植物退化效应可以用栖息地适宜性模型来排除,从而判断这些数量减少导致了直接毒性效应(Bayer 和 Storm,1995)。即使当合适的栖息地模型或是指数不能描述污染场地的栖息地效应,它们也可以说明哪些栖息地参数可以用于形成一个实地模型。如果重要的相关变量未知,分位数回归可以用于解释它们的影响(23.2.5 节)。如果以上方法的任一种表明某调查指标的显性污染物效应,应模拟或至少明确这个关系(23.2.5 节)。与环境毒性测试结论相同,暴露可以表现为个体评价的化学物浓度;在多元线性回归中使用的单一化学动因浓度;相关化学动因的浓度之和ΣTU 值和 HI 值(图 32.7)。最后,如果通过环境介质毒性试验能获得结论,该结论与调查结果应有明确的关系。例如,在加利福尼亚州的 Concord 海军武器中心的采样点,蚯蚓的毒性测试显示了蚯蚓类动物数量减少、大型无脊椎动物总量减少、死亡率上升和生长率下降(Jenkins 等,1995)。为方便证据权衡分析并使读者更清楚地理解依据,可以使用表 32.5 总结出对每一分析段或每个区域的各个暴露终点的综合结果。

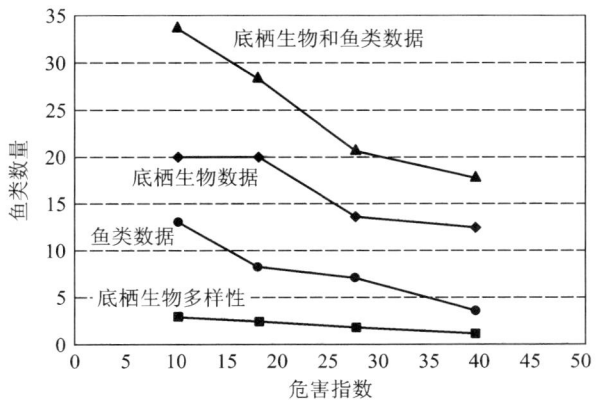

图 32.7 生物调查结果(鱼类数量、底栖无脊椎类数量及总类群数量),可以用作对 Trinity River 生态风险评价的慢性毒性指数的函数。(根据 Parkhurst BR, Warren-Hicks W, Cardwell RD, Volosin J, Etchison T, Butcher JB and Covington SM, *Aquatic Ecological Risk Assessment: A Multi-Tiered Approach*, Project 91-AER-1, Water Environment Research Foundation, Alexandria, VA, 1996b重绘。获得许可。)

表 32.5　生物调查结果总结一览表

问题	结果
调查的分类和属性	列出调查的物种或种群以及效应的量度
效应的性质和强烈程度	列出显性效应的类型和等级
可测得的最小效应	对每一个效应的测定,定义可以从参照系中区分出来的最小的效应
效应的空间范围	描述出现明显效应的河段的长度,陆地的面积等
参照场地的数量和性质	列出并描述与污染场地栖息地存在不同的参照地点
与栖息特征的关联度	描述显性效应与易变栖息地的任一相关性或定量关联
与污染源的关联度	描述显性效应与污染源任一相关性或定量的关联
与暴露的关联度	描述效应与环境污染物浓度,生物体内存积量或是暴露的其他度量
与毒性的关联度	定义效应与介质毒性的关系
显性效应最可能的原因	说明之前各项中描述的相关性的显性效应最可能的原因
被评价的效应	总结评价的效应的性质和程度,以及可靠的效应最大值
结论的置信度	提供分类和支持的论证

32.3.4　生物标志物和病理学

生物标志物是生理学或生物化学上的度量,如血液中的乙醯胆碱酯酶浓度可以作为污染物暴露或效应指标。这些指标本身对风险评价很少有帮助,但是它们可以用于支持其他推论。情况特殊时,如一个现场的动植物萎缩,那些一直坚持下来的物种的生物标志物可以指示是什么导致了已消失物种的衰减。这个推论一开始就探讨生物标志物水平是否与参考地点水平有所区分(图 32.8)。如果是,则有必要判断这些生物标志物是不是有诊断力或至少是一污染物的特征,或是影响评价终点动植物栖息的任一因子。如果生物标志物是污染物暴露所特有,那么其较高水平的分布和频率要与污染物的分布和浓度相比较。最后,生物标志物在某种程度上与公开的效应有关,如生长率、生育力或是死亡率,需要评价对种群或群落中可观测到的生物标志物水平的影响。

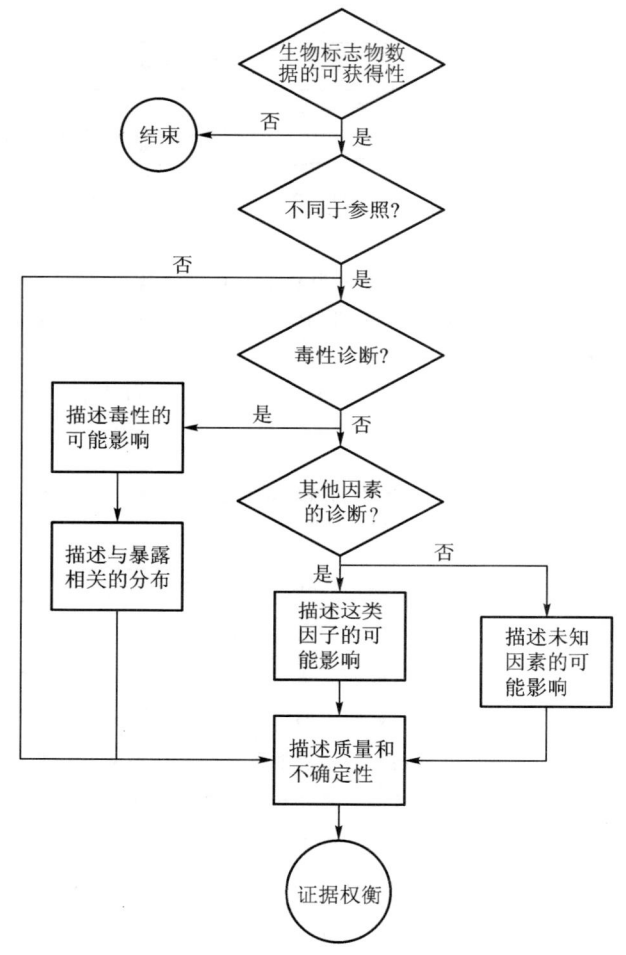

图 32.8 基于生物标志物和致病数据的风险表征

生物标志物的强大作用是作为生物载体检测对化学混合物的体外和体内的暴露进行评估。如果混合物中的某些物质具有共同的作用机理,那么该作用机理所涉及的某个生化测量指标就可以作为整个暴露效应的度量。这种方法已经用于二恶英类化合物。在小鼠肝细胞瘤的细胞培植中产生 7-乙氧基异噁哇-o-脱乙基酶(ERGO),可用作终点生物的饲料或是有机质本身的(TCOO-EQs)的生物鉴定(Tillitt 等,1991),再与导致毒性试验效应的 TCDD 水平进行比较。这一方法还可以用于判断大湖的鱼鹰变异和繁殖能力下降(Ludwig 等,1996)。该技术与 TCDD TEF 的应用有相同作用(8.1.2 节),但是排除了不同物种和条件下这些因素应用的不确定性。

病理学包括病变、肿瘤、畸形和其他的疾病征兆。显见病理的发生其本身就可以作为评价终点,这是因为公众的关注。然而,它们像生物标志物一样常用以帮助诊断生物效应的起因。指导手册是有效手段(如 Friend,1987;Meyer 和 Barclay,1990;Beyer 等,1998),这一类型的证据对识别其他潜在病因尤为适用,如家畜流行病或是缺氧症的病因。将病理学与环境指标甚至种群性质相结合,可以获得更有效的判断(Goedo 和 Barton,1990;Gibbons 和 Munkittrick,1994;Beyer 等,1998)。为方便证据权衡分析并让读者更清楚其依据,需利用表 32.6 总结各相关终点和每一河段或区域的结果。

表 32.6　生物标志物和病理学结果总结一览表

问题	结果
分类和反应	列出效应物种和具体的反应
生物体与种群反应的指示	尽可能描述生物标志物病理学和种群/种群终点的关系
检测到的反应致因	列出能够推导生物标志物或是病理的已知化学物、化学分类、病原体或是条件(如缺氧症)
参考地点的数量与性质	列出并描述带有与污染场地不同的栖息地的参考地点
与栖息地或是季节性变化的关联度	列出可能影响污染场地生态反应水平的栖息地或是生长阶段
与污染源的关联度	描述反应与污染源的任何相关或量化的关联
与暴露的关联度	定义与污染物浓度或其他暴露度量的关系
显性反应最可能的致因	基于之前各项描述的相关度,解释显性反应最可能的致因
预测的效应	总结与生物标志物或病理学,及可以确定的效应最大值等相关效应的预测性质与程度
结果的置信度	提供分级与相关的评论

32.3.5　证据的权衡

尽管风险表征的最终目的是评价风险,利用证据权衡的风险表征通常以判断是不是风险显著为开始。对二分变量的风险降低,常常是风险决策者和利益相关者所需求的,通过常规的风险评价指导,进行如数据质量目标(DQO)的推测(9.1.1 节)。如果一个相对简单的明确描述过程可以判断风险的显著性,那么就可以省去风险的量化。换言之,在筛选评价中使用证据权衡的风险表征以风险分类为开始,并往往以此结束(第 31 章)。但是,要考虑所有证据和不确定性分析,而不是进行保守的假设。对一些显著的主要风险,风险表征可以继续评价这些风险的性质和等级。

证据权衡一开始要总结可获得的各暴露终点的证据类型(图 32.9),对每一类型的证据,必须判断是否与阈值相一致、不一致或是模棱两可。如果没有一点能够说明显著毒性,就需要做风险表征。如果至少有一条证据链说明显著毒性的存在,则需要判断这一结论是否足以说明超过该阈值的可能性。如果评价中没有影响证据链的偏差,那么多条证据链的一致性就有利于支持毒性显著。然而,若不一致,则应该做出真实的证据权衡。证据权衡应基于马萨诸塞州特性(表 32.1)和流行病理学的考虑(Suter,1998b)。

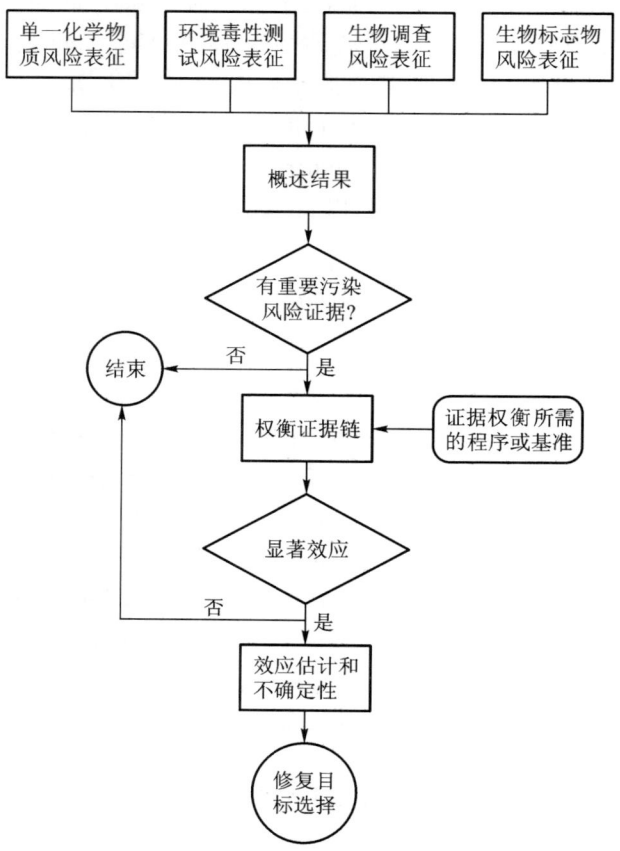

图 32.9 基于多条证据链的权衡的风险表征

32.3.5.1 权衡的注意事项

相关性：如果效应的测定更直接地与评价终点相联系（如相关），应该给予该证据更高的权衡

- 如果效应的测定可直接估测评价终点，则效应相关；如果研究证明度量终点是评价终点的预测因子，则效应相关。
- 如果测试中使用的介质与污染场地介质不相似，暴露模式可能不相关。如果标准化方法是可以用于污染物和污染场地的，介质浓度的标准化可以增加试验的相关性。与此类似的是，沉积物或土壤暴露试验的相关性是比较低的，除非应用模型或萃取技术来评估污染场地的水相暴露才是可靠的。
- 源自文献而非实地研究的效应参数，可能使用了与现场检测到的化学物质不相关的化学物形式。例如，是否有相同的离子态，是否污染物的降解和分离改变了它的组成或形态，却没有在试验中体现出来。有些情况，能获取的信息可能不足以评价证据的相关性。在这种情形下，需通过列出不适合或不精确的途径使结论失效，才可以评估其相关性，并且还要考虑在这样的情况中失效的概率。对于单一化学物质毒性测试，可以列出可能性清单：① 采用了错误的化学物形式来测试，② 采用与现场介质不同的测试方法显著影响毒性，③ 短期测试、抗性物种或缺少相关效应参数导致的不敏感性。

暴露-反应：表明了暴露等级与效应关系的一条证据链，获得的效应比没有证据更有说服力。例如，环境介质毒性测试的显著效应可以归结为测试化学物，但是除非被测试的介质得到分析并且这一暴露-反应关系也被证实，否则仍可以怀疑是其他污染物、营养水平、材质和其他特征影响效应的。如果一组暴露-反应关系未被证明，则需要考虑差异的重要性。例如，如果测试数据仅包括污染和未污染的土地对比，那么，观测差异不太可能是较大的外部因子造成的（如，100%的死亡率而不是25%的生长减少率）。

时间范围：如果数据包括环境中时间变化的范围，则这一组证据应给予较高的权衡。例如，在干旱期调查受污染土地和参照系，在任一现场都很难发现蚯蚓，那么毒性效应结果不太明显。当暴雨将污染物冲刷到河流中，如果发生了水体毒性效应，但是没有采集到用于化学分析或毒性测试的水体，仅有的时间域也是不够的，ORR观察到这种普遍存在的现象，例如，在蒙大拿州Clark Fork河研究金属对鱼类的风险，更关注慢性暴露，但暴风雨后鱼群的死亡多发生在低pH和高金属浓度的河段（Pascoe和Shazili，1986；Pascoe等，1994）。

空间范围：如果证据足以代表被评价区域，包括直接污染区域、间接污染区域以及间接影响的区域，那么这一条证据链有较高的权衡价值。某些情况下大部分污染或易受影响的区域没有被采样，这可能是由于其路径或是采样设计存在问题（例如，随机采样）。

数据质量：依据采样、分析和测试协议，应当评估数据的质量：数据采集中涉及的个体专业知识；在采样，样本处理，分析和结果记录中，以及其他已知的可能影响到用于风险评价过程中的因素，应充分控制数据质量（第9章）。类似地，证据链中使用的模型和分析方法的质量也要进行评价。尽管标准方法和模型增加获得高质量评价结论的可能性，但依然没有保障，标准方法可能运用不佳或是不适合污染场地。相反地，一个设计合理、与污染场地情况相符的度量或测试可以给出较高质量的评价结论。

证据数量：依照样本数或是实施的观察次数，对采集到的数据量也要进行评价。基于小规模样本的结论比具有较大规模样本的结论具有的权衡价值低。研究者还需要评价观察量是否足够，这与样本设计分析差异相关，但是这一点在研究它们相对于潜在偏好的充分性也是很重要的（参见以上的空间和时间范围）。

不确定性：评估不确定性低的评价终点的证据链，应给予较高的权衡。上文已讨论过，风险评价的不确定性是数据质量和数量函数的一部分。然而在大多数情况中，不确定性的主要来源是该证据链的固有假设和对效应度量与评价终点的外推。此外，从暴露度量到终点实体暴露的外推大都归因于像生物可利用性和时间动态这些因素的考虑。

当专家对哪一组证据起到关键作用达成共识时，以上注意事项和其他事项都是关键的。表32.7举例说明基于分类过程的证据权衡的结果。表中列出证据类型，并指定一个符号：（＋）表示证据与终点的显著效应相一致；（－）表示与效应不一致；（±）表示证据非常模糊不能够归类到前两种中去。最后一列是对此类证据类型的风险表征。如果间接效应是概念模型的一部分，也需要单独列出这个表格并简述。例如，对于食鱼类野生动物效应可能直接起因于毒性效应或是由于以有毒鱼类作为食物所致。这个表格的最后一行说明基于证据权衡的评价结论，其不足之处也要在是否有显著效应发生的结论中进行陈述。这个结论不是简单地带有（＋）或是（－）符号的数量加和。证据权衡的"权衡"是相对于可信度和各类证据类型的可靠性来说，这些都基于上文已讨论的注意事项。总之，以上七点也可用于证据权衡的等级分配（如，高，中等，低的权衡）

（表 32.8）。评价者也可用非正式的方法完成，或是把每一证据列入随机注意事项中，可以根据每个事项评分（表 4.3）或是用马萨诸塞州的方法（32.1 节），这样仍然会在专家判断或是共识中留有推断，但是会使读者和审查者更清楚地了解这些理论基础。

表 32.7　对一污染场地的土壤中无脊椎动物种群用证据权衡进行的风险表征一览表

证据	结果[a]	解释
生物调查	—	在同一类型的参照系土壤的范围内，土壤中小型节肢动物的丰度与石油组成成分浓度不相关
环境毒性试验	—	土壤无法推导出赤子爱胜蚓属蚯蚓的存活率，也不能确定亚致死效应
有机物分析	±	PAHs 的浓度在净化的蚯蚓体内比在参考地点的要高，但是毒性体内累积量无法获得
土壤分析/单一化学物质测试	+	如果土壤中烃类总量假定有苯组成，应考虑蚯蚓尸体，不能获得其他监测污染物的相关毒性数据
证据权衡	—	蚯蚓的测试是不敏感的，测试与生态调查结果都呈现阴性，但两者都比用于土壤分析结果的单一化学物质毒性试验更有可靠性

a 对每一条证据链和证据权衡的风险表征为：+表示证据与无脊椎动物种群的物种丰度或是数量发生 20% 的减少是相一致的；—表示与 20% 的减少是不相一致的；±表示证据链太过模糊无法解释。

表 32.8　污染河流中关于鱼类物种丰度和数量的风险表征综合一览表示例

证据	结果[a]	权衡[b]	解释
生物调查	—	H	鱼类种群生产力与物种丰度相比，参考河段都较高；数据量大，数据质量较高
环境毒性试验	±	M	在单一试验中观察到对黑头呆鱼的高致死率，但统计显著性的变化太大，在 10 次试验中没有观察到其他水生毒性
水体分析/单一化学物质测试	+	M	只有锌在水中确信可以致毒并且物种对其高度敏感
证据权衡	—		河段 2 支持一个明确的高质量鱼类种群。表明毒性风险的其他证据较弱（单一化学物质毒性试验）或是不协调且弱（环境毒性试验）

a 每一条证据链和证据权衡的风险表征结果是：+表示这一证据与终点效应的发生是一致的；—表示与终点效应发生不相一致；±表示证据太过模糊难以解释。
b 单独的证据链权衡可以表示为：高 H，中 M，低 L。

提议使用类似的系统，包括其他证据类型和综合估测其他证据的方法（Batley 等，2002；Burton 等，2002；Forbes 和 Calow，2002；Grapentine 等，2002）。这些方法包括从列表名单到具体的程序等一系列内容。其中的任何一个都可能像马萨诸塞州方法那样成为权衡证据和评分系统的标准方法（32.1 节）。这些系统有着开放、一致、偏差较小的优点。然而，下文将说明在使用最佳证据的逻辑分析前，确定证据的较好的方法是使用注意事项、积分法和权衡法。

使用证据权衡法或专家判断最佳证据链，基于一个固有的假设，即这些证据链在逻辑上是相对独立的。另一种多条证据链的权衡方法是判断这些证据链之间是否存在逻辑上的关系。掌握了污染实地的条件、环境化学和毒理学的相关信息后，才能解释为什么各类证据具有不一致性。例如，如果知道加标土壤试验可能过高估计其有效性从而对污染物的毒性评价过高，那么与其相关的偏差有可能解释试验土壤与实地土壤的差异。因为这一方法十分简洁，所以这种对多条证据链间差异的分析过程，比简单的证据权重更有说服力。然而，重要的是如果提出的机制相关性不能有效地支持证据，这类解释就会蜕变为有条理的故事。因此，应专门设计和执行调查，以支持和实际情况、效应原因相关的推论。例如，可以分析实地土壤及加标土壤中的液态提取物，以支持由于生物可利用性所导致的证据类型不同的推论。

一个实例是哈德孙河的风险评价，对接受 PCBs 暴露的条纹鲈进行的高质量物种特异性毒性试验与分析，说明哈德逊河的 PCBs 水平足以使条纹鲈的幼体致毒。然而，Barnthouse 等 (2003) 采用了大量的长期检测数据用以证明条纹鲈的种群规模没有与 PCBs 暴露改变相关联的效应，没有评分系统可以平衡这两条高质量证据链的不同。Barnthouse 等 (2003) 提出了一个事实是，这些补偿性过程允许种群规模在幼体死亡率上升的情况下保持不变。这一推论使问题由"PCBs 是否影响了哈德逊河里的条纹鲈"变成了"假设成年鲈未有显著效应，则用于对 PCBs 毒性做出反应的种群其补偿能力有多重要？"

普遍而言，数据逻辑分析包含从最实际的（如具体的地点）到最精确可控的（如单一化学物质和物种实验室毒性试验）。区域调查说明接纳环境的实际状况，考虑到野外数据有限，所以其他与野外调查不符的证据类型是明显错误的。例如，未受显著伤害植物的生长和出现说明尚未发生致死毒理和总毒理效应，但是不能排除其繁殖力下降、生长率减少或是敏感物种灭绝的可能性。这些其他的效应可以通过对生长率、接种率、生长发育能力和物种组成结构方面的详细野外研究来确定。类似的，较高活动性物种如鸟类的个体出现不能说明与风险相关的内容，因迁徙可以补偿死亡或是繁殖力下降的损失。

环境介质毒性测试说明毒性是否导致受纳环境的变异，包括那些实地无法发现的变异。然而，实地效应往往比阴性的测试结果更可信，这是因为野外区域暴露时间更长，而实地所得的物种和生命周期可能比试验的物种和生命周期更敏感。

单一化学物质毒性测试说明了污染环境介质化合物中哪些成分导致了效应。它的可信度往往没有其他证据类型高，其原因可能是：试验结果不包括联合毒性效应；测试手段可能不代表污染环境的介质；暴露可能不真实；化学物质也可能是以一种不同于污染环境化合物的方式存在。但是，这些研究比其他利用证据链的研究更容易控制，更有可能探测到亚致死效应。另外，单一化合物毒性测试的暴露时间也可能比污染环境介质试验更长，反应更敏感，适用的敏感物种更多。这些与单一化学物质毒性测试相关的讨论需要特别提出，是因为它们决定了数据和污染环境的特征。

有意思的是，证据权衡法与生态流行病学中所使用的方法是相似的（第 4 章）。在生态流行病学中，初级评价是判断动植物种群或群落是否受到伤害，并判断其致病因，其目的是识别并消除这种伤害。在本章所述的污染环境风险评价的例子中，污染是未知的，并不能确定效应存在或发生的可能性，评价的目的是帮助判断是否采取什么措施来修复污染。

然而，证据权衡是评价者义不容辞的职责，就是让读者和审查人员尽可能清楚地了解这些判断。对多样性区域或是河段进行评价，提供一个证据权衡的综合表格是很有帮助的。像表 32.9 综合了整个现场的证据权衡，从而使一致性判断能够被方便地审查。

表 32.9 Clinch 河和 Polar Creek 湾实验地污染暴露河段的证据权衡分析一览表[a]

河段	生物调查	指示生物	环境毒性试验	鱼群分析	水体分析/单一化学物质毒性	证据权衡
Clinch 河上游	±	±		±	—	—
Polar Creek 湾	+	±	+	±	+	+
Clinch 河下游	—	±	—	±	+	—
McCoy 湾			±		—	—

a 对每一条证据链和证据权衡的风险表征结果为：+表示证据与终点效应的发生相一致；—表示证据与终点效应的发生不一致；±表示证据太过模糊难以解释；空白单元格为该证据链无可获得的数据。

32.3.6 风险评估

当多条证据链得到权衡并得到关于评价终点是否有显著风险的一个结论后，普遍适用的步骤是估测显著效应的性质、等级和分布情况。一个显著风险足以促成采取相关的补救措施，效应的性质、等级和分布可以判断补救措施是否合理，补救的成本能否因此抵消其风险（第 36 章）。通常，能够确定一条可对效应提供最好评价的证据链。一些证据链可能因为其与结论不一致而被排除，另一些可能符合结论但是难以为量化效应提供支持。如果多条证据链提供了明显可靠的效应评价，它们的结论需要尽可能详尽地表述出来，同时还要解释衰退的原因。如果已经确定了一个最好的评估，其他证据链可以用来为该评估设定界限。

如果已经从一个或多个评价终点中选择了代表性物种（框 16.5），那其重点是对整个终点的风险进行评价。即，如果麻鹭代表食鱼鸟类，那么在污染环境中的所有食鱼鸟类都应该得到评价。例如，如果可以估计在麻鹭的筑巢地有一半的食鱼鸟不能够繁衍后代，那么因此会导致在相同区域的翠鸟有一半也不能生育。如果有理由让我们相信翠鸟是不太敏感或是暴露较少的物种，那可以估计这些鸟类的繁殖能力由一些具有更低权衡价值的因素所致。另一种选择是，评估终点群中的每一个物种都要进行独立评价。

32.3.7 未来风险

污染环境的基线生态风险评价集中体现在现存风险以及若不采取补救措施在近期即将发生的风险评价上。但是，需要描述未来将要发生的基线风险，这时
- 风险被预估为在未来会有所增加（例如，地下水羽流将会贯穿整个河流）
- 认为生物演替将增加风险（如森林会取代草地）
- 如果不采取补救措施，预计在短期内会出现污染物的自然衰减（如与补救措施相关的潜在的生态破坏可能并没有被调整等）

尽管这些未来的基线风险不能通过度量效应或是测试未来介质进行描述，但所有对现在风险有用的证据链都可以引申并且适用于未来风险评价。像在人体健康风险评价中，由流行病学方法推导到的风险模型可以适用于未来条件甚至是用于不同的环境。例如，如果估测到未来的污染物浓度会有所改变，那么生物调查数据得到的暴露-反应关系（例如污染物浓度与无脊椎物种丰度的关系）可以提供一个对未来效应的估计，且比从实验室试验数据得到的浓度-反应关系更好。对现在的污染介质的毒性结论也可

以用于估计未来效应。例如,污染的地下水可以测试其未稀释时和在溪水中稀释后所产生的暴露-反应关系,这些结论可以用于估计未来风险的性质和程度。不同风险模型的使用取决于它们的可靠性,可以由证据权衡分析获得,也取决于它们与未来条件的相关程度。

32.4 应用实例

用多条证据链进行权衡的方法描述生态风险已成为常用的手段。但是大多数已发表的文献中还难以找到这样的实例,实例的重点是要突出风险表征中的创新,评价其对风险表征重要特征的说明并对以后的工作有所启发。

32.4.1 污染场地风险表征

在美国发展了很多的污染环境生态风险表征方法,是因为有美国政府超级基金的相关法律和规定。然而,已经出版的方法却相对较少,这是由决策制定和诉讼的周期较长所致。本章提及的 Clinch 河的风险评价,是在《环境毒理化学》(*Environmental Toxicology and Chemistry*)第 4 期 18 卷发表的,此节只简要介绍其他的实例。

在堪萨斯州的贝克斯特斯泉/特里斯超级基金的子现场有被金属污染的河流。相关的生态风险战略涉及 HQ 的计算,生物调查,因为环境适应、物种适应和金属分类所产生的差异(Hattemer-Frey 等,1995)。商值可以说明水体有毒,河流中鱼的条件因子类似于参照系。最佳方法是考虑那些能够解释差异的因子,如果能够获得适应环境的证据、适应力或是较低的生物可利用性证据,也可以使对差异的解释更有说服力。

伊丽莎白矿是之前在佛蒙特州的南斯特拉福德的一个金属硫化矿。这个矿的废物渗滤液渗透到科波菲尔溪使之呈现酸性并有较高的金属成分。超级基金支持的生态风险评价包括三种证据类型(Linkov 等,2002b):水体和沉积物的化学分析用于计算 HQ 和 HI 值;水体和沉积物的标准 USEPA 毒性试验;展开对鱼群和底栖无脊椎动物的生物调查。这三种证据类型都是一致的:鱼群和无脊椎种群出现明显退化,水体和沉积物样本有毒,在远高于 1 的 HQ 值的水体和沉积物有多种金属出现。多种证据类型与多条证据链的协调一致促使了去除行为,这种早期的修复行动很少是由生态风险单独促成的。值得关注的是使用地图来展现每种证据类型代表的衰退程度,并且突出了水域中所有有显著毒性的证据类型存在的河段(图 32.10)。

美国的缅因州和汉普郡交界的大坝和皮斯卡大奎河的河口生态系统被来自朴次茅斯海军船坞和其他来源的多种化学物质所污染。对这一生态系统的生态风险评价采用了改良的马萨诸塞州权衡计分法(32.1 节)(Johnston 等,2002)。其评价终点定位于远洋、浅海、底栖生物种群结构、大叶藻、盐沼植物和鸟类上。评价者使用定性权衡制定了 54 个暴露和效应度量以评定数据质量、关联强度、研究设计和评价终点。对于每一个终点,暴露和效应都要作为其定性的证据(如增加暴露证据或没有效应证据)并对其进行综合权衡(表 32.10)。综合暴露和效应结果从而形成一个总体的风险评分和置信度。这类评分权衡方法帮助评价者跟踪多条证据链并以此得出结论。

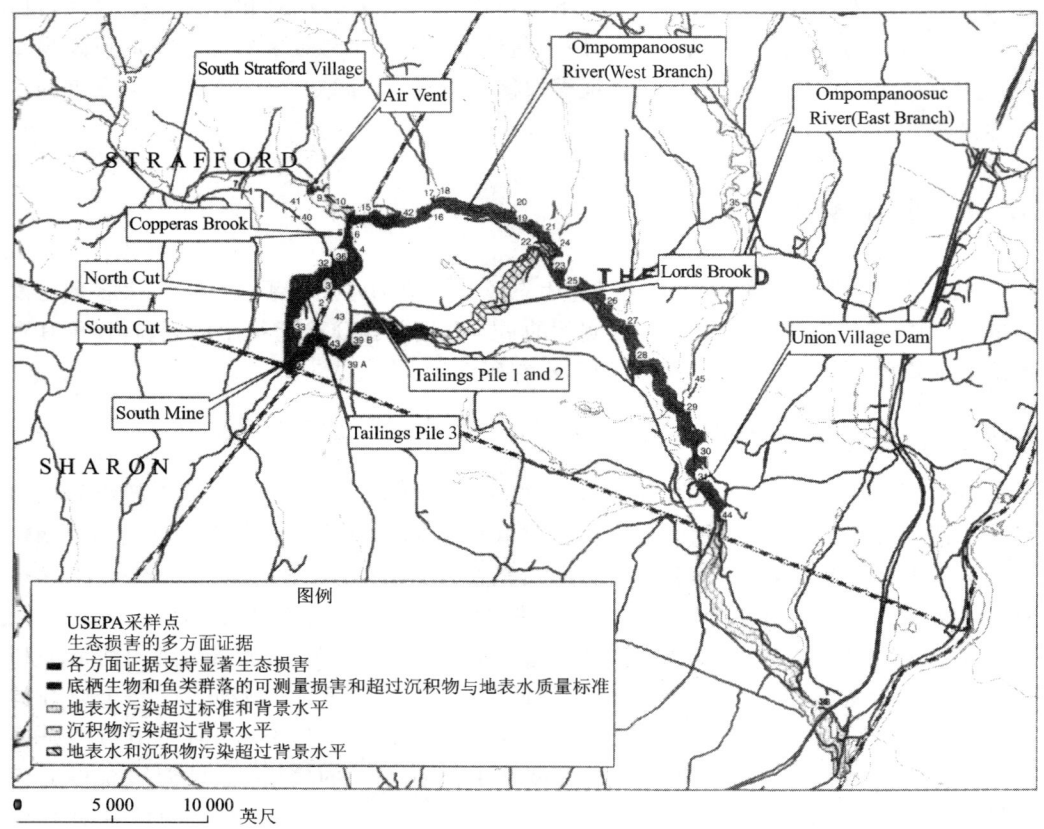

图 32.10 用地图表示风险表征的结果,不同的色调表示某一特殊同类证据或一些同类证据所显现的正相关结果。(引自 Linkov I,Burmistrov D,Cura J and Bridges TS,*Environ. Sci. Technol.*,36,238-246,2002a。获得许可。)

表 32.10 在一个河口生态系统的六个终点的证据权衡定量分析综合一览表

评价终点	效应证据[a]	暴露证据[b]	风险等级	结论的置信度
远洋的	可能的/中	低/中	低	中
沿岸浅海底	无/中	升高/中	低	中
深海底	无/高	上升/中	低	高[c]
蔓草	潜在的[d]/中	上升/中	介质物	中
盐沼地	无/中	上升/中	低	中
鸟类	可忽略/中		可忽略	中

来源:Johnston,R. K.,Munns,W. R. Jr.,Tyler,P. L.,Marajh-Whittemore,P.,Finkelstein,K.,Munney,K.,Short,FT Melville,A.,and Hahn,S. P.,Environ. Toxicol. Chem.,21,182-194,2002. 获准。
a 效应/权衡的证据(M=中度,H=高);b 暴露/权衡的证据(M=中度);c 较高权衡参数的一致性;d 朴次茅斯港食物链暴露的风险。

Zolezzi 等(2005)采用了联邦杀虫剂风险评价生态委员会的(ECOFRAM)陆栖方法,这些方法一开始是用于评价三氯苯污染场地的杀虫剂项目(32.4.4节)。评价分四个等级,各等级模型的复杂性和可能性依次递增。与杀虫剂评价的主要区别是土壤和地下水中的生物暴露基于现场样点分析,而不是基于情景的模型。等级 1 使用了简单商值法;等级 2 使用了度量暴露分布但是指出了效应阈值的估计;等级 3 使用了暴露和效应两个分布(物种敏感性分布,SSDs)。评价者评估了风险曲线中第 90% 的暴露点和第 10% 的效应点之间差距的安全边际区间(30.3 节)。等级 4 采用蒙特卡罗 HQ 模型,因为这一模拟包含了暴露和反应分布。因此,自始至终使用的是相同的数据源,多样类型的证据可从整合暴露和暴露-反应信息的不同方法获得。与预期相同,浅层地下水(孔隙水)的风险比土壤中的分布的更均匀,这些都是与危险点有一定联系的。

32.4.2 受污染沉积物的风险表征

沉积物风险评价逐渐出现一个显著的惯例,最为明显的是 Chapman 的沉积物质量三合一法的结果(32.2 节)。然而,大部分已发表的研究中增加了对基本的三合一法讨论。

沉积物质量三合一法用于洛杉矶和加利福尼亚州海岸生态风险评价,判断其沉积物毒性的生态风险(Anderson 等,2001)。除了常见的沉积化学分析、沉积物毒性测试和片脚类动物及底栖无脊椎动物调查,还有孔隙水毒性测试,和高度敏感的鲍鱼受精卵和幼体,以及蛤类的体内积累研究和鱼类污染物分析。沉积物污染物浓度要与 NOAA 的介质变化值相比或与全国常用的第 90% 浓度数据相比较。由于环境数量较大,难以统计与片脚类动物和鲍鱼生长毒性测试相关的深海动物的丰度。研究结果用于确定未来补救措施的危险毒性热点区域。

沉积物质量三合一法用于在安大略湖萨德波里市相近的湖底沉积物出现的金属络合物(Borgmann 等,2001)。结论中明确提出,其显著地提高了四种金属的浓度,减少了片脚类动物、东非蚌、坦桑尼亚蚊子的数量以及对片脚类动物和浮游生物有强烈的沉积物毒性。然而,调查者还想要知道是哪一种金属导致了环境效应。这个问题可以用片脚类生物体内积累研究来解决,发现只有镍能大量累积并导致毒性。

32.4.3 野生动物风险表征

证据权衡法的生态风险表征最初用于水体系统,因为用于水体和沉积物的介质毒性测试与生物调查方法发展得较为完善。野生动物风险评价强调单一证据暴露模型、主要的食用量和常规实验剂量研究。然而,Fairbrother(2003)认为污染环境的野生动物评价应该进行分级,每级的实际暴露模型是递增的,第 2 级中应该有具体实例的毒性测试,第 3 级要有生物调查。他们推荐的实例毒性测试虽是常规测试,但是要有相关的剂量与物种选择。增加的证据类型有时由野生动物污染介质测试提供。具体的一个实例是在橡树岭的 Polar Creek 湾地区通过受 PCBs 和汞污染的鱼类测试相关的水貂的生殖能力(Halbrook 等,1999),污染现场的野生动物调查很少能够区别相关的效应,但是筑巢鸟类和其他具体的条件可能促成有用的调查(Halbrook 等,1999)。Fairbrother(2003)认为生物调查最好能够用于相应管理框架的形成中。更确切地说,就是生物调查应该在过渡性的修复行为前后实施(如清楚风险高危点),其结论用于吸收了修复经验优点后的下一轮风险评价。

证据权衡在野生动物流行病学中比在野生动物风险评价中更为常见(第 4 章)。特别是在大量实例中表明的铅污染导致的鸟类致死效应(Bull 等,1983;Eisler,1988;Burger,1995;Beyer 等,1997,1998,2000;Henny,2003)。在这些研究中都运用了鸟类与铅污染物的关系、铅的体内负荷量以及在鸟类胃肠道中出现铅粒,暴露模型与毒性测试评价相结合的方式从而判定是铅导致了观测到的鸟类死亡。从这些评价中获得的信息可以在已知有铅的存在但是不确定其具体效应的情况下用于风险评价,这一点已被Kendall 等(1996)证实。

与此类似的是 Dykstra 等(1998,2005)使用雏鸟和蛋中的 DDE 和 PCB 的浓度水平判断 Superior 湖秃鹰的繁殖力下降的原因。文献获得了毒性检测因子包括食物传递中的暴露因子进行判断。比较在 Superior 湖与内陆筑巢成功率、食物利用率的可能致因与 PCBs 的相互关系,这些在 DDE 效应下降后将在评价中涉及,但是最终污染物水平会下降,而繁殖力仍能够达到参考系水平。

最后一个例子是关于在野生动物流行病学中如何权衡多种证据,它研究了加利福尼亚州凯斯特尔森国家野生动物救护中心的鸟类胚胎死亡和畸形的致因(Ohlendorfet 等,1986a,b;Heinz 等,1987;Presser 和 Ohlendorf,1987;Ohlendorf 和 Hothem,1995)。农业管网水中的硒显示为致病因,基于鸟类的毒性试验显示硒能导致毒性效应。研究已表明硒在污染环境鸟类的体内进行累积,暴露分析表明食物中的硒含量足以导致有效的暴露,而地球化学研究表明管网水是污染源。凯斯特尔森的数据和模型已经用于其他野生动物救护中心的硒的风险评价中。

这些生态流行病学的评价方法是由野生动物显著效应的检测促成的。然而,在污染明显而野生动物效应不明显时,数据、模型和推论技术的应用可以用于野生动物风险评价。

32.4.4 杀虫剂的风险表征

因为杀虫剂是通过人为地设计其毒性,并故意排放到环境中去的,所以它们比其他化学物更需要进行严格管理。结果,用于杀虫剂生态风险评价的数据比其他单一化学物质获得的数据更多,且已经有更复杂的方法提出并应用。用于杀虫剂评价更可行并具有实际意义的方法是由水生风险评价和效应减轻对话组(Baker 等,1994)以及鸟类效应对话组(1994)提出来的。这些方法在 USEPA 的 ECOFRAM 项目中得到了进一步的发展(ECOFRAM Aquatic Workshop,1999;ECOFRAM Terrestrial Workshop,1999)。他们使用等级评估方法去权衡证据,还使用了大量的生态风险评价(如 Klaine 等,1996;Giesy 等,2001;Hall 等,1999,2000;Giddings 等,2000,2001;Hendley 等,2001;Maund 等,2001;Solomon 等,2001a,b)。

对除草剂阿特拉津的生态风险评价完全采用了 ECOFRAM 水生风险评价的方法(Giddings 等,2005),它分为四步:第一步是筛选评价,即把商值法用于基于保守场景的简单模型的暴露评估,以及介于最低 LC_{50} 与 NOEC 之间的效应评估。第二步是使用复杂的暴露模型做蒙特卡罗模拟,估计在 11 个区域规定情景的暴露分布和用于获得单一物种毒性曲线的效应分布(图 30.4)。第三步是虽然用相同的暴露模型和场景,但是使用了更实际的参数来表示。效应分布支持水生植物和水生动物的 SSD,此外将暴露和暴露-反应分布用风险曲线联系起来。第四步是基于阿特拉津浓度的区域度量值的暴露分布,基于比前一步更复杂的蒙特卡罗模型来模拟池塘情景下的分布。效应需要用 SSD 和宏微观的测试结果来综合表述。风险曲线和平均风险是用 SSD 结合模拟浓度分布以及监测浓度分布来估计的。还需要讨论和分析暴露的时间模式、阿特拉津的代谢物和三嗪除草剂的混合物以及其他问题等。这一评价反映了阿特拉津数据规模之大和用于数据分析与模拟的资料源水平之高。

ECOFRAM 方法是基于实验室毒性试验数据的等级分析和其他测量或是模拟暴露浓度建立的。微观生态系统和模拟生态系统这样独立的效应信息可以用于判断这些结论的合理性，但是不能像证据链那样用于风险的评估（Giddings 等，2001，2005），此外也没有使用生态系统模拟结果（28.6.2 节）。

32.4.5　工业废水风险表征

在美国，液态的排放废物是进行管理的对象，通过将这些废水的化学浓度和物理性质与排放标准相比较或是通过排放毒性试验进行检测。然而，在一些情况下，这些排放物应该进行生态风险评价，位于特拉华河附近的莫蒂瓦冶炼厂排放的液态污染物接受了当地法院的评价（Hall 和 Burton，2005）。评价运用了沉积物质量三合一法进行了评分。因为评价对象是排放物而不是污染的沉积物，所以三元组中的化学物浓度数据不仅仅是沉积物的分析结果，还包括对排放物、输送模拟、PAH 指纹分析和沉积物核心的分析结果。同时这些研究决定了在这条河上 15 个污染场地的污染水平，以及排放物每一地点所致的污染等级。并且还实施了对两类片脚类生物存活、生长和繁殖能力的分析。底栖无脊椎动物种群的样本获得生物多样性指数和动植物完善性的参数。常规的三元分析（表 32.2）显示一些地点明显被 PAHs 和金属毒性所破坏。然而，多数的污染不是由于冶炼厂所致。因为在河口存在多种因素，深海种群效应也模糊不清，尤其是 2002 年的干旱期河水流量骤减导致盐度增加。但是，在污染场地 DR1 发现伴有适度污染和毒性的明显种群效应，且位于排放管道附近（图 32.11）。作者得出的结论是冶炼厂的排放废水，在城市河流入海口周围没有对底栖种群产生显著毒性。

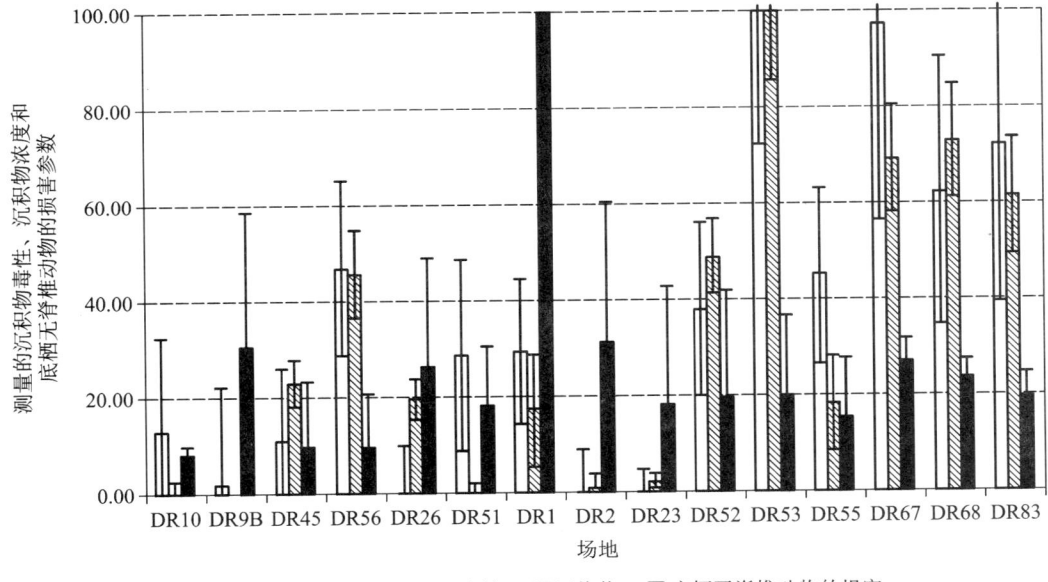

图 32.11　对美国特拉华河河口 15 个场地的沉积物质量三合一法综合分析的结果。柱状为沉积物毒性，沉积物浓度，和底栖无脊椎动物的损害参数；该分析的 95% 置信区间也表示在图中。（引自 Alden RW，Hall LW Jr.，Dauer D and Burton DT，*Hum. Ecol. Risk Assess.*，11，879，2005。获得许可。）

为了判断污水排放到城市地表径流后毒性效应,Winger 等(2005)采用了快速生物评价程序(4.1 节)。这一程序只获得了由于径流渠道变化而导致的栖息退化效应。为了评价毒性效应,它们还使用了沉积物质量三合一法。用整个沉积物和孔隙水的分析确定污染,用在整个沉积物和孔隙水中的片脚类生物试验来确定毒性,而其环境效应的度量就是底栖无脊椎动物的分类丰度和 Shannon-Weaver 生物多样性指数。在出现种群退化和沉积物毒性的两个污染地点,污染的孔隙水金属浓度超过了水体质量标准,而 PAHs 也达到了毒性浓度。在另一个退化地点一次性萃取的金属总量大大超过了酸性挥发硫化物(SEMIAVS>1,22.3 节)。但是,明显的毒性和退化的地点都是在废水排水口的上游,这说明在河流的源头附近有一个未知的污染源。

32.5 风险报告

生态风险表征需要进行报告以帮助风险管理者制定修复措施,以及促进利益相关者和公众的理解。风险表征不仅要判断每个评价终点的哪些风险超过了显著毒性的阈值,还要估计与显著毒性相关效应的等级和可能性。这些显著阈值应该是风险管理者在问题形成阶段就划定的范围(第 10 章)。风险表征考虑了对利益相关者和公众表述价值后才做出这些决定。因此报告一开始就应该审核每一个已发布的重要评价终点和每一个显著风险的阈值。如果尚未确定显著性或是由于决策制定者的变更,显著标准不再相关,那么就应该简洁地报告和解释效应评价。

在生态风险评价中需解释的其他关键问题是生物多样性的概念。效应的多样性部分取决于这一效应附带价值的性质和参与决策的当事方掌握的价值性质,凡是与生态特征相关的价值往往比较复杂且不易得到。例如,如果考虑了游泳、游艇的美观或是有毒水藻的茂盛生长,一般认为浮游植物的繁殖增长是不利的。但是在其他地点,浮游植物的繁殖进行同样比例的增长可以认为是有益的,因为它刺激了鱼类繁殖的增长。在任一情况下,决策制定者可能认识不到这种关系。因此,在一些情况下,终点特征会受到影响,不过一旦对这些影响意义做出解释,就可解释效应是否有利。

假定认为评价终点以一种不良的方式改变或是已被改变,则应该说明其显著变化效应的性质和剧烈程度、时间和空间规模,以及恢复的可能性(EPA,1998)。显著性问题不应由统计学上的显著性来解决,统计学上的显著性与生态显著性和以人类为中心的显著性无关。另一种常用的判断效应是否显著的标准是对自然变异进行比较。使用这一方法,应谨慎界定标准范围。从时间角度上讲,自然的变异源包括干旱、洪涝、火灾、霜冻期延迟以及其他比污染效应正常变化大的自然变异。

风险表征也可解释生态系统恢复的潜在可能。但是,生态系统恢复远远比我们认识到的要困难得多。困难源于生态系统绝不可能完全恢复到污染之前的状态,即使可以恢复,也不能正确度量那些用来判断它是否完全恢复的限制,所以有必要明确说明使生态系统恢复的因素。例如,森林的恢复可以定义为初期污染物覆盖度和 80%维管植物初期污染多样性的恢复。假定这些定义,可以运用生态演替来估计系统恢复时间,这些方法在 Niemi 等(1990)、Yount 和 Niemi(1990)以及 Detenbeck 等(1992)的文献中出现过,还可以模拟种群和生态系统的恢复过程(第 27 章和第 28 章)。如果污染是持续的,恢复周期要包括污染衰退、迁移、稀释到无毒浓度需要的时间。如果生态系统恢复是对现场风险表征的重要组成部分,这些问题需要在问题形成阶段就标注出来。因为生态恢复不容易,它往往还需要一些具体的实地研究和显著性模拟分析结果。

总而言之,最好的诠释策略都是相对的。密度、空间和时间强度以及恢复时间都应该与界定的自然变异源相比较、与其他污染实例相比较,或是与相关分布相比较。最为相关的比值是污染基准效应与修复措施效应的比较(第33章),这样的对比提供了决策制定背景。

生态风险表征应该包括不确定性的表达(第34章)。不确定性的评价和解释在第5章中已经讨论过。这里有必要强调的是正确解释不确定分析结果的重要性。仅说明正确概率是 x,是远远不够的。

第 33 章
比较风险表征

管理,就是进行选择。

Duc de Le'vis

比较风险评价往往是指以优先次序为目的比较各类危险(1.3.1 节)。然而,在这里它也指为反应某一特定危险的各项行动的风险评价(1.3.2 节),例如比较所有污染点的备选修复行为、污水处理厂的备选位置、虫害的备选控制策略及洗涤剂的备选成分等风险。它具有以下三方面的优点:

(1) 它能识别最佳方案:风险评价的评论家提出比较评价应取代可接受性评价(O'Brien,2000),他们认为孤立地考虑一个要素或行为并确定它是否构成不可接受的风险是不恰当的,虽然拟议的行为或要素未必糟糕,但可能存在更好的。

(2) 它能减少分析要求:很多情况下,不可能在合理的置信度下评估效应的性质、量级和概率。不过,得出 A 的风险比 B 高这样的结论(例如,排放物在稀释流量较高或价值不大的生物区造成的风险相对较低)需要的信息量可能相对较少。

(3) 它可提供背景资料:孤立的生态风险评价对决策者或利益相关者可能都没有太大意义。如果能看到效应的性质、量级或概率在各个方案中的变化,他们就能更好地理解结果的意义。就此而言,比较不需要做出选择,风险也可以与那些先前评价过的类似例子或情况进行比较。

比较风险表征也有潜在的不足,主要为以下七个方面:

(1) 几乎没有法律效力:大部分环境法律没有授予监管者比较风险表征的权力。也就是说,监管者仅负责阻止不合格品或行为,而无法进行最佳性选择。例如,FIFRA 无权要求 USEPA 选择具有某种特殊用途的最佳农药,或是选择采用其他风险更低的方式来控制虫害而禁止使用风险可接受的农药。

(2) 不易识别备选方案:虽然识别拟议采取的行为很容易,但是可能会错误地界定合适的方案。

(3) 方案可能偏离决策:如果被比较的方案相当不佳,那么任何拟议采取的行为与其相比看起来可能都不错。

(4) 方案可能是不相关的:在以往一个案例中,我们曾定性地比较了两个不相关的方案的成本和效益:一个是受多氯联苯(PCB)污染的河流中疏浚受污染的沉积物,另一个是在矿山水源地整治矿山酸性污水。结果发现,虽然矿山整治会更有效地运用资金,但这不在决策者的权力范围内,因此,方案比较只会让决策者更不愿意疏浚沉积物。因此,不相关的方案的比较可能会干扰甚至抑制可能采取的行为。

(5) *风险可能无法比较*:一旦风险与不同的终点进行比较,风险分级就不是很容易。例如,不控制美国公共土地上的星蓟(一种侵入性杂草),就会破坏动植物群落,减少野生动物栖息地、牲畜放牧和休闲娱乐用地。如果通过除草剂控制则会导致非靶向毒性和公众忧虑;如果进行生物防治则会对本土蓟以及一些渐危物种或濒危物种造成风险。这些风险都不能直接比较,因为它们是属于不同实体的不同属性的风险,在质上有不同的结果,并且有不同的时间和空间范围。

(6) *比较可能更不容易*:如果方案比较必须包括效益和成本,而不是简单的风险分级,那么它就失去了相对简单性。这样的话,大量方案评价就会成为一种负担。

(7) *加剧生态复杂性*:风险比较可能会强调生态复杂性,从而导致模棱两可的结果,并产生基于其他标准(如成本或公众偏好)的决策。例如,Sample 等(1996b)比较了两个不同的效应,一个是利用苏云金杆菌(Bt)控制舞毒蛾来修复森林,另一个是放任舞毒蛾繁殖,结果发现苏云金杆菌(Bt)减少了本土鳞翅目的多度和丰度。然而,他们同时也发现在未经修复的森林中,本土鳞翅目的多度和丰度同样会少量减少,原因却是由于舞毒蛾的竞争。此外,长期效应尚不明确,苏云金杆菌(Bt)需要使用多年才能广泛发挥作用,但这可能会在增加非靶向效应的同时抑制森林的恢复。但是,放任舞毒蛾繁殖引起的落叶同样也有长期效应。最后,在研究中每年天气变化对鳞翅目种群大小产生的效应与舞毒蛾的影响相同甚至更大。这不仅混淆了修复效应,还出现了修复效应和天气相互作用的问题。在比较评价中,农药的介入还将使结果进一步复杂化,因为农药对大量物种的直接影响虽然较短暂但也更严重。如此复杂的结果可能会使决策者束手无策。

比较风险评价的这些优点和不足如何权衡,可视评价的具体情况而定,但是识别最佳方案这点必不可少,并且在多数情况下风险分级是风险表征唯一可行的选择。

33.1 比较风险表征的方法

比较风险表征能够采取从简单到复杂的多种形式。鉴于任何一个比较风险评价都不仅仅局限于单个通用终点,因此表征的方法必须要能处理各类复杂的比较,一般常用的是通过定性或半定量的系统分级、评分、分类,或是制定通用的定量尺度,如净利润(生态系统服务中的利润或损失)、成本/效益比等。

33.1.1 风险排序

最简单的比较方法就是风险排序,它不需要评估风险量级的性质,甚至是它们的相对大小。通常认为此方法是区域生态风险评价唯一可行的方法(Landis,2005)。当风险之外的因素不是很重要时,风险排序就足够了。它也可用于筛选比较评价。也就是说,如果要比较大量选项时,那么评价者就可以先给它们排序再选择级别最高的选项进行详细评价。排序的主要优势在于它几乎不需要任何信息。即便不知道会发生什么样的效应,我们依然可以判定三个行为的排序是 A>B>C。排序的最大缺陷是除了一张顺序表,它几乎不能提供其他任何信息。如果 A>B>C,那么我们就不知道它们是否几乎等同,或 A 与 B 类似但 C 的风险是它们的 1 000 倍,或者其他一些可能的关系。

33.1.2 风险分类

风险可通过它们的分类来进行比较。最常见的分类是可接受/不可接受风险。更详细的分类可使用高/中/低风险。一般先根据评价来确定分类量表,例如,管理计划中渔业衰亡的风险能按不可避免、可能、不确定或不大可能来进行分类。如果有不止一个选项属于可接受或合适,那么就可能按照其他标准(如成本或美学)来筛选,或者在最高级别的选项中进行更详细的评价。

33.1.3 相对风险定标

风险定标是给一系列风险划定数值范围,它不是风险评价,但与之相关或在某种意义上是风险指标。例如,可按照暴露强度对化学品或化学品来源进行风险定标,通过各种途径最终被吸收的排放比例——摄入分数也是这样的比较风险尺度(Bennett 等,2002)。当在比较破坏或改变生态系统、珍稀物种栖息地的行为时,受影响的面积就能作为适合比较的尺度。在其他一些情况下,行为的持续时间也可作为合适的尺度。定标风险优先顺序的方法也可在主观上定标拟议采取的行为(2.3.1 节)。

33.1.4 相对风险评估

如果每个方案的风险都要进行评价,那么可能需要计算相对风险、风险比率或它们的商。例如,方案 A 中物种的灭绝风险预计是方案 B 中的两倍,或者方案 A 灭绝的物种预计是方案 B 的两倍。另外,还可能需要计算超额风险,也就是风险中的绝对差异。例如,方案 A 中物种的灭绝风险预计比方案 B 中的大 0.25 倍或者方案 A 灭绝的物种预计比方案 B 的 4 倍还要多。当背景风险对正在比较的行为风险很重要时,那么首先要减去背景风险以便计算相对的超额风险(Suissa,1999)。例如,在两个虫害控制方案中比较濒危物种的死亡率风险时,了解每个方案的总死亡率虽然很重要,它便于进行种群生存力分析,但是超额风险的计算更为重要,它能为各个行为风险提供合适的比较。死亡的相对风险是较为可取的参数,它能通过把各方案放到背景中来使它们之间的分歧最小化。

33.1.5 净环境效益分析

在某些情况下,一个或多个管理行为都可构成环境风险,它甚至可能超过行为的效益。例如,入侵杂草的生物防治可能会损害本土植物。再如,受污染场地的修复行为往往涉及如疏浚及封盖的过程,而这些过程本身就是生态破坏行为。虽然对方案的相对效益并无常规评价,但在一些情况下必须加以考虑。例如《美国倾倒或填埋处置场的规范准则》(Title 40,Part 230,Subpart G)规定:"当倾倒或填埋的排放物在水环境中引起显著的生态变化时,许可授权单位不仅应当考虑将会消失的生态系统,还要考虑新系统的环境效益"。

　　Exxon Valdez 石油泄漏事故发生之后,威廉王子港海岸的清洁活动造成了潮间带生态系统的损害,这让分析修复行为的效益变得愈发迫切,从而导致了净环境效益分析的发展(NOAA Hazardous Materials Branch,1990;Efroymson 等,2004)。所谓净环境效益的概念如图 33.1 所示,它指的是采用通过修复或生态恢复达到的环境服务或其他生态特性而获得的总利润减去这些行为所造成的环境损害。在生态系统受到污染以后,首先产生破坏,然后系统慢慢开始恢复,因此在理想状态下,通过污染物的自然衰减和自然生态系统的恢复,丧失的环境服务最终会恢复。如果污染场地通过修复来去除或减小污染,那么修复行为将不可避免地产生一些额外的破坏,但与此同时也会加快恢复的速度。此外,如果通过种植植被、重建河道结构等行为来恢复生态系统,那么修复效应可能会削减,但恢复的速度应该会加快,并可能会产生高水平的服务。值得注意的是,如果不以利润而以质量来衡量的话,整个修复过程的效果可能完全不同。系统在任何时间内通过自然衰减都将无法得以恢复,而修复和恢复工程常常也不能恢复系统,只能令系统继续恶化。

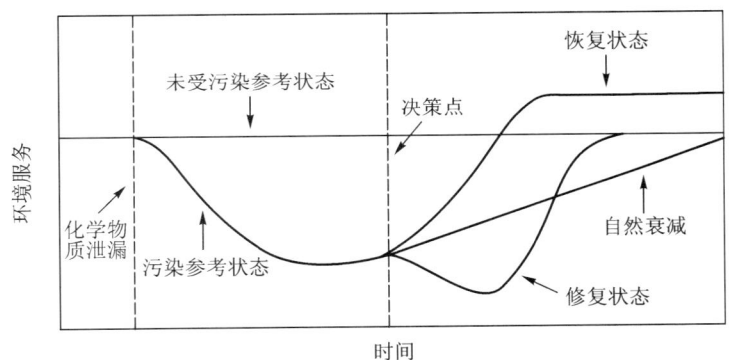

图 33.1　在化学物质泄漏之后(污染参照状态),生态系统服务(或其他终点属性)随时间变化的假设性轨迹、预期未受污染的参考状态、修复状态的预期轨迹,以及恢复状态的预期轨迹。(引自 Efroymson RA,Nicollette JP and Suter GW II,*A Framework for Net Environmental Benefit Analysis for Remediation or Restoration of Contaminated Sites*,ORNL/TM - 2003/17,Oak Ridge National Laboratory,Oak Ridge,TN,2003。获得许可。)

　　方案的净效益可用曲线和参考线之间的正、负面积的总和(或积分)来评估。另外,净效益也可以是源于自然衰减的各个修复或恢复方案的偏差总和或积分。在这两种情况下,净效益可能是正的也可能是负的。

33.1.6　经济单位

　　在环境管理的背景下,成本-效益分析通常是确定某个行为按照经济利益是否合理的方法(第 37 章)。经济分析虽然是一种提供标准度量(货币)来比较各个行为的方法,但它也可用于某一行为的环境效益的分析。当然也可采用相对环境效益、相对净效益(即货币单位的净效益分析)、相对成本效率(即哪个方案能以最少的成本来满足环境目标)、相对成本/效益率或方案的相对超额效益(即效益减去成本的比较)等进行比较。

33.1.7 比较风险报告

从概念上来说,最简单的比较风险报告方法是评价者向决策者和利益相关者评价和报告各个方案中关于合适终点的各种风险,然后责任方会根据各自明确的或尚未成熟的标准来权衡这些风险。这个方法要求评价者明白效应的本质、量级及其发生的概率,它也要求评价者平等地对待所有方案,对每个方案最敏感的终点以及一系列等效的终点都必须加以评价。此时等效的终点并不意味着相等数量的终点,对那些可能影响大量实体和属性的方案,我们宁可评价更多终点。因此,这些方案的概率和严重性必须相当。这种替代方法在经验丰富和知识渊博的决策者手中,筛选效果最好。

33.2 比较和不确定性

上述所有方法都将依据生态风险来对方案进行排序,通过比较其中一些方法可提供更完整的排序。但是,与任何环境分析一样,这些方法的结果也存在着不确定性,有些甚至会随时间和地点的改变(环境变化)而改变(第4章),因此各个方案的相对排序可能尚不明确。如果两个以上方案不能在充分的置信度下排序,那么它们就是等同的,方案选择就会依据其他标准而非生态风险。在多数情况下,要求在95%的置信度下识别所有方案是不合适的,因为各个方案的生态风险比较在任何情况下都是主观和定性的,所以考虑置信度的方案排序会更加主观和定性。

33.3 小结

比较风险评价的主要优点在于通过一系列可行的方案来揭示选择的影响,从而为决策制定提供更好的基础;而生态风险评价主要考虑拟议产品或行为是否可接受,所以有关生态风险比较的方法不仅发展缓慢,而且在文献里也很少阐释。

第34章
表征可变性、不确定性和不完备性

统计学往往被认为需要提供一个具有最小误差和可变性的结果,而对于非统计学分析获得的结果往往需要加上一个很大的误差区间来代表不确定性。

Bailar(2005)

表征可变性和不确定性是风险表征的重要组成部分,它们是 USEPA 指南规定需要报告和鉴别的对象(Science Policy Council,2000)。正如第5章所讨论的,可变性是指本质上固有的差异,而不确定性则是知识缺乏的结果。此外,可能的不准确性来自时间和资源的偏差和局限。风险表征过程中的这一步骤可作为数据质量成分的分析。

34.1 表征可变性

在表征生态风险时,评定的可变性是终点实体或它的要素之间的差异。对野生动植物来说,这意味着在评价种群中个体之间的差异。例如,如果我们评价受污染湖泊对貂造成的风险,那么我们会关注貂的个体大小分布、饮食分布、食物的受污染程度分布和其他暴露参数,以及反映在剂量-反应分布中的敏感性差异。但是如果多个种群均暴露在这个系统中,如在不同的灌溉河谷中不同的艾松鸡种群暴露于喷洒有机磷农药的紫花苜蓿田地中,那么我们可以评价暴露种群的方差分布。暴露或暴露-反应的概率模型可以用来表示实体或受影响要素的效应概率或者比例的差异。例如暴露于灭鼠剂的蜜旋木雀案例就能说明此问题(第30.6节)。这些来源于方差分布的概率或比例都是风险的表示方式,在理想状态下它们应该以风险等级来报告,但是当定义分布的信息不足时,可变性可以通过评价典型个体、种群或生态系统和高强度暴露或高易感性个体的效应来表征。

34.2 表征不确定性

不确定性的表征往往始于一系列来源的不确定性。如果不对这些特别来源的清单进行深入分析,那么它们就几乎没有用处,一般的做法是对清单上来源的不确定性进行系统的分类或组织,并将清单转化成表格的形式,从而评价不确定性的来源的大、中、小,以及判断在风险评价中与不确定性相关的假设是否具有可识别的偏差。例如,在含汞流域对水貂造成的风险评价中,如果水貂没有吃陆地食物的假设被判断为中等来源的不确定性,此不确定性增大了风险评价的偏差。如果可能进行另外层次的评级,那么这些评价应该用来区分其他测试、测量或建模的优先次序。不确定性有很多分类法,在生态风险评价中具有重要应用性的有以下几类:

(1) 测量的不确定性:这个不确定性归因于取样及分析过程中的误差和不准确性,属于常规样品统计的范畴。

(2) 模型拟合的不确定性:经验模型(如与剂量-反应数据相匹配的对数概率模型)不可能与所有数据点都匹配,这是不可避免的。不相匹配可能是由测量不确定性造成的,也可能由模型本身造成的。

(3) 外推的不确定性:可用数据不可避免地无法全都来自于有关风险评价的实体和情况,有时需要利用外推模型(第26章到第28章)来获得相关数据,但外推仅能减少不确定性。即使当数据来源于相关的场地和类型,它们在应用于风险管理以及将来种种不同的情况时,也需要采用外推的方法。

(4) 模型选择的不确定性:这个不确定性来源于模型的构建,由于在模型设计过程中需要做出一些选择,如分类或生命阶段的整合、包含的过程和线性或非线性函数形式的选择,因此模型的结果往往是不确定的。模型的不确定性可通过仔细设计或选择模型得以减少,也可通过模型比较加以评价(第9章)。

(5) 主观的不确定性:因为统计评价的不确定性和传播的局限性,评价者往往低估了不可预测性效应的程度。他们尤其没有评价大部分误差、混淆以及无知的严重性。在生态评价中,潜在的无知性是巨大的,但往往未能被发现(框34.1)。因此,评价者会使用他们的专家判断来主观地界定风险评价的范围。虽然目前已有一些方法(如德尔菲法)可用来获得和联合专家判断,但专家也还有可能低估其真正的不确定性(Fischoff等,1981;Morgan 和 Henrion,1990;Cooke,1991)。

对上述已被识别的不确定性,应该尽可能合理地量化。参数的不确定性往往来源于获取时所使用的测量法、外推法及匹配的任意经验模型,可通过常规统计或专家判断(第5章)加以评估,并推荐使用蒙特卡罗分析综合各个参数中的不确定性,从而评估风险评价中总的不确定性(第30章)。模型的不确定性和主观的不确定性最好单独进行评价和报告。

一般来说,报告不确定性最有效的方法是置信区间(CIs)(5.5.2节),但是它们不应只被局限于常规的任意95%置信区间(CIs)(图5.2),而应该以50%的置信区间这一很可能的区间作为基础。多个置信区间的设置不仅能提供更多信息,而且可避免由于95%置信区间过于宽泛而使评价传达的信息不能用。

框34.1 生态系统的特质和不确定性:西维因和无尾动物幼虫的案例

由于生态风险评价的生态性通常不是很强,而且需要考虑生态系统背景对化学品毒性的影响,所以生态风险评价具有更大的不确定性。下面以三个环境因子如何影响西维因对无尾动物幼虫（蝌蚪）生物效应的研究来阐明这个问题：第一，温度影响了生物效应，西维因在较高的温度下更具杀伤力。第二，竞争作用也存在着影响。当暴露系统存在竞争者时，西维因的致死性可能变大或变小，这取决于无尾动物的种类（Boone 和 Bridges，1999）。例如，英国伍德豪斯的蟾蜍幼虫在含有西维因的实验池中存活率增加了，但在另一个实验池的研究里发现西维因使其存活率减少，这显然与无脊椎动物对藻类竞争的减少有关（Boone 和 Semlitsch，2001，2002；Boone 等，2004）。在分别使用豹纹蛙、绿蛙和灰色树蛙幼虫的相同研究中，观察到其他不同类型的效应（Boone 和 Semlitsch，2001，2002；Mills 和 Semlitsch，2004）。第三，西维因影响了无尾动物幼虫对捕食者的反应。亚致死浓度的西维因影响了无尾动物幼虫躲避捕食者的能力（Bridges，1999a，b），对于存在捕食者红斑蝾螈的暴露系统，西维因对第一对物种（无尾动物幼虫和红斑蝾螈）的致死率分别增加了8倍和46倍，导致了第二对物种间无相互作用，同时也增加了第三对物种的早期实验毒性（Relyea，2003）。

上述这些结果都是鼓舞人心的，但它们同时也表明在预测评价中具有严重的局限性。生态系统及它们对各种评价要素的反应的复杂性超出了常规管理科学的范围。虽然温度效应在概念上和方法论上都比较简单，但是毒性的温度效应测试并不是常规测定项目。通过减少敏感物种的竞争，一种化学品可以增加终点物种的存活率和生长的可能性在理论上也简单，并能用普通的生态系统模型来预测（第28章）或在中型实验生态系中观察到（第24章）。然而，该效应在物种间甚至是不同中宇宙实验生态系统中却具有不一致性，这表明了该效应不能一概而论。西维因和捕食者的协同作用并不是通过任何生态系统模型就可以预测的，而且在无尾动物的各物种中此协同作用也可能并不一致，那么其他捕食者、其他竞争者、其他条件或其他胆碱酯酶抑制的农药会怎么样呢？这就需要进行大量精心设计和有组织的野外调查，人们才能有效揭示在实际的暴露系统中这些因子如何相互作用。

类似这样的例子表明生态风险评价的不确定性将始终无法量化。虽然大量研究表明，在野外增加有毒化学品的暴露会造成日益严重的影响，而且它们效应的暴露强度与在实验室中影响敏感物种的水平大致相等，但是在特定情况下的具体预测中有很多不确定性。

34.3 不确定性和证据权

当风险由多条证据链的权重来表征时（第32章），结果中的不确定性就不可能以任何客观的方法来量化。最好的方法是先分别评价各证据链自身的可变性和不确定性；然后如果存在最好的推论，那么就能报告它客观评价的不确定性；最后能够主观地评价主观不确定性。但是在这些情况下，增加其他证据链就能够增加置信度从而减少整体的不确定性，这在一些情况下能客观地做到。例如，另一条证据链对可能产生的效应造成局限性，那么该信息就能够用于缩短置信度的区间。更常见的是，所有证据都会增加评价者的主观置信度,从而给它们分配的置信度区间比由最佳证据提供的统计面更窄。

34.4 偏好

风险表征中的偏好可能源于评价者的个人偏好,但更重要的偏好源于体制上的惯例、政策和法律。尤其当监管机构常常被授权来确保保障公众健康和环境。这是预防性偏好的要求。例如,如果所有方案假设似乎均是合理的,那么预防性偏好将会选择产生最大风险评价的那个。工业和其他有责任的当事方没有这样的要求。它们可能有自己的预防性政策或它们可能有建立在经济利益基础上的反预防性偏好。这些政策分歧的结果可能是风险表征中的差异并导致偏好。牢记偏好是合法的政策分歧而不是企图欺骗,这一点很重要。

就偏好显著影响结果的程度而言,它们的公开提供了一个更明智的决策和更透明的风险表征。在理想状态下,作为政策结果的偏好应该在法规、指导或其他政策性文件中公开。偏好的假设、数据的选择或模型的参数化应在个别评价中予以说明,但即使这样它们也应该尽可能的通用。那就是说,评价执行方式应该在问题界定期间商定然后在分析计划中表述,因为它会导致预防性偏好或其他偏好。

一个经常主张的方案一般是进行两项评价,一项包含政策偏好和另一项无任何偏好。在实践中,这不仅增加了所需的时间和精力,而且还制造了冲突的新根源。哪个假设、模型或数据集无偏好,什么会产生风险的"最佳评价"常常都不清楚。

34.5 局限性

除了可量化的可能的可变性和不确定性,评价者还必须报告风险评价的局限性。局限性报告包括在报告结果中要满足透明度和合理性的要求(框 35.1)。此外,它还需要报告时间和资源局限的后果。这不仅仅是一个评价者抱怨的机会。关键是要解释多余的时间和资源(即另一个层次的评价)如何阐明风险,如何为决策提供更好的依据。局限性报告包括从其他物种的建模到进行另外的测量或测试甚至到确定研究计划,如开发一种新测试或确定一种新暴露途径的意义。

提出这样的建议至少有四个基础。首先,在处理所有终点和途径之前,时间和资源都用完了。例如,在 Clinch 流域的案例研究中使用了概念模型来突出那些没有处理的系统成分(Serveiss 等,2000)。其次,新终点或途径对利益相关者的重要性已经识别。例如,当提交 Watts Bar 水库生态风险评价的初步结果时,作者了解到下游的人们关注乌龟——它们吃什么和不吃什么。然后,可以利用信息论据的价值。也就是说,它能表明结果中的关键不确定性通过加倍努力就可以解决,而且这可能还会影响决策的结果(Dakins,1999)。最后,其他数据或分析会提出争议。这些可能是由公众、监管者或在问题形成期间未被承认的受管理的当事方提出的关注或主张。在任何情况下,公开在评价中存在的局限性,然后提出可能的解决办法比被指控为造假甚至掩盖要好得多。

34.6 结论

表征可变性、不确定性和知识不完备性,往往对风险评价者富有启发性并能根据筛选或权衡证据来修改结论。在结果报告中还必须包括数据(第35章)。组织和陈述结果的可能方式之一就是利用数字、单位、范围、评价和谱系(NUSAP)来表述数据(9.1.4节)。这虽然能系统化地定性和定量数据质量,但并不常用,所以决策者对其不是很熟悉。然而,谱系或其他相当系统至少在陈述有影响的数据时应予以考虑。

第六篇 风险管理

　　风险表征是为风险管理服务的。生态风险评价者至少必须向风险管理者及参与决策过程的任何利益相关者报告风险表征的结果(第35章)。在某些情况下,生态风险评价者也会参与决策过程(第36章)。在正式分析过程中,风险评价者至少必须陈述支持这项决策分析的结果。正因为决策基于人类健康、法律、经济、伦理以及政治和生态原因,所以生态风险评价者应时刻准备着整合所有这些因素来支持风险管理者的决策(第37章和第38章)。一旦制定了管理决策,生态风险评价者可能要参与结果监测(第39章)。

　　环境评估和管理的这部分过程对大多数生态风险评价者来说最不受欢迎。不过,如果他们能够成功地影响环境管理,那么环境科学家一定要准备好参与社会科学以及处理决策政策。

第 35 章
报告和沟通生态风险

虽然它看起来并不重要,但是我知道它很重要,这就是为什么我费尽心思要告诉你的原因。

Dr. Seuss

区别风险评价结果报告和风险沟通很重要。报告生态风险包括撰写一份支持决策进程的文件,具体包括为成本-效益分析或决策分析提供信息、告知决策者和利益相关者(如制造商和有责任的当事方),以及作为支持决策的基础。它应该在法庭上接受挑战或者请国家研究委员会或类似机构审查。生态风险沟通是一个风险评价者亲自向决策者和利益相关者传达他们发现的过程。风险沟通同样也包括书面形式,但它们是为听众准备的简要报告书(如一页纸的情况说明书)或给听众拿走的提醒讯息。风险报告和沟通均需向可能的听众清楚地传达结果,但是报告必须要满足所有可能的听众需要,而口头沟通则应针对特定的听众。

35.1 报告生态风险

报告生态风险的形式在生态风险评价实践中常常被忽略。USEPA 有关风险表征的指南规定:风险评价结果的报告必须清晰、透明、合理以及一致(Science Policy Council,2000)。为实现这些目标的注意事项列于框 35.1。然而,简洁(为了明确起见)和透明互相冲突。如果向读者详细陈述使其充分理解如何得出结果,然后重复它们,那么由此产生的多卷报告将比任何人想要阅读的都要厚。正如在第 5 章里讨论的,仅仅证明参数分布的分配就能生成相当庞大的报告。但是,一些批评者却主张更完整的风险表征,包括多个备选的风险评价(Gray,1994)。对于生态风险评价,这意味着不仅要报告各终点中所有证据链的风险评价,还要报告证据链中每个备选假设的结果。

框 35.1 清晰、透明、合理和一致性的风险表征

清晰:
- 尽量简短
- 避免专业术语

- 使用风险管理者和见多识广的公众都能理解的语言和结构
- 解释定量的结果
- 充分讨论和解释具体到特定风险评价的不寻常问题

透明：
- 明确政策判断和科学结论
- 清楚地阐明主要的不同观点或科学判断
- 定义和解释风险评价的目的（例如监管目的、政策分析、优先设置）
- 描述使用的途径和方法
- 解释假设和偏好（科学的和政策的）及它们对结果的影响

合理：
- 把所有组分整合成一个整体的风险结论，完整、内容翔实并利于决策
- 坦承不确定性和假设
- 把关键数据表达成根据实验获得、跟上技术发展水平或能普遍接受的科学知识
- 识别源自数据的合理方案和结论
- 定义成果的程度（例如，快速筛选、广泛表征）和选择这个程度的原因
- 解释同行评议的状况

一致性：
- 依照法定要求、准则和先例
- 描述了由一系列胁迫构成的风险如何与由类似胁迫或环境条件构成的风险进行比较
- 说明评价的优势和局限性如何与以前的评价进行比较

来源：改编自 EPA, *Guidelines for Ecological Risk Assessment*, EPA/630/R-95/002F, Risk Assessment Forum, Washington, DC, 1998; Science Policy Council, *Risk Characterization Handbook*, EPA 100-B-00-002, US Environmental Protection Agency, Washington, DC, 2000.

通常解决简洁和透明这一冲突的方法是摘要。不幸的是，摘要试图总结整个评价，但是如果"执行者"是风险管理者，那么它就不足以独立存在。大多数情况下，报告的结果虽然忽略了方法但为决策制定陈述了详细的风险，这样可能更有用。此外，除了总结结果，给风险管理者的报告应该解释主要问题、所有争议以及相关的先例。在理想状态下，风险评价者和风险管理者能就内容和详细程度达成一致。向风险管理者报告的常规评价（如关于新化学物质）会有一个标准形式或格式。

用户的需要（而不是决策者）与简洁性要求构成了更严重的冲突。成本-效益分析或决策分析需要详细的结果来支持它们的分析。责任方准备的风险评价必须详细地陈述数据和方法以便监管机构能够审查其可接受性。监管机构准备的风险评价必须详细地陈述数据和方法以便责任方能够审查其可接受性。在这两种情况下，报告都必须详细到能经受法律的审查。因此，一个复杂的生态风险评价报告会占满一整个图书馆的架子。在 CD 或 DVD 上简单地刻录数据、模型和分析结果有助于解决问题，但更需要创造性的解决方法。超文本的使用前途光明，因为人们可以先阅读风险评价的简短摘要然后慢慢深入了解感兴趣并且需要的主题。但是，制作大型超文本文件不快也不简

单,同时还有很多人不喜欢在电脑屏幕上阅读。

35.2 沟通生态风险

沟通风险是向决策者、利益相关者或公众传达风险评价的结果,然后接受和反应他们评论的过程。(一些文件把风险沟通定义为包括规划和界定问题期间的磋商)。它超越了用清晰、有用的方式报告风险评价的结果这个问题,达到了向持怀疑态度的听众真正传达结果的目的。它因为以下两个原因而存在困难。首先,像任何定量的科学专业那样,很难向那些不具备必要训练或经验的人传达。风险评价尤其难以解释,因为它们把生物、自然科学与数学、统计学结合起来。第二,需要风险评价的情况往往是感性的。人们的健康、生活和财产价值通常所处危险度极高,人们所持不信任度也极高。大部分风险沟通的文献针对情绪管理和健康风险、技术信息的独立本质和质量的信任度获取等问题(NRC,1989;Fisher 等,1995;Lundgren 和 McMakin,1998)。这些问题不会在这里处理,因为在生态问题上的感情投资通常较低且可能有性质上的差异。至少大多数在与高水平的感情投资相关的生态风险评价案例中,如限制采伐、取水或土地利用来保护资源物种或濒危物种,问题主要与经济有关,大部分制造风险的人情绪强烈。渔民、伐木工人、牧场主和农民都不愿相信他们的活动破坏了环境,这也证明了限制他们活动的正当性。在这种情况下需要研究来指导风险沟通。

生态风险评价者比健康风险评价者的技术沟通问题更严重。生态风险评价者不仅要处理陌生的科学和数学概念,常常还要评价陌生的实体和属性的风险。决策者和利益相关者都清楚地知道什么是人类,对降临到人类的各种命运既有认识又感同身受。不过,很多人不知道眼镜绒鸭或大西洋白杉树沼泽是什么,更不用说眼镜绒鸭产卵繁殖与沼泽积水时期变化的关联。人类意识到了他们自身的内在价值和他们对家庭和社会的价值,但对生态实体的同等价值知之甚少。因此,大部分生态风险沟通是教育的事情——可能仅需要一点诚实的说服力和对实体和属性的基本描述。这会涉及使用有吸引力的照片和与终点相关的价值说明。不会出现环境保护失灵的情况,因为决策者缺乏对损失和利益的明确认识。

对大多数决策者来说,他们更熟悉相关的沟通问题,而不是人类健康风险评价相关的简单方法和结果。在生态风险评价中运用的众多终点和证据使它们看起来既复杂又含糊不清。但健康风险评价开始使用多条证据链,并且评价公众健康结果的范围,这个问题就会缓解。不过,与此同时,决策者倾向于关注熟悉的生态风险评价。由于这种趋势的结果以及人类对哺乳动物、鸟类的影响,这些物种生存和繁殖的常见效应所表现出来的风险往往影响力过多。对于其他终点,不仅要解释它们是什么,它们怎么反应,而且还要解释它们为什么使用陌生的评价方法和模型,这都很重要。在健康风险评价中尽可能使用类推。例如,在风险评价中生物调查数据的分析可以用生态流行病学来表述,物种敏感性分布(SSD)也可以用生态群落的剂量-反应模型来表述。最后,对于不常用的生态方法和模型,决策者常常要询问它们是否是官方方法、是否在先前的决策中使用过。因此,引用指导和先例很重要。如果运用了新方法或模型,那么准备好把它的结果与那些较为熟悉的方法或模型进行比较并解释创新的优势。

一个更普遍的问题是向没有受过专业训练的人传达科学和数学概念存在着本质困

难。正如Cromer(1993)解释的,因为科学由罕见的意识所构成,所以它很难进行和传达。这是因为人的思想直接从经验演变到了推断,这虽然常规但却易在复杂或陌生的推论中出现有缺陷的逻辑(Pinker,1997;Dawes,2001)。此外,即使经过仔细推理,思想也比其他东西更容易处理各种各样的信息和问题(Pinker,1997;Anderson,1998,2001)。由此,可以得到一些建议。

避免概率:人类,包括按科学方法训练的专家,在处理概率方面都有困难,但是理解和操作频率则相对要容易(Gigerenzer和Hoffrage,1995;Gigerenzer,2002)。只要不扭曲结果,就要在风险沟通时把概率转换成频率。这种做法另外的优势就是迫使你准确无误地确定你在概率中表达的意思(第5章)。

使用离散单元:虽然大多数本性是连续的,但思想却把连续的时间和空间划分成各个事件和对象。例如,Bunnell和Huggard(1999)把森林的空间连续性减小到单元层次(斑块、林分、景观和区域),因为这能比森林的位置或面积等更易向森林管理者陈述。

使用分类:我们不仅能使连续变量离散,还能将各单元汇总至我们可以为之赋名的相同类别。因此"民间生物学是实在的"(Pinker,1997)。在生态学揭示了物种组成的空间变化之后,我们继续给植被和生态系统的类型命名(例如混合中生林)。同样地,沟通具有连续变量(如流量)的分类频率(如高、中或低)常常比变量的概率密度更容易。

少分类:人们倾向于把实体或事件划分成单单两个或三个类别(如流量等级的干旱、一般或洪涝)。

讲故事:穿插在叙事中的信息更有说服力也更易记住。每个概念模型就有可能是一个故事。

使用多种方式:每个听众对口头表达、图表、图片或其他表达方式都会做出不同的反应。通过方式多样的表达,你总能理解其中一种方式。尤其在讨论效应时,照片可以让新奇的效应栩栩如生,如对照生长在某处和参比土壤的植物或描绘在扰动和参比流量下鱼类种群的多样性。此外,重复也能增进理解,使用多种方式不断重复不会让人感觉厌倦。同样的,面对不同的听众,演讲者具有各种不同的风格是很有利的。

使用案例研究:即使你的评价是普遍的(例如,煤炭燃烧排放物中汞的国家风险),也要有特例来阐述它(例如,在边界水域中的潜鸟)。人们更愿意从真实案例外推到多个案例而不是从抽象结论外推到任何真实案例。

小心简化:科学概念既复杂又难懂。使用简单的比喻来表达复杂的系统往往很有利。不过,准备好限定词(例如,当然这不是真的那么简单)很重要,因为听众中知识渊博的人特别是那些反对者会猛烈攻击"过分简单化"(Schneider,2002)。

重视人类类推能力:当你在讨论吃鱼对水獭造成的风险时,很多听众会思考人类吃鱼意味着什么。准备好应对这种类推隐含的问题,同时避免陈述易让人产生联想或与人类健康风险评价相抵触的内容。

避免个人化:虽然某种情况个人化可以使信息更加生动(例如,"我不会让我女儿吃那条河里的鱼"),但这对风险评价者来说并不是一个好策略。你只要陈述分析的结果,让风险管理者和利益相关者去推断个人的含义。

当然,这些建议可由了解您的听众的建议来取代。例如,前USEPA行政官Ruckleshaus(1984)建议用累积分布函数来陈述风险评价的结果,但这却与以前的一些建议相矛盾。这个例子也提醒评价者不要轻视风险管理者、利益相关者和公众。非环境科学家、不知道什么是贝叶斯定理或什么是黑头软口鲦的人也不应被认为是愚钝的。一旦被发现存在优越感或是藐视的态度,那么相应的信息就会被弃用。与此相反,如果能够很好地表述自然系统的复杂性,那么人们就能理解并欣赏它们。著名的保育生物学家 Daniel Janzen 曾经这样说过生态复杂性:"观众理解它了。有人告诉我它太复杂了,很多人都不明白。胡说。他们完全理解了"(Allan,2001)。

风险沟通是一个确保你的努力没有白费的机会。听众不太可能像在人类健康风险沟通中那样带有敌意。因为生态风险非个人的威胁,听众能学习一点有关自然和动植物如何与污染或干扰相作用的知识。你不仅有机会解释你的结果,还能教育甚至娱乐大众。以那样的方式,你有助于建立持续性良好的生态管理。

第 36 章

决策制定和生态风险

> 对环境产生最大威胁的不是工业,不是发展,不是国家不断增大的人口,而是政治进程中使环境退化永不停歇的缺陷。
>
> Howard R. Ernst(2003)

在传统的环境和生态风险评价框架中,风险评价者只负责向风险管理者传达评价结果。决策制定被认为是基于政策和科学事实的政治过程,那些有政治权力的人才能参与其中。这个说法在大多数情况下是准确的。不过,为了阐明技术问题和避免误解,风险评价者可以或者说应该参与决策过程。某些情况下,风险评价之后,在经济学家或专家对决策分析做出决定之前要进行不同的分析。在这种情况下,风险评价者可能会涉及支持或协助进行这些分析。此外,即使风险评价者没有参与决策,他们也应该对决策过程有所了解,这样他们的评价结果才会尽可能有助于决策,同时也能正确评估他们确定结果的能力。在本章中讨论的决策制定的基础仅限于那些与风险相关的。正如在第 2 章里讨论的,一些环境决策是基于最可用的技术或其他一些不包含风险的准则。必须谨记政治是最终的准则。下面讨论的任何决策准则都可能凌驾于政治意识形态或政治利益之上。

36.1 预防超标

最简单、最明确的决策准则是一旦环境保护标准被侵犯就必须采取行动。就准则均基于生态风险这一点而言(第 29 章),它们都是风险决策。

36.2 预防损害效应

荷兰的国家政策规定,物质的暴露水平不应对人体或生态系统造成损害效应(VROM,1994)。同样的,美国《清洁水法》禁止"对国家水体的物理、化学或生物忄质造成损害。"这些政策为决策制定提供了最明确的风险准则。给定损害效应的定义就能确定它们是否会发生、发生的概率是否很大,这些都是采取行动的充分理由。

36.3 风险最小化

比较风险评价(第33章)为决策者选择对人类健康和环境风险最小的行为提供了基础。比较风险评价能建立在第33章讨论的技术风险表征的基础上。或者,更广泛地看,它也是一种政策分析,包括在利益相关者建立共识过程中选择不同风险的相对风险和心理偏好。这种做法可以看做是在使用比较风险评价确定优先权的宏观过程中一个具体决策的微型应用(1.3.1节)(Andrews等,2004)。

36.4 确保环境效益

无论怎样,如果保护环境的行为预计能产生足够的环境效益,那么它们往往被认为是可行的。效益与损害效应及它们的风险是互补的。在风险评价中,效益避开了损害效应的风险;在修复和恢复中,风险是因规划、实施不周或随机事件而导致效益无法实现或是发生损害的概率。效益可以根据行为的绝对效益、其他行为的相对效益(33.1.5节)或是效益-成本分析(36.6节)来判断。

当项目已经进行了一段时间,成本已经到位,且支出的成本效率出现问题时,行为效益就会越来越受到关注。例如,为修复劳伦森大湖区(Laurentian Great Lakes)受污染的沉积物,在38个项目上花费了5.8亿美元,但是资源化利用程度却极低(Zarull等,1999)。就这点而言,迷信如此庞大的支出失败了,甚至没有出现任何环境效益的迹象。因此,大湖区水质委员会建议发展更好的方法来量化沉积污染物和实用性损害的关系,同时监测修复点的生态效益和资源化利用。

36.5 成本效率最大化

成本效率分析识别了不同方式的相对货币成本,它能达到标准、可接受的风险水平或其他目标。然后决策者就可以选择成本最低的方法。在美国,该理念派生出了陆军工程兵团的原则和指南性框架,它具有重要的环境影响,能使项目的净国家经济效益最大化,除非项目能造成严重的环境退化(USACE,1983)。

36.6 平衡成本和效益

成本-效益分析在环境监管和修复行为中的应用越来越广泛。决策模型是指规章的公共效益应该超过受管理的当事方承诺的成本。在某些情况下,货币和非货币的效益在质上与成本平衡就足够了。不过,成本-效益需求的严格解释只允许货币效益。正如在第38.3节讨论的,要求货币化生态实体和过程的效益严重阻碍环境保护。

36.7 决策分析

决策分析包含形成决策的一系列不同概念和方法。经典方法阐释了将要制定的决策、各个方案、目标、可能的结果、它们对决策者的价值(效用指标)以及它们的概率,从而能计算每个方案的预期价值或效用(Clemen,1996)。正式决策分析应用于环境的一个早期例子是分析进一步研究针对多氯联苯(PCB)污染的印第安纳盐溪(Parkhurst,1984)的各种备选修复方案的优劣。其他方法则更加侧重于向决策者或利益相关者阐明决策,而较少定量化也较少侧重于量化预期的后果。一般来说,它们比在这章里讨论的其他决策方法包含的注意事项都要多。因为它们不需要货币化决策准则,所以决策分析可以包括非经济性准则(Stahl 等,2002)。效用可以用标准的分类来(例如,低、中或高)或按照环境目标(例如,湿地的公顷或供垂钓的鱼的丰度)来划分。

虽然进行决策分析已经拥有大量文献和商业软件,但是在环境管理中却很少使用。一部分原因是明确地涵盖和量化风险之外的其他事项可能会激怒一些利益相关者(Hattis 和 Goble,2003)。如果决策者已经成功地使用先例和自己的判断,那么他们几乎没有动力去解决正式决策分析中遇到的困难。

美国陆军工兵部队已开始使用多标准决策分析来支持受污染沉积物的管理决策(Linkov 等,2006)。例如,在新罕布什尔的 Cocheco 河中,处置的泥沙用于制造水泥、流填料、湿地恢复和高地废物处理单元。多重标准包括成本、环境质量、生态环境和人居环境。利益相关者的邮件调查可以权衡标准,把它联合起来就能形成各个方案的多重标准评分。这种类型的决策分析主要是为了让决策者了解利益相关者的集体偏好,且它是基于结构化的启发过程而不是一般的利益相关者会议。

36.8 其他需特别注意的事项

很多环境管理决策的制定没有依据任何明确的准则,或是决策如何与准则相关的任何正式分析。决策者在考虑有关风险、效益和成本的信息时,他们不仅会与利益相关者磋商,还要特别注意法律、规章制度的制约和先例,然后再考虑政治因素,最后仔细思考并做出决策。

第37章
人类健康风险评价的整合

> 人类自身就是一个很大的问题,但是任何一个不为人类服务的解决办法也都无法产生作用。
>
> Marty Matlock(未正式发表的报告)

不可避免地,当人类健康和环境都受到相同威胁时,人类健康主导了评价和决策制定过程。生态风险评价者会因为自身利益而关注人类健康——通过使用野生动物作为健康效应的前哨生物,或是综合生态评价与健康评价以整合双方的资源,或是展示生态效应如何影响人类健康和福利。

37.1 作为人类前哨的野生动物

野生动物可以作为前哨,从而强化了人类面临的当前和未来风险(NRC,1991;Burkhart 和 Gardner,1997;Peter,1998;Sheffield 等,1998;van der Schalie 等,1999;Colborn 和 Thayer,2000;Fox,2001)。例如,为了研究有机卤化物对人类的影响而观察野生动物的甲状腺病理(Fox,2001;Karmaus,2001)。然而,在健康风险决策可以基于前哨生物的反应制定之前,大多数使用它们来指示健康效应的报告没有提供所需证据的类型和程度(Rabinowitz 等,2005)。虽然从野生动物外推到人类还存在很多困难(Stahl,1997),但是理论上它们不会比那些从实验鼠外推到人类的过程更艰难。

如果野生物种与人类有共同的暴露来源和途径,那么它们可能就是有效的前哨生物,但它们的暴露比人类强度更大、更敏感也更容易监测。通常由于它们的暴露强度会更大,所以它们的反应可能会比人类更快、更激烈(框 2.1)。一般情况下,使用野生动物作为前哨生物的原因如下所示:

共同的途径:野生动物与人类进食相同的生物,尤其是食鱼的野生动物和渔夫——不管是为生存还是休闲。同样的,野生动物与儿童均可能食用来自受污染土壤的生物。

狭食性:野生物种普遍没有像人类那样杂食,因此,食用受污染食物的物种暴露强度可能更大。

局地暴露:野生物种不在它们的活动范围之外获取食物或水,所以它们在污染区的暴露强度更大。

相同混合：野生物种和人类暴露在相同的混合污染物中，因为它们生存的环境与人类生存或消费的环境相同。

非环境来源：野生物种不具备混淆人类流行病学研究的职业或生活方式的暴露。

差异性：大多数人类种群的基因是不同的，这是由移民和他们饮食、宗教习俗、职业等的不同而造成的。这些差异的来源往往隐藏在环境暴露的效应中，但这仅限于人类。

可用性：野生动物容易取样、分析和尸检。

当野生动物作为人类的前哨生物越来越普遍时，在某些情况下人类也可能是野生动物的前哨生物。出生、死亡和疾病记录可以用来检测人类的环境效应，但对野生动物却不可用的。此外，在一些情况下人类会在野生动物稀少或不存在的地方受到暴露和影响(Fox，2001)。因此，一个被称为医学保护或健康保护的领域已经发展来共同研究环境污染物和病原体对人类和其他生物的效应(Weinhold，2003)。这种方法可能会促进综合性前哨生物的发展。例如，斑海豹已被提议作为其他海洋哺乳动物和人类的前哨生物(Ross，2000)。

在 http://www.canarydatabase.org 能找到关于替代动物的生物医学文献研究的数据库。

37.2 人类和生态风险的综合分析

由于实践原因，人类健康和生态风险评价的方法都独立发展。不过，由于另一些原因，风险评价显得愈发需要进行综合评价。这些问题使世界卫生组织发展了健康和生态风险评价的综合框架(3.2.1节)(WHO，2001；Suter 等，2003)。

37.2.1 评价结果的一致性表达

决策者必须作出一项关于环境危害的决定，它对人类健康和环境都是有益的，但是这个目标受到健康和生态风险评价不一致结果的阻碍。独立的健康和生态风险评价产生的结果可能是不一致的。因为健康和生态风险评价的结果基于不同的空间和时间尺度、不同程度的保守度或不同的假设，如假定的参数值或土地利用情景，所以矛盾产生的基础可能还不清楚。因此，决策者会发现很难确定，像报告的人类风险是否足以来证明采取修复行为是正确的，因为它可能会破坏生态系统。再比如考虑是否授权使用一个新农药，它的使用虽然增加了人类风险，但是相对于现在使用的农药而言，它降低了水生群落的风险。如果生态风险评价是基于空间分布群落预期的效应，而健康风险评价是基于对假设最大化暴露的个体效应水平所提供的安全界限，那么这两个风险评价就不能相比较。最后，如果既不评价也不同等地表达健康和生态风险的差异性和不确定性，那么决策者就不能确定支持未来评价的其他研究的相对需要。例如，水溶液稀释中的差异性应该在这两个评价中同时包括或排除。如果都包括在内，那么就应该使用相同的评价。综合健康和生态评价可以避免出现站不住脚的决策。

关于管理受污染沉积物的综合性比较风险评价阐明了这个问题(Driscoll 等，2002)。评价采用了标准的健康和生态风险评价中的一套标准的方案和假设，标准的健康和生态风险评价强调标准的结果（对于两个终点来说无行动方案的风险最高）和差异（在备选修复方案中，岛屿处置的生态风险最高，但是健康风险较低）。

37.2.2 相互依存

生态和人类健康风险相互依存(Lubchenco,1998;Wilson,1998b)。人类依赖于自然界获得食物、水净化、水文调节以及其他产品和服务,但是有毒化学品或其他干扰物的效应却使它们减少了。此外,生态损伤可能会增大人类在污染物或其他胁迫的暴露强度。例如,增加水生生态系统的养分,那么海藻群落组织所产生的变化可能就会对水生疾病(如霍乱)和有毒藻类(如赤潮)的产生造成影响。为了评价对人体健康的间接影响而需要进行生态风险评价,这在评价气候变化时尤为明显(Bernard 和 Ebi,2001)。

37.2.3 质量

提高评价的科学质量可以通过共享不同领域间的评价科学家的信息和技术来实现。例如,在污染场地的评价中,人类健康评价者可能会使用默认吸收系数来评估植物的吸收,却没有意识到生态评价者正在实地测量污染物在植物中的浓度。人类食物和饮用水中化学物质安全性评价的可用数据集比较大,因而可用来支持深入的评价。相反,即使受体包括数以千计的物种如植物、无脊椎动物和脊椎动物,用于化学品生态风险评价的数据集较小,实施评价的资源较少。综合所有的资源可能有助于减轻这些质量中存在的不平衡。

37.2.4 效率

综合人类健康和生态风险评价显著提高了效率。事实上,当人类和生态系统都有潜在危险时,孤立的评价本身就不完整。例如,污染物排放、运输和转化的过程对所有的受体都是一样的。虽然只有人类在水中淋浴,只有水生生物在水中呼吸,但是把污染物引入水体中、使其降解或转化以及在各相中进行分离的过程,对双方来说都是一样的。因此,综合暴露模型有明显的优势。从人类和生态风险评价两个角度考虑的风险评价方法的发展将提高两个学科的发展。

毒理学日益增加的机械性特征促进了毒性风险的综合分析。由于脊椎动物细胞的结构和功能是高度守恒的,因此某种化学品的作用机理可能对所有脊椎动物物种都是相同的,甚至作用位点的有效浓度可能都是不变的(23.1.6节)(Escher 和 Hermens,2002)。因此,当毒理学有足够的机械性时,毒性测试的需要就应该下降了,同时应该建立一个对人类和其他脊椎动物统一的效应分析方法。不过这种方法会增加评价位点浓度的毒物代谢动力学建模要求。

37.3 环境条件和人类福利

风险评价和管理的一种观点是我们既要保护人类健康还要保护非人类的环境,它们之间唯一的联系是通过环境介质或传输,非人类的环境因素威胁到了人类健康(37.2.2节)。另一种观点是我们不仅必须要考虑人类健康,还要考虑受环境条件影响的人类福利。

环境质量通过提供生态系统服务来影响人类福利。人类从环境中获取大量利益,常被称为自然服务,它不仅使人类存活还能提高其生活质量(Daily 等,1997,2002)。在最基本的层次上，植物吸收太阳中的能量，生产出人类和牲畜的食物，同时把我们的二氧化碳转化成氧气。生态系统的其他生命支持功能包括净化水、空气和土壤，以及实现水分、养分的循环。此外，生态系统生产各种商品，如木材、渔业、生物燃料、药材、根和香料。这些服务的价值估计超过了整个货币经济（Costanza 等，1997；Naeem 等，1999）。恢复服务的概念已载入美国一些法律的自然资源损害评价条款中（1.3.9 节）。

这个问题更微妙之处是自然界提高了人类生活质量（Keach，1998），例如，休闲活动的效应，包括钓鱼、打猎、观鸟、登山、自然摄影或仅仅游览自然风景。但是，每天和自然界接触，如在公园散步、喂鸟以及观赏树木、花卉和蝴蝶等，对提高生活质量来说更重要。这种关系对人类生活质量的重要性反映在各种行为和经济措施上，包括花费数十亿来养鸟和在郊区或水上建别墅的价值。这种关系的反面是当人们看到公路沿线的死亡树木、河沿岸的死鱼甚至是电视上遭遇石油污染的鸟类图片时，他们会感到惊慌失措。

最后，文化价值常常与环境的各方面相关。对于土著人来说这尤其正确，他们的文化需要使用某些自然资源和存在的某些环境特征（Harris 和 Harper，2000）。虽然不是非常明显，但是非本土文化也同样如此。比如，美国用秃鹰作为国徽，把未开垦的广阔空间作为国家神话中的牛仔和狂热的先驱者施展身手的大背景。在德国文化中，森林也扮演了同样的角色（Schama，1995）。

区分由于生态系统服务的丧失对非人类生物、种群和群落造成的风险和对人类福利造成的风险很重要。大多数环境立法仅保护生态实体而不考虑证明人类福利会产生效益的任何要求（EPA，2003c）。但是，一旦能证明对人类福利造成了风险，那么它们就可以与作为环境保护依据的生态和健康风险进行互补。至少，它们也为评价保护行为的经济效益提供了依据（38.2 节）。

37.4　结论

为了在环境决策中有更强的影响力，生态风险评价者必须与健康风险评价者合作和互补。风险评价恢复了人类福利，降低了对人体健康的间接影响，它的实施是一个宏大的任务，不可能由生态风险评价者简单地完成。必须鼓励健康风险评价者超越直接的毒性效应，从更广泛的角度看待人类风险。整合需要从生态风险评价与健康风险评价两个方向同时努力。

第38章

风险、法律、伦理学、经济学和偏好的整合

为了对某个行为下结论,我们就需要知道这个世界是如何运作的,以及什么是对的和好的。

Randall(2006)

风险从来都不是决策制定的唯一依据(第36章)。当有补偿效益时,风险的可接受性更强。如果有明确的法律授权、法律先例或公众支持时,那么降低风险的行为也更易被接受。成本和效益的正式分析变得越来越必需。因此,风险评价与经济分析的整合应该在问题的形成期间规划。但是,意识到经济决策准则以及其他决策准则的局限性也很重要。环境法、环境经济学和环境伦理学本身都是一个庞大而复杂的领域,在这里很少涉及。本章旨在让生态风险评价者简单地了解这些其他注意事项,这样他们就知道在决策过程中他们的风险评价必须如何与这些注意事项相结合。

38.1 生态风险和法律

风险评价有助于刑法和民法的执行。它可用于证明是否遵守环境法律或违反环境法律。它也可能是在民事法律行为中定义损伤的一个工具。法律语言适用于风险概念的是:"更有可能而不是"、"证据的优势"或"超越合理的怀疑"。当法律规定了明确、具体的法律命令时,遵守法律就是采取行动的足够理由。例如,美国《濒危物种法》为那些渐危或濒危物种及它们重要的栖息地提供了明确的法律保护。例如,不会要求对恢复秃鹰和游隼种群的种种努力进行成本-效益分析或民意调查。其他法律如美国《清洁水法》在要求恢复"国家水体的物理、化学和生物完整性"时,并不包含经济上的考虑,但这些条款含糊的解释为平衡准则和标准界定过程中的利益平衡留有了余地。但是一旦法律标准建立了,风险评价就只能评价超过标准的概率。法律上的其他短语,如"合理地实现"要求平衡环境与经济成本。因此,评价的法律背景决定了行为所需置信度的程度和在何种程度上风险必须兼顾其他方面的考虑。

38.2 生态风险和经济学

在美国和其他很多国家,改善环境质量和保护非人类种群以及生态系统的种种努力越来越多地要进行成本-效益测试。这种做法基于福利经济学——它建立在这样一个前提下:当资源是有限的,如果通过自由市场交易,个体都能自由地最大化他们的个人福利(也称为效用),那么他们就能实现社会福利最优化。在一个理想的市场中,理性人的决策(包括作为法人的公司)将产生有效的结果。但是一旦涉及环境,市场这只看不见的手常常失灵。这些市场失灵的主要原因是环境商品市场的缺失,如清新的空气或野生鸣禽。同样的,自然的服务,如水的净化和土壤的形成,也不收取任何费用。污染者的行为破坏了这些商品和服务,但是他们既没有在一个有效的市场中购买权利,也没有替换丧失的商品和服务或补偿使用者。最后,像渔业这样的公有资源就会被过度开采。不负责任的个体获得了经济成果,但资源的损失却是由所有个体共同承担,这就导致了"公地悲剧"(Hardin,1968)。规章制度需要修订来弥补这些市场失灵。为了确保规章制度是合理的,福利经济学家设计了成本-效益分析,它创建了一个虚拟的市场。如果管理的成本与环境商品和服务的效益相当,那么我们就假定它们是合理的。

即使对于福利经济学家,这个概念仍然存在巨大困难——环境效益很难定义和计算,它也很少以货币术语来量化。各种评价环境保护的货币性效益的方法列于表38.1。所有的方法都有严重的局限性。行为调查法要求资源的价值按照资源使用的一些货币性支出来量化,如使用休闲者参观生态系统的成本来评价生态系统的价值。显然,这种方法只表达了一小部分自然价值。意向调查法,特别是条件价值法较常用来评价环境价值,因为它们使用调查创造了一个完全虚拟的市场。条件价值法,尤其用来评价货币性损害——在《自然资源损害评价》中污染者必须付钱来补偿失去的生态系统服务(Kopp和Smith,1993)。这些基于调查的方法适用于任何有使用或没有使用价值的东西,但是它们也有一系列的问题,包括:

- 公众不能理解大多数环境资源和服务;
- 即使他们能够理解,他们也不能因调查而得出相关定义明确的价值;
- 即使调查参与者有定义明确的价值,这些价值也不一定包含资源和服务的所有效用;
- 任何试图培训调查参与者的行为都有可能会影响他们的回答;
- 调查参与者对于定价或支付有价值的生态资源或服务没有经验;
- 即使我们能创造一个市场,我们也不知道调查参与者是否真正会支付规定的费用;
- 耐心的调查参与者能够列出来的资源和服务的数量是有限的;
- 人们可能不愿意支付任何东西的费用,因为他们相信责任方应该会支付;
- 人们可能会选择退出,因为他们反对给自然界定价。

表 38.1 评价环境商品和服务的货币性价值的方法

方法	描述	实例
行为调查法(只能评价使用价值)		
市场法	当环境商品在市场上交易时,它们的价值就能从交易中评价	为了恢复渔业发展而清除溢油的效益能够由溢油事故前后市场上鱼类和它们对渔民及消费者的影响等变化反映出来

续表

方法	描述	实例
生产功能法	生产市场商品需要环境商品和服务,那么就能评价它们的价值	如果改善环境质量能够生产更健康的农作物,那么改善行为的价值就包括,如生产同等数量的农作物减少的肥料成本
享乐价格法	当市场商品受特性影响时,环境商品的特性价值就能间接地从市场上评价	如果改善空气质量能改进一个地区的住房市场,那么它的价值包括住房增值。这可以通过统计地评价住房价格与空气质量的关系来测量
旅行费用法	娱乐场所的价值可以由调查旅行成本和时间来评价	对那些使用休闲钓鱼场所的人来说,它的价值可以由调查游客来评价,这能确定游览的次数与时间及旅行成本的关系
意向调查法(能评价使用和非使用价值)		
条件价值法	根据个人支付特定描述的非市场商品的意愿来调查个人	在电话调查中,直接询问回答者通过假设的税金增加来支付能减少排放物,改善特定河流健康工程的意愿
联合分析法	调查的回答者以商品特性的功能来评价了商品可供选择的描述,所以我们可以评价它们的特性	在邮件调查中,假定可选的休闲钓鱼场所由鱼的类型、预期捕获率、预期拥挤程度和来回程距离来描述;回答者的偏好可用来计算每个特性变化的价值

来源：Bruins RJF, Heberling MT eds., *Integrating Ecological Risk Assessment and Economic Analysis in Watersheds: A Conceptual Approach and Three Case Studies*, EPA/600/R-03/140R, Environmental Protection Agency, Cincinnati, OH, 2004。

这些问题能导致重要的偏好和不确定性。例如,在表中列举的最后两个问题使那些激烈的环保者选择退出从而影响了样本。

如果其中一种成本-效益技术应用到环境决策中,那么生态风险评价者将义不容辞地支持此种分析。如果使用了行为调查法,那么评价终点必须按照提供的商品或服务来确定和量化。例如,如果经济学家使用了鱼类的市场价值,那么他们就应该评价收获鱼类数量的缩减。如果使用了意向调查法,那么必须定义公众可能理解和重视的终点。这可能需要把初级效应,如森林鳞翅目幼虫的死亡,转化到有价值的次生效应,如美丽的鸟类、蛾类和蝶类等多度的缩减。

对生态学家来说,给自然环境分配货币性价值很可能会有点不一致,应用的技术往往看起来在科学上是值得怀疑的。但是,在需要进行成本-效益分析的决策背景下,生态风险评价者不参与其中可能会最小化甚至忽略了环境效益而不是改善人类健康。这就要求建立进行风险评价和决策制定的一种不同的方法,而不是纯粹的法律方法。仅确认没有不可接受的效应发生是不够的。相反,我们必须能够评价具体效应的风险以及避免或修复这些风险的效益。当在经济决策背景下工作时,使经济学家在界定问题过程中就参与其中并了解它们的需要和方法很重要(Bruins 和 Heberling, 2004)。van den Bergh(1999)对环境经济学进行了广泛概述, Bruins 和 Heberling(2005)提供了流域生态风险评价的经济学回顾,美国国家环境经济学中心(2000)和科学政策理事会

(2002)从美国管理角度出发提供了相关指导。

减少生态风险的经济及其他效益的分析能够扩大评价的范围。例如,在《清洁水法》中按照水质改善的目标,修复农业区河岸植被是合理的。但是河岸种群有其他的效益,如为鸟类提供栖居地(Deschenes 等,2003)。当风险评价界定的问题侧重于涉及法律授权的终点时,证明河岸修复成本是合理的且效益核算不受那样的约束。正如识别和总计所有要求废物处理、修复或恢复的成本,也应该识别和总计所有的效益,而不仅仅是那些进行评价的终点。事实上,很难知道在何处终止。生态系统保护产生了几乎无限的效益清单。所有的物种和功能都有价值,生态系统每个可见或是可听的细节至少都有一些审美价值。人类健康和环境效益没有被完全确定和评价而规章的成本却能相对容易和完全地列表(例如,建造和运行废水处理厂的成本),这样的事实使我们产生了这样的想法:真正实践的是"完全成本-不完全效益分析"(Ackerman,2003)。事实上,产业成本常常被高估了,这主要是因为规章发展了较低成本的处理技术或废物最小化与循环再用(Ruttenberg 等,2004)。

面对非常不确定的效益,赞成基于保险的方法而不是成本-效益分析是合理的。例如,如果政策的效益,如温室气体控制是非常不确定的,那么风险管理方法要能证明避免灾难性损失的风险的一些控制成本是合理的。这种方法和预防性原则是相当的,但它基于经济而非伦理原则。

条件价值法和在表38.1中的其他技术缺陷是它们像对待消费者那样严格对待公众。正如在38.1节中讨论的,公众也是那些促进法律产生的公民(Sagoff,1988)。个人作为一个纯粹的自我利益的经济实体,可能不愿意在其他州支付任何费用来保护河流,但是同一个人作为民主国家的公民,可能会同意政治过程应保护全国性的河流从而产生合法的标准和准则。此外,福利经济学忽略了这样一个事实:人是有道德的,他们的行为方式是合理的但不会最大化他们的经济福利。

38.3 生态风险和伦理学

福利经济学并不是支持环保的唯一智能系统,正式的伦理学也是。以伦理方式而不是以经济方式来考虑环境的基本区别是由 Routley 的最后个人论点来阐述的(Schmidtz 和 Willott,2002)。思考一下:你是世界上最后一个人,你几乎没有时间生存。如果你认为砍倒最后存活的红杉很有趣,那有什么不妥呢?资源价值、自然的服务甚至是美学都是不相干的。不过,我希望大部分读者都会同意这种行为是错误的。令它错误的是一些伦理原则。但是当公众积极回应带有强烈伦理性的保护环境的呼吁时,相对于法律或经济学,伦理学作为一个正式的决策支持工具几乎就没有影响力。这部分是因为伦理学没有与经典福利经济学类似的普遍可接受的伦理学系统。

伦理学家没有标准的分类系统,但是一般来说,伦理原则和系统遵循下列分类:

动机论:行为的可接受性取决于个人的意愿。这是谋杀和误杀之间有区别的基础,也是在金融诈骗案中"意图欺骗"的要求。它和现代环境伦理学几乎没有相关性,但如果它能像由宗教仪式和咒语展示的那样能正确处理意图,那么它可能在允许使用甚至造成资源浪费的传统文化中是很重要的(Krech,1999)。

结果论:行为的可接受性取决于它的效应。这是功利主义伦理学及它的产物——

福利经济学的基础。但是,结果论甚至是功利主义的利益都可能远远超越经济福利。人们可能会愿意放弃经济资源,这可能是因为同情非人类生物或是为了避免产生令人不愉快的感受。

本体论:行为的可接受性取决于它的本质。这个伦理学的概念是与职责、义务和权利的概念相关的。它虽然与康德有关,但在环境文献中最著名的表述是 Aldo Leopold 的土地伦理。土地伦理学表达了人类保护土地的义务,通过它 Aldo Leopold 表达了人类保护生态系统的义务。把道德声望归于非人类生物、种群或生态系统的那些人正是站在本体论的立场上。

Blarney 和 Comon(1999)很好地总结了环境伦理学,Schmidtz 和 Willott(2002)则陈述了环境伦理学的定位。

伦理标准的风险评价含意比那些法律或经济标准更不清楚。本体论伦理学往往会推动保护标准而非由结果论伦理学提供的利益平衡。不过,对后果的一些考虑几乎是不可避免的。例如,如果我们对水生和陆地生态系统都有职责,那么为了污水污泥的处置而牺牲陆地生态系统的决策必须基于这样的决策:不产生污泥或在海洋中处置它的后果会更严重或至少更不能被接受。此外,由于关于环境职责概念的不同版本是冲突的,结果论伦理学可能需要在它们之间进行选择。例如,动物权利倡导者谴责了 Leopold 的土地伦理学,因为它意味着为了生态系统的利益而管理动物。因此,通过捕获非自然约束的食草动物来保护生态系统的决策要基于对不捕获的后果的判断。

38.4 生态风险、利益相关者的偏好和公众舆论

传统和公众舆论促进政策出台,这反过来又推动了法律进程,影响了如何制定个人管理决策。此外,利益相关者可能会参与决策制定、计划编制和问题形成。风险评价顾问团近期的出版物也鼓励这种趋势(NRC,1994;The Presidential/Congressional Commission on Risk Assessment and Risk Management,1997)。这个建议是建立在以下基础上:不能被受影响的当事方所接受的决策在政治上是不能被接受的并可能被阻止或拖延。但是这些过程通常是非正式的,使用多种效用的决策分析方法可以使这一过程不需要像成本-效益分析那样严格转化为货币单位(Brauers,2003)。

从生态的角度来看,增加利益相关者的影响是不合时宜的,因为它强调了对人体健康的关注而非生态问题。有责任的当事方没有奋力争取生态保护,而那些得到充分激励参与的公众主要是那些关注健康的人,环境宣传团体往往利用公众的健康关注或完全缺席。那些真正热情地关心生态问题的利益相关者往往是那些使用或获取自然资源的人(例如,伐木者、牧场主、渔民和农民),因此他们反对保护。因此,在大多数利益相关者的决策过程中,没有人为树木说话。参与决策过程的生态风险评价者,应准备好通过以利益相关者能够接触的方式清晰地陈述他们的评价结果来为环境服务,因为他们的主要工作是向利益相关者报告(34.2 节)。如果管理决策足够重要,那么全国民意调查可能有助于平衡利益相关者的各种利益。其中一个例子是目前北极国家野生动物避难所与美国石油开发的冲突。这样有关国家重要性的生态问题是罕见的,为了解决这些问题环境倡导组织可以动员公众舆论。在常规的评价中作为公职人员的风险管理者必须能够在法律和政策的基础上代表公众利益。

38.5 结论

　　这本书大部分介绍的内容是关于如何用准确和公正的方式来评价风险，并在适当的空间和时间尺度选择所关注的终点以及清楚、适当地陈述结果。关键的最后一步是确保结果在完整的决策背景下有影响力。这一章描述了可能影响生态风险解释的其他注意事项。那些只会把他们的结果丢在风险管理者办公桌上的生态风险评价者，当他们发现自己的工作几乎没有反映在决策中时，都会感到气馁。生态风险评价者必须学会与律师、经济学家、政策分析家和其他得到风险管理者注意的人一起工作。对我们大部分人来说——与人类情感或机构的复杂性相比更喜欢处理自然界复杂性的内向生态学家，这是比计算暴露和效应方差积分更大的挑战。

第39章
监测风险管理的结果

> 诸多影响是无法预料的,因此计划中一定要提供监测以及根据监测结果进行调整。
>
> Holling(1978)

生态风险评价的结果是不确定的,管理和修复行动可能有意想不到的效果。因此,基于风险的决策不能保证一定有理想的效果。环境监测可以揭示实际效果,并指导进一步的评价、决策和行为。遗憾的是,生态系统中环境管理行为的效果却很少监测。相反,通常是假定该问题已经解决,评价者和管理者继而转向下一个问题。表面上这是一个合理的做法。管理者选择了他们认为有效的行为,同时假设未评价和未修复点的情况更糟糕至少看起来也是合理的。然而,修复和恢复技术的功效往往是不确定的,它们的实施情况可能会很差。无论如何,均适用于非预期后果法则。

监测要回答的一个基本问题是修复行为是否减少了暴露和效应?虽然污水处理或去除污染介质能减少暴露似乎不言自明,但未必都能通过研究证实。特别是,研究发现疏浚受多氯联苯(PCB)污染的沉积物在某些情况下并没有减少双壳类软体动物和鱼类的暴露强度(Rice 和 White,1987;Voie 等,2002)。事实上,物质总量虽然减少了,但它对生态区的有效性并没有降低。此外,修复可能会减少暴露强度但却不能消除毒性。在疏浚和封盖加利福尼亚州旧金山湾的 Lauritzen 海峡后,沉积物中氯化磷农药的浓度下降了,其浓度虽然在某点挖取的蚌类中减少了,但在另一点挖取的蚌类中却增加了(Anderson 等,2000)。修复一年之后,底栖无脊椎动物群落中物种和个体都减少了,同时对片脚类动物来说沉积物的毒性比修复前更强了。

新农药和新工业化学品的登记便于后管理的监测和评价。这对农药来说更甚。在美国有时制造商需要进行监测研究。鉴于应用和处理的相似之处,这样的研究相对容易设计。正是因为如此,事实上美国很大程度上已经消除了杀虫剂要预先登记实地测试的要求(Tuart 和 Maciorowski,1997)。

因为建立在单个化学品浓度基础上的排污许可证没有说明联合毒性效应,所以污水毒性测试(24.4 节)是监测排污许可证成效的一种方法。不过,由于污水测试是周期性的,它们很可能会错过高毒性时段,即由于处理失败、过程中暂时的变化或其他事件造成的。虽然已经提出要对已处理污水进行连续的生物监测,但尚未被采用(见图39.1)。

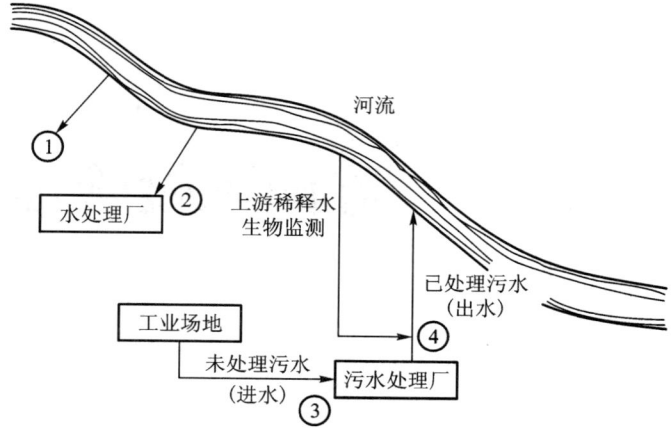

1. 地表水生物监测或水处理厂上游生物监测
2. 水处理厂生物监测
3. 污水处理厂进水生物监测
4. 污水处理厂出水生物监测

图 39.1　生物监测污水毒性的系统图
（引自 van der Schalie WH, Gardner HS, Bantle TA, De Rosa CT, Finch RA, Reif JS, Reuter RH et al. Environ. Health Persp., 107, 309-315, 1989。获得许可。）

　　由于各种污水及非点源的联合作用，排污许可证也可能不能保护环境。在美国，国家和部落的生物监测和生物评价项目就是为了检测那些联合效应并为调节总污染物负荷量提供基础，即日最大负荷总量（TMDL findings）（Houck, 2002）。生态流行病学法（第4章）的主要局限是如果在一个州或国家的多种水体中以足够高的频率监测足够多的点，那要花费高昂的成本。

　　我们应该监测消除外来物种的结果，因为消除不一定能解决生态问题。例如，从加利福尼亚的圣克鲁斯岛上以及马里亚纳群岛的一个小岛上消除牲畜，这两个案例均造成了以前不常见的外来杂草的爆发性生长和对本地植物的生长抑制（Simberloff, 2003）。因此，监测对于确保生态系统管理目标的实现和确认物种的消除是很有必要的。

　　同样地，生态修复工程常常本身是成功的，但在生态上却并不成功。特别是，湿地修复工程常常成功地创建了一块湿地，但却没能建立多样化的湿地群落。只有湿地群落才能支撑目标物种（如小巧玲珑的秧鸡）或充分施展湿地的功能（如营养保持）。

　　当在设计后管理的监测项目时，仔细地考虑目标很重要。第一个目标将是确定是否要恢复促进管理行为的终点属性。例如，Lauritzen海峡的修复评价监测到了沉积物和蚌类中的污染、对无脊椎动物的毒性和无脊椎动物的群落结构等的变化，但是因为没有监测终点的集合——底栖鱼类，所以就无法回答效能的问题（Anderson等, 2000）。第二个常见的目标是确定所有管理失灵的原因。该目标要求监测污染物水平、其他中间体的因果参数以及终点。因为失灵往往是由于评价者没有考虑到一些过程，所以这个目标很难实现。例如，Lauritzen海峡的评价除了 United Heckathorn 超级基金场地以外，没有包括沉积物污染的可能来源（Anderson等, 2000）。因此，发展其他可能原因的概念模型，识别区分它们的变量并加以监测很重要。

介质毒性测试(24.5节)能够在监测中扮演重要的角色。通过测试已处理或已修复的介质有可能区分正在进行的效应——来自其他原因的效应的残留毒性。如果已处理的介质在中试研究中可用,那么介质毒性试验甚至可以先于修复而进行。例如,在主要受多氯联苯污染的土壤中,溶剂提取多氯联苯去除率达99%,但是土壤对蚯蚓和植物造成的毒性并没有改变甚至增加了,这取决于物种和测试终点(Meier等,1997)。

如果监测显示在足够长的时间以后生态系统没有恢复或仍然在削弱,那么就应该要进行生态流行病学研究来确定原因(第4章)。残留损伤可能是由修复行为没有显著减少对所关注要素的暴露强度或其他有毒要素的效应而造成的。这个分析需要明确定义残留损伤,列出看似合理的候选原因,以及基于候选原因在空间和时间上与损伤、实验结果和机械论相联系而进行分析。成功的因果关系分析需要在削减点和参考点同步监测候选原因和残留损伤,这样就能确定空间和时间的联系。一旦确定了最有可能的原因,那么新修复方案的生态风险评价就能够为决策提供合适的管理行为参考。

监测管理结果的另一个目标是改进关于成功评价的理解以及确定为什么其他评价会失灵,这样生态风险评价的实践就能提高。对于确定失灵是否倾向于过分的保护或保护不力也很有价值,两者都有可能。例如,有关受多氯联苯污染的条纹鲈胚胎的毒性效应的研究让 USEPA 第Ⅱ区处认为:条纹鲈种群的效应与哈德孙河的效应类似。但是对条纹鲈胚胎种群的长期数据进行仔细分析,结果显示多氯联苯在年一级的强度上没有影响,这显然是由密度依赖性补偿过程造成的(Barnthouse等,2003)。相反地,对于威廉王子湾的连续监测则显示:在 Exxon Valdez 石油泄漏事故发生不久之后,进行的评价没有预测到长期的生态效应(Peterson等,2003)。特别是,关于石油的水溶性部分——被认为是毒性活性分数的短期毒性研究预测对鱼类不会造成重大的风险。但是在泄漏事故后的数年中,不管是暴露在水域沉积物还是实验室的持久性3~5环芳香烃中,大马哈鱼卵的死亡率均增加了。因此,自然科学的局限性和生态风险评价中假设的简单化均导致了误差的产生。

总而言之,监测管理行为的结果对于确保实现这些行为的目标是必不可少的。除此之外,在生态风险评价中,真正的进步取决于由设计完美和实施有力的监测项目所提供的反馈。环境化学和毒理学所忽视的领域,例如爬虫类毒理学,除非能在现实世界的决策中显示出重要价值,否则将一直被忽视。同样的,相关被忽视的评价技术,例如种群和生态系统的仿真模型,也可能一直被忽视,直到证明除非利用这些技术,否则管理决策就会失灵。

第七篇　生态风险评价的未来

　　为了进行对保护环境至关重要的一系列科学活动，就需要创造性地利用各种潜在的资源。

Gell-Mann(1994)

　　自从这本书第一版出版以来，生态风险评价作为影响非人类环境中化学品管理决策的主要方法已经建立起来。当前，来自科技进步、政策及公众期望等变化的压力正在从各个方向推进生态风险评价的发展。以下是基于这些压力的预测和一些展望。

　　科技进步和政策压力都在推动生态风险评价朝它预期的更清晰、更明确的方向发展。如果现有科学的支持能力局限于此，那么把半致死浓度除以因子1 000来评价未指定的生态效应的阈值就是合理的。但是，现在支撑生态风险评价的科学为更先进的方法提供了基础。也许更重要的是，公共决策者越来越渴望确保法规和其他管理行为都是合理的。尤其当成本-效益准则越来越广泛地应用于环境法规中。同样的，要求利益相关者参与决策就会越来越多地要求风险评价者解释什么正处于风险中以及采取行动之后可能会发生什么。因此，对评价者的能力和要求也越来越多。

　　如果生态风险评价者必须要运用更先进的工具、更广泛的数据来评价特定风险，那么这些工具和数据的可用性必须更强。否则，生态风险评价就不能达到决策者和利益相关者的期望。这就要求发展更好的方法来发布信息和工具，能使评价者更便捷地利用它们。期刊出版物显然不能满足此要求，像本书这样的书籍稍微有用一些，但也只能进行肤浅的介绍。评价者需要更好地获取信息和分析信息的模型，然后协助组织评价并做出正确的评论。

　　信息：二级数据的数据库，例如，USEPA ECOTOX 很有用但却很难维护。需要更好的平台来共享原始数据。

　　模型和建模工具：正如在第28章讨论的，标准生态系统模型和用于仿真建模的便捷系统都已经可用。但是它们需要的专家技术仍然远远超过大多数生态风险评价者的能力。

　　评价支持系统：基于计算机的系统，像 CADDIS(http:/cfpub.epa.gov/caddis/)应该是未来生态风险评价发展的方向。CADDIS 结合了确定生态损伤最可能原因的框架和方法论、工作表、案例研究、有用信息以及其他有用的信息和定量工具。

　　不确定性在生态风险评价中没有处理好，我们希望在接下来的十年里情况会有所改善。目前的现状仅是罗列不确定性的来源，甚至都没有进行分级或是评价它们的大致程度。虽然有很多可用的技术，但是它们的应用仍需要进行指导。

　　基于基因组学、蛋白质组学和代谢组学等正在进行的生物学革命，将不可避免地改变毒理学。在未来几年中，生物个体将成为反应毒理学挑战的系统而不再是黑箱。继而产生的计算毒理学将会促进物种、生命阶段和暴露体制中的外推，并大大提高新化学品的效应预报。

相反，生态风险评价将更关注现场环境的实际效应，也更适合反应那些结果。USEPA和其他环境管理机构对广泛使用的生物调查都达成一致默认：不是所有效应都能预测的。这个不可预测性源于生态反应的复杂性（例如，框34.1）和不可控因素的重要性，例如农业排放物虽然影响了生态系统但却没有对其进行风险评价。在接下来的几年中，基于实地调查的预测性风险评价和生态流行病学评价必须越来越多地与关于直接及间接因果关系的普遍分析相联系。

词汇表

三段论(abduction)——通过推导以获得最佳的解释。与推论和归纳并列的另一种逻辑。

准确度(accuracy)——测定值或计算值与真实值之间的近似程度。

急性(的)(acute)——在短于有机体生命周期的时间(通常<10%)内发生的效应或者变化。"急性"也用于指代"强烈的效应"(通常指死亡),但是该指代并不明确。

适应性管理(adaptive management)——是为检验管理模式而进行的尝试性的管理活动,能够为进一步的管理措施提供良好的基础。

倡导科学(advocacy science)——为了支持一个特定的立场或者迎合某个组织的倡导而进行的科学研究。

老化物质(aged chemical)——指长期(如多年)残留于污染土壤或沉淀物中的化学物质。通常情况下,其生物可利用性相对于刚加入土壤中的化合物要低。也作风化物质。

动因(agent)——任何能够引起潜在反应的物理的、化学的或者生物的实体及过程,它与"胁迫"是同义词,但是其内涵更加广泛,因其也包括养料、水流和其他一些有益或者中性而不是"有害"的物质或者过程。其在美国森林维护的文件中偶尔出现的同义词是"影响因素"。

环境介质毒性测试(ambient media toxicity test)——对受污染的"现场"中的环境介质(土壤、沉积物、水)进行的毒性试验,这些环境介质往往含有多种化学物质。

暴露分析(analysis of exposure)——是生态风险评价中常用的词汇,其内容是对污染物与"终点实体"在时间和空间上的接触强度,以及相关的不确定性进行分析。

效应分析(analysis of effects)——是生态风险评价中常用的词汇,其内容是对污染物与暴露其中的终点实体和属性之间的关系,以及相关的不确定性进行分析。

分析计划(analysis plan)——实施风险评价的计划,包括搜集数据、建立模型等分析内容,以满足环境管理决策所需要的输入需求。

颉颃作用(antagonism)——两个以上的化学物质引起的联合效应小于这些物质作用的加和的效应(暴露加和或者效应加和)。

应用前提(application niche)——某个模式模型可以有效使用的状态或条件的范围。

评价终点(assessment endpoint)——是对需要保护的环境价值的明确表达,它必须包括某一种"实体"以及该实体的某种属性。

评价者(assessor)——从事风险评价等内容的人员。

渐进 LC_{50}(asymptotic LC_{50})——即最小半致死浓度,指生物体不再因"暴露"而致死的毒物浓度,与和化合物可逆结合的"受体"平衡浓度有关。

背景浓度(background concentration)——在环境介质没有受到正在评价的"源"或者其他本地"源"的污染的情况下,该介质中某种物质的浓度即为该物质的背景值。背景浓度由区域的自然情况或整个区域的污染情况决定。

贝叶斯算法(Bayesian)——是统计学的一个分支,其特点是对早期信息的升级以及利用贝叶斯法则和主观概率的处理方法来对事情发生的概率进行评估。

基准剂量(benchmark dose,BMD)——一种物质在产生效应水平比较低(通常10%)时的"剂量"。该术语常用于 USEPA 人类健康风险评价,有时也用于"野生哺乳动物"的风险评价中,等同于一个 ECp 或 ICp。

基准剂量下限(benchmark dose limit,BMDL)——指的是"基准剂量"的置信下限。

偏差(bias)——计算值或测量值与真实值之间的系统差异。

生物测试(bioassay)——该操作是指利用对生物反应的检测来判别环境中是否存在某些化学品或评估其浓度,见"毒性测试"。

生物累积(bioaccumulation)——环境介质中的物质被生物体"摄取"后,在其体内的净富集过程。

生物累积系数(bioaccumulation factor)——在某元素或化合物在生物体内的浓度达到稳定且具有多种"摄取"途径的情况下,该元素或化合物在生物体内的浓度与其在环境介质中的浓度的商值就是生物累积系数。

生物可利用性(bioavailability)——某化学物质被有机体摄取或吸收的容易程度。一般来讲,化学物质处于某种容易被吸收的状态,例如溶解态,其生物可利用性就高;而较难被利用的形态,例如被固体或溶解有机质吸附,其生物可利用性就低。

生物浓缩(bioconcentration)——水中的物质被生物体直接吸收后,在其体内的净富集过程。

生物浓缩系数(bioconcentration factor,BCF)——指水中某些元素或化合物的浓度与生物体内此类元素或化合物浓度接近稳态时的比值,此浓缩过程只有一种途径,即是直接从溶液中"吸收"。

指示生物(bioindicator)——能够通过自身的存在或者缺失对其所在的"生态系统"起到某种指示作用的物种。线蚓科蠕虫就是低溶解氧的指示生物。

生物放大(biomagnification)——由于从食物中的富集,污染物浓度从一个营养级(如被捕食者)到下一个营养级(如捕食者)的增加。

生物标志物(biomarker)——可以用于测定暴露或效应的生物化学、细胞或生理特性中一些可测定的变化。

生物调查(biosurvey)——某区域中生物种群或群落特性的计数或测量过程。

生物/沉积物累积因子(biota/sediment accumulation factor)——某化学物质在底栖生物体内和沉积物中的浓度比值。

冠层覆盖度(canopy cover)——测定地表植被覆盖程度的方法,它与太阳辐射的拦截面有关。

碳的矿化(carbon mineralization)——又称为碳的氧化,是指碳从有机化合物中转变为无机状态的过程。

阳离子交换容量(cation exchange capacity)——黏土和有机胶体从土壤溶液中去除阳离子的能力。

萎黄(chlorosis)——由于叶绿素合成受阻,而导致植物组织呈现异常黄色。

慢性作用(chronic)——生物体经过相对于生命周期而言较长一段时间的暴露后,或者经过相对于暴露系统的反应比例而言充分持续的暴露时间后,所发生的反应、响应或效应。慢性作用也指非致死效应或对生物体生命早期的影响,但这些含义的应用经常出现混淆。

群落(community)——同一时间占据相同区域的所有植物、动物以及微生物群体,也常用来表示群落的亚单位,如鱼类群落或者底栖大型无脊椎动物群落,此术语后来更多用于定义一个群体。

清除标准(cleanup criterion)——基于充分保护人类健康和其他生态环境评价终点而确定的环境介质中或其他目标中需要满足的化学物质的浓度。

比较风险评价(comparative risk assessment)——该类型的风险评价用于对解决某特定风险的多种可供选择的行为进行比较或排序,或者用于为修复或者管理提供需要优先处理的风险。

补偿(compensation)——在种群生态学中,补偿是指原本密度较稀的种群,由于死亡率减少、出生率提高、成熟速度加快,以及繁育能力增强而造成的种群增加。在生态系统中,补偿是指有些物种的衰败伴随着一种或多种物种的丰富。例如,美国南部阿巴拉契亚森林里美国栗子树的减少,而栗子树的生长速度和产量却增加了。

浓度加和(concentration additivity)——一种联合毒性作用模式,该作用模式中,混合物的毒性相当于其中每一种组分在其各自浓度条件下独自作用的毒性效应的加和。

概念模型(conceptual model)——污染物或其他动因的来源与终点实体之间假定的因果关系的表现形式,通常包括图表和解释性的文字。

混杂(confounding)——由多种因素和过程形成的不可分离的状态。在生态环境研究领域,因素和结果之间看似很明显的因果联系常常会受到空间和时间上与所研究因素相关的未知因素的干扰。

污染物(contaminant)——因为人类活动释放到环境中的具有潜在危害的物质。

矫正行为目标(corrective action goal)——以保护人类健康和生态环境评价终点为目的而确定的环境介质或其他目标中某一化学物质的浓度。

成本-效益分析(cost-benefit analysis)——用来平衡与某一行为或者技术相关的成本和利润的方法。

可信度(credibility)——由于系统的可变性和评价者的不确定性所导致的偶然事件发生的可能性。一系列事件的可信性等于它们在长时间的变化频率。

累积分布函数(cumulative distribution function,CDF)——用来表示一个随机变量少于或者等于某一个数值的函数。累积分布函数通过连续随机变量的概率密度函数求积分,或者离散随机变量的概率密度函数之和来计算。

推论(deduction)——从一定理或一套公理到一个特殊结论的推导。例如,如果生物浓缩系数(BCF)= $0.89 \log K_{ow} + 0.61$,则可以推导出,令化学物质的 K_{ow} 为 10 时,

BCF 为 1.5。如果前提是正确的,结论通常正确,那么推导的论点就是有效的。见"三段论"、"归纳"。

确定性评价(definitive assessment)——一个通过评价终点效应和风险的可能性,有意支持修复决定和提供管理决定的基础的评价。

显著风险(*de manifestis*)——十分大以至于显然是重要的。(也就是说,风险如此之大以至于几乎需要持久的防护或修复活动。)

不显著风险(*de minimis*)——十分小以至于可被忽略。(也就是说,风险小到可以不需要防止或修复的行动)。

退偿(depensation)——由于寻找配偶能力的衰退、捕猎的增加或者环境适应能力的减弱,致使低密度的生物数量加速下降,是"补偿"的反义词。

检出限(detection limit)——介质中化学物质能被某种分析手段可靠地检测出来的浓度,是由统计学方法定义的。

确定性(的)(deterministic)——只有一种可能的结果。

直接效应(direct effect)——源于动因直接作用于评价终点或其他生态学成分本身,而不是生态系统其他成分的效应。与原初效应同义,也可参见:间接效应和次生效应。

剂量(dose)——化学物质、化学混合物、病原体或辐射接触有机体的量。如,填喂法管理的野鸭体内含有的镉的毫克每千克数。

剂量加和(dose additivity)——一种联合毒性作用模式,该模式中,混合物的毒性相当于其中每一种组分在其各自剂量条件下独自作用的毒性效应的加和。

剂量率(dose rate)——单位时间内的剂量

疏浚(dredge spoil)——从水体中捞取沉淀物并将其作为废物堆放到土地上或其他位置。

生态流行病学(ecoepidemiology)——对环境中生态实体观测效应的成因及后果的分析。

生态实体(ecological entity)——一个有可能暴露于有害动因或本身可能就是有害动因的生态系统、功能组、群落、种群,或某一类型的有机体。

生态风险评价(ecological risk assessment)——评价由于暴露于一种或多种动因而导致正在发生或者可能发生不良生态效应的过程。

生态系统(ecosystem)——由在时空上占据一定位置的生物群落和非生物环境所组成的功能系统。

沉积物效应范围低值(effects range-low for sediments)——海岸或河口环境受到10%的效应对应的浓度值。

沉积物效应范围中值(effects range-median for sediments)——海岸或河口环境受到50%的效应对应的浓度值。

效能评价(efficacy assessment)——对修复行为进行的有效性分析。

经验模型(empirical model)——一个用统计技术或判断进行数据拟合推导的数学模型。纯粹的经验模型包含对多组数据进行的总结而没有任何机理解释。

终点实体(endpoint entity)——出于保护的目的而选用的有机体、种群、物种、群落或者生态系统。终点实体是评价终点定义中所包含的内容之一。

环境风险(environmental risk)——环境中有害动因对人类或其他实体的风险。这个定义在美国、英国和其他国家都有应用。然而有些国家把环境风险等同于生态风险。

平衡分配(equilibrium partitioning)——环境介质中进行的化学迁移,以使两种介质中的浓度相对值达到常数。

证据(evidence)——为了某个假设或模型而提供的数据的概要。

超额风险(excess risk)——确定的暴露所产生的风险与未确定的暴露(或另一种条件下的暴露)所产生的风险之间的差值。

外来物种(exotic species)——由其他地方引入的生物物种,包括生物工程、选择育种或自然选择产生的物种。

暴露(exposure)——污染物或其他物质与生物受体的接触或共现。

暴露途径(exposure pathway)——污染物从源头转移到生物受体的物理路线。一种可以牵涉多种介质相互间的交换,而且还包括污染物转化的途径。

暴露概述(exposure profile)——在生态风险评价分析阶段对暴露进行的描述。暴露概述概括了用于模拟场景的概念模型中暴露的水平以及空间和时间模式。

暴露-反应(exposure-response)——某个动因的暴露程度和暴露于该动因的有机体、种群或生态系统的反应的种类或水平之间的函数关系。

暴露-反应概述(exposure-response profile)——生态风险评价在分析阶段对生态学效应进行的界定。暴露-反应概述包括总结了污染物效应、对评价终点效应的测定和评价终点在不同暴露条件下的效应等信息。

暴露-反应关系(exposure-response relationship)——暴露强度与效应强度的定量关系。暴露-反应关系可采取不同形式,包括阈值(例如,影响发生在比 x 毫克/升更大的浓度)、统计模型(例如,死亡概率为浓度的概率函数)、或数学过程模型(例如,溶解氧浓度作为磷负荷和其他变量的一个函数)。剂量-反应、浓度-反应和时间-死亡模式是暴露-反应关系的具体例子。

暴露方式(exposure route)——污染物进入生物体的一种方式(如吸入,气孔吸收,摄取)。

暴露情景(exposure scenario)——关于暴露如何发生的一系列假设,包括暴露设定、智能体的特点、能导致暴露的活动、改变暴露的条件,及暴露的时间格局等假设。

灭绝(extirpation)——从一个生态系统、流域或区域消除一个物种,是功能性灭绝的同义词。

外推(法)(extrapolation)——(1)利用相关数据来估计一个不可观察或不可测的值。例如,利用对黑头呆鱼的效果来估计对黄河鲈的效果,利用有机体个体的效果估计全体,用在 10 ℃水中的氧化率来估计 5 ℃的情况,以及(2)估计超出经验函数范围的值。

可行性研究(feasibility study)——超级基金补救调查/可行性研究中指导补救办法的效益分析、成本分析和风险分析的组成部分。

频率论(frequentist)——统计学的一分支,其特点是分析一组数据时,视其为从特殊分布的群体中抽取的无穷数个样本中的一组,用频率处理概率。

地理信息系统(geographic information systems,GIS)——利用空间数据生成地图

或模拟空间过程的软件。

食土的(geophagous)——吃土，通常是指故意或者至少不是偶然的摄入。

栖息地、生境(habitat)——可以提供某一物种或一系列物种需要的地区。

危害(hazard)——一种可以导致危害的情形。在风险评价中，危害就是假设存在在动因与易受影响的终点实体之间的关系，鉴定危害可以有助于评价危害发生的风险。

危害商(hazard quotient)——估计水平除以无效或者导致有预期效果的水平的比例系数。例如，水中化学物质的浓度除以它的 LC_{50}。

超积累生物(hyperaccumulator)——一种积累了相对于其所在土壤或其他介质的浓度为高浓度的某元素或化合物的有机体(通常是植物)。

指标、指示(indicator)——一种简单的观察，用于揭示生态系统的某些重要但不易观察的方面。

间接效应(indirect effect)——一种动因作用于生态系统成分所导致的结果，它影响关注的评价终点或其他生态组分。见"直接效应"。化学污染物的间接效应包括因毒性作用造成供应地的食物种类或植物丰度的减少。

归纳(induction)——在逻辑上，归纳源于观测的普遍原理。举例来说，不同化学物质生物浓缩的一系列观测，可以归纳出生物浓缩系数(BCF)是一个辛醇/水分配系数(K_{ow})的函数；特别的，$BCF = 0.89 \log K_{ow} + 0.61$。当前提是正确时，结论通常正确，那么归纳的论点就是有效的。见"三段论"、"推论"。

推理、推论(inference)——由证据推理的行为(从迹象推导原因的行为)。

相关当事方(interested party)——见"利益相关者"。

界值(intervention value)——一种基于对人体健康、生态受体与进程等风险的筛选标准(荷兰)。生态毒理学中的界值是指半数危害浓度(HC_{50})，即有50%的物种获得保护的浓度。

伪科学(junk science)——虚假的科学成果，因为其政治、金融、或其他动机胜过对真相的渴求。该词由工业组织提出以质疑对环境和公众健康的关注，其本身就是政治性的。反义词是合理/可靠/健全的科学。

动力学(kinetic)——在毒理学和药理学中，动力学是指有机体中的一种化学物质的迁移和转化。

土地园(land farm)——有机废物填入土壤进行处理的地方。

生命周期评价(life-cycle assessment)——以所选产品和技术的生命周期为基础，即从原材料的提取到使用后产品的最终处置，确定它们的相对环境影响的方法。

概率(likelihood)——事件出现预期结果的假设概率。它可以被看做是给定假设的证据的概率$[P(E|H_x)]$或作为给定概率密度函数的样本$(x_1, x_2, \cdots, x_n)$的概率。因为超越了一组事物假定的可能性的总数可能大于1，所以可能性也被称为假设的概率。

证据链(line of evidence)——一组数据及相关的分析，可以单独或结合其他证据链，用来估计风险或确定原因。一条证据链(例如，黑头呆鱼的半数致死浓度和利用EXAMS评估的24小时最高浓度)是一类证据的一个实例(例如，实验室端点测试和模拟暴露水平)。

负荷(loading)——污染物或其他动因在某个特定的接收系统中的输入率(如切萨皮克湾的氮载荷)。

最低可见不良效应水平(lowest observed adverse effect level, LOAEL)——对于任何可测量的反应，化学物质能够造成具统计学意义的变化的最低水平。

效应测定(measure of effect)——对与评价终点的价值特征相关的可测量或可估计的生态特征的测定，相当于早先的"测定终点"。

暴露测定(measure of exposure)——对某个污染物或其他动因的可测量或可估计的特征的量化。

作用机理(mechanism of action)——产生效应的具体过程。它经常与作用模式互换使用，但是作用机制通常是用来描述比所关注的效应在更低组织水平上的变化。举例来说，如果所关注的效应是存活率的降低，那么该动因的作用模式可能是急性致命性，但其作用机制可能是破碎、急性麻醉、胆碱酯酶抑制剂或灼烧。

机理模型(mechanistic model)——通过模拟其组成过程而不是利用经验关系来评估系统性能的数学模型。

介质毒性测试(media toxicity test)——为了确定水、土壤、沉积物或生物介质的毒性作用而进行的介质毒性试验。它包括环境介质毒性试验及加标或以其他方式处理的介质试验。

半数致死浓度(median lethal concentration, LC_{50})——统计上或图表上评估的浓度，其在特定的条件下预计一组有机体中将有50%死亡。

中型动物群落(mesofauna)——肉眼几乎看不见的动物如线虫和轮虫，它们比微型动物群落如原生动物要大但比宏观动物群落如蚯蚓要小。通常该词适用于土壤或沉积物群落。

作用模式(mode of action)——刻画某个效应如何产生的表观描述。见作用机理。举例来说，如果关注的效应是当地一个物种的灭绝，那么作用模式可能是栖息地丧失而作用机理可能是火灾、铺路或农业耕作。

模型、模拟(model)——对系统的数学的、物理的或是概念的表述。

模型的不确定性(model uncertainty)——可能是由于用于评价的模型具有非专一性而导致的不确定性。这可能是由于模型形式的选择、其组成参数或其范围等因素的限制。

蒙特卡罗模拟(Monte Carlo simulation)——在风险评价的不确定性分析中常用再次采样技术以便估计模型输出参数的分配。

菌根(mycorrhiza)——特定的菌根真菌与高等植物的根系的共生联合。该联合常常便于植物吸收无机养分。

自然衰减(natural attenuation)——通过自然的生物和物理化学过程进行的化学污染物的降解或稀释。

净环境效益(net environmental benefits)——在环境服务中的所得，或是通过修复或生态恢复获得的其他生态性能减去由这些行动造成的环境伤害。(净效益也用于成本-效益分析可作为货币量化的效益和费用的区分。)

硝化(nitrification)——把氨氧化成硝酸盐的过程。

固氮(nitrogen fixation)——通过生物过程把氮气转化为氨的过程。

无可见不良效应水平(no observed adverse effect level, NOAEL)——对于任何可测量的反应，化学物质不造成具统计学意义的变化的最高水平。

非水相液体(nonaqueous-phase liquid, NAPL)——以油相出现的化学物质或材料。

标准化(normalization)——由于有机体的特征或其环境存在差异,通过改变化学品浓度或其他性质(通常以一个因素划分)来减少差异(如由生物体的脂肪含量划分身体对化学物质的负荷以产生脂肪标准化浓度)的方法。

辛醇-水分配系数(octanol-water partitioning coefficient, K_{ow})——有机化学品在这两种溶剂中达到平衡时,其溶解在辛醇中的浓度除以溶解在水中的浓度所得的比值。

当事方(parties)——指参与决策的组织,各方代表都是风险管理者。

植物修复(phytoremediation)——被污染的土壤经由植物对化学品的积聚,或利用植物促进降解的修复。

植物毒性(phytotoxicity)——对植物的毒害。

种群(population)——在同一空间和时间占据在特定区域的同一物种并可繁殖的个体的集合。

精密度(precision)——精密度通常由独立测定结果的相似性决定,测量或评估根据精密度就可以专一化或再现。在结果中重要图表的数据都需要对其精度进行表示。

初步修复目标(preliminary remedial goal, PRG)——介质中某个污染物的浓度,用作评估受污染介质中的受体需要达到的修复目标。

原始数据(primary data)——为进行风险评价而获得的数据,用于满足评价者对质量的要求以及满足评估某一参数或函数的需要。

概率(probability)——常用的定义至少有两个:(1)客观主义和经典评估方法:在反复实验中一个事件发生的相对频率,以及(2)主观主义和贝叶斯评估方法:某一假说的可信程度。概率的范围是 0 至 1。0 表示不可能,1 表示必然性。

概率密度函数(probability density function, PDF)——对于一个连续变化的变量,概率密度函数表示将在一些非常小的区间发生的变量的概率。作为离散型随机变量概率密度函数表示变量假设为一个特定值的概率。

沉积物可能的效应水平(probable effects level for sediments)——在沿海及河口泥沙中第 50 个百分位的效应浓度和第 85 个百分位的无效应浓度的几何平均数(佛罗里达州环境保护署)。

问题形成(problem formulation)——在生态风险评价的阶段中确定评价目标,指定实现这些目标的方法的过程。

假重复性(pseudoreplication)——将来源于单一处理场所或系统的样品分配为多个样品,并将其视为来源于多个独立处理场所或系统的不同样品的做法。举例来说,来源于废水排污口下流域的底栖无脊椎动物的多个样本都是假重复性制备法。

二元的(quantal)——用于表示或全或无的反应。

分位数(quantile)——可以把概率分布的范围分成一定数目的均等有序的部分的任何值;例子是中位数、四分位数和百分数。每个值都把范围分为两部分:低于这个值的部分相应于分数 p,以上部分相应于分数 $1-p$。

定量限(quantitation limit)——化学物质在介质中能够用分析的方法进行可靠的量化的浓度。该概念因统计定义不尽相同而备受争议,但一般是基于可估计到规定精密度(例如，真正达到估计的浓度有10%的相对标准偏差)的浓度。

受体(receptor)——暴露在污染物中的有机体、种群或是群落。受体可能是也可能不是评价终点实体。

决策记录(record of decision)——陈述CERCLA修复调查/可行性研究过程中对于备选活动的最后决定的文件。

恢复(recovery)——一个种群、群落或是生态系统回归到具有以前重要特征的环境的程度。由于生态系统的复杂性和动态性，一个恢复后的系统的特性必须加以仔细的界定。

阴性参考(reference, negative)——用来评价接收系统在没有污染或干扰的状况的某个场所或从该场所获得的资料。

阳性参考(reference, positive)——用来评价受到暴露的系统但不是目前正在评价的系统的状况的某个场所或从该场所获得的资料。

参考值(reference value)——一种化学物质浓度或剂量，它是毒性或显著污染物的阈值。

相对风险(relative risk)——暴露的风险与没有暴露或是以另一种形式暴露的风险的比率。

释放、排放(release)——污染物从源头进入环境介质的过程。

修复行为目标(remedial action objective)——对所关注的污染物和介质、潜在暴露途径和清除标准(修复目标)的详细说明。

备选修复方案(remedial alternative)——在被污染场地修复的可行性研究中提出的潜在适用的修复技术或行为。它可能包括：控制土地利用、无行为措施(自然衰减)以及一般的工程行为(如封盖或热脱附)等。

修复目标(remedial goal)——风险管理员选择的污染物浓度、毒性反应或其他标准来界定通过修复行为可以实现的条件。

修复目标选项(remedial goal option)——风险评价者推荐的污染物浓度、毒性反应或其他标准，用于作为评价中的保护作用。

修复单元(remedial unit)——应用单一修复措施的土地或水体区域。

修复(remediation)——采取行动以减低污染物的风险，包括清除、处理污染物或限制土地使用。值得注意的是相对于恢复(restoration)，修复严格强调降低污染物风险并可能在实际上降低了环境质量。

去除行为(removal action)——应对有害物质的释放构成直接威胁的一个临时补救办法。

根际(rhizosphere)——在植物的根附近并且受到植物根系影响的部分土壤；所谓的"影响"包括微生物活性的增强、营养物质的迁移等作用。

河岸(riparian)——河流及其洪泛区(洪泛平原、漫滩)所包含的区域及其边缘区域。

风险评价者(risk assessor)——参与风险评价技术层面的工作人员。风险评价者可以是风险分析方面的专家或者是与该风险评价内容相关的科学或工程领域的专家。

风险表征(risk characterization)——生态风险评价中的术语，其综合污染物的暴露水平和暴露-效应资料，对该污染物引发的负面的生态效应发生的可能性进行评价。

风险管理(risk management)——该工作内容包括:在承担风险和采取措施减少风险之间进行决策、修改决策、执行决策等。

风险管理者(risk manager)——对如何应对风险具有决策权的工作人员。风险管理员经常以监管机构的代表、土地管理者或投资管理者的身份出现。

生根剖面(rooting profile)——植物根系在垂直方向上的空间分布。

情景(scenario)——在既定环境条件下,某种假设行为将会导致的境况。在风险评价中,情景就是设定假定情景或者现实情景,在该条件下进行暴露的发生和风险描述。

初筛评价(scoping assessment)——确定危害是否存在及其是否适宜进行风险评价的定性评价。对于污染场地,它用于确定污染是否存在,以及是否存在潜在的暴露途径和暴露受体。

筛选评价(screening assessment)——一种简单的定量评价,通过排除不需要进一步考虑的物质、受体以及区域,来引导后续的评价工作。也就是说,筛选评价是用来排除一些内容,而不是用来引导管理决策的。见初筛评价和确定性评价。

筛选基准(screening benchmark)——筛选污染物时可以作为警戒线的浓度或者剂量。

筛选水平(screening level)——作为形容词,用于界定模型、试验以及其他信息的层次,该层次能够在筛选评价中用于将风险分类,但是还不足以用于确定性评价的风险评估。

二级数据(secondary data)——从文献中获得的数据。评价者不可以采用二次数据来满足自身的质量要求,也不可以采用二级数据评估某个评估参数或者功能。

次生效应(secondary effect)——受到某种物质直接作用的个体,发生变化后对其他个体产生的效应,称为该物质的次生效应,这种效应不是物质直接作用于个体而产生的效应。例如,除草剂杀死了植物(初级/直接效应),从而会导致栖息地的植被结构的变化和食物的减少,从而导致了草食动物丰度的减少(次生效应)。另见间接效应、直接效应和初级效应。

敏感性(sensitivity)——(1)在建模方面,它指的是某个选定的参数输入值的变化导致模型输出值的变化程度。(2)在生物学方面,它指的是某个生物体或者其他的实体因某种物质暴露剂量的改变而产生的反应的强弱程度。

前哨种(sentinel species)——对化学物质或者其他反应物产生特别敏感的反应的物种。该性质使得这些物种成为指示它们所敏感的动因的危险水平的良好的标志物。

单一化学物质毒性测试(single-chemical toxicity test)——通过将某一种化学物质作用于有机体,抑或是将其作用于有机体存在的土壤、沉积物或者水等介质中,从而判断该种化学物质的毒性的试验。

场地(site)——被确定为"已受污染"或者"已受扰乱"的、需要潜在的"修复"或者"复位"的区域。

合理/可靠/健全的科学(sound science)——可信的科学结果。该用语经常出现在政治性/政策性的上下文/环境中用于形容那些支持发表者出发点/观点的试验结果。反义词是伪科学。

源(source)——向环境中排放污染物或者释放其他动因的实体或者行为(初级源)以及一个已经受污染的并且能够向其他的介质/媒介释放污染物的介质/媒介(二级

源)。初级源有污染物的溢出口、油罐泄漏、废物以及化粪池等。二级源的例子例如已受污染的沉积物,它能够通过扩散、生物积累以及交换等方式再次排放污染物。"源"这个词也常用于指示那些能够促进发展、引发物理扰动或者使用某物的行为或者动因。

物种敏感性分布(species sensitivity distribution,SSD)——一种分布函数,即一种概率密度函数(PDF)或者一种累积分布函数(CDF),用于表征一种化学物质或者混合物对一个作用单位、集合或者群落的毒性。实际操作中,SSD 用来将样本毒性试验的数据推广到所指定物种所在的整体。SSD 等同于传统的暴露-反应模型,只是其重点落在种群水平而不是有机体个体水平。

利益相关者(stakeholder)——关注调整/补救措施所带来的结果但并非参与决策制定(官方组织)的个人或者组织。例如,自然资源管理局以及市民组织等。"相关当事方"是其同义词,虽然意义更加明确的但是应用比较少。

内禀随机性(stochasticity)——由于系统内部随机性导致的某一种状态或者过程的相对随机的变化。

胁迫(stressor)——在美国的应用比较广泛,用来替代"动因"。它意味着已经预知正在被评估的动因具有负面效应。就像是"剂量过度就会造成毒性"一样,当暴露的水平、受体或者是环境的某些条件发生改变,都会使某种动因成为胁迫。

胁迫-反应(stressor-response)——与暴露-反应是同义词,但是不同在于:a,它具体化了胁迫的负面效应;b,它并不能够指明反应是由于暴露于某种动因导致的,甚至也不能说明是否存在某动因;c,在将实体(胁迫)与过程(反应)成对结合时它并不具有平行性;d,它并不能解释"暴露"与"暴露-反应关系"之间的关系。

超级基金(Superfund)——是"综合环境反应和责任法案"的通用名称。这是美国用于污染场地的评价,以及部分适宜情形下的修复的法律。该名字来源于由向化学工业征税建立起来的基金。

协同作用(synergism)——由两种或者更多的化学物质或者药物导致的联合效用大于单独作用相加(或者暴露相加或者效应相加)的效用的情形。

三级数据(tertiary data)——从发表的文献/综述或者源于文献的电子数据库中的数据。就像二级数据一样,三级数据不能够用来满足自身的质量要求,也不可以采用三级数据评估某个评价参数或者功能。而且,三级数据可能含有因数据誊抄或者数据输入导致的错误,也可能缺失对于解释具有至关重要的信息。

阈值效应浓度(threshold effects concentration)——各种毒性试验终点浓度的一种,加拿大以该浓度作为土地利用合同的指导规范(加拿大环境部长委员会)。

毒性鉴别与评估(toxicity identification and evaluation,TIE)——一种用于鉴定混合物(通常是污水)中毒性成分的处理方法,主要手段为:去除混合物中的某些成分后研究残留物,蒸馏分离混合物之后研究各种馏分,以及将混合物加入到某种介质之后测定人为污染介质的毒性等手段。

毒性测试(toxicity test)——将有机体或者群落暴露于已知化合物或者材料的已知浓度条件下从而判断其本质和效应大小的试验方法。见生物测试。

毒效动力学(toxicodynamics)——是指对暴露于某化合物或混合物后对毒性效果如何产生的研究,或者此类研究的结果。尤其需要注意的是,毒效动力学通常会集中研究一些由内暴露导致损伤的生物化学过程。

毒代动力学(toxicokinetics)——是指对暴露于外界具有潜在毒性的化学物质或者混合物(例如外界介质中的浓度或者剂量)之后,如何导致内暴露(例如其在作用位点中的浓度)的过程的研究,或者此类研究的结果。

处理终点(treatment endpoint)——为了保护人类健康或生态评价终点而设定的环境介质中或者其他目标中某种化学物质所限制的浓度(是一种清除标准)。

证据的类型、类别(type of evidence)——用于对风险定性或者鉴别起因时采用的证据的分类。每一种分类在风险定性或者起因分析中都有着性质上的不同。污染现场的生态风险评价通常采用这样的分类:(1)生物调查,(2)污染介质的毒性试验,(3)单一化合物的毒性测试。任何一种证据分类中的例子都叫做一条证据链。

不确定性(uncertainty)——事件、状态、模型或者参数中不确定的因素或内容。研究和观察能够减少不确定性。

不确定性因素、不确定性因子(uncertainty factor)——应用于暴露或者效果评价中旨在矫正不确定性的因素或因子。

单元(unit)——风险评价的对象。可以将污染场地作为一个单独的单元进行评价,也可以将其分为多个单元进行分析。通常的分类有操作单元、修复单元以及空间单元。

摄取、摄入、吸收(uptake)——化学物质从环境中因为某种作用而进入有机体的过程。

摄取系数(uptake factor)——有机体内某种元素或者化合物除以环境介质中的浓度的商。它可以与生物浓缩因子和生物积累因子互换使用,但是经常用于形容地球上的物种从食物或者水中摄入某物质的过程。

多样性、变化性、变异性、可变性(variability)——因异质性导致的实体之间或者实体的各种状态之间的差异。多样性是自然界的固有本质,不能够通过管理措施减少。例如,呆鲦鱼成年鱼的重量,再如河流每年的最小流量等。

水效应比率(water effect ratio)——水质指标或者标准用于相乘从而以使其适用于水中现场特定化学物质的参数。

流域(watershed)——多条水体流向同一条公共地表水体时流经的土地区域。

证据权衡(weight of evidence)——考虑到证据的多种系列或者进程结果的多样性,用于确定最佳支持风险鉴定的过程。

野生动物(wildlife)——非圈养的地表或者半水栖的脊椎动物。野生动物包括哺乳动物、鸟类、爬行动物以及两栖类。

参考文献

Ackerman, F. 2003. What's wrong with cost-benefit analysis? Risk Policy Report, 10:36-38.

Adams, D. F. 1963. Recognition of the effects of fluorides on vegetation. J. Air Pollut. Control Assoc., 13:360-362.

Adams, W. J. 1986. Toxicity and bioconcentration of 2,3,7,8-TCDD to fathead minnows (*Pimephales promelas*). Chemosphere, 15:1503-1511.

Adams, W. J. 1987. Bioavailability of neutral lipophilic organic chemicals contained on sediments: A review. Pages 219-244 in K. L. Dickson, A. W. Maki, and W. A. Brungs(eds.) Fate and Effects of Sediment-Bound Chemicals in Aquatic Systems. Pergamon Press, New York.

Adams, S. M. and DeAngelis, D. L. 1987. Indirect effects of early bass-shad interactions on predator population structure and food web dynamics. Pages 103-117 in W. C. Kerfoot and A. Sigh(eds.) Predation in Aquatic Ecosystems. University Press of New Hampshire, Hanover, NH.

ADEC(Alaska Department of Environmental Conservation). 2000. User's Guide for Selection and Application of Default Assessment Endpoints and Indicator Species in Alaska Ecoregions. Fairbanks, AK.

Adriaanse, P. I. 1996. Fate of pesticides in field ditches: The TOXSWA simulation model. DLO Winand Staring Centre, Report 90, Wageningen, The Netherlands.

Adriaanse, P. I. 1997. Exposure assessment of pesticides in field ditches: The TOXSWA model. Pestic. Sci., 49:210-212.

Akaike, H. 1973. Information theory as an extension of the maximum likelihood principle. Pages 267-281 in B. N. Petrov and F. Csaki(eds.) Second International Symposium on Information Theory. Akademia Kiado, Budapest.

Akin, E. W. 1991. Supplemental Region Ⅳ risk assessment guidance. US Environmental Protection Agency, Atlanta, GA.

Alabaster, J. S. and Lloyd, R. 1982. Water Quality Criteria for Freshwater Fish, Second Edition. Butterworth Scientific, London.

Alden, R. W., Hall, L. W. Jr., Dauer, D., and Burton, D. T. 2005. An integrated case study for evaluating the impacts of an oil refinery effluent on aquatic biota in the Delaware River: Integration and analysis of study components. Hum. Ecol. Risk Assess., 11:879-936.

Aldenberg, T. 1993. E_TX 1.3a, a program to calculate confidence limits for hazardous concentrations based on small samples of toxicity data. RIVM, Bilthoven, The Netherlands.

Aldenberg, T. and Luttik, R. 2002. Extrapolation factors for tiny toxicity data sets from species sensitivity distributions with known standard deviation. Pages 103-118 in L. Posthuma, G. W. Suter Ⅱ, and T. Traas(eds.) Species Sensitivity Distributions in Ecotoxicology. Lewis Publishers, Boca Raton, FL.

Aldenberg, T. and Slob, W. 1993. Confidence limits for hazardous concentrations based on logistically distributed NOEC toxicity data. Ecotoxicol. Environ. Saf., 25:48-63.

Alexander, M., Goldstein, L., Pauwels, S., Edwards, D., Zaborsky, O., Menzie, C., Heiger-Bernays, W., et al. 1995. Environmentally acceptable endpoints in soil: Risk-based approach to contaminated site management based on availability of chemicals in soil. GRI-95/0000. Gas Research Institute, Chicago, IL.

Allen, M. 2003. Initial sample preparation. Pages 34-63 in K. C. Thompson and C. P. Nathanail(eds.) Chemical Analysis of Contaminated Land. Blackwell, Oxford, UK.

Allen, T. F. H. and Starr, T. B. 1982. Hierarchy—perspectives for ecological complexity. University of Chicago Press, Chicago, IL.

Allen, W. 2001. Green Phoenix, Restoring the Tropical Forests of Guanacaste, Costa Rica. Oxford University Press, Oxford, UK.

Alsop, W. R., Hawkins, E. T., Stelljes, M. E., and Collins, W. 1996. Comparison of measured and modeled tissue concentrations for ecological receptors. Hum. Ecol. Risk Assess., 2:539 – 557.

Altenburger, R., Walter, H., and Grote, M. 2004. What contributes to the combined effects of a complex mixture? Environ. Toxicol. Chem., 38:6353 – 6362.

Ambrose, R. B. 1988. WASP4, a hydrodynamic and water quality model—model theory user's manual and programmers guide, EPA – 600 – 3 – 87 – 039. USEPA. ERL, Athens, GA.

Anderson, B., Nicely, P., Gilbert, K., Kosaka, R., Hunt, J., and Phillips, B. 2003. Overview of freshwater and marine toxicity tests: A technical tool for ecological risk assessment. Environmental Protection Agency, Sacramento, CA.

Anderson, B. S., Hunt, J. W., Phillips, B. M., Stoelting, M., Becker, J., Fairey, R., Puckett, H. M., Stephenson, M., Tjeerdema, R. S., and Martin, M. 2000. Ecotoxicological change at a remediated superfund site in San Francisco, California, USA. Environ. Toxicol. Chem., 19:879 – 887.

Anderson, B. S., Hunt, J. W., Phillips, B. M., Fairey, R., Roberts, C. A., Oakden, J. M., Puckett, H. M., et al. 2001. Sediment quality in Los Angeles harbor, USA: A triad approach. Environ. Toxicol. Chem., 20:359 – 370.

Anderson, D. R., Burnham, K. P., and Thompson, W. L. 2000. Null hypothesis testing: Problems, prevalence, and an alternative. J. Wildl. Manag., 64:912 – 923.

Anderson, J. L. 1998. Embracing uncertainty: The interface of Bayesian statistics and cognitive psychology. Conserv. Ecol., 2(2):2.

Anderson, J. L. 2001. Stone-age minds at work on 21st century science. Conserv. Biol. Pract., 2:18 – 25.

Andrewartha, H. G. and Birch, L. C. 1954. The Distribution and Abundance of Animals. University of Chicago Press, Chicago, IL.

Andrewartha, H. G. and Birch, L. C. 1984. The Ecological Web. University of Chicago Press, Chicago, IL.

Andrews, C. J., Apul, D. S., and Linkov, I. 2004. Comparative risk assessment: Past experience, current trends and future directions. Pages 1 – 14 in I. Linkov and A. B. Ramadan(eds.)Comparative Risk Assessment and Environmental Decision Making. Kluwer Academic, Dordrecht, The Netherlands.

Ankley, G. T. and Schubauer-Berigan, M. K. 1995. Background and overview of current sediment toxicity identification evaluation procedures. J. Aquat. Eco. Health, 4:133 – 149.

Ankley, G. T., DiToro, D., and Hansen, D. J. 1996. Technical basis and proposal for deriving sediment quality criteria for metals. Environ. Toxicol. Chem., 15:2056 – 2066.

Ankley, G. T., Jensen, K. M., Kahl, M., and Korte, J. J. M. E. A. 2001. Description and evaluation of a short-term reproduction test with fathead minnow(*Pimephales promelas*). Environ. Toxicol. Chem., 20:1276 – 1290.

ANZ. 1995. Risk Management. AS/NZS 430:1995. Standards Australia and Standards New Zealand, Homebush, New South Wales, Australia, and Wellington, New Zealand.

ANZECC. 2000. Australian and New Zealand Guidelines for Fresh and Marine Water Quality. Volume 2. Aquatic Ecosystems—Rationale and Background Information. Paper No. 4. 2000. Australia and New Zealand Environment and Conservation Council and Agriculture and Resource Management Council of Australia and New Zealand, Canberra, Australia.

APHA(American Public Health Association). 1999. Standard Methods for the Examination of Water and Waste Water. American Public Health Association, Washington, DC.

Aquatic Risk Assessment and Mitigation Dialogue Group. 1994. Final Report. Society for Environmental Toxicology and Chemistry, Pensacola, FL.

Arenal, C. A. and Halbrook, R. S. 1997. PCB and heavy metal contamination and effects in European starlings(*Sternus vulgaris*)at a Superfund site. Bull. Environ. Contam. Toxicol., 58:254 – 262.

Arnot, J. A., Mackay, D. and Webster, E. 2006. A screening level risk assessment model for chemical fate and effects in the environment. Environ. Sci. Technol. 40: 2316 – 2323.

Arthur, J. W. and Aldredge, A. W. 1979. Soil ingestion by mule deer in North Central Colorado. J. Range Manag., 32: 67 – 70.

Arthur, J. W. and Gates, R. J. 1988. Trace element intake via soil ingestion in pronghorns and in black-tailed jackrabbits. J. Range Manag., 41: 162 – 166.

Ascher, W. 2006. Forecasting for environmental decision making: Research priorities. Pages 230 – 245 in National Research Council(ed.) Decision Making for the Environment: Social and Behavioral Science Research Priorities. National Academy Press, Washington, DC.

Asfaw, A., Ellersieck, M. R., and Mayer, F. L. 2003. Interspecies correlation estimations (ICE) for acute toxicity to aquatic organisms and wildlife. II. User manual and software. EPA/600/R – 03/106. US Environmental Protection Agency, Washington, DC.

ASTM. 1994. Emergency standard guide for risk-based corrective action applied to petroleum release sites. ES 38 – 94. ASTM, Philadelphia.

ASTM. 1996. Standard practice for statistical analysis of toxicity tests conducted under ASTM guidelines. E 1847 – 96. ASTM, West Conshohocken, PA.

ASTM. 2002. Annual Book of ASTM Standards, Sec. 11, Water and Environmental Technology. ASTM, West Conshohocken, PA.

Avian Effects Dialog Group. 1994. Assessing pesticide impacts on birds: Final report of the Avian Effects Dialog Group, 1988 – 1993. RESOLVE, Washington, DC.

Baes, C. F., Sharp, R. D., Sjoreen, A. L., and Shor, R. W. 1984. A review and analysis of parameters for assessing transport of environmentally released radionuclides through agriculture. ORNL – 5786. Oak Ridge National Laboratory, Oak Ridge, TN.

Bailer, A. J. and Oris, J. T. 1997. Estimating inhibition concentrations for different response scales using generalized linear models. Environ. Toxicol. Chem., 16: 1554 – 1559.

Bailar, J. C. 2005. Redefining the confidence interval. Hum. Ecol. Risk Assess., 11: 169 – 177.

Bailey, R. C., Kennedy, M. C., Dervish, M. C., and Taylor, R. M. 1998. Biological assessment of freshwater ecosystems using a reference condition approach. Freshw. Biol., 39: 774.

Bailey, R. G. 1976. Ecoregions of the United States, US Forest Service, Ogden, UT.

Baird, D. J. and Burton, G. A. Jr. (eds.). 2001. Ecological Variability: Separating Natural from Anthropogenic Causes of Ecosystem Impairment. SETAC Press, Pensacola, FL.

Baker, J. L., Barefoot, A. C., Beasley, L. E., Burns, L., Caulkins, P., Clark, J., Feulner, R. L., et al. 1994. Final Report: Aquatic Risk Assessment and Mitigation Dialog Group. SETAC Press, Pensacola, FL.

Baker, J. P. and Harvey, T. B. 1984. Critique of acid lakes and fish population status in the Adirondack Region of New York State NAPAP Project E3 – 25. US Environmental Protection Agency, Corvallis, OR.

Balcomb, R., Bowen, C. A., II, Wright, D., and Law, M. 1984. Effects on wildlife of at-planting corn applications of granular carbofuran. J. Wildl. Manag., 48: 1353 – 1359.

Banton, M. I., Klingensmith, J. S., Barchers, D. E., Clifford, P. A., Ludwig, D. F., Macrander, A. M., Sielken, R. L., and Valdez – Flores, C. 1996. An approach for estimating ecological risks from organochlorine pesticides to terrestrial organisms at Rocky Mountain Arsenal. Hum. Ecol. Risk Assess., 2: 499 – 526.

Banuelos, G. S., Mead, R., Wu, L., Beuselinck, P., and Akohoe, S. 1992. Differential selenium accumulation among forage plant species grown in soils ammended with selenium-enriched plant tissue. J. Soil Water Cons., 47: 338 – 342.

Barber, M. X., Suarez, L. A., and Lassiter, R. R. (1991) Modelling bioaccumulation of organic pollutants in fish with an application to PCBs in Lake Ontario salmonids. Can. J. Fish. Aquat. Sci., 48: 318 – 337.

Barber, S. A. 1995. Soil Nutrient Bioavailability: A Mechanistic Approach. John Wiley, New York.

Barbour, M. T., Gerritsen, J., Griffith, G. O., Freydenborg, R., McCarron, E., White, J. S., and Bastian, M. L. 1996. A framework for biological criteria for Florida streams using benthic macroinvertebrates. J. N. Am. Benthol. Soc.,

15:185-211.

Barbour, M. T., Gerritsen, J., Snyder, B. D., and Stribling, J. B. 1999. Rapid Bioassessment Protocols for Use in Streams and Wadeable Rivers: Periphyton, Benthic Macroinvertebrates and Fish, Second Edition. EPA 841-B-99-002. US Environmental Protection Agency, Washington, DC.

Baril, A., Jobin, B., Mineau, P., and Collins, B. T. 1994. A consideration of inter-species variability in the use of the median lethal dose(LD_{50}) in avian risk assessment. No. 216. Canadian Wildlife Service, Hull, PQ, Canada.

Barnthouse, L. W. 1996. Guide for developing data quality objectives for ecological risk assessment at DOE Oak Ridge Operations facilities. ES/ER/TM-815/R1. Environmental Restoration Risk Assessment Program, Lockheed Martin Energy Systems, Inc., Oak Ridge, TN.

Barnthouse, L. W. 2004. Quantifying population recovery rates for ecological risk assessment. Environ. Toxicol. Chem., 23:500-508.

Barnthouse, L. W. and Brown, J. 1994. Conceptual model development. Chapter 3 in Ecological Risk Assessment Issue Papers. EPA/630/R-94/009. US Environmental Protection Agency, Washington, DC.

Barnthouse, L. W. and Stahl, R. G. Jr. 2002. Quantifying natural resource injuries and ecological service reductions: Challenges and opportunities. Environ. Manag., 30:1-12.

Barnthouse, L. W. and Suter, G. W., II. 1986. User's manual for ecological risk assessment. ORNL-6251. Oak Ridge National Laboratory, Oak Ridge, TN.

Barnthouse, L. W., DeAngelis, D. L., Gardner, R. H., O'Neill, R. V., Suter, G. W., II, and Vaughan, D. S. 1982. Methodology for Environmental Risk Analysis. ORNL/TM-8167. Oak Ridge National Laboratory, Oak Ridge, TN.

Barnthouse, L. W., O'Neill, R. V., Bartell, S. M., and Suter, G. W., II. 1986. Population and ecosystem theory in ecological risk assessment. Pages 82-96 in T. M. Poston and R. Purdy(eds.) Aquatic Toxicology and Environmental Fate, 9th Symposium, ASTM STP 921. ASTM, Philadelphia, PA.

Barnthouse, L. W., Suter, G. W., II, Rosen, A. E., and Beauchamp, J. J. 1987. Estimating responses of fish populations to toxic contaminants. Environ. Toxicol. Chem., 6:811-824.

Barnthouse, L. W., Suter, G. W., II, and Rosen, A. E. 1988. Inferring population-level significance from individual-level effects: An extrapolation from fisheries science to ecotoxicology. Pages 289-300 in G. W. Suter II and M. A. Lewis(eds.) Aquatic Toxicology and Environmental Fate: 11th Symposium, ASTM STP-1007. ASTM, Philadelphia, PA.

Barnthouse, L. W., Suter, G. W., II, and Rosen, A. E. 1990. Risks of toxic contaminants to exploited fish populations: Influence of life history, data uncertainty, and exploitation intensity. Environ. Toxicol. Chem., 9:297-311.

Barnthouse, L. W., Glaser, D., and Young, J. 2003. Effects of historic PCB exposures on the reproductive success of the Hudson River striped bass population. Environ. Sci. Technol., 37:223-228.

Barnthouse, L. W., Munns, W. R. Jr., and Sorensen, M. T. (eds.). 2006. Population-Level Ecological Risk Assessment. SETAC Press, Pensacola, FL.

Baron, L. A., Sample, B. E., and Suter, G. W., II. 1999. Ecological risk assessment of a large river-reservoir: 5. Aerial insectivorous wildlife. Environ. Toxicol. Chem., 18:621-627.

Barrett, G. W. 1968. The effect of an acute insecticide stress on a semi-enclosed grassland ecosystem. Ecology, 49: 1019-1035.

Barron, M. G. and Holder, E. 2003. Are exposure and ecological risks of PAHs underestimated at petroleum contaminted sites? Hum. Ecol. Risk Assess., 9:1533-1546.

Barron, M. G. and Wharton, S. R. 2005. Survey of methodologies for developing media screening values for ecological risk assessment. Integr. Environ. Assess. Manag., 1:320-332.

Barron, M. G., Mayes, M. A., Murphy, P. G., and Nolan, R. J. 1990. Pharmacokinetics and metabolism of triclopyr butoxyethyl ester in coho salmon. Aq. Toxicol., 16:9-32.

Bartell, S. M. 1978. Size-selective planktivory and phosphorus cycling in pelagic systems. Ph. D. Dissertation, University of Wisconsin, Madison.

Bartell, S. M. 2003. A framework for estimating ecological risks posed by nutrients and trace elements in the Patuxent River. Estuaries 26:385 – 397.

Bartell, S. M. and Brenkert, A. L. 1991. A spatial-temporal model of nitrogen dynamics in a deciduous forest watershed. Pages 379 – 398 in M. G. Turner and R. H. Gardner (eds.) Quantitative Methods in Landscape Ecology. Springer – Verlag, New York.

Bartell, S. M., Landrum, P. F., Giesy, J. P., and Leversee, G. J. 1981. Simulated transport of polycyclic aromatic hydrocarbons in artificial streams. Pages 133 – 144 in W. J. Mitsch, R. W. Bosserman, and J. M. Klopatek(eds.) Energy and Ecological Modelling. Elsevier, Amsterdam.

Bartell, S. M., Breck, J. E., Gardner, R. H., and Brenkert, A. L. 1986. Individual parameter perturbation and error analysis of fish bioenergetics models. Can. J. Fish. Aquatic Sci., 43:160 – 168.

Bartell, S. M., Gardner, R. H., and O'Neill, R. V. 1988. An integrated fates and effects model for estimation of risk in aquatic systems. Pages 261 – 274 in Aquatic Toxicology and Hazard Assessment: Volume 10. ASTM STP 971. ASTM, Philadelphia, PA.

Bartell, S. M., Brenkert, A. L., O'Neill, R. V., and Gardner, R. H. 1989. Temporal variation in the regulation of production in a pelagic food web model. Pages 101 – 118 in S. R. Carpenter(ed.) Complex Interactions in Lake Communities. Springer – Verlag, New York.

Bartell, S. M., Gardner, R. H., and O'Neill, R. V. 1992. Ecological Risk Estimation. Lewis Publishers, Chelsea, MI.

Bartell, S. M., Lefebvre, G., Kaminski, G., Carreau, M., and Campbell, K. R. 1999. An ecosystem model for assessing ecological risks in Québec rivers, lakes, and reservoirs. Ecol. Model., 124:43 – 67.

Bartell, S. M., Campbell, K. R., Lovelock, C. M., Nair, S. K., and Shaw, J. L. 2000. Characterizing aquatic ecological risks from pesticides using a diquat dibromide case study Ⅲ: Ecological process models. Environ. Toxicol. Chem., 19:1441 – 1453.

Bartell, S. M., Pastorok, R. A., Akcakaya, H. R., Regan, H., Ferson, S., and Mackay, C. 2003. Realism and relevance of ecological models used in chemical risk assessment. Hum. Ecol. Risk Assess., 9:907 – 938.

Batley, G. E., Burton, G. A., Chapman, P. M., and Forbes, V. E. 2002. Uncertainties in sediment quality weight-of-evidence(WOE) assessments. Hum. Ecol. Risk Assess., 8:1517 – 1547.

Baum, E. J. 1997. Chemical Property Estimation: Theory and Application. Lewis Publishers, Boca Raton, FL.

Baumann, P. C., Smith, I. R., and Metcalfe, C. D. 1996. Linkage between chemical contaminants and tumors in benthic great lakes fish. J. Great Lakes Res., 22:131 – 152.

Bechtel – Jacobs. 1998. Empirical models for the uptake of inorganic echemicals from soil by plants. BJC/OR – 133. Oak Ridge National Laboratory, Oak Ridge, TN.

Beck, L. W., Maki, A. W., Artman, N. R., and Wilson, E. R. 1981. Outline and criteria for evaluating the safety of new chemicals. Regul. Toxicol. Pharmacol., 1:19 – 58.

Begon, M., Townsend, C. R., and Harper, J. L. 1999. Ecology: Individuals, Populations, and Communities, Third Edition. Blackwell Science, London.

Beissinger, S. R. and McCollough, D. R. 2002. Population Viability Analysis. University of Chicago Press, Chicago, IL.

Belfroid, A., van den Berg, M., Seinen, W., Hermens, J., and van Gestel, K. 1995. Uptake, bioavailability, and elimination of hyrophobic compounds in earthworms(*Eisenis andrei*) in field-contaminated soil. Environ. Toxicol. Chem., 14:605 – 612.

Belfroid, A. C., Sijm, D. T. H. M., and van Gestel, C. A. M. 1996. Bioavailability and toxicokinetics of hydrophobic aromatic compounds in benthic and terrestrial invertebrates. Environ. Rev., 4:276 – 299.

Bellwood, D. R. and Hughes, T. P. 2001. Regional-scale assembly rules and biodiversity of coral reefs. Science, 292:1532 – 1534.

Beltman, W. H. J. and Adriaanse, P. I. 1999a. User's manual TOXSWA 1.2: Simulation of pesticide fate in small surface waters. DLO Winand Staring Centre, Technical Document 54, Wageningen, The Netherlands.

Beltman, W. H. J. and Adriaanse, P. I. 1999b. Proposed standard scenarios for an aquatic fate model in the Dutch authorization procedure of pesticides. Method to define standard scenarios determining exposure concentrations simulated by the TOXSWA model. DLO Winand Staring Centre, Report 161, Wageningen, The Netherlands.

Bence, A. E. and Burns, W. A. 1995. Fingerprinting hydrocarbons in the biological resources of the *Exxon Valdez* spill area. Pages 84 – 140 in P. G. Wells, J. N. Butler, and J. S. Hughes (eds.) Exxon Valdez Oil Spill: Fate and Effects in Alaskan Waters. ASTM, Philadelphia.

Benjamin, S. L. and Belluck, D. A. 2002. A Practical Guide to Understanding, Managing, and Reviewing Environmental Risk Assessment Reports. Lewis Publishers, Boca Raton, FL.

Bennett, D. H., Margni, M. D., McKone, T. P., and Jolliet, O. 2002. Intake fraction for multimedia pollutants: A tool for life-cycle analysis and comparative risk assessment. Risk Anal., 22:905 – 918.

Benoit, G. 1994. Clean technique measurement of Pb, Ag, and Cd in freshwater: A redefinition of metal pollution. Environ. Sci. Technol., 28:1987 – 1991.

Bergman, H. L. and Dorward – King, E. J. (eds.). 1997. Reassessment of Metals Criteria for Aquatic Life Assessment. SETAC Press, Pensacola, FL.

Berish, C. W. D. B. R., Harrison, W. A., Jackson, W. A., and Ritters, K. H. 1999. Conducting regional environmental assessments: The southern Appalachian experience. Pages 117 – 166 in J. D. Piene (ed.) Ecosystem Management for Sustainability: Principles and Practices. Lewis Publishers, Boca Raton, FL.

Bernard, S. B. and Ebi, K. L. 2001. Comments on the process and product of the health impact assessment component of the national assessment of the potential consequences of climate variability and change for the United States. Environ. Health Persp., 109:177 – 233.

Bernstein, P. L. 1996. Against the Gods: The Remarkable Story of Risk. John Wiley, New York.

Berry, D. A., Mueller, P., Grieve, A. P., Smith, M., Park, T., Blazek, R., Mitchard, N., and Krams, M. 2002. Adaptive Bayesian designs for dose-ranging drug trials. Pages 99 – 156 *in* C. Gastonis, B. Carlin, A. Carriquiry, A. Gelman, R. E. Kass, I. Verdinelli, and M. West (eds.) Case Studies in Bayesian Statistics, Volume V. Springer – Verlag, New York.

Bervoets, L., Baillieul, M., Blust, R., and Verheyen, R. 1996. Evaluations of effluent toxicity and ambient toxicity in a polluted lowland river. Environ. Pollut., 91:333 – 341.

Bevelhimer, M. S., Sample, B. E., Southworth, G. R., Beauchamp, J. J., and Peterson, M. J. 1996. Estimation of whole-fish contaminant concentrations from fish fillet data. ES/ER/TM – 202. Oak Ridge National Laboratory, Oak Ridge, TN.

Beyers, D. W., Keefe, T. J., and Carlson, C. A. 1994. Toxicity of carbaryl and malathion to two federally endangered fishes, as estimated by regression and ANOVA. Environ. Toxicol. Chem., 13:101 – 107.

Beyer, W. N. and Storm, G. 1995. Ecotoxicological damage from zinc smelting at Palmerton, Pennsylvania. Pages 596 – 608 in D. J. Hoffman, B. Rattner, G. A. Burton, and J. Cairns (eds.) Handbook of Ecotoxicology. Lewis Publishers, Boca Raton, FL.

Beyer, W. N., Pattee, O. H., Siteo, L., Hoffman, D. J., and Mulhern, B. M. 1985. Metal contamination in wildlife living near two zinc smelters. Environ. Pollut. (Ser. A), 38:63 – 86.

Beyer, W. N., Connor, E. E., and Gerould, S. 1994. Estimates of soil ingeston by wildlife. J. Wildl. Manag., 58:375 – 382.

Beyer, W. N., Blus, L. J., Henny, C. J., and Audet, D. J. 1997. The role of sediment ingestion in exposing wood ducks to lead. Ecotoxicology, 6:181 – 186.

Beyer, W. N., Franson, J. C., Locke, L. N., Stroud, R. K., and Sileo, L. 1998. Retrospective study of the diagnostic criteria in a lead-poisoning survey of waterfowl. Environ. Contam. Toxicol., 35:506 – 512.

Beyer, W. N., Audet, D. J., Heinz, G. H., Hoffman, D. J., and Day, D. 2000. Relation of waterfowl poisoning to sediment lead concentrations in the Coeur d'Alene basin. Ecotoxicology, 9:207 – 218.

Beyers, D. W. 1998. Causal inference in environmental impact studies. J. N. Am. Benthol. Soc. 17:367 – 373.

Bilyard, G. R., Beckert, H., Bascietto, J. J., Abrams, C. W., Dyer, S. A., and Haselow, L. A. 1997. Using the data quality objectives process during the design and conduct of ecological risk assessment. DOE/EH – 0544. Pacific Northwest National Laboratory, Richland, WA.

Birge, W. J., Black, J. A., and Ramey, B. A. 1986. Evaluation of effluent biomonitoring systems. Pages 66 – 80 in

H. L. Bergman, R. A. Kimerle, and A. W. Maki(eds.) Environmental Hazard Assessment of Effluents. Pergamon Press, New York.

Blamey, R. K. and Comon, M. S. 1999. Valuation and ethics in environmental economics. Pages 809 – 823 in J. C. J. M. van den Bergh(ed.) Handbook of Environmental and Resource Economics. Edward Elgar, Cheltenham, UK.

Blus, L. J. and Henny, C. J. 1997. Field studies on pesticides and birds: Unexpected and unique relations. Ecol. Appl., 7:1125 – 1132.

Bobek, C., Embleton, K., Gorsky, L., and Knoop, K. 1995. Comparative Risk Assessment, Washington, DC.

Boeije, G. 1999. GREAT – ER Technical Documentation—Chemical Fate Models. Available at: http://www.greater.org/files/techdoc_model.pdf.

Boelsterli, U. A. 2003. Mechanistic toxicology. Taylor & Francis, London.

Boersma, L., McFarlane, C., and Lindstrom, T. 1991. Mathematical model of plant uptake and translocation of organic chemicals: Application to experiments. J. Environ. Qual., 20:137 – 146.

Boethling R. S. and Mackay, D. 2000. Handbook of Property Estimation Methods for Chemicals: Environmental and Health Sciences. Lewis Publishers, Boca Raton, FL.

Bolen, E. G. and Robinson, W. L. 2002. Wildlife Ecology and Management, Fifth Edition. Prentice – Hall, Englewood Cliffs, NJ.

Bolliger, J., Kienast, F., and Zimmerman, N. E. 2000. Risks of global warming on montane and subalpine forests in Switzerland—a modeling study. Reg. Environ. Change, 1:99 – 111.

Bookhout, T. A. 1994. Research and Management Techniques for Wildlife and Habitats, Fifth Edition. The Wildlife Society, Bethesda, MD.

Boone, M. D. and Bridges, C. M. 1999. The effect of temperature on the toxicity of carbaryl for survival of tadpoles of the green frog (*Rana clamitans*). Environ. Toxicol. Chem., 18:1482 – 1484.

Boone, M. D. and Semlitsch, R. D. 2001. Interactions of an insecticide with larval density and predation in experimental amphibian communities. Conserv. Biol., 15:228 – 238.

Boone, M. D. and Semlitsch, R. D. 2002. Interactions of an insecticide with competition and pond drying in amphibian communities. Ecol. Appl., 12:307 – 316.

Boone, M. D., Semlitsch, R. D., Fairchild, J., and Rothermel, B. B. 2004. Effects of an insecticide on amphibians in large-scale experimental ponds. Ecol. Appl., 14:685 – 691.

Borgmann, A. I., Moody, M. J., and Scroggins, R. P. 2004. The lab-to-field(LTF) rating scheme: A new method of investigating the relationships between laboratory sublethal toxicity tests and field measurements in environmental effects monitoring studies. Hum. Ecol. Risk Assess., 10:683 – 707.

Borgmann, U., Norwood, W. P., Reynoldson, T. B., and Rosa, F. 2001. Identifying cause in sediment assessments: Bioavailability and the sediment quality triad. Can. J. Fish. Aquat. Sci., 58:950 – 960.

Bossert, I. and Bartha, R. 1984. The fate of petroleum in soil ecosystems. Pages 435 – 473 in R. Atlas(ed.) Petroleum Microbiology. Macmillan, New York.

Bovee, K. D. and Zuboy, J. R. 1988. Proceedings of a workshop on the development and evaluation of habitat suitability criteria. Biological Report 88(11). US Fish and Wildlife Service.

Brack, W., Bakker, J., De Deckere, E., Deerenberg, C., Van Gils, J., Hein, M., Jurajda, P., et al. 2005. MODELKEY. Models for assessing and forecasting the impact of environmental key pollutants on freshwater and marine ecosystems and biodiversity. Environ. Sci. Pollut. Res. Int. 12:252 – 256.

Bradbury, S. P., Henry, T. R., Niemi, G. J., Carlson, R. W., and Snarski, V. M. 1989. Use of respiratory-cardiovascular responses of rainbow trout(*Salmo gairdneri*) in identifying acute toxicity syndromes in fish. Part 3: Polar narcotics. Environ. Toxicol. Chem., 8:247 – 261.

Bradbury, S. P., Feijtel, T. C. J., and Van Leeuwen, C. J. 2004. Meeting the Scientific Needs of Ecological Risk Assessment in a Regulatory Context. Environ. Sci. Technol., 2004:463A – 470A.

Brauers, W. K. 2003. Characterization Methods for a Stakeholder Society: A Revolution in Economic Thinking by Multi – Objective Optimization. Kluwer Academic, Dordrecht, The Netherlands.

Brazner, J. C., Heinis, L. J., and Jensen, D. A. 1989. A littoral enclosure for replicated field experiments. Environ. Toxicol. Chem., 8:1209 – 1216.

Breitburg, D. L., Sanders, J. G., Gilmour, C. G., Hatfield, C. A., Osman, R. W., Riedel, G. F., Seitzinger, S. P., and Sellner, K. G. 1999. Variability in responses to nutrients and trace elements, and transmission of stressor effects through an estuarine food web. Limnology and Oceanography. 44:837 – 863.

Brenkert, A. L., Gradner, R. H., Bartell, S. M., and Hoffman, F. O. 1988. Uncertainties associated with estimates of radium accumulation in lake sediments and biota. Pages 185 – 192 in G. Desmet(ed.) Reliability of Radioactive Transfer Models. Elsevier Applied Science, London.

Breton, R., Schurmann, G., and Purdy, R. 2003. Proceedings of QSAR 2002, QSAR and Combinatorial Science 22, Nos 1,2 and 3, pp. 1 – 409.

Bridges, C. M. 1999a. Predator-prey interactions between two amphibian species: Effects of insecticide exposure. Environ. Toxicol. Chem., 33:205 – 211.

Bridges, C. M. 1999b. Effect of a pesticide on tadpole activity and predator avoidance. Environ. Toxicol. Chem., 33:303 – 306.

Briggs, G. G., Bromilow, R. H., and Evans, A. A. 1982. Relationship between lipophilicity and root uptake and translocation of nonionized chemicals by barley. Pesticide Sci., 13:495 – 504.

Brock, T. C. M. and Ratte, H. T. 2002. Ecological risk assessment of pesticides. Pages 33 – 41 in J. M. Giddings, T. C. M. Brock, W. Heger, F. Heimbach, S. J. Maund, S. M. Norman, H. T. Ratte, C. Schafers, and M. Streloke (eds.) Community – Level Aquatic System Studies—Interpretation Criteria. SETAC Press, Pensacola, FL.

Brock, T. C. M., Lahr, J., and Van den Brink, P. J., 2000. Ecological Risks of Pesticides in Freshwater Ecosystems. Part 1: Herbicides. Alterra – Rapport 088. Alterra, Green World Research, Wageningen, The Netherlands.

Brockwell, P. J., and Davis, R. A. 2003. Introduction to Time Series and Forecasting. Springer – Verlag, New York.

Broderius, S. and Kahl, M. 1985. Acute toxicity of organic chemical mixtures to the fathead minnow. Aquatic Toxicol., 6:307 – 322.

Bromilow, R. H. and Chamberlain, K. 1995. Principles governing uptake and transport of chemicals. Pages 37 – 68 in F. Trapp and J. C. McFarlane(eds.) Plant Contamination: Modeling and Simulation of Organic Chemical Processes. Lewis Publishers, Boca Raton, FL.

Brooks, A. S. and Seegert, G. L. 1977. The effect of intermittent chlorination on rainbow trout and yellow perch. Trans. Am. Fish. Soc., 106:278 – 286.

Bro – Rasmussen, F. and Lokke. H. 1984. Ecoepidemiology—a casuistic discipline describing ecological disturbances and damages in relation to their specific causes; exemplified by chlorinated phenols and chlorophenoxy acids. Reg. Toxicol. Pharmacol., 4:391 – 399.

Brownie, C., Glashow, H. B., Burkholder, J. M., Reed, R., and Tang, Y. 2002. Re-evaluation of the relationship between *Pfiesteria* and estuarine fish kills. Ecosystems, 6:1 – 10.

Brueske, C. C. and Barrett, G. W. 1991. Dietary heavy metal uptake by the least shrews, *Cryptotis parva*. Bull. Environ. Contam. Toxicol., 47:845 – 849.

Bruins, R. J. F. and Heberling, M. T. (eds). 2004. Integrating Ecological Risk Assessment and Economic Analysis in Watersheds: A Conceptual Approach and Three Case Studies. EPA/600/R – 03/140R. US Environmental Protection Agency, Cincinnati, OH.

Bruins, R. J. F. and Heberling, M. T. (eds.). 2005. Economics and Ecological Risk Assessment: Applications to Watershed Management, CRC Press, Boca Raton, FL.

Brumbaugh, W. G., Krabbenhoft, D. P., Helsel, D. R., Wiener, J. G., and Echols, K. R. 2001. A national pilot study of mercury contamination in aquatic ecosystems along multiple gradients: Bioaccumulation in fish. USGS/BRD/BSR –2001 – 0009. Washington, DC.

Buchwalter, S. B. and Luoma, S. N. 2005. Differences in dissolved cadmium and zinc uptake among stream insects: Mechanistic explanations. Environ. Sci. Technol., 39:498 – 504.

Bull, K. R., Avery, W. J., and Freestone, P. 1983. Alkyl lead pollution and bird mortalities in the Mersey estuary,

UK,1979－1981. Environ. Pollut.,31A:239－254.

Bunce, N. J. and Remillard, R. B. J. 2003. Haber's rule: The search for quantitative relationships in toxicology. Hum. Ecol. Risk Assess.,9:1547－1559.

Bunnell, F. L. and Huggard, D. J. 1999. Biodiversity across spatial and temporal scales: Problems and opportunities. J. Forest Ecol. Manag.,115:113－126.

Burger, J. 1995. A risk assessment for lead in birds. J. Toxicol. Environ. Health. 45:369－396.

Burger, J. and Gochfeld, M. 1997. Risk, mercury levels, and birds: Relating adverse laboratory effects to field biomonitoring. Environ. Res.,75:160－172.

Burgess, R. M. and Lohmann, R. 2004. Role of black carbon in the partitioning and bioavailability of organic pollutants. Environ. Toxicol. Chem.,23:2531－2533.

Burgess, R. M., Cantwell, M. G., Pelletier, M. C., Ho, K. T., Serbst, J. R., Cook, H. F., and Kuhn, A. 2000. Development of toxicity identification evaluation procedures for characterizing metal toxicity in marine sediments. Environ. Toxicol. Chem.,19:981－991.

Burgman, M. 2005. Risks and Decisions for Conservation and Environmental Management. Cambridge University Press, Cambridge, UK.

Burgman, M. A., Ferson, S., and Akcakaya, H. R. 1993. Risk Assessment in Conservation Biology. Chapman & Hall, London.

Burkhard, L. P. 2000. Estimating dissoved organic carbon partition coefficients for nonionic organic chemicals. Environ. Sci. Technol.,34:4663－4668.

Burkhard, L. P., Endicott, D. D., Cook, P. M., Sappington, K. G., and Winchester, E. L. 2003. Evaluation of two methods for prediction of bioaccumulation factors. Environ. Toxicol. Chem.,22:351－360.

Burkhart, J. G. et al. 2000. Strategies for assessing the implications of malformed frogs for environmental health. Environ. Health Persp.,108:83－90.

Burkhart, J. G. and Gardner, H. S. 1997. Non-mammalian and environmental sentinels in human health: "Back to the future?"Hum. Ecol. Risk Assess.,3:309－328.

Burkholder, J. M., Glasgow, H. B., and Hobbs, C. W. 1995. Fish kills linked to a toxic ambush-predator dinoflagelate: Distribution and environmental conditions. Mar. Ecol. Prog. Ser.,124:43－61.

Burmaster, D. E. and Anderson, P. D. 1994. Principles of good practice for the use of Monte Carlo techniques in human health and ecological risk assessment. Risk Anal.,14:477－481.

Burmaster, D. E. and Hull, D. A. 1997. Using lognormal distributions and log-normal probability plots in probabilistic risk assessments. Hum. Ecol. Risk Assess.,3:235－255.

Burnham, K. P. and Anderson, D. R. 1998. Model Selection and Inference: A Practical Information Theoretic Approach. Springer－Verlag, New York.

Burnham, K. P. and Anderson, D. P. 2001. Kullback－Lieber information as a basis for strong inference in ecological studies. Wildl. Res.,28:111－119.

Burns, L. 2002. Exposure Analysis Modeling System(EXAMS): User manual and system documentation. EPA/600/R－00/81—revision F(June 2002). US Environmental Protection Agency, Research Triangle Park, NC.

Burns, T. P., Hadden, C. T., Cornaby, B. W., and Mitz, S. V. 1997. A food web model of mercury transfer from stream sediment to predators of fish for ecological risk based clean-up goals. Pages 7－27 in F. J. Dwyer, T. R. Doane, and M. L. Hinman(eds.)Environmental Toxicology and Risk Assessment: Modeling and Risk Assessment. ASTM, Philadelphia, PA.

Burton, G. A., Batley, G. E., Chapman, P. M., Forbes, V. E., Smith, E. P., Reynoldson, T., Schlekat, D. E., den Besten, P. J., Bailer, A. J., Green, A. S., and Dwyer, R. L. 2002. A weight-of-evidence framework for assessing sediment(or other)contamination: Improving certainty in the decision-making process. Hum. Ecol. Risk Assess., 8:1675－1696.

Bysshe, S. E. 1988. Uptake by biota. Pages 4. 1－4. 7. 1 in I. Bodek, W. J. Luman, W. F. Reehl, and D. H. Rosenblatt(eds.)Environmental Inorganic Chemistry: Properties, Processes and Estimation Methods. Pergamon Press,

New York.

Cade, B. S. and Noon, B. R. 2003. A gentle introduction to quantile regression for ecologists. Frontiers in Ecology, 1: 412-420.

Cade, T. J. and Fyfe, R. 1970. The North American peregrine survey, 1970. Can. Fld. Nat., 84:231-245.

Cade, T. J., Lincer, J. L., White, C. M., Roseneau, D. G., and Swartz, L. G. 1971. DDE residues and eggshell changes in Alaskan falcons and hawks. Science, 172:955-957.

Cairns, J. J. and Pratt, J. R. 1993. A history of biological monitoring using macroinvertebrates. Pages 10-27 in D. M. Rosenberg and V. H. Resh (eds.) Freshwater Biomonitoring and Benthic Macroinvertebrates. Chapman & Hall, New York.

Cairns, J., Jr. 1983. Are single species toxicity tests alone adequate for estimating environmental hazards? Hydrobiologia, 100:47-57.

Cairns, J. Jr. 1986. The myth of the most sensitive species. Bioscience, 36:670-672.

Cairns, J. Jr., Dickson, K. L., and Maki, A. W. 1979. Estimating the hazard of chemical substances to aquatic life. Hydrobiologia, 64:157-166.

Calabrese, E. J. 1998. Toxicological and societal implications of hormesis—Part 2. Introduction. BELLE Newsletter, 7:1.

Calabrese, E. J. and Baldwin, L. A. 1993. Performing Ecological Risk Assessments. Lewis Press, Boca Raton, FL.

Calabrese, E. J. and Baldwin, L. A. 1994. A toxicological basis to derive a generic interspecies uncertainty factor. Environ. Health Persp., 102:14-17.

Calabrese, E. J. and Baldwin, L. A. 2000. Chemical hormesis: Its historical foundation as a biological hypothesis. Human Exper. Toxicol., 19:2-31.

Calabrese, E. J. and Baldwin, L. A. 2001. The frequency of U-shaped dose-response in the toxicological literature. Toxicol. Sci., 62:330-338.

Calder, C., Lavine, M., Muller, P., and Clark, J. S. 2003. Incorporating multiple sources of stochasticity into dynamic population models. Ecology, 84:1395-1402.

Calder, W. A. I. and Braun, E. J. 1983. Scaling of osmotic regulation in mammals and birds. Regulatory Integrative Comp. Physiol., 13:R601-R606.

Callahan, B. G. 1996. Special issue: Commemoration of the 50th anniversary of Monte Carlo. Hum. Ecol. Risk Assess., 2:627-1037.

Calow, P. (ed). 1993. Handbook of Ecotoxicology. Blackwell Scientific, Oxford, UK.

Calow, P. and Sibley, R. M. 1990. A physiological basis of population processes: Ecotoxicological implications. Function. Ecol., 4:283-288.

Calow, P., Sibly, R. M., and Forbes, V. 1997. Risk assessment on the basis of simplified life-history scenarios. Environ. Toxicol. Chem., 16:1983-1989.

Campbell, P. J., Arnold, D., Brock, T., et al. 2003. Guidance Document on Higher-Tier Aquatic Risk Assessment for Pesticides. SETAC, Brussels, Belgium.

Campbell, P. G. C. (1995) Interactions between trace metals and aquatic organisms: A critique of the free-ion activity model. Pages 45-102 in A. Tessier and D. R. Turner (eds.) Metal Speciation and Bioavailability in Aquatic Systems. John Wiley, New York.

Campfens, J. and Mackay, D. (1997) Fugacity-based model of PCB bioaccumulation in complex aquatic food webs. Environ. Sci. Technol., 31:577-583.

Canfield, T. J., Kemble, N. E., Brumbaugh, W. G., Dwyer, F. J., Ingersoll, C. G., and Fairchild, J. F. 1994. Use of benthic community structure and the sediment quality triad to evaluate metal-contaminated sediment in the upper Clark Fork River, Montana. Environ. Toxicol. Chem., 13:1999-2012.

Carlisle, D. M. and Clements, W. H. 1999. Sensitivity and variability of metrics used in biological assessments of running waters. Environ. Toxicol. Chem., 18:285-291.

Carlson, R. W. and Bazzaz, F. A. 1977. Growth reduction in American sycamore (*Platanus occidentalis* L.) caused by

Pb – Cd interaction. Environ. Pollut., 12:243 – 253.

Carlson, R. W. and Rolfe, G. L. 1979. Growth of rye grass and fescue as affected by lead-cadmium-fertilizer interactions. J. Environ. Qual., 8:348 – 352.

Carpenter, S. R. 1996. Microcosm experiments have limited relevance for community and ecosystem ecology. Ecology, 77:677 – 680.

Carsel, R. F., Imhoff, J. C., Hummel, P. R., Cheplick, J. M., Donigan, A. S. 2003. PRZM – 3, A Model for Predicting Pesticide and Nitrogen Fate in the Crop Root and Unsaturated Soil Zones, User's Manual for Release 3.12, US Environmental Protection Agency, Athens, GA.

Carson, R. 1962. Silent Spring. Houghton Mifflin, Boston, MA.

Caswell, H. 2001. Matrix Population Models: Construction, Analysis, and Interpretation, Second Edition. Sinauer Associates, Sunderland, MA.

Caswell, H. and John, A. M. 1992. From the individual to the population in demographic models. Pages 36 – 61 in D. L. DeAngelis and L. J. Gross(eds.)Individual – Based Models and Approaches in Ecology. Chapman & Hall, New York.

Cataldo, D. A. and Wildung, R. E. 1978. Soil and plant factors influencing the accumulation of heavy metals by plants. Environ. Health Persp., 27:149 – 159.

Cavalli – Sforza, L. 2000. Genes, Peoples, and Languages. North Point Press, New York.

CCME(Canadian Council of Ministers of the Environment). 1996. A Framework for Ecological Risk Assessment: General Guidance. 108 – 4/10 – 1996e. National Contaminated Sites Remediation Program, Winnipeg, MB.

CCME(Canadian Council of Ministers of the Environment). 1999. Canadian Environmental Quality Guidelines. Canadian Council of Ministers of the Environment, Winnnipeg, MB.

CEC(Commission of the European Community). 1996. Technical Guidance Document in Support of Commission Directive 93/67/EEC on Risk Assessment for New Notified Substances and Commission Regulation(EC)1488/94 on Risk Assessment of Existing Substances. EC Catalog Numbers CR – 48 – 96 – 001, 002, 003, 004 – EN – C. Office of Official Publications of the European Community, Luxemburg.

Cestti, R., Srivastava, J., and Jung, S. 2003. Agricultural Non – Point Source Pollution Control: Good Management Practices—The Chesapeake Bay Experience, World Bank Publications, Washington, DC.

Chang, A. C., Granato, T. C., and Page, A. L. 1992. A methodology for establishing phytotoxicity criteria for chromium, copper, nickel, and zinc in agricultural land application of sewage sludge. J. Environ. Qual., 21:521 – 536.

Chapman, P. M. 1990. The sediment quality triad approach to determining pollution-induced degradation. Sci. Total Environ., 97/98:815 – 825.

Chapman, P. M. 1995. Extrapolating laboratory toxicity results to the field. Environ. Toxicol. Chem., 14:927 – 930.

Chapman, P. M. et al. 1997. Workgroup summary report on contaminated site cleanup decisions. Pages 83 – 114 in C. G. Ingersoll, T. Dillon, and G. R. Biddinger (eds.) Ecological Risk Assessment of Contaminated Sediments. SETAC Press, Pensacola, FL.

Chapman, P. M., Fairbrother, A., and Brown, D. 1998. A critical evaluation of safety(uncertainty)factors for ecological risk assessment. Environ. Toxicol. Chem., 17:99 – 108.

Chapman, P. M., McDonald, B. G., and Lawrence, G. S. 2002. Weight-of-evidence issues and frameworks for sediment quality(and other)assessments. Hum. Ecol. Risk Assess., 8:1489 – 1515.

Chappie, D. J. and Burton, G. A. Jr. 1997. Optimization of in situ bioassays with *Hyalella azteca* and *Chironomus tentans*. Environ. Toxicol. Chem., 16:559 – 564.

Chappie, D. J. and Burton, G. A. Jr. 2000. Applications of aquatic and sediment toxicity testing *in situ*. Soil Sediment Contam., 9:219 – 245.

Charbonneau, P. and Hare, L. 1998. Burrowing behavior and biogenic structures of mud-dwelling insects. J. N. Am. Benthol. Soc., 17:239 – 249.

Chaumot, A., Charles, S., Flammarion, P., Garric, J., and Auger, P. 2002. Using aggregation methods to assess toxicant effects on population dynamics in spatial systems. Ecol. Appl., 12:1771 – 1784.

Chaumot, A., Charles, S., Flammarion, P., and Auger, P. 2003. Ecotoxicology and spatial modeling in population dynamics: An illustration with brown trout. Environ. Toxicol. Chem., 22:958 – 969.

Christensen, N. L. C. et al. 1996. The report of the Ecological Society of America Committee on the Scientific Basis for Ecosystem Management. Ecol. Appl., 6:665 – 691.

Christensen, S. W. and Goodyear. C. P. 1988. Testing the validity of stock-recruitment curve fits. Am. Fish. Soc. Monogr., 4:219 – 231.

Christensen, V. and Pauly, D. 1992. ECOPATH II—a system for balancing steady-state ecosystem models and calculating network characteristics. Ecol. Model., 61:169 – 185.

Christian, J. J. 1983. Love Canal's unhealthy voles. Natl. His., 10:8 – 16.

Chung, N. and Alexander, M. 1998. Differences in sequestration and bioavailability of organic compounds aged in dissimilar soils. Environ. Sci. Technol., 32:855 – 860.

Claassen, M., Strydom, W. F., Murray, K., and Jooste, S. 2001. Ecological Risk Assessment Guidelines. WRC Report Number TT 151/01. water Research Commission, Pretoria, South Africa.

Clark, B., Henry, J. G., and Mackay, D. 1995. Fugacity analysis and model of organic chemical fate in a sewage treatment plant. Environ. Sci. Technol., 29(6):1488 – 1494.

Clark, J. R., Goodman, L. R., Borthwick, P. W., et al. 1986. Field and laboratory toxicity tests with shrimp, mysids, and sheepshead minnows exposed to fenthion. Pages 161 – 176 in T. M. Posten and R. Purdy(eds.) Aquatic Toxicology and Environmental Fate: Volume 9. ASTM STP 921. ASTM. Philadelphia.

Clark, J. S. 2005. Why environmental scientists are becoming Bayesians. Ecol. Lett., 8:2 – 14.

Clark, M. M. 1996. Transport Modeling for Environmental Engineers and Scientists. John Wiley, New York.

Clemen, R. 1996. Making Hard Decisions: An Introduction to Decision Analysis, Second Edition. Duxbury Press, Belmont, CA.

Clements, W. H. 1997. Ecological significance of endpoints used to assess sediment quality. Pages 123 – 134 in C. G. Ingersoll, T. Dillon, and G. R. Biddinger(eds.) Ecological Risk Assessment of Contaminated Sediments. SETAC Press, Pensacola, FL.

Clements, W. H. and Newman, M. C. 2002. Community Ecotoxicology. John Wiley, Chichester, UK.

Clements, W. H., Cherry, D. S., and Van Hassel, J. H. 1992. Assessment of the impact of heavy metals on benthic communities at the Clinch River, Virginia. Can. J. Fish. Aquat. Sci., 49:1686 – 1694.

Clewell, H. J. I., Anderson, M. E., and Barton, H. A. 2002. A consistent approach for the application of pharmacokinetic modeling in cancer and noncancer risk assessment. Environ. Health Persp., 110:85 – 93.

Clifford, P. A., Barchers, D. E., Ludwig, D. F., Sielken, R. L., Klingensmith, J. S., Graham, R. V., and Banton, M. I. 1995. An approach to quantifying spatial components of exposure for ecological risk assessment. Environ. Toxicol. Chem., 14:895 – 906.

Codex. 1997. Codex Alimantarius Commission Procedural Manual, Tenth Edition. Joint FAO/WHO Food Standards Programme, FAO, Rome.

Cogliano, V. J. 1997. Plausible upper bounds: Are their sums plausible? Risk Anal., 17:77 – 84.

Colborn, T. and Thayer, K. 2000. Aquatic ecosystems: Harbingers of endocrine disruption. Ecol. Appl., 10:949 – 957.

Cole, L. C. 1954. The population consequences of life history phenomena. Q. Rev. Biol., 19:103 – 137.

Committee on Environment and Natural Resources. 1999. Ecological Risk Assessment in the Federal Government. CENR/5 – 99/001. National Science and Technology Council, Washington, DC.

Connell, D. W. and Markwell, R. D. 1990. Bioaccumulation in the soil to earthworm system. Chemosphere, 20:91 – 100.

Connell, D. W., Wong, B. S. F., Lam, P. K. S., Poon, K. F., Lam, M. H. W., Wu, R. S. S., Richardson, B. J., and Yen, Y. F. 2002. Risk to breeding Success of ardeids by contaminants in Hong Kong: Evidence from trace metals in feathers. Ecotoxicology, 11:49 – 59.

Connell, D. W., Fung, C. N., Minh, T. B., Tanabe, S., Lam, P. K. S., Wong, B. S. F., Lam, M. H. W., Wong, L. C., Wu, R. S. S., and Richardson, B. J. 2003. Risk to breeding success of fish-eating ardeids due to persistent organic contaminants in Hong Kong: Evidence from organochlorine compounds in eggs. Water Res., 37:459 – 467.

Connolly, J. P. and Winfield, R. P. 1984. WASTOX: A framework for modeling toxic chemicals in aquatic systems. Part 1: Exposure concentration. EPA – 600 – 3 – 84 – 077. US Environmental Protection Agency, Gulf Breeze, FL.

Cooke, R. M. 1991. Experts in Uncertainty: Opinion and Subjective Probability in Science. Oxford University Press, New York.

Copp, G. H., Garthwaite, R., and Gozlan, R. E. 2005. Risk identification and assessment of non-native freshwater fishes: Concepts and perspectives on protocols for the UK. Tech. Report No. 129. CEFAS, Lowestoft, UK.

Cormier, S. M., Smith, M., Norton, S., and Neiheisel, T. 2000. Assessing ecological risk in watersheds: A case study of problem formulation in the Big Darby Creek watershed, Ohio. Environ. Toxicol. Chem., 19: 1082 – 1096.

Corp, N. and Morgan, A. J. 1991. Accumulation of heavy metals from soils by the earthworm *Lumbricus rubellus*: Can laboratory exposure of "control" worms reduce biomonitoring problems? Environ. Pollut., 74: 39 – 52.

Costanza, R., d'Arge, R., deGroot, R., Farber, S., Grasso, M., Hannon, B., Limburg, K., et al. 1997. The value of the World's ecosystem services and natural capital. Nature, 387: 253 – 260.

Costanza, R., Sklar, F., and White, M. 1990. Modeling coastal landscape dynamics. Bioscience, 40: 91 – 107.

Cowan, C. E., Mackay, D., Feijtel, T. C. J., van de Meent, D., Di Guardo, A., Davies, J., and Mackay, N. 1995a. The multi-media fate model: A vital tool for predicting the fate of chemicals. Proceedings of a workshop organized by the Society of Environmental Toxicology and Chemistry (SETAC). SETAC Press, Pensacola, FL.

Cowan, C. E., Versteeg, D. J., Larson, R. J., and Kloepper – Sams, P. J. 1995b. Integrated approach for environmental assessment of new and existing substances. Reg. Toxicol. Pharmacol., 21: 3 – 31.

Cowgill, U. M. 1988. Paleoecology and environmental analysis. Pages 53 – 62 in W. J. Adams, G. A. Chapmen, and W. G. Landis (eds.) Aquatic Toxicology and Hazard Assessment: Volume 10. ASTM, Philadelphia, PA.

Craft, R. A. and Craft, K. P. 1996. Use of free ranging American kestrels and nest boxes for contaminant risk assessment sampling: A field application. J. Raptor Res., 30: 207 – 212.

Crane, M. and Godolphin, E. 2000. Statistical analysis of effluent bioassays. R & D Tech. Report E19. Environment Agency, Bristol, UK.

Crane, M. and Newman, M. C. 2000. What level of effect is a no observed effect? Environ. Toxicol. Chem., 19: 516 – 519.

Crane, M., Newman, M. C., Chapman, P. F., and Fenlon, J. 2002. Risk Assessment with Time to Event Models. Lewis Publishers, Boca Raton, FL.

Crawford – Brown, D. 1999. Risk – Based Environmental Decisions. Kluwer Academic, Boston, MA.

Cromer, A. 1993. Uncommon Sense: The Heretical Nature of Science. Oxford University Press, Oxford, UK.

Cromey, C. J., Nickell, T. D., and Black, K. D. 2002. DEPOMOD-modelling the deposition and biological effects of waste solids from marine cage farms. Aquaculture 214: 211 – 239.

Crommentuijn, T., Sijm, D., de Bruijn, J., van den Hoop, M., van Leeuwen, K., and van de Plassche, E. 2000 Maximum permissible and negligible concentrations for metals and metalloids in the Netherlands, taking into account background concentrations. J. Environ. Manag., 60: 122 – 143.

Cronin, M. T. D., Walker, J. D., Jaworska, J., Comber, M. H. I., Watts, C. D., and Worth, A. P. 2003. Use of QSARs in international decision-making frameworks to predict ecological effects and environmental fate of chemical substances. Environ. Health Persp., 111: 1376 – 1390.

Crossen, C. 1994. Tainted Truth: The Manipulation of Fact in America. Simon & Schuster, New York.

Crump, K. S. 1984. A new method for determining allowable daily intakes. Fundam. Appl. Toxicol., 4: 854 – 871.

CSTE/EEC. 1994. EEC water quality objectives for chemicals dangerous to aquatic environments. Rev. Environ. Contam. Toxicol., 137: 83 – 112.

Cullen, A. C. and Frey, H. C. 1999. Probabilistic Techniques in Exposure Assessment: A Handbook for Dealing with Variability and Uncertainty in Models and Inputs. Plenum Press, New York.

Currie, R. S., Fairchild, W. L., and Muir, D. C. G. 1997. Remobilization and export of cadmium from lake sediments by emerging insects. Environ. Toxicol. Chem., 16: 2333 – 2338.

Custer, C. M., Custer, T. W., Archuleta, A. S., et al. 2003. A mining impacted stream: Exposure and effects of lead and other trace elements on tree swallows (*Tachycineta bicolor*) nesting in the upper Arkansas River Basin, Colorado. Pages 787-812 in D. J. Hoffman, B. Rattner, G. A. Burton, Jr., and J. Cairns, Jr. (eds.) Handbook of Ecotoxicology. Lewis Publishers, Boca Raton, FL.

Cuypers, C., Grotenhuis, T., Joziasse, J., and Rulkens, W. 2000. Rapid persulfate oxidation predicts PAH bioavailability in soils and sediments. Environ. Sci. Technol., 34:2057-2063.

Dai, J., Becquer, T., Rouiller, J. H., Reversat, G., Bernhardt-Reversat, F., Nahmani, J., and Lavelle, P. 2004. Heavy metal accumulation by two earthworm species and its relationship to total and DTPA-extractable metals in soils. Soil Biol. Biochem., 36:91-98.

Daily, G. C., Alexander, S., Ehrlich, P., Goulder, L., Lubchenco, J., Matson, P. A., Mooney, H. A., et al. 1997. Ecosystem services: Benefits supplied to human societies by natural ecosystems. Ecological Society of America, Washington, DC.

Daily G. C. and Ellison, K. 2002. The New Economy of Nature: The Quest to Make Conservation Profitable. Island Press, Washington, DC.

Dakins, M. E. 1999. The value of the value of information. Hum. Ecol. Risk Assess., 5:281-290.

Dale, V. H. and Gardner, R. H. 1987. Assessing regional impacts of growth declines using a forest succession model. J. Environ. Manag., 24:83-93.

Daniels, R. E. and Allan, J. D. 1981. Life table evaluation of chronic exposure to a pesticide. Can. J. Fish. Aquat. Sci., 38:485-494.

Danielson, T. J. 1998. Wetland Bioassessment Fact Sheets. US Environmental Protection Agency, Office of Water, Washington, DC.

Davidson, I. W. F., Parker, J. C., and Beliles, R. P. 1986. Biological basis for extrapolation across mammalian species. Regul. Toxicol. Pharmacol., 6:211-237.

Davies, J. C. 1996. Comparing Environmental Risks: Tools for Setting Government Priorities. Resources for the Future, Washington, DC.

Davis, B. M. K. and French, N. C. 1969. The accumulation of organochlorine insecticide residues by beetles, worms, and slugs in sprayed fields. Soil Biol. Biochem., 1:45-55.

Davis, L. S., Johnson, K. N., Bettinger, P., and Howard, T. 2000. Forest Management, Fourth Edition. McGraw-Hill, New York.

Davis, W. S. and Simon, T. P. (eds.). 1995. Biological Assessment and Criteria: Tools for Water Resource Planning and Decision Making. Lewis Publishers, Boca Raton, FL.

Dawes, R. M. 1993. Prediction of the future versus an understanding of the past: A basic asymmetry. Am. J. Psychol., 106:1-24.

Dawes, R. M. 2001. Everyday Irrationality. Westview Press, Boulder, CO.

Dawson, W. R., Ligon, J. D., Murphy, J. R., Myers, J. P., Simberloff, D., and Verner, J. 1987. Report of the advisory panel on the spotted owl. The Condor, 89:205-229.

DeAngelis, D. L. 1992. Dynamics of Nutrient Cycling and Food Webs. Chapman & Hall, London, UK.

DeAngelis, D. L. and Rose, K. A. 1992. Which individual-based approach is most appropriate for a given problem? Pages 367-387 in D. L. DeAngelis and L. J. Gross(eds.) Individual-Based Models and Approaches in Ecology. Chapman & Hall, New York.

DeAngelis, D. L., Bartell, S. M., and Brenkert, A. L. 1989. Effects of nutrient cycling and food chain length on resilience. Am. Natl., 134:788-805.

DeAngelis, D. L., Barnthouse, L. W., Van Winkle, W., and Otto, R. G. 1990. A critical appraisal of population approaches in assessing fish community health. J. Great Lakes Res., 16:576-590.

DeAngelis, D. L., Goudbout, L., and Shuter, B. J. 1991. An individual-based approach to predicting density-dependent compensation in smallmouth bass populations. Ecol. Model., 57:91-115.

DeBruyn, A. M. H., Marcogliese, D. J., and Rasmussen, J. B. 2003. The role of sewage in a large river food web. Can. J. Fish. Aquat. Sci., 60:1332-1344.

Deichmann, W. B., Henschler, D., Holmstedt, B., and Keil, G. 1986. What is there that is not a poison? A study of the

Third Defense by Paracelsus. Arch. Toxicol.,58:207-213.

Deis,D. R. and French,D. P. 1998. The use of methods for injury determination and quantification from natural resource damage assessment in ecological risk assessment. Hum. Ecol. Risk Assess.,4:887-903.

deKroon,H. A.,Plaisier,A.,Van Groenendael,J.,and Caswell,H. 1986. Elasticity:The relative contribution of demographic parameters to population growth rate. Ecology,67:1427-1431.

Delorme,P.,Francois,D.,Hart,C.,Hodge,V.,Kaminski,G.,Kriz,C.,Mulye,H.,Sebastien,R.,Takacs,P.,and Wandelmaier,F. 2005. Final report for the PMRA Workshop:Assessment Endpoints for Environmental Protection. Health Canada,Ottawa,Canada.

den Boer. P. J. 1968. Spreading of risk and stabilization of animal numbers. Acta Biotheoretica,18:165-194.

Deneer,J. W.,Sinnige,T. L. Seinen,W.,and Hermens,J. L. M. 2005. The joint acute toxicity to *Daphnia magna* of industrial organic chemicals at low concentrations. Aquat. Toxicol.,12:33-38.

Dennis,B. 2004. Rejoinder. Pages 367-378 in M. L. Taper and S. R. Lele(eds.)The Nature of Scientific Evidence. University of Chicago Press,Chicago,IL.

Depledge,M. H. and Fossi,M. C. 1994. The role of biomarkers in environmental assessment:(2)invertebrates. Ecotoxicology,3:173-179.

Depledge,M. H. and Galloway,T. S. 2005. Healthy animals,healthy ecosystems. Front. Ecol.,3:251-258.

De Roos,A. M.,Diekmann,O.,and Metz,J. A. J. 1992. Studying the dynamics of structured population models:A versatile technique and its application to *Daphnia*. Am. Natl.,139:123-147.

Deschenes,M.,Belanger,L.,and Giroux,J.-L. 2003. Use of farmland riparian strips by declining and crop damaging birds. Agr. Ecosys. Environ.,95:567-577.

DeShon,J. E. 1995. Development and application of the Invertebrate Community Index(ICI). Pages 217-243 in W. S. Davis and T. P. Simon(eds.)Biological Assessment and Criteria. Lewis Publishers,Boca Raton,FL.

Detenbeck,N. E.,DeVore,P. W.,Niemi,G. J.,and Lima,A. 1992. Recovery of temperate-stream fish communities from disturbance:A review of case studies and synthesis of theory. Environ. Manag.,16:33-53.

Devillers,J. and Bintein,S. 1995. ChemFrance:A regional level Ⅲ fugacity model applied to France. Chemosphere 30 (3):457-476.

deVlaming, V. and Norberg-King,T. 1999. A review of single species toxicity tests:Are the tests reliable predictors of aquatic ecosystem community responses? EPA/600/R-97/114. US Environmental Protection Agency,Duluth,MN.

De Wolf,W.,Seibel-Sauer,A.,Lecloux,A.,Koch,V.,Holt,M.,Feijtel,T.,Comber,M.,and Boeije,G. 2005. Mode of action and aquatic exposure thresholds of no concern. Environ. Toxicol. Chem.,24:479-485.

DeZwart,D. 2002. Observed regularities in species sensitivity distributions for aquatic species. Pages 133-154 in L. Posthuma,G. W. Suter Ⅱ,and T. Traas(eds.)Species Sensitivity Distributions in Ecotoxicology. Lewis Publishers,Boca Raton,FL.

DeZwart,D. and Posthuma,L. 2005. Complex mixture toxicity for single and multiple species:Proposed methodologies. Environ. Toxicol. Chem.,24:2665-2676.

Diamond,J. M. and Serveiss,V. B. 2001. Identifying sources of stress to native aquatic fauna using a watershed ecological risk assessment framework. Environ. Sci. Technol.,35:4711-4718.

Diamond,J. M.,Bressler,D. W.,and Serveiss,V. B. 2002. Assessing relationships between human land uses and the decline of native mussels,fish,and macroinvertebrates in the Clinch and Powell River watershed,USA. Environ. Toxicol. Chem.,21:1147-1155.

Dickson,K. L.,Maki,A. W.,and Cairns,J. Jr. (eds.). 1979. Analyzing the Hazard Evaluation Process. American Fisheries Society,Washington,DC.

Dickson,K. L.,Waller,W. T.,Kennedy,J. H.,and Ammann,L. P. 1992. Assessing the relationship between ambient toxicity and instream biological response. Environ. Toxicol. Chem.,11:1307-1322.

Dickson,K. L.,Waller, W. T.,Kennedy,J. H.,et al. 1996. Relationship between effluent toxicity,ambient toxicity,and receiving system impacts:Trinity River dechlorination case study. Pages 287-308 in D. R. Grothe, K. L.

Dickson, and D. K. Reed-Judkins (eds.) Whole Effluent Toxicity Testing: An Evaluation of Methods and Prediction of Receiving System Impacts. SETAC Press, Pensacola, FL.

Dieter, C. D., Flake, L. D., and Duffy, W. G. 1995. Effects of phorate on ducklings in northern prairie wetlands. J. Wildl. Manag., 59:498 – 505.

Di Guardo, A., Calamari, D., Zanin, G., Consalter, A., and Mackay, D. 1994. A fugacity model of pesticide runoff to surface water: Development and validation. Chemosphere, 28(3):511 – 531.

DiToro, D. M. 2001. Sediment Flux Modeling. John Wiley, New York.

DiToro, D. M. and McGrath, J. A. 2000. Technical basis for narcotic chemicals and polycyclic aromatic hydrocarbon criteria. I. Mixtures and sediments. Environ. Toxicol. Chem., 19:1971 – 1982.

DiToro, D. M., Halden, J. A., and Plafkin, J. L. 1991a. Modeling *Ceriodaphnia* toxicity in the Naugatuck River II. Copper, hardness, and effluent interactions. Environ. Toxicol. Chem., 10:261 – 274.

DiToro, D. M., Zarba, C. S., Hansen, D. H., Berry, W. J., Swartz, R. C., Cowan, C. E., Pavlou, S. P., Allen, H. E., Thomas, N. A., and Paquin, A. P. R. 1991b. Technical basis for establishing sediment quality criteria for nonionic organic chemicals using equilibrium partitioning. Environ. Toxicol. Chem., 10:1541 – 1583.

DiToro, D. M., Mahony, J. D., Hansen, D. J., Scott, K. J., Carlson, A. R., and Ankley, G. T. 1992. Acid volatile sulfide predicts the acute toxicity of cadmium and nickel in sediments. Environ. Sci. Technol., 26:96 – 101.

DiToro, D. M., McGrath, J. A., and Hansen, D. J. 2000. Technical basis for narcotic chemicals and polycyclic aromatic hydrocarbon criteria. I. Water and tissue. Environ. Toxicol. Chem., 19:1951 – 1970.

DiToro, D. M., Allen, H. E., Bergman, H. A., Meyer, J. S., Paquin, P. R., and Santore, R. C. 2001. A biotic ligand model of the acute toxicity of metals. I. Technical basis. Environ. Toxicol. Chem., 20:2383 – 2396.

Dixit, S. S., Smol, J. P., Kingston, J. C., and Charles, D. F. 1992. Diatoms: Powerful indicators of environmental change. Environ. Sci. Technol., 26:23 – 33.

Dobson, S. and Shore, R. F. 2002. Extrapolation for terrestrial vertebrates. Hum. Ecol. Risk Assess., 8:45 – 54.

DOE (Department of Energy). 1995. Remedial Investigation Report on Waste Area Grouping 5 at Oak Ridge National Laboratory, Oak Ridge, Tennessee. ORNL/ER-284. US Department of Energy, Office of Environmental Restoration and Waste Management, Washington, DC.

DOI (US Department of the Interior). 1986. Natural Resource Damage Assessments: Final Rule. Code of Federal Regulations, 43 CFR 11.

DOI (US Department of the Interior). 1987. Natural resource damage assessments: Final rule. Fed. Regist., 52:9042 – 9100.

Donker, M. H., Eijsackers, H., and Heimbach, F. 1994. Ecotoxicology of Soil Organisms. Lewis Publishers, Boca Raton, FL.

Donkin, P., Smith, E. L., and Rowland, S. J. 2003. Toxic effects of unresolved complex mixtures of aromatic hydrocarbons accumulated in mussels, *Mytilus edulis*, from contaminated field sites. Environ. Sci. Technol., 37:4825 – 4830.

Donkin, S. G. and Dusenbery, D. B. 1993. A soil toxicity test using the nematode *Caenorhabditis elegans* and an effective method of recovery. Environ. Contam. Toxicol., 25:145 – 151.

Doull, J. 1984. The past, present, and future of toxicology. Pharmacol. Rev., 36:15S – 18S.

Dourson, M. L. 1986. New approaches in the derivation of acceptable daily intake (ADI). Comments Toxicol., 1:35 – 48.

Dourson, M. L. and Stara, J. F. 1983. Regulatory history and experimental support of uncertainty (safety) factors. Reg. Toxicol. Pharmacol., 3:224 – 238.

Dourson, M. L., Teuschler, L. K., Durkin, P. R., and Stiteler, W. M. 1997. Categorical regression of toxicity data: A case study using aldicarb. Reg. Toxicol. Pharmacol., 25:121 – 129.

Dowdy, D. L. and McKone, T. E. 1997. Predicting plant uptake of organic chemicals from soil or air using octanol/water and octanol/air partition rations and a molecular connectivity index. Environ. Toxicol. Chem., 16:2448 – 2456.

Driscoll, S. B. K., Wickwire, W. T., Cura, J., Vorhees, D. J., Butler, C. L., Moore, D. W., and Bridges, T. S. 2002. A comparative screening-level ecological risk assessment for dredged material management alternatives in New York/New Jersey Harbor. Hum. Ecol. Risk Assess., 8:603 – 626.

Driver, C. J., Ligotke, M. W., Van Voris, P., McVeety, B. D., and Brown, D. B. 1991. Routes of uptake and their relative contribution to the toxicologic response of northern bobwhile(*Colinus virginianus*)to an organophosphate pesticide. Environ. Toxicol. Chem.,10:21 – 33.

Drummond,D. B. and Russom,C. L. 1990. Behavioral toxicity syndromes: A promising tool for assessing toxicity metchanisms in juvenile fathead minnows. Environ. Toxicol. Chem.,9:37 – 46.

Drummond,R. A.,Russom,C. L.,Geiger,D. L.,and DeFoe,D. L. 1986. Behavioral and morphological changes in fathead minnow(*Pimephales promelas*)as diagnostic endpoints for screening chemicals according to mode of action. Pages 415 – 435 in T. M. Poston and R. Purdy(eds.) Aquatic Toxicology and Environmental Fate: Volume 9. ASTM,Philadelphia,PA.

Duke,C. S. and Briede,J. W. 2001. Ecological risk assessment review. Pages 257 – 263 in S. L. Benjamin and D. A. Belluck(eds.) A Practical Guide to Understanding, Managing, and Reviewing Environmental Risk Assessment Reports. Lewis Publishers,Boca Raton,FL.

Dunning,J. B. 1993. CRC Handbook of Avian Body Masses. CRC Press,Boca Raton,FL.

Dykstra,C. R.,Meyer,M. W.,Warnke,D. K.,Karasov,W. H.,Andersen,D. E.,Bowerman,W. W. I,and Giesy,J. P. 1998. Low reproductive rates of Lake Superior bald eagles: Low food delivery rates or environmental contaminants. J. Great Lakes Res.,24:32 – 44.

Dykstra,C. R.,Meyer,M. W.,Rasmussen,P. W.,and Warnke,D. K. 2005. Contaminant concentrations and reproductive rate of Lake Superior bald eagles. J. Great Lakes Res.,31:227 – 235.

Echols,K. R.,Tillitt,D. E.,Nichols,J. W.,Secord,A. L.,and McCarty,J. P. 2004. Bioaccumulation of PCB congeners in nestling tree swallows (*Tachycineta bicolor*)from two contaminated sites on the upper Hudson River,New York. Environ. Sci. Technol.,38:6240 – 6246.

ECOFRAM. 1999. ECOFRAM Aquatic Report,Ecological Committee on FIFRA Risk Assessment Methods(ECOFRAM). US Enviroumental Protection Agency,Washington,DC.

ECOFRAM Aquatic Workgroup. 1999. ECOFRAM Aquatic Report. Available at: http://www. epa. gov/oppefedl/ecorisk/index. htm.

ECOFRAM Terrestrial Workgroup. 1999 ECOFRAM Terrestrial Draft Report. Available at: http://www. epa. gov/oppefedl/ecorisk/index. htm.

Ecological Committee on FIFRA Risk Assessment Methods. 1999a. ECOFRAM Aquatic Report. Available at: http://www. epa. gov/oppefedl/ecorisk/index. htm.

Ecological Committee on FIFRA Risk Assessment Methods. 1999b. ECOFRAM Terrestrial Draft Report. Available at: http://www. epa. gov/oppefedl/ecorisk/index. htm.

Efron,B. and Tibshirani,R. 1993. An Introduction to the Bootstrap. Chapman & Hall,New York.

Efroymson,R. E. and Suter,G. W.,II. 1999. Finding a niche for soil microbial toxicity tests in ecological risk assessment. Hum. Ecol. Risk Assess.,5:715 – 727.

Efroymson,R. A. and Suter,G. W., II. 2001a. Ecological risk assessment framework for low-altitude aircraft overflights. I. Planning the analysis and estimating exposure. Risk Anal.,21:251 – 262.

Efroymson,R. A. and Suter,G. W., II. 2001b. Ecological risk assessment framework for low-altitude aircraft overflights. II. Estimating effects on wildlife. Risk Anal.,21:263 – 274.

Efroymson,R. A.,Suter,G. W., II,Sample,B. E.,and Jones,D. S. 1997. Preliminary remediation goals for ecological endpoints. ES/ER/TM-126/R2. Oak Ridge National Laboratory,Oak Ridge,TN.

Efroymson,R. E.,Will,M. E.,and Suter,G. W., II. 1997a. Toxicological benchmarks for contaminants of potential concern for effects on soil and litter invertebrates and heterotrophic processes:1997 revision. ES/ER/TM-126/R2. Oak Ridge National Laboratory,Oak Ridge,TN.

Efroymson,R. E.,Will,M. E.,and Suter,G. W., II. 1997b. Toxicological benchmarks for screening contaminants of potential concern for effects on terrestrial plants. ES/ER/TM – 85/R3. Oak Ridge National Laboratory,Oak Ridge,TN.

Efroymson,R. A.,Sample,B. E.,and Suter,G. W., II. 2001. Uptake of inorganic chemicals from soil by plant leaves: Regressions of field data. Environ. Toxicol. Chem.,20:2561 – 2571.

Efroymson, R. A., Nicollette, J. P., and Suter, G. W., II. 2003. A framework for net environmental benefit analysis for remediation or restoration of contaminated sites. ORNL/TM-2003/17. Oak Ridge National Laboratory, Oak Ridge, TN.

Efroymson, R. A., Nicollette, J. P., and Suter, G. W., II. 2004. A framework for net environmental benefit analysis for remediation or restoration of contaminated sites. Environ. Manag., 34: 315 – 331.

Eganhouse, R. P. and Calder, J. A. 1976. The solubility of medium molecular weight aromatic hydrocarbons and the effects of hydrocarbon cosolvents and salinity. Geochem. Cosmochim. Acta, 40: 555 – 561.

Eisler. R. 1995. Electroplating wastes in marine environments: A case history at Quonset Point, Rhode Island. Pages 539 – 548 in D. J. Hoffman, B. Rattner, G. A. Burton, and J. Cairns (eds.) Handbook of Ecotoxicology. Lewis Publishers, Boca Raton, FL.

Eisler, R. 1988. Lead hazards to fish, wildlife, and invertebrates: A synoptic review. Biological Report 85 (1. 14) US Fish and Wildlife Service, Laurel, MD.

Ellersieck, M. R., Asfaw, A., Mayer, F. L., Krause, G. F., Sun, K., and Lee, G. Acute to chronic estimation (ACE v 2. 0) with time-concentration-effect models. User manual and software. EPA/600/R-03/107. 2003. US Environmental Protection Agency, Washington, DC.

Emans. H. J. B., Plassche, E. J. v. d., Canton, J. H., Okkerman, P. C., and Sparenburg, P. M. 1993. Validation of some extraplation methods used for effects assessment. Environ. Toxicol. Chem., 12: 2139 – 2154.

Emlen. J. M. and Pikitch, E. K. 1989. Animal population dynamics: Identification of critical components. Ecol. Model., 44: 253 – 274.

Environment Agency. 1996. LandSim: Landfill performance simulation by Monte Carlo method. CWM 094/96. Environment Agency, Bristol, UK.

Environment Canada. 1999. Guidance document on application and interpretation of single-species tests in environmental toxicology. EPS 1/RM/34. Method Development and Application Section, Ottawa, Ontario.

Environment Canada. 2005. Guidance document on statistical methods for environmental toxicity tests. EPS 1/RM/46. Method Development and Application Section, Ottawa, Ontario.

Environmental Response Team. 1994a. Plant biomass determination. SOP #: 2034. US Environmental Protection Agency, Edison, NJ.

Environmental Response Team. 1994b. Tree coring and interpretation. SOP #: 2036. US Environmental Protection Agency, Edison, NJ.

Environmental Response Team. 1994c. Terrestrial plant community sampling. SOP #: 2037. US Environmental Protection Agency, Edison, NJ.

Environmental Response Team. 1995. Superfund program representative sampling guidance, Volume 1: Soil, interim final. EPA 540/R-95/141. US Environmental Protection Agency, Washington, DC.

Environmental Response Team. 1996. Vegetation assessment field protocol. SOP #: 2038. US Environmental Protection Agency, Washington, DC.

EPA (US Environmental Protection Agency). 1982. Air quality criteria for oxides of nitrogen. EPA-600/8-84-026f. Office of Air Quality Planning and Standards, Research Triangle Park, NC.

EPA (US Environmental Protection Agency) 1983. Water Quality Standards Handbook. Office of Water, Washington, DC.

EPA (US Environmental Protection Agency). 1985. Water quality criteria: availability of documents. Fed. Regist., 50: 30784 – 30796.

EPA (US Environmental Protection Agency). 1989. Use of starling nest boxes for field reproductive studies. EPA-600/8-89/056. Office of Research and Development, Corvallis, OR.

EPA (US Environmental Protection Agency). 1990. National oil and hazardous substances pollution contingency plan: Final rule. Red. Reg., 55: 8666 – 8873.

EPA (US Environmental Protection Agency). 1991a. Methods for aquatic toxicity identification evaluations: Phase I toxicity characterization procedures. Second Edition. EPA-600/6-91-003. US Environmental Protection Agency.

Duluth, MN.

EPA(US Environmental Protection Agency). 1991b. Technical support document for water quality-based toxics control. EPA/505/2-90-001. Office of Water, Washington, DC.

EPA(US Environmental Protection Agency). 1992a. Framework for ecological risk assessment. EPA/630/R-92/001. Risk Assessment Forum, Washington, DC.

EPA(US Environmental Protection Agency). 1992b. Dermal exposure assessment: Principles and applications. EPA/6008-91/011B. Office of Health and Environmental Assessment, Washington, DC.

EPA(US Environmental Protection Agency). 1992c. Draft report: A cross-species scaling factor for carcinogen risk assessment based on equivalence of mg/kg3/4/day: Notice. Fed. Regist., 57: 24152 – 24173.

EPA(US Environmental Protection Agency). 1993a. Methods for aquatic toxicity identification evaluations: Phase I toxicity characterization procedures. EPA-600/6-91-005F. Office of Research and Development, Duluth, MN.

EPA(US Environmental Protection Agency). 1993b. Methods for aquatic toxicity identification evaluations: Phase II toxicity identification procedures for samples exhibiting acute and chronic toxicity. EPA-600/6-92-080. Office of Research and Development, Duluth, MN.

EPA(US Environmental Protection Agency). 1993d. Technical basis for deriving sediment quality criteria for nonionic organic contaminants for the protection of benthic organisms by using equilibrium partitioning. EPA-822-R-93-001. Office of Water, Washington, DC.

EPA(US Environmental Protection Agency). 1993e. Water quality guidance for the Great Lakes system and correction: Proposed rules. Fed. Regist. 58: 20802 – 21047.

EPA(US Environmental Protection Agency). 1993f. Wildlife criteria portions of the proposed water quality criteria for the Great Lakes System. EPA/822/R-93/006. Office of Science and Technology, Washington, DC.

EPA(US Environmental Protection Agency). 1993g. Wildlife exposure factors handbook. EPA/600/R-93/187. Office of Health and Environmental Assessment, Washington, DC.

EPA(US Environmental Protection Agency). 1995. Mercury Study Report to Congress. EPA-452/R-96-011. Office of Air Planning and Standards and Office of Research and Development, Washington, DC.

EPA(US Environmental Protection Agency). 1996a. Proposed testing guidelines. Fed. Regist, 61: 16486 – 16488.

EPA(US Environmental Protection Agency). 1996b. Biological criteria: Technical guidance for streams and small rivers. EPA-822/B-96-001. Office of Water, Washington, DC.

EPA(US Environmental Protection Agency). 1997a. EPA's comparative risk projects: 1 – 3. Washington, DC.

EPA(US Environmental Protection Agency). 1997b. Estuarine and marine waters bioassessment and biocriteria technical guidance. EPA 822-B-97-002A. Office of Water, Washington, DC.

EPA(US Environmental Protection Agency). 1998a. Guidelines for ecological risk assessment. EPA/630/R-95/002F. Risk Assessment Forum, Washington, DC.

EPA(US Environmental Protection Agency). 1998b. Lake and reservoir bioassessment and biocriteria technical guidance document. EPA-841-B-98-007. Office of Water, Washington, DC.

EPA(US Environmental Protection Agency). 1999. Protocol for Developing Nutrient TMDLs. EPA 841-B-99-007. Office of Water, Washington, DC.

EPA(US Environmental Protection Agency). 2000a. Ambient aquatic life criteria for dissolved oxygen(saltwater): Caper Cod to Cape Hateras. EPA 822-R-00-012. Office of Water, Washington, DC.

EPA(US Environmental Protection Agency). 2000b. Technical basis for the derivation of equilibrium partitioning sediment guidelines(ESGs)for the protection of benthic organisms: Nonionic organics. EPA-822-R-00-001. Office of Water, Washington, DC.

EPA(US Environmental Protection Agency). 2000c. Stressor identification guidance document. EPA/822/B-00/025. Office of Water, Washington, DC.

EPA(US Environmental Protection Agency). 2002a. ECOTOX User Guide: EcoTOXicology database version 3.0. Office of Water, Washington, DC.

EPA(US Environmental Protection Agency). 2002b. Methods for measuring the acute toxicity of effluents to freshwater and marine organisms, Fifth edition. EPA/821/R-02/012. Office of Water. Washington, DC.

EPA(US Environmental Protection Agency). 2002c. Procedures for the derivation of equilibrium partitioning sediment benchmarks(ESBs) for the protection of benthic organisms: Dieldrin. EPA-600-R-02-010. Office of Water, Washington, DC.

EPA(US Environmental Protection Agency). 2002d. Procedures for the derivation of equilibrium partitioning sediment benchmarks(ESBs) for the protection of benthic organisms: Endrin. EPA-600-R-02-009. Office of Water, Washington, DC.

EPA(US Environmental Protection Agency). 2002e. Procedures for the derivation of equilibrium partitioning sediment benchmarks(ESBs) for the protection of benthic organisms: Metal mixtures. EPA-600-R-02-011. Office of Water, Washington, DC.

EPA(US Environmental Protection Agency). 2002f. Procedures for the derivation of equilibrium partitioning sediment benchmarks(ESBs) for the protection of benthic organisms: PAH mixtures. EPA-600-R-02-013. Office of Water. Washington, DC.

EPA(US Environmental Protection Agency). 2002g. Quality assurance project plans for modeling. QA/G-5M. US Environmental Protection Agency, Washington, DC.

EPA(US Environmental Protection Agency). 2002h. Short-term methods for estimating the chronic toxicity of effluents and receiving waters to freshwater organisms. Fourth Edition. EPA-821-R-02-013. Office of Research and Development, Washington. DC.

EPA(US Environmental Protection Agency). 2002i. Short-term methods for estimating the chronic toxicity of effluents and receiving waters to marine and estuarine organisms, Third Edition. EPA-821-R-02-013. Office of Research and Development, Washington, DC.

EPA(US Environmental Protection Agency). 2003a. 2003 draft update of ambient water quality criteria for copper. EPA 822-R-03-026. Office of Watter, Washington. DC.

EPA(US Environmental Protection Agency). 2003b. Developing relative potency factors for pesticide mixtures: Biostatistical analysis of ioint dose-response. EPA/600/R-03/052. Office of Research and Development, Cincinnati, OH.

EPA(US Environmental Protection Agency). 2003c. Generic Ecological Assessment Endpoints(GEAEs) for Ecological Risk Assessment. EPA/630/P-02/004B. Risk Assessment Forum, Washington, DC.

EPA(US Environmental Protection Agency). 2003d. Methodology for deriving ambient water quality criteria for the protection of human health(2000). Technical support document, Volume 2: Development of national bioaccumulation factors. EPA-822-R-03-030. Office of Water. Washington, DC.

EPA(US Environmental Protection Agency). 2003e. Organophosphate pesticides: Revised OP cummulative risk assessment. Available at: http://www.epa.gov/pesticides/cumulative/rra-op/.

EPA(US Environmental Protection Agency). 2004a. Draft ambient aquatic life criteria for selenium—2004. EPA 822-R-04-001. Office of Water, Washington, DC.

EPA(US Environmental Protection Agency). 2005a. CatReg software documentation. EPA/600/R-98/052. National Center for Environmental Assessment, Research Triangle Park, NC.

EPA(US Environmental Protection Agency). 2005b. Microbial source tracking guide document. EPA/600-R-05-064. Office of Research and Development, Washington, DC.

EPA(US Environmental Protection Agency). 2006a. 2001 Update of ambient water quality criteria for cadmium. EPA-822-R-01-001. Office of Water, Washington. DC.

EPA(US Environmental Protection Agency). 2006b. Framework for developing suspended and bedded sediments water quality criteria. EPA-822-R-06-001. Office of Water, Washington, DC.

EPA(US Environmental Protection Agency). 2006c. Handbook for developing watershed plans to restore and protect our waters. Draft. Office of Water, Washington, DC.

EPA Region II. 2000. Further site characterization and analysis. Volume 2E—Revised baseline ecological risk assessment. Hudson River PCBs reassessment RI/FS, New York.

EPPO(European and Mediteranean Plant Protection Organization). 2004. Environmental Risk Assessment of Plant Protection Products. EPPO Bulletin 33. European and Mediteranean Plant Protection Organization, Paris.

Erickson, R. J. and Stephan, C. E. 1990. A model for exchange of organic chemicals at fish gills: Flow and diffusion limitation. Aquat. Toxicol., 18:175 – 197.

Eriksson, L., Jaworska, J., Worth, A. P., Cronin, M. T. D., McDowell, R. M., and Gramatica, P. 2003. Methods for reliability and uncertainty assessment and for applicability evaluations of classification-and regression-based QSARs. Environ. Health Persp., 111:1361 – 1375.

Ernst, H. R. 2003. Chesapeake Bay Blues. Rowman & Littlefield, Lanham, MD.

Escher, B. I. and Hermens, J. 2002. Modes of action in ecotoxicology: Their role in body burdens, species sensitivity, QSARs, and mixture effects. Environ. Sci. Technol., 36:4201 – 4217.

Escher, B. I. and Hermens, J. 2004. Internal exposure: Linking bioavailability to effects. Environ. Sci. Technol., December:455A – 462A.

ESCORT(2001)Guidance document on regulatory testing and risk assessment procedures for plant protection products with non-target arthropods, Proceedings of ESCORT 2 workshop(European Standard Characteristics Of non-target arthropod Regulatory Testing), Wageningen, The Netherlands, 21 – 23 March 2000.

EUSES(1997)European Uniform system for the evaluation of substances(EUSES), version 1.0. European Chemical Bureau, Ispra, Italy.

Fairbrother, A. 2003. Lines of evidence in wildlife risk assessment. Hum. Ecol. Risk Assess., 9:1475 – 1491.

Fairbrother, A. and Kapustka, L. A. 1996. Toxicity extrapolation in terrestrial systems. California Environmental Protection Agency, Sacramento, CA.

Fairbrother, A., Kapustka, L. A., Williams, B. A., and Bennett, R. S. 1997. Effects-initiated assessments are not risk assessments. Hum. Ecol. Risk Assess., 3:119 – 124.

Fairbrother, A., Gentile, J., Menzie, C., and Munns, W. 1999. Report on the shrimp virus peer review and risk assessment workshop: Developing a qualitative ecological risk assessment. EPA/600/R – 99/027. US Environmental Protection Agency, Washington, DC.

Farag, A., Woodward, D. F., Brumbach, W., Goldstein, J. N., and MacConell, E. 1999. Dietary effects of metals-contaminated invertebrates from the Coeur d'Alene River, Idaho, on cutthroat trout. Trans. Am. Fish. Soc, 128:578 – 592.

Feijtel, T., Boeije, G., Matthies, M., Young, A., Morris, G., Gandolfi, C., Hansen, B., et al. (1997) Development of a Geography-Referenced Regional Exposure Assessment Tool for European Rivers—GREAT-ER: Contribution to GREAT-ER#1. Chemosphere, 34:2351 – 2373.

Feldman, D. L., Hanahan, R. A., and Perhac, R. 1999. Environmental priority setting through comparative risk assessment. Environ. Manag., 23:483 – 493.

Ferson, S. 1996. Automated quality assurance checks on model structure in ecological risk assessment. Hum. Environ. Risk Assess., 2:558 – 569.

Field, L. J., MacDonald, D. D., Norton, S. B., Ingersoll, C. G., Severn, C. G., Smorong, D., and Lindskoog, R. 2002. Predicting amphipod toxicity from sediment chemistry using logistic regression models. Environ. Toxicol. Chem., 21:1993 – 2005.

Field, L. J., Norton, S. B., McDonald, D., Severn, C. G., and Ingersoll, C. G. 2005. Predicting toxicity to amphipods from sediment chemistry. EPA/600/R-04/030. US Environmental Protection Agency, Washington, DC.

Finkel, A. and Golding, D. 1995. Worst Things First? The Debate Over Risk-Based National Environmental Priorities. RFF Press, Washington, DC.

Finkelstein, M. E., Gwiazda, R. H., and Smith, D. R. 2003. Lead poisoning of seabirds: Environmental risk from leaded paint at a decommissioned military base. Environ. Sci. Technol., 37:3256 – 3260.

Finn, J. T. 1976. Measures of ecosystem structure and function derived from analysis of flows. J. Theoret. Biol., 56:363 – 380.

Fischoff, B., Lichtenstein, S., Slovic, P., Derby, A. S. L., and Keeney, R. L. 1981. Acceptable Risk. Cambridge University Press, Cambridge, UK.

Fisher, A., Emani, S., and Zint, M. 1995. Risk communication for industry practitioners: An annotated bibliography. Society for Risk Analysis, McLean, VA.

Fisher, R. A. 1930. The Genetical Theory of Natural Selection. Clarendon Press, Oxford, UK. (Reprinted in 1958 by Dover Publications, New York.)

Fletcher, J. S., Johnson, F. L., and McFarlane, J. C. 1990. Influence of greenhouse versus field testing and taxonomic differences on plant sensitivity to chemical treatment. Environ. Toxicol. Chem., 9:769 – 776.

Fogg, P. and Sangster, J. (2003) Chemicals in the Atmosphere Solubility, Sources and Reactivity. John Wiley, New York.

Foran, J. A. and Ferenc, S. A. 1999. Multiple Stressors in Ecological Risk and Impact Assessment. SETAC Press, Pensacola, FL.

Forbes, T. L. and Forbes, V. E. 1993. A critique of the use of distribution-based extrapolation models in ecotoxicology. Funct. Ecol., 7:249 – 254.

Forbes, V. E. 1999. Genetics and Ecotoxicology. Taylor & Francis, Philadelphia, PA.

Forbes, V. E. and Calow, P. 1999. Is the per capita rate of increase a good measure of population-level effects in ecotoxicology? Environ. Toxicol. Chem., 18:1544 – 1556.

Forbes, V. E. and Calow, P. 2002. Applying weight-of-evidence to retrospective ecological risk assessment when quantitative data are limited. Hum. Ecol. Risk Assess., 8:1625 – 1639.

Forbes, V. E., Calow, P., and Sibly, R. M. 2001. Are current species extrapolation models a good basis for ecological risk assessment? Environ. Toxicol. Chem., 20:442 – 447.

Foster, K. R., Vecchia, P., and Repacholi, M. H. 2000. Science and the precautionary principle. Science, 288:979 – 981.

Fox, G. 2001. Wildlife as sentinels of human health effects in the Great Lakes, St. Lawrence Basin. Environ. Health Persp., 109:853 – 861.

Fox, G. A. 1991. Practical causal inference for ecoepidemiologists. J. Toxicol. Environ. Health, 33:359 – 373.

Foxx, T. S., Tierney, G. D., and Williams, J. M. 1984. Rooting depths of plants relative to biological and environmental factors. Los Alamos National Laboratory, Los Alamos, NM.

Foy, C. D., Chaney, R. L., and White, M. C. 1978. The physiology of metal toxicity in plants. Annu. Rev. Plant Physiol., 29:511 – 566.

Francis, R. I. C. C. and Shotton, R. 1997. "Risk" in fisheries management: A review. Can. J. Fish. Aquat. Sci., 54: 1699 – 1715.

French – McCay, D. P. 2002. Development and application of an oil toxicity and exposure model, OilToxEx. Environ. Toxicol. Chem., 21:2080 – 2094.

Freshman, J. S. and Menzie, C. A. 1996. Two wildlife exposure models to assess impacts at the individual and population levels and the efficacy of remediation. Hum. Ecol. Risk Assess., 2:481 – 498.

Friend, M. 1987. Field guide to wildlife diseases. Resource Pub. 167. US Fish and Wildlife Service, Washington, DC.

Froese, K. L., Verbrugge, D. A., Ankley, G. T., Niemi, G. J., Larsen, C. P., and Giesy, J. P. 1998. Bioaccumulation of polychlorinated biphenyls from sediments to aquatic insects and tree swallow eggs and nestlings in Saginaw Bay, Michigan, USA. Environ. Toxicol. Chem., 17:484 – 492.

Funtowicz, S. O. and Ravetz, J. R. 1990. Uncertainty and Quality in Science for Policy. Kluwer Academic, Dordrecht, The Netherlands.

FWS(US Fish and Wildlife Service). 1980. Habitat evaluation procedures(HEP). 870 FW-1. Division of Ecological Services, Washington, DC.

Galbraith, H., LeJeune, K., and Lipton, J. 1995. Metal and arsenic impacts to soils, vegetation communities and wildlife habitat in southwestern Montana uplands contaminated by smelter emissions. I. Field evaluations. Environ. Toxicol. Chem., 14:1895 – 1903.

Ganzelmeier, H., Rautmann, D., Spagenberg, R., Streloke, M., Hermann, M., Wenzelburger, H. J., and Walter. H. F. 1995. Studies on the Spray Drift of Plant Protection Products. Mitteilungen Aus Der Biologischen Bundesanstalt Fur Land-Und Fortwirtschaft, Berlin.

Gardner, R. H., O'Neill, R. V., Mankin, J. B., and Kumar, K. D. 1980. Comparative error analysis of six predator-prey models. Ecology, 61:323-332.

Gardner, R. H., O'Neill, R. V., Mankin, J. B., and Carney, J. H. 1981. A comparison of sensitivity and error analysis based on a stream ecosystem model. Ecol. Model., 12:173-190.

Gardner, R. H., Kemp, W. M., Kennedy, V. S., and Petersen, J. E. (eds.). 2001. Scaling Relations in Experimental Ecology. Columbia University Press, New York.

Garg, P., Tripathi, R. D., Rai, U. N., Sinha, S., and Chandra, P. 1997. Cadmium accumulation and toxicity in submerged plant *Hydrilla verticillata* (L. F.) Royle. Environ. Monitor. Assess., 47:167-173.

Garten, C. T. Jr. 1980. Ingestion of soil by hispid cotton rats, white-footed mice, and eastern chipmunks. J. Mammal., 6:136-137.

Garten, C. T. Jr. and Trabalka, J. R. 1983. Evaluation of models for predicting terrestrial food chain behavior of xenobiotics. Environ. Sci. Technol., 17:590-595.

Gaylor, D. W. 2000. The use of Haber's law in standard setting and risk assessment. Toxicology, 149:21-34.

Gell-Mann, M. 1994. The Quark and the Jaguar: Adventures in the Simple and the Complex. W. H. Freeman, New York.

Gentile, J H., Gentile, S. M., and Hoffman, G. 1983. The effects of a chronic mercury exposure on survival, reproduction, and population dynamics of *Mysidopsis bahia*. Environ. Toxicol. Chem., 2:61-68.

Gentile, J. H., Harwell, M. A., Cropper, W., Harwell, C. C., DeAngelis, D., Davis, S., Ogden, J. C., and Lirman, D. 2001. Ecological conceptual models: A framework and case study on ecosystem management for South Florida sustainability. Sci. Tot. Environ., 274:231-253.

Gerard, P. D., Smith, D. R., and Weerakkody, G. 1998. Limits of retrospective power analysis. J. Wildl. Manag., 62:801-807.

Germano, J. D. 1999. Ecology, statistics, and the art of misdiagnosis: The need for a paradigm shift. Environ. Rev., 7:167-190.

Gersich, F. M., Blanchard, F. A., Applegath, S. L., and Park, C. N. 1986. The precision of daphnid (*Daphnia magna* Straus, 1820) static acute toxicity tests. Arch. Environ. Contam. Toxicol., 15:741-749.

Gezondheidsraad. 2003. Environmental health: Research for policy. Nr. 2003/20E. The Haag, The Netherlands.

Gibbons, W. N. and Munkittrick, K. R. 1994. A sentinal monitoring framework for identifying fish population responses to industrial discharges. J. Aquat. Eco. Health, 3:327-337.

Gibson, G. R., Barbour, M. T., Stribling, J. B., Gerritsen, J., and Karr, J. R. 1996. Biological criteria: Technical guidance for streams and small rivers (revised). EPA-B-96-001. US Environmental Protection Agency, Office of Water, Washington, DC.

Giddings, J. M. 1986. A microcosm procedure for determining safe levels of chemical exposure in shallow-water communities. Pages 121-134 in J. Cairns Jr. (ed.) Community Toxicity Testing. ASTM, Philadelphia, PA.

Giddings, J. M., Hall, L. W. Jr., and Solomon, K. R. 2000. Ecological risks of diazinin from agricultural use in the Sacramento-San Joaquin River basins, California. Risk Anal., 20:545-572.

Giddings, J. M., Solomon, K. R., and Maund, S. J. 2001. Probabilistic risk assessment of cotton pyrethroids: II. Aquatic mesocosm and field studies. Environ. Toxicol. Chem., 20:660-668.

Giddings, J. M., Brock, T. C. M., Heger, W., et al. 2002. Community-Level Aquatic System Studies—Interpretation Criteria. SETAC Press, Pensacola, FL.

Giddings, J. M., Anderson, T. A., Hall, L. W. Jr., et al. 2005. Atrazine in North American Surface Waters: A Probabilistic Risk Assessment. SETAC Press, Pensacola, FL.

Giesy, J. and Kannan, K. 1998. Dioxin-like and non-dioxin-like toxic effects of polychlorinated biphenyls (PCBs): Implications for risk assessment. Crit. Rev. Toxicol., 28:511-569.

Giesy, J. P., Ludwig, J. P., and Tillitt, D. E. 1994a. Deformities in birds of the Great Lakes region: Assigning causality. Environ. Sci. Technol., 28:128A-135A.

Giesy, J. P., Ludwig, J. P., and Tillitt, D. E. 1994b. Dioxins, dibenzofurans, PCBs and colonial fish-eating water birds. Pages 249-307 in A. Schecter (ed.) Dioxins and Health. Plenum Press, New York.

Giesy, J. P., Solomon, K. R., Coats, J. R., Dixon, K. R., Giddings, J. M., and Kenaga, E. E. 1999. Chlorpyrifos: Ecological risk assessment in North American aquatic environments. Rev. Environ. Contam. Toxicol., 160:1-129.

Giesy, J. P., Dobson, S., and Solomon, K. R. 2000. Ecotoxicological risk assessment for roundup herbicide. Rev. Environ. Contam. Toxicol., 167:35-120.

Gigerenzer, G. 2002. Calculated Risks. Simon & Schuster, New York.

Gigerenzer, G. and Hoffrage, U. 1995. How to improve Bayesian reasoning without instruction: Frequency formats. Psychol. Rev., 102:684-704.

Gigerenzer, G., Swijtink, Z., Porter, T., Beatty, J., and Kruger, L. 1989. The Empire of Chance: How Probability Changed Science and Everyday Life. Cambridge University Press, Cambridge, UK.

Giles, R. H. Jr. 1970. The ecology of a small-forested watershed treated with the insecticide Malathion-S35. Wildl. Monogr., 24.

Ginn, T. C. and Pastorok, R. A. 1992. Assessment and management of contaminated sediments in Puget Sound in G. A. Burton(ed.) Sediment Toxicity Assessment. Lewis Publishers, Boca Raton, FL.

Gobas, F. A. P. C. 1993. A model for predicting the bioaccumulation of hydrophobic organic chemicals in aquatic food webs: Application to Lake Ontario. Ecol. Model. 69:1-17.

Gobas, F. A. P. C. 2003. Mathematical Models of Bioaccumulation and Eco Fate. Simon Fraser University, Burnaby, British Columbia, Canada, Available at: www. rem. sfu. ca/toxicology/models

Gobas, F. A. P. C. and Morrison, H. A. 2000. Bioconcentration and Biomagnification in the Aquatic Environment. Chapter 9 in R. S. Boethling and D. Mackay(eds.) Handbook of Property Estimation Methods for Chemicals. Lewis Publishers, Boca Raton, FL.

Goede, R. W. and Barton, B. A. 1990. Organismic indices and an autopsy-based assessment as indicators of health and condition of fish. Am. Fish. Soc. Symp., 8:93-108.

Golley, F. B. 1993. A history of the ecosystem concept in ecology. Yale University Press, New Haven, CT.

Good, I. J. 1983. Good Thinking: The Foundations of Probability and Its Applications. University of Minnesota Press, Minneapolis, MN.

Goodman, D. 1976. Ecological expertise. Pages 317-360 in H. A. Feiveson, F. W. Sinden, and R. H. Socolow(eds.) Boundaries of Analysis: An Enquiry into the Tocks Island Dam Controversy. Ballinger, Cambridge, MA.

Goodman, D. 1987. The demography of chance extinction. Pages 11-34 in M. E. Soule(ed.) Viable Populations for Conservation. Cambridge University Press, Cambridge, UK.

Goodman, D. 2005. Taking the prior seriously: Bayesian analysis without subjective probability. Pages 379-410 in M. L. Taper and S. R. Lele(eds.) The Nature of Scientific Evidence. University of Chicago Press, Chicago, IL.

Goodman, S. N. and Berlin, J. A. 1994. The use of predicted confidence intervals when planning experiments and the misuse of power when interpreting results. Ann. Internal Med., 121:200-206.

Goodyear, C. P. 1993. Spawning stock biomass per recruit in fisheries management: Foundation and current use. Pages 67-81 in S. J. Smith, J. J. Hunt, and D. Rivard(eds.) Risk Evaluation and Biological Reference Points for Fisheries Management. Canadian Special Publications in Fisheries and Aquatic Sciences 120. National Research Council and Department of Fisheries and Oceans, Ottawa, Canada.

Goovarts, P. 1997. Geostatistics for Natural Resources Evaluation. Oxford University Press, New York.

Gordon, G. E. 1988. Receptor models. Environ. Sci. Technol, 22:1132-1142.

Graney, R. L., Giesy, J. P. Jr., and DiToro, D. 1989. Mesocosm experimental design strategies: Advantages and disadvantages in ecological risk assessment. Pages 74-88 in J. R. Voshell(ed.) Using Mesocosms to Assess the Aquatic Ecological Risk of Pesticides: Theory and Practice. Entomological Society of America, Lanham, MD.

Graney, R. L., Kennedy, J. H., and Rodgers, J. H. Jr. (eds.). 1994. Aquatic Mesocosm Studies in Ecological Risk Assessment. CRC Press, Boca Raton, FL.

Graney, R. L., Giesy, J. P., and Clark, J. R. 1995. Field studies. Pages 257-305 in G. Rand(ed.) Fundamentals of Aquatic Toxicology. Taylor & Francis, Washington, DC.

Grapentine, L., Anderson, J., Boyd, D., Burton, G. A., DeBarros, C., Johnson, G., Marvin, C., et al. 2002. A decision making framework for sediment assessment developed for the Great Lakes. Hum. Ecol. Risk Assess.,8:1655.

Gray,G. M. 1994. Complete risk characterization. Risk Persp.,2:1-2.

GREAT-ER Task Force(1997)GREAT-ER:Geography-referenced Regional Exposure Assessment Tool for European Rivers. European Centre for Ecotoxicology and Toxicology of Chemicals,Brussels.

Greene,J. C.,Bartels,C. L.,Warren-Hicks,W. J.,et al. 1988. Protocols for short-term toxicity screening of hazardous waste sites. US Environmental Protection Agency,Corvallis,OR.

Greenland,S. 1988. Probability versus Popper:An elaboration of the insufficiency of current Popperian approaches for epidemiological analysis. Pages 95-104 in K. J. Rothman(ed.)Causal Inference. Epidemiology Resources, Chestnut Hill,MA.

Greger,M.,Kautsky,L.,and Sandberg,T. 1995. A tentative model of Df uptake in *Potamogeton pectinatus* in relation to salinity. Environ. Exp. Biology,35:215-225.

Griffith,M. B.,Lazorchak,J. M.,and Herlihy,A. T. 2004. Relationships among exceedences of metals criteria,the results of ambient bioassays,and community metrics in mining-impacted streams. Environ. Toxicol. Chem.,23:1786-1795.

Grothe,D. R.,Dickson,K. L.,and Reed-Judkins,D. K. (eds.). 1996. Whole Effluent Toxicity Testing:An Evaluation of Methods and Prediction of Receiving System Impacts. SETAC Press,Pensacola,FL.

Grue,C. E.,Hoffman,D. J.,Beyer,W. N.,and Franson,L. P. 1986. Lead concentrations and reproductive success in European starlings nesting within highway roadside verges. Environ. Pollut. Ser. A,42:157-182.

Guinee,J. B. 2003. Handbook of Life Cycle Assessment. Kluwer Academic,Dordrecht,The Netherlands.

Gupta,M. and Chandra,P. 1998. Bioaccumulation and toxicity of mercury in rooted submerged macrophyte *Vallisneria spiralis*. Environ. Pollut.,103:327-332.

Gurney,W. S. C.,McCauley,E.,Nisbet,R. M.,and Murdoch,W. W. 1990. The physiological ecology of *Daphina*:A dynamic model of growth and reproduction. Ecology,71:716-732.

H. John Heinz III Center for Science Economics and the Environment. 2002. The State of the Nation's Ecosystems. Cambridge University Press,New York.

Haber,L.,Strickland,J. A.,and Guth,D. J. 2001. Categorical regression analysis of toxicity data. Comments Toxicol.,7: 437-452.

Hacking,I. 1975. The Emergence of Probability. Cambridge University Press,Cambridge,UK.

Hacking,I. 2001. An Introduction to Probability and Inductive Logic. Cambridge University Press,Cambridge,UK.

Hackney,J. D. and Linn,W. S. 1979. Koch's postulates updated:A potentially useful application to laboratory research and policy analysis in environmental toxicology. Am. Rev. Respir. Dis.,1119:849-852.

Haddad,S. and Krishnan,K. 1998. Physiological modeling of toxicokinetic interactions:Implications for mixtures risk assessment. Environ. Health Persp.,106:1377-1384.

Haimes,Y. Y. 1998. Risk Modeling,Assessment,and Management. John Wiley,New York.

Hakoyama,H. and Iwasa,Y. 2000. Extinction risk of a density-dependent population estimated from a time series of population size. J. Theoret. Biol.,204:337-359.

Halbrook,R. S.,Brewer,R. L. Jr.,and Buehler,D. A. 1999a. Ecological risk assessment of a large river-reservoir: 8. Experimental study of the effects of polychlorinated biphenyls on reproductive success of mink. Environ. Toxicol. Chem.,18:649-654.

Halbrook,R. S.,Brewer,R. L. Jr.,and Buehler,D. A. 1999b. Ecological risk assessment of a large river-reservoir: 7. Environmental contaminant accumulation and effects in great blue herons. Environ. Toxicol. Chem.,18:641-648.

Halfon,E. (ed.). 1979. Theoretical Systems Ecology. Academic Press,New York.

Hall,C. A. S. and Day,J. W. Jr. (eds.). 1977. Ecosystem Modeling in Theory and Practice. John Wiley,New York.

Hall,L. W. Jr. and Burton,D. T. 2005. An Integrated Case Study for Evaluating the Impact of an Oil Refinery Effluent on Aquatic Biota in the Deleware River. Hum. Ecol. Risk Assess.,11:647-936.

Hall,L. W. Jr.,Pinkney,A. E.,and Horseman,L. O. 1985. Mortality of striped bass larvae in relation to contaminants and water quality in a Chesapeake Bay estuary. Trans. Am. Fish. Soc.,114:861-868.

Hall,L. W. Jr.,Bushong,S. J.,Ziegenfuss,M. C.,Hall,W. S.,and Herman,R. L. 1988. Concurrent mobile on-site and *in situ* striped bass environmental contaminant and water quality studies in the Choptank River and upper Chesapeake Bay. Environ. Toxicol. Chem.,7:815 – 830.

Hall, L. W. Jr., Giddings, J. M., Solomon, K. R., and Balcomb, R. 1999. An ecological risk assessment for the use of Irgarol 1051 as an algaecide for antifoulant paints. Crit. Rev. Toxicol., 29:367 – 437.

Hall, L. W. Jr., Scott, M. C., Killen, W. D., and Unger, M. A. 2000. A probabilistic ecological risk assessment of tributyltin in surface waters of the Chesapeake Bay watershed. Hum. Ecol. Risk Assess.,6:141 – 179.

Hallam, T. G. and Clark, C. E. 1983. Effects of toxicants on populations: A qualitative approach 1. Equilibrium environmental exposure. Ecol. Model.,18:291 – 304.

Hallam, T. G., Lassiter, R. R., Li, J., and Suarez, L. A. 1990. Modelling individuals employing an integrated energy response: Application to *Daphnia*. Ecology,71:938 – 954.

Hammonds, J. S., Hoffman, F. O., and Bartell, S. M. 1994. An introductory guide to uncertainty analysis in environmental and health risk assessment. ES/ER/TM-35/R1. Oak Ridge National Laboratory, Oak Ridge, TN.

Hampton, N. L., Morris, R. C., and VanHorn, R. L. 1998. Methodology for conducting screening-level ecological risk assessments for hazardous waste sites. Part II: Grouping ecological components. Int. J. Environ. Pollut.,9:47 – 61.

Hannon, B. 1973. The structure of ecosystems. J. Theoret. Biol. 41:535 – 546.

Hanratty, M. P. and Stay, F. S. 1994. Field evaluation of the littoral ecosystem risk assessment model's predictions of the effects of chlorpyrifos. J. Appl. Ecol.,31:439 – 453.

Hansch, C. and Fujita, T. 1964. $p - \sigma - \pi$ analysis: A method for the correlation of biological activity and chemical structure. J. Am. Chem. Soc.,86:1616 – 1626.

Hansen, F. 1997. Policy for use of probabilistic analysis in risk assessment at the US Environmental Protection Agency. Environmental Protection Agency, Washington, DC, US. Available at: http://www.epa.gov/ncea/mcpolicy.htm.

Hanski, I. 1999. Metapopulation Ecology. Oxford University Press, Oxford, U. K.

Hanski, I. and Gilpin, M. E. 1996. Metapopulation Biology: Ecology, Genetics, and Evolution. Academic Press, San Diego, CA.

Hardin, G. 1968. The tragedy of the commons. Science,162:1243 – 1248.

Hare. L., Carignan, R., and Huerta-Diaz, M. A. 1994. A field study of metal toxicity and accumulation by benthic invertebrates: Implications for the acid-volatile sulfide(AVS) model. Limnol. Oceanogr.,39:1653 – 1668.

Harrass, M. C. and Taub, F. B. 1985. Comparisons of laboratory microcosms and field responses to copper. Pages 57 – 74 in T. P. Boyle(ed.) Validation and Predictability of Laboratory Methods for Assessing the Fate and Effects of Contaminants in Aquatic Ecosystems. ASTM, Philadelphia, PA.

Harremoes, P., Gee, D., MacGarvin, M., Stirling, A., Keys, J., Wynne, B., and Guedes Vaz, S. 2001. Late lessons from early warnings: The precautionary principle 1896 – 2000. Environmental Issue Report No. 22. European Environmental Agency, Copenhagen, Denmark.

Harris, S. G. and Harper, B. L. 2000. Using eco-cultural dependency webs in risk assessment and characterization of risks to tribal health and culture. Environ. Sci. Pollut. Res.,2:91 – 100.

Hart, B., Burgman, M., Webb, A., Allison, G., Chapman, M., Duivenvoorden, L., Feehan, P., et al. 2005. Ecological Risk Management Framework for the Irrigation Industry. Water Studies Centre, Monash University, Clayton, Australia.

Hartwell, S. I., Dawson, C. E., Jordahl, D. H., and Durell, E. Q. 1995. Demonstrating a method to correlate measures of ambient toxicity and fish community diversity. CBRM-TX-95-1. Maryland Department of Natural Resources, Chesapeake Bay Research and Monitoring Division, Annapolis, MD.

Harwell, M. A. 1998. Science and environmental decision making in South Florida. Ecol. Appl.,8:580 – 590.

Harwell, M. A. and Gentile, J. H. 2000. Environmental decision-making for multiple stressors: Framework, tools, case studies and prospects. Pages 169 – 236 in S. A. Ferenc and J. A. Foran(eds.) Multiple Stressors in Ecological Risk Assessment: Approaches to Risk Estimation. SETAC Press, Pensacola, FL.

Harwell, M. A., Cooper, W., and Flaak, R. 1992. Prioritizing ecological and human welfare risks from environmental stresses. Environ. Manag.,16:451 – 464.

Hatfield, A. J. and Hipel, K. W. 2002. Risk and systems theory. Risk Anal., 22:1043 – 1057.

Hattemer-Frey, H. A., Quinlan, R. E., and Krieger, G. R. 1995. Ecological risk assessment case study: Impacts to aquatic receptors at a former metals mining Superfund site. Risk Anal., 15:253 – 265.

Hattis, D. and Goble, R. 2003. The red book, risk assessment, and policy analysis: The road not taken. Hum. Ecol. Risk Assess., 9:1297 – 1306.

Hatzinger, P. B. and Alexander, M. 1995. Effect of aging of chemicals in soil on their biodegradability and extractability. Environ. Sci. Technol., 29:537 – 545.

He, Q. B. and Singh, B. R. 1994. Crop uptake of cadmium from phosphorus fertilizers. I. Yield and cadmium content. Water Air Soil Pollut., 74:297 – 303.

Heaton, S. N., Bursian, S., Giesy, J. P., Tillitt, D. E., Render, R. A., Jones, P. D., Verbrugge, D. A., Kubiak, T., and Aulerich, R. J. 1995a. Dietary exposure of mink to carp from Saginaw Bay, Michigan. 2. Hematology and liver pathology. Arch. Environ. Contam. Toxicol., 28:411 – 417.

Heaton, S. N., Bursian, S., Giesy, J. P., Tillitt, D. E., Render, R. A., Jones, P. D., Verbrugge, D. A., Kubiak, T., and Aulerich, R. J. 1995b. Dietary exposure of mink to carp from Saginaw Bay, Michigan. 1. Effects on reproduction and survival and the potential risks to wild mink populations. Arch. Environ. Contam. Toxicol., 28:334 – 343.

Heiger-Bernays, W., Menzie, C., Montgomery, C., Edwards, D., and Panwels, S. 1997. A framework for biological and chemical testing of soil. Pages 388 – 420 in D. G. Linz and D. Nakles(eds.)Environmentally Acceptable Endpoints in Soil: Risk-Based Approach to Contaminated Site Management Based on Availability of Chemicals in Soil. American Academy of Environmental Engineers, Annapolis, MD.

Heikens, A., Peijnenburg, W., and Hendriks, A. J. 2001. Bioaccumulation of heavy metals in terrestrial invertebrates. Environ. Pollut., 113:385 – 403.

Heimbach, U., Leonard, P., Miyakawa, R., and Able, C. 1994. Assessment of pesticide safety to the carabid beetle, *Poecilus cupreus*, using two different semifield enclosures. Pages 205 – 240 in M. H. Donker, H. Eijsackers, and F. Heimbackers(eds.)Ecotoxicology of Soil Organisms. Lewis Publishers, Boca Raton, FL.

Heinz, G. H., Hoffman, D. J., Krynitsky, A. J., and Weller, D. M. G. 1987. Reproduction in mallards fed selenium. Environ. Toxicol. Chem., 6:423 – 433.

Henderson, J. D., Yamamoto, D. M., Fry, D. M., Seiber, J. N., and Wilson, B. W. 1994. Oral and dermal toxicity of organophosphate pesticides in the domestic pigeon(*Columba livia*). Bull. Environ. Contam. Toxicol., 52:633 – 640.

Hendley, P., Holmes, C., Kay, S., Maund, S. J., Travis, K. Z., and Zhang, M. 2001. Probabilistic risk assessment of cotton pyrethroids: III. A spatial analysis of the Mississippi, USA, cotton landscape. Environ. Toxicol. Chem., 20: 669 – 678.

Hendriks, A. J., Ma, W. -C., Brouns, J. J., de Ruiter-Dijkman, E. M., and Gast, R. 1995. Modelling and monitoring organochlorine and heavy metal accumulation in soils, earthworms and shrews in Rhine-Delta floodplains. Arch. Environ. Contain. Toxicol., 29:115 – 144.

Henning, M. H., Shear Weinberg, N. M., Wilson, N. D., and Iannuzzi, T. J. 1999. Distributions of key exposure factors controling the uptake of xenobiotic chemicals by great blue herons(*Ardea herodius*) through ingestion of fish. Hum. Ecol. Risk Assess. 5:125 – 144.

Henny, C. J. 2003. Effects of mining lead on birds: A case history at Coeur d'Alene Basin, Idaho. Pages 755 – 766 in D. J. Hoffman, B. Rattner, G. A. Burton, Jr., and J. Cairns, Jr. (eds.)Handbook of Ecotoxicology. Lewis Publishers, Boca Raton, FL.

Henriques, W. D. and Dixon, K. R. 1996. Estimating spatial distribution of exposure by integrating radiotelemetry, computer simulation, and geographic information systems(GIS)techniques. Hum. Ecol. Risk Assess., 2:527 – 538.

Henshel, D. S., Martin, J. W., Norstrom, R., Whitehead, P., Steeves, J. D., and Cheng, K. M. 1995. Morphometric abnormalities in brains of great blue heron hatchlings exposed in the wild to PCDDs. Environ. Health Persp., 103 (Suppl 4):61 – 66.

Herbes, S. E., Greist, W. H., and Southworth, G. R. 1978. Field site evaluation of aquatic transport of polycyclic aromatic hydrocarbons. Pages 221 – 230 in Proceedings of the Symposium on Potential Health and Environmental

Effects of Synthetic Fossil Fuel Technologies, CONF-78093. Oak Ridge National Laboratory, Oak Ridge, TN.

Herkovits, J., Perez-Coll, C. S., and Herkovits, F. D. 1996. Ecotoxicity in the Reconqusta River, Province of Buenos Aires, Argentina: A preliminary study. Environ. Health Persp., 104:186–189.

Hertzberg, R. C. and MacDonald, M. M. 2002. Synergy and other ineffective mixture risk definitions. Sci. Total Environ., 288:31–42.

Hertzberg, R. C. and Teuschler, L. K. 2002. Evaluating quantitative formulas for dose-response assessment of chemical mixtures. Environ. Health Persp., 110:965–970.

Hettelingh, J. P. and Downing, R. J. 1991. Mapping critical loads for Europe. CCE Tech. Report No. 1. Coordination Center for Effects, National Institute of Public Health and Environment Protection, Bilthoven, The Netherlands.

Hewlett, P. S. and Plackett, R. L. 1979. The Interpretation of Quantal Responses in Biology. Edward Arnold, London.

Heyer, W. R. (ed.). 1994. Measuring and Monitoring Biodiversity: Standard Methods for Amphibians. Smithsonian Press, Washington, DC.

Hickey, J. J. 1969. Peregrine Falcon Populations: Their Biology and Decline. University of Wisconsin Press, Madison, WI.

Hickey, J. J. and Anderson, D. W. 1968. Chlorinated hydrocarbons and eggshell changes in raptorial and fish-eating birds. Science, 162:271–273.

Hilborn, R. 1996. Do principles for conservation help managers? Ecol. Appl., 6:364–365.

Hilborn, R. and Mangel, M. 1997. The Ecological Detective: Confronting Models with Data. Princeton University Press, Princeton, NJ.

Hilborn, R. and Walters, C. J. 1992. Quantitative Fish Stock Assessment: Choice, Dynamics, and Uncertainty. Chapman & Hall, New York.

Hill, A. B. 1965. The environment and disease: Association or causation. Proc. Royal Soc. Med., 58:295–300.

Hill, B. H. 1997. The use of periphyton assemblage data in an index of biotic integrity. Bull. N. Am. Benthol. Soc., 14:158.

Hiraoka, Y. and Okuda, H. 1984. A tentative assessment of water pollution by medaka egg stationing method: Aerial application of fenitrothion emulsion. Environ. Res., 34:262–267.

Hobbs, E A., Warne, M. St. J., and Markich, S. J. 2005. Evaluation of the criteria used to assess the quality of aquatic toxicity data. Integr. Environ. Assess. Manag., 1:174–180.

Hoekstra, J A. and van Ewijk, P. H. 1993. Alternatives for the no-observed-effect level. Environ. Toxicol. Chem., 12: 187–194.

Hoeting, J. A., Madigan, D., Raferty, A. E., and Volinski, C. T. 1999. Bayesian model averaging: A tutorial. Stat. Sci., 14:382–417.

Hoff, D J. and Henningsen, G. M. 1998. Extrapolating toxicity reference values in terrestrial and semiaquatic wildlife species using uncertainty factors. Abstract, 37th Annual Meeting, Society of Toxicology, Reston, VA.

Hoffman, D. J. et al. 1998. Comparative developmental toxicity of planar polychlorinated biphenyl congeners in chickens, American kestrels, and common terns. Environ. Toxicol. Chem., 17:747–757.

Hoffman, D. J., Rattner, B. A., Burton, G. A. Jr., and Cairns, J. Jr. 2003. Handbook of Ecotoxicology, Second Edition. Lewis Publishers, Boca Raton, FL.

Holchek, J. L., Pieper, R. D., and Herbal, C. H. 2003. Range Management: Principles and Practices, Fifth Edition. Prentice-Hall, New York.

Holcombe, G. W., Phipps, G. L., and Veith, G. D. 1988. Use of aquatic lethality tests to estimate safe chronic concentrations of chemicals in initial ecological risk assessments. Pages 442–467 in G. W. Suter II (ed.) Aquatic Toxicity and Hazard Assessment: Eleventh Symposium. ASTM, Philadelphia, PA.

Holdren, G. R. Jr., Strickland, M. D., Cosby, B. J., Marmorek, D., Bernard, D., Santore, R. C., Driscoll, C. T., Pardo, L., Hunsaker, C. T., and Turner, R. S. 1993. A national critical loads framework for atmospheric deposition effects assessment: V. Model selection, applications, and critical loads mapping. Environ. Manag., 17:355–363.

Holling, C. S. 1978. Adaptive Environmental Assessment and Management. John Wiley, Chichester, UK.

Hooda, P. A. and Alloway, B. J. 1993. Effects of time and temperature on the bioavaiabilty of Cd and Pb from sludge-amended soils. J. Soil Sci., 44:97 – 110.

Hope, B. K. 1995. A review of models for estimating terrestrial ecological receptor exposure to chemical contaminants. Chemosphere, 30:2267 – 2287.

Hope, B. K. 2004. The area use factor—is it right? SETAC Globe, 5:44.

Hope, B. K. and Peterson, J. A. 2000. A procedure for performing population-level ecological risk assessments. Environ. Manag., 25:281 – 289.

Hopkin, S. P. 1989. Ecophysiology of Metals in Soil Invertebrates. Elsevier Applied Sciences, London, UK.

Horness, B. H., Lomax, D. P., Johnson, L. L., Myers, M. S., Pierce, S. M., and Collier, T. K. 1998. Sediment quality thresholds: Estimates from hockey-stick regression of liver lesion prevalence in English sole (*Pleuronectes vetulus*). Environ. Toxicol. Chem., 17:872 – 882.

Hornshaw, T., Aulerich, R., and Johnson, H. 1983. Feeding Great Lakes fish to mink: Effects on accumulation and elimination of PCBs by mink. J. Toxicol. Environ. Health, 11:933 – 946.

Host, G. E., Regal, R. R., and Stephan, C. E. 1991. Analysis of acute and chronic data for aquatic life. PB93 – 154748. US Environmental Protection Agency, Duluth, MN.

Houck, O. 2002. The Clean Water Act TMDL Program: Law, Policy and Implementation, Second Edition. Environmental Law Institute, Washington, DC.

Houck, O. 2004. Tales from a troubled marriage: Science and law in environmental policy. Science, 302:1926 – 1929.

Howard, P. H. and Meylan, W. M. 1997. Handbook of Physical Properties of Organic Chemicals, Volume 1 to 5. CRC Press, Boca Raton, FL.

Huckabee, J. W., Carton, F. O., and Kennington, G. S. 1972. Environmental influence on trace elements in hair of 15 species of mammals. ORNL/TM-3747. Oak Ridge National Laboratory, Oak Ridge, TN.

Huggett, R. J., Kinerle, R. A., Mehrle, P. M., and Bergman, H. L. (eds.). 1992. Biochemical, Physiological, and Histological Markers of Anthropogenic Stress. Lewis Publishers, Boca Raton, FL.

Hughes, R. M., Larsen, D. P., and Omernik, J. M. 1986. Regional reference sites: A method for assessing stream potentials. Environ. Manag., 10:629 – 635.

Huijbegts, M. A. J., Gilijamse, W., Ragas, A. M. J., and Reijnders, L. 2003. Evaluating uncertainty in environmental life-cycle assessment: A case study comparing two insulation options for a Dutch one-family dwelling. Environ. Sci. Technol., 37:2600 – 2608.

Hunsaker, C. T. and Graham, R. L. 1991. Regional ecological assessment for air pollution. Page 312 – 334 in S. K. Majumdar, E. W. Miller, and J. Cahir(eds.) Air Pollution: Environmental Issues and Health Effects. Pennsylvania Academy of Sciences, Easton, PA.

Hunsaker, C. T., Graham, R. L., Suter, G. W. II, O'Neill, R. V., Barnthouse, L. W., and Gardner, R. H. 1990. Assessing ecological risk on a regional scale. Environ. Manag., 14:325 – 332.

Hunsaker, C. T., Graham, R. L., Ringold, P. L., Holdren, G. R. Jr., Turner, R. S., and Strickland, T. C. 1993. A national critical loads framework for atmospheric deposition effects assessment. I. Defining assessment endpoints, indicators, and functional ecoregions. Environ. Manag., 17:335 – 341.

Hurlbert, S. H. 1984. Pseudoreplication and the design of ecological field experiments. Ecol. Monogr., 54:187 – 211.

Huston, M. A. 1997. Hidden treatments in ecological experiments: Re-evaluating the ecosystem function and biodiversity. Oecologia, 110:449 – 460.

Huston, M. A., and Smith, T. M. 1987. Plant succession: Life history and competition. Am. Natl., 130:168 – 198.

Hutchinson, T. H., Scholz, N., and Guhl, W. 1998. Analysis of the ECETOC aquatic toxicity(EAT)database: IV. Comparative toxicity of chemical substances to freshwater versus saltwater organisms. Chemosphere, 36:143 – 153.

Hydroqual, Inc. 2003. Biotic Ligand Model: Windows interface, version 2.0. US Environmental Protection Agency, Washington, DC.

IAEA(International Atomic Energy Agency). 1989. Evaluating the reliability of predictions made using environmental transfer models. IAEA Safety Series 100. Vienna, Austria.

IAEA(International Atomic Energy Agency). 1994. Handbook of Parameter Values for the Prediction of Radionuclide Transfer in Temperate Environments. Tech. Rep. Ser. No. 364. Vienna, Austria.

Ikonomou, M. G. 2002. PCBs in Dungeness crabs reflect distinct source fingerprints among harbor/industrial sites in British Columbia. Environ. Sci. Technol., 36:2545-2551

Iman, R. L. and Helton, J. C. 1988. An investigation of uncertainty and sensitivity analysis techniques for computer models. Risk Anal., 8:71-90.

Ingersoll, C. G., Dillon, T., and Biddinger, G. R. (eds.). 1997. Ecological Risk Assessment of Contaminated Sediments. SETAC Special Publications Series. SETAC Press, Pensacola, FL.

International Joint Commission. 1989. Great Lakes Water Quality Agreement of 1978 as amended by Protocol signed November 19, 1987.

IPCS(International Programme on Chemical Safety). 2002. Principles and methods for assessment of risk from essential trace elements. Environmental Health Criteria 228. International Programme on Chemical Safety, WHO, Geneva.

IPCS(International Programme on Chemical Safety). 2004. Draft principles for modelling dose-response for the risk assessment of chemicals. Environmental Health Criteria XXX. International Program for Chemical Safety, WHO, Geneva.

ISO(International Organization for Standardization). 1997. Soil quality effects on earthworms(*Eisenia fetida*). ISO/DIS 11268-2. ISO, Geneva.

Jackson, D. R. and Watson, A. P. 1977. Disruption of nutrient pools and transport of heavy metals in a forested watershed near a lead smelter. J. Environ. Qual., 6:331-338.

Jackson, L., Kurtz, J., and Fisher, W. 2000. Evaluation guide for ecological indicators. EPA/620/R-99/005. US Environmental Protection Agency, Gulf Breeze, FL.

Jackson, R. B., Canadell, J. R., Ehleringer, J. R., Mooney, H. A., Sala, O. E., and Schulze, E. D. 1996. A global analysis of root distributions for terrestrial biomes. Oecologia, 108:489-511.

Jager, T., Fleuren, R. H. L. J., Hogendoorn, E. A., and de Korte, G. 2003. Elucidating the routes of exposure for organic chemicals in the earthworm, *Eisenia andrei* (Oligochaeta). Environ. Sci. Technol., 37:3399-3404.

Janssen, M. P. M., Bruins, A., DeVries, T. H., and Van Straalen, N. M. 1991. Comparison of cadmium kinetics in four soil arthropod species. Environ. Contam. Toxicol., 20:305-312

Janssen, R. P. T., Posthuma, L., Baerselman, R., Den Hollander, H. A., Van Veen, R. P. M., and Peijenburg, W. J. G. M. 1997. Equilibrium partitioning of heavy metals in Dutch field soils. II. Prediction of metal accumulation in earthworms. Environ. Toxicol. Chem., 16:2479-2488.

Jarvinen, A. W. and Ankley, G. T. 1999. Linkage of Effects to Tissue Residues: Development of a Comprehensive Database for Aquatic Organisms. SETAC Press, Pensacola, FL.

Jarvis, N. J. 1994. The MACRO model(version 3.1). Technical description and sample simulations. Reports and Dissert. 19, Department of Soil Sciences, Swedish University of Agricultural Science, Uppsala, Sweden.

Jarvis, N. J. 1995. Simulation of soil-water dynamics and herbicide persistence in a silt loam soil using the MACRO model. Ecol. Model., 81:97-109.

Jarvis, N. J. 1998. Modelling the impact of preferential flow on nonpoint source pollution. Pages 195-221 in H. M. Selim and L. Wa (eds.) Physical Nonequilibrium in Soils: Modelling and Application. Ann Arbor Press, Chelsea. MI.

Jarvis, N. J., Nicholls, P., Hollis, J. M., Mayr, T., and Evans, S. P. 1996. Pesticide exposure assessment for surface waters and groundwater using the decision-support tool MACRO_DB. Pages 381-388 in A. A. M. Del Re, E. Capri, S. P. Evans, and M. Trevisan(eds.)Proceedings of the X Symposium of Pesticide Chemistry: The Environmental Fate of Xenobiotics. Piacenza, Italy.

Jaworska, J. S., Rose, K. A., and Brenkert, A. L. 1997a. Individual-based modeling of PCBs effects on young-of-the-year largemouth bass in southeastern U. S. reservoirs. Ecol. Model., 99:113-135.

Jaworska, J. S., Rose, K. A., and Barnthouse, L. W. 1997b. General Response Patterns of Fish Populations to Stress:

An Evaluation Using an Individual-Based Simulation Model. J. Aqua. Ecosys. Stress Recovery. 6:15-31.

Jeffrey, K. A., Beamish, F. W. H., Ferguson, S. C., Kolton, R. J., and McMahon, P. D. 1986. Effects of the lampricide, 3-trifluoromethyl-4-nitrophenol(TFM) on the macroinvertebrates within the hyporheic region of a small stream. Hydrobiologia, 134:43-51.

Jenkins, D. W. 1979. Trace elements in mammalian hair and nails. EPA-600/4-79-049. US Environmental Protection Agency, Las Vegas, NV.

Jenkins, K. D., Lee, C. R., and Hobson, J. F. 1995. A hazardous waste site at the Naval Weapons Station, Concord, CA. Pages 883-901 in G. Rand(ed.) Fundamentals of Aquatic Toxicology: Effects, Environmental Fate, and Risk Assessment. Taylor & Francis, Washington, DC.

Jetz, W., Carbone, C., Fulford, J., and Brown, J. H. 2004. The scaling of animal space use. Science, 306:266-268.

Jiang, Q. Q. and Singh, B. R. 1994. Effect of different forms and sources of arsenic on crop yield and arsenic concentration. Water Air Soil Pollut., 74:321-343.

Johnson, D. H. 1999. The insignificance of statistical significance testing. J. Wildl. Manag., 63:763-772.

Johnson, G. D., Audet, D. J., Kern, J. W., LeCaptain, L. J., Strickland, M. D., Hoffman, D. J., and McDonald, L. L. 1999. Lead exposure in passerines inhabiting lead-contaminated floodplains in the Coeur d'Alene River Basin, Idaho, USA. Environ. Toxicol. Chem., 18:1190-1194

Johnson, I., Whitehouse, P., and Crane, M. 2005. Effective montitoring of the environment. Pages 33-60 in K. C. Thompson, K. Wadhia, and A. P. Loibner(eds.) Environmental Toxicity Testing. Blackwell, Oxford, UK.

Johnston, J. J., Pitt, W. C, Sugihara, R. T., Eisemann, J. D., Primus, T. M., Holmes, M. J., Crocker, J., and Hart, A. 2005. Probabilistic risk assessment for snails, slugs, and endangered honeycreepers in diphacinone rodenticide baited areas on Hawaii, USA. Environ. Toxicol. Chem., 24, 1557-1567.

Johnston, R K., Munns, W R Jr., Tyler, P. L., Marajh-Whittemore, P., Finkelstein, K., Munney, K., Short, F. T., Melville, A., and Hahn, S. P. 2002. Weighing the evidence of ecological risk from chemical contamination in the estuarine environment adjacent to the Portsmouth Naval Shipyard, Kittery, Maine. Environ. Toxicol. Chem., 21:182-194.

Jones, D. S., Barnthouse, L W., Suter, G. W., II, Efroymson, R. E., Field, J. M., and Beauchamp, J. J. 1999. Ecological risk assessment of a large river-reservoir:3. Benthic invertebrates. Environ. Toxicol. Chem. 18:599-609.

Jones, K. B., Ritters, K. H., Wickham, J. D., Tankersley, R. D., O'Neill, R. V., Chaloud, D. J., Smith, E. R., and Neale, A. C. 1997. An ecological assessment of the mid-Atlantic region. EPQA/600/R-97/130. US Environmentl Protection Agency. Washington. DC.

Jorgensen, S. E 1994. Fundamentals of Ecological Modelling, Second Edition. Elsevier, Amsterdam.

Jorgensen, S. E. and Bendoriccio, G. 2001. Fundamentals of Ecological Modelling. Third Edition. Elsevier, Amsterdam.

Jorgensen, S. E., Halling-Sorensen, B. and Nielsen, S. N. (1996) Handbook of Environmental and Ecological Modeling. Lewis Publishers, Boca Raton, FL.

Jorgensen, S. E, Halling-Sorensen, B., and Mahler, H. (1998) Handbook of Estimation Method in Ecotoxicology and Environmental Chemistry. Lewis Publishers, Boca Raton, FL.

Josephson, J. R. and Josephson, S. G. 1996. Abductive Inference. Cambridge University Press. Cambridge, UK.

Kahkonen, M. A. and Manninen, P. K. G. 1998. The uptake of nickel and chromium from water by *Elodea canadensis* at different nickel and chromium exposure levels. Chemosphere, 36:1381-1390.

Kahkonen, M. A., Pantsar-Kallio, M., and Manninen, P. K. G. 1998. Analyzing heavy metal concentrations in the different parts of *Elodea canadensis* and surface sediment with PCA in two boreal lakes in southern Finland. Chemosphere. 36:2645-2656.

Kammenga, J. and Laskowski, R. 2000. Demography in Ecotoxicology. John Wiley, Chichester, UK.

Kammenga, J. E., Van Koert, P. H. G., Riksen, J. A. G., Korthals, G. W., and Bakker, J. 1996. A toxicity test in artificial soil based on the life history strategy of the nematode *Plectus acuminatus*. Environ. Toxicol. Chem., 15:722-727.

Kangas, M. 1996. Probabilistic risk assessment: Understanding uncertainties in estimates of risks for contaminated sites. ASTM Standardization News, June:28-33.

Kaplan, E. L. and Meier, P. 1958. Nonparametric estimation from incomplete observations. J. Am. Stat. Assoc., 53:

457-481.

Kaplan, I., Lu, S. - T., Lee, R. - P., and Warrick, G. 1996. Polycyclic hydrocarbon biomarkers confirm selective incorporation of petroleum in soil and kangaroo rat liver samples near an oil well blowout site in the western San Joaquin Valley, California. Environ. Toxicol. Chem., 15:696 - 707.

Kapustka, L. A. 1997. Selection of phytotoxicity tests for ecological risk assessment. Pages 515 - 548 in W. Wang, J. W. Gorsuch, and J. S. Hughes(eds.)Plants for Environmental Studies. Lewis Publishers, Boca Raton, FL.

Kapustka, L. A. 2003. Rationale for use of wildlife habitat characterization to improve relevance of ecological risk assessment. Hum. Ecol. Risk Assess., 9:1425 - 1431.

Kapustka, L. A., Lipton, J., Galbraith, H., Cacela, D., and LeJeune, K. 1995. Metal and arsenic impacts to soils. vegetation communities and wildlife habitat in southwestern Montana uplands contaminated by smelter emissions: II. Laboratory phytotoxicity studies. Environ. Toxicol. Chem., 14:1905 - 1912.

Karabunarliev, S. H., Dimitrov, S., Nikolova, N., and Mekenyan, O. 2002. Prediction of acute aquatic toxicity of non-congeneric chemicals: Rule-based and quantitative structureactivity relationships. in J. D. Walker(ed.)Handbook on Quantitative Structure - Activity Relationships (QSARs) for Predicting Ecological Effects of Chemicals. SETAC Press, Pensacola, FL.

Karickhoff, W. W. 1981. Semi-empirical estimation of sorption of hydrophobic pollutants on natural sediments and soils. Chemosphere, 10:833 - 846.

Karmaus, W. 2001. Of jugglers, mechanics, communities and the thyroid gland: How do we achieve good quality data to improve public health? Environ. Health Persp., 109:863 - 869.

Karr, J. R. and Chu, E. W. 1997. Biological monitoring: Essential foundation for ecological risk assessment. Hum. Ecol. Risk Assess., 3:993 - 1004.

Karr, J. R. and Chu, E. W. 1999. Restoring Life in Running Waters: Better Biological Monitoring. Island Press, Washington, DC.

Karr, J. R., Fausch, K. D., Angermeier, P. L., Yant, P. R., and Schlosser, I. J. 1986. Assessing biological integrity in running waters: A method and its rationale. Illinois Natural History Survey Special Pub. 5. Champaigne, IL.

Keach, S. 1998. Assessing quality of life issues in EPA sponsored state and local comparative risk projects. US Environmental Protection Agency, Washington, DC. Available at: http://www.epa.gov/comp_risk/cr/qol3.htm.

Keddy, C. J., Greene, J. C., and Bonnell, M. A. 1995. Review of whole-organism bioassays: Soil, freshwater sediment, and freshwater assessment in Canada. Ecotoxicol. Environ. Chem., 30:221 - 251.

Keedwell, R. J. 2004. Use of population viability analysis in conservation management in New Zealand. Science for Conservation 243. Department of Conservation, Wellington, NZ.

Keith. L. H. 1994. Throwaway data. Environ. Sci. Technol., 28:389A - 390A.

Kelly, M. E., Brauning, S. E., Schoof, R. A., and Ruby, M. V. 2002. Assessing Oral Bioavailability of Metals in Soil. Battelle Press, Columbus, OH.

Kelsey, J. W. and Alexander, M. 1997. Declining bioavailability and inappropriate extimates of risk of persistent compounds. Environ. Toxicol. Chem., 16:582 - 585.

Kendall, R. J., Lacher, T. E., Bunck, C., Daniel, B., Driver, C., Grue, C. E., Leighton, F., Stansley, W., Watanabe, P. G., and Whitworth, M. 1996. An ecological risk assessment of lead shot exposure in non-waterfowl avian species: Upland game birds and raptors. Environ. Toxicol. Chem., 15(1):4 - 20.

Kennedy, J. H., LaPoint, T., Balci, P., Stanley, J. K., and Johnson, Z. B. 2003. Model aquatic ecosystems in ecotoxicological research: Considerations of design, implementation and analysis. Pages 45 - 74 in D. J. Hoffman, B. Rattner, G. A. Burton Jr., and J. Cairns Jr. (eds.)Handbook of Ecotoxicology. Lewis Publishers, Boca Raton, FL.

Kerans, B. L. and Karr, J. R. 1992. A benthic index of biotic integrity(B - IBI) for rivers in the Tennessee Valley. Ecol. Appl., 4:785.

Kerans, B. L. and Karr, J. R. 1994. A benthic index of biotic integrity(B - IBI) for rivers in the Tennessee Valley. Ecol. Appl, 4:785.

Kerans, B. L., Karr, J. R., and Ahlstedt, S. A. 1992. Aquatic invertebrate assemblages: Spatial and temporal differences among sampling protocols. J. N. Am. Benthol. Soc.,11:377-390.

Kerr, D. R. and Meador,J. P. 1996. Modeling dose response using generalized linear models. Environ. Toxicol. Chem.,15: 395-401.

Kester,J. E.,VanHorn,R. L.,and Hampton,N. L. 1998. Methodology for conducting screening-level ecological risk assessments for hazardous waste sites. Part Ⅲ:Exposure and effects assessment. Int. J. Environ. Pollut.,9:62-89.

Ketcheson,G. L.,Megahan,W. F.,and King,J. G. 1999. "R1-R4"and"Boised"sediment prediction model tests using forest roads in granitics. J. Am. Water Resources Assoc.,35:83-98.

Kimball, K. D. and Levin,S. A. 1985. Limitations of laboratory bioassays:The need for ecosystem-level testing. Bioscience, 35:165-171.

Klaine,S. J.,Cobb,G. P.,Dickerson,R. L.,Dixon,K. R.,Kendal,R. J.,Smith,E. E.,and Solomon,K. R. 1996. An ecological risk assessment for the use of the biocide dibromonitrilopropionamide(DNBPA)in industrial cooling systems. Environ. Toxicol. Chem.,15:21-30.

Klapow,L. A. and Lewis,R. H. 1979. Analysis of toxicity data for California marine water quality standards. J. Water Pollut. Control Fed.,51:2054-2070.

Klein,M.,Hosang,J.,Schafer,H.,Erzgraber,B.,and Resseler,H.,2000. Comparing and evaluating pesticide leaching models. Results of simulations with PELMO. Agr. Water Manag.,44:263-282.

Klemm,D. J.,Morrison,G. E.,Norberg-King,T.,Peltier,W.,and Heber,M. A. 1994. Short-term methods for estimating the chronic toxicity of effluents and receiving waters to marine and estuarine organisms,Second Edition. EPA/600/4-91/003. US Environmental Protection Agency,Cincinnati,OH.

Klijn,F.,DeWall,R.,and Voshaar,J. H. O. 1995. Ecoregions and ecodistricts:Ecological regionalizations for the Netherlands environmental policy. Environ. Manag.,19:797-813.

Klimisch,H.-J.,Andreae,M.,and Tillmann,U. 1997. A systematic approach to evaluating the quality of experimental toxicological and ecotoxicological data. Reg. Tox. Pharmacol.,25:1-5.

Klopman,G.,Saiakhov,R.,and Rosenkranz,H. 2000. Multiple computer-automated structure evaluation study of aquatic toxicity II. Fathead minnow. Environ. Toxicol. Chem.,19:441-447.

Koch,A. L. 1966. The logarithm in biology 1. Mechanisms generating the log-normal distribution exactely. J. Theoret. Biol.,12:276-290.

Koenker,R 2005. Quantile Regression. Cambridge University Press,New York.

Konemann,H. 1981a. Fish toxicity tests with mixtures of more than two chemicals:A proposal for a quantitative approach and experimental results. Toxicology,19:229-238.

Konemann,H. 1981b. Quantitative structure-activity relationships in fish toxicity studies. Part 1:Relationship for 50 industrial chemicals. Toxicology,19:209-221.

Kooijman,S. A. L. M. 1981. Parametric analysis of mortality rates in bioassays. Water Res.,15:107-119.

Kooijman,S. A. L. M. 1987. A safety factor for LC_{50} values allowing for differences in sensitivity among species. Water Res.,21:269-276.

Kooijman,S. A. L. M. 2000. Dynamic Energy and Mass Budgets in Biological Systems. Cambridge University Press, Cambridge,UK.

Kooijman,S. A. L. M. and Metz,J. A. J. 1984. On the dynamics of chemically stressed populations:The deduction of population consequences from effects on individuals. Ecotoxicol. Environ. Saf.,8:254-274

Kooijman,S. A. L. M. and Bedaux,J. J. M. 1996. The Analysis of Aquatic Toxicity Data. Free University Press,Amsterdam.

Kopp,R. and Smith,V. 1993. Valuing Natural Assets:The Economics of Natural Resource Damage Assessment. Resources for the Future,Washington,DC.

Korsloot,A.,van Gestel,C. A. M.,and Van Straalen,N. M. 2004. Environmental Stress and Cellular Response in Arthropods. CRC Press,Boca Raton,FL.

Kovacs,T. G.,Martel,P. H.,Voss,R. H.,Wrist,P. E.,and Willes,R. F. 1993. Aquatic toxicity equivalency factors for chlorinated phenolic compounds present in pulp mill effluents. Environ. Toxicol Chem.,12:684-691.

Kowal, N. E. 1971. Models of elemental assimilation by invertebrates. J. Theoret. Biol., 31:469 – 474.

Kraaij, R., Seinen, W., Tolls, J., Cornelissen, G., and Belfroid, A. 2002. Direct evidence of sequestration in sediments affecting the bioavailability of hydrophobic organic chemicals to benthic deposit feeders. Environ. Sci. Technol., 36:3525 – 3529.

Krebs, C. J. 2002. Ecology: The Experimental Analysis of Distribution and Abundance, Fifth Edition. Prentice – Hall, Upper Saddle River, NJ.

Krech, S., III. 1999. The Ecological Indian, W. W. Norton, New York.

Kreibel, D. et al. 2001. The precautionary principle in environmental science. Environ. Health Persp., 109:871 – 876.

Krishnan, K., Haddad, S., Beliveau, M., and Tardiff, R. G. 2002. Physiological modeling and extrapolation of pharmacokinetic interactions from binary to more complex interactions. Environ. Health Persp., 110:989 – 994.

Kroes, R., Galli, C., Schilter, B., Tran, L. – A., Walzer, R., and Wuertzen, G. 2000. Threshold of toxicological concern for chemical substances present in the diet: A practical tool for assessing the need for toxicity testing. Food Chem. Toxicol., 34:867.

Kszos, L. A., Stewart, A. J., and Taylor, P. A. 1992. An evaluation of nickel toxicity to *Ceriodaphnia dubia* and *Daphnia magna* in a contaminated stream and in laboratory toxicity tests. Environ. Toxicol. Chem., 11:1001 – 1012.

Kuhn, A., Munns, W. R. Jr., Champlin, D., McKinney, R., Tagliabue, M., Serbst, J., and Gleason, T. 2001. Evaluation of the efficacy of extrapolation population modeling to predict the dynamics of *Americamysis bahia* populations in the laboratory. Environ. Toxicol. Chem., 20:213 – 221.

Lackey, R. T. 1994. Ecological risk assessment. Fisheries, 19:14 – 18.

Lackey, R. T. 1998. Seven pillars of ecosystem management. Landsc. Urban Plan., 40:21 – 30.

Lacy, R. C. 1993. VORTEX: A computer simulation model for use in population viability analysis. Wildl. Res., 20:40 – 65.

LaGoy, P. K. and Schulz, C. O. 1993. Background sampling: An example of the need for reasonableness in risk assessment. Risk Anal., 13:483 – 484.

Lamberson, J. O., DeWitt, T. H., and Swartz, R. C. 1992. Assessment of sediment toxicity to marine benthos. Page 457 in G. A. Burton Jr. (ed.) Sediment Toxicity Assessment. Lewis Publishers, Boca Raton, FL.

Lande, R. 1988. Demographic models of the northern spotted owl (*Stix occidentalis caurina*). Oecologia 75: 601 – 607.

Lande, R., Engen, S., Sæther, B. – E., Filli, F., Matthysen, E., and Weimerskirch, H. 2002. Estimating density – dependence from population time series using demographic theory and life – history data. Am. Natl., 159:321 – 337.

Landis, W. G. 2005. Regional Scale Ecological Risk Assessment Using the Relative Risk Model. CRC Press, Boca Raton, FL.

Landrum, P. F. 1988. Toxicokinetics of organic xenobiotics in the amphipod *Potoporeia hoyi*: Role of physiological and environmental variables. Aquat. Toxicol., 12:245 – 271.

Lane, P. and Collins, T. 1985. Food web models of a marine plankton community network: An experimental mesocosm approach. J. Exp. Mar. Biol. Ecol. 84:41 – 70.

Lares, S. E. 1988. The logic of causal inference. Pages 59 – 76 in K. J. Rothman (ed.) Causal Inference. Epidemiology Resources, Chestnut Hill, MA.

Large, R., Hutchinson, T. H., Scholz, N., and Solbe, J. F. 1998. Analysis of ECETOC aquatic toxicity (EAT) database I : Comparisons of acute to chronic ratios for various aquatic organisms and chemical substances. Chemosphere, 36:115 – 127.

LaPoint, T. W. 1995. Signs and measurements of ecotoxicology in the aquatic environment. Pages 13 – 24 in B. A. Hoffman, B. A. Rattner, G. A. Burton Jr., and J. Cairns Jr. (eds.) Handbook of Ecotoxicology. Lewis Press, Boca Raton, FL.

Larsson, P. 1984. Transport of PCBs from aquatic to terrestrial environments by emerging chironomids. Environ. Pollut. Ser. A, 34:283 – 289.

Lasiewski, D. and Calder, W. A. Jr. 1971. A preliminary allometric analysis of respiratory variables in resting birds.

Resp. Physiol.,11:152 – 166.
Laskowski,R. 1995. Some good reasons to ban the use of NOEC,LOEC,and related concepts in ecotoxicology. Oikos,73:140 – 144.
Laskowski,R.,Kramarz,P.,and Jepson,P. 1998a. Selection of species for soil ecotoxicity testing. Pages 21 – 32 in H. Lokke and C. A. M. van Gestel(eds.)Handbook of Soil Invertebrate Toxicity Testing. John Wiley,Chichester,UK.
Laskowski,R.,Kramarz,P.,and Jepson,P. 1998b. Selection of species for soil ecotoxicity testing. Pages 21 – 32 in H. Lokke and C. A. M. van Gestel (eds.) Handbook of Soil Invertebrate Toxicity Testing. John Wiley, Chichester,UK.
Lassiter. R. R. and Hallam,T. G. 1990. Survival of the fattest:Implications for acute effects of lippophilic chemicals on aquatic populations. Environ. Toxicol. Chem.,9:585 – 595.
Law,R. 1983. A model for the dynamics of a plant population containing individuals classified by age and size. Ecology,64:224 – 230.
Law,R. and Edley,M. T. 1990. Transient dynamics of populations with age – and size – dependent vital rates. Ecology,71:1863 – 1870.
Lawrence,D. P. 2003. Environmental Impact Assessment:Practical Solutions to Recurrent Problems. John Wiley, Hoboken,NJ.
Lazim,M. N.,Learner,M. A.,and Cooper,S. 1989. The importance of worm identity and life-history in determining the vertical-distribution of tubificids(Oligochaeta)in a riverine mud. Hydrobiologia,178:81 – 92.
LeBlanc G. A. 1984. Interspecies relationships in acute toxicity of chemicals to aquatic organisms. Environ. Toxicol. Chem.,3:47 – 60.
Lee,J. -H.,Landrum,P. F.,and Koh,C. -H. 2002. Prediction of time-dependent PAH toxicity in *Hyallela azteca* using a damage assessment model. Environ. Sci. Technol.,36:3131 – 3138.
Lee,K. E. 1985. Earthworms:Their Ecology and Relationships with Soils and Land Use. Academic Press,Sydney.
Legierse,K. C. H. M.,Verhaar,H. J. M.,and Vaes,W. H. J. 1999. Analysis of time-dependent acute aquatic toxicity of organophosphate pesticides:The critical target occupation model. Environ. Sci. Technol.,33:917 – 925.
Leistra,M.,van der Linden,J. J. T. I.,Boesten,A.,Tiktak,A.,and van den Berg,F. 2001. PEARL model for pesticide behavior and emissions in soil-plant systems, description of the process. Alterra Report 13, RIVM Report 711401009. Alterra,Wageningen,The Netherlands.
LeJeune,K.,Galbraith,H.,Lipton,J.,and Kapustka,L. A. 1996. Effects of metals and arsenic on riparian communities in southwest Montana. Ecotoxicology,5:297 – 312.
Leslie,P. H. 1945. On the use of matrices in certain population mathematics. Biometrika,33:183 – 212.
Levin,S. (ed.). 1974. Ecosystem analysis and prediction. Proceedings of a SIAM-SIMS Conference,Alta. Utah. Society for Industrial and Applied Mathematics,Philadelphia,PA.
Levins,R. 1969. Some demographic and genetic consequences of environmental heterogeneity for biological control. Bull. Entomol. Soc. Am.,15:237 – 240.
Levins,R. 1974. The qualitative analysis of partially specified systems. Annals NY Acad. Sci.,231:123 – 138.
Liao,K. H.,Dobrev,I. D.,Dennison,J. E. Jr.,Anderson,M. E.,Reisfeld,B.,Reardon,K. F.,Campain,J. A.,Wei,W., Klein,M. T.,Quann,R. J.,and Yang,R. S. H. 2002. Application of biologically based computer modeling to simple or complex mixtures. Environ. Health Persp.,110:957 – 963.
Lincer,J. L. 1975. DDE-induced eggshell-thinning in the American kestrel:A comparison of the field situation and laboratory results. J. Appl. Ecol.,12:781 – 793.
Linder,G.,Ingham,E.,Brandt,C. J.,and Henderson,G. 1992. Evaluation of terrestrial indicators for use in ecological assessments at hazardous waste sites. EPA/600/R – 92/183. US Environmental Protection Agency, Corvallis,OR.
Linder,G.,Krest,S. K.,and Sparling,D. W. 2003. Amphibian Decline:An Integrated Analysis of Multiple Stressor Effects. SETAC Press,Pensacola,FL.
Linder,G.,Harrahy,E.,Johnson,L.,et al. 2004. Sunflower depredation and avicide use:A case study focused on

DRC -1339 and risks to non-target birds in North Dakota and South Dakota. Pages 202 – 220 in L. A. Kapustka, G. R. Biddinger, M. Luxon, and H. Galbraith(eds.)Landscaper Ecology and Wildlife Habitat Evaluation. ASTM, West Conshohocken, PA.

Linders, J. B. H. J. (ed.). 2001. Modelling of Environmental Chemical Exposure and Risk. Kluwer Academic, Dordrecht, The Netherlands.

Linkov, I., von Stackelberg, K. E., Burmistrov, D., and Bridges, T. 2001. Uncertainty and variability in risk from trophic transfer of contaminants in dredged sediments. Sci. Total Environ., 274;255 – 269.

Linkov, I., Burmistrov, D., Cura, J., and Bridges, T. S. 2002a. Risk-based management of contaminated sediments: Consideration of spatial and temporal patterns in exposure modeling. Environ. Sci. Technol., 36;238 – 246.

Linkov, I., Foster, S., Hathaway, E., and Suggat, R. 2002b. Preliminary ecological risk assessment for the Elizabeth Mine site, South Strafford, Vermont. Tailings and Mine Waste' 02. A. A. Balkema, Leiden, The Netherlands.

Linkov, I., Satterstrom, F. K., Kiker, G., Seager, T. P., Bridges, T., Gardner, K. H., Rogers, S. H., Belluck, D. A., and Meyer, A. 2006. Multicriteria decision analysis: A comprehensive decision approach for management of contaminated sediments. Risk Anal., 26;61 – 78.

Liste, W. – H. and Alexander, M. 2002. Butanol extraction to predict bioavailability of PAHs in soil. Chemosphere, 46;1011 – 1017.

Liu, J. 1993. An introduction to ECOLECON: A spatially explicit model for ECOLogical ECONomics of species conservation in complex forest landscapes. Ecol. Model., 70;63 – 87.

Logan, D. T. and Wilson, H. T. 1995. An ecological risk assessment method for species exposed to contaminant mixtures. Environ. Toxicol. Chem., 14;351 – 359.

Lobner, A. P., Holzer, M., Gartner, O., Szolar, O. H. J., and Braun, R. 2000. The use of sequential supercritical fluid extraction for bioavailability investigations of PAH in soil. Die Bodenkultur, 225 – 233.

Lobner, A. P., Szolar, O. H. J., Braun, R., and Hirmann, D. 2003. Ecological assessment and toxicity screening in contaminated land analysis. Pages 229 – 267 in K. C. Thompson and C. P. Nathanail(eds.)Chemical Analysis of Contaminated Land. Blackwell, Oxford, UK.

Lokke, H. 1994. Ecotoxicological extrapolation: Tool or toy? Pages 411 – 426 in M. H. Donker, H. Eijsackers, and F. Heimbach(eds.)Ecotoxicology of Soil Organisms. Lewis Publishers, Boca Raton, FL.

Lokke, H. and van Gestel, C. A. M. 1998. Handbook of Soil Invertebrate Toxicity Testing. John Wiley, Chichester, UK.

Long, E. B. 2000. Degraded sediment quality in U. S. estuaries: A review of magnitude and ecological implications. Ecol. Appl., 10;338 – 349.

Long, E. R. and Chapman, P. M. 1985. A sediment quality triad: Measures of sediment contamination, toxicity and infaunal community composition in Puget Sound. Mar. Pollut. Bull., 16;405 – 415.

Long, E. R., MacDonald, D. D., Smith, S. L., and Calder, F. D. 1995. Incidence of adverse biological effects within ranges of chemical concentrations in marine and estuarine sediments. Environ. Manag., 19;81 – 97.

Long, E. R. and Morgan, L. G. 1991. The Potential for Biological Effects of Sediment-Sorbed Contaminants Tested in the National Status and Trends Program. NOAA Technical Memorandum NOS OMA 52. National Oceanic and Atmospheric Administration, Seattle, Washington, DC. USA.

Long, E. R., Dutch, M., Aasen, S., and Welch, K. 2004. Sediment quality triad index in Puget Sound. Pub. No. 04 – 03 – 008. Washington State Department Ecology, Olympia, WA.

Longcore, T. and Rich, C. 2004. Ecological light pollution. Front. Ecol. Environ., 2;191 – 198.

Lotka, A. J. 1924. Elements of Physical Biology. Williams and Wilkins, Baltimore, MD. (Reprinted in 1956 by Dover Publications, New York, as Elements of Mathematical Biology.)

Loucks, D. P. 2003. Managing America's rivers: Who's doing it? Int. J. River Basin Manag., 1;21 – 31.

Loucks, O. L. 1972. Systems methods in environmental court actions. Pages 419 – 475 in B. C. Patten(ed.). Systems Analysis and Simulation in Ecology: Volume 2. Academic Press, New York.

Lozano, S. J., O'Halloran, S. L., Sargent, K. W., and Brazner, J. C. 2003. Effects of esfenvalerate on aquatic organisms in littoral enclosures. Environ. Toxicol. Chem, 11;35 – 47.

Lubchenco, J. 1998. Entering the century of the environment: A new social contract for science. Science, 279: 491-495.

Ludwig, J. P., Kurita-Matsuba, H., Auman, H. J., Ludwig, M. E., Summer, C. L., Giesy, J. P., Tillitt, D. E., and Jones, P. D. 1996. Deformities, PCBs, and TCDD-equivalents in double-crested cormorants (*Phalacrocorax auritus*) and Caspian terns (*Hydroprogne caspia*) of the upper Great lakes 1986 – 1991: Testing a cause-effect hypothesis. J. Great Lakes Res., 22:172 – 197.

Lundgren, R. and McMakin, A. 1998. Risk Communication: A Handbook for Communicating Environmental, Safety, and Health Risks. Battelle Press, Columbus, OH.

Luoma, S. N. 1995. Prediction of metal toxicity in nature from toxicity tests: Limitations and research needs. Pages 610 – 659 in A. Tessier and D. Turner (eds.) Metal Speciation and Bioavailability in Aquatic Systems. John Wiley, New York.

Luoma, S. N. and Fisher, N. 1997. Uncertainties in assessing contaminant exposure from sediments. Pages 211 – 238 in C. G. Ingersoll, T. Dillon, and G. R. Biddinger (eds.) Ecological Risk Assessment of Contaminated Sediments. SETAC Press, Pensacola, FL.

Luttik, R. and de Snoo, G. R. 2004. Characterization of grit in arable birds to improve pesticide risk assessment. Ecotoxicol. Environ. Saf., 57:319 – 329.

Lyman, W. J., Reehl, W. F., and Rosenblatt, D. H. (eds.). 1982. Handbook of Chemical Property Estimation Methods: Environmental Behavior of Organic Compounds. McGraw-Hill, New York.

Ma, W.-C. 1994. Methodological principles of using small mammals for ecological hazard assessment of chemical soil pollution, with examples of cadmium and lead. Pages 357 – 371 in M. H. Donker, H. Eijsackers, and F. Heimbach (eds.) Ecotoxicology of Soil Organisms. Lewis Publishers, Boca Raton, FL.

Ma, W.-C., van Kleunen, A., Immerzeel, J., and Gert-Jan de Maagd, P. 1998. Bioaccumulation of polycyclic aromatic hydrocarbons by earthworms: Assessment of equilibrium partitioning theory in in situ studies and water experiments. Environ. Toxicol. Chem., 17:1730 – 1737.

McCarty, L. S. and Mackay, D. 1993. Enhancing ecotoxicological modeling and assessment. Environ. Sci. Technol., 27:1719 – 1728.

McCarty, L. S. and Power, M. 2001. Approaches to developing risk management objectives: An analysis of international strategies. Environ. Sci. Policy, 3:311 – 319.

McCauley, E., Murdoch, W. W., Nisbet, R. M., and Gurney, W. S. C. 1990. The physiological ecology of *Daphnia*: A dynamic model of growth and reproduction. Ecology, 71:716 – 732.

McClung, G. and Sayre, P. G. 1994. Risk assessment for the release of recombinant *Rhizobia* at a small-scale agricultural field site. Pages 2-1-2-F3 in A Review of Ecological Assessment Case Studies from a Risk Assessment Perspective. EPA/630/R-94-003. US Environmental Protection Agency, Washington, DC.

MacDonald, D. D., Carr, R. S., Calder, F. D., Long, E. R., and Ingersoll, C. G. 1996. Development and evaluation of sediment quality guidelines for Florida coastal waters. Ecotoxicology, 5:253 – 278.

MacDonald, R., Mackay, D., and Hickie, B. 2002. Contaminant amplification In the environment. Environ. Sci. Technol., 36:456A – 462A.

McGeer, J. C., Szebedinsky, C., McDonald, D. G., and Wood, C. M. 2002. The role of dissolved organic carbon in moderating the bioavailability and toxicity of Cu in rainbow trout during chronic waterborne exposure. Comp. Biochem. Physiol., 133C:147 – 160.

MacIntosh, D. L., Suter, G. W., II, and Hoffman, F. O. 1994. Uses of probabilistic exposure models in ecological risk assessments of contaminated sites. Risk Anal., 14:405 – 419.

Mackay, D. 1989. Modelling the Long-Term Behaviour of an Organic Contaminant in a Large Lake: Application to PCBs in Lake Ontario. J. Great Lakes Res., 15:283 – 297.

Mackay, D. 2001. Multimedia Environmental Models-The Fugacity Approach. Lewis Publishers, Boca Raton, FL.

Mackay, D. and Fraser, A. 2000. Bioaccumulation of persistent organic chemicals: Mechanisms and models. Environ. Pollut., 110:375 – 391.

Mackay, D., Paterson, S., Kicsi, G., Di Guardo, A., and Cowan, C. E. 1996a. Assessing the fate of new and existing chemicals: A five-stage process. Environ. Toxicol. Chem., 15(9):1618-1626.

Mackay, D., Paterson, S., Di Guardo, A., and Cowan, C. E. 1996b. Evaluating the environmental fate of a variety of types of chemicals using the EQC model. Environ. Toxicol. Chem., 15(9):1627-1637.

Mackay, D., Paterson, S., Kicsi, G., Cowan, C. E., Di Guardo, A., and Kane, D. M. 1996c. Assessment of chemical fate in the environment using evaluative, regional and local-scale models: Illustrative application to chlorobenzene and linear alkylbenzene sulfonates. Environ. Toxicol. Chem., 15(9):1638-1648.

Mackay, D., Shiu, W. Y., and Ma, K. C. 2006. Physical-Chemical Properties and Environmental Fate for Organic Chemicals. CRC Press, Boca Raton, FL.

McKay, D. and Singleton, P. C. 1974. Time required to reclaim land contaminated with crude oil: An approximation. B-612. Laramie, Agricultural Extension Service, University of Wyoming, Laramie, WY.

McKim, J. M. 1985. Early life stage toxicity tests. Pages 58-95 in G. M. Rand and S. R. Petrocelli(eds.)Fundamentals of Aquatic Toxicology. Hemisphere Publishing, Washington, DC.

McKim, J. M., Olson, G. F., Holcombe, G. H., and Hunt, E. P. 1976. Long-term effects of methylmercuric chloride on three generations of brook trout(*Salvelinus fontinalis*): Toxicity, accumulation, distribution, and elimination. J. Fisheries Res. Board Canada, 33:2726-2739.

McKone, T. E. 1993a. CalTOX, a Multi-media Total-Exposure Model for Hazardous Wastes Sites. Part II: The Dynamic Multi-media Transport and Transformation Model. A report prepared for the State of California, Department of Toxic Substances Control by the Lawrence Livermore National Laboratory, No. UCRL-CR-111456Pt II, Livermore, CA.

McKone, T. E. 1993b. The precision of QSAR methods for estimating intermedia transfer factors in exposure assessments. SAR QSAR Environ. Res., 1:41-51.

McKone, T. E. 1994. Uncertainty and variability in human exposure to soil contaminants through home-grown food: A Monte Carlo assessment. Risk Anal., 14:449-463.

McLaughlin, M. J. 2001. Bioavailability of metals to terrestrial plants. Pages 39-68 in H. E. Allen(ed.)Bioavailability of Metals in Terrestrial Ecosystems. SETAC Press, Pensacola, FL.

McLaughlin, M. J., Smolders, E., and Merckx, R. 1998. Soil-root interface: Physicochemical processes. Pages 233-277 in P. M. Huang(ed.)Soil Chemistry and Ecosystem Health. Soil Science Society of America, Madison, WI.

McLaughlin, S. B. Jr. 1983. Effects of acid rain and gaseous pollutants on forest productivity: A regional scale approach. APCA J., 33:1042-1049.

McLaughlin, S. B. Jr. and Taylor, G. E. Jr. 1985. SO2 effects on dicot crops: Some issues, mechanisms, and indicators. Pages 227-249 in W. E. Winner, H. A. Mooney, and R. A. Goldstein(eds.)Sulfur Dioxide and Vegetation. Stanford University Press, Stanford, CA.

McLeay, D., Genthner, R., James, R., Lazarovits, G., and Percy, D. 2004. Guidance document for testing the pathogenicity and toxicity of new microbial substances to aquatic and terrestrial organisms. EPS 1/RM/44. Environment Canada, Ottawa, Ontario.

MacLeod, M., Woodfine, D., Mackay, D., McKone, T., Bennett, D., and Maddelena, R. 2001. BETR North America: A regionally segmented contaminant fate model of North America. Environ. Sci. Pollut. Res., 8(3):156-163.

Maclure. M. 1998. Inventing the AIDS virus hypothesis: An illustration of scientific vs unscientific induction. Epidemiology, 9:467-476.

Madenjian, C. P. and Carpenter, S. R. 1991. Individual-based model for growth of young-of-the-year walleye: A piece of the recruitment puzzle. Ecol. Appl., 1:267-278.

MADEP(Massachusetts Department of Environmental Protection). 2002. Characterizing risks posed by petroleum-contaminated sites: Implementation of the MADEP VPH/EPH approach. Department of Environmental Protection, Boston, MA.

Mahler, B. J., van Metre, P. C., Bashara, T. J., Wilson, J. T., and Johns, D. A. 2005. Parking lot sealcoat: An unrecognized source of urban polycyclic aromatic hydrocarbons. Environ. Sci. Technol., 39:5560-5566.

Marcot, B. G. and Holthausen, R. 1987. Analyzing population viability of the spotted owl in the Pacific Northwest. Trans. N. Am. Wildl. Nat. Res. Conf. 52:333 – 347.

Marine Protection Branch. 1991. Evaluation of dredged material proposed for ocean disposal, testing manual. EPA – 503/8 – 91/001. US Environmental Protection Agency, Washington, DC.

Markwiese, J. T., Ryti, R. T., Nooten, M. M., Michael, D. I., and Hlohowskyj, I. 2001. Toxicity bioassays for ecological risk assessment in arid and semiarid ecosystems. Rev. Environ. Contam. Toxicol., 168:43 – 98.

Martinson, B. C., Anderson, M. S., and deVries, R. 2005. Scientists behaving badly. Nature, 435:737 – 738.

Massachusetts Weight-of-Evidence Work Group. 1995. Draft report: A weight-of-evidence approach for evaluating ecological risks, November 2, 1995.

Mathews, R. A., Mathews, G. B., and Landis, W. G. 2003. Application of community level toxicity testing to environmental risk assessment. Pages 225 – 253 in M. C. Newman and C. L. Strojan (eds.) Risk Assessment: Logic and Measurement. Lewis Publishers, Boca Raton, FL.

Maund, S. J., Travis, K. R., Hendley, P., Giddings, J. M., and Solomon, K. R. 2001. Probabilistic risk assessment of cotton pyrethroids: V. Combining landscape-level exposures and ecotoxicological effects data to characterize risks. Environ. Toxicol. Chem., 20:687 – 692.

Maurer, B. A. and Holt, R. D. 1996. Effects of chronic pesticide stress on wildlife populations in complex landscapes: Processes at multiple scales. Environ. Toxicol. Chem., 15:420 – 426.

Mauriello, D. A. and Park, R. A. 2002. An adaptive framework for ecological assessment and management. Pages 509 – 514 in A. E. Rizzoli and A. J. Jakeman(eds.) Integrated Assessment and Decision Support. International Environmental Modeling and Software Society, Manno, Switzerland.

Mayer, F. L., Krause, G. F., Buckler, D. R., Ellersieck, M. R., and Lee, G. 1994. Predicting chronic lethality of chemicals to fishes from acute toxicity test data: Concepts and linear regression analysis. Environ. Toxicol. Chem., 13: 671 – 678.

Mayer, F. L., Ellersieck, M. R., and Asfaw, A. 2004. Interspecies correlation estimations (ICE) for acute toxicity to aquatic organisms and wildlife. I. Technical basis. EPA/600/R – 03/106. US Environmental Protection Agency, Washington, DC.

Mayo, D. C. 2004. An error statistical philosophy of evidence. Pages 79 – 118 in M. L. Taper and S. R. Lele (eds) The Nature of Scientific Evidence. University of Chicago Press, Chicago, IL.

Mazurek, M. A. 2002. Molecular identification of organic compounds in atmospheric complex mixtures and relationship to atmospheric chemistry and sources. Environ. Health Persp., 110:995 – 1003.

Meier, J. R., Chang, L., Jacobs, S., Torsella, J., Meckes, M. C., and Smith, M. K. 1997. Use of plant and earthworm bioassays to evaluate remediation of soil from a site contaminated with polychlorinated biphenys. Environ. Toxicol. Chem., 16:928 – 938.

Mekenyan, O. G., Veith, G. D., Call, D. J., and Ankley, G. T. 1996. A QSAR evaluation of Ah receptor binding of halogenated aromatic xenobiotics. Environ. Health Persp., 104:1302 – 1310.

Melnikov, A. 2003. Risk Analysis in Finance and Insurance. Chapman & Hall/CRC Press, Boca Raton, FL.

Menzel, D. B. 1987. Physiological pharmacokinetic modeling. Environ. Sci. Technol., 21:944 – 950.

Menzie, C. A. and Freshman, J. S. 1997. An assessment of the risk assessment paradigm for ecological risk assessment. Hum. Ecol. Risk Assess., 3:853 – 892.

Menzie, C. A., Burmaster, D. E., Freshman, D. S., and Callahan, C. 1992. Assessment of methods for estimating ecological risk in the terrestrial component: A case study at the Baird and McGuire Superfund Site in Holbrook, Massachusetts. Environ. Toxicol. Chem., 11:245 – 260.

Menzie, C., Henning, M. H., Cura, J., Finkelstein, K., Gentile, J., Maughan, J., Mitchell, D., et al. 1996. A weight-of-evidence approach for evaluating ecological risks: Report of the Massachusetts Weight-of-Evidence Work Group. Hum. Ecol. Risk Assess., 2:277 – 304.

Menzie, C. A., Hoeppner, S. S., Cura, J., Freshman, J. S., and LaFrey, E. N. 2002. Urban and suburban stormwater runoff as a source of polycyclic aromatic hydrocarbons (PAHs) in Massachusetts estuarine and coastal environments. Estuaries, 25:165 - 176.

Mertz, D. B. 1971. The mathematical demography of the California Condor. Am. Natl., 105:437 - 453.

Meyer, F. P. and Barclay, L. A. 1990. Field manual for the investigation of fish kills. Resource Pub. 177. US Fish and Wildlife Service. Washington, DC.

Meyer, J. S., Ingersoll, C. G., McDonald, L. L., and Boyce, M. S. 1986. Estimating uncertainty in population growth rates: Jacknife vs. Bootstrap techniques. Ecology, 67:1156 - 1166.

Meyer, J. S., Santore, R. C., Bobbitt, J. P., DeBrey, L. D., Boese, C. J., Paquin, P. R., Allen, H. E., Bergman, H. A., and DiToro, D. 1999. Binding of nickel and copper to fish gills predicts toxicity when water hardness varies but free ion activity does not. Environ. Sci. Technol, 33:913 - 916.

Meyer, J. S., Adams, W. J., Brix, K. V., et al. 2005. Toxicity of Dietborne Metals to Aquatic Organisms. SETAC Press, Pensacola, FL.

Meylan, W. M., Howard, P. H., Boethling, R. S., Aronson, D., Pruntup, H., and Gouchie, S. 1999. Improved methods for estimating bioconcentration/bioaccumulation factor from octanol/partition coefficient. Environ. Toxicol. Chem., 18:664 - 672.

Michaels, D. and Wagner, W. 2003. Disclosure in regulatory science. Science, 302:2073.

Miles, L. J. and Parker, G. R. 1979. Heavy metal interaction with *Andropogon scoparious* and *Rudbeckia hirta* grown on soil from urban and rural sites with heavy metal additions. J. Environ. Qual., 8:443 - 449.

Millennium Ecosystem Assessment. 2005. Ecosystems and Human Well-Being Scenarios: Volume 2: Findings of the Scenarios Working Group. Island Press, Washington, DC.

Miller, F. J., Schlosser, P. M., and Janszen, D. B. 2000. Haber's rule: A special case in a family of curves relating concentration and duration of exposure to a fixed level of response for a given endpoint. Toxicology, 149:21 - 34.

Miller, J. E., Hassett, J. J., and Koeppe, D. E. 1977. Interactions of lead and cadmium on metal uptake and growth of corn plants. J. Environ. Qual., 6:18 - 20.

Mills, N. E. and Semlitsch, R. D. 2004. Competition and predation mediate the indirect effects of an insecticide on southern leopard frogs. Ecol. Appl., 14:1041 - 1054.

Mineau, P. 2002. Estimating the probability of bird mortality from pesticide sprays on the basis of the field study record. Environ. Toxicol. Chem., 21:1497 - 1506.

Mineau, P., Jobin, B., and Baril, A. 1994. A critique of the avian 5-day dietary test(LC_{50}) as the basis of avian risk assessment. Canadian Wildlife Service, Hull, PQ.

Mineau, P., Collins, B. T., and Baril, A. 1996. On the use of scaling factors to improve interspecies extrapolation of acute toxicity in birds. Regul. Toxicol. Pharmacol., 24:24 - 29.

Mitra, S. and Dickhut, R. M. 1999. Three-phase modeling of polycyclic aromatic hydrocarbon association with pore-water-dissolved organic carbon. Environ. Toxicol. Chem., 18:1144 - 1148.

Monaco, M. E. and Ulanowicz, R. E. 1997. Comparative ecosystem trophic structure of three U. S. mid-Atlantic estuaries. Mar. Ecol. Prog. Ser. 161:239 - 254.

Moore, D. R. J. and Caux, P. -Y. 1997. Estimating low toxic effects. Environ. Toxicol. Chem., 16:794 - 801.

Moore, D. R. J. and Bartell, S. G. 2000. Estimating ecological risks of multiple stressors: Advanced methods and difficult issues. Pages 117 - 168 in S. A. Ferenc and J. A. Foran(eds.) Multiple Stressors in Ecological Risk and Impact Assessment: Approches to Risk Estimation. SETAC Press. Pensacola. FL.

Moore, D. R. J., Sample, B. E., Suter, G. W., Parkhurst, B. R., and Teed, R. S. 1999. A probabilistic risk assessment of the effects of methylmercury and PCBs on mink and kingfishers along East Fork Poplar Creek, Oak Ridge, Tennessee, USA. Environ. Toxicol. Chem., 18:2941 - 2953.

Morel, F. M. 1983. Principles of Aquatic Chemistry. Wiley-Interscience, New York.

Morgan, M. G. and Henrion, M. 1990. Uncertainty: A Guide to Dealing with Uncertainty in Quantitative Risk and Policy Analysis. Cambridge University Press, Cambridge, UK.

Moriarty, F. 1988. Ecotoxicology: The Study of Pollutants in Ecosystems, Second Edition. Academic Press, New York.

Morse, L. E., Randall, J. M., Benton, N., Hiebert, R., and Lu, S. 2004. An invasive species assessment protocol: Evaluating non-native plants for their impact on biodiversity. Nature Serve, Arlington, VA.

Mount, D. I., Thomas, N. A., Norberg, T. J., Barbour, M. T., Roush, T. H., and Brandes, W. F. 1984. Effluent and ambient toxicity testing and instream community response on the Ottawa River, Lima, Ohio. EPA-600/3-84-080. US Environmental Protection Agency, Duluth, MN.

Mount, D. R., Dawson, T. D., and Burkhard, L. P. 1999. Implications of gut purging for tissue residues determined in bioaccumulation testing of sediment with *Lumbriculus variegatus*. Environ. Toxicol. Chem., 18:1244-1249.

Muirhead, E., Skillman, A. D., Hook, S. E., and Schultz, I. R. 2006. Oral exposure of PBDE-47 in fish: Toxicokinetics and reproductive effects in Japanese medaka (*Oryzias latipes*) and fathead minnows (*Pimephales promelas*). Environ. Sci. Technol., 40:523-528.

Mullins, J. A., Carsel, R. F., Scarborough, J. E., and Ivery, A. M. 1993. PRZM-2, a model for predicting pesticide fate in the crop root and unsaturated soil zones: User's manual for release 2.0. EPA/600/R93/046. Environmental Research Laboratory, Office of Research and Development, US Environmental Protection Agency, Athens, GA.

Munger, C., Hare, L., and Tessier, A. 1999. Cadmium sources and exchange rates for *Chaoborus* larvae in nature. Limnol. Oceanogr., 44:1763-1771.

Munkittrick, K. R. and Dixon, D. G. 1989. Use of white sucker (*Catastomus commersoni*) populations to assess the health of aquatic ecosystems exposed to low-level contaminant stress. Can. J. Fish. Aquat. Sci., 46:1455-1462.

Munkittrick, K. R., McMaster, M. E., Van Der Kraak, G., et al. 2000. Development of Methods for Effects-Driven Cumulative Effects Assessment Using Fish Populations: Moose River Project. SETAC Press, Pensacola, FL.

Munns, W. R. Jr., Black, D. E., Gleason, T., Salomon, K., Bengtson, D., and Gutjhar-Gobell, R. 1997. Evaluation of the effects of dioxin and PCBs on *Fundulus heteroclitus* populations using a modeling approach. Environ. Toxicol. Chem., 16:1074-1081.

Murdoch, W. W. 1994. Population regulation in theory and practice. Ecology, 75:271-287.

Murphy, B. L. and Morrison, R. D. 2002. Introduction to Environmental Forensics. Academic Press, San Diego, CA.

Murray, N. 2002. Import Risk Analysis: Animals and Animal Products. New Zealand Ministry of Agriculture and Forestry, Wellington, NZ.

Musick, J. A. 1999. Criteria to define extinction risk in marine fishes. Fisheries, 24:6-12.

Myers, O. B. 1999. On aggregating species for risk assessment. Hum. Ecol. Risk Assess., 5:559-574.

Myers, R. A., Barrowman, N. J., Hilborn, R., and Kehler, D. G. 2001. Inferring Bayesian priors with limited direct data: Application to risk analysis. N. Am. J. Fish. Manag., 22:351-364.

Nabholz, J. V., Clements, R. G., and Zeeman, M. G. 1997. Information needs for risk assessment in EPA's Office of Pollution Prevention and Toxics. Ecol. Appl., 7:1094-1102.

Naeem, S., Chapin, F. S., III, Costanza, R., et al. 1999. Biodiversity and Ecosystem Functioning: Maintaining Natural Life Support Processes. Ecological Society of America, Washington, DC.

Nagy, K. A. 1987. Field metabolic rate and food requirement scaling in mammals and birds. Ecol. Monogr., 57:111-128.

Naito, W., Miyamoto, K., Nakanishi, J., Masunaga, S., and Bartell, S. M. 2002. Application of an ecosystem model for ecological risk assessment of chemicals for a Japanese lake. Water Res., 36:1-14.

Naito, W., Miyamoto, K., Nakanishi, J., and Bartell, S. M. 2003. Evaluation of an ecosystem model in ecological risk assessment of chemicals. Chemosphere, 53:363-375.

Nakamaru, M., Iwasa, Y., and Nakanishi, J. 2002. Extinction risk to herring gull populations from DDT exposure. Environ. Toxicol. Chem., 21:195-202.

Nash, C. E., Burbridge, P. R., and Volkman, J. K. 2005. Guidelines for ecological risk assessment of marine fish aquaculture. NMFS-NWFSC-71. National Oceanic and Atmospheric Administration, Washington, DC.

National Center for Environmental Economics. 2000. Guidelines for preparing economic analyses. EPA-240-R-00-003. US Environmental Protection Agency, Washington, DC.

NEPC, 1999. Schedule B(5) Guideline on Ecological Risk Assessment. National Environmental Protection Council, Australia.

Ness, E. 2005. Four futures. Conserv. Pract., 6:20-27.

Neuhauser, E. F., Cukie, Z. V., Malecki, M. R., Loehr, R. C., and Durkin, P. R. 1995. Bioconcentration and biokinetics of heavy metals in the earthworm. Environ. Pollut., 89:293-301.

Neuhold, J. M. 1986. Toward a meaningful interaction between ecology and aquatic toxicology. Pages 11-21 in T. M. Poston and R. Purdy(eds.) Aquatic Toxicology and Environmental Fate. ASTM, Philadelphia, PA.

Newbry, B. W. and Lee, G. F. 1984. A simple apparatus for conducting in-stream toxicity tests. J. Test. Eval., 12:51-53.

Newcombe, C. P. and Jensen, J. O. T. 1996. Channel suspended sediment and fisheries: A synthesis for quantitative assessment of risk and impact. N. Am. J. Fish. Manag., 16:693-727.

Newcombe, C. P. and MacDonald, D. D. 1991. Effects of suspended sediments on aquatic ecosystems. N. Am. J. Fish. Manag., 11:72-82.

Newman, M. C. 2001. Population Ecotoxicology. John Wiley, New York.

Newman, M. C. and Aplin, M. S. 1992. Enhancing toxicity data interpretation and prediction of ecological risk with survival time modeling: An illustration using sodium chloride toxicity to mosquitofish (*Gambusia holbrooki*). Aquat. Toxicol., 23:85-96.

Newman, M. C. and Dixon, P. M. 1990. UNCENSOR: A program to estimate means and standard deviations for data sets with below detection limit observations. Am. Environ. Lab., 2(2):26-30.

Newman, M. C. and Evans, D. A. 2002. Enhancing belief during causality assessments: Cognitive idols or Bayes's theorem? Pages 73-96 in M. C. Newman, M. H. Roberts Jr., and R. C. Hale(eds.) Coastal and Estuarine Risk Assessment. Lewis Publishers, Boca Raton, FL.

Newman, M. C. and Heagler, M. G. 1991. Allometry of metal bioaccumulation and toxicity. Pages 91-130 in M. C. Newman and A. W. McIntosh(eds.) Metal Ecotoxicology, Concepts and Applications. Lewis Publishers, Chelsea, MI.

Newman, M. C., Keklak, M. M., and Doggett, M. S. 1994. Quantifying animal size effects in toxicity: A general approach. Aquat. Toxicol., 28:1-12.

Newman, M. C., Greene, K. D., and Dixon, P. M. 1995. UNCENSOR v. 4.0. SREL-44. Savannah River Ecology Laboratory, Aiken, SC.

Newman, M. C., Ownby, D. R., Mezin, L. C. A., Powell, D. C., Christensen, T. R. L., Lerberg, S. B., and Anderson, S.-A. 2000. Applying species sensitivity distributions in ecological risk assessment: Assumptions of distribution type and sufficient number of species. Environ. Toxicol. Chem., 19:508-515.

Newman, M. C., Ownby, D. R., Mezin, L. C. A., et al. 2002. Species sensitivity distributions in ecological risk assessment: Distributional assumptions, alternate bootstrap techniques, and estimation of adequate number of species. Pages 119-132 in L. Posthuma, G. W. Suter II, and T. P. Traas(eds.) Species Sensitivity Distributions in Ecotoxicology. Lewis Publishers, Boca Raton, FL.

Newsted, J. L., Nakanishi, J., Cousins, I., Werner, K., and Giesy, J. 2002. Predicted distribution and ecological risk assessment of a "segregated" hydrofluoroether in the Japanese environment. Environ. Sci. Technol., 36:4761-4769.

Nichols, J. W. 1999. Recent advances in the development and use of physiologically based toxicokinetic models for fish. Pages 87-103 in D. J. Smith, W. H. Gingerich, and M. G. Beconi-Barker(eds.) Xenobiotics in Fish. Kluwer Academic/Plenum Publishers, New York.

Nichols, J. W., Larson, C. P., McDonald, M. E., Niemi, G. J., and Ankley, G. T. 1995. Bioenergetics-based model for accumulation of polychlorinated biphenyls by nesting tree swallows, *Tachycineta bicolor*. Stud. Avian Biol., 6:121-136.

Nichols, J. W., Echols, K. R., Tillitt, D. E., Secord, A. L., and McCarty, J. P. 2004. Bioenergetics-based modeling of individual PCB congeners in nestling tree swallows from two contaminated sites on the upper Hudson River, New York. Environ. Sci. Technol., 38:6234-6239.

Niemi, G. J., DeVore, P., Detenbeck, N., Taylor, D., Lima, A., Pastor, J., Yount, J. D., and Naiman, R. J. 1990. Overview of case studies on recovery of aquatic systems from disturbance. Environ. Manag., 14:571-587.

Nirmalakhandan, N. 2002. Modeling Tools for Environmental Engineers and Scientists. CRC Press, Boca Raton, FL.

Nisbet, R. M. and Gurney, W. S. C. 1982. Modelling Fluctuating Populations. John Wiley, New York.

Niyogi, S. and Wood, C. M. 2004. Biotic ligand model, a flexible tool for developing site-specific water quality guidelines for metals. Environ. Sci. Technol., 38:6177 – 6192.

NOAA(National Oceanic and Atmospheric Administration). 1995. The utility of AVS/EqP in hazardous waste site evaluations. NOAA Technical Memorandum NOS ORCA 87. National Oceanic and Atmospheric Administration, Seattle, WA.

NOAA Hazardous Materials Branch. 1990. Excavation and rock washing treatment technology: Net environmental benefits analysis. National Oceanic and Atmospheric Administration, Seattle, WA.

Norberg, T. J. and Mount, D. I. 1985. A new fathead minnow (*Pimephales promelas*) subchronic toxicity test. Environ. Toxicol. Chem., 4:711 – 718.

Norberg – King, T. and Mount, D. I. 1986. Validity of effluent and ambient toxicity tests for predicting biological impact, Skeleton Creek, Enid, Oklahoma. EPA/600/30 – 85/044. Environmental Research Laboratory, Duluth, MN.

Norberg – King, T. J. 1993. A linear interpolation method for sublethal toxicity: The ICp approach (Version 2.0). Tech. Report 03 – 93. US Environmental Protection Agency, Duluth, MN.

Norberg – King, T. J., Ausley, L. W., Burton, D. T., et al. 2005. Toxicity Reduction and Toxicity Identification Evaluations for Effluents, Ambient Waters, and Other Aqueous Media. SETAC Press, Pensacola, FL.

Norris, R. H. and Georges, A. 1993. Analysis and interpretation of benthic macroinvertebrate surveys. Pages 234 – 286 in D. M. Rosenberg and V. H. Resh(eds.) Freshwater Biomonitoring and Benthic Macroinvertebrates. Chapman & Hall, New York.

Norton, S. B., Rodier, D. J., Gentile, J. H., van der Schalie, W. H., Wood, W. P., and Slimak, M. W. 1992. A framework for ecological risk assessment at the EPA. Environ. Toxicol. Chem., 11:1663 – 1672.

Norton, S. B., Cormier, S. M., Smith, M., and Jones, R. C. 2000. Can biological assessment discriminate among types of stress? A case study from the eastern cornbelt plains ecoregion. Environ. Toxicol. Chem., 19:1113 – 1119.

Norton, S. B., Cormier, S. M., Suter, G. W. II, Subramanian, B., Lin, E., Altfater, D., and Counts, B. 2002. Determining probable causes of ecological impairment in the Little Scioto River, Ohio, USA. Part I: Listing candidate causes and analyzing evidence. Environ. Toxicol. Chem., 21:1112 – 1124.

NRC(National Research Council). 1981. Testing for effects of chemicals on ecosystems. National Academy Press, Washington, DC.

NRC(National Research Council). 1983. Risk Assessment in the Federal Government: Managing the Process. National Academy Press, Washington, DC.

NRC(National Research Council). 1989. Improving Risk Communication. National Academy Press, Washington, DC.

NRC(National Research Council). 1991. Animals as Sentinels of Environmental Health Hazards. National Academy Press, Washington, DC.

NRC(National Research Council). 1993. Issues in Risk Assessment. National Academy Press, Washington, DC.

NRC(National Research Council). 1994. Science and Judgment in Risk Assessment. National Academy Press, Washington, DC.

NRC(National Research Council). 1999a. Downstream: Adaptive Management of Glen Canyon Dam and the Colorado River Ecosystem. National Academy Press, Washington, DC.

NRC(National Research Council). 1999b. Ecological Indicators for the Nation. National Academy Press, Washington, DC.

Nuutinen, V., Pitkanen, J., Kuusela, E., Widbom, T., and Lohilahti, H. 1998. Spatial variation of an earthworm community related to soil properties and yield in a grass-clover field. Appl. Soil Ecol., 8:85 – 94.

O'Brien, M. 2000. Making Better Environmental Decisions: An Alternative to Risk Assessment. MIT Press, Cambridge, MA.

O'Connor, D. J. 1988a. Models of sorptive toxic substances in freshwater systems. I: Basic equations. J. Environ. Eng., ASCE, 114(3):507 – 532.

O'Connor, D J. 1988b. Models of sorptive toxic substances in freshwater systems. II: Lakes and reservoirs. J. Envi-

ron. Eng., ASCE, 114(3):533-551.
O'Connor, D. J. 1988c. Models of sorptive toxic substances in freshwater systems. III: Streams and rivers. J. Environ. Eng., ASCE, 114(3):552-574.
Odum, E. P. 1971. Fundamentals of ecology. WB Saunders, Philadelphia, PA.
Odum, H. T. and Odum, E. C. 2000. Modeling at All Scales. Academic Press, New York.
OECD. 1992. Report of the OECD workshop on the extrapolation of laboratory aquatic toxicity data to the real environment. OCDE/GD(92)169. Organization for Economic Cooperation and Development, Paris.
OECD. 1995. Guidance document for aquatic effects assessment. OCDE/GD(95)18. Organization for Economic Cooperation and Development, Paris.
OECD. 1998. Report of the OECD workshop on statistical analysis of aquatic toxicity data. ENV/MC/CHEM(98)18. Organization for Economic Cooperation and Development, Paris.
OECD. 2000. OECD guidelines for the testing of chemicals. Organization for Economic Cooperation and Development, Paris.
OECD. 2004. Draft guidance document on the statistical analysis of ecotoxicity data. Organization for Economic Cooperation and Development, Paris.
Office of Emergency and Remedial Response. 1991. Risk assessment guidance for Superfund: Volume 1—Human Health Evaluation Manual(Part C, Risk Evaluation of Remedial Alternatives). Publication 9285.7-01C. US Environmental Protection Agency, Washington, DC.
Office of Emergency and Remedial Response. 1992. Guidance for data useability in risk assessment. 9285.7-09A & B. US Environmental Protection Agency, Washington, DC.
Office of Emergency and Remedial Response. 1994a. Catalog of standard toxicity tests for ecological risk assessment. EPA 540-F-94-013. US Environmental Protection Agency, Washington, DC.
Office of Emergency and Remedial Response. 1994b. Field studies for ecological risk assessment. EPA 540-F-94-014. US Environmental Protection Agency, Washington, DC.
Office of Emergency and Remedial Response. 1994c. Field studies for ecological risk assessment. EPA 540-F-94-014. US Environmental Protection Agency, Washington, DC.
Office of Emergency and Remedial Response. 1994d. Selecting and using reference information in Superfund ecological risk assessments. EPA 540-F-94-015. US Environmental Protection Agency, Washington, DC.
Office of Emergency and Remedial Response. 1994e. Using toxicity tests in ecological risk assessment. EPA 540-F-94-012. US Environmental Protection Agency, Washington, DC.
Office of Emergency and Remedial Response. 1996. Ecotox Thresholds. EPA 540/F-95/038. US Environmental Protection Agency, Washington, DC.
Office of Environmental Information. 2002. Guidelines for ensuring and maximizing the quality, objectivity, utility, and integrity, of information disseminated by the Environmental Protection Agency. EPA/260R-02-008. US Environmental Protection Agency, Washington, DC.
Office of Environmental Policy and Assistance. 1996, Characterization of uncertainties in risk assessment with special reference to probabilistic uncertainty analysis. EH-413-068/0296. US Department of Energy, Washington, DC.
Office of Research and Development. 1998. Condition of the Mid-Atlantic Estuaries. EPA/600/R-98/147. US Environmental Protection Agency, Washington, DC.
Office of Science and Technology. 1994. Interim guidance on determination and use of water effect ratios for metals. EPA/823/B-94/001. US Environmental Protection Agency, Washington, DC.
Office of Science and Technology. 2001. Streamlined water-effect ratio procedure for discharges of copper. EPA-822-R001-005. US Environmental Protection Agency, Washington, DC.
Office of Science and Technology. 2003. Technical support document for the assessment of detection and quantitation approaches. EPA-821-R-03-005. US Environmental Protection Agency, Washington, DC.
Office of Solid Waste and Emergency Response. 1999. Farm food chain module: Backgound and implementation for the multimedia, multipathways, and multiple receptor risk assessment(3MRA) module for HWIR 99. US Environ-

mental Protection Agency,Washington,DC.

Office of Solid Waste and Emergency Response. 2002. Role of background in the CERCLA cleanup program. OSWER 9285. 6 – 07P. US Environmental Protection Agency,Washington,DC.

Office of Solid Waste and Emergency Response. 2003. Guidance for developing ecological soil screening levels. OSWER Directive 9285. 7 – 55. US Environmental Protection Agency,Washington,DC.

Office of Solid Waste and Emergency Response. 2005. Guidance for developing ecological soil screening levels, revised. OSWER Directive 9285. 7 – 55. US Environmental Protection Agency,Washington,DC.

Office of Water. 1999. Protocol for developing nutrient TMDLs. EPA 841 – B – 99 – 007. US Environmental Protection Agency,Washington,DC.

Office of Water. 2001. Methods for collection,storage,and manipulation of sediments for chemical and toxicological analysis,technical manual. EPA – 828 – F – 01 – 023. US Environmental Protection Agency,Washington,DC.

Ohio EPA. 1998. Biological Criteria for the Protection of Aquatic Life: Volume 2: Users Manual for Biological Assessment of Ohio Surface Waters. WQMA – SWS – 6. State of Ohio Environmental Protection Agency,Columbus,OH.

Ohlendorf,H. M. 1998. Evaluating bioaccumulation in wildlife food chains. Pages 65 – 109 in A. de Peyster and K. E. Day(eds.)Ecological Risk Assessment:A Meeting of Policy and Science. SETAC Press,Pensacola,FL.

Ohlendorf,H. M. and Hothem,R. L. 1995. Agricultural drainwater effects on wildlife in central California. Pages 577 – 595 in D. J. Hoffman,B. Rattner,and G. A. Burton(eds.)Handbook of Ecotoxicology. Lewis Publishers,Boca Raton,FL.

Ohlendorf,H. M.,Hoffman,D. J.,Saiki,M. K.,and Aldrich,T. W. 1986a. Embryonic mortality and abnormalities of aquatic birds:Apparent impacts of selenium from irrigation drain waters. Sci. Total Environ.,52:49 – 53.

Ohlendorf,H. M.,Hothem,R. L.,Bunck,C. M.,Aldrich,T. W.,and Moore,J. F. 1986b. Relationships between selenium concentrations and avian reproduction. Trans. 51st N. Am. Wildl. Nat. Resour. Conf.,51:330 – 342.

OIE(Office International des Epizooties). 2001. International Animal Health Code. Office International des Epizooties,Paris.

Oliver,B. G. and Niimi,A. J. 1985. Bioconcentration factors for some halogenated organics for rainbow trout:Limitations in their use for prediction of environmental residues. Environ. Sci. Technol.,19:842 – 849.

Oliver,G. R. and Laskowski,D. A. 1986. Development of environmental scenarios for modeling fate of agricultural chemicals in soil. Environ. Toxicol. Chem. 5:225 – 232.

Oliver,B. G. and Niimi,A. J. 1988. Trophodynamic analysis of polychlorinated biphenyl congeners and other chlorinated hydrocarbons in the Lake Ontario ecosystem. Environ. Sci. Technol.,22:388 – 397.

Omernik,J. M. 1987. Ecoregions of the conterminous United States. Annals Assoc. Am. Geo.,77:118 – 125.

O'Neill,R. H.,Gardner,R. V.,Barnthouse,L. W.,Suter,G. W.,II,Hildebrand,S. G.,and Gehrs,C. W. 1982. Ecosystem risk analysis:A new methodology. Environ. Toxicol. Chem.,1:167 – 177.

O'Neill,R. V. 2001. Is it time to bury the ecosystem concept?(With full military honors,of course!). Ecology,82: 3275 – 3284.

O'Neill,R. V. and Waide,J. B. 1981. Ecosystem theory and the unexpected:Implications for environmental toxicology. Pages 43 – 73 in B. W. Cornaby(ed.),Management of Toxic Substances in Our Ecosystems. Ann Arbor Science,Ann Arbor,MI.

O'Neill,R. V.,DeAngelis,D. L.,Waide,J. B.,and Allen,T. F. H. 1986. A Hierarchical Concept of Ecosystems. Princeton University Press,Princeton,NJ.

OPP(Office of Pesticide Programs). 1989. Carbofuran:Special review technical support document. NTIS:PB 89168884. Environmental Protection Agency,Washington,DC.

OPP(Office of Pesticide Programs). 2004. A discussion with the FIFRA Scientific Advisory Panel regarding the Terrestrial and Aquatic Level II Refined Risk Assessment Models(Version 2. 0). Available at:www. epa. gov/scipoly/sap/index. htm

OPPTS(Office of Pollution Prevention and Toxic Substances). 1996a. Ecological effects test guidelines:OPPTS 850. 1900. Generic freshwater microcosm test guidelines. EPA 712 – C – 96 – 134. US Environmental Protection Agen-

OPPTS(Office of Pollution Prevention and Toxic Substances). 1996b. Ecological effects test guidelines:OPPTS 850. 2450. Terrestrial(soil-core)microcosm test. EPA 712 – C – 96 – 143. US Environmental Protection Agency,Washington,DC.

OPPTS(Office of Pollution Prevention and Toxic Substances). 1996c. Ecological effects test guidelines:OPPTS 850. 2500. Field-testing for terrestrial wildlife. EPA 712 – C – 96 – 144. US Environmental Protection Agency,Washington,DC.

OPPTS(Office of Pollution Prevention and Toxic Substances). 1996d. Ecological effects test guidelines:OPPTS 850. 3040. Field testing for pollinators. EPA 712 – C – 96 – 150. US Environmental Protection Agency, Washington,DC.

OPPTS(Office of Pollution Prevention and Toxic Substances). 1996e. Ecological effects test guidelines:OPPTS 850. 4300. Terrestrial plants field study,Tier III. EPA 712 – C – 96 – 155. US Environmental Protection Agency,Washington,DC.

OPPTS(Office of Pollution Prevention and Toxic Substances). 1996f. Ecological effects test guidelines:OPPTS 850. 5100. Soil microbial community toxicity test. EPA 712 – C – 96 – 161. US Environmental Protection Agency, Washington,DC.

OPPTS(Office of Prevention,Pesticides and Toxic Substances). 1996g. Microbial pesticide test guidelines:OPPTS 885. 4000. Background for nontarget organism testing of microbial pest control agents. EPA 712 – C – 96 – 328. US Environmental Protection Agency,Washington,DC.

Oreskes,N. 1998. Evaluation(not validation)of quantitative models. Environ. Health Persp.,106:1453 – 1460.

Orr,R. 2003. Generic nonindigenous aquatic organisms risk analysis. Pages 415 – 438 in G. M. Ruiz and J. T. Carlton (eds.)Invasive Species:Vectors and Management Practices. Island Press,Washington,DC.

Ortiz,M. and Wolff,M. 2002. Application of loop analysis to benthic systems in northern Chile for the elaboration of sustainable management practices. Marine Ecol. Progress Ser.,242:15 – 27.

O'Shea,T. J. 2000a. Cause of seal die-off in 1988 is still under debate. Science,290:1097.

O'Shea,T. J. 2000b. PCBs not to blame. Science,288:1965 – 1966.

Ott,W. R. 1978. Environmental Indices—Theory and Practice. Ann Arbor Science Publishers,Ann Arbor,MI.

Owen,B. A. 1990. Literature-derived absorption coefficients for 39 chemicals via oral and inhalation routes of exposure. Regulat. Toxicol. Pharmicol. 11:237 – 252.

Paine,J. M.,McKee,M.,and Ryan,M. E. 1993. Toxicity and bioaccumulation of PCBs in crickets:Comparison of laboratory and field studies. Environ. Toxicol. Chem.,12:2097 – 2103.

Paquin,P. R.,Gorsuch,J. W.,Apte,S.,Batley,G. E.,Bowles,K. C.,Campbell,P. G. C.,Delos,C. G.,et al. 2002. The biotic ligand model:A historical overview. Comp. Biochem. Physiol.,Part C,133:3 – 35.

Paquin,P. R.,Farley,K.,Santore,R. C.,Kavvadas,C. D.,Mooney,K. G.,Winfield,R. P.,Wu,K. – B.,and Di Toro,D. M. 2003. Metals in Aquatic Systems:A Review of Exposure,Bioaccumulation, and Toxicity Models. SETAC Press,Pensacola,FL.

Park,R. A. et al. 1974. A generalized model for simulating lake ecosystems. Simulation 21:33 – 50.

Park,D.,Hempleman,S. C.,and Propper,C. R. 2001. Endosulfan exposure disrupts pheromone systems in the red-spotted newt:A mechanism for subtle effects of environmental chemicals. Environ. Health Persp.,109:669 – 673.

Park,R. A. 1998. AQUATOX for windows:A modular toxic effects model for aquatic ecosystems. US Environmental Protection Agency,Washington DC.

Park,R. A. and Clough,J. S. 2004. AQUATOX(Release 2). Volume 2:Technical documentation. Available at: www. epa. gov/waterscience/models/aquatox.

Parker,M. M. and van Lear,D. H. 1996. Soil heterogeneity and root distribution of mature loblolly pine stands in Piedmont soils. Soil Sci. Soc. Am. J.,60:1920 – 1925.

Parker,R.D.,Nelson,H.,and Jones,R. D. 1995. GENEEC:A screening model for pesticide environmental exposure assessment. Pages 485 – 490 in Water Quality Modelling Proceedings of the International Symposium,April 2 – 5,

1995, Orlando, FL.

Parkhurst, D. F. 1984. Decision analysis for toxic waste releases. J. Environ. Manag., 18:105-130.

Parkhurst, D. F. 1985. Interpreting failure to reject a null hypothesis. Bull. Ecol. Soc. Am., 66:301-302.

Parkhurst, D. F. 1998. Arithmetic versus geometric means for environmental concentration data. Environ. Sci. Technol. 32:92-98A.

Parkhurst, D. F. 1990. Statistical hypothesis tests and statistical power in pure and applied science, Pages 181-201 in G. M. von Furstenberg (ed.) Acting Under Uncertainty: Multidisciplinary Conceptions. Kluwer Academic, Boston, MA.

Parkhurst, B. R., Warren-Hicks, W., Cardwell, R. D., Volosin, J., Etchison, T., Butcher, J. B., and Covington, S. M. 1996a. Methodology for Aquatic Ecological Risk Assessment. No. RP 91-AER-1. Water Environment Research Foundation, Alexandria, VA.

Parkhurst, B. R., Warren-Hicks, W., Cardwell, R. D., Volosin, J., Etchison, T., Butcher, J. B., and Covington, S. M. 1996b. Aquatic Ecological Risk Assessment: A Multi-Tiered Approach. Project 91-AER-1. Water Environment Research Foundation, Alexandria, VA.

Parmelee, R. W., Phillips, C. T., Checkai, R. T., and Bohlen, P. J. 1997. Determining the effects of pollutants on soil faunal communities and trophic structure using a refined microcosm system. Environ. Toxicol. Chem., 16: 1212-1217.

Pascoe, D. and Shazili, N. A. M. 1986. Episodic pollution: A comparison of brief and continuous exposure of rainbow trout to cadmium. Ecotoxicol. Environ. Saf., 12:189-198.

Pascoe, D., Evans, S. A., and Woodworth, J. 1986. Heavy metal toxicity to fish and the influence of water hardness. Arch. Environ. Contam. Toxicol., 15:481-487.

Pascoe, G. A. and DalSoglio, J. A. 1994. Planning and implementation of a comprehensive ecological risk assessment at the Milltown Reservoir-Clark Fork River Superfund site, Montana. Environ. Toxicol. Chem., 13:1943-1956.

Pascoe, G. A., Blanchet, R. L., Linder, G., Palawski, D., Brumbaugh, W. G., Canfield, T. J., Kemble, N. E., Ingersoll, C. G., Farag, A., and DalSoglio, J. A. 1994. Characterization of the ecological risks at the Milltown Reservoir-Clark Fork River Superfund site, Montana. Environ. Toxicol. Chem., 13:2043-2058.

Pascual, J. A. 1994. No effects of a forest spraying of malathion on breeding blue tits (*Parus caeruleus*). Environ. Toxicol. Chem., 13:1127-1131.

Pascual, P., Stiber, N., and Sunderland, E. 2003. Draft guidance on the development, evaluation, and application of regulatory environmental models. The Council for Regulatory Environmental Modeling, US Environmental Protection Agency, Washington, DC.

Pastorok, R. A. and Akçakaya, H. R. 2002. Chapter 2—Methods. Pages 23-34 in R. A. Pastorok, S. M. Bartell, S. Ferson, and L. R. Ginzburg (eds.) Ecological Modeling in Risk Assessment: Chemical Effects on Populations, Ecosystems, and Landscapes. Lewis Publishers, Boca Raton, FL.

Pastorok, R. A., Butcher, M. K., and Nelson, R. D. 1996. Modeling wildlife exposure to toxic chemicals: Trends and recent advances. Hum. Ecol. Risk Assess., 2:444-480.

Pastorok, R. A., Bartell, S. M., Ferson, S., and Ginzburg, L. R. 2002. Ecological Modeling in Risk Assessment: Chemical Effects on Populations, Ecosystems, and Landscapes. CRC Press, Boca Raton, FL.

Paterson, S., Mackay, D., Tam, D., and Shiu, W. Y. 1990. Uptake of organic chemicals by plants: A review of processes, correlations and models. Chemosphere 21:297-331.

Patin, S. A. 1982. Pollution and the Biological Resources of the Oceans. Butterworth Scientific, London.

Patten, B. C. (ed.). 1971. Systems analysis and simulation in ecology, Volume 1. Academic Press, New York.

Patten, B. C. (ed.). 1972. Systems analysis and simulation in ecology, Volume 2. Academic Press, New York.

Patten, B. C., Bosserman, R. W., Finn, J. T., and Cale, W. G. 1976. Propagation of cause in ecosystems. Pages 458-579 in Patten, B. C. (ed.) Systems Analysis and Simulation in Ecology: Volume 4. Academic Press, New York.

Pauly, D., Christensen, V., and Walters, C. 2000. Ecopath, Ecosim, and Ecospace as tools for evaluating ecosystem impacts of fisheries. ICES J. Marine Sci., 57:697-706.

Pearson, W. H., Moksness, E., and Skalski, J. R. 1995. A field and laboratory assessment of oil spill effects on survival and reproduction of pacific herring following the Exxon Valdez spill. Pages 626–661 in P. G. Wells, J. N. Butler, and J. S. Hughes(eds.) Exxon Valdez Oil Spill: Fate and Effects in Alaskan Waters. ASTM, Philadelphia, PA.

Peijnenburg, W. 2001. Bioavailability of metals to soil invertebrates. Pages 87–109 in H. E. Allen(ed.)Bioavailability of Metals in Terrestrial Ecosystems. SETAC Press, Pensacola, FL.

Persaud, D. R., Jaagumagi, R., and Hayton, A. 1993. Guidelines for the protection and management of aquatic sediment quality in Ontario. Ontario Ministry of Environment and Energy, Ontario, Canada.

Peter, S. R. 1998. Marine mammals as sentinels in ecological risk assessment: Approaches to Integrated Risk Assessment Meeting, (November 19, 1998). WHO, Charlotte, NC.

Peters, R. H. 1983. The Ecological Implications of Body Size. Cambridge University Press, Cambridge, UK.

Peters, R. H. 1991. A Critique for Ecology. Cambridge University Press, Cambridge, UK.

Peterson, C. H., Rice, S. D., Short, J. W., Esler, D., Bodkin, J. L., Ballachey, B. E., and Irons, D. B. 2003. Long-term ecosystem response to the Exxon Valdez oil spill. Science, 302: 2082–2086.

Pinker, S. 1997. How the Mind Works. W. W. Norton, New York.

Pizl, V. and Josens, G. 1995. Earthworm communities along a gradient of urbanization. Environ. Pollut., 90: 7–14.

Plackett, R. L. and Hewlett, P. S. 1952. Quantal responses to mixtures of poisons. J. Royal Stat. Soc., B14: 141–163.

Platt, J. R. 1964. Strong inference. Science, 146: 347–353.

Playle, R. C., Dixon, D. G., and Burnison, K. 1993. Copper and cadmium binding to fish gills: Estimates of metal-gill stability constants and modeling of metal accumulation. Can. J. Fish. Aquat. Sci., 50: 2678–2687.

Pokras, M. A., Karas, A. M., Kirkwood, J. K., and Sedgewick, C. J. 1993. An introduction to allometric scaling and its uses in raptor medecine. Pages 211–224 in P. T. Redig, J. E. Cooper, J. D. Remple, and D. B. Hunter(eds.)Raptor Biomedecine. University of Minnesota Press, Minneapolis, MN.

Polisini, J. M., Carlisle, J. C., and Valoppi, L. M. 1998. Guidance for performing ecological risk assessments at hazardous waste sites and permitted facilities in California. Pages 23–54 in A. de Peyster and K. E. Day(eds.)Ecological Risk Assessment: A Meeting of Policy and Science. SETAC Press, Pensacola, FL.

Popper, K. R. 1968. The Logic of Scientific Discovery. Harper & Row, New York.

Posthuma, L., van Gestel, C. A. M., Smit, C. E., Bakker, D. J., and Vonk, J. W. 1998. Validation of toxicity data and risk limits for soils: Final report. Report No. 607505. Bilthoven, RIVM, The Netherlands.

Posthuma, L., Suter, G. W., II, and Traas, T. P. (eds.). 2002. Species Sensitivity Distributions for Ecotoxicology. Lewis Publishers, Boca Raton, FL.

Power, M. and McCarty, L. S. 1998. A comparative analysis of environmental risk assessment/risk management frameworks. Environ. Sci. Technol., 32: 224A–231A.

Power, M. and McCarty, L. S. 2002. Trends in the development of ecological risk assessment and management frameworks. Hum. Ecol. Risk Assess., 8: 7–18.

Presser, T. A. and Ohlendorf, H. A. 1987. Biogeochemical cycling of selenium in the San Joaquin Valley, California, USA. Environ. Manag., 11: 805–821.

Price, P. D., Pardi, R., Fthenakis, V. M., Holtzman, S., Sun, L. C., and Irla, B. 1996.Uncertainty and variation in indirect exposure assessments: An analysis of exposure to tetrachlorodibenzo-p-dioxin from a beef consumption pathway. Risk Anal., 16: 263–277.

Prothro, M. G. 1993. Office of Water technical guidance on interpretation and implementation of aquatic life metals criteria. US Environmental Protection Agency, Washington, DC.

Quality Assurance Management Staff. 1994. Guidance for the data quality objectives process. EPA QA/G–4. US Environmental Protection Agency, Washington, DC.

Quality Assurance Management Staff. 1998. Guidance for data quality assessment. EPA/600/R–96/084. US Environmental Protection Agency, Washington, DC.

Quality Assurance Management Staff. 2000. Guidance for data quality assessment: Practical methods for data analysis. EPA/600/R - 96/084 and EPA QA/G - 9. 2000. US Environmental Protection Agency, Washington, DC.

Quinn, T. J. and Deriso, R. B. 1999. Quantitative Fish Dynamics. Oxford University Press, New York.

Rabinowitz, P. M., Gordon, Z., Taylor, B., Chudnov, W. M., Nadkarni, P., and Dein, F. 2005. Animals as sentinels of human environmental health hazards: An experience-based analysis. EcoHealth, 2:26 - 37.

Raffa, R. B. 2001. Drug - Receptor Thermodynamics: Introduction and Application. John Wiley, New York.

Raffensperger, C. and Tickner, J. (eds.). 1999. Protecting Public Health and the Environment: Implementing the Precautionary Principle. Island Press, Washington, DC.

Ram, R. N. and Gillett, J. W. 1993. An aquatic/terrestrial foodweb model for polychlorinated biphenyls (PCBs). Pages 192 - 212 in J. Hughes, W. Landis, and M. Lewis (eds.) Environmental Toxicology and Risk Assessment. ASTM, Philadelphia, PA.

Ramsey, J. C. and Gehring, P. J. 1980. Application of pharmacokinetic principles in practice. Federation Proc., 39:60 - 65.

Rand, G. M. 1995. Fundamentals of Aquatic Toxicology, Second Edition. Taylor & Francis, Washington, DC.

Randall, A. 2006. Risk and action—figuring out the right thing to do. in R. J. F. Bruins and M. T. Heberling (eds.) Economics and Ecological Risk Assessment. CRC Press, Boca Raton, FL.

Randall, R. C., Lee, H. H., Ozretich, R. J., Lake, J. L., and Pruell, R. J. 1998. Evaluation of selected lipid methods for normalizing pollutant bioaccumulation. Environ. Toxicol. Chem., 10:1431 - 1436.

Rankin, E. T. 1995. Habitat indices in water resource quality assessment. Pages 181 - 208 in W. S. Davis and T. P. Simon (eds.) Biological Assessment and Criteria: Tools for Water Resource Planning and Decision Making. Lewis Publishers, Boca Raton, FL.

Rasmussen, N. C. 1981. The application of probabilistic risk assessment techniques to energy technologies. Ann. Rev. Energy, 6:123 - 138.

Rautmann, D., Streloke, M., and Winkler, R. 2001. New basic drift values in the authorization procedure for plant protection products. In R. Foster and M. Streloke (eds.) Workshop on Risk Assessment and Risk Mitigation Measures in the context of the Authorisation of Plant Protection Products (WORMM), September 27 - 29, 1999, Heft 383, Biologischen Bundesantalt für Land-und Fortwirtschaft, Berlin and Braunschweig, Germany.

Reagan, D. 2002. Determining values: A critical step in assessing ecological risk. Pages 1069 - 1098 in D. J. Paustenbach (ed.) Human and Ecological Risk Assessment: Theory and Practice. John Wiley, New York.

Reckhow, K. H. 1999. Lessons from risk assessment. Hum. Ecol. Risk Assess., 5:245 - 254.

Reddy, M. B., Yang, R. S. H., Clewell, H. J. I., and Anderson, M. E. 2005. Physiologically Based Pharmacokinetic (PBPK) Modeling. John Wiley, New York.

Redeker, E. S., Bervoets, L., and Blust, R. 2004. Dynamic model for the accumulation of cadmium and zinc from water and sediment by the aquatic oligochaete, *Tubifex tubifex*. Environ. Sci. Technol., 38:6193 - 6197.

Redman, C. L. 1999. Human Impact on Ancient Environments. University of Arizona Press, Tucson, AZ.

Reed, D. W. 2001. Natural hazards and the analysis of extremes. Pages 57 - 62 in S. Pollard and J. Guy (eds.) Risk Assessment for Environmental Professionals. Chartered Institute of Water and Environmental Management, London.

Region V. 2005a. Elliot Ditch/Wea Creek Ecological Risk Assessment. US Environmental Protection Agency, Chicago, IL. Available at: http://www.epa.gov/region5superfund/ecology/html/casestudies/elliotditch.html.

Region V. 2005b. Screening Level Ecological Risk Assessment of the Camp Perry Landfill, Port Clinton, Ohio. US Environmental Protection Agency, Chicago, IL. Available at: http://www.epa.gov/region5superfund/ecology/html/casestudies/campperry/html.

Reid, R. C., Prausnitz, J. M., and Poling, B. E. 1987. The Properties of Gases and Liquids, Fourth Edition. McGraw - Hill, New York.

Reilley, K. A., Banks, M. K., and Schwab, A. 1996. Dissipation of polycyclic aromatic hydrocarbons in the rhizosphere. J. Environ. Qual., 25:212 - 219.

Reinfelder, J. R., Fisher, N. S., Luoma, S. N., and Wang, W. - X. 1998. Trace element trophic transfer factor in aquatic organisms: A critique of the kinetic model approach. Sci. Total Environ., 219:117 - 135.

Reinhard, M. and Drefahl, A. 1999. Handbook for Estimating Physicochemical Properties of Organic Compounds. John Wiley, New York.

Relyea, R. A. 2003. Predator cues and pesticides: A double dose of danger for amphibians. Ecol. Appl., 13:1515 – 1521.

Restum, J., Bursian, S., Giesy, J., Render, J., Helferich, W., Shipp, E., Verbrugge, D., and Aulerich, R. 1998. Multigenerational study of the effects of consumption of PCB-contaminated carp from Saginaw Bay, Lake Huron, on mink. J. Toxicol. Environ. Health, Part A, 54:343 – 375.

Reynoldson, T. B., Norris, R. H., Resh, V. H., Day, K. E., and Rosenberg, D. M. 1997. The reference condition: A comparison of multimetric and multivariate approaches to assess water quality impairment using benthic macroinvertebrates. J. N. Am. Benthol. Soc., 16:833 – 852.

Rice, C. D. 2001. Fish immunotoxicology: Understanding mechanisms of action. Pages 96 – 138 in D. Schlenk and W. Benson(eds.)Target Organ Toxicity in Marine and Freshwater Teleosts, Volume 2—Systems. Taylor & Francis, New York.

Rice, C. P. and White, D. S. 1987. PCB availability assessment of river dredging using caged clams and fish. Environ. Toxicol. Chem., 6:259 – 274.

Richter, E. C. and Laster, R. 2005. The precautionary principle, epidemiology and the ethics of delay. Hum. Ecol. Risk Assess., 11:17 – 27.

Riedel, G. F., Sanders, J. G., and Breitburg, D. L. 2003. Seasonal variability in response of estuarine phytoplankton communities to stress: Linkages between toxic trace elements and nutrient enrichment. Estuaries, 26:323 – 338.

Risk Assessment Forum. 1996. Summary report for the workshop on Monte Carlo analysis. EPA/630/R – 96/010. US Environmental Protection Agency, Washington, DC.

Risk Assessment Forum. 1997. Guiding principles for Monte Carlo analysis. EPA/630/R – 97/001. US Environmental Protection Agency, Washington, DC.

Risk Assessment Forum. 1999. Report of the workshop on selecting input distributions for probabilistic assessments. EPA/630/R – 98/004. US Environmental Protection Agency, Washington, DC.

Risk Assessment Forum. 2000. Supplementary guidance for conducting health risk assessment of chemical mixtures. EPA/630/R – 00/002. US Environmental Protection Agency, Washington, DC.

RIVM(National Institute for Public Health and the Environment). 1996. EUSES: European Union System for the Evaluation of Substances. European Chemicals Bureau, JRC Environmental Institute, Ispra, Italy.

Robbins, C. T. 1993. Wildlife Feeding and Nutrition. Academic Press, San Diego, CA.

Robinson, S. C., Kendall, R. J., Robinson, R., Driver, C. J., and Lacher, T. E. 1988. Effects of agricultural spraying of methyl parathion on cholinesterase activity and reproductive success in wild starlings. Environ. Toxicol. Chem., 7: 343 – 349.

Roffe, T. J., Friend, M., and Lock, L. N. 1994. Evaluation of causes of wildlife mortality. Pages 324 – 348 in T. A. Brookhout(ed.)Research and Management Techniques for Wildlife and Habitats. The Wildlife Society, Bethesda, MD.

Rombke, J., Heimbach, F., Hoy, S., et al. 2003. Effects of Plant Protection Products on Functional Endpoints in Soil. SETAC Press, Pensacola, FL.

Roosenburg, W. M. 2000. Hypothesis testing, decision theory, and common sense in resource management. Conserv. Biol., 14:1208 – 1210.

Rose, K. A. and Cowan, J. H. Jr. 1993. Individual-based model of young-of-the-year striped bass population dynamics. I. Model description and baseline simulations. Transact. Am. Fish. Soc., 122:415 – 438.

Rose, K. A., Cowan, J. H., Houde, E. D., and Coutant, C. C. 1993. Individual-based modelling of environmental quality effects on early life-stages of fishes: A case study using striped bass. Am. Fish. Soc. Symp., 14:125 – 145.

Rose, K. A., Rutherford, E. S., McDermott, D., Forney, J. L., and Mills, E. L. 1999. An individual-based model of walleye and yellow pearch in Oneida Lake, New York. Ecol. Monogr. 69:127-154.

Rose, K. A., Cowan, J. H., Winemiller, J. O., Myers, R. A., and Hilborn, R. 2001. Compensatory density-dependence in fish populations: Importance, controversy, understanding, and prognosis. Fish Fish., 2:293 – 327.

Rose, K. A., Murphy, C. A., Diamond, S. L., Fuiman, L. A., and Thomas, P. 2003. Using nested models and laboratory data for predicting population effects of contaminants on fish: A step toward a bottom-up approach for establishing causality in field studies. Hum. Ecol. Risk Assess., 9:231 – 257.

Rose, K. R., Brenkert, A. L., Cook, R. B., and Gardner, R. H. 1991. Systematic comparison of ILWAS, MAGIC, and ETD watershed acidification models. 1. Monte Carlo under regional variability. Water Resources Res., 27: 2577 – 2589.

Rosen, B. H. 1995. Use of periphyton in the development of biocriteria. Pages 209 – 215 in W. S. Davis and T. P. Simon(eds.)Biological Assessment and Criteria. Lewis Publishers, Boca Raton, FL.

Ross, P. S. 2000. Marine mammals as sentinels in ecological risk assessment. Hum. Ecol. Risk Assess., 6:29 – 46.

Ross, P. S., Vos, J. G., Birnbaum, L. S., and Osterhaus, A. D. M. E. 2000. PCBs are a health risk for humans and wildlife. Science, 289:1878 – 1879.

Rothman, K. J. 1986. Modern Epidemiology. Little, Brown, Boston, MA.

Roux, D. J., Jooste, S. H. J., and MacKay, H. M. 1996. Substance-specific water quality criteria for the protection of South African freshwater ecosystems: Methods for derivation and initial results for some inorganic toxic substances. S. Afr. J. Sci., 92:198 – 206.

Rowley, M. H., Christian, J. J., Basu, D. K., Pawlitowski, M. A., and Paigen, B. 1983. Use of small mammals(voles) to assess a hazardous waste site at Love Canal, Niagra Falls, New York. Arch. Environ. Contam. Toxicol., 12:383 – 399.

Royal Commission on Environmental Pollution. 2003. Chemicals in Products: Safeguarding the Environment and Human Health. 24th Report. The Stationary Office, London.

Royall, R. 1997. Statistical Evidence: A Likelihood Paradigm. Chapman & Hall, London.

Royall, R. 2004. The likelihood paradigm for statistical inference. Pages 119 – 152 in M. L. Taper and S. R. Lele (eds.)The Nature of Scientific Evidence. University of Chicago Press, Chicago, IL.

Rubinstein, R. Y. 1981. Simulation and Monte Carlo Method. John Wiley, New York.

Ruckleshaus, W. D. 1984. Risk in a free society. Risk Anal., 4:157 – 162.

Rumbold, D. G. 2005. A probabilistic risk assessment of effects of methylmercury on great egrets and bald eagles foraging at a constructed wetland in South Florida relative to the Everglades. Hum. Ecol. Risk Assess., 11:365 – 388.

Russell, B. 1948. Human Knowledge, Its Scope and Limits, Part V. Simon & Schuster, New York.

Russell, B. 1957. Mysticism and Logic. Doubleday, New York.

Russom, C. L., Bradbury, S. P., Broderius, S. J., Hammermeister, D. E., and Drummond, R. A. 1997. Predicting modes of toxic action from chemical structure: Acute toxicity in the fathead minnow(*Pimephales promelas*). Environ. Toxicol. Chem., 16:948 – 967.

Rutgers, M., van't Verlaat, I. M., Wind, B., Posthuma, L., and Breure, A. M. 1998. Rapid method for assessing pollution-induced community tolerance in contaminated soil. Environ. Toxicol. Chem., 17:2210 – 2213.

Ruth Ruttenberg and Associates. 2004. Not too costly after all: An examination of the inflated cost estimates of health, safety and environmental protections. Public Citizen Foundation, Washington, DC.

SAB(Science Advisory Board). 1990. Reducing Risk: Setting Priorities and Strategies of Environmental Protection. SAB – EC – 90 – 021. US Environmental Protection Agency, Washington, DC.

SAB(Science Advisory Board). 1998. Summary of the US EPA workshop on the realtionship between exposure duration and toxicity. EPA 68 – D5 – 0028. Science Advisory Board, US Environmental Protection Agency, Washington, DC.

SAB(Science Advisory Board). 2000. Toward integrated environmental decision-making EPA – SAB – EC – 00 – 011. Science Advisory Board, US Environmental Protection Agency, Washington, DC.

Sadana, U. S. and Singh, B. 1987. Yield and uptake of cadmium, lead and zinc by wheat grown in a soil polluted with heavy metals. J. Plant Sci. Res. 3:11 – 17.

Sadiq, M. 1985. Uptake of cadmium, lead and nickel by corn grown in contaminated soils. Water Air Soil, Pollut., 26: 185 – 190.

Sadiq, M. 1986. Solubility relationships of arsenic in calcareous soils and its uptake by corn. Plant Soil, 91:241 – 248.

Safe, S. 1998. Hazard and risk assessment of chemical mixtures using the toxic equivalency factor(TEF) approach.

Environ. Health Persp.,106:1051 – 1058.

Safe S. H., Pallaroni, L., Yoon, K., Gaido, K., Ross, S., and McDonald, D. 2002. Problems for risk assessment of endocrine-active estrogenic compounds. Environ. Health Persp.,110:925 – 929.

Sagoff, M. 1988. The Economy of the Earth. Cambridge University Press, Cambridge, UK.

Salazar, M. and Salazar, S. 1998. Using caged bivalves as part of the exposure-dose-response triad to support an integrated assessment strategy. Pages 167 – 192 in A. de Peyster and K. E. Day(eds.)Ecological Risk Assessment: A Meeting of Policy and Science. SETAC, Pensacola, FL.

Salice, C. J. and Miller, T. J. 2003. Population-level responses to long-term cadmium exposure in two strains of the freshwater gastropod *Biomphalaria glabrata*: Results from a life-table response experiment. Environ. Toxicol. Chem.,22:678 – 688.

Salsburg, D. S. 2001. The Lady Tasting Tea: How Statistics Revolutionized Science in the Twentieth Century. Henry Holt, New York.

Salwasser, H. 1986. Conserving a regional spotted owl population. Pages 227 – 247 in N. Grossblatt(ed.) Ecological Knowledge and Environmental Problem Solving: Concepts and Case Studies. National Academy Press, Washington, DC.

Sample, B. E. and Arenal, C. A. 1999. Allometric models for interspecies extrapolation for wildlife toxicity data. Bull. Environ. Contam. Toxicol.,62:653 – 663.

Sample, B. E. and Suter, G. W. 1994. Estimating exposure of terrestrial wildlife to contaminants. ES/ER/TM – 125. Oak Ridge National Laboratory, Oak Ridge, TN.

Sample, B. E. and Suter, G. W., II. 1999. Ecological risk assessment of a large river-reservoir: 4. Piscivorous wildlife. Environ. Toxicol. Chem.,18:610 – 620.

Sample, B. E. and Suter, G. W., II. 2002. Screening evaluation of the ecological risks to terrestrial wildlife associated with a coal ash disposal site. Hum. Ecol. Risk Assess.,8:637 – 656.

Sample, B. E., Butler, L., Zivkovich, C., Whitmore, R. C., and Reardon, R. 1996a. Effects of *Bacillus thuringiensis* Berliner var. *kurstaki* and defoliation by gypsy moth[*Lymantria dispar*(L.)(Lepidoptera: Lymantriidae)] on native arthropods in West Virginia. Can. Entomol.,128:573 – 592.

Sample, B. E., Hinzman, R. L., Jackson, B. L., and Baron, L. A. 1996b. Preliminary assessment of the ecological risks to wide-ranging wildlife species on the Oak Ridge Reservation. DOE/OR/01 – 1407 & D2. US Department of Energy, Oak Ridge, TN.

Sample, B. E., Opresko, D. M., and Suter, G. W., II. 1996c. Toxicological benchmarks for wildlife. ES/ER/TM – 86/R3. Oak Ridge National Laboratory, Oak Ridge, TN.

Sample, B. E., Aplin, M. S., Efroymson, R. E., Suter, G. W., II, and Welsh, C. J. E. 1997. Methods and Tools for Estimation of the Exposure of Terrestrial Wildlife to Contaminants. Oak Ridge National Laboratory, Oak Ridge, TN.

Sample, B. E., Beauchamp, J., Efroymson, R. A., Suter, G. W., II, and Ashwood, T. L. 1998. Development and validation of literature-based bioaccumultion models for small mammals. ES/ER/TM – 219. Oak Ridge National Laboratory, Oak Ridge, TN.

Sample, B. E., Suter, G. W., II, Beauchamp, J., and Efroymson, R. A. 1999. Literature-derived bioaccumulation models for earthworms: Development and validation. Environ. Toxicol. Chem.,18:2110 – 2120.

Santore R. C. and Driscoll, C. T. 1995. The Chess model for calculating chemical equilibria in solids and solutions. Pages 357 – 375 in R. H. Loeppert, A. Schwab, and S. Goldberg(eds.)Chemical Equilibrium and Reaction Models. American Society of Agronomy, Madison, WI.

Sarda, N. and Burton, G. A. Jr. 1995. Ammonia variation in sediments: Spatial, temporal and methodrelated effects. Environ. Toxicol. Chem.,14:1499 – 1506.

SAS Institute, Inc. 1989. SAS/STAT User's Guide, Version 6, Fourth Edition, Volume 2. SAS Institute, Cary, NC.

Sauve, S. 2001. Speciation of metals in soil. Pages 7 – 38 in H. E. Allen(ed.)Bioavailability of Metals in Terrestrial Ecosystems. SETAC Press, Pensacola, FL.

Saxe, J. K., Impellitteri, C. A., and Allen, H. E. 2001. Novel model describing trace metal concentrations in the earthworm *Eisenia andrei*. Environ. Sci. Technol.,35:4522-4529.

Schama,S. 1995. Landscape and Memory. Vintage Books,New York.

Schecher,W. D. and McAvoy,D. C. 1994. MINEQL+:A chemical equilibrium program for personal computers. Version 3.01. Environmental Research Software,Hallowell,ME.

Scheff,P. A. and Wadden,R. A. 1993. Receptor modeling of volatile organic compounds. 1. Emission inventory and validation. Environ. Sci. Technol.,27:617-625.

Scheringer,M.,Vogel,T.,von Grote,J.,Capaul,B.,Schubert,R.,and Hungerbuhler,K. 2001. Scenariobased risk assessment of multi-use chemicals:Application to solvents. Risk Anal.,21:481-497.

Scheuhammer,A. M. and Templeton,D. M. 1998. Use of stable isotope ratios to distinguish sources of lead exposure in wild birds. Ecotoxicology,7:37-42.

Scheunert,I.,Topp,E.,Attar,A.,and Korte,A. 1994. Uptake pathways for chlorobenzenes in plants and their correlation with N-octanol/water partition coefficients. Ecotoxicol. Environ. Saf.,27:90-104.

Schindler,D. W. 1974. Eutrophication and recovery in experimental lakes:Implications for management. Science,184:897-899.

Schindler,D. W. 1987. Detecting ecosystem responses to anthropogenic stress. Can. J. Fish. Aquat. Sci.,44:6-25.

Schindler,D. W. 1998. Replication versus realism:The need for ecosystem-scale experiments. Ecosystems,1:323-334.

Schindler,D. W.,Mills,K. H.,Malley,D. F.,Findlay,D. L.,Shearer,J. A.,Davies,I. J.,Turner,M. A.,Linsey,G. A.,and Cruikshank,D. R. 1985. Long-term ecosystem stress:The effects of years of experimental acidification on a small lake. Science,228:1395-1401.

Schlenk,D. and Bensen,W. H. 2001. Target Organ Toxicity in Marine and Freshwater Teleosts(2 volumes). Taylor & Francis,New York.

Schmidtz,D. and Willott,E. 2002. Environmental Ethics. Oxford University Press,Oxford,UK.

Schmieder,P. K.,Tapper,M. L. A.,Denny,J.,Kolanczyk,R.,and Johnson,R. 2000. Optimization of a precision-cut trout liver tissue slice assay as a screen for vitellogenin induction. Aquat. Toxicol.,49:251-268.

Schmoyer,R. L.,Beauchamp,J. J.,Brandt,C. C.,and Hoffman,F. O. 1996. Difficulties with the lognormal model in mean estimation and testing. Environ. Ecol. Stat.,3:81-97.

Schneider,S. H. 2002. Keeping out of the box. Am. Sci.,90:496-498.

Schoener,T. W. 1968. Sizes of feeding territories among birds. Ecology,49:123-136.

Schwarz,R. C.,Schults,D. W.,Ozretich,R. W.,Lamberson,J. O.,Cole,F. A.,DeWitt,T. H.,Redmond,M. S.,and Ferraro,S. P. 1995. Sigma PAH:A model to predict the toxicity of polynuclear aromatic hydrocarbon mixtures in field-collected sediments. Environ. Toxicol. Chem.,14:1977-1978.

Schwarzenbach,R. P.,Gschwend,P. M.,and Imboden,D. M. 1993. Environmental Organic Chemistry. John Wiley,New York.

Science Policy Council. 2000. Risk Characterization Handbook. EPA 100-B-00-002. US Environmental Protection Agency,Washington,DC.

Science Policy Council. 2002. A Framework for the Economic Assessment of Ecological Benefits. US Environmental Protection Agency,Washington,DC.

Seife,C. 2000. CERN's gamble shows the perils,rewards of playing the odds. Science,289:2260-2262.

Serveiss,V.,Cox,J. P.,Moses,J.,and Yeager,B. L. 2000. Workshop report on characterizing ecological risk at the watershed scale. EPA/600/R-99/111. US Environmental Protection Agency,Washington,DC.

Serveiss,V. B. 2002. Applying ecological risk principles to watershed assessment and management. Environ. Manag.,29:145-154.

Shacklette,H. T. and Boerngen,J. G. 1984. Elemental concentrations in soils and other surficial materials of the conterminous United States. Professional Paper 1270. US Geological Survey,Washington,DC.

Shaver,J. P. 1999. What statistical significance testing is,and what it is not. J. Exp. Edu.,61:293-316.

Shaw,B. P. and Panigrahi,A. K. 1986. Uptake and tissue distribution of mercury in some plant species collected from a contaminated area in India. Arch. Environ. Contam. Toxicol.,15:439-446.

Shaw - Allen, P. and Suter, G. W., II. 2005. Methods/indicators for determining when metals are the cause of biological impairments of rivers and streams. NCEA - C - 1494. US Environmental Protection Agency, Washington, DC.

Sheffield, S. R., Matter, J. M., Rattner, B. A., and Guiney, P. D. 1998. Fish and wildlife species as sentinels of environmental endocrine disruptors. Pages 369 - 430 in R. J. Kendall (ed.) Principles and Processes for Evaluating Endocrine Disruption in Wildlife. SETAC Press, Pensacola, FL.

Sheppard, M. I., Sheppard, S. C., and Amiro, B. D. 1991. Mobility and plant uptake of inorganic ^{14}C and ^{14}C - labelled PCB in soils of high and low retention. Health Phys., 61:481 - 492.

Sheppard, S. C., Gaudet, C., Sheppard, M. I., Cureton, P. M., and Wong, M. P. 1992. The development of assessment and remediation guidelines for contaminated soils, a review of the science. Can. J. Soil Sci., 72:359 - 394.

Shugart, H. H. 1984. A Theory of Forest Dynamics. Springer, New York.

Shugart, H. H. and O'Neill, R. V. 1979. Systems ecology. Dowden, Hutchinson & Ross, Stroudsburg, PA.

Shugart, H. H. and West, D. C. 1977. Development and application of an Appalachian deciduous forest succession model and its application to assessment of the impact of the chestnut blight. J. Environ. Manag., 5:161 - 179.

Sigal, L. L. and Suter, G. W., II. 1989. Potential effects of chemical agents on terrestrial resources. Environ. Profess., 11: 376 - 384.

Sijm, D., van Wezel, A. P., and Crommentuijn, T. 2002. Environmental risk limits in the Netherlands. Pages 221 - 253 in L. Posthuma, G. W. Suter II, and T. Traas (eds.) Species Sensitivity Distributions in Ecotoxicology. Lewis Publishers, Boca Raton, FL.

Silva, M. and Downing, J. A. 1995. CRC Handbook of Mammalian Body Masses. CRC Press, Boca Raton, FL.

Simberloff, D. 1998. Flagships, umbrellas, and keystones: Is single-species management passe in the landscape era? Biol. Conserv., 83:247 - 257.

Simberloff, D. 2003. Community and ecosystem impacts of single-species extinctions. Pages 221 - 233 in P. Kareiva and S. A. Levin (eds.) The Importance of Species. Princeton University Press, Princeton, NJ.

Simon, T. P. 2002. Biological Response Signatures. CRC Press, Boca Raton, FL.

Simon, T. P. and Lyons, J. 1995. Application of the index of biotic integrity to evaluate water resource integrity in freshwater ecosystems. Pages 245 - 262 in W. Davis and T. P. Simon (eds.) Biological Assessment and Criteria: Tools for Water Resource Planning and Decision Making. Lewis Publishers, Boca Raton, FL.

Simpson, J., Norris, R., Barmuta, L., and Blackman, P. 1996. Australian river assessment system: National river health program predictive model manual. Available at: http://ausrivas.canberra.au/ausrivas

Simpson, J. M., Santo Domingo, J. W., and Reasner, D. J. 2002. Microbial source tracking: State of the science. Environ. Sci. Technol., 36:5279 - 5288.

Sims, J. T. and Kline, J. S. 1991. Chemical fractionation and plant uptake of heavy metals in soils amended with co-composted sewage sludge. J. Environ. Qual., 20:387 - 395.

Sinko, J. W. and Streifer, W. 1967. A new model for age-structure of a population. Ecology, 48:910 - 918.

Sinko, J. W. and Streifer, W. 1969. Applying models incorporating age-size structure of a population of *Daphnia*. Ecology, 50:608 - 615.

Sjogren - Gulve, P. and Ebenhard, T. 2000. The Use of Population Viability Analysis in Conservation Planning. Blackwell, New York.

Skelly, J. M., Davis, D. D., Merrill, W., Cameron, E. A., Brown, H. D., Drummond, D. B., and Dochinger, L. S. 1990. Diagnosing Injury to Eastern Forest Trees. Pennsylvania State University, University Park, PA.

Slayton, D. and Montgomery, D. 1991. Michigan background soil survey. Michigan Department of Natural Resources, Ann Arbor, MI.

Slikker, W. Jr., Anderson, M. E., Bogdanffy, M. S., Bus, J. S., Cohen, S. D., Conolly, R. B., David, R. M., et al. 2004a. Dose-dependent transitions in mechanisms of toxicity. Toxicol. Appl. Pharmacol., 201:203 - 255.

Slikker, W. Jr., Anderson, M. E., Bogdanffy, M. S., Bus, J. S., Cohen, S. D., Conolly, R. B., David, R. M., et al. 2004b. Dose-dependent transitions in mechanisms of toxicity: Case studies. Toxicol. Appl. Pharmacol., 201:226 - 294.

Sloof, W., van Oers, J. A. M., and deZwart, D. 1986. Margins of uncertainty in ecotoxicological hazard assessment. Environ. Toxicol. Chem., 5:841 – 852.

Smith, F. E. 1969. Effects of enrichment in mathematical models. Pages 631 – 645 in Eutrophication: Causes, Consequences, Correctives. Proceedings of a Symposium, National Academy of Sciences, Washington, DC.

Smith, A. H., Sciortino, S., Goeden, H., and Wright, C. C. 1996. Consideration of background exposures in the management of hazardous waste sites: A new approach to risk assessment. Risk Anal., 16:619 – 625.

Smith, E. P. and Cairns, J. Jr. 1993. Extrapolation methods for setting ecological standards for water quality: Statistical and ecological concerns. Ecotoxicology, 2:203 – 219.

Smith, E. P., Robinson, T., Field, J. M., and Norton, S. B. 2003. Predicting sediment toxicity using logistic regression: A concentration-addition approach. Environ. Toxicol. Chem., 22:565 – 575.

Snell, T. W. and Serra, M. 2000. Using probability of extinction to evaluate the ecological significance of toxicant effects. Environ. Toxicol. Chem., 19:2357 – 2363.

Solomon, K. R., Baker, D. B., Richards, R. P., Dixon, K. R., Klaine, S. J., La Point, T. W., Kendall, R. J., et al. 1996. Ecological risk assessment for atrazine in North American surface waters. Environ. Toxicol. Chem., 15:31 – 76.

Solomon, K. R., Giddings, J. M., and Maund, S. J. 2001a. Probabilistic risk assessment of cotton pyrethroids. I. Distributional analysis of laboratory aquatic toxicity data. Environ. Toxicol. Chem., 20:652 – 659.

Solomon, K. R., Giesy, J. P., Kendall, J. R., Best, L. B., Coats, J. R., Dixon, K. R., Hooper, M. J., Kenaga, E. E., and McMurry, S. T. 2001b. Chlorpyrifos: Ecotoxicological risk assessment for birds and mammals in corn ecosystems. HERA, 7:497 – 632.

Sonnemann, G., Castells, F., and Schuhmacher, M. 2004. Integrated Life – Cycle and Risk Assessment for Industrial Processes. Lewis Publishers, Boca Raton, FL.

Sparling, D. 2003. White phosphorus at Eagle River Flats, Alaska: A case history of waterfowl mortality. Pages 767 – 785 in D. J. Hoffman, B. Rattner, G. A. Burton Jr., and J. Cairns Jr. (eds.) Handbook of Ecotoxicology. Lewis Publishers, Boca Raton, FL.

Spehar, R. L. and Carlson, A. R. 1984. Derivation of site-specific water quality criteria for cadmium and the St. Louis River basin, Duluth, Minnesota. EPA – 600/3 – 84 – 029. US Environmental Protection Agency, Duluth, MN.

Sperber, O., From, J., and Sparre, P. 1977. A method to estimate the growth rate of fishes, as a function of temperature and feeding level, applied to rainbow trout. Meddelerser fra Danmarks Fiskeriog Havundersogelser, 7:275 – 317.

Sprague, J. B. 1970. Measurement of pollutant toxicity to fish. Water Res., 4:3 – 32.

Spray Drift Task Force. 1997. A summary of aerial application studies. Spray Drift Task Force, c/o Stewart Agricultural Research Services, Macon, MO.

Sprenger, M. D. and Charters, D. W. 1997. Ecological risk assessment guidance for Superfund: Process for designing and conducting ecological risk assessment, interim final. Environmental Response Team, US Environmental Protection Agency, Edison, NJ.

Spromberg, J. A. and Birge, W. J. 2005. Modeling the effects of chronic toxicity on fish populations: The influence of life-history strategies. Environ. Toxicol. Chem., 24:1532 – 1540.

Spromberg, J. A., John, B. M., and Landis, W. G. 1998. Metapopulation dynamics: Indirect effects and multiple distinct outcomes in ecological risk assessment. Environ. Toxicol. Chem., 17:1640 – 1649.

Spurgeon, D. J. and Hopkin, S. P. 1996. Risk assessment of the threat of secondary poisoning by metals to predators of earthworms in the vicinity of a primary smelting works. Sci. Total Environ., 187:167 – 183.

Stahl, C. H., Cimorelli, A. J., and Chow, A. H. 2002. A new approach to environmental decision analysis: Multi-criteria integrated resource assessment(MIRA). Bull. Sci. Technol. Soc., 22:443 – 459.

Stahl, R. G. Jr. 1997. Can mammalian and non-mammalian "sentinel species" data be used to evaluate the human health implications of environmental contaminants? Hum. Ecol. Risk Assess., 3:328 – 335.

Stahl, W. R. 1967. Scaling of respiratory variables in mammals. J. Appl. Physiol., 22:453 – 460.

Stanley-Horn, D. E., Matilla, H. R., Sears, M. K., Dively, G., Rose, R., Hellmich, R. L., and Lewis, L. 2001. Assessing impact of Cry 1Ab-expressing corn pollen on monarch butterfly larvae in field studies. Proc. Natl. Acad. Sci. USA

10. 1073/pnas. 211277798.

Stansley, W., Roscoe, E., Hawthorne, E., and Meyer, R. 2001. Food chain aspects of chlordane poisoning in birds and bats. Arch. Environ. Contam. Toxicol., 40:285-291.

Stavric, B. and Klassen, R. 1994. Dietary effects on the uptake of benzo(a)pyrene. Food Chem. Toxicol., 8:727-734.

Stearns, S. C. 1977. The evolution of life history traits: A critique of the theory and a review of the data. Annual Rev. Ecol. Systematics. 8:145-171.

Stein, B. A., Kutner, L. S., and Adams, J. S. (eds.). 2000. Precious Heritage: The Status of Biodiversity in the United States. Oxford University Press, Oxford, UK.

Stelfox, H., Chua, G., O'Rourke, K., and Detsky, A. 1998. Conflict of interest in the debate over calcium-channel antagonists. NEJM, 338:101-106.

Stephan, C. E., Mount, D. I., Hanson, D. J., Gentile, J. H., Chapman, G. A., and Brungs, W. A. 1985. Guidelines for deriving numeric National Water Quality Criteria for the protection of aquatic organisms and their uses. PB85-227049. US Environmental Protection Agency, Washington, DC.

Stevens, D., Linder, G., and Warren-Hicks, W., 1989. Data interpretation. Pages 9-11 in Warren-Hicks, W., Parkhurst, B. R., and Baker, S. S. Jr. (eds.) Ecological Assessment of Harardous Waste Sites: A Field and Laboratory Reference Document. EPA 600/3-89/013. Corvallis Environmental Research Laboratory, Corvallis, OR.

Stewart-Oaten, A. 1995. Rules and judgments in statistics: Three examples. Ecology, 76:2001-2009.

Stohlgren, T. J. and Schnase, J. L. 2006. Risk analysis for biological hazards: What we need to know about invasive species. Risk Anal., 26:163-173.

Stow, C. A. 1999. Assessing the relationship between *Pfiesteria* and estuarine fishkills. Ecosystems, 2:237.

Stow, C. A. and Borsuk, M. E. 2003. Enhancing causal assessment of estuarine fishkills using graphical models. Ecosystems, 6:11-19.

Strickland, T. C., Holdren, G. R. Jr., Ringold, P. L., Bernard, D., Snarski, V. M., and Fallon, W. 1993. A national critical loads framework for atmospheric deposition effects assessment: Method summary. Environ. Manag., 17:329-334.

Strojan, C. L. 1978. Forest litter decomposition in the vicinity of a zinc smelter. Oecologia(Berl.), 32.203-219.

Stubblefield, W. A., Hancock, G. A., Ford, W. H., Prince, H. H., and Ringer, R. K. 1995a. Evaluation of the toxic properties of naturally weathered *Exxon Valdez* crude oil to surrogate wildlife species. Pages 665-692 in P. G. Wells, J. N. Butler, and J. S. Hughes(eds.) Exxon Valdez Oil Spill: Fate and Effects in Alaskan Waters. ASTM, Philadelphia, PA.

Stubblefield, W. A., Hancock, G. A., Ford, W. H., and Ringer, R. K. 1995b. Acute and subchronic toxicity of naturally weathered *Exxon Valdez* crude oil in mallards and ferrets. Environ. Toxicol. Chem., 14:1941-1950.

Stubblefield, W. A., Hancock, G. A., Ford, W. H., and Ringer, R. K. 1995c. Effects of naturally weathered *Exxon Valdez* crude oil on mallard reproduction. Environ. Toxicol. Chem., 14:1951-1960.

Suissa, S. 1999. Relative excess risk: An alternative measure of comparative risk. Am. J. Epi., 150:279-282.

Sun, K., Krause, G. F., Mayer, F. L., Ellersieck, M. R., and Basu, A. P. 1995. Estimation of acute toxicity by fitting a dose-time-response surface. Risk Anal., 15:247-252.

Sun, M. 1983. Missouri's costly dioxin lesson. Science, 219:367-369.

Susser, M. 1988. Falsification, verification and causal inference in epidemiology: Reconsideration in light of Sir Karl Popper's philosophy. Pages 33-58 in K. J. Rothman(ed.) Causal Inference. Epidemiology Resources, Chestnut Hill, MA.

Suter, G. W., II. 1989. Ecological endpoints. Pages 2-1 in W. Warren-Hicks, B. R. Parkhurst, and S. S. Baker Jr. (eds.) Ecological Assessment of Hazardous Waste Sites: A Field and Laboratory Reference Document. EPA 600/3-89/013. Corvallis Environmental Research Laboratory, Corvallis, OR.

Suter, G. W., II. 1990. Use of biomarkers in ecological risk assessment. Pages 419-426 in J. F. McCarthy and L. L. Shugart(eds.) Biomarkers of Environmental Contamination. Lewis Publishers, Ann Arbor, MI.

Suter, G. W., II. 1993a. Ecological Risk Assessment. Lewis Publishers, Boca Raton, FL.

Suter, G. W., II. 1993b. A critique of ecosystem health concepts and indices. Environ. Toxicol. Chem., 12:1533-1539.

Suter,G. W., Ⅱ. 1996a. Abuse of hypothesis testing statistics in ecological risk assessment. Hum. Ecol. Risk Assess., 2:331-349.

Suter,G. W., Ⅱ. 1996b. Interpreting probability distributions as an expression of ecological risk. SETAC Annual Meeting Abstracts,17:44.

Suter,G. W., Ⅱ. 1996c. Toxicological benchmarks for screening contaminants of potential concern for effects on freshwater biota. Environ. Toxicol. Chem.,15:1232-1241.

Suter,G. W., Ⅱ. 1997. Guidance for treatment of variability and uncertainty in ecological risk assessment. ES/ER/TM-228. Oak Ridge National Laboratory,Oak Ridge,TN.

Suter,G. W., Ⅱ. 1998a. Comments on the interpretation of distributions in"Overview of recent developments in ecological risk assessment". Risk Anal.,18:3-4.

Suter,G. W., Ⅱ. 1998b. Retrospective assessment,ecoepidemiology,and ecological monitoring. Pages 177-217 in P. Calow(ed.)Handbook of Environmental Risk Assessment and Management. Blackwell Scientific,Oxford,UK.

Suter,G. W., Ⅱ. 1999a. A framework for assessment of ecological risks from multiple activities. Hum. Ecol. Risk Assess.,5:397-414.

Suter,G. W., Ⅱ. 1999b. Developing conceptual models for complex ecological risk assessments. Hum. Ecol. Risk Assess.,5:375-396.

Suter,G. W., Ⅱ. 2001. Applicability of indicator monitoring to ecological risk assessment. Ecological Indicators. 1: 101-112.

Suter,G. W, Ⅱ and Bartell,S. M. 1993. Ecosystem-level effects. Pages 275-310 in G. W. Suter Ⅱ (ed.)Ecological Risk Assessment. Lewis Publishers,Chelsea,MI.

Suter,G. W., Ⅱ and Rosen,A. E. 1988. Comparative toxicology for risk assessment of marine fishes and crustaceans. J. Environ. Sci. Technol.,22:548-556.

Suter,G. W., Ⅱ and Sharples,F. E. 1984. Examination of a proposed test for effects of toxicants on soil microbial processes. Pages 327-344 in D. Liu and B. J. Dutka(eds.) Toxicity Screening Procedures Using Bacterial Systems. Marcel Dekker,New York.

Suter,G. W., Ⅱ and Tsao,C. L. 1996. Toxicological benchmarks for screening potential contaminants of concern for effects on aquatic biota:1996 revision. ES/ER/TM-96/R2. Oak Ridge National Laboratory,Oak Ridge,TN.

Suter,G W., Ⅱ,Vaughan,D. S.,and Gardner,R. H. 1983. Risk assessment by analysis of extrapolation error,a demonstration for effects of pollutants on fish. Environ. Toxicol. Chem.,2:369-378.

Suter,G. W., Ⅱ,Barnthouse,L. W.,Baes,C. F.,Bartell,S. G.,Cavendish,R. H.,Gardner,R. H.,O'Neill,R.,and Rosen,A. E. 1984. Environmental Risk Analysis for Direct Coal Liquefaction. ORNL/TM_9074. Oak Ridge National Laboratory,Oak Ridge,TN.

Suter,G. W., Ⅱ,Rosen,A. E.,Linder,E.,and Parkhurst,D. F. 1987. Endpoints for responses of fish to chronic toxic exposures. Environ. Toxicol. Chem.,6:793-809.

Suter,G. W., Ⅱ,Rosen,A. E.,Beauchamp,J. J.,and Kato,T. T. 1992. Results of analysis of fur samples from the San Joaquin kit fox and associated water and soil samples from the Naval Petroleum Reserve No. 1,Tupman,California. ORNL/TM-12244. Oak Ridge National Laboratory,Oak Ridge,TN.

Suter,G. W., Ⅱ,Luxmore,R. J.,and Smith,E. D. 1993. Compacted soil barriers at abandoned landfill sites are likely to fail in the long term. J. Environ. Qual.,22:217-226.

Suter,G. W., Ⅱ,Sample,B. E.,Jones,D. S.,and Ashwood,T. L. 1994. Approach and strategy for performing ecological risk assessments for the Department of Energy's Oak Ridge Reservation. ES/ER/TM-33/R1. Environmental Restoration Division,Oak Ridge National Laboratory,Oak Ridge,TN.

Suter,G. W., Ⅱ. Barnthouse,L. W.,Efroymson,R. E.,and Jager,H. 1999. Ecological risk assessment of a large river-reservoir:2. Fish community. Environ. Toxicol. Chem.,18:589-598.

Suter,G. W., Ⅱ,Efroymson,R. A.,Sample,B. E.,and Jones,D. S. 2000. Ecological Risk Assessment for Contaminated Sites. Lewis Publishers,Boca Raton,FL.

Suter,G. W., Ⅱ,Norton,S. B.,and Cormier,S. M. 2002a. A methodology for inferring the causes of observed impairments in aquatic ecosystems. Environ. Toxicol. Chem.,21:1101-1111.

Suter,G. W., II.,Traas,T.,and Posthuma,L. 2002b. Issues and practices in the derivation and use of species sensitivity distributions. Pages 437-474 in L. Posthuma,G. W. Suter II. and T. Traas(eds.)Species Sensitivity Distributions in Ecotoxicology. Lewis Publishers,Boca Raton,FL.

Suter,G. W., II, Vermier,T., Munns,W. R. Jr.,and Sekizawa,J. 2003. Framework for the integration of health and ecological risk assessment. Hum. Ecol. Risk Assess.,9:281-302.

Suter,G. W., II,Rodier,D. J.,Schwenk,S.,Troyer,M. W.,Tyler,P. L.,Urban,D J.,Wellman,M. C.,and Wharton,S. 2004. The U. S. Environmental Protection Agency's generic ecological assessment endpoints. Hum. Ecol. Risk Assess.,10:1-15.

Suter,G. W., II., Norton,S. B.,and Fairbrother,A. 2005. Individuals versus organisms versus populations in the definition of ecological assessment endpoints. Integr. Environ. Assess. Manag.,1:397-400.

Swanson,M. B. and Socha,A. C. 1997. Chemical Ranking and Scoring:Guidelines for Relative Assessment of Chemicals. SETAC Press,Pensacola,FL.

Swartz,R. C. 1999. Consensus sediment quality guidelines for polycyclic aromatic hydrocarbon mixtures. Environ. Toxicol. Chem.,18:780-787.

Swartz,R. C.,Schults,D. W.,Ozretich,R. J.,Lamberson,J. O.,Cole,F. A.,DeWitt,T. H.,Redmond,M. S.,and Ferraro. S. P. 1995. Sigma PAH:A model to predict the toxicity of polynuclear aromatic hydrocarbon mixtures in field-collected sediments. Environ. Toxicol. Chem.,14:1977-1987.

Swartzman,G. L. and Kaluzny,S. P. 1987. Ecological Modeling Primer. Macmillan,New York.

Sydelko,P. J.,Hlohowskyj,I.,Majerus,K.,Christiansen,J.,and Dolph,J. 2001. An object-oriented framework for dynamic ecosystem modeling:Application for integrated risk assessment. Sci. Total Environ.,274:271-281.

Syracuse Research Corp. 2003. EPI Suite Estimation Methods. Available at:http://esc. syrres. com Tal, A. 1997. Assessing the environmental movement's attitudes toward risk assessment. Environ. Sci. Technol., 31: 470A-476A.

Talmage,S. S. and Walton,B. T. 1993. Food chain transfer and potential renal toxicity of mercury to small mammals at a contaminated terrestrial field site. Ecotoxicology,2:243-256.

Tamura,H.,Yoshikawa,H.,Gaido,K. W.,Ross,S.,DeLisle,S.,Welsh,W. J.,and Richard,A. M. 2003. Interaction of organophosphate pesticides and related compounds with the androgen receptor. Environ. Health Persp., 111: 545-552.

Tannenbaum,L. V. 2005a. A critical assessment of the ecological risk assessment process:A review of misapplied concepts. Integr. Environ. Assess. Manag.,1:66-72.

Tannenbaum,L. V. 2005b. Two simple algorithms for refining mammalian receptor selection in ecological risk assessment. Integr. Environ. Assess. Manag.,1:290-298.

Taper,M. L. and Lele,S. R. 2004. The Nature of Scientific Evidence:Statistical,Philosophical and Empirical Considerations. University of Chicago Press,Chicago,IL.

Taub,F. B. 1969. Gnotobiotic models of freshwater communities. Verh. Internat. Verein. Limnol.,17:485-496.

Taub,F. B. 1997. Unique information contributed by multispecies systems:Examples from the standardized aquatic microcosm. Ecol. Appl.,7:1103-1110.

Taub,F. B. and Read,P. L. 1982. Model Ecosystems:Standardized Aquatic Microcosm Protocol Food and Drug Administration Contract No. 223-80-2352. Food and Drug Administration,Washington,DC.

Taylor,B. R. 1997. Rapid assessment procedures:Radical re-invention or just sloppy science. Hum. Ecol. Risk Assess.,3:1005-1016.

Taylor,F. 1979. Convergence to the stable age distribution in populations of insects. Am. Natl.,113:511-530.

Taylor,L. N.,Wood,C. M. and McDonald,D. G. 2003. An evaluation of sodium loss and gill metal binding properties in rainbow trout and yellow perch to explain species differences in copper tolerance. Environ. Toxicol. Chem.,23: 2159-2166.

Teuschler,L. K.,Dourson,M.,Stiteler,W. M.,McCollough,D. R.,and Tully,H. 1999. Health risk above the reference dose for multiple chemicals. Reg. Tox. Pharmacol., 30:S19 – S26.

The Presidential/Congressional Commission on Risk Assessment and Risk Management. 1997. Risk Assessment and Risk Management in Regulatory Decision – Making. Government Printing Office, Washington, DC.

Thibodeaux, L. J. 1996. Environmental Chemodynamics: Movement of Chemicals in Air, Water and Soil, Second Edition. Wiley – Interscience, New York.

Thiessen, K. M., Hoffman, F. O., Rantavaara, A., and Hossain, S. 1997. Environmental models undergo international test. Environ. Sci. Technol., 31:358 – 363.

Thomann, R. V. 1989. Bioaccumulation model of organic chemical distribution in aquatic food chains. Environ. Sci. Technol. 23:699 – 707.

Thomas, J. M., Skalski, J. R., Cline, J. F., McShane, M. C., Simpson, J. C., Miller, W. E., Peterson, S. A., Callahan, C. A., and Greene, J. C. 1986. Characterization of chemical waste site contamination and determination of its extent using bioassays. Environ. Toxicol. Chem., 5:487 – 501.

Thomas, P. 2003. Metal analysis. Pages 64 – 98 in K. C. Thompson and C. P. Nathanail (eds.) Chemical Analysis of Contaminated Land. Blackwell, Oxford, UK.

Thomp, K. C. and Nathanail, C. P. 2003. Chemical Analysis of Contaminated Land, Blackwell, Oxford, UK.

Tiktak, A., de Nie, D. S., van der Linden, J. J. T. I., and Kruijne, R. 2002. Modelling the leaching and drainage of pesticides in the Netherlands. Agronomie 22:373 – 387.

Tiktak, A., van der Linden, J. J. T. I., and Boesten, A. 2003. The GeoPEARL model: Model description, applications and manual. RIVM Report 716601007/2003. RIVM, Bilthoven, The Netherlands.

Tiktak, A., de Nie, D. S., Pineros Garcet, J. D., Jones, A., and Vanclooster, M., 2004. Assessment of the pesticide leaching risk at the Pan – European level, the EuroPEARL approach. J. Hydrobiol. 289:222 – 238.

Tillitt, D. E., Ankley, G. T., and Giesy, J. P. 1989. Planar chlorinated hydrocarbons (PCHs) in colonial fish-eating waterbird eggs from the Great Lakes. Mar. Environ. Res., 28:505 – 508.

Tillitt, D. E., Giesy, J. P., and Ankley, G. T. 1991. Characterization of the H4IIE rat hepatoma cell bioassay as a tool for assessming toxic potency of planar halogenated hydrocarbons in environmental samples. Environ. Sci. Technol., 25:87 – 92.

Tipping, E. 1994. WHAM—a chemical equilibrium model and computer code for waters, sediments and soils incorporating a discrete site/electrostatic model of ion binding by humic substances. Comput. Geosci., 20(6):973 – 1023.

Tones, S. J., Ellis, S. A., Breeze, V. G., Fowbert, J., Miller, P. C. H., Oakley, J. N., Parkin, C. S., and Arnold, D. J. 2001. Review and evaluation of test species and methods for assessing exposure of non-target plants and invertebrates to crop pesticide sprays and spray drift. Report:DEFRA project number PN 0937.

Toose, L., Woodfine, D. G., MacLeod, M., Mackay, D., and Gouin, T. (2004) BETR – World—a geographically explicit model of chemical fate: Application to transport of α-HCH to the Arctic. Environ. Pollut., 128:223 – 240.

Topp, E., Schenert, I., Attar, A., Korte, A., and Korte, F. 1986. Factors affecting the uptake of C×14(-labelled organic chemicals by plants from soil. Ecotoxicol. Environ. Saf., 11:219 – 231.

Topping, C. J. and Odderskær, P. 2004. Modeling the influence of temporal and spatial factors on the assessment of impacts of pesticides on skylarks. Environ. Toxicol. Chem., 23:509 – 520.

Toxics Cleanup Program. 1994. Natural background soil metals concentrations in Washington State. Pub. # 94 – 115. Washington State Department of Ecology, Olympia, WA.

Traas, T. P., van de Meent, D., Posthuma, L., et al. 2002. The potentially affected fraction as a measure of ecological risk. Pages 315 – 344 in L. Posthuma, G. W. Suter II, and T. P. Traas (eds.) Species Sensitivity Distributions in Ecotoxicology. Lewis Publishers, Boca Raton, FL.

Trapp, F. 1995. Model for uptake of xenobiotics into plants. Pages 107 – 151 in F. Trapp and J. C. McFarlane (eds.) Plant Contamination: Modeling and Simulation of Organic Chemical Processes. Lewis Publishers, Boca Raton, FL.

Trapp, S. and Matthies, M. 1997. Modeling volatilization of PCDD/F from soil and uptake into vegetation. Environ. Sci. Technol., 31:71 – 74.

Travis, C. C. and Arms, A. D. 1988. Bioconcentration of organics in beef, milk, and vegetation. Environ. Sci. Technol.,

22:271-292.

Travis,C. C.,Baes,C. F., Ⅲ, Barnthouse, L. W., Etnier, E. L., Holton, G. A., Murphy, B. D., Thompson, G. P., Suter, G. W., Ⅱ, and Watson, A. P. 1983. Exposure Assessment Methodology and Reference Environments for Synfuels Risk Analysis. ORNL/TM-8672. Oak Ridge National Laboratory, Oak Ridge, TN.

Travis, C. C., Richter, S. A., and Crouch, E. A. C. 1987. Cancer risk management. Environ. Sci. Technol., 21: 415-420.

Travis, K. Z. and Hendley, P. 2001. Probabilistic risk assessment of cotton pyrethroids: Ⅳ. Landscapelevel exposure characterization. Environ. Toxicol. Chem., 20:679-686.

Tuart, L. W. 1988. Hazard evaluation division technical guidance document: Aquatic mesocosm tests to support pesticide registration. EPA-540/09-88-035. US Environmental Protection Agency, Washington, DC.

Tuart, L. W. and Maciorowski, A. F. 1997. Information needs for pesticide registration in the United States. Ecol. Appl., 7:1086-1093.

Tucker, K. A. and Burton, G. A. Jr. 1999. Assessment of nonpoint-source runoff in a stream using in situ and laboratory approaches. Environ. Toxicol. Chem., 18:2797-2803.

Tufte, E. R. 1983. The Visual Display of Quantitative Information. Graphics Press, Cheshire, CT.

Tufte, E. R. 1990. Envisioning Information. Graphics Press, Cheshire, CT.

Tufte, E. R. 1997. Visual Explanations. Graphics Press, Cheshire, CT.

Tuljapurkar, S. D. 1990. Population dynamics in variable environments. Springer, New York.

Turner, D. B. 1994. Atmospheric Dispersion Estimates, Second Edition. Lewis Publishers, Boca Raton, FL.

Turner, M. G., 1993. A landscape simulation model of winter foraging by large ungulates. Ecol. Model., 69:163-184.

Turner, M. G., Wu, Y., Romme, W. H., Wallace, L. L., and Brenkert, A. L. 1994. Simulating winter interactions among ungulates, vegetation, and fire in northern Yellowstone Park. Ecol. Appl., 4:472-496.

Tyler, G. 1984. The impact of heavy metal pollution on forests: A case study of Gusum, Sweden. AMBIO, 13:18-26.

Uhler, A. D., Emsbo-Mattingly, S., Liu, B., and Hall, L. W. Jr. 2005. An integrated case study for evaluating impacts of an oil refinery effluent on aquatic biota in the Deleware River: Advanced chemical fingerprinting of PAHs. Hum. Ecol. Risk Assess., 11:771-836.

UK Department of the Environment, Food and Rural Affairs. 2000. Guidelines for Environmental Risk Assessment and Management. Stationary Office, London.

Underwood, A. J. 2000. Importance of experimental design in detecting and measuring stresses in marine populations. J. Aquat. Ecosys. Stress Recovery, 7:3-24.

Urban, D. J. and Cook, N. J. 1986. Hazard Evaluation, Standard Evaluation Procedure, Ecological Risk Assessment. EPA-540/9-85-001. US Environmental Protection Agency, Washington, DC.

USACE (US Army Corps of Engineers). 1983. Economic and environmental principles for water and related land resources implementation studies. Headquarters, Washington, DC.

US Army BTAG. 2002. Selection of assessment and measurement endpoints for ecological risk assessment. Biological Technical Assistance Group, Department of the Army, Washington, DC.

US Department of Health Education and Welfare. 1964. Smoking and Health: Report of the Advisory Committee to the Surgeon General. Public Health Service Publication 1103, US Department of Health, Education and Welfare, Public Health Service, Washington, DC.

US Environmental Protection Agency (EPA). 1998. Guidelines for Ecological Risk Assessment. EPA/630/R-95/002F. Risk Assessment Forum, US Environmental Protection Agency, Washington, DC.

US Environmental Protection Agency (EPA). 2003. Generic Ecological Assessment Endpoints (GEAEs) for Ecological Risk Assessment. EPA/630/P-002/004F. Risk Assessment Forum, US Environmental Protection Agency, Washington, DC.

USEPA. 1995. User's Guide for the Industrial Source Complex (ISC3) Dispersion Models, OAQPS. US Environmental Protection Agency, Research Triangle Park, NC. Report EPA-454/B-95-003a. Available at: http://www.epa.gov/ttn/scram.

US Fish and Wildlife Service. 1987. Type B technical information document: Guidance on use of habitat evaluation procedures and suitability index models for CERCLA applications. PB88 - 100151. US Department of the Interior, Washington, DC.

US Fish and Wildlife Service. 2001. National Wild Fish Health Survey. US Department of the Interior, Washington, DC.

US Geological Survey. 1999. Field Manual of Wildlife Diseases: General Filed Procedures and Diseases of Birds. Information and technology Report 1999 - 001. US Geological Survey National Wildlife Center, Washington, DC.

Vaal, M., van der Wal, J. T., Hoekstra, J., and Hermens, J. 1997. Variation in the sensitivity of aquatic species in relation to the classification of environmental pollutants. Chemosphere, 35: 1311 - 1327.

Valoppi, L., Petreas, M., Donohoe, R. M., Sullivan, L., and Callahan, C. A. 1999. Use of PCB congener and homologue analysis in ecological risk assessment. Pages 147 - 161 in F. T. Price, K. V. Brix, and N. K. Lane (eds.) Environmental Toxicology and Risk Assessment: Recent Achievements in Environmental Fate and Transport. ASTM, West Conshohocken, PA.

Van Brummelen, T. C., Verweij, R. A., Wedzinga, S. A., and van Gestel, C. A. M. 1996. Polycyclic aromatic hydrocarbons in earthworms and isopods from continted forest soil. Chemosphere, 32: 315 - 341.

van de Meent, D. and Toet, D. 1992. Dutch priority setting system for existing chemicals. Report No. 679120001. National Institute for Public Health and Environmental Protection, Bilthoven, The Netherlands.

van den Berg, M. et al. 1998. Toxic equivalency factors (TEFs) for PCBs, PCDDs, PCDFs for humans and wildlife. Environ. Health Persp., 106: 775 - 792.

van den Bergh, J. C. J. M. (ed.). 1999. Handbook of Environmental and Resource Economics. Edward Elgar, Cheltenham, UK.

van den Brink, P. J., Brock, T. C. M., and Posthuma, L. 2002. The value of the species sensitivity distribution concept for predicting field effects: (Non -) confirmation of the concept using semifield experiments. Pages 155 - 193 in L. Posthuma, G. W. Suter II, and T. P. Traas (eds.) Species Sensitivity Distributions in Ecotoxicology. Lewis Publishers, Boca Raton, FL.

van der Boesten, J. J. T. I. and Linden, A. M. A. 2001. Effect of long-term sorption kinetics on leaching as calculated with the PEARL model for FOCUS scenarios. Pages 27 - 32 in BCPC Symposium, Pesticide Behavior in Soils and Water, Symposium Proceedings no. 78. Brighton, UK.

van der Schalie, W. H., Gardner, H. S., Bantle, J. A., De Rosa, C. T., Finch, R. A., Reif, J. S., Reuter, R. H., et al. 1989. Animals as sentinels of human health hazards of environmental chemicals. Environ. Health Persp., 107: 309 - 315.

van der Sluijs, J. P., Craye, M., Funtowicz, S., Kloprogge, P., Ravetz, J. R., and Risbey, J. 2005. Combining qualitative and quantitative measures of uncertainty in model-based environmental assessment: The NUSAP system. Risk Anal., 25: 481 - 492.

van Gestel, C. A. M. and Ma, W. C. 1988. Toxicity and bioaccumulation of chlorophenols in earthworms in relation to bioavailability in soil. Ecotoxicol. Environ. Saf., 15: 289 - 297.

van Gestel, C. A. M. and Van Straalen, N. M. 1994. Ecotoxicological test systems for terrestrial invertebrates. Pages 205 - 240 in M. H. Donker, H. Eijsackers, and F. Heimbackers (eds.) Ecotoxicology of Soil Organisms. Lewis Publishers, Boca Raton, FL.

van Gestel, C. A. M., Ma, W., and Smit, C. E. 1991. Development of QSARs in terrestrial ecotoxicology: Earthworm toxicity and soil sorption of chlorophenols, chlorobenzenes, and chloroaniline. Sci. Total Environ., 109/110: 589 - 604.

Van Hook, R. I. and Yates, A. J. 1975. Transient behavior of cadmium in a grassland arthropod food chain. Environ. Res., 9: 76 - 83.

Van Straalen, N. M. 1990. New methodologies for estimating the ecological risk of chemicals in the environment. Pages 165 - 173 in A. A. Balkema (ed.) Proceedings of the 6th Congress of the International Association of Engineering Geology, Rotterdam, The Netherlands.

Van Straalen, N. M. 2002a. Theory of ecological risk assessment based on species sensitivity distributions. Pages 37 - 48 in L. Posthuma, G. W. Suter II, and T. Traas (eds.) Species Sensitivity Distributions in Ecotoxicology.

Lewis Publishers, Boca Raton, FL.

Van Straalen, N. M. 2002b. Threshold models for species sensitivity distributions applied to aquatic risk assessment for zinc. Environ. Toxicol. Pharmacol., 11:167 – 172.

Van Straalen, N. M. and Denneman, G. A. J. 1989. Ecological evaluation of soil quality criteria. Ecotoxicol. Environ. Saf., 18:241 – 245.

Vannote, R. L., Minshall, G. W., Cummins, K. W., Sedell, J. R., and Cushing, C. E. 1980. The river continuum concept. Can. J. Fish. Aquat. Sci., 37:130 – 137.

Van Voris, P., Tolle, D., and Arthur, M. F. 1985. Experimental terrestrial soil-core microcosm test protocol. PA 600/3 – 85 – 047. National Technical Information Service, Springfield, VA.

Veith, G. D. and Kosian, P. 1983. Estimating bioconcentration potential from octanol/water partitioning coefficients. Pages 269 – 282 in D. R. Mackay, S. Patterson, S. Eisenreich, and M. Simmons(eds.)Physical Behavior of PCBs in the Great Lakes. Ann Arbor Press, Ann Arbor, MI.

Veith, G. D., DeFoe, D. L., and Bergstedt, B. V. 1979. Measuring and estimating the bioconcentration factor for chemicals in fish. J. Fish. Res. Board Can., 36:1040 – 1048.

Veith, G. D., Call, D. J., and Brook, L. T. 1983. Structure-toxicity relationships for fathead minnow, *Pimephales promelas*: Narcotic industrial chemicals. Can. J. Fish. Aquat. Sci., 40:743 – 748.

Verhaar, H. J. M., Van Leeuwen, C., and Hermens, J. 1992. Classifying environmental pollutants. Chemosphere. 25:471 – 491.

Verhaar, H. J. M., De Wolf, W., Dyer, S. A., Legierse, K. C. H. M., Seinen, W., and Hermens, J. 1999. An LC_{50} vs time model for the aquatic toxicity of reactive and receptor mediated compounds. Consequences for bioconcentration kinetics and risk assessment. Environ. Sci. Technol., 33:758 – 763.

Verhaar, H. J. M., Solbe, J. F., Speksnijder, J., Van Leeuwen, C., and Hermens, J. 2000. Classifying environmental pollutants. Part 3: External validation of the classification system. Chemosphere, 40:875 – 883.

Verschueren, K. 1996. Handbook of Environmental Data on Organic Chemicals, Second Edition. Van Nostrand Reinhold, New York.

Vighi, M., Altenburger, T., Arrhenius, A., Backhaus, T., Bodeker, W., Blanck, H., Consolaro, F., et al. 2002. Water quality objectives for mixtures of toxic chemicals: Problems and perspectives. Ecotoxicol. Environ. Saf., 54:139 – 150.

Vogelbein, W. K., Shields, J. D., Haas, L. W., Reece, K. S., and Zwerner, D. E. 2001. Skin ulcers in estuarine fishes: A comparative pathological evaluation of wild and laboratory-exposed fish. Environ. Health Persp., 109:687 – 693.

Voie, O. A., Johnsen, A., and Fossland, H. K. 2002. Why biota still accumulate high levels of PCB after removal of PCB-contaminated sediments in a Norwegian fjord. Chemosphere. 46:1367 – 1372.

Voinov, A., Fritz, C., and Costanza, R. 1998. Surface water flow in landscape models: Everglades case study. Ecol. Model., 108:131 – 144.

Vollenweider, R. A. 1976. Advances in defining critical loading levels for phosphorus in lake eutrophication. Mem. 1st. Ital. Idrobiol., 33:53 – 83.

von Stackelberg, K. E. and Menzie, C. A. 2002. A cautionary note on the use of species presence and absence data in deriving sediment criteria. Environ. Toxicol. Chem., 21:466 – 472.

Vose, D. 2000. Risk Analysis: A Quantitative Guide. John Wiley, New York.

VROM. 1994. Environmental quality objectives in the Netherlands. Ministry of Housing, Spatial Planning, and the Environment, The Hague, The Netherlands.

Walker, J. D. 1993. The TSCA Interagency Testing Committee, 1977 to 1992: Creation, structure, functions and contributions. Pages 451 – 462 in J. W. Gorsuch, F. J. Dwyer, C. G. Ingersoll, and T. W. La Point(eds.)Environmental Toxicology and Risk Assessment: Volume 2. ASTM, Philadelphia, PA.

Walker, J. D. (ed.). 2003. Annual Review: Quantitative Structure – Activity Relationships. Environ. Toxicol. Chem., 22:1651 – 1935.

Walker, J. D. and Schultz, T. W. 2003. Structure-activity relationships for predicting ecological effects of chemicals. Pages 893 – 910 in D. J. Hoffman, B. Rattner, G. A. Burton Jr., and J. Cairns Jr. (eds.) Handbook of Ecotoxicology, Second Edition. Lewis Publishers, Boca Raton, FL.

Walters, C. J. 1986. Adaptive management of renewable resources. MacMillan, New York.

Walthall, W. K., and J. D. Stark. 1997. Comparison of two population-level ecotoxicological endpoints: The intrinsic (r_m) and instantaneous (r_i) rates of increase. Environ. Toxicol Chem., 16:1068-1073.

Wang, J. X. and Roush, M. L. 2000. Risk Engineering and Management. Marcel Dekker, New York.

Wang, M.-J. and Jones, K. C. 1994. Behavior and fate of chlorobenzenes(CBs) introduced into soilplant systems by sewage sludge application: A review. Chemosphere, 21:297-331.

Wang, X., White-Hull, C., Dyer, S. and Yang, Y. 2000. GIS-ROUT: A River Model for Watershed Planning. Environ. Plan. B:Plan. Des., 27, 231-246.

Wania, F. 2003. Environmental Models(Globo-POP, POPCYCLING-Baltic and CoZMo-POP). University of Toronto at Scarborough, Ontario, Canada. Available at: www.utsc.utoronto.ca/wania.

Warren-Hicks, W. J. and Moore, D. R. J. (eds.). 1998. Uncertainty Analysis in Ecological Risk Assessment. SETAC Press, Pensacola, FL.

Wasserman, L. 2000. Bayesian model selection and averaging. J. Math. Psych., 44:92-107.

Watkins, D. R. et al. 1993. Final report of the background soil characterization project at the Oak Ridge Reservation, Oak Ridge, Tennessee. DOE/OR/01-1175. Oak Ridge National Laboratory, Oak Ridge, TN.

Weaver, R. W., Melton, J. R., Wang, D., and Duble, R. L. 1984. Uptake of arsenic and mercury from soil by bermuda grass *Cynodon dactylon*. Environ. Pollut., 33:133-142.

Webb, D. A. 1992. Background metal concentrations in Wisconsin surface waters. Wisconsin Department of Natural Resources, Madison, WI.

Webster, E., Mackay, D., Di Guardo, A., Kane, D., and Woodfine, D. 2004. Regional Differences in Chemical Fate Model Outcome. Chemosphere, 55:1361-1376.

Webster, J. A. and Crossley, D. A. Jr. 1978. Evaluation of two models for predicting elemental accumulation by arthropods. Environ. Entomol., 7:411-417.

Weed, D. L. 1988. Causal criteria and Popperian refutation. Pages 15-32 in K. J. Rothman(ed.) Causal Inference. Epidemiology Resources, Chestnut Hill, MA.

Weed, D. L. 1997. On the use of causal criteria. Internat. J. Epidemiol., 26:1137-1141.

Weidema, B. P., Ekvall, T., Pesonen, H.-L., et al. 2004. Scenarios in Life-Cycle Assessment. SETAC Press, Pensacola, FL.

Weinhold, B. 2003. Conservation medicine, combining the best of all worlds. Environ. Health Persp., 111: A525-A529.

Weis, J. S. 1996. Scientific uncertainty and environmental policy: Four pollution case studies. Pages 160-187 in J. Lemons(ed.) Scientific Uncertainty and Environmental Problem Solving. Blackwell Science, Cambridge, MA.

Welshons, W. V., Thayer, K. A., Judy, B. M., Taylor, J. A., Curran, E. M., and vom Saal, F. S. 2003. Large effects from small exposures. I. Mechanisms for endocrine-disrupting chemicals with estrogenic activity. Environ. Health Persp., 111:994-1006.

Weng, L., Temminghoff, E. J. M., Tipping, E., and van Reimsdijk, W. H. 2002. Complexation with dissolved organic matter and solubility control of heavy metals in a sandy soil. Environ. Sci. Technol., 36:4804-4810.

Wentsel, R. S., Beyer, W. N., Edwards, C. A., Kapustka, L. A., and Kuperman, R. G. 2003. Effects of contaminants on ecosystem structure and function. Pages 117-159 in R. P. Lanno(ed.) Contaminated Soils: From Soil-Chemical Interactions to Ecosystem Management. SETAC Press, Pensacola, FL.

Wenzel, A., Nendza, M., and Kanne, R. 1997. Testbattery for the assessment of aquatic toxicity. Chemosphere, 35: 307-322.

Westall, J. 1979. MICROQL: I. A chemical equilibrium program in BASIC. EAWAG CH-8600. Swiss Federal Institute of Technology, Duebendorf, Switzerland.

Whipple, C. 1987. De Minimis Risk. Plenum Press, New York.

WHO(World Health Organization). 2001. Report on Integrated Risk Assessment. WHO/IPCS/IRA/01/12. World Health Organization, Geneva, Switzerland.

Whyte, I. J. 2002. Headaches and heartaches: The elephant management dilemma. Pages 293 – 305 in D. Schmidtz and E. Willott(eds.)Environmental Ethics. Oxford University Press, Oxford, UK.

Wickwire, W. T., Menzie, C. A., Burmistrov, D., and Hope, B. K. 2004. Incorporating spatial data into ecological risk assessments: The spatially explicit exposure module for ARAMS. Pages 297 – 310 in L. A. Kapustka, H. Galbraith, M. Luxon, and G. R. Biddinger(eds.)Landscape Ecology and Wildlife Habitat Evaluation. ASTM International, West Conshohocken, PA.

Wiegers, J. K. and Landis, W. G. 2005. Application of the relative risk model to the fjord of Port Valdez, Alaska. Pages 53 – 90 in W. G. Landis(ed.)Regional Scale Ecological Risk Assessment Using the Relative Risk Model. CRC Press, Boca Raton, FL.

Wiemeyer, S. N. and Porter, R. D. 1970. DDE thins eggshells of captive American kestrels. Nature, 227: 737 – 738.

Williams, R. B. 1971. Computer simulation of energy flow in Cedar Bog Lake, Minnesota, based on the classical studies of Lindeman. Pages 544 – 582 in B. C. Patten(ed.)Systems Analysis and Simulation in Ecology: Volume 1. Academic Press, New York.

Wilson, D. E. (ed.). 1996. Measuring and Monitoring Biodiversity: Standard Methods for Mammals. Smithsonian Institution Press, Washington, DC.

Wilson, E. O. 1998a. Consilience: The Unity of Knowledge. A. A. Knopf, New York.

Wilson, E. O. 1998b. Integrated science and the coming century of the environment. Science, 279: 2048 – 2049.

Windom, H. L., Byrd, J. T., Smith, R. G. Jr., and Huan, F. 1991. Inadequacy of NASQAN data for assessing metal trends in the nation's rivers. Environ. Sci. Technol., 25: 1137 – 1142.

Wing, S., Freedman, S., and Band, L. 2002. The potential impact of flooding on confined animal feeding operations in Eastern North Carolina. Environ. Health Persp., 110: 387 – 391.

Winger, P. V., Lasier, P. J., and Bogenrieder, K. J. 2005. Combined use of rapid bioassessment protocols and sediment quality triad to assess stream quality. Environ. Monitor. Assess. 100: 267 – 295.

Wipf, H. K. and Schmidt. S. 1981. Seveso: An environmental assessment. Pages 255 – 274 in R. E. Tucker, A, L. Young, and A. P. Gray(eds.)Human and Environmental Risks of Chlorinated Dioxins and Related Compounds. Plenum Press, New York.

Woodman, J. N. and Cowling, E. B. 1987. Airborne chemicals and forest health. Environ. Sci. Technol., 21: 120 – 126.

Woodward, D. F., Brumbaugh, W. G., DeLonay, A. J., Little, E. E., and Smith, C. E. 1994a. Effects on rainbow trout fry of a metals-contaminated diet of benthic macroinvertebrates from the Clark Fork River, Montana. Trans. A. Fish. Soc., 123: 51 – 62.

Woodward, D. F., Farag, A., Bergman, H. L., DeLonay, A. J., Little, E. E., Smith, C. E., and Barrows, F. T. 1994b. Metals-contaminated benthic invertebrates in the Clark Fork River, Montana: Effects on age – 0 brown and rainbow trout. Can. J. Fish. Aquat. Sci., 52: 1994 – 2004.

Wright, J. F., Armitage, P. D., Furse, M. T., and Moss, D. 1989. Prediction of invertebrate communities using stream measurements. Reg. Riv. ; Res. Manag., 4: 147 – 155.

Wright, J. F., Furse, M. T., and Armitage, P. D. 1993. RIVPACS: A technique for evaluating the biological quality of rivers in the UK. Eur. Water Pollut. Control, 3: 15 – 25.

Wu, J. and Loucks, O. L. 1995. From balance of nature to hierarchical patch dynamics: A paradigm shift in ecology. Quart. Rev. Biol., 70: 439 – 465.

Yang, R. S. H., Thomas, R. S., Gustafson, D. L., Campian, J., Benjamin, S. A., Verhaar, H. J. M., and Mumtaz, M. M. 1998. Approaches to developing alternative and predictive toxicology based on PBPK? PD and QSAR modeling. Environ. Health Persp., 106: 1385 – 1393.

Yarie, J. and Van Cleve, K. 1996. Effects of carbon, fertilizer, and drought on foliar chemistry of tree species of interior Alaska. Ecol. Appl., 6: 815 – 827.

Yeates, G. W., Orchard, V. A., Speir, T. W., Hunt, J. L., and Hermans, M. C. C. 1994. Impact of pasture contamination by copper, chromium, arsenic timber preservative on soil biological activity. Biol. Fertil. Soils, 18: 200 – 208.

Yerushalmy, J. and Palmer, C. E. 1959. On the methodology of investigations of etiologic factors in chronic disease.

J. Chronic Dis., 10:27 – 40.

Yoder, C. O. and Rankin, E. T. 1995a. Biological response signatures and the area of degradation value: New tools for interpreting multi-metric data. Pages 263-286 in W. S. Davis and T. P. Simon(eds.)Biological Assessment and Criteria: Tools for Water Resource Planning and Decision Making. Lewis Publishers, Boca Raton, FL.

Yoder, C. O. and Rankin, E. T. 1995b. Biological criteria program development and implementation. Pages 109 – 144 in W. S. Davis and T. P. Simon(eds.)Biological Assessment and Criteria: Tools for Water Resource Planning and Decision Making. Lewis Publishers, Boca Raton, FL.

Yoder, C. O. and Rankin, E. T. 1998. The role of biological indicators in a state water quality management process. Environ. Monitor. Assess., 51:61 – 88.

Yosioka, Y., Ose, Y., and Sato, T. 1986. Correlation of five test methods to assess chemical toxicity and relation to physical properties. Ecotoxicol. Environ. Saf., 12:15 – 21.

Yount, J. D. and Niemi, G. J. 1990. Recovery of lotic communities and ecosystems following disturbance: Theory and application. Environ. Manag., 14(5):515 – 516.

Zak, D. R., Holmes, W. E., Finzi, A. C., Norby, R. J., and Schlesinger, W. H. 2003. Soil nitrogen cycling under elevated CO_2: A synthesis of forest FACE experiments. Ecol. Appl., 13:1508 – 1514.

Zarull, M. A., Hartig, J. H., and Maynard, L. 1999. Ecological benefits of contaminated sediment remediation in the Great Lakes basin. Great Lakes Water Quality Board, International Joint Commission, Windsor, Ontario.

Zeeman, M. G. 1995. Ecotoxicity testing and estimation methods developed under Section 5 of the Toxic Substances Control Act(TSCA). Pages 703 – 715 in G. Rand(ed.)Fundamentals of Aquatic Toxicology: Effects, Environmental Fate, and Risk Assessment. Taylor & Francis, Washington, DC.

Zelles, L., Scheunert, I., and Korte, F. 1986. Comparison of methods to test chemicals for side effects on soil microorganisms. Ecotoxicol. Environ. Saf., 12:53 – 69.

Zheng, J. and Frey, H. C. 2005. Quantitative analysis of variability and uncertainty with known measurement error: Methods and case study. Risk Anal., 25:663 – 675.

Zolezzi, M., Cattaneo, C., and Tarazona, J. V. 2005. Probabilistic ecological risk assessment of 1,2,4 – trichlorobenzene at a former industrial contaminated site. Environ. Sci. Technol., 39:2920 – 2926.

索引

A

AGDRIFT　　197,198
AQUATOX　　196,356
Aroclor 1242　　93
阿特拉津　　363
澳大拉西亚生态毒性数据库　　112
澳大利亚河流评价系统　　34

B

BASINS 流域模型　　168
BASS　　197
BETR 北美模型　　194
BETR 世界模型　　194
Beverton-Holt 方程　　333
Beverton-Holt 模型　　333
暴露-反应关系　　11
暴露分析　　23
暴露加和　　104
暴露模型　　18,76,77,108,112
暴露浓度　　390
暴露情景　　133
北极国家野生动物避难所　　455
贝叶斯统计　　61
备选方案评价　　30
比较风险报告　　430
比较风险表征　　427
比较风险评价　　427
标准化方法　　134
不确定性　　3

C

CADDIS　　461
CALPUFF 模型　　195
CALTOX 模型　　238
CASM　　356
CETIS　　255
ChemFrance 模型　　194
参考场地　　389
沉积物试验　　276
成本-效益分析　　429
持久性有机污染物　　268
尺度　　78

D

DDE　　381
DDT　　45
大西洋细须石首鱼　　337
大型蚤　　386
带翠鸟　　74
胆碱酯酶　　87,88
底栖无脊椎动物　　233
迭代评价　　29
定量结构-活性关系　　86
定性分析　　84
动态模拟法　　134
动态能量预算模型　　255
动因　　127
独立作用　　95,98
多氯联苯　　390

多种动因 101

E

二级数据 108

F

FGETS 197
FISH 197
FOODWEB 197
房室模型 355
非单调关系 260
非生物介质 170,175,201,319,390,406
非生物配体 270
分布 23,35,36,56,57
分类回归 84
分析计划 23,77,125,127
风险 1,3,4,5,6
风险表征 24
风险分类 428
风险管理 24
风险评价 1,3,4,5,6
浮萍 276
浮游生物 298
腐殖质 204

G

GENEEC 197
GeoPEARL 197
GloboPOP 模型 194
GOBAS 196
概率 3,4,7,8,9
概念模型 23
故障树 65,127
固着生物 297
光合作用抑制 88
归因分析 27,32,33,36,37

H

HSPF 流域模型 168

河流无脊椎动物预测和分类
  系统 34
黑头呆鱼 71,88,90,93,94
候选原因 459
化学毒性试验 367
化学分析 54
化学混合物 91
化学污染物 214
化学物质泄漏场地 183
环境介质 15,91,108,148,158
环境介质毒性
  测试 172,290,406,409,415
环境介质模型 195
环境影响评价 9,21,131,159
回归模型 220,225,226,227,235
混合物 47,61,83,86,91
活性氧 88

J

机理模型 105
基础情景设定法 134
基线毒性 88
基线评价 30
基准 7,8,15,33,36
畸形 13
急性到慢性推导 314
急性毒性试验 75,86,272,292,317
剂量-反应模型 341
剂量加和 305
加拿大 ChemCAN 模型 194
加拿大环境部长委员会 15
假设 111
间接暴露与效应 129
间接效应 271
检出限 388
简单效应加和 104
颌颚 87,88,95,99,117
解偶联 88
介质 8,15,27,47,53
经济单位 429

K

可变性　　56,57,58,59,60
空间尺度　　81
快速生物评价　　34
框架　　1,4,9,12,15
扩展框架　　28

L

离子调控干扰　　88
联合效应　　91,94,95,100,103
临界机体残留　　266
临界目标结合模型　　269
敏感性　　86
硫化物　　204
陆生植物调查　　302
氯丹　　390

M

MACRO　　197
麻醉　　88
慢性毒性试验　　272
慢性值　　401
煤炭燃烧　　442
美国陆军的风险评价模型系统　　219
蒙特卡罗模拟　　65,66,71,76,115
棉花拟除虫菊酯　　380
默认　　111

N

内分泌干扰　　88
内分泌干扰机制　　87
鸟类的杀虫剂效应现场试验　　292
浓度-反应函数　　339
浓度加和　　305

P

PEARL　　197
PELMO　　197
PRZM　　197
排放　　4,5,6,7,8
频率　　3,7,9,15,36
频率论统计学　　60,61,63,64,65
评价群落　　131
评价质量　　297
评价终点　　18,23
评价种群　　131
普遍接受的方法　　117

Q

气候变暖　　134
嵌套蒙特卡罗分析　　72
切萨皮克湾条纹鲈　　93
《清洁空气法》　　6
《清洁水法》　　6
区域尺度　　82
权威性　　117
确定性评价　　29
群落　　5,7,8,9,10

R

人工河流　　279
溶解性无机碳　　204
溶解性有机碳　　204
软件　　314

S

SoilFug　　197
筛选阶段　　10
筛选评价　　29
生态暴露模型　　203
生态毒理学基准值　　245
生态风险评价框架　　117
生态流行病学　　123
生态流行病学框架　　27
生态系统　　3,8,9,10,11
生态系统服务　　427
生物标志物　　303
生物测试　　89
生物放大因子　　343

生物积累模型　406
生物可利用性　54,93,178,202
生物累积系数　228
生物浓缩系数　228
生物配体　204,205,270,287
生物配体
　模型　88,204,268,270,320,324
生物评价　34
生物组织层次　80
时间尺度　81
时间序列　42
实验室到野外　324,339
适应性管理　9,18,21,30
事件树　127,128
受污染沉积物　446
受污染土壤　447
数据分布　313
数据管理　112
数据获取　24
数据质量　33
数据质量目标　121
水化学　110,170,203,206,228
水生生物　319
水生试验　275
水体暴露模型　198
水体生物调查　296
水体胁迫　158
水蚤　308

T

THOMANN　197
TOXCALC　255
TOXSTAT　255
TOXSWA　197
统计学显著性　62
透明度　117
土壤群落　281
土壤试验　277
土壤无脊椎
　动物　143,196,208,209,212

土壤与溶液的化学平衡　204

U

USEPA 生态毒性数据库
　（USEPA ECOTOX）　112

W

WHO 整合框架　24
外推法　134
完整性　117
微宇宙　279
维度　78
卫生和植物检疫措施实施协议　8
污染场地　30
污染介质测试　421
污染物　72
污染源　277

X

吸收模型　202,213,225,227,233
现场实验　280
相互作用　99
反应加和　98
橡树岭保护区　27,133,139,145,155
效应表征　24
效应浓度　96,98,174,178,208
效应筛选　103
协同　95,99,105,117,433
信息素干扰　88
颉颃　116

Y

掩埋废物　151
阳性参考　162
野生动物　318
异速生长模型　143
因果分析　123
因果链框架　27
阴性参考　159,162
诱饵　383

阈值　　11,15,41,51,57,67
原始数据　　107
源　　4,5,6,8,9

Z

整体混合物　　92
直接效应　　260
置信区间　　61

中宇宙　　279
肿瘤　　13
《综合环境反应、补偿和责任法》　　10
综合水生系统模型　　356
组织层次　　78
作用机理　　86
作用模式　　86

郑重声明

高等教育出版社依法对本书享有专有出版权。任何未经许可的复制、销售行为均违反《中华人民共和国著作权法》，其行为人将承担相应的民事责任和行政责任；构成犯罪的，将被依法追究刑事责任。为了维护市场秩序，保护读者的合法权益，避免读者误用盗版书造成不良后果，我社将配合行政执法部门和司法机关对违法犯罪的单位和个人进行严厉打击。社会各界人士如发现上述侵权行为，希望及时举报，本社将奖励举报有功人员。

反盗版举报电话　（010）58581897　58582371　58581879
反盗版举报传真　（010）82086060
反盗版举报邮箱　dd@hep.com.cn
通信地址　北京市西城区德外大街4号　高等教育出版社法务部
邮政编码　100120